全国优秀教材一等奖

“十二五”普通高等教育本科国家级规划教材

国家精品课程教材

工 程 光 学

第 4 版

天津大学　郁道银
浙江大学　谈恒英　主编

机 械 工 业 出 版 社

本书是“十二五”普通高等教育本科国家级规划教材，是根据高等教育规划教材的编写要求，以及更新教材内容、反映现代科技发展和应用的原则，在普通高等教育“十一五”国家级规划教材《工程光学（第3版）》基础上重新修订而成。本书编写一贯坚持注重基本理论的论述，加强理论与工程实际的结合，突出现代光学与光学技术发展的指导思想。本书修订后仍分为上、下两篇，上篇为几何光学与光学设计，下篇为物理光学。全书系统地介绍了工程光学的基本原理、方法和应用。

本书可作为高等学校光电信息科学与工程类、仪器仪表类及其相近专业的教材，亦可作为物理和光学类专业的选修课教材或参考书，也是从事光电信息科学与技术、仪器科学与技术等相关领域工作的工程技术人员的参考书。

本书配有免费电子课件，欢迎选用本书作教材的老师登录 www.cmpedu.com 下载，或发邮件到 jinacmp@163.com 索取。

图书在版编目（CIP）数据

工程光学/郁道银，谈恒英主编. —4版. —北京：机械工业出版社，2015.11（2025.6重印）
“十二五”普通高等教育本科国家级规划教材 普通高等教育“十一五”国家级规划教材 国家精品课程教材
ISBN 978-7-111-51962-1

Ⅰ.①工… Ⅱ.①郁…②谈… Ⅲ.①工程光学-高等学校-教材 Ⅳ.①TB133

中国版本图书馆CIP数据核字（2015）第254627号

机械工业出版社（北京市百万庄大街22号 邮政编码100037）
策划编辑：吉 玲 责任编辑：吉 玲 王 康
封面设计：路恩中 责任校对：刘秀丽 陈秀丽
责任印制：张 博
北京铭成印刷有限公司印刷
2025年6月第4版·第19次印刷
184mm×260mm·38.75印张·964千字
标准书号：ISBN 978-7-111-51962-1
定价：89.80元

电话服务	网络服务
客服电话：010-88361066	机 工 官 网：www.cmpbook.com
010-88379833	机 工 官 博：weibo.com/cmp1952
010-68326294	金 书 网：www.golden-book.com
封底无防伪标均为盗版	机工教育服务网：www.cmpedu.com

新版网络支持功能介绍

1999 年,《工程光学》（第 1 版）正式出版。16 年来，相继出版了第 2 版、第 3 版，众多学子已从学生成为社会中坚。今天，第 4 版以崭新面貌，迎来《工程光学》的 17 岁生日。

第 4 版得益于移动互联网新技术，使传统纸质书具有了网络支持功能。请大家按照以下步骤，通过手机等移动端设备获得本书的图片动画演示、重要知识点讲解等数字化学习资源。

本书配套的网络支持功能，将会不断进行升级和扩展，对购买本书的读者是免费提供的。如果您在学习过程中，有任何问题或建议，都欢迎发邮件到 jinacmp@ 163. com。

感谢天津大学的谢洪波老师，制作了本书上篇相关章节的图形动画，感谢天津大学的蔡怀宇老师为本书配套了教师授课课件。

机械工业出版社

第4版前言

《工程光学（第4版）》是“十二五”普通高等教育本科国家级规划教材。根据高等教育国家级规划教材的编写要求，以及改进教学方法、更新教学内容、突出现代光学技术发展和应用的指导思想，在《工程光学（第3版）》的基础上修订而成。

《工程光学（第4版）》修订的主要思路仍然是坚持既注重基本理论和概念的论述，又注重光学理论与工程实际的结合，并强调现代光学技术的发展和应用。

本书修订后仍分上、下两篇，上篇为几何光学与光学设计，下篇为物理光学。

上篇主要修改内容为：在第三章光学材料一节中，增加了光学塑料和光学晶体材料的特性介绍。在第五章中增加了第十一节颜色测量。在第七章第七节投影系统，增加了数字光学投影系统，即基于DMD的投影光学系统和DMD空间光调制器的相关内容。在第八章第一节激光光学系统，增加了高斯光束的整形以及LD光束特性及其整形的内容，在第五节红外光学系统一节中，增加了主动式和被动式红外光学扫描系统的结构实例。在第十章中，删除了He-Ne激光光束聚焦物镜优化设计内容，增加了第十节三片数码相机物镜优化设计实例和第十一节双高斯物镜优化设计实例。

下篇主要修改内容为：除对相关章节的文字描述做适当的修改和补充外，在第十二章光的干涉和干涉系统一章中，补充了白光干涉的实际应用例子。在第十三章光的衍射一章中，增加了二元光学的应用实例。在第十五章光的偏振和晶体光学基础一章中，引入了近年来由于激光技术发展而备受关注的径向偏振光的概念。

本书由天津大学郁道银（上篇）和浙江大学谈恒英（下篇）主编，上海理工大学庄松林院士（上篇）和广州大学梁铨廷教授（下篇）主审。参加编写的有天津大学郁道银、谢洪波（第八、九章），田学飞、葛宝臻（第五章），清华大学毛文炜（第二、四章、第十章七至十二节），武汉大学何平安（第一、三章、第十章一至六节），长春理工大学王文生（第六、七章），浙江大学谈恒英（第十一、十五章），清华大学何庆声、孙利群（第十三、十四章、附录），上海理工大学曹俊卿（第十二章），南京理工大学赵琦（第十六、十七章）。此外，天津大学的汪毅等为本书的文字整理及校对工作付出了许多辛劳，在此一并感谢。

本书可作为高等学校光电信息科学与工程类、仪器仪表类及其相近专业的教材，亦可作为物理和光学类专业的选修课教材或参考书，也是从事光电信息科学与技术、仪器科学与技术等相关领域工作的工程技术人员的参考书。

书中的不足之处望广大读者指正。

编　者
2015年11月

第3版前言

《工程光学（第3版）》是普通高等教育“十一五”国家级规划教材，是根据高等教育规划教材的编写要求，以及更新教材内容、反映现代科技发展和应用的原则，在普通高等教育“十五”国家级规划教材《工程光学（第2版）》的基础上重新修订而成的。

本次修订的指导思想仍然是坚持注重基本理论的论述，加强理论与工程实际的结合，突出现代光学与光学技术的发展。

本书修订后仍分为上、下两篇，上篇为几何光学与光学设计，下篇为物理光学。

上篇主要修改内容为：在现代光学系统一章，将阶跃型光纤与梯度折射率光纤合并为一节，并省略了梯度折射率光纤中的部分指导公式；增加了第五节红外光学系统和第六节特殊面型及特殊结构光学系统；在红外光学系统一节中，主要介绍红外光学材料、红外光学系统的结构形式以及红外光学系统的冷阑效率与无热化设计；在特殊面型及特殊结构光学系统一节，主要介绍自由曲面光学系统、折/衍混合光学系统、离轴反射式光学系统以及自适应光学系统等。在光学系统的像质评价一章，增加了近年来光学设计软件中出现的新成像质量评价方法，如方均根统计评价方法、光程差曲线与光线差曲线、照度分析与光谱分析等。在光学设计一章，增加了光学系统的像差校正方法一节，主要介绍各种手工校正像差的方法，使读者对像差理论有更进一步的理解；将第八节更改为 $-5^{\times}$ 显微物镜的优化设计，与第五节的 $-5^{\times}$ 显微物镜初始结构设计相呼应，使读者全面了解一个显微物镜设计的全过程；此外，还增加了非球面镜头优化设计一节，介绍非球面成像的基本概念与两种非球面物镜的优化设计实例。

下篇主要修改内容为：在光的电磁理论基础一章，对波函数的复数表示、复振幅、波的叠加原理等内容作了补充描述与讨论，对光的吸收、色散和散射现象做了补充描述。在光的干涉和干涉系统一章，以复数形式的矢量波叠加对光波干涉条件进行了分析，补充了白光干涉及其应用的内容，增加了现代干涉技术及系统一节。在光的衍射一章，侧重于从波动光学的角度讨论光波场的衍射分布。在傅里叶光学一章，增加了复杂光波的复振幅分布与分解和光波衍射的傅里叶分析方法两节，以便加深对傅里叶分析方法处理光学问题的理解。在光的偏振和晶体光学基础一章，增加了若干偏振器件的介绍，并补充了液晶的双折射特性和各种电光效应特性的描述。

本书由天津大学郁道银（上篇）和浙江大学谈恒英（下篇）主编，上海理工大学庄松林院士（上篇）和广州大学梁铨廷教授（下篇）主审。参加编写的有天津大学郁道银、谢洪波（第八、九章），田学飞（第五章），清华大学毛文炜（第二、四章、第十章七至十一节），武汉大学何平安（第一、三章、第十章一至六节），长春理工大学王文生（第六、七章），浙江大学谈恒英（第十一、十五章），清华大学何庆声、孙利群（第十三、十四章、附录），上海理工大学曹俊卿（第十二章），南京理工大学赵琦（第十六、十七章）。此外，天津大学的陈晓冬，汪毅和雷湧等为本书的文字整理及校对工作付出了许多辛劳，在此一并感谢。

本书可作为高等学校光电信息科学与工程类、仪器仪表类及其相近专业的教材，亦可作为物理和光学类专业的选修课教材或参考书，也是从事光电信息科学与技术、仪器科学与技术等相关领域工作的工程技术人员的参考书。

书中的不足之处望广大读者指正。

编　者

2011年6月

第2版前言

《工程光学第2版》是“十五”国家级规划教材。为适应21世纪高等学校教学改革需要，使工程光学的教学内容和课程体系更适用于仪器仪表类及其相近专业的教学要求，对《工程光学第1版》进行了重新编写与修订。

重新编写与修订的指导思想仍然是既注重论述光学的基本原理，又更加紧密联系工程实际，并努力反映现代光学的发展和应用。

本书修订后仍分为上、下两篇，上篇为几何光学与光学设计，下篇为物理光学。

上篇在光学系统中的光束限制一章，单独介绍了光阑、出、入瞳和出、入窗的概念；在像差理论一章，补充了相关的像差特征曲线及其分析内容；在典型光学系统一章增加了变焦距光学系统的高斯光学成像原理；在像质评价一章，增加了现代光学设计软件中各种像质评价方法；上篇增加了第十章光学设计，主要介绍光学镜头的初始结构参数求解方法（PW法）和光学镜头的优化设计方法，并列举了多种光学镜头的优化设计过程。

下篇在光的电磁理论基础一章，补充了光传播时光的吸收、色散和散射的内容；在光的偏振和晶体光学基础一章，增加了液晶的内容；导波光学基础一章的叙述将更为简明易懂；下篇删去了光的量子性和激光基础一章，新增作为光子技术理论基础的光子学基础一章，主要介绍电磁场的量子化和光子特性，并指出光子学的广泛应用前景。下篇还增加了近场光学、二元光学、光调制、光存储、光子通信、光子晶体和激光器等相关内容。

本书由天津大学郁道银（上篇）和浙江大学谈恒英（下篇）主编，上海理工大学庄松林院士（上篇）和广州大学梁铨廷教授（下篇）主审。参加编写的有天津大学郁道银、谢洪波（第八、九章），田学飞（第五章），清华大学毛文炜（第二、四章、第十章6~10节），武汉大学何平安（第一、三章、第十章1~5节），长春理工大学王文生（第六、七章），浙江大学谈恒英（第十一、十五章），清华大学何庆声（第十三、十四章、附录），上海理工大学曹俊卿（第十二章），南京理工大学赵琦（第十六、十七章）。此外天津大学张以谟教授审阅了上篇的修改内容，并提出了许多宝贵意见，葛宝臻、陈晓冬为本书的校对及文字工作付出辛劳，在此一并致谢。

本书可作为高等学校仪器仪表类、光电信息科学与工程及其相近专业的教材，亦可作为物理和光学专业的选修教材或参考书，也是从事光电信息技术科学、仪器科学与技术等工程技术人员的参考书。

希望广大读者对书中的不足给予指正。

编　者

2005年10月

第1版前言

本书是根据国家教育部确定的国家级重点教材和原机械部确定的部级重点教材精神，并根据拓宽专业口径的原则而编写的。

本教材充分体现了高等学校教学改革对教学内容和课程体系改革的需要，在注重论述光学基本原理的同时，紧密结合工程实际，列举了大量的实际应用例子，有利于读者较全面地掌握光学基本理论和实际应用。在内容安排上，既包含有传统的光学理论和光学系统，又涉及现代光学的发展及其应用，努力反映光学的现代面貌。为了配合教学改革的要求，本教材拟配备多媒体教学光盘，以达到更新教学手段，增加课堂信息量，提高教学质量的目的。

本教材分为上、下两篇，上篇为几何光学与成像理论，下篇为物理光学。

上篇共分九章，系统地介绍了几何光学的基本定律与成像理论、理想光学系统的光学参数与成像特性、平面与平面镜成像系统、光学系统中的成像光束限制、光度学和色度学的基本原理、光学系统的光线光路计算和像差基本理论、典型光学系统和现代光学系统的成像特性和设计要求、光学系统的像质评价和像差公差。与以往教材不同的是增加了现代光学系统原理一章，简要地介绍了激光光学系统、傅里叶变换光学系统、扫描光学系统、阶跃型光纤光学系统、梯度折射率光纤光学系统和光电光学系统的光学成像特性及其应用。这些新型的光学系统与经典光学系统相比，其光学成像特性与设计要求等方面均有较大差异，且近年来在光电仪器和光电系统中经常应用。

下篇共分七章,详细地阐述了光的电磁性质、光在各向同性介质界面上的传播规律和光波的叠加与分析、光波的干涉和典型干涉装置与应用、光波的衍射和傅里叶光学的基本原理、光的偏振及其在晶体中的传播、光的量子性和激光、光纤和导波光学。除了传统内容之外,进一步充实了傅里叶光学、全息术、光学信息处理、光学传递函数和晶体光学的内容。考虑到现代光学的发展及其应用,增加了二元光学、光调制、半导体激光、导波光学和光子学方面的基本概念。

本书由天津大学郁道银(上篇)和浙江大学谈恒英(下篇)主编,上海理工大学庄松林院士(上篇)和广州师范学院梁铨廷教授(下篇)主审。参加编写的有天津大学郁道银(八、九章)、田学飞(五章),清华大学毛文炜(二、四章),武汉测绘科学大学何平安(一、三章),长春光机学院王文生(六、七章),浙江大学谈恒英(十、十四章),清华大学何庆声(十二、十三章、附录),上海理工大学曹俊卿(十一章),南京理工大学赵琦(十五、十六章)。本书上篇由郁道银定稿,下篇由谈恒英定稿。此外,天津大学的张以谟教授、胡鸿章教授审阅了本书,并提出了许多宝贵意见,毛义和于为为本书的绘图及校对工作付出了辛劳,在此一并致谢。

本书可作为高等学校仪器仪表类、测控技术及仪器、光电信息工程和其他相近专业的教材，亦可作为物理和光学专业的选修课教材或参考书，也是从事光学和光电技术、仪器仪表技术和精密计量及检测技术的工程技术人员的参考书。

由于作者水平有限，衷心希望广大读者对书中的不足之处给予批评指正。

编　者

1998年11月

目　　录

下篇 物 理 光 学

上篇　几何光学与光学设计

第一章　几何光学基本定律与成像概念

几何光学是以光线作为基础概念，用几何的方法研究光在介质中的传播规律和光学系统的成像特性的一门学科。本章首先介绍几何光学的基本概念和基本定律，建立光学系统成像的基本概念和完善成像条件，然后讨论光学系统的光路计算、近轴光学系统和球面光学系统的成像。

第一节　几何光学的基本定律和原理

一、光波与光线

光就其本质而言是一种电磁波，光波的频率比普通无线电波的频率高，光波的波长比普通无线电波的波长短。把电磁波按其波长或频率的顺序排列起来，形成电磁波谱，如图1-1所示。光波波长范围大致为1mm～10nm，其中波长在380～760nm之间的电磁波能为人眼所感知，称为可见光。波长大于760nm的光称为红外光，而波长小于400nm的光称为紫外光。光波在真空中的传播速度为 $c \approx 2.99792458 \times 10^8 \mathrm{m/s}$，在介质中的传播速度都小于 c，且随波长的不同而不同。

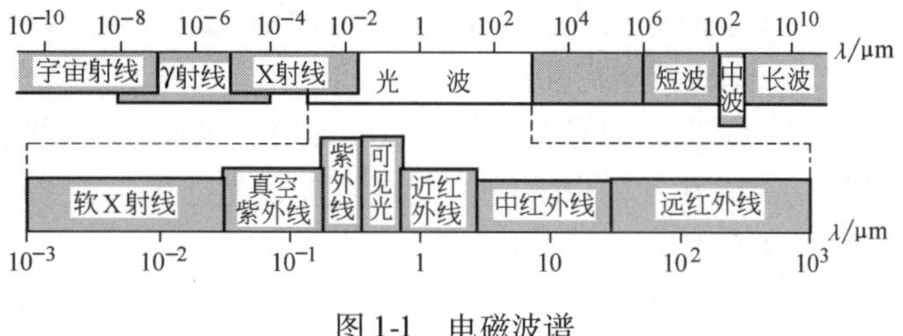

图1-1　电磁波谱

可见光随波长的不同而引起人眼不同的颜色感觉。我们把具有单一波长的光称为单色光，而由不同单色光混合而成的光称为复色光。单色光是一种理想光源，现实中并不存在。激光是一种单色性很好的光源，可以近似看作单色光。太阳光是由无限多种单色光组成的。在可见光范围内，太阳光可分解为红、橙、黄、绿、青、蓝、紫这七种颜色的光。

通常，我们把能够辐射光能量的物体称为发光体或光源。发光体可看作是由许多发光点或点光源组成，每个发光点向四周辐射光能量。为讨论问题的方便，在几何光学中，我们通常将发光点发出的光抽象为许许多多携带能量并带有方向的几何线，即光线。光线的方向代表光的传播方向。发光点发出的光波向四周传播时，某一时刻其振动位相相同的点所构成的等相位面称为波阵面，简称波面。光的传播即为光波波阵面的传播。在各向同性介质中，波面上某点的法线即代表了该点处光的传播方向，即光是沿着波面法线方向传播的。因此，波面法线即为光线。与波面对应的所有光线的集合称为光束。

通常，波面可分为平面波、球面波和任意曲面波。与平面波对应的光线束相互平行，称为平行光束。与球面波对应的光线束相交于球面波的球心，称为同心光束。同心光束可分为会聚光束和发散光束，如图 1-2a、b、c 所示。同心光束或平行光束经过实际光学系统后，由于像差的作用，将不再是同心光束或平行光束，对应的光波则为非球面光波。图 1-2d 所示为非球面光波和对应的像散光束。

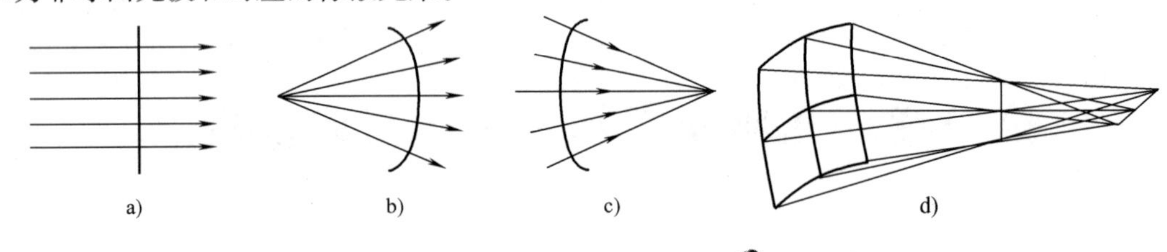

图 1-2 光束与波面的关系

a）平行光束 b）发散同心光束 c）会聚同心光束 d）像散光束

二、几何光学的基本定律

几何光学把研究光经过介质的传播问题归结为如下几个定律、现象、原理，其中“直线传播”、“独立传播”、“折射”与“反射”定律被称为四个基本定律，它们是研究光的传播现象、规律以及物体经过光学系统成像特性的基础。

（一）光的直线传播定律

几何光学认为，在各向同性的均匀介质中，光是沿着直线方向传播的。这就是光的直线传播定律。影子的形成、日蚀和月蚀等现象都能很好地证明这一定律。“小孔成像”即是运用这一定律的很好例子，许多精密测量，如精密天文测量、大地测量、光学测量及相应光学仪器都是以这一定律为基础的。

但这一定律是有局限性的。当光经过小孔或狭缝时，将发生“衍射”现象，光将不再沿直线方向传播。另外，光经过各向异性的晶体介质时，将产生“双折射”现象；在非均匀介质中传播时，光线传播的路径为曲线，也不再是直线。

（二）光的独立传播定律

不同光源发出的光在空间某点相遇时，彼此互不影响，各光束独立传播，这就是光的独立传播定律。在各光束的同一交会点上，光的强度是各光束强度的简单叠加，离开交会点后，各光束仍按原来的方向传播。

光的独立传播定律没有考虑光的波动性质。当两束光是由光源上同一点发出、经过不同途径传播后在空间某点交会时，交会点处光的强度将不再是二束光强度的简单叠加，而是根据两束光所走路程的不同，有可能加强，也有可能减弱。这就是光的“干涉”现象。

（三）光的折射定律与反射定律

光的直线传播定律与光的独立传播定律概括的是光在同一均匀介质中的传播规律，而光的折射定律与反射定律则是研究光传播到两种均匀介质分界面上时的现象与规律。

当一束光投射到两种均匀介质的光滑分界表面上时，一部分光从光滑分界表面回到原介质中，这种现象称为光的反射，反射回原介质的光称为反射光；另一部分光将“透过”光滑表面，进入第二种介质，这种现象称为光的折射，透过光滑表面进入第二种介质的光称为折射光。与反射光和折射光相对应，原来投射到光滑表面发生折射和反射前的光称为入射光。

如图1-3所示，入射光线AO入射到两种介质的分界面PQ上，在O点发生折反射。其中，反射光线为OB，折射光线为OC，NN'为界面上入射点O的法线。入射光线、反射光线和折射光线与法线的夹角I、I''、I'分别称之为入射角、反射角和折射角，它们均以锐角度量，由光线转向法线，顺时针方向形成的角度为正，逆时针方向为负。

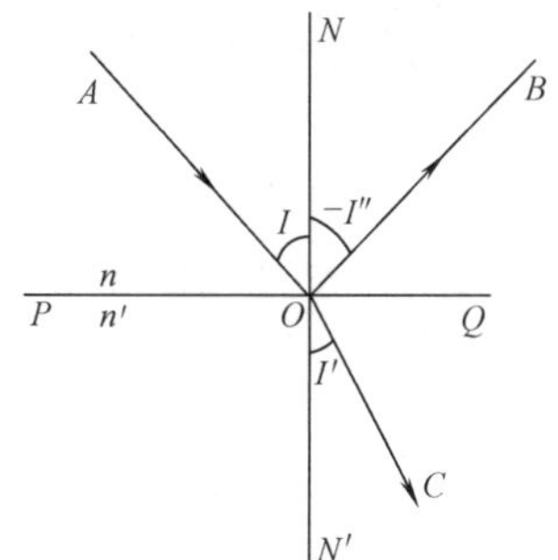

图1-3　光的反射与折射

反射定律归结为：①反射光线位于由入射光线和法线所决定的平面内；②反射光线和入射光线位于法线的两侧，且反射角与入射角绝对值相等，符号相反，即

$$I'' = -I \tag{1-1}$$

折射定律归结为：①折射光线位于由入射光线和法线所决定的平面内；②折射角的正弦与入射角的正弦之比与入射角大小无关，仅由两种介质的性质决定。对于一定波长的光线而言，在一定温度和压力下，该比值为一常数，等于入射光所在介质的折射率n与折射光所在介质的折射率n'之比，即

$$\frac{\sin I'}{\sin I} = \frac{n}{n'}$$

通常表示为

$$n'\sin I' = n\sin I \tag{1-2}$$

折射率是表征透明介质光学性质的重要参数。我们知道，各种波长的光在真空中的传播速度均为c，而在不同介质中的传播速度v各不相同，且都比真空中的光速小。介质的折射率就是用来描述介质中的光速相对于真空中的光速减慢程度的物理量，即

$$n = \frac{c}{v} \tag{1-3}$$

这就是折射率的定义。显然，真空的折射率为1。因此，我们把介质相对于真空的折射率称为绝对折射率。在标准条件（大气压强$P = 101275\text{Pa} = 760\text{mmHg}$，温度$t = 293\text{K} = 20℃$）下，空气的折射率$n = 1.000273$，与真空的折射率非常接近。因此，为方便起见，常把介质相对于空气的相对折射率作为该介质的绝对折射率，简称折射率。

在式(1-2)中，若令$n' = -n$，则有$I' = -I$，即折射定律转化为反射定律。这一结论有很重要的意义。后面我们将看到，许多由折射定律得出的结论，只要令$n' = -n$，就可以得出相应反射定律的结论。

（四）光的全反射现象

光线入射到两种介质的分界面时，通常都会发生折射与反射。但在一定条件下，入射到介质上的光会被全部反射回原来的介质中，而没有折射光产生，这种现象称为光的全反射现象。下面我们就来研究在什么条件下会产生全反射现象。

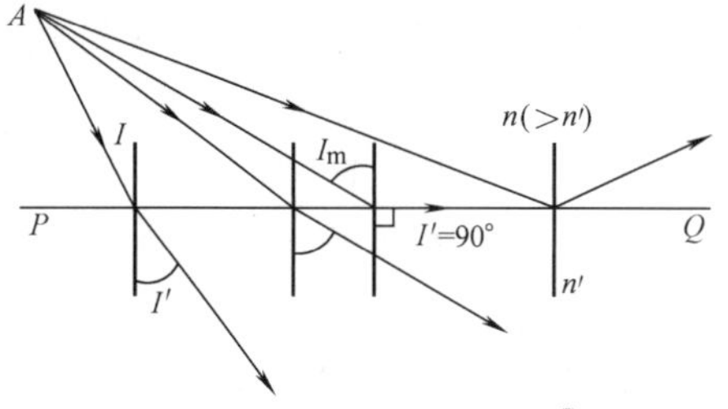

图1-4　光的全反射现象

通常，我们把分界面两边折射率高的介质称为光密介质，而把折射率低的介质称为光疏介质。由式(1-3)可知，光在光密介质中的传播速度较慢，而在光疏介质中的传播速度较快。当光从光密介质向光疏介质传播时，因为$n' < n$，则$I' > I$，折射光线相对于入射光线而言，更偏离法线方向，如图1-4所

示。当光线入射角 I 增大到某一程度时，折射角 I' 达到 90°，折射光线沿界面掠射出去，这时的入射角称为临界角，记为 I_m。由折射定律公式(1-2)得

$$\sin I_m = n'\sin I'/n = n'\sin 90°/n = n'/n \tag{1-4}$$

若入射角继续增大，使 $I > I_m$，即 $\sin I > n'/n$，由式(1-4)可知，$\sin I' > 1$。显然，这是不可能的。这表明入射角大于临界角的那些光线没有折射进入第二种介质，而是全部反射回第一种介质，即发生了全反射现象。

由上述分析可知，发生全反射的条件是：①光线从光密介质向光疏介质入射；②入射角大于临界角。

全反射现象在工程实际中有着广泛的应用。在光学仪器中，常常利用各种全反射棱镜代替平面反射镜，以减少反射时的光能损失，图 1-5 所示是一种最常用的等腰直角棱镜。从理论上讲，全反射棱镜可以将入射光全部反射，而镀有反射膜层的平面反射镜只能反射 90% 左右的入射光能。

图 1-5　全反射直角棱镜

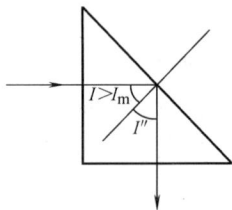

目前，广泛应用于光纤通信和各种光纤传感器的光学纤维（简称光纤），其最基本的原理就是利用全反射原理传光。图 1-6 所示为光纤的基本结构和光纤传光的基本原理。单根光纤由内层折射率较高的纤芯和外层折射率较低的包层组成。光线从光纤的一端以入射角 I_1 耦合进入光纤纤芯，投射到纤芯与包层的分界面上。在此分界面上，入射角大于临界角的那些光线在纤芯内连续发生全反射，直至传到光纤的另一端面出射。可见，只要满足一定条件，光就能在光纤内以全反射的形式传输很远的距离。将许多根光纤按序排列形成光纤束，即光缆，可用于传递图像和光能，如在医用内窥镜系统中，用一根光缆将光传入体内用于照明，而用另一根光缆将光学系统所成图像传递出来，供人眼观察（光纤光学系统在第八章中详述）。

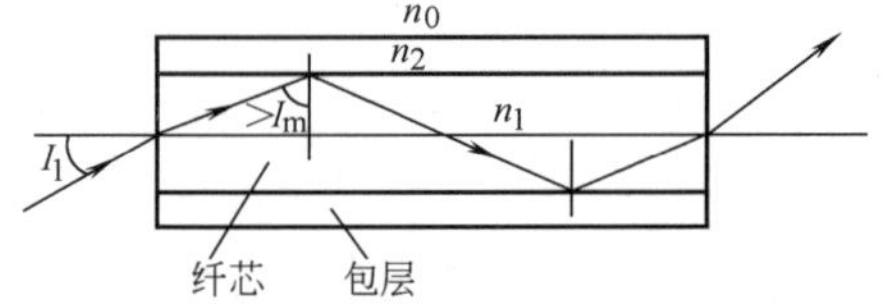

图 1-6　光纤的全反射传光原理 

（五）光路的可逆性原理

在图 1-3 中，若光线在折射率为 n' 的介质中沿 CO 方向入射，由折射定律可知，折射光线必定沿着 OA 方向出射。同样，如果光线在折射率为 n 的介质中沿 BO 方向入射，则由反射定律可知，反射光线也一定沿 OA 方向出射。由此可见，光线的传播是可逆的。这就是光线的可逆性原理。

（六）矢量形式的折反射定律

对于任意方向的光线，或遇到复杂界面时，应用矢量形式的折反射定律来进行分析会更方便。

设 $\boldsymbol{A}_0$、$\boldsymbol{A}_0'$ 和 $\boldsymbol{N}$ 分别为沿入射光线、折射光线和法线的单位矢量，如图 1-7 所示。根据折射定律式(1-2)，应有

$$n'(\boldsymbol{A}_0' \times \boldsymbol{N}) = n(\boldsymbol{A}_0 \times \boldsymbol{N})$$

展开，并记 $\boldsymbol{A} = n\boldsymbol{A}_0$，$\boldsymbol{A}' = n'\boldsymbol{A}_0'$，则

$$\boldsymbol{A}' \times \boldsymbol{N} = \boldsymbol{A} \times \boldsymbol{N}$$

或写为

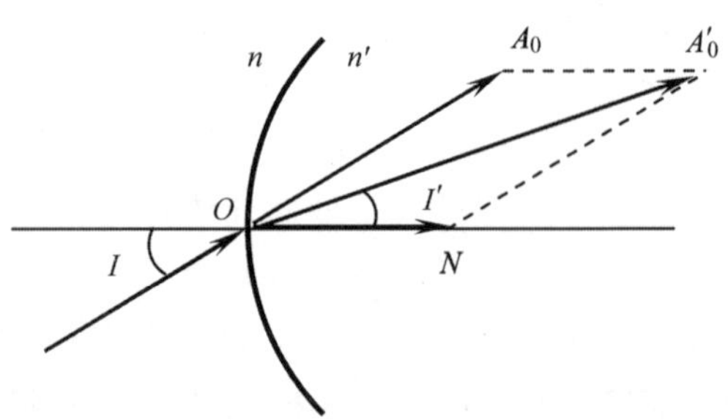

图 1-7　折射定律的矢量表示

$$(\boldsymbol{A}'-\boldsymbol{A})\times\boldsymbol{N}=\boldsymbol{0} \tag{1-5}$$

$(\boldsymbol{A}'-\boldsymbol{A})$ 与 $\boldsymbol{N}$ 都不可能为零，故两矢量必定平行，即有

$$\boldsymbol{A}'-\boldsymbol{A}=p\boldsymbol{N}\text{(式中 }p\text{ 为待定常数)}$$

两边同时与 $\boldsymbol{N}$ 作点积，有

$$p=\boldsymbol{N}\cdot\boldsymbol{A}'-\boldsymbol{N}\cdot\boldsymbol{A}=n'\cos I'-n\cos I \tag{1-6}$$

当 $n'>n$ 时，$p>0$，则 $\boldsymbol{A}'-\boldsymbol{A}$ 与 $\boldsymbol{N}$ 同向；当 $n'<n$ 时，$p<0$，则 $\boldsymbol{A}'-\boldsymbol{A}$ 与 $\boldsymbol{N}$ 反向。

一般情况下，已知两介质的折射率 n、n' 和光线的入射角 I，p 可化为

$$p=\sqrt{n'^2-n^2+n^2\cos^2 I}-n\cos I \tag{1-7}$$

$$\boldsymbol{A}'=\boldsymbol{A}+p\boldsymbol{N} \tag{1-8}$$

这就是矢量形式的折射定律。如果已知 $\boldsymbol{A}$ 和 $\boldsymbol{N}$，即可由此式求得折射矢量 $\boldsymbol{A}'$。

令 $n'=-n$，有

$$p=n'\cos I'-n\cos I=-2n\cos I=-2(\boldsymbol{N}\cdot\boldsymbol{A}) \tag{1-9}$$

将其代入矢量形式的折射定律式(1-8)，得矢量形式的反射定律

$$\boldsymbol{A}''=\boldsymbol{A}-2\boldsymbol{N}(\boldsymbol{N}\cdot\boldsymbol{A}) \tag{1-10}$$

矢量形式折反射定律多用在空间光线的光路计算和非球面、非共轴系统的光路计算中。

三、费马原理

费马原理用“光程”的概念对光的传播规律作了更简明的概括。

所谓光程是指光在介质中传播的几何路程 l 与所在介质的折射率 n 的乘积 s，即

$$s=nl \tag{1-11}$$

将式(1-3)及 $l=vt$ 代入式(1-11)，有

$$s=ct \tag{1-12}$$

由此可见，光在某种介质中的光程等于同一时间内光在真空中所走过的几何路程。

费马原理指出，光从一点传播到另一点，其间无论经过多少次折射和反射，其光程为极值。也就是说，光是沿着光程为极值（极大、极小或常量）的路径传播的。因此，费马原理也叫光程极端定律。

我们知道，在均匀介质中光是沿直线方向传播的。但是，在非均匀介质中，由于折射率 n 是空间位置的函数，光线将不再沿直线方向传播，其轨迹是一空间曲线，如图 1-8 所示。此时，光线从 A 点传播至 B 点，其光程由以下曲线积分来确定

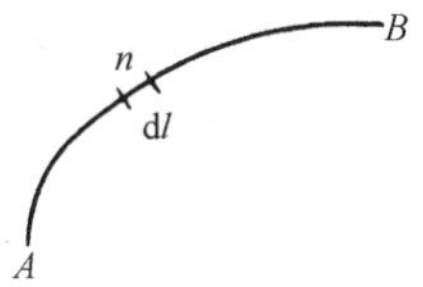

图 1-8　非均匀介质中的光线与光程

$$s=\int_A^B n\mathrm{d}l \tag{1-13}$$

根据费马原理，此光程应具有极值，即式(1-13)表示的一次变分为零，即

$$\delta s=\delta\int_A^B n\mathrm{d}l=0 \tag{1-14}$$

这就是费马原理的数学表示。

费马原理是描述光线传播的基本规律，无论是光的直线传播定律，还是光的反射定律与折射定律，均可以由费马原理直接导出。比如，对于均匀介质，由两点间的直线距离为最短这一公理，即可以证明光的直线传播定律。至于光的反射定律和折射定律的证明，留待读者在习题中自己推导。

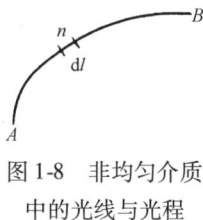

四、马吕斯定律

在各向同性的均匀介质中，光线为光波的法线，光束对应着波面的法线束。马吕斯定律描述了光经过任意多次折、反射后，光束与波面、光线与光程之间的关系。

马吕斯定律指出，光线束在各向同性的均匀介质中传播时，始终保持着与波面的正交性，并且入射波面与出射波面对应点之间的光程均为定值。这种正交性表明，垂直于波面的光线束经过任意多次折、反射后，无论折、反射面形如何，出射光束仍垂直于出射波面。

折/反射定律、费马原理和马吕斯定律三者中的任意一个，均可以视为几何光学的一个基本定律，而把另外两个作为该基本定律的推论。

第二节 成像的基本概念与完善成像条件

一、光学系统与成像概念

光学系统的主要作用之一是对物体成像。一个被照明的物体（或自发光物体）总可以看成是由无数多个发光点或物点组成的，每个物点发出一个球面波，与之对应的是一束以物点为中心的同心光束。如果该球面波经过光学系统后仍为一球面波，那么对应的光束仍为同心光束，则称该同心光束的中心为物点经过光学系统所成的完善像点。物体上每个点经过光学系统后所成完善像的集合就是该物体经过光学系统后的完善像。通常，我们把物体所在的空间称为物空间，把像所在的空间称为像空间。物像空间的范围均为（$-\infty$，$+\infty$）。

光学系统通常是由若干个光学元件（如透镜、棱镜、反射镜和分划板等）组成，而每个光学元件都是由表面为球面、平面或非球面的、具有一定折射率的介质构成。如果组成光学系统的各个光学元件的表面曲率中心都在同一直线上，则称该光学系统为共轴光学系统，该直线称为光轴。光学系统中大部分为共轴光学系统，非共轴光学系统较少使用。

二、完善成像条件

图 1-9 所示为一共轴光学系统，由 O_1、O_2、…、O_k 等 k 个面组成。轴上物点 A_1 发出一球面波 W（与之对应的是以 A_1 为中心的同心光束），经过光学系统后仍为一球面波 W'，对应的是以球心A_k'为中心的同心光束，A_k'即为物点 A_1 的完善像点。

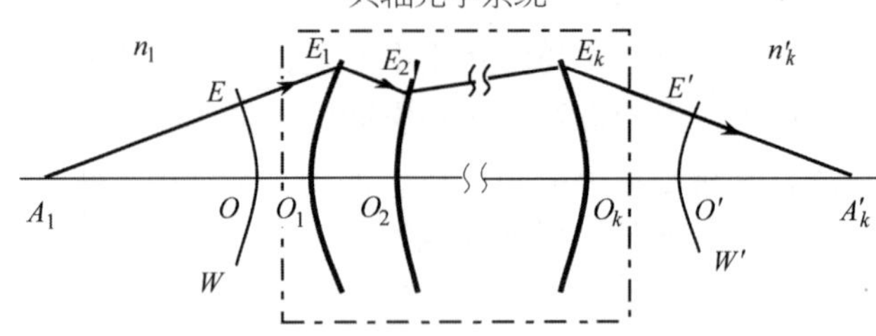

图 1-9 共轴光学系统及其完善成像

光学系统成完善像应满足的条件为：入射波面为球面波时，出射波面也为球面波。由于球面波对应同心光束，所以完善成像条件也可以表述为：入射光为同心光束时，出射光束亦为同心光束。根据马吕斯定律，入射波面与出射波面对应点间的光程相等，则完善成像条件用光程的概念可以表述为：物点 A_1 及其像点 A_k'之间任意二条光路的光程相等，即等光程原理

$$
\begin{aligned}
&n_1A_1O + n_1OO_1 + n_2O_1O_2 + \cdots + n_k'O_kO' + n_k'O'A_k' \\
&= n_1A_1E + n_1EE_1 + n_2E_1E_2 + \cdots + n_k'E_kE' + n_k'E'A_k' = 常数
\end{aligned}
$$

或简写为

$$(A_1A_k') = 常数$$

通常，满足等光程原理的单个折、反射面一般都是非球面。

三、物、像的虚实

根据物、像方同心光束的会聚与发散情况，物、像有虚实之分。由实际光线相交所形成的点为实物点或实像点，而由光线的延长线相交所形成的点为虚物点或虚像点，如图 1-10 所示。图 a 为实物成实像，图 b 为实物成虚像，图 c 为虚物成实像，图 d 为虚物成虚像的情况。需要说明的是，虚物不能人为设定，它是前一光学系统所成的实像被当前系统所截而得。实像不仅能为人眼所观察，而且还能用屏幕、胶片或光电成像器件（如数码相机中的 CCD、CMOS 等）记录，而虚像只能为人眼所观察，不能被记录。由图中可以看出，实物、虚像对应发散同心光束，虚物、实像对应会聚同心光束。因此，几个光学系统组合在一起时，前一系统形成的虚像应看成是当前系统的实物。

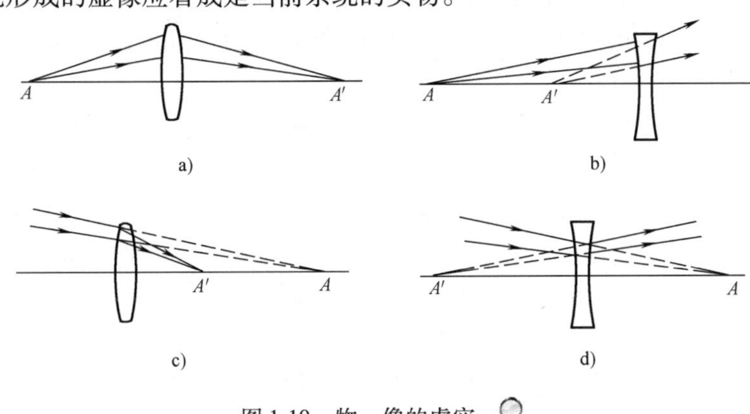

图 1-10　物、像的虚实

第三节　光路计算与近轴光学系统

大多数光学系统都是由折、反射球面或平面组成的共轴球面光学系统。平面可以看成是曲率半径 $r\to\infty$ 的特例，反射则是折射在 $n'=-n$ 时的特例。可见，折射球面系统具有普遍意义。物体经过光学系统的成像，实际上是物体各点发出的光线束经过光学系统逐面折、反射的结果。因此，我们首先讨论光线经过单个折射球面折射的光路计算问题，然后再逐面过渡到整个光学系统。

一、基本概念与符号规则

如图 1-11 所示，折射球面 OE 是折射率为 n 和 n' 两种介质的分界面，C 为球心，OC 为球面曲率半径，以 r 表示。通过球心 C 的直线即为光轴，光轴与球面的交点 O 称为球面顶点。我们把通过物点和光轴的截面称为子午面。显然，轴上物点 A 的子午面有无数多个，而轴外物点的子午面只有一个。在子午面内，光线的位置由以下两个参量确定：

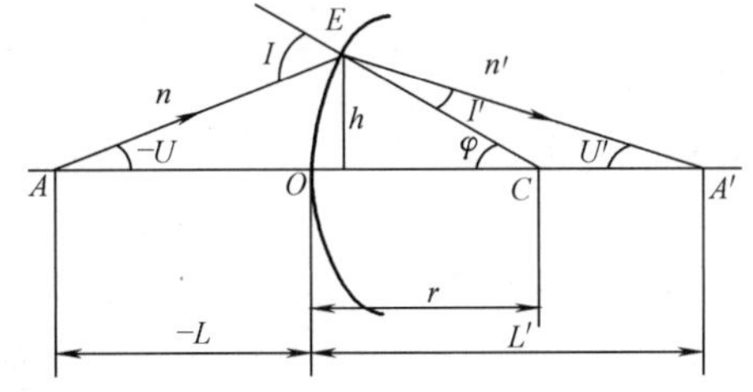

图 1-11　光线经过单个折射球面的折射 

物方截距：顶点 O 到光线与光轴的交点 A 的距离，用 L 表示，即 $L=OA$；

物方孔径角：入射光线与光轴的夹角，用 U 表示，即 $U=\angle OAE$。

轴上点 A 发出的光线 AE 经过折射面 OE 折射后，与光轴相交于 A'点。同样，像方光线 EA'的位置由像方截距 $L'=OA'$和像方孔径角 $U'=\angle OA'E$ 确定。通常，在几何光学与光学设计领域，像方参量符号与其对应的物方参量符号用相同的字母表示，并用撇号“′”加以区别。为了确定光线与光轴的交点在顶点的左边还是右边、光线在光轴的上边还是下边、折射球面是凸的还是凹的，还必须对各符号参量的正负作出规定，即我们通常所说的如下符号规则。

1）沿轴线段（如 L、L'和 r）：规定光线的传播方向自左至右为正方向，以折射面顶点 O 为原点，由顶点到光线与光轴交点（A、A'）或球心（C）的方向和光线传播方向相同时取正，相反时取负。因此，图中 L 为负，L'、r 为正。

2）垂轴线段（如光线矢高 h）：以光轴为基准，在光轴以上为正，在光轴以下为负。

3）光线与光轴的夹角（如 U、U'）：用由光轴转向光线所形成的锐角度量，顺时针为正，逆时针为负。

4）光线与法线的夹角（如 I、I'和 I''）：由光线以锐角方向转向法线，顺时针为正，逆时针为负。

5）光轴与法线的夹角（如 φ）：由光轴以锐角方向转向法线，顺时针为正，逆时针为负。

6）相邻两折射面间隔（用 d 表示）：由前一面的顶点到后一面的顶点，顺光线方向为正，逆光线方向为负。在折射系统中，d 恒为正值。

这里，符号及符号规则开始时是约定俗成、人为规定的，但现在已成为国家标准（参见 GB/T 1224—1999），必须严格遵守。只有这样，才能使在某种情况下推导的公式具有普遍性，也只有遵守这些符号规则，才能在工程实际中与同行进行交流。图 1-11 中各量均为几何量，用绝对值表示。因此，凡是负值的量，图中相应量的符号前均加负号。

二、实际光线的光路计算

计算光线经过单个折射面的光路，就是已知球面曲率半径 r、介质折射率 n 和 n'及光线物方坐标 L 和 U，求像方光线坐标 L'和 U'。如图 1-11 所示，在△AEC 中，应用正弦定律，有

$$\frac{\sin I}{-L+r}=\frac{\sin(-U)}{r}$$

于是

$$\sin I=(L-r)\frac{\sin U}{r} \tag{1-15}$$

在 E 点应用折射定律，有

$$\sin I'=\frac{n}{n'}\sin I \tag{1-16}$$

由图 1-11 可知，$\varphi=U+I=U'+I'$，由此得像方孔径角 U'为

$$U'=U+I-I' \tag{1-17}$$

在△$A'EC$ 中应用正弦定律

$$\frac{\sin I'}{L'-r}=\frac{\sin U'}{r}$$

于是，得像方截距

$$L' = r\left(1 + \frac{\sin I'}{\sin U'}\right) \tag{1-18}$$

式(1-15)~式(1-18)即为子午面内实际光线经过单个折射球面时的光路计算公式。给出一组 L 和 U，就可以计算出一组相应的 L' 和 U'。由于折射面乃至整个系统具有轴对称性，故以 A 为顶点、$2U$ 为顶角的圆锥面上的光线经折射后，均会聚于点 A'。另一方面，由上述公式组可知，当 L 一定时，L' 是 U 的函数，因此，同一物点发出的不同孔径的光线，经过折射后具有不同的 L' 值，如图 1-12 所示。这说明，同心光束经折射后，出射光束不再是同心光束。因此，单个折射球面对轴上物点成像是不完善的。这种现象称为“球差”。球差是球面光学系统成像的固有缺陷。

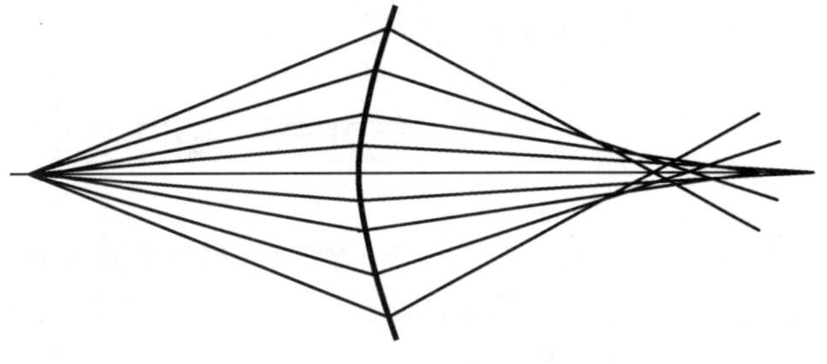

图 1-12　轴上点成像的不完善性 

三、近轴光线的光路计算

当孔径角 U 很小时，I、I' 和 U' 都很小。这时，光线在光轴附近很小的区域内，这个区域称为近轴区，近轴区内的光线称为近轴光线。由于近轴光线的有关角度量都很小，在式(1-15)~式(1-18)中，将角度的正弦值用其相应的弧度值来代替，并用相应小写字母表示，则有

$$i = \frac{l - r}{r}u \tag{1-19}$$

$$i' = \frac{n}{n'}i \tag{1-20}$$

$$u' = u + i - i' \tag{1-21}$$

$$l' = r\left(1 + \frac{i'}{u'}\right) \tag{1-22}$$

由这组公式可知，在近轴区内，对一给定的 l 值，不论 u 为何值，l' 均为定值。这表明，轴上物点在近轴区内以细光束成像是完善的，这个像通常称为高斯像。通过高斯像点且垂直于光轴的平面称为高斯像面，其位置由 l' 决定。这样一对构成物像关系的点称为共轭点。

在近轴区内，有

$$l'u' = lu = h \tag{1-23}$$

据此，将式(1-19)和式(1-22)中的 i 和 i' 代入式(1-20)，得

$$n'\left(\frac{1}{r} - \frac{1}{l'}\right) = n\left(\frac{1}{r} - \frac{1}{l}\right) = Q \tag{1-24}$$

$$n'u' - nu = (n' - n)\frac{h}{r} \tag{1-25}$$

$$\frac{n'}{l'} - \frac{n}{l} = \frac{n' - n}{r} \tag{1-26}$$

式(1-24)中的 Q 称为阿贝不变量。该式表明，对于单个折射面，物空间与像空间的阿贝不变量 Q 相等，仅随共轭点的位置而变。式(1-25)表示了物、像方孔径角的相互关系。这两式在像差理论中有重要应用。式(1-26)表明了单个折射球面的物、像位置关系，已知物体位置 l，即可求出其共轭像的位置 l'。反之亦然。

第四节　球面光学成像系统

上节讨论了轴上点经过单个折射球面的成像情况，主要涉及物像位置关系。当讨论有限大小的物体经过折射球面乃至球面光学系统成像时，除了物像位置关系外，还涉及像的放大与缩小、像的正、倒与虚、实等成像特性。以下我们均在近轴区内予以讨论。

一、单个折射面成像

（一）垂轴放大率

在近轴区内，垂直于光轴的平面物体可以用子午面内的垂轴小线段 AB 表示，经过球面折射后所成像 $A'B'$ 垂直于光轴 AOA'。由轴外物点 B 发出的通过球心 C 的光线 BC 必定通过 B' 点，因为 BC 相当于轴外物点 B 的光轴（称为辅轴）。如图 1-13 所示，令 $AB=y$，$A'B'=y'$，则定义垂轴放大率 β 为像的大小与物体的大小之比，即

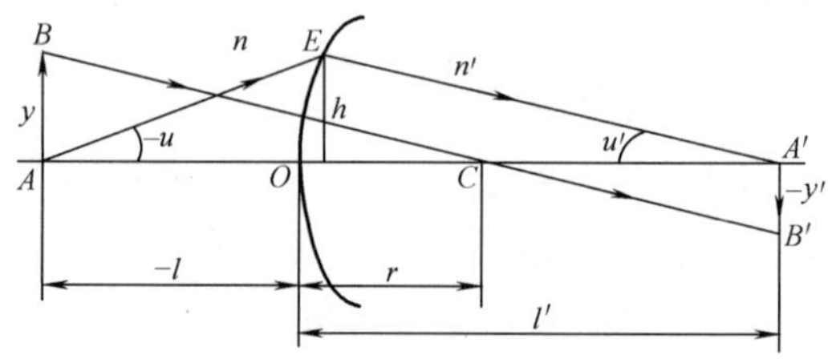

图 1-13　近轴区有限大小的物体经过单个折射球面的成像

$$\beta=\frac{y'}{y} \tag{1-27}$$

由于 $\triangle ABC$ 相似于 $\triangle A'B'C$，则有

$$-\frac{y'}{y}=\frac{l'-r}{r-l}$$

利用式(1-24)，得

$$\beta=\frac{y'}{y}=\frac{nl'}{n'l} \tag{1-28}$$

由此可见，垂轴放大率仅取决于共轭面的位置。在一对共轭面上，β 为常数，故像与物是相似的。

根据 β 的定义及式(1-28)，可以确定物体的成像特性，即像的正倒、虚实、放大与缩小：

1）若 $\beta>0$，即 y' 与 y 同号，表示成正像；反之，y' 与 y 异号，表示成倒像。

2）若 $\beta>0$，即 l' 和 l 同号，物像虚实相反；反之，l' 和 l 异号，表示物像虚实相同。

3）若 $|\beta|>1$，则 $|y'|>|y|$，成放大的像；反之，$|y'|<|y|$，成缩小的像。

（二）轴向放大率

轴向放大率表示光轴上一对共轭点沿轴向的移动量之间的关系，它定义为物点沿光轴作微小移动 $\mathrm{d}l$ 时，所引起的像点移动量 $\mathrm{d}l'$ 与物点移动量 $\mathrm{d}l$ 之比，用 α 表示轴向放大率，即

$$\alpha=\frac{\mathrm{d}l'}{\mathrm{d}l} \tag{1-29}$$

对于单个折射球面，将式(1-26)两边微分，得

$$-\frac{n'\mathrm{d}l'}{l'^2}+\frac{n\mathrm{d}l}{l^2}=0$$

于是得轴向放大率

$$\alpha=\frac{\mathrm{d}l'}{\mathrm{d}l}=\frac{nl'^2}{n'l^2} \tag{1-30}$$

这就是轴向放大率的计算公式，它与垂轴放大率的关系为

$$\alpha=\frac{n'}{n}\beta^2 \tag{1-31}$$

由此可以得出如下两个结论：①折射球面的轴向放大率恒为正。因此，当物点沿轴向移动时，其像点沿光轴同向移动。②轴向放大率与垂轴放大率不等。因此，空间物体成像时要变形。比如，一个正方体成像后，将不再是正方体。

（三）角放大率

在近轴区内，角放大率定义为一对共轭光线与光轴的夹角 u' 与 u 之比值，用 γ 表示，即

$$\gamma=\frac{u'}{u} \tag{1-32}$$

利用 $l'u'=lu$，得

$$\gamma=\frac{l}{l'}=\frac{n}{n'}\frac{1}{\beta} \tag{1-33}$$

角放大率表示折射球面将光束变宽或变细的能力。式(1-33)表明，角放大率只与共轭点的位置有关，而与光线的孔径角无关。

垂轴放大率、轴向放大率与角放大率之间是密切联系的，三者之间的关系为

$$\alpha\gamma=\frac{n'}{n}\beta^2\frac{n}{n'\beta}=\beta \tag{1-34}$$

由 $\beta=\frac{y'}{y}=\frac{nl'}{n'l}=\frac{nu}{n'u'}$，得

$$nuy=n'u'y'=J \tag{1-35}$$

式(1-35)表明，实际光学系统在近轴区成像时，在物像共轭面内，物体大小 y、成像光束的孔径角 u 和物体所在介质的折射率 n 的乘积为一常数，该常数 J 称为拉格朗日-赫姆霍兹不变量，简称拉赫不变量。拉赫不变量是表征光学系统性能的一个重要参数。

二、球面反射镜成像

前面我们已经指出，反射是折射的特例。因此，令 $n'=-n$，即可由单个折射球面的成像结论，导出球面反射镜（简称球面镜）的成像特性。

（一）物像位置关系

将 $n'=-n$ 代入式(1-26)中，则得球面镜的物像位置关系如下：

$$\frac{1}{l'}+\frac{1}{l}=\frac{2}{r} \tag{1-36}$$

通常，球面镜分为凸面镜（$r>0$）和凹面镜（$r<0$），其物像关系如图1-14所示。

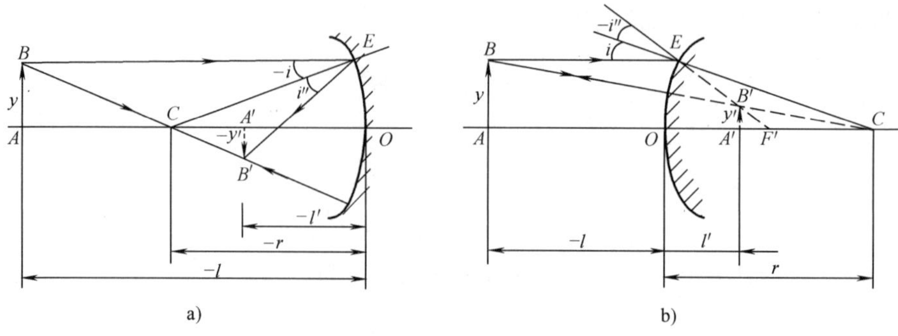

图 1-14 球面镜的成像

a）凹面镜成像 b）凸面镜成像

（二）成像放大率

将 $n' = -n$ 分别代入式(1-28)、式(1-30)和式(1-33)，得

$$\left.\begin{aligned} \beta &= \frac{y'}{y} = -\frac{l'}{l} \\ \alpha &= \frac{\mathrm{d}l'}{\mathrm{d}l} = -\frac{l'^2}{l^2} = -\beta^2 \\ \gamma &= \frac{u'}{u} = -\frac{1}{\beta} \end{aligned}\right\} \tag{1-37}$$

由此可见，球面反射镜的轴向放大率 $\alpha < 0$，这表明，当物体沿光轴移动时，像总是以相反的方向移动的。另外，对于凸面镜，当 $|l| \gg r$ 时，$\beta \ll 1$，成一正立、缩小的虚像，且有很大的成像范围。因此，凸面镜常用作汽车后视镜，在“T”或“L”形路口也常立一面凸面镜，以瞭望对向行人及车况。

球面镜的拉赫不变量为

$$J = uy = -u'y' \tag{1-38}$$

当物点位于球面镜球心，即 $l = r$ 时，$l' = r$，且

$$\beta = \alpha = -1, \qquad \gamma = 1$$

可见，此时球面镜成倒像。由于反射光线与入射光线的孔径角相等，即通过球心的光线沿原光路反射，仍会聚于球心。因此，球面镜对于球心是等光程面，成完善像。

三、共轴球面系统

上面讨论了单个折、反射球面的光路计算及成像特性，它对构成光学系统的每个球面都是适用的。因此，只要找到相邻两个球面之间的光路关系，就可以解决整个光学系统的光路计算问题，并分析整个光学系统的成像特性。

（一）过渡公式

设一个共轴球面光学系统由 k 个面组成，其成像特性由下列结构参数确定：①各球面的曲率半径 r_1、r_2、…、r_k；②相邻球面顶点间的间隔 d_1、d_2、…、d_{k-1}，其中 d_1 为第一面顶点到第二面顶点间的沿轴距离，d_2 为第二面到第三面间的沿轴距离，其余类推；③各面之间介质的折射率 n_1、n_2、…、n_k、n_{k+1}，其中 n_1 为第一面前（即系统物方）介质的折射率，n_{k+1} 为第 k 面后（即系统像方）介质的折射率，n_2 为第一面到第二面间介质的折射率，其余类推。

图 1-15 所示为某一光学系统的第 i 面和第 $i+1$ 面的成像情况。显然，第 i 面的像方空间就是第 $i+1$ 面的物方空间，第 i 面的像就是第 $i+1$ 面的物。因此有

$$n_{i+1}=n_i',\ u_{i+1}=u_i',\ y_{i+1}=y_i' \qquad (i=1,2,\cdots,k-1) \tag{1-39}$$

第 $i+1$ 面的物距与第 i 面的像距之间的关系由图可得

$$l_{i+1}=l_i'-d_i \qquad (i=1,2,\cdots,k-1) \tag{1-40}$$

式(1-39)和式(1-40)即为共轴球面光学系统近轴光路计算的过渡公式。

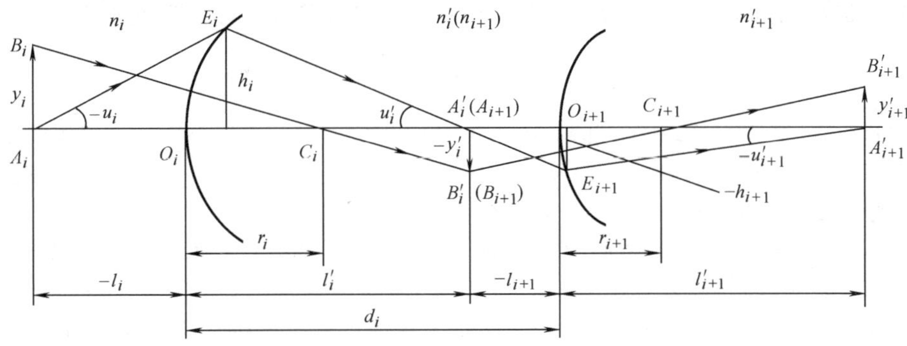

图 1-15　共轴球面光学系统的成像

式(1-39)的第二式与式(1-40)的对应项相乘，并利用 $l'u'=lu=h$，有

$$h_{i+1}=h_i-d_iu_i' \qquad (i=1,2,\cdots,k-1) \tag{1-41}$$

式(1-41)为光线入射高度的过渡公式。将式(1-35)作用于每一面，并考虑过渡公式(1-39)，有

$$n_1u_1y_1=n_2u_2y_2=\cdots=n_ku_ky_k=n_k'u_k'y_k'=J \tag{1-42}$$

可见，拉赫不变量 J 不仅对单个折射面的物像空间，而且对于整个光学系统各个面的物像空间都是不变量，即拉赫不变量 J 对整个系统而言是个不变量。利用这一特点，我们可以对计算结果进行校对。

上述过渡公式对于宽光束的实际光线同样适用，只需将相应的小写字母改为大写字母即可，即

$$n_{i+1}=n_i',\ U_{i+1}=U_i',\ Y_{i+1}=Y_i' \qquad (i=1,2,\cdots,k-1) \tag{1-43}$$

$$L_{i+1}=L_i'-d_i \qquad (i=1,2,\cdots,k-1) \tag{1-44}$$

（二）成像放大率

利用过渡公式，很容易证明系统的放大率为各面放大率之乘积，即

$$\left.\begin{aligned}\beta&=\frac{y_k'}{y_1}=\frac{y_1'}{y_1}\cdot\frac{y_2'}{y_2}\cdot\cdots\cdot\frac{y_k'}{y_k}=\beta_1\beta_2\cdots\beta_k\\ \alpha&=\frac{\mathrm{d}l_k'}{\mathrm{d}l_1}=\frac{\mathrm{d}l_1'}{\mathrm{d}l_1}\cdot\frac{\mathrm{d}l_2'}{\mathrm{d}l_2}\cdot\cdots\cdot\frac{\mathrm{d}l_k'}{\mathrm{d}l_k}=\alpha_1\alpha_2\cdots\alpha_k\\ \gamma&=\frac{u_k'}{u_1}=\frac{u_1'}{u_1}\cdot\frac{u_2'}{u_2}\cdot\cdots\cdot\frac{u_k'}{u_k}=\gamma_1\gamma_2\cdots\gamma_k\end{aligned}\right\} \tag{1-45}$$

可以证明（见习题）

$$\beta = \frac{n_1}{n_k'} \frac{l_1' l_2' \cdots l_k'}{l_1 l_2 \cdots l_k} \tag{1-46}$$

$$\beta = \frac{n_1 u_1}{n_k' u_k'},\ \alpha = \frac{n_k'}{n_1}\beta^2,\ \gamma = \frac{n_1}{n_k'} \frac{1}{\beta} \tag{1-47}$$

三个放大率之间的关系仍有 $\alpha\gamma = \beta$。因此，整个光学系统各放大率公式及其相互关系与单个折射球面完全相同。这充分说明，单个折射球面的成像特性具有普遍意义。

习　题

1. 举例说明符合光传播基本定律的生活现象及各定律的应用。

2. 已知真空中的光速 $c \approx 3 \times 10^8 \mathrm{m/s}$，求光在水（$n = 1.333$）、冕牌玻璃（$n = 1.51$）、火石玻璃（$n = 1.65$）、加拿大树胶（$n = 1.526$）、金刚石（$n = 2.417$）等介质中的光速。

3. 一物体经针孔相机在屏上成像的大小为 60mm，若将屏拉远 50mm，则像的大小变为 70mm，求屏到针孔的初始距离。

4. 一厚度为 200mm 的平行平板玻璃（设 $n = 1.5$），下面放一直径为 1mm 的金属片。若在玻璃板上盖一圆形纸片，要求在玻璃板上方任何方向上都看不到该金属片，问纸片最小直径应为多少？

5. 试分析当光从光疏介质进入光密介质时，发生全反射的可能性。

6. 证明光线通过平行玻璃平板时，出射光线与入射光线平行。

7. 如图 1-16 所示，光线入射到一楔形光学元件上。已知楔角为 α，折射率为 n，求光线经过该楔形光学元件后的偏角 δ。

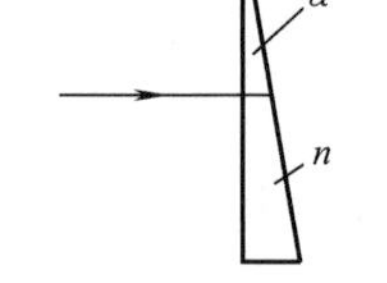

图 1-16　习题 7 图

8. 如图 1-6 所示，光纤芯的折射率为 n_1、包层的折射率为 n_2，光纤所在介质的折射率为 n_0，求光纤的数值孔径（即 $n_0 \sin I_1$，其中 I_1 为光在光纤内能以全反射方式传播时在入射端面的最大入射角）。

9. 有一直角棱镜如图 1-17 所示，其折射率为 n。问光线以多大的孔径角 θ_0 入射时，正好能够经其斜面全反射后出射。如果棱镜用冕牌玻璃 K9 制造（$n = 1.5163$），试计算 θ_0 的值。

10. 由费马原理证明光的折射定律和反射定律。

11. 根据完善成像条件，证明无限远点与有限远点的等光程反射面为抛物面。

12. 导出对一对有限远共轭点成完善像的单个折射面的面形方程。

13. 证明光学系统的垂轴放大率公式(1-46)和式(1-47)。

14. 一物点位于一透明玻璃球的后表面，如果从前表面看到此物点的像正好位于无穷远，试求该玻璃球的折射率 n。

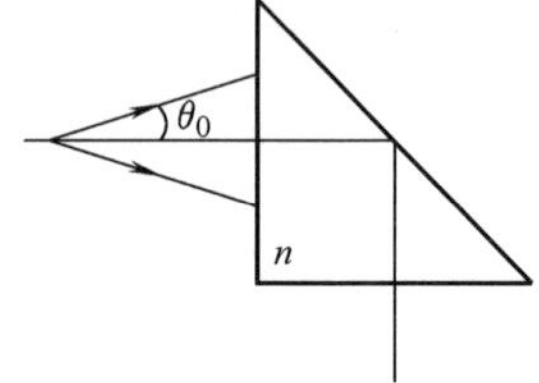

图 1-17　习题 9 图

15. 一直径为 20mm 的玻璃球，其折射率为$\sqrt{3}$，今有一光线以 60°入射角入射到该玻璃球上，试分析光线经过玻璃球的传播情况。

16. 一束平行细光束入射到一半径为 $r = 30\mathrm{mm}$、折射率 $n = 1.5$ 的玻璃球上，求其会聚点的位置。如果在凸面镀上反射膜，其会聚点应在何处？如果凹面镀反射膜，则反射光束在玻璃中的会聚点又在何处？反射光束经前表面折射后，会聚点又在何处？说明各会聚点的虚实。

17. 一折射球面 $r = 150\mathrm{mm}$，$n = 1$，$n' = 1.5$，问当物距分别为 $-\infty$、$-1000\mathrm{mm}$、$-100\mathrm{mm}$、0、100mm、150mm 和 200mm 时，垂轴放大率各为多少？

18. 一直径为 400mm、折射率为 1.5 的玻璃球中有两个小气泡，一个位于球心，另一个位于 1/2 半径处。沿两气泡连线方向在球两边观察，问看到气泡在何处？如果在水中观察，看到的气泡又在何处？

19. 有一平凸透镜 $r_1 = 100\mathrm{mm}$，$r_2 = \infty$，$d = 300\mathrm{mm}$，$n = 1.5$，当物体在 $-\infty$ 时，求高斯像的位置。在

第二面上刻一十字丝，问其通过球面的共轭像在何处？当入射高度 $h=10\text{mm}$ 时，实际光线的像方截距为多少？与高斯像面的距离为多少？这一偏离说明什么？

20. 一球面镜半径 $r=-100\text{mm}$，求 $\beta=0$、$-0.1^{\times}$、$-0.2^{\times}$、$-1^{\times}$、$1^{\times}$、$5^{\times}$、$10^{\times}$、∞ 时的物距和像距。

21. 一物体位于半径为 r 的凹面镜前什么位置时，可分别得到：放大 4 倍的实像、放大 4 倍的虚像、缩小 4 倍的实像和缩小 4 倍的虚像？

22. 有一半径为 r 的透明玻璃球，如果在其后半球面镀上反射膜，问此球的折射率为多少时，从空气入射的光经此球反射后仍按原方向出射？

23. 有一楔形玻璃平板，如图 1-18 所示，楔角为 α，材料折射率为 n，当一光线以入射角度 α 入射时，求出射光线的方向（假设楔角 α 很小）。

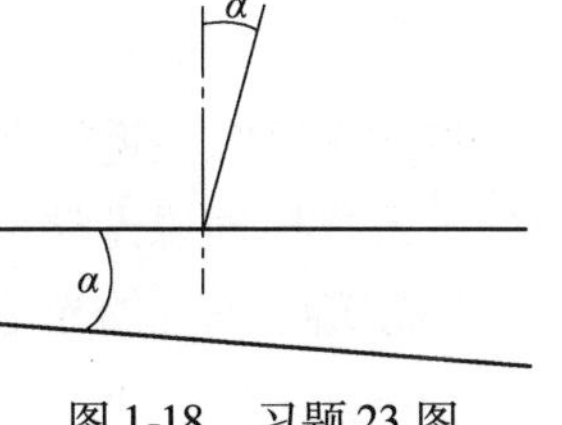

图 1-18　习题 23 图

第二章　理想光学系统

将光学系统在近轴区成完善像的理论推广到任意大的空间，以任意宽的光束都成完善像的光学系统称理想光学系统。本章主要介绍理想光学系统的主要光学参数、成像关系和放大率、理想光学系统的光组组合和透镜。

第一节　理想光学系统与共线成像理论

几何光学的主要内容是研究光学系统的成像问题。为了系统地讨论物像关系，挖掘出光学系统的基本参量，将物、像与系统间的内在关系揭示出来，可暂时抛开光学系统的具体结构（r，d，n），将一般仅在光学系统的近轴区存在的完善成像，拓展成在任意大的空间中以任意宽的光束都成完善像的理想模型，这个理想模型就是理想光学系统。

在理想光学系统中，任何一个物点发出的光线在系统的作用下所有的出射光线仍然相交于一点。由光路的可逆性和折射、反射定律中光线方向的确定性，可得出每一个物点对应于唯一的一个像点。通常将这种物像对应关系叫做“共轭”。如果光学系统的物空间和像空间都是均匀透明介质，则入射光线和出射光线均为直线，根据光线的直线传播定律，由符合点对应点的物像空间关系可推论出直线成像为直线、平面成像为平面的性质。这种点对应点、直线对应直线、平面对应平面的成像变换称为共线成像。

对于实际使用的共轴光学系统，由于系统的对称性，共轴理想光学系统所成的像还有如下的性质：

（1）位于光轴上的物点对应的共轭像点也必然位于光轴上；位于过光轴的某一个截面内的物点对应的共轭像点必位于该平面的共轭像面内；同时，过光轴的任意截面成像性质都是相同的。因此，可以用一个过光轴的截面来代表一个共轴系统，如图 2-1 所示。另外，垂直于光轴的物平面，它的共轭像平面也必然垂直于光轴，如图中 AB 和 $A'B'$所示。关于这个结论我们可证明如下：假定点 A 和点 B 位于物空间垂直于光轴的平面内，离光轴的距离相等；在像空间中的共轭平面是图中的 $A'B'$；点 A'和 B'分别是点 A 和 B 的像。假使线 AB 绕光轴转 180°，使 B 点占据 A 点的位置，于是在像空间中线 $A'B'$也转 180°，点 A'应该与原来 B'点的位置相重合。由此得知直线 $A'B'$应该垂直于光轴；因为这个讨论对于平面 $A'B'$上每一条线都是正确的，因而这个平面垂直于光轴。

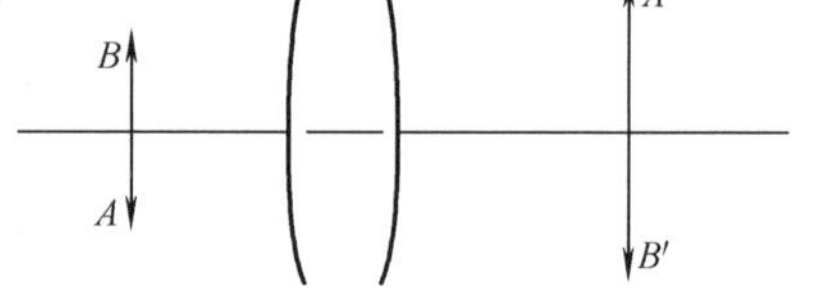

图 2-1　过光轴的截面

（2）垂直于光轴的平面物所成的共轭平面像的几何形状完全与物相似，也就是说，在整个物平面上无论哪一部分，物和像的大小比例均等于常数。现在利用性质（1）来证明这个性质。作出三对共轭且过光轴的截面（过光轴的截面一般称子午面）；物空间中的 PA、PB 和 PC，像空间中的 $P'A'$、$P'B'$和 $P'C'$。图 2-2 表示这些子午面被垂直于光轴的平面 P 和 P'

所截出的截面。

由性质（1）可知，在某一空间中两子午面间的夹角等于另一空间中共轭子午平面间的夹角。假定每一对子午面 A 和 B，B 和 C，以及与其共轭的 A' 和 B'，B' 和 C' 形成相等的二面角，并且各点到轴的距离相同，即

$$AP = BP = CP = y$$

及

$$A'P' = B'P' = C'P' = y'$$

以直线连接点 A 和 C 及点 A' 和 C'，显然线段 AC 和 $A'C'$，以及线段 PD 和 $P'D'$ 都是共轭线段。因为 $PD = y\cos\varphi$ 和 $P'D' = y'\cos\varphi$，于是

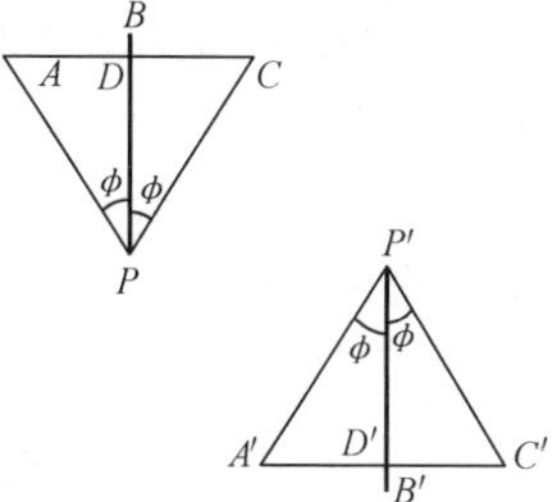

图 2-2　垂直于光轴的 P、P' 截面

$$\frac{P'D'}{PD} = \frac{y'}{y}$$

改变角 φ 的值，对于直线 BP 和 $B'P'$ 上任一对共轭点，都可得同样的比例。此即证明了性质(2)。

像和物的大小之比称为“放大率”。所以对共轴理想光学系统来说，垂直于光轴的同一平面上的各部分具有相同的放大率。

由于共轴理想光学系统的成像有这样好的一个性质，故给通过仪器观察到的像来了解物带来极大的便利，因此一般总是使物平面垂直于共轴系统的光轴，在讨论共轴系统的成像性质时，也总是取垂直于光轴的物平面和像平面。

（3）一个共轴理想光学系统，如果已知两对共轭面的位置和放大率，或者一对共轭面的位置和放大率，以及轴上的两对共轭点的位置，则其他一切物点的像点都可以根据这些已知的共轭面和共轭点来表示。可用作图法证明如下：

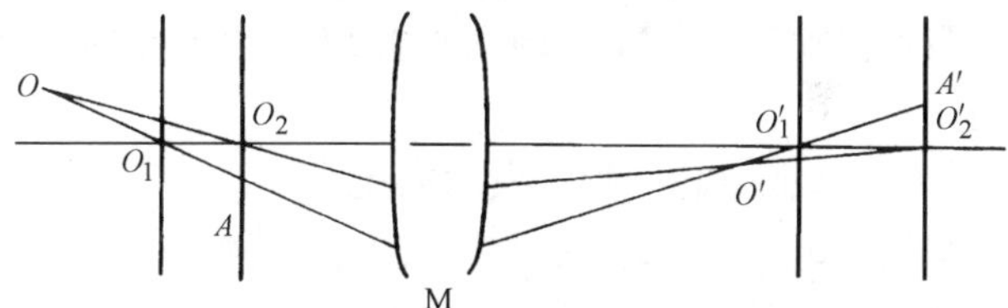

图 2-3　两对共轭面已知的情况 

图 2-3 所示为上述的第一种情况，M 为理想光学系统，像平面 O_1' 与物平面 O_1 共轭，其对应的放大率 β_1 已知；像平面 O_2' 与物平面 O_2 共轭，其对应的放大率 β_2 也已知。现要求物空间中的任意一点 O 的像点位置，为此过 O 点作两光线分别过 O_1 和 O_2 点。光线 OO_1 穿过第二个物平面上的 A 点，由于 β_2 是已知的，所以 A 的共轭像点 A' 也就可以确定；又由于 O_1' 与 O_1 共轭，所以与 OO_1 共轭的光线必穿过 $O_1'A'$。同理可以确定与 OO_2 共轭的出射光线。这样就可确定 O 的共轭像点 O'。

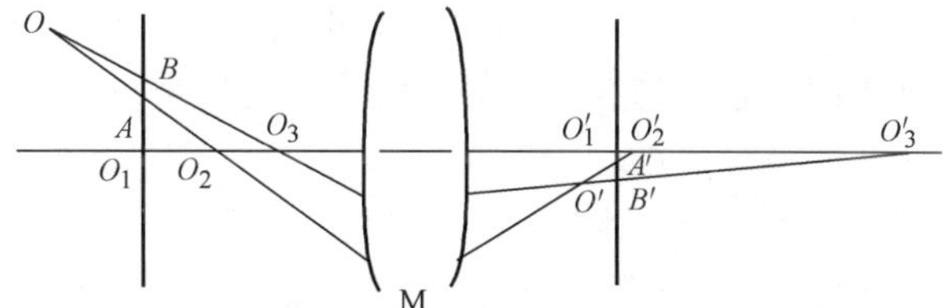

图 2-4　一对共轭面及两对共轭点已知的情况

图 2-4 所示为第二种情况，M 为理想光学系统，已知的一对共轭面为 O_1、O_1'；已知的另外两对光轴上的共轭点分别是 O_2、O_2' 和 O_3、O_3'。为确定物空间中任意一点 O 的像点位置 O'，与前述方法雷同，过物点 O 作两条光线 OO_2 和 OO_3，分别交物平面 O_1 的 A 点和 B 点，由于共轭面 O_1 和 O_1' 的放大率是已知的，所以可以确定 A 的共轭点 A' 及 B 的共轭点 B'，如

图所示。连接 $A'O_2'$ 和 $B'O_3'$ 即分别为入射光线 OO_2 和 OO_3 的共轭光线，由此可确定 O 的共轭像点 O'。

上面的论证并没有限定要预知什么样的共轭面和共轭点，所以它们可以是任选的。但实际上，为了应用方便，一般采用一些特殊的共轭面和共轭点作为共轴系统的基面和基点。采用哪些特殊的共轭面和共轭点，以及如何根据它们用作图或者计算的方法求其他物点的像将在后面几节中讨论。

第二节　理想光学系统的基点与基面

根据第一节中所述的理想光学系统的成像性质，如果在物空间中有一平行于光轴的光线入射于光学系统，不管其在系统中的真正光路如何，在像空间总有唯一的一条光线与之共轭。随着光学系统结构的不同，这条共轭光线可以与光轴平行，也可以交光轴于某一点。这里，先讨论后一种情况。

一、无限远的轴上物点对应的像点 F'

观察对象或成像对象位于无限远或准无限远处是经常遇到的情况，例如天文观察对象、摄影对象；又例如我们把一个放大镜（凸透镜）正对着太阳，在透镜后面可以获得一个明亮的圆斑，它就是太阳的像，太阳是位于无限远的。我们先讨论位于无限远的物体轴上物点发出且通过光学系统的入射光线的特征，再定义焦点、焦平面，以及主点、主平面，然后讨论由位于无限远的物体轴外物点发出且通过光学系统的入射光线的特征及其像点位置。

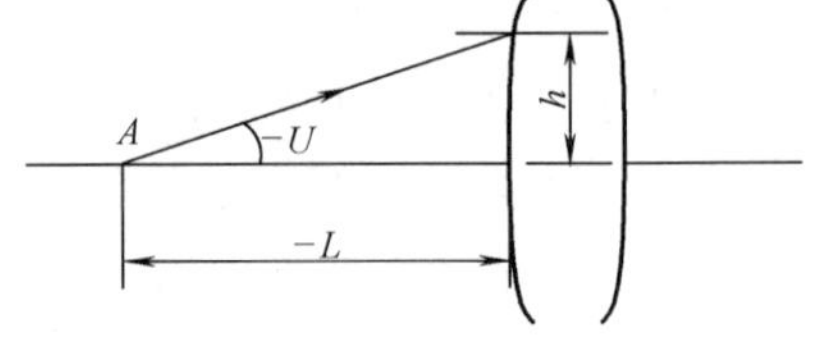

图 2-5　h、L 和 U 的关系 

（一）无限远轴上物点发出的光线

如图 2-5 所示，h 是轴上物点 A 发出的一条入射光线的投射高度，由三角关系近似有

$$\tan U = \frac{h}{L}$$

式中，U 是孔径角；L 是物方截距。

当 $L \to \infty$，即物点 A 向无限远处左移时，由于任何光学系统的口径大小有限，所以 $U \to 0$，即无限远轴上物点发出的光线都与光轴平行。

（二）像方焦点、焦平面；像方主点、主平面

如图 2-6 所示，AB 是一条平行于光轴的入射光线，它通过理想光学系统后，出射光线 $E'F'$ 交光轴于 F'。由理想光学系统的成像理论可知，F' 就是无限远轴上物点的像点，称为像方焦点。过 F' 作垂直于光轴的平面，称为像方焦平面，这个焦平面就是与无限远处垂直于光轴的物平面共轭的像平面。

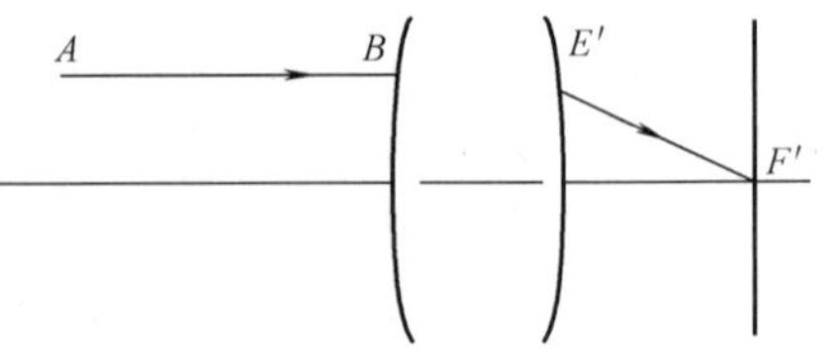

图 2-6　理想光学系统的像方焦点 

将入射光线 AB 与出射光线 $E'F'$ 反向延长，则两条光线必相交于一点，设此点为 Q'，如图 2-7 所示，过 Q' 作垂直于光轴的平面交光轴于 H' 点，则 H' 称为像方主点，$Q'H'$ 平面称为像方主平面，从主点 H' 到焦点 F' 之间距离称为像方焦距，通常用 f' 表示，其符号遵从符号规则，像方焦距 f' 的起算原点是像方主点 H'。设入射光线 AB 的投射高度为 h，出射光线

$E'F'$的孔径角为 U'，由图2-7有

$$f'=\frac{h}{\tan U'} \tag{2-1}$$

（三）无限远轴外物点发出的光线

与轴上物点的情况类似，由于光学系统的口径大小总是有限的，所以无限远轴外物点发出的、能进入光学系统的光线总是相互平行的，且与光轴有一定的夹角，夹角通常用 ω 表示，如图 2-8 所示，ω 的大小反映了轴外物点离开光轴的角距离，当 $\omega\to 0$ 时，轴外物点就重合于轴上物点。由共轴理想光学系统成像性质知道，这一束相互平行的光线经过系统以后，一定相交于像方焦平面上的某一点，这一点就是无限远轴外物点的共轭像点。

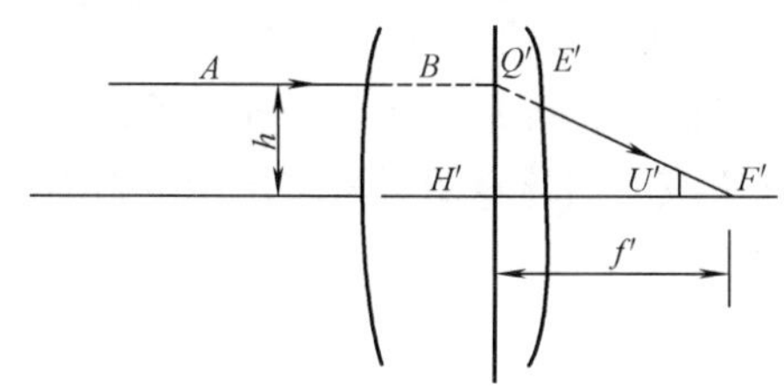

图 2-7　理想光学系统的像方参数

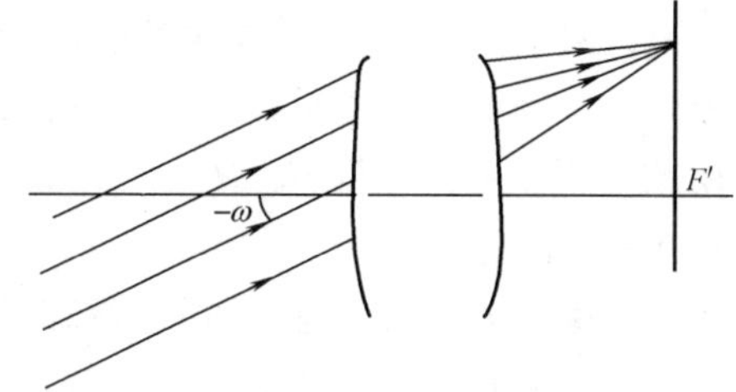

图 2-8　无限远轴外物点发出的光束 

二、无限远轴上像点对应的物点 *F*

如果轴上某一物点 F，与其共轭的像点位于轴上无限远，如图 2-9 所示，则 F 称为物方焦点。通过 F 且垂直于光轴的平面称为物方焦平面，其与无限远垂直于光轴的像平面共轭。设由焦点 F 发出的入射光线的延长线与相应的平行于光轴的出射光线的延长线相交于 Q 点（见图 2-9），过 Q 点作垂直于光轴的平面交光轴于 H 点，H 点称为理想光学系统的物方主点，QH 平面称为物方主平面。由物方主点 H 起算到物方焦点 F 间的距离称为理想光学系统的物方焦距，用 f 表示，其正负由符号规则确定。如果由焦点 F 发出的入射光线的孔径角为 U，其相应的出射光线在物方主平面上的投射高度为 h，由图 2-9 的几何关系有

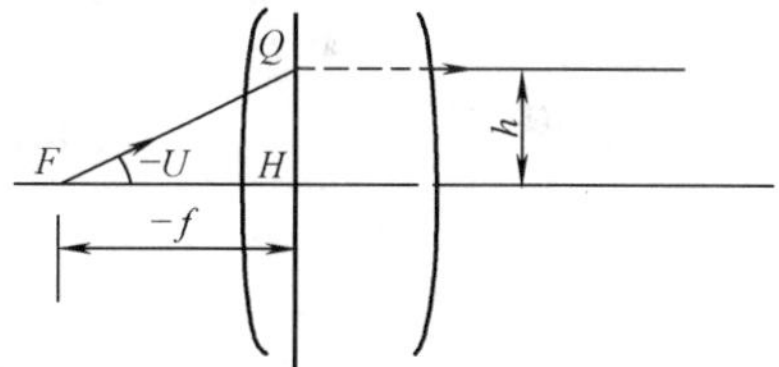

图 2-9　理想光学系统的物方参数

$$f=\frac{h}{\tan U} \tag{2-2}$$

另外，物方焦平面上任何一点发出的光线，通过理想光学系统后亦是一组相互平行的光线，它们与光轴的夹角大小反映了轴外点离开轴上点的距离。所有这些性质都与一中讨论的结论雷同。

三、物方主平面与像方主平面间的关系，理想光学系统的基点和基面

完全仿照一、二中定义的主点、主平面及焦点、焦平面的作法。在图 2-10 中，作出一投射高度为 h 且平行于光轴的光线入射到理想光学系统，相应的出射光线必通过像方焦点 F'；过物方焦点 F 作一条入射光

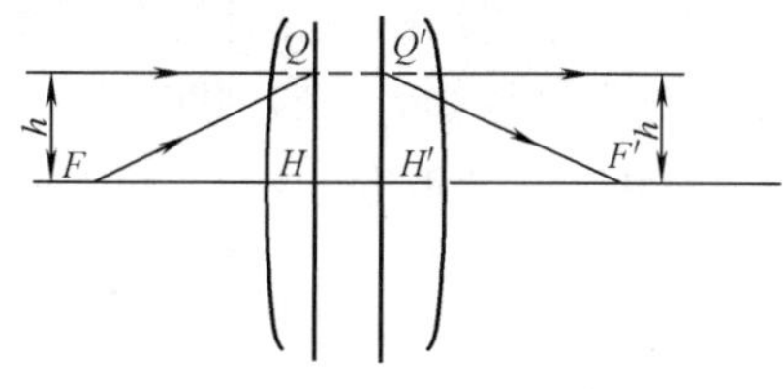

图 2-10　两主面间的关系

线，并且调整这条入射光线的孔径角，使得相应出射光线的投射高度也是 h。这样，两条入射光线都经过 Q 点，相应的两条出射光线都经过 Q'，所以 Q 与 Q'就是一对共轭点，因此物方主平面与像方主平面是一对共轭面，而且 QH 与 $Q'H'$相等并在光轴的同一侧，所以，一对主平面的垂轴放大率为 +1。主平面的垂轴放大率为 +1 这一性质在用作图法追迹光线时是非常有用的，即出射光线在像方主平面上的投射高度一定与入射光线在物方主平面上的投射高度相等。

一对主点和主平面，一对焦点和焦平面，通常称为共轴理想光学系统的基点和基面。它们构成了一个光学系统的基本模型，是可以与具体的光学系统相对应的。不同的光学系统，只表现为这些基点和基面的相对位置不同，焦距不等而已。因此，通常总是利用共轴系统的基点和基面的位置来代表一个光学系统，如图 2-11 所示。至于如何根据 H、H'、F 和 F'用作图的方法或者用计算的方法求出像的位置和大小，将在后面讨论。

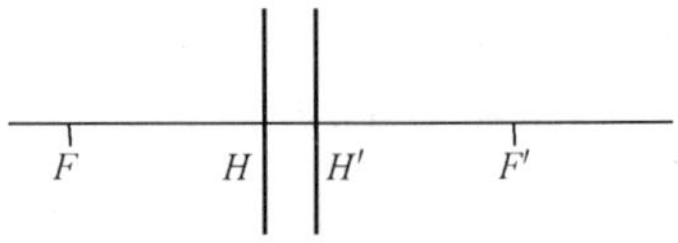

F　H　H′　F′

图 2-11　理想光学系统的简化图

四、实际光学系统的基点位置和焦距的计算

由前知，共轴球面系统的近轴区就是实际的理想光学系统，在实际系统的近轴区追迹平行于光轴的光线，就可以计算出实际系统近轴区的基点位置和焦距，通常实际系统就以此作为它的基点和焦距。下面以如图 2-12 所示的三片型照相物镜为例描述具体的计算过程和计算结果。

（1）三片型照相物镜的结构参数

r/mm	d/mm	n
26.67		
189.67	5.20	1.6140
−49.66	7.95	
25.47	1.6	1.6475
72.11	6.7	
−35.00	2.8	1.6140

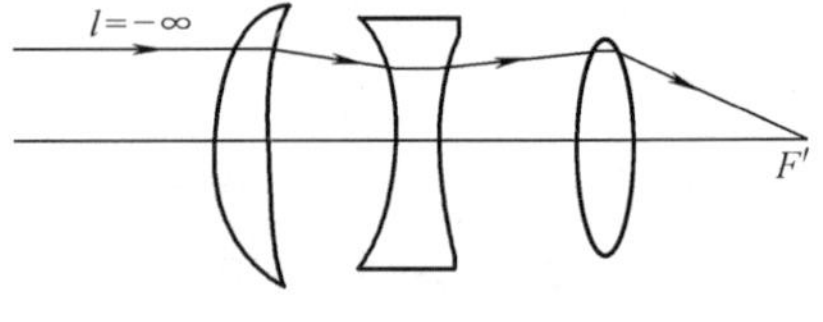

图 2-12　三片型照相物镜 

（2）为求物镜的像方焦距 f'、像方焦点 F'的位置及像方主点 H'的位置，可沿正向光路，即从左至右追迹一条平行于光轴的近轴光线，其初始坐标取为

$$l_1 = -\infty \qquad (u_1 = 0)$$
$$h_1 = 10\text{mm}$$
$$i_1 = h_1/r_1$$

这里投射高度 h_1 也可以取其他数值,但并不影响最终的计算结果,请读者考虑这是为什么。

利用近轴光线的光路计算公式逐面计算，其结果为 $l' = 67.4907\text{mm}$，$u' = 0.121869$。

由计算结果知 $l_F' = 67.4907\text{mm}$，即系统的像方焦点 F'的位置在系统最后一个折射面右边 67.4907mm 的地方。将 $h_1 = 10\text{mm}$，$u' = 0.121869$ 代入式(2-1)可得系统的像方焦距为

$$f' = \frac{10}{0.121869}\text{mm} = 82.055\text{mm}$$

因为我们是在近轴区做计算，所以有 $u' = \tan U'$。

像方主点 H'的位置可由下式算出

$$l'_{H'} = l'_{F'} - f' = -14.5644\text{mm}$$

说明像方主点 H' 在第 6 面左侧 14.5644mm 的地方。

（3）为求物镜的物方焦距 f、物方焦点 F 及物方主点 H 的位置，原则上要做反向光路计算。通常把光学系统倒转，即把第一面作为最后一面，最后一面作为第一面，并随之将曲率半径改变符号，如图 2-13 所示。在这种情况下再作上述光线追迹，求得此时的 f'、$l'_{F'}$ 和 $l'_{H'}$，将其值改变符号即得该系统的物方焦距 f、物方焦点的位置 l_F 和物方主点位置 l_H。

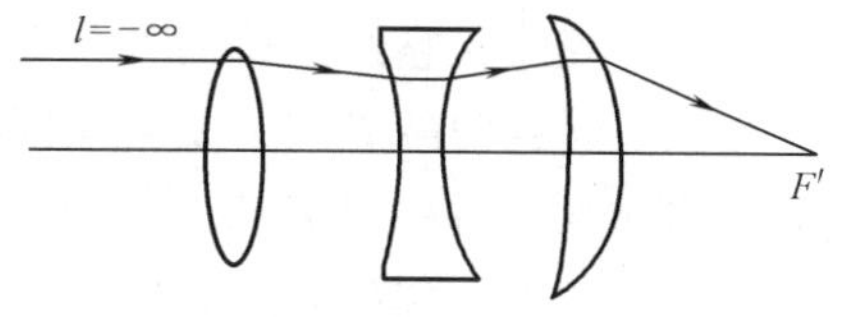

图 2-13　左右倒置的三片照相物镜 

其初始坐标为

$$l_1 = -\infty \qquad (u_1 = 0)$$

$$h_1 = 10\text{mm}$$

$$i_1 = h_1 / r_1$$

此时的 r_1 是 35mm。由近轴光路追迹计算得 $l' = 70.0183\text{mm}$，$u' = 0.121869$。由追迹结果可得系统的物方焦距为

$$f = -82.055\text{mm}$$

物方焦点位置为

$$l_F = -70.0184\text{mm}$$

物方主点位置为

$$l_H = 12.0366\text{mm}$$

需要解释的是这里的 l_F、l_H 都是以图 2-12 所示的第一面顶点为原点表示的数据。值得注意的是这里的物方焦距和像方焦距的量值是相同的，这不是偶然的巧合，其原因留待后续内容中解释。

第三节　理想光学系统的物像关系

几何光学中的一个基本内容是求像，即对于确定的光学系统，给定物体位置、大小、方向，求其像的位置、大小、正倒及虚实。对于理想光学系统，已知物求其像有以下方法。

一、图解法求像

已知一个理想光学系统的主点（主面）和焦点的位置，利用光线通过它们后的性质，对物空间给定的点、线和面，通过画图追踪典型光线求出像的方法称为图解法求像。可供选择的典型光线和可利用的性质目前主要有：①平行于光轴入射的光线，它经过系统后过像方焦点；②过物方焦点的光线，经过系统后平行于光轴；③倾斜于光轴入射的平行光束经过系统后会交于像方焦平面上的一点；④自物方焦平面上一点发出的光束经系统后成倾斜于光轴的平行光束；⑤共轭光线在主面上的投射高度相等。

在理想成像的情况下，从一点发出的一束光线经光学系统作用后仍然交于一点。因此要确定像点位置，只需求出由物点发出的两条特定光线在像方空间的共轭光线，它们的交点就是该物点的像点。

（一）对于轴外点 B 或一垂轴线段 AB 的图解法求像

如图2-14所示，有一垂轴物体AB被光学系统成像。可选取由轴外点B发出的两条典型光线，一条是由B发出通过物方焦点F，它经系统后的共轭光线平行于光轴；另一条是由B点发出平行于光轴的光线，它经系统后共轭光线过像方焦点F'。在像空间这两条光线的交点B'即是B的像点。过B'点作光轴的垂线$A'B'$即为物AB的像。

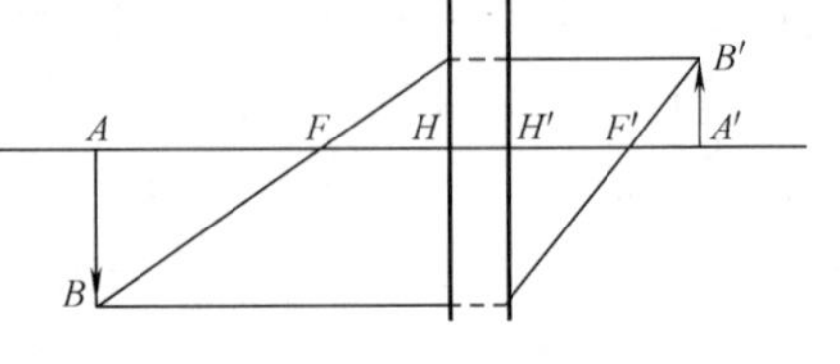

图2-14　作图法求像

（二）轴上点的图解法求像

由轴上点A发出任一条光线AM通过光学系统后的共轭光线为$M'A'$，其和光轴的交点A'即为A点的像，如图2-15所示，这可以有两种作法：

一种方法如图2-15所示，认为光线AM是由物方焦平面上B点发出的。为此，可以由该光线与物方焦平面的交点B上引出一条与光轴平行的辅助光线BN，其由光学系统射出后通过像方焦点F'，即光线$N'F'$，由于自物方焦平面上一点发出的光束经系统后成倾斜于光轴的平行光束，所以，光线AM的共轭光线$M'A'$应与光线$N'F'$平行。其与光轴的交点A'即轴上点A的像点。

另一种方法如图2-16所示，认为由点A发出的任一光线是由无限远轴外点发出的倾斜平行光束中的一条。通过物方焦点作一条辅助光线FN与该光线平行，这两条光线构成倾斜平行光束，它们应该会聚于像方焦平面上一点。这一点的位置可由辅助光线来决定，因辅助光线通过物方焦点，其共轭光线由系统射出后平行于光轴，它与像方焦平面之交点即是该倾斜平行光束通过光学系统后的会聚点B'。入射光线AM与物方主平面的交点为M，其共轭点是像方主平面上的M'，且M和M'处于等高的位置。由M'和B'的连线$M'B'$即得入射光线AM的共轭光线。$M'B'$的延长线和光轴的交点A'是轴上点A的像点。

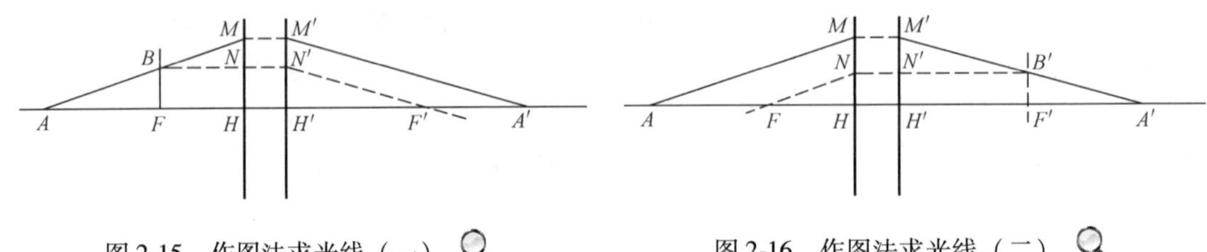

图2-15　作图法求光线（一）　　图2-16　作图法求光线（二）

（三）轴上点经两个光组的图解法求像

这种问题，只要掌握好任意光线的共轭光线的求作方法，就不难迎刃而解。为使读者较为清晰的看到解题过程，在图2-17中分a、b、c、d四个分图按步骤给出求解过程及结果。

从实用的角度讲，图解法求像并不能完全代替计算。但对初学者来说，掌握好图解方法，对帮助理解光学成像的概念是必要的。

二、解析法求像

在讨论共轴理想光学系统的成像理论时知道，只要我们知道了光学系统一对主平面和物像方焦点的位置，则其他一切物点的像点的位置都可以根据这些已知的共轭面和共轭点的位置通过数学表达式的方式求解出来，这就是解析法求像的目的。

如图2-18所示。有一垂轴物体AB，其高度为$-y$，它被一已知的光学系统成一正像$A'B'$，其高度为y'。

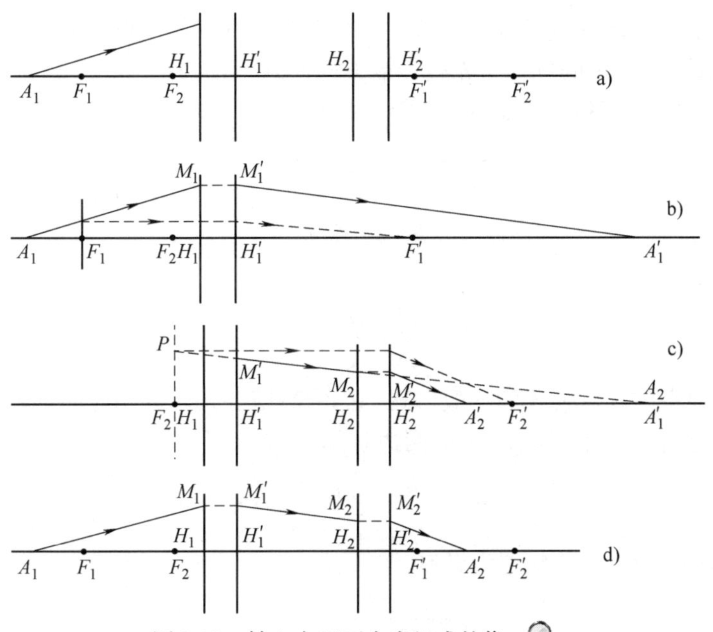

图 2-17　轴上点经两个光组成的像

按照物（像）位置表示中坐标原点选取的不同，解析法求像的公式有两种，其一称为牛顿公式，它是以焦点为坐标原点的；其二称为高斯公式，它是以主点为坐标原点的。分别如图 2-18 所示。

（一）牛顿公式

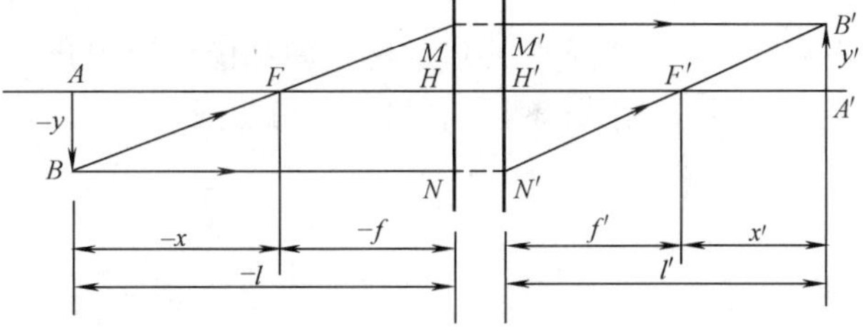

图 2-18　牛顿公式中的符号意义

物和像的位置相对于光学系统的焦点来确定，即以物点 A 到物方焦点的距离 AF 为物距，以符号 x 表示；以像点 A' 到像方焦点 F' 的距离 $A'F'$ 作为像距，用 x' 表示。物距 x 和像距 x' 的正负号是以相应焦点为原点来确定的，如果由 F 到 A 或由 F' 到 A' 的方向与光线传播方向一致，则为正，反之为负。在图 2-18 中，$x<0$，$x'>0$。

由两对相似三角形△BAF、△FHM 和△$H'N'F'$、△$F'A'B'$可得

$$\frac{y'}{-y}=\frac{-f}{-x},\qquad \frac{y'}{-y}=\frac{x'}{f'}$$

由此可得

$$xx'=ff' \tag{2-3}$$

这个以焦点为原点的物像位置公式，称为牛顿公式。在前二式中 $\frac{y'}{y}$ 为像高与物高之比，即垂轴放大率 β。因此，牛顿公式的垂轴放大率公式为

$$\beta=\frac{y'}{y}=-\frac{f}{x}=-\frac{x'}{f'} \tag{2-4}$$

（二）高斯公式

物和像的位置也可以相对于光学系统的主点来确定。以 l 表示物点 A 到物方主点 H 的距

离，以 l' 表示像点 A' 到像方主点 H' 的距离。l 和 l' 的正负以相应的主点为坐标原点来确定，如果由 H 到 A 或由 H' 到 A' 的方向与光线传播方向一致，则为正值，反之为负值。图 2-18 中 $l<0$，$l'>0$。由图 2-18 可得 l、l' 与 x、x' 间的关系为

$$x=l-f \qquad x'=l'-f'$$

代入牛顿公式得

$$lf'+l'f=ll'$$

两边同除 ll' 有

$$\frac{f'}{l'}+\frac{f}{l}=1 \tag{2-5}$$

这就是以主点为原点的物像公式的一般形式，称为高斯公式。其相应的垂轴放大率公式也可以从牛顿公式转化得到。在 $x'=ff'/x$ 的两边各加 f' 得

$$x'+f'=\frac{ff'}{x}+f'=\frac{f'}{x}(x+f)$$

上式中的 $x'+f'$ 和 $x+f$，由前知即为 l' 和 l，则有

$$\frac{x'+f'}{x+f}=\frac{f'}{x}=\frac{x'}{f}=\frac{l'}{l}$$

由于 $\beta=-\frac{x'}{f'}$，即可得

$$\beta=\frac{y'}{y}=-\frac{f}{f'}\frac{l'}{l} \tag{2-6}$$

后面将会看到，当光学系统的物空间和像空间的介质相同时，物方焦距和像方焦距有简单的关系 $f'=-f$，则式(2-5)和式(2-6)可写成

$$\frac{1}{l'}-\frac{1}{l}=\frac{1}{f'} \tag{2-7}$$

$$\beta=\frac{l'}{l} \tag{2-8}$$

由垂轴放大率公式(2-4)和式(2-8)可知，垂轴放大率随物体位置而异，某一垂轴放大率只对应一个物体位置。在同一对共轭面上，β 是常数，因此像与物是相似的。

理想光学系统的成像特性主要表现在像的位置、大小、正倒和虚实上。引用上述公式可描述任意位置物体的成像性质。

在工程实际中，有一类问题是对于给定的系统，要寻找物体放在什么位置，可以满足给定的倍率。例如图 2-12 所示的三片型照相物镜，在原理上是可以当作投影物镜用的，若要求此物镜成像 $-1/10^{\times}$，问物平面应放在什么位置。利用垂轴放大率公式 $\beta=-\frac{f}{x}$ 并代入在本章第二节四中求得的数据有

$$x=-820.55\text{mm}$$

$$l=x+l_F=-890.5684\text{mm}$$

即物平面应放在离开三片型物镜第一面顶点左侧 890.5684mm 的地方。

三、由多个光组组成的理想光学系统的成像

一个光学系统可由一个或几个部件组成，每个部件可以由一个或几个透镜组成，这些部件被称为光组。光组可以单独看作一个理想光学系统，由焦距、焦点和主点的位置来描述。

有时，光学系统由几个光组组成，每个光组的焦距和焦点、主点位置以及光组间的相互位置均为已知。此时，为求某一物体被其所成的像的位置和大小，需连续应用物像公式于每一光组。为此须知道过渡公式。如图 2-19 所示，物点 A_1 被第一光组成像于 A_1'，它就是第二个光组的物 A_2。两光组的相互位置以距离 $H_1'H_2 = d_1$ 来表示。由图可见有如下的过渡关系

$$l_2 = l_1' - d_1$$

$$x_2 = x_1' - \Delta_1$$

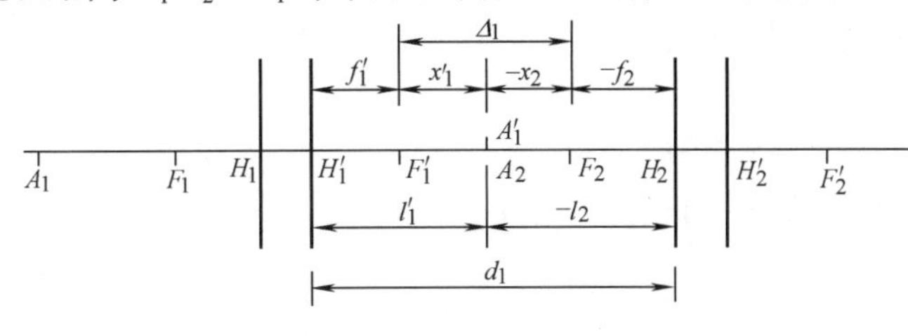

图 2-19　过渡关系

式中，Δ_1 为第一光组的像方焦点 F_1'到第二光组物方焦点 F_2 的距离，即 $\Delta_1 = F_1'F_2$，称为焦点间隔或光学间隔。它以前一个光组的像方焦点为原点来决定其正负，若由它到下一个光组物方焦点的方向与光线的方向一致，则为正；反之，则为负。光学间隔与主面间隔之间的关系由图 2-19 而得

$$\Delta_1 = d_1 - f_1' + f_2$$

上述过渡公式和两个间隔间的关系只是反映了光学系统由两个光组组成的情况，若光学系统由若干个光组组成，则任意两个光组间隔间的过渡公式为

$$l_i = l_{i-1}' - d_{i-1} \tag{2-9}$$

$$x_i = x_{i-1}' - \Delta_{i-1} \tag{2-10}$$

$$\Delta_i = d_i - f_i' + f_{i+1} \tag{2-11}$$

这里 i 是光组序号。

由于前一个光组的像是下一个光组的物，即 $y_2 = y_1'$、$y_3 = y_2'$、…、$y_k = y_{k-1}'$，所以整个系统的放大率 β 等于各光组放大率的乘积

$$\beta = \frac{y_k'}{y_1} = \frac{y_1'}{y_1}\frac{y_2'}{y_2}\cdots\frac{y_k'}{y_k} = \beta_1\beta_2\cdots\beta_k \tag{2-12}$$

此处，假定光学系统由 k 个光组构成。

四、理想光学系统两焦距之间的关系

图 2-20 是轴上点 A 经理想光学系统成像于 A'的光路，由图显见

$$l\tan U = h = l'\tan U'$$

或

$$(x + f)\tan U = (x' + f')\tan U'$$

图 2-20　两焦距的关系

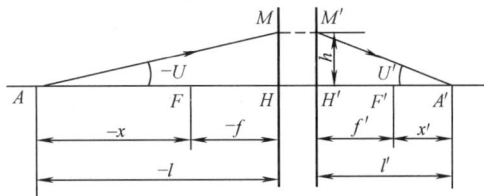

由式(2-4)所得的 x 和 x'，即 $x = -f(y/y')$和$x' = -f'(y'/y)$代入上式并化简后得

$$fy\tan U = -f'y'\tan U' \tag{2-13}$$

对于理想光学系统，上式中的角度 U 和 U'不论为何值，式(2-13)总是成立的。因而，当这些角度的数值很小时，正切值可用角度的弧度值来代替，即在近轴光线区域中，式(2-13)亦成立。故对于小角度，可用下式代替

$$fyu = -f'y'u' \tag{2-14}$$

在第一章中，曾得出共轴球面系统的近轴区适用的拉赫公式 $nyu = n'y'u'$。将此式与式(2-14)比较可得出物方焦距和像方焦距之间的关系式

$$\frac{f'}{f}=-\frac{n'}{n} \tag{2-15}$$

此式表明，光学系统两焦距之比等于相应空间介质折射率之比。除了少数情况，例如眼睛光学系统和水底摄影系统，由于物、像空间介质不同而使物、像方焦距不等外，绝大多数光学系统都在同一介质（一般是空气）中使用，即 $n'=n$，故两焦距是绝对值相同，符号相反，即 $f'=-f$。

若光学系统中包括反射面，则两焦距之间的关系由反射面个数决定，设反射面的数目为 k，则可将式(2-15)写成如下更一般的形式

$$\frac{f'}{f}=(-1)^{k+1}\frac{n'}{n} \tag{2-16}$$

根据式(2-15)，式(2-13)可写成

$$ny\tan U=n'y'\tan U' \tag{2-17}$$

这就是理想光学系统的拉赫公式。

第四节　理想光学系统的放大率

在理想光学系统中，除前已述及的垂轴放大率外，还有两种放大率，即轴向放大率和角放大率。下面分别讨论。

一、轴向放大率

根据前面的讨论知道，对于确定的理想光学系统，像平面的位置是物平面位置的函数，具体的函数关系式就是高斯公式(2-5)和牛顿公式(2-3)。当物平面沿光轴作一微量的移动 $\mathrm{d}x$ 或 $\mathrm{d}l$ 时，其像平面就移动一相应的距离 $\mathrm{d}x'$或 $\mathrm{d}l'$。通常定义两者之比为轴向放大率，用 α 表示，即

$$\alpha=\frac{\mathrm{d}x'}{\mathrm{d}x}=\frac{\mathrm{d}l'}{\mathrm{d}l} \tag{2-18}$$

当物平面的移动量 $\mathrm{d}x$ 很小时，可将牛顿公式或高斯公式微分来导出轴向放大率。微分牛顿公式(2-3)可得

$$x\mathrm{d}x'+x'\mathrm{d}x=0$$

即

$$\alpha=-\frac{x'}{x}$$

将牛顿公式形式的垂轴放大率公式 $\beta=-f/x=-x'/f'$代入得

$$\alpha=-\beta^2\frac{f'}{f}=\frac{n'}{n}\beta^2 \tag{2-19}$$

其中已利用了物方焦距和像方焦距之间的关系式(2-15)。

如果理想光学系统的物方空间的介质与像方空间的介质一样，例如光学系统置于空气中的情况，则式(2-19)简化为

$$\alpha=\beta^2 \tag{2-20}$$

式(2-20)表明，一个小的正方体的像一般不再是正方体。除非正方体处于 $\beta=\pm1$ 位置。

如果轴上点移动有限距离 Δx，相应的像点移动距离 $\Delta x'$，则轴向放大率可定义为

$$\bar{\alpha}=\frac{\Delta x'}{\Delta x}=\frac{x_2'-x_1'}{x_2-x_1}=\frac{n'}{n}\beta_1\beta_2 \tag{2-21}$$

式中，β_1 是物点处于物距为 x_1 时的垂轴放大率，β_2 是物点移动 Δx 后处于物距为 x_2 时的垂轴放大率。利用牛顿公式及牛顿公式形式的放大率公式可得到式(2-21)，如下所示

$$\Delta x'=x_2'-x_1'=\frac{ff'}{x_2}-\frac{ff'}{x_1}=-ff'\left(\frac{x_2-x_1}{x_1x_2}\right)$$

则

$$\bar{\alpha}=\frac{\Delta x'}{\Delta x}=\frac{x_2'-x_1'}{x_2-x_1}=-\frac{f'}{f}\cdot\left(-\frac{f}{x_1}\right)\left(-\frac{f}{x_2}\right)=\frac{n'}{n}\beta_1\beta_2$$

轴向放大率公式常用在仪器系统的装调计算及像差系数的转面倍率等问题中。

二、角放大率

过光轴上一对共轭点，任取一对共轭光线 AM 和 $M'A'$，如图 2-21 所示，其与光轴的夹角分别为 U 和 U'，这两个角度正切之比定义为这一对共轭点的角放大率，以 γ 表示为

$$\gamma=\frac{\tan U'}{\tan U} \tag{2-22}$$

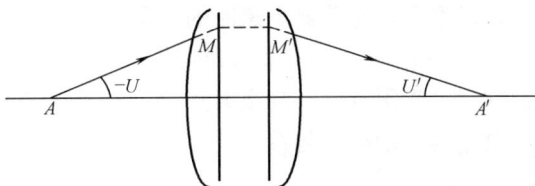

图 2-21　光学系统的角放大率

由理想光学系统的拉赫公式(2-17)可得

$$\gamma=\frac{n}{n'}\frac{1}{\beta} \tag{2-23}$$

其间利用了垂轴放大率的定义式 $\beta=y'/y$。在确定的光学系统中，因为垂轴放大率只随物体位置而变化，所以角放大率仅随物像位置而异，在同一对共轭点上，任一对共轭光线与光轴夹角 U'和 U 的正切之比恒为常数

式(2-19)与式(2-23)的左右两端分别相乘可得

$$\alpha\gamma=\beta \tag{2-24}$$

式(2-24)就是理想光学系统的三种放大率之间的关系式。

三、光学系统的节点

光学系统中角放大率等于 $+1^{\times}$ 的一对共轭点称为节点。若光学系统位于空气中，或者物空间与像空间的介质相同，则式(2-23)可简化为

$$\gamma=\frac{1}{\beta}$$

在这种情况下，当 $\beta=1$ 时，即考虑的共轭面是主平面时，$\gamma=1$，此时主点即为节点。其物理意义是过主点的入射光线经过系统后出射方向不变，如图 2-22 所示。在一般的作图法求像中，光学系统的物空间和像空间的折射率相等时，可利用过主点的共轭光线方向不变这一性质。

当光学系统物方空间折射率与像方空间折射率不相同时，角放大率 $\gamma=1$ 的物像共轭点（即节点）不再与主点重合。据式(2-23)、式(2-4)和式(2-15)可求得这对共轭点的位置是

$$x_J=f' \tag{2-25}$$

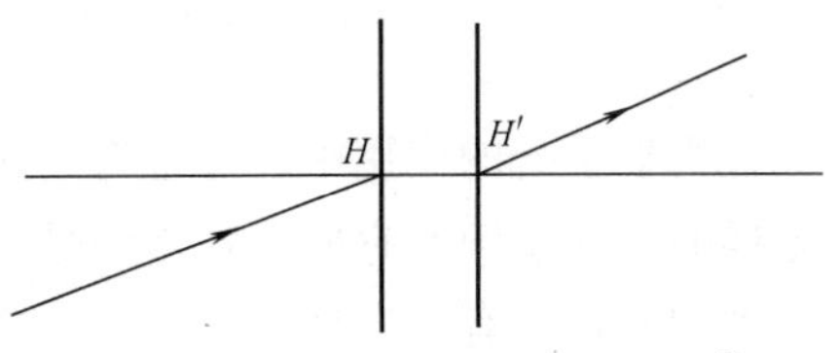

图 2-22　$n=n'$时过主点的光线

$$x'_J = f$$

对于焦距为正的光学系统，即 $f'>0$ 的系统，因 $x_J = f' > 0$。所以物方节点 J 位于物方焦点之右相距 $|f'|$ 之处；又因 $x'_J = f < 0$，所以像方节点 J' 位于像方焦点之左相距 $|f|$ 之处，如图2-23所示。过节点的共轭光线自然是彼此平行的。

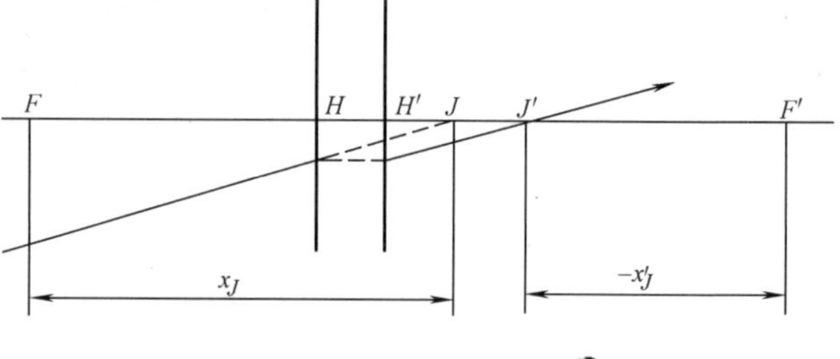

图2-23 过节点的光线 

如前所述，光线通过节点方向不变的性质可方便地用于图解求像。另据这个性质，可用实验方法寻求出实际光学镜头的节点位置。

一对节点加上前面已述的一对主点和一对焦点，统称为光学系统的基点。知道它们的位置以后，就能充分了解理想光学系统的成像性质。

四、用平行光管测定焦距的依据

如图2-24所示，一束与光轴成 ω 角入射的平行光束经系统以后，会聚于焦平面上的 B' 点，这就是无限远轴外物点 B 的像。B'点的高度，即像高 y'是由这束平行光束中过节点的光线决定的。如果被测系统放在空气中，则主点与节点重合，因此由图可得

$$y' = -f'\tan\omega \tag{2-26}$$

式(2-26)表明，只要给被测系统提供一与光轴倾斜成给定角度 ω 的平行光束，测出其在焦平面上会聚点的高度 y'，就可算出焦距。给定倾角的平行光束可由平行光管提供，整个装置如图2-25所示。在平行光管物镜的焦平面上设置一刻有几对已知间隔线条的分划板，用以产生平行光束，平行光管物镜的焦距 f_1 为已知，所以角 ω 满足 $\tan\omega = -y/f_1$ 是已知的。据此，被测物镜的焦距 f'_2 为

$$f'_2 = \frac{f_1}{y}y' \tag{2-27}$$

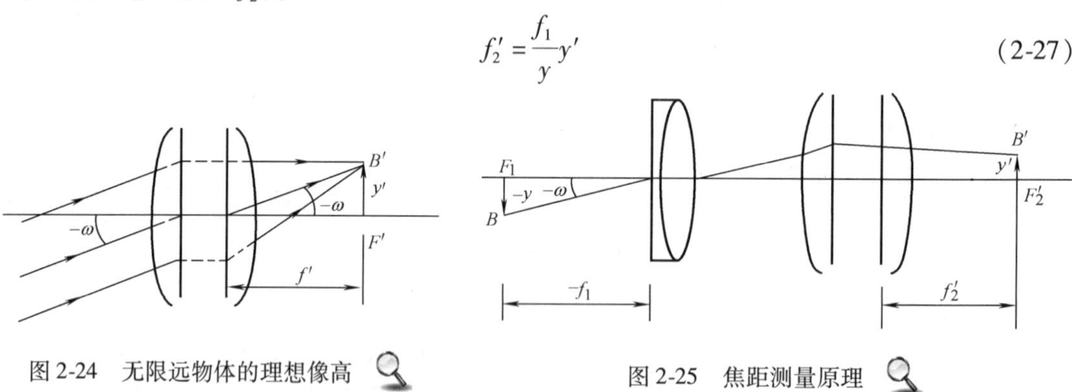

图2-24 无限远物体的理想像高

图2-25 焦距测量原理

第五节 理想光学系统的组合

在光学系统的应用中，时常将两个或两个以上的光学系统组合在一起使用。它相当于一个怎样的等效系统？它的等效焦距是多少？它的等效焦点、等效主点又在什么地方？这是常常遇到的问题。有时在计算和分析一个复杂的光学系统时，为了方便起见，需将一个光学系统分成若干部分，分别进行计算，最后再把它们组合在一起。本节讨论两个光组的组合焦距

公式，以及多光组组合的计算方法，并分析几种典型组合系统的特性。

一、两个光组组合分析

假定两个已知光学系统的焦距分别为f_1、f_1'和f_2、f_2'，如图 2-26 所示。两个光学系统间的相对位置用第一个系统的像方焦点 F_1'距第二个系统的物方焦点 F_2 的距离 Δ 表示，称为光学间隔，Δ 的符号规则是以 F_1'为起算原点，计算到 F_2，由左向右为正。图中其余有关线段都按各自的符号规则进行标注，并分别用f、f'表示组合系统的物方焦距和像方焦距，用 F、F'表示组合系统的物方焦点和像方焦点。

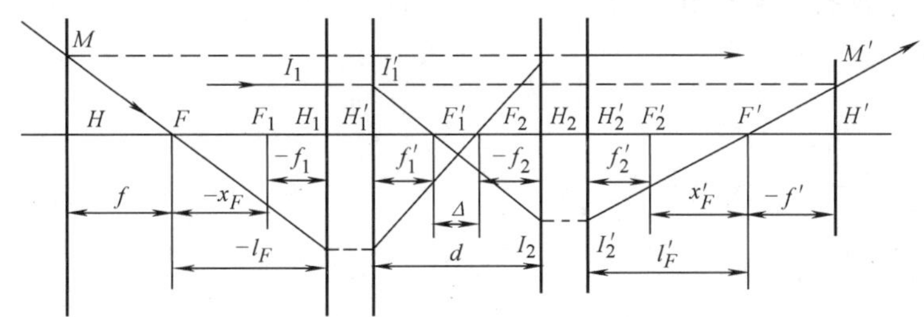

图 2-26　两光组组合

首先求像方焦点 F'的位置，根据焦点的性质，平行于光轴入射的光线，通过第一个系统后，一定通过 F_1'，然后再通过第二个光学系统，其出射光线与光轴的交点就是组合系统像方焦点 F'。F_1'和 F'对第二个光学系统来讲是一对共轭点。应用牛顿公式，并考虑到符号规则有

$$x_F' = -\frac{f_2 f_2'}{\Delta} \tag{2-28}$$

这里 x_F'是由 F_2'到 F'的距离。上述计算是针对第二个系统作的，自然 x_F'的起算原点是 F_2'。利用上式就可求得系统像方焦点 F'的位置。

至于物方焦点 F 的位置，据定义经过 F 点的光线通过整个系统后一定平行于光轴，所以它通过第一个系统后一定经过 F_2 点，再对第一个系统利用牛顿公式有

$$x_F = \frac{f_1 f_1'}{\Delta} \tag{2-29}$$

这里 x_F 指 F_1 到 F 的距离，坐标原点是 F_1。利用此式可求得系统的物方焦点 F 的位置。

焦点位置确定后，只要求出焦距，主平面位置随之也就确定了。由前述的定义知，平行于光轴的入射光线和出射光线的延长线的交点 M'，一定位于像方主平面上。由图 2-26 知：$\triangle M'F'H' \backsim \triangle I_2'H_2'F'$，$\triangle I_2H_2F_1' \backsim \triangle I_1'H_1'F_1'$，得

$$\frac{H'F'}{F'H_2'} = \frac{H_1'F_1'}{F_1'H_2}$$

根据图中的标注，有

$$H'F' = -f';\ F'H_2' = f_2' + x_F'$$
$$H_1'F_1' = f_1';\ F_1'H_2 = \Delta - f_2$$

将此式代入上一式，得

$$\frac{-f'}{f_2'+x_F'}=\frac{f_1'}{\Delta-f_2}$$

将 $x_F'=-\dfrac{f_2f_2'}{\Delta}$代入上式，简化后，得

$$f'=-\frac{f_1'f_2'}{\Delta} \tag{2-30}$$

假定组合系统物空间介质的折射率为 n_1，两个系统间的介质折射率为 n_2，像空间的介质折射率为 n_3，根据物方焦距和像方焦距间的关系

$$f=-f'\frac{n_1}{n_3}=\frac{f_1'f_2'}{\Delta}\frac{n_1}{n_3}$$

将 $f_1'=-f_1\dfrac{n_2}{n_1}$、$f_2'=-f_2\dfrac{n_3}{n_2}$代入上式，得

$$f=\frac{f_1f_2}{\Delta} \tag{2-31}$$

两个系统间相对位置有时用两主平面之间的距离 d 表示。d 的符号规则是以第一系统的像方主点 H_1'为起算原点，计算到第二个系统的物方主点 H_2，顺光路为正。

由图 2-26 得

$$\begin{aligned} d&=f_1'+\Delta-f_2 \\ \Delta&=d-f_1'+f_2 \end{aligned} \tag{2-32}$$

代入焦距公式(2-30)得

$$\frac{1}{f'}=\frac{-\Delta}{f_1'f_2'}=\frac{1}{f_2'}-\frac{f_2}{f_1'f_2'}-\frac{d}{f_1'f_2'}$$

当两个系统位于同一种介质（例如空气）中时，$f_2'=-f_2$，故有

$$\frac{1}{f'}=\frac{1}{f_1'}+\frac{1}{f_2'}-\frac{d}{f_1'f_2'} \tag{2-33}$$

通常用 Φ 表示像方焦距的倒数，$\Phi=\dfrac{1}{f'}$，称为光焦度。这样式(2-33)可以写作

$$\Phi=\Phi_1+\Phi_2-d\Phi_1\Phi_2 \tag{2-34}$$

当两个光学系统主平面间的距离 d 为零，即在密接薄镜组的情况下，有

$$\Phi=\Phi_1+\Phi_2 \tag{2-35}$$

表示密接薄透镜组总光焦度是两个薄透镜光焦度之和。

由图 2-26 可得

$$l_F'=f_2'+x_F',\qquad l_F=f_1+x_F$$

将式(2-28)、式(2-29)中的 x_F'代入上述 l_F'表达式，可得

$$l_F'=f_2'-\frac{f_2'f_2}{\Delta}=\frac{f_2'\Delta-f_2f_2'}{\Delta}$$

根据式(2-30)，并利用 $\Delta=d-f_1'-f_2'$，得

$$l_F'=f'\left(1-\frac{d}{f_1'}\right) \tag{2-36}$$

同理可得

$$l_F = f\left(1 + \frac{d}{f_2}\right) \tag{2-37}$$

由图 2-26，并利用式(2-36)、式(2-37)可得主平面位置

$$l'_H = -f'\frac{d}{f'_1} \tag{2-38}$$

$$l_H = f\frac{d}{f_2} = -f'\frac{d}{f_2} \tag{2-39}$$

二、多光组组合计算

当多于两个的光组组合成一个系统时，再沿用前述两个光组的合成方法，则过程繁杂，且容易出错，所得公式将很复杂，而且也不实用。这里介绍一种基于光线投射高度和角度追迹计算来求组合系统的方法。

为求出组合系统的焦距，可以追迹一条投射高度为 h_1 的平行于光轴的光线。只要计算出最后的出射光线与光轴的夹角（称为孔径角）U'_k，则

$$f' = \frac{h_1}{\tan U'_k} \tag{2-40}$$

这里下标 k 表示该系统中的光组数目；投射高度 h_1 是入射光线在第一个光组主面上的投射高度，如图 2-27 所示。

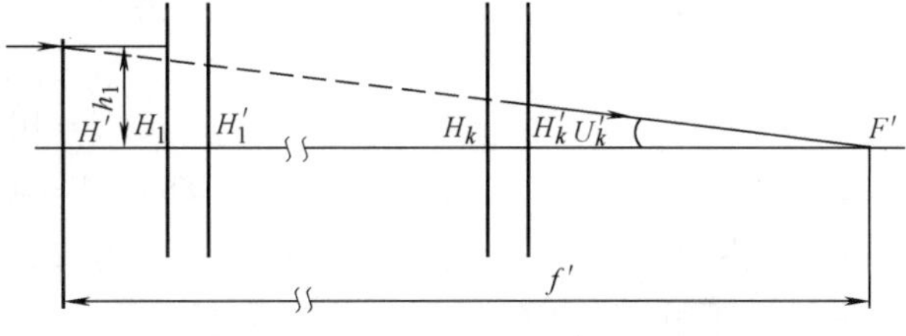

图 2-27　组合系统的焦距

对任意一个单独的光组来说，将高斯公式(2-7)两边同乘以共轭点的光线在其上的投射高度 h 有

$$\frac{h}{l'} - \frac{h}{l} = \frac{h}{f'}$$

因有 $\frac{h}{l'} = \tan U'$，$\frac{h}{l} = \tan U$，所以

$$\tan U' = \tan U + \frac{h}{f'} \tag{2-41}$$

利用过渡公式(2-9)和 $\tan U'_{i-1} = \tan U_i$，容易得到同一条计算光线在相邻两个光组上的投射高度之间的关系为

$$h_i = h_{i-1} - d_{i-1}\tan U'_{i-1} \tag{2-42}$$

式中，i 是光组序号。

例如，将式(2-41)和式(2-42)连续用于 3 个光组的组合系统，任取 h_1，并令 $\tan U_1 = 0$，则有

$$\left.\begin{aligned}
&\tan U'_1 = \tan U_2 = \frac{h_1}{f'_1}\\
&h_2 = h_1 - d_1\tan U'_1\\
&\tan U'_2 = \tan U_3 = \tan U_2 + \frac{h_2}{f'_2}\\
&h_3 = h_2 - d_2\tan U'_2\\
&\tan U'_3 = \tan U_3 + \frac{h_3}{f'_3}
\end{aligned}\right\} \tag{2-43}$$

这个算法称为正切计算法。

三、举例

这里给出了几个典型的光组组合例子，为使图像简单清晰，假定单个光组的物方主面 H 和像方主面 H' 重合（即认为光组是薄光组），并用符号↕表示正光焦度的薄光组，用)(表示负光焦度的薄光组。

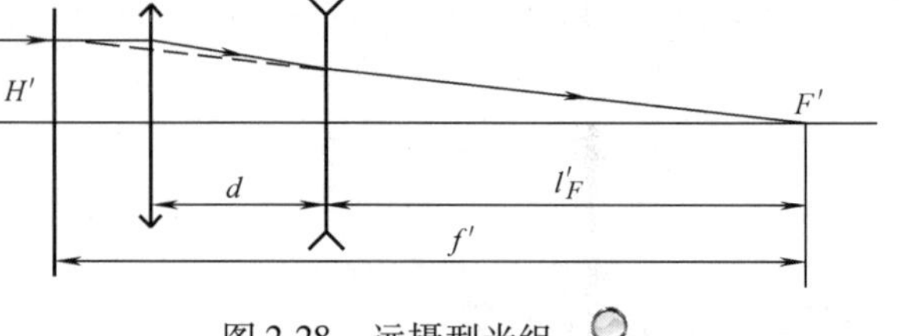

图 2-28 远摄型光组

例 1 远摄型光组

一光组由两个薄光组组合而成，如图 2-28 所示。第一个薄光组的焦距 $f_1'=500\text{mm}$，第二个薄光组的焦距 $f_2'=-400\text{mm}$，两光组的间隔 $d=300\text{mm}$。求组合光组的焦距 f'，组合光组的像方主面位置 H' 及像方焦点的位置 l_F'，并比较筒长（$d+l_F'$）与 f' 的大小。

解 利用正切计算法，设 $h_1=100\text{mm}$，有

$$\tan U_1'=\tan U_2=\frac{h_1}{f_1'}=0.2$$

$$h_2=h_1-d_1\tan U_1'=40\text{mm}$$

$$\tan U_2'=\tan U_2+\frac{h_2}{f_2'}=\tan U_1'+\frac{h_2}{f_2'}=0.1$$

所以

$$f'=h_1/\tan U_2'=1000\text{mm}$$

$$l_F'=h_2/\tan U_2'=400\text{mm}$$

像方主面位置 H' 在第一个光组左方 300mm 的地方，如图 2-28 所示。

显然，此组合光组的焦距 f' 大于光组的筒长（$d+l_F'$），其筒长只有 700mm，而焦距是 1000mm。在长焦距镜头中往往采用这种组合方式，其特点就在于筒长比焦距短，使得整体比较轻巧。此类组合光组通常称为远摄型光组。

因为这个问题是两个光组的合成问题，所以也可以用式(2-34)求解合成焦距

$$\frac{1}{f'}=\Phi=\Phi_1+\Phi_2-d\Phi_1\Phi_2=\frac{1}{500}+\frac{1}{(-400)}-300\times\frac{1}{500}\times\frac{1}{(-400)}=0.001\text{mm}^{-1}$$

所以

$$f'=1000\text{mm}$$

可用式(2-36)求出像方焦点的位置

$$l_F'=f'\left(1-\frac{d}{f_1'}\right)=1000\times\left(1-\frac{300}{500}\right)\text{mm}=400\text{mm}$$

可用式(2-38)求出像方主平面的位置

$$l_H'=-f'\frac{d}{f_1'}=-1000\times\frac{300}{500}\text{mm}=-600\text{mm}$$

像方主平面的位置是指像方主点离系统最后一面的距离，按符号规则，说明合成光组的像方主平面在第二个薄光组前 600mm 的地方，即在第一个薄光组前 300mm 的地方。

两套方法的计算结果是一致的。但用前一种方法是在追迹光线，计算的是光线的坐标参量，利于画图，较为形象直观。

例 2　反远距型光组

一光组由两个薄光组组合而成，如图 2-29 所示。第一个薄光组的焦距 $f_1' = -35\text{mm}$，第二个薄光组的焦距 $f_2' = 25\text{mm}$。两薄光组之间的间隔 $d = 15\text{mm}$。求合成焦距 f'，并比较工作距 l_F' 与 f' 的长短。

解　仍用正切计算法，并设 $h_1 = 10\text{mm}$，有

$$\tan U_1' = \tan U_2 = \frac{h_1}{f_1'} = -0.2857143$$

$$h_2 = h_1 - d_1 \tan U_1' = 14.28571\text{mm}$$

$$\tan U_2' = \tan U_2 + \frac{h_2}{f_2'} = 0.2857143$$

$$f' = \frac{h_1}{\tan U_2'} = 35.0\text{mm}$$

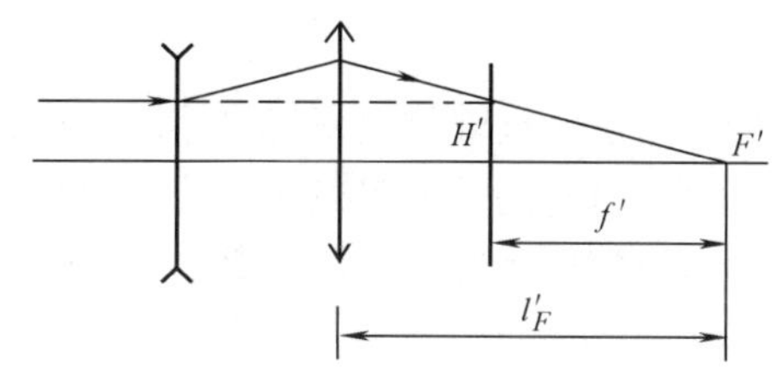

图 2-29　反远距型光组

$$l_F' = \frac{h_2}{\tan U_2'} = 50.0\text{mm}$$

这个组合光组的焦距为 35mm，而系统最后一面至焦点的距离，即工作距 l_F' 为 50mm，比焦距 f' 要长。这种型式通常称为反远距型，意为其结构与远摄型相反。这非常有利于在系统后面安放其他光学元件。因为对于一般的短焦距光组来说，后工作距空间总是不长的。

上述光组组合的两个例子谈到了远摄型和反远距型各自的特点，下面将等焦距的这两种组合型式画在一张图上，更能一目了然地看到它们各自的特点，如图 2-30 所示。

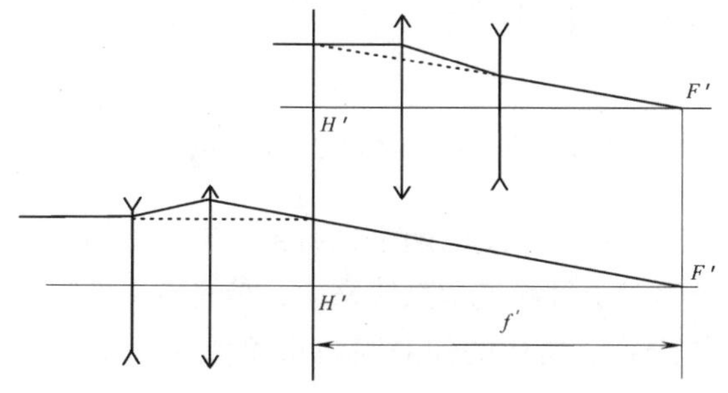

图 2-30　焦距相等的远摄型与反远距型比较

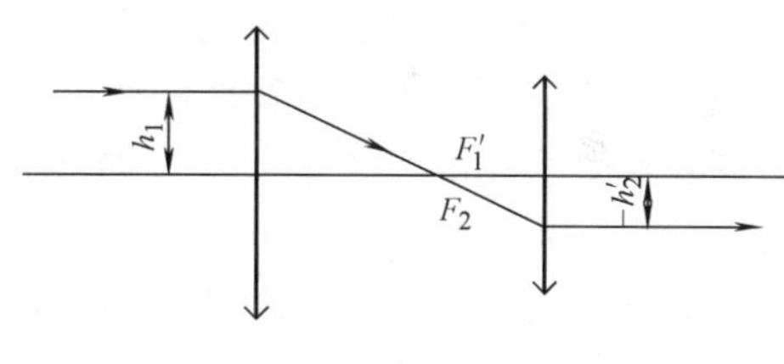

图 2-31　望远系统

例 3　望远系统

分析计算组合光组的焦距及主面和焦点位置是光组组合中的基本问题，除此之外对组合光组中的光路特点及成像特点进行分析也是很重要且有实际意义的。这里分析第一个光组的像方焦点 F_1' 与第二个光组的物方焦点 F_2 重合时组合光组的光路特点和成像特点，如图 2-31 所示。

由图显见，平行于光轴的入射光线经过组合系统后出射光线仍然平行于光轴。这样，组合系统的焦点在无限远处，主面也在无限远处。由式(2-33)或式(2-34)，并代入这里的 $d = f_1' + f_2'$ 得

$$\Phi = 0$$

所以上述系统又可称为无焦系统。

又如 $f_1' > f_2'$，此系统通常亦称为望远系统。此时粗的入射光束（光束的粗细可由 $2|h_1|$ 表示）经组合系统后成为较细的出射光束（$2|h_2|$）。如果将这条平行于光轴的光

线看成是位于有限距物体轴外物点上发出的一条光线，即设有限距物体的物高 $y=h_1$，那么相应的出射光线就一定经过对应的像点，则它经过望远系统后所成的像高 $y'=h_2$。由图 2-31 的几何关系，并考虑到符号规则，可得望远系统的垂轴放大率为

$$\beta=\frac{y'}{y}=-\frac{f_2'}{f_1'} \tag{2-44}$$

即望远系统的垂轴放大率与物体所处位置无关。

这里讨论的是理想光学系统的组合问题，关于理想光学系统的一整套理论在此也理应成立，所以望远系统的角放大率为

$$\gamma=\frac{1}{\beta}=-\frac{f_1'}{f_2'}$$

其物理解释就是如果一平行光束以与光轴夹角为 ω 的方向入射，则出射光束是与光轴夹角为 ω'的平行光束，且

$$\frac{\tan\omega'}{\tan\omega}=-\frac{f_1'}{f_2'} \tag{2-45}$$

如图 2-32 所示。

望远镜系统一般不单独用作成像系统，而是与眼睛联用。如前述从无穷远物体上各点发出并进入望远镜系统的平行光束，经过系统后仍为平行光束。正常眼的光学系统正好把这些平行光束会聚于视网膜上，形成无穷远物体的像。

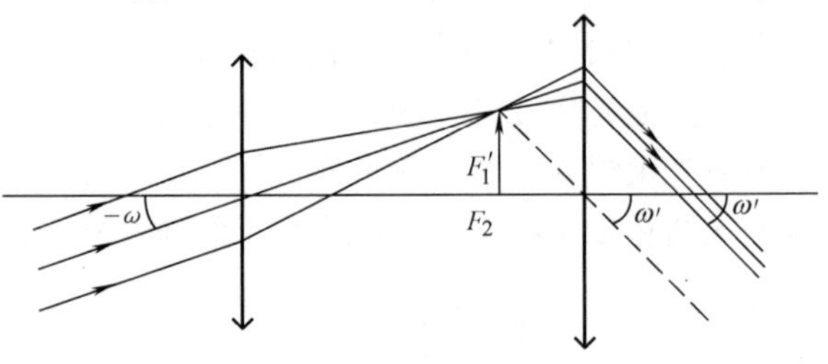

图 2-32 望远系统的角放大率 

供眼睛观察用的光学系统，例如望远镜系统、显微镜系统，统称为目视光学系统。组成目视系统的两个光组中，向着物体的那个光组称为物镜，朝着眼睛的那个光组称为目镜。对于目视光学系统来说，最有意义的是视角放大率。望远镜系统的视角放大率是远处物体经系统所成的像对眼睛张角 ω'的正切与该物体直接对眼睛张角 ω 的正切之比，以 $\varGamma$ 表示之，即

$$\varGamma=\frac{\tan\omega'}{\tan\omega} \tag{2-46}$$

显然这里所述的望远镜系统的视角放大率就等于前述望远镜系统的角放大率。值得指出，尽管两者相等，但概念是不一样的。

例 4 显微镜系统

显微镜系统的光路如图 2-33 所示。它由焦距很短的物镜和目镜组成，在物镜像方焦点 F_1'到目镜物方焦点 F_2 之间有着较大的光学间隔 Δ。

显微镜系统的成像过程如图 2-33 所示。物体（物高 y）位于物镜物方焦点 F_1 附近，成一放大实像（像高 y'）于目镜的物方焦点 F_2 处。当与眼睛联用时，y'通过目镜对人眼的张角为 ω'，它的正切值为

$$\tan\omega'=\frac{y'}{f_2'}$$

设物镜的垂轴放大率为 β，则有 $y'=\beta y$，所以

$$\tan\omega' = \beta \frac{y}{f_2'} = -\frac{\Delta y}{f_1' f_2'}$$

如图 2-34 所示，若直接看放在人眼前 L 处的物体（物高为 y），则它对人眼张角的正切为

$$\tan\omega = \frac{y}{L}$$

所以显微镜系统的视角放大率为

$$\Gamma = \frac{\tan\omega'}{\tan\omega} = -\frac{\Delta}{f_1'}\frac{L}{f_2'} \tag{2-47}$$

故原则上讲，要提高显微镜系统的视角放大率，就需要增大光学间隔 Δ，缩小物镜和目镜的焦距 f_1' 和 f_2'。

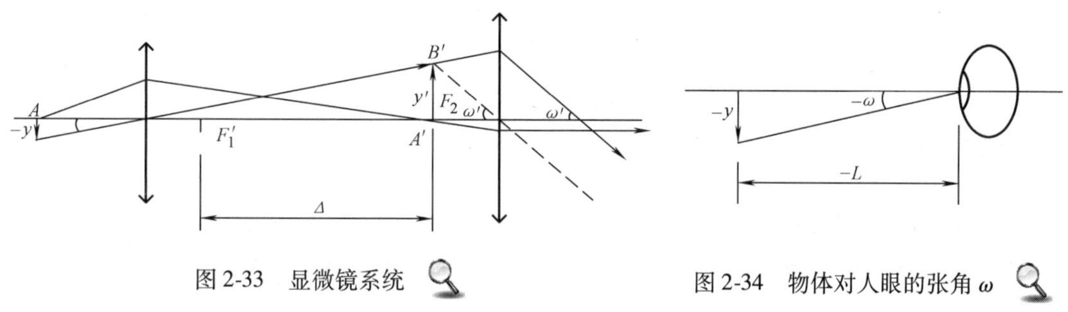

图 2-33　显微镜系统

图 2-34　物体对人眼的张角 ω

第六节　透　　镜

透镜是构成光学系统的最基本单元，它是由两个折射面包围一种透明介质（例如玻璃）所形成的光学零件。光线在这两个曲面上发生折射，曲面的形状通常是球面（包括平面，即将平面看成是半径无限大的球面）和非球面。相比而言，球面的加工和检验较为简单，故透镜折射面多为球面。

透镜按其对光线的作用可分为两类，对光线有会聚作用的称为会聚透镜，它的光焦度 Φ 为正值，又称为正透镜；对光线有发散作用的称为发散透镜，它的光焦度 Φ 为负值，亦称为负透镜。

把透镜的两个折射球面看作是两个单独的光组，只要分别求出它们的焦距和基点位置，再应用前述的光组组合公式就可以求得透镜的焦距和基点位置。

不难分析出，由单个折射球面构成的系统，其两个主面都重合于球面的顶点，其焦距可利用单个折射球面的成像公式（前文式(1-26)）

$$\frac{n'}{l'} - \frac{n}{l} = \frac{n'-n}{r}$$

得出，即只要令 $l(l')$ 为无穷大，就有 $l' \to f'$ 或 $l \to f$，即当 l 趋于无穷大时，来自轴上物点的光线将平行于光轴，这时像点的位置为

$$l' = \frac{n'r}{n'-n} = f'$$

这个特殊的像点即称为像方焦点，入射光线与出射光线的延长线相交于过球面顶点的切

平面，此即像方主平面，球面顶点即像方主点。通过使像点位置位于无穷远处，可以找到物方焦点，对这样的成像位置，对应的物距为

$$l=-\frac{nr}{n'-n}=f$$

出于同样的理由，有相应的物方主平面、物方主点与像方主平面和像方主点重合。由上述结果有物方焦距和像方焦距的关系为

$$\frac{f'}{n'}=-\frac{f}{n}$$

此即式(2-15)。

假定透镜放在空气中，即 $n_1=n_2'=1$；透镜材料折射率为 n，即 $n_1'=n_2=n$，则有

$$f_1=-\frac{r_1}{n-1},\qquad f_1'=\frac{nr_1}{n-1}$$

$$f_2=\frac{nr_2}{n-1},\qquad f_2'=-\frac{r_2}{n-1}$$

透镜的光学间隔

$$\Delta=d-f_1'+f_2$$

式中，d 是透镜的光学厚度。

将这些关系式代入两个光组的合成焦距公式式(2-30)得出透镜的焦距公式为

$$f'=-f=-\frac{f_1'f_2'}{\Delta}=\frac{nr_1r_2}{(n-1)[n(r_2-r_1)+(n-1)d]} \tag{2-48}$$

将上式写成光焦度的形式，有

$$\Phi=\frac{1}{f'}=(n-1)(\rho_1-\rho_2)+\frac{(n-1)^2}{n}d\rho_1\rho_2 \tag{2-49}$$

式中，ρ 为球面曲率半径的倒数。

如果透镜的厚度 d 很小可以忽略(即 $d=0$)，这类透镜称为薄透镜，此时可将上式简化为

$$\Phi_{\text{thin}}=\frac{1}{f'_{\text{thin}}}=(n-1)(\rho_1-\rho_2) \tag{2-50}$$

式(2-50)称为薄透镜焦距公式，是一个常用公式。由它看出，当透镜的材料选定后，对于要求的焦距，有许许多多两个球面半径的搭配能够满足。

根据式(2-36)、式(2-37)，可求得焦点位置 l_F' 和 l_F 为

$$l_F'=f'\left(1-\frac{n-1}{n}d\rho_1\right)$$

$$l_F=-f'\left(1+\frac{n-1}{n}d\rho_2\right)$$

又按式(2-38)和式(2-39)可得到主面位置 l_H' 和 l_H 为

$$l_H'=-f'\frac{n-1}{n}d\rho_1$$

$$l_H=-f'\frac{n-1}{n}d\rho_2$$

将式(2-48)中的 f' 代入上式可得另一种形式的表示式

$$l'_H = \frac{-dr_2}{n(r_2 - r_1) + (n-1)d} \tag{2-51}$$

$$l_H = \frac{-dr_1}{n(r_2 - r_1) + (n-1)d} \tag{2-52}$$

几种不同形状透镜的主点、焦点位置如图 2-35 所示。

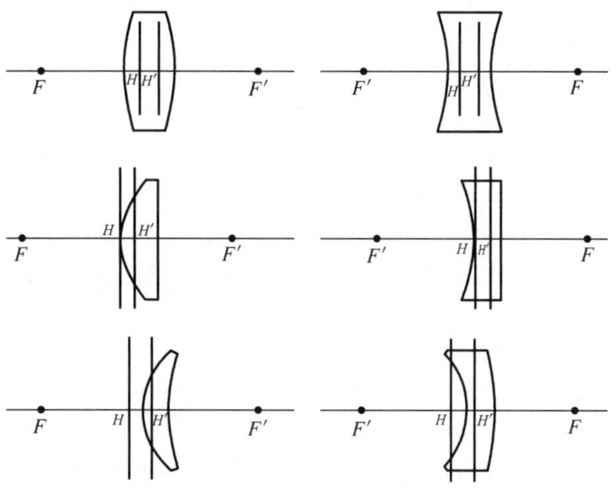

图 2-35　几种不同形状透镜的主点和焦点位置

两个半径值相等的双凸或双凹透镜，其主点位于透镜内，两个主点大致均分了透镜厚度；在平凸或平凹透镜中，一个主点总是与凸面或凹面的球面顶点重合，另一个主点在透镜内，与前一个主点的距离大致为透镜厚度的三分之一；对于弯月形透镜来讲，一个主点完全在透镜外，对于极度弯曲的弯月形透镜，甚至两个主点都在透镜外，而且两个主点的相对位置可能会与图示的相反，即像方主点在物方主点的左面。

习　题

1. 针对位于空气中的正透镜组（$f'>0$）及负透镜组（$f'<0$），试用作图法分别对以下物距

$$-\infty,\ -2f,\ -f,\ -\frac{f}{2},\ 0,\ \frac{f}{2},\ f,\ 2f,\ \infty$$

求像平面的位置。

2. 已知照相物镜的焦距 $f'=75\text{mm}$，被摄景物位于（以 F 点为坐标原点）$x=-\infty$，-10m，-8m，-6m，-4m，-2m 处，试求照相底片应分别放在离物镜的像方焦面多远的地方。

3. 设一系统位于空气中，垂轴放大率 $\beta=-10^{\times}$，由物面到像面的距离（共轭距离）为 7200mm，物镜两焦点间距离为 1140mm。求该物镜焦距，并绘出基点位置图。

4. 已知一个透镜把物体放大 $-3^{\times}$ 投影在屏幕上，当透镜向物体移近 18mm 时，物体将被放大 $-4^{\times}$，试求透镜的焦距，并用图解法校核之。

5. 一个薄透镜对某一物体成一实像，放大率为 $-1^{\times}$，今以另一个薄透镜紧贴在第一透镜上，则见像向透镜方向移动 20mm，放大率为原来的 3/4，求两块透镜的焦距为多少？

6. 有一正薄透镜对某一物成倒立的实像，像高为物高的一半，今将物面向透镜移近 100mm，则所得像与物同大小，求该正透镜组的焦距。

7. 希望得到一个对无限远成像的长焦距物镜，焦距 $f'=1200\text{mm}$，由物镜顶点到像面的距离（筒长）

$L=700$mm，由系统最后一面到像平面距离（工作距）为 $l_k'=400$mm，按最简单结构的薄透镜系统考虑，求系统结构，并画出光路图。

8. 一短焦距物镜，已知其焦距为35mm，筒长 $L=65$mm，工作距离 $l_k'=50$mm，按最简单的薄透镜系统考虑，求系统结构。

9. 已知一透镜 $r_1=-200$mm，$r_2=-300$mm，$d=50$mm，$n=1.5$，求其焦距、光焦度、基点位置。

10. 一薄透镜组焦距为100mm，和另一焦距为50mm的薄透镜组合，其组合焦距仍为100mm，问两薄透镜的相对位置，并求基点位置，以图解法校核之。

11. 长60mm，折射率为1.5的玻璃棒，在其两端磨成曲率半径为10mm的凸球面，试求其焦距及基点位置。

12. 一束平行光垂直入射到平凸透镜上，会聚于透镜后480mm处，如在此透镜凸面上镀银，则平行光会聚于透镜前80mm处，求透镜折射率和凸面曲率半径。

13. 试以两个薄透镜组按下列要求组成光系统：（1）两透镜组间间隔不变，物距任意而倍率不变。（2）物距不变，两透镜组间间隔任意改变，而倍率不变。问该两透镜组焦距间关系，求组合焦距的表示式。

14. 由两个薄透镜组成一个成像系统，两薄透镜组焦距分别为 f_1'、f_2'，间隔为 d，物平面位于第一透镜组的焦平面上，求此系统的垂轴放大率、焦距及基点位置的表示式。

15. 一块厚透镜，$n=1.6$，$r_1=120$mm，$r_2=-320$mm，$d=30$mm，试求该透镜焦距和基点位置。如果物距 $l_1=-5$m 时，问像在何处？如果平行光入射时，使透镜绕一和光轴垂直的轴转动，而要求像点位置不变，问该轴应装在何处？

16. 如上题中的透镜第一面在水中，求基点位置及其物、像方焦距。当 $l_1=-5$m 时，问像面应在何处？当平行光入射时，转轴装在何处，可使像点不移动？

17. 有三个薄透镜，其焦距分别为 $f_1'=100$mm，$f_2=50$mm，$f_3'=-50$mm，其间隔 $d_1=10$mm，$d_2=10$mm，求组合系统的基点位置。

18. 有的照相机拍摄不同远近的目标时，采用物镜中的前片进行调焦的方式。设前片的焦距为75mm，试求在拍摄距离分别为 -0.8m、-1m、-1.5m、-5m、-10m、-20m 时，前片透镜相对于 $l=-\infty$ 时的原始位置调焦的距离。

19. 焦距为 f' 的理想薄透镜成像时，垂轴（横向）放大率为 -1 和 $+1$ 的物像共轭距分别为多大？

20. 两块相距75mm，焦距都是100mm（即 $f_1'=f_2'=100$mm）的薄透镜组合，第一块透镜前50mm处有物点 A，求该组合系统的焦距及像的位置。

21. 由正、负两薄透镜组合成 $f'=1.2$m 的光学系统，该系统对无限远物体成实像，像面离正透镜700mm，离负透镜400mm。求正、负透镜焦距并在光学系统图上标出像方主点 H'、焦点 F' 和焦距 f'。

22. 一薄透镜对物体成实像，物像共轭距为0.9m，当透镜在物像之间由原来的位置移到另一位置时，像面位置保持不变，但像的大小是原来的1/4，求该透镜的焦距。

第三章　平面与平面系统

光学系统除利用球面光学元件（如透镜和球面镜等）实现对物体的成像特性要求外，还常用到各种平面光学元件，如平面反射镜、平行平板、反射棱镜、折射棱镜和光楔等。这些平面光学元件主要用于改变光路方向、使倒像转换成正像或产生色散用于光谱分析等，是光学系统的重要组成部分。下面分别讨论这些平面光学元件的成像特性。

第一节　平面镜成像

一、平面镜成像原理

平面反射镜简称平面镜，它是唯一能成完善像的最简单的光学元件，即物体上任意一点发出的同心光束经过平面镜后仍为同心光束。如图 3-1 所示，物体上任一点 A 发出的同心光束被平面镜反射，光线 AP 沿 PA 方向原光路返回，光线 AQ 以入射角 I 入射，经反射后沿 QR 方向出射，延长 AP 和 RQ 交于 A'。由反射定律和图中几何关系容易证明 $\triangle PAQ \cong \triangle PA'Q$，从而可得 $AP = A'P$，$AQ = A'Q$。同样可以证明，由 A 点发出的另一条光线 AO 经反射后，其反射光线的延长线必定交于 A' 点。这表明，由 A 点发出的同心光束经平面镜反射后，变换为以 A' 为中心的同心光束。因此，A' 为物点 A 的完善像点。同样可以证明物体上每一点（如 B 点）都能完善成像（如 B' 点），所以整个物体也成完善像。显然，对于平面镜而言，实物成虚像，虚物成实像。

令 $r=\infty$，由球面镜的物像位置公式(1-36)和放大率公式(1-37)可得

$$l' = -l,\ \beta = 1$$

这说明正立的像与物等距离的分布在镜面的两边，大小相等，虚实相反。因此，像与物完全对称于平面镜。

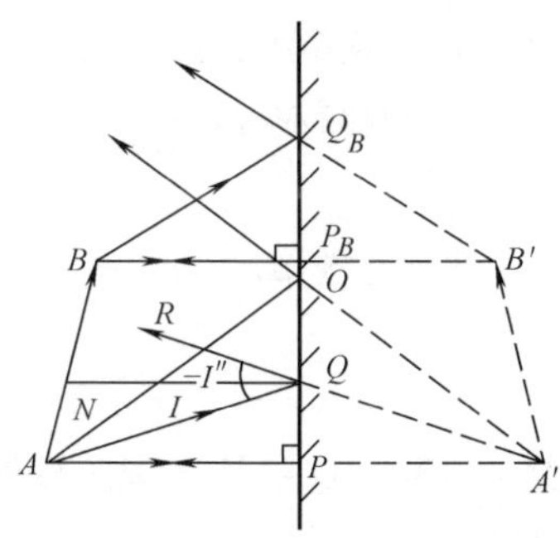

图 3-1　平面镜成像原理图

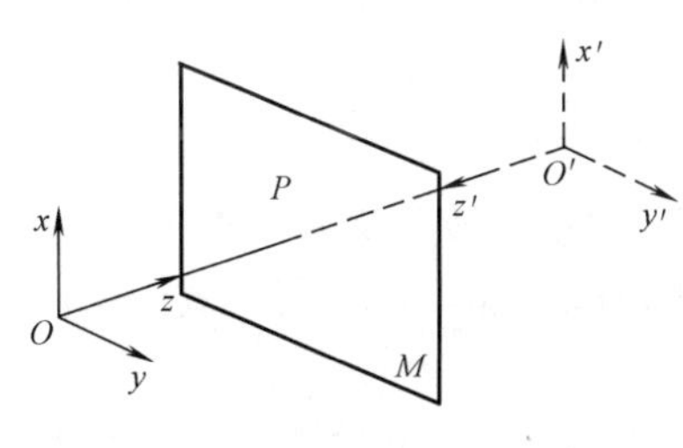

图 3-2　平面镜的镜像

由于这种对称性，使一个右手坐标系的物体，变换成左手坐标系的像。就像照镜子时，你的右手只能和镜中的“你”的左手重合一样，这种像称为镜像。如图 3-2 所示，一个右手

坐标系 O-xyz，经过平面镜 M 后，其像为一个左手坐标系 O'-$x'y'z'$。当正对着物体即沿 zO 方向观察物体时，y 轴在左边；而当正对着像即沿 $z'O'$ 方向观察像时，y' 在右边。显然，一次反射像若再经过一次反射成像，将恢复成与物相同的右手坐标系。推而广之，奇数次反射成镜像，偶数次反射成与物一致的像，简称一致像。

当物体旋转时，其像反方向旋转相同的角度。比如，正对着 zO 方向观察物体时，y 顺时针方向转 90°至 x，而 y' 则是逆时针方向转 90°至 x'（沿 $z'O'$ 方向观察）。同样，沿 xO 方向观察时，z 转向 y 是顺时针方向，而 z' 转向 y' 则是逆时针方向（沿 $x'O'$ 方向观察）。沿 yO 方向观察时的情形和沿 xO 方向观察时的规律完全一样。

二、平面镜旋转特性

平面镜转动时具有重要特性。当入射光线方向不变而转动平面镜时，反射光线的方向将发生改变。如图 3-3 所示，设平面镜转动 α 角时，反射光线转动 θ 角，根据反射定律，有

$$\begin{aligned}\theta &= -I_1'' + \alpha - (-I'') = I_1 + \alpha - I \\ &= (I + \alpha) + \alpha - I = 2\alpha\end{aligned} \tag{3-1}$$

因此，反射光线的方向改变了 2α 角。利用平面镜转动的这一性质，可以测量微小角度或位移。如图 3-4 所示，刻有标尺的分划板位于准直物镜 L 的物方焦平面上，标尺零位点（设与物方焦点 F 重合）发出的光束经物镜 L 后平行于光轴。若平面镜 M 与光轴垂直，则平行光经平面镜 M 反射后原光路返回，重新会聚于焦点 F 上，这一过程叫做自准直。若平面镜 M 转动 θ 角，则平行光束经平面镜后与光轴成 2θ 角，经物镜 L 后成像于 B 点，设 $BF = y$，物镜焦距为 f'，则

$$y = f'\tan 2\theta \approx 2f'\theta \tag{3-2}$$

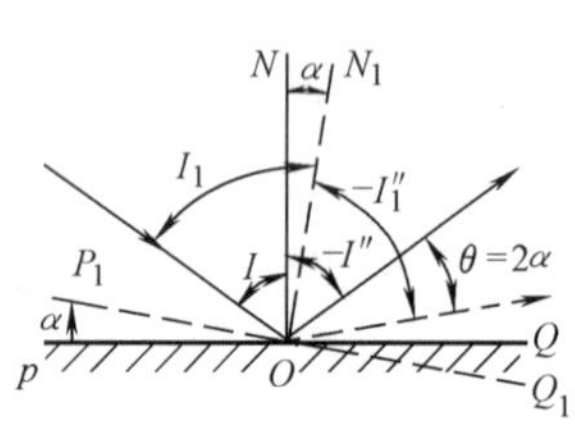

图 3-3 平面镜的旋转

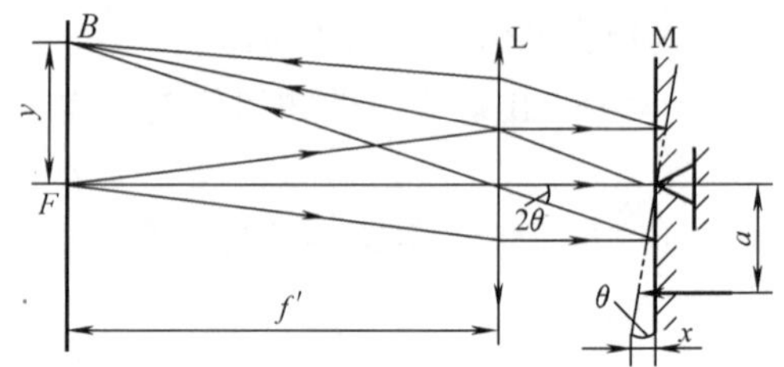

图 3-4 平面镜用于小角度或微小位移的测量

若平面镜的转动是由一测杆移动引起的，设测杆支点与光轴的距离为 a，测杆的移动量为 x，则 $\tan\theta \approx \theta = x/a$，代入式(3-2)，得

$$y = (2f'/a)x = Kx \tag{3-3}$$

利用式(3-2)可以测量微小角度，利用式(3-3)可以测量微小位移。这就是光学比较仪中的光学杠杆原理，式(3-3)中的 $K = 2f'/a$ 为光学杠杆的放大倍数。

利用自准直原理，采用 CCD 相机作为光电接收器，研制的用于微小角度测量的光电自准仪是目前精度最高的小角度测量仪器之一。

三、双平面镜成像

设两个平面镜的夹角为 α，光线 AO_1 入射到双面镜上，经两个平面镜 PQ 和 PR 依次反

射，沿 O_2M 方向出射，出射光线与入射光线的延长线相交于 M 点，夹角为 β，如图 3-5 所示。由 $\triangle O_1O_2M$，有

$$(-I_1+I_1'')=(I_2-I_2'')+\beta$$

根据反射定律，有

$$\beta=2\ (I_1''-I_2)$$

在 $\triangle O_1O_2N$ 中，有 $I_1''=\alpha+I_2$，即 $\alpha=I_1''-I_2$，所以

$$\beta=2\alpha \tag{3-4}$$

由此可见，出射光线与入射光线的夹角和入射角无关，只取决于双面镜的夹角 α。如果双面镜的夹角不变，当入射光线方向一定时，双面镜绕其棱边旋转时，出射光线方向始终不变。根据这一性质，用双面镜折转光路非常有利，其优点在于，只需加工并调整好双面镜的夹角（如两个反射面做在玻璃上形成棱镜，见本章第三节），而对双面镜的安置精度要求不高，不像单个反射镜折转光路时那样调整困难。

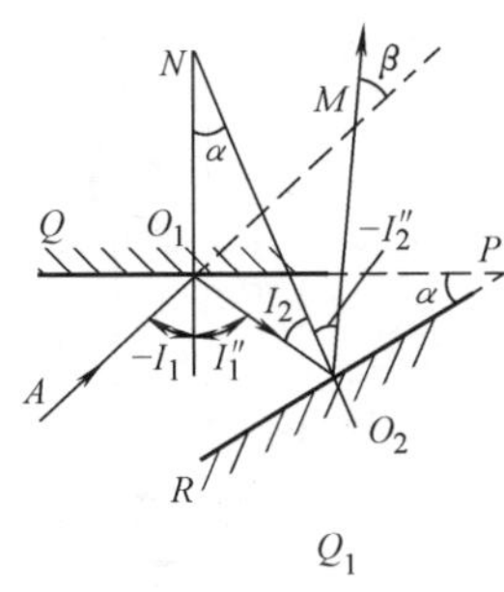

图 3-5　双平面镜对光线的变换

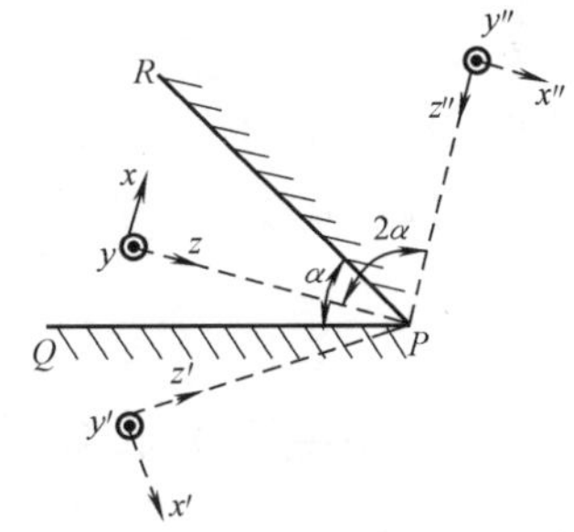

图 3-6　双平面镜的连续一次成像

如图 3-6 所示，一右手坐标系的物体 xyz，经双面镜 QPR 的两个反射镜 PQ、PR 依次成像为 $x'y'z'$ 和 $x''y''z''$。经 PQ 第一次反射的像 $x'y'z'$ 为左手坐标系，经 PR 第二次反射所成像（称为连续一次像）$x''y''z''$ 还原为右手坐标系。图中我们用圆圈中加点表示垂直纸面向外的坐标，用圆圈中加叉表示垂直纸面向里的坐标。由于

$$\angle y''Py=\angle y''Py'-\angle yPy'=2\angle RPy'-2\angle QPy'=2\alpha$$

因此，连续一次像可认为是由物体绕棱边旋转 2α 角而形成的，旋转方向由第一反射镜转向第二反射镜。同样，先经 PR 反射，再经 PQ 反射的连续一次像是由物逆时针方向旋转 2α 而成的。当 $\alpha=90°$ 时，这两个连续一次像重合，并与物相对于棱对称。显然，只要双面镜夹角 α 不变，双面镜转动时，连续一次像不动。

第二节　平 行 平 板

平行平板是由两个相互平行的折射平面构成的光学元件，如分划板、测微平板、保护玻璃等。下一节还将证明，反射棱镜展开后，在光路中的作用等效于一个平行玻璃平板。下面讨论平行平板的特性。

一、平行平板的成像特性

如图 3-7 所示，轴上点 A_1 发出一孔径角为 U_1 的光线 A_1D，经平行平板两表面折射后，其出射光线的延长线与光轴相交于 A_2'，出射光线的孔径角为 U_2'。设平行平板位于空气中，平板玻璃的折射率为 n，光线在两折射面上的入射角和折射角分别为 I_1、I_1' 和 I_2、I_2'。因为两折射平面平行，则有 $I_2 = I_1'$，由折射定律，得

$$\sin I_1 = n\sin I_1' = n\sin I_2 = \sin I_2'$$

所以

$$I_2' = I_1,\ U_2' = U_1$$

即出射光线平行于入射光线，亦即光线经平行平板后方向不变。这时

$$\gamma = \frac{\tan U_2'}{\tan U_1} = 1,\ \beta = 1/\gamma = 1,\ \alpha = \beta^2 = 1$$

这表明，平行平板是个无光焦度的光学元件，不会使物体放大或缩小，在光学系统中对总光焦度无贡献。

由图 3-7 可知，出射光线与入射光线不重合，产生侧向位移 $\Delta T = DG$ 和轴向位移 $\Delta L' = A_1A_2'$。在△DEG 和△DEF 中，DE 为公用边，所以

$$\Delta T = DG = DE\sin(I_1 - I_1') = \frac{d}{\cos I_1'}\sin(I_1 - I_1')$$

将 $\sin(I_1 - I_1')$ 用三角公式展开，并注意 $\sin I_1 = n\sin I_1'$，得侧向位移

$$\Delta T = d\sin I_1\left(1 - \frac{\cos I_1}{n\cos I_1'}\right) \tag{3-5}$$

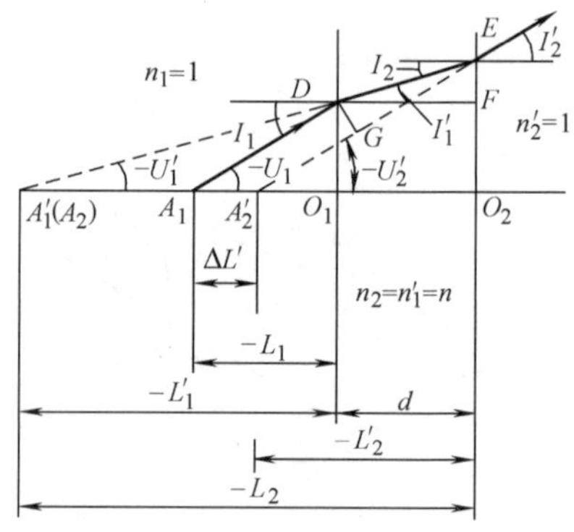

图 3-7　平行平板的成像特性

轴向位移由图 3-7 中的关系可得

$$\Delta L' = \frac{DG}{\sin I_1} = d\left(1 - \frac{\cos I_1}{n\cos I_1'}\right) \tag{3-6a}$$

应用折射定律 $\sin I_1/\sin I_1' = n$，代入得

$$\Delta L' = d\left(1 - \frac{\tan I_1'}{\tan I_1}\right) \tag{3-6b}$$

上式表明，轴向位移 $\Delta L'$ 随入射角 I_1（即孔径角 U_1）的不同而不同，即轴上点发出不同孔径的光线经平行平板后与光轴的交点不同，亦即同心光束经平行平板后变成了非同心光束。因此，平行平板不能成完善像。

计算出光线经过平行平板的轴向位移 $\Delta L'$ 后，像点 A_2' 相对于第二面的距离 L_2' 可按图中的几何关系由下式直接给出，而不需要再逐面进行光线的光路计算

$$L_2' = L_1 + \Delta L' - d \tag{3-7}$$

二、平行平板的等效光学系统

平行平板在近轴区内以细光束成像时，由于 I_1 及 I_1' 都很小，其余弦值可用 1 代替，于是由式（3-6a）得近轴区内的轴向位移为

$$\Delta l' = d(1 - 1/n) \tag{3-8}$$

该式表明，在近轴区内，平行平板的轴向位移只与其厚度 d 和折射率 n 有关，与入射角无关。因此，平行平板在近轴区以细光束成像是完善的。这时，不管物体位置如何，其像可认为是由物体移动一个轴向位移而得到的。

利用这一特点，在光路计算时，可以将平行玻璃平板简化为一个等效空气平板。如图 3-8 所示，入射光线 PQ 经玻璃平板 $ABCD$ 后，出射光线 HI' 平行于入射光线。过 H 点作光轴的平行线，交 PI 于 G，过 G 作光轴的垂线 EF。将玻璃平板的出射平面及出射光路 HI' 一起沿光轴平移 $\Delta l'$，则 CD 与 EF 重合，出射光线在 G 点与入射光线重合，I' 与 I 重合。这表明，光线经过玻璃平板的光路与无折射的通过空气层 $ABEF$ 的光路完全一样。这个空气层就称为平行玻璃平板的等效空气平板，其厚度为

$$\bar{d} = d - \Delta l' = d/n \tag{3-9}$$

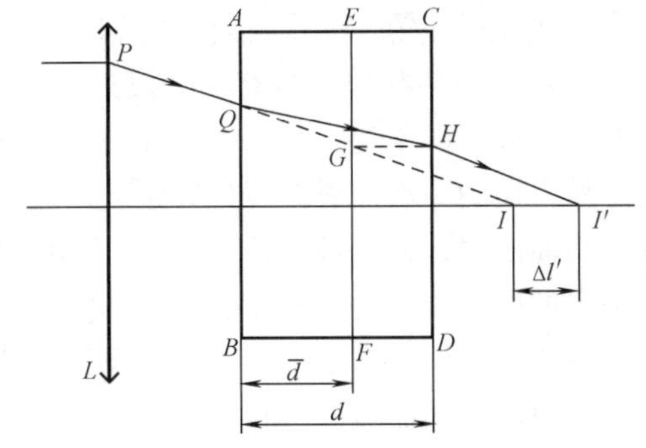

图 3-8　平行平板的等效作用

引入等效空气平板的作用在于，如果光学系统的会聚或发散光路中有平行玻璃平板（包括由反射棱镜展开的平行玻璃平板），可将其等效为空气平板，这样可以在计算光学系统的外形尺寸时简化对平行玻璃平板的处理，只需计算出无平行玻璃平板时（即等效空气平板）的像方位置，然后再沿光轴移动一个轴向位移 $\Delta l'$，就得到有平行玻璃平板时的实际像面位置，即

$$l_2' = l_1 - d + \Delta l' \tag{3-10}$$

而无需对平行玻璃平板逐面进行计算。因此，在进行光学系统外形尺寸计算时，将平行玻璃平板用等效空气平板取代后，光线无折射地通过等效空气平板，只需考虑平行玻璃平板的出射面或入射面的位置，而不必考虑平行玻璃平板的存在。

第三节　反射棱镜

一、反射棱镜的类型

将一个或多个反射面磨制在同一块玻璃上形成的光学元件称为反射棱镜。反射棱镜在光学系统中主要实现折转光路、转像和扫描等功能。如将图 3-5 中双面镜的两个反射面做在同一块玻璃上，就形成一个二次反射的棱镜，如图 3-9 所示。在反射面上，若所有入射光线不能全部发生全反射，则必须在该面上镀以金属反射膜，如银、铝或金等，以减少反射面的光能损失。

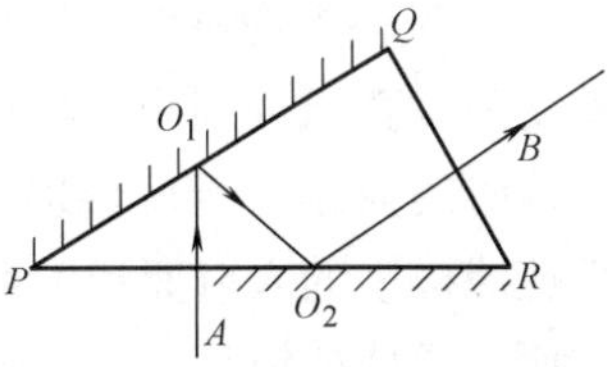

图 3-9　反射棱镜的主截面

光学系统的光轴在棱镜中的部分称为棱镜的光轴，一般为折线，如图 3-9 中的 AO_1、O_1O_2 和 O_2B。每经过一次反射，光轴就折转一次。反射棱镜的工作面为两个折射面和若干个反射面，光线从一个折射面入射，从另一个折射面出射。因此，两个折射面分别称为入射面和出射面。大部分反射棱镜的入射面和出射面都与光轴垂直。工作面之间的交线称为棱镜的棱，垂直于棱的平面称为主截面。在光路中，所取主截面与光学系统的光轴重合，因此，又称为光轴截面。

反射棱镜的种类繁多，形状各异，大体上可分为简单棱镜、屋脊棱镜、立方角锥棱镜和复合棱镜四类。下面分别予以介绍。

（一）简单棱镜

简单棱镜只有一个主截面，它所有的工作面都与主截面垂直。根据反射面数的不同，又分为一次反射棱镜、二次反射棱镜和三次反射棱镜。

1. 一次反射棱镜　具有一个反射面，与单个平面镜对应，使物体成镜像，即垂直于主截面的坐标方向不变，位于主截面内的坐标改变方向。

最常用的一次反射棱镜为等腰直角棱镜，如图 3-10a 所示，光线从一直角面入射，从另一直角面出射，使光轴折转 90°。图 3-10b 所示的等腰棱镜可以使光轴折转任意角度。反射面角度的确定只需使反射面的法线方向处于入射光轴与出射光轴夹角的平分线上即可。这两种棱镜的入射面与出射面都与光轴垂直，在反射面上的入射角大于临界角，能够发生全反射，反射面上无需镀反射膜。

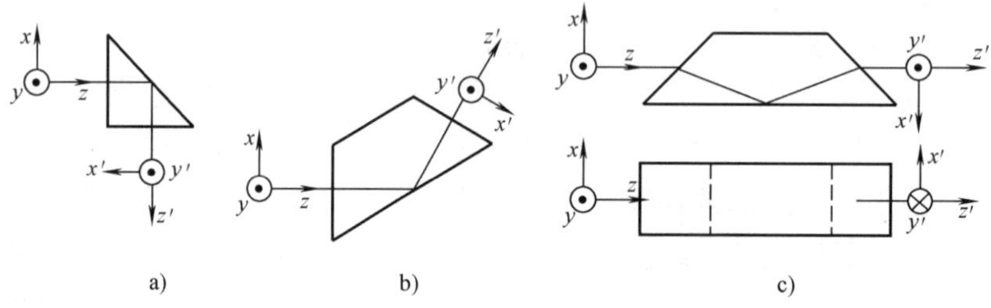

图 3-10　一次反射棱镜

图 3-10c 所示为道威（Dove）棱镜，它是由直角棱镜去掉多余的直角部分而成的，其入射面和出射面与光轴均不垂直，但出射光轴与入射光轴方向不变。道威棱镜的重要特性之一是：当其绕光轴旋转 α 角时，反射像同方向旋转 2α 角，正如平面镜旋转一样。图 3-10c 中上图右手坐标系 xyz 经道威棱镜后，x 坐标由向上变为向下，y 坐标方向不变，从而形成左手坐标系 $x'y'z'$。当道威棱镜旋转 90°后，x 坐标方向不变，y 坐标由垂直纸面向外变为垂直纸面向里，如图 3-10c 下图所示。这时的像相对于旋转前的像转了 180°。由于道威棱镜的入射面和出射面与光轴不垂直，所以道威棱镜只能用于平行光路中。

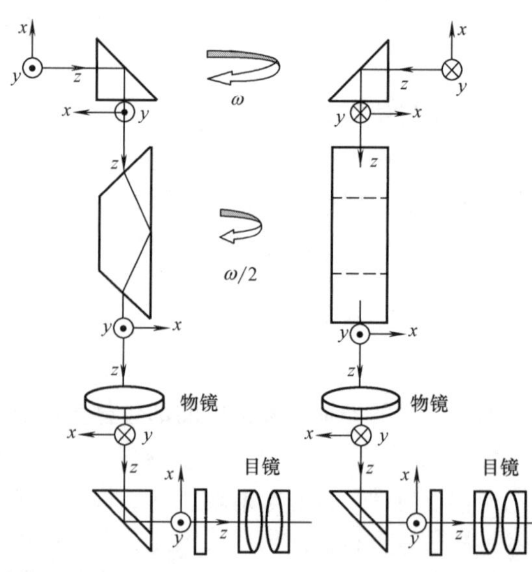

图 3-11　周视瞄准仪光学系统及其旋转特性 

图 3-11 所示的周视瞄准仪就应用了直角棱镜和道威棱镜的旋转特性。当直角棱镜在水平面内以角速度 ω 旋转时，道威棱镜绕其光轴以 $\omega/2$ 的角速度同向转动，可使在目镜中观察到的像的坐标方向不变。这

样，直角棱镜旋转扫描时，观察者可以不必改变位置，就能周视全景。

2. 二次反射棱镜　有两个反射面，作用相当于一个双面镜，其出射光线与入射光线的夹角取决于两个反射面的夹角。由于是偶次反射，像与物一致，不存在镜像。

常用的二次反射棱镜如图 3-12 所示，从图 3-12a 到 e 分别为半五角棱镜、30°直角棱镜、五角棱镜、二次反射直角棱镜和斜方棱镜，棱镜两反射面的夹角分别为 22.5°、30°、45°、90°和 180°，对应出射光线与入射光线的夹角分别为 45°、60°、90°、180°和 360°。半五角棱镜和 30°直角棱镜多用于显微镜观察系统，使垂直向上的光轴折转为便于观察的方向。五角棱镜取代一次反射的直角棱镜或平面镜，使光轴折转 90°，而不产生镜像，且装调方便。用五角棱镜将铅垂激光束折转成水平方向，当五角棱镜绕竖轴旋转时，形成一水平扫描的激光平面，确定一水平基准。以这一原理为基础的激光扫平仪广泛运用于建筑工程施工、装饰装璜及土地平整。二次反射直角棱镜多用于转像系统中，或构成复合棱镜。斜方棱镜可以使光轴平移，多用于双目观察的仪器（如双筒望远镜）中，以调节两目镜的中心距离，满足不同眼基距（双眼中心距离）人眼的观察需要。

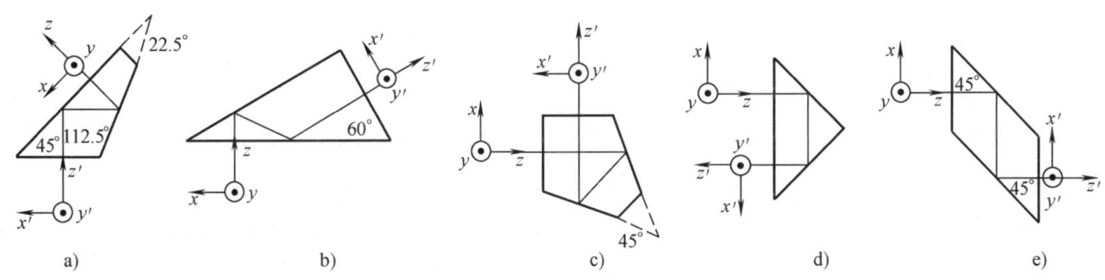

图 3-12　常用二次反射棱镜

3. 三次反射棱镜　如图 3-13a 所示的三次反射棱镜称为斯密特棱镜，出射光线与入射光线的夹角为 45°，奇次反射成镜像。其最大的特点是因为光线在棱镜中的光路很长，可以折叠光路，使仪器结构紧凑，如图 3-13b 所示。

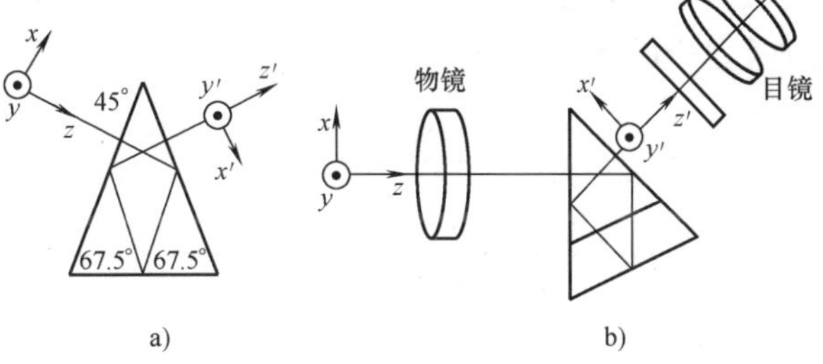

图 3-13　斯密特棱镜及其应用

（二）屋脊棱镜

由上面的讨论可知，奇数次反射使物体成镜像。如果需要得到与物体一致的像，而又不宜增加反射棱镜时，可用交线位于棱镜光轴面内的两个相互垂直的反射面取代其中一个反射面，使垂直于主截面的坐标被这二个相互垂直的反射面依次反射而改变方向，从而得到与物体一致的像，如图 3-14 所示。这两个相互垂直的反射面叫做屋脊面，带有屋脊面的棱镜称为屋脊棱镜。

常用的屋脊棱镜有直角屋脊棱镜、半五角屋脊棱镜、五角屋脊棱镜、斯密特屋脊棱镜等。图 3-11 周视瞄准仪中目镜前的直角棱镜即为直角屋脊棱镜。将图 3-13 中的斯密特棱镜底面换成屋脊面，就形成斯密特屋脊棱镜。

（三）立方角锥棱镜

这种棱镜是由立方体切下一角而形成的，如图 3-15 所示。其三个反射工作面相互垂直，底面是一个等边三角形，为棱镜的入射面和出射面。立方角锥棱镜的重要特性在于，光线以任意方向从底面入射，经过三个直角面依次反射后，出射光线始终平行于入射光线。当立方角锥棱镜绕其顶点旋转时，出射光线方向不变，仅产生一个平行位移。

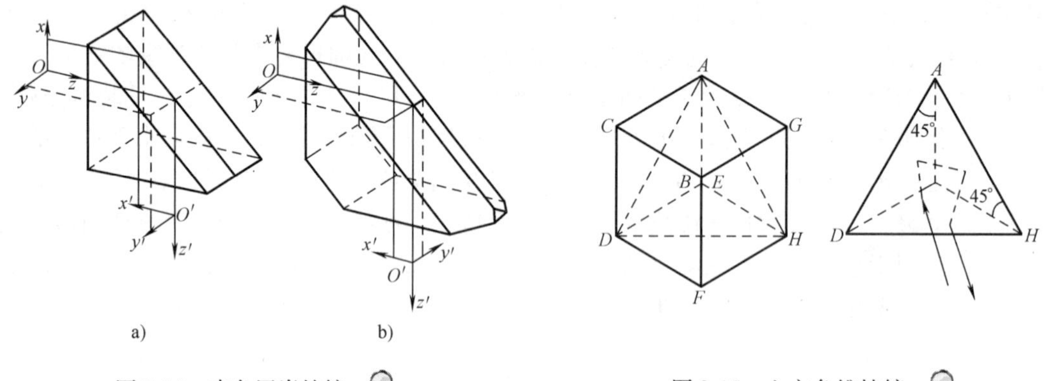

图 3-14　直角屋脊棱镜　　图 3-15　立方角锥棱镜

立方角锥棱镜可以和激光测距仪配合使用。激光测距仪发出一束准直激光束，经位于测站上的立方角锥棱镜反射，沿原光路返回，由激光测距仪的光电接收器接收，从而解算出测距仪到测站的距离。将立方角锥棱镜及其阵列安放到卫星上，作为星载合作目标，与地面站激光测距仪配合使用，实现对卫星目标的精确测量，完成卫星的定轨任务。立方角锥棱镜还可用于激光谐振腔中，构成免调谐激光器。

（四）棱镜的组合——复合棱镜

由两个以上棱镜组合起来形成复合棱镜，可以实现一些单个棱镜难以实现的特殊功能。下面介绍几种常用的复合棱镜。

1. 分光棱镜　如图 3-16 所示，一块镀有半透半反析光膜的直角棱镜与另一块尺寸相同的直角棱镜胶合在一起，可以将一束光分成光强相等或光强呈一定比例的两束光，且这两束光在棱镜中的光程相等。这种分光棱镜具有广泛的应用。

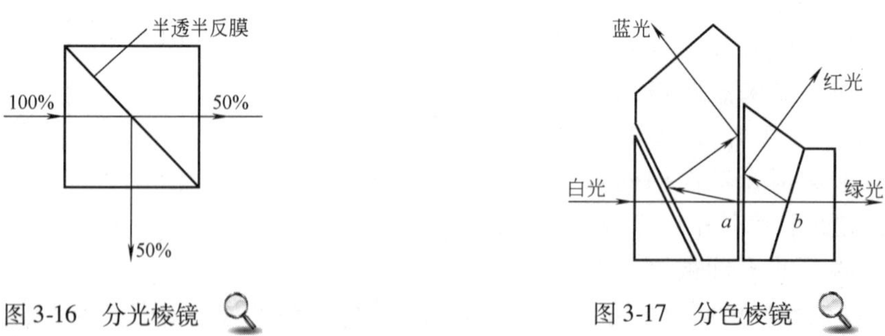

图 3-16　分光棱镜　　图 3-17　分色棱镜

2. 分色棱镜　如图 3-17 所示，白光经过分色棱镜后被分解为红、绿、蓝三束单色光。其中，a 面镀反蓝透红绿介质膜，b 面镀反红透绿介质膜。分色棱镜主要用于彩色电视摄像机的光学系统中。

3. 转像棱镜　如图 3-18 所示，其主要特点是出射光轴与入射光轴平行，实现完全倒像，并能折转很长的光路在棱镜中，可用于望远镜光学系统中实现倒像。

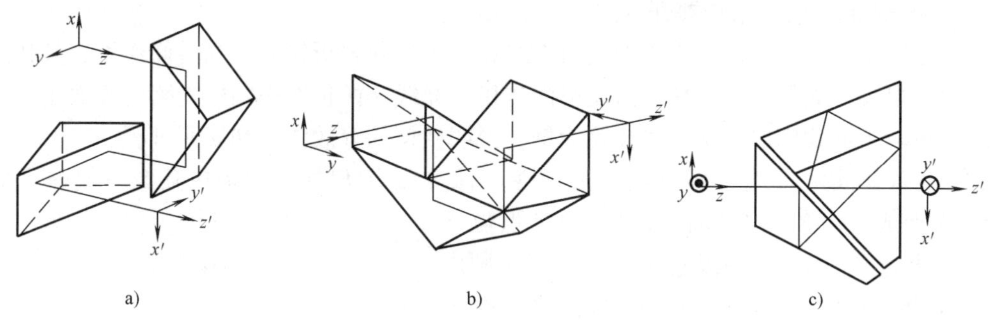

图 3-18　转像棱镜

a）普罗Ⅰ型转像棱镜　b）普罗Ⅱ型转像棱镜　c）别汉棱镜

4. 双像棱镜　如图 3-19 所示，它由四块棱镜胶合而成，其中棱镜Ⅱ和Ⅲ的反射面镀半透半反的析光膜。当物点 A 不在光轴上时，则双像棱镜输出二个像点 A_1'和 A_2'；而当物点 A 移向光轴 O 时，双像棱镜输出的两个像 A_1'和 A_2'重合在光轴 O'上。双像棱镜与目镜联用，构成双像目镜，用于对圆孔的瞄准很方便。

随着光学零件加工工艺的不断进步以及工程实际的需要，现在也有将球面加工在棱镜上的，即将反射棱镜的一个或几个工作面（折射面或反射面）做成球面甚至非球面，形成所谓“球面棱镜”，在满足折转光路和转像的同时，实现一定的光焦度，使整个光学系统结构尽可能简化或紧凑。

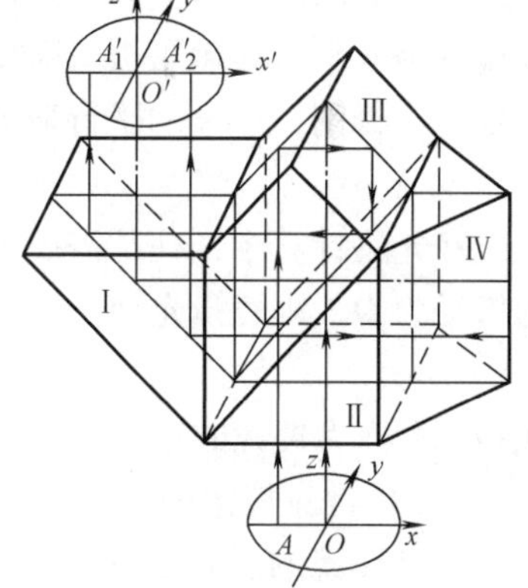

图 3-19　双像棱镜

二、棱镜系统的成像方向判断

实际光学系统中使用的平面镜和棱镜系统有时是复杂的，正确判断棱镜系统的成像方向对于光学设计来说是至关重要的。如果判断不正确，使光学系统成镜像或者倒像，会给系统操作者观测带来错觉，甚至出现操作上的失误。上面已对常用各种棱镜的光路折转和成像方向进行了讨论，这里归纳为如下判断原则：

1）$O'z'$坐标轴和光轴的出射方向一致。

2）垂直于主截面的坐标轴 $O'y'$视屋脊面的个数而定，如果有奇数个屋脊面，则其像坐标轴方向与物坐标轴方向 Oy 方向相反；没有屋脊面或有偶数个屋脊面，则像坐标轴方向与物坐标轴方向一致。

3）平行于主截面的坐标轴 $O'x'$的方向视反射面个数（屋脊面按两个反射面计算）而定。如果物坐标系为右手坐标系，当反射面个数为偶数时，$O'x'$坐标轴按右手坐标系确定；而当反射面个数为奇数时，$O'x'$坐标轴依左手坐标系确定。

如果是复合棱镜，且各光轴面不在同一个平面内，则上述判断原则在各光轴面内均适应，可按上述原则在各自光轴面内判断成像的坐标方向。

光学系统通常是由透镜和棱镜组成的。因此，还必须考虑透镜系统的成像特性，即透镜系统成像的正倒问题。在如图 3-11 所示的周视瞄准仪中，望远物镜 L_1 成倒像，目镜 L_2 成正像。整个光学系统成像的正倒是由透镜成像特性和棱镜转像特性共同决定的。

三、反射棱镜的等效作用与展开

（一）棱镜的等效作用与展开方法

反射棱镜由两个折射面和若干个反射面组成，主要起着折转光路和转像作用，其作用相当于平面反射镜。如果不考虑棱镜的反射面作用，光线在两折射面间的光路可等效于一个平行玻璃平板。下面我们以一次反射棱镜为例，说明棱镜的等效作用和展开过程。

如图 3-20 所示，平行光经透镜 L 成像在其像方焦点 F' 处，如果在其像方放一平面镜 PQ，与光轴成 45°角，则光轴折转 90°，像点位于 F'' 上。如果将平面镜 PQ 换成直角棱镜 PQR，则由于入射面 PR 和出射面 RQ 的折射，像点将平移一段距离至 A''，且对成像质量有一定的影响。而平面镜成完善像，在光路计算中可以不予考虑。如果在光路中去掉反射作用，即把反射以后的光路沿 PQ 翻转 180°，则光路被“拉”直，棱镜的出射面 RQ 翻转后位于 QR'。因此，用棱镜代替平面镜，就相当于在光路中增加了一块平行玻璃平板。

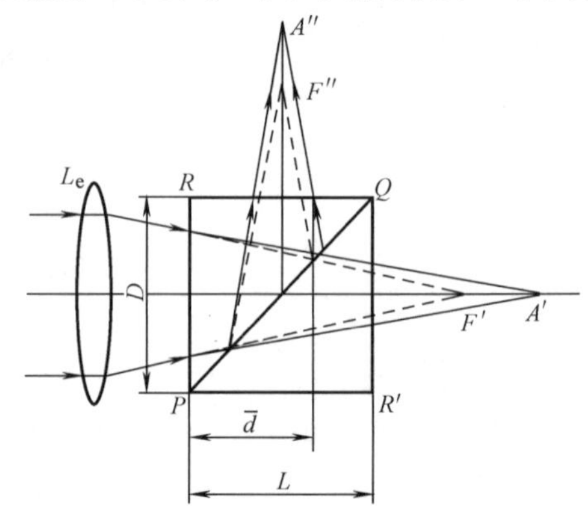

图 3-20　反射棱镜的等效作用与展开过程

在光路计算中，常用一等效平行玻璃平板来取代光线在反射棱镜两折射面之间的光路，这种做法称为棱镜的展开。棱镜展开方法是，在棱镜主截面内，按反射面的顺序，以反射面与主截面的交线为轴，依次使主截面翻转 180°，便可得到棱镜的等效平行玻璃平板。需要说明的是，若棱镜位于非平行光路中，则要求光轴与两折射面垂直，否则，展开的平行玻璃平板不垂直于光轴，引起侧向位移，影响光学系统的成像质量。

在光路计算中，往往需要求出棱镜光轴长度，即棱镜等效平行玻璃平板厚度 L。设棱镜的口径为 D，则棱镜光轴长度 L 与口径 D 之间的关系为

$$L = KD \tag{3-11}$$

式中，K 称为棱镜的结构参数，它取决于棱镜的结构型式，而与棱镜的大小无关。

（二）常见棱镜的展开

常见棱镜的展开过程、光轴长度与结构参数见表 3-1。

表 3-1　常见棱镜的展开过程、光轴长度与结构参数

棱镜名称	展开过程	光轴长度与结构参数	说　明
一次反射直角棱镜	D L	光轴长度：$L = D$ 棱镜常数：$K = 1$	

（续）

棱镜名称	展开过程	光轴长度与结构参数	说　　明
二次反射直角棱镜	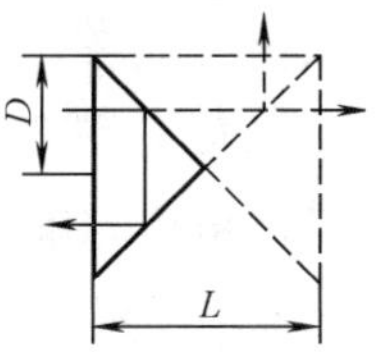	光轴长度：$L=2D$ 棱镜常数：$K=2$	入射孔径为斜边的一半
道威棱镜	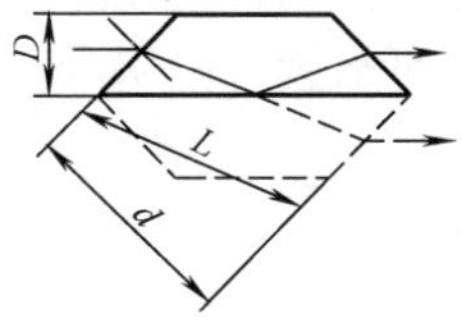	光轴长度：$L=\dfrac{2nD}{\sqrt{2n^2-1}-1}$ 棱镜常数：$K=\dfrac{2n}{\sqrt{2n^2-1}-1}$	只能用于平行光路中，其等效平行玻璃平板的厚度为 $d=L\cos i'=\dfrac{\sqrt{2(2n^2-1)}D}{\sqrt{2n^2-1}-1}$
五角棱镜	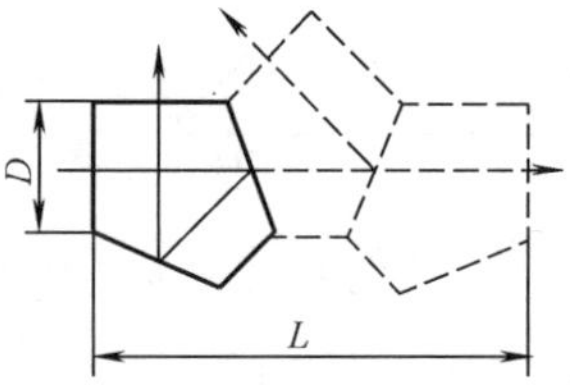	光轴长度： $L=(2+\sqrt{2})D\approx3.414D$ 棱镜常数：$K=3.414$	和一次反射直角棱镜相比，出射光线都与入射光线垂直，但五角棱镜不受安装误差的影响
等腰棱镜	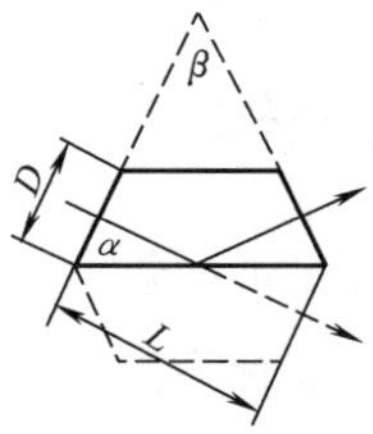	光轴长度： $L=D\tan\alpha=D\tan(\beta/2)$ 棱镜常数：$K=\tan(\beta/2)$	式中，β 为棱镜的顶角，α 为入射光线与底面的夹角。显然 $\alpha=\beta/2$
半五角棱镜	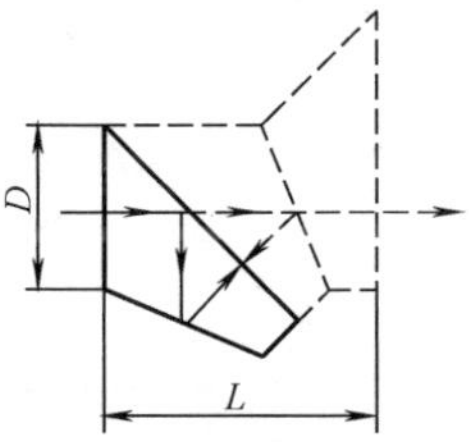	光轴长度： $L=(1+\sqrt{2}/2)D=1.707D$ 棱镜常数：$K=1.707$	
斯密特棱镜	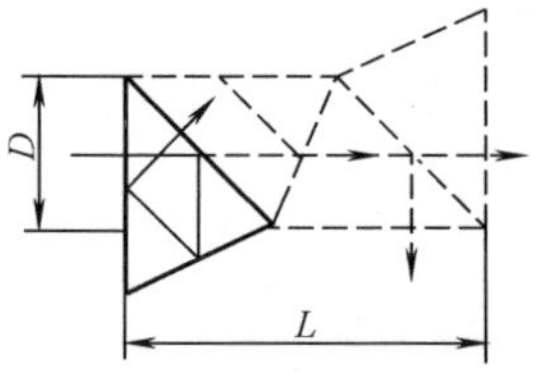	光轴长度： $L=(1+\sqrt{2})D=2.414D$ 棱镜常数：$K=2.414$	

屋脊棱镜的展开具有特殊性。下面以一次反射直角棱镜为例加以说明。如图 3-21 所示，如果反射棱镜的反射面被屋脊棱镜的屋脊面所取代，将使原有口径被切割，即原充满棱镜口径的圆形光束将被屋脊面 PAQ“切掉”。为了确保棱镜的通光孔径 D，必须加大棱镜的高度，使边 PAQ 变为 HEK，即入射面必须增加棱镜高度 AE。由于对称性，其出射面也必须增加棱镜长度 DG，而与 AE 和 DG 相对应的入射面和出射面边长度分别变为 FE 和 FG。可以证明，$AE=BF=FC=DG=0.336\ D$。这样，直角屋脊棱镜的直角边高度，即棱镜的光轴长度变为

$$L=EF=D+2\times 0.336D=1.672D$$

由于增加的 EAI、BFC 和 DGJ 部分对通光不起作用，为减小棱镜的体积与重量，通常在加工过程中将其去掉。其他屋脊棱镜的光轴长度罗列如下，便于读者使用时参考：

五角屋脊棱镜的光轴长度：

$$L=3.414\times 1.237\ D=4.223D$$

半五角屋脊棱镜的光轴长度：

$$L=1.707\times 1.237\ D=2.111D$$

斯密特屋脊棱镜的光轴长度：

$$L=2.414\times 1.259\ D=3.039D$$

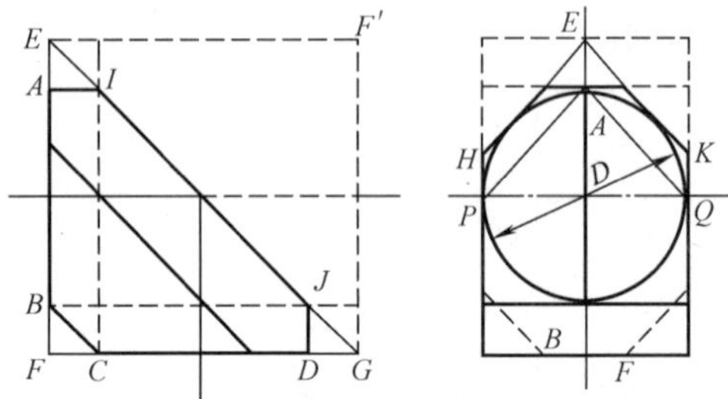

图 3-21 直角屋脊棱镜的展开

需要说明的是，屋脊棱镜对屋脊面 90°夹角的精度要求很高，否则，会产生双像，影响系统的成像质量。因此，屋脊棱镜的加工精度和成本较高，在实际光学系统中，常用棱镜的组合来实现转像作用。

第四节 折射棱镜与光楔

折射棱镜的工作面是两个折射面。两折射面的交线称为折射棱，两折射面间的二面角称为折射棱镜折射角，用 α 表示。同样，垂直于折射棱的平面称为折射棱镜的主截面。

一、折射棱镜的偏向角

如图 3-22 所示，光线 AB 入射到折射棱镜 P 上，经两折射面的折射，出射光线 DE 与入射光线 AB 的夹角 δ 称为偏向角。其正负规定为：由入射光线以锐角转向出射光线，顺时针方向为正，逆时针方向为负。设棱镜折射率为 n，光线在两折射面上的入射角和折射角分别为 I_1、I_1'和 I_2、I_2'，在两个折射面上分别用折射定律，有

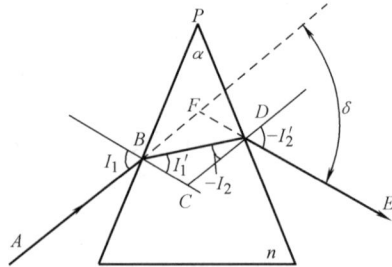

图 3-22 折射棱镜的工作原理

$$\sin I_1 = n\ \sin I_1' \tag{3-12a}$$

$$\sin I_2' = n\sin I_2 \tag{3-12b}$$

将两式相减，并利用三角学中的和差化积公式，有

$$\sin\frac{1}{2}(I_1-I_2')\cos\frac{1}{2}(I_1+I_2')=n\sin\frac{1}{2}(I_1'-I_2)\cos\frac{1}{2}(I_1'+I_2) \tag{3-13}$$

在△BCD 中，有

$$\alpha = I_1' - I_2 \tag{3-14}$$

在$\triangle BFD$中，有

$$\begin{aligned}\delta &= \angle FBD + \angle FDB = (I_1 - I_1') + (I_2 - I_2') \\ &= I_1 - I_2' - (I_1' - I_2) = I_1 - I_2' - \alpha\end{aligned}$$

即

$$\alpha + \delta = I_1 - I_2' \tag{3-15}$$

代入式（3-13）得

$$\sin\frac{1}{2}(\alpha+\delta) = n\sin\frac{\alpha}{2}\frac{\cos\frac{1}{2}(I_1' + I_2)}{\cos\frac{1}{2}(I_1 + I_2')} \tag{3-16}$$

由此可见，光经过折射棱镜折射后，产生的偏向角δ与α、n和I_1有关。对于给定的棱镜，α和n是定值，于是，折射棱镜的偏向角δ只随光线的入射角I_1而变化。

将式(3-15)两边对I_1微分，得

$$\frac{\mathrm{d}\delta}{\mathrm{d}I_1} = 1 - \frac{\mathrm{d}I_2'}{\mathrm{d}I_1} \tag{3-17}$$

再对式（3-12a、b)的两边分别微分，得

$$\cos I_1 \mathrm{d}I_1 = n\cos I_1' \mathrm{d}I_1' \text{与} \cos I_2' \mathrm{d}I_2' = n\cos I_2 \mathrm{d}I_2 \tag{3-18}$$

对式(3-14)微分，得$\mathrm{d}I_1' = \mathrm{d}I_2$，代入式(3-18)，并将两式相除，得

$$\frac{\mathrm{d}I_2'}{\mathrm{d}I_1} = \frac{\cos I_1 \cos I_2}{\cos I_1' \cos I_2'} \tag{3-19}$$

令$\frac{\mathrm{d}\delta}{\mathrm{d}I_1}=0$，由式(3-17)得$\frac{\mathrm{d}I_2'}{\mathrm{d}I_1}=1$。代入上式，得折射棱镜偏向角取得极值时必须满足的条件为

$$\frac{\cos I_1}{\cos I_1'} = \frac{\cos I_2'}{\cos I_2} \tag{3-20}$$

由式(3-12)得

$$\frac{\sin I_1}{\sin I_1'} = \frac{\sin I_2'}{\sin I_2} = n \tag{3-21}$$

欲使式(3-20)和式(3-21)两式同时成立，必须满足

$$I_1 = -I_2', I_1' = -I_2 \tag{3-22}$$

可以证明，此时$\frac{\mathrm{d}^2\delta}{\mathrm{d}I_1^2}>0$，即偏向角$\delta$取得极小值。这表明，光线的光路对称于折射棱镜时，折射棱镜的偏向角取得最小值。这就证明，折射棱镜的偏向角随入射角I_1变化的过程中存在一个最小偏向角δ_m。将式(3-22)代入式(3-16)，得折射棱镜最小偏向角的表达式为

$$\sin\frac{1}{2}(\alpha + \delta_m) = n\sin\frac{\alpha}{2} \tag{3-23}$$

光学上常用测量折射棱镜最小偏向角的方法来测量玻璃的折射率。为此，把被测玻璃加工成棱镜样品，折射角 α 一般加工成60°。用测角仪精确测量出 α 值，当测出棱镜的最小偏向角 δ_m 后，即可由式(3-23)求解出玻璃的折射率 n。

二、光楔及其应用

折射角很小的棱镜称为光楔，如图3-23所示。由于折射角很小，其偏向角公式可以大大简化。当 I_1 为有限大小时，因 α 很小，故可近似地将光楔看作平行平板，即 $I_1' \approx I_2$，$I_1 \approx I_2'$，代入式(3-16)，并用 α、δ 的弧度代替相应正弦值，有

$$\delta = \left(n \frac{\cos I_1'}{\cos I_1} - 1 \right) \alpha \tag{3-24}$$

当 I_1 很小时，I_1'也很小，上式中的余弦可用1代替，则有

$$\delta = (n-1)\alpha \tag{3-25}$$

这表明，当光线垂直入射或接近垂直入射时，所产生的偏向角仅由光楔的楔角 α 和折射率 n 决定。

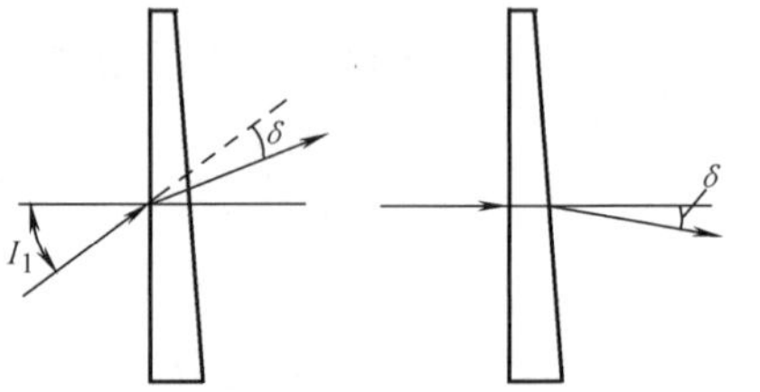

光楔在小角度和微位移测量中有着重要的应用。如图3-24所示，双光楔折射角均为 α，相隔一微小间隙，当两光楔主截面平行且同向放置如图a、c所示时，所产生的偏向角最大，为两光楔偏向角之和；当一个光楔绕光轴旋转180°时，所产生的偏向角为零(见图3-24b)；当两光楔绕光轴相对旋转，即一个光楔逆时针方向旋转 φ 角，另一个光楔同时顺时针方向旋转 φ 角时，两光楔产生的总偏向角随转角 2φ 而变，即

图3-23 光楔

$$\delta = 2(n-1)\alpha\cos\varphi \tag{3-26}$$

这样，就将光线经过双光楔所产生的微小偏向角 δ 转换为两光楔间相对较大的旋转角度 φ，从而进行微小角度的测量。

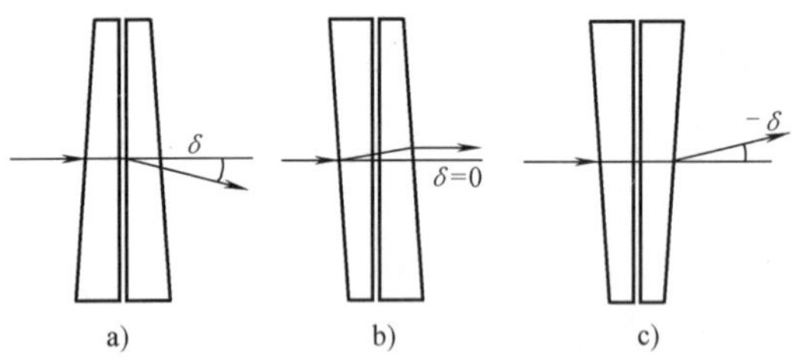

图3-24 双光楔测量微小角度

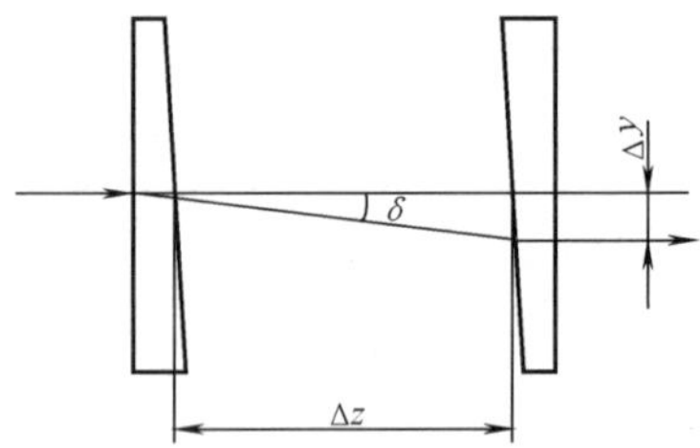

图3-25 双光楔测量微小位移 

图3-25所示的双光楔移动测微系统，当两光楔沿轴向相对移动时，出射光线相对于入射光线在垂直方向产生的平移为

$$\Delta y = \Delta z \delta = (n-1)\alpha \Delta z \tag{3-27}$$

于是，可将垂轴方向的微小位移 Δy 转换为沿轴方向的大位移 Δz 进行测量。

三、棱镜色散

白光是由许多不同波长的单色光组成的。同一透明介质对于不同波长的单色光具有不同

的折射率。由式（3-16）可知，以同一角度入射到折射棱镜上的不同波长的单色光，将有不同的偏向角。因此，白光经过棱镜后将被分解为各种不同颜色的光，在棱镜后将会看到各种颜色，这种现象称为色散。若将介质的折射率随波长的变化用曲线表示，则称为色散曲线，如图3-26所示。通常，波长长的红光折射率低，波长短的紫光折射率高。因此，红光偏向角小，紫光偏向角大，如图3-27所示。狭缝发出的白光经过透镜 L_1 准直为平行光，平行光经过棱镜P分解为各种色光，在透镜 L_2 的焦平面上从上而下地排列着红、橙、黄、绿、青、蓝、紫等各种颜色的狭缝像。这种按波长长短顺序的排列称为白光光谱，光学上常用夫琅和费谱线作为特征谱线。表3-2给出了夫琅禾费谱线的颜色、符号、波长及产生这些谱线的元素。不同的光能接收器具有不同的敏感谱线，如人眼对波长为555nm的黄绿色光最为敏感。

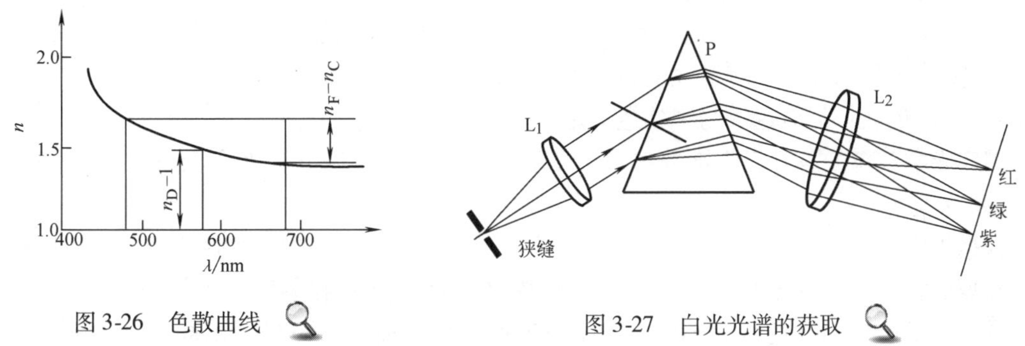

图3-26　色散曲线

图3-27　白光光谱的获取

表3-2　夫朗禾费谱线的颜色、符号、波长及产生相应谱线的元素

谱线符号	红外	A′	b	C	C′	D	d	e	F	g	G′	h	紫外
颜色		红			橙	黄		绿	青		蓝	紫	
波长/nm	>770.0	766.5	709.5	656.3	643.9	589.3	587.6	546.1	486.1	435.8	434.1	404.7	<400.0
对应元素		K	He	H	Cd	Na	He	Hg	H	Hg	H	Hg	

折射棱镜的主要作用之一就是利用其色散特性做成分光元件，形成各种分光光谱仪。

第五节　光学材料

各种折、反射光学元件，如透镜、棱镜、平面镜、球面镜和分划板等都是由各种光学材料制作而成的，光学材料的好坏直接影响到光学元件和光学系统的成像质量和性能。总的来说，光学材料必须满足这样的要求，即折射材料对工作波段具有良好的透过率，反射元件对工作波段具有很高的反射率。

一、透射材料的光学特性

透射材料分为光学玻璃、光学晶体和光学塑料三大类，它们的光学特性主要由其对各种色光的透过率和折射率决定。

（一）光学玻璃

光学玻璃是最常用的光学材料，其制造工艺成熟，品种齐全。一般光学玻璃能透过波长为0.35～2.5μm的各种色光，超出这个波段范围的光将会被光学玻璃强烈地吸收。光学晶体的透射波段范围一般比光学玻璃更宽，其应用日益广泛。光学塑料是指可用来代替光学玻璃的有机材料，因其具有价格便宜、密度小、重量轻、易于模压成型、成本较低、生产率高和不易破碎等诸多优点，近年来已在一些中低档的光学仪器中逐步取代光学玻璃。其主要缺点是热膨胀系数和折射率的温度系数比光学玻璃大得多，制成的光学元件受温度影响大，成像质量不稳定。

透射材料的折射特性一般以夫琅禾费特性谱线的折射率表示。用于目视仪器的常规光学玻璃以 D 光或 d 光的折射率 n_D 或 n_d、F 光和 C 光的折射率 n_F 和 n_C 为主要特征。这是因为，F 光和 C 光位于人眼灵敏光谱区的两端，而 D 光或 d 光位于其中间，比较接近人眼最灵敏的谱线 555nm。根据特征谱线的折射率，定义如下几种光学常数：

1）平均折射率 n_D 和平均色散 $dn = n_F - n_C$。

2）阿贝常数：$\nu_D = (n_D - 1)/(n_F - n_C)$。阿贝常数越大，色散越低，反之，色散越大。

3）部分色散：任意一对谱线的折射率之差，$n_{\lambda 1} - n_{\lambda 2}$。

4）相对色散：部分色散与平均色散之比$(n_{\lambda 1} - n_{\lambda 2})/(n_F - n_C)$。

国产光学玻璃的各种光学常数在国产光学玻璃目录（参见上篇参考文献［9］）中均可以查到。

根据光学玻璃的折射率 n_D 或 n_d 和阿贝常数的不同，光学玻璃分为两大类，即冕牌玻璃和火石玻璃，分别用符号 K 和 F 表示。一般牌玻璃具有低折射率和低色散（ν_D 大），火石玻璃具有高折射率和高色散（ν_D 小）。冕牌玻璃和火石玻璃分别加入不同的其他元素，如氟、磷、钡、镧、钛等元素，形成不同的光学玻璃类型，国产光学玻璃牌号名称如表 3-3 所示。在玻璃类型代号后面添加数字 1，2，3，…等，如 K1，K2，…，K9、K10 等，表示按折射率从低到高的顺序来区分不同牌号的玻璃。目前，我国国产光学玻璃目录（GB/T 903—1987）中列出的无色光学玻璃共计 135 种，其中冕牌玻璃 57 种，冕火石玻璃 3 种，火石玻璃 75 种。根据光学玻璃在 $n_D - \nu_D$ 图中的位置，可以了解光学玻璃光学参数的相对大小，为光学设计过程中选择或更换玻璃提供依据。图 3-28 为国产光学玻璃的 $n_D - \nu_D$ 图，根据此图，我们可以了解国产光学玻璃的整体分布情况。

表 3-3　国产无色光学玻璃牌号名称表

玻璃类型代号	玻璃类型名称	玻璃类型代号	玻璃类型名称
FK	氟冕玻璃	QF	轻火石玻璃
QK	轻冕玻璃	F	火石玻璃
K	冕牌玻璃	BaF	钡火石玻璃
PK	磷冕玻璃	ZBaF	重钡火石玻璃
BaK	钡冕玻璃	ZF	重火石玻璃
ZK	重冕玻璃	LaF	镧火石玻璃
LaK	镧冕玻璃	ZLaF	重镧火石玻璃
TK	特冕玻璃	TiF	钛火石玻璃
KF	冕火石玻璃	TF	特种火石玻璃

根据生产过程中产品光学特性的差异性，光学玻璃还有一系列质量指标，这些质量指标主要是指：①折射率、色散系数与标准值的允许差值；②同一批玻璃中折射率与色散系数的

一致性；③光学均匀性；④应力双折射；⑤条纹度；⑥气泡度；⑦光吸收系数；⑧耐辐射性等。根据这些质量指标，同一牌号的光学玻璃还分类分级，具体分类分级指标详见国产光学玻璃目录或有关光学技术手册。

此外，光学玻璃还有一定的物理、化学和机械性能的要求，如密度、热膨胀系数、化学稳定性等。

随着新型激光器的不断发展，激光光学系统得到了日益广泛的应用。国产光学玻璃目录还给出了波长为632.8nm的He-Ne激光波长的折射率和YAG固体激光器波长1064nm的折射率。但是，由于激光器种类很多，输出的激光波长各不相同，且又不等于夫琅禾费谱线，因此，玻璃目录中没有与之相应的折射率。这时，必须根据玻璃折射率随波长变化的色散公式进行插值计算，得到相应波长的折射率。常用光学玻璃的色散公式有

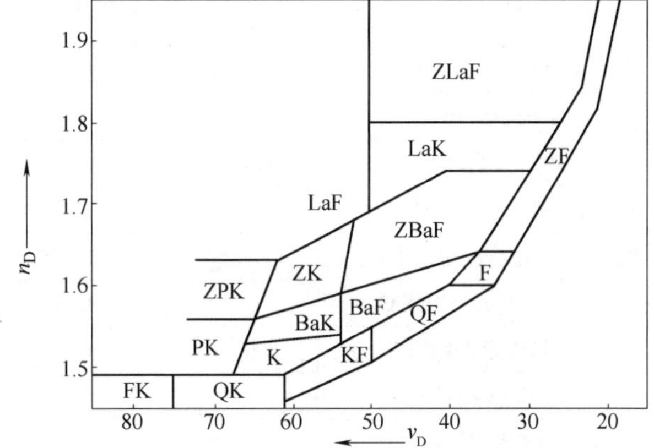

图 3-28 国产光学玻璃的 $n_D-\nu_D$ 图

哈特曼公式：

$$n=n_0+C/(\lambda_0-\lambda)^{\alpha} \tag{3-28}$$

式中，n_0、C、λ_0 和 α 为与介质折射率有关的系数。α 值对于低折射率玻璃可取为1，对于高折射率玻璃取为1.2。系数 n_0、C 和 λ_0 可由玻璃目录中已知的三个介质折射率求出，然后再根据公式计算所需波长的折射率。

德国肖特玻璃厂的色散公式：

$$n_{\lambda}^2=A_0+A_1\lambda^2+A_2/\lambda^2+A_4/\lambda^4+A_6/\lambda^6+A_8/\lambda^8 \tag{3-29}$$

式中，波长 λ 以nm为单位，系数 A_0、A_1、A_2、A_4、A_6、A_8 可由玻璃目录中查出。利用上述公式，计算精度在400～750nm波长范围内可达 $\pm3\times10^{-6}$，在365～400nm和750～1014nm波长范围内可达 $\pm5\times10^{-6}$。这个计算精度对实际应用是足够的。

（二）光学塑料

和光学玻璃相比，光学塑料质量轻，可塑性好，具有良好的抗冲击性，既可车削加工，更可采用模具注塑成型。虽然模具成本高昂，但大批量注塑生产出的塑料光学元件大大摊薄了模具成本，零件价格低廉，且易于复杂曲面成型加工，制造各种非球面、微镜阵列、菲涅尔透镜、二元光学元件及光栅等，因此光学塑料在光学系统中得到了广泛应用。

但大多数光学塑料的透射性相对较差，尤其是耐热性、化学稳定性和表面耐磨性都比光学玻璃差，塑料模具需要比玻璃更宽松的加工公差，以适应其热变化。

表3-4列出了常用光学塑料及其主要光学性能指标。

（三）光学晶体

当光学系统工作在紫外或红外波段时，一般光学玻璃对光波的强烈吸收而使光能快速衰减，变得不透明而无法工作。而光学晶体在紫外、可见光和红外都有良好的透过率，且色散很低，因此在紫外和红外波段，各种光学晶体得到广泛的应用，并进入声光、电光、磁光和激光各领域。

表 3-4 常用光学塑料主要性能

材 料 名 称	透明波段/nm	折射率 n_D	阿贝常数 ν_D	折射率温度变化系数/°C	线膨胀系数 /×10^5°C
聚甲基丙烯酸甲酯(PMMA)	390~1600	1.491	57.2	-0.000125	6.3
聚苯乙烯(PS)	360~1600	1.590	30.8	-0.00015	8
聚碳酸酯(PC)	395~1600	1.586	34.0	-0.000143	7
丙烯酸有机玻璃(ACRYLIC)	/	1.492	55.3	/	6
烯丙基二甘醇碳酸酯(CR-39)	/	1.498	57.8	/	9-10
苯乙烯-丙烯腈共聚物(SAN)	/	1.567	34.7	/	/
苯乙烯-丙烯酸酯共聚物(NAS)	300~1600	1.564	35.0	-0.00014	7.0
聚 4-甲基戊烯-1(TPX)	/	1.460	56.2	/	/
环状烯烃聚合物 Zeonex(COC)	/	1.533	56.2	-0.00065	6.5

表3-5列出了部分常用光学晶体在红外波段的光学特性参数。

表 3-5 部分光学晶体在红外波段的光学特性

材 料 名 称	$n_{4\mu m}$	$n_{10\mu m}$	折射率温度系数 dn/dt(°C)
蓝宝石(Al_2O_3)	1.6753	/	0.000010
锗(Ge)	4.0243	4.0032	0.000369
硅(Si)	3.4255	3.4179	0.000150
AMTIR-1($Ge_{33}As_{12}Se_{55}$)	2.5141	2.4976	0.000072
硫化锌(ZnS)	2.2520	2.2005	0.0000433
硒化锌(ZnSe)	2.4331	2.4065	0.000060
氟化镁(MgF_2)	1.3526	/	0.000020
硫化砷(As_2S_3)	2.4112	2.3816	/
氟化钙(CaF_2)	1.4097	/	0.000011
氟化钡(BaF)	1.4580	/	-0.000016

二、反射光学材料的光学特性

反射光学元件是在抛光玻璃或金属表面镀上高反射率金属材料的薄膜而成。反射不存在色散，因此，反射光学材料的唯一光学特性是其对各种色光的反射率ρ（λ）。各种金属镀层的反射率各不相同，同一金属材料的反射率随波长的不同而不同，其详细介绍请读者参阅第十一章的第三节。

习　题

1. 人照镜子时，要想看到自己的全身，问镜子需要多长？人离镜子的距离和镜子悬挂的高度有什么影响？

2. 有一双面镜系统，光线平行于其中一个平面镜入射，经过两次反射后，出射光线与另一平面镜平行，问两平面镜的夹角为多少？

3. 如图 3-4 所示，设平行光管物镜 L 的焦距 $f'=1000\text{mm}$，$a=10\text{mm}$ 顶杆离光轴 $y=2\text{mm}$ 的位移，问平面镜的倾角为多少？顶杆的移动量为多少？

4. 一光学系统由一透镜和平面镜组成，如图 3-29 所示。平面镜 MM 与透镜光轴交于 D 点，透镜前方离平面镜 600mm 处有一物体 AB，经过透镜和平面镜后，所成虚像 $A''B''$ 至平面镜的距离为 150mm，且像高为物高的一半，试分析透镜焦距的正负，确定透镜的位置和焦距，并画出光路图。

5. 如图 3-30 所示，焦距为 $f'=120\text{mm}$ 的透镜后有一厚度为 $d=60\text{mm}$ 的平行平板，其折射率 $n=1.5$。当平行平板绕 O 点旋转时，像点在像平面内上下移动，试求移动量 $\Delta y'$ 与旋转角 φ 的关系，并画出关系曲线。如果像点移动允许有 0.02mm 的非线性度，试求出 φ 允许的最大值。

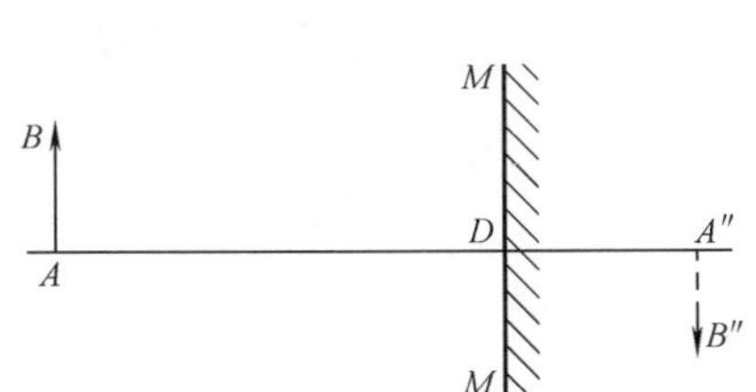

图 3-29 习题 4 图

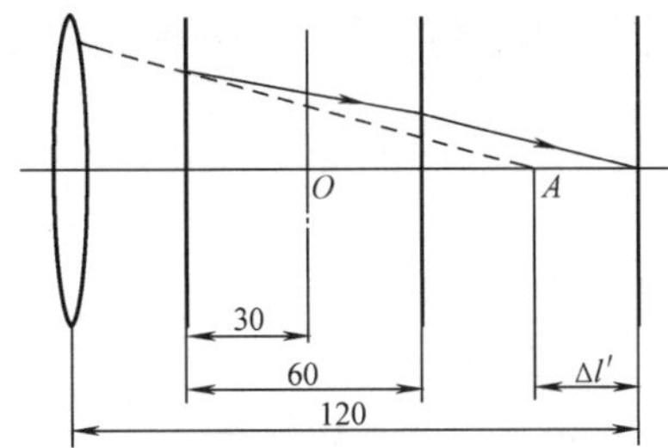

图 3-30 习题 5 图

6. 用焦距 $f'=450\text{mm}$ 的翻拍物镜拍摄文件，文件上压一块折射率 $n=1.5$，厚度 $d=15\text{mm}$ 的玻璃平板，若拍摄倍率 $\beta=-1^{\times}$，试求物镜物方主面到平板玻璃第一面的距离。

7. 试判断如图 3-31 所示各棱镜或棱镜系统的转像情况。设输入为右手坐标系，画出相应的输出坐标系。

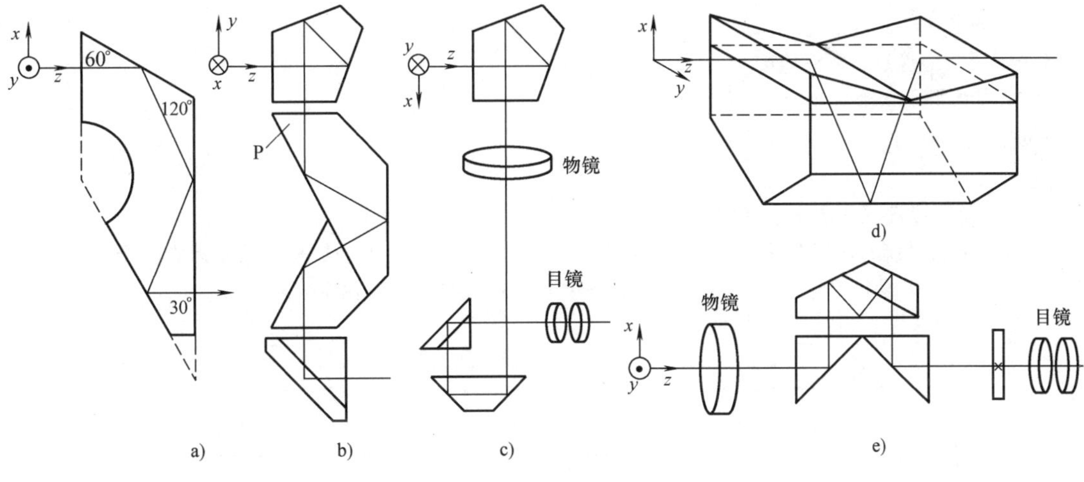

图 3-31 习题 7 图

8. 试画出图 3-12b 所示 30°直角棱镜和图 e 所示斜方棱镜的展开图。设 30°直角棱镜的口径等于斜边的一半，斜方棱镜的口径等于直角边，分别求出这两种棱镜的结构常数。

9. 试画出图 3-31a 所示列曼棱镜、图 3-31b 所示阿贝棱镜 P 和图 3-31c 所示五角棱镜的展开图。

10. 棱镜折射角 $\alpha=60°7'40''$，C 光的最小偏向角 $\delta=45°28'18''$，试求出棱镜光学材料的折射率。

11. 白光经过顶角 $\alpha=60°$的色散棱镜，$n=1.51$ 的色光处于最小偏向角。试求其最小偏向角的大小及 $n=1.52$ 的色光相对于 $n=1.51$ 的色光的夹角。

12. 如图 3-32 所示，图 a 表示一个单光楔在物镜前移动；图 b 表示一个双光楔在物镜前相对转动；图 c

表示一块平行平板在物镜前转动。问无限远物点通过物镜后所成像点在位置上有什么变化?

13. 如图 3-33 所示，光线以 45°角入射到平面镜上反射后，通过折射率 $n=1.5163$，顶角为 4°的光楔。若使入射光线与最后的出射光线成 90°，试确定平面镜所应转动的方向和角度值。

14. 有一等边折射三棱镜，用 K9 玻璃制成，其折射率为 1.5163。求光线经过该棱镜的两个折射面折射后产生的最小偏向角及对应的入射角。

15. 在楔角为 α、折射率为 n 的光楔下面放一平面镜，平面镜与光楔上表面平行，如图 3-34 所示，一光线垂直入射到光楔上，求最后出射光线的方向。

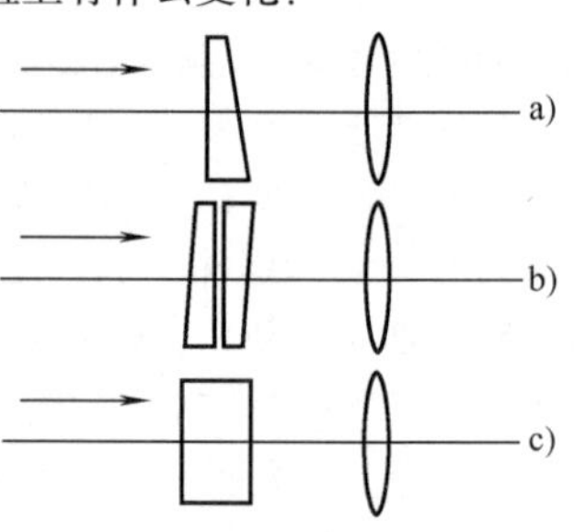

图 3-32　习题 12 图

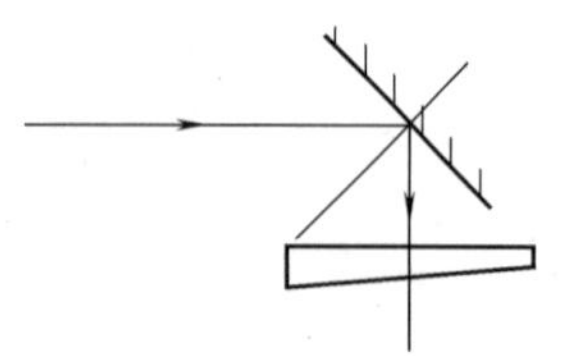

图 3-33　习题 13 图

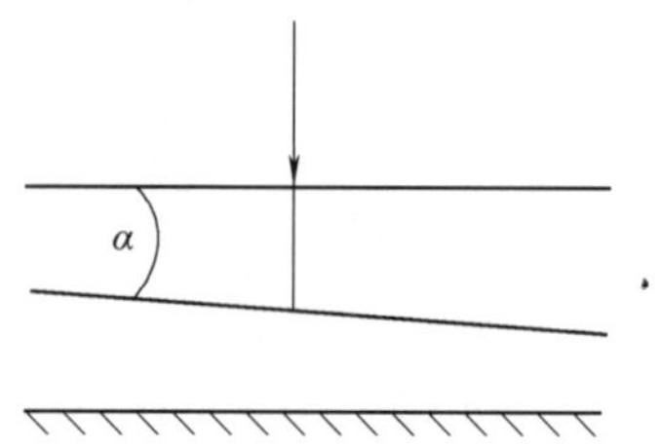

图 3-34　习题 15 图

16. 在如图 3-35 的自准直系统中，透镜焦距为 f'，在透镜焦面上安置一分划板，分划板中心 A 位于焦点上，经分划棱镜、准直透镜和平面反射镜后，成像在 A'问：

（1）如果分划板垂直光轴上移一个微小位移 Δx，其对应像点如何移动?

（2）如果分划板沿着光轴方向移动一个微小位移 Δz，其对应像点如何移动？移动多少?

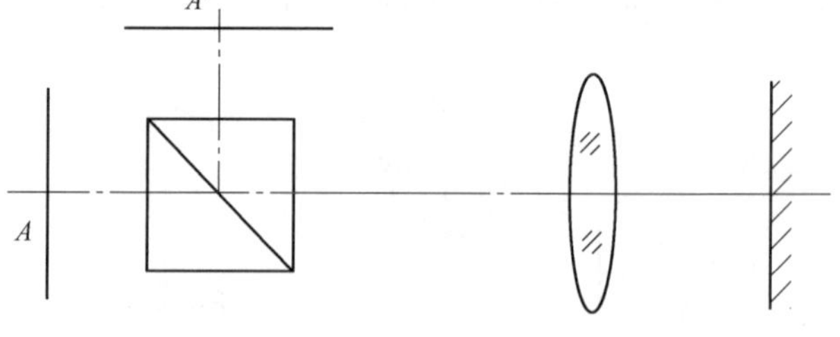

图 3-35　习题 16 图

17. 在光学经纬仪系统中，有如图 3-36 所示的度盘复合系统，实现对径方向上的复合读数，设输入坐标为右手坐标系，试分析依次经过棱镜 P_1、P_2、透镜 L_1、L_2 和棱镜 P_3、P_4 后的像坐标系，其中 L_1、L_2 组成 1∶1 转像系统。

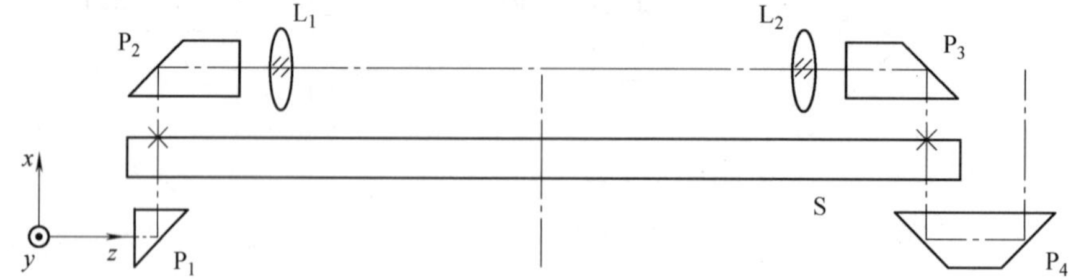

图 3-36　习题 17 图

18. 在图 3-27 中，如果折射棱镜采用 ZF2 玻璃（$n_F=1.68747$，$n_D=1.67250$，$n_C=1.66660$）制作，折射角为 60°，透镜 L_2 的焦距为 500mm。当 D 光取得最小偏向角时，要求：1）求 D 光的入射角；2）求 F 光和 C 光谱线在透镜 L_2 焦面上的距离。

第四章　光学系统中的光阑与光束限制

实际光学系统与理想光学系统不同，其参与成像的光束宽度和成像范围都是有限的。其限制来自于光学零件的尺寸大小。从光学设计的角度看，如何合理地选择成像光束是必须分析的问题。光学系统不同，对参与成像的光束位置和宽度要求也不同。这里先简述光阑的类型、作用和相关的术语，然后以几种典型系统的简化模型为例分析成像光束的选择，并通过对这些具体系统的分析来掌握合理选择成像光束的一般原则。

第一节　光　　阑

通常，光学系统中用一些中心开孔的薄金属片来合理地限制成像光束的宽度、位置和成像范围。这些限制成像光束和成像范围的薄金属片称为光阑。如果光学系统中安放光阑的位置与光学元件的某一面重合，则光学元件的边框就是光阑。光阑主要有两类：孔径光阑和视场光阑。

一、孔径光阑

（一）孔径光阑的定义与作用

进入光学系统参与成像的光束宽度与系统分辨物体细微结构能力的高低、与进入系统的光能多少密切相关，因此在具体的光学系统设计之前，光学系统物方孔径角的大小已经确定，或者说像方孔径角的大小已经确定。例如要设计一个横向放大率为 $-5^{\times}$ 的生物显微物镜，大致要求其物方孔径角 $u=-0.12$，即像方孔径角 $u'=0.024$，如图 4-1 所示。

上述对孔径角 u 大小的要求就是使这个锥角内的光线进入显微物镜，而将超过这个锥角的光线拦住不让它们参与成像，为此采用一个中间开有圆孔的金属薄片放在光路中起到这个作用，如图 4-2 所示。这个限制轴上物点孔径角 u 大小的金属圆片称为孔径光阑。

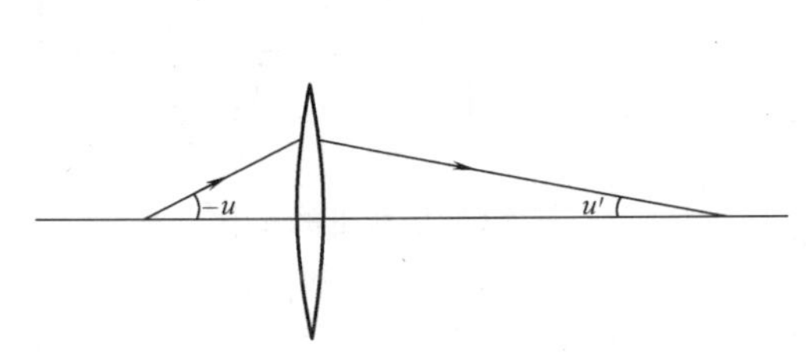

图 4-1　$-5^{\times}$ 显微物镜

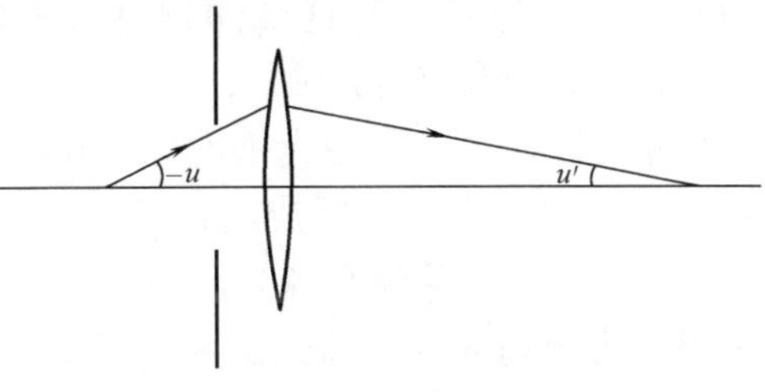

图 4-2　限制孔径角的光阑

显然，仅就限制孔径角 u 大小的作用来说，孔径光阑可以安放在透镜前，如图 4-2 所示；也可以安放在透镜上，甚至可以安放在透镜后面，分别如图 4-3 和图 4-4 所示，而且三者对轴上物点光束宽度的限制作用是一样的，没有区别。

但是，如果进一步考察轴外物点参与成像的光束，会从图 4-5 中看出：孔径光阑位置不同，轴外物点参与成像的光束位置也就不同。因此更严格地说，限制轴上物点孔径角 u 的大小，或者说限制轴上物点成像光束宽度、并有选择轴外物点成像光束位置作用的光阑叫做孔径光阑。

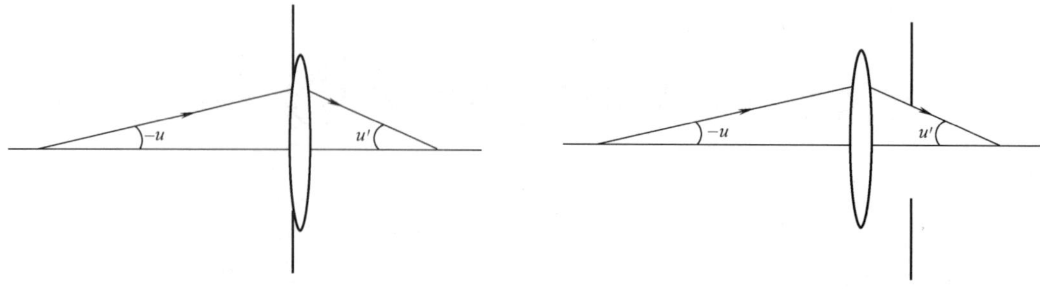

图 4-3 孔径光阑安放在透镜上

图 4-4 孔径光阑安放在透镜后

值得注意的是孔径光阑的位置不同，轴外物点发出并参与成像的光束通过透镜的部位就不同。例如孔径光阑在透镜前 *A* 处时，轴外物点发出并参与成像的光束通过透镜的上部；若孔径光阑位于透镜上 *B* 处时，轴外物点发出并参与成像的光束通过透镜的中部；若孔径光阑位于透镜后 *C* 处时，轴外物点发出并参与成像的光束则通过透镜的下部。同样可以看出，孔径光阑的位置将影响通过所有成像光束而需要的透镜口径大小。显然孔径光阑置于透镜上时，为使所有轴上物点和轴外物点发出的光束均参与成像所需要的透镜口径是最小的。

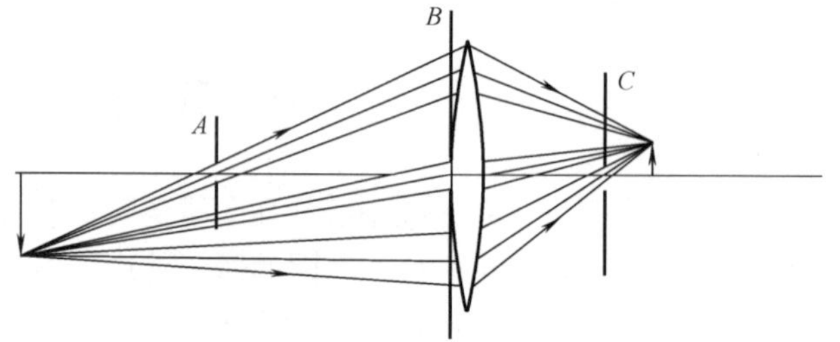

图 4-5 孔径光阑位置对轴外物点成像光束位置的选择

（二）入射光瞳和出射光瞳

当两个光学系统组合成一个系统时，除了前一个系统的像即为后一个系统的物这种物像传递关系外，前后两个系统的孔径光阑关系也要匹配，即两个孔径光阑对整个系统应该成另一对物像关系。这个孔径光阑匹配问题的讨论放在以后进行，先定义与这个问题有关的两个术语，即入射光瞳和出射光瞳。

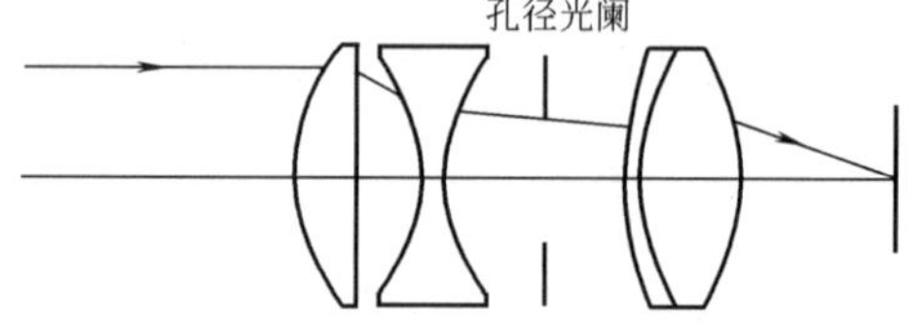

图 4-6 照相机镜头中的孔径光阑

所谓光瞳，就是孔径光阑的像，孔径光阑经孔径光阑前面光学系统所成的像称为入射光瞳，简称入瞳；孔径光阑经孔径光阑后面光学系统所成的像称为出射光瞳，简称出瞳。例如图 4-6 所示的照相机镜头，中间粗实线所示的俗称光圈，就是这里所讨论的孔径光阑。

孔径光阑经其前面的光学系统（即第一块正透镜和第二块负透镜合成的部分）成像，其像就是入射光瞳，如图 4-7a 所示。从照相机镜头前面看到的孔径光阑就是这个入瞳。值得指出，图 4-7a 是将入射光瞳作为物，孔径光阑作为像的图解画法；在实际求入射光瞳位置时，总是将图 4-7a 的光阑前部分前后翻转，并从光阑中心追迹一条近轴光线可求得入射光瞳位置；根据光路可逆原理，求得的入射光瞳位置变号后即为实际入瞳位置，如图 4-7a 所示。

孔径光阑经其后面的光学系统（即双胶合物镜）所成的像即为照相机镜头的出瞳，其成像原理如图 4-7b 所示。从照相物镜后面看到的孔径光阑就是照相机镜头的出瞳。

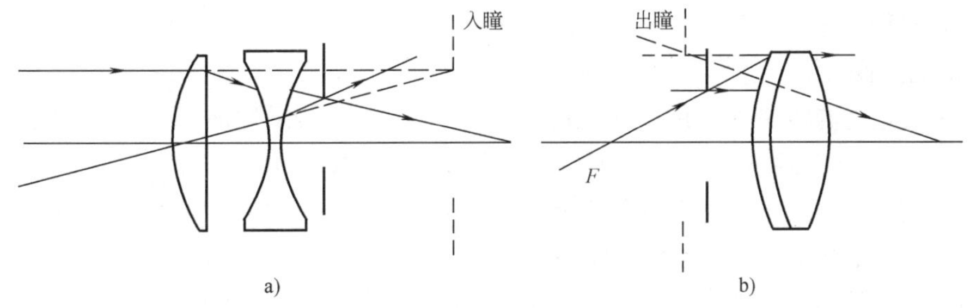

图 4-7　孔径光阑与入瞳、出瞳
a）孔径光阑与入瞳　b）孔径光阑与出瞳

显然，孔径光阑、入瞳和出瞳三者是物像关系。在图 4-2 所示的光学系统中，孔径光阑在系统的最前边，系统的入瞳与孔径光阑重合，孔径光阑本身也是入瞳；在图 4-3 所示的光学系统中，孔径光阑就安放在透镜上，如果透镜可当薄透镜处理，则孔径光阑本身是系统的入瞳，也是系统的出瞳；在图 4-4 所示的光学系统中，孔径光阑在系统的最后面，因此系统的出瞳与孔径光阑重合，孔径光阑本身也是出瞳。

（三）关于孔径光阑需要注意的几个问题

（1）在具体的光学系统中，如果物平面位置有了变动，究竟谁是真正起限制轴上物点光束宽度作用的孔径光阑？需要仔细分析。例如在图 4-8 所示的系统中，当物平面位于 A 处时，限制轴上物点光束最大孔径角的是图示的孔径光阑，而当物平面位置不在 A 处而在 B 处时，原先的“孔径光阑”形同虚设，真正起限制轴上物点孔径角 u 大小作用的是透镜的边框，这时透镜的边框是系统的孔径光阑。

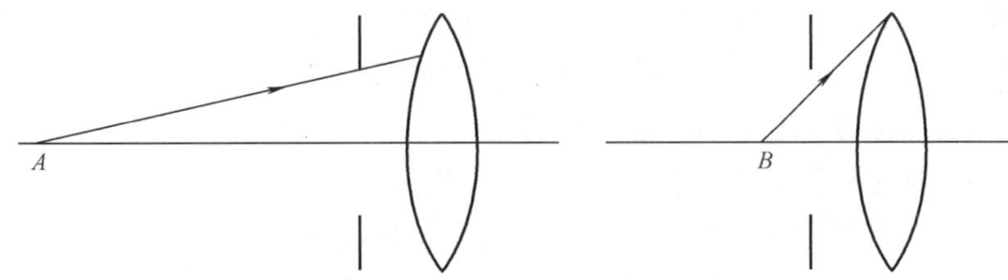

图 4-8　物体位置变动后谁是孔径光阑

（2）如果几块口径一定的透镜组合在一起形成一个镜头，对于确定的轴上物点位置，要找出究竟哪个透镜的边框是孔径光阑？有两种常用的方法：①从轴上物点追迹一条近轴光线（u 角任意），求出光线在每个折射面上的投射高度，然后将得到的投射高度与相应折射面的实际口径去比，则比值最大的那个折射面的边框就是这个镜头的孔径光阑。②将每一块透镜经它前面的所有透镜成像并求出像的大小，这些像中，对给定的轴上物点所张的角最小者，其相应的透镜边框为这个镜头的孔径光阑。

（3）孔径光阑位置的安放原则在不同的光学系统中是不同的。①在目视光学系统中，系统的出瞳必须在目镜外的一定位置，便于人眼瞳孔与其衔接；②在投影计量光学系统中，为使投影像的倍率不因物距变化而变化，要求系统的出瞳或入瞳位于无限远处；③当仪器不对光阑位置提出要求时，光学设计者所确定的光阑位置应是轴外光束像差校正较完善的位置，亦即把光阑位置的选择作为校正像差的一个手段。④在遵循了上述原则后，光阑位置若还有选择余地，则应考虑如何合理地匹配光学系统各元件的口径。这些原则将在后面的相关部分中作进一步的具体分析。

二、视场光阑

（1）视场光阑的定义和作用。在实际的光学系统中，不仅物面上每一点发出并进入系统参与成像的光束宽度是有限的，而且能够清晰成像的物面大小也是有限的。把能清晰成像的这个物面范围称为光学系统的物方视场，相应的像面范围称为像方视场。事实上，这个清晰成像的范围也是由光学设计者根据仪器性能要求主动地限定的，限定的办法通常是在物面上或在像面上安放一个中间开孔的光阑。光阑孔的大小就限定了物面或像面的大小，即限定了光学系统的成像范围。这个限定成像范围的光阑称为视场光阑。

（2）入射窗和出射窗。视场光阑经其前面的光学系统所成的像称为入射窗，视场光阑经其后面的光学系统所成的像称为出射窗。如果视场光阑安放在像面上，入射窗就和物平面重合，出射窗就是视场光阑本身；如果视场光阑安放在物平面上，则入射窗就是视场光阑本身，而出射窗与像平面重合。因此，入射窗、视场光阑和出射窗三者是互为物像关系的。

（3）在有些光学系统中，如果在像面处无法安放视场光阑，在物面处安放视场光阑又不现实，成像范围的分析就复杂一些，参见后续的章节（第七章，典型光学系统）。

第二节　照相系统中的光阑

一般来说，普通照相光学系统是由三个主要部分组成的，即照相镜头、可变光阑和感光底片，如图4-9所示。

照相镜头L将外面的景物成像在感光底片B上，可变光阑A是一个开口A_1A_2大小可变的圆孔。由图4-9可见，随A_1A_2缩小或增大，参与成像的光束宽度就减小（相当于u'角变小）或加大（相当于u'角增大），从而达到调节光能量以适应外界不同的照明条件。显然可变光阑不能放在镜头L上，否则A_1A_2的大小就不可变了。照相系统中的可变光阑A即为孔径光阑。

至于成像范围则是由照相系统的感光底片框B_1B_2的大小确定的。超出底片框的范围，光线被遮栏，底片就不能感光。照相系统中的底片框B_1B_2就是视场光阑。

如前述，在光学系统中，不论是限制成像光束的口径，或者是限制成像范围的孔或框，都统称为“光阑”。限制进入光学系统的成像光束口径的光阑称为“孔径光阑”，例如照相系统中的可变光阑A即为孔径光阑；限制成像范围的光阑称为“视场光阑”，例如照相系统中的底片框B_1B_2就是视场光阑。

分析孔径光阑的位置对选择光束的作用。就限制轴上点的光束宽度而言，孔径光阑处于A或者A′的位置，情况并无差别。如图4-10所示。

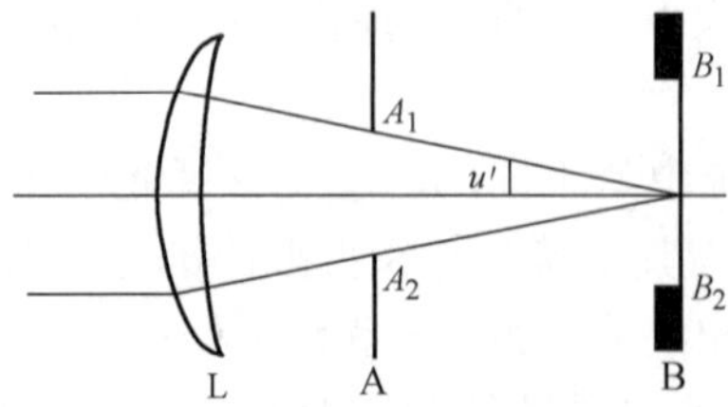

图4-9　照相系统简图 

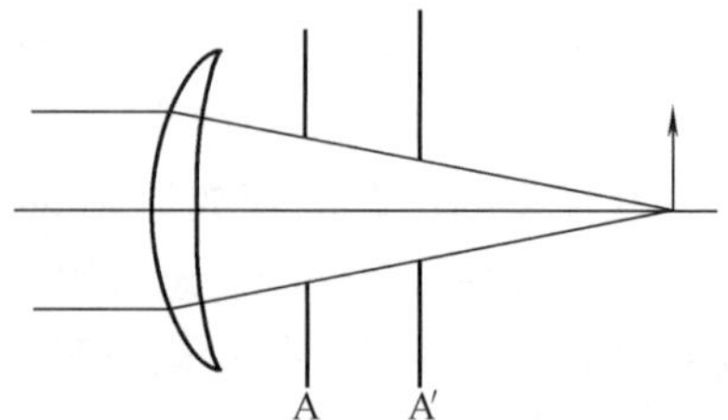

图4-10　孔径光阑对轴上点光束的限制 

但对轴外点的成像光束来说，孔径光阑的位置不同，参与成像的轴外光束不一样，轴外光束通过透镜 L 的部位不一样，需要通过全部成像光束的透镜口径大小也不一样，如图 4-11a 和图 4-11b 所示。孔径光阑位于 A 处时，轴外光束 *MN* 参与成像；孔径光阑位于 *A′* 位置时，轴外光束 *M′N′*参与成像。显然光束 *MN* 和 *M′N′*所处的空间位置是不同的。另外两者相比，*MN* 光束较 *M′N′*光束通过透镜 L 的部位高一些，自然两者经过透镜的折射情况就不一样。以后会知道，光线的折射情况不一样，其成像质量就不一样，这就隐含着光阑位置的变动可以影响轴外点的像质，从这个意义上来说，孔径光阑的位置是由轴外光束的要求决定的。在照相机镜头中，就是根据轴外点的成像质量选择孔径光阑位置的。另外由两图比较可知，若要通过全部成像光束，光阑处于 A′位置时所需的透镜口径要大（即 N′光线投射高度的 2 倍），而光阑处于 *A* 位置时所需的透镜口径要小（即 2 倍的 N 光线投射高度）。

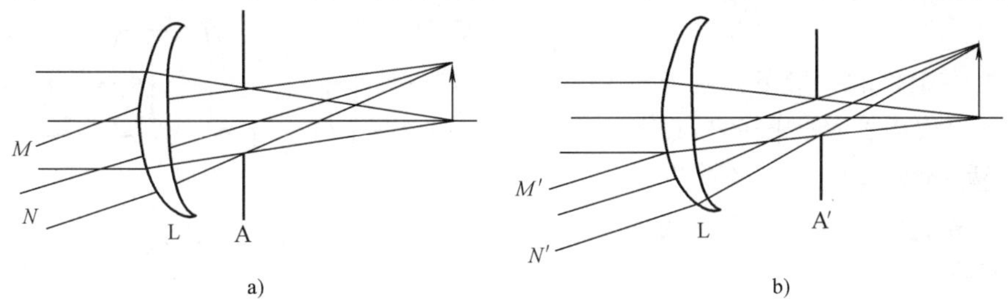

图 4-11　孔径光阑对轴外点光束的限制

以上分析是在假定透镜 L 的口径大小可以任意大的基础上分析孔径光阑位置对轴外光束的选择作用。现考虑一种实际光学系统中存在的情况，即在图 4-11b 的情况下，若由于设计或工艺加工的原因，或者结构上的要求，使得透镜 L 的实际口径比 *N′*光线投射高度的 2 倍要小，如图 4-12 所示，这样轴外点光束 *M′N′*中画阴影的部分就被透镜 L 的边框阻挡了而不能参与成像，轴外点成像光束宽度较之轴上点成像光束宽度要小，因此像平面边缘部分就比像面中心暗。这种现象称为“渐晕”，透镜 L 的边框起了“拦光”作用，通常称为“渐晕光阑”。假定轴向光束的口径为 D，视场角为 ω 的轴外光束在子午截面内的光束宽度为 D_ω，则 D_ω 与 D 之比称为“渐晕系数”，用 K_ω 表示，即

$$K_\omega = \frac{D_\omega}{D} \tag{4-1}$$

为了缩小光学零件的外形尺寸，实际光学系统中视场边缘一般都有一定的渐晕。视场边缘的渐晕系数有时达到 0.5 也是允许的，即视场边缘成像光束的宽度只有轴上点光束宽度的一半。

仔细分析图 4-11a 和图 4-11b，会看到经过透镜 L 的全部出射光束从孔径光阑这个最小出口中通过。将孔径光阑对其前面的光学系统（即透镜 L）成像为 A″，孔径光阑与它是共轭关系，则入射光束全部从 A″这个入口中“通过”，而且在 A″处入射光束的口径（包括全部轴上、轴外光束的整体口径）是最小的，如图 4-13 所示。

入瞳是入射光束的入口，出瞳是出射光束的出口。若孔径光阑位于系统的最前边，则系统的入瞳就是孔径光阑；若孔径光阑位于系统的最后边（如图 4-11 的情况），则孔径光阑也是系统的出瞳。

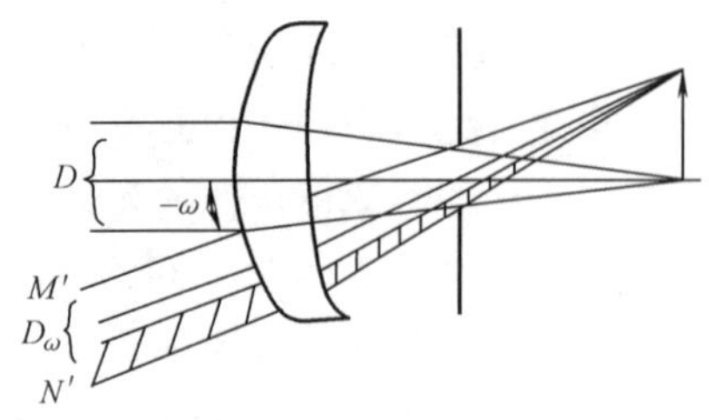

图4-12 轴外光束的渐晕

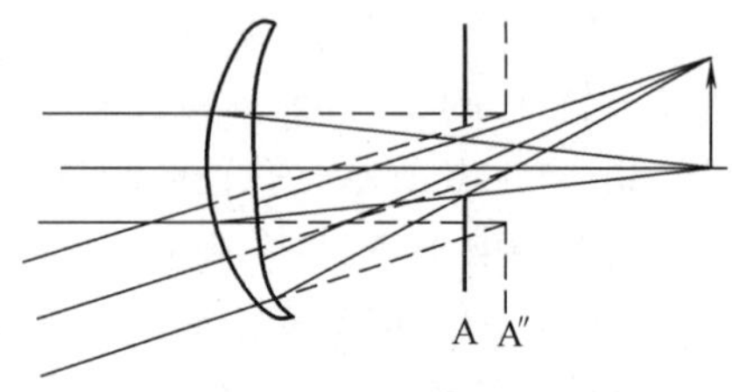

图4-13 光阑与光阑的像 

根据上面的分析，可以总结成如下几点：

(1) 在照相光学系统中，根据轴外光束的像质来选择孔径光阑的位置，其大致位置在照相物镜的某个空气间隔中，如图4-14所示。

(2) 在有渐晕的情形下，轴外点光束宽度不仅仅由孔径光阑的口径确定，而且还和渐晕光阑的口径有关。

(3) 照相光学系统中，感光底片的边框就是视场光阑。

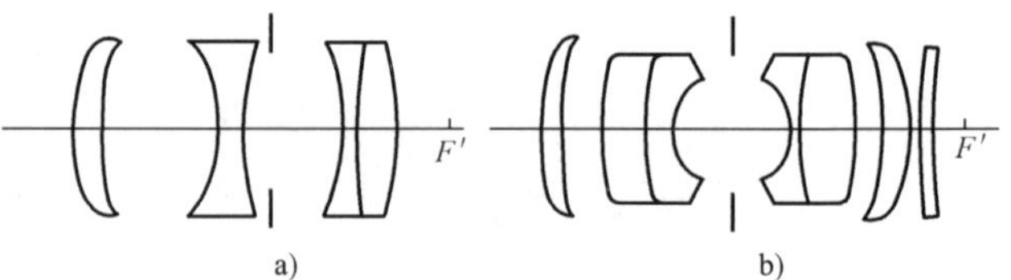

图4-14 照相物镜中的孔径光阑位置 

第三节 望远镜系统中成像光束的选择

如前所述，望远物镜和目镜是望远系统的基本组成部分，再加上为了光路转折和转像而加入的反射棱镜等光学零件，系统中限制光束的情况就比较复杂。如何选择成像光束的问题，直接影响到各个光学零件尺寸和整个仪器的大小。在设计时必须很好地考虑。下面结合双目望远镜加以说明。

双目望远镜系统是由一个物镜，一对转向棱镜，一块分划板和一组目镜构成的，如图4-15所示。

有关光学参数如下：

视觉放大率：$\Gamma=-6^{\times}$

视场角：$2\omega=8°30'$

出瞳直径：$D'=5\mathrm{mm}$

出瞳距离：$l'_z\geqslant 11\mathrm{mm}$

物镜焦距：$f'_{物}=108\mathrm{mm}$

目镜焦距：$f'_{目}=18\mathrm{mm}$

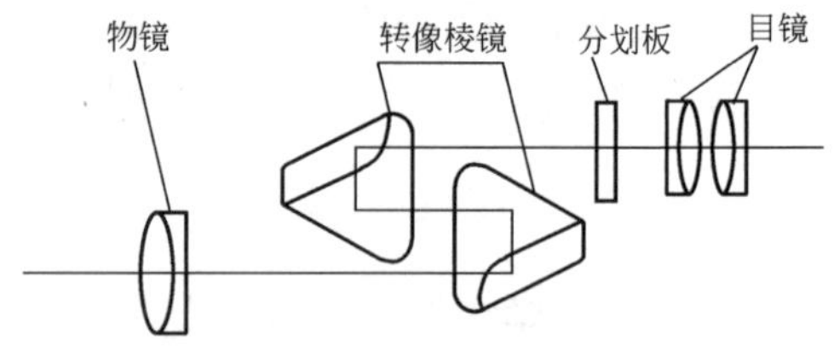

图4-15 双目望远镜系统 

这里视场角2ω的含义是远处物体直接对人眼的张角，亦是远处的物体对望远镜物镜中心的张角。读者可与图2-32对比理解这个含义，只不过图2-32中所画出的是远处光轴下方一半物体对望远镜物镜中心的张角而已。

将图4-15的望远镜系统简化，把物镜、目镜当作薄透镜处理，暂不考虑棱镜并拉直光路，如图4-16所示。

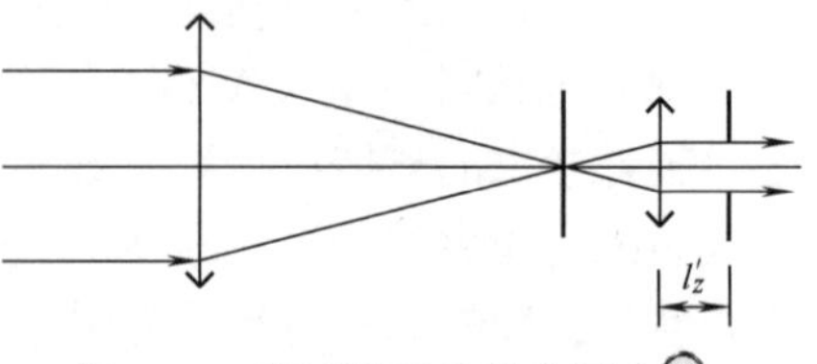

图4-16 望远镜系统简化图 

两个光学系统联用共同工作时，大多遵从光瞳衔接原则，即前面系统的出瞳与后面系统的入瞳重合，否则会产生光束切割，即前面系统的成像光束中有一部分将被后面的系统拦截，不再能够参与成像。双目望远镜系统是与人眼联用的，人眼的入瞳就是瞳孔，这样，满足光瞳转接原则的望远镜系统其出瞳应该在目镜后，而且应离目镜最后一面有段距离，这段距离称为出瞳距，用l'_z表示，为使眼睛睫毛不致和目镜最后一个表面相碰而影响观察，系统的出瞳距不能太短，一般不能短于6mm，在军用仪器中，考虑到在加眼罩和戴防毒面具的情况下仍能观察，出瞳距离一般为20mm左右。如图4-16所示，为满足出瞳在目镜之外的要求，孔径光阑必须放在分划板的左侧。假定孔径光阑分别安放在如下三个地方，通过分析比较三组相关数据来确定孔径光阑的位置：

1）物镜左侧10mm；

2）物镜上；

3）物镜右侧10mm。

根据第二章第五节中介绍的望远镜系统性质知，若要求双目望远镜的出瞳直径$D'=5$mm，则入瞳直径为

$$D=|\Gamma D'|=30\text{mm}$$

又若该系统的视场角为$\omega=-4°15'$，则据式（2-26）知分划板上一次实像像高为（孔径光阑位于物镜处）

$$y'=-f'_{物}\tan\omega=8\text{mm}$$

显然，分划板框就起了照相机中底片框的作用，限制了系统视场。它就是系统的“视场光阑”。

（1）若孔径光阑位于物镜左侧10mm的地方，其亦为系统的入瞳。追迹一条过光阑（入瞳）中心的主光线，可分别得到它在物镜、分划板和目镜上的投射高度，如图4-17所示。依据式(2-41)和式(2-42)，并代入系统光学性能要求的有关数据有

$$h_{z物}=0.75\text{mm}$$

$$h_{z分}=8\text{mm}$$

$$h_{z目}=9.25\text{mm}$$

$$l'_z=20.5\text{mm}$$

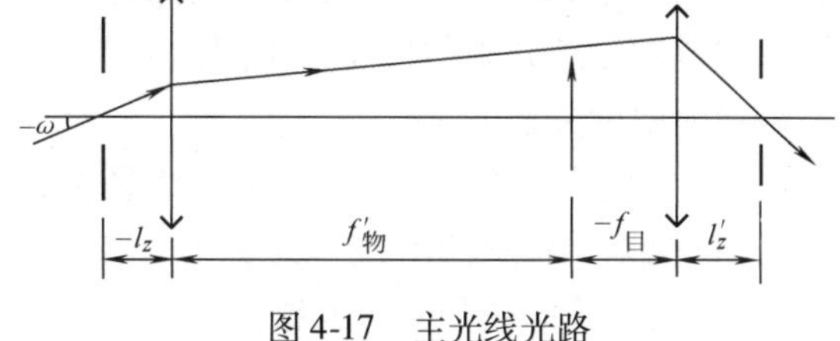

图4-17　主光线光路

（2）雷同于（1）的步骤与方法，可求出孔径光阑位于物镜上时主光线在各光学零件上的投射高度及出瞳距如下：

$$h_{z物}=0$$

$$h_{z分}=8\text{mm}$$

$$h_{z目}=9.35\text{mm}$$

$$l'_z=21\text{mm}$$

（3）当孔径光阑位于物镜右侧10mm处时，为追迹主光线，可先根据高斯公式(2-7)求出入瞳位置在物镜右侧11mm的地方。然后依照（1）的步骤和方法，可求出主光线在各光学零件上的投射高度和出瞳距：

$$h_{z物}=-0.82\text{mm}$$

$$h_{z分}=8\text{mm}$$

$$h_{z目}=9.51\text{mm}$$

$$l'_z=21.3\text{mm}$$

根据公式 $D=2(h+h_z)$ 可求出各光学零件的通光口径，见表4-1，这里 h 是轴上点边光在光学零件上的投射高度。

表 4-1 通光口径 （单位：mm）

阑位	$D_物$	$D_棱$	$D_分$	$D_目$	l'_z
(1)	31.5	$31.5>D_棱>16$	16	23.5	20.5
(2)	30	$30>D_棱>16$	16	23.7	21.0
(3)	31.6	$31.6>D_棱>16$	16	24.0	21.3

表中棱镜通光口径的值是估算的，当棱镜插入物镜和分划板之间的光路时，为不遮挡成像光束，则其通光口径是物镜通光口径和分划板通光口径二者之间的某值，这是显然的。

由表可见，物镜的通光口径无论在何种光阑位置情况下都是最大的；出瞳距 l'_z 相差不大，且能满足预定要求。所以选择使物镜口径最小的光阑位置是适宜的，故取第二种情况将物镜框作为系统孔径光阑。

下面通过图4-18，看看上述三种情况下光阑位置对于轴外点光束位置的选择。为图示清晰，只画出三种情况时的入瞳位置。

如图4-18所示，(2) 为望远镜物镜位置在轴外点发出的整个光束中，光阑位于情况 (1) 时，选择了较上部的轴外光束参与成像；光阑位于情况 (2) 时，选择了中部的轴外光束参与成像，相对物镜位置处，其上下光束与光轴对称；光阑位于情况 (3) 时，选择了较下部的轴外光束参与成像。光阑位置不同，选择的轴外光束的位置亦不同。

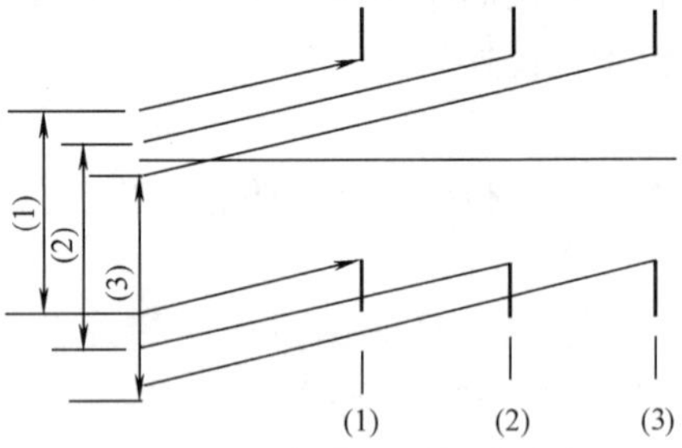

(1) (2) (3)

图 4-18 光阑位置对轴外光束位置的选择

总结上面的分析如下：

1）两个光学系统联用时，一般应满足光瞳衔接原则。

2）目视光学系统的出瞳一般在外，且出瞳距不能短于6mm。

3）望远系统的孔径光阑大致在物镜左右，具体位置可根据尽量减小光学零件的尺寸和体积的考虑去设定。

4）可放分划板的望远系统中，分划板框是望远系统的视场光阑。

第四节 显微镜系统中的光束限制与分析

由前面两节的分析知道，光学系统中的光束选择一定要具体对象具体分析。这里再以显微镜系统为例，介绍一些光束选择的考虑与分析。

一、简单显微镜系统中的光束限制

一般的显微镜由物镜和目镜所组成，系统中成像光束的口径往往由物镜框限制，物镜框是孔径光阑。位于目镜物方焦面上的圆孔光阑或分划板框限制了系统的成像范围，成为系统的视场光阑，如图4-19所示。

二、远心光路

有一些显微镜是用于测量长度的，其测量原理是在物镜的实像面上置一刻有标尺的透明分划板，标尺的格值已考虑了物镜的放大率，因此，当被测物体成像于分划板平面上时，按刻尺读得的像的长度即为物体的长度。用此方法作物体长度的测量，标尺分划板与物镜之间的距离固定不变，以确保按设计规定的物镜放大率为常值。同时通过调焦使被测物体的像重合于分划板的刻尺平面，即被测物体位于设计位置，否则就会产生测量误差。但要精确调焦到物体的像与分划板平面重合是有困难的，这就产生了测量误差。如图 4-20a 所示，L 是测量显微镜物镜，物镜框是孔径光阑，当物体 AB 位于设计位置时，其像 $A'B'$ 就与分划板刻尺重合，此时量出的像高为 y'，图中的点画线是主光线；由于调焦不准，物体处于非设计位置时，例如 A_1B_1 所处的位置，其像就不与分划板标尺重合，它位于 $A_1'B_1'$ 的位置，图中的实线是主光线，在分划板标尺上读到像的大小为 y_1'，这样由 y_1' 换算出的物体长度就有误差。解决此问题的办法是将孔径光阑移至物镜的像方焦平面上，如图 4-20b 所示。

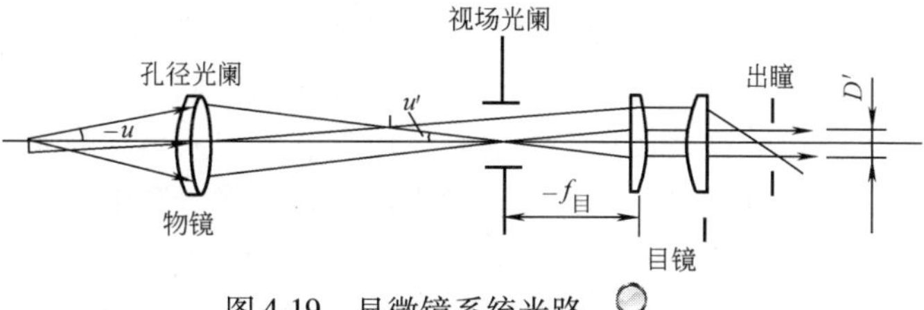

图 4-19　显微镜系统光路

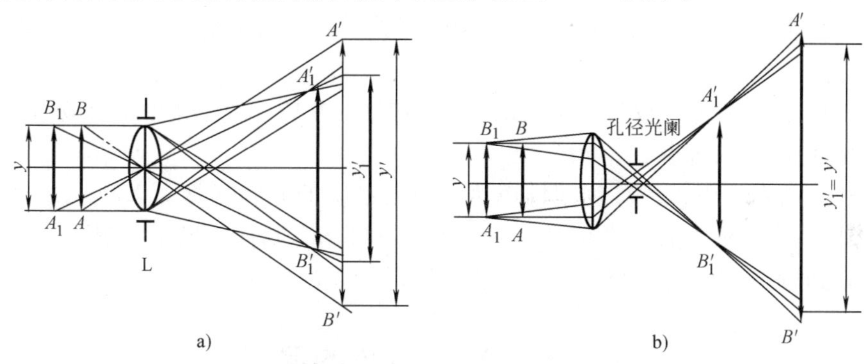

图 4-20　远心光路

由于孔径光阑与物镜像方焦平面重合，所以无论物体位于 AB 位置还是处于 A_1B_1 位置，它们的主光线是重合的，也就是说轴外点的光束中心是相同的，所以尽管 A_1B_1 成像在 $A_1'B_1'$ 的地方不与 $A'B'$ 重合，但在分划板标尺上两个弥散圆的中心间距没有变，仍然等于 y'。这样虽然调焦不准，但也不产生测量误差。这个光路的特点是入瞳位于无穷远，轴外点主光线平行于光轴，因此把这样的光路称为“物方远心光路”。

三、场镜的应用

有时，具体的仪器结构需要长光路的显微镜系统，例如系统光学参数与图 4-19 所示的显微镜系统雷同，但要大大加长物镜至目镜之间的光路，一般就加一个 $-1^{\times}$ 透镜转像系统来达到加长光路的目的。$-1^{\times}$ 的成像系统在原理上是物体位于它的 2 倍焦距处的透镜系统，如图 4-21 所示。

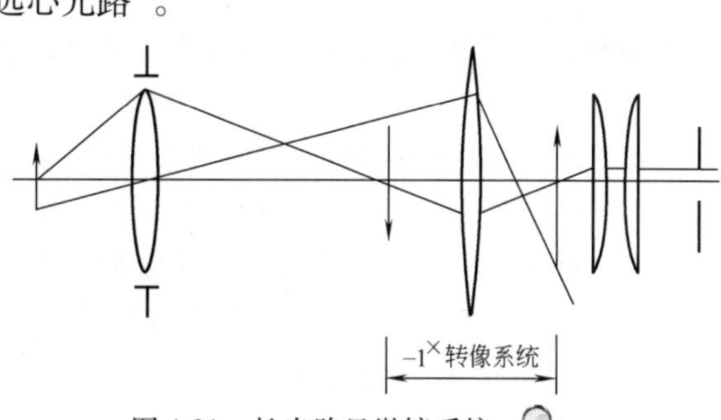

图 4-21　长光路显微镜系统

由上图可见，若欲经过物镜的成像光束能够通过 $-1^{\times}$ 转像系统及目镜系统，在上述光路安排中，物镜后面的系统口径将大到不堪设想的地步。其原因是孔径光阑位于物镜上时，主光线在 $-1^{\times}$ 转像透镜和目镜上的投射高度很高。

解决上述问题的办法是在一次实像面处加一块透镜，以降低主光线在后面系统上的入射高度。由于它是加在实像面处，所以它的引入对显微系统的光学特性无影响，也不改变轴上点的光束行进走向。这种和像平面重合，或者和像平面很靠近的透镜称为“场镜”。实际设计时，往往使主光线经过场镜后通过 $-1^{\times}$ 转像透镜的中心，这样物镜后面的系统口径最小，如图 4-22 所示。

从成像观点看，场镜将孔径光阑成像在 $-1^{\times}$ 转像透镜上。已经知道，就单独的 $-1^{\times}$ 转像透镜而言，光阑置于其上时其通光口径最小，将它加入显微系统中时，光瞳要衔接，场镜就起到了这个作用。

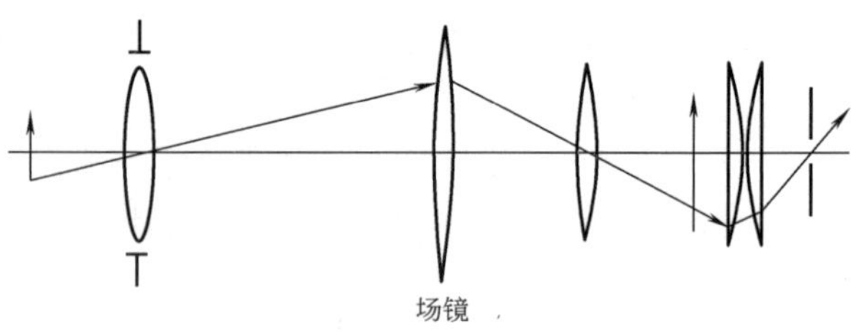

图 4-22　加入场镜的系统

现将这一节的分析总结如下：

1）一般显微镜系统中，孔径光阑置于显微物镜上；一次实像面处安放系统的视场光阑。

2）显微系统用于测长等目的时，为了消除测量误差，孔径光阑安放在显微物镜的像方焦面处，称为“物方远心光路”。

值得指出，远心光路不仅仅在显微镜系统中应用，在望远镜系统中也有应用，如应用在大地测量仪器的测距系统中。

3）在长光路系统中，往往利用场镜达到前后系统的光瞳衔接，以减小光学零件的口径。值得指出，仅为减小后续系统口径的场镜也有应用。同样，场镜在望远系统中也有应用，其使用的原则与计算方法同于显微系统，没有本质的差别。

第五节　光学系统的景深

一、光学系统的空间像

前面讨论的只是垂直于光轴的物平面上的点的成像问题。属于这一类的光学系统有照相制版物镜和电影放映物镜等。实际上，许多光学系统是把空间中有一定深度的物点成像在一个像平面上，称为平面上的空间像，如望远镜、照相物镜等属于这一类。

如图 4-23 所示，B_1，B_2，B_3，B_4 为空间的任意点，点 P 为入射光瞳中心，点 P' 为出射光瞳中心，$A'B'$ 为像平面，称为景像平面。在物空间与景像平面相共轭的平面 AB 称为对准平面。

按理想光学系统的特性，物空间一个平面，在像空间只有一个平面与之相共轭。上述景像平面上的空间像，严格来讲除对准平面上的点能成点像外，其他空间点在景像平面上只能为一个弥散斑。但当其弥散斑小于一定限度时，仍可认为是一个点。现在我们讨论当入射光瞳一定时，在物空间多大的深度范围内的物体在景像平面上能成清晰像。

如图 4-24 所示，空间点 B_1 和 B_2 位于景像平面的共轭面（对准平面）以外，它们的像点 B_1'' 和 B_2'' 也不在景像平面上，在该平面上得到的是光束 $P_1'B_1''P_2'$ 和 $P_1'B_2''P_2'$ 在景像平面上所

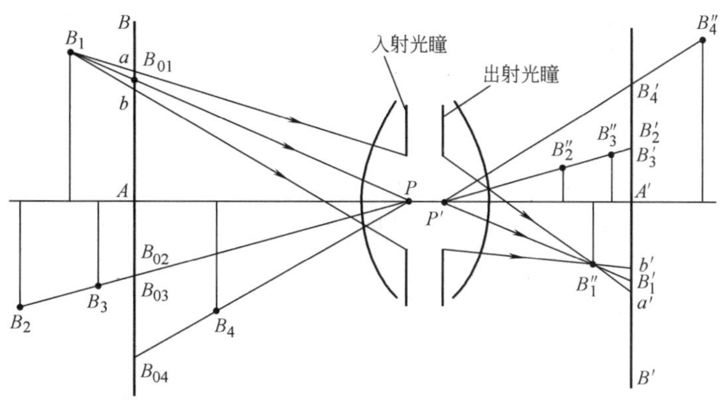

图 4-23 光学系统的空间像 

截的弥散斑，它们是像点 B_1''和 B_2''在景像平面上的投影像。这些投影像分别与物空间相应光束 $P_1B_1P_2$ 和 $P_1B_2P_2$ 在对准平面上的截面相共轭。显然景像平面上的弥散斑的大小与光学系统入射光瞳的大小、空间点距对准平面的距离有关，如果弥散斑足够小，例如它对人眼的张角小于人眼的极限分辨角（约为 1′)，则人眼对图像将无不清晰的感觉，即在一定空间范围内的空间点在景像平面上可成清晰像。

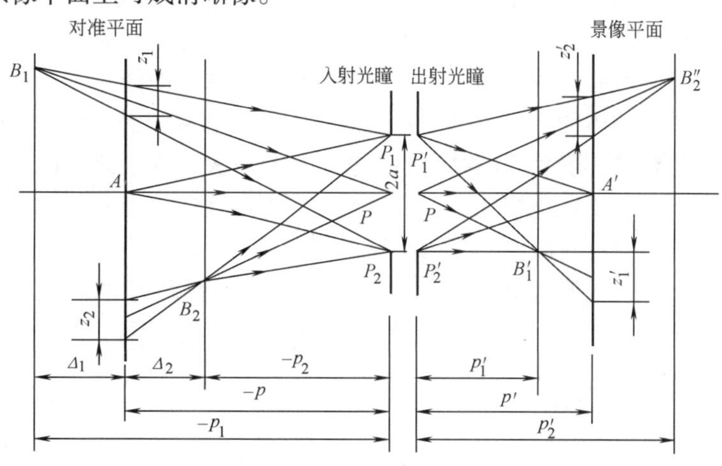

图 4-24 各量的几何表示 

二、光学系统的景深

任何光能接收器，例如眼睛、感光乳剂等的分辨率都是有限的，所以并不要求像平面上的像点为一几何点，而要求根据接收器的特性，规定一个允许的数值。当入射光瞳直径为定值时，便可确定成像空间的深度，在此深度范围内的物体，都能在接收器上成清晰图像。能在景像平面上获得清晰像的物方空间深度范围称为景深。能成清晰像的最远的物平面称为远景平面；能成清晰像的最近的物平面称为近景平面。它们距对准平面的距离称远景深度和近景深度。显然，景深 Δ 是远景深度 Δ_1 和近景深度 Δ_2 之和，即 $\Delta=\Delta_1+\Delta_2$。远景平面、对准平面和近景平面到入射光瞳的距离分别以 p_1、p 和 p_2 表示，并以入射光瞳中心点 P 为坐标原点，上述各值均为负值。在像空间对应的共轭面到出射光瞳的距离分别以 p_1'、p' 和 p_2'表示，并以出射光瞳中心点 p' 为坐标原点，所有这些值均为正值。设入射光瞳直径和出射光瞳直径分别以 $2a$ 和 $2a'$ 表示，如图 4-24 所示。

并设景像平面与对准平面上的弥散斑直径分别为 z_1'、z_2' 和 z_1、z_2，由于两个平面共轭，故有

$$z_1' = \beta z_1,\ z_2' = \beta z_2$$

式中，β 为景像平面和对准平面之间的垂轴放大率。由图 4-24 中相似三角形关系可得

$$\frac{z_1}{2a} = \frac{p_1 - p}{p_1},\ \frac{z_2}{2a} = \frac{p - p_2}{p_2}$$

由此得

$$z_1 = 2a\frac{p_1 - p}{p_1}, z_2 = 2a\frac{p - p_2}{p_2} \tag{4-2}$$

所以

$$z_1' = 2\beta a\frac{p_1 - p}{p_1}, z_2' = 2\beta a\frac{p - p_2}{p_2} \tag{4-3}$$

可见，景像平面上的弥散斑大小除与入射光瞳直径有关，还与距离 p，p_1 和 p_2 有关。

弥散斑直径的允许值决定于光学系统的用途。例如一个普通的照相物镜，若照片上各点的弥散斑对人眼的张角小于人眼极限分辨角（$1' \sim 2'$），则感觉犹似点像，可认为图像是清晰的。通常用 ε 表示弥散斑对人眼的极限分辨角。

极限分辨角值确定后，允许的弥散斑大小还与眼睛到照片的距离有关，因此，还需要确定这一观测距离。日常经验表明，当用一只眼睛观察空间的平面像时，例如照片，观察者会把像面上自己所熟悉的物体的像投射到空间去而产生空间感（立体感觉）。但获得空间感觉时，诸物点间相对位置的正确性与眼睛观察照片的距离有关，为了获得正确的空间感觉，而不发生景像的歪曲，必须要以适当的距离观察照片，即应使照片上图像的各点对眼睛的张角与直接观察空间时各对应点对眼睛的张角相等，符合这一条件的距离叫作正确透视距离，以 D 表示。为方便起见，以下公式推导不考虑正负号。如图 4-25 所示，眼睛在 R 处，为得到正确的透视，景像平面上像 y' 对点 R 的张角 ω' 应与物空间的共轭物 y 对入射光瞳中心 P 的张角 ω 相等，即

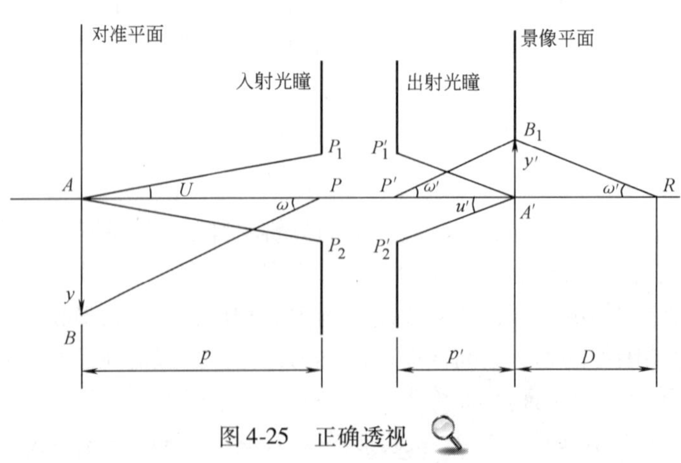

图 4-25 正确透视

$$\tan\omega = \frac{y}{p} = \tan\omega' = \frac{y'}{D}$$

则得

$$D=\frac{y'}{y}p=\beta p$$

所以景像面上或照片上弥散斑直径的允许值为

$$z'=z_1'=z_2'=D\varepsilon=\beta p\varepsilon$$

对应于对准平面上弥散斑的允许值为

$$z=z_1=z_2=\frac{z'}{\beta}=p\varepsilon$$

即相当从入射光瞳中心来观察对准平面时，其弥散斑直径 z_1 和 z_2 对眼睛的张角也不应超过眼睛的极限分辨角 ε。

确定对准平面上弥散斑允许直径以后，由式(4-2)可求得远景和近景到入射光瞳的距离 p_1 和 p_2。

$$p_1=\frac{2ap}{2a-z_1},\qquad p_2=\frac{2ap}{2a+z_2} \tag{4-4}$$

由此可得远景和近景到对准平面的距离，即远景深度 Δ_1 和近景深度 Δ_2 为

$$\Delta_1=p_1-p=\frac{pz_1}{2a-z_1},\Delta_2=p-p_2=\frac{pz_2}{2a+z_2} \tag{4-5a}$$

将 $z_1=z_2=p\varepsilon$ 代入上式，得

$$\Delta_1=\frac{p^2\varepsilon}{2a-p\varepsilon},\quad \Delta_2=\frac{p^2\varepsilon}{2a+p\varepsilon} \tag{4-5b}$$

由上可知，当光学系统的入射光瞳直径 $2a$ 和对准平面的位置以及极限分辨角确定后，远景深度 Δ_1 比近景深度 Δ_2 大。

总的成像深度，即景深 Δ 为

$$\Delta=\Delta_1+\Delta_2=\frac{4ap^2\varepsilon}{4a^2-p^2\varepsilon^2} \tag{4-6}$$

若用孔径角 U 取代入射光瞳直径，由图 4-25 可知它们之间有如下关系：

$$2a=2p\tan U$$

代入式(4-6)，得

$$\Delta=\frac{4p\varepsilon\tan U}{4\tan^2U-\varepsilon^2} \tag{4-7}$$

由上式可知，入射光瞳的直径越小，即孔径角越小，景深越大。在拍照片时，把光圈缩小可以获得大的空间深度的清晰像，其原因就在于此。

若欲使对准平面前的整个空间都能在景像平面上成清晰像，即远景深度 $\Delta_1=\infty$，由式(4-5)可知：当 $\Delta_1=\infty$ 时，分母 $2a-p\varepsilon$ 应为零，故有

$$p=\frac{2a}{\varepsilon}$$

即从对准平面中心看入射光瞳时，其对眼睛的张角应等于极限分辨角 ε。此时近景位置 p_2 为

$$p_2=p-\Delta_2=p-\frac{p_2^2\varepsilon}{2a+p\varepsilon}$$

$$=\frac{p}{2}=\frac{a}{\varepsilon}$$

因此，把照相物镜调焦于$p=\frac{2a}{\varepsilon}$处，在景像平面上可以得到自入射光瞳前距离为$\frac{a}{\varepsilon}$处的平面起至无限远的整个空间内物体的清晰像。

如果把照相物镜调焦到无限远，即$p=\infty$，以$z_2=p\varepsilon$代入式(4-4)的第二式内，并对$p=\infty$求极限，则可求得近景位置为

$$p_2=\frac{2a}{\varepsilon}$$

上式表明，这时的景深等于自物镜前距离为$\frac{2a}{\varepsilon}$的平面开始到无限远。这种情况的近景距离为$\frac{2a}{\varepsilon}$，上面把对准平面放在$p=\frac{2a}{\varepsilon}$时的近景距离为$\frac{a}{\varepsilon}$，后者比前者小一倍，故把对准平面放在无限远时的景深要小一些。

例1 设$\varepsilon=1'=0.00029\text{rad}$，入射光瞳直径$2a=10\text{mm}$，当把对准平面调焦在无限远时，其近景位置为

$$p_2=\frac{2a}{\varepsilon}=\frac{10\text{mm}}{0.00029}=34500\text{mm}=34.5\text{m}$$

若使远景平面在无限远，则对准平面位于

$$p=\frac{2a}{\varepsilon}=\frac{10\text{mm}}{0.00029}=34500\text{mm}=34.5\text{m}$$

近景位置为

$$p_2=\frac{p}{2}=\frac{34500\text{mm}}{2}=17250\text{mm}=17.25\text{m}$$

例2 仍设$\varepsilon=1'=0.00029\text{rad}$，入射光瞳直径$2a=10\text{mm}$，若使物镜调焦在10m处，即$p=10000\text{mm}$，按式(4-5b)可求出远景、近景的深度和位置分别为

$$\Delta_2=\frac{p^2\varepsilon}{2a+p\varepsilon}=\frac{10000^2\text{mm}^2\times0.00029}{10\text{mm}+10000\text{mm}\times0.00029}$$

$$=2250\text{mm}=2.25\text{m}$$

$$p_2=p-\Delta_2=10\text{m}-2.25\text{m}=7.75\text{m}$$

$$\Delta_1=\frac{10000^2\text{mm}^2\times0.00029}{10\text{mm}-10000\text{mm}\times0.00029}=4080\text{mm}=4.08\text{m}$$

$$p_1=p+\Delta_1=10\text{m}+4.08\text{m}=14.08\text{m}$$

可得景深

$$\Delta=\Delta_1+\Delta_2=4.08\text{m}+2.25\text{m}=6.33\text{m}$$

即自物镜前7.75m开始，到14.08m为止均为成像清晰的范围。

第六节　数码照相机镜头的景深

这个讨论基于一款 VGA 数码相机，它的 CCD 芯片长为 1/3in㊀，镜头的相对孔径为 $f'/2$，详细参数见表 4-2。

表 4-2　数码相机有关参数

接收元件	CCD
接收元件尺寸	1/3in(3.6×4.8mm,对角线长 6mm)
像素数	640×480
像素尺寸	7.5μm
镜头相对孔径	$f'/2$
镜头焦距	4.8mm
注明的景深	533mm 至无穷远

相机的说明书指出，相机前方 533mm（21in）至无穷远都在相机的景深范围内。许多用过 35mm 焦距照相机的人都知道，在相对孔径为 $f'/2$（光圈数为 2）的情况下，当镜头调焦到前方一个人的鼻子上时，这个人的耳环都不在景深范围内。那么数码相机镜头的景深为什么这么大呢?

根据衍射理论知，这款数码相机镜头对点物所成的艾利斑直径约为 2.8μm，大致为像素大小的三分之一。设接收器 CCD 安放在数码相机镜头的像方焦平面上，即 CCD 位于无穷远物体的理想像平面处。这时位于不同物距处的物平面将成像于不同像距的像平面上，这些像平面上的点像在接收面上将形成直径不同的弥散斑。由第二章中的牛顿公式 $xx'=ff'$ 可以计算出当物距 x 分别为 0.5m、1m、2m、3m 及∞时对应的像距，这个像距乘以数码相机镜头的相对孔径就得出了相应的弥散斑直径。具体数据结果见表 4-3。

表 4-3　物距、像距及弥散斑直径

物距 x/m	像距 x'/μm	弥散斑直径/μm （调焦至∞）
∞	0	0
3	7.68	3.84
2	11.5	5.75
1	23.0	11.54
0.5	46.1	23

如果我们将接收器 CCD 放在物体位于 1m 处的理想像平面处，则其他物距时相应的像平面离开 CCD 的距离以及像点在接收器上的弥散斑直径见表 4-4。

表 4-4　调焦至 1m 时不同物距对应的弥散斑

物距 x/m	距 CCD/μm	弥散斑直径/μm （调焦至 1m）
∞	-23	11.5
3	-15.3	7.7
2	-11.5	5.75
1	0	0
0.5	23	11.5

㊀ 英寸与公制单位的换算：1in=25.4mm

从这个计算结果可以看出，当调焦至1m时，从0.5m至无穷远的物点成像在CCD上，最大的弥散斑仅为11.5μm，只有像素的1.5倍大小，所以都在景深范围内。说明数码相机镜头的景深确实很大。

为什么普通的35mm照相物镜没有这么大的景深呢？现对数码相机镜头与普通的35mm照相物镜的景深作一比较。假定数码相机镜头和35mm照相物镜的相对孔径都是1/2，都调焦至无穷远，两个镜头的视场角都相同，并在两个镜头具有相同的角弥散斑的情况下比较二者的景深。角弥散斑是弥散斑大小的线度与镜头焦距的比值，具体的几何图像就是弥散斑对镜头出瞳中心的张角。

设x'是镜头调焦至无穷远后远景或近景像面离开景像平面的距离，对应的远景或近景深度为x，则胶片或CCD上的弥散斑直径δ为

$$\begin{aligned}\delta &= x'\frac{D}{f'}\\ &= -\frac{f'^2}{x}\frac{D}{f'}\end{aligned}\tag{4-8}$$

故角弥散斑ζ为

$$\begin{aligned}\zeta &= \frac{\delta}{f'}\\ &= -\frac{f'^2}{x}\frac{D}{f'}\frac{1}{f'}\\ &= \frac{f'}{x}\frac{D}{f'}\end{aligned}\tag{4-9}$$

用ζ_1和ζ_2分别表示数码相机镜头的角弥散斑和照相物镜的角弥散斑，并在二者相等的情况下比较它们的景深，有

$$\begin{aligned}\zeta_1 &= -\frac{f'_1}{x_1}\frac{1}{2}\\ \zeta_2 &= -\frac{f'_2}{x_2}\frac{1}{2}\end{aligned}\tag{4-10}$$

因为要求

$$\zeta_1 = \zeta_2\tag{4-11}$$

所以

$$x_2 = x_1\frac{f'_2}{f'_1}\tag{4-12}$$

根据表4-3估算，当物距为1.5m时，弥散斑直径约为CCD的一个像素左右，由此知当数码相机镜头的景深范围为1.5m至∞时，根据式(4-12)，35mm照相物镜的景深范围则是从$1.5\text{m}\times\frac{35}{4.8}\approx 11\text{m}$到∞。所以数码相机镜头较之照相物镜有更大的景深范围，因此景深与镜头的焦距是成反比的。

习 题

1. 设照相物镜的焦距等于75mm，底片尺寸为55mm×55mm，求该照相物镜的最大视场角等于多少？

2. 为什么大多数望远镜和显微镜的孔径光阑都位于物镜上？

3. 在本章第三节所述的双目望远镜系统中，假定物镜的口径为30mm，目镜的通光口径为20mm，如果系统中没有视场光阑，问该望远镜最大的极限视场角等于多少？渐晕系数 $K_D=0.5$ 的视场角等于多少？

4. 如果要求上述系统的出射瞳孔离开目镜像方主面的距离为15mm，求在物镜焦面上加入的场镜的焦距。

5. 利用第二章至第三章中讨论过的近轴光线追迹公式分别计算本章第三节所述双目望远镜当孔径光阑处于所列的三个不同位置时主光线在各光学元件上的投射高度和出瞳距（要求逐步列出计算过程）。

6. 针对望远镜系统，并设孔径光阑位于望远镜物镜前若干距离，画图导出系统中光学元件的通光口径 $D_{通}$ 的计算公式

$$D_{通}=2\ (h+h_z)$$

其中 h 是轴上点边缘光线在该元件上的投射高度，h_z 是最大视场主光线在该元件上的投射高度。

7. 某一显微物镜，为什么当孔径光阑放置于该物镜上时（即让显微物镜框起孔径光阑的作用），该显微物镜的通光口径最小？

8. 在开普勒望远镜系统中应用远心光路时，孔径光阑应放在什么地方？

9. 现有一架照相机，其物镜焦距 f' 为75mm，当以常摄距离 $p=3$m 进行拍摄时，相对孔径分别采用 $\frac{1}{3.5}$ 和 $\frac{1}{22}$，试分别求其景深。

10. 现要求照相物镜的对准平面以后的整个空间都能在景像平面上成清晰像。物镜的焦距 $f'=75$mm，所用光圈数为16。求对准平面位置和景深。又如果调焦于无限远，即 $p=\infty$，求近景位置 p_2 和景深为多少？二者比较说明了什么？

11. 根据使用部门现场试验结果，对某一称为“激光导向仪”的仪器提出了以下几点技术要求：

（1）在望远镜前100m处的光斑直径为4mm；

（2）同时具有激光工作和目视观察对准的功能；

（3）仪器工作范围为5～100m。

据此，初步总体设计布局如图4-26所示。

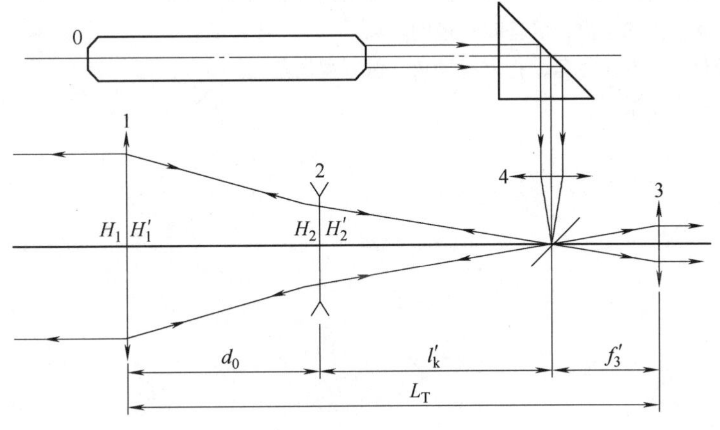

图4-26　习题11图

图中，0为激光器；1为物镜；2为调焦镜；3为观察目镜：4为小目镜。并已知：

（1）激光器端面处光斑直径 $\phi=1.5$mm，发散角 $2\omega'=0.002$rad；

（2）小目镜和观察目镜焦距相同，$f_3'=f_4'=10$mm；

（3）$l_k'=150$mm，望远镜总长 $L_T=335$mm。

试求：

（1）望远镜的视角放大率。

（2）物镜和调焦镜的焦距f_1'和f_2'。

（3）物镜的通光口径D_1。

（4）目镜的视度调节范围为±5 屈光度，求目镜的移动量。

（5）当光斑分别在物镜前 5m 和 100m 时，调焦镜相对于光斑成在无穷远时的移动量。

（6）当孔径光阑与物镜框重合时，求目视观察时其出瞳的位置和大小。

（7）直接照射 100m 处时的光斑尺寸。

12. 如图 4-27 所示为一个电影放映机的光学系统，物镜焦距为$f'=120\text{mm}$，相对孔径为$\frac{D}{f'}=\frac{1}{1.8}$，低片的窗口尺寸为 20.9mm×15.2mm，光通量在屏幕上只能达到 400lm，底片窗口宽度尺寸经物镜放大后要充满屏幕宽度 3360mm。试求：

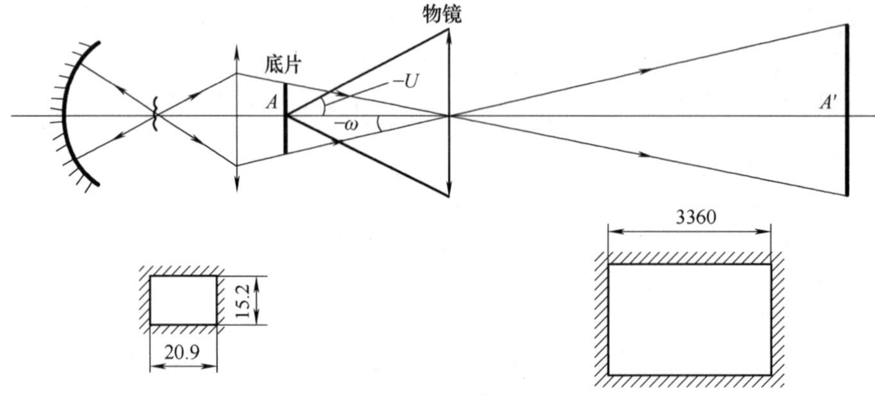

图 4-27 习题 12 图

（1）这个放映系统的孔径光阑、入瞳、出瞳，视场光阑、入窗、出窗。

（2）底片窗口离物镜的距离，屏幕离物镜的距离。

（3）物方孔径角、像方孔径角，物方视场角、像方视场角。

（4）物镜的拉赫不变量。

第五章　光度学和色度学基础

第一节　辐射量和光学量及其单位

可见光是波长在 $3.8\times10^{-7}\sim7.6\times10^{-7}$m 范围内的电磁辐射，描述电磁辐射的物理量，即辐射量，也可用来描述可见光；可见光是能对人的视觉形成刺激并能被人感受的电磁辐射，因而人们很自然地用视觉受到刺激的程度，即视觉感受来量度可见光。按这种视觉响应原则建立的表征可见光的量称做光学量。

由此可见，可见光是可以用辐射量和光学量这两种量值系统来度量的，把可见光做为纯物理现象来研究时，应采用辐射量量值系统；而研究与人的视觉有关问题时，采用光学量量值系统更方便。

下面简要介绍各种辐射量和光学量及其单位，以及两种量值系统间的关系。

一、辐射量

1. 辐射能 Q_e　同其他电磁辐射一样，可见光辐射也是一种能量传播形式。以电磁辐射形式发射、传输或接收的能量称做辐射能，通常用字符 Q_e 表示。度量辐射能的单位为焦［耳］(J)[⊖]。

2. 辐［射能］通量 $\varPhi_e$　单位时间内发射、传输或接收的辐射能称之为辐通量，通常用字符 $\varPhi_e$ 表示。若在 dt 时间内发射、传输或接收的辐射能为 dQ_e，相应的辐通量 $\varPhi_e$ 为

$$\varPhi_e=\frac{\mathrm{d}Q_e}{\mathrm{d}t} \tag{5-1}$$

辐通量与功率有相同的单位，为瓦［特］(W)。

3. 辐［射］出［射］度 M_e　辐射源单位发射面积发出的辐通量，定义为辐射源的辐出度，以字符 M_e 表示。假定辐射源的微面积 dA 发出的辐通量为 d$\varPhi_e$，则辐出度 M_e 为

$$M_e=\frac{\mathrm{d}\varPhi_e}{\mathrm{d}A} \tag{5-2}$$

辐出度的单位名称为瓦［特］每平方米（$\mathrm{W/m^2}$）。

4. 辐［射］照度 E_e　辐射照射面单位受照面积上接受的辐通量，定义为受照面的辐照度，以字符 E_e 表示。假定受照面的微面积 dA 上接受的辐通量为 d$\varPhi_e$，则辐照度 E_e 为

$$E_e=\frac{\mathrm{d}\varPhi_e}{\mathrm{d}A} \tag{5-3}$$

辐照度和辐出度有相同的单位，为瓦［特］每平方米（$\mathrm{W/m^2}$）。

5. 辐［射］强度 I_e　点辐射源向各方向发出辐射，在某一方向，在元立体角 d$\varOmega$ 内发出的辐通量为 d$\varPhi_e$，则辐强度 I_e 为

⊖ 单位名称［　］内的字，是在不致混淆的情况下可以省略的字。

$$I_e = \frac{d\Phi_e}{d\Omega} \tag{5-4}$$

辐射强度的单位为瓦［特］每球面度（W/sr）。

6. 辐［射］亮度 L_e　为了表征具有有限尺寸辐射源辐通量的空间分布，采用“辐亮度”这样一个辐射量。元面积为 dA 的辐射面，在和表面法线 N 成 θ 角方向，在元立体角 dΩ 内发出的辐通量为 dΦ_e，则辐亮度 L_e 为

$$L_e = \frac{d\Phi_e}{\cos\theta dA d\Omega} \tag{5-5}$$

图 5-1 表示了辐亮度定义中各要素的含义。

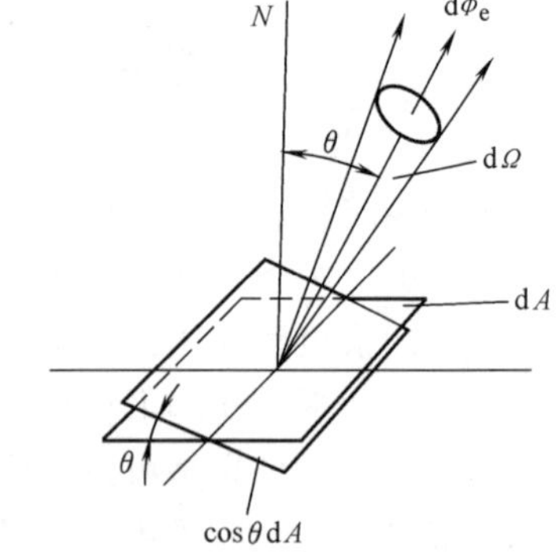

图 5-1　辐亮度定义中各量的示意图

根据定义可以认为，元面积 dA 在 θ 方向的辐亮度 L_e 就是该辐射面在垂直于 θ 方向的平面上的单位投影面积在单位立体角内发出的辐通量。辐亮度的单位名称是瓦［特］每球面度平方米［W/（sr·m^2）］。

上述的六种辐射量，对于所有的光辐射都是适用的，它们是纯物理量。对于可见光，人们常用光学量量值系统进行度量。

二、光学量

1. 光通量 Φ_v　标度可见光对人眼的视觉刺激程度的量称为光通量，通常以字符 Φ_v 表示。光通量的单位为流［明］（lm）。

2. 光出射度 M_v　光源单位发光面积发出的光通量，定义为光源的光出射度，以字符 M_v 表示。假定光源的微发光面积 dA 发出的光通量为 dΦ_v，则光出射度 M_v 可表示为

$$M_v = \frac{d\Phi_v}{dA} \tag{5-6}$$

光出射度的单位为流［明］每平方米（lm/m^2）。

3. 光照度 E_v　单位受照面积接受的光通量，定义为光照面的光照度，通常用字符 E_v 表示。假定光照面微面积 dA 上接受的光通量为 dΦ_v，则该微面上的光照度 E_v 可用下式表示

$$E_v = \frac{d\Phi_v}{dA} \tag{5-7}$$

光照度的单位名称是勒［克斯］（lx）。1lx = 1lm/m^2。

4. 发光强度 I_v　点光源向各方向发出可见光，在某一方向，在元立体角 dΩ 内发出的光通量为 dΦ_v，则点光源在该方向上的发光强度 I_v 为

$$I_v = \frac{d\Phi_v}{d\Omega} \tag{5-8}$$

式(5-8)表明，点光源的发光强度等于点光源在单位立体角内发出的光通量。

发光强度的单位为坎［德拉］（cd）。1979 年第十六届国际计量大会对发光强度的单位坎德拉作了明确的规定：“一个光源发出频率为 540×10^{12}Hz（赫兹）的单色光，在一定方向的辐射强度为 1/683W/sr，则此光源在该方向上的发光强度为 1 坎德拉”。

发光强度是光学基本量，是国际单位制中七个基本量之一。从发光强度的单位坎德拉可以

导出光通量的单位流明：发光强度为1cd的匀强点光源，在单位立体角内发出的光通量为1lm。

5. 光亮度L_v　为了描述具有有限尺寸的发光体发出的可见光在空间分布的情况，采用了光亮度L_v这样一个光学量。发光面的元面积dA，在和发光表面法线N成θ角的方向，在元立体角dΩ内发出的光通量为dΦ_v，则光亮度L_v为

$$L_v=\frac{\mathrm{d}\Phi_v}{\cos\theta\mathrm{d}A\mathrm{d}\Omega} \tag{5-9}$$

在式(5-9)中，$\frac{\mathrm{d}\Phi_v}{\mathrm{d}\Omega}=I_v$，它相当于发光面在$\theta$方向的发光强度，故式(5-9)可写成

$$L_v=\frac{I_v}{\cos\theta\mathrm{d}A} \tag{5-10}$$

上式表明，元发光面dA在θ方向的光亮度L_v等于元面积dA在θ方向的发光强度I_v与该面元面积在垂直于该方向平面上的投影$\cos\theta$dA之比。

如果把图5-1中的字符dΦ_e改为dΦ_v，该图也能表示出光亮度定义中各要素的含义。

光亮度的单位是坎［德拉］每平方米（cd/m^2）。

表5-1给出了常见发光表面的光亮度值。

表5-1　常见发光表面的光亮度值

表面名称	光亮度/(cd·m^{-2})	表面名称	光亮度/(cd·m^{-2})
在地面上看到的太阳表面	$(1.5\sim2.0)\times10^9$	100W白炽钨丝灯	6×10^6
		仪用钨丝灯	1×10^7
日光下的白纸	2.5×10^4	6V汽车头灯	1×10^7
白天晴朗的天空	3×10^3	放映灯	2×10^7
在地面上看到的月亮的表面	$(3\sim5)\times10^3$	卤钨灯	3×10^7
		碳弧灯	$1.5\times10^8\sim1\times10^9$
月光下的白纸	3×10^2	超高压球形汞灯	$1\times10^8\sim2\times10^9$
蜡烛的火焰	$(5\sim6)\times10^3$	超高压毛细管汞灯	$2\times10^7\sim1\times10^9$
50W白炽钨丝灯	4.5×10^6		

三、光学量和辐射量间的关系

（一）光谱光效率函数

就其实质而言，人眼就是一种可见光探测器，其输入为用辐射量度量的可见光辐射，而输出为用光学量表示的光感受。所以，光学量和辐射量间的关系决定于人的视觉特性。实验表明，具有相同辐通量而波长不同的可见光分别作用于人眼，人所感受的明亮程度将有所不同，这表明人的视觉对不同波长光有不同的灵敏度。人对不同波长光响应的灵敏度是波长的函数，称之为光谱光效率函数。

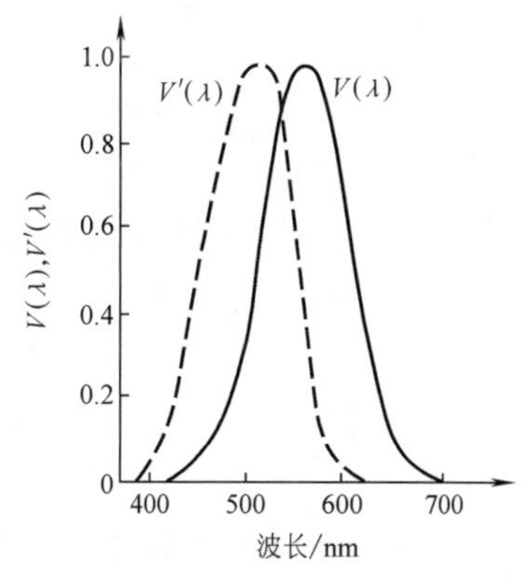

图5-2　$V(\lambda)$和$V'(\lambda)$函数曲线 

实验表明，观察场明暗不同时，光谱光效率函数亦稍有不同。国际照明委员会（CIE）根据多组测试实验

结果，分别于 1924 年和 1951 年确定并正式推荐两种光谱光效率函数：明视觉光谱光效率函数$V(\lambda)$和暗视觉光谱光效率函数 $V'(\lambda)$。图 5-2 给出了 $V(\lambda)$和$V'(\lambda)$的函数曲线，图中的函数值已归一化。可以看到，$V(\lambda)$和 $V'(\lambda)$两者峰值所对应波长有所不同，$V(\lambda)$的峰值在 $\lambda = 5.55\times10^{-7}$m 处，而 $V'(\lambda)$的峰值是在 $\lambda = 5.07\times10^{-7}$m 处。

（二）光学量和辐射量间的关系

在波长 λ 附近的小波长间隔 $d\lambda$ 内，光通量 $d\Phi_v(\lambda)$ 和辐通量 $\Phi_e(\lambda)$ 之间的关系可表示为

明视觉条件下 $$d\Phi_v(\lambda) = K_m V(\lambda)\Phi_e(\lambda)d\lambda \tag{5-11}$$

暗视觉条件下 $$d\Phi_v(\lambda) = K_m' V'(\lambda)\Phi_e(\lambda)d\lambda \tag{5-12}$$

式中，$K_m = 683$lm/W 为明视觉条件下波长$\lambda = 5.55\times10^{-7}$m、$V(\lambda)=1$ 单色光的绝对光谱光效率值；$K_m' = 1755$lm/W 为暗视觉条件下波长 $\lambda = 5.07\times10^{-7}$m、$V'(\lambda)=1$ 单色光的绝对光谱光效率值。

对于整个可见辐射范围内的总光通量 Φ_v，可由在整个可见光谱范围内积分式(5-11)或式(5-12)求得

明视觉 $$\Phi_v = \int_{380}^{780} K_m V(\lambda)\Phi_e(\lambda)d\lambda \tag{5-13}$$

暗视觉 $$\Phi_v = \int_{380}^{780} K_m' V'(\lambda)\Phi_e(\lambda)d\lambda \tag{5-14}$$

第二节 光传播过程中光学量的变化规律

一、点光源在与之距离为 *r* 处的表面上形成的照度

一点光源 S，其发光强度为 I[㊀]，在距光源为 r 处有一元面积为 dA 的平面，其法线与 r 方向成 θ 角。点光源 S 在 dA 面上形成的照度，根据照度的定义，有

$$E = \frac{d\Phi}{dA} \tag{5-15}$$

在所考虑的情况下，$d\Phi = Id\Omega$。$d\Omega$ 为 dA 面对点源 S 所张的立体角，由图 5-3 知

$$d\Omega = \frac{\cos\theta dA}{r^2}$$

所以 $$d\Phi = \frac{I\cos\theta dA}{r^2}$$

根据式(5-15)，得到 dA 面上的光照度

$$E = \frac{I}{r^2}\cos\theta \tag{5-16}$$

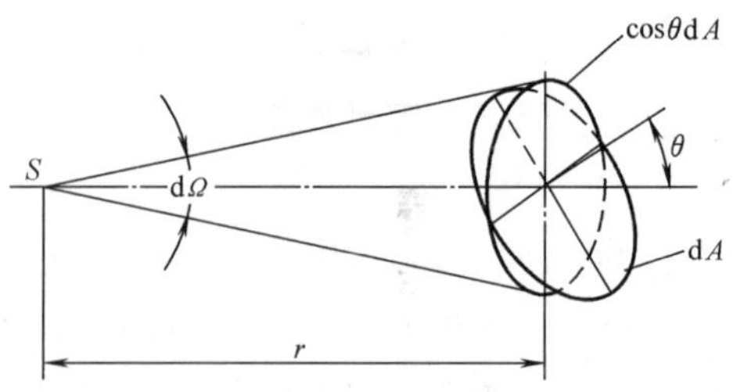

图 5-3 点光源在与之距离为 r 处的表面上形成的照度

从式(5-16)可以看出，点光源在被照表面上形成的照度与被照面到光源距离的平方成反比。

㊀ 上一节中所介绍的各种辐射量和光学量代表符号中的下标 e 和 v，在不致混淆的情况下，可以不必标出，例如，发光强度 I_v 和光照度 E_v 可分别写做 I、E 等。

这就是照度平方反比定律。

二、面光源在与之距离为 *r* 处的表面上形成的照度

在图 5-4 中，dA_s 代表光源的元发光面积，它在与之距离为 r、面积为 dA 平面上形成的光照度为 E，则

$$E=\frac{d\Phi}{dA}=\frac{LdA_s\cos\theta_1\cos\theta_2}{r^2} \tag{5-17}$$

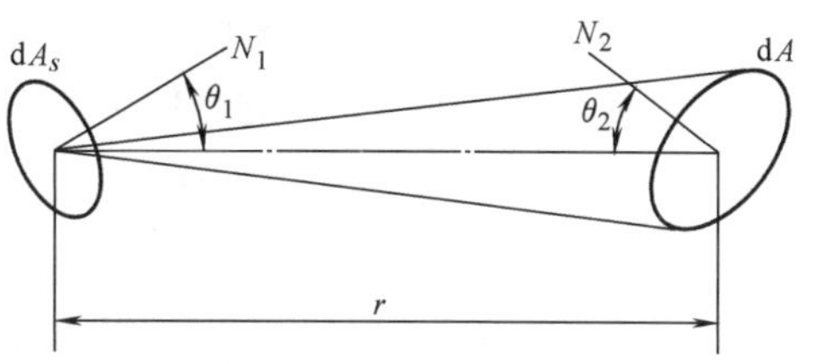

图 5-4　面光源在与之距离为 r 的表面上形成的照度

式中，L 为光源的光亮度；θ_1 和 θ_2 分别为发光面 dA_s 和受照面 dA 的法线与距离 r 方向的夹角。

式(5-17)表明，面光源在与之距离为 r 的表面上形成的光照度与光源的亮度 L、面积 dA_s 以及两个表面的法线分别与 r 夹角的余弦成正比，与距离 r 的平方成反比。

三、单一介质元光管内光亮度的传递

两个面积很小的截面构成的直纹曲面包围的空间就是一个元光管。光在元光管内传播，不从侧壁溢出，即无光能损失。图 5-5 表示出一个元光管。dA_1 和 dA_2 为元光管两个微小截面 1 和 2 的微小面积，两截面的法线 N_1 和 N_2 与两截面中心连线的夹角分别为 θ_1 和 θ_2，两截面中心的距离为 r。

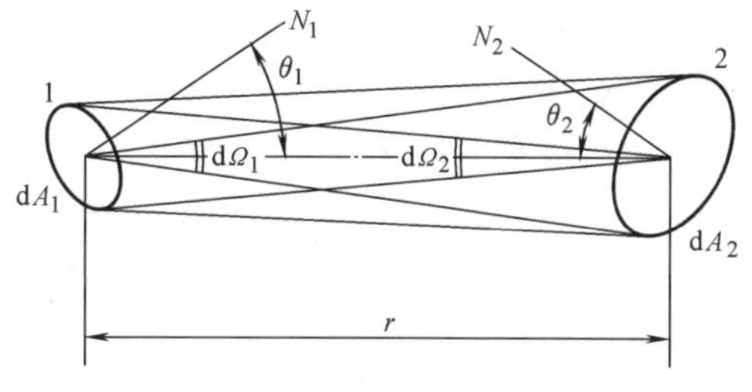

图 5-5　光在元光管内的传播 

我们来考察光在元光管内传播时光束在不同截面上的光亮度。假定图 5-5 所示的元光管两截面 1 和 2 的光亮度分别为 L_1 和 L_2。通过 1 面的光通量等于由其发出的光通量，此量可表示为

$$d\Phi_1=L_1\cos\theta_1 dA_1 d\Omega_1=L_1\cos\theta_1 dA_1\frac{dA_2\cos\theta_2}{r^2}$$

同理，通过 2 面的光通量也等于其发出的光通量，此量可表示为

$$d\Phi_2=L_2\cos\theta_2 dA_2 d\Omega_2=L_2\cos\theta_2 dA_2\frac{dA_1\cos\theta_1}{r^2}$$

根据元光管的性质，有 $d\Phi_1=d\Phi_2$，故 $L_1=L_2$

上述结果表明，光在元光管内传播，各截面上的光亮度相同。或者说，光在元光管内传播，光束亮度不变。

四、光束经界面反射和折射后的亮度

一光束投射到两透明介质的界面时，会形成反射和透射两路光束，两光束的方向可分别由反射定律和折射定律确定。图 5-6 表示了这种情况。

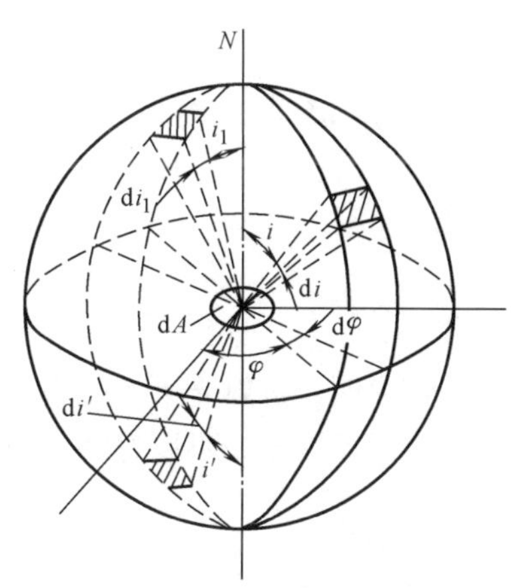

图 5-6　光束经介质界面的反射和折射

假定，入射光束的入射角为 i，立体角为 $d\Omega$，在界面上的投射面积为 dA，光束亮度为 L，则入射光的光通量为

$$\mathrm{d}\Phi = L\cos i\mathrm{d}\Omega\mathrm{d}A \tag{5-18}$$

同理，对于反射光束和折射光束，其光通量可用下式表示

$$\mathrm{d}\Phi_1 = L_1\cos i_1\mathrm{d}\Omega_1\mathrm{d}A$$

$$\mathrm{d}\Phi' = L'\cos i'\mathrm{d}\Omega'\mathrm{d}A$$

式中，L_1 和 L'分别代表反射和折射光束的亮度；i_1 和 i'分别代表反射角和折射角；$\mathrm{d}\Omega_1$ 和 $\mathrm{d}\Omega'$分别代表反射和折射光束的立体角。

对于反射光束，根据反射定律，$i_1 = i$，$\mathrm{d}\Omega_1 = \mathrm{d}\Omega$，则

$$\frac{\mathrm{d}\Phi_1}{\mathrm{d}\Phi} = \frac{L_1\cos i_1\mathrm{d}\Omega_1\mathrm{d}A}{L\cos i\mathrm{d}\Omega\mathrm{d}A} = \frac{L_1}{L}$$

而$\dfrac{\mathrm{d}\Phi_1}{\mathrm{d}\Phi} = \rho$，所以

$$L_1 = \rho L \tag{5-19}$$

式(5-19)表明，反射光束的亮度等于入射光束亮度与界面反射比之积。透明介质的界面反射比 ρ 很小，故反射光束的亮度很低。

对于折射光束，有

$$\frac{\mathrm{d}\Phi'}{\mathrm{d}\Phi} = \frac{L'\cos i'\mathrm{d}\Omega'\mathrm{d}A}{L\cos i\mathrm{d}\Omega\mathrm{d}A} \tag{5-20}$$

根据能量守恒定律，有

$$\mathrm{d}\Phi = \mathrm{d}\Phi' + \mathrm{d}\Phi_1$$

即

$$\mathrm{d}\Phi' = \mathrm{d}\Phi - \mathrm{d}\Phi_1 = (1-\rho)\mathrm{d}\Phi \tag{5-21}$$

从图 5-6 上知

$$\left.\begin{aligned}\mathrm{d}\Omega &= \sin i\mathrm{d}i\mathrm{d}\varphi\\ \mathrm{d}\Omega' &= \sin i'\mathrm{d}i'\mathrm{d}\varphi\end{aligned}\right\} \tag{5-22}$$

将折射定律 $n\sin i = n'\sin i'$等号两端分别对 i 和 i'微分，并与折射定律表达式对应端分别相乘，得到

$$n^2\sin i\cos i\mathrm{d}i\mathrm{d}\varphi = n'^2\sin i'\cos i'\mathrm{d}i'\mathrm{d}\varphi$$

即

$$\frac{n^2}{n'^2} = \frac{\sin i'\cos i'\mathrm{d}i'\mathrm{d}\varphi}{\sin i\cos i\mathrm{d}i\mathrm{d}\varphi} \tag{5-23}$$

把式(5-22)代入式(5-20)，并考虑式(5-21)和式(5-23)，则有

$$1-\rho = \frac{L'n^2}{Ln'^2}$$

即

$$L' = (1-\rho)L\frac{n'^2}{n^2} \tag{5-24}$$

式(5-24)表明，折射光束的亮度与界面的反射比 ρ 及界面两边介质的折射率 n 和 n'有关。

在界面反射损失可以忽略，即 $\rho = 0$ 情况下，式(5-24)可写成

$$\frac{L'}{n'^2} = \frac{L}{n^2} \tag{5-25}$$

式(5-25)表明，光束经理想折射后，光亮度将产生变化，但$\dfrac{L}{n^2}$值保持不变。

五、余弦辐射体

发光强度空间分布可用式 $I_\theta = I_N\cos\theta$ 表示的发光表面为余弦辐射体。式中 I_N 为发光面在法线方向的发光强度，I_θ 为和法线成任意角度 θ 方向的发光强度。发光强度向量 I_θ 端点轨迹是一个与发光面相切的球面，球心在法线上，球的直径为 I_N，图 5-7 是用向量表示的余弦辐射体在通过法线的任意截面内的光强度分布。

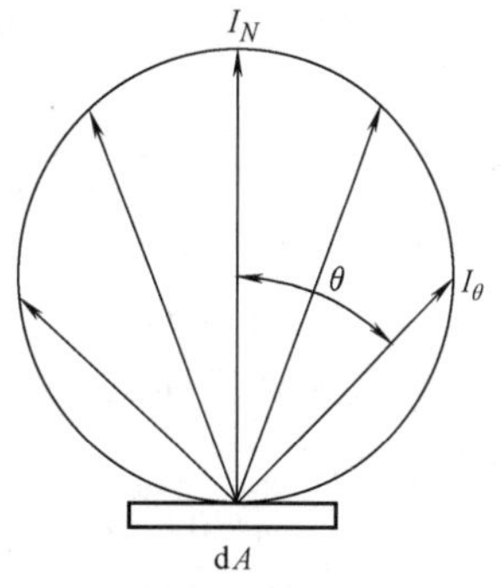

图 5-7　余弦辐射体发光强度的空间分布

余弦辐射体在和法线成任意角度 θ 方向的光亮度 L_θ，根据式(5-10)，可表示为

$$L_\theta = \frac{I_\theta}{\mathrm{d}A\cos\theta} = \frac{I_N\cos\theta}{\mathrm{d}A\cos\theta} = \frac{I_N}{\mathrm{d}A} = \text{常数}$$

由此可见，余弦辐射体在各方向的光亮度相同。

余弦辐射体可能是自发光面，如绝对黑体、平面灯丝钨灯等，也可能是透射或反射体。受光照射经透射或反射形成的余弦辐射体，称做漫透射体和漫反射体。乳白玻璃是漫透射体，其经光照射后透射光强度分布如图 5-8a 所示；硫酸钡涂层表面是典型的漫反射面，其反射光强度分布如图 5-8b 所示。

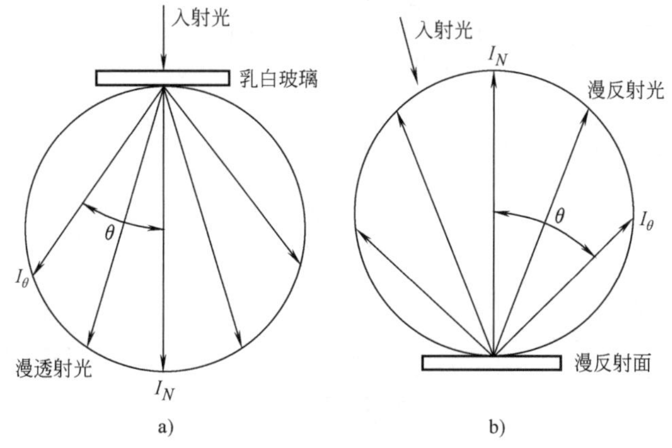

图 5-8　漫透射体和漫反射体发光强度的空间分布

余弦辐射体向平面孔径角为 U 的立体角范围内发出的光通量可用下式计算

$$\Phi = L\mathrm{d}A\int_{\varphi=0}^{\varphi=2\pi}\int_{\theta=0}^{\theta=U}\sin\theta\cos\theta\mathrm{d}\theta\mathrm{d}\varphi$$

即

$$\Phi = \pi L\mathrm{d}A\sin^2 U \tag{5-26}$$

当 $U=\dfrac{\pi}{2}$时，$\sin^2 U = 1$，则

$$\Phi = \pi L\mathrm{d}A \tag{5-27}$$

这就是余弦辐射体向 2π 立体角空间发出的总光通量。式中各量的意义表示在图 5-9 中。

余弦辐射体的光出射度，根据定义，有

$$M = \frac{\Phi}{\mathrm{d}A} = \pi L \tag{5-28}$$

第三节　成像系统像面的光照度

一、轴上像点的光照度

图5-9表示了一个成像光学系统。dA 和 dA'分别代表轴上点附近的物和像的微小面积，物方孔径角为 U，像方孔径角为 U'，物面和像面的光亮度分别为 L 和 L'。若物被看做是余弦辐射体，则微面积 dA 向孔径角为 U 的成像光学系统发出的光通量 Φ，按式(5-26)为

$$\Phi = \pi L \mathrm{d}A \sin^2 U$$

从出瞳入射到像面 dA'微面积上的光通量为

$$\Phi' = \pi L' \mathrm{d}A' \sin^2 U'$$

光在光学系统中传播时，存在能量损失，若光学系统的光透射比为 τ，则 $\Phi' = \tau\Phi$，因此

$$\Phi' = \tau\pi L \mathrm{d}A \sin^2 U$$

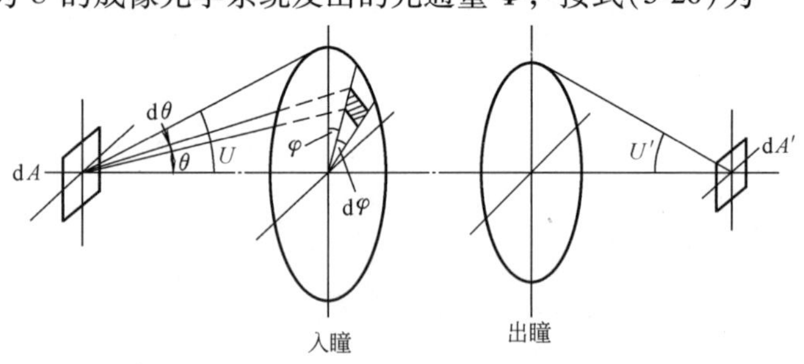

图5-9　成像光学系统轴上点的照度 

轴上像点的光照度为

$$E' = \frac{\Phi'}{\mathrm{d}A'} = \tau\pi L \frac{\mathrm{d}A}{\mathrm{d}A'} \sin^2 U$$

又

$$\frac{\mathrm{d}A}{\mathrm{d}A'} = \frac{1}{\beta^2}$$

所以

$$E' = \frac{1}{\beta^2}\tau\pi L \sin^2 U \tag{5-29}$$

当系统满足正弦条件时，$\beta = \dfrac{n\sin U}{n'\sin U'}$

故

$$E' = \frac{n'^2}{n^2}\tau\pi L \sin^2 U' \tag{5-30}$$

式(5-29)和式(5-30)就是像面轴上点照度的表达式。式(5-29)表明，轴上像点的照度与孔径角正弦的平方成正比，和线放大率的平方成反比。

二、轴外像点的光照度

图5-10表示了轴外点成像的情况。轴外像点 M' 的主光线和光轴间有一夹角 ω'，此角就是轴外点 M 的像方视场角。它的存在使轴外点的像方孔径角 U'_M 比轴上点的像方孔径角 U' 小。在物面亮度均匀的情况下，轴外像点的照度比轴上点低。

在物面亮度均匀的情况下，轴外像点 M' 的照度可用式(5-30)表示为

$$E'_M = \frac{n'^2}{n^2}\tau\pi L \sin^2 U'_M \tag{5-31}$$

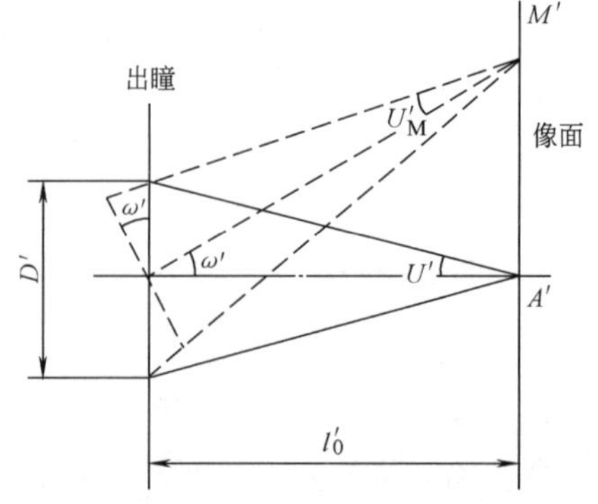

图5-10　光学系统的轴外点成像 

当 U_M'较小时，有

$$\sin U_M' \approx \tan U_M' = \frac{\dfrac{D'}{2}\cos\omega'}{\dfrac{l_0'}{\cos\omega'}} = \frac{D'\cos^2\omega'}{2l_0'} \approx \sin U'\cos^2\omega'$$

式中，D'为出瞳直径；l_0'为像面到出瞳的距离。

把 $\sin U_M'$代入式(5-31)，得到

$$E_M' = \frac{n'^2}{n^2}\tau\pi L\sin^2 U'\cos^4\omega'$$

即

$$E_M' = E_0'\cos^4\omega' \tag{5-32}$$

式中，$E_0' = \dfrac{n'^2}{n^2}\tau\pi L\sin^2 U'$，为像面轴上点的照度。

式(5-32)表明，轴外像点的光照度随视场角 ω'的增大而降低。表 5-2 表示了对应于不同视场角 ω'的轴外像点照度降低的情况。

表 5-2　不同视场角 ω'的轴外像点照度与轴上像点照度比

ω'	0	10°	20°	30°	40°	50°	60°
E_M'/E_0'	1	0. 941	0. 780	0. 563	0. 344	0. 171	0. 063

三、光通过光学系统时的能量损失

物面发出进入光学系统的光能量，即使在没有几何遮拦的情况下，也不能全部到达像面。这主要是由于光在光学系统中传播时，透明介质折射界面的光反射、介质对光的吸收以及反射面对光的透射和吸收等所造成的光能损失。常用光学系统的透射比 $\tau = \dfrac{\Phi'}{\Phi}$来衡量光学系统中光能损失的大小。式中 Φ 为经入瞳进入系统的光通量，Φ'为由系统出瞳出射的光通量。透射比高表明系统的光能损失小，$\tau = 1$ 表明系统无光能损失。下面介绍各种光能损失的情况及光学系统总透射比的计算方法。

（一）光在两透明介质界面上的反射损失

光照射到两透明介质光滑界面上时，大部分光折射到另一介质中，也有一小部分光反射回原介质，反射光没通过界面，因而形成光能损失。

反射光通量与入射光通量之比称为反射比，通常以 ρ 表示。由光的电磁理论（详见第十一章）可以导出

$$\rho = \frac{1}{2}\left[\frac{\sin^2(i-i')}{\sin^2(i+i')} + \frac{\tan^2(i-i')}{\tan^2(i+i')}\right] \tag{5-33}$$

式中，i 和 i'分别为入射角和折射角。

当光垂直或以很小的入射角入射时，上式中的正弦和正切函数均可用角度的弧度值代替，再考虑折射定律，则上式可简化为

$$\rho = \left(\frac{n'-n}{n'+n}\right)^2 \tag{5-34}$$

式(5-34)表明，光近似于垂直入射到两透明介质的光滑界面时，反射光能损失和界面两边介质的折射率有关。界面两边介质的折射率相差愈大，ρ 值愈大，即反射损失愈大。放在空气中的单个玻璃元件表面的反射系数随玻璃折射率 n 的不同而有所不同：$n=1.5$，$\rho=0.04$；$n=1.6$，$\rho=0.05$。用加拿大胶胶合的冕牌和火石玻璃胶合面，由于两种玻璃和加拿大胶的折射率相差极微，故 $\rho\approx0$，反射损失可以忽略。

从式(5-33)知，ρ 是一个与入射角 i 有关的量，实际计算表明，当 $n\approx1.6$，$i<45°$时，取 $\rho=0.06$ 计算已足够准确。在实用光学系统中，$i>45°$的情况很少见到。

一个光学系统，有 N_1 个空气-冕牌玻璃界面，有 N_2 个空气-火石玻璃界面。假定进入系统的光通量为 Φ，在只考虑反射损失的情况下，由系统出射的光通量 Φ'可用下式计算

$$\Phi'=\Phi(1-\rho_1)^{N_1}(1-\rho_2)^{N_2}\approx(0.96)^{N_1}(0.95)^{N_2}\Phi \tag{5-35}$$

式中，ρ_1、ρ_2 分别为空气-冕牌玻璃和空气-火石玻璃界面的反射比。当 N_1 和 N_2 值较大，即系统的光学元件数目很多时，光能损失是很可观的。

反射的光能除造成光学系统的光能损失外，还在像面上形成杂散光背景，从而降低像的对比度。

降低反射损失的方法是在玻璃元件的表面镀增透膜。常用的增透膜有二氧化硅（SiO_2）、氧化钛（TiO_2）、氟化镁（MgF_2）等。

（二）介质吸收造成的光能损失

光在介质中传播，由于介质对光的吸收使一部分光不能通过系统，从而形成光能损失。

光通量为 Φ 的光束通过厚度为 dl 的薄介质层，被介质吸收的光通量 dΦ 与光通量 Φ 和介质层厚度 dl 成正比，即

$$\mathrm{d}\Phi=-k\Phi\mathrm{d}l \tag{5-36}$$

光通过厚度为 l 的介质层后的光通量，可由积分上式求得

$$\Phi=\Phi_0\mathrm{e}^{-kl} \tag{5-37}$$

令 $P=\mathrm{e}^{-k}$，它代表光通过单位厚度 1cm 介质层时出射光通量与入射光通量之比，称之为介质的透明率。将此关系代入式(5-37)，得到

$$\Phi=\Phi_0P^l \tag{5-38}$$

若已知入射光通量 Φ_0、介质的透明率 P 及用厘米为单位的介质层厚度，即可用上式求得通过介质的光通量。而介质吸收造成的光通量损失则为

$$\Delta\Phi=(1-P^l)\Phi_0 \tag{5-39}$$

对于光学系统，介质的厚度可取为元件的中心厚度 d。对于多元件系统，取同种材料元件中心厚度之和$\sum d$ 作为 l。这时式(5-38)可写成

$$\Phi=\Phi_0P_1^{\sum d_1}P_2^{\sum d_2}\cdots \tag{5-40}$$

式中，P_1、P_2…代表光学系统所用各种材料的透明率；$\sum d_1$、$\sum d_2$…为相应材料制成的元件的中心厚度之和。

（三）反射面的光能损失

光学系统中，经常使用反射面来改变光的行进方向。反射元件对光的透射和吸收，使反射面的反射比 ρ 小于 1。

若入射光的光通量为 Φ_0，反射光的光通量 Φ_1 可用下式计算

$$\Phi_1=\rho\Phi_0 \tag{5-41}$$

光通量损失 $\Delta\Phi_1$ 为

$$\Delta\Phi_1 = (1-\rho)\Phi_0 \tag{5-42}$$

常用反射面的反射比如下：

镀银反射面：$\rho \approx 0.95$

镀铝反射面：$\rho \approx 0.85$

抛光良好的棱镜全反射面：$\rho \approx 1$

四、光学系统的总透射比

一光学系统，有 N_1 个冕牌玻璃折射面和 N_2 个火石玻璃折射面；光通过 M 种介质制成的元件，其中心厚度分别为 $\sum d_1$、$\sum d_2$、…、$\sum d_M$；系统有 N_3 个反射面。若入射光通量为 Φ_0，则出射光通量为

$$\Phi = (1-\rho_1)^{N_1}(1-\rho_2)^{N_2}P_1^{\sum d_1}P_2^{\sum d_2}\cdots P_M^{\sum d_M}\rho^{N_3}\Phi_0 \tag{5-43}$$

系统的总透射比

$$\tau = \frac{\Phi}{\Phi_0} = (1-\rho_1)^{N_1}(1-\rho_2)^{N_2}P_1^{\sum d_1}P_2^{\sum d_2}\cdots P_M^{\sum d_M}\rho^{N_3} \tag{5-44}$$

式中，ρ_1 和 ρ_2 分别为冕牌和火石玻璃与空气所形成界面的反射比；P_1、P_2、…、P_M 分别为 M 种介质各自的透明率；ρ 为反射面的反射比。

第四节　颜色的分类及颜色的表观特征

一、颜色及其分类

颜色是不同波长可见光辐射作用于人的视觉器官后所产生的心理感受。人脑有记忆、联想等功能，因此人观察到的颜色，往往带有有关颜色经验、背景颜色及物体形状等心理因素的影响。所以，颜色是一种和物理、生理及心理学有关的复杂现象。

颜色可分为非彩色和彩色两大类。

非彩色系指白色、黑色及白与黑之间深浅不同的灰色所构成的颜色系列。

彩色是指白黑非彩色系列以外的所有颜色，如各种光谱色均为彩色。

根据颜色形成的物理机制的不同，颜色又有光源色、物体色及荧光色之分。自发光形成的颜色，一般称之为光源色；自身不发光，凭借其他光源照明，通过反射或透射而形成的颜色，称之为物体色；物体受光照射激发所产生的荧光与反射或透射光共同形成的颜色，称之为荧光色。

二、颜色的表观特征

颜色有三种表观特征，即明度、色调和饱和度。

明度表示颜色明亮的程度。对于光源色，明度值与发光体的光亮度有关；对于物体色，此值和物体的透射比或反射比有关。

色调是区分不同彩色的特征。可见光谱范围内，不同波长的辐射，在视觉上呈现不同色调，如红、黄、绿、蓝、紫等等。光源色的色调取决于辐射的光谱组成，而物体色则既与照明光的光谱组成有关，还同物体对光的选择吸收特性有关。例如，物体反射波长为 4.8 ×

$10^{-7} \sim 5.6 \times 10^{-7}$m 的辐射，吸收其他波长的辐射，在白光照明下呈绿色。

饱和度表示颜色接近光谱色的程度。一种颜色，可以看成是某种光谱色与白色混合的结果。其中光谱色所占的比例愈大，颜色接近光谱色的程度就愈高，颜色的饱和度也就愈高。饱和度高，颜色则深而艳。光谱色的白光成分为0，饱和度达到最高。

彩色必须具备上述三个特征，特征参数的不同，表示着颜色间的差别。

非彩色只有明度值的差别，没有色调区分，饱和度均等于0。

第五节　颜色混合及格拉斯曼颜色混合定律

一、颜色混合

实验证明，各种颜色可以相互混合。两种或几种颜色相互混合，将形成不同于原来颜色的新颜色。

颜色混合有两种方式：

（1）色光混合　色光混合是不同颜色光的直接混合。混合色光为参加混合各色光之和，故又称之为加混色。

（2）色料混合　色料是对光有强烈选择吸收的物质，在白光照明下呈现一定的颜色。色料混合是从白光中去除某些色光，从而形成新的颜色，故又称之为减混色。

二、格拉斯曼颜色混合定律

大量的混色实验，揭示了颜色混合的许多现象。据此格拉斯曼（H・Grassman）于1853年总结出色光混合的基本规律，这就是格拉斯曼颜色混合定律，其内容如下：

（1）人的视觉只能分辨颜色的三种变化，它们是明度、色调和饱和度。

（2）两种颜色混合，如果一种颜色成分连续变化，混合色的外貌也连续地变化。

两种颜色以一定的比例相混合产生白色或灰色，则此两颜色为互补色。互补色以一定的比例混合，产生白色或灰色；以其他比例混合，则产生接近占有比例大的颜色的非饱和色。这就是补色律。

两种非互补颜色混合，将产生两颜色的中间色，其色调决定于两颜色的比例。这就是中间色律。

（3）颜色外貌（明度值、色调、饱和度）相同的光，在颜色混合中是等效的。由此可以推论得到代替律：相似色混合，混合色仍相似。

代替律可用公式表示如下：

$$\text{颜色 A} = \text{颜色 B}$$
$$\text{颜色 C} = \text{颜色 D}$$
$$\text{颜色 A} + \text{颜色 C} = \text{颜色 B} + \text{颜色 D}$$

代替律表明，在混色中，某种颜色用外貌相同的另外颜色代替，最后效果不变。

（4）混合色的亮度等于各色光亮度之和。

假定参加混色各色光亮度分别为 L_1、L_2，…，L_n，则混合色光的光亮度 L 为

$$L = L_1 + L_2 + \cdots + L_n$$

这就是亮度相加定律。

格拉斯曼颜色混合定律，适用于色光相加混色，不适用于色料混合。

第六节 颜色匹配

一、颜色匹配和颜色匹配实验

通过改变参加混色的各颜色的量，使混合色与指定颜色达到视觉上相同的过程，称做颜色匹配。颜色匹配一般可通过下述两种实验方法进行。

（一）颜色转盘法

图 5-11 表示了能实现颜色匹配的颜色转盘装置。红（R）、绿（G）、蓝（B）、黑四块带有径向开口的圆片，如图 5-11a 所示，交叉叠放，把整个圆分成红、绿、蓝、黑四个扇形。扇形面积间的比例可随意进行调整。叠成圆的中心，放置一拟匹配颜色（C）的圆片。整个装置可绕中心轴线旋转。改变红、绿、蓝三色扇形面积的比例，即可改变混合色的色调和饱和度。而通过调节黑色扇形的大小，可以改变混合色的明度值。图 5-11b 是一个叠合好的颜色转盘。

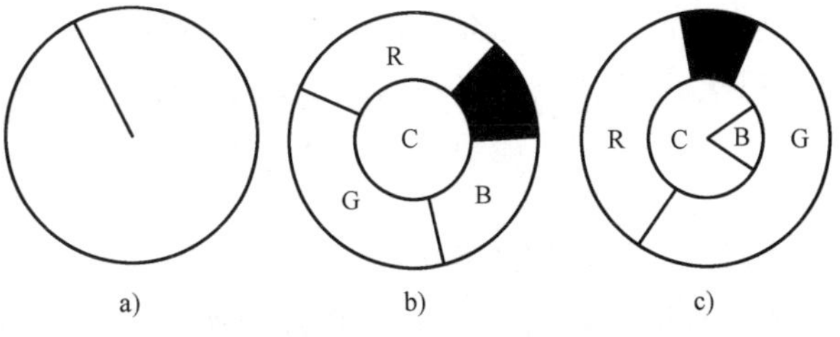

图 5-11 颜色转盘

实验时，使整个叠合圆盘绕中心轴旋转，人们便可在圆盘外圈上看到红、绿、蓝三种颜色的混合色。调节红、绿、蓝三扇形面积的比例和黑色扇形的大小，使外圈颜色与中心被匹配颜色完全一致，就完成了颜色匹配。

上述方法简单易行，但难以进行定量实验。

（二）色光混合匹配实验

色光混合颜色匹配实验装置如图 5-12a 所示。红（R）、绿（G）、蓝（B）三种平行色光照射在黑挡屏的一边，且它们映在白屏幕上的光斑重合在一起。被匹配色光（C）照在黑挡屏的另一边。人眼通过黑屏上的小孔可同时看到黑挡屏的两边。

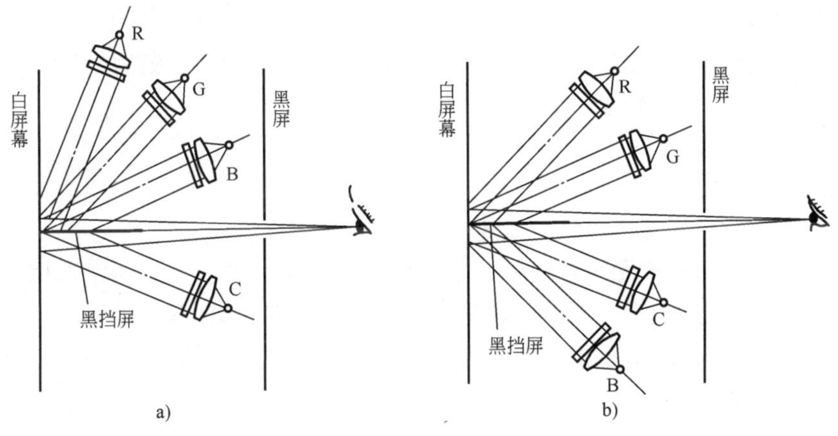

图 5-12 色光混合颜色匹配实验装置示意图

实验时，调节红、绿、蓝色光的强度，直到黑挡屏两边的视场呈现相同颜色，就完成了颜色匹配。

实验证明，颜色匹配不受背景颜色的影响，即颜色匹配遵守颜色匹配恒常定律。但应注意，眼受强光刺激时，此定律也会失效。

对于饱和度很高的颜色，例如某些光谱色，常常不能用红、绿、蓝三种颜色直接混合得到。为了匹配，需把某种颜色转加到被匹配颜色一方，然后用另二种颜色混合与降低了饱和度的颜色进行匹配。图 5-11c 和图 5-12b 表示了这种情况。

二、颜色方程式

颜色匹配可以用数学方法表示。R 量的红颜色（R）、G 量的绿颜色（G）和 B 量的蓝颜色（B）混合，正好与颜色（C）相匹配，这一事实可用方程表示为

$$(\mathrm{C}) \equiv R(\mathrm{R}) + G(\mathrm{G}) + B(\mathrm{B}) \tag{5-45}$$

式中，≡表示匹配。

式(5-45)就是颜色方程。

不能直接匹配，需把某种颜色加到被匹配颜色一方的情况，例如用红(R)、绿(G)、蓝(B)匹配光谱黄色，需把蓝色(B)加到黄色(C)一边再进行匹配。此时，颜色方程可写成

$$(\mathrm{C}) + B(\mathrm{B}) = R(\mathrm{R}) + G(\mathrm{G})$$

移项得

$$(\mathrm{C}) = R(\mathrm{R}) + G(\mathrm{G}) - B(\mathrm{B}) \tag{5-46}$$

三、颜色匹配实验的结论

从大量的颜色匹配实验中，可以得到如下的结论：

(1) 红、绿、蓝三种颜色以不同的量值（有的可能为负值）相混合，可以匹配任何颜色。

(2) 红、绿、蓝不是惟一的能匹配所有颜色的三种颜色。三种颜色，只要其中的每一种都不能用其他两种混合产生出来，就可以用它们匹配所有的颜色。

第七节　色度学中的几个概念

一、颜色刺激

能够引起颜色知觉的可见辐射的辐通量称做颜色刺激。颜色刺激按波长的分布，称做颜色刺激函数，一般用 $\varphi(\lambda)$ 表示。

颜色刺激是纯物理量。

二、三原色

能够匹配所有颜色的三种颜色，称做三原色。

匹配实验表明，能够匹配所有颜色的三种颜色不是惟一的。人们通常选用红（R）、绿（G）、蓝（B）作为三原色，其原因可能是：用不同量的红、绿、蓝三种颜色直接混合，几乎可得到经常使用的所有颜色；红、绿、蓝三种颜色恰与人的视网膜上红视锥、绿视锥和蓝视锥细胞所敏感的颜色相一致。

三、三刺激值

在颜色匹配中，以一定数量的三原色能完成某种颜色的匹配。匹配某种颜色所需的三原色的量称做该颜色的三刺激值。颜色方程中的 R、G、B 就是三刺激值。

三刺激值不是用物理单位而是用色度学单位来度量的。过去人们在不同的场合对三刺激值的单位有过不同的规定。例如规定匹配某种指定的标准白光（W）的三刺激值相等，且

均为 1 单位。在标准色度学系统中，三刺激值有统一的定标方法，下节中将具体加以介绍。

对于既定的三原色，每种颜色的三刺激值是唯一的，因而，可以用三刺激值来表示颜色。

四、光谱三刺激值或颜色匹配函数

用红、绿、蓝三种颜色可以匹配所有颜色，对于各种波长的光谱色也不例外。

匹配等能光谱色所需的三原色的量称做光谱三刺激值。对于不同波长的光谱色，其三刺激值显然为波长 λ 的函数，故也称之为颜色匹配函数，一般用 $\bar{r}(\lambda)$、$\bar{g}(\lambda)$ 和 $\bar{b}(\lambda)$ 表示。光谱色的颜色方程为

$$C(\lambda) \equiv \bar{r}(\lambda)(\mathrm{R}) + \bar{g}(\lambda)(\mathrm{G}) + \bar{b}(\lambda)(\mathrm{B}) \tag{5-47}$$

光谱色是很饱和的颜色，光谱三刺激值 $\bar{r}(\lambda)$、$\bar{g}(\lambda)$ 和 $\bar{b}(\lambda)$ 有可能为负值。

等能光谱是指各波长辐射能量相等，只有在此条件下，所得到的光谱色三刺激值才是可比较和有意义的。

颜色匹配函数是重要的色度量。它是在颜色现象研究中把物理刺激与生理响应结合起来的纽带。

五、色品坐标及色品图

在颜色研究和量度中，有时不是用三原色的数量，即三刺激值 R、G、B 来表示颜色，而是用三刺激值各自在三刺激值总量 $R+G+B$ 中所占的比例来表示颜色。三刺激值各自在三刺激值总量中所占的比例，叫做颜色的色品。选用红（R）、绿（G）、蓝（B）为三原色时，用 r、g、b 表示色品坐标。根据定义，有

$$r = \frac{R}{R+G+B};\ g = \frac{G}{R+G+B};\ b = \frac{B}{R+G+B} \tag{5-48}$$

且 $r+g+b=1$。

用 r 为横坐标、g 为纵坐标，由 r 和 g 所决定的平面上的点均和某种颜色相对应，这样一个能表示颜色的平面，称作色品图。色品图上表示颜色的各个点称做色品点。

色品图上有三个特殊的色品点，其坐标分别为 $r=1$、$g=b=0$；$g=1$、$r=b=0$；$b=1$、$r=g=0$。它们是三原色红（R）、绿（G）和蓝（B）的色品点。此三点连线，构成一个三角形，三角形里面部分是三原色以不同比例混合能产生的所有颜色色品点的集合。这个三角形叫作麦克斯韦颜色三角形。

光谱色的色品坐标为

$$r(\lambda) = \frac{\bar{r}(\lambda)}{\bar{r}(\lambda)+\bar{g}(\lambda)+\bar{b}(\lambda)};\ g(\lambda) = \frac{\bar{g}(\lambda)}{\bar{r}(\lambda)+\bar{g}(\lambda)+\bar{b}(\lambda)};$$

$$b(\lambda) = \frac{\bar{b}(\lambda)}{\bar{r}(\lambda)+\bar{g}(\lambda)+\bar{b}(\lambda)}$$

在色品图上，各光谱色色品点形成一条马蹄形曲线，称之为光谱色品轨迹。图 5-13 是莱特（W. D. Wright）画出的色品图。

六、色度学中常用的光度学概念

（一）光谱透射比 $\tau(\lambda)$

物体透过的光谱辐通量 $\Phi_\lambda \mathrm{d}\lambda$ 与入射光谱辐通量 $\Phi_{0\lambda} \mathrm{d}\lambda$ 之比，称做光谱透射比。光谱透

射比是波长 λ 的函数，一般用 τ（λ）表示

$$\tau(\lambda)=\frac{\Phi_{\lambda}\mathrm{d}\lambda}{\Phi_{0\lambda}\mathrm{d}\lambda} \tag{5-49}$$

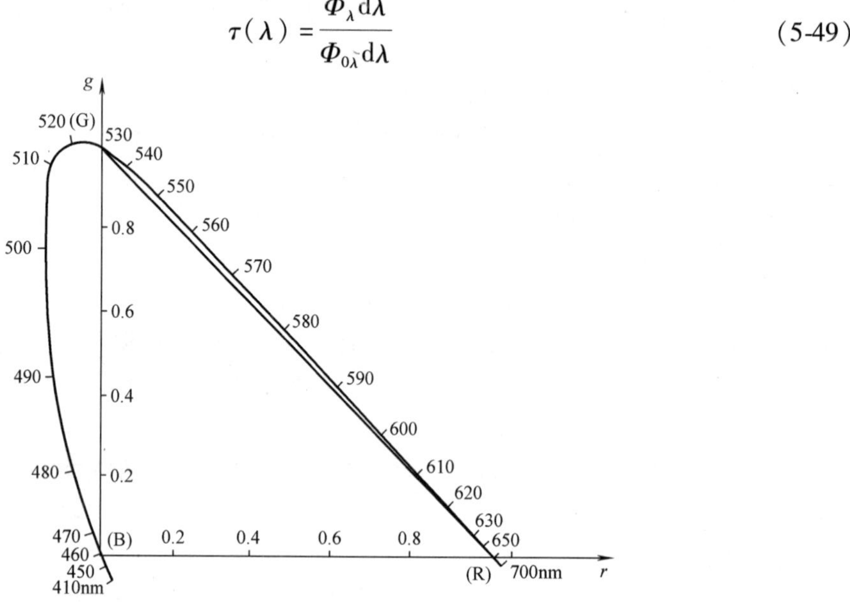

图 5-13　莱特画出的色品图

（二）光谱反射比因数和光谱辐亮度因数 β（λ）

在限定的方向上、在指定的立体角 Ω 范围内，所考虑物体（非自身辐射体）反射的光谱辐通量 $\Phi_{\lambda}\mathrm{d}\lambda$ 与相同照明、相同方向、在相同立体角 Ω 内由完全漫射反射体反射的光谱辐通量 $\Phi_{\mathrm{D}\lambda}\mathrm{d}\lambda$ 之比，称做光谱反射比因数，一般用 β（λ）表示

$$\beta(\lambda)=\frac{\Phi_{\lambda}\mathrm{d}\lambda}{\Phi_{\mathrm{D}\lambda}\mathrm{d}\lambda} \tag{5-50}$$

图 5-14 表示了定义中各量的意义。

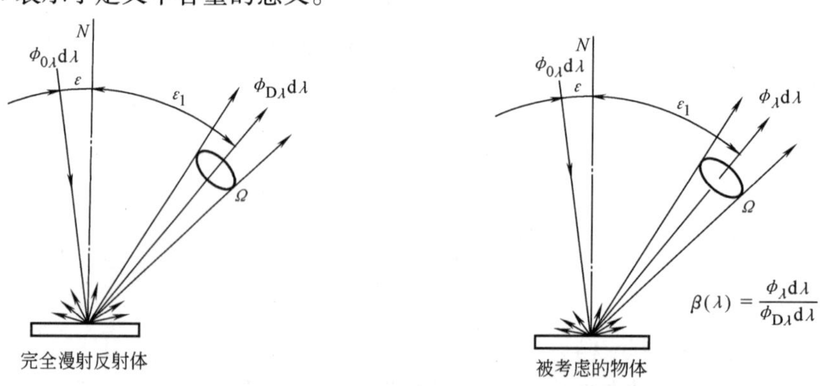

图 5-14　光谱反射比因数定义中的各种量

完全漫射反射体是对各种波长辐射反射比均为 1 的理想漫反射体，它无损失地反射入射辐射，并且在各个方向上有相同的亮度。

立体角 $\Omega\to 0$ 条件下测得的光谱反射比因数，称做光谱辐亮度因数。

（三）光谱反射比 ρ（λ）

物体反射的光谱辐通量 $\Phi_\lambda \mathrm{d}\lambda$ 与入射光谱辐通量 $\Phi_{0\lambda}\mathrm{d}\lambda$ 之比，称做物体的光谱反射比，通常以 ρ（λ）表示

$$\rho(\lambda)=\frac{\Phi_\lambda \mathrm{d}\lambda}{\Phi_{0\lambda}\mathrm{d}\lambda} \tag{5-51}$$

在光谱反射比因数定义中，若 $\Omega=2\pi$，由完全漫反射体反射的光谱辐通量 $\Phi_{\mathrm{D}\lambda}\mathrm{d}\lambda=\Phi_{0\lambda}\mathrm{d}\lambda$，在这种条件下求得的光谱反射比因数就是光谱反射比 ρ（λ）。

第八节　颜色相加原理及光源色和物体色的三刺激值

一、颜色相加原理

假定有（C_1）和（C_2）两种颜色相混合，混合色的三刺激值与参加混色颜色的三刺激值之间存在什么关系呢？

根据颜色匹配，颜色（C_1）和（C_2）均可用三原色的量，即三刺激值来表示。假定，颜色（C_1）和（C_2）的三刺激值分别为 R_1、G_1、B_1 和 R_2、G_2、B_2，则两颜色方程为

$$(\mathrm{C}_1)=R_1(\mathrm{R})+G_1(\mathrm{G})+B_1(\mathrm{B})$$

$$(\mathrm{C}_2)=R_2(\mathrm{R})+G_2(\mathrm{G})+B_2(\mathrm{B})$$

两种颜色混合后形成的混合色（C）为

$$(\mathrm{C})=(\mathrm{C}_1)+(\mathrm{C}_2) \tag{5-52}$$

根据代替律，有

$$\begin{aligned}(\mathrm{C})&=(\mathrm{C}_1)+(\mathrm{C}_2)\\&=[R_1(\mathrm{R})+G_1(\mathrm{G})+B_1(\mathrm{B})]+[R_2(\mathrm{R})+G_2(\mathrm{G})+B_2(\mathrm{B})]\\&=(R_1+R_2)(\mathrm{R})+(G_1+G_2)(\mathrm{G})+(B_1+B_2)(\mathrm{B})\end{aligned} \tag{5-53}$$

颜色（C）也可用三刺激值 R、G、B 表示为

$$(\mathrm{C})=R(\mathrm{R})+G(\mathrm{G})+B(\mathrm{B}) \tag{5-54}$$

对照式(5-53)和式(5-54)，得到

$$R=R_1+R_2;\quad G=G_1+G_2;\quad B=B_1+B_2 \tag{5-55}$$

式(5-55)表明，混合色的三刺激值为各组成色相应三刺激值之和。这就是颜色相加原理。

显然，上述原理可推广到多颜色混合，对 n 种颜色混合，混合色的三刺激值为

$$\left.\begin{aligned}R&=R_1+R_2+\cdots+R_n=\sum_{i=1}^{n}R_i\\G&=G_1+G_2+\cdots+G_n=\sum_{i=1}^{n}G_i\\B&=B_1+B_2+\cdots+B_n=\sum_{i=1}^{n}B_i\end{aligned}\right\} \tag{5-56}$$

二、光源色和物体色的三刺激值

任何一种颜色，均可被看做是各种光谱色以不同比例混合的生成色。

对于中心波长为 λ、微小波长间隔 $d\lambda$ 波长范围内色光的三刺激值 $dR(\lambda)$、$dG(\lambda)$、$dB(\lambda)$，由于和颜色刺激函数 $\varphi(\lambda)$、相应的光谱三刺激值 $\bar{r}(\lambda)$、$\bar{g}(\lambda)$、$\bar{b}(\lambda)$，以及波长间隔 $d\lambda$ 成比例，所以可得下列关系

$$dR(\lambda) = k\varphi(\lambda)\bar{r}(\lambda)d\lambda$$

$$dG(\lambda) = k\varphi(\lambda)\bar{g}(\lambda)d\lambda$$

$$dB(\lambda) = k\varphi(\lambda)\bar{b}(\lambda)d\lambda$$

对于整个可见光谱范围内所有光谱色混合色的三刺激值，可由积分上式得到

$$\left.\begin{aligned} R &= k\int_{\lambda}\varphi(\lambda)\bar{r}(\lambda)d\lambda \\ G &= k\int_{\lambda}\varphi(\lambda)\bar{g}(\lambda)d\lambda \\ B &= k\int_{\lambda}\varphi(\lambda)\bar{b}(\lambda)d\lambda \end{aligned}\right\} \tag{5-57}$$

对于光源色，颜色刺激函数 $\varphi(\lambda)=S(\lambda)$。$S(\lambda)$为光源的光谱功率分布。

对于透射物体色，颜色刺激函数 $\varphi(\lambda)=S(\lambda)\tau(\lambda)$。其中，$S(\lambda)$为照明光的光谱功率分布；$\tau(\lambda)$为物体的光谱透射比。

对于漫反射物体，颜色刺激函数 $\varphi(\lambda)=S(\lambda)\beta(\lambda)$或 $\varphi(\lambda)=S(\lambda)\rho(\lambda)$。$\beta(\lambda)$为光谱反射比因数或光谱辐亮度因数；$\rho(\lambda)$为物体的光谱反射比。

第九节　CIE 标准色度学系统

国际照明委员会（CIE）规定的颜色测量原理、基本数据和计算方法，称做 CIE 标准色度学系统。CIE 标准色度学的核心内容是用三刺激值及其派生参数来表示颜色。

任何一种颜色都可以用三原色的量，即三刺激值来表示。选用不同的三原色，对同一颜色将有不同的三刺激值。为了统一颜色表示方法，CIE 对三原色做了规定。

光谱三刺激值或颜色匹配函数是用三刺激值表示颜色的极为重要的数据。对于同一组三原色，正常颜色视觉不同人测得的光谱三刺激值数据很接近，但不完全相同。为了统一颜色表示方法，CIE 取多人测得的光谱三刺激值的平均数据作为标准数据，并称之为标准色度观察者。

CIE 对三刺激值和色品坐标的计算方法作了规定。对于物体色，光源、照明和观察条件对颜色有一定影响。为了统一测量条件，CIE 对光源、照明条件和观察条件也做了规定。

一、CIE1931 标准色度学系统

CIE1931 标准色度学系统是 1931 年在 CIE 第八次会议上提出和推荐的。它包括 1931CIE-RGB 和 1931CIE-XYZ 两个系统，分别介绍如下：

（一）1931CIE-RGB 系统

该系统用波长分别为 7×10^{-7}m（红）、5.461×10^{-7}m（绿）和 4.358×10^{-7}m（蓝）的光谱色为三原色，并且分别用（R）、（G）、（B）表示。系统规定，用上述三原色匹配等能白光（E 光源）三刺激值相等。R、G、B 的单位三刺激值的光亮度比为 1.000∶4.5907∶0.0601；辐亮度比为 72.0962∶1.3791∶1.000。

系统的光谱三刺激值，由莱特实验和吉尔德（J·Guild）的实验数据换算为既定三原色系统数据后的平均值来确定[11]，并定名为“1931CIE-RGB 系统标准色度观察者光谱三刺激值”，简称“1931CIE-RGB 系统标准观察者”。光谱三刺激值分别用 $\bar{r}(\lambda)$、$\bar{g}(\lambda)$ 和 $\bar{b}(\lambda)$ 表示，图 5-15 是三者随波长 λ 的变化曲线。图 5-16 是 1931CIE-RGB 系统色品图，图中的偏马蹄形曲线为光谱色色品点轨迹。

（二）1931CIE-XYZ 系统

1931CIE-RGB 系统可以用来标定颜色和进行色度计算。但是该系统的光谱三刺激值存在负值，这既不便于计算，也难以理解。因此 CIE 同时推荐了另一色度学系统，即 1931CIE-XYZ 系统。

1931CIE-XYZ 系统选用（X）、（Y）、（Z）为三原色。用此三原色匹配等能光谱色，三刺激值均为正值。该系统的光谱三刺激值已经标准化，并定名为“CIE1931 标准色度观察者光谱三刺激值”，简称“CIE1931 标准色度观察者”。

1931CIE-XYZ 系统是在 1931CIE-RGB 系统基础上，经重新选定三原色和数据变换而确定的。

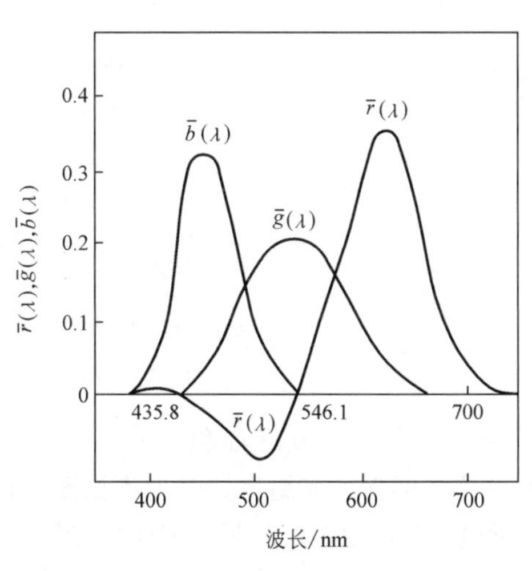

图 5-15　1931CIE-RGB 系统光谱三刺激值曲线

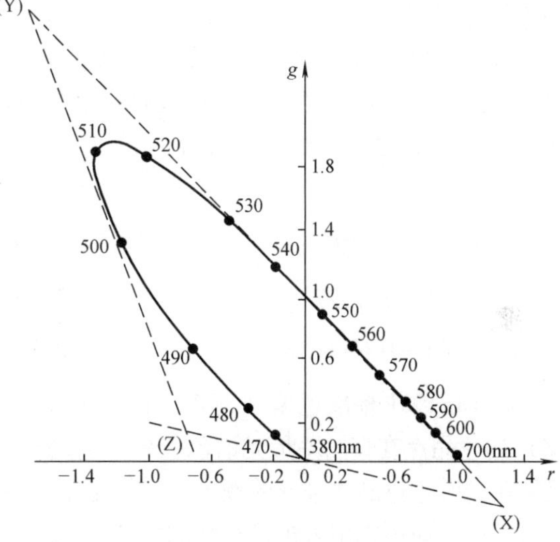

图 5-16　1931CIE-RGB 系统色品图

1. 三原色的确定　确定 1931CIE-XYZ 系统的三原色（X）、（Y）、（Z），遵循以下原则：

1）用此三原色匹配等能光谱色，三刺激值不应出现负值。

2）实际不存在的颜色在色品图上所占的面积应尽量小。

3）用 Y 刺激值表示颜色的亮度，同时亦表示色度；而 X 和 Z 刺激值只表示色度，不代表亮度。这种规定给颜色标定带来了很大的方便。

为了实现 1）和 2）两项要求，（X）、（Y）、（Z）三原色在 1931CIE-RGB 色品图上色品点所形成的颜色三角形，应包住全部光谱色色品轨迹，且使三角形内在光谱色色品轨迹外的部分占有最小的比例。为了达到这一目的，①选取色品图上光谱色色品轨迹波长 7×10^{-7} ~ 5.4×10^{-7}m 段向两端延伸的直线作为新三原色色品点形成颜色三角形的（X）（Y）边。此线的色品坐标方程式为

$$r+0.99g-1=0 \tag{5-58}$$

②选取靠近光谱色色品轨迹上波长为 5.03×10^{-7}m 点的一条直线作为（X）（Y）（Z）三角形的（Y）（Z）边，其色品坐标方程式为

$$1.45r+0.55g+1=0 \tag{5-59}$$

为了满足条件3)，取色品图上的无亮度线作为（X）（Y）（Z）三角形的（X）（Z）边。前边讲过，在1931CIE-RGB系统中，三刺激值相等时三原色的光亮度比为

$$L_{(R)}:L_{(G)}:L_{(B)}=1.000:4.5907:0.0601$$

如果颜色C的色品坐标分别为 r、g 和 b，其相对亮度 $L_{(C)}$ 可表示为

$$L_{(C)}=r+4.5907g+0.0601b$$

若此点恰好在无亮度线上，即 $L_{(C)}=0$，则有

$$r+4.5907g+0.0601b=0$$

把 $b=1-r-g$ 代入上式，得

$$0.9399r+4.5306g+0.0601=0 \tag{5-60}$$

显然式(5-60)就是1931CIE-RGB色品图上的无亮度线方程，也就是（X）（Y）（Z）三角形（X）（Z）边的方程。

式(5-58)～式(5-60)三个方程所代表的三条直线构成的三角形的顶点便是选定三原色（X）、（Y）、（Z）的色品点。通过解联立方程求得的（X）、（Y）、（Z）三原色在1931CIE-RGB系统中的色品坐标如下表所示

	r	g	b
(X)	1.2750	−0.2778	0.0028
(Y)	−1.7392	2.7671	−0.0279
(Z)	−0.7431	0.1409	1.6022

2. CIE1931标准色度观察者　在1931CIE-RGB系统色品图上，新三原色（X）、（Y）和（Z）的色品点在偏马蹄形光谱色色品轨迹之外，只有这样才能保证光谱三刺激值不出现负值。但是在光谱色色品轨迹外的颜色，实际是不存在的。所以（X）、（Y）、（Z）三原色能够用来表示颜色，却不能用来进行实际的混合匹配。因而1931CIE-XYZ系统的光谱三刺激值不能通过直接匹配实验来获得，该系统的光谱三刺激值，是由1931CIE-RGB系统的有关数据经坐标转换和定标而确定的。图5-17给出了CIE1931标准色度观察者光谱三刺激值曲线。

3. CIE1931色品图　根据定义，1931CIE-XYZ系统的色品坐标为

$$x=\frac{X}{X+Y+Z},\ y=\frac{Y}{X+Y+Z},\ z=\frac{Z}{X+Y+Z}$$

1931CIE-XYZ系统的色品图称做CIE1931色品图，图5-18为CIE1931色品图。从图上可以看出，波长为 $7\times10^{-7}\sim7.7\times10^{-7}$m 的光谱色，色品点重合在一起，表明它们有相同的色品坐标，在亮度相同时，表观颜色相同；波长为 $5.4\times10^{-7}\sim7\times10^{-7}$m 光谱色色品轨迹部分为一段直线，这一段上代表的任何光谱色，均可用波长为 5.4×10^{-7} 和 7×10^{-7}m 两种光谱色以一定的比例混合产生出来；光谱色色品轨迹波长 $3.8\times10^{-7}\sim5.4\times10^{-7}$m 对应的是一段曲线。

光谱色的饱和度最高，白光的饱和度最低。在色品图上，色品点靠近光谱色色品轨迹的颜色，饱和度高，越靠近白光色品点，颜色的饱和度越低。

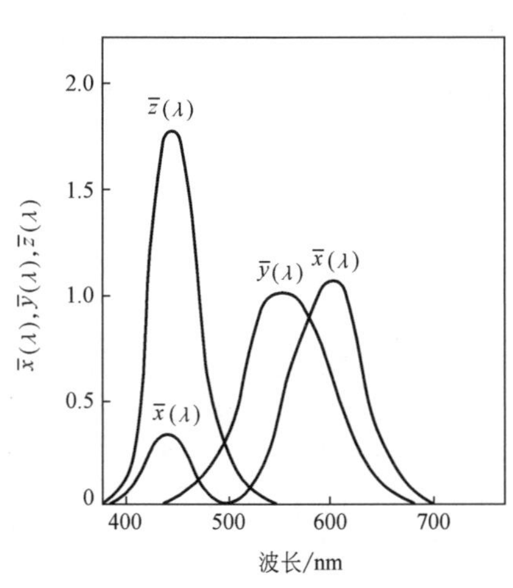

图 5-17　CIE1931 标准色度观察者光谱三刺激值曲线

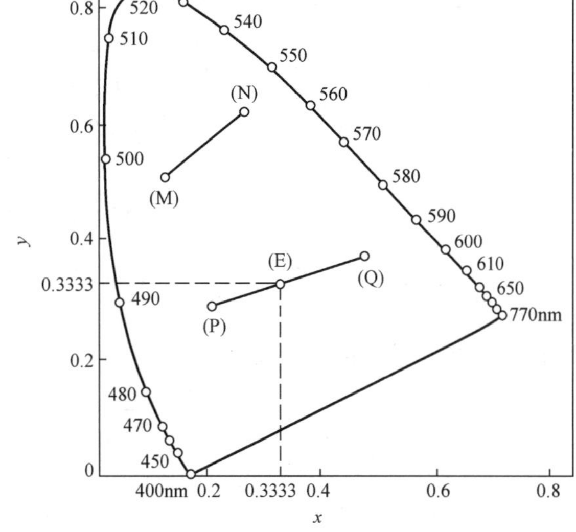

图 5-18　CIE1931 色品图

色品图能表示颜色混合。颜色（M）和（N）的混合色的色品点，应在颜色（M）和（N）色品点连线上，具体位置决定于两种颜色的比例。

两种颜色（P）和（Q）以一定比例混合生成参考白色，例如白光（E），则两颜色为互补色。在色品图上，互为补色的两颜色色品点连线，一定通过参考白光的色品点，例如色品点（E）。

光谱色色品轨迹开口端 7.7×10^{-7}m（红）和 3.8×10^{-7}m（紫）色品点连线上各色品点代表的颜色，不是光谱色，而是波长为 7.7×10^{-7}m 和 3.8×10^{-7}m 的红和紫两种光谱色和混合色。

4. 光源色和物体色的三刺激值　在本章第八节所介绍的颜色三刺激值计算方法在本系统中完全适用，但应把公式中的基本参量改为本系统的参量。由此得到本系统的颜色三刺激值的表达式

$$\left.\begin{aligned} X &= k\int_{380}^{780}\varphi(\lambda)\bar{x}(\lambda)\,\mathrm{d}\lambda \\ Y &= k\int_{380}^{780}\varphi(\lambda)\bar{y}(\lambda)\,\mathrm{d}\lambda \\ Z &= k\int_{380}^{780}\varphi(\lambda)\bar{z}(\lambda)\,\mathrm{d}\lambda \end{aligned}\right\}\tag{5-61}$$

式中，$\bar{x}(\lambda)$、$\bar{y}(\lambda)$和$\bar{z}(\lambda)$为 CIE1931 标准色度观察者光谱三刺激值。

由于$S(\lambda)$、$\tau(\lambda)$、$\beta(\lambda)$[或$\rho(\lambda)$]、$\bar{x}(\lambda)$、$\bar{y}(\lambda)$和$\bar{z}(\lambda)$等参数均是以一定波长间隔 $\Delta\lambda$ 的离散值形式给出的，所以在实际计算时，是用求和式代替积分式，式(5-61)可写成

$$\left.\begin{aligned} X &= k\sum\varphi(\lambda)\bar{x}(\lambda)\Delta\lambda \\ Y &= k\sum\varphi(\lambda)\bar{y}(\lambda)\Delta\lambda \\ Z &= k\sum\varphi(\lambda)\bar{z}(\lambda)\Delta\lambda \end{aligned}\right\}\tag{5-62}$$

对于光源色，有

$$\left.\begin{aligned}X&=k\sum S(\lambda)\bar{x}(\lambda)\Delta\lambda\\Y&=k\sum S(\lambda)\bar{y}(\lambda)\Delta\lambda\\Z&=k\sum S(\lambda)\bar{z}(\lambda)\Delta\lambda\end{aligned}\right\}\tag{5-63}$$

对于透射物体色，有

$$\left.\begin{aligned}X&=k\sum S(\lambda)\tau(\lambda)\bar{x}(\lambda)\Delta\lambda\\Y&=k\sum S(\lambda)\tau(\lambda)\bar{y}(\lambda)\Delta\lambda\\Z&=k\sum S(\lambda)\tau(\lambda)\bar{z}(\lambda)\Delta\lambda\end{aligned}\right\}\tag{5-64}$$

对于反射物体色，有

$$\left.\begin{aligned}X&=k\sum S(\lambda)\beta(\lambda)\bar{x}(\lambda)\Delta\lambda\\Y&=k\sum S(\lambda)\beta(\lambda)\bar{y}(\lambda)\Delta\lambda\\Z&=k\sum S(\lambda)\beta(\lambda)\bar{z}(\lambda)\Delta\lambda\end{aligned}\right\}\tag{5-65}$$

或

$$\left.\begin{aligned}X&=k\sum S(\lambda)\rho(\lambda)\bar{x}(\lambda)\Delta\lambda\\Y&=k\sum S(\lambda)\rho(\lambda)\bar{y}(\lambda)\Delta\lambda\\Z&=k\sum S(\lambda)\rho(\lambda)\bar{z}(\lambda)\Delta\lambda\end{aligned}\right\}\tag{5-66}$$

上述各式中的 k 为调节系数，改变 k 值，三刺激值也随之改变，k 对三刺激值的数值有调节作用。为了使三刺激值有统一的尺度，CIE 规定光源的 Y 刺激值为 100。把式(5-63)所表示的光源色的 Y 刺激值定为 100 后，得到

$$k=\frac{100}{\sum S(\lambda)\bar{y}(\lambda)\Delta\lambda}\tag{5-67}$$

这样确定系数 k 后，物体色的 Y 刺激值为

$$Y=\frac{\sum S(\lambda)\beta(\lambda)\bar{y}(\lambda)\Delta\lambda}{\sum S(\lambda)\bar{y}(\lambda)\Delta\lambda}\times100=\frac{\sum S(\lambda)\beta(\lambda)V(\lambda)\Delta\lambda}{\sum S(\lambda)V(\lambda)\Delta\lambda}\times100\tag{5-68}$$

式中，$V(\lambda)$为光谱光效率函数（或视见函数），CIE 规定 $\bar{y}(\lambda)=V(\lambda)$。由式(5-68)知，物体色的 Y 刺激值实际上是反射（或透射）光通量相对于入射光通量的百分比，故 Y 也称为亮度因数。

5. 表示颜色特征的两个量——主波长和颜色纯度

（1）主波长和补色波长　颜色的主波长是以一定比例与参考白光相混合匹配出该颜色的光谱色的波长，常以 λ_d 表示之。颜色的主波长与色调大致相对应，在不同明度下色调相同的颜色有稍有不同的主波长。

颜色的主波长可从色品图上求得。如图 5-19 所示，在色品图上找到所考虑颜色的色品点（M）和参考白光，例如 E 光源的色品点（E）。连接（E）和（M），并延长与光谱色色品轨迹相交，交点对应的波长即为颜色（M）的主波长。由图可知颜色（M）的主波长 $\lambda_d=5.5\times10^{-7}\mathrm{m}$。

并不是所有颜色都有主波长，光谱色色品轨迹的开口两端点和参考白光色品点（E）所构成的三角形内各点所表示的颜色都没有主波长，因为参考白光色品点（E）和其中任何一

点的连线延长均不能和光谱色色品轨迹相交，例如图中的任意点（N）。但是把（$\overline{\mathrm{E}}$）（$\overline{\mathrm{N}}$）向反方向延长，则可和光谱色色品轨迹相交于（P）点。点（P）对应的波长不是颜色（N）的主波长，而是颜色（N）补色的主波长，称之为颜色（N）的补色波长。为了和主波长相区别，补色波长前加“-”号，或在波长后加“C”表示。例如颜色（N）的补色波长表示为 $\lambda_d = -5\times10^{-7}$m，或者 $\lambda_d = 5\times10^{-7}mC$。

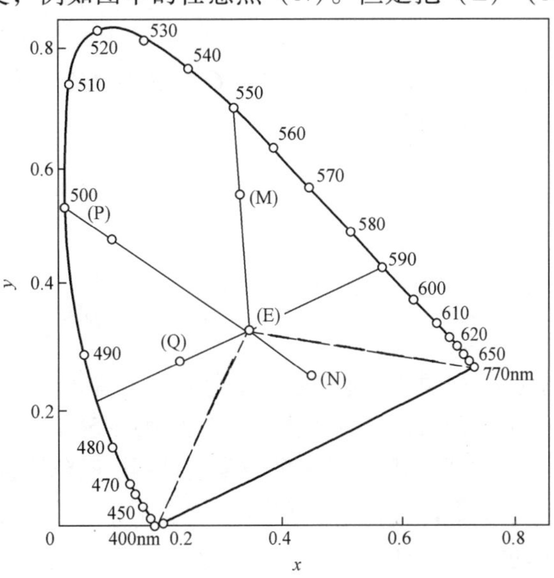

图 5-19　从色品图上求颜色主波长和补色波长

有主波长的颜色也可以有补色波长，例如图 5-19 上的颜色（Q），有主波长，也有补色波长。

（2）颜色纯度　颜色纯度表示颜色接近主波长光谱色的程度。颜色纯度有两种表示方法：

1）刺激纯度：一种颜色可以被看成是一种光谱色与参考白光以一定比例的混合色，其中光谱色的三刺激值总和与混合色三刺激值总和的比值 P_e 就能表示颜色接近光谱色的程度，定义 P_e 为颜色的刺激纯度

$$P_e = \frac{X_\lambda + Y_\lambda + Z_\lambda}{X + Y + Z} \tag{5-69}$$

式中，X_λ、Y_λ 和 Z_λ 为颜色（M）所包含的主波长光谱色的三刺激值；X、Y 和 Z 为颜色（M）的三刺激值。假定颜色中所包含的参考白光的三刺激值为 X_0、Y_0、Z_0，根据颜色相加原理，有

$$X = X_\lambda + X_0$$
$$Y = Y_\lambda + Y_0$$
$$Z = Z_\lambda + Z_0$$

所以，式(5-69)可写成

$$P_e = \frac{X_\lambda + Y_\lambda + Z_\lambda}{(X_\lambda + Y_\lambda + Z_\lambda) + (X_0 + Y_0 + Z_0)} = \frac{C_\lambda}{C_\lambda + C_0} \tag{5-70}$$

式中，$C_\lambda = X_\lambda + Y_\lambda + Z_\lambda$ 为颜色（M）所包含的主波长光谱色三刺激值的总和；$C_0 = X_0 + Y_0 + Z_0$ 为参考白光三刺激值的总和。从图 5-20 的色品图上按求重心的方法来确定 C_λ 和 C_0，有

$$\frac{C_\lambda}{C_0} = \frac{OM}{ML}$$

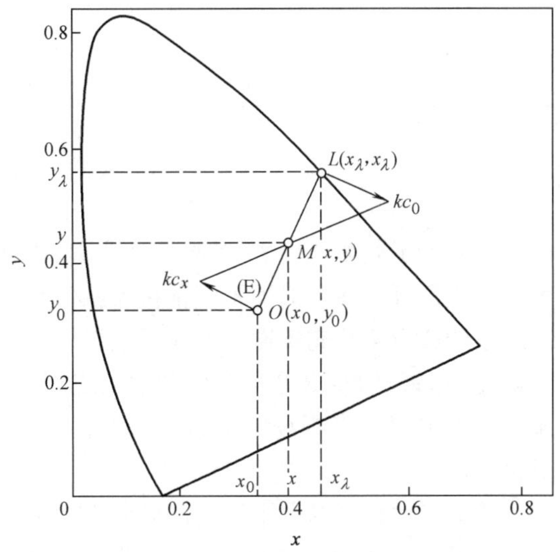

图 5-20　从色品图上确定颜色的刺激纯度

经比例变换，有

$$\frac{C_\lambda}{C_0+C_\lambda}=\frac{OM}{OM+ML}=\frac{OM}{OL}=\frac{x-x_0}{x_\lambda-x_0}=\frac{y-y_0}{y_\lambda-y_0}$$

与式(5-70)相对照，有

$$P_e=\frac{x-x_0}{x_\lambda-x_0} \tag{5-71}$$

或者

$$P_e=\frac{y-y_0}{y_\lambda-y_0} \tag{5-72}$$

这就是根据颜色、主波长光谱色和参考白光色品坐标求刺激纯度的计算公式。当 $x_\lambda-x_0>y_\lambda-y_0$ 时，用式(5-71)计算，反之，用式(5-72)计算。

2）亮度纯度：颜色的纯度也可用该颜色所包含的光谱色的光亮度与该颜色的总光亮度比值来表示，称做亮度纯度，以 P_c 表示之。由前面的讨论知，颜色的 Y 刺激值与颜色的亮度成正比，故有

$$P_c=\frac{Y_\lambda}{Y} \tag{5-73}$$

式中，Y_λ 为颜色中光谱色的亮度因数；Y 为该颜色的亮度因数。

前已定义颜色的刺激纯度为

$$P_e=\frac{X_\lambda+Y_\lambda+Z_\lambda}{X+Y+Z}$$

而 $X_\lambda+Y_\lambda+Z_\lambda=\dfrac{Y_\lambda}{y_\lambda}$，$X+Y+Z=\dfrac{Y}{y}$，故有

$$P_e=\frac{Y_\lambda}{y_\lambda}\frac{y}{Y}$$

即

$$P_e=P_c\frac{y}{y_\lambda}$$

则

$$P_c=P_e\frac{y_\lambda}{y} \tag{5-74}$$

式(5-74)表示了刺激纯度 P_e 和亮度纯度 P_c 之间的关系。颜色纯度和颜色饱和度大致对应。说大致对应是因为在色品图不同部位上颜色纯度相同时饱和度可能稍有差异。

二、CIE1964 补充标准色度学系统

前述的 1931CIE-RGB 标准色度学系统和 1931CIE-XYZ 标准色度学系统的基本数据都是从莱特和吉尔德在 2°视场的实验数据换算求得的，因此它们只适用小视场（ <4°）情况下的颜色标定。

为了适应大视场情况下颜色的测量和标定，CIE 在 1964 年公布了 CIE1964 补充色度学系统。它规定了适合于 10°视场使用的 CIE1964 补充色度观察者光谱三刺激值和色品图（见图 5-21）。色度计算方法与 1931CIE-XYZ 系统完全相同，只不过要用本系统规定的基本数

据。为了与 1931CIE-XYZ 系统相区别，所用符号要加下标“10”。例如，三刺激值表示为 X_{10}、Y_{10}、Z_{10}；光谱三刺激值表示为 $\bar{x}_{10}(\lambda)$、$\bar{y}_{10}(\lambda)$、$\bar{z}_{10}(\lambda)$；色品坐标表示为 x_{10}、y_{10}、z_{10}，等等。

三、CIE 标准照明体和标准光源

光是色的物理基础，光源照明是呈色不可缺少的条件。同一色样，在不同光源照明下，可能呈现出不同的颜色。为了统一颜色测量，除了建立标准色度学系统之外，还应对色度用照明光源作统一规定。

人们观察颜色，大部分是在白天日光下进行，测色也应在这样的照明条件下进行才符合实际。但是，日光有早、中、晚时相的变化和晴、阴、雨天气的影响，还有地域的差别，用起来很不方便。因此，应寻求照明效果和日光相同或接近的人工照明来代替。

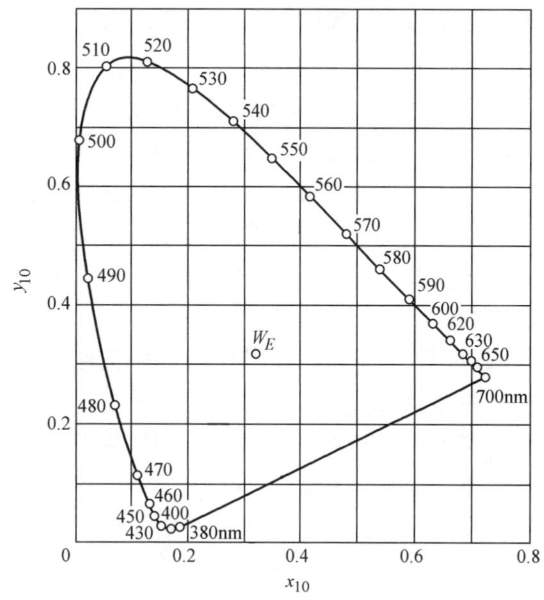

图 5-21　CIE1964 补充标准色度学系统色品图

CIE 经过对日光大量测量和充分研究之后，推荐了五种色度用标准照明体及相应的实现这些照明体的标准光源。

照明体是一种具有确定光谱功率分布的照明光，光源则是实在的物理辐射体。CIE 所以规定标准照明体，是因为测色照明的关键是照明光的光谱功率分布，并且很少改变。而光源会随着技术进步不断更新。

CIE 推荐的五种标准照明体为 A、B、C、D 和 D_{65}。

标准照明体 A，具有热力学温度为 2856K 黑体的光谱功率分布。实现 A 照明体的光源是色温为 2856K 的溴钨灯，称做标准光源 A，或称之为 A 光源。

标准照明体 B，具有相关色温为 4874K 的中午直射日光的光谱功率分布。标准照明体 B 由标准光源 B 实现。标准光源 B 由 A 光源和杰布森（K・S・Gibson）-戴维斯（R・Davis）液体滤光器构成。液体滤光器由装在透明玻璃槽中的 B_1 和 B_2 两种液体组成，液体的厚度为 1cm，液体的配方如表 5-3 所示。

表 5-3　液体滤光器配方表

成分 ＼ 液体	B_1	C_1
甘露糖醇[$C_6H_8\cdot(OH)_6$]	2.452g	3.412g
硫酸铜($CuSO_4\cdot 5H_2O$)	2.452g	3.412g
吡啶(C_5H_5N)	30.0mL	30.0mL
蒸馏水加到	1000.0mL	1000.0mL
硫酸钴铵[$CoSO_4\cdot(NH_4)_2SO_4\cdot 6H_2O$]	21.71g	30.580g
硫酸铜($CuSO_4\cdot 5H_2O$)	16.11g	22.520g
硫酸(密度 1.835g/mL)	10.0mL	10.0mL
蒸馏水加到	1000.0mL	1000.0mL

标准照明体C，具有相关色温为6774K平均日光的光谱功率分布，有接近阴天天空光的颜色。标准照明体C由标准光源C来实现。标准光源C由A光源和另一种杰布森-戴维斯液体滤光器构成。液体滤光器由C_1、C_2两层各为1cm厚的液层组成，C_1和C_2装在透明玻璃槽中，其配方如表5-3所示。

标准照明体D_{65}，具有相关色温为6504K典型日光的光谱功率分布，有更接近日光的紫外光谱成分，能更好的代表日光。D_{65}是CIE推荐优先使用的标准照明体。实现D_{65}的光源还没有标准化。尚处于研究阶段。可能的方案有三种，即高压氙灯加滤光器、白炽灯加滤光器、荧光灯。其中，第一种方案效果较好。

照明体D，代表除D_{65}而外的所有典型日光，其中较重要的有D_{55}和D_{75}等，均用在特殊场合，这里不一一介绍了。

四、CIE关于照明和观察条件的规定

照明和观察条件的不同，也会使同一色样呈现的颜色有所不同，为正确的评价颜色，照明和观察条件亦应统一，为此，CIE对照明和观察条件也做了规定。CIE规定不透明样品的色度测量应符合下述四种照明和观察条件之一，示意图如图5-22所示。

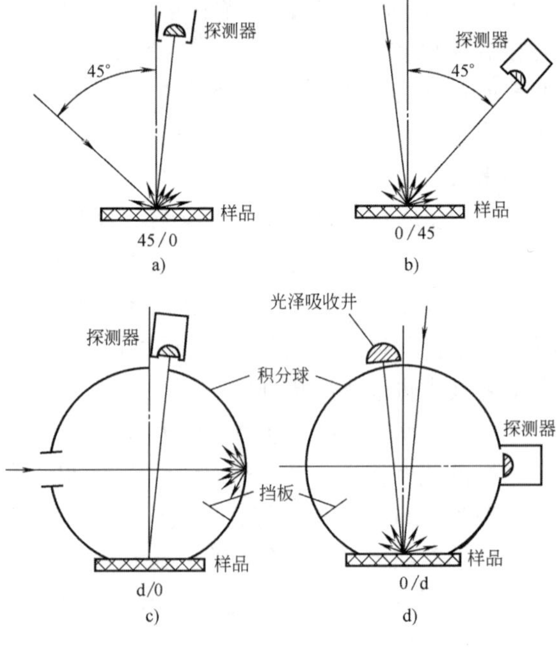

图5-22 四种照明和观察条件

1. 45°/垂直（缩写为45/0，见图5-22a） 样品被一束或多束光照明，照明光束的轴线与样品表面的法线成45°±2°的角度。观察方向和样品法线间的夹角不应超过10°。照明光束中任一条照明光线与光轴的夹角不得超过8°。观察光束应遵守相同的限制。

2. 垂直/45°（缩写为0/45，见图5-22b） 样品被一束光照明，该光束的轴线与样品表面法线之间的夹角不应超过10°。在与法线成45°±2°的方向观测样品。照明光束的任一照明光线与光轴的夹角不应超过8°。观察光束亦应遵守相同的限制。

3. 漫射/垂直（缩写为d/0，见图5-22c） 样品用积分球漫射照明，样品的法线和观测光束的轴线间的夹角不应超过10°。积分球可以是任何直径的，只要开孔部分的总面积不超过球内反射面积的10%即可。观测光束中任一观测光线与观测光轴间的夹角不应超过5°。

4. 垂直/漫射（缩写为0/d，见图5-22d） 样品被一束光照明，该光束的轴线与样品表面法线间的夹角不应超过10°。用积分球收集样品反射光通量。照明光束中任一光线与其光轴的夹角不应超过5°。积分球可以是任何直径的，只要开孔部分的面积不超过球内反射面积的10%即可。

五、CIE色度学系统表示颜色的方法

由CIE色度学系统表示颜色的方法，常用的为以下两种：

1. 用三刺激值表示颜色 最常用的是1931CIE-XYZ标准色度学系统所规定的三刺激值

X、*Y* 和 *Z*。

2. 用色品坐标 *x*、*y* 及 *Y* 刺激值表示颜色　色品坐标是三刺激值各自对三刺激值总量的比值，在测量中不需对三刺激值准确定标便可准确地确定色品坐标，故常用色品坐标 *x* 和 *y* 表示颜色。但是由于色品坐标是三刺激值各自对三刺激值总量的比值，从而失去了表示光亮度的因子，只是表示了颜色的色调和饱和度。为完整地表示颜色，还需加上表示颜色光亮度的参数 *Y*，用 *x*、*y* 和 *Y* 表示颜色是一种常用的方法。

第十节　均匀颜色空间及色差公式

上一节的讨论表明，需用三个参数来表示颜色。表示颜色的三个参数构成三维空间，称之为颜色空间。在颜色空间中的任何一点，在通过该点的任一方向上，与该点距离相同表示颜色感觉变化相同，这样的颜色空间称之为均匀颜色空间。人们希望有这样的均匀颜色空间，以便从三个参数的变化上直观地了解到颜色的变化。

一、(*x*，*y*，*Y*) 颜色空间是非均匀颜色空间

首先，*Y* 刺激值不是视觉均匀的。明度值 *V* 是通过实验标定的视觉均匀亮度标度，研究工作表明 *Y* 刺激值和明度值 *V* 是非线性关系，可见，*Y* 刺激值不是视觉均匀的。

其次，CIE1931 色品图也不是均匀的颜色平面。实验证明在色品图上的不同部位，颜色感觉开始变化时的色品坐标变化是不相同的。颜色开始变化时色品图上对应的距离变化量称之为颜色宽容量。图 5-23 表示了莱特和彼特（F·H·G·Pitt）的实验结果，图上不同长度的线段表示相应部位颜色的颜色宽容量。图 5-24 表示了麦克亚当（D·L·MacAdam）的实验结果，他在色品图不同部位选择了 25 个点，对每个点在 5～9 个方向上测量颜色宽容量。结果表明，在色品图不同部位的颜色宽容量不同，即使在同一色品点，不同方向上的颜色宽容量也不相同，图上的小椭圆表明了这一点。

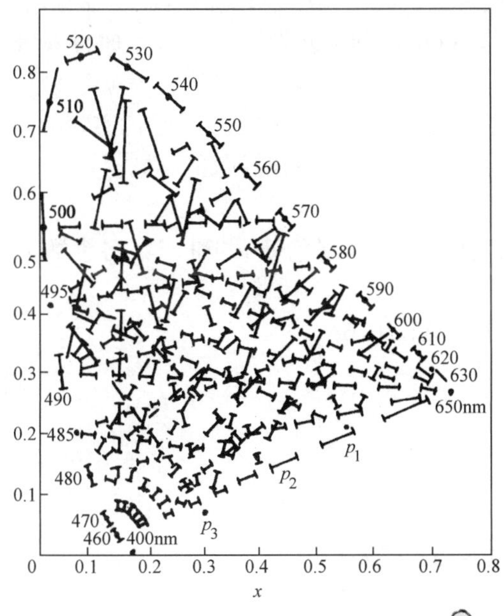

图 5-23　莱特和彼特测定的颜色宽容量

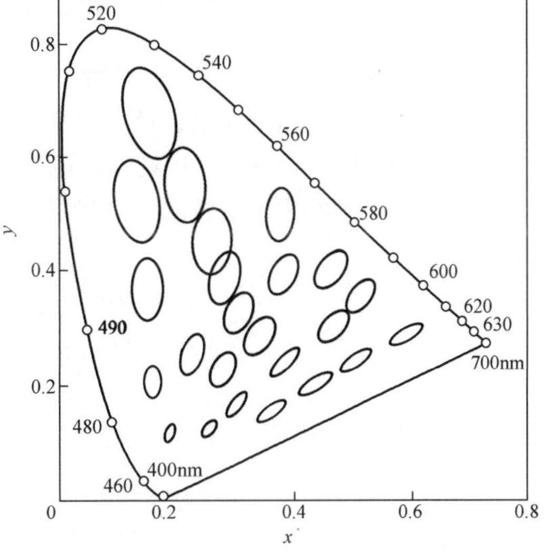

图 5-24　麦克亚当测定的颜色宽容量 

上述情况表明，(x，y，Y) 颜色空间不是均匀颜色空间，不能用空间中的相等距离表示相同的颜色感觉变化。

二、均匀颜色空间及相应的色差公式

西尔伯斯坦（L·Silberstein）证明，均匀颜色空间不是欧几里德空间，均匀色品图不是平面。但是近似均匀颜色空间是可能建立的，现将其简单介绍如下。

（一）CIE1964 均匀颜色空间

用明度指数 W^*、色度指数 U^* 和 V^* 三个参数表示颜色。明度指数 W^* 定义为

$$W^*=25Y^{1/3}-17, 1\leqslant Y\leqslant 100 \tag{5-75}$$

色度指数 U^* 和 V^* 分别定义为

$$\left.\begin{aligned}U^*&=13W^*(u-u_0)\\V^*&=13W^*(v-v_0)\end{aligned}\right\} \tag{5-76}$$

式中

$$\left.\begin{aligned}u&=\frac{4X}{X+15Y+3Z},\quad v=\frac{6Y}{X+15Y+3Z}\\u_0&=\frac{4X_0}{X_0+15Y_0+3Z_0},\quad v_0=\frac{6Y_0}{X_0+15Y_0+3Z_0}\end{aligned}\right\} \tag{5-77}$$

式中，X、Y、Z 和 X_0、Y_0、Z_0 分别为颜色和所用标准照明体的三刺激值。

均匀颜色空间中两颜色点之间的距离代表两颜色的色差。颜色 1 和 2 在均匀颜色空间的坐标分别为 W_1^*、U_1^*、V_1^* 和 W_2^*、U_2^*、V_2^*，两颜色坐标差为

$$\Delta W^*=W_2^*-W_1^*,\quad \Delta U^*=U_2^*-U_1^*,\quad \Delta V^*=V_2^*-V_1^* \tag{5-78}$$

则色差 ΔE 定义为

$$\Delta E=[(\Delta U^*)^2+(\Delta V^*)^2+(\Delta W^*)^2]^{1/2} \tag{5-79}$$

上述各式适用于视场角小于 4°的情况。对于 10°大视场，应当用 X_{10}、Y_{10}、Z_{10} 替代 X、Y、Z 来进行计算，式中其他量也应加下标“10”，以示区别。此说明也适合下面将要讲到的各公式。

色差 ΔE 的单位为 NBS（美国国家标准局的英文缩写）。1NBS 相当于在最优实验条件下人眼恰可分辨的颜色差的 5 倍，色差为 0.2NBS 时，人眼就能觉察出颜色的不同。

（二）CIE1976（$L^*u^*v^*$）均匀颜色空间

该均匀颜色空间表示颜色的三个参数为米制明度 L^* 和米制色度 u^* 和 v^*。各参数的定义式为

$$\left.\begin{aligned}L^*&=116(Y/Y_0)^{1/3}-16, Y/Y_0>0.01\\u^*&=13L^*(u'-u_0')\\v^*&=13L^*(v'-v_0')\end{aligned}\right\} \tag{5-80}$$

式中

$$\left.\begin{aligned}u'&=\frac{4X}{X+15Y+3Z},\quad v'=\frac{9Y}{X+15Y+3Z}\\u_0'&=\frac{4X_0}{X_0+15Y_0+3Z_0},\quad v_0'=\frac{9Y_0}{X_0+15Y_0+3Z_0}\end{aligned}\right\} \tag{5-81}$$

其中，X、Y、Z 为所考虑颜色的三刺激值；X_0、Y_0、Z_0 是完全漫反射体的三刺激值，并规定 $Y_0=100$。在该系统中，两种颜色的色差按下式计算

$$\Delta E_{\mathrm{CIE}}(L^*u^*v^*)=[(\Delta L^*)^2+(\Delta u^*)^2+(\Delta v^*)^2]^{1/2} \tag{5-82}$$

式中

$$\Delta L^*=L_2^*-L_1^*,\quad \Delta u^*=u_2^*-u_1^*,\quad \Delta v^*=v_2^*-v_1^* \tag{5-83}$$

（三）CIE1976（$L^*a^*b^*$）均匀颜色空间

该系统表示颜色的三个参数为米制明度 L^* 和另一种米制色度 a^* 和 b^*。三个参数的定义式如下

$$\left.\begin{aligned}L^*&=116(Y/Y_0)^{1/3}-16, Y/Y_0>0.01\\ a^*&=500[(X/X_0)^{1/3}-(Y/Y_0)^{1/3}]\\ b^*&=200[(Y/Y_0)^{1/3}-(Z/Z_0)^{1/3}]\end{aligned}\right\} \tag{5-84}$$

式中，X、Y、Z 和 X_0、Y_0、Z_0 的意义与式(5-81)中相同。

该系统的色差计算按下式进行

$$\Delta E_{\mathrm{CIE}}(L^*a^*b^*)=[(\Delta L^*)^2+(\Delta a^*)^2+(\Delta b^*)^2]^{1/2} \tag{5-85}$$

式中 $\Delta L^*=L_2^*-L_1^*$，$\Delta a^*=a_2^*-a_1^*$，$\Delta b^*=b_2^*-b_1^*$

在本系统中，米制明度 L^* 表示颜色明亮的程度；a^* 表示红色在颜色中占有的成分，$-a^*$ 表示红色的补色在颜色中占有的成分；b^* 代表颜色中黄色的成分，$-b^*$ 表示颜色中黄色的补色所占有的成分。图5-25 表示了 CIE1976（$L^*a^*b^*$）均匀颜色空间。

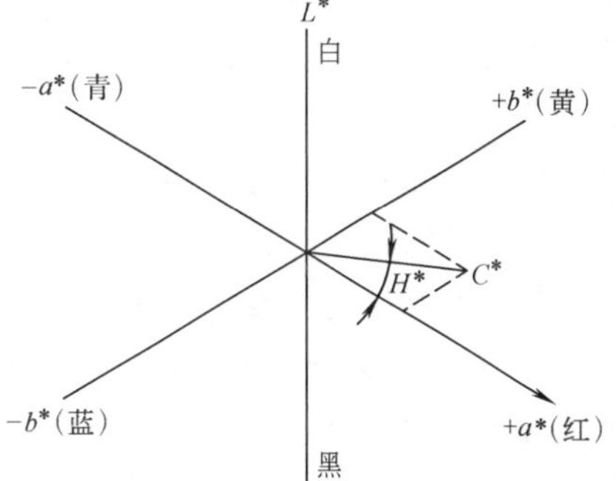

图 5-25　CIE1976($L^*a^*b^*$)均匀颜色空间

图中，$C^*=[(a^*)^2+(b^*)^2]^{1/2}$ 称作颜色的彩度，它可表示颜色的饱和度；$H^*=\arctan(b^*/a^*)$ 称作颜色的色调角，其值与颜色的色调有关。

第十一节　颜色测量

颜色测量普遍遵循 CIE1931 标准色度系统和 CIE1964 补充标准色度系统两个标准色度学系统。根据色度学原理，颜色可以用三刺激值 X、Y、Z 以及相应的色品坐标 x、y、z 定量地表示。因此，颜色测量的任务就是采用 CIE 标准照明体或标准光源，在满足 CIE 标准照明和观测条件下获得三刺激值或色品坐标，并由此计算得到各种色度参数，如色调、明度和饱和度。颜色测量主要包括物体色测量和光源色测量，而物体色测量又包括荧光物体测量和非荧光物体测量，本节讨论的物体色测量主要是非荧光物体色测量。

一、颜色测量原理

物体色是由物体对光的反射、透射和吸收特性，照明光源的光谱功率分布和观察者的色觉特性决定的。对于物体色，三刺激值的计算方法是依据样品的光谱反（透）射比、所用标准照明体的相对光谱功率分布和所采用的2°或是10°视场的色匹配函数，用等波长间隔法，在可见光谱范围内加权计算。对于1931CIE-XYZ 系统，三刺激值计算公式如式（5-64）~式(5-68) 所示。$\bar{x}(\lambda)$、$\bar{y}(\lambda)$、$\bar{z}(\lambda)$ 是 CIE 标准色度观察者光谱三刺激值，可以查表得

到。$S(\lambda)$ 是照明光源光谱分布函数，可预先知道。$\Delta\lambda$ 是波长间隔，根据需要选择，通常可以为5nm，10nm 等。因此，只要测得样品的光谱反射比 $\rho(\lambda)$ 或光谱透射比 $\tau(\lambda)$，就可依据上述公式计算出三刺激值，这就是物体色的测量原理。

光源色是光源发射的光的颜色，又叫发光色。不同的光源，其光谱功率分布有很大的差异，一定的光谱功率分布，表现为一定的颜色。这样，只要测量出光源的相对功率谱分布 $S(\lambda)$，就可根据式（5-63）、式（5-67）和式（5-68）计算出它的三刺激值。

二、颜色测量方法分类

1. 目视测量方法　最传统的颜色测量方法，以试样色与标准色在一定条件下由目视评定它们在颜色三属性（明度、色调、饱和度）上的差异，带有一定的主观性，属于定性测量方法。由于人眼及人心理因素的影响，在高精度颜色测量中，目测法目前已逐渐被淘汰。而在实际生产应用中，由于其操作的便捷性，其应用还是相当广泛。

2. 仪器测量法　用仪器对试样颜色具体的参数进行测定，做出可比的评价，除仪器因素外，它的结果是客观的，属于定量测量方法。根据仪器测量原理的不同，又分为光谱光度测量法或分光光度法和光电积分法，所对应的仪器分别称为分光光度测色仪和光电积分测色仪。测色仪器是一种相对测量仪器，不论是分光光度计还是光电色度计，它们只能比较待测样品相对于标准（样品）的光谱反射比或三刺激值。

三、颜色测量方法

本节重点讨论仪器测量法。

1. 分光光度法　又称为光谱光度测量方法。它是通过分光器件把色源光谱在空间上分开，通过测量光谱功率来计算它的三刺激值，进而导出各种颜色参数。由于是探测色源的光谱成分来确定其颜色参数，因而测量精度非常高。

如图5-26 所示，分光光度计主要由照明光源、样本、单色器、狭缝、接收器 5 部分组成。样本的散射光经过单色器后，光谱在空间展开。利用狭缝依次分别选择不同波长的光线，通过接收器探测测得样本的光谱成分，进而导出样本的颜色参数。为了准确探测色源的光谱功率，样本的照明条件必须一致，因此照明光源通常采用稳定性好的卤钨灯、氙灯等。单色器是使光谱在空间分开的器件，通常采用棱镜、光栅等进行分光。狭缝的大小通常根据测量的精度和仪器的灵敏度来确定。接收器采用灵敏度较高的光电倍增管、CCD 等光电探测器件等，实现光谱扫描或光电摄谱。

2. 光电积分法　又称为色度计法。它是在整个测量波长区间内，通过积分测得样品的三刺激值 X、Y、Z，再由此计算出样品的色品坐标等参数。通常用滤光片覆盖在探测器上，把探测器的相对光谱灵敏度修正成 CIE 推荐的光谱三刺激值 $\bar{x}(\lambda)$、$\bar{y}(\lambda)$、$\bar{z}(\lambda)$。光电积分式仪器不能精确测量出色源的三刺激值和色品坐标，但能准确测出两个色源之间的差别，因而又被称为色差计。常见的光电积分法测量仪器有光电色度计、色差计和白度计。

如图5-27 所示，直接用3 个窗口覆盖不同滤光片的探测器，探测样本在整个测量波长区间内的光刺激。滤光片的透过率应根据系统条件选择，使得每个探测器的探测灵敏度正比于 CIE 推荐照明条件下，标准色度观察者的光谱三刺激值 $\bar{x}(\lambda)$、$\bar{y}(\lambda)$、$\bar{z}(\lambda)$，即滤光片的透过率需要满足卢瑟条件，精确匹配光探测器对不同波长的灵敏度。在实际的滤色修正中，由于滤色玻璃的品种有限，仪器不可能完全符合卢瑟条件，只能近似符合。

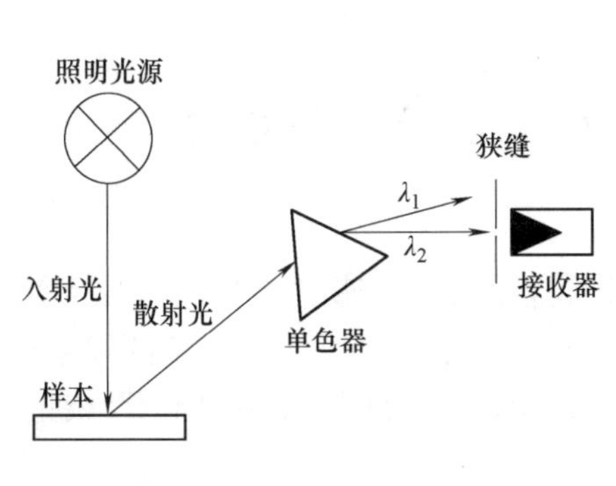

图 5-26　分光光度法原理图

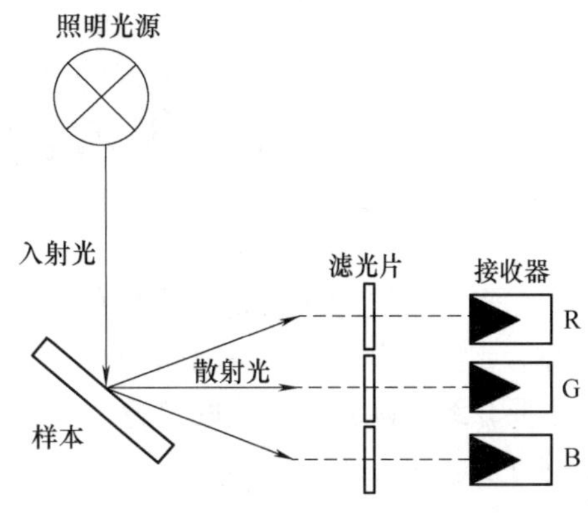

图 5-27　光电积分法原理图

习　题

1. 一氦氖激光器，发射波长为 6.328×10^{-7}m 的激光束，其光谱光效率函数 $V(\lambda)=0.238$，辐通量为 5mW，光束的发散角为 1.0×10^{-3}rad，求此激光束的光通量及发光强度。又此激光器输出光束的截面（即放电毛细管的截面）直径为 1mm，求其光亮度。

2. 一束波长为 4.6×10^{-7}m 的蓝光，其光谱光效率函数 $V(\lambda)=0.06$，光通量为 620lm，相应的辐通量是多少？如果射在一个屏幕上，屏幕上 1min 所接受的辐射能是多少？

3. 用 250W 溴钨灯做 16mm 电影放映机的光源。光源的发光效率为 30lm/W，灯丝外形面积为 $5\times7\text{mm}^2$，可以看做是两面发光的余弦辐射体。系统光路如图 5-28 所示，灯丝成像在片门处，像的大小正好充满片门，尺寸为 $7\times10\text{mm}^2$。灯泡后面有球面反光镜，使灯丝平均亮度提高 50%。银幕宽为 4m，放映物镜的相对孔径为 1/1.8，系统的透射比 $\tau=0.6$，求银幕的光照度。

4. 双筒望远镜的光学系统如图 5-29 所示，凸透镜、棱镜和平板玻璃均用冕牌玻璃制做，所有凹透镜都用火石玻璃制成，若所有材料的透明率 P 相同，且 $P=0.985$，系统中各零件中心厚度之和 $\sum d=100$mm，计算光学零件表面不镀增透膜和镀增透膜两种情况下系统的总透射比。

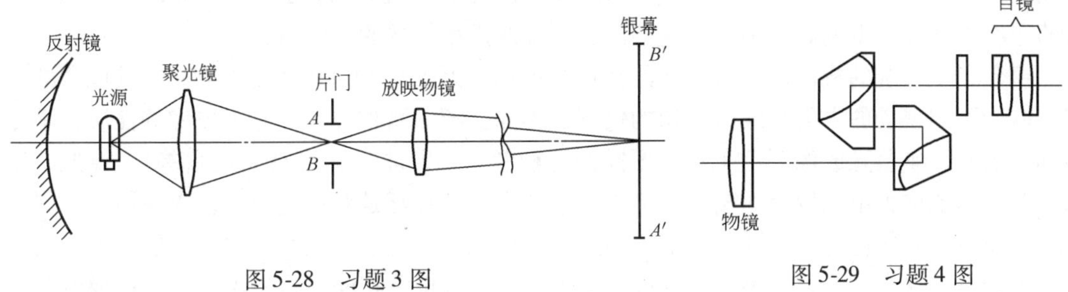

图 5-28　习题 3 图　　图 5-29　习题 4 图

5. 已知某色样的色品坐标 $x=0.3921$，$y=0.3244$，Y 刺激值为 30.05，求色样的 X、Z 刺激值。

6. 测得布样横向两边的三刺激值分别为 $X_1=39.46$、$Y_1=30.64$、$Z_1=24.14$ 和 $X_2=36.32$、$Y_2=30.05$、$Z_2=26.26$，三刺激值在 D_{65} 照明下求得，用 CIE1976($L^*a^*b^*$) 均匀颜色空间色差公式计算布样的横向色差。

第六章　光线的光路计算及像差理论

实际光学系统与理想光学系统有很大的差异，即物空间的一个物点发出的光线经实际光学系统后，不再会聚于像空间的一点，而是一个弥散斑，弥散斑的大小与系统的像差有关。本章主要介绍实际光学系统的单色像差和色差的基本概念、产生这些像差的原因及校正这些像差的方法。

第一节　概　　述

一、基本概念

在近轴光学系统中，根据精确的球面折射公式，导出在 $\sin\theta=\theta$，$\cos\theta=1$ 时的物像大小和位置，即理想光学系统的物像关系式。一个物点的理想像仍然是一个点，从物点发出的所有光线通过光学系统后都会聚于其像点。

近轴光学系统只适用于近轴的小物体以细光束成像。对任何一个实际光学系统而言，都需要一定的相对孔径和视场，恰恰是相对孔径和视场这两个因素才与系统的功能和使用价值紧密相连。因此，实际的光路计算，远远超过近轴区域所限制的范围，物像的大小和位置与近轴光学系统计算的结果不同。这种实际像与理想像之间的差异称为像差。

正弦函数的级数展开为

$$\sin\theta=\theta-\frac{\theta^3}{3!}+\frac{\theta^5}{5!}-\frac{\theta^7}{7!}+\cdots$$

利用展开式中的第一项 θ 代替三角函数 $\sin\theta$（$\sin\theta=\theta$），导出了近轴公式。用 θ 代替 $\sin\theta$ 时忽略了级数展开式中的高次项，而这些高次项即是产生像差的原因所在。

由于光学系统的成像均具有一定的孔径和视场，因此对不同孔径的入射光线其成像的位置不同，不同视场的入射光线其成像的倍率也不同，子午面和弧矢面光束成像的性质也不尽相同。因此，单色光成像会产生性质不同的五种像差，即球差、彗差（正弦差）、像散、场曲和畸变，统称为单色像差。实际上绝大多数的光学系统都是对白光或复色光成像的。同一光学介质对不同的色光有不同的折射率，因此，白光进入光学系统后，由于折射率不同而有不同的光程，这样就导致了不同色光成像的大小和位置也不相同，这种不同色光的成像差异称为色差。色差有两种，即位置色差和倍率色差。

以上讨论是基于几何光学的，所以上述七种像差称为几何像差。

若基于波动光学理论，在近轴区内一个物点发出的球面波经过光学系统后仍然是一球面波，由于衍射现象的存在，一个物点的理想像是一个复杂的艾里斑。对于实际的光学系统，由于像差的存在，经光学系统形成的波面已不是球面，这种实际波面与理想球面的偏差称为波像差，简称波差。

由于波像差的大小可直接用于评价光学系统的成像质量，而波像差与几何像差之间又有着直接的变换关系，因此了解波像差的概念是非常有用的。

除平面反射镜成像之外，没有像差的光学系统是不存在的。实践表明，完全消除像差是不可能的，也是没有必要的，因为所有的光能探测器，包括人眼都具有像差，或者说具有一定缺陷。光学设计中总是根据光学系统的作用和接收器的特性把影响像质的主要像差校正到某一公差范围内，使接收器不能察觉，即可认为像质是令人满意的。

二、像差计算的谱线选择

计算和校正像差时的谱线选择主要取决于光能接收器的光谱特性。基本原则是，对光能接收器的最灵敏的谱线校正单色像差，对接收器所能接收的波段范围两边缘附近的谱线校正色差，同时接收器的光谱特性也直接受光源和光学系统的材料限制，设计时应使三者的性能匹配好，尽可能使光源辐射的波段与最强谱线、光学系统透过的波段与最强谱线和接收器所能接收的波段与灵敏谱线三者对应一致。

不同光学系统具有不同的接收器，因此在计算和校正像差时选择的谱线不同。

1. 目视光学系统　目视光学系统的接收器是人的眼睛。由人眼视见函数曲线可知，人眼只对波长在380～760nm范围内的波段有响应，其中最灵敏的波长$\lambda=555$nm，故目视光学系统一般选择靠近此灵敏波长的D光（$\lambda=589.3$nm）或e光（$\lambda=546.1$nm）校正单色像差。因e光比D光更接近于555nm，故用e光校正单色像差更为合适，对靠近可见区两端的F光（$\lambda=486.1$nm）和C光（$\lambda=656.3$mm）校正色差。选择光学材料相应的参数是

$$n_D, \nu_D=(n_D-1)/(n_F-n_C) \quad (\nu\text{ 称阿贝数})$$

2. 普通照相系统　照相系统的光能接收器是照相底片，一般照相乳胶对蓝光较灵敏，所以对F光校正单色像差，而对D光和G′光（$\lambda=434.1$nm）校正色差。实际上，各种照相乳胶的光谱灵敏度不尽相同，并常用目视法调焦，故也可以与目视系统一样来选择谱线。光学材料相应的参数指标是

$$n_F, \nu_F=(n_F-1)/(n_G'-n_D)$$

对于天文照相光学系统，所用感光乳胶的灵敏区更偏于蓝光一端，并且不用目视调焦，所以常用G′光校正单色像差，对h光（$\lambda=404.7$nm）和F光校正色差。

3. 近红外和近紫外的光学系统　对近红外光学系统，一般对C光校正单色像差，对d光（$\lambda=587.6$nm）和A′光（$\lambda=768.2$nm）校正色差。对近紫外光学系统，一般对i光（$\lambda=365.0$nm）校正单色像差，而对$\lambda=257$nm和h光校正色差。相应的光学材料的参数是

$$n_C, \nu_C=(n_C-1)/(n_d-n_A')$$

$$n_i, \nu_i=(n_i-1)/(n_{257}-n_h)$$

4. 特殊光学系统　有些光学系统，例如某些激光光学系统，只需某一波长的单色光照明，所以只对使用波长校正单色像差，而不校正色差。对应用可见区以外的某个波段的光学系统（如夜视仪），若其光谱区范围从λ_1到λ_2，则其光学参数是

$$n_\lambda=(n_{\lambda1}+n_{\lambda2})/2, \nu_\lambda=(n_\lambda-1)/(n_{\lambda1}-n_{\lambda2})$$

第二节　光线的光路计算

从物点发出进入光学系统入瞳并通过光学系统成像的光线有无数条，故不可能、也没有必要对每条光线都进行光路计算，一般只对计算像差有特征意义的光线进行光路计算，研究

不同视场的物点对应不同孔径和不同色光的像差值。如已知光学系统的结构参数（r、d、n），物体的位置和大小，孔径光阑的位置和大小（或数值孔径角），为求出光学系统的成像位置和大小以及各种像差，需进行下列光路计算。

对计算像差有特征意义的光线主要有三类：

1）子午面内的光线光路计算，包括近轴光线的光路计算和实际光线的光路计算，以求出理想像的位置和大小、实际像的位置和大小以及有关像差值。

2）轴外点沿主光线的细光束光路计算，以求像散和场曲。

3）子午面外的空间光线的光路计算，求得空间光线的子午像差分量和弧矢像差分量，对光学系统的像质进行更全面的了解。

对于小视场的光学系统，例如望远物镜和显微物镜等，因为只要求校正与孔径有关的像差，因此只需作第一种光线的光路计算即可。对大孔径、大视场的光学系统，例如照相物镜等，要求校正所有像差，因此上述三种光线的光路计算都需要进行。

一、子午面内的光线光路计算

（一）近轴光线的光路计算

轴上点近轴光线的光路计算（又称第一近轴光线）的初始数据为 l_1，u_1。根据第一章所述，近轴光线通过单个折射面的计算公式(1-19)～式(1-22)为

$$i=(l-r)u/r \quad (\text{当}\ l_1=\infty\ \text{时}, u_1=0, i_1=h_1/r_1)$$

$$i'=ni/n'$$

$$u'=u+i-i'$$

$$l'=(i'r/u')+r$$

对于一个有 k 个面组成的光学系统，还要解决由前一个面到下一个面的过渡问题。由过渡公式(1-39)和式(1-40)得

$$l_i=l'_{i-1}-d_{i-1}$$

$$u_i=u'_{i-1}$$

$$n_i=n'_{i-1}$$

校对公式为

$$h=lu=l'u'$$

或者用

$$nuy=n'u'y'=J$$

这样可以计算出像点位置 l' 和系统各基点的位置，若要计算系统的焦点位置，可令 $l_1=\infty$，$u_1=0$，由近轴光路计算出的 l'_k 即为系统的焦点位置，系统的焦距为

$$f'=h_1/u'_k$$

轴外点近轴光线的光路计算（又称第二近轴光线）是对轴外点而言的，一般要对五个视场（0.3，0.5，0.707，0.85，1）的物点分别进行近轴光线光路计算，以求出不同视场的主光线与理想像面的交点高度，即理想像高 y'_k。轴外点近轴光的初始数据为

$$l_z, u_z=y/(l_z-l_1) \quad (\text{当}\ l_1=\infty\ \text{时}, u_z=\omega) \tag{6-1}$$

式中符号意义如图6-1所示。可按上述第一近轴光线的光路计算公式进行计算，计算结果为 l'_z 和 u'_z，由此可求得理想像高为

$$y'=(l'_z-l')u'_z \tag{6-2}$$

（二）远轴光线的光路计算

轴上点远轴光线的光路计算的初始数据是 L_1、$\sin U_1$，根据第一章中实际光线的光路计算公式(1-15)～式(1-18)知

$$\sin I = (L-r)\sin U/r\left(当 L_1=\infty 时, U_1=0, \sin I_1=\frac{h_1}{r_1}\right)$$

$$\sin I' = n\sin I/n'$$

$$U' = U + I - I'$$

$$L' = r + r\sin I'/\sin U'$$

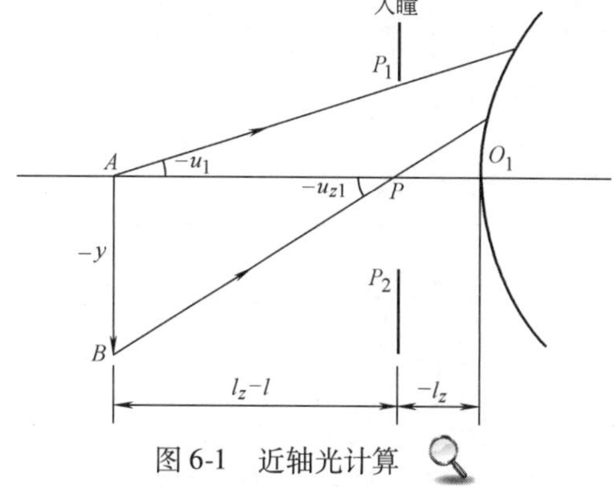

图 6-1　近轴光计算

相应的转面公式为

$$L_i = L'_{i-1} - d_{i-1}$$

$$U_i = U'_{i-1}$$

$$n_i = n'_{i-1}$$

校对公式（可参考有关教科书）为

$$L' = PA\frac{\cos\frac{1}{2}(I'-U')}{\sin U'} = \frac{L\sin U}{\cos\frac{1}{2}(I-U)}\times\frac{\cos\frac{1}{2}(I'-U')}{\sin U'} \tag{6-3}$$

计算结果为 L'_k、U'_k，由此可求出通过该孔径光线的实际成像位置和像点弥散情况。

轴外点子午面内远轴光线的光路计算与轴上点不同，光束的中心线即主光线不是光学系统的对称轴，因此在计算轴外点子午面内远轴光线时，对各个视场一般要计算 11 条光线，考虑到问题的简化与代表性，本节只考虑计算 3 条光线，即主光线和上、下光线。对物体在无限远处，若光学系统的视场角为 ω，入瞳半孔径为 h，入瞳距为 L_z，则其 3 条光线的初始数据为

$$\left.\begin{aligned}&上光线\ U_a=U_z, L_a=L_z+h/\tan U_z\\&主光线\ U_z=\omega, L_z\\&下光线\ U_b=U_z, L_b=L_z-h/\tan U_z\end{aligned}\right\} \tag{6-4}$$

符号意义如图 6-2a 所示。

对物体在有限远处，若光学系统的物距为 L，物高为 $-y$，入瞳的半孔径为 h，入瞳距为 L_z，则其 3 条光线的初始数据为

$$\left.\begin{aligned}&上光线\ \tan U_a=(y-h)/(L_z-L), L_a=L_z+h/\tan U_a\\&主光线\ \tan U_z=y/(L_z-L), L_z\\&下光线\ \tan U_b=(y+h)/(L_z-L), L_b=L_z-h/\tan U_b\end{aligned}\right\} \tag{6-5}$$

符号意义如图 6-2b 所示。

光线的初始数据确定之后，利用实际光线计算公式和过渡公式逐面计算，可得实际像高为

$$\left.\begin{aligned}y'_a&=(L'_a-l')\tan U'_a\\y'_z&=(L'_z-l')\tan U'_z\\y'_b&=(L'_b-l')\tan U'_b\end{aligned}\right\} \tag{6-6}$$

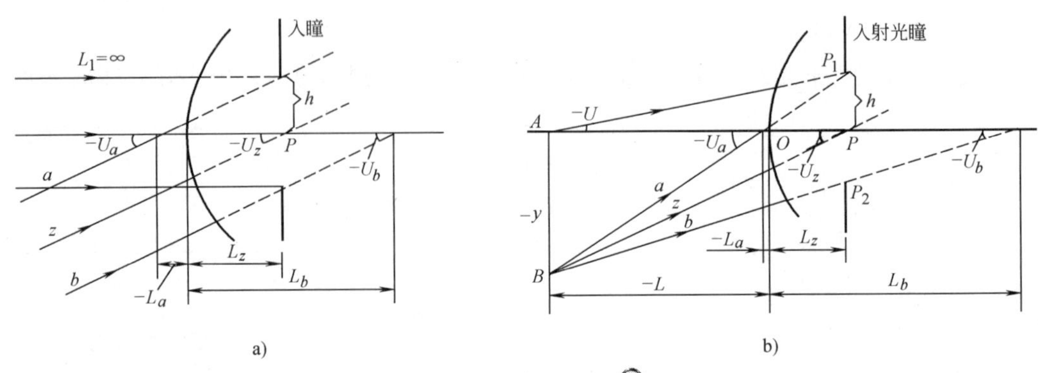

图 6-2 远轴光计算

应该指出，虽然应用了校对公式，但还会在两个地方发生错误。一个是由 $\sin I$ 计算 $\sin I'$ 时，一个是由 L'_{k-1} 计算 L_k 时。另外，当光线的入射高度超过折射面半径时，会出现 $\sin I>1$；当光线由玻璃进入空气发生全反射时，会出现 $\sin I'>1$，这两种情况都表示该光线实际上不能通过该光学系统。

（三）折射平面和反射面的光路计算

折射平面远轴光线的光路计算公式为

$$\left.\begin{aligned} I &= -U \\ \sin I' &= n\sin I/n' \\ U' &= -I' \\ L' &= L\tan U/\tan U' \end{aligned}\right\} \tag{6-7}$$

当 U 角较小时，为提高计算精度，可作如下变换

$$L'=L\frac{n'\cos U'}{n\cos U}$$

近轴区光线的光路计算公式类似地有

$$\left.\begin{aligned} i &= -u \\ i' &= ni/n' = -nu/n' \\ u' &= -i' \\ l' &= lu/u' = ln'/n \end{aligned}\right\} \tag{6-8}$$

球面的校对公式仍然适用于平面。

反射面可以作为折射面的一个特例，在计算时，令 $n'=-n$，且将反射球面以后光路中的间隔 d 取为负值，则可应用折射面的公式进行计算。

二、沿轴外点主光线细光束的光路计算

轴外点细光束的计算是沿主光线进行的，主要研究在子午面内的子午细光束和在弧矢面内的弧矢细光束的成像情况。若子午光束和弧矢光束的像点不位于主光线上的同一点，则存在像散。子午像点和弧矢像点的计算公式为[2]。

$$\frac{n'\cos^2 I'_z}{t'}-\frac{n\cos^2 I_z}{t}=\frac{n'\cos I'_z-n\cos I_z}{r} \tag{6-9}$$

$$\frac{n'}{s'}-\frac{n}{s}=\frac{n'\cos I'_z-n\cos I_z}{r} \tag{6-10}$$

式中，I_z、I'_z为主光线的入射角和折射角；t、t'为沿主光线计算的子午物距和像距；s、s'为沿主光线计算的弧矢物距和像距。式(6-9)和式(6-10)称为杨氏公式。计算的初始数据是 $t_1=s_1$，当物体位于无限远时，$t_1=s_1=-\infty$。当物体位于有限距离时，由图6-3可知，$t_1=s_1=\dfrac{l_1-x_1}{\cos U_{z1}}$或 $t_1=s_1=\dfrac{h_1-y_1}{\sin U_{z1}}$。$I_z$ 和 I'_z在主光线的光路计算中得出。

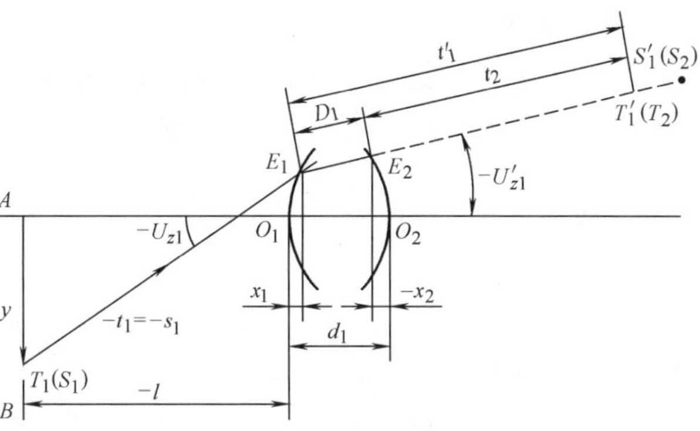

图6-3　轴外点细光束计算 

转面也是沿主光线进行计算的，过渡公式为

$$\left.\begin{aligned} t_i &= t'_{i-1}-D_{i-1} \\ s_i &= s'_{i-1}-D_{i-1} \end{aligned}\right\} \tag{6-11}$$

式中，D_{i-1}为相邻两折射面间沿主光线方向的间隔。

$$D_i=(h_i-h_{i+1})/\sin U'_{zi}$$

或者

$$D_i=(d_i-x_i+x_{i+1})/\cos U'_{zi}$$

$$h_i=r_i\sin(U_{zi}+I_{zi}) \tag{6-12}$$

空间光线的光路计算比较复杂，只是在视场和孔径均很大的系统才有必要计算它，这里不再叙述。

三、计算举例

这里仅计算全口径和全视场的情况，其他口径和视场的计算过程相同。

一望远物镜的焦距$f'=100$mm，相对口径$D/f'=1/5$，视场角$2\omega=6°$，其结构参数如下

r/mm	d/mm	n_D	ν_D
62.5	4.0	1.51633	0.00806
-43.65	2.5	1.67270	0.015636
-124.35			

根据已知条件，其第一近轴光线光路计算的初始数据为

$$l_1=\infty,\ h_1=10\text{mm},\ u_1=0\ \ (l_1=\infty,\ i_1=h_1/r_1)$$

由近轴光线的光路计算得 $l'=97.009$mm，$u'=0.100104$，该系统的像方截距为 $l'=97.009$mm，系统的实际焦距为

$$f'=h_1/u'_3=10\text{mm}/0.100104=99.896\text{mm}$$

第二近轴光线光路计算的初始数据是

$$u_{z1}=\omega=-3°=-0.05236$$

因孔径光阑与物镜重合，可以认为双胶合物镜的第一面金属框为入瞳，入瞳距 l_{z1}即是第一面的矢高 x_1，有

$$(D_1/2)^2+(r_1-x_1)^2=r_1^2$$

$$l_{z1}=x_1=0.8052\text{mm}$$

由近轴光的光路计算得 $l'=-3.3813$mm，$u'=-0.052783$，因此系统的出瞳距系统最后一面

的位置为 $l'_z=-3.3813\text{mm}$，$u'_z=-0.052783$。这样，由式(6-2)可以计算出在视场 $\omega=-3°$ 时的理想像高为

$$y'=(l'_z-l')u'_z=(-3.3813\text{mm}-97.009\text{mm})\times(-0.052783)=5.22816\text{mm}$$

轴上点远轴光线光路计算的初始数据为

$$L_1=\infty\,,\ U_1=0,\ h_1=10\text{mm}$$

由远轴光线的光路计算得 $L'=97.005$，$U'=5°44'37''7$，因此入射高度 $h_1=10\text{mm}$ 时，实际像点的位置为

$$L'=97.005\text{mm}$$

全口径时实际像点与理想像点的偏差为

$$\delta L'=L'-l'=97.005\text{mm}-97.009\text{mm}=-0.004\text{mm}$$

轴外点主光线光路计算的初始数据是

$$L_{z1}=0.8052\text{mm},\ U_{z1}=-3°$$

由远轴光线的光路计算得 $L'=-3.378\text{mm}$，$U'=-2°59'6''8$，因此

$$L'_z=-3.378\text{mm},\ U'_z=-2°59'6''8$$

这样，实际像高为

$$y'_z=(L'_z-l')\tan U'_3=(3.378-97.009)\text{mm}\times(-0.051249)=5.2351\text{mm}$$

实际像高与理想像高之差等于

$$\delta y'=y'_z-y'=5.2351\text{mm}-5.2282\text{mm}=0.007\text{mm}$$

沿主光线细光束计算的初始数据是

$$t_1=s_1=l_1=-\infty$$

各折射面的 I_z 和 I'_z在主光线的光路计算中得出，由细光束的光路计算得：$t'=96.6507\text{mm}$，$s'=96.9132\text{mm}$，$x_3=-0.00012\text{mm}$，因此

$$t'_3=96.6507\text{mm},\ s'_3=96.9132\text{mm}$$

主光线细光束的子午像点和弧矢像点间沿光轴方向的偏差是 x'_{ts}，有

$$x'_{ts}=(t'_3-s'_3)\cos U'_{z3}=(96.6507-96.9132)\text{mm}\times0.998643=-0.2621\text{mm}$$

子午像点与高斯像面的轴向偏差是

$$x'_t=t'_3\cos U'_{z3}+x_3-l'=96.6507\text{mm}\times0.998643-0.00012\text{mm}-97.009\text{mm}=-0.4896\text{mm}$$

弧矢像点与高斯像面的轴向偏差是

$$\begin{aligned}x'_s&=s'_3\cos U'_{z3}+x_3-l'\\&=96.9132\text{mm}\times0.998643-0.00012\text{mm}-97.009\text{mm}\\&=-0.2274\text{mm}\end{aligned}$$

第三节　轴上点的球差

一、球差的定义和表示方法

球差是宽光束像差，仅是口径的函数，由第二节子午面内光线的光路计算可知，对于轴上物点，近轴光线的光路计算结果 l'和 u'与光线的入射高度 h_1 或孔径 u_1（$l\neq\infty$）无关，而远轴光线的光路计算结果 L'和 U'随入射高度 h_1 或孔径角 U_1 的不同而不同，如图6-4a 所示。因此，轴上点发出的同心光束经光学系统后，不再是同心光束，不同入射高度 $h(U)$ 的光线

经过光学系统后交光轴于不同位置，相对近轴像点（理想像点）有不同程度的偏离，这种偏离称为轴向球差，简称球差，用 $\delta L'$ 表示

$$\delta L' = L' - l' \tag{6-13}$$

在第二节的计算举例中，边缘带的球差为 -0.004mm，其弥散斑的几何直径为 1.93μm（见图 6-4b）。由图可以看出，由于共轴球面系统的对称性，含轴的各个截面内的成像光束结构均相同。在同一截面内，入射高度为 h 和 $-h$（或 U、$-U$）的光线相对光轴也是对称的。这样，通过系统后的成像光束是以光轴为旋转轴的非同心光束，所以计算球差时只需要计算子午面内光轴某一侧的不同入射高度的光线束即可。

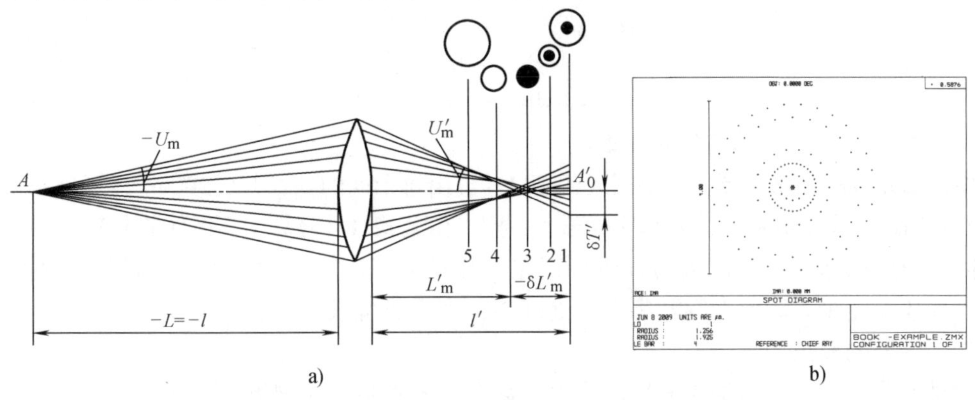

图 6-4 轴上点球差

由于球差的存在，在高斯像面上的像点已不是一个点，而是一个圆形的弥散斑，弥散斑的半径用 $\delta T'$ 表示，称作垂轴球差，它与轴向球差的关系是

$$\delta T' = \delta L' \tan U' = (L' - l')\tan U' \tag{6-14}$$

球差是入射高度 h_1 或孔径角 U_1 的函数，球差随 h_1 或 U_1 变化的规律，可以由 h_1 或 U_1 的幂级数表示。由于球差具有轴对称性，当 h_1 或 U_1 变号时，球差 $\delta L'$ 不变，这样在级数展开时，不存在 h_1 或 U_1 的奇次项；当 h_1 或 U_1 为零时，像方截距 L' 等于 l'，即球差 $\delta L'=0$，故展开式中没有常数项；球差是轴上点像差，与视场无关，故展开式中没有 y 或 ω 项，所以球差可以表示为

$$\delta L' = A_1 h_1^2 + A_2 h_1^4 + A_3 h_1^6 + \cdots$$

或者

$$\delta L' = a_1 U_1^2 + a_2 U_1^4 + a_3 U_1^6 + \cdots \tag{6-15}$$

展开式中第一项称为初级球差，第二项为二级球差，第三项为三级球差。二级以上球差称为高级球差。A_1、A_2、A_3 分别为初级球差系数、二级球差系数、三级球差系数。大部分光学系统二级以上的球差很小，可以忽略，故球差可以表示为

$$\delta L' = A_1 h_1^2 + A_2 h_1^4$$

$$\delta L' = a_1 U_1^2 + a_2 U_1^4 \tag{6-16}$$

由此可知，初级球差与孔径的平方成正比，二级球差与孔径的 4 次方成正比。当孔径较小时，主要存在初级球差；孔径较大时，高级球差增大。

光学系统的球差是由系统各个折射面产生的球差传递到系统的像空间后相加而得，故系统的球差可以表示成系统每个面对球差的贡献之和，即所谓的球差分布式。当对实际物体成像时，对于由 k 个面组成的光学系统，球差的分布式为

$$\delta L' = -\frac{1}{2n_k' u_k' \sin U_k'} \sum_1^k S_{-} \tag{6-17}$$

$\sum S_{-}$ 称为光学系统球差系数，S_{-} 为每个面上的球差分布系数，为

$$S_{-} = \frac{niL\sin U(\sin I - \sin I')(\sin I' - \sin U)}{\cos\frac{1}{2}(I-U)\cos\frac{1}{2}(I'+U)\cos\frac{1}{2}(I+I')} \tag{6-18}$$

因初级球差在光轴附近区域内有意义，而在这个区域内角度很小，故角度的正弦值可以用弧度值代替，角度的余弦可以用1代替，这样初级球差可以表示为

$$\delta L'(\text{初}) = -\frac{1}{2n_k' u_k'^2} \sum_1^k S_{\mathrm{I}} \tag{6-19}$$

$$S_{\mathrm{I}} = luni(i-i')(i'-u) \tag{6-20}$$

S_{I} 即为每个面上的初级球差分布系数。

由近轴光线的光路计算，可根据式(6-20)计算出每个面的 S_{I}，并由式(6-19)算出系统的初级球差。知道了系统的初级球差和实际球差，则可由公式(6-16)算出高级球差分量。

因初级横向球差（弥散斑的直径）正比于孔径的三次方，所以弥散斑的中心集中光能多，而外环光能少。因此在在数字图像处理中，由质心可求出像点的位置。

二、球差的校正

如果把单正透镜和负透镜分别看作由无数个不同楔角的光楔组成，则由光楔的偏向角公式 $\delta=(n-1)\theta$ 可知，对于单正透镜，边缘光线的偏向角比靠近光轴光线的偏向角大，换句话说，边缘光线的像方截距 L' 比近轴光线的像方截距 l' 小。根据球差的定义，单正透镜产生负球差。同理，对于单负透镜，边缘光线的偏向角比近轴光线的偏向角大，但方向与单正透镜相反，所以单负透镜产生正球差。因此，对于共轴球面系统，单透镜本身不能校正球差，正、负透镜组合则有可能校正球差。

由公式(6-15)可知，球差是孔径的偶次方函数，因此，校正球差只能使某带的球差为零。如果通过改变结构参数，使公式(6-16)中初级球差系数 A_1 和高级球差系数 A_2 符号相反，并具有一定比例，使某带的初级球差和高级球差大小相等，符号相反，则该带的球差为零。在实际设计光学系统时，常通过使初级球差与高级球差相补偿，将边缘带的球差校正到零，即

$$\delta L_{\mathrm{m}}' = A_1 h_{\mathrm{m}}^2 + A_2 h_{\mathrm{m}}^4 = 0$$

当边缘带校正球差，即 $h=h_{\mathrm{m}}$，$\delta L_{\mathrm{m}}'=0$ 时，则有 $A_1=-A_2 h_{\mathrm{m}}^2$，将此值代入上式可得，球差极大值对应的入射高度为

$$h = 0.707 h_{\mathrm{m}} \tag{6-21}$$

将此值代入 $\delta L_{\mathrm{m}}'=0$ 时的级数展开式，得

$$\delta L_{0.707}' = -A_2 h_{\mathrm{m}}^4/4 \tag{6-22}$$

上式表明，对于仅含初级和二级球差的光学系统，当边缘带的球差为零时，在0.707带有最大的剩余球差，其值是边缘带高级球差的 $-1/4$，如图6-5a所示。若以 $(h/h_{\mathrm{m}})^2$ 为纵坐标，画出球差曲线和初级球差曲线，

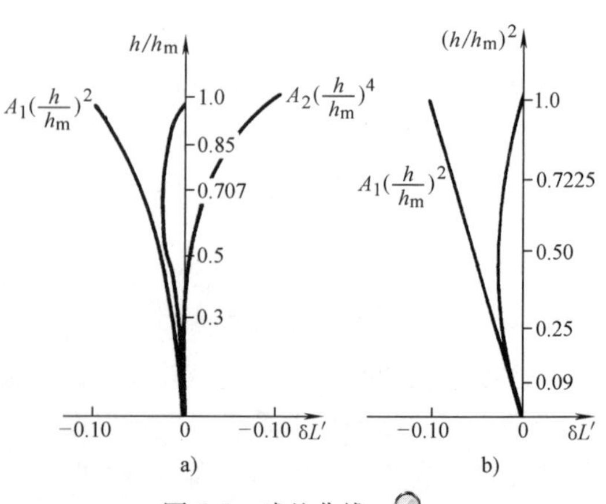

图6-5 球差曲线 

初级球差为一条直线，且与球差曲线相切于原点，如图 6-5b 所示。

由球差分布式(6-18)可知，对于单个折射球面，有几个特殊的物点位置，不管球面的曲率半径如何，均不产生球差。

（1）$L=0$，此时亦有 $L'=0$，$\beta=1$。即物点和像点均位于球面顶点时，不产生球差。

（2）$\sin I-\sin I'=0$，即 $I=I'=0$。表示物点和像点均位于球面的曲率中心，或者说，$L=L'=r$，垂轴放大倍率 $\beta=n/n'$。

（3）$\sin I'-\sin U=0$，即 $I'=U$，因为

$$\sin I'=n\sin I/n'=n(L-r)\sin U/n'r$$

故可得出

$$L=(n+n')r/n \tag{6-23}$$

同理，由 $\sin I=\sin U'$ 可以得出

$$L'=(n+n')r/n' \tag{6-24}$$

由式(6-23)和式(6-24)所确定的共轭点，不管孔径角 U 多大，均不产生球差。由上式也可以得出，$nL=n'L'$，则该面的垂轴放大倍率为

$$\beta=nL'/n'L=(n/n')^2 \tag{6-25}$$

上述三对不产生像差的共轭点称作不晕点或齐明点，常利用齐明点的特性来制作齐明透镜，以增大物镜的孔径角，用于显微物镜或照明系统中。

例 1　物点位于透镜第一个折射面的曲率中心（见图 6-6），对于该表面，$L_1=L_1'=r_1$，$\beta=n_1/n_2=1/n$。第二个折射面满足式(6-23)和式(6-24)。如果透镜的厚度为 d，且透镜位于空气中，则有下列关系

$$L_2=L_1-d=r_1-d$$

$$L_2'=n_2L_2/n_3=nL_2$$

$$r_2=n_2L_2/(n_2+n_3)=nL_2/(n+1)$$

$$\beta_2=(n_2/n_3)^2=n^2$$

$$\beta=\beta_1\beta_2=n$$

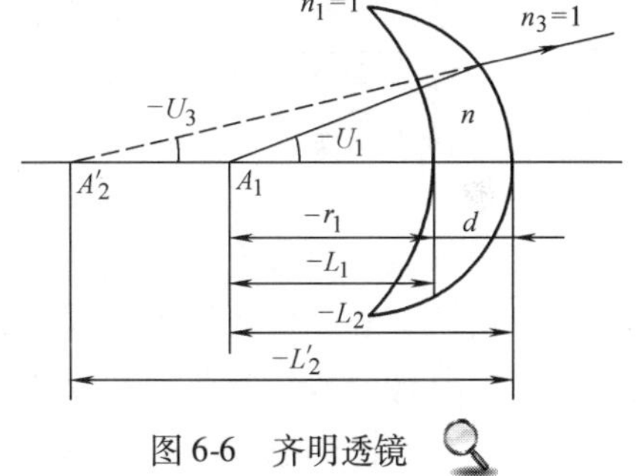

图 6-6　齐明透镜

由这样两个齐明面组成的透镜叫作齐明透镜，经该透镜后

$$\sin U_3=\sin U_1/\beta=\sin U_1/n \tag{6-26}$$

如果透镜的玻璃折射率为 $n=1.5$，则系统前放入这样一个齐明透镜，可使系统入射光束的孔径角增大 1.5 倍。若在这个弯月镜后还有两个这样设计的齐明镜，则

$$\sin U_5=\sin U_1/n^3$$

例 2　物点同第一个折射面的顶点重合，即 $L=L'=0$，$\beta_1=+1$。第一个表面的曲率半径可以是任意的，通常为平面，如图 6-7 所示。第二个表面满足齐明条件，当透镜厚度为 d 时，有下列关系

$$L_2=-d$$

$$L_2'=n_2L_2/n_3=-nd$$

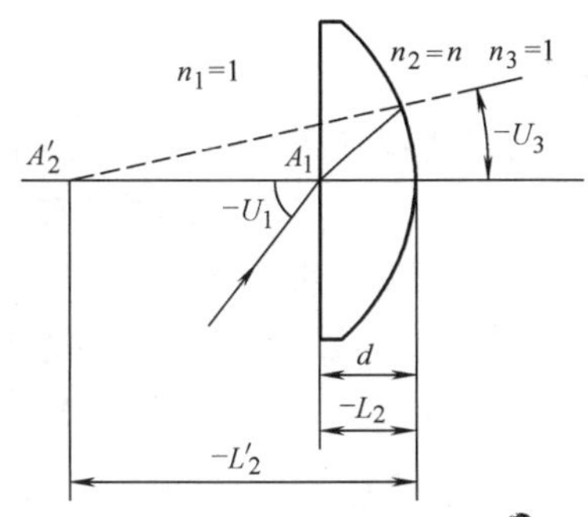

图 6-7　带有齐明面的透镜 

$r_2 = n_2 L_2/(n_2 + n_3) = -nd/(n+1)$

$\beta_2 = (n_2/n_3)^2 = n^2$

$\beta = \beta_1 \beta_2 = n^2$

$\sin U_3 = \sin U_1/\beta = \sin U_1/n^2$

如果光学系统有较大的孔径角，那么在系统像差校正时困难较大，但若在系统的前部放一齐明透镜，则对轴上点（对于小面元）不引进像差，这样大大地减少了后面系统的孔径角负担，系统的残余像差不大。

第四节 正弦差和彗差

一、正弦差

对于轴外物点，主光线不是系统的对称轴，对称轴是通过物点和球心的辅助轴。由于球差的影响，对称于主光线的同心光束，经光学系统后，它们不再对称于主光线，且对称光束的交点也不与主光线相交，即相对主光线失去对称性。正弦差即用来表示小视场时宽光束成像的不对称性。

垂直于光轴平面内两个相邻点，一个是轴上点，一个是靠近光轴的轴外点，其理想成像的条件是

$$ny\sin U = n'y'\sin U' \tag{6-27}$$

上式即是所谓的正弦条件。当光学系统满足正弦条件时，若轴上点理想成像，则近轴物点也理想成像，即光学系统既无球差也无正弦差，这就是所谓不晕成像。

当物体在无限远时，$\sin U_1 = 0$，正弦条件可以表示为

$$f' = h/\sin U' \tag{6-28}$$

实际光学系统对轴上点只能使某一带的球差为零，即轴上点不能成完善像，物点的像是一个弥散斑。只要弥散斑很小，则认为像质是好的。同理，对于近轴物点，用宽光束成像时也不能成完善像，故只能要求其成像光束结构与轴上点成像光束结构相同，也就是说，轴上点和近轴点有相同的成像缺陷，称为等晕成像。欲满足等晕成像的要求，光学系统必须满足等晕条件，即

$$\frac{1}{\beta}\frac{n}{n'}\frac{\sin U}{\sin U'} - 1 = \frac{\delta L'}{L' - l'_z} \tag{6-29}$$

式中，l'_z 为第二近轴光线计算的出瞳距，β 为近轴区垂轴放大倍率。若物体在无限远，等晕条件为

$$\frac{h_1}{f'\sin U'} - 1 = \frac{\delta L'}{L' - l'_z} \tag{6-30}$$

等晕成像在图6-8a中示出。因研究近轴点成像，其视场较小，故其他视场像差不考虑。由图可知，轴上点与轴外点具有相同的球差值，且轴外光束不失对称性，即无正弦差。这就是满足等晕条件的系统。

若系统不满足等晕条件，则式(6-29)和式(6-30)等式两端不相等，其偏差用 OSC' 表示，即是正弦差（off sine condition）。由上两式可以导出，物体在有限远时，其正弦差为

$$OSC' = \frac{n}{\beta n'}\frac{\sin U}{\sin U'} - \frac{\delta L'}{L' - l'_z} - 1 \tag{6-31}$$

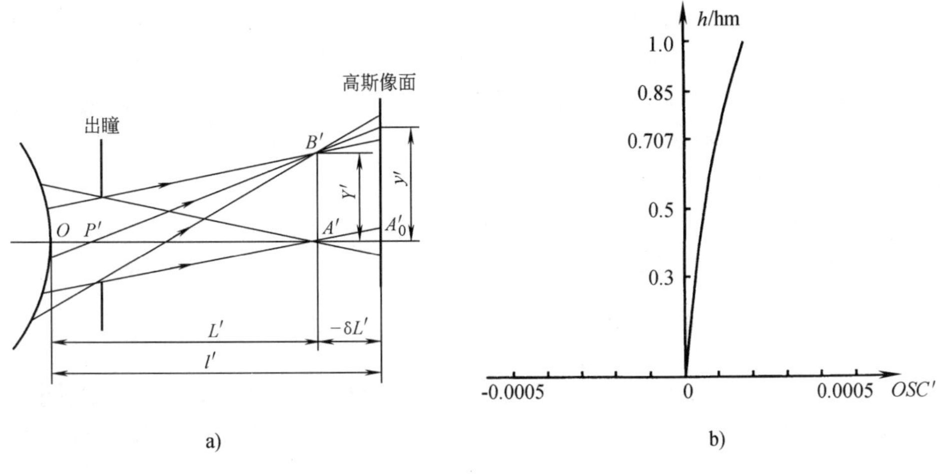

图 6-8　等晕成像与正弦差曲线

物体在无限远时，其正弦差为

$$OSC' = \frac{h_1}{f'\sin U'} - \frac{\delta L'}{L' - l'_z} - 1 \tag{6-32}$$

正弦差 $OSC'=0$，球差 $\delta L' \neq 0$，则满足等晕成像条件；若正弦差 $OSC'=0$，球差 $\delta L'=0$，由式(6-31)可以得出

$$ny\sin U = n'y'\sin U'$$

此式正是正弦条件，因此可以说，正弦条件是等晕条件的特殊情况。

由式(6-31)和式(6-32)可知，除出瞳距 l'_z外，其余各参量都是轴上点子午面内孔径光线的参量，在计算球差时已求出。所以对于近轴物点，只需计算一条第二近轴光线，便能从轴上物点的像差计算中确定正弦差的大小。由前面的光线光路计算结果可得，双胶合望远物镜的正弦差，由式(6-32)计算为

$$\begin{aligned} OSC' &= \frac{h_1}{f'\sin U'} - \frac{\delta L'}{L' - l'_z} - 1 \\ &= \frac{10}{99.896 \times 0.10008} - \frac{-0.004}{97.005 - (-3.3813)} - 1 = 0.00028 \end{aligned}$$

正弦差曲线如图 6-8b 所示，需注意的是由于正弦差实质是相对彗差，故曲线的横坐标没有量纲；正弦差又是小视场宽光束像差，故曲线的纵坐标是光线在入瞳处的相对出射高度或孔径角。

由正弦差的表示式可知，它与视场无关，只是孔径的函数，其随孔径变化的规律与球差一样，故其级数展开式可写为

$$C' = A_1 h_1^2 + A_2 h_1^4 + A_3 h_1^6 \tag{6-33}$$

第一项称为初级正弦差，第二项为二级正弦差，其余类推。初级正弦差的分布式可以写作

$$OSC' = -\frac{1}{2J}\sum_1^k S_{\mathrm{II}} \tag{6-34}$$

$$S_{\text{II}} = luni_z(i-i')(i'-u) = S_{\text{I}}i_z/i \tag{6-35}$$

S_{II}称作初级彗差分布系数。由此可知，当 l 一定时，初级正弦差与孔径平方成正比，而与视场无关，但因分布式中含有与光阑位置有关的 i_z 项，因此正弦差与孔径光阑的位置有关，改变光阑的位置可以使正弦差发生变化。这样，可以把光阑位置作为校正正弦差的一个参数。由公式(6-35)可以得出，当

1）$i_z=0$，即光阑在球面的曲率中心；

2）$l=0$，即物点在球面顶点；

3）$i=i'$，即物点在球面曲率中心；

4）$i'=u$，即物点在 $L=(n'+n)r/n$ 处。

均不产生正弦差。因此,在第三节中所论述的三对无球差的物点和像点的位置,同样也没有正弦差,均满足正弦条件。校正了球差,并满足正弦条件的一对共轭点,称作不晕点或齐明点。

二、彗差

彗差是轴外点宽光束的像差，是孔径和视场的函数。彗差与正弦差没有本质区别，二者均表示轴外物点宽光束经光学系统成像后失对称的情况，区别在于正弦差仅适用于具有小视场的光学系统，而彗差可用于任何视场的光学系统。然而，用正弦差表示轴外物点宽光束经系统后的失对称情况，可不必计算相对主光线对称入射的上、下光线，在计算球差的基础上，只需计算一条第二近轴光线即可，而为了计算彗差，必须对每一视场计算相对主光线对称入射的上、下两光线对。

具有彗差的光学系统，轴外物点在理想像面上形成的像点如同彗星状的光斑，靠近主光线的细光束交于主光线形成一亮点，而远离主光线的不同孔径的光线束形成的像点是远离主光线的不同圆环，如图6-9所示，故这种成像缺陷称为彗差。

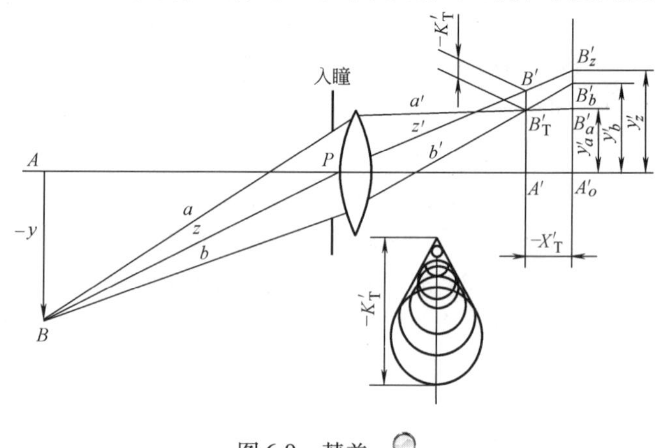

图6-9 彗差

为了表示彗差的大小，通常在子午面和弧矢面内用不同孔径的光线对在像空间的交点到主光线的垂轴距离表示。子午面内的光线对的交点到主光线的垂轴距离称为子午彗差，用 K'_T表示；弧矢面内的光线对的交点到主光线的距离称为弧矢彗差，用 K'_S表示。子午彗差是以轴外点子午光束的上、下光线在高斯像面（即理想像面）的交点高度 y'_a和 y'_b的平均值 $(y'_a+y'_b)/2$与主光线在高斯像面上交点高度 y'_z之差来表示的，即

$$K'_T = (y'_a+y'_b)/2 - y'_z \tag{6-36}$$

y'_a、y'_b和 y'_z可通过式(6-6)计算得出。

因弧矢光线对的两条光线对称于子午面，故两光线在高斯像面上的交点高度 y'_S相等，弧矢彗差表示为

$$K'_S = y'_S - y'_z \tag{6-37}$$

y'_S可通过空间光线的光路计算求得，计算较为复杂（本书不做介绍，可参阅上篇参考文

献[2])。但弧矢彗差总比子午彗差小，手工计算光路时可不必考虑。

根据彗差的定义，彗差是与孔径 U（h）和视场 y（或 w）都有关的像差。当孔径 U 改变符号时，彗差的符号不变，故展开式中只有 U（h）的偶次项；当视场 y 改变符号时，彗差反号，故展开式中只有 y 的奇次项；当视场和孔径均为零时，没有彗差，故展开式中没有常数项。这样彗差的级数展开式为

$$K_S' = A_1 y h^2 + A_2 y h^4 + A_3 y^3 h^2 + \cdots \tag{6-38}$$

式中第一项为初级彗差，第二项为孔径二级彗差，第三项为视场二级彗差。对于大孔径小视场的光学系统，彗差主要由第一、二项决定；对于大视场，相对孔径较小的光学系统，彗差主要由第一、三项决定。

与球差的推导方法相同，若边缘孔径光线的彗差校正到零时，在0.707带可得到最大的剩余彗差，其值是孔径二级彗差的 -1/4 倍，即

$$K_{S0.707}' = -A_2 y h_m^4/4$$

初级子午彗差的分布式为

$$K_T' = -\frac{3}{2n_k' u_k'}\sum_1^k S_{\mathrm{II}} \tag{6-39}$$

初级弧矢彗差的分布式为

$$K_S' = -\frac{1}{2n_k' u_k'}\sum_1^k S_{\mathrm{II}} \tag{6-40}$$

由此可知，初级子午彗差是弧矢彗差的3倍。

比较式(6-34)和式(6-40)可知，初级彗差与初级正弦差的关系为

$$OSC' = K_S'/y' \tag{6-41}$$

由级数展开式(6-38)可知，彗差与孔径的平方成正比。因此，彗差的头部最亮，即主光线与像面的交点处最亮，由此可确定轴外像点的位置。根据彗差的头部的方向可确定彗差的正负。

由式(6-41)，已知正弦差后可计算初级彗差。计算例题中的初级子午彗差是

$$K_T' = 3K_S' = 3OSC'y' = 3 \times 0.00028 \times 3 = 0.00254\mathrm{mm}$$

由此可见例题中的彗差很小，其对弥散斑的形状影响较小。

彗差是轴外像差之一，它破坏了轴外视场成像的清晰度。由式(6-38)可知，彗差值随视场的增大而增大，故对大视场的光学系统，必须校正彗差。前面已指出，若光阑通过单折射面的球心，则不产生彗差。且在后面将要论述，有些特定的光学系统，不仅不产生彗差，其轴外点的垂轴像差也不产生，如对称式的光学系统，当物像垂轴放大倍率为 $\beta=-1$ 时，所有垂轴像差自动校正。因为在此条件下，对称于孔径光阑前部和后部光学系统所产生的垂轴像差大小相等，符号相反，所以系统的前部和后部所产生的垂轴像差相互补偿。这一设计思想已用于光学设计中。

第五节　场曲和像散

一、场曲与轴外球差

场曲是轴外点光束象差，仅是视场的函数。在第四节中指出，彗差是孔径和视场的函

数，同一视场不同孔径的光线对的交点不仅在垂直于光轴方向偏离主光线，而且沿光轴方向也和高斯像面有偏离。子午宽光束的交点沿光轴方向到高斯像面的距离 X_T'称为宽光束的子午场曲，子午细光束的交点沿光轴方向到高斯像面的距离 x_t'被称为细光束的子午场曲。与轴上点的球差类似，这种轴外点宽光束的交点与细光束的交点沿光轴方向的偏离称为轴外子午球差，用 $\delta L_T'$表示

$$\delta L_T' = X_T' - x_t' \tag{6-42}$$

同理，在弧矢面内，弧矢宽光束交点沿光轴方向到高斯像面的距离 X_S'称为宽光束弧矢场曲，弧矢细光束的交点沿光轴方向到高斯像面的距离 x_s'称为细光束弧矢场曲，两者间的轴向距离称为轴外弧矢球差，用 $\delta L_S'$表示

$$\delta L_S' = X_S' - x_s' \tag{6-43}$$

各视场的子午像点构成的像面称为子午像面，由弧矢像点构成的像面称为弧矢像面，如图 6-10 所示，两者均为对称于光轴的旋转曲面。由此可知，当存在场曲时，在高斯像平面上超出近轴区的像点都会变得模糊。一平面物体的像变成一回转的曲面，在任何像平面处都不会得到一个完善的物平面的像。

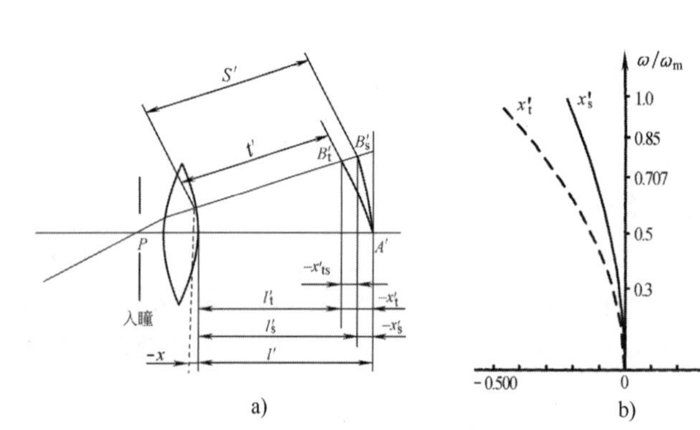

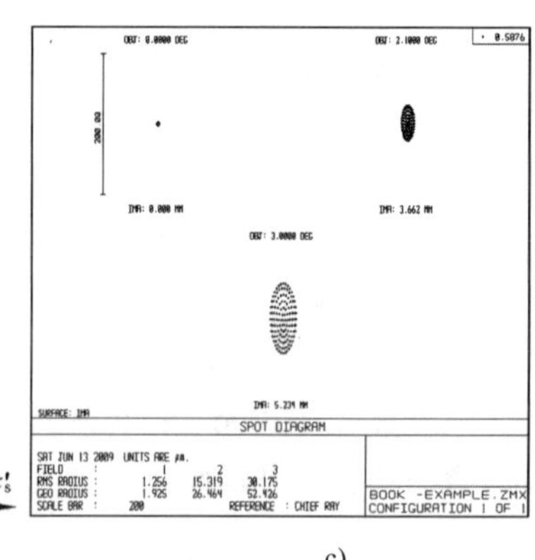

图 6-10 场曲和像散

a）场曲像面 b）场曲与像散、像差曲线 c）计算机仿真效果

细光束的子午场曲和弧矢场曲的计算公式为

$$\begin{aligned} x_t' &= l_t' - l' = t'\cos U_z' + x - l' \\ x_s' &= l_s' - l' = s'\cos U_z' + x - l' \end{aligned} \tag{6-44}$$

由此可知，为计算细光束场曲，只需计算各视场的轴外点细光束的光路和轴上点近轴光路，则可得各视场的场曲。宽光束场曲的计算比较复杂，本书在此不做介绍，可参阅上篇参考文献［2］。

用前面的光线光路计算结果，按式(6-44)可得双胶合物镜在视场为 -3°时的场曲为

$$x_t' = (96.6507 \times \cos 2°59'6'' - 0.00012 - 97.009)\text{mm} = -0.4896\text{mm}$$

$$x_s' = (96.9132 \times \cos 2°59'6'' - 0.00012 - 97.009)\text{mm} = -0.2274\text{mm}$$

结果表明，轴外点子午细光束的交点和弧矢细光束的交点并不重合，也不在高斯像面上。

细光束的场曲与孔径无关，只是视场的函数。当视场角为零时，不存在场曲，故场曲的

级数展开式与球差类似，只要把孔径坐标用视场坐标代替，即

$$x'_{t(s)} = A_1 y^2 + A_2 y^4 + A_3 y^6 + \cdots \tag{6-45}$$

展开式中第一项为初级场曲，第二项为二级场曲，其余类推，一般取前两项就够了。

与球差分析相同，当边缘视场 y_m（或 ω_m）校正到零时，$0.707y_m$ 带有最大剩余场曲，其值是高级场曲的 $-1/4$ 倍。

初级子午场曲和弧矢场曲的分布式分别为

$$x'_t = -\frac{1}{2n'_k u'^2_k}\sum_1^k (3S_{\mathrm{III}} + S_{\mathrm{IV}}) \tag{6-46}$$

$$x'_s = -\frac{1}{2n'_k u'^2_k}\sum_1^k (S_{\mathrm{III}} + S_{\mathrm{IV}}) \tag{6-47}$$

$$S_{\mathrm{III}} = luni(i-i')(i'-u)(i_z/i)^2 = S_{\mathrm{I}}(i_z/i)^2 \tag{6-48}$$

$$S_{\mathrm{IV}} = J^2(n'-n)/nn'r \tag{6-49}$$

式中，S_{III}是系统的初级像散分布系数；S_{IV}是系统的初级场曲分布系数；J是拉赫不变量。

二、像散

由式(6-44)的计算表明，细光束的子午像点和弧矢像点并不重合，两者分开的轴向距离称为像散，用x'_{ts}表示

$$x'_{ts} = x'_t - x'_s = (t'-s')\cos U'_z \tag{6-50}$$

在上例中，像散为

$$x'_{ts} = -0.4896\text{mm} - (-0.2274)\text{mm} = -0.2622\text{mm}$$

图6-10b 表示上例中细光束子午场曲和弧矢场曲的像差曲线。由像差曲线可知，随着视场的增大，场曲和像散迅速增大。这是因为场曲和像散随视场的二次方倍（初级）和四次方倍（高级）增大。由式(6-46)～式(6-49)可知，细光束的场曲与 S_{III} 和 S_{IV} 相关，而 S_{IV} 为系统结构参数的函数，一般不可能为零，要想校正场曲与像散，应使 S_{III} 和 S_{IV} 异号，但平面像场是永远不能达到的。如图6-11 所示，当系统具有像散时，不同像面位置物点的成像情况。

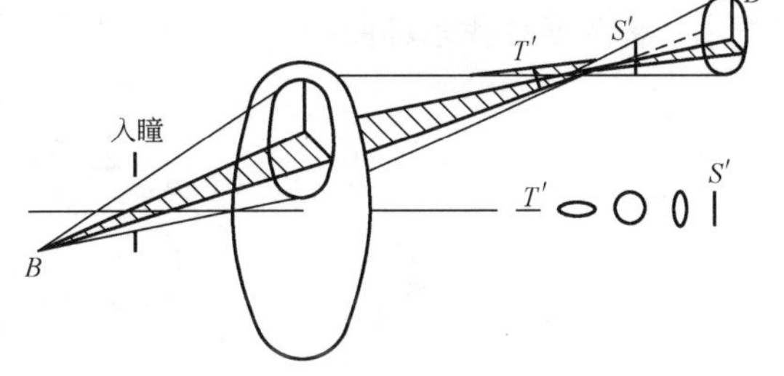

图 6-11　存在像散时的光束结构 

在子午像点 T' 处得到一垂直于子午面的短线，称作子午焦线；在弧矢像点 S'处，得到一垂直于弧矢平面的短线，称作弧矢焦线，两条焦线互相垂直。在子午焦线和弧矢焦线中间，物点的像是一个圆斑，其他位置是椭圆形弥散斑。

如图6-10c 所示为上例中在高斯像面各视场的弥散斑的形状。其中，零视场是一圆斑，表明轴上点只有球差，0.7 视场和1 视场的是椭圆，均方半径分别是 15.3μm 和 30.1μm，表明轴外点像散较大，因1 视场的椭圆大于0.7 视场的椭圆，表明像散随着视场的增大而增大。

若光学系统对直线成像，由于像散的存在，其成像质量与直线的方向有关。例如，若直线在子午面内，其子午像是弥散的，其弧矢像是清晰的；若直线在弧矢面内，其弧矢像是弥

散的，而子午像是清晰的。若直线既不在子午面又不在弧矢面内，则其子午像和弧矢像均不清晰。图6-12所示为物面是一带有肋线的环轮时，在子午焦面和弧矢焦面的成像情况。

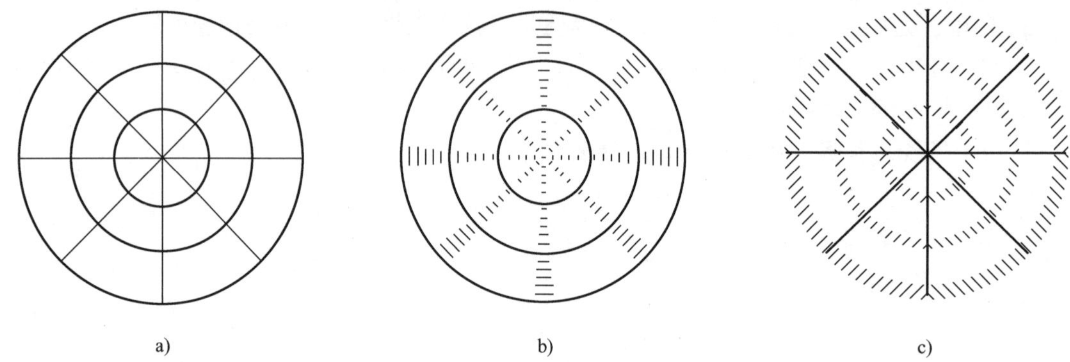

图6-12 环轮的像散

a）物平面 b）在子午焦面 c）在弧矢焦面

同理，宽光束的子午像点和弧矢像点也不重合，两者之间的轴向距离称为宽光束的像散，以 X'_{TS} 表示

$$X'_{\mathrm{TS}} = X'_{\mathrm{T}} - X'_{\mathrm{S}} \tag{6-51}$$

初级像散的分布式可由式(6-46)和式(6-47)相减而得

$$x'_{\mathrm{ts}} = -\frac{1}{n'_k u'^2_k}\sum_1^k S_{\mathrm{III}} \tag{6-52}$$

由像散分布式可知，对单个折射球面而言，没有正弦差的物点位置（齐明点）和光阑位置（光阑在球心）也不存在像散。然而，当像散为零时（$S_{\mathrm{III}}=0$），虽然子午焦点和弧矢焦点重合在一起，但像面弯曲仍然存在，中心视场调焦清晰了，边缘视场仍然模糊。由式(6-49)可知，球面光学系统存在场曲是球面本身所决定的。当像散为零时的像面弯曲以 x'_{p} 表示，称为匹兹伐尔场曲

$$\begin{aligned} x'_{\mathrm{p}} &= -\frac{1}{2n'_k u'^2_k}\sum_1^k S_{\mathrm{IV}} \\ &= -\frac{1}{2n'_k u'^2_k} J^2 \sum_1^k \frac{n'-n}{nn'r} \end{aligned} \tag{6-53}$$

由上面的讨论可知，像散和场曲是两个不同的概念，两者既有联系，又有区别。像散的存在，必然引起像面弯曲；但反之，即便像散为零，子午像面和弧矢像面重合在一起，像面也不是平的，而是相切于高斯像面中心的二次抛物面。

第六节 畸 变

畸变是主光线的像差。由于光阑球差的影响，不同视场的主光线通过光学系统后与高斯像面的交点高度 y'_z 不等于理想像高 y'，其差别就是系统的畸变，用 $\delta y'_z$ 表示

$$\delta y'_z = y'_z - y' \tag{6-54}$$

在光学设计中，通常用相对畸变 q' 来表示

$$q' = \frac{\delta y_z'}{y'} \times 100\% = \frac{\bar{\beta} - \beta}{\beta} \times 100\% \tag{6-55}$$

式中，$\bar{\beta}$ 为某视场的实际垂轴放大倍率；β 为光学系统的理想垂轴放大倍率。

相对畸变对应于直线像的弯曲度（线的长度除以弯曲半径）。可以证明相对畸变的 2 倍等于线像的弯曲度。弯曲度小于 4% 时人眼尚无感觉。

畸变仅是视场的函数，不同视场的实际垂轴放大倍率不同，畸变也不同。如一垂直于光轴的正方形平面物体，如图 6-13a 所示，当系统具有正畸变时，则其像如图 6-13b 所示；当系统具有负畸变时，则其像如图 6-13c 所示，图中的虚线表示理想像的图形。正畸变也称枕形畸变，负畸变也称桶形畸变。

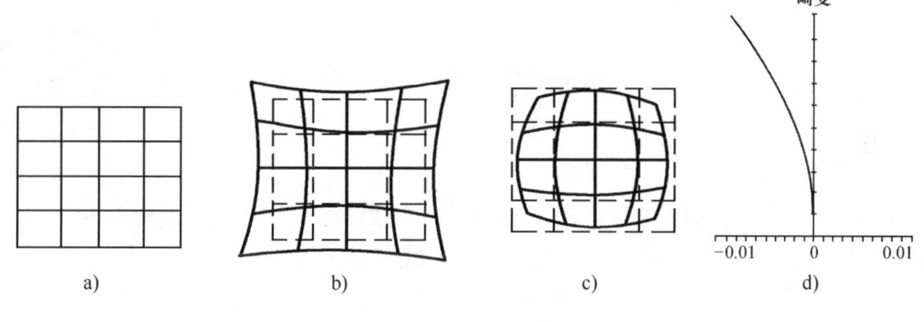

图 6-13　畸变

由畸变的定义可知，畸变是垂轴像差，它只改变轴外物点在理想像面上的成像位置，使像的形状产生失真，但不影响像的清晰度。

在第二节的例子中，由光线的光路计算可得出视场 $\omega = -3°$ 时的畸变大小过程如下

$$y' = (l_z' - l')u_z' = (-3.3813 - 97.009)(-0.052783)\text{mm} = 5.22816\text{mm}$$

$$y_z' = (L_z' - l')\text{tg}U_z' = (-3.3782 - 97.009)(-0.0521491)\text{mm} = 5.2351\text{mm}$$

畸变为

$$\delta y_z' = y_z' - y' = (5.2351 - 5.22816)\text{mm} = 0.00694\text{mm}$$

其相对畸变曲线如图 6-13d 所示，最大相对畸变为

$$q' = (\delta y_z'/y') \times 100\% = (0.00694/5.22816) \times 100\% = 1.3\%$$

畸变仅与物高 y（或 ω）有关，随 y 的符号改变而变号，故在其级数展开式中，只有 y 的奇次项

$$\delta y_z' = A_1 y^3 + A_2 y^5 + \cdots \tag{6-56}$$

第一项为初级畸变，第二项为二级畸变。展开式中没有 y 的一次项，因一次项表示理想像高。与球差的分析方法相同，在边缘视场 y_m 处畸变校正到零时，在 $0.775y_m$ 视场有最大的剩余畸变，其值是高级畸变的 0.186 倍。

初级畸变的分布式是

$$\delta y_z' = -\frac{1}{2n_k' u_k'} \sum_1^k S_{\text{V}} \tag{6-57}$$

$$S_{\text{V}} = (S_{\text{III}} + S_{\text{IV}}) i_z / i \tag{6-58a}$$

或写作

$$S_{\mathrm{V}} = l_z u_z n i (i_z - i_z')(i_z' - u_z) + J(u_z^2 - u_z'^2) \tag{6-58b}$$

由式(6-58a)可知，若孔径光阑与球面的球心重合，则该球面不产生畸变。由式(6-58b)进一步分析表明，产生畸变原因有二：光阑位置的正弦差（式中前部）和角倍率（式中后部）引起。所以若仅满足光阑位置的正弦条件

$$n y_z \sin U_z = n' y_z' \sin U_z'$$

则不能消除畸变，角倍率还必须再满足正切条件

$$n y \tan U_z = n' y' \tan U_z'$$

要完全消除畸变是困难的，因为消畸变的正切条件和消光阑彗差的正弦条件是不能同时满足的。

对于 $\beta = -1$ 的对称光学系统，由于光阑位于系统的中间，其前部系统和后部系统的畸变大小相等，符号相反，畸变自动校正。

第七节 色　　差

一、位置色差、色球差和二级光谱

光学材料对不同波长的色光有不同的折射率，因此同一孔径不同色光的光线经光学系统后与光轴有不同的交点。不同孔径不同色光的光线与光轴的交点也不相同。在任何像面位置，物点的像是一个彩色的弥散斑，如图 6-14 所示。各种色光之间成像位置和成像大小的差异称为色差。

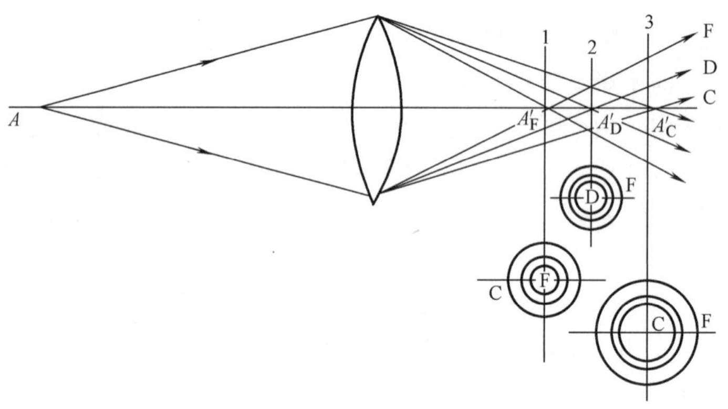

图 6-14　轴上点色差

轴上点两种色光成像位置的差异称为位置色差，也叫轴向色差。对目视光学系统用 $\Delta L'_{FC}$ 表示，即系统对 F 光和 C 光消色差

$$\Delta L'_{FC} = L'_F - L'_C \tag{6-59}$$

对近轴区表示为

$$\Delta l'_{FC} = l'_F - l'_C \tag{6-60}$$

根据定义可知，位置色差在近轴区就已产生。为计算色差，只需对 F 光和 C 光进行近轴光路计算，就可求出系统的近轴色差和远轴色差。

不同孔径的光线有不同的色差值，一般对 0. 707 带的光线校正色差后，其他带仍存在有剩余色差。图 6-15 所示为光路计数例中的 D、F、C 三色光的球差曲线。

由图可知，在0.707带校正色差之后，边缘带色差$\Delta L'_{FC}$和近轴色差$\Delta l'_{FC}$并不相等，两者之差称为色球差$\delta L'_{FC}$，它也等于F光的球差$\delta L'_F$和C光的球差$\delta L'_C$之差

$$\delta L'_{FC}=\Delta L'_{FC}-\Delta l'_{FC}=\delta L'_F-\delta L'_C \qquad (6\text{-}61)$$

色球差属于高级像差。

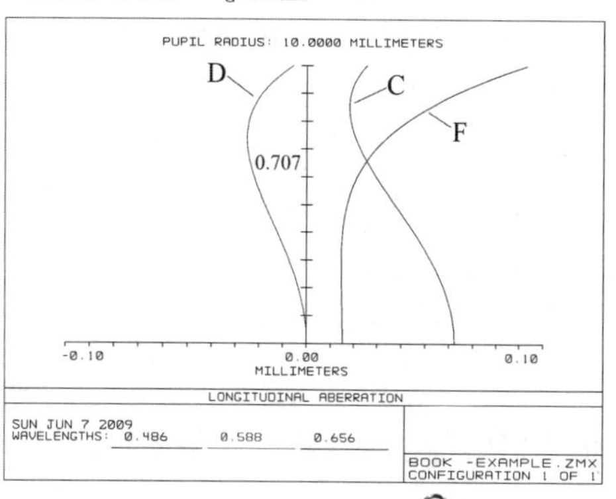

图6-15　色差曲线 

由图6-15还可以看出，在0.707带对F光和C光校正了色差，但两色光的交点与D光球差曲线并不相交，此交点到D光曲线的轴向距离称为二级光谱，用$\Delta L'_{FCD}$来表示，则有

$$\Delta L'_{FCD}=L'_{F0.707h}-L'_{D0.707h} \qquad (6\text{-}62)$$

二级光谱校正十分困难，一般光学系统不要求校正二级光谱，但对高倍显微物镜、天文望远镜、高质量平行光管物镜等应进行校正。二级光谱与光学系统的结构参数几乎无关，可以近似地表示为

$$\Delta L'_{FCD}=0.00052f' \qquad (6\text{-}63)$$

位置色差仅与孔径有关，其符号不随入射高度的符号改变而改变，故其级数展开式仅与孔径的偶次方有关，当孔径h（或U）为零时，色差不为零，故展开式中有常数项，展开式为

$$\Delta L'_{FC}=A_0+A_1h_1^2+A_2h_1^4+\cdots \qquad (6\text{-}64)$$

式中，A_0是初级位置色差，即近轴光的位置色差$\Delta l'_{FC}$，而第二项是二级位置色差，不难证明，第二项实际上就是色球差

$$A_1h_1^2=A_{F1}h_1^2-A_{C1}h_1^2=\delta L'_F-\delta L'_C=\delta L'_{FC}$$

初级色差的分布式为

$$\Delta l'_{FC}=-\frac{1}{n'_k u'^2_k}\sum_1^k C_{\mathrm{I}} \qquad (6\text{-}65)$$

$$C_{\mathrm{I}}=luni(\Delta n'/n'-\Delta n/n) \qquad (6\text{-}66)$$

式中，$\Delta n'=n'_F-n'_C$，$\Delta n=n_F-n_C$，C_{I}称为初级位置色差分布系数。

对于单薄透镜，应用式(6-66)可得

$$\sum_1^N C_{\mathrm{I}}=\sum_1^N h^2\frac{\Phi}{\nu} \qquad (6\text{-}67)$$

式中，ν为透镜玻璃的阿贝数；Φ为透镜的光焦度；N为透镜数；h为透镜的半通光口径。

由此可知，单透镜不能校正色差，单正透镜具有负色差，单负透镜具有正色差。色差的大小与光焦度成正比，与阿贝数成反比，与结构形状无关。因此消色差的光学系统需由正负透镜组成。对于双胶合薄透镜组，满足消色差的条件是

$$h^2(\Phi_1/\nu_1+\Phi_2/\nu_2)=0 \qquad (6\text{-}68)$$

$$\Phi_1+\Phi_2=\Phi$$

由此可得出，满足总光焦度为Φ时，正、负透镜的光焦度分配应为

$$\Phi_1=\nu_1\Phi/(\nu_1-\nu_2)$$

$$\Phi_2=-\nu_2\Phi/(\nu_1-\nu_2) \qquad (6\text{-}69)$$

对于其他薄透镜（例如双分离），可由公式(6-67)类似地用上述方法求出。

二、倍率色差

由几何光学理论可知，光学系统的垂轴放大率$\beta=l'/l=-f/x$。因系统的焦距或像距是曲率半径r、间距d和折射率n的函数，同一介质对不同的色光有不同的折射率，故对轴外物点，不同色光的垂轴放大率也不相等，这种差异称为倍率色差或垂轴色差。由于不同色光有不同的像面位置（见图6-16），不同色光的像高都在消单色像差的高斯像面上进行度量，因此倍率色差定义为轴外物点发出的两种色光的主光线在消单色光像差的高斯像面上交点高度之差，对目视光学系统，表示为

$$\Delta Y'_{FC}=Y'_F-Y'_C \tag{6-70}$$

近轴光倍率色差为（称初级倍率色差）

$$\Delta y'_{FC}=y'_F-y'_C \tag{6-71}$$

式中，y'_F和y'_C为色光的第二近轴光像高。

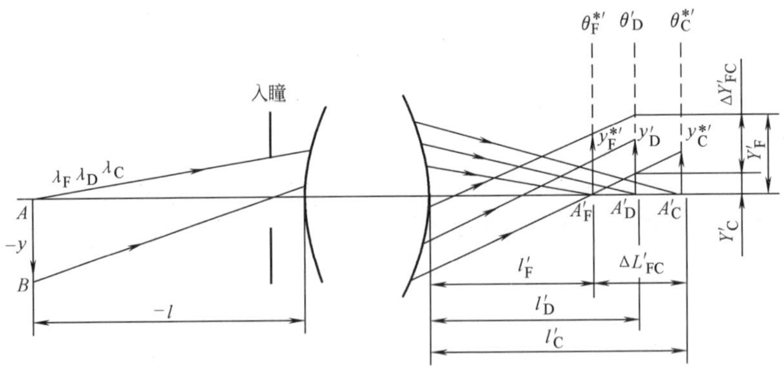

图6-16 倍率色差

由远轴光线的光路计算可得出各色光像高

$$Y'_{zF}=(L'_{zF}-l')\tan U'_{zF}$$
$$Y'_{zC}=(L'_{zC}-l')\tan U'_{zC} \tag{6-72}$$

同理，由近轴光线的光路计算可得出近轴各色光像高

$$y'_{zF}=(l'_{zF}-l')u'_{zF}$$
$$y'_{zC}=(l'_{zC}-l')u'_{zC} \tag{6-73}$$

倍率色差是像高的色差别，故其级数展开式与畸变的形式相同，但不同色光的理想像高不同，故展开式中含有物高的一次项

$$\Delta y'_{FC}=A_1y+A_2y^3+A_3y^5+\cdots \tag{6-74}$$

式中，第一项为初级倍率色差，第二项为二级倍率色差。一般情况下，上式中只取前两项即可。

初级倍率色差式(6-71)表示的是近轴区轴外物点两种色光的理想像高之差。由式(6-74)可知，倍率色差的高级分量与畸变的幂级数展开式相同，由此可以推出，高级倍率色差是不同色光的畸变差别所致，所以也称作色畸变。

$$A_2 y^3 = \delta Y'_{zF} - \delta Y'_{zC} \tag{6-75}$$

令边缘带 y_m 的倍率色差为零，则在 $y=0.58y_m$ 带有最大的剩余倍率色差。其值为

$$\Delta Y'_{FC\,0.58} = -0.38A_2 y_m^3$$

即是边缘视场高级倍率色差的 -0.38 倍。初级倍率色差的分布式为

$$\Delta y'_{FC} = -\frac{1}{n'_k u'_k}\sum_1^k C_{\mathrm{II}} \tag{6-76}$$

$$C_{\mathrm{II}} = luni_z(\Delta n'/n' - \Delta n/n) = C_{\mathrm{I}}(i_z/i) \tag{6-77}$$

由此可知，当光阑在球面的球心时（$i_z=0$），该球面不产生倍率色差，若物体在球面的顶点（$l=0$），则也不产生倍率色差。同样对于全对称的光学系统，当 $\beta=-1$ 时，倍率色差自动校正。

对于薄透镜系统，由式(6-77)可以导出

$$\sum_1^N C_{\mathrm{II}} = \sum_1^N hh_z\frac{\Phi}{\nu}(N\text{ 为单透镜个数}) \tag{6-78}$$

由此可知，若光阑在透镜上（$h_z=0$），则该薄透镜组不产生倍率色差。

由式(6-77)和式(6-78)可以得出，对于密接薄透镜组，若系统已校正色差，则倍率色差也同时得到校正。但是若系统由具有一定间隔的两个或多个薄透镜组成，只有对各个薄透镜组分别校正了位置色差，才能同时校正系统的倍率色差。

第八节　像差特征曲线与分析

一、像差特征曲线

对于大孔径和大视场的光学系统，除计算各种实际像差的大小外，还要考虑其全孔径与全视场的像差合理平衡。因此计算并绘出光学系统的像差特征曲线是非常有用的。由于篇幅所限，本节只介绍子午面内的像差特征曲线，弧矢面内的像差特征曲线参见上篇参考文献[2]。

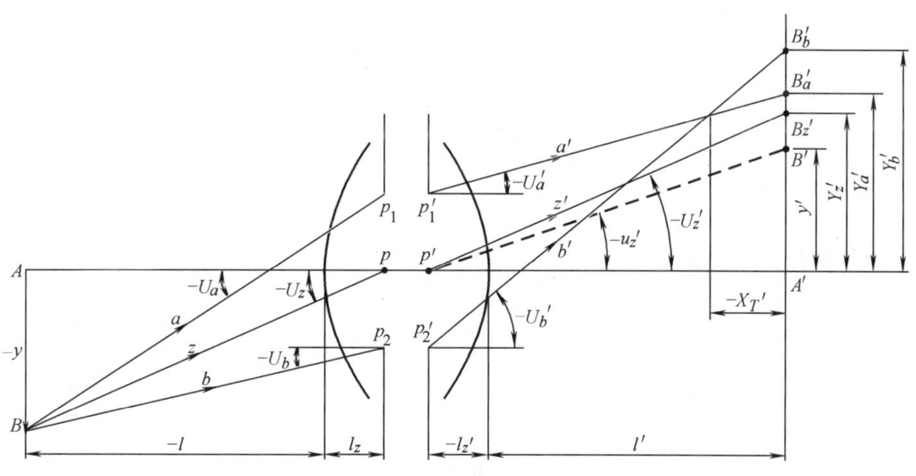

图 6-17　轴外成像光束

图6-17所示为轴外物点B发出的子午光束通过光学系统的情况。图中，B'点为第二近轴光线与高斯像的交点（即理想像点），B_z'是轴外主光线与高斯像面的交点，B_a'和B_b'分别为B点发出的上、下光线与高斯像面的交点。可以看出，轴外物点B在子午面内发出的光线经光学系统成像后在高斯像面上是不相交于一点的。为了表达由B点发出的不同孔径的光线通过光学系统后在高斯像面上交点的差异，通常需要计算由B点发出的上、下各五条光线，并计算其在高斯像面上的交点高度与主光线交点高度之差，即$\Delta Y'=Y'-Y_z'$。然后把$\Delta Y'$和对应的$\tan U'$按横、纵坐标绘制成曲线如图6-18所示，这就是光学设计中通称的$\Delta Y'$（或称Δh）$\tan U'$像差特征曲线。

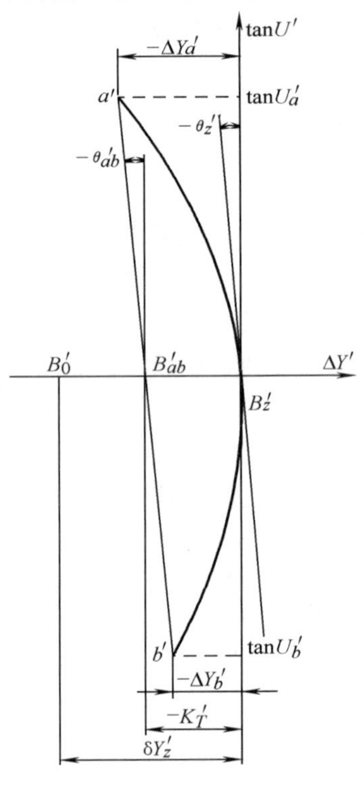

图6-18 子午像差特征曲线

在图6-18中，B_0'即为B'，根据图示和前述像差计算公式可得畸变为

$$\delta y_z'=\Delta Y_z'=B_z'B_0'=y_z'-y' \tag{6-79}$$

宽光束子午彗差为

$$K_T'=\frac{1}{2}(Y_a'+Y_b')-Y_z'=\frac{1}{2}(y_a'+y_b')-y_z' \tag{6-80}$$

在图6-18中，连接a'、b'点的连线斜率为$\tan\theta_{ab}'$，即为宽光束的子午场曲

$$X_T'=\frac{\Delta Y_a'-\Delta Y_b'}{\tan U_a'-\tan U_b'} \tag{6-81}$$

式中，$\Delta Y_a'=Y_a'-Y_z'$，$\Delta Y_b'=Y_b'-Y_z'$。在图6-18中，B_z'点处的斜率为$\tan\theta_z'$，即为细光束的子午场曲

$$x_t'=\tan\theta_z' \tag{6-82}$$

轴外点球差为

$$\delta L_T'=X_T'-x_t' \tag{6-83}$$

由上述分析可知，由像差特征曲线可以很清楚地看出轴外物点B经光学系统成像后的各种像差大小，这对光学系统的像差校正和成像质量评价大有益处。

在ZEMAX设计程序中像差特征曲线是用RAY表示，用光线在入瞳坐标P_X（子午）代替孔径角$\tan u$，其方向转90°。

二、像差特征曲线分析

如上所述，像差特征曲线不但可以判读像差大小，而且可以用于分析像差特性，这对像差的校正具有指导意义。

1. 光阑位置的选择　由子午像差特征曲线可以分析光学成像系统任何视场上、下两半部光束的成像情况。若上、下两部分光束的像差曲线失对称严重，可以移动光阑的位置，即改变主光线的位置，使得子午像差曲线中的横向坐标向上

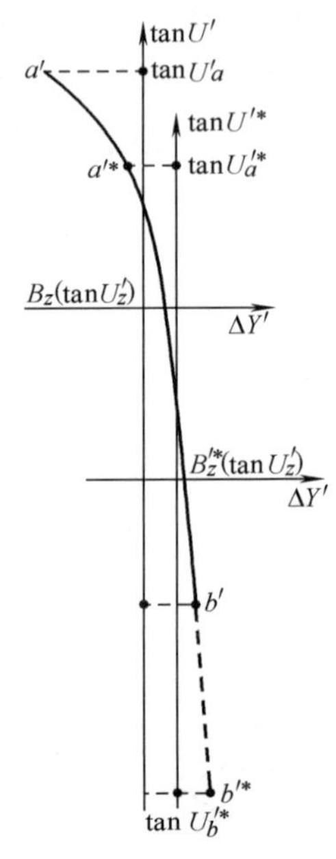

图6-19 光阑位移像差变化

或向下移动。例如在图 6-19 中，欲将上半部分像差大的部分拦截掉，而又保持通光孔径不变，则应使光阑向光学系统后面移动，这样可使主光线的位置向下移，使得 B_z'下移至 $B_z'^*$，a'下移至 a'^*，b'下移至 b'^*，因此，上、下光束在高斯像面的弥散情况要好于光阑下移前，其原因是下半部分光线的弥散值相对较小。为使轴上点光束孔径角不变，光阑位置改变后应重新计算光阑直径。

2. 离焦的选择　一般的像差特征曲线是在高斯像面上取值绘制的，但高斯像面不一定是实际成像系统的最佳像面，因此可以通过离焦的方法选取最佳像面。如图 6-20 所示，像平面若由 A'移至 A'^*，则子午面的弥散斑明显减少，$-\Delta l'$称作离焦量。一般来说，不同物点的像将有不同的离焦平面，而对所有视场均能获得较好成像的调焦平面称作最佳像面。图 6-21 为图 6-20 中离焦 $-\Delta l'$时的像差特征曲线，由图 6-21 可以看出，经离焦后，像点 B'的弥散值大小要比离焦前好得多。至于离焦量 $-\Delta l'$为多大，也就是说图 6-21 中纵轴旋转多大 $-\Delta\theta'$时，像点 B'的弥散值最小，即 B'点的像质最好，一般以像差特征曲线和旋转后的纵坐标轴之间所围的两部分面积的大小相等为准。下面来计算 $-\Delta l'$与 $-\Delta\theta'$之间的关系。

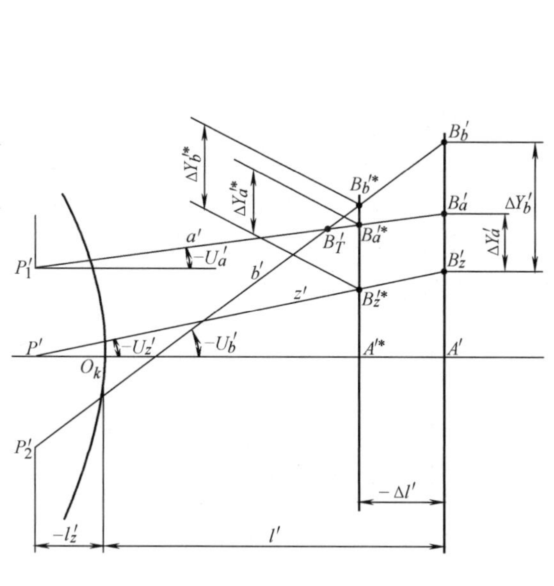

图 6-20　像面离焦

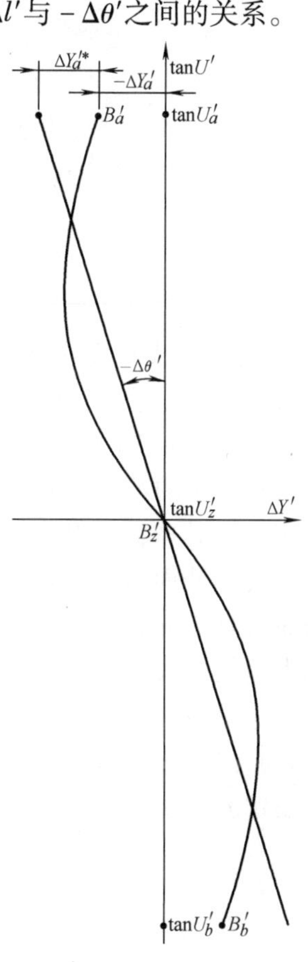

图 6-21　离焦后的像差

由图 6-20 可得出

$$-\Delta l'\tan(-U_z') = Y_z' - Y_z'^*,\quad -\Delta l'\tan(-U_a') = Y_a' - Y_a'^* \tag{6-84}$$

由上两式相减得

$$-\Delta l' = \frac{\Delta Y'^{*}_{a} - \Delta Y'_{a}}{\tan U'_{a} - \tan U'_{z}} \tag{6-85}$$

由图6-21可得出

$$-\tan\Delta\theta' = \frac{\Delta Y'^{*}_{a} - \Delta Y'_{a}}{\tan U'_{a} - \tan U'_{z}} \tag{6-86}$$

当 $\Delta\theta'$不大时，可取 $\Delta\theta' \approx \tan\Delta\theta'$，则有

$$\Delta l' = \Delta\theta' \tag{6-87}$$

式(6-87)说明 $\Delta\theta'$的弧度值为离焦量的大小，$\Delta\theta'$的正、负表示相对于原坐标系的正、反时针方向旋转。

3. 拦光　若像差特征曲线中边缘光束的横向像差较大，在不改变光阑位置的情况下，也可以通过另外设置光阑把部分像差较大的边缘光束拦截掉，称作拦光。这样做虽然降低像面照度产生渐晕，但能提高其成像质量。对于照相物镜，一般可允许边缘视场渐晕达50%，为达到这个目的，可设置渐晕光阑或使某些光学零件尺寸作得小些，但对轴上点规定的孔径光束不允许拦光。例如在图6-19中，若不使光阑位置移动，使 $a'a'^{*}$ 位置的光线利用上述方法拦截掉，剩余部分的光线弥散值相对较小，同样可以满足提高光学系统的成像质量要求，但此时视场边缘的照度会降低一些。

第九节　波　像　差

到目前为止，我们只讨论了光学系统的几何像差。虽然它直观、简单，且容易由计算得到，但对高像质要求的光学系统，仅用几何像差来评价成像质量有时还是不够的，还需进一步研究光波波面经光学系统后的变形情况来评价系统的成像质量，因此引入了波像差的概念。

从物点发出的波面经理想光学系统后，其出射波面应该是球面。但由于实际光学系统存在像差，实际波面与理想波面就有了偏差。当实际波面与理想波面在出瞳处相切时，两波面间的光程差就是波像差，以 W 表示，如图6-22所示。波像差也是孔径的函数，当几何像差越大时，其波像差也越大。对轴上物点而言，单色光的波像差仅由球差引起，它与球差之间的关系为

$$W = \frac{n'}{2}\int_{0}^{U'_{m}} \delta L' \mathrm{d}u'^{2} \tag{6-88}$$

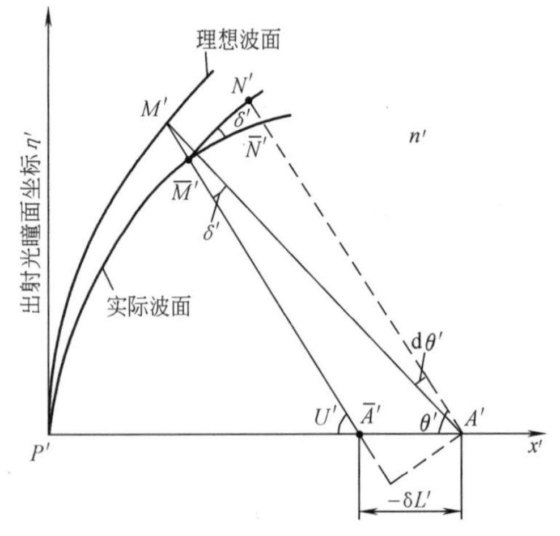

图6-22　波像差

波像差越小，系统的成像质量越好。瑞利判断认为，当光学系统的最大波像差小于1/4波长时，成像质量好；最大波像差小于1/10波长时，其成像是完善的。对显微物镜和望远物镜这类小像差系统，其成像质量应按此标准来要求。

高斯像面位置不是最佳成像位置，在光学系统设计中经常用离焦技术来确定最佳像面。

设离焦量为某一定值 $\Delta l'$，离焦产生的波像差为 W_{d}，则

$$W_{\mathrm{d}} = \frac{n'}{2}\int_0^{U'_{\mathrm{m}}} \Delta l' \mathrm{d}u'^2 = \frac{n'}{2}\Delta l' u'^2 \tag{6-89}$$

离焦后的波像差是光学镜头理想像面的波像差 W 和离焦产生的波像差 W_{d} 之和

$$W' = -\frac{n'\Delta l' u'^2}{2} + \frac{n'}{2}\int_0^{u'} \delta L' \mathrm{d}u'^2 \tag{6-90}$$

图 6-23 所示为上例中在视场为 3°时离焦前后的波像差，离焦前的峰谷比是 4.5 个波长，离焦后为 3.1 个波长，既离焦后波像差变小，成像质量改善。

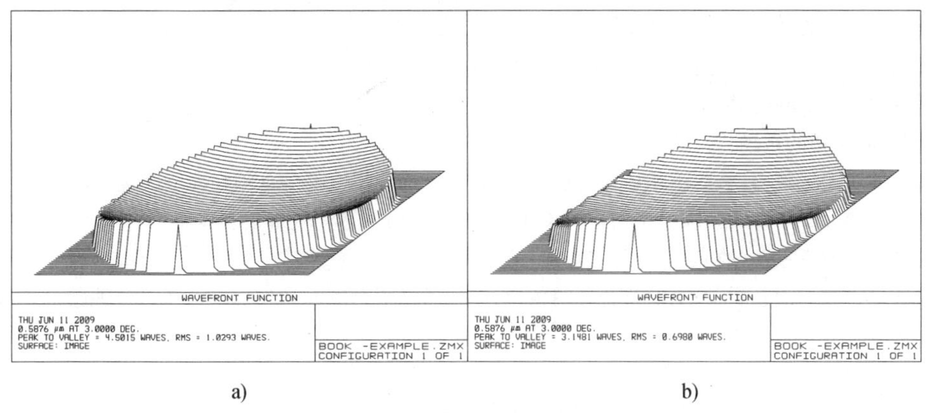

a)　　　　b)

图 6-23　离焦前后、波像差

a）离焦前波像差　b）离焦后波像差

由式(6-89)可知，当取 u'^2 为横坐标时，离焦产生的波像差 W_{d} 与孔径 u'^2 的关系是一条直线，这一特性应用于干涉仪波像差测量。在用干涉仪测量波像差时，为了提高测量精度，使像面离焦，产生略多的干涉条纹，测出这离焦后的波像差 W'，减去离焦产生的波像差 W_{d}，则得出镜头的实际的波像差 W。

色差也可以用波色差的概念来描述，对轴上点而言，λ_1 光和 λ_2 光在出瞳处两波面之间的光程差称为波色差。用 $W_{\lambda1\lambda2}$来表示。例如对目视光学系统，若对 F 光和 C 光校正色差，其波色差的计算，不需要对 F 光和 C 光进行光路计算，只需对 D 光进行球差的光路计算就可以求出，其计算公式为

$$\begin{aligned} W'_{\mathrm{FC}} &= W'_{\mathrm{F}} - W'_{\mathrm{C}} = \sum(D_{\mathrm{F}} - d)n_{\mathrm{F}} - \sum(D_{\mathrm{C}} - d)n_{\mathrm{C}} \\ &= (\sum D_{\mathrm{F}}n_{\mathrm{F}} - \sum D_{\mathrm{C}}n_{\mathrm{C}}) - \sum d(n_{\mathrm{F}} - n_{\mathrm{C}}) \\ &= \sum(D - d)(n_{\mathrm{F}} - n_{\mathrm{C}}) = \sum_1^n (D - d)\mathrm{d}n \end{aligned} \tag{6-91}$$

式中，d 为透镜（或其他光学零件）沿光轴的厚度；D 是光线在透镜两折射面间沿光路度量的间隔；$\mathrm{d}n$ 是介质的色散$(n_{\mathrm{F}} - n_{\mathrm{C}})$。由于空气中的 $\mathrm{d}n = 0$，所以利用式(6-91)计算波色差时，只需对光学系统中的透镜等光学零件进行计算即可，且计算简单、精度高。

利用波色差表示二级光谱很简单，如果在 0.707 带校正了 F、C 光色差，则 F、D 光的二级光谱可表示为

$$W'_{\mathrm{FC}} = W'_{\mathrm{F}} - W'_{\mathrm{C}} = \sum(D - d)(n_{\mathrm{F}} - n_{\mathrm{C}})$$

$$
\begin{aligned}
W'_{\mathrm{FD}} &= W'_{\mathrm{F}} - W'_{\mathrm{D}} \\
&= \sum (D-d)(n_{\mathrm{F}} - n_{\mathrm{D}}) \\
&= \sum (D-d)(n_{\mathrm{F}} - n_{\mathrm{C}}) \frac{n_{\mathrm{F}} - n_{\mathrm{D}}}{n_{\mathrm{F}} - n_{\mathrm{C}}} \\
&= \sum (D-d)\mathrm{d}n\, p_{\mathrm{FD}} = W'_{\mathrm{FC}} P_{\mathrm{FD}}
\end{aligned}
$$

式中，P_{FD}为相对部分色散。

习　题

1. 设计一齐明透镜，第一面曲率半径 $r_1 = -95\mathrm{mm}$，物点位于第一面曲率中心处，第二个球面满足齐明条件，若该透镜厚度 $d = 5\mathrm{mm}$，折射率 $n = 1.5$，该透镜位于空气中，求

(1) 该透镜第二面的曲率半径。

(2) 该齐明透镜的垂轴放大率。

2. 什么叫等晕成像，什么叫不晕成像，试问单折射面三个不晕点处的垂轴物面能成理想像吗，为什么？

3. 如果一个光学系统的初级子午彗差等于焦宽$(\lambda/n'u')$，则$\sum S_{\mathrm{II}}$应等于多少？

4. 如果一个光学系统的初级球差等于焦深$(\lambda/n'u'^2)$，则$\sum S_{\mathrm{I}}$应为多少？

5. 若物点在第一面顶点，第二面符合齐明条件，已知透镜折射率 $n = 1.5$，$d = 4$，求该齐明镜的角放大率和第二面曲率半径。

6. 球面反射镜有几个无球差点？

7. 设计一双胶合消色差望远物镜，$f' = 100\mathrm{mm}$，采用冕牌玻璃 K9($n_{\mathrm{D}} = 1.5163$，$\nu_{\mathrm{D}} = 64.1$)和火石玻璃 F2($n_{\mathrm{D}} = 1.6128$，$\nu_{\mathrm{D}} = 36.9$)，若正透镜半径 $r_1 = -r_2$，求

(1) 正负透镜的焦距。

(2) 三个球面的曲率半径。

8. 指出图 6-24 中

(1) $\delta L'_{\mathrm{m}} = ?$

(2) $\delta L'_{0.707} = ?$

(3) $\Delta L'_{\mathrm{FC}} = ?$

(4) $\Delta l'_{\mathrm{FC}} = ?$

(5) $\Delta L'_{\mathrm{FC}0.707} = ?$

(6) 色球差 $\delta L'_{\mathrm{FC}} = ?$

(7) 二级光谱 $\Delta L'_{\mathrm{FCD}} = ?$

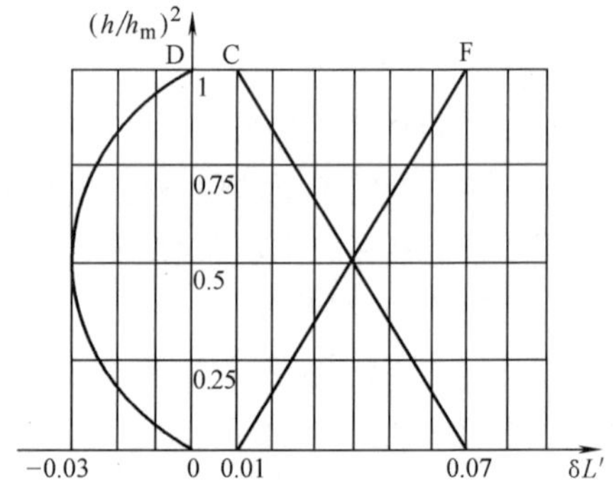

图 6-24　习题 8 的色差曲线

9. 设计一个 $f' = 100\mathrm{mm}$ 的双胶合物镜，选用 K9($n_{\mathrm{D}} = 1.5163$，$\nu_{\mathrm{D}} = 64.1$)和 ZF2($n_{\mathrm{D}} = 1.6725$，$\nu_{\mathrm{D}} = 32.2$)玻璃制作透镜，为补偿其他元件的色差，物镜保留 $\Delta l'_{\mathrm{FC}} = -0.26\mathrm{mm}$的初级位置色差。求

(1) 正、负透镜的光焦度分配。

(2) 该物镜的二级光谱多大。

10. 一双胶合望远物镜，$f' = 100\mathrm{mm}$，$\dfrac{D}{f'} = 1{:}5$，若只含初级球差，边缘带三个面的球差分布系数分别为：

	1	2	3
S_{I}:	0.0100104	−0.0338527	0.0256263

求：(1) 该物镜的初级球差有多大？

(2) 若初级球差允许不大于 4 倍焦深（见习题 4），物镜的球差是否超差？

（3）物镜的二级光谱有多大？

11. 什么叫匹兹伐尔场曲？校正场曲有哪些方法？若系统校正了像散，是否同时校正了场曲？

12. 场镜的作用是什么？其像差特征如何？为什么？

13. 在球面反射镜的球心处放一薄透镜，其两半径相等，光阑与薄透镜重合，系统对无限远物体成像，试分析该光学系统的像差特性。

14. 轴外像差曲线如图 6-25 所示，求：K_t'，X_t'，x_t'，$\delta L_T'$（轴外球差）和畸变 $\delta y_z'$。

15. 一个对称光学系统，当垂轴放大倍率 $\beta=-1$ 时，垂轴像差和轴向像差各为多少？

16. 在图 3-11 的周视瞄准镜中，头部直角棱镜和道威棱镜的像差特性如何？底部转像屋脊直角棱镜具有哪些像差？其大小与距物镜的距离有关么？

17. 在七种像差中，哪些像差影响成像的清晰度？哪些不影响？哪些像差仅与孔径有关？哪些像差仅与视场有关？哪些像差与孔径和视场都有关？

18. 畸变可以写作：$\Delta y'=cy'^3$，$\Delta z'=0$，其相对畸变是多少？

19. 一双胶合薄透镜组，若 $C_{\mathrm{I}}=0$，$C_{\mathrm{II}}=$？若两薄透镜是双分离，情况又如何？

20. 一双胶合透镜光焦度为正，在物镜中的正透镜和负透镜，哪种用冕牌玻璃，哪种用火石玻璃？为什么？

21. 校正球差一般在边缘带，校正色差为什么在 $0.707h_m$ 带？

22. 物体经光学系统产生像散，如何证明子午焦线、弧矢焦线是分离的？为什么子午场曲比弧矢场曲大？

23. 物面上有 A、B、C、D、E 五个点，如图 6-26a 所示；该物面经过光学系统后，A 点成像为 A'，如图 6-26b 所示。问：其余四个点经该系统后成像如何？

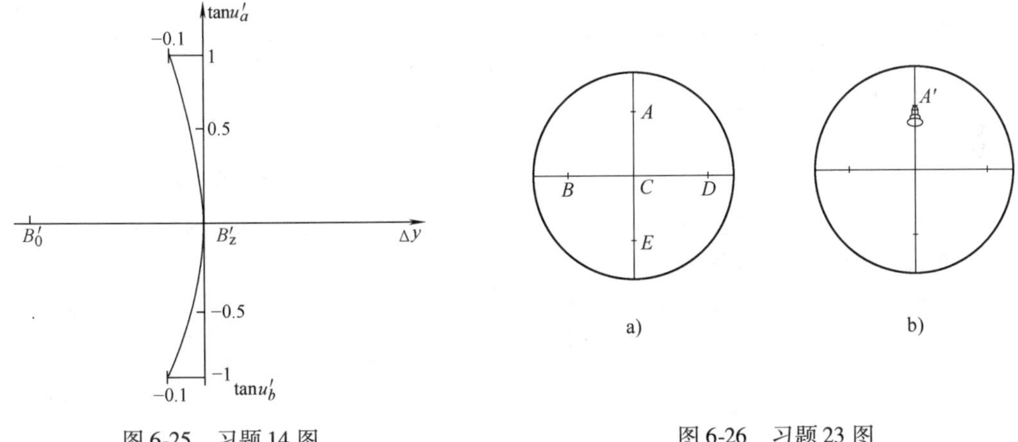

图 6-25　习题 14 图

图 6-26　习题 23 图

24. 与 Lister 显微物镜相比，Amich 和 Abbe 显微物镜的数值孔径增大多少倍（参见第六章第三节）？

25. 由图 6-27 判断系统存在何种像差？其子午面和弧矢面的像差有何关系？求估其像差大小。（注：在 ZEMAX 中 EY、EX 分别表示子午面和弧矢面的横向像差，PY、PX 分别表示子午面和弧矢面的入瞳半径）

26. 由图 6-28 判断，该系统是否存在二级光谱？在哪些带对其校正了二级光谱？该系统的近轴色差多大？

27. ZEMAX 程序中没有彗差曲线，通过 ZEMAX 中哪个文件可以判读是否有彗差并判读其大小？

28. 孔径光阑的口径对畸变是否有影响？孔径光阑的位置对畸变是否有影响？为什么？

29. 在望远系统物镜的焦面处加入场镜，是否会对像的大小和方向产生影响？是否对像质有影响？为什么？

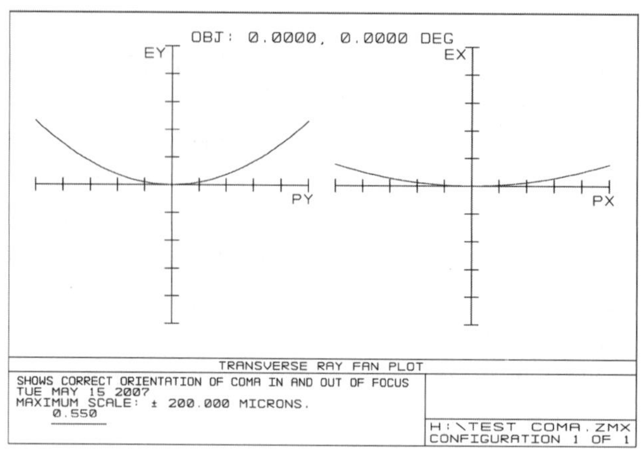

图 6-27　习题 25 图

30. 一双分离透镜系统，其理想像的像高为 9. 82mm，相对畸变值为 -3%，求实际像高。

31. 试画图并说明将一孔径光阑放在一个正透镜之前，产生的畸变情况。(可假定物在孔径光阑左侧有限距离处，大小为 $-y$)

32. 作图说明当入瞳在单个折射球面（$r>0$）的球心右侧时，产生子午彗差的正负情况。(可假定物在有限距离处，大小为 $-y$)

33. 图 6-29 是从 ZEMAX 计算软件里剪切下的一幅图：请问图中该系统最大剩余球差为多大？在哪个孔径消除了位置色差？色球差为多大？

34. 在球面反射镜的球心处放一无焦双胶合消色差薄透镜，其光阑与该透镜重合，系统对无限远物体成像，试分析该光学系统的像差特性。

35. 正弦差和弧矢彗差有何区别与联系。

36. 一光学系统对某物点校正了慧差，问该系统对该物点是否满足正弦条件？是否满足等晕条件？

37. 若光学系统对无限远物体成像满足了正弦条件，问系统是否同时也能满足正切条件？

38. 若一物镜仅有初级和二级像差，并在边缘带校正了球差，0. 707 带的剩余球差为 -0. 2mm，问：

（1）接收器应沿光轴向哪个方向移动可获得最佳像面？

（2）离焦量应多大？

（3）离焦后的波像差和未离焦的波像差有何关系？

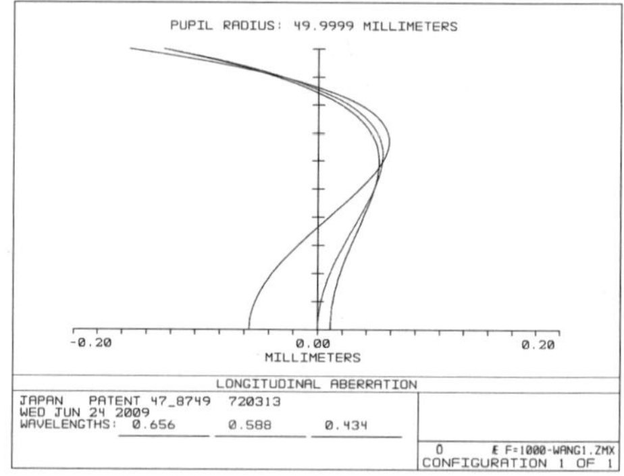

图 6-28　习题 26 图

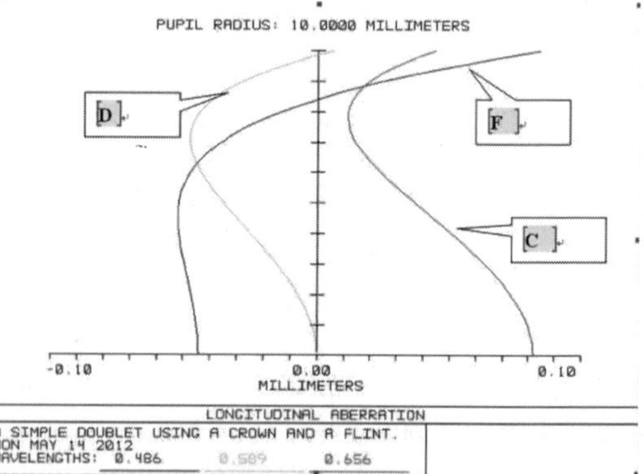

图 6-29　习题 33 图

第七章　典型光学系统

由于成像理论的逐步完善，构成了许多在科学技术和国民经济中得到广泛应用的光学系统，例如放大镜、显微镜、望远镜、摄影仪器和投影仪器等。本章主要介绍上述光学系统的成像特性和设计要求，组成上述光学系统的物镜和目镜的结构型式及其主要光学参数等。

第一节　眼睛及其光学系统

一、眼睛的结构——成像光学系统

目视光学仪器都和人眼一起使用，以扩大人眼的视觉能力。因此，了解人眼的结构及其光学特性对设计目视光学仪器非常必要。人眼本身相当于摄影光学系统，图 7-1 示出其水平截面。

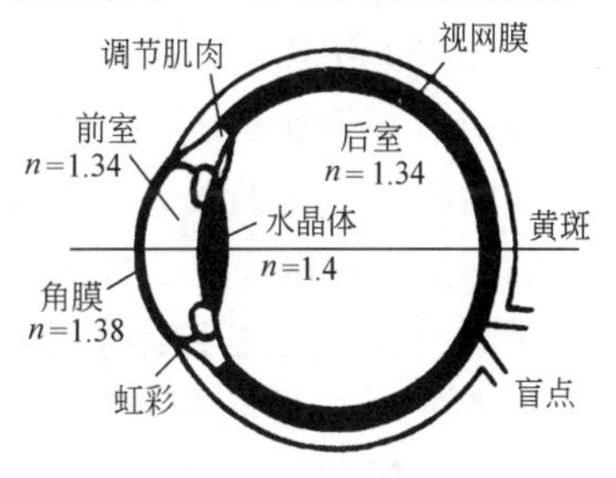

图 7-1　眼睛的结构 

在角膜和视网膜之间的生物构造均可以看作成像元，如角膜、前室（水状液）、水晶体和后室（玻璃体）。由图 7-1 可以看出，仅空气和角膜之间的界面间有较大的折射率差（1.00/1.38），物体主要通过这个界面成像在视网膜上，视网膜起光屏作用，视神经受到刺激，产生视觉。在视网膜上所形成的像是倒像，但由于神经系统的内部作用，感觉仍然是正立的像。主平面 H 和 H' 距角膜顶点后约 1.3mm 和 1.6mm，眼睛的焦距约为 $f=-17\text{mm}$，$f'=23\text{mm}$。以上数据是近似值，仅适用于未调节的眼睛。水晶体由外层向内层折射率逐渐增加（1.37→1.41），是由多层膜构成的双凸透镜。通过水晶体周围肌肉的调节，能改变水晶体的曲率半径（40 ~ 70mm 之间），从而改变人眼的焦距，使不同距离的物体都自动成像在视网膜上。在水晶体前的虹彩，中央是一圆孔，即人眼瞳孔，它是人眼的孔径光阑。根据物体的亮暗，瞳孔直径可自动变化（2 ~ 8mm），以调节进入人眼的光能。黄斑中心与眼睛光学系统像方节点的连线称为视轴。人眼的视场可达 150°，但能同时清晰地观察物体的范围只在视轴周围 6° ~ 8°，故在观察物体时，眼球自动旋转，使视轴对准物体。

二、眼睛的调节及校正

眼睛成像系统对任意距离的物体自动调焦的过程称作眼睛的调节。为此，可通过环形肌肉调节使水晶体的曲率半径变小，导致水晶体表面的曲率增大，从而眼睛的焦距可由 $f'\approx 23\text{mm}$ 下降至 $f'\approx 18\text{mm}$。

眼睛的调节能力用能清晰调焦的极限距离表示，即远点距离 l_r 和近点距离 l_p。其倒数 $1/l_r=R$，$1/l_p=P$ 分别表示远点和近点的发散度（或会聚度），其单位为屈光度（D），属非法定计量单位，$1\text{D}=1\text{m}^{-1}$。眼睛的调节能力是以远点距离 l_r 和近点距离 l_p 的倒数之差来度量的，即

$$\frac{1}{l_r}-\frac{1}{l_p}=R-P=\bar{A} \tag{7-1}$$

其单位也为 D。

调节范围随人的年龄而变化。当年龄增大时，调节范围变小，表 7-1 给出不同年龄的眼睛的调节范围概况。当然，这里是平均值，仅看作粗略的标准值。

表 7-1 调节能力随年龄增大而减少

年龄	10	20	30	40	50	60	70	80
l_p/cm	-7	-10	-14	-22	-40	-200	100	40
l_r/cm	∞	∞	∞	∞	∞	200	80	40
$\overline{A}$ (dpt)	14	10	7	4.5	2.5	1	0.25	0

注：本表摘自德国的 Technische Optik--Schroed。

例如 40 岁的正常眼，不需要调节就能在视网膜上获得无限远的像，当眼睛最大限度调节时，能看到的最近点为 -22cm。当 60 岁时，远点为 +200cm。这就是说只有入射会聚光束，且光束的会聚点距眼睛后 200cm 才能在视网膜上形成一个清晰的像点，只有通过调节，才能清晰地看到位于无限远的物体。80 岁时，水晶体的调节能力完全丧失，调节范围为零。

在阅读时，或眼睛通过目视光学仪器观测物像时，为了工作舒适，习惯上把物或像置于眼前 250mm 处，称此距离为明视距离。

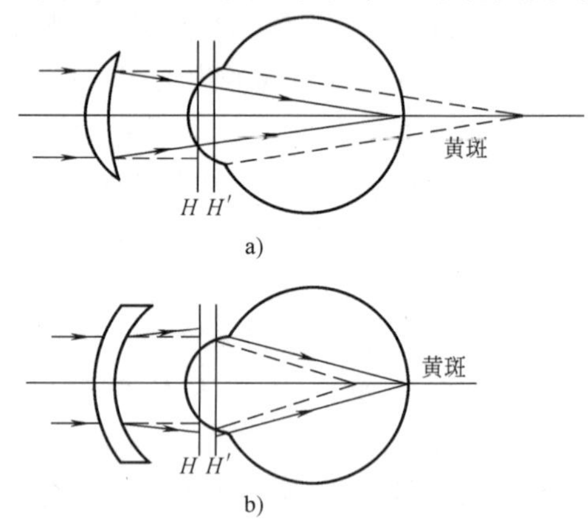

图 7-2 眼睛的校正

眼睛的远点在无限远，或者说，眼睛光学系统的后焦点在视网膜上，称为正常眼，反之，称为反常眼。若远点位于眼前有限距离，称为近视眼；远点位于眼后有限距离，称为远视眼。50 岁以后的远视眼，也称作老花眼。欲使近视眼的人能看清无限远点，必须在近视眼前放一负透镜，其焦距大小恰能使其后焦点 F' 与远点 S 重合（见图 7-2b），或者

$$f' = l_r \tag{7-2}$$

同理，欲校正远视眼，需在远视眼前放一正透镜，使其焦距恰等于远点距（见图 7-2a）。

远点距离 l_r（单位为 m）的倒数表示近视眼或远视眼的程度，称为视度，单位为屈光度（D）。通常医院和眼镜店把 1D 称作 100 度。

若水晶体两表面不对称，则使细光束的两个主截面的光线不交于一点，即两主截面的远点距也不相同，视度 $R_1 \neq R_2$，其差作为人眼的散光度 A_{ST}。

$$A_{ST} = R_1 - R_2 \tag{7-3}$$

为校正散光可用圆柱面（见图 7-3a、b）或双心圆柱面（见图 7-3c）透镜。

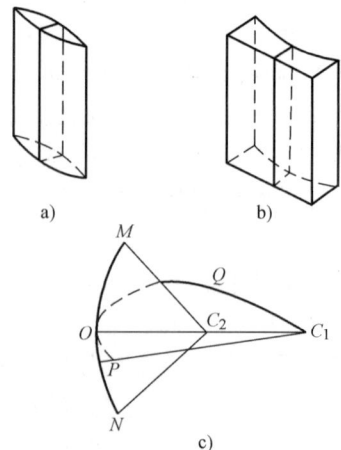

图 7-3 校正散光的圆柱面透镜 

用两正交的黑白线条图案可以检验散光眼。由于存在像散，不同方向的线条不能同时看清。具有 0.5D 的像散不足为奇，不必校正。

三、眼睛——辐射接收器

视网膜是由锥状细胞和杆状细胞组成的辐射接收器。两种细胞具有完全不同的性质和完全不同的功能。杆状细胞对光刺激极敏感，但完全不感色；锥状细胞的感光能力比杆状细胞差得多，但它们能对各色光有不同的感受。因此，锥状细胞的存在，决定了分辨颜色的能力——色视觉。在亮照明时，视觉主要由锥状细胞起作用，弱照明时，视觉主要由杆状细胞起作用；最小的亮度灵敏度为 683 lm/W，最大的亮度灵敏度为 1755 lm/W。人眼对不同的波长的光辐射有不同的灵敏度，称作光谱灵敏度。人眼可接受的光谱范围是 400～700nm，即从紫光到红光，最敏感的波长是 555nm。故在目视光学仪器，对 D 或 e 谱线校正单色像差。

眼睛对周围空间光亮情况的自动适应程度叫作适应。适应分为明适应和暗适应。前者发生在由暗处到亮处时，后者发生在由亮处到暗处时。适应是通过瞳孔的自动增大或缩小完成的。当由暗处进入亮处时，瞳孔自动缩小；反之，瞳孔自动增大。适应要有个过程，最长可达 30min。

四、眼睛的分辨率

通过视网膜的结构，眼睛能把两相邻的点分辨开。视神经能够分辨的两像点间最小距离应至少等于两个视神经细胞直径，若两像点落在相邻的两个细胞上，视神经无法分辨出两个点，故视网膜上最小鉴别距离等于两神经细胞直径，即不小于 0.006mm。眼能够分辨最靠近两相邻点的能力称为眼的分辨能力，或视觉敏锐度。

物体对人眼的张角称作视角，对应视觉周围很小范围，在良好照明时，人眼能分辨的物点间最小视角称作视角鉴别率 ε，满足下式

$$\tan\varepsilon = \frac{0.006}{f'} \times 206265''$$

眼睛在没有调节的松弛状态下，$f' \approx 23\text{mm}$，可得 $\varepsilon \approx 60''$。若把眼睛看作理想光学系统，则 $\varepsilon = 140''/D$（D 以 mm 为单位），当 $D = 2\text{mm}$ 时，$\varepsilon = 70''$。当瞳孔直径增大时，眼睛光学系统的像差增大，分辨能力随之减小。由于眼睛具有较大色差，故视角鉴别率随光谱而异，连续光谱中间部分的视角鉴别率高于红光和紫光部分的鉴别率。

眼睛的分辨能力或视觉敏锐度是极限鉴别率的倒数，定义为

$$\text{视角敏锐度} = \frac{1}{\varepsilon} \tag{7-4}$$

式中，ε 以（′）为单位。一般视觉敏锐度取作 1（或视角鉴别率取 1′）。眼睛的视角鉴别率因人而异，并视观察条件而变化。

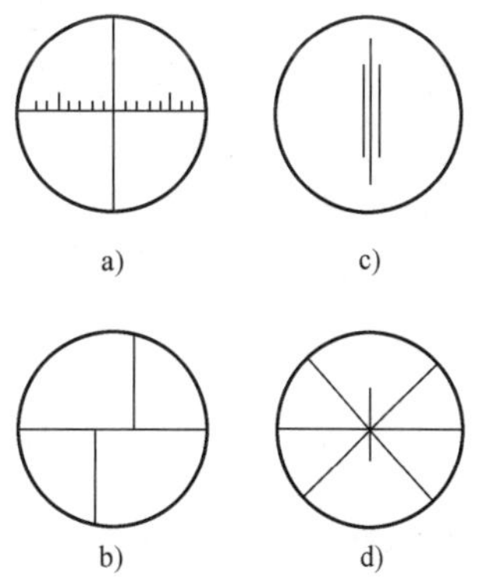

图 7-4　对准形式

在设计目视光学仪器时，应使仪器本身由衍射决定的分辨能力与眼睛的视角分辨率相适应，即光学系统的放大率和被观察物体所需要的分辨率的乘积应等于眼睛的分辨率。

以上讨论的是人眼的空间分辨率。人眼的时间分辨率一般定义为 25f/s（帧/秒），故当把一运动的目标以 50f/s 的速度拍摄后放映时，人眼感觉目标是连续运动的，没有闪烁。

人眼的对比度分辨率（对比度灵敏度变化）很小，大约为 0.02，这个值称作韦伯比。当背景亮度较强或较弱时，人眼的

分辨亮度差异能力下降。这一点应用于目视光学系统 MTF 的像质评价。

五、眼睛的对准精度

对准和分辨是两个不同的概念，分辨是指眼睛能区分开两个点或线之间的线距离或角距离的能力，而对准是指在垂直于视轴方向上的重合或置中过程。对准后，偏离置中或重合的线距离或角距离称为对准误差。

图 7-4a 是两实线重合，对准误差为 ±60″，图 7-4b 是两直线端部重合，对准误差为 ±10″~ ±20″，图 7-4c 和 d 分别是双线对准单线和叉线对准单线，对准精度均可达 ±10″。

六、眼睛的景深

当眼睛调焦在某一对准平面时，眼睛不必调节能同时看清对准平面前和后某一距离的物体，称作眼睛的景深。如图 7-5 所示，对准平面 P 上物点 A 在视网膜上形成点像 A'，在对准平面的远景平面 P_1 和近景平面 P_2 上的 A_1 和 A_2 在视网膜上形成弥散斑，弥散斑的大小对应人眼的极限分辨角 ε。所以 A_1 和 A_2 在视网膜上形成的像等效于对准平面上 ab 两点在视网膜上形成的像 $a'b'$，因节点处的角放大率等于 1，所以 ab 相对节点 J 的张角也等于 ε。设眼瞳直径为 D_p，则由图得

$$ab = -P\varepsilon$$

$$\frac{D_p}{P_2} = \frac{P\varepsilon}{-P+P_2}, \quad \frac{D_p}{P_1} = \frac{P\varepsilon}{-P_1+P}$$

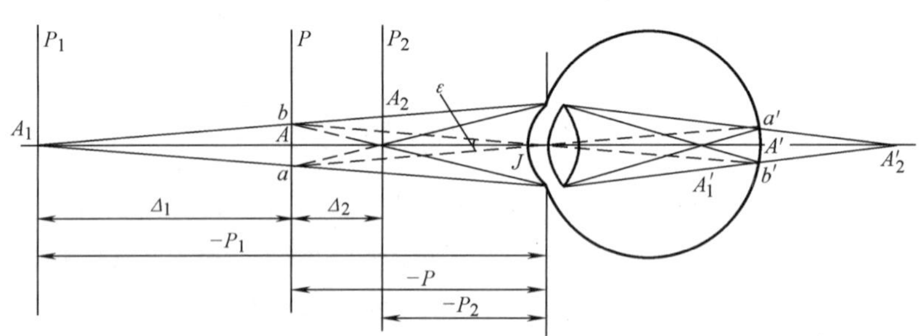

图 7-5 眼睛的景深

由此可得远景和近景到人眼的距离

$$P_1 = \frac{PD_p}{D_p + P\varepsilon}$$

$$P_2 = \frac{PD_p}{D_p - P\varepsilon} \tag{7-5}$$

远、近景深分别为

$$\Delta_1 = P - P_1 = \frac{P^2\varepsilon}{D_p + P\varepsilon}$$

$$\Delta_2 = P_2 - P = \frac{P^2\varepsilon}{D_p - P\varepsilon} \tag{7-6}$$

若眼睛调节在无限远，$P=\infty$，对式(7-5)取极限，则远、近景距离为

$$P_{1\infty} = +D_p/\varepsilon$$

$$P_{2\infty} = -D_p/\varepsilon \tag{7-7}$$

七、双目立体视觉

用单眼判读物体的远近，是利用眼睛的调节变化所产生的感觉。因水晶体的曲率变化很小，故判读极为粗略。一般单目判读距离不超过5m。

单眼观察空间物体是不能产生立体视觉的。但对于熟悉的物体，由于经验，往往在大脑中把一平面上的像想象为一空间物体。当用双目观察物体时，同一物体在左右两眼中分别产生一个像，这两个像在视网膜上的分布只有适合几何上某些条件时才可以产生单一视觉，即两眼的视觉汇合到大脑中成为一个像，这种印象是出自心理和生理的。

当双目观察物点 A 时，两眼的视轴对准 A 点，两视轴之间夹角 θ 称为视差角，两眼节点 J_1 和 J_2 的连线称为视觉基线，其长度以 b 表示，如图7-6所示。物体远近不同，视差角不同，使眼球发生转动的肌肉的紧张程度也就不同，根据这种不同的感觉，双目能容易地辨别物体的远近。

若物点 A 到基线的距离为 L，则视差角 θ_A 为

$$\theta_A = b/L \tag{7-8}$$

若两物点和观察者的距离不同，它们在两眼中所形成的像与黄斑中心有不同的距离，或者说，不同距离的物体对应不同的视差角，其差异 $\Delta\theta$ 称为“立体视差”，简称视差。若 $\Delta\theta$ 大，人眼感觉两物体的纵向深度大；$\Delta\theta$ 小，人眼感觉两物体的纵向深度小。人眼能感觉到 $\Delta\theta$ 的极限值 $\Delta\theta_{min}$ 称为“体视锐度”；$\Delta\theta_{min}$ 大约为10″，经训练可达到5″至3″。图7-7所示为不同距离的物体对应的视差角。

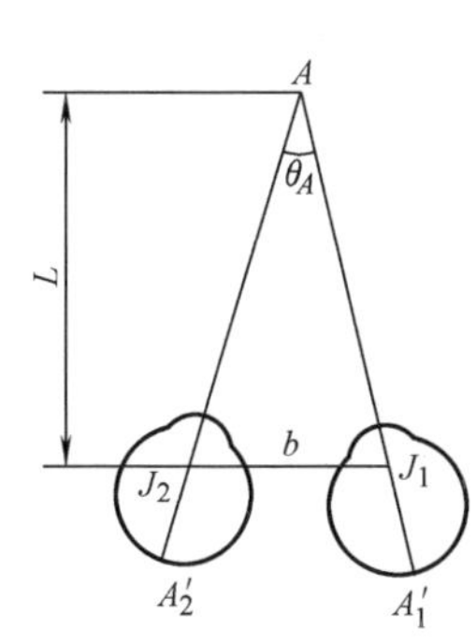

图7-6 双目观察物体 

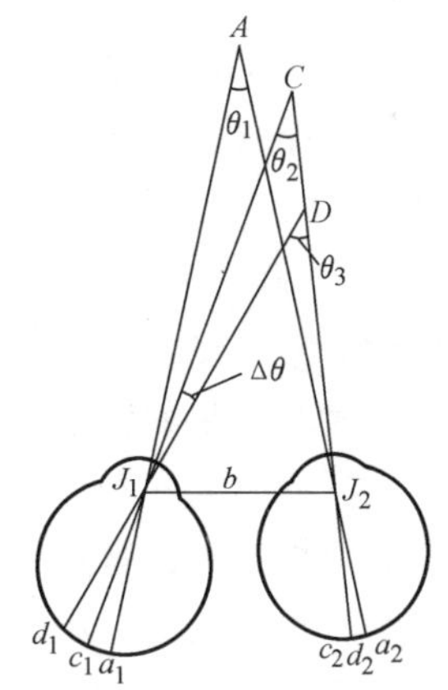

图7-7 双目立体视觉 

无限远物点对应的视差角 $\theta_\infty=0$，当物点对应的视差角 $\theta=\Delta\theta_{min}$ 时，人眼刚能分辨出它和无限远物点的距离差别，即是人眼能分辨远近的最大距离。人眼两瞳孔间的平均距离 $b=62$mm，则

$$L_{max} = b/\Delta\theta_{min} = 62\text{mm}\times 206265/10'' \approx 1200\text{m} \tag{7-9}$$

L_{max} 称作立体视觉半径。立体视觉半径以外的物体，人眼则不能分辨其远近。然而，在某些情况下，观察点虽在体视半径以内，仍有可能不产生或难于产生立体视觉，如：①若两物体（例如线）位于两眼基线的垂直平分线上，由于此时的像不位于视网膜的对应点，在目视点

以外的点产生双像，破坏立体视觉。此时只要把头移动一下，便可恢复立体视觉。②如图 7-7 中所示，在右眼中 C 点和 D 点的像相重合，由于点 C 被点 D 遮蔽，右眼看不到点 C 的像，故不可能估计点 C 的位置，只要移动一下头部，使点 C 在右眼中单独成像即可。

双眼能分辨两点间的最短深度距离称作立体视觉阈，以 ΔL 表示，对式(7-8)微分，可得

$$\Delta L = \Delta\theta L^2/b \tag{7-10}$$

当 $\Delta\theta = \Delta\theta_{min}$时，对应的 ΔL 即为双目立体视觉误差。将 $b=62\text{mm}$，$\Delta\theta_{min}=10''=0.00005$ 代入上式，得

$$\Delta L = 8\times10^{-4}L^2 \tag{7-11}$$

即物体距离越远，立体视觉误差越大。例如物点在 100m 距离上，对应的立体视觉误差为 8m；而在明视距离上（0.25m），立体视觉误差只有约 0.05mm。只有当 L 小于 1/10 立体视觉半径时，才能应用式(7-11)，否则误差较大。

由式(7-9)和式(7-11)可知，若通过双目光学系统（双目望远镜和双目显微镜）来增大基线 b 或增大体视锐度 $\Delta\theta_{min}$（即减少 $\Delta\theta_{min}$值），则可以增大体视半径和减少立体视觉误差。例如 3 米测距机，其基线长 3m。

第二节 放 大 镜

一、视觉放大率

人眼感觉的物体大小取决于其像在视网膜上的大小，由于眼睛光学系统的焦距是一定的，故也取决于物体对人眼所张的视角大小。物体离眼睛越近，张角越大。但被观察的物体必须位于眼睛的近点之外才能被眼睛看清，而且被观察的物体细节对眼睛节点的张角大于眼睛的分辨率 60″时，眼睛才能分辨。为了扩大人眼的视觉能力，人们设计和制造了各种目视光学仪器，如放大镜、显微镜和望远镜等。物体通过这些仪器后，其像对人眼的张角大于人眼直接观察物体时对人眼的张角。这就是目视光学仪器的基本工作原理。

目视光学仪器的放大率不能用第二章所讨论的横向放大率或角放大率来理解。因为在用眼睛通过仪器观察物体时，有意义的是像在眼睛视网膜上的大小。目视光学仪器的放大率用视觉放大率表示，其定义为，用仪器观察物体时视网膜上的像高 y_i' 与用人眼直接观察物体时视网膜上的像高 y_e' 之比，用 Γ 表示

$$\Gamma = y_i'/y_e' \tag{7-12}$$

设人眼后节点到视网膜的距离为 l'，上式又可写作

$$\Gamma = \frac{y_i'}{y_e'} = \frac{l'\tan\omega'}{l'\tan\omega} = \frac{\tan\omega'}{\tan\omega} \tag{7-13}$$

式(7-13)与第二章中的式(2-46)完全相同。式中，ω'为用仪器观察物体时，物体的像对人眼所张的视角，ω 为人眼直接观察物体时对人眼所张的视角。

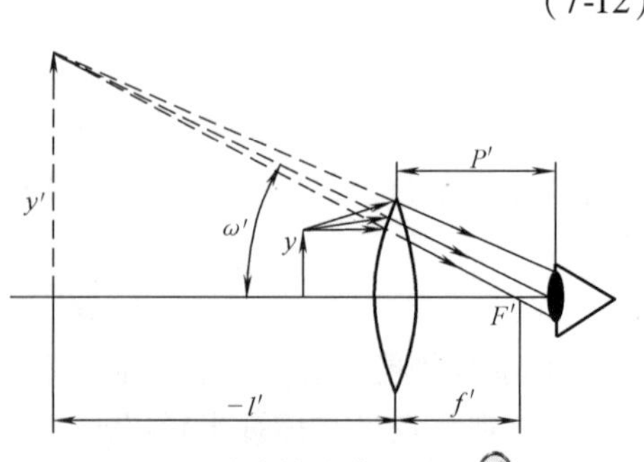

图 7-8 放大镜成像原理

放大镜的视觉放大率可以按式(7-13)计算出。

人眼直接观察时，一般把物体放在明视距离上，$D=250\text{mm}$，则

$$\tan\omega = y/D$$

当人眼通过放大镜观察物体时，如图 7-8 所示。虚像对人眼的张角

$$\tan\omega' = \frac{y'}{P'-l'}$$

根据式(7-13)，有

$$\Gamma = \frac{y'D}{y(P'-l')}$$

由垂轴放大倍率公式

$$y' = -\frac{x'}{f'}y = \frac{f'-l'}{f'}y$$

有

$$\Gamma = \frac{f'-l'}{P'-l'} \times \frac{D}{f'} \tag{7-14}$$

放大镜的视觉放大率并非是常数，取决于观察条件（P'和 l'）。下面两种特殊情况是非常重要的。

（1）当眼睛调焦在无限远，即 $l'=\infty$ 时，物体放在放大镜的前焦点上，则有

$$\Gamma_0 = D/f' = 250/f' \tag{7-15}$$

式中，f'的单位是 mm。人们把由此算出的视觉放大率作为放大镜和目镜的光学常数，通常标注在其镜筒上。知道了 Γ 值，就可以求出其相应的焦距。

（2）正常视力的眼睛一般把物像调焦在明视距离 D，则 $P'-l'=D$，由式(7-14)得

$$\Gamma = 1 - \frac{P'-D}{f'} = \frac{250}{f'} + 1 - \frac{P'}{f'} \tag{7-16}$$

式中，f'的单位为 mm。这个公式适用于小放大倍率（长焦距）的放大镜，即看书用的放大镜。若眼睛紧靠着放大镜，即 $P'\approx 0$，则

$$\Gamma = \frac{250}{f'} + 1 \tag{7-17}$$

常用的放大镜，其倍率在 $2.5^\times \sim 25^\times$ 之间。若用单透镜（平凸或双凸）作放大镜，由于不能校正像差，通常不超过 $3^\times$。倍率较大的放大镜由组合透镜组成。若放大镜的物是前面光学系统所成的像，则把这样的放大镜称作目镜。

二、光束限制和线视场

放大镜与眼睛组合构成目视光学系统。眼瞳是孔径光阑，又是出瞳。放大镜框是视场光阑，又是出、入射窗，同时放大镜本身又是渐晕光阑，图 7-9 所示为像空间光束限制情况。

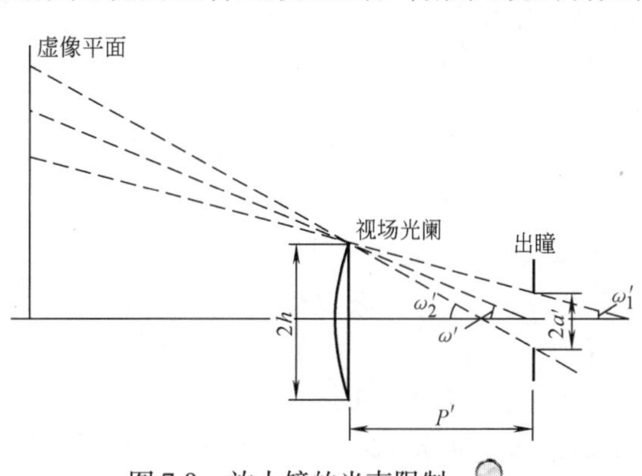

图 7-9　放大镜的光束限制

由图可知，当渐晕系数 K 分别为 100%、50%和 0 时，像方视场角分别为

$$\tan\omega_1' = (h - a')/P'$$

$$\tan\omega' = h/P' \tag{7-18}$$

$$\tan\omega_2' = (h + a')/P'$$

因放大镜用于观察近距离小物体，故放大镜的视场通常用物方线视场 $2y$ 表示，如图7-10所示。当物面放在放大镜前焦平面上时，像平面在无限远，则线视场为（50%渐晕）

$$2y = 2f'\tan\omega'$$

将式(7-15)中的 f' 和式(7-18)中的 $\tan\omega'$ 代入上式，当渐晕50%时，线视场为

$$2y = \frac{500h}{\Gamma_0 P'}\text{mm} \tag{7-19}$$

由此可知，放大镜的倍率越大，线视场越小。

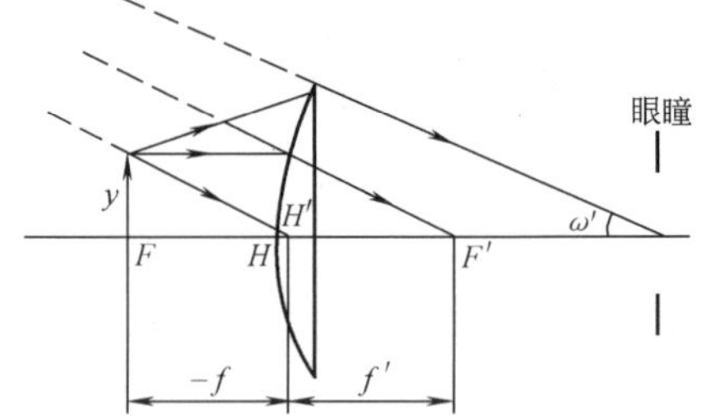

图7-10　放大镜的视场角 

第三节　显微镜系统

为了观察近距离的微小物体，要求光学系统有较高的视觉放大率，必须采用复杂的组合光学系统，如显微镜系统。显微镜由物镜和目镜组成，物体经显微物镜放大成像后，其像再经目镜放大以供人眼观察。

一、显微镜的视觉放大率

显微镜的二次成像过程如图7-11所示。由第二章的公式(2-47)可得显微镜的视觉放大率为

$$\Gamma = \frac{\tan\omega'}{\tan\omega} = -\frac{(250\text{mm})\Delta}{f_0'f_e'} = \beta\Gamma_e \tag{7-20}$$

式中，250mm为明视距离；f_0' 为物镜焦距；f_e' 为目镜焦距。式(7-20)说明显微镜的视觉放大率等于物镜的垂轴放大率和目镜的视觉放大率 Γ_e 之积。

若把显微镜看作一个组合系统，其组合焦距为 $f' = -f_0'f_e'/\Delta$，则

$$\Gamma = 250\text{mm}/f' \tag{7-21}$$

即与放大镜的视觉放大率公式相同。这说明显微镜实质上与放大镜相同，故可以把显微镜看作组合的放大镜。

图7-11　显微镜成像原理 

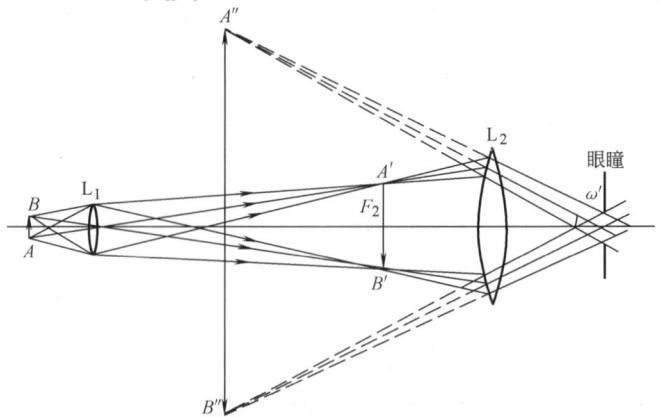

各国生产的通用显微镜物镜从物平面到像平面的距离（共轭距），不论放大率如何都是相等的，大约等于180mm。对于生物显微镜，我国规定为195mm。把显微镜的物镜和目镜取下后，所剩的镜筒长度称为机械筒长，也是固定的。各国有不同的标准，如160mm、170mm和190mm等，我国规定160mm作为物镜和目镜定位面的标准距离。这样，显微镜的

物镜和目镜都可以根据倍率要求而替换。常用的物镜倍率有 $4^{\times}$、$10^{\times}$、$40^{\times}$ 和 $100^{\times}$；常用的目镜倍率为 $5^{\times}$、$10^{\times}$ 和 $15^{\times}$。

二、显微镜的线视场

显微镜的线视场取决于放在目镜前焦平面上的视场光阑的大小，物体经物镜就成像在视场光阑上。设视场光阑直径为 D，则显微镜的线视场为

$$2y = D/\beta \tag{7-22}$$

为保证在这个视场内得到优质的像，视场光阑的大小应与目镜的视场角一致，即

$$D = 2f_e'\tan\omega' \tag{7-23}$$

用目镜的视觉放大率表示即为

$$D = 500\tan\omega'/\Gamma_e \text{ mm} \tag{7-24}$$

代入式(7-22)，得

$$2y = \frac{500\tan\omega'}{\beta\Gamma_e} = \frac{500\tan\omega'}{\Gamma}\text{mm} \tag{7-25}$$

由此可见，在选定目镜后（即 $2\omega'$已给定），显微镜的视觉放大率越大，其在物空间的线视场越小。

三、显微镜的出瞳直径

对于普通显微镜，物镜框是孔径光阑，复杂物镜是以最后镜组的镜框为孔径光阑。用于测量的显微镜，一般在物镜的像方焦平面上设置专门的孔径光阑。孔径光阑经目镜所成的像即为出瞳。

设显微镜的出瞳直径为 D'，对于显微镜物镜，应用正弦条件，有

$$n\sin u = y'n'\sin u'/y = -\Delta n'\sin u'/f_0'$$

对像方孔径角 u'可以近似地有 $\sin u' = \tan u' = D'/2f_e'$，把 $\sin u'$代入上式，并利用式(7-21)，可以得出

$$n\sin u = D'\Gamma/500\text{mm}$$

即

$$D' = 500NA/\Gamma \quad \text{mm} \tag{7-26}$$

式中，$NA = n\sin u$，称作显微镜物镜的数值孔径，它与物镜的倍率 β 一起，刻在物镜的镜框上，是显微镜的重要光学参数。

显微镜的出瞳直径很小，一般小于眼瞳直径，只有在低倍时，才能达到眼瞳直径。

四、显微镜的分辨率和有效放大率

光学仪器的分辨率受光学系统中孔径光阑的衍射影响，点光源经任何光学系统形成的像都不可能是一个几何点，而是一个衍射斑，衍射斑中心亮斑集中了全部能量的 83.78%，叫作艾里斑，艾里斑的中心代表像点的位置。

根据瑞利（Rayleigh）判断，两个相邻像点之间的间隔等于艾里斑的半径时，则能被光学系统分辨。设艾里斑的半径为 a，则

$$a = 0.61\lambda/n'\sin u' \tag{7-27}$$

根据道威（Doves）判断，两个相邻像点之间的两衍射斑中心距为 $0.85a$ 时，则能被光

学系统分辨。

因显微镜是观察近距离微小物体，故其分辨率以能分辨的物方两点间最短距离 σ 来表示，故按瑞利判断，由正弦条件，其分辨率为

$$\sigma=\frac{a}{\beta}=\frac{0.61\lambda}{n\sin u}=\frac{0.61\lambda}{NA} \tag{7-28}$$

按道威判断，其分辨率为

$$\sigma=0.85a/\beta=0.5\lambda/NA \tag{7-29}$$

实践证明，瑞利分辨率标准是比较保守的，因此通常以道威判断给出的分辨率值作为光学系统的目视衍射分辨率，或称作理想分辨率。

以上讨论的光学系统的分辨率公式只适用于视场中心情况。对于显微系统和望远系统，因视场通常较小，故只考虑视场中心的分辨率。

由以上公式可知，显微镜的分辨率主要取决于显微物镜的数值孔径，与目镜无关。目镜仅把被物镜分辨的像放大，即使目镜放大率很高，也不能把物镜不能分辨的物体细节看清。

距离为 σ 的两个点不仅应通过物镜被分辨，而且要通过整个显微镜被放大，以使被物镜分辨的细节能被眼睛区分开。设眼睛容易分辨的角距离为 $2'\sim4'$，则在明视距离上对应的线距离 σ' 为

$$2\times250\times0.00029\text{mm}\leqslant\sigma'\leqslant4\times250\times0.00029\text{mm}$$

把 σ' 换算到显微镜的物空间，按道威判断取 σ 值，则

$$2\times250\times0.00029\text{mm}\leqslant0.5\lambda/NA\cdot\Gamma\leqslant4\times250\times0.00029\text{mm}$$

设照明光的平均波长为 0.000555mm，得

$$523NA\leqslant\Gamma\leqslant1046NA$$

近似写作

$$500NA\leqslant\Gamma\leqslant1000NA \tag{7-30}$$

满足上式的视觉放大率称为显微镜的有效放大率。一般浸液物镜的最大数值孔径为 1.5，故显微镜能达到的有效放大率不超过 $1500^{\times}$。放大率低于 $500NA$ 时，物镜的分辨能力没有被充分利用，人眼不能分辨已被物镜分辨的物体细节；放大率高于 $1000NA$，称作无效放大，不能使被观察的物体细节更清晰。

若一显微物镜上标明 170mm/0.17；40/0.65，则表明，显微物镜的放大率为 $40^{\times}$，数值孔径为 0.65，适合于机械筒长 170mm，物镜是对玻璃厚度 $d=0.17$mm 的玻璃盖板校正像差的。按式(7-30)，若要求显微镜的放大率为 $325^{\times}\sim650^{\times}$，可以应用 $10^{\times}$ 或 $15^{\times}$ 的目镜。若用 $25^{\times}$ 的目镜，则导致无效放大。

五、显微镜的景深

人眼通过显微镜调焦在某一平面（对准平面）上时，在对准平面前和后一定范围内物体也能清晰成像，能清晰成像的远、近物平面之间的距离称作显微镜的景深。

若人眼通过显微镜调焦在对准平面上，即该平面上的物点经系统后成像为一像点，在对准平面前或后某一距离平面上的物点，其像成在视网膜的前方或后方，即在视网膜上形成弥散斑。如果该弥散斑的直径小于人眼视网膜上感光细胞直径 2 倍，则观察者仍感觉是一个清晰的像点。

如图 7-12 所示，P 是显微镜的对准平面，位于显微镜的前焦点，P_1 和 P_2 分别是能同时

看清的远景和近景，其像 P_1' 和 P_2' 到眼睛的距离不小于由式(7-7)确定的距离 $P_{1\infty}'$ 和 $P_{2\infty}'$。

按牛顿公式和式(7-7)可得

$$\Delta_1 = \frac{nf'^2}{P_{1\infty}+a} = \frac{nf'^2\varepsilon}{D'+a\varepsilon}$$

$$\Delta_2 = -\frac{nf'^2}{P_{2\infty}+a} = \frac{nf'^2\varepsilon}{D'-a\varepsilon}$$

式中，假定仪器的出瞳 D' 小于或等于眼瞳 D_e。

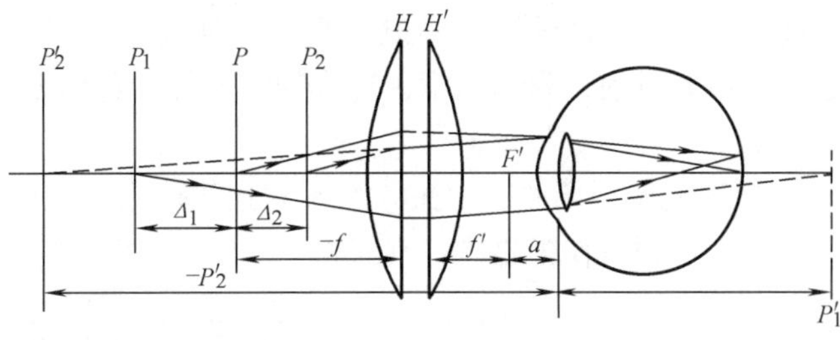

图 7-12　显微镜的景深

因在使用显微镜时，眼瞳靠近系统的后焦点，故 $a\varepsilon$ 值很小，上式可简化为

$$\Delta_1 = \Delta_2 = nf'^2\varepsilon/D' \tag{7-31}$$

式(7-31)同样适于目镜和放大镜。若系统焦距 f' 用视觉放大率表示，出瞳 D' 用式(7-26)表示，则

$$\Delta_1 = \Delta_2 = \frac{n250^2\varepsilon}{\Gamma^2 D'}\text{mm} = \frac{250n\varepsilon}{2\Gamma NA}\text{mm}$$

$$2\Delta_1 = \frac{250n\varepsilon}{\Gamma NA}\text{mm} \tag{7-32}$$

由此可知，显微镜的数值孔径越大，要求放大倍率越高，其景深越小。例如，$\beta = 10^\times$，$NA = 0.25$ 的物镜，选用目镜 $\Gamma = 15^\times$ 组成的显微镜，其景深只有 0.002mm。

景深的大小决定了用显微镜纵向调焦时的调焦误差。

当物像调焦在明视距离时，下式成立

$$\Gamma = \frac{\tan\omega'}{\tan\omega} = \frac{y'/250}{y/250} = \frac{y'}{y} = \beta \tag{7-33}$$

即显微镜的视觉放大率等于显微镜的横向放大率，则弥散圆直径为

$$E' = 250\varepsilon\text{mm}$$

E' 在显微镜物空间对应的大小为

$$E = \frac{250\varepsilon}{\beta}\text{mm} = \frac{250\varepsilon}{\Gamma}\text{mm} \tag{7-34}$$

这就是显微镜的横向对准误差公式。ε 值视标志的形状而定，例如叉线对准单线时，可取 $\varepsilon = 10'' = 0.00005\text{rad}$。

六、显微镜的照明方法

图 7-13 所示为四种照明方法。

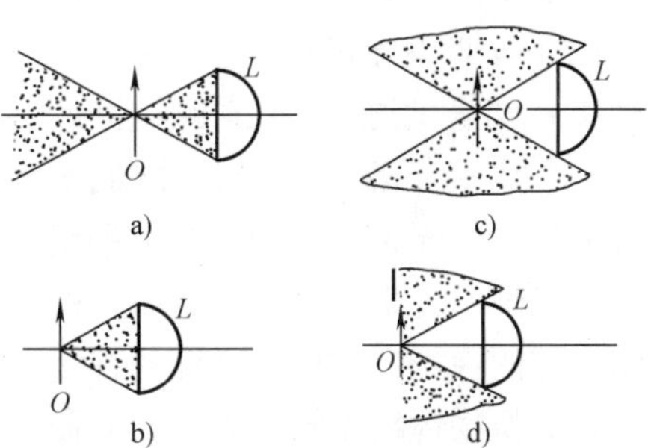

图 7-13　显微镜的照明方法

1. 透射光亮视场照明　光通过透明物体，例如透明玻璃光栅等，光被透明光栅的不同透射比所调制。若光通过无缺陷的玻璃平板，则产生一均匀的亮视场。

2. 反射光亮视场照明　对不透明的物体，例如金属表面，必须从上面照明。一般通过物镜从上面照明。光束被不同反射率的物体结构所调制。没

有缺陷的漫射或者规则的反射表面产生一均匀的亮视场。

3. 透射光暗视场照明 倾斜入射的照明光束在物镜旁侧向通过。光束通过物体结构的衍射、折射和反射，射向物镜，形成物体的像，若用无缺陷的玻璃板作为物体，则获得均匀的暗视场。

4. 反射光暗视场照明 在旁侧入射到物体上的照明光束经反射后在物镜侧向通过。若用无缺限的反射镜作为物体，则获得一均匀的暗视物。

在暗视场照明时，进入物镜成像的只是由微粒散射的光线束。在暗的背景上，给出亮的颗粒像，对比好，可使分辨率提高，可观察小于显微镜分辨极限的微小质点——即超显微质点。

生物显微镜多为透明标本，常用透射光亮视场照明。其照明方式又分为两种，即临界照明和柯勒照明。图7-14和图7-15分别示出两种照明方式的光路。

临界照明把光源的像成在物平面上，故光源表面亮度的不均匀性会影响显微镜的观察效果。临界照明的聚光镜的出射光瞳和像方视场分别与物镜的入射光瞳和物方视场重合。对测量显微镜，其物镜的入射光瞳在无限远，所以聚光镜的孔径光阑应放在其前焦平面上。

柯勒照明消除了临界照明中物平面光照度不均匀的缺点，它由两组透镜组成，前组透镜称作柯勒镜（即聚光镜前组），后组透镜一般称作成像物镜（也叫聚光镜后组）。在紧靠柯勒镜后放置光阑1，在成像物镜的前焦平面放置光阑2，光阑1限制了进入柯勒镜的光束的孔径，是柯勒镜的孔径光阑。光阑2限制了柯勒镜的照明光源的视场，称作柯勒镜的视场光阑。成像物镜把光阑1成像在显微物镜的物面上，把光阑2成像在无限远。柯勒镜的视场光阑限制了成像物

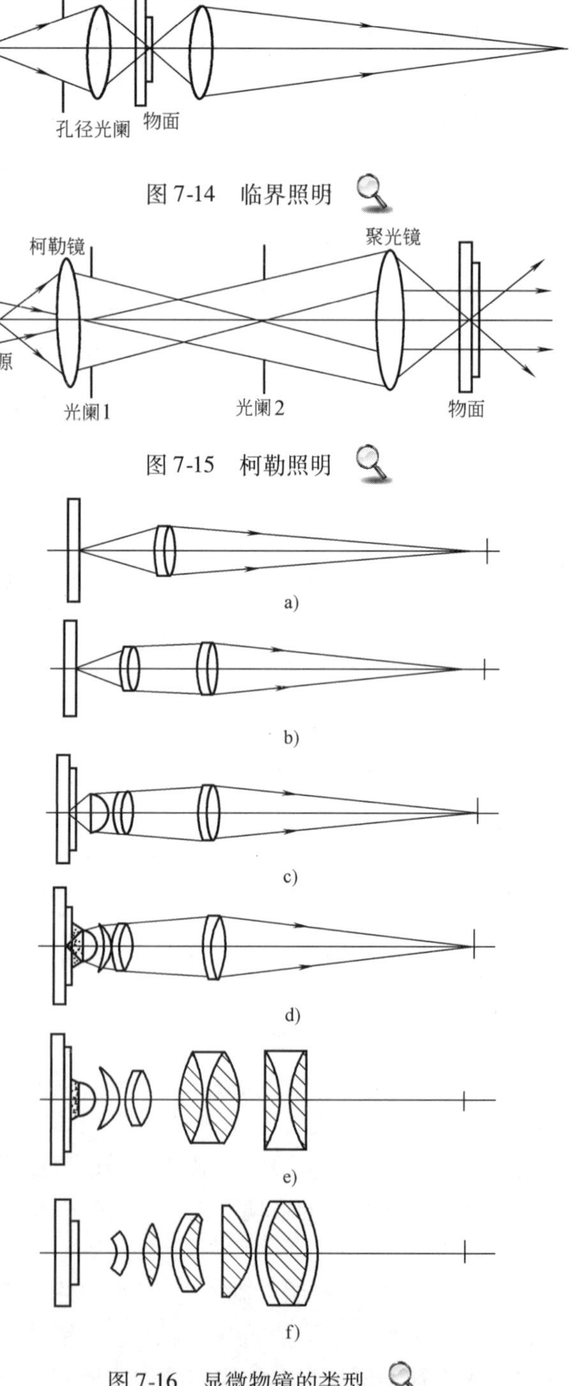

图7-14 临界照明

图7-15 柯勒照明

图7-16 显微物镜的类型

镜的光束的孔径，是成像物镜的孔径光阑。柯勒镜的孔径光阑限制了成像物镜的视场，是成像物镜的视场光阑。也就是说柯勒照明是“窗对瞳、瞳对窗”的光管。

调节光阑 2 的大小，可改变柯勒照明出射光束的孔径，使其出射光束的孔径角准确等于显微物镜的孔径角，满足物镜的数值孔径的要求，同时有利于消除有害的散射光。调节光阑 1 的大小，使照明显微物镜视场的光受到有效限制，使不在视场内的标本的所有部分完全黑暗，以减少有害的杂散光，提高对比度。

七、显微镜的物镜

显微物镜的放大率大约在 $2.5^{\times}\sim100^{\times}$ 范围内，数值孔径 NA 随放大率 β 增大而增大，借助于目镜的放大率 $\Gamma(5^{\times}\sim25^{\times})$ 来满足有效放大率的要求。对于非浸液系统（物镜前是空气），高倍显微物镜的数值孔径上限是 0.95，对于浸液物镜（在物镜前，浸液折射率和玻璃盖板折射率大约相同）数值孔径可以达到 1.40。显微物镜按照像差校正形式分类，消色差物镜用于简单的光学系统，且随数值孔径的增大，透镜的数目也增多。为了避免二级光谱产生的彩色边缘，采用复消色物镜，物镜结构中含有莹石制造的透镜。对于显微照像和显微投影，要求校正像面弯曲，采用平像场消色差物镜或平像场复消色差物镜。

图 7-16 给出几种典型物镜的结构型式，图 a 为低倍物镜，由双胶合物镜组成，$\beta=3^{\times}\sim6^{\times}$，$NA=0.1\sim0.15$；图 b 为中倍物镜，由两组双胶合透镜组成，称为里斯特物镜，$\beta=8^{\times}\sim10^{\times}$，$NA=0.25\sim0.3$；图 c 为高倍物镜，在里斯特物镜前加一半球透镜，其第二面为齐明面，半球透镜使里斯特物镜的孔径角增加 n^2 倍。这种物镜称作“阿米西”物镜，$\beta=40^{\times}$，$NA=0.65$；图 d 为浸液物镜，在阿米西物镜中再加一个同心齐明透镜，称作阿贝浸液物镜，$\beta=90^{\times}\sim100^{\times}$，$NA=1.25\sim1.4$。在玻璃盖片和物镜前片之间浸液（折射率为 n），可使数值孔径提高 n 倍；图 e 为复消色差物镜，有阴影线的透镜，是由特殊材料莹石制成，$\beta=90^{\times}$，$NA=1.3$；图 f 为平视场复消色差物镜，$\beta=40^{\times}$，$NA=0.85$。

第四节　望远镜系统

由第二章可知，望远系统的视觉放大率为

$$\Gamma=\frac{\tan\omega'}{\tan\omega}=\gamma \tag{7-35}$$

图 7-17 示出开普勒望远镜的光路图，由于目镜口径的限制，其最大视场角处的渐晕系

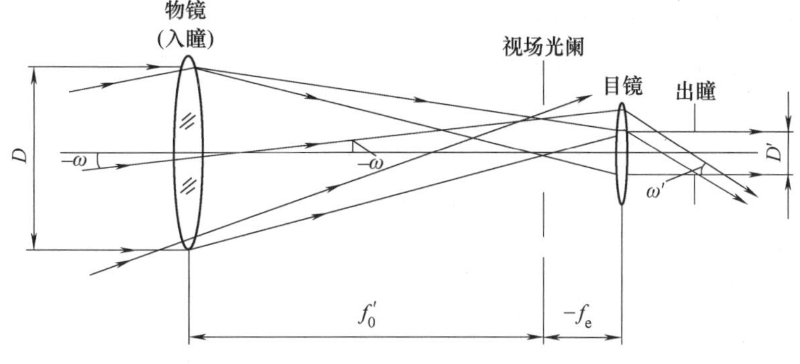

图 7-17　开普勒望远镜成像原理

数为 50%，最大视场处的主光线刚通过目镜上边缘，而从下边缘光线到主光线的半口径的光束被目镜遮拦，目镜框起到了渐晕光栏的作用。由图 7-17 可以看出

$$\Gamma = -f_0'/f_e' = -D/D' \tag{7-36}$$

式中，D 和 D'分别是望远镜的入瞳和出瞳的大小。

由式(7-36)可知，望远镜的视觉放大率是光瞳垂轴放大率的倒数。即

$$\Gamma = 1/\beta \tag{7-37}$$

由式(7-36)可知，望远镜的视觉放大率与物体的位置无关，仅取决于望远系统的结构，欲增大视觉放大率，必须增大物镜的焦距或减少目镜的焦距，但目镜的焦距不得小于 6mm，使得望远系统保持一定的出瞳距，以避免眼睛睫毛与目镜的表面相碰。

手持望远镜的放大倍率一般不超过 $10^{\times}$。大地测量仪器中的望远镜，视觉放大率约为 $30^{\times}$。天文望远镜有很高的放大倍率，例如帕洛马（Palormar）天文台（美国）的反射式望远镜物镜焦距为 165m，相对口径为 1∶33。

由视觉放大率公式可知，随物镜和目镜的焦距符号不同，视觉放大率可能为正值，也可能为负值，因此通过望远镜来观察到的物体像方向不同。若 Γ 是正值，像是正立的，反之，则像是倒立的。

开普勒望远镜是由两个正光焦度的物镜和目镜组成的，因此望远系统成倒像。为使经系统形成的倒像转变成正立的像，需加入一个透镜或棱镜转像系统。因开普勒望远镜的物镜在其后焦平面上形成一实像，故可在中间像的位置放置一分划板，用作瞄准或测量。图 7-18 所示的军用望远镜的转像系统是由两个垂直放置的 D_{II}-180 棱镜（即保罗棱镜）组成的。

伽利略望远镜是由正光焦度的物镜和负光焦度的目镜组成的，其视觉放大率大于 1，形成正立的像，不需加转像系统，但无法安装分划板，应用较少，可应用于观剧，倒置伽利略望远镜可用于门镜。图 7-19 所示为其光学系统原理。

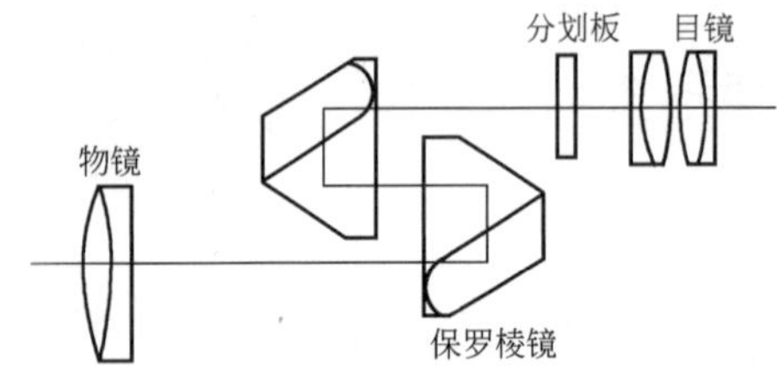

图 7-18 军用望远镜的棱镜转像系统

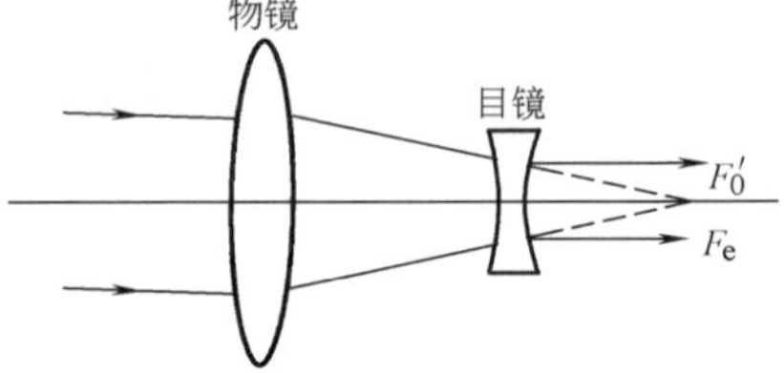

图 7-19 伽利略望远镜 

一、望远系统的分辨率及工作放大率

望远系统的分辨率用极限分辨角 φ 表示，由式(7-27)可得

$$\varphi = \frac{a}{f_0'} = \frac{0.61\lambda}{n'\sin u' f_0'} \tag{7-38}$$

因像空间折射率 $n'=1$，$\sin u' = D/2f_0'$，故上式可写成（取 $\lambda = 0.000555\text{mm}$）

$$\varphi = 140''/D \tag{7-39}$$

式中，D 为以 mm 为单位的数值。

按道威判断为

$$\varphi = 120''/D \tag{7-40}$$

即入射光瞳直径 D 越大，极限分辨率越高。

望远镜是目视光学仪器，因而受人眼的分辨率限制，即两个观察物点通过仪器后对人眼的视角必须大于人眼的视觉分辨率 60″，故除了增大物镜口径以提高望远镜的衍射分辨率外，还要增大系统的视觉放大率，以符合人眼分辨率的要求。但在仪器的分辨率一定时，过高地增大视觉放大率也不会看到更多的物体细节。

视觉放大率和分辨率的关系为

$$\varphi \Gamma = 60''$$

$$\Gamma = 60''/\varphi = D/2.3 \tag{7-41}$$

从上式求得的视觉放大率是满足分辨要求的最小视觉放大率,叫做有效放大率(正常放大率)。

然而,眼睛处于分辨极限条件下(60″)观察物像时会使眼睛感到疲劳,故在设计望远镜时,一般视觉放大率比按式(7-41)求得的数值大 2 ~3 倍,称工作放大率。若取 2. 3 倍,则

$$\Gamma = D \tag{7-42}$$

对观察仪器的精度要求则是其分辨角，由式(7-41)可求得

$$\varphi = 60''/\Gamma \tag{7-43}$$

对瞄准仪器的精度要求则是其瞄准误差 $\Delta\varphi$，它与瞄准方式有关。使用压线瞄准，则有

$$\Delta\varphi = 60''/\Gamma \tag{7-44}$$

使用双线或叉线瞄准，则有

$$\Delta\varphi = 10''/\Gamma \tag{7-45}$$

二、望远镜的视场

开普勒望远镜的物镜框是孔径光阑，也是入瞳；出瞳在目镜外面，与人眼重合，目镜框是渐晕光阑，一般允许有 50% 的渐晕。物镜的后焦平面上可放置分划板，分划板框即是视场光阑。由图 7-17 可以求出，望远镜的物方视场角 ω 满足

$$\tan\omega = y'/f'_0 \tag{7-46}$$

式中，y'是视场光阑半径，即分划板半径。

开普勒望远镜的视场 2ω 一般不超过 15°。人眼通过开普勒望远镜观察时，必须使眼瞳位于系统的出瞳处，才能观察到望远镜的全视场。

伽利略望远镜一般以人眼的瞳孔作为孔径光阑，同时又是望远系统的出瞳。物镜框为视场光阑，同时又是望远系统的入射窗。由于望远系统的视场光阑不与物面（或像面）重合，因此伽利略望远系统对大视场一般存在渐晕现象，如图 7-20 所示。

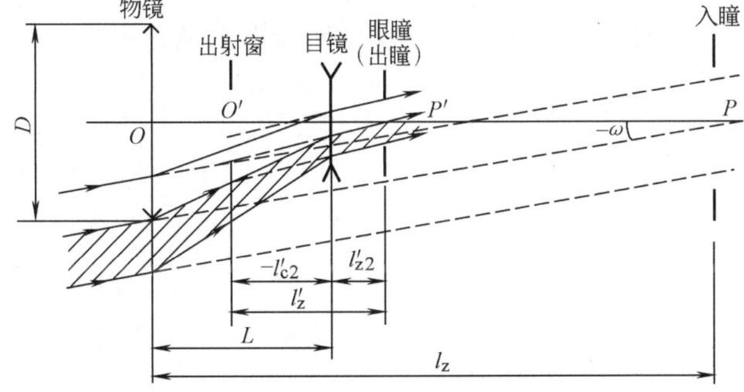

图 7-20　伽利略望远镜的光束限制

由图 7-20 可知，当视场为 50% 渐晕时（$K=50\%$），其视场角为

$$\tan\omega = \frac{D}{2l_z}$$

式中，D 为物镜框直径；l_z 为入瞳到物镜框的距离。由式(7-37)可得

$$l_z = \Gamma^2 l'_z = \Gamma^2\ (-l'_{c2} + l'_{z2}) \tag{7-47}$$

所以有

$$\tan\omega = \frac{D}{2l_z} = \frac{D}{2\Gamma(L+\Gamma l'_{z2})} \tag{7-48}$$

式中，$L=f'_0+f'_e$ 为望远镜的机械筒长；l'_{z2} 为眼睛到目镜的距离。

伽利略望远镜的最大视场（渐晕系数 $K=0$）是由通过入射窗（物镜框）的边缘和相反方向的入瞳边缘的光线决定的，即

$$\tan\omega_{\max} = \frac{D+D_P}{2\Gamma(L+\Gamma l'_{z2})} \tag{7-49}$$

式中，D_P 是入瞳的直径。

伽利略望远镜的视觉放大率越大，视场越小，故其视觉放大率不大。一般仅用于在剧场观剧。

第五节 目　　镜

目镜的作用类似于放大镜，把物镜所成的像放大在人眼的远点或明视距离供人眼观察，其光学参数主要有焦距 f'_e、视场角 $2\omega'$、相对镜目距 P'/f'_e、工作距离 l_F。

目镜的视场取决于望远镜的视觉放大率和物方视场角 2ω，即

$$\tan\omega' = \Gamma\tan\omega \tag{7-50}$$

一般目镜的视场角为 40°～50°，广角目镜的视场角可达 60°～80°，双目仪器的目镜视场不超过 75°。

镜目距是目镜后表面的顶点到出瞳的距离，相对镜目距是其与目镜焦距之比。目镜的孔径光阑与物镜的孔径光阑重合，其出瞳位于目镜的后焦平面附近。出瞳直径一般为 2～4mm 左右。测量仪器的出瞳直径可以小于 2mm，以提高其测量精度。军用仪器的出瞳直径较大，例如坦克瞄准镜的出瞳直径为 8mm，这是为了适应极其困难情况下的观察条件。

根据牛顿公式，可以容易地计算出镜目距

$$(P'-l'_F) = f'^2_e/f'_0 = f'_e/\Gamma$$

$$P' = l'_F + f'_e/\Gamma \tag{7-51}$$

相对镜目距为

$$\frac{P'}{f'_e} = \frac{l'_F}{f'_e} + \frac{1}{\Gamma} \tag{7-52}$$

所以当放大倍率较大时，镜目距 P' 近似地等于目镜的后截距。对于一定型式的目镜，相对镜目距近似地为一个常数。镜目距的大小视仪器使用要求而定，但最短不得小于 6mm。

在设计时，首先应根据视场角 $2\omega'$ 和镜目距 P' 的要求确定目镜的型式。由相对镜目距和仪器要求的镜目距即可初步确定目镜的焦距。

目镜第一面的顶点到其物方焦平面的距离称为目镜的工作距 l_F。目镜的视场光阑与物镜的视场光阑重合，位于目镜的前焦平面上。为了适应近视眼与远视眼的需要，视度是可以调节的。所以工作距离要大于视度调节的深度，视度调节的范围一般在 ±5D（即 ±5 屈光度）。

目镜相对视场光阑（分划板）的移动量 x 等于

$$x=\frac{\pm 5f'^2_e}{1000\text{mm}} \tag{7-53}$$

图 7-21 所示为惠更斯目镜。惠更斯目镜由靠近物镜的场镜和靠近眼睛的接目镜组成，场镜所成的像平面即为接目镜的物平面。而场镜和接目镜的像差是互相补偿的，因此当观察到的物体是清晰的时候，视场光阑是不清楚的，故在惠更斯目镜中，不宜放分划板，测试仪器也不能选用这种结构。惠更斯目镜的视场角 $2\omega'=40°\sim50°$，相对镜目距约 $P'/f'_e\approx1/3$，焦距不小于 15mm。

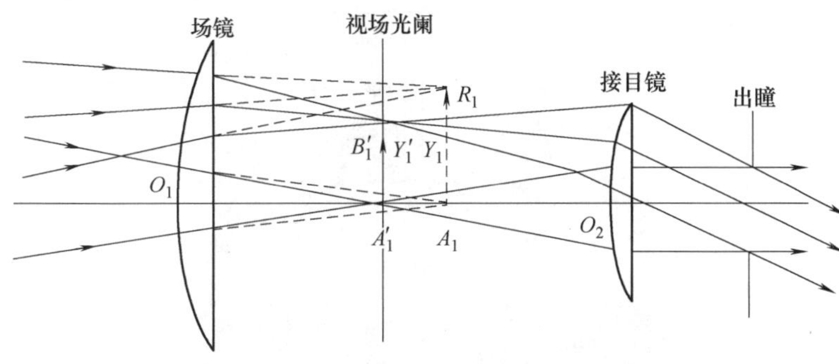

图 7-21　惠更斯目镜

图 7-22 示出的是冉斯登目镜，其场镜向接目镜移近，使物镜的像平面移出目镜，可以设置分划板。冉斯登目镜的视场角 $2\omega'=30°\sim40°$，相对镜目距 $P'/f'_e\approx1/3$。

图 7-23 示出凯涅尔目镜，由场镜和双胶合接目镜组成，像质优于冉斯登目镜。光学特性为 $2\omega'=45°\sim50°$，$P'/f'\approx1/2$，截距 l_F 和 l'_F 近似地表示为 $l_F\approx0.3f'$，$l'_F\approx0.4f'$，因此，出瞳靠近目镜。目镜总长度近似为 $1.25f'$。

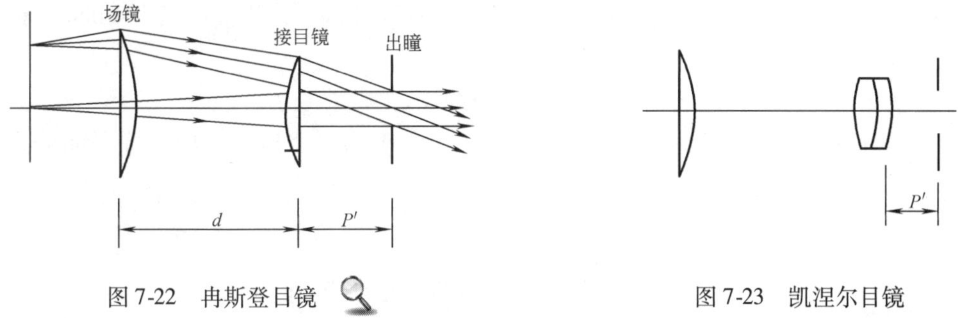

图 7-22　冉斯登目镜　　　　图 7-23　凯涅尔目镜

图 7-24 所示的是无畸变目镜。无畸变目镜并非完全校正了畸变，只是畸变小些，适用于测量仪器。其光学特性为 $2\omega'=48°$，$P'/f'\approx0.8$，在 40°视场时的相对畸变为 3% ~4%。

有的军用仪器要求较长的出瞳距，例如 22 ~25mm。选择长出瞳距目镜可以满足这种要求。图 7-25 所示的长出瞳距目镜，其视场 $2\omega'=50°$。截距 $l_F\approx0.3f'$，$l'_F\approx f'$。

除此之外，还有对称目镜、广角目镜、超广角目镜等。目镜的型式较多，设计时，在满足光学特性要求时，要兼顾成像质量和结构的简单化。

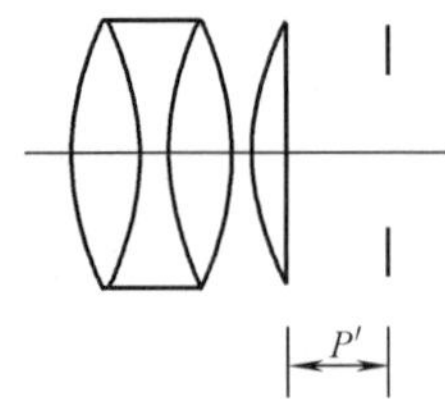

图 7-24 无畸变目镜

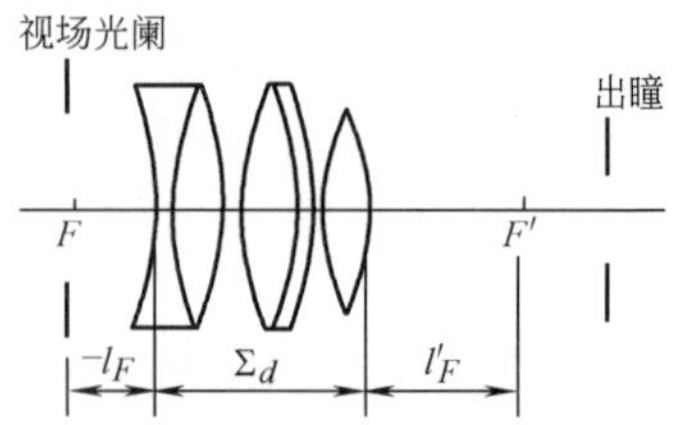

图 7-25 长出瞳距目镜

图 7-26 给出开普勒双目望远镜的实物图。

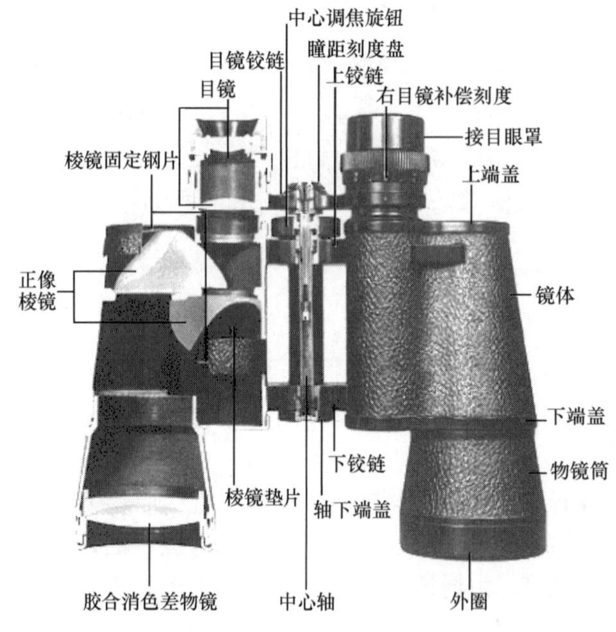

图 7-26 双目开普勒望远镜

例 一个 $\Gamma=-5^{\times}$ 的开普勒望远镜，其物镜的焦距为 200mm，物镜口径为 40mm，镜框为孔径光阑。

a）如果视场角为 ±2°，无渐晕时望远镜的目镜口径应为多少？

b）若物体分别位于物镜左 400mm 和 100mm，相对于第二个透镜对应的像平面分别在哪？

解 a）由望远镜的视觉放大倍率

$$\Gamma=-5=-\frac{f'_o}{f'_e} \qquad 可计算出 \quad f'_e=40\text{mm}$$

$$d=f'_o+f'_e=200\text{mm}+40\text{mm}=240\text{mm}$$

$$D_o=40\text{mm}$$

边缘光线：$U_1=0$

入射高度：$h_1=\dfrac{D_o}{2}=20\text{mm}$

$$U'\approx\frac{h_1}{f'_o}=0.1$$

则　　　　　　　　　$h_2 = h_1 - dU' = 20\text{mm} - 24\text{mm} = -4\text{mm}$

$h_2 = -4\text{mm}$ 表示轴上点孔径光线在目镜上的入射半高度为 4mm。

当全视场 $\omega = \pm 2°$时，

追踪目镜的主光线：$\tan U_z = \tan 2° = 0.0349$

$\tan U_z' = \tan U_z = 0.0349$

主光线在物镜上的入射高度：$h_{z1} = 0$

主光线在目镜上的入射高度：$h_{z2} = d\tan U_z' = 8.38\text{mm}$

由于该望远系统的视场角为 ±2°，故轴外点孔径光线在目镜上的入射半高度可近似等于轴上点孔径光线在目镜上的入射半高度。

没有渐晕时，目镜的半孔径高度为 $r_e \geqslant |h_2| + h_{z2} = 4\text{mm} + 8.38\text{mm} = 12.38\text{mm}$ 由此可得目镜的全孔径应为 $D_e = 2r_e \geqslant 24.76\text{mm}$

b）物面到物镜焦点 F 的距离为 Δz，像面到目镜焦点 F'的距离为 $\Delta z'$，纵向放大倍率等于

$$\alpha = \frac{\Delta z'}{\Delta z} = \beta^2 = \frac{1}{\Gamma^2} = \frac{1}{25}$$

①物体在物镜左边 400mm 处，$\Delta z = -200\text{mm}$ 可计算出 $\Delta z' = -8\text{mm}$，则像面在第二个透镜右边 32mm 处。

②物体在物镜左边 100mm 处，$\Delta z = 100\text{mm}$ 可计算出 $\Delta z' = 4\text{mm}$，则像面在第二个透镜右边 44mm 处。

第六节　摄影系统

摄影系统由摄影物镜和感光元组成。通常把摄影物镜和感光胶片、电子光学变像管或电视摄像管等接收器件组成的光学系统称作摄影光学系统，其中包括照相机、电视摄像机、CCD 摄像机等。

一、摄影物镜的光学特性

摄影物镜的光学特性由焦距 f'、相对孔径 D/f'和视场角 2ω 表示。焦距决定成像的大小，相对孔径决定像面照度，视场决定成像的范围。

（一）视场

视场的大小由物镜的焦距和接收器的尺寸决定。一般来说，焦距越长，所成像的尺寸越大。在拍摄远处物体时，像的大小为

$$y' = -f'\tan\omega \tag{7-54}$$

在拍摄近处物体时，像的大小取决于垂轴放大率

$$y' = y\beta = yf'/x \tag{7-55}$$

摄影物镜的感光元件框是视场光阑和出射窗，它决定了像空间的成像范围，即像的最大尺寸，表 7-2 列出几种常用摄影底片的规格：

当接收器的尺寸一定时，物镜的焦距越短，则其视场角越大；焦距越长，视场角越小，相应地对应这两种情况的物镜分别称作广角物镜和远摄物镜。普通照相机标准镜头的焦距为 50mm。

表 7-2　常用摄像底片规格

名　　称	$\frac{长}{mm}\times\frac{宽}{mm}$	名　　称	$\frac{长}{mm}\times\frac{宽}{mm}$
135 底片	36×24	35mm 电影片	22×16
120 底片	60×60	航摄底片	180×180
16mm 电影片	10.4×7.5	航摄底片	230×230

当拍摄远处物体时，物方最大视场角为

$$\tan\omega_{max}=y'_{max}/2f' \tag{7-56}$$

式中，y'_{max}为底片的对角线长度。

（二）分辨率

摄影系统的分辨率取决于物镜的分辨率和接收器的分辨率。分辨率是以像平面上每毫米内能分辨开的线对数表示。设物镜的分辨率为 N_L，接收器的分辨率是 N_r，按经验公式，对系统的分辨率 N 有

$$1/N=1/N_L+1/N_r \tag{7-57}$$

按瑞利准则，物镜的理论分辨率为

$$N_L=1/\sigma=D/(1.22\lambda f')$$

取 $\lambda=0.555\mu m$，则

$$N_L=1475D/f'=1475/F \tag{7-58}$$

式中，$F=f'/D$ 称作物镜的光圈数。

由于摄影物镜有较大的像差，且存在着衍射效应，所以物镜的实际分辨率要低于理论分辨率。此外物镜的分辨率还与被摄目标的对比度有关，同一物镜对不同对比度的目标（分辨率板）进行测试，其分辨率值也是不同的。因此评价摄影物镜像质的科学方法是利用光学传递函数（OTF）。

（三）像面照度

摄影系统的像面照度主要取决于相对口径，按光度学理论（第五章），像面照度 E'等于（$n'=n=1$）为

$$E'=\tau\pi L\sin^2U'=\frac{1}{4}\tau\pi L\frac{D^2}{f'^2}\times\frac{\beta_p^2}{(\beta_p-\beta)^2} \tag{7-59}$$

式中，β_p 为光瞳垂轴放大率；β 为物像垂轴放大率；L 为物体的亮度；τ 为系统透射比。

当物体在无限远时，$\beta=0$，则

$$E'=\frac{1}{4}\tau\pi L\frac{D^2}{f'^2} \tag{7-60}$$

对大视场物镜，其视场边缘的照度要比视场中心小得多，按式(5-32)可得

$$E'_M=E'\cos^4\omega \tag{7-61}$$

式中，ω 为像方视场角。

由式(7-61)可知，大视场物镜视场边缘的照度急剧下降。感光底片上的照度分布极不均匀，导致在同一次曝光中，很难得到理想的照片，或者中心曝光过度，或者边缘曝光不足。

为了改变像面照度，一般照相物镜都利用可变光阑来控制孔径光阑的大小。使用者根据天气情况按镜头上的刻度值选择使用。分度的方法一般是按每一刻度值对应的像平面照度依

次减半。由于像平面的照度与相对孔径平方成正比，所以相对孔径按 $1/\sqrt{2}$等比级数变化，光圈数 F 按公比为$\sqrt{2}$的等比级数变化。国家标准是按表 7-3 来分档的。曝光时间档按公比为 2 的等比级数变化。

表 7-3 光圈数的分档

D/f'	1:1.4	1:2	1:2.8	1:4	1:5.6	1:8	1:11	1:16	1:22
F	1.4	2	2.8	4	5.6	8	11	16	22

二、摄影物镜的景深

照相制板、放映和投影物镜等只需要对一对共轭面成像。然而，电视、电影系统、照相系统则要求光学系统对整个或部分物空间同时成像于一个像平面上。设接收器像平面允许的弥散斑直径为 z'，则在对准平面上对应的弥散斑直径 z 为

$$z = z'/\beta$$

式中，β 为对准平面的垂轴放大率。

若用眼睛在明视距离来观察所拍摄的照片，z'对人眼的张角为

$$\varepsilon = \frac{z'}{L}$$

式中，L 为观察距离。

应用景深公式(4-5a)和式(4-5b)可得

$$\Delta_1 = \frac{P\varepsilon L}{2a\beta - \varepsilon L}$$

$$\Delta_2 = \frac{P\varepsilon L}{2a\beta + \varepsilon L} \tag{7-62}$$

式中，$2a$ 为入瞳直径；P 为对准平面到仪器的距离；β 为摄影系统的放大倍率。

因为$f' \ll P$，所以可以认为 $x \approx P - f' \approx P$，则 $\beta = -f/x \approx f'/P$，式(7-62)可写为

$$\left.\begin{aligned}\Delta_1 &= \frac{P^2\varepsilon}{2a\left(\dfrac{f'}{L}\right) - P\varepsilon}\\ \Delta_2 &= \frac{P^2\varepsilon}{2a\left(\dfrac{f'}{L}\right) + P\varepsilon}\end{aligned}\right\} \tag{7-63}$$

当在明视距离观察照片时，焦距越长，入瞳直径越大，景深越小；拍摄距离越大，景深越大。因此，在使用照相机拍摄时，选用光圈数（F 数）越大，则景深越大。

三、摄影物镜的类型

摄影物镜属大视场、大相对孔径的光学系统，为了获得较好的成像质量，它既要校正轴上点像差，又要校正轴外点像差。摄影物镜根据不同的使用要求，其光学参数和像差校正也不尽相同。因此，摄影物镜的结构型式是多种多样的。

摄影物镜主要分为普通摄影物镜、大孔径摄影物镜、广角摄影物镜、远摄物镜和变焦距物镜等。

普通摄影物镜是应用最广的物镜。一般具有下列光学参数：焦距 20～500mm，相对孔径 $D/f'=1:9\sim1:2.8$，视场角可达 64°。图 7-27 所示为最流行的著名的天塞（Tessar）物镜的结构型式，其相对孔径 1:3.5～1:2.8，$2\omega=55°$。

大相对孔径摄影物镜相对比较复杂。图 7-28 所示为双高斯（Guass）物镜的结构型式，其光学参数 $f'=50\text{mm}$，$D/f'=1:2$，$2\omega=40°\sim60°$。

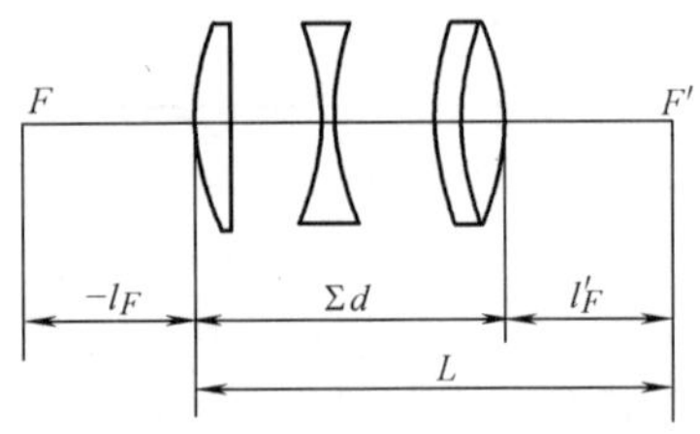

图 7-27 天塞物镜

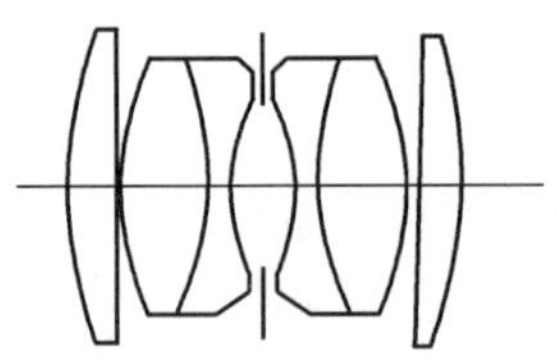

图 7-28 双高斯物镜

图 7-29 所示为单反照相机实物解剖图。

广角摄影物镜多为短焦距物镜，以便获得更大的视场。其结构型式一般采用反远距型物镜。广角物镜中最著名的应属鲁沙尔—32 型，其焦距 $f'=70.4\text{mm}$，相对孔径 $D/f'=1:6.8$，$2\omega=122°$，图 7-30 所示为其结构型式。

远摄物镜一般在高空摄影中使用，为获得较大的像面。摄远物镜的焦距可达 3m 以上。但其机械筒长 L 小于焦距，远摄比 $L/f'<0.8$。随着焦距的增加，系统的二级光谱也增加，设计时常用特种火石玻璃。为缩短筒长，也可以采用折反型物镜，但其孔径中心光束有遮拦。图 7-31 示出蔡司公司的远摄天塞物镜，其相对口径 $D/f'<1:6$，$2\omega<30°$。

图 7-29 单反照相机解剖图

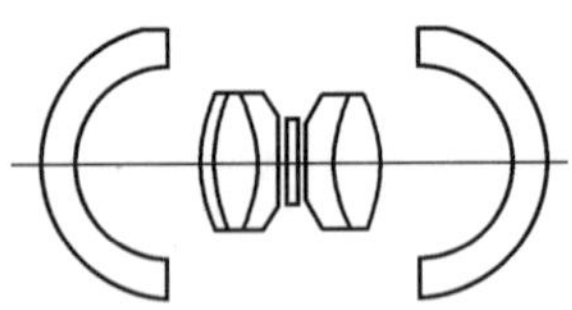

图 7-30 广角物镜

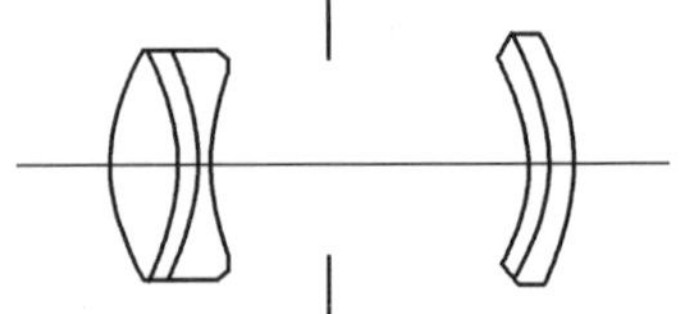

图 7-31 远摄物镜

变焦距物镜的焦距可以在一定范围内连续地变化，故对一定距离的物体其成像的放大率也在一定范围内连续变化，但系统的像面位置保持不变。在摄影领域，变焦距物镜几乎代替了定焦距物镜，并已用于望远系统、显微系统、投影仪、热像仪等。变焦系统由多个子系统组成。焦距变化是通过一个或多个子系统的轴向移动、改变光组间隔来实现的。其变倍比为

$$M=\frac{f'_{\max}}{f'_{\min}}=\frac{|\beta_2\beta_3\cdots\beta_k|_{\max}}{|\beta_2\beta_3\cdots\beta_k|_{\min}} \tag{7-64}$$

焦距为

$$f' = f_1'\beta_2\beta_3\cdots\beta_k \tag{7-65}$$

通常把系统中引起垂轴放大率β发生变化的子系统称变倍组，相对位置不变的子系统称固定组。一般情况下，系统中第一个子系统是前固定组，最后一个子系统是后固定组。前固定组为变倍组提供一个固定且距离适当的物面位置，后固定组提供一个固定且距离适当的后工作距离。图7-32所示为Pan-cinor—150系列的结构型式，焦距范围38.5～151mm，相对孔径1∶2.4，最大视场$2\omega=40°$，全长280mm。

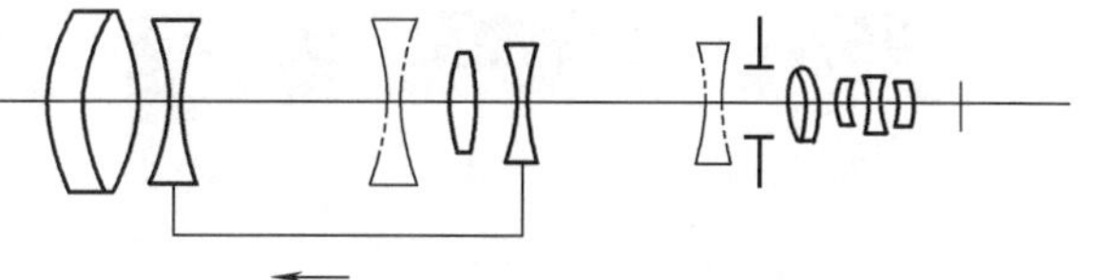

图7-32　变焦物镜

我国已设计出一系列变焦物镜，其中有5×的长焦距物镜，其变焦范围125～600mm，250～1200mm，相对孔径1∶5，最大视场$2\omega=20°$。6×的广角物镜，其变焦范围37.5～148mm，相对孔径1∶2，最大视场$2\omega=60°$。关于变焦距系统将在第八节中详细讨论。

四、数码相机（digital camera）

随着电子技术的发展，CCD（charge coupled device）和CMOS（complementary metal-oxide semiconductor）的分辨率越来越高，价格越来越低，商用的CCD的分辨率已超过3μm，CMOS的分辨率更高。因此经典的显微镜、望远镜目镜已根据用途分别被面阵CCD或CMOS所代替，变成显微电视系统或望远电视系统；而普通相机中的胶片也被CCD或CMOS代替，变成数码相机。其体积小、功能全、携带方便，市场上的通用数码相机像素单元已达到一千万像素，一般还同时具有3倍变焦镜头。但数码相机的分辨率仍远低于照相胶片，照相胶片的分辨率超过1000cy/mm。为了提高军用卫星相机对地面的分辨率一般采用线阵CCD，利用狭缝扫描满足视场要求和像差畸变的要求。

图7-33所示为伟大的科学家Hubble和以他的名字命名的哈勃太空望远镜用数码相机拍摄的太空。哈勃太空望远镜是唯一一台在太空紫外波段有效工作的望远镜。1990年4月24日发射，在1993年装备了CCD阵列，可以发现从1μm红外到121.6nm的紫外波段的星体。哈勃太空望远镜的主镜口径2.4m，次镜口径0.3m，主镜到次镜的间隔是4.84m，焦距57.6m，飞行器重11600kg。

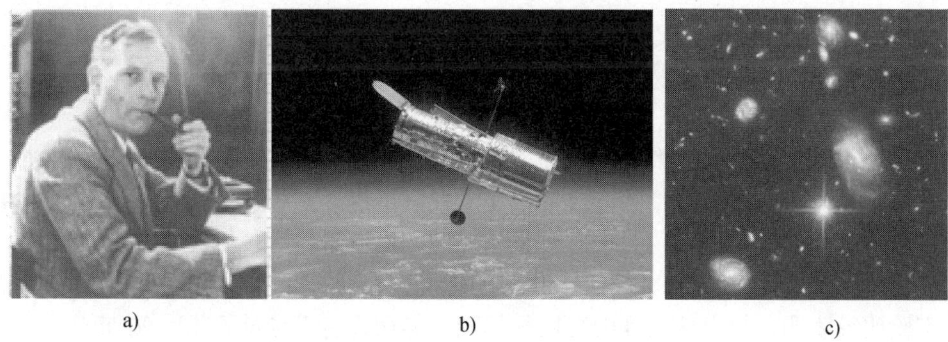

图7-33　哈勃与太空望远镜

a）Hubble（1889-1953）　b）太空望远镜　c）美丽的太空数码照片

图7- 34a 是航天员杨利伟用长焦距数码相机在神州五号飞船上拍摄的地球，图名是“美丽的地球”，图 7-34b 是航天员费俊龙在神州七号飞船上拍摄的地球，图名为“地球、冰、云”。

a)

b)

图 7-34 杨利伟和费俊龙用数码相机拍摄的地球

a)“美丽的地球”——杨利伟拍摄 b）地球、冰、云——费俊龙拍摄

应用 CCD（或 CMOS）作为探测器记录目标图像时，需注意 CCD 与摄影物镜的特性参数相匹配，即光谱匹配、分辨率匹配和视场匹配。CCD 的光谱响应曲线峰的波长应尽可能与摄影物镜校正单色像差的主波长一致，CCD 的光谱响应曲线区域应涵盖摄影物镜设计的波段范围。摄影物镜的分辨率应大于 CCD 的分辨率，而 CCD 的分辨率取决于其像素尺寸的大小。设计时，物镜的弥散斑均方直径尽可能不大于 CCD 的一个像素的尺寸。摄影物镜的视场光阑即是 CCD 的感光面的框，故摄影物镜的像方最大线视场即是 CCD 的对角线，根据 CCD 的对角线和摄影物镜的焦距可计算出摄影物镜的角视场。CCD 的工作温度一般在 $-5\sim+45°C$ 之间，故如果设计的光学系统的工作温度超过 CCD 的温度范围，需采取温度补偿措施。不同型号 CCD 的感光灵敏度不同，例如 TM-250/TM-260 型号的 CCD 感光灵敏度是 0.5lux($F=1.4$)，故当光学系统用于微光或微弱目标信号探测时，应使光学系统的 F 数与 CCD 的感光灵敏度匹配，即本例中光学系统的 F 数要小于 1.4。由于 CCD 的窗口玻璃是平行平板，且位于会聚光路中，光学系统设计摄影物镜时，必须考虑平行平板的厚度对像差的影响。

第七节 投影系统

一、基本参数

投影系统把一平面物体放大成一平面实像以便于人眼观察。幻灯机、电影放映机、照相放大机、测量投影仪、微缩胶片阅读仪等都属于投影系统。对投影系统的主要要求取决于其使用的目的。例如，图片投影仪要求有较强的照明，而测量投影仪则要求像面无畸变，两者都要求在像面上有足够的亮度。任何接收屏的像面亮度 L 都和接收屏的照度 E' 与反射比 ρ 有关，实验研究表明，投影接收屏的亮度根据其不同用途有不同的要求，例如

电影投影 $L=(25\sim50)\times10^4\,\mathrm{cd/m^2}$

幻灯片投影 $L=(3\sim50)\times10^4\,\mathrm{cd/m^2}$

反射投影 $L=(1\sim5)\times10^4\,\mathrm{cd/m^2}$

下面给出几种漫射屏的反射比

白色理想的漫射屏 $\rho=1$

碳酸钡制作的屏 $\rho=0.8$

白色的胶纸 $\rho=0.72$

知道了反射比 ρ 和亮度 L，则可以根据下式确定接收屏所需的照度。

$$E'=\pi L/\rho$$

或者

$$L=\rho E'/\pi \tag{7-66}$$

此式具有重要的实际应用，因在我们周围的大部分物体都是通过反射光发光的，用其亮度来确定其辐射，从而可以确定入射到光屏的光通量 Φ'。设屏的面积为 S，则

$$\Phi'=E'S \tag{7-67}$$

通过选择光源和投影系统相应的参数来保证光通量 Φ'。例如在电影放映机中，入射到光屏的光通量 Φ'大约是辐射灯源光通量 Φ_0 的 1/100～5/100，即 $\Phi'=E'S=0.01\sim0.05\Phi_0$。

如果在光源目录中仅给出光通量大小和发光体尺寸 $\mathrm{d}S$，那么对于平面发光的物体，发光强度（法线方向）和亮度的关系为

$$\Phi_0=2\pi L\mathrm{d}S=2\pi I \tag{7-68}$$

或

$$I=\Phi_0/2\pi \tag{7-69}$$

对于点光源的发光强度为

$$I=\Phi_0/4\pi \tag{7-70}$$

投影物镜的光学特性以放大率、视场、焦距和相对孔径来表示。

垂轴放大率由银幕尺寸对图片尺寸之比确定，即 $\beta=y'/y$。

焦距由下式计算出

$$f'=\frac{\beta L}{-(\beta-1)^2}\approx\frac{l'}{1-\beta} \tag{7-71}$$

式中，L 为物像间的共轭距。

视场角 ω'满足

$$\tan\omega'=\frac{y'}{l'}=\frac{\beta y}{f'(1-\beta)} \tag{7-72}$$

根据式(7-59)，取光瞳放大率为 1，则相对孔径为

$$D/f'=2(1-\beta)\sqrt{E'/\tau\pi L} \tag{7-73}$$

二、投影物镜的结构型式

投影系统类似于倒置的摄影系统。因此，普通摄影物镜倒置使用时，均可用作为投影系统。例如匹兹伐尔型物镜、天塞物镜和双高斯物镜等。

在宽银幕电影中，宽银幕物镜将银幕加宽以使放映出来的景物对观察者有更大的张角，从而给观察者的真实感更强。但宽银幕仅在宽度方向加大，而高度并无变化，即画面在水平和垂直方向有不同的放大率，其比值称为压缩比 K，$K=\beta_s/\beta_t$，通常取 $K=1.5\sim2.0$。宽银幕物镜是在普通的摄影物镜和投影物镜前加一变形镜组成。

变形镜可由柱面透镜或棱镜构成。柱面透镜的一面是平面，另一面是柱面。其子午焦距

为无限大，而弧矢焦距为有限值。图 7-35 所示为伽利略式变形镜的原理结构。

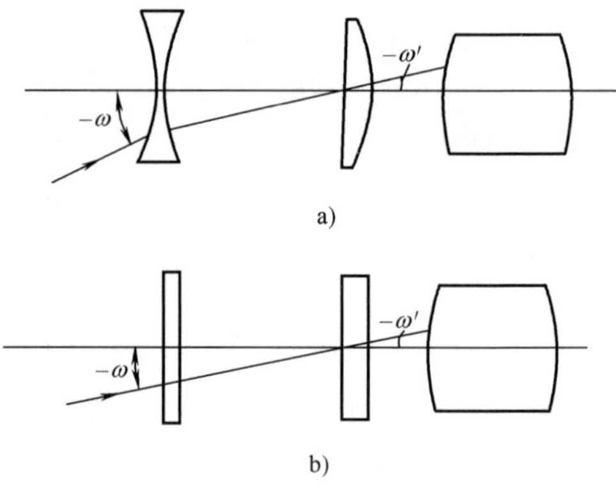

图 7-35 宽银幕变形物镜 

三、照明系统

为了在投影屏上获得均匀而足够的照度，必须应用大孔径角的照明系统和适当的光源。照度的大小与光源的发光强度和光源的尺寸及聚光系统的光学特性等有关。按照明系统的结构型式分为透射照明系统、反射照明系统和折反照明系统；按照明方式又可分为临界照明和柯勒照明。

照明透镜又称作聚光镜。通常聚光镜是由多个正透镜组成，因此它具有较大的球差和色差。孔径角越大、垂轴放大倍率越大，其结构型式越复杂。此外，照明系统提供的光能要想全部进入投影系统，且有均匀的照明视场，照明系统与投影成像系统必须有很好的衔接，其衔接条件为，一是照明系统的拉赫不变量 J_1 要大于投影成像系统的拉赫不变量 J_2，二是要保证两个系统的光瞳衔接和成像关系。

下面给出几种照明系统的型式。图 7-36 所示为双透镜聚光镜，其中图 a 由两个相同的平凸透镜组成。孔径角 $2u_0=50°\sim60°$，垂轴放大倍率 $\beta=-1^\times\sim-3^\times$；图 b 由一个弯月型透镜和一个正透镜组成，与图 a 相比有较小的球差，且第一块透镜是齐明透镜。$2u_0=50°\sim60°$，$\beta=-4^\times\sim-10^\times$。

图 7-37 所示为大孔径聚光镜，它由三片或四片透镜组成，孔径角增大到 $2u_0=90°$，$\beta=-1.5^\times\sim-5^\times$，若采用非球面，孔径角可增加到 110°。

图 7-38 所示为折反式聚光镜，孔径角 $2u_0=135°$，垂轴放大率 $\beta=-5^\times\sim-8^\times$。若其中采用抛物面或非球面的透镜，既可改善照明系统的像质，也可增大聚光镜的通光孔径。

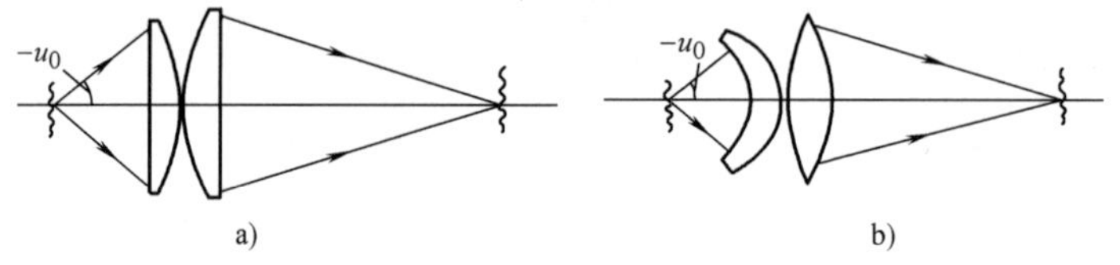

图 7-36 照明聚光镜

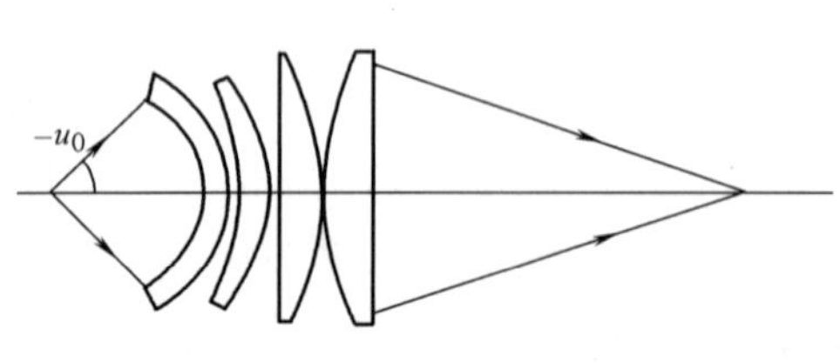

图 7-37 大孔径聚光镜

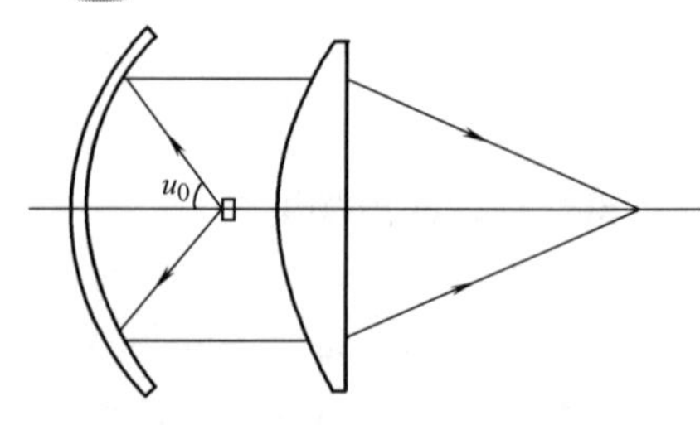

图 7-38 折反式聚光镜 

四、基于 DMD 的投影光学系统

现代投影系统已不再用透明胶片，取而代之的是空间光调制器（Spatial Light Modulator, SLM）。空间光调制器主要有两种形式：反射式和透射式。反射式用数字微镜器件（Digital

Micromirror Device，DMD），透射式用电寻址液晶（Electrically Addressed Liquid Crystal Display，EALCD）。这里以反射式 DMD 为例来介绍现代投影系统的原理及相关注意问题。

基于 DMD 的投影系统主要包括光学部分和控制部分。光学部分主要由光源、照明系统、投影物镜、分光系统和 DMD 组成，系统原理如图 7-39 所示。控制部分主要包括视频转换器、同步信号处理器、电源等，这些都是控制 DMD，使其能够准确地输出被投影的图像。系统中所使用的 DMD 已经配备了控制系统。

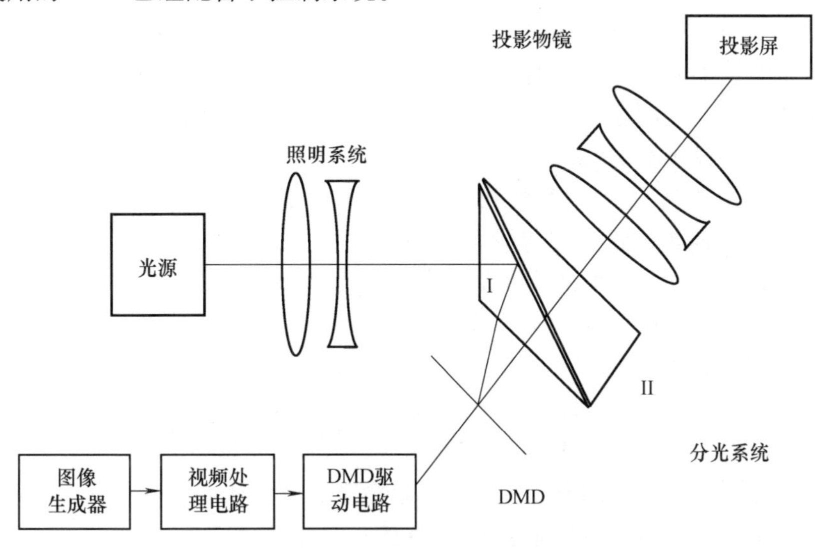

图 7-39　现代投影系统原理图

基于 DMD 的投影系统的工作原理是：由计算机图像生成器产生的图像数据，经过 DLP（Digital Light Processing）视频处理电路和 DMD 驱动电路输入到 DMD 器件；由光源发出的光经照明系统，形成均匀的照明光束，经分光系统的全反射棱镜 1 入射到 DMD，照亮 DMD 的像元，经 DMD 反射调制后，使数字图像转换成被投影的模拟图像；分光系统衔接投影光路和照明光路，将 DMD 的入射光束和反射光束分开，避免照明光路与投影光路重叠，减少光能损失，使光能利用率高、系统结构紧凑；在 DMD 上生成的模拟图像通过分光系统（全反射棱镜 I 和补偿棱镜 II）和投影物镜，投射到投影屏。

五、DMD 空间光调制器

DMD 是美国德州仪器公司（TI）研制的新一代空间光调制器，是一种新型的全数字化的平面显示器件，由很多微小的微镜芯片组成的反射镜阵列。DMD 具有空间分辨率高、光学均匀性好、高像元填充因子、全数字控制等优点，现已广泛应用在数字光处理器 DLP 技术中。

DMD 是一种利用二进制脉宽调制的数字光开关，靠微镜单元的翻转来成像，每一个微镜相当于一个光开关，每个微镜单元均可绕其支点偏转 ±12°，分别对应 DMD 的“开”态和“关”态，每一个微镜面就代表一个像元，图 7-40 示出两个像元微镜的工作原理。

入射照明光束与投影物镜的光轴的夹角为 24°。当微镜偏转 0°时，这种状态称为平态，投影物镜处在像元微镜的中垂线上。当微镜旋转 +12°时（顺时针转动），入射照明光束和微镜中垂线成 12°角，反射光线相对入射光线偏转 24°角，DMD 像元图像的反射光线都能通过投影系统到达投影屏，对应像元图像显示明亮，这种状态称为“开”态。当微镜旋转 -12°时（逆时针转动），入射光线和微镜中垂线成36°角，反射光线相对入射光线偏转 72°角，DMD 像元图像的反射光线不能通过投影系统到达投影屏，对应像元显示黑暗，这种状态称为“关”态。根据需要，DMD 的每一个微镜在各自的驱动信号控制下达到各自的开关状态，就可以控制成像面与之相应像元的亮暗状态，最终在投影屏上生成所需的图像。

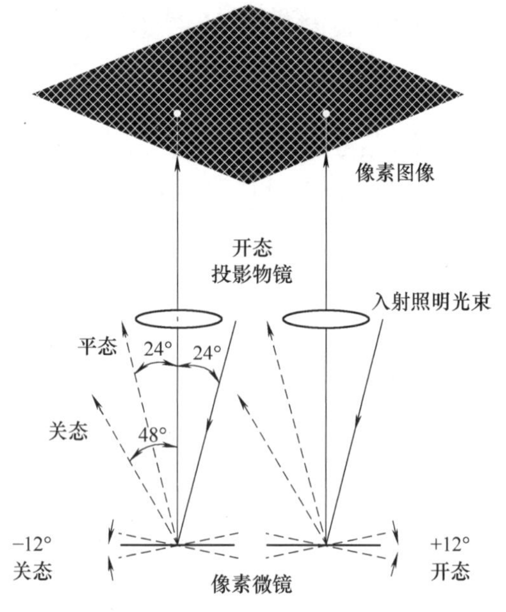

图 7-40　DMD 两个像元工作原理示意图

当用 DMD 作为投影仪的图像发生器时，需注意 DMD 与投影物镜的特性参数相匹配，即分辨率匹配和视场匹配。设计时投影物镜的物方最大线视场即是 DMD 器件的对角线长度，根据 DMD 器件的对角线长度和投影物镜的焦距就可计算出投影物镜的角视场。投影物镜的分辨率应大于 DMD 的分辨率，而 DMD 的分辨率取决于其像素即微镜尺寸的大小。但需注意，设计投影物镜时光路是逆向设计的，即投影物镜的最大像方线视场即是 DMD 器件的对角线长度，物镜的弥散斑直径尽可能小于 DMD 的一个像素元尺寸。

基于 DMD 做成的数字光处理器 DLP，先要把影像信号数字化，经计算机程序控制，输入到 DMD，投影得到需要的图像。市场上现有的 DLP 投影显示系统多应用于可见光波段。如果 DMD 应用于红外，必须更换窗口玻璃。由于窗口玻璃是平行平板，且位于会聚光路中，当设计红外投影物镜时，必须考虑平行平板窗口玻璃的厚度对红外成像质量的影响。

第八节　变焦距光学系统

一、变焦距光学系统的原理

很多光学仪器都要求其光学系统的放大倍率能够变化，使其同一仪器既能看到总体（大视场，低倍率），又能仔细观察局部（小视场，高倍率），更换镜头是一种常用的方法，例如显微物镜等，然而这种更换物镜断续变焦的方法使其成像大小突然变化。为使成像大小连续变化，只能使用变焦距光学系统。

变焦距光学系统原理是焦距在一定范围内连续改变，其物像面保持不动。光学系统的总焦距由单个透镜（或透镜组）的焦距f'_1，f'_2，…，f'_n 和透镜（或透镜组）主平面间的距离 d_1，d_2，…，d_{k-1}所决定。在现代的技术条件下，很难实现单个透镜的焦距按一定规律变化，只能令某些间隔 d 连续变化，达到其总焦距连续变化的目的。

为使焦距改变而像面不动，一般都利用“物像交换原则”。设有一普通物镜，使无限远的物体成像在 A 点，大小为 y_1，再经物镜 L 后成像在 A'点，像高为 y'_1，如图 7-41a 所示。当物镜 L 向左移动，到达图 7-41b 所示位置时（即图 7-41a 翻转 180°），其像点的位置仍在 A'点，像高为 y'_2。

如图 7-41 所示若物镜的两个共轭点（物点和像点）都是实点（或都是虚点），则可找到物镜的两个不同位置，其共轭距彼此相等。根据垂直放大率公式可知其垂轴成像倍率互为倒数，这就是“物像交换原则”。

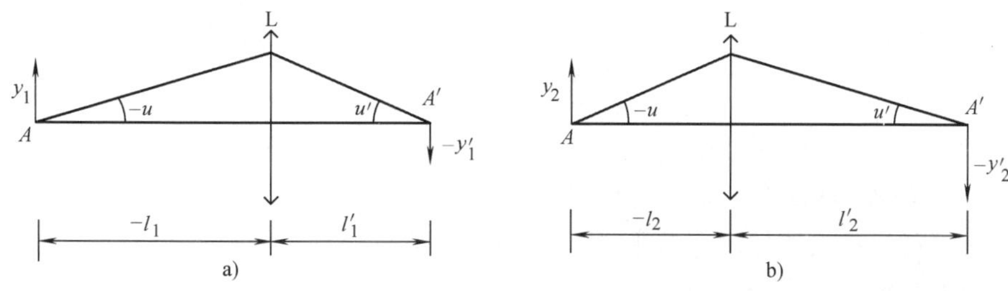

图 7-41　物像交换原理

物像交换原则只能保证物镜在两个位置的像面固定不动，当物镜 L 由图 7-41a 的位置移至图 7-41b 位置的过程中，像面将发生移动，为使像面保持不动，要对像面的移动进行补偿。按补偿的性质，分为光学补偿法和机械补偿法。不论是光学补偿还是机械补偿，通常都是由前固定组、变焦组和固定组三个部分组成，如图 7-42 所示，A 为前固定组，B、C、D 为变焦组，E_k 为后固定组。

机械补偿法的变焦组由变倍组和补偿组两部分组成，变倍组作线性运动，补偿组作非线性运动，通过凸轮，非线性螺纹等机构使补偿组作非线性运动来保持像面不动。在机械加工精度不断提高的今天，完全可以保证凸轮的准确性以使像面稳定，因而机械补偿法正成为变焦系统中一种最基本的类型。

在光学补偿法变焦系统中，所有移动透镜组一起作线性移动，如图 7-42 所示。其最大的优点是不需要设计偏心凸轮（或其他机械补偿组机构），然而这样的系统结构一般要比机械补偿系统长，而且随着焦距的改变，像平面会发生微位移。设计者的任务是使像面的位移小于焦深。

变焦距系统的应用，应满足以下基本要求：①能均匀地改变焦距；②变焦过程中像面保持稳定；③相对孔径基本保持不变；④成像质量符合要求。

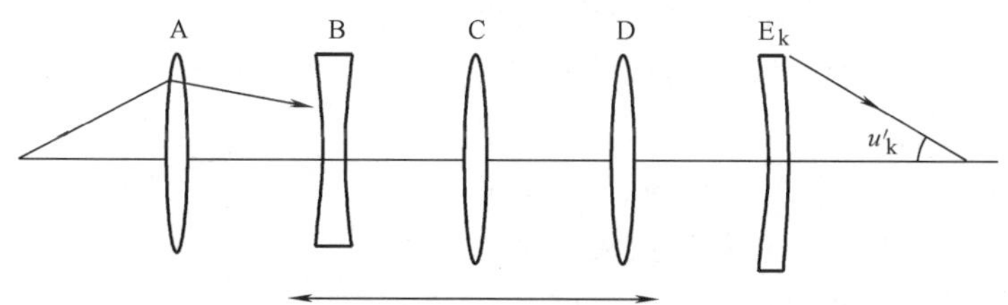

图 7-42　光学补偿变焦系统

总体而言，研究变焦距系统的设计问题，掌握下面几点是非常重要的：①变焦概念和表示变焦过程的变焦微分公式；②由变焦微分公式分析高斯解的区域；③研究系统在不同焦距位置的像差；④变焦系统的光学镜头像差设计。其中①和②不仅是重要的，也是基本的，其对设计质量的影响很大。

二、变焦距系统的变焦方程

在机械补偿法的变焦距系统中，为保持像面的稳定，对所有变焦组的运动组元，其物像间共轭距的变化量之和为零，也就是说像面位移的补偿依赖于变倍组和补偿组共轭距的改变，该改变量的总和为零，即

$$\sum_i \Delta L_i = 0 \tag{7-74}$$

图7-43是由 ϕ_2 和 ϕ_3 组成的变焦系统的变倍组和补偿组，其物点 A 和像点 A' 间的共轭距 $L = L_1 + L_2$。若 ϕ_2 向右移动 x_1，其共轭距改为 ΔL_1，则 ϕ_3 必须相应的移动 x_2，使共轭距改变 $\Delta L_2 = -\Delta L_1$，从而使像面保持不动。

若变倍组的初始位置 A 的垂轴放大倍率为 β_A，按物像交换原则，当共轭距不变时，其另一位置 B 的垂轴放大倍率 $\beta_B = \dfrac{1}{\beta_A}$，前后两个位置的倍率之比，即变焦比 Γ 为

$$\Gamma = \frac{\beta_A}{\beta_B} = \beta_A^2 \tag{7-75}$$

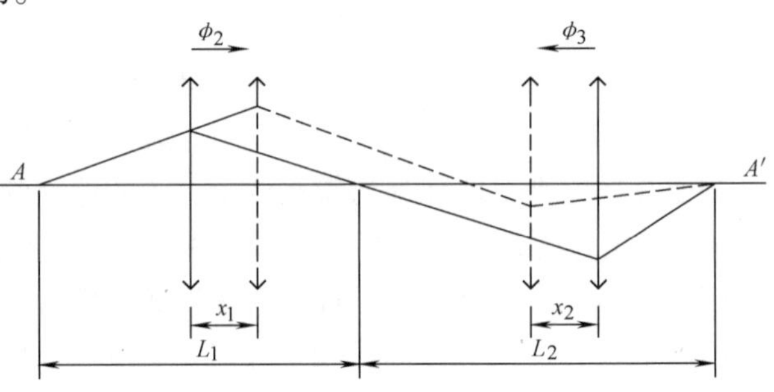

图7-43 机械补偿变焦组

由高斯公式，一个物镜的共轭距 L 可以表示为

$$L = l' - l = f'(1-\beta) - f'\left(\frac{1}{\beta} - 1\right) = f'\left(2 - \frac{1}{\beta} - \beta\right) = 2f' - f'\beta - f'\frac{1}{\beta} \tag{7-76}$$

共轭距随倍率变化曲线如图7-44所示。由图7-44可知，极小值在 $\beta = -1$ 处，其大小为 $L_{\min} = 4f'$，在 $\beta = -1$ 的特定点是分析变焦过程的关键点。

若物点不动，变倍组 ϕ_2 沿轴微动 dq，像面的微移动量为 de，若以 ϕ_2 的倍率 β_2 表示，则有

$$de = (1 - \beta_2^2)dq \tag{7-77}$$

式(7-77)可理解为：若物点向左微动 dq，根据轴向倍率公式，其像点向左微移 $-\beta_2^2 dq$，再考虑到原来的物点，像点和 ϕ_2 向右微移量 dq，即得式(7-77)的 de 微移量。

由于 ϕ_2 的移动，引起整个运动组（由 ϕ_2 和 ϕ_3 组成）的像面移动为（即 ϕ_3 的横向放大作用）

$$\beta_3^2(1 - \beta_2^2)dq \tag{7-78}$$

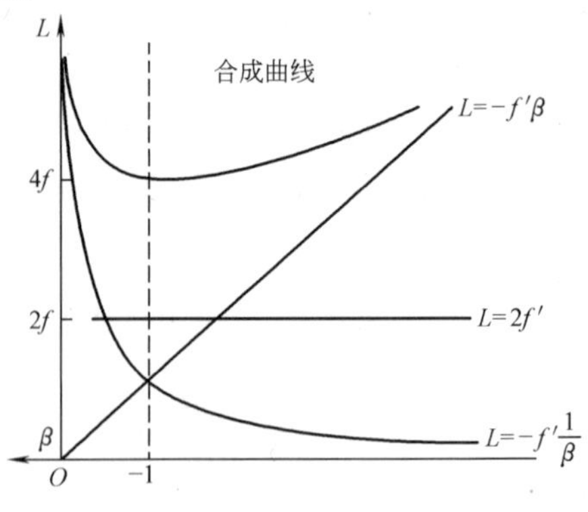

图7-44 共轭距 L 与 β 的关系

对 ϕ_3 的移动，同 ϕ_2 的移动原理引起整个运动组的像面移动为（设 ϕ_3 沿轴移动 $d\Delta$）

$$(1 - \beta_3^2)d\Delta \tag{7-79}$$

为使像面稳定，两个像面移动量的代数和必须为零，即

$$\beta_3^2(1 - \beta_2^2)dq + (1 - \beta_3^2)d\Delta = 0 \tag{7-80}$$

对变倍组 ϕ_2 而言，β_2 的改变是由物距的变化引起的，用物距 l_2 来表示 β_2，并微分得

$$\mathrm{d}\beta_2 = -\frac{\beta_2^2}{f_2^2}\mathrm{d}l_2$$

注意 $\mathrm{d}l_2 = -\mathrm{d}q$，有

$$\mathrm{d}q = \frac{f_2'}{\beta_2^2}\mathrm{d}\beta_2 \tag{7-81}$$

对补偿组，β_3 的改变是由像距变化引起的

$$\mathrm{d}\Delta = f_3'\mathrm{d}\beta_3 \tag{7-82}$$

将 $\mathrm{d}q$、$\mathrm{d}\Delta$ 代入式(7-80)，得

$$\frac{1-\beta_2^2}{\beta_2^2}f_2'\mathrm{d}\beta_2 + \frac{1-\beta_3^2}{\beta_3^2}f_3'\mathrm{d}\beta_3 = 0 \tag{7-83}$$

此即是各种变焦距系统变焦过程的微分方程，利用式(7-81)～式(7-83)，便可计算和分析变焦过程。微分方程的实质是所有运动组共轭距任何瞬间的微分变量之和必须为零。将共轭距公式(7-76)微分得

$$\mathrm{d}L = \frac{1-\beta^2}{\beta^2}f'\mathrm{d}\beta \tag{7-84}$$

因此，微分方程表明，不论各运动组具体位置如何，变倍多少，各运动组用 β 为变量的数学表达式形式完全相同，式(7-83)的实质即是式(7-74)，从数学上讲，式(7-83)属于多变量微分方程。设 $U(\beta_2,\beta_3)$ 为原函数，由变焦方程可知，其全微分应为零

$$\mathrm{d}U(\beta_2,\beta_3) = 0$$

则其通解为

$$U(\beta_2,\beta_3) = f_2'\left(\frac{1}{\beta_2}+\beta_2\right) + f_3'\left(\frac{1}{\beta_3}+\beta_3\right) = C\ （常量）$$

当 ϕ_2 和 ϕ_3 处于长焦距位置，即 $\beta_2=\beta_{2l}$，$\beta_3=\beta_{3l}$ 时，同样上式成立，消去常量 C 得方程的特解为

$$f_2'\left(\frac{1}{\beta_2}-\frac{1}{\beta_{2l}}+\beta_2-\beta_{2l}\right) + f_3'\left(\frac{1}{\beta_3}-\frac{1}{\beta_{3l}}+\beta_3-\beta_{3l}\right) = 0 \tag{7-85}$$

从而补偿组 ϕ_3 的倍率 β_3 构成二次方程

$$\beta_3^2 - b\beta_3 + 1 = 0$$

$$b = -\frac{f_2'}{f_3'}\left(\frac{1}{\beta_2}-\frac{1}{\beta_{2l}}+\beta_2-\beta_{2l}\right) + \left(\frac{1}{\beta_{3l}}+\beta_{3l}\right) \tag{7-86}$$

其两个解为

$$\beta_{31} = \frac{b+\sqrt{b^2-4}}{2}$$

$$\beta_{32} = \frac{b-\sqrt{b^2-4}}{2} \tag{7-87}$$

这两个解正是补偿组的两个端部位置的倍率，按物像交换原则，有 $\beta_{31}=\dfrac{1}{\beta_{32}}$。这样，可以求

出变焦系统变焦过程中的参数。

1）积分式(7-81)，q 由零积到 q，β_2 由 β_2 积分到 β_{2l} 得

$$q=f_2'\left(\frac{1}{\beta_2}-\frac{1}{\beta_{2l}}\right) \tag{7-88}$$

或

$$\beta_2=\frac{1}{\dfrac{1}{\beta_{2l}}+\dfrac{q}{f_2'}} \tag{7-89}$$

这样任意给定变焦组 ϕ_2 的移动量 q，则可求出该位置的倍率 β_2。

2）由式(7-86)求解得 b。

3）由式(7-87)求得补偿组 ϕ_3 的两个倍率 β_{31} 和 β_{32}。

4）式(7-82)两边积分，求得补偿组的两个移动量 Δ_1 和 Δ_2。

$$\begin{aligned}\Delta_1&=f_3'(\beta_{31}-\beta_{3l})\\ \Delta_2&=f_3'(\beta_{32}-\beta_{3l})\end{aligned} \tag{7-90}$$

这样补偿组有两条补偿曲线，可根据系统初始条件决定其中一条。

5）系统总变焦比

$$\Gamma_1=\frac{\beta_{2l}\beta_{3l}}{\beta_2\beta_{31}},\ \Gamma_2=\frac{\beta_{2l}\beta_{3l}}{\beta_2\beta_{32}} \tag{7-91}$$

变倍组和补偿组一起同步运动直到达到预定的总变焦比为止。（详细讨论参见上篇参考文献［8］）

6）前固定组 ϕ_1 的焦距 f_1'

系统从长焦位置开始移动，一旦总变焦比达到预定要求时，变倍组 ϕ_2 向左移动达到最左端，即短焦位置。为避免 ϕ_1 和 ϕ_2 相撞，取 $d_{12s}=0.5\text{mm}$，则

$$f_1'=0.5+\frac{f_2'(1-\beta_{2s})}{\beta_{2s}} \tag{7-92}$$

其中 $f_2'\dfrac{1-\beta_{2s}}{\beta_{2s}}$ 为 ϕ_2 最大的移动量。

7）系统总长

由于具体情况不同，不同系统的最终像面位置亦不一样，因而不便比较不同系统的总长。对于正补偿变焦系统（即补偿组的光焦度为正的变焦系统)，规定 ϕ_1 到后固定组 ϕ_4 的距离作为总长。其运动方式如图 7-45 所示。当处于短焦位置时，变倍组 ϕ_2 紧靠前固定组 ϕ_1，当系统向长焦位置运动时，变倍组 ϕ_2 向右运动，而补偿组 ϕ_3 向左运动，最后它们在中部靠拢，形成最短的 d_{23l}。

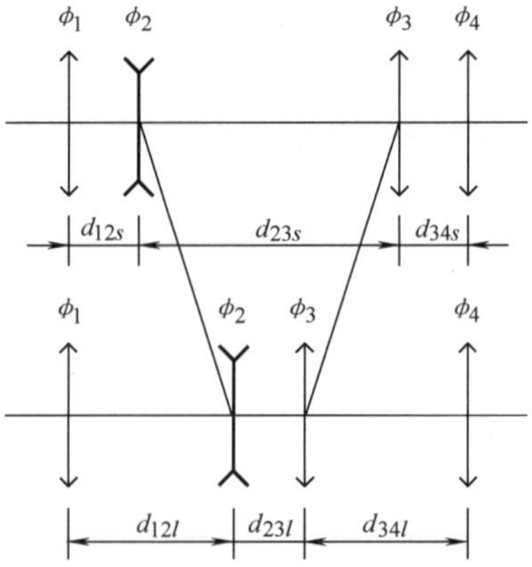

图 7-45　机械补偿变焦运动方式

总长 L_a 表达为

$$L_a=d_{12s}+|q_2|_{\max}+d_{23l}+|\Delta|_{\max}+d_{34s}$$

其中$|q_2|_{max}$和$|\Delta|_{max}$分别表示变倍组和补偿组的最大移动距离。设 $d_{12s}=d_{23s}=d_{34s}=0.5\text{mm}$，则

$$L_a=1.5+|q_2|_{max}+|\Delta|_{max} \tag{7-93}$$

由微分方程得，当$\beta_2=-1$时，β_3有极值。由式(7-80)计算出，ϕ_3的倍率总有两个根，β_{31}和β_{32}，两补偿曲线互相分离，这样补偿曲线不能单调变化。若调节系统参数，使$|b|=2$，$\beta_{31}=\beta_{32}=-1$，即β_{31}和β_{32}曲线在$\beta_2=-1$时相切，这样可以使ϕ_3在$\beta_2=-1$的位置由β_{31}曲线经过切点换到β_{32}曲线上来，以使补偿曲线保持单调变化，达到变焦比增长迅速的目的。图7-46示出ϕ_3移动情况。为了获得快速的变焦曲线，或者为了使补偿组ϕ_3尽可能靠近快速变焦曲线移动，设计者必须这样选择β_3，当$|\beta_2|$增加时，$|\beta_3|$单调增加。这样补偿组ϕ_3可以首先沿β_{31}向右移动，然后通过切点变换到沿β_{32}移动，或者相反。实现β_{31}和β_{32}平滑变化的先决条件是(读者可参阅上篇参考文献［8］)

$$\beta_2=-1 \text{ 和 } \beta_3=-1 \tag{7-94}$$

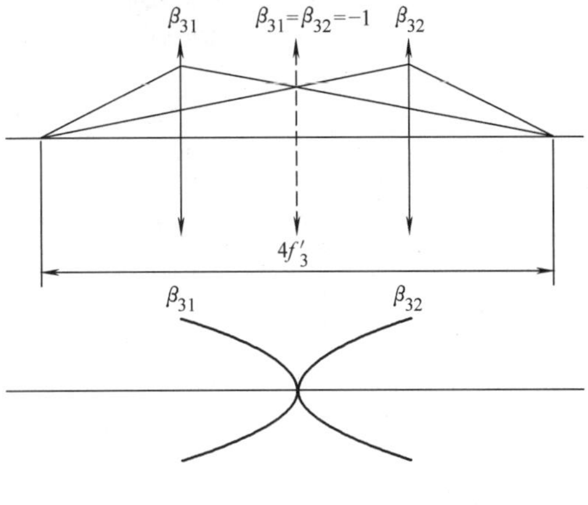

图7-46　换根图

三、机械补偿变焦系统

作为实例，图7-47给出$10^{\times}$机械补偿变焦物镜。其变焦范围从$0.59^{\times}$到$5.9^{\times}$，焦距由15mm到150mm。相对孔径$F/2.5$，像面对角线直径16mm。图中所给的变焦系统的位置是短焦位置。表7-4给出光学系统的结构参数。该镜头是按物镜在无限远设计的，用1in的摄像机接收。

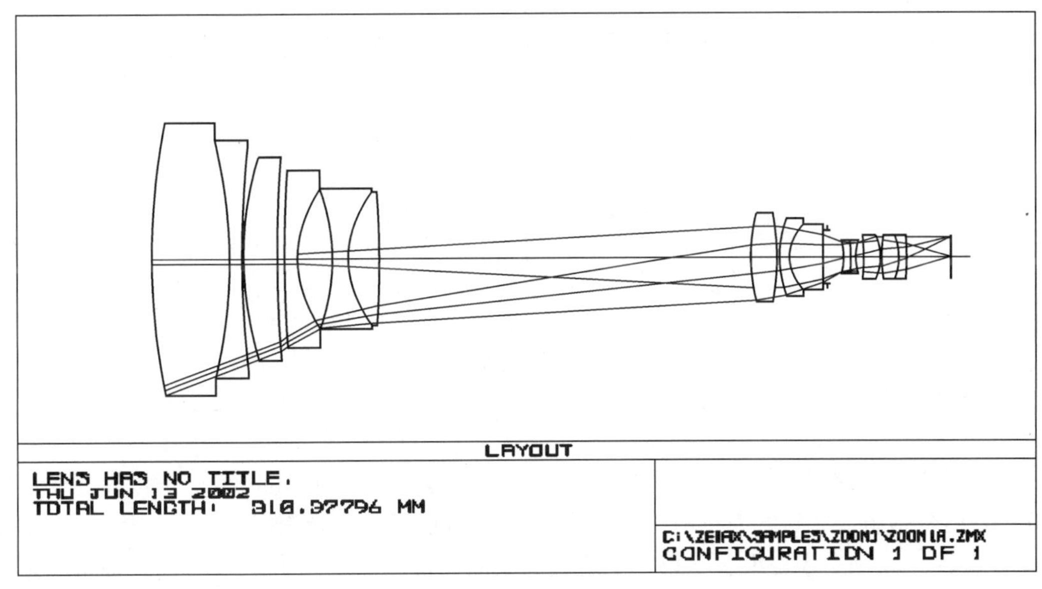

图7-47　变焦透镜

表 7-4 变焦透镜的结构参数

表　面	半径/mm	厚度/mm	材　料
1	256.78892	30.31998	
			LAK9
2	-162.15106	5.9944	
			SF5
3	393.44346	0.254	
4	169.42562	10.80516	
			LAFN21
5	408.37866	3.3909	
6	449.54952	3.556	
			LAK9
7	42.29862	11.84656	
8	-94.2721	3.556	
			LAK9
9	31.8008	13.80236	
			SF5
10	-1271.70688	144.48282	
11	84.41182	8.01116	
			LAK9
12	-134.87146	0.4953	
13	40.65524	2.96926	
			SF1
14	18.67408	12.19962	
			LAK9
15	174.70628	1.09728	
16	光阑	7.48538	
17	-30.85084	3.02514	
			LAK8
18	-100.91674	2.49936	
			SF1
19	49.70272	2.4257	
20	-63.04534	6.94436	
			SF8
21	-21.85416	0.61722	
22	48.86198	7.43966	
			BAK4
23	-19.4691	3.937	
			SF1
24	-90.21318	23.2918	

变焦镜头的结构型式是+，－，+，+。表面序号1~5是前固定组，是正光焦度；序号6~10是变倍组，光焦度为负值。序号11~15是补偿组，其光焦度为正值；序号16是光阑，序号17~24是后固定组。从第一个透镜前表面到像面的距离为310.4mm。各组间是空气间隔变化，表7-5给出对应于四个变焦位置的各透镜组的间隔和畸变大小等。如果该变焦透镜用于16mm电影摄影，其视场将略减少。

表 7-5

EFL(焦距)	T(5)	T(10)	T(15)	光瞳	畸变(%)
15.0114	3.3782	144.4752	1.0922	-19.3802	-7.17
32.3088	61.849	82.1436	4.953	-239.6236	0.71
69.6214	101.9302	36.3474	10.6934	-433.3240	2.51
149.987	129.413	0.254	19.304	-751.7384	3.28

应该指出的是，新的研究表明，用一个移动组也可以实现同时变倍和补偿作用。例如 R. B. Johnson 在 1992 年就设计了具有一个移动组的红外变焦镜头。

在许多情况下，前固定组并非绝对不移动，根据倍率变化及像面稳定性要求，有的系统当高倍时前固定组并不固定，随焦距的增大而前移。

变焦距物镜的设计一般应使前固定组、变倍组、补偿组系统像差相等而且尽量小，其残余像差用后固定组来校正。为使像质尽可能不随焦距的变化而明显变化，机械补偿系统的离焦方向应一致。

第九节　光学系统的外形尺寸计算

一、转像系统和场镜

转像系统分棱镜式转像系统和透镜式转像系统，棱镜式转像系统已在第三章论述，这里仅讨论应用最广的双透镜式转像系统。双透镜转像系统的作用与单透镜转像系统一样，都是为了把经物镜所成的倒像转为正像，但应用双透镜转像系统能大大地改善整个系统的像差校正。

此外，双透镜转像系统中两转像透镜间的光束是平行的，转像透镜间的间隔不影响其放大率 β，便于光学系统的装校。对望远镜这样的小视场光学系统，其双透镜转像系统一般由两个双胶合透镜组成，且为对称结构型式，系统的孔径光阑在两个转像透镜的中间，因此其转像系统的垂轴像差自动校正。此外，对称式转像系统除具有转像作用外，还可以增加系统的长度，以达到特殊的使用要求，例如在潜望镜系统和内窥镜系统中常用到双透镜式转像系统。

在具有转像系统的光学系统中，为了使通过物镜后的轴外斜光束折向转像系统以减少转像系统的横向尺寸，在物镜的像平面和转像系统的物平面处往往加入一块透镜，此透镜称为场镜，如图 7-48 所示。

图 7-48 是一个带有场镜和双透镜转像系统的刻卜勒望远镜系统，由图可以看出，由于场镜位于物镜的像面处，其放大倍率为

$$\beta_F = 1 \tag{7-95}$$

转像系统的放大倍率为

$$\beta = -f_4'/f_3' \tag{7-96}$$

整个系统的放大倍率为

$$\Gamma = -f_1'\beta/f_5' \tag{7-97}$$

对于双透镜的对称式转像系统，由于转像透镜间是平行光，如图 7-48 所示，故可把整个系统看作是由两个望远镜系统组成的，其视角放大率为

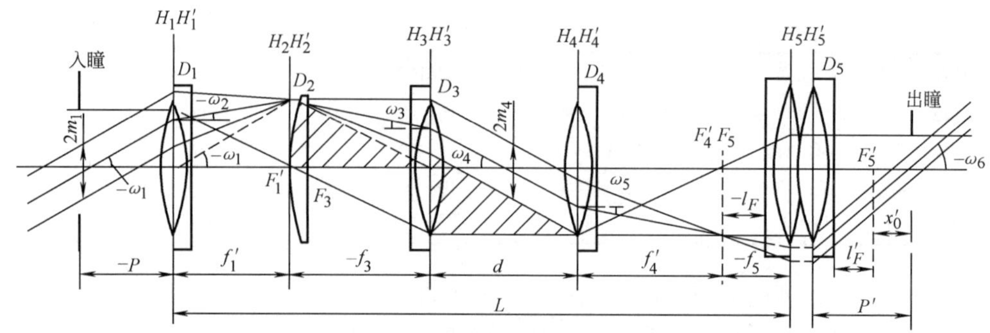

图 7-48 带有转像系统的望远镜

$$\Gamma=\Gamma_1\Gamma_2=(-f_1'/f_3')(-f_4'/f_5')=f_1'f_4'/(f_3'f_5')$$

二、带有对称透镜转像系统的望远镜

一般在望远系统的技术条件中，给定下列光学参数：视觉放大率 Γ，视场角 2ω，出瞳直径 D'，筒长 L，出瞳距 P'。光学系统的外形尺寸计算（也称作光学总体设计）就是要根据这些基本参数来确定各透镜的焦距、口径和相对位置。

为了使系统有一确定的解，必须引入一系列的辅助条件，其一就是应用对称式转像系统的条件，即

$$f_3'=f_4' \tag{7-98}$$

$$D_3=D_4 \tag{7-99}$$

式中，D_3 和 D_4 是两转像透镜的通光口径。且 D_3 和 D_4 的直径由平行于光轴的光束光路所决定。

场镜的通光口径和转像透镜的通光口径之间的关系（通常由光学系统的外形尺寸来决定）由下式表示

$$D_3=cD_2 \tag{7-100}$$

式中，D_2 为场镜的直径；c 为由设计者选择的系数。

假定进入系统的边缘视场斜光束的宽度为 $2m_1$，由于渐晕的影响，它与入瞳直径 D 有下列关系

$$2m_1=KD \tag{7-101}$$

式中，K 为渐晕系数，它可由设计者来选择其大小。

应用上述公式，根据给定的光学参数，即可进行光学系统的外形尺寸计算。

入瞳直径为

$$D=\Gamma D' \tag{7-102}$$

根据式(7-97)和式(7-98)，视觉放大率为

$$\Gamma=f_1'/f_5' \tag{7-103}$$

根据视场的大小，可以确定场镜的直径

$$D_2=-2f_1'\tan\omega_1 \tag{7-104}$$

由图 7-48 中的相似三角形得

$$f_3'=f_1'D_3/D \tag{7-105}$$

若用式(7-100)的数值代替 D_3，则由式(7-104)得

$$f_3' = -2cf_1'^2\tan\omega_1/D \tag{7-106}$$

由于转像系统具有对称性，且场镜位于转像系统的物面上，图7-48中的两个阴影三角形相似，所以有

$$\frac{D_2}{2f_3}=\frac{D_3-2m_4}{d}$$

因为取 $2m_1=KD$(见式(7-101))，显然有

$$2m_4=KD_3 \tag{7-107}$$

所以

$$d=2(1-K)D_3f_1'/D_2$$

根据式(7-100)得

$$d=2c(1-K)f_3' \tag{7-108}$$

筒长 L 等于

$$L=f_1'+f_3'+d+f_4'+f_5'$$

或

$$L=f_1'+2[1+c(1-K)]f_3'+f_5' \tag{7-109}$$

利用式(7-103)、式(7-106)和式(7-109)可得求解一个未知量 f_5' 的方程式

$$-4[1+c(1-K)]c\Gamma^2\tan\omega_1 f_5'^2/D+(1+\Gamma)f_5'-L=0 \tag{7-110}$$

利用这个等式，根据所选择的 c 和 K 值，可以进行外形尺寸计算。此外，求出各种光学参数后，可以利用在生产中现有的目镜。

应该注意，$\tan\omega_1$ 是负值。给定不同的 c 和 K 值，可得出不同的方案，应选择最佳的方案。一般设定 $c=1$ 和 $K=0.5$，则式(7-110)变为

$$-6\Gamma^2\tan\omega_1 f_5'^2/D+(1+\Gamma)f_5'-L=0 \tag{7-111}$$

一般按下列顺序求解结构参数：

1）按式(7-111)确定目镜的焦距 f_5'；

2）按式(7-103)确定物镜的焦距 f_1'；

3）按式(7-106)确定转像透镜的焦距 f_3' 和 f_4'；

4）按式(7-108)确定转像系统透镜间的距离 d；

5）按式(7-104)确定场镜直径 D_2；

6）按式(7-100)确定转像透镜的直径 D_3 和 D_4；

7）物镜的直径取决于入瞳的位置

$$D_1=-2P\tan\omega_1+KD \tag{7-112}$$

在式(7-112)中，$\tan\omega_1<0$，物镜通光口径 D_1 不能小于入瞳 D。目镜的出瞳距 P' 为

$$P'=l_F'+x_0'=l_F'+(f_4'-d/2)f_5'^2/f_4'^2 \tag{7-113}$$

应该注意，由于光阑像差的存在，实际的出瞳距 P' 要小于由式(7-113)所确定的数值约2～3mm。

场镜的焦距由主光线的光程确定，由图7-48可以得

$$H_1=P\tan\omega_1$$

$$\tan\omega_2=\tan\omega_1+H_1\varphi_1$$

$$H_2=-f_1'\tan\omega_1$$

$$H_3=\frac{d}{2}\tan\omega_4=-\frac{f_1'}{f_3'}\frac{d}{2}\tan\omega_1$$

$$\tan\omega_3=(H_2-H_3)/f_3'$$

$$f_2'=\frac{H_2}{\tan\omega_3-\tan\omega_2} \tag{7-114}$$

场镜的焦距也可以根据光瞳的共轭性，由高斯公式求出。目镜的通光口径由下式确定

$$D_2=2[H_4+(f_4'-l_F)\tan\omega_5-KD_3l_F/f_4'] \tag{7-115}$$

$$D_6=-2P'\tan\omega_6+KD' \tag{7-116}$$

式中,l_F 为目镜的前工作距(见图 7-48)

例 一具有对称转像系统的望远镜,技术条件如下:视觉放大率 $\Gamma=4^{\times}$,视场 $2\omega=12°$,出瞳直径 $D'=4\text{mm}$,筒长 $L=600\text{mm}$,计算其外形尺寸。

解 选择附加条件,$c=1$,$K=0.5$。首先求出

$$D=16\text{mm},\tan\omega_1=-0.105$$

按式(7-111)得

$$0.63f_5'^2+5f_5'-600=0$$

解上述方程,可获得二个解,即

$$f_5'=27.2\text{mm},f_5'=-35\text{mm}$$

第二个解是负值,对目镜没有实际意义,故舍去。

由式(7-103),物镜的焦距为

$$f_1'=\Gamma f_5'=108.8\text{mm}$$

按式(7-106)求转像透镜的焦距

$$f_3'=f_4'=155\text{mm}$$

转像透镜间的距离由式(7-108)求得

$$d=155\text{mm}$$

为了检验计算的结果,把各元件之间的间隔加起来有

$$108.8\text{mm}+155\text{mm}+155\text{mm}+155\text{mm}+27.2\text{mm}=601\text{mm}$$

所得结果基本满足筒长的要求。

假定入瞳与物镜重合,则 $P=0$

$$D_1=D=16\text{mm}$$

由式(7-104)得场镜的直径

$$D_2=-2f_1'\tan\omega_1=22.8\text{mm}$$

转像系统的透镜直径由式(7-110)确定(或由式(7-105)确定)

$$D_3=D_4=f_3'D/f_1'=22.8\text{mm}$$

再按式(7-114)求场镜的焦距,过程如下:

$$\tan\omega_4=\tan\omega_1(-f_1'/f_3')=0.074$$

$$H_3=d\tan\omega_4/2=5.72\text{mm}$$

因入瞳与物镜重合，$P=0$，$H_1=0$，故

$$\tan\omega_2=\tan\omega_1=-0.105$$

$$H_2 = -f'_1\tan\omega_1 = 11.4\text{mm}$$
$$\tan\omega_3 = (H_2 - H_3)/f'_3 = 0.0368$$
$$f'_2 = H_2/(\tan\omega_3 - \tan\omega_2) = 80.3\text{mm}$$

目镜的视场

$$\tan\omega' = \Gamma\tan\omega \qquad \omega' = 24°$$

选择凯涅尔目镜，当焦距$f'_5 = 27.2\text{mm}$时，根据近似关系有

$$l_F \approx -0.3f'_5 = -8.2\text{mm}$$
$$l'_F \approx 0.4f'_5 = 11\text{mm}$$
$$\Sigma d \approx 1.25f'_5 = 34\text{mm}$$

对于对称转像系统可计算出

$$H_4 = -H_3 = -5.72\text{mm}$$
$$\tan\omega_5 = \tan\omega_3 = 0.0368$$
$$KD_3 = 0.5D_3 = 11.4\text{mm}$$

按式(7-115)可以计算出

$$D_5 = 2[H_4 + (f'_4 - l_F)\tan\omega_5 - KD_3 l_F/f'_4] = 24\text{mm}$$

出瞳距由式(7-113)得

$$P' = l'_F + x'_0 = l'_F + (f'_4 - d/2)f'^2_5/f'^2_4 = 12\text{mm}$$

由式(7-116)计算主目镜的直径为

$$D_6 = -2P'\tan\omega_6 + KD' = 12.1\text{mm}$$

这里计算的所有透镜的通光口径，只保证光学系统成像光束通过，作为自由通光口径。在实际中为了固定透镜，实际透镜直径要比计算值大1~3mm。

因转像系统是对称式，故位于分划板上的视场光阑直径等于场镜直径，即

$$2y' = 23\text{mm}$$

在光学仪器设计时，总是希望利用生产中已有的零部件。目前，按每种目镜的型式建立起目镜库，几乎能满足实际设计中的所有的情况。在目镜已选定后，具有对称转像系统的望远系统的外形尺寸计算可按下列步骤进行，即

$$[1 + c(1-K)]c = \frac{[L_c - (1-\Gamma)f'_5]D}{-4\tan\omega_1\Gamma^2 f'^2_5} = N \tag{7-117}$$

应注意公式中$\tan\omega_1$是负值。等式的左端是一常数，因此，系数c和K间的关系可以写为

$$K = (c^2 - c - N)/N^2 \tag{7-118}$$

任意选定系数c，则可求出渐晕系数K，然后应用式（7-113）、式(7-106)、式(7-108)、式(7-104)、式(7-100)、式(7-112)、式(7-114)、式(7-115)和式(7-116)确定各组元的焦距、间隔和直径。

透镜转向系统的望远镜可应用于坦克瞄准镜，如果在物镜后和目镜前再加适当的棱镜转向系统，则可应用于潜望镜，根据潜望高度的要求，可加几组转向透镜和场镜。如果把望远物镜用显微物镜代替，可用作医用内窥镜或管道内窥镜，但在光学总体设计时，物镜的焦距需按显微镜的视觉放大率公式式(7-20)计算。

习　题

1. 一个人近视程度是$-2D$（屈光度），调节范围是$8D$，求：

（1）其远点距离；

（2）其近点距离；

（3）配戴100度的近视镜，求该镜的焦距；

（4）戴上该近视镜后，求看清的远点距离；

（5）戴上该近视镜后，求看清的近点距离。

2. 一放大镜焦距$f'=25\text{mm}$，通光孔径$D=18\text{mm}$，眼睛距放大镜为50mm，像距离眼睛在明视距离250mm，渐晕系数$K=50\%$，试求：（1）视觉放大率；（2）线视场；（3）物体的位置。

3. 一显微镜物镜的垂轴放大倍率$\beta=-3^{\times}$，数值孔径$NA=0.1$，共轭距$L=180\text{mm}$，物镜框是孔径光阑，目镜焦距$f'_e=25\text{mm}$。

（1）求显微镜的视觉放大率；

（2）求出射光瞳直径；

（3）求出射光瞳距离（镜目距）；

（4）斜入射照明时，$\lambda=0.55\mu\text{m}$，求显微镜分辨率；

（5）求物镜通光孔径；

（6）设物高$2y=6\text{mm}$，渐晕系数$K=50\%$，求目镜的通光孔径。

4. 欲分辨0.000725mm的微小物体，使用波长$\lambda=0.00055\text{mm}$，斜入射照明，问：

（1）显微镜的视觉放大率最小应多大？

（2）数值孔径应取多少合适？

5. 有一生物显微镜，物镜数值孔径$NA=0.5$，物体大小$2y=0.4\text{mm}$，照明灯丝面积$1.2\times1.2\text{mm}^2$，灯丝到物面的距离100mm，采用临界照明，求聚光镜焦距和通光孔径。

6. 为看清4km处相隔150mm的两个点（设$1'=0.0003\text{rad}$），若用开普勒望远镜观察，则：

（1）求开普勒望远镜的工作放大倍率；

（2）若筒长$L=100\text{mm}$，求物镜和目镜的焦距；

（3）物镜框是孔径光阑，求出射光瞳距离；

（4）为满足工作放大率要求，求物镜的通光孔径；

（5）视度调节在$\pm5D$（屈光度），求目镜的移动量；

（6）若物方视场角$2\omega=8°$，求像方视场角；

（7）渐晕系数$K=50\%$，求目镜的通光孔径。

7. 一开普勒望远镜，物镜焦距$f'_0=200\text{mm}$，目镜的焦距$f'_e=25\text{mm}$，物方视场角$2\omega=8°$，渐晕系数$K=50\%$，为了使目镜通光孔径$D=23.7\text{mm}$，在物镜后焦平面上放一场镜，试：

（1）求场镜的焦距；

（2）若该场镜是平面在前的平凸薄透镜，折射率$n=1.5$，求其球面的曲率半径。

8. 有一台35mm的电影放映机，采用碳弧灯作光源，要求银幕光照度为100lx，放映机离开银幕的距离为50m，银幕宽7m，（碳弧灯的亮度$L=1.5\times10^8\text{cd/m}^2$），求放映物镜的焦距、相对孔径和视场。

9. 一个照明器由灯泡和聚光镜组成，已知聚光镜焦距$f'=400\text{mm}$，通光孔径$D=200\text{mm}$，要求照明距离5m远直径为3m的圆，试问灯泡应安置在什么位置。

10. 已知液晶电视屏对角线为3in（76.2mm），大屏蔽对角线尺寸为100in（2540mm），投影距离（即投影物镜到屏幕的距离）为3100mm，如果要求投影画面对角线在45～90in（1143～2286mm）之间连续可调，试求投影变焦物镜的焦距和视场为多大？

11. 用电视摄相机监视天空中的目标，设目标的光亮度为2500cd/m^2，光学系统的透过率为0.6，摄象管靶面要求照度为20lx，求摄影物镜应用多大的光圈。

12. 设计一激光扩束器，其扩束比为$10^{\times}$，筒长为220mm，试：

（1）求两子系统的焦距f'_1和f'_2；

（2）激光扩束器应校正什么像差？

（3）若用两个薄透镜组成扩束器，求透镜的半径（设 $n=1.6$，$r_2=r_3=\infty$）。

13. 基线为1m的体视测距机，在4km处相对误差小于1%，问仪器的视觉放大倍率应为多少？

14. 开普勒望远镜的筒长225mm，$\Gamma=-8^{\times}$，$2\omega=6°$，$D'=5\text{mm}$，无渐晕，求：

（1）物镜和目镜的焦距；

（2）目镜的通光孔径和出瞳距；

（3）在物镜焦面处放一场镜，其焦距 $f'=75\text{mm}$，求新的出瞳距和目镜的通光孔径；

（4）目镜的视度调节在 $\pm 4D$（屈光度），求目镜的移动量。

15. 591式对空3m测距机中，望远系统的出瞳直径 $D'=1.6\text{mm}$，视觉放大率为 $32^{\times}$，试：

（1）求它们的衍射分辨率和视觉分辨率；

（2）欲分辨0.1mm的目标，问该目标到测距机的距离不能大于多少米？

（3）是否能用提高视觉放大率的办法分辨更小的细节，为什么？

16. 眼镜（例如近视眼镜）都有光焦度，通常左右眼的光焦度不同，但人眼并未觉得戴眼镜和不戴眼镜看物体有何大小差别，也未觉得左右眼的像大小不同，为什么？试用公式说明（提示：分析眼镜在人眼的位置）。

17. 要求分辨相距0.000375mm的两点，用 $\lambda=0.00055\text{mm}$ 的可见光斜照明，问：

（1）显微镜物镜的数值孔径 NA 应多大（按道威准则）？

（2）若要求两点放大后的视角大于2′，显微镜的视觉放大率至少应多大？

（3）若现有一20倍目镜，物镜倍率应设计至少多大？

18. 假定用人眼直接观察敌人的坦克时，可以在 $l=-400\text{m}$ 的距离看清坦克上的编号，如果要求在距离2km处也能看清，问应使用几倍的望远镜。

19. 目镜是否起分辨作用？是否起倒像作用？是否起放大作用？为什么？

20. 若体视测距观察2km远目标的体视测距误差为±1m，当观察4km远目标时，该仪器的体视测距误差为多少？

21. 有一焦距为50mm，口径为50mm的放大镜，如果物体经放大镜后所形成的像在无限远处，眼睛在放大镜的焦点上。则放大镜的视觉放大率应多大？线视场是多少（线渐晕系数≥0.5）？

22. 已知显微镜目镜 $\Gamma=15$，物镜 $\beta=-2.5$，共轭距 $L=180\text{mm}$，问显微镜总放大率是多少？总焦距是多少？

23. 显微镜目镜 $\Gamma=10$，物镜 $\beta=-2$，$NA=0.1$，物镜共轭距为180mm。物镜框为孔径光阑。求：

（1）出射光瞳的位置及大小；

（2）设物体 $2y=8\text{mm}$，允许边缘视场拦光50%，求物镜的通光口径和目镜的通光口径。

24. 一台显微镜，物镜焦距为4mm，中间像成在第二焦面（像方焦面160mm处），如果目镜的倍率为20，试求显微镜的总放大率。

25. 欲看清10km处相隔100mm的两个物点。用开普勒型望远镜。试求：

（1）望远镜至少应选用多大的倍率（正常倍率）？

（2）当筒长 L 为465mm时，物镜焦距和目镜的焦距应多大？

（3）保证人眼极限分辨角1′时，物镜的口径 D_1 应为多少？

（4）若望远镜的物方视场角是 $2\omega=2°$，像方视场角 $2\omega'$ 是多少？在不拦光情况下，目镜的通光口径 D_2 是多少？

（5）如果视度调节±5折光度，目镜应移动多少？

26. 已知一个投影物镜的投影屏直径 $\phi=800\text{mm}$，物像之间共轭距离为3200mm，其垂轴放大率 $\beta=-100$，采用物方远心光路，试求其像方视场角 $2\omega'$。

27. 普通照相物镜的焦距是固定的，但光圈数（$F\#$）是可调的，试问 $F\#$ 的大小影响物镜的哪些光学特性？为什么？

28. 设计一个放大倍率200的光学显微镜，其物镜倍率20，目镜倍率10。光学间隔为200mm（光学间隔是从物镜的后焦点到目镜的前焦点或到中间像面的距离），假定该目镜为简单目镜。

（1）给出物镜和目镜的焦距及间隔，确定工作距离；

（2）如果物镜的直径是6mm，目镜的直径是5mm，物镜框是系统的光阑，无渐晕的像视场（以mm为单位）是多少？

29. 无焦系统可以作为一适配器，在给定镜头的照相机中改变探测器/胶片的视场角。把伽利略望远镜或倒伽利略望远镜简单地放在照相机镜头前可改变相机视场角。设无焦适配器视放大倍率为Γ，原相机镜头的焦距为f_c，该望远镜和相机镜头的组合焦距是多少？要求给出推导过程。（提示：画出边缘光线通过有无焦系统适配器和没有无焦系统适配器的系统图，使用焦距定义，假设物在无限远处）

30. 用一个10倍的望远镜观察镜前离物镜前焦点5m的物体时，若目镜向后移动2mm，则可使该物体通过整个系统后按平行光束从目镜出射，试求物镜和目镜的焦距。

第八章　现代光学系统

随着激光技术、光纤技术和光电技术的不断发展，各种不同用途的新型光学系统相继出现，例如激光光学系统、傅里叶光学系统、扫描光学系统、光纤光学系统以及各种需要特殊面型或实现特殊功能的光学系统等。与经典的光学系统相比，这些光学系统的光束传输特性或成像机理存在不同程度的差异。为了使广大读者能初步了解这些光学系统的成像特性和设计要求，本章就其中几种有代表性的光学系统做一简要介绍。

第一节　激光光学系统

激光自20世纪60年代初问世以来，由于其亮度高、单色性好、方向性强等优点，在许多领域得到了广泛应用。例如激光加工、激光精密测量与定位、光学信息处理和全息术、模式识别和光计算、光通信等。但无论激光在哪方面的应用，都离不开激光束的传输，因此研究激光束在各种不同介质中的传输形式和传输规律、并设计出实用的激光光学系统，是激光技术应用的一个重要问题。

一、高斯光束的特性

在研究普通光学系统的成像时，我们都假定点光源发出的球面波在各个方向上的光强度是相同的，即光束波面上各点的振幅是相等的。而激光作为一种光源，其光束截面内的光强分布是不均匀的，即光束波面上各点的振幅是不相等的。若光束截面中心的振幅为 A_0，则距离中心 r 处的振幅为

$$A = A_0 \mathrm{e}^{-\frac{r^2}{\omega^2}} \tag{8-1}$$

式中，ω 为一个与光束截面半径有关的参数。由式（8-1）可看出，光束波面的振幅 A 呈高斯（Guass）型函数分布，如图8-1所示，所以激光光束又称为高斯光束。由图8-1可见，高斯光束的光斑延伸到无限远，其光束截面的中心处振幅最大，随着 r 的增大，振幅越来越小。通常以 $r=\omega$ 时的光束截面半径作为激光束的名义截面半径，并以 ω 来表示，此时其振幅为

$$A = \frac{A_0}{\mathrm{e}} \tag{8-2}$$

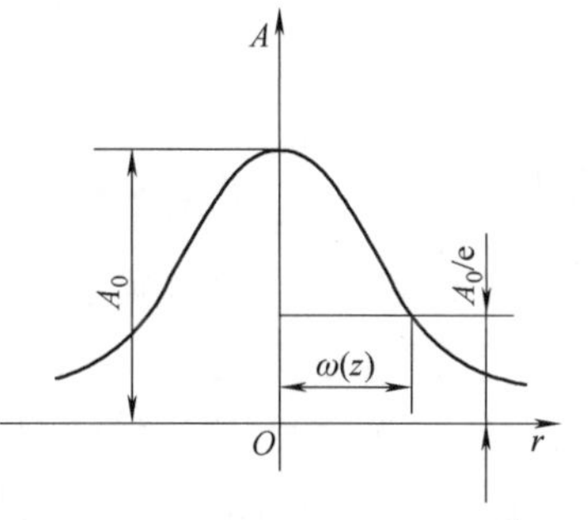

图8-1　高斯光束振幅分布

说明高斯光束的名义截面半径 ω 是当振幅 A 下降到中心振幅 A_0 的 1/e 时所对应的光束截面半径。

二、高斯光束的传播

由激光谐振腔衍射理论可知，在均匀的透明介质中，高斯光束沿 z 轴方向传播的光场分布为

$$E=\frac{c}{\omega(z)}e^{-\frac{r^2}{\omega^2(z)}}e^{-i\left[k\left(z+\frac{r^2}{2R(z)}\right)+\Phi(z)\right]} \tag{8-3}$$

式中，c 为常数因子；$r^2=x^2+y^2$；$k=\dfrac{2\pi}{\lambda}$为波数；$\omega(z)$、$R(z)$和 $\Phi(z)$分别为高斯光束的截面半径、波面曲率半径和位相因子，它们是高斯光束传播中的三个重要参数。

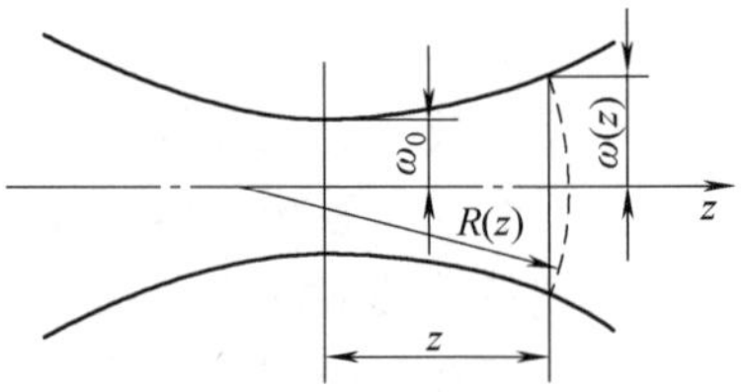

图 8-2　高斯光束传播特性

（一）高斯光束的截面半径

高斯光束截面半径 $\omega(z)$的表达式为

$$\omega(z)=\omega_0\left[1+\left(\frac{\lambda z}{\pi\omega_0^2}\right)^2\right]^{\frac{1}{2}} \tag{8-4}$$

由上式可看出，$\omega(z)$与光束的传播距离 z、波长 λ 和 ω_0 有关，轨迹为一对双曲线，如8-2 所示，显然与同心光束在均匀介质中的传播完全不同。当 $z=0$ 时，$\omega(0)=\omega_0$ 是光束截面最小处的光束截面半径，我们称其为高斯光束的束腰。

（二）高斯光束的波面曲率半径

高斯光束的波面曲率半径表达式为

$$R(z)=z\left[1+\left(\frac{\pi\omega_0^2}{\lambda z}\right)^2\right] \tag{8-5}$$

当 $z=0$ 时，由上式求得 $R(0)=\infty$，说明高斯光束在束腰处,其波面为平面波。把 $R(z)$对 z 求导，可求得 $R(z)$的极值，即

$$\frac{dR(z)}{dz}=1-\frac{\pi^2\omega_0^4}{\lambda^2z^2}=0$$

所以

$$z=\pm\frac{\pi\omega_0^2}{\lambda} \tag{8-6}$$

把式（8-6）代入式（8-5）得

$$R(z)=\pm2\frac{\pi\omega_0^2}{\lambda} \tag{8-7}$$

因此，当 $z=\pm\dfrac{\pi\omega_0^2}{\lambda}$时，高斯光束的波面曲率半径最小，其值为 $R(z)=\pm2\dfrac{\pi\omega_0^2}{\lambda}$。当 $z=\infty$ 时，$R(Z)\to\infty$，高斯光束的波面又变成平面波。因此高斯光束在传播过程中，光束波面的曲率半径由∞逐渐变小，达到最小后又开始变大，直至达到无限远时变成无穷大。

（三）高斯光束的位相因子

高斯光束的位相因子表达式为

$$\Phi(z)=\arctan\frac{\lambda z}{\pi\omega_0^2} \tag{8-8}$$

由于高斯光束的截面半径轨迹为一对双曲线，所以我们不能用处理同心球面光束发散角的方法来处理高斯光束的发散角，而要用双曲线的渐近线与光束对称轴的夹角 θ 来表示其远场发散程度，如图 8-3 所示。

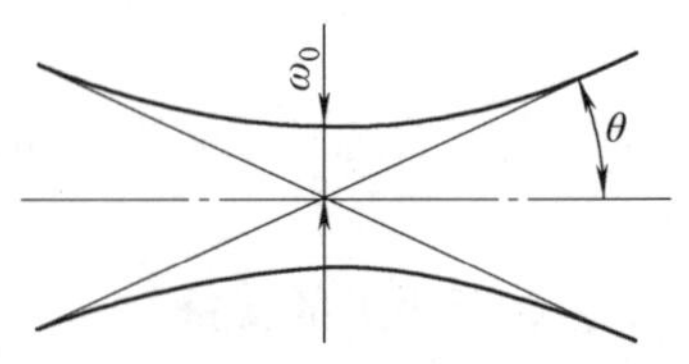

图 8-3　高斯光束的远场发散角 

即有

$$\tan\theta = \lim \frac{\mathrm{d}\omega}{\mathrm{d}z} \tag{8-9}$$

把式（8-4）对 z 微分，并令 $z \to \infty$ 得

$$\tan\theta = \frac{\lambda}{\pi\omega_0} \tag{8-10}$$

光束发散角 θ 通常又称为高斯光束的孔径角。

（四）高斯光束传播的复参数表示

由式（8-4）和式（8-5）可看出，高斯光束的截面半径 $\omega(z)$、波面曲率半径 $R(z)$ 两个参数都随着光束的传播距离 z 而改变，而且都和束腰半径 ω_0 有关。因此，高斯光束的传播与同心光束的传播不同，同心光束的传播只有一个曲率半径参数，而高斯光束的传播必须由 $\omega(z)$ 和 $R(z)$ 两个参数来表征。

通常用一个复参数 $q(z)$ 来表示高斯光束的传播

$$\frac{1}{q(z)} = \frac{1}{R(z)} - \mathrm{i}\frac{\lambda}{\pi\omega^2(z)} \tag{8-11}$$

三、高斯光束的透镜变换

理想光学系统的物像位置关系式为

$$\frac{1}{l'} - \frac{1}{l} = \frac{1}{f'} \tag{8-12}$$

假定光轴上一点 O 发出的发散球面波经正透镜 L 后，变成会聚于 O' 点的球面波，如图 8-4 所示。由图中可看出发散球面波到达透镜 L 的曲率半径为 R_1，会聚球面波离开透镜 L 到达 O' 点的曲率半径为 R_2，由成像关系得

$$\frac{1}{R_2} - \frac{1}{R_1} = \frac{1}{f'} \tag{8-13}$$

上式说明曲率半径为 R_1 的球面波经焦距为 f' 的正透镜变换后，变成曲率半径为 R_2 的另一个球面波，且 R_1 和 R_2 之间满足物像关系。

对高斯光束来说，在近轴区域其波面也可以看作是一个球面波，如图 8-5 所示。当高斯光束传播到透镜 L 之前时，其波面的曲率中心为 C 点，曲率半径为 R_1，通过透镜 L 后，其出射波面的曲率中心为 C' 点，曲率半径为 R_2。对曲率中心 C 和 C' 而言，也是一对物像共轭点，满足式（8-13）。

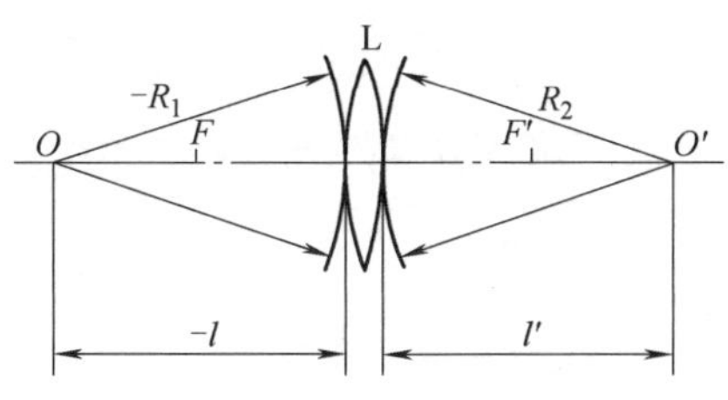

图 8-4　球面波经透镜变换

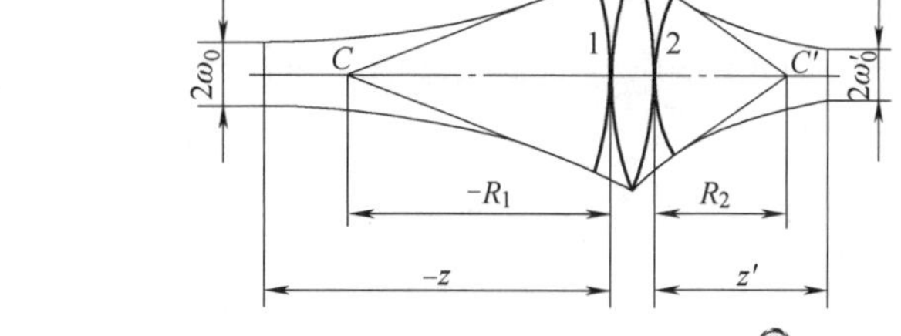

图 8-5　高斯光束经透镜变换

值得特别注意的是，由式（8-5）可知，除了 $z=\infty$ 一种情况外，$R(Z)\neq z$，即图 8-5 中 z 和 z' 不满足式（8-12）。

由式（8-11）可得

$$\frac{1}{R(z)}=\frac{1}{q(z)}+\mathrm{i}\frac{\lambda}{\pi\omega^2(z)} \tag{8-14}$$

把式（8-14）代入式（8-13），得

$$\frac{1}{q_2}-\frac{1}{q_1}=\frac{1}{f'} \tag{8-15}$$

因此描述高斯光束的复参数 q 是满足近轴成像关系的。

另外，当透镜为薄透镜时，高斯光束在透镜 L 前后的通光口径应相等，即

$$\omega_2=\omega_1 \tag{8-16}$$

ω_1 和 ω_2 分别为透镜 L 前后的光束截面半径。

在实际应用中，往往只知道高斯光束的束腰半径 ω_0 和束腰到透镜的距离 z，而经透镜变换后光束的束腰位置 z' 和束腰半径 ω_0' 又是我们需要知道的两个参数。为此由式（8-4）和式（8-5）求得光束到达透镜之前的光束截面半径 $\omega_1(z)$ 和波面曲率半径 $R_1(z)$，利用透镜变换公式（8-15）和式（8-16）求得出射高斯光束的截面半径 $\omega_2(z)$ 和波面曲率半径 $R_2(z)$，再由式（8-4）和式（8-5）最终求得变换后的高斯光束束腰半径 ω_0' 和束腰位置 z'。有

$$z'=f'\frac{z(f'+z)+\left(\frac{\pi\omega_0^2}{\lambda}\right)^2}{(f'+z)^2+\left(\frac{\pi\omega_0^2}{\lambda}\right)^2} \tag{8-17}$$

$$\omega_0'^2=\frac{f'^2\omega_0^2}{(f'+z)^2+\left(\frac{\pi\omega_0^2}{\lambda}\right)^2} \tag{8-18}$$

（一）当高斯光束的束腰与透镜相距很远时

令 $(f'+z)\gg\left(\frac{\pi\omega_0^2}{\lambda}\right)^2$ 并简化式(8-17)，可得

$$z'\approx f'\frac{z}{f'+z}$$

即

$$\frac{1}{z'}-\frac{1}{z}=\frac{1}{f'} \tag{8-19}$$

上式说明在束腰位置远离透镜时，可用近轴光学的成像公式来计算高斯光束经透镜变换后的束腰位置。

同时，由式（8-18）可得

$$\omega_0'^2=\frac{f'^2\omega_0^2}{(f'+z)^2} \tag{8-20}$$

根据近轴光学成像的牛顿公式得

$$\beta=\frac{\omega_0'}{\omega_0}=\frac{f'}{f'+z}=\frac{z'}{z} \tag{8-21}$$

β 为束腰的横向放大率。

（二）当高斯光束的束腰位于透镜的物方焦面上时

令 $z=-f'$，由式（8-17）求得 $z'=f'$，说明高斯光束的束腰位于透镜的物方焦面上时，经透镜变换后，其束腰位于透镜的像方焦面上，这与几何光学的成像概念完全不同。同时由式（8-18）可得

$$\omega_0'=\frac{\lambda}{\pi\omega_0}f' \tag{8-22}$$

说明当 $z=-f'$时，束腰半径 ω_0'为极大值，出射光束有最大束腰半径。同时，由式（8-10）可知，此时出射光束有最小的发散角，即准直性最好。

四、高斯光束的聚焦和准直

（一）高斯光束的聚焦

由于激光束在打孔、焊接、光盘数据读写和图像传真等方面的应用都需要把激光束聚焦成微小的光点，因此设计优良的激光束聚焦系统是非常必要的。

由式（8-20）可知，当 $z\to\infty$ 时，即入射光束的束腰远离透镜时，出射光束的束腰半径 $\omega_0'\to 0$，即光束可获得高质量的聚焦光点，且由式（8-19）可求得聚焦光点在 $z'=f'$处（即透镜像方焦面上）。当然，上述聚焦光点的大小是近似求得的，实际上的聚焦光点不可能为零，总有一定大小。根据式（8-18），且当 $z\gg f'$时，我们可得

$$\frac{1}{\omega_0'^2}=\frac{z^2}{f'^2\omega_0^2}+\frac{\left(\dfrac{\pi\omega_0}{\lambda}\right)^2}{f'^2}=\frac{\pi^2}{f'^2\lambda^2}\omega_0^2\left[1+\left(\frac{\lambda z}{\pi\omega_0^2}\right)^2\right]=\frac{\pi^2}{f'^2\lambda^2}\omega^2(z)$$

所以

$$\omega'_0=\frac{\lambda}{\pi\omega(z)}f' \tag{8-23}$$

因此 ω_0'除与 z 有关外，还与f'有关，要想获得良好的聚焦光点，通常应尽量采用短焦距透镜。

（二）高斯光束的准直

由于高斯光束具有一定的光束发散角，而对激光测距和激光雷达等系统来说，光束的发散角越小越好，因此有必要讨论激光束的准直系统设计要求。由式（8-10）导出了高斯光束的发散角 θ 可近似为

$$\theta=\frac{\lambda}{\pi\omega_0}$$

经透镜变换后其光束发散角为

$$\theta'=\frac{\lambda}{\pi\omega_0'}$$

把式（8-18）代入上式得

$$\theta'=\frac{\lambda}{\pi}\sqrt{\frac{1}{\omega_0^2}\left(1+\frac{z}{f'}\right)^2+\frac{1}{f'^2}\left(\frac{\pi\omega_0}{\lambda}\right)^2} \tag{8-24}$$

由式（8-24）可看出，不管 z 和f'取任何值，$\theta'\neq 0$，说明高斯光束经单个透镜变换后，不

能获得平面波，但当$z=-f'$时发散角最小，有

$$\theta'=\frac{\omega_0}{f'} \tag{8-25}$$

说明θ'与ω_0和f'有关，要想获得较小的θ'，必须减小ω_0并加大f'。为此，激光准直系统多采用二次透镜变换形式，第一次透镜变换用来压缩高斯光束的束腰半径ω_0，故常用短焦距的聚焦透镜；第二次使用较大焦距的变换透镜，用来减小高斯光束的发散角θ'，其准直系统的原理如图8-6所示。

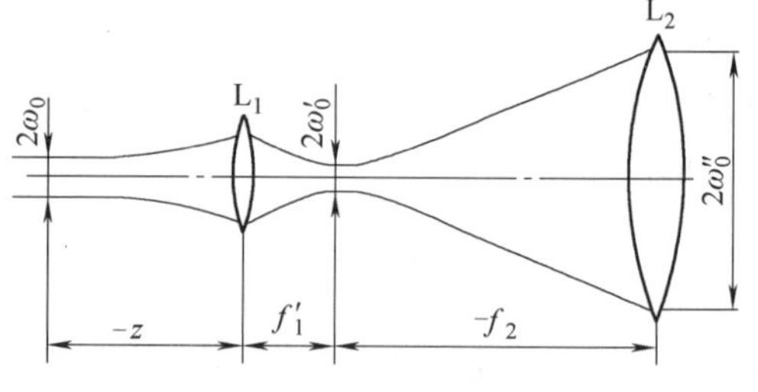

图8-6 激光准直系统 

五、高斯光束的整形

由图8-1可知，在高斯光束的任一横截面内，能量密度是很不均匀的，而在激光加工、激光手术等领域，为了达到锐利、精细的加工效果，往往需要将其能量分布模式由高斯型转换成均匀型（平顶化），甚至将光斑形状从圆形变换为需要的其他形状，如图8-7所示。这种改变高斯光束能量分布模式的技术统称为光束整形技术，在激光的能量应用领域和信息应用领域均有广泛需求。

整形技术具有一定的挑战性，近年来各种传统的或现代的光学技术都被研究人员用来实现这一目标。这些技术主要包括但不限于以下四类，各有优缺点。

第一类，充分利用光纤束的灵活排布功能来实现光束整形。将高斯光束耦合进一束光纤里，然后在输出端打乱光纤的排列顺序和排列形状，则图8-7所示的各种功能均能实现。但是，该方法具有能量损失大、不能应用于高能场合以及光束质量降低（受光线各种特性的影响）等缺点。

第二类，利用衍射光学元件或相位调制器件来实现光束整形。由于衍射属于本书下篇内容，这里仅给出一个简单示例。如图8-8所示，一束准直扩束后的高斯光束，被一片二元光学元件衍射，相同级次的衍射光经过聚焦透镜后在其后焦平面上汇聚于同一点，不同级次的衍射光则汇聚到不同点，最终将一束高斯光束分裂成5×5的阵列高斯光束。衍射光学元件具有体积小、重量轻、易复制、造价低、设计自由度多等优点，并能实现传统光学器件难以完成的任意波面变换功能，在激光光束整形方面有着广阔的应用前景。图8-8中，如果将二元光学元件替换成液晶空间光调制器，还可以动态地改变输出光强分布。

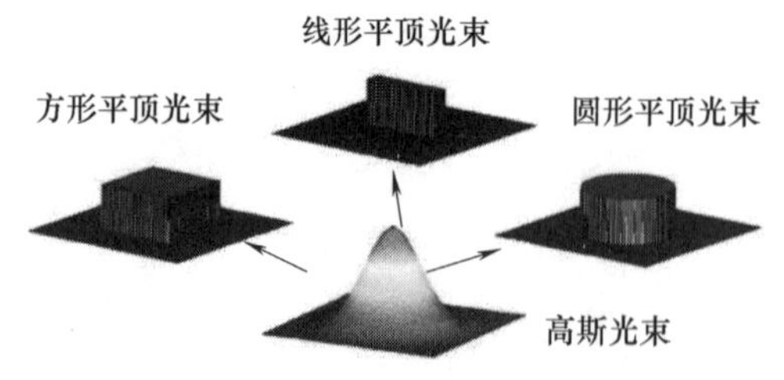

图8-7 高斯光束的整形

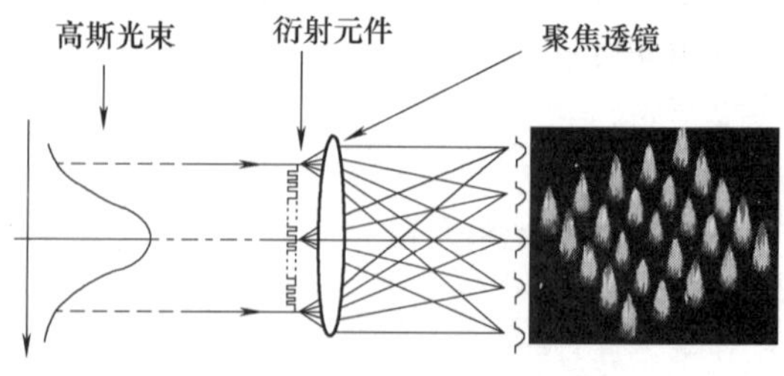

图8-8 衍射技术实现高斯光束分束

第三类，利用折射或反射元件对高斯光束的波前进行分割重组。图8-9所示为一种最简单的折射式分割重组结构，分段棱镜$ABCD$将高斯光束划分为三段，AB段向下折射、BC段直射、CD段向上折射，最后在EF位置重合。不难看出，无论棱角如何选取，仅靠AB、

BC、*CD* 三段光束的平移叠加，虽然能取得一定的匀光作用，但匀化效果不会很理想。为了取得更好的匀化甚至平顶化的效果，需要对光束进行更细的划分，因此采用微透镜阵列是很自然的方案。如图 8-10 所示，微透镜阵列与聚焦物镜共同作用，将每一片子透镜接收到的光能，均匀分散叠加到物镜后的 *EF* 位置。子透镜的口径越小，则充满子透镜的每一条光线其能量差异越小，*EF* 面的照度越均匀。这种波前分割方法需要改变部分光束的传播方向，只能在某一固定的接收位置（图中 *EF* 处）获得均匀照明，而且子波之间还存在干涉问题需要克服，因此其应用受到一定限制。

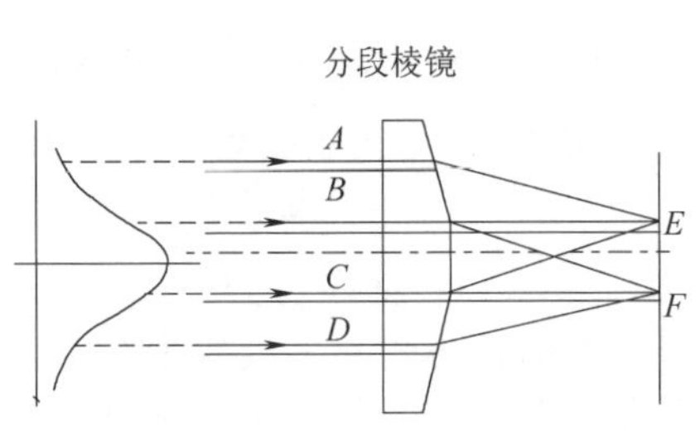

图 8-9　采用分段棱镜整形

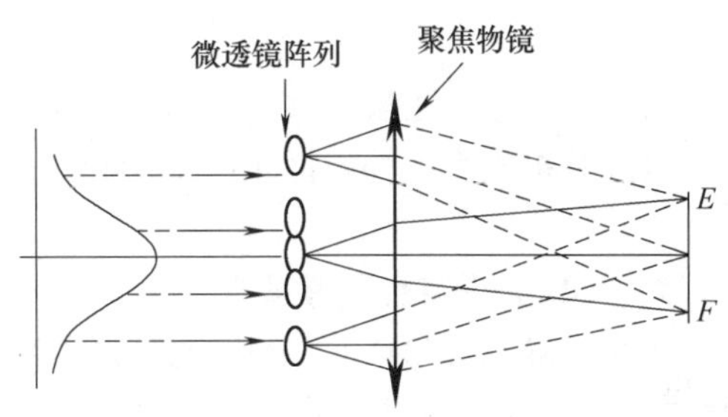

图 8-10　采用微透镜阵列整形

图 8-11 所示为一种采用反射分割方法实现光束平顶化的例子。输入高斯光束在分束器 1 处被分为两束，一束直接出射（图中①），一束经屋脊反射镜 2 分割，分别经平面反射镜 3 和 4 反射后，再由屋脊反射镜 5 合束形成反向高斯光束并由分束器 1 反射输出（图中②）。因此输出光束是高斯光束与反向高斯光束的叠加。由于反向高斯光束经过合束器 1 时还会分为两束，所以这种叠加过程是循环往复的，随着叠加次数的增加，输出光束的能量均匀性也不断提高。该方法的优点是能保持高斯光束的传播方向不变，光束质量得到保证；缺点是需要的器件比较多，装配对准要求高，实现很困难。

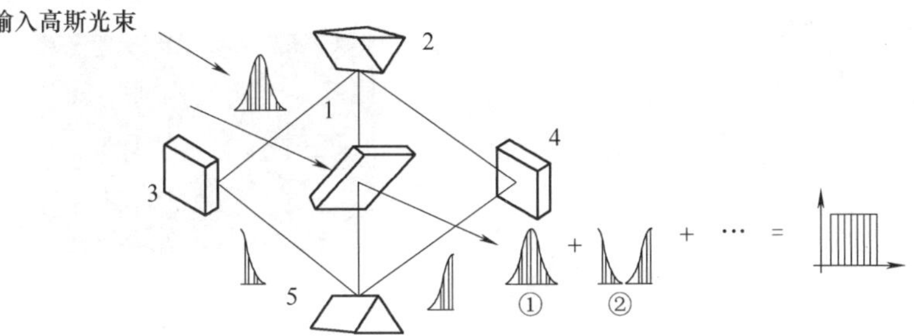

图 8-11　采用屋脊反射镜整形

1—分束器　2—屋脊反射镜　3—平面反射镜

第四类，是利用非球面透镜的像差来改变高斯光束的能量分布规律，从而实现平顶化。为了不改变高斯光束的传播方向，非球面透镜一般成对使用，图 8-12 所示为一个伽利略望远镜形式的整形实例。这是德国 ADLOPTICA 公司的一款成熟产品，名为 π Shaper。第 1 面和第 4 面设置为平面，分别作为输入面和输出面；第 2 面是一个凹面非球面，主要作用是将平行光束变为发散光束，并产生合适的球差，改变高斯光束横截面上的能量分布规律，在距离 d 处形成均匀照射面；第 3 面是凸面非球面，用于补偿第 2 面的球差，让各条光线恢复为平行出射。

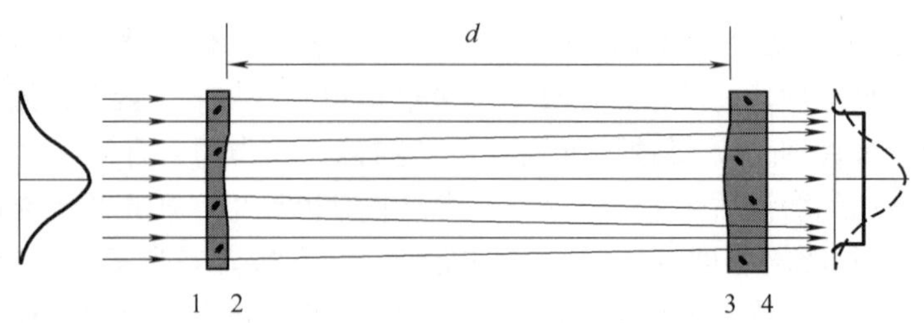

图 8-12 采用伽利略望远镜整形

第四类整形方法虽然需要一定的轴向长度，但是整形效果非常理想，既不改变光束直径，也没有扩大光束的发散角，能量损失也非常小，因此非常适用于对光束质量有严格要求的场合。

六、LD 光束特性及其整形

激光二极管（LD）由于具有发光效率高、体积小、寿命长等优点，近年来在诸多行业得到了广泛应用。但是，LD 输出的并不是标准高斯光束，而是如图 8-13 所示的椭圆形类高斯光束。快轴方向（垂直于有源区）发散角大（30°～60°之间），发光单元尺寸极小（大约为 1μm）；慢轴方向（平行于有源区）发散角相对较小（5°～10°之间），但发光单元尺寸较大（一般为 100～200μm）。另外，快轴方向的束腰位于发光表面，而慢轴方向的束腰则位于里面，存在几十微米的像散。很显然，与传统激光器相比，LD 一方面发散角较大，另一方面存在快轴与慢轴的严重不对称性，特别是高功率 LD 往往采用多个发光单元构成激光二极管阵列（LDA），其快轴与慢轴的差异更大，因此大多数应用场合都需要引入整形技术来改善其光束质量，包括准直（减小发散角）、均衡化（尽量让快轴与慢轴具有相同的光束质量）以及平顶化等。

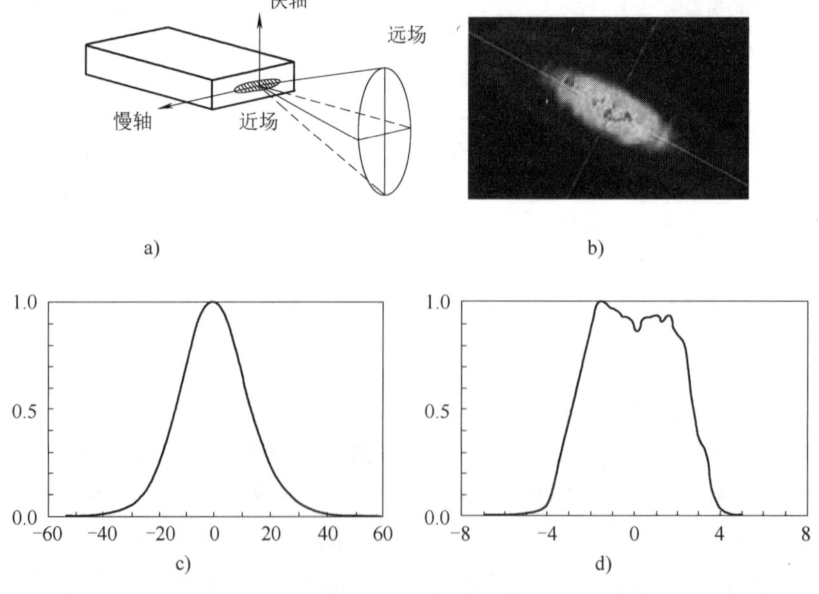

图 8-13 激光二极管及其输出光斑典型模式图

a）LD 发光结构 b）LD 远场光斑形状 c）快轴能量分布 d）慢轴能量分布

由于快轴与慢轴的严重不对称性，LD在应用时多引入柱透镜或自聚焦透镜来实现两个方向的准直与均衡化。在光束质量要求不高的场合，也可以采用更简单的方式，如将其输出光束耦合进光纤或特殊结构的匀光管（见图8-14）里，靠多次全反射来实现匀化。图8-14所示为一种常用的异径匀光管，当其锥角为α时，大角度光线每反射一次，其发散角减小2α，因此该光管同时具有匀光与减小发散角的作用，右侧输出端得到的是光照均匀、数值孔径较小的均衡化光斑。图8-14c为在其左端面输入图8-13所示的非对称光束后，在右侧输出端面得到的近似均匀能量分布图。

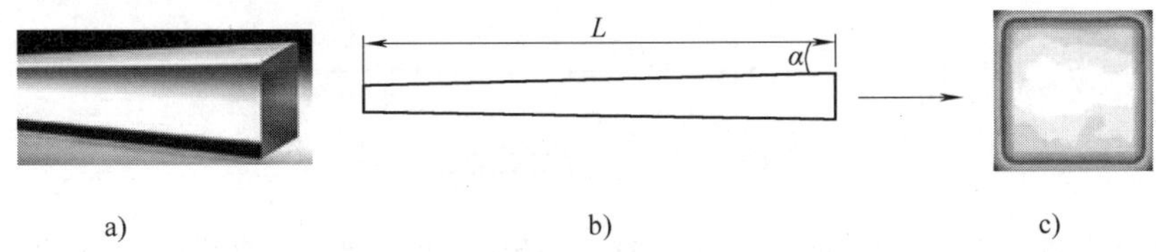

图8-14　异径匀光管实物与结构示意图

a）实物图　b）结构示意图　c）能量分布图

LD的一个重要应用是产生各种形状的结构光，用于三维测量或特殊的加工、校准场合，这时候需要用到一些特殊的光学元件。图8-15a所示为鲍威尔棱镜，通过前端非球面产生特殊的球差，使激光束最优化地扩展成光密度均匀、稳定性好、直线性好的一条直线。图8-15b所示为一种环状激光发生器，通过二维锥透镜（在过光轴的截面上等效为透射棱镜）的偏转作用产生类似贝塞尔光束的非衍射环形光束。

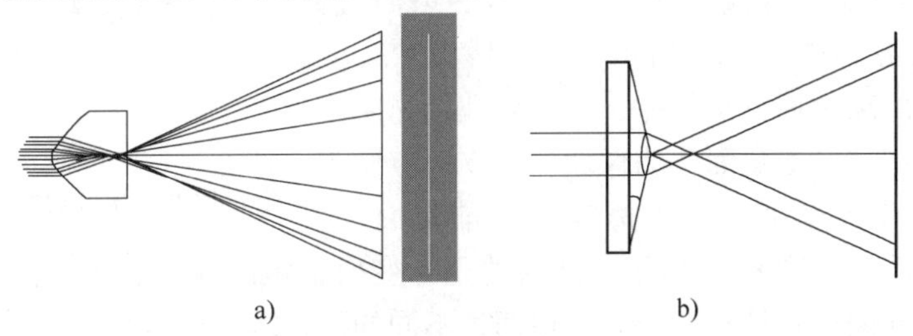

图8-15　特殊结构光的产生

a）线结构光　b）环状结构光

第二节　傅里叶（Fourier）变换光学系统

由光学透镜组成的相干光学处理系统，可简单而迅速地完成二维图像的傅里叶变换运算。其原理请参见本书第十四章，这里仅讨论傅里叶透镜的成像要求及其设计问题。

一、相干光学处理系统

通常使用的相干光学处理系统如图8-16所示，L_1和L_2为傅里叶变换物镜，输入物面(x, y)与L_1的前焦面重合，输出面(x', y')与L_2的后焦面重合，频谱面位于L_1的后焦面和L_2的前焦面重合处。根据其结构特点，图8-16所示的相干光学处理系统常称为$4f$系统。

物函数$f(x, y)$经二次傅里叶变换后，仍可得到原函数$f(x', y')$，只不过函数的坐标发生了倒置。若在第一次变换后的频谱面上插入各种不同用途的空间滤波器或掩膜板来改变输入物体的频谱状态，就可以达到各种光学图像的处理目的。

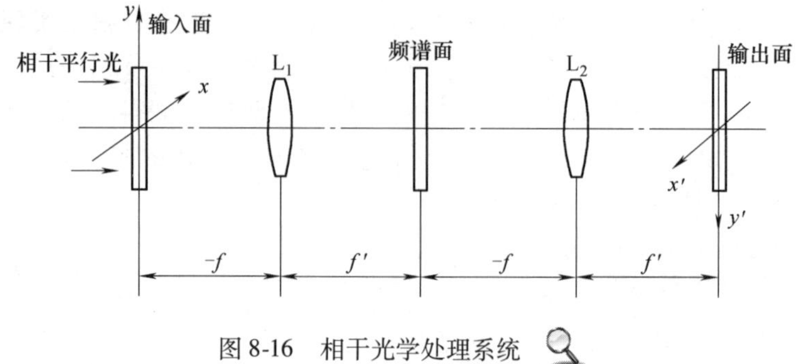

图 8-16 相干光学处理系统

当平行光垂直照射输入物面（x，y）时，在输入面上要发生衍射，不同角度的衍射光经透镜 L_1 后，在后焦面（频谱面）上形成夫琅禾费衍射图像。为了获得清晰而位置正确的夫琅禾费衍射图像，也就是说为了获得严格的物面傅里叶频谱，傅里叶变换物镜应满足以下成像要求：具有相同衍射角（θ_m 或 θ_n）的光线经透镜变换后，应聚焦于焦平面上的同一点，而不同衍射角的光线经透镜变换后，应聚焦于焦面上的不同点处，形成各级频谱，如图 8-17 所示。

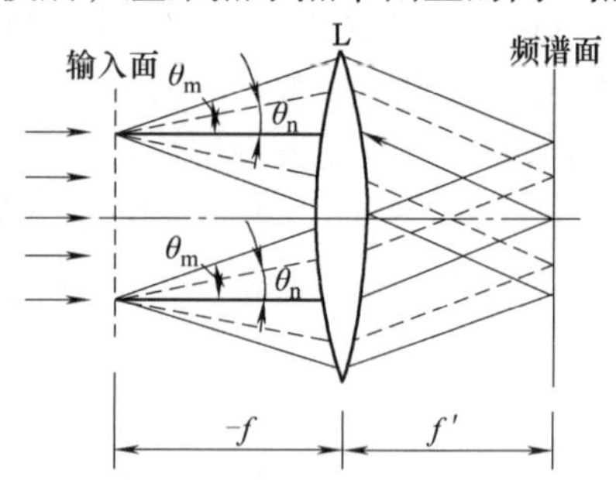

图 8-17 傅里叶透镜的成像特性

由图 8-17 可看出，对傅里叶变换物镜 L 来说，其成像关系为，若把输入面作为物面，则其像面在像方无限远处，其孔径光阑位置应位于透镜 L 的后焦面上，构成物方远心光路，如图 8-18 所示，此时傅里叶变换物镜既要对有限距离物面校正像差，又要对孔径光阑位置校正像差。若把其像方焦面作为像面，其物面应位于物方无限远处，孔径光阑应位于透镜 L 的前焦面上，构成像方远心光路，如图 8-19 所示，此时傅里叶变换物镜既要对物方无限远的物体校正像差，又要对孔径光阑位置校正像差。上述两种不同的处理方法，根据光路可逆性，其本质是一致的，因此傅里叶变换物镜通常要对两对共轭面校正像差。

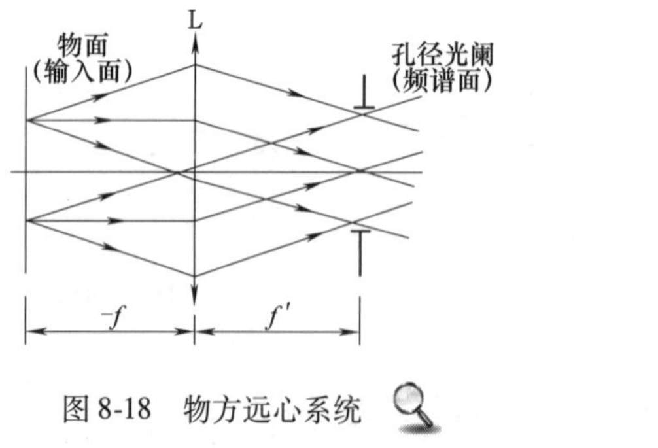

图 8-18 物方远心系统

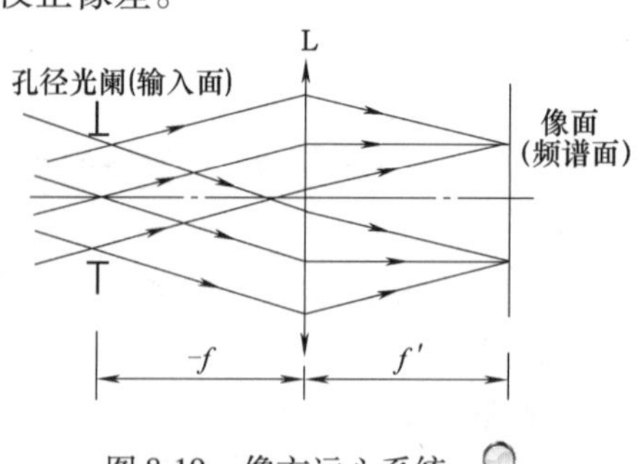

图 8-19 像方远心系统

二、傅里叶变换物镜的光学设计要求及结构型式

假定输入物体为一维衍射光栅，其光栅常数为 $d\left(d=\dfrac{1}{N}\right)$，根据衍射理论，其 k 级衍射

光与光轴的夹角 θ_k 应满足光栅方程

$$d\sin\theta_k = k\lambda \quad (k=0, \pm 1, \pm 2, \cdots) \tag{8-26}$$

$$\sin\theta_k = \frac{k\lambda}{d} \tag{8-27}$$

设 k 级衍射光的像高为 y_k'，只有当 y_k'满足下式关系：

$$y_k' = f'\sin\theta_k = f'\frac{k\lambda}{d} \tag{8-28}$$

y_k'才呈线性分布，才能在后焦面上得到正确的傅里叶变换关系。因此，傅里叶变换物镜必须满足正弦条件要求。

为了获得清晰的夫琅禾费衍射图像和正确的傅里叶变换关系，傅里叶变换物镜应对光瞳位置校正球差和彗差，对物面位置校正球差、彗差、像散和场曲，其像差公差应达到衍射极限，即波像差不大于 $\lambda/4$。

由式（8-28）可知，k 级衍射光的像高 $y_k' = f'\sin\theta_k$，而理想光学系统的像高 $y_k' = f'\tan\theta_k$，因此傅里叶变换物镜在满足上述像差校正时，必产生畸变量

$$\delta y' = f'(\sin\theta_k - \tan\theta_k) \tag{8-29}$$

但由于傅里叶变换物镜是成对使用的，且对频谱面为对称设置，因此在相干光学处理系统（4f 系统）中，输出面的畸变会自动消除。

满足上述要求的傅里叶变换物镜，其结构形式很多，可分为单光组和对称型两种。

单光组结构如图 8-20a 所示，为双胶合或双分离形式。这种结构形式的傅里叶变换物镜可使正弦差和球差得到很好较正，但由于轴外像差的存在，其视场角和相对孔径一般较小。

对称型如图 8-20b 所示，其最大特点是采用两组对称的反远距透镜组，使得物镜的主面位置外移，从而可使物镜的物像方焦点距离小于物镜的焦距，减小了光学处理系统的外形尺寸。在同样的工作条件下，对称型式的傅里叶物镜，其焦距可增长一倍左右，相应所能处理的物面和频谱面尺度变大，有利于发挥光学处理系统的作用。此外，由于对称结构采用正负透镜组合，有利于校正物镜的像面弯曲和其他轴外像差，但其结构复杂，造价相对提高。

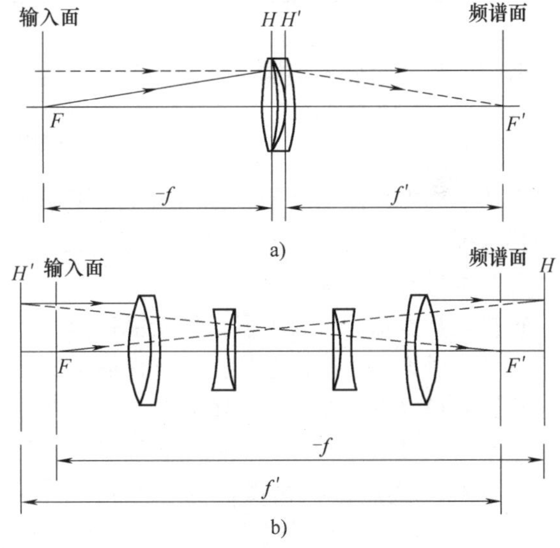

图 8-20　傅里叶物镜的结构型式

第三节　扫描光学系统

光束传播方向随时间变化而改变的光学系统称为扫描光学系统。扫描光学系统在现代光学和光电技术中具有极其重要的作用，在激光显示、激光存储、激光打印以及高速摄影、红

外成像、目标捕捉与瞄准等系统中都有应用。

一、扫描方程式

光束扫描的实现方式很多，如光学透镜扫描、棱镜扫描、反射镜扫描、全息扫描和声光扫描等。但不管其扫描方式如何，表征其扫描特性的只有三个参数，即扫描系统的孔径大小 D、孔径的形状因子 a 和最大扫描角 θ。根据瑞利衍射理论，扫描系统的衍射极限分辨角 $\Delta\theta$ 为

$$\Delta\theta \approx \sin\Delta\theta = a\frac{\lambda}{D} \tag{8-30}$$

由上式可见，孔径大小 D 和形状因子 a 决定了扫描系统的极限分辨角 $\Delta\theta$，即决定了扫描系统的扫描光点大小和成像质量。

对不同的扫描系统，其扫描孔径是不一样的。例如透镜扫描系统，其扫描孔径的形状是圆形的；棱镜扫描系统，其扫描孔径的形状是矩形或梯形的，因此它们的孔径形状因子 a 值是不同的。为了能准确地描述各种扫描系统的衍射分辨角 $\Delta\theta$，表 8-1 给出了几种典型扫描孔径对应的 a 值。

表 8-1 扫描孔径形状因子

孔径形状	矩　　形	圆　　形	梯　　形	三角形
形状因子 a	1	1.22	1.5	1.67

若扫描系统的最大扫描角（扫描范围）为 θ，则扫描系统的扫描点数 N 为

$$N = \theta/\Delta\theta = \frac{\theta D}{a\lambda} \tag{8-31}$$

式（8-31）称为扫描系统的扫描方程式，它表明扫描系统的扫描点数与扫描光束的波长 λ 和扫描系统的三个参数（a、θ 和 D）有关。

二、常用光学扫描形式

扫描光学系统的种类很多，如光机扫描、光栅扫描、声光扫描和电光扫描等。为简单起见，本节只讨论光机扫描系统。光机扫描系统常用物镜前扫描和物镜后扫描两种形式。

物镜后扫描系统的原理如图 8-21 所示，扫描反射镜位于物镜之后，其优点是物镜口径相对较小（只要满足扫描光束的口径要求），且扫描物镜只要求校正轴上点像差即可。物镜后扫描系统的缺点是扫描像面为一曲面，不利于图像的接收与转换。

为了克服物镜后扫描系统的缺陷，把扫描反射镜置于物镜之前，称其为物镜前扫描系统，其原理如图 8-22 所示，只要物镜严格地校正轴上点和轴外点像差，即可获得很好的扫描成像，且扫描成像面为一平面。因此一般的光机扫描系统多采用物镜前扫描形式。

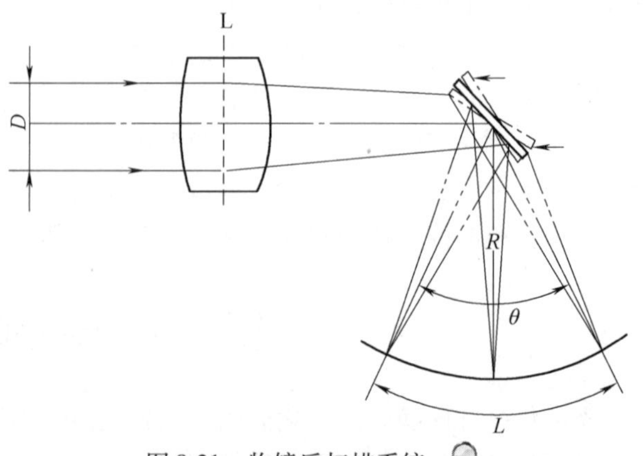

图 8-21 物镜后扫描系统

为了保证物镜前扫描系统在扫描像面上得到均匀的像面照度和尺寸一致的

扫描像点，扫描物镜一般设计成像方远心光路，使其像方主光线始终垂直于扫描像平面，如图 8-22 所示，这种扫描系统又称其为远心扫描系统。此时扫描反射镜的转动轴心必须与扫描物镜的物方焦点重合，让轴外扫描光束的中心光线（主光线）通过物镜的物方焦点，构成像方远心光路。

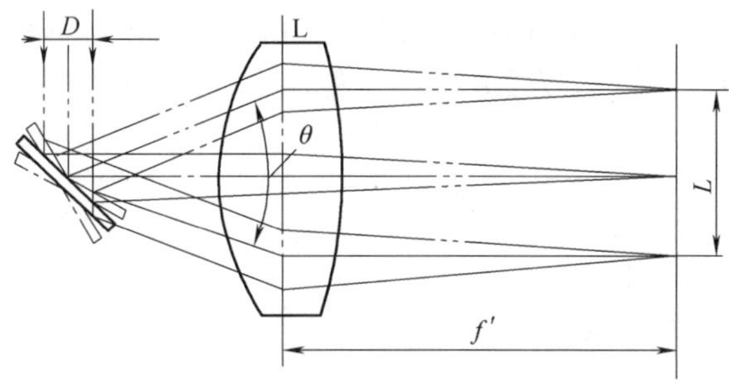

图 8-22 物镜前扫描系统

三、扫描物镜——$f\theta$ 物镜

物镜前扫描光学系统的光束入射角 θ 是随时间而变化的，且通过扫描物镜在垂直于光轴的像平面上成像，因此像平面上的成像位置 $y'(t)$ 应为光束入射角 $\theta(t)$ 的函数，一般可表示为

$$y'(t)=F[\theta(t)] \tag{8-32}$$

当光束入射角 $\theta(t)$ 以等角速度变化时，若想在扫描成像面上做等速扫描成像，则有

$$y'(t)=f'\theta(t) \tag{8-33}$$

此时扫描物镜所得到的像高与 θ 角呈线性关系，按一定时间间隔扫描的信息等比例地按一定的空间间隔记录在像平面上，这就是通常把扫描物镜称作 $f\theta$ 物镜的原因所在。

$f\theta$ 物镜的成像关系与普通光学系统的成像关系不尽相同，这是因为普通物镜的理想像高为 $y'=f'\tan\theta$，与 θ 角呈非线性关系。为使其呈线性关系，$f\theta$ 物镜须产生符合下式的畸变量

$$q'=\frac{f'(\tan\theta-\theta)}{f'\tan\theta} \tag{8-34}$$

由式（8-30）可得 $f\theta$ 物镜的分辨率为

$$\sigma=f'\Delta\theta=a\lambda\frac{f'}{D}=1.22\lambda/\frac{D}{f'} \tag{8-35}$$

式（8-35）中的 $a=1.22$，是因为该扫描光束的孔径为圆形。由式（8-35）可看出，分辨率 σ 与 D/f' 成反比，即扫描系统的相对孔径越大，其物镜分辨率越高。但扫描系统的分辨率也并非越高越好，因为分辨率越高，物镜的设计越复杂，制造成本越大，所以扫描物镜一般应根据实际使用要求来选取分辨率。例如在激光扫描系统中，由于激光束为高亮度光源，只要分辨率满足扫描成像光点的大小即可；对制造半导体集成电路中的图形发生器和掩膜检查仪，其光点尺寸较小，一般在 0.001 ~ 0.005mm 之间（当然更高要求的也有），对高密度图像存储器，其光点尺寸在 0.005 ~ 0.05mm 之间，对传真机、印刷机和打印机之类机器，其光点尺寸在 0.05mm 以上，可根据式（8-35）求得扫描系统的相对孔径。此外，扫描物镜的焦距 f' 与扫描成像宽度 L 和光束的最大扫描角 θ（物镜视场角）有关，即

$$y'=f'\theta$$

$$f'=\frac{y'}{\theta}=\frac{L}{2\theta} \tag{8-36}$$

当然，扫描物镜的轴上点和轴外点应具有相同的成像质量和扫描点大小，为此扫描物镜除严格校正轴上和轴外点像差外，还应满足无渐晕和平像场的设计要求。

大多数 $f\theta$ 物镜属大视场小相对孔径的像方远心光学系统，如图 8-23 所示，其轴上点光线在透镜上的入射高度较低，轴外点光线在透镜上的入射高度较高，因此校正轴外点像差，

是 $f\theta$ 物镜设计的主要着眼点。为了满足 $f\theta$ 物镜残存一定的畸变量和像方远心光路的要求，其结构型式多采用多片分离式的负弯月形物镜，图 8-24 所示为扫描物镜常用的结构型式。光焦度的分配为负-正-负形式，前两组正负焦距和间隔满足总的光焦度要求，有利于平像场设计，第三组为负组，位于像面附近，有利于满足像方远心光路的要求。

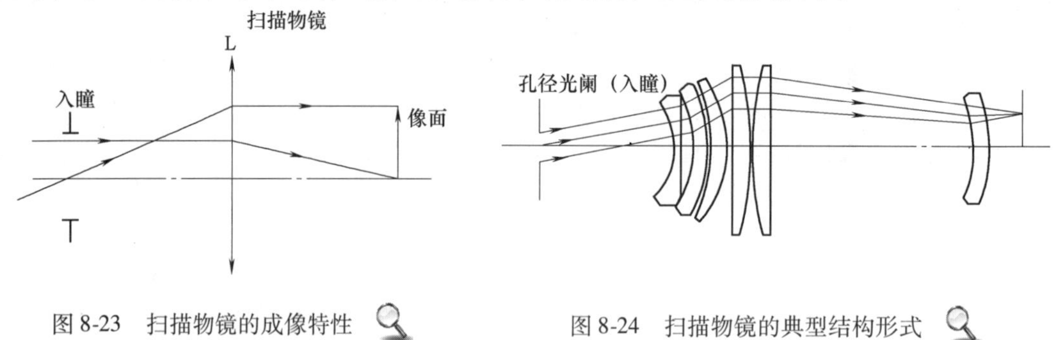

图 8-23 扫描物镜的成像特性

图 8-24 扫描物镜的典型结构形式

随着非球面技术的发展，现代 $f\theta$ 物镜的结构可以大大简化。图 8-25 所示为激光打印机扫描盒的基本结构。1 为近红外 LD 光源，2 为非球面准直镜，3 为柱面整形镜，4 为旋转多面镜，由电动机带动实现扫描打印功能；5 和 6 即是打印机的 $f\theta$ 物镜，其孔径光阑位于旋转多面镜 4 的反射面上。该 2 片式 $f\theta$ 物镜不仅要实现大视场、平像场的扫描功能，还需要严格校正畸变，并消除反射镜旋转带来的光瞳漂移误差，所以通常情况下其四个面都需要设置为非球面。需要指出的是，为了降低成本，在商业设备里 2 ~ 6 均采用光学塑料注塑而成。

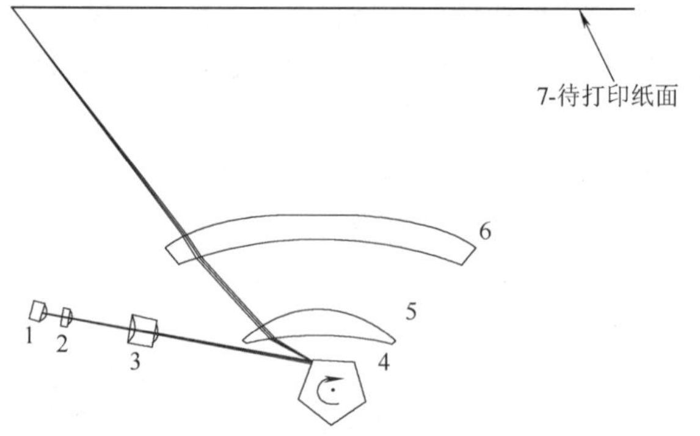

图 8-25 激光打印机扫描盒基本结构

随着微光学技术的发展，出现了图 8-26 所示的微透镜阵列扫描结构。当前后两组微透镜光轴对准、没有错位时（见图 8-26a），只有与光轴平行的 0°光可以经后组准直并平行于光轴出射；当两组微透镜相对运动出现错位时（见图 8-26b），则只有与光轴成某个特定角度的入射光可以经后组准直并平行于光轴出射。微透镜阵列每个单元的直径可以做到 1mm 以下，所以通过很小的相对运动就可以实现大视场角的扫描，在激光雷达等扫描成像领域具有广阔的应用前景。

图 8-26 微透镜阵列扫描原理示意图

第四节　光纤光学系统

光纤具有传光、传像和传输其他光信号的功能，因此在医学、工业、国防和通信等领域得到了广泛应用。光纤根据其传光特性可分为三种：一种是阶跃型折射率光纤，即光纤的内芯和外包皮分别为折射率不同的两种均匀透明介质，因此光线在阶跃型光纤内的传输是以全反射和直线传播的方式进行；第二种是梯度折射率光纤，即光纤的中心到边缘折射率呈梯度变化，因此光线在光纤内的传播轨迹呈曲线形式；第三种则是近年来出现的光子晶体光纤，又被称为微结构光纤，它的横截面上有较复杂的折射率分布，通常含有不同排列形式的气孔，这些气孔的尺度与光波波长大致在同一量级且贯穿器件的整个长度，光波可以被限制在光纤芯区传播。光子晶体光纤有很多奇特的性质，有兴趣的读者请参见本书第十七章，本节只对前两种光纤做简要介绍。

一、阶跃型光纤的基本原理

阶跃型光纤就是根据全反射原理制成的细而长的光学纤维，如图 8-27 所示。为了让光线在内芯和外包皮的分界面上发生全反射，由第一章知识可知光线的入射角 U 应满足

$$\sin U \leqslant \frac{\sqrt{n_1^2 - n_2^2}}{n_0}$$

即入射在光纤输入端面的光线最大入射角 U_{max} 应满足上式，否则光线在光纤内不发生全反射而通不过光纤。我们定义 $n_0\sin U_{max}$ 为光纤的数值孔径，即

$$NA = n_0 \sin U_{max} = \sqrt{n_1^2 - n_2^2} \tag{8-37}$$

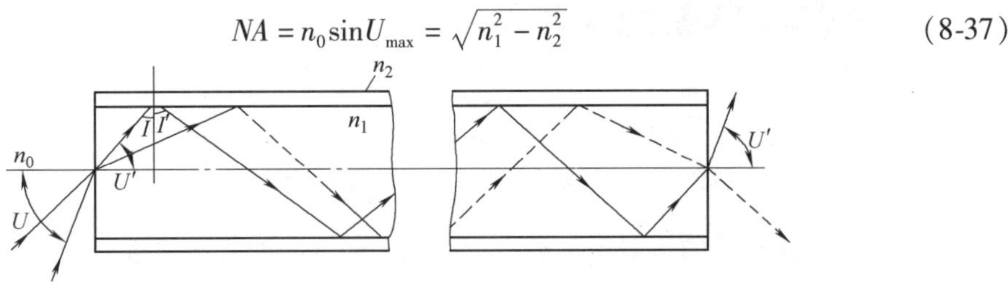

图 8-27　阶跃型光纤

当光纤位于空气中时，$n_0 = 1$，则 $NA = \sin U_{max} = \sqrt{n_1^2 - n_2^2}$。

与几何光学中的物镜一样，光纤的数值孔径表示光纤接收光能的多少。要想使光纤通过较多的光能，就必须增大光纤的数值孔径 NA，根据式（8-37）须使 n_1 和 n_2 的差值增大。此外由图 8-27 可看出，当光纤的直径不变、且不弯曲光纤时，光线在光纤子午面内传播，由光纤出射端面射出的光线出射角是不变的，但其射出方向视其在光纤内的反射次数而定。

光纤在制作过程中很难保证芯径的一致性，在使用过程中也一定会出现弯折，这两个因素一方面会造成光纤的实际数值孔径变小，另一方面也会改变光线的出射方向。实际使用时，无论入射在光纤端面的是平行光束还是会聚光束，射出光纤端面的光束应看成为充满光纤数值孔径角的发散光束，如图 8-28 所示。

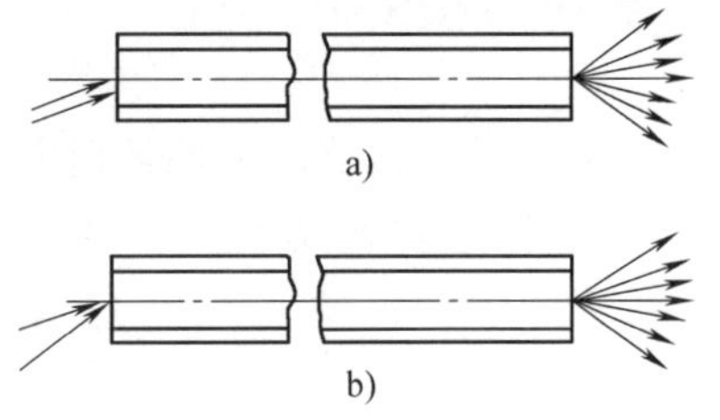

图 8-28　光纤束的实际传光特性

二、梯度折射率光纤

梯度折射率光纤根据其折射率分布形式分为三种。第一种是径向梯度折射率分布，即在光轴的横截面径向方向上折射率是变化的，且相对光轴成旋转对称变化，因此由径向梯度折射率材料做成的光纤具有自聚焦作用；第二种是轴向梯度分布，其折射率是沿光轴方向变化的，但在与光轴垂直的横截面上折射率是均匀的；第三种是球形梯度折射率分布，其折射率是以一点为对称而变化的，所以等折射率面为一球面。

以上三种形式的梯度折射率光纤，第一种更容易生产，而且具有聚焦和成像特性，因此是人们讨论的重点。

（一）径向梯度折射率光纤

光在两种均匀介质的光滑分界面上传播时，其折射光遵守折射定律。若有一系列折射率均匀的介质堆叠成若干层，其折射率分别为 $n_1>n_2>n_3\cdots$，光线在第一种介质中以入射角 U_1 入射在第一和第二种介质的分界面上时将发生折射，折射光在第二和第三、第三和第四…等介质的分界面上时也将发生折射，其折射光的方向如图 8-29 所示。从图 8-29 中可看出，折射光线的轴迹为一折线，且折射光线的方向与各层介质的折射率大小有关。当各层介质的厚度趋于零时，折射光线的轨迹变成一曲线，如图 8-30 所示。

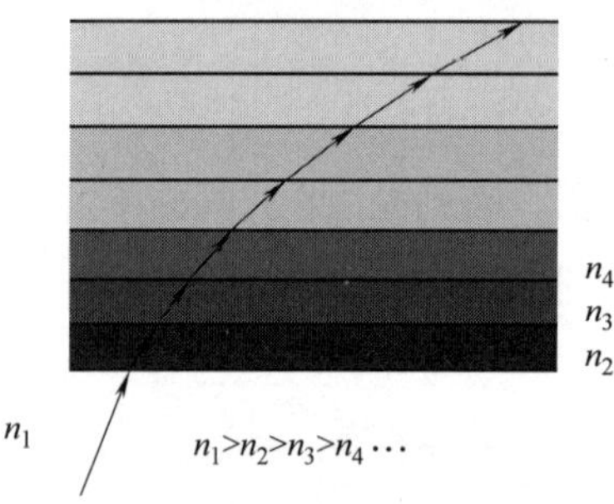

图 8-29 光线在多层介质中的折射 

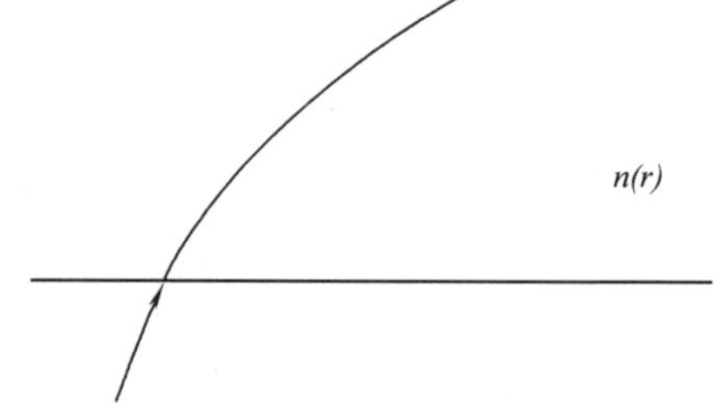

图 8-30 光线在梯度折射率介质中的折射

若介质是以光轴处的折射率最高，沿截面径向方向的折射率逐渐减小而做成的光纤，则子午面内的光线在该光纤中的传播轨迹如图 8-31 所示。图中的 z 轴坐标与光纤光轴重合，r 表示光纤的径向坐标。若有一光线入射在光纤端面的光轴处 O 点，其入射角大小为 U_0，折射曲线在 O 点的切线与 z 轴的夹角为 U_0'，根据折射定律有

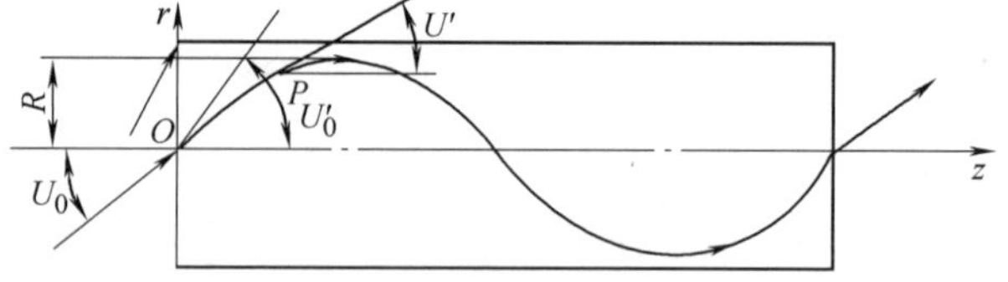

图 8-31 梯度折射率光纤中的光线传播

$$n_0\sin U_0=n(0)\sin U_0' \tag{8-38}$$

式中，$n(0)$为光纤光轴处的折射率。

根据上述分析，在径向梯度折射率光纤中连续运用折射定律可得

$$n(0)\sin(90^\circ-U_0')=n(r)\sin(90^\circ-U')$$

$$n(0)\cos U_0'=n(r)\cos U' \tag{8-39}$$

式中，U'为轨迹曲线上任意一点 P 的切线与 z 轴的夹角。因为随着 r 的增大，$n(r)$越来越小，U'角一定会越来越小。若 $r=R$ 时，$U'=0$，则表示光线的轨迹在此处为拐点，曲线开始

向下弯曲，由式（8-39）可得

$$n(0)\cos U_0' = n(r)\cos U' = n(R) \tag{8-40}$$

$n(R)$表示 $r = R$ 处的折射率。

因为
$$n_0 \sin U_0 = n(0)\sin U_0' = n(0)(1-\cos^2 U_0')^{\frac{1}{2}}$$

所以
$$n_0 \sin U_0 = [n^2(0) - n^2(R)]^{\frac{1}{2}} \tag{8-41}$$

上式说明径向梯度折射率光纤子午光线的数值孔径 $n_0\sin U_0$ 与 $n(0)$和 $n(R)$有关。

根据上面的讨论，径向梯度折射率光纤中光线的传播轨迹与折射率分布 $n(r)$有关。根据费马原理，光线在介质中传播时，光线是沿着光程为极值的路径传播的，所以有

$$\delta L = \delta \int_T n(r)\,\mathrm{d}s = 0 \tag{8-42}$$

$$\int_T n(r)\,\mathrm{d}s = 常数 \tag{8-43}$$

式中，$\mathrm{d}s$ 为距离光轴 r 处的光线元长度，积分域为一个周期。式（8-43）说明以任意角度入射的子午光线在径向梯度折射率光纤中传播一个周期，不管其光线的轨迹如何变化，它们的光程长度是常数，换言之，任意光线的轴向速度为常数。在图 8-31 所示的一个周期内，该式可写成

$$4\int_0^R \frac{n^2(r)}{[n^2(r) - n^2(0)\cos^2 U_0']^{\frac{1}{2}}}\mathrm{d}r = 常数 \tag{8-44}$$

这是满足等光程条件的径向梯度折射率光纤，其折射率的变化要求。假定在径向梯度折射率光纤中，子午光线的轴迹方程为正弦（或余弦）形式，即

$$r = R\sin\sqrt{A}z \tag{8-45}$$

式中，$\sqrt{A} = \dfrac{2\pi}{L}$，$L$ 为周期长度，则有

$$n^2(r) = n^2(0)(1 - Ar^2\cos^2 U_0') \tag{8-46}$$

把式（8-46）代入式（8-44）得

$$\begin{aligned}\int_T n(r)\,\mathrm{d}s &= \frac{4n(0)}{\sqrt{A}\cos U_0'}\int_0^{\frac{\pi}{2}}(1 - \sin^2 U_0' \sin^2\theta)\,\mathrm{d}\theta \\ &= \frac{2\pi n(0)}{\sqrt{A}}\frac{\left(1 - \dfrac{1}{2}\sin^2 U_0'\right)}{\cos U_0'}\end{aligned} \tag{8-47}$$

式（8-47）的积分结果不为常数，而是 U_0'的函数，说明不同入射角的光线在径向梯度折射率光纤中传播时，若子午光线的轨迹方程为正弦形式，在一个周期内的光程长度是不相等的。但当 U_0'很小时，即在近轴区域，$\cos U_0' \approx 1$，$\sin^2 U_0' \approx 0$，则式（8-47）的积分结果为

$$\int_T n(r)\,\mathrm{d}s = \frac{2\pi n(0)}{\sqrt{A}} = n(0)L$$

上式说明在近轴区域是满足等光程成像的，由轴上一点发出的近轴光线一定会聚在与此点相距为 L 的轴上另一点。式（8-46）也可简化为

$$n(r) = n(0)(1 - Ar^2)^{\frac{1}{2}} \approx n(0)\left(1 - \frac{1}{2}Ar^2\right) \tag{8-48}$$

上式说明径向梯度折射率光纤中近轴子午光线的传播轨迹为正弦变化时，其折射率的变化近似为抛物线型分布，且近轴子午光线具有聚焦作用。所以径向梯度折射率光纤又称为自聚焦光纤。

（二）自聚焦透镜的特性

当自聚焦光纤用作成像时，称其为自聚焦透镜。自聚焦透镜与普通透镜一样，既可单独用来成像，又可与普通透镜共同组成成像系统。下面来分析自聚焦透镜的特性和成像关系。

如图8-32所示，长度为l的自聚焦透镜位于空气中，一条平行光入射在透镜输入端面的高度为h，其出射光线为BF'，B是光线的出射点，F'是光线与透镜光轴的交点。根据几何光学理论，F'为自聚透镜的像方焦点，反向延长BF'与平行光的延长线相交于Q'点，过Q'点作光轴的垂线交光轴于H'点，H'点即为自聚焦透镜的像方主点，H'到F'的距离即为自聚焦透镜的焦距f'，H'到输出端面的距离为l'_H。过B点作曲线的切线交平行光的延长线于C点，则CB方向即为光线在输出端面B点的入射方向。再过B点作光轴的平行线BD，由图8-32可看出

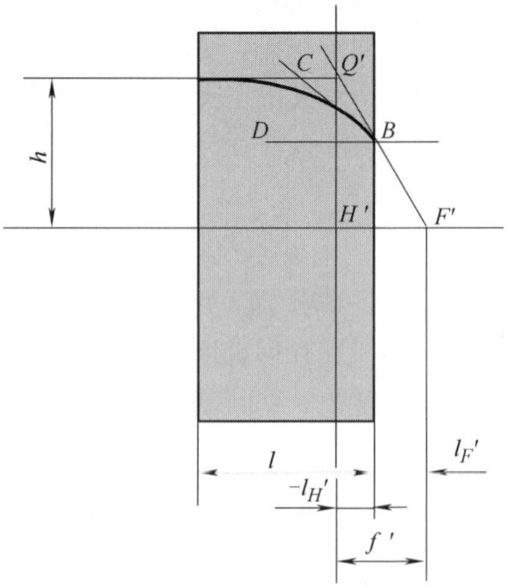

$$n(r)\sin\angle CBD=\sin\angle Q'BD \tag{8-49}$$

图8-32 自聚焦透镜的光学参数

$n(r)$为B点的透镜折射率。因为平行光入射在自聚焦透镜的输入端面，不管其入射高度为多大，光线在透镜内的传播轨迹为余弦函数形式，即有

$$r=h\cos\sqrt{A}z \tag{8-50}$$

当求出曲线上B点的斜率后，即可求得$\angle CBD$，即

$$\tan\angle CBD=-\left.\frac{\mathrm{d}r}{\mathrm{d}z}\right|_{z=l}=\sqrt{A}h\sin\sqrt{A}l \tag{8-51}$$

当l有一定长度，即B点离光轴不太远时，可近似地用$n(0)$来代替$n(r)$，在近轴区域内用其角度值来代替正切值和正弦值，由式（8-49）和式（8-51）可得

$$\angle Q'BD=n(0)\angle CBD=n(0)\sqrt{A}h\sin\sqrt{A}l \tag{8-52}$$

由此可见，长度为l的自聚焦透镜的焦距f'为

$$f'=\frac{h}{\tan\angle Q'BD}\approx\frac{h}{n(0)\sqrt{A}h\sin\sqrt{A}l}=\frac{1}{n(0)\sqrt{A}\sin\sqrt{A}l} \tag{8-53}$$

由自聚焦透镜的焦距表达式可看出，当$n(0)$和$\sqrt{A}$参数确定后，透镜的焦距f'取决于透镜的长度l，且呈周期性变化，如图8-33所示。

当$l=(2k+1)\dfrac{\pi}{2\sqrt{A}}$ $(k=0,1,2\cdots)$ 时

$$f' = \pm \frac{1}{n(0)\sqrt{A}} \tag{8-54}$$

f'为极小值，且 k 为偶数时，f'为正值，k 为奇数时，f'为负值。

当 $l = k\dfrac{\pi}{\sqrt{A}}$ $(k=0,1,2\cdots)$ 时

$$f' = \infty$$

因为 $L = \dfrac{2\pi}{\sqrt{A}}$为周期长度，当自聚焦透镜的长度 $l \leqslant L$ 时，由上面的分析可知，自聚焦透镜的焦距 f'由 $\infty \to$正极小值$\to \infty \to$负极小值$\to \infty$，呈周期性变化。

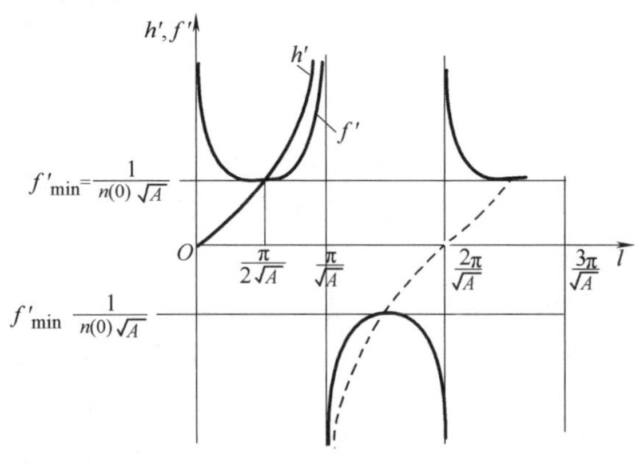

图 8-33　自聚焦透镜的焦距

虽然我们已求出了自聚焦透镜的各种参数，但以这些参数来求自聚焦透镜的物像关系，尤其是通过图解法来求其物像关系，往往是很繁杂的。若以几何光学的等效光组来代替上述自聚焦透镜，则可使问题变得简单。详细分析请参考上篇参考文献［7］。

三、光纤束的传光、传像特性

所谓光纤束就是把许多单根光纤的两端分别用胶紧密地粘贴在一起，做成不同截面形状与大小的光纤元件。光纤束既可作为传光束，又可作为传像束。传光束是用来传递光能的，传像束是用来传递图像的，由于二者的作用不同，因此其结构形式和制作要求也不尽相同，下面分别加以介绍。

（一）传光束

传光束是传递光能的，因此要求光纤束应具有一定的光能透过率，设 τ 为光纤束的光能透过率，Φ_0 为光纤束输入端光通量，Φ 为光纤束输出端光通量，则光纤束的光能透过率为

$$\tau = \frac{\Phi}{\Phi_0} \tag{8-55}$$

影响光纤束光能透过率的因素很多，但其主要因素为光纤束的端面反射损失、内芯材料吸收、内芯与外包皮的界面反射损失、光纤束的填充系统和数值孔径等，下面分别加以分析。

1. 光纤端面的反射损失　当光纤束位于空气中时，光线由空气入射到光纤端面时，有一部分光被反射掉，且随入射角的不同，反射光损失也不同。根据光的电磁理论，当入射角 $U \approx 0$ 时，其强度反射率为

$$R = \left(\frac{n_1 - n_0}{n_1 + n_0}\right)^2 \tag{8-56}$$

式中，n_0 为空气折射率；n_1 为光纤内芯的折射率。式（8-56）说明，n_0 和 n_1 不变时，无论从空气射入介质或从介质射入空气中的光线，其反射损失是一致的，因此在光纤束的输出端也存在同样的反射损失，通过光纤束两端面的光能透度率为

$$\tau = (1 - R)^2 \tag{8-57}$$

2. 内芯材料吸收　任何光学材料对光能均有吸收作用，其大小可用吸收系数 β 来表示，当光线在光纤内通过的路程为 S 时，则光线通过光纤的透过率为

$$\tau_2 = \exp[-\beta s] \tag{8-58}$$

因为

$$S = \frac{L}{\cos U'}$$

所以

$$\tau_2 = \exp\left[-\beta \frac{L}{\cos U'}\right] \tag{8-59}$$

式中，U'为入射光线在光纤端面的折射角；L为光纤的总长度。由式（8-59）可看出，光纤的透过率是呈负指数形式的衰减函数，随着L的增大，透过率越来越小，这是光纤光能损失的主要部分。

3. 内芯与外包皮的界面反射损失　由于制造上的原因，光纤的内芯与外包皮的分界面不可能形成理想的光学反射面，因此其全反射系数$\alpha<1$，设全反射的损失系数为A，则有

$$\alpha = 1 - A$$

若光线在光纤中的全反射次数为N，则光能透过率为

$$\tau_3 = (1-A)^N \tag{8-60}$$

4. 填充系数和数值孔径的影响　光纤束是由许多单根光纤粘接而成的，除了粘层占有一定空间外，光纤的外包皮和排列间隔都占有光纤束的截面空间，这些空间是不能传递光能的，而能够传递光能的只有光纤的内芯截面。我们把光纤束内芯截面的总和称为有效传光面积，有效传光面积与光纤束端面面积之比称为光纤束的填充系数，其值远小于1，它与单根光纤的外包皮层厚度和光纤束的排列方式有关，其中六角形排列的光纤束其填充系数最大。

数值孔径是表示光纤束集光本领的参数。数值孔径越大，进入光纤束内的光线越多，光纤束的透过率就越高。

综合上述各种因素，光纤束的光能透过率为

$$\tau = k\tau_1\tau_2\tau_3 = k(1-R)^2(1-A)^N\exp\left[-\frac{\beta L}{\cos U'}\right] \tag{8-61}$$

式中，k为光纤束的填充系数。

式（8-61）只表示子午面内一条折射角为U'的光线透过率，如果是一束光线，通过光纤束后的光能透过率为

$$\tau = 2\pi k\int F(U')(1-R)^2(1-A)^N\exp\left[-\frac{\beta L}{\cos U'}\right]\sin U'\mathrm{d}U' \tag{8-62}$$

式中，$F(U')$为光线束的角分布函数。

（二）传像束

传像束之所以能传递图像是因为组成传像束的每一根光纤好比一个像元，当传像束的光纤成有规则排列，即输入端和输出端的光纤成一一对应时，输入端的图像（或称亮暗）被光纤取样后传输到输出端，如图8-34所示。但就传像束中的单根光纤而言，其传光特性与传光束中的光纤相同，要求有一定的光能透过率和光谱吸收要求，以保证传像束能获得优良的彩色传输图像。

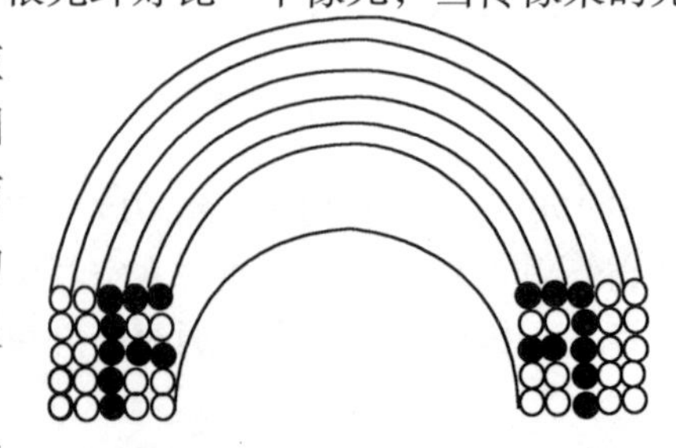

图8-34　传像束图 

作为传输图像的传像束，其重要的指标是其传输图像的分辨率，它不仅与组成传像束的单丝光纤直径有

关，而且与光纤束的排列方式和排列紧密程度有关。当光纤的单丝直径 d 一定时，传像束的分辨率主要取决于光纤的排列方式和使用状态，一般情况下，光纤的排列方式有两种：一种是正方形排列，如图 8-35a 所示，其填充系数约为 78.5%；另一种是正六角形排列，如图 8-35b 所示，其填充系数约为 90.7%。由于其排列方式不同，相邻单丝光纤间的距离不同，取样间隔也就不同，光纤束的分辨率不同。对正方形排列，在 0°和 90°方向上，其取样间隔近似等于单丝光纤的直径 d，其极限分辨率为

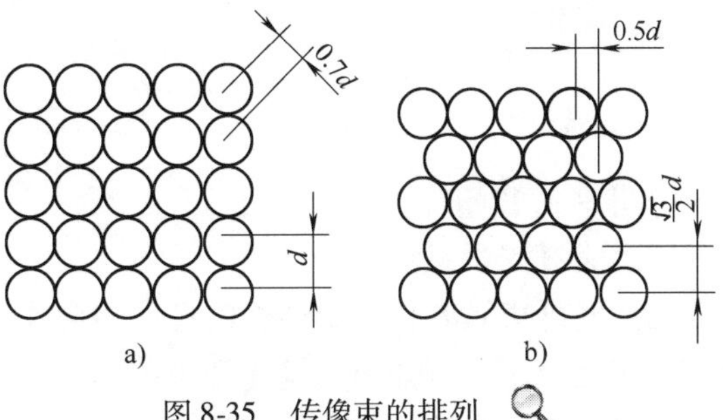

图 8-35　传像束的排列

$$\sigma_{正} = \frac{1}{2d} \tag{8-63}$$

但在 45°和 135°方向上，交错光纤的中心位于同一直线上，其取样间隔为 0.7d，因此其极限分辨率为

$$\sigma'_{正} = \frac{1}{1.4d}$$

说明正方形排列的传像束，在截面不同方向上的分辨率是不一样的。对正六角形排列，在 0°、60°和 120°方向上，其取样间隔约为$\frac{\sqrt{3}}{2}d$，因此其极限分辨率为

$$\sigma_{六} = \frac{1}{\sqrt{3}d} \tag{8-64}$$

但在 30°、90°和 150°方向上，交错光纤的中心位于同一直线上，其取样间隔为 0.5d 极限分辨率为

$$\sigma'_{六} = \frac{1}{d}$$

这说明正六角形排列的传像束在不同方向上的分辨率也是不一样的。

由上述分析可知，正六角形排列的传像束比正方形排列的传像束的分辨率要高，故大多数的传像光纤束均为正六角形排列。

上述讨论是传像束在静态条件下的分辨率，当传像束与被传递图像存在相对运动，即在动态情况下取样时，每根光纤可分时对多个像元取样，输出图像则是动态取样的综合效应，克服了静态条件下出现的图像像元漏取缺陷（非有效传光截面），从而提高了传像束的分辨率。根据实验和计算，传像束的动态分辨率与光纤的排列方式无关，其大小为

$$\sigma_{动} = \frac{1.22}{d} \tag{8-65}$$

因此传像束的动态分辨率远高于静态分辨率。对正方形排列有

$$\frac{\sigma_{动}}{\sigma_{正}} = \frac{\frac{1.22}{d}}{\frac{1}{2d}} = 2.44$$

分辨率提高了 2.44 倍。对正六角形排列有

$$\frac{\sigma_{动}}{\sigma_{六}}=\frac{\dfrac{1.22}{d}}{\dfrac{1}{\sqrt{3}d}}=2.12$$

提高分辨率 2.12 倍。

四、光纤光学系统

由于光纤束具有传光和传像特性，因此作为传光和传像的光学元件，在许多光学系统中得到了广泛应用。例如内窥镜光学系统、光纤高速摄影系统、光纤全息内窥镜系统、光纤潜望系统等。下面介绍传像光纤束光学系统的特性和设计要求。

传像光纤束的功能是传输图像，因此必须有一幅图像输入到传像束的输入端面。在一般的光纤系统中，担任这一任务的是成像物镜，它可把不同大小和距离的物体成像在传像束的输入端面，如图 8-36 所示。对物镜光轴上的像点 A' 来说，其成像光束的立体角相对光轴是对称的，而对轴外像点 B' 来说，其成像光束的立体角是相对主光线对称的。由图 8-36 可看出，轴上像点 A' 的光束正入射在传像束的输入端面上，而轴外像点 B' 的光束是斜入射在传像束的输入端面上，当物镜 L 的像方孔径角 u' 和光纤的数值孔径角相等时，轴上像点 A' 的光束能全部进入传像束中传输，而轴外像点 B' 的光束，由于其主光线与传像束的输入端法线成一夹角 ω'（视场角），使得光束的一部分下光线的入射角大于传像束的数值孔径角，而使其不能通过传像束，相当于几何光学中拦光作用。而且随着物镜视场角的增大，像点 B' 的拦光增多，使得传像束输出图像的边缘变得较暗，这是光纤光学系统所不能允许的。为了克服上述缺陷，光纤光学系统的成像物镜应设计成像方远心系统，如图 8-37 左侧所示。由于像方远心系统的孔径光阑位于物镜 L 的前焦面处，使得物镜的像方主光线平行于物镜光轴，轴外像点 B' 的光束与轴上像点 A' 一样，正入射在传像束的输入端面，使得轴外像点不存在拦光现像，可获得与输入图像光强分布近乎一致的输出图像。

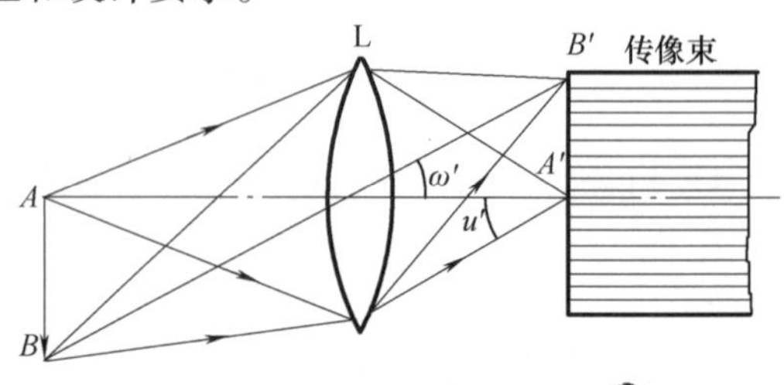

图 8-36 传像束的输入图像

基于同样道理，传像束的后置光学系统应设计成 8-37 右侧所示的物方远心光学系统。前置光学系统的像方数值孔径、后置光学系统的物方数值孔径均需要与光纤匹配。

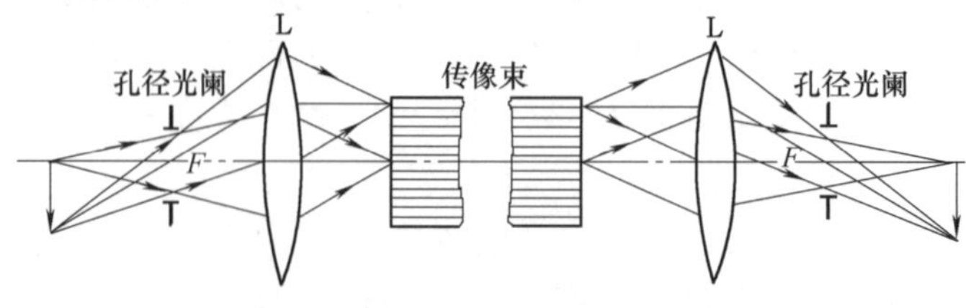

图 8-37 光纤光学系统

由实验知道，光纤束射出的光线虽以充满数值孔径角的形式发散，但其光线在整个数值孔径角内的分布是不均匀的，中心处最密，越靠近最大孔径角处光线越疏，即光能的分布呈

高斯函数型。当后方成像系统对光能的要求不高时，只要满足一定的成像分辨率要求，其后方成像系统的相对孔径未必一定要和传像束的数值孔径相匹配，适当减小其相对孔径大小，将会给后方成像系统的设计带来很大益处；若后方成像系统的相对孔径一定要和传像束的数值孔径相匹配，在光学设计的像差校正中，也应以小相对孔径部分为主，因为它占有物像点总能量的大部分。

五、光纤面板与光锥

长度很短的传像束，又称为光纤面板，是一种常用的图像耦合元件，如图 8-38a 所示。由于光纤的灵活性，如果将传像束的平行排列规律改变成前后两个面的颠倒排列，则构成具有倒像作用的光纤倒像器；如果不改变光纤的排列顺序，而是让光纤芯径变化，则构成具有图像缩放作用的光锥（见图 8-38b）。光纤面板主要用于各种阴极射线管、摄像管、变像管（见图 8-38c）及其他需要传送图像的仪器和设备中，也能用于场曲、畸变的校正（见图 8-38d）。和一般的光学系统比较，光纤面板具有结构简单、体积小、数值孔径大、传输效率高、能改善边缘像质等优点。光锥具有放大和缩小图像作用，广泛应用于 CCD 耦合、像增强器耦合、医疗和牙科射线拍片等方面。

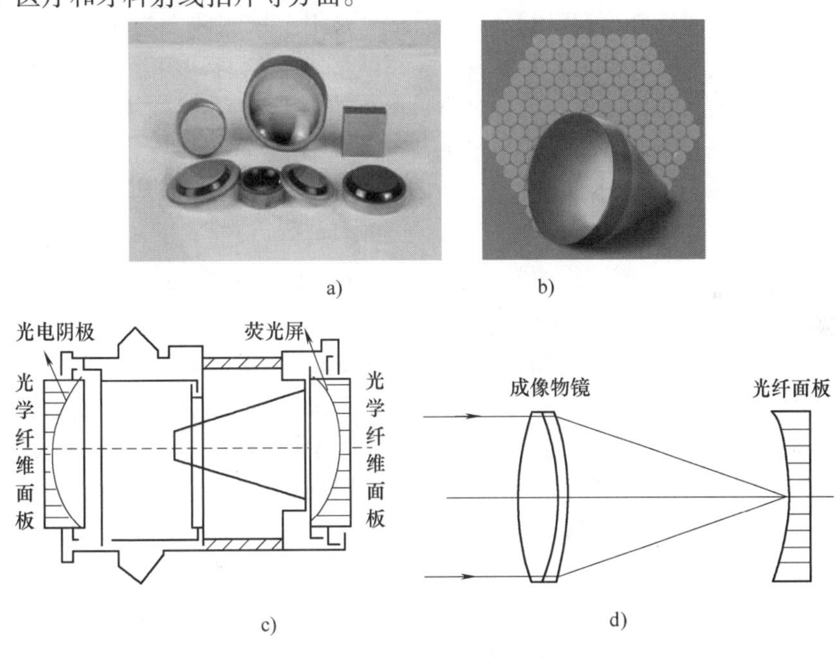

图 8-38　光纤面板、光锥及其应用

第五节　红外光学系统

电磁波在大气中传输时随波长的不同会有不同程度的衰减。在可见光波段，引起电磁波衰减的主要原因是分子散射；在紫外、红外与微波区，引起电磁波衰减的主要原因是大气吸收。依据大气光谱传输特性和探测器的光谱敏感特性，光学成像系统一般工作在图 8-39 所示的 7 个光谱区，其中 5 个为红外区（各区域的范围和名称，在不同的应用领域和不同的著作中会有细微的差别）。

0.7 ~ 1.1μm 为近红外（NIR）光谱区，除了不能为人眼直接观察外，该区域成像所需要的光学材料、探测器类型与可见光基本相同。低亮度电视、像增强器、星光望远镜、夜视镜以及许多数码相机提供的红外拍摄功能等工作在该区域。

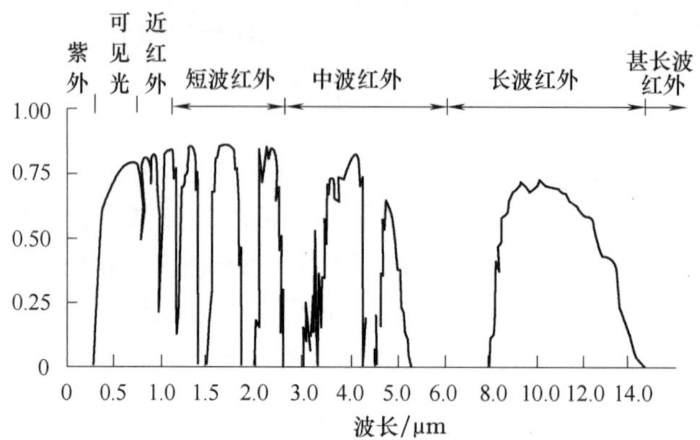

图 8-39 中纬度地区 1km 路径时的大气透过率

1.1～2.5μm 为短波红外（SWIR）光谱区，主要用于探测地表物体的反射，可以获取土壤类型、水体特性、植被分布及军事装备、军队部署等信息。由于水蒸气在 1.38μm 和 1.87μm 附近有较强的吸收，因此该波段通常分为 1.40～1.90μm 和 2.00 ～ 2.50μm 两个窗口，其中 1.55～1.75μm 透过率较高，白天夜间都可应用。

中波红外（MWIR）光谱区覆盖范围近似为 2.5～7μm，包含地物反射及发射光谱，可用于探测森林火灾、飞机尾喷气流、爆炸气体等高温物体的辐射光谱特征。由于二氧化碳在 4.3μm 附近有较强的吸收，该波段通常分为 3～4.2μm 和 4.3～5.5μm 两个窗口，其中后一个窗口由于受太阳闪烁的影响较小而得到更多应用。

长波红外（LWIR）光谱区覆盖范围近似为 7～15μm，属于地物（包括人造物）的发射波谱。常温下地物谱辐出度最大值对应的波长是 9.7μm，所以此窗口是常温下地物热辐射能量最集中的波段，所探测的信息主要反映地物的发射率及温度。这是实现电器设备监控、昼夜战场侦查、导弹寻的等任务的主要工作波段，并且也是多种化学物质的特征吸收光谱所在区，可用于生化战剂的探测。随光学材料和光电探测器件的选取不同，通常以 7～11μm 或 8～12μm 作为工作波段。

中波和长波红外光谱区有时也称为第一和第二热成像波段，应用非常广泛。根据黑体辐射曲线，地面上的物体在长波红外波段会辐射出更多的能量，而且对一个确定的目标背景温差，长波红外的辐射度差（由热偏导来确定）比在中波红外大约高 10 倍，因此长波红外得到了更多的关注。但是，大面阵长波红外凝视光子探测器阵列制作比较困难，而大规格、价格较低的大面阵中波红外凝视光子探测器阵列相对容易制作，因此这两个波段各有其优缺点。

从近红外到长波红外，其成像的基本原理与可见光完全相同，但所需要的光学材料、探测器的类型以及常用的结构型式等不仅与可见光有着一定的区别，甚至各区之间都有一定的差异，因此有必要做一简要介绍。

一、红外光学材料

红外光学材料是指红外系统中用来制造透镜、棱镜、窗口、滤光片、整流罩和其他光学元件的折反射材料。了解红外光学材料的性质，对设计和制造红外光学元件以至红外系统本身都是十分重要的。例如，经常用来制造红外透镜的锗却不适宜用来制造导弹的整流罩，因为它的刚度小、软化点低，透过率随温度上升而急剧下降，不符合整流罩的要求。

对红外光学材料应当考虑其一系列的光学性能和理化性能。光学性能如：①光谱透过率和它随温度的变化；②折射率和色散以及它们随温度的变化；③自辐射特性。其理化性能如：①机械强度和硬度；②密度；③热导率和热膨胀系数；④比热；⑤弹性模量；⑥软化温度和熔点；⑦抗腐蚀、防潮解能力。

随着红外技术的迅速发展，目前已能制造出几百种红外光学材料，最常用的约有十余种，可分为玻璃、晶体、热压多晶、透明陶瓷、塑料等五类。

玻璃是由熔体经过冷却而获得的一种无定形物质，和其他红外光学材料相比，玻璃的优点是光学均匀性好，易于熔铸成各种尺寸和形状的光学元件。玻璃的表面硬度大，易于加工、研磨和抛光。此外它对大气有较好的化学稳定性，其价格亦较低廉。为了消除杂质水的影响，红外玻璃需要在真空下融熔和浇铸，但由于氧元素的化学键能引起强烈的吸收，所以传统的氧化物玻璃不能透过长于 7μm 的红外辐射。如果用Ⅵ族中较重元素 S、Se、Te 代替氧作玻璃的主要成份，则可提高长波限制，如再加入一些Ⅳ族和Ⅴ族元素，透过波长和使用温度可进一步提高。例如，国外由锗、砷和硒以近 33∶12∶55 的比例生产出来的新型玻璃质材料（命名为 AMTIR 系列），从近红外到远红外均有较高的透过率，如图 8-40 所示。AMTIR 的折射率温度系数（折射率随温度的变化，dn/dT）大约是锗的 25%，这对解决热离焦问题很有帮助。

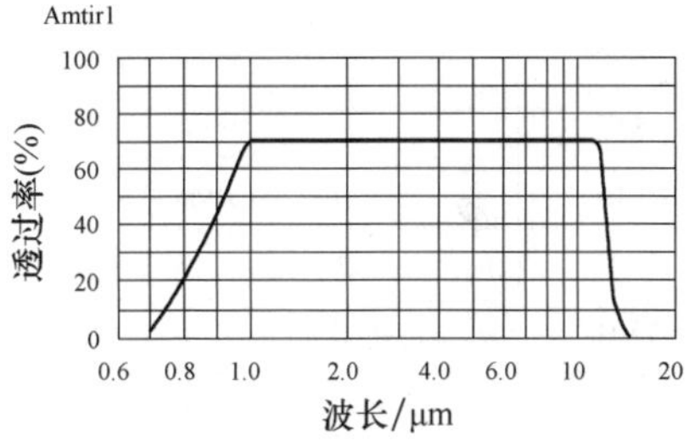

图 8-40　AMTIR-1 的光谱透过率曲线

晶体是使用最多的红外光学材料。晶体的优点包括透射波长较长（有的可达 70μm），折射率和色散的变化范围大，物性化学性能多样化，因而能满足各种使用要求。不少晶体的熔点高、热稳定性好、硬度大，能满足特殊要求。晶体的缺点是不容易生长大尺寸的材料，价格昂贵。作为红外光学材料的半导体晶体主要有锗、硅、硫化镉、砷化镓等。半导体晶体的折射率一般很高，适宜于做浸没透镜、场镜和透镜，但反射损失大，需镀增透膜。

对于波长达 11μm 的辐射，可采用热压 MgF_2、热压 CaF_2、热压 MgO 等材料。对于 8 ~ 14μm 的辐射，一般采用氯化物、碘化物、氧化物、硫化物以及卤化物等，化学气相沉积硫化锌（CVD ZnS）和硒化锌（CVD ZnSe）是其中最常用的材料。

表 8-2 给出了常用的红外光学材料的基本特性。

表 8-2　常用红外光学材料的基本特性

原料 (Materials)	折射率 (Refractive Index)	传输范围 (Transmission Range)/nm	密度/(g/cm^3) (Density)	热膨胀系数(10^{-6}/K) (Thermal Expansion Coefficient)
BK7	1.5164(588nm)	0.330-2.1	2.51	7.5
SF11	1.78472(588nm)	0.370-2.5	4.74	6.8
F2	1.62004(588nm)	0.420-2.0	3.61	8.2
AMTIR-1	2.498(10mm)	0.75-14.0	4.4	12.0

（续）

原料 (Materials)	折射率 (Refractive Index)	传输范围 (Transmission Range)/nm	密度/(g/cm^3) (Density)	热膨胀系数(10^{-6}/K) (Thermal Expansion Coefficient)
AMTIR-2	1.4858(308nm)	0.185-2.5	2.20	0.55
Fused Silica	1.4858(308nm)	0.185-2.5	2.20	0.55
CaF_2	1.399(5.0mm)	0.170-7.8	3.18	18.85
BaF_2	1.460(3.0um)	0.15-12.0	4.88	18.4
Sapphire	1.755(1.0mm)	0.180-4.5	3.98	8.4
Silicon	3.4179(10mm)	1.200-7.0	2.33	4.15
Ge	4.003(10mm)	1.900-16	5.33	6.1
ZnSe	2.40(10mm)	0.630-18	5.27	7.8
ZnS	2.2(10mm)	0.380-14	4.09	6.5
LiF	1.39(500nm)	0.150-5.2	2.64	37
KBr	1.526(10mm)	0.280-22	2.75	43
MgF_2	n_o = 1.3836 n_e = 1.3957(405nm)	0.130-7.0	7.37	a:13.7 b:8.48
YVO_4	n_o = 1.9500 n_e = 2.1554(1.3mm)	0.400-5.0	4.22	a:4.46 b:11.37
Calcite	n_o = 1.6557 n_e = 1.4852(633nm)	0.210-2.3	2.75	a:24.39 b:5.68
Quartz	n_o = 1.5427 n_e = 1.5518(633nm)	0.200-2.3	2.65	7.07

二、红外光学系统的结构型式

（一）反射式与透射式

目前，红外光学系统多采用反射型式。一方面，能工作在中远红外波段的光学材料品种少、价格高，通过选择合适的材料来消除波段内的色差存在一定困难；另一方面，为了收集更多的辐射能量，物镜的口径往往需要做得很大，目前透红外波段的材料品种虽然已有一些，但其性能和成型尺寸还不能完全满足使用上的要求。而反射式系统则不受材料的限制，用普通的光学玻璃或金属制成基底，在其工作表面上镀一层高反射膜层就可以了，尺寸也可以做得很大。反射式系统的另一个优点是没有色差，各种常规的反射式望远镜结构，如卡塞格林式、格里高利式等均可直接运用。当然，对于口径小，焦距短的系统，如果采用透射式结构，可以使仪器更加紧凑。可以预料，随着红外光学材料的进一步发展，透射式系统将会越来越多。

（二）主动式与被动式

根据红外辐射信号来源不同，红外成像系统可分为主动式和被动式两大类。主动式红外成像是指用红外辐射源照射目标，再利用被反射的红外辐射生成目标图像，因此包含发射和接收两套光学系统，如主动式红外夜视仪、用于安防的红外一体摄像机（常见于小区监控）等。图8-41所示为主动式红外夜视仪的典型结构：目标被红外探照灯照射，反射光经物镜组成像在红外变像管（其结构见图8-38c）的光电阴极上，激发出的电子被电场加速，轰击在变像管右端的荧光屏上，产生与红外光图像对应的可见光图像，再经目镜组供人眼观察，也可以直接用光纤面板将荧光图像耦合到面阵探测器上输出视频信号。当红外图像比较弱时，还需要引入像增强器来提高其信噪比。

主动式红外成像具有成像清晰、制作简单等特点，但也有两个比较明显的缺点：一是红外照明灯会被红外探测装置发现，不利于隐蔽；二是近处的后向散射光大多数情况下会比目标物的反射光更强，需要运用距离选通技术（采用脉冲式探照灯照明，并且只在目标物的反射光到达探测器时才开启快门）去除该影响。

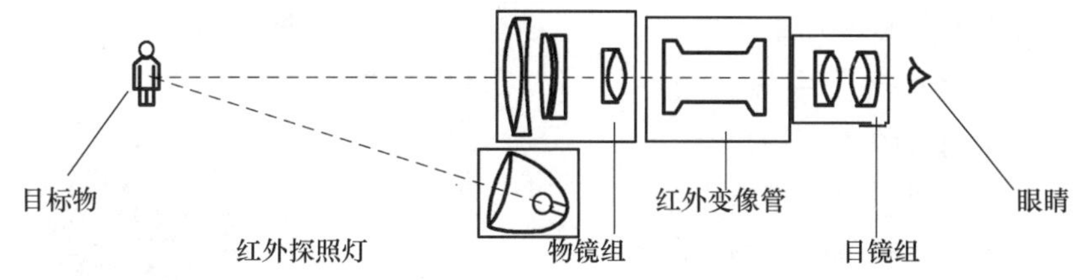

图 8-41 主动式红外夜视仪典型结构

被动式红外成像则是利用目标自身发射的红外辐射生成目标的热图像，因此主要工作在热红外波段，如各种热像仪、红外测温仪（见图 8-42）等。图中调制盘的作用，是让探测器轮流采取目标物与标准参考源的红外辐射并比较其特征差异，从而消除杂散光及环境噪声的影响。

（三）光机扫描型与非扫描型

由于大面阵的红外探测器制作比较困难，所以经常使用单点探测器通过扫描来获取一定的视场信息，也可以由多个探测器构成线阵或小面阵探测器阵列，通过扫描获取更大的视场信息。图 8-43 所示为一种典型的光机扫描型红外成像系统结构。主镜 2、次镜 3 和中继目镜 4 构成完整的望远镜，来自远处目标的平行光束，经望远镜后仍然平行输出，经聚焦镜会聚在单元探测器 8 上。单元探测器面积很小，因此在任意瞬间只能获得一个很小视场（称为“瞬时视场”）的红外能量信息。随着转镜 5、振镜 6 的转动，该瞬时视场将在两个方向扫描，从而实现对目标物的完整探测。

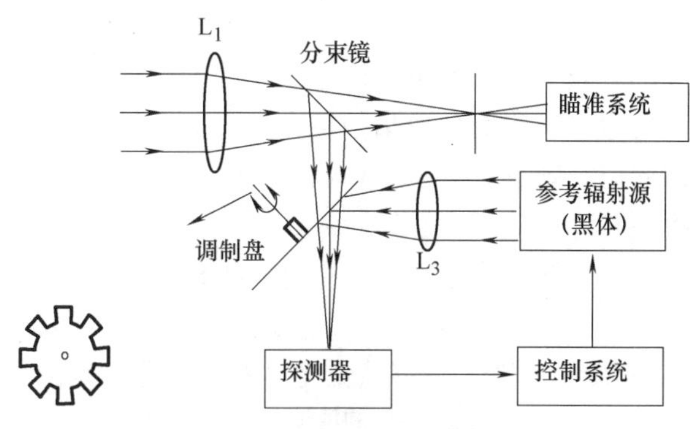

图 8-42 透射式红外测温仪

非扫描型热成像系统利用多元探测器面阵，使探测器中的每个单元与景物的一个微面元对应，因此可取消光机扫描。目前比较成熟的是致冷型探测器阵列，如碲镉汞（HgCdTe）探测器和锑化铟（InSb）探测器等，这些探测器的灵敏度、响应速度等指标均很高，但都必须使用低温制冷器进行制冷，导致整个红外成像系统结构复杂、成本很高。

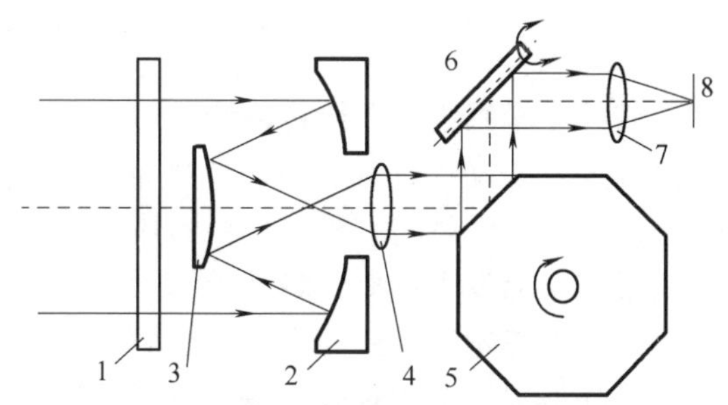

图 8-43 光机扫描型红外成像系统示意图

1—保护玻璃 2—主镜 3—次镜 4—中继目镜 5—转镜行扫 6—振镜场扫 7—中继聚焦镜 8—单元探测器

因此，人们在大力开发非制冷型探测器和热释电探测器。

三、红外光学系统的冷阑与冷阑效率

为了探测很小的温差，长波红外探测器必须在深冷的条件下工作，一般为77K或者更低。为了使探测器传感元件保持这种深冷温度，探测器都集成于“杜瓦瓶”组件中。杜瓦瓶实际上就是绝热的容器，起“保温瓶”和暗室的作用，图8-44为其剖视图。

冷指由气罐或深冷泵冷却至深冷，贴向探测器，并使之冷却。冷阑（或冷屏）则是杜瓦组件不可分割的一部分，用于限制探测器观察的立体角。

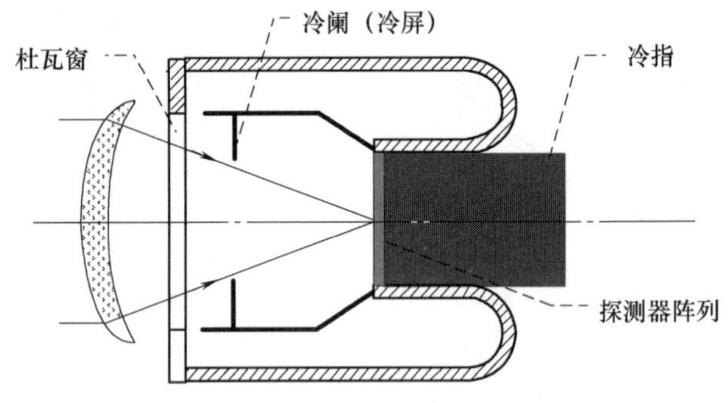

图8-44 杜瓦瓶组件剖视示意图

在可见光系统中，探测器敏感于可见光，仪器内壁的涂黑以及适当的挡光措施可避免或减少来自图像之外的光线照射到探测器上，因此从探测器位置即使能观察到镜筒内壁也不会影响成像。红外探测器则敏感于热能，镜筒内壁以及镜筒内部元件辐射、反射或散射的任何来自成像目标之外的热辐射如果被探测器“看到”，都会降低图像的对比度，在某些情况下甚至造成图像异常。冷阑（或冷屏）的作用就是阻挡这些有害的辐射。

如果光学系统的出瞳恰好位于冷阑位置，且大小相等或稍大于冷阑口径，则探测器只能看到成像光束和部分冷阑挡板，此时称系统具有100%的冷阑效率。否则，探测器能看到非成像光束，则具有低于100%的冷光阑效率。为了消除杂散光的干扰，制冷型红外系统应尽量提高其冷阑效率。

如果直接将冷阑作为孔径光阑来设计红外光学系统，由于严重的非对称性会导致光学系统结构复杂、体积增大，仅适用于视场角很小的场合。大多数场合都采用二次成像法来实现100%的冷阑效率——将前置光学系统的孔径光阑再次成像于冷阑平面上，如图8-45所示。

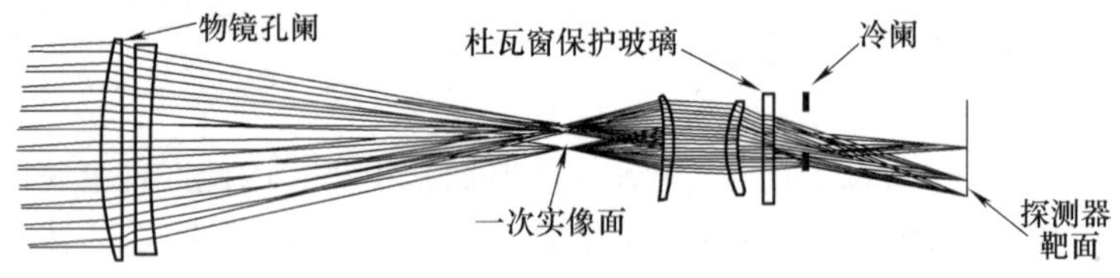

图8-45 二次成像法实现100%冷阑效率

四、红外光学系统的无热化设计

许多红外系统（如弹载、机载红外系统）要求在很大的温度范围内工作。在不同的温度条件下，由于光学材料和机械材料的热效应，光学系统的一些参数将会发生相应的变化，使系统的最佳像面发生偏离，降低成像质量。在设计这类光学系统时，应该采用一定的技术消除温度效应的影响，使红外光学系统能够在一个较大的温度范围内保持良好的成像质量。这种消除或降低温度变化对光学系统成像质量影响的技术称为无热化技术。

温度对光学系统性能的影响主要来自于三个方面：光学元件的折射率随温度变化；光学元件曲率半径、中心厚度随温度变化；镜筒材料的热效应。其中，光学材料折射率的影响最大，其次是光学表面的曲率半径，而光学元件的厚度以及元件之间的间隔的影响最小。为了消除或减少温度效应对成像质量的影响，在设计过程中需要通过一定的补偿技术，使光学系统在一个比较大的温度范围内保持焦距不变或者变化很小，从而保持良好的成像质量。

目前国内外采用的光学系统无热化方法大致分为三种，即机械被动式、电子主动式和光学被动式。

机械被动式是利用对温度敏感的机械材料或者记忆合金，使一个或一组透镜产生轴向位移，从而补偿由于温度变化引起的像面位移。

电子主动式是利用温度传感器探测出温度的变化量，然后计算出温度变化引起的像面位移，借助电动机驱动透镜产生轴向位移，以达到补偿效果。

光学被动式无热化设计则是利用光学材料热特性之间的差异，通过不同特性材料之间的合理组合以消除温度的影响，甚至通过折射成像与衍射成像的温差特性来消除温度的影响，从而获得无热效果。这种方式具有机构相对简单、尺寸小、质量轻、不需供电、系统可靠性好的优点，其综合效率最高，因此得到了更多关注。

研究表明，光学被动式无热化系统至少需要三种材料，且需要满足以下三个方程：

光焦度分配要求：
$$\sum_{i=1}^{n} h_i\phi_i = i \tag{8-66}$$

消轴向色差要求：
$$\Delta f_b^T = \left(\frac{1}{h_1\phi}\right)^2 \Sigma(h_i^2\omega_i\phi_i) = 0 \tag{8-67}$$

消热差要求：
$$\Delta f_b^T/\mathrm{d}t = \left(\frac{1}{h_1\phi}\right)^2 \Sigma(h_i^2\chi_i\varphi_i) = \alpha_h L \tag{8-68}$$

无热化设计的流程大致可以分成三个步骤：①在常温条件下设计出一个像质较好的系统；②让温度发生变化，一般是在要求的温度范围内取几个温度控制点，建立多重结构，分析系统像质变化情况；③采用一定的无热技术，优化光学系统，使其成像质量在各个控制温度条件下都能满足要求，即可认为该系统在要求的温度范围内能保持良好的成像质量。

除了上述常规方法外，基于衍射技术的方法也得到了研究。例如，随着二元光学的发展，衍射元件越来越多的应用到红外光学系统中。二元光学元件具有特殊的色散特性和负的温度特性，因此通过折衍混合设计，不仅可以减小色差，还可达到消热差的目的。另外，利用波前编码理论扩大光学系统的焦深，使光学系统成像对温度造成的离焦不敏感，也可实现光学系统无热化设计。

第六节　特殊面型及特殊结构光学系统

传统光学系统一般是由球面或非球面透镜构成的共轴系统，是关于光轴旋转对称的。现代光学系统常常要用到各种特殊的面型或特殊的非共轴结构，以满足某些特定的要求。本节选取有代表性的几种做简要介绍。

一、自由曲面光学系统

自由曲面是一种复杂的非球面，可以是轴对称的，但大多数情况下是无规则非对称的，具有多重对称轴，深度 Z 是 x、y 的函数。它在数学上不能用一个方程式来表示，但可以用一系列的数据点来描述。图 8-46a 所示为轴对称自由曲面的典型例子（奥林巴斯专利），第一片为自由曲面透镜，光线从第 1 个自由曲面入射，经第 2 和第 3 自由曲面反射后由第 4 面即孔径光阑面出射，从而实现360°环视成像。图8-46b则是任意自由曲面的典型例子，通过在导光板表面分布众多大小、密度均不相同的微结构，让放置在侧面的LED点光源发出的光从导光板表面均匀出射，从而为液晶显示器提供背光源。目前的超薄导光板已可以做到0.2mm厚，为手机及各种显示设备的轻量化做出了贡献。

自由曲面目前应用最广泛的领域是照明系统，如车灯、路灯等，能以最简单的结构实现更高的光能利用率和最合乎要求的出射光束。但它在成像领域的潜力也逐渐受到重视。

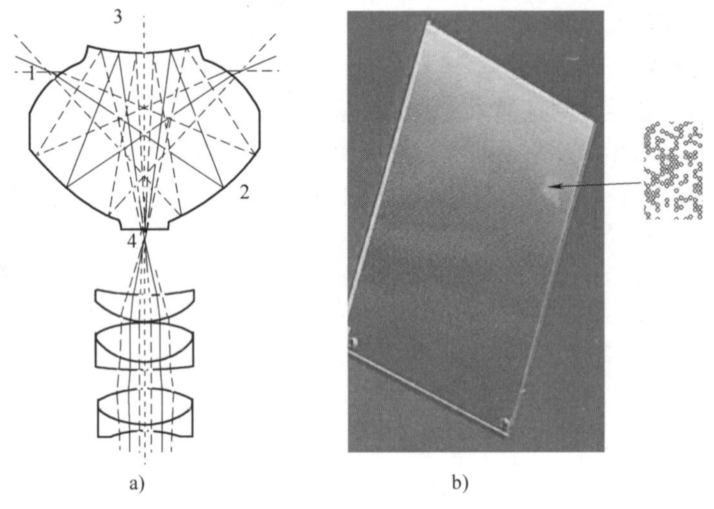

图8-46 轴对称自由曲面与任意自由曲面

a）奥林巴斯360°成像专利 b）液晶导光板网点结构

自由曲面的非轴对称性，非常适合于非共轴系统。非共轴光学系统因光路可以发生折叠，系统结构紧凑，而且不存在中心遮拦问题，因此应用很广泛。但是由于光学元件的离心和倾斜，系统中的离轴像差很大，使得离轴系统的视场受到限制。用一般的球面和非球面都难以准确校正彗差、像散、畸变等轴外像差，引入自由曲面则可以很好地解决这一问题。目前，头盔显示系统、超薄背投系统已开始大量引入自由曲面设计。图8-47给出应用了自由曲面的照相物镜和头盔目镜的示例。图8-47a用4个自由曲面实现了对无穷远处物体的清晰成像，而图8-47b用图8-47c所示的3个自由曲面将近处的LCD影像高质量的投射到人眼，形成虚拟画面。

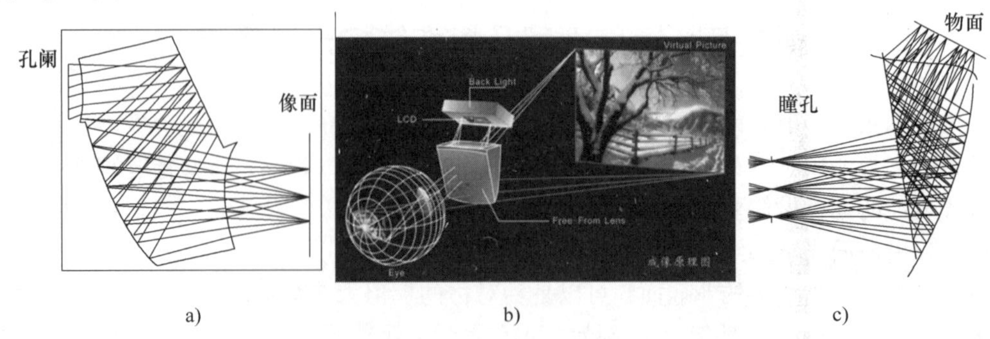

图8-47 自由曲面用于成像领域的例子

a）自由曲面照相物镜 b）自由曲面目镜应用 c）自由曲面目镜

二、折/衍混合成像光学系统

20 世纪 60 年代激光器的出现和计算机技术的不断进步，促进了光学理论和制造技术的飞速发展。计算机全息图和相息图的出现，对人们传统的光学设计概念形成了巨大的冲击。人们意识到以衍射理论为基础的新型元件，即衍射光学元件（Diffractive Optics Element，DOE）可以为设计者提供更多的自由度，能够实现传统光学元件无法实现的目的和功能，开辟光学领域的新视野。但是全息元件效率低，且离轴再现；相息图虽能同轴再现，但是加工工艺长期未能解决，因此进展缓慢，实用受到限制。80 年代随着超大规模集成电路和计算机辅助设计以及光刻技术的发展，使得制作诸如相息图的技术跃上了新台阶，可靠性不断提高，加工图形的最小线宽不断变小，出现了称为“二元光学”（Billary Optics）的新领域。

二元光学的概念最早由 MIT 林肯实验室威尔得坎普领导的研究组提出，但是至今仍然没有统一的看法，普遍认为二元光学是基于光波的衍射理论，利用计算机辅助设计，并用超大规模集成电路制作工艺，在片基上（或传统光学器件表面）刻蚀产生两个或多个台阶深度的浮雕结构，形成纯相位、同轴再现、具有极高衍射效率的一类衍射光学元件，如图 8-48 所示。二元光学元件（Binary Optics Element，BOE）属于 DOE 且是 DOE 中发展最快的一支，它解决了 DOE 的效率和加工问题，以多阶相位结构来近似相息图的连续浮雕结构。利用二元光学技术能够方便地制造出任意相位分布、高衍射效率、高精度的衍射光学元件，它的出现极大地推动了衍射光学分析、设计理论的发展和完善，拓宽了衍射光学元件的应用。

随着衍射光学技术的迅速发展，BOE 得到了广泛的应用。将 BOE 与传统的折射光学元件相结合构成的光学系统被称为折/衍混合光学系统（Hybrid Optical System，HOS）。HOS 可为设计者提供更多的参数自由度和材料选择的自由度，不仅能够降低设计难度，简化系统结构，更能够实现传统光学系统无法实现的特殊功能。图 8-49 为一种最简单的混合成像系统示意图。加工用的 CO_2 激光器，其波长为 10.6μm；而指示用的 He-Ne 激光器，其波长为 0.6328μm。仅用折射成像方式让两个波长的光聚焦到同一点，设计难度太大。如果在透镜的某个表面加工出与 CO_2 激光器波长相当的二元结构，让 10.6μm 光受折射与衍射的共同作用，而 0.6328μm 指示光仅受折射影响，则设计难度大大降低。

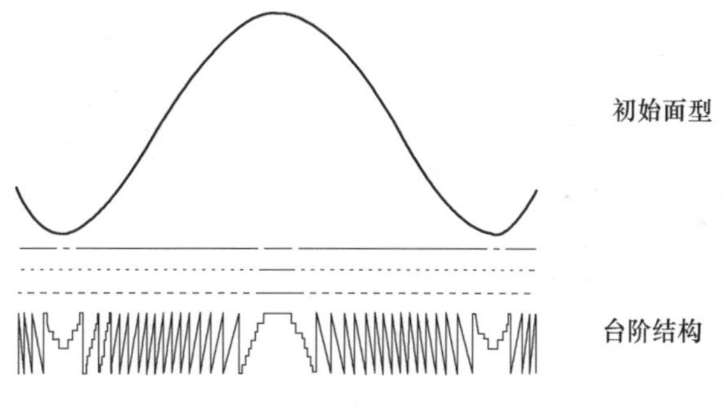

图 8-48　二元光学元件的结构

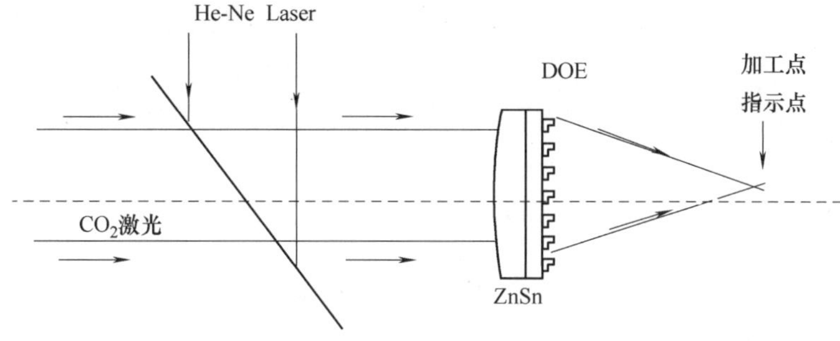

图 8-49　混合成像系统示意图

从20世纪80年代中期起，随着二元光学技术及其他衍射光学元件制造技术的发展，使得制造易复制、精度高、任意相位分布的二元光学元件成为可能，HOS作为BOE的一个重要应用受到了科研工作者的广泛关注。在BOE的诸多应用中，HOS占有极其重要的地位，主要有以下原因：

（1）BOE对波长有很大的依赖性，这使得它不能应用于工作在宽波段的光学系统中，因而大大限制了BOE的应用范围。但是BOE的色差对于校正传统光学系统的色差却非常有利。这是因为衍射光学元件可等效为一种阿贝常数为负值的特殊“光学材料”（$v = -3.46$，$P = 0.6063$），与普通光学材料形成色散互补，如图8-50a所示。将BOE和传统光学系统相结合，利用BOE校正传统光学系统的色差和部分单色像差，可以简化系统结构，提高系统的成像质量。这种新型的折/衍混合光学系统可广泛应用于宽波段的光学系统中，如图8-50b所示。

（2）在混合光学系统中，BOE的光栅周期较大，不但容易加工，还有很高的衍射效率，并且对偏振和光学入射条件不敏感，能在宽波段、大视场场合使用。

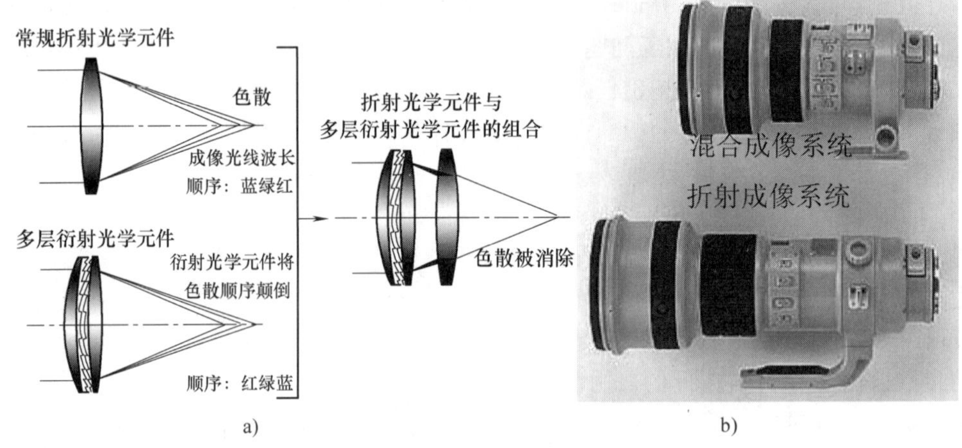

图8-50 衍射光学元件的色散特性及混合成像系统

a）衍射光学元件的异常色散 b）利用混合成像简化设备

三、离轴反射式光学系统

纯反射光学系统具有无色差、不存在二级光谱、使用波段范围宽、易做到大孔径、抗热性能好、结构简单、宜轻量化等独特优势，因而越来越受到人们的重视。但是，共轴反射系统存在中心遮挡，影响像质和通光量，因此现在多采用离轴方式，例如，图8-51a所示的离轴抛物面镜，由于工作镜面（粗线表示）偏离轴线，所以克服了遮挡效应，已广泛应用于大孔径望远镜和准直器中。离轴抛物面的参数主要有焦距f'、通光孔径D和离轴量，其中离轴量可以用抛物面中心距离光轴的垂线距离（图中为$d = 190\text{mm}$）或主光线偏离光轴的角度（图中为$\alpha = 14.21°$）来表示。离轴量越大、通光孔径越大，则加工难度越大、成本越高。

单反射镜或两反射镜系统的变量较少，校正像差的能力有限，不能满足大视场、大相对孔径系统的需要；共轴三反射镜光学系统则存在严重的中心遮拦，影响了进入系统的能量，降低了系统的分辨率。离轴三反射镜光学系统则不仅能够解决中心遮拦的问题，而且优化变量多，能够在提高系统视场大小的同时改善系统成像质量，所以成为研究的热点。图 8-51b 为利用离轴三反结构实现光谱成像的系统示意图。图中 1 为准直镜，将来自点光源的发散光准直为平行光束；2 为衍射光栅，将不同波长的光衍射到不同的角度；3 为聚焦镜，在其焦平面形成光谱。

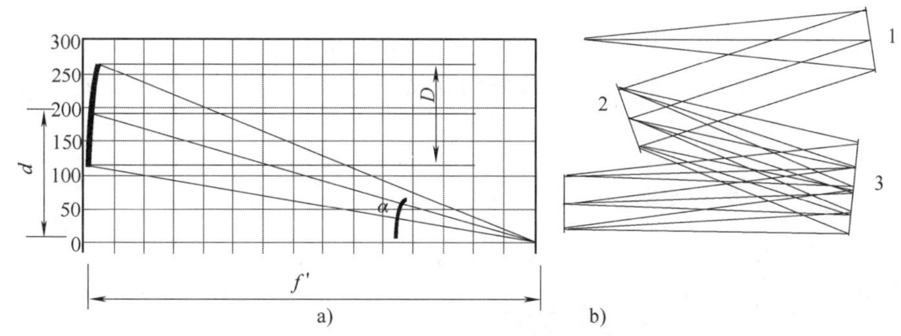

图 8-51　离轴反射系统

a）离轴抛物面　b）离轴三反系统

四、微透镜及微透镜阵列

微透镜阵列是由通光孔径及浮雕深度为微米级的透镜组成的阵列，如图 8-52 所示。它不仅具有传统透镜的聚焦、成像等基本功能，而且具有单元尺寸小、集成度高的特点，使得它能够完成传统光学元件无法完成的功能，并能构成许多新型的光学系统。

微透镜阵列可分为折射型微透镜阵列与衍射型微透镜阵列两类。衍射微透镜阵列利用其表面波长量级的三维浮雕结构对光波进行调制、变换，具有轻而薄、设计灵活等特点。作为功能元件，微透镜阵列在波前传感、光聚能、光整形等多种系统中得到广泛应用。图 8-10 已经给出了微透镜阵列用作积分器（匀光器）的例子，图 8-53 为微透镜阵列用做波前探测器的示意图，能感知入射光波波前相对于平面波的畸变。

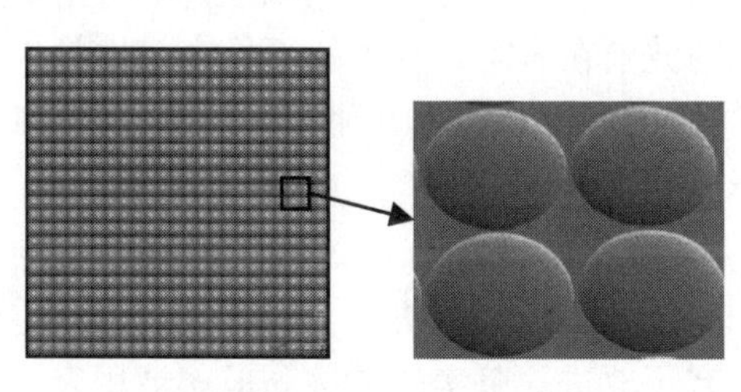

图 8-52　微透镜阵列

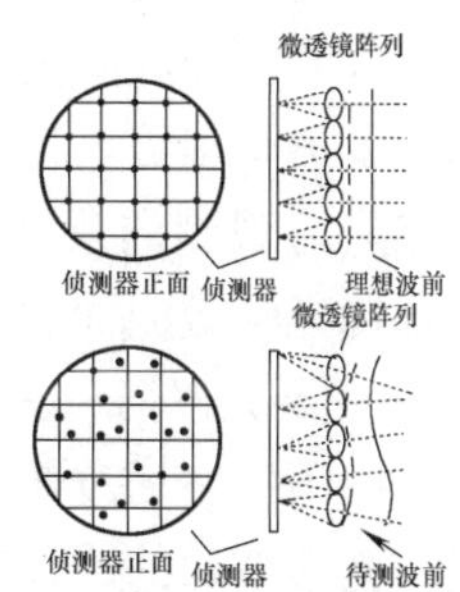

图 8-53　微透镜阵列用做波前探测器

五、共形光学系统

符合空气动力学的导引头整流罩都是流线型的面型，这些面型破坏了传统光学系统的对称性，给后面的成像光学带来严重的像差，使成像质量下降。所谓共形光学设计就是在整流罩和成像光学系统之间加入校正系统，用校正系统校正整流罩所带来的像差，以获得良好的成像质量。校正系统主要有主动方式和被动方式两大类，由于该技术还处在发展之中，这里仅给出两个简单示例。

图 8-54 所示为固定校正板法，这是一种被动校正像差方式。一般使用一片或多片旋转对称的非球面透镜置于导引头与整流罩之间。选用不同材料的两片可以校正色差。虽然结构稳定可靠，但是校正能力有限。有时候需要采用更为复杂的样条曲线面型来增加光学设计的自由度，依据等光程差的思想对校正板面型精确拟合。

变形镜法是指将电压控制的变形镜置于次镜位置，如图 8-55 所示，属于主动校正像差方式。变形镜的形状随着扫描视场角的改变而变化，理论上可以产生任意波前校正非对称误差，但是实际控制非常困难。

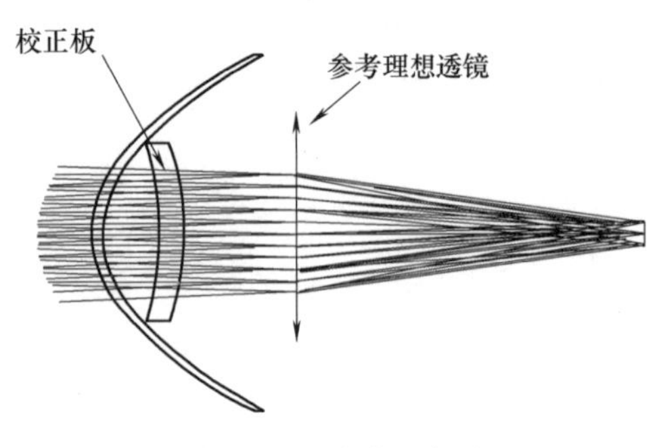

图 8-54 固定校正板法

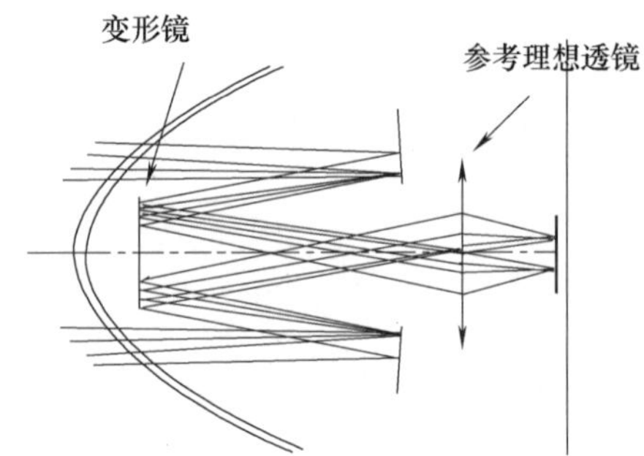

图 8-55 变形镜法

六、自适应光学系统

自适应光学是随着大中型天文望远镜的发展而发展起来的。天文望远镜有两个参数极其重要：入瞳直径（聚光能力）和角分辨率（图像的清晰度）。由式（7-40）可知，分辨率与入瞳直径的倒数成正比。因此，人们期望制作口径数米的望远镜，以同时获得较强的聚光能力和较高的分辨率。

但是在地面上，即使是在最好的观测地点，望远镜的角分辨率都达不到衍射极限，进一步增加口径并不能有效提高其分辨率，这主要是因为大气湍流的缘故。对于一台口径 4m 的望远镜来说，大气湍流使其空间分辨率降低了一个数量级（与衍射极限相比），同时星像中心的清晰度降低了 100 多倍。这源于大气扰动造成的波前在时间和空间的不稳定，也是人类发送哈勃到太空进行观测的最主要原因。此外，像质的好坏也受到工业技术水平以及由机械、温度和望远镜光学效应而引起的波前扭曲的影响。

1. 被动光学　不久以前，天文望远镜依然是一种“被动”的仪器，因为没有内置的改正仪在观测过程中不能主动改善和调整像质。人们只是做了最大的机械上的改进去修正望远镜本身的错误：光学玻璃的冷加工以及抛光技术均有了改进；坚实的结构和玻璃被用来消除由于重力造成的透镜变形；采用低膨胀系数的玻璃来消除温度所造成的影响；为了消除当地温度的影响，发动机和电子器件的热耗散在夜晚被减到最小等。但是，所有这些措施，都无法排除大气湍流等扰动的影响。

2. 主动光学　为了加强望远镜的聚光能力，主镜的口径最好在 4m 以上，很显然，以上所述的传统的维护像质、防止透镜因重力而变形的方法由于受到价格和结构重量的限制已经不再适用。为了改善大中型望远镜的像质，主动光学诞生了：在观测过程中内置的光学修正部件对像质进行自动调整，这些修正部件工作在相对较低的频率。

3. 自适应光学 为了进一步克服大气扰动对望远镜成像分辨率的影响，自适应光学开始进入实用性研究，发展成为一种崭新的光学理论、方法和技术。它利用被测目标附近的信标光，通过实时测量由大气湍流产生的随机光学波前扰动引起的光学波前像差，再由高速分析处理器和驱动机构，驱动能够快速产生波前形变的波前校正器，实现对光学波前误差的实时补偿校正，如图 8-56 所示。图中，信标光可以是人为的（例如来自卫星），也可以来自已知的天体。

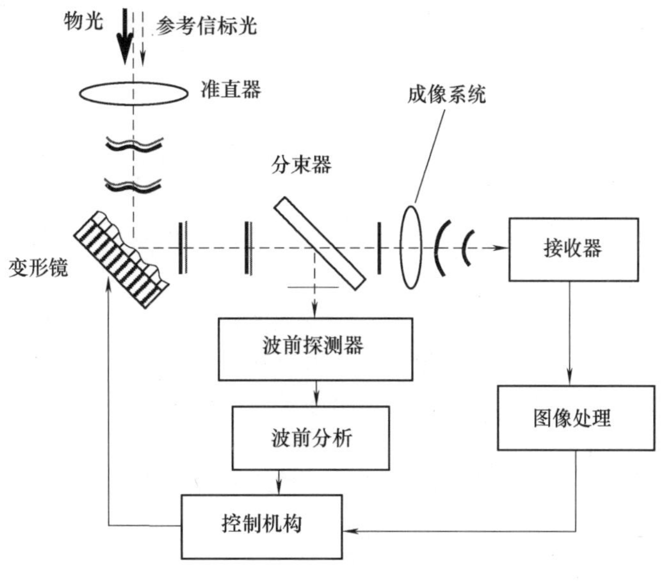

图 8-56 自适应光学系统的工作流程

波前校正器可理解成“弹性镜面”，在镜面的背面装有数十个甚至上百个压电晶体，使这面薄镜子可以形变成各种极为复杂的形状。这些晶体就是小触动器，由微小的电流驱动，可以伸缩几个微米。如果弹性镜面的形变能与大气扰动相匹配（更确切的说是反匹配），那么星像的畸变就会消失，达到或接近在外太空的观测效果。

自适应光学系统能实时感知由大气扰动、环境温度起伏、光轴抖动等因素造成的波面畸变，并通过调整光学系统而实现实时畸变的补偿，因此现代地基、天基大型望远镜几乎无例外地采用自适应光学技术，使望远镜的轴上分辨率达到近衍射极限的水平。近年来，随着自适应光学理论与技术的发展，它已被广泛应用于军事及民用领域，如用于光学遥感载荷多种误差源的实时校正以提高载荷的成像分辨率；用于激光通信的大气扰动补偿；用于激光可控热核聚变实验，提高靶标上的光功率密度；用于医用光学仪器，实现人眼视网膜的高分辨率成像等。

习 题

1. 已知氦氖激光器输出的激光束束腰半径为0.5mm，波长为632.8nm，在离束腰100mm处放置一个倒置的伽利略望远系统对激光束进行准直与扩束。伽利略望远系统的目镜焦距$f'_{目}=-10$mm，物镜焦距$f'_{物}=100$mm，试求经伽利略系统变换后的激光束束腰大小、位置、激光束的发散角和准直倍率。
2. 什么情况下需要对高斯光束整形？试补充几种书上没有列举出来的整形技术。
3. 傅里叶变换物镜应校正哪些像差？为什么？
4. 扫描物镜一般采用什么结构形式？
5. 传像光纤束与传光光纤束的异同点是什么？传像光纤束的分辨率与哪些因素有关？
6. 红外光学系统在材料、结构形式两方面与可见光光学系统有什么区别？
7. 红外光学系统的冷阑起什么作用？常用的无热化方法有哪几种？
8. 查阅资料，给出两种以上应用了特殊面型或特殊结构的光学系统的详细理论分析与结构分析。不限于本章已介绍的特殊面型或特殊结构。

第九章　光学系统的像质评价

从开始设计到投入使用，至少有两个阶段需要对光学系统的成像质量进行客观而全面的评价。第一阶段，是指设计过程中，通过大量的光线追迹和衍射分析，对系统的成像情况进行仿真模拟；第二阶段，是指样品加工装配后，投入大批量生产之前，需要通过严格的实验来检测其实际成像效果。

在不考虑衍射效应的影响时，光学系统的成像质量主要与系统的像差大小有关。这时，可以利用几何光学方法，通过光路追迹计算或观察点物的实际成像效果来评价成像质量。此外，由于衍射现象的存在，用通常的几何方法不能完全描述光学系统的成像能量分布，因此，人们也提出了许多基于衍射理论的评价方法。各种方法都有其优点、缺点和适用范围，针对某一类光学系统，往往需要综合使用多种评价方法，才能客观、全面地反映其实际性能。本章主要介绍五类传统的像质评价方法，并对现代光学设计软件推荐的几种常用方法进行简要介绍。

设计任何光学系统时都必须考虑其像差的校正。但是，任何光学系统都不可能也没有必要把所有的像差都校正为零，必然还残存有剩余像差，且剩余像差的大小直接与系统所要求的成像质量好坏有关。因此，有必要讨论各种光学系统所允许存在的剩余像差值及像差公差的范围。

第一节　瑞利判断与波前图

瑞利判断和波前图都是根据波像差的大小，即实际成像波面相对理想球面波的变形程度来判断光学系统的成像质量的。

一、瑞利判断（Rayleigh Judgement）

瑞利认为："实际波面和参考球面波之间的最大波像差不超过 $\lambda/4$ 时，此波面可看作是无缺陷的。"该判断提出了光学系统成像时所允许存在的最大波像差公差，它认为波像差 $W<\lambda/4$ 时，光学系统的成像质量是良好的。

瑞利判断的优点是便于实际应用，因为波像差与几何像差之间的计算关系比较简单，只要利用几何光学中的光路计算得出几何像差曲线，由曲线图形积分便可方便地得到波像差，由所得到的波像差即可判断光学系统的成像质量优劣。反之，由波像差和几何像差之间的关系，利用瑞利判断也可以得到几何像差的公差范围，这对实际光学系统的讨论更为有利。

瑞利判断虽然使用方便，但也存在不够严密之处。因为它只考虑波像差的最大允许公差，而没有考虑缺陷部分在整个波面面积中所占的比重。例如透镜中的小气泡或表面划痕等，可能在某一局部会引起很大的波像差，按照瑞利判断，这是不允许的。但在实际成像过程中，这种局部极小区域的缺陷只改变很小的能量，对光学系统的成像质量并没有明显的影响。

瑞利判断是一种较为严格的像质评价方法，它主要适用于小像差光学系统，例如望远物镜、显微物镜、傅里叶透镜、微缩物镜和制版物镜等对成像质量要求较高的系统。

二、波前图（Wavefront Map）

由光路追迹计算很容易得到实际光线与理想光线之间的光程差，并进一步绘制出实际出射波面的变形程度，即波前图，如图 9-1 所示。该图给出一个望远物镜的波像差计算实例，从右到左分别为轴上点、0.707 视场和全视场物点在出瞳位置的波像差。图中，上一排采用伪彩色或灰度差异来表示，下一排采用等高线表示。从图 9-1 中，设计者既能了解波面变形程度，也能了解变形部分的面积大小，因而得到广泛应用。

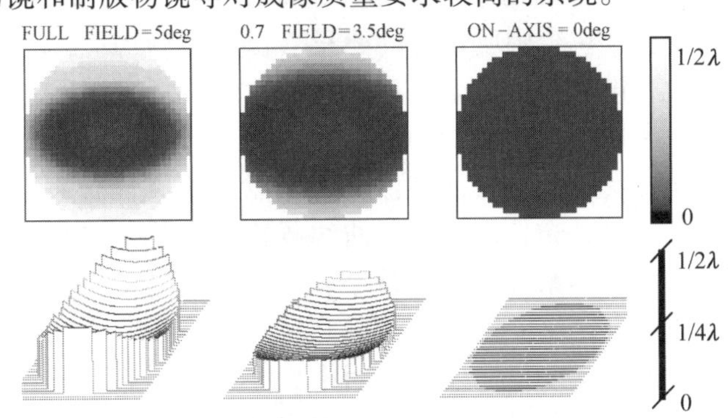

图 9-1　望远物镜波像差计算实例 

第二节　中心点亮度与能量包容图

由于像差和衍射效应的影响，一个几何物点经光学系统成像后，其能量不再集中于一点，而是弥散开来。中心点亮度和能量包容图，就是根据像点能量的弥散程度来判断光学系统的成像质量的。

一、中心点亮度（Brightness of Center Disk）

当一个系统没有像差时，其点像为标准的衍射斑，中央亮斑约占 92% 的能量，一级亮环约占 8% 的能量，如图 9-2a 所示。若存在像差，中央亮斑的能量会向外弥散，造成中心点的亮度降低，如图 9-2b 所示。

中心点亮度判别方法依据光学系统存在像差时，其成像衍射斑的中心亮度和不存在像差时衍射斑的中心亮度之比 $S.D$ 来表示光学系统的成像质量。当 $S.D \geqslant 0.8$ 时，认为光学系统的成像质量是完善的，这就是有名的斯托列尔（K. Strehl）准则。

斯托列尔准则同样是一种高标准的像质评价标准，它也只适用于小像差光学系统。

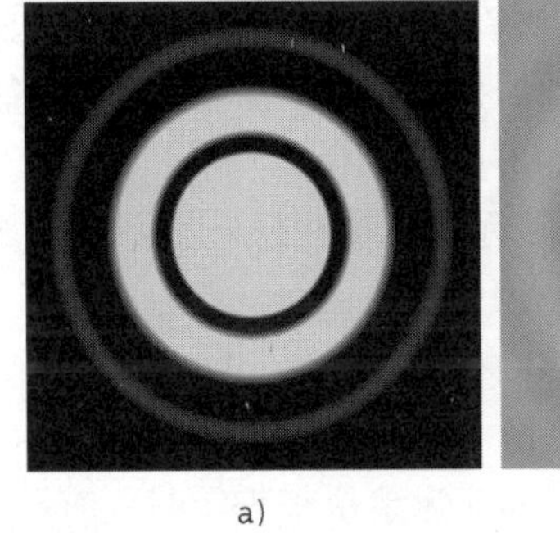
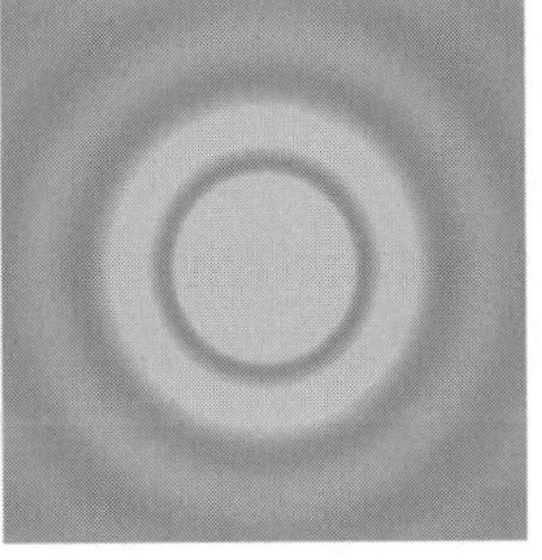

a)　　b)

图 9-2　中心点亮度示意图

a）不存在像差时　b）存在像差时

瑞利判断和中心点亮度是从不同角度提出来的像质评价方法，但研究表明，对一些常用的像差形式，当最大波像差为 $\lambda/4$ 时，其中心点亮度 $S.D$ 约等于 0.8，这说明上述两种评价成像质量的方法是一致的。

二、能量包容图（Encircled Energy）

以高斯像点或能量弥散斑的形心（centroid）为圆心画圆，随着半径的增大圆形区域内将包含越来越多的像点能量，如图9-3所示，称为能量包容图。图中，横坐标为以高斯像点为中心的包容圆的半径（单位μm），纵坐标为该包容圆所包容的能量（已归一化，设像点总能量为1）。虚线代表仅仅考虑衍射影响时的像点能量分布情况，实线则代表存在像差时像点的实际能量分布情况。两条曲线越接近，表明光学系统的像差越小，显然中心点亮度之比也会越高。

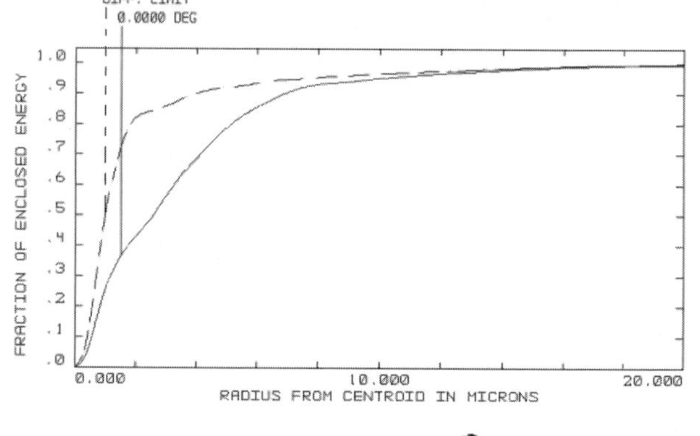

图9-3 能量包容图 

中心点亮度指标仅能表明中央亮斑损失了多少能量，而能量包容图则完整地显示这些能量弥散到了什么位置，因此从能量包容图中能获取更多的信息，并同时适用于大像差系统（即像差超过瑞利判据几倍以上的光学系统，例如照相物镜等）和小像差系统。

第三节 分辨率与点扩散函数

分辨率反映光学系统分辨物体细节的能力，是一个很重要的指标参数。

实际光学系统将几何物点成像为一个弥散斑，弥散斑越大则该系统的分辨率越差。光学系统对点物的响应可用点扩散函数来描述，它是分辨率降低程度的数学表达。

一、分辨率（Resolving Power）

瑞利指出："能分辨的两个等亮度点间的距离对应艾里斑的半径"，即一个亮点的衍射图案中心与另一个亮点的衍射图案的第一暗环重合时，这两个亮点则刚好能被分辨，如图9-4b所示。这时在两个衍射图案光强分布的迭加曲线中有两个极大值和一个极小值，其极大值与极小值之比为1∶0.735，这与光能接收器（如眼睛或照相底板等）能分辨的亮度差别相当。若两亮点更靠近时（如图9-4c所示），则光能接收器就不能再分辨出它们是分离开的两点了。

根据衍射理论，无限远物体被理想光学系统形成的衍射图案中，第一暗环半径对出射光瞳中心的张角为（详见第十二章）

$$\Delta\theta = 1.22\lambda/D \tag{9-1}$$

式中，$\Delta\theta$ 为光学系统的最小分辨角，D 为入瞳直径。对 $\lambda = 0.555\mu m$ 的单色光，最小分辨角以（″）为单位，D 以mm为单位来表示时，有

$$\Delta\theta = 140''/D \tag{9-2}$$

式（9-2）是计算光学系统理论分辨率的基本公式，对不同类型的光学系统可由式（9-2）推导出不同的表达形式。

对于实际的光学系统，式（9-2）决定了其理论上的分辨率极限，而像差的存在则会进一步降低其分辨率。通常采用鉴别率板来检测光学系统的实际成像分辨率，图9-5给出了ISO 12233鉴别率板的缩小示意图。这是一种专用于数码相机镜头分辨率检测的鉴别率板，图中数字为每毫米线对数。

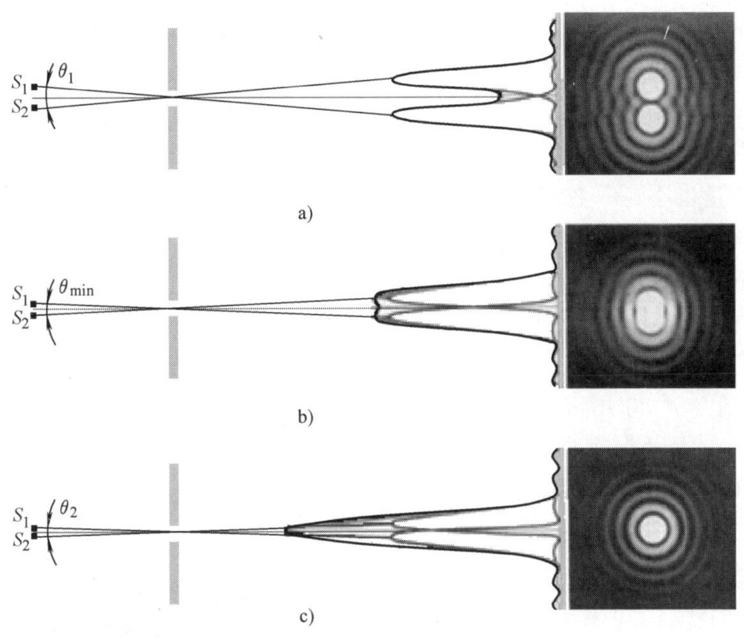

图 9-4　瑞利分辨极限

a）清晰分辨　b）恰好分辨　c）不能分辨

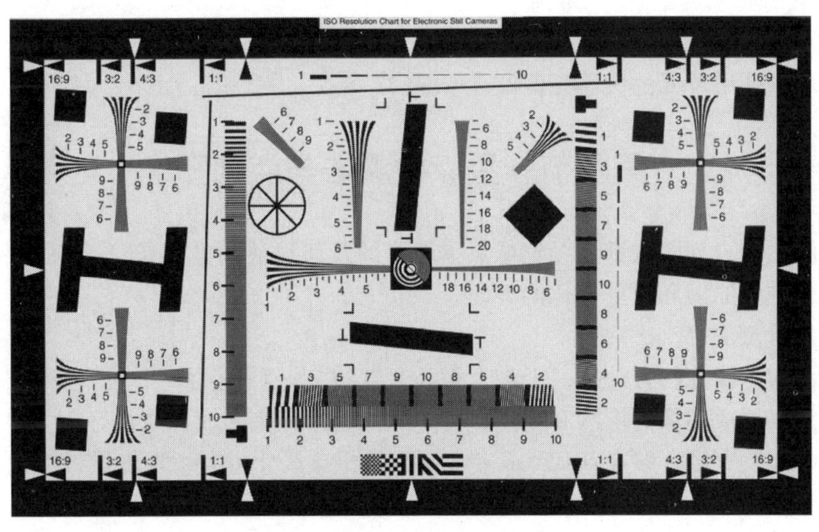

图 9-5　ISO 12233 鉴别率板

分辨率作为光学系统成像质量的评价方法并不是一种完善的方法，这是因为：①它只适合于大像差系统。小像差光学系统实际分辨率几乎只与系统的相对孔径（即衍射现象）有关，由式（9-2）计算即可。②它与实际情况存在差异。用于分辨率检测的鉴别率板为黑白相间的条纹，这与实际物体的亮度背景有着很大的差别；此外，对同一光学系统，使用同一块鉴别率板来检测其分辨率，由于照明条件和接收器的不同，其检测结果也是不相同的。③它能反映分辨率的高低，但并不能体现分辨范围内分辨质量的好坏。同样的分辨率，有的光学系统具有更高的对比度和更多的层次，有的则要弱一些，但分辨率判据不能反映。④它存在伪分辨现象。对照相物镜等作分辨率检测时，当鉴别率板的某一组条纹已不能分辨时，但对更密一组的条纹反而可以分辨，这是因为对比度反转而造成的。因此，用分辨率来评价光学系统的成像质量也不是一种严格而可靠的像质评价方法，但由于其指标单一，且便于测量，在光学系统的像质检测中得到了广泛应用。

二、点扩散函数（Point Spread Function）

图 9-4 中，由两个相邻物点的衍射曲线推导出了小像差系统的分辨率极限。对于大像差系统，则应由点扩散函数代替衍射曲线，因为需要同时考虑衍射和像差两个因素。

点光源在数学上可用 δ 函数（点脉冲）代表，所以点扩散函数就是光学系统的脉冲响应函数。光学系统所成的像，可理解成物图像与各点的点扩散函数卷积的结果。

图 9-6 为一个照相物镜的点扩散函数计算实例，其中 X、Y 方向为偏离中心（高斯像点或形心）的距离，Z 轴则代表相对能量值。通过能量的集中或分散程度，很容易判断系统的成像质量，尤其是其分辨率是否与接收器像敏单元的大小相匹配。

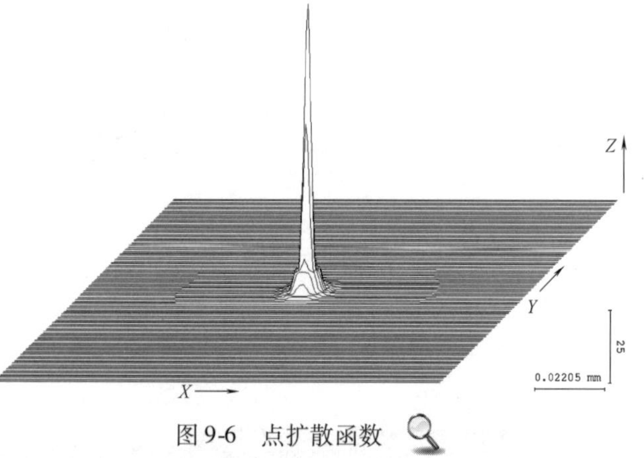

图 9-6 点扩散函数

第四节 星点检测法与点列图

星点检测法和点列图法都是根据像点弥散斑的几何尺寸，尤其是形状来观察像质优劣，并分析产生像差的原因和改进优化的方向。

一、星点检测法（Star Test）

星点检测法是指在物方放置一个带有微孔且获得良好照明的星点板（star tester），然后通过显微镜观察所成图像的形状和大小，可迅速评定出镜头的成像质量好坏，并分析出引起像差的原因。星点直径一般在 0.05mm 左右。如果星点尺寸过大，星点像将掩盖星点的衍射现象，而不易发现像点的缺陷；如果星点尺寸过小，衍射图形的亮度减弱，太暗不利于观察。

用星点检验法检验光学系统的成像质量时，不管是轴上点还是轴外点，凡衍射图形越小，能量越集中，该系统的成像质量就越好。

图 9-7 所示为一个轴外点星点板检测的示例图，显示该光学系统具有较明显的像散像差。与其他评价方法相比，星点检验法具有形象直观、灵敏度高、判断迅速的优点，并可找出引起质量缺陷的原因，因而在光学工厂的生产测试中得到广泛应用。

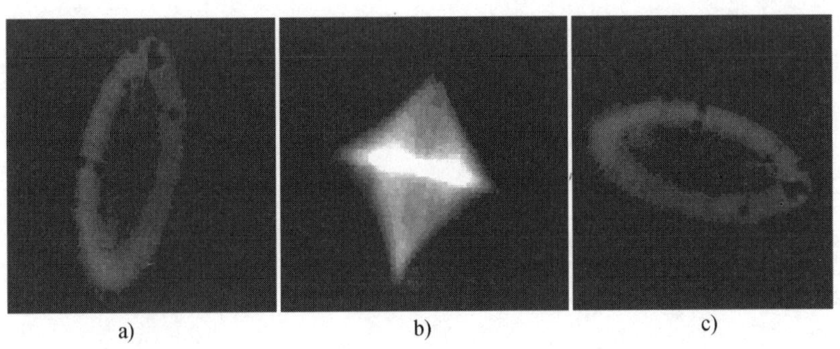

图 9-7　轴外点星点板检测实例图

a）离焦-0.1mm　b）高斯像面　c）离焦 0.1mm

二、点列图（Spot Diagram）

对大像差光学系统，利用几何光学中的光线追迹方法可以精确地模拟出点物体的成像情况。其作法是把光学系统的入瞳分成为大量的等面积小面元，并把发自物点且穿过每一个小面元中心的光线，认为是代表通过该小面元的光能量。所追迹光线在成像面上的交点分布，就代表像点的光强或光亮度分布。因此对同一物点，追迹的光线条数越多，像面上的点子数就越多，越能精确地反映出像面上的光强度分布情况。实验表明，在大像差光学系统中，用几何光线追迹所确定的光能分布与实际成像情况的光强度分布是相当符合的。上述由光路追迹计算得到的成像弥散斑称为点列图，在点列图中利用点的密集程度来衡量光学系统的成像质量的方法称之为点列图法。

图 9-8 列举了在入瞳处选取面元的方法，可以按直角坐标或极坐标来确定每条光线的坐标。由于弧矢面成像的对称性，通常只追迹一半；对轴外物点发出的光束，当存在拦光时，也只追迹通光面积内的光线。

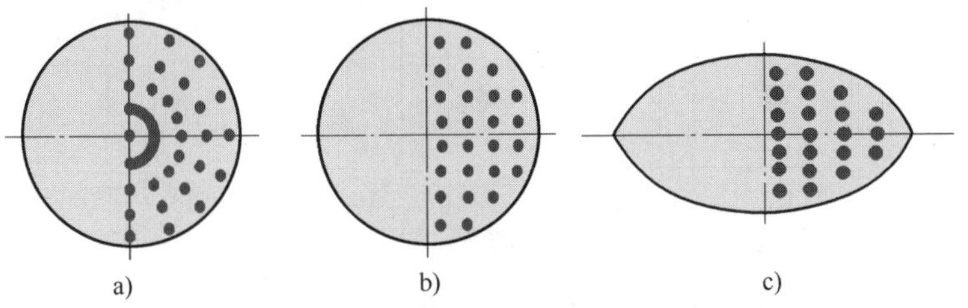

图 9-8　光瞳上的坐标选取方法

a）极坐标布点　b）直角坐标布点　c）遮挡效应

利用点列图法来评价大像差系统的成像质量时，通常以集中 60% 以上的点所构成的图形区域作为其实际有效弥散斑，弥散斑直径的倒数为系统的分辨率。图 9-9 所示为一个照相物镜轴上物点的点列图计算实例，图 a 为子午面内的光路追迹模拟，图 b 为其点列图——将高斯像面 A′翻转 90°面向读者并放大来观看。其中，“ + ”号为蓝色光的分布情况，“ × ”号为绿色光的分布情况，“□”号为红色光的分布情况，虽然部分边光比较分散，但主要能量（大部分光线）集中在中心区域。图 9-10 则给出了轴外物点的点列图实例，由于同时给出了高斯像面和不同离焦位置的点列图，可以清楚地观察到球差、彗差、像散、场曲等多种像差。

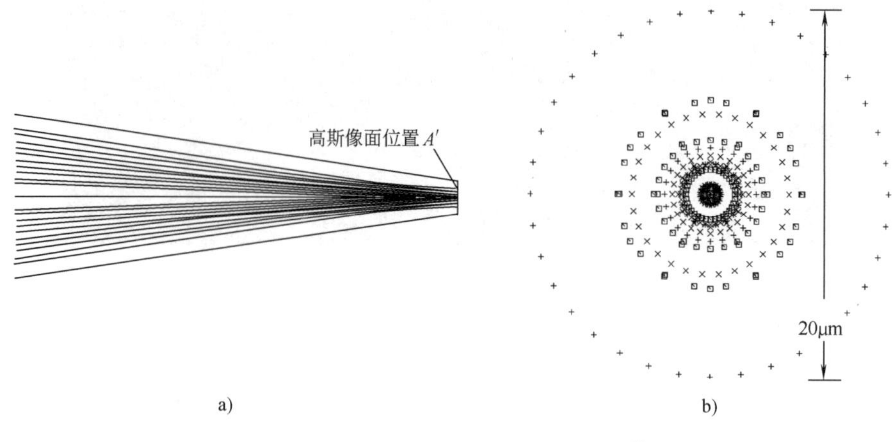

图 9-9 轴上物点的点列图计算实例 

利用点列图法来评价成像质量是一种简便易行、形象直观的像质评价方法，因此常在大像差的照相物镜等设计中得到广泛应用。

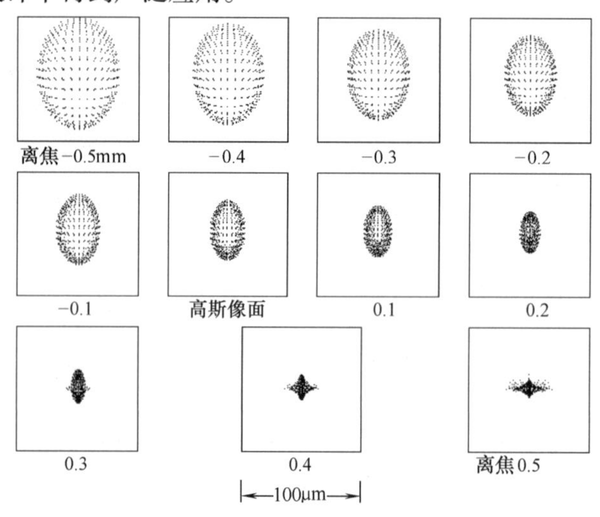

图 9-10 轴外物点的点列图计算实例 

第五节 光学传递函数评价成像质量

前面介绍的几种像质评价方法，都把物体看做是发光点的集合，观察其中有代表性的几个点成像时的波像差或像点弥散情况，从而考察光学系统的成像质量。利用光学传递函数（optical transfer function）来评价光学系统的成像质量，则是把物体看作是由各种频率的谱组成，也就是把物体的光场分布函数展开成傅里叶级数（物函数为周期函数）或傅里叶积分（物函数为非周期函数）的形式。光学系统可以看成是线性不变的空间频率滤波器，物体经光学系统成像，可视为物图像经光学系统传递后，其传递效果是频率不变，但其对比度下降，相位要发生推移，并在某一频率处截止，即对比度为零。这种对比度的降低和相位推移是随频率不同而不同的，其函数关系我们称之为光学传递函数。由于光学传递函数既与光学系统的像差有关，又与光学系统的衍射效果有关，因此用它来评价光学系统的成像质量，具有客观和可靠的优点，并能同时运用于小像差光学系统和大像差光学系统。

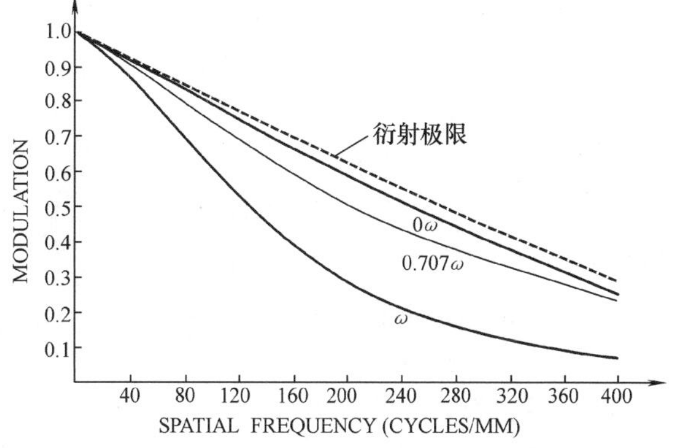

图 9-11　光学系统调制传递函数计算实例

光学传递函数反映光学系统对物体不同频率成分的传递能力。一般来说，高频部分反映物体的细节，中频部分反映物体的层次，低频部分反映物体的亮度和轮廓，而光学系统通常情况下为低通滤波器。忽略相位变化，仅考虑各频率经光学系统传递后其对比度的降低情况，则为调制传递函数（Modulation Transfer function, MTF），如图 9-11 所示。下面简要介绍两种利用调制传递函数来评价光学系统成像质量的方法。

一、利用 MTF 曲线来评价成像质量

从图 9-11 可以看到，随着频率的增加对比度在逐渐降低，即像面上高频信息的振幅在逐步衰减。当某一频率的对比度下降到零时，说明该频率的光强分布已无亮度变化，即该频率被截止。这是利用光学传递函数来评价光学系统成像质量的主要方法。

设有两个光学系统（Ⅰ和Ⅱ）的设计结果，它们的 MTF 曲线如图 9-12 所示。曲线Ⅰ的截止频率较曲线Ⅱ小，但曲线Ⅰ在低频部分的值较曲线Ⅱ大得多。对这两种光学系统的设计结果，我们不能轻易说哪种设计结果较好，这要根据光学系统的实际使用要求来判断。若把光学系统作为目视系统来应用，由于人眼的对比度阈值大约为 0.03 左右，而 MTF 曲线对比度下降到 0.03 时，曲线Ⅱ对应的频率高于曲线Ⅰ，如图 9-12 中的虚线所示，说明光学系统Ⅱ用作目视系统较光学系统Ⅰ有较高的分辨率。若把光学系统作为摄影系统来使用，其 MTF 值要大于 0.1 才能被感光器件所分辨，从图 9-12 中可看出，此时曲线Ⅰ的频率值要高于曲线Ⅱ，即光学系统Ⅰ较光学系统Ⅱ有较高的分辨率。另外，光学系统Ⅰ在低频部分有较高的对比度，用光学系统Ⅰ作摄影使用时，能拍摄出层次丰富，真实感强的对比图像。所以在实际评价成像质量时，使用目的不同的光学系统，其 MTF 的要求是不一样的。

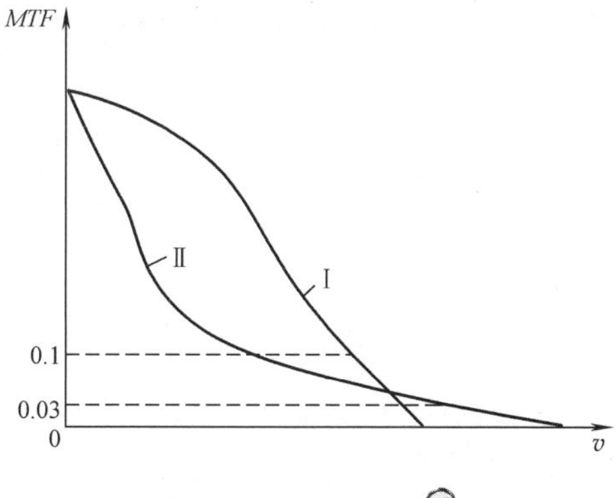

图 9-12　MTF 曲线

二、利用 MTF 曲线的积分值来评价成像质量

上述方法虽然能评价光学系统的成像质量，但只能反映 MTF 曲线上少数几个点处的情况，而没有反映 MTF 曲线的整体性质。从理论上可以证明，像点的中心点亮度值等于 MTF 曲线所围的面积，MTF 所围的面积越大，表明光学系统所传递的信息量越多，光学系统的成像质量越好，图像越清晰。因此在光学系统的接收器截止频率范围内，利用 MTF 曲线所

围面积的大小来评价光学系统的成像质量是非常有效的。

图 9-13a 的阴影部分为 MTF 曲线所围的面积，从图中可以看出，所围面积的大小与MTF 曲线有关，在一定的截止频率范围内，只有获得较大的 MTF 值，光学系统才能传递较多的信息。

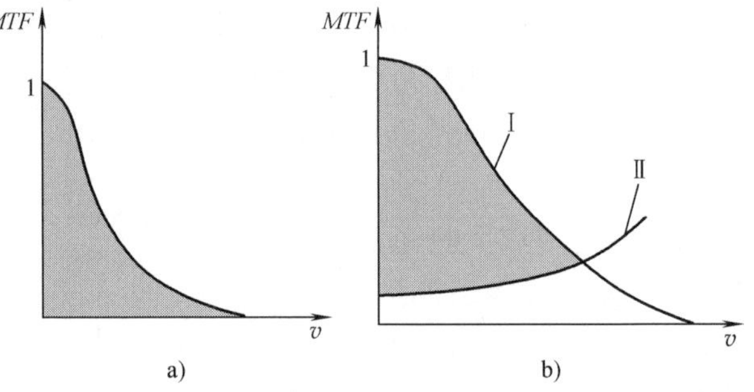

图 9-13　MTF 曲线所围的面积 

图 9-13b 的阴影部分为两条曲线所围的面积，曲线 I 是光学系统的 MTF 曲线，曲线 II 是接收器的分辨率极值曲线（高频信息需要更高的对比度才能被接收器所分辨）。此两曲线所围的面积越大，表示光学系统的成像质量越好。两条曲线的交点处为光学系统和接收器共同使用时的极限分辨率，说明此像质评价方法也兼顾了接收器的性能指标。

第六节　其他像质评价方法

人们期望在设计阶段就全面、准确地分析出光学系统的成像性能。因此，除了上述五类常用评价方法外，还发展出许多新的评价手段，有的更具综合性，有的则针对影响像质的某一特定因素进行更准确的计算分析。本节选取其中有代表性且得到广泛应用的几种方法做一简要介绍。

一、方均根（Root-Mean-Square，RMS）统计评价

方均根，也称均方根，是指对一组统计数据先平方，再平均，然后开方

$$\bar{x}_{\text{rms}} = \sqrt{\frac{x_1^2 + x_2^2 + \cdots + x_n^2}{n}} = \sqrt{\frac{\sum_{i=1}^{n} x_i^2}{n}} \tag{9-3}$$

它比平均值更接近物理上的实际效果，因此又称为有效值，可用于像质的统计评价。

点列图法形象、直观地表征出从同一个物点发出的不同光线，经过光学系统后如何离散开，在像面上形成一个弥散斑。但是，包含 60% 能量的弥散斑直径是多少？该直径随着波长的改变如何变化？随着视场的改变如何变化？随着离焦量的改变又如何变化？由于计算机技术的迅速发展，这些参数可以很方便地经由方均根统计而得到。

图 9-14 所示为一个摄影物镜的 RMS 点列图直径随其离焦量的改变而变化的规律（图 a），以及随其波长的改变而变化的规律（图 b）。各视场在不同离焦量时的成像质量变化，以及不同波长的成像质量差异在此一目了然。这对进一步的优化设计，以及使用过程中的扬长避短都很有参考价值。

除了点列图直径能够进行 RMS 统计评价外，波像差、中心点亮度等指标同样可以。图 9-15 所示为同一摄影物镜随视场的改变，其波像差的 RMS 统计（图 a）和中心点亮度的 RMS 统计（图 b）。图中给出了多波长的加权平均效果，也可以单独对某一波长进行统计。

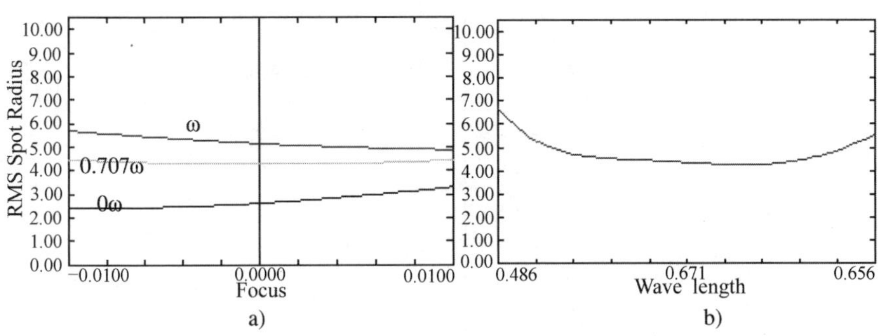

图 9-14　作为离焦量函数的 RMS 和作为波长函数的 RMS 

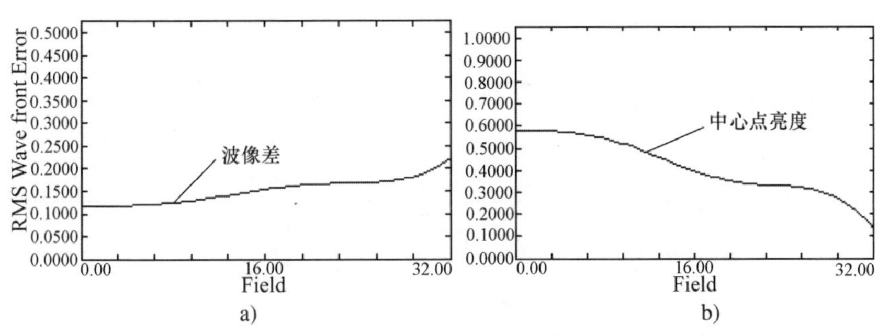

图 9-15　作为视场函数的 RMS

二、光程差曲线与光线差曲线

实际光线到达高斯像面时，与理想光线之间存在光程差，而且该差异随孔径、视场和波长的不同而不同，将其对应关系图示出来，就是光程差曲线（optical path difference），它主要考察光学系统的轴向像差；实际光线到达高斯像面时，其交点会偏离高斯像点，而且偏移距离随孔径、视场和波长的不同而不同，将其对应关系图示出来，就是光线差曲线（ray aberration），它主要考察光学系统的垂轴像差。

图 9-16 所示为一个三片式库克物镜的光程差计算实例，左边为子午面情况，右边为弧矢面情况。图中绘出了不同波长（由曲线虚实、深浅表示）、不同视场（从上到下三排分别为 1、0.707 和 0 视场）、不同孔径（由横坐标表示）的光线到达高斯像面时与近轴理想光线之间的光程差（纵坐标，单位为波长 λ）。

图 9-17 则是同一物镜的光线差曲线计算实例，采用与光程差计算相同的表现形式，给出不同波长、不同视场、不同孔径的光线到达高斯像面时偏离高斯像点的距离（纵坐标，单位为 mm）。

不难看出，从这两种曲线不仅能观察到像差有多大，而且能分析出产生像差的主要原因是孔径、视场还是波长，比单纯观察球差曲线、彗差曲线等能获取更多的信息，帮助我们更全面地了解光学系统的成像质量，因此越来越受到重视。

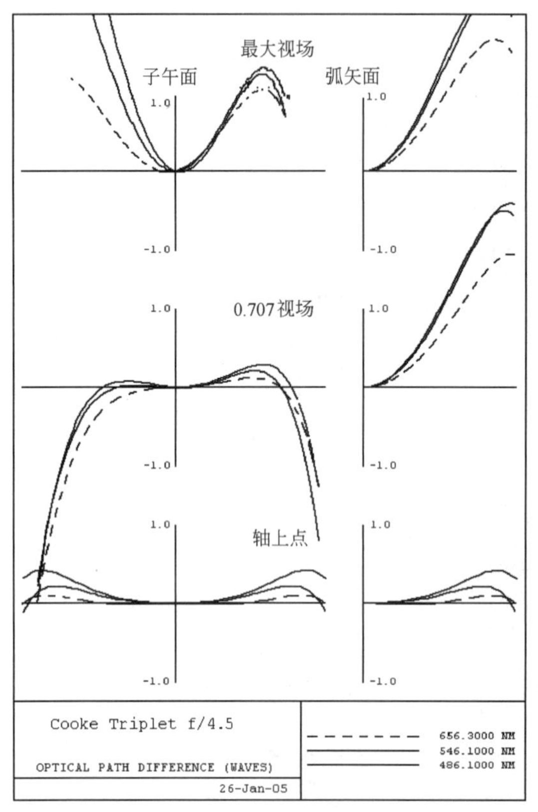

图 9-16 库克物镜的光程差曲线

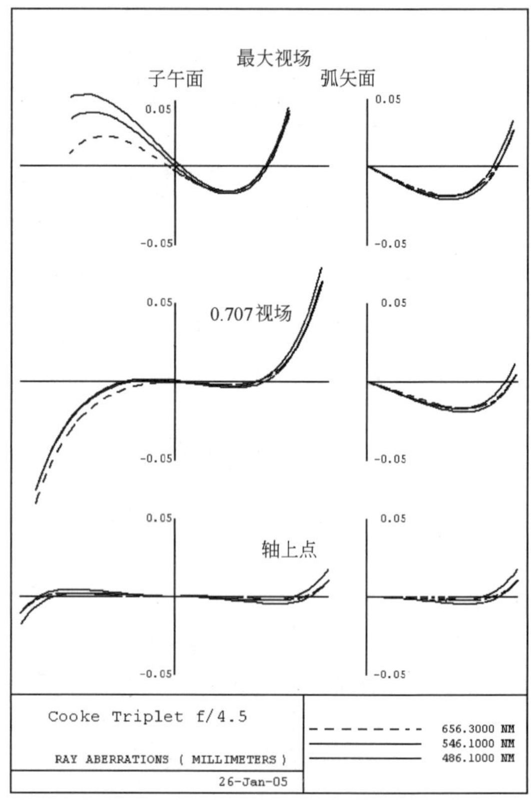

图 9-17 库克物镜的光线差曲线

光线差曲线的坐标系旋转90°后，又称为像差特征曲线，在光学设计过程中得到广泛应用。至于如何利用像差特征曲线，通过重新选择光阑位置、离焦、拦光等方法提高光学系统的成像质量，请参见本书第六章第八节的介绍。

三、照度分析与光谱分析

许多光学系统需要重视光能透过率、渐晕、颜色还原等成像指标，因此有必要进行像面照度分析与光谱分析。

影响像面照度的因素很多，包括相对口径、光通过光学系统时的三种能量损失（参见第五章第三节）、光学系统的渐晕、像面和光瞳面的像差以及视场角余弦的四次方定律（参见第七章第六节）等，有时候，还需要把系统的偏振特性加入考虑。

照度分析通常把物体当做均匀照明的朗伯体（lambertian），综合计算上述因素的影响后，绘制出以径向视场为横坐标、相对照度为纵坐标的照度变化曲线，如图 9-18 所示。当物面照度并不均匀时，则需要引入蒙特卡罗光线追迹计算，输出二维面照度图，用等高线或轮廓图、灰度图、伪彩色图等形式来表

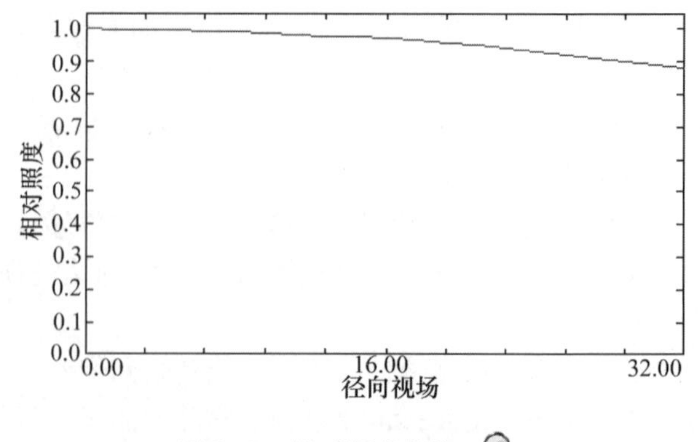

图 9-18 相对照度曲线

示。

光学系统的颜色还原主要受折射材料的光谱透过率、反射材料的光谱反射率以及光学表面的镀膜性能等因素的影响。常用光学设计软件已提供光谱分析功能，在摄影物镜等关注颜色还原的设计中需要运用。

四、杂散光分析

所有到达像面的非成像光束都称为杂散光，它的存在会影响成像的清晰度和对比度，特别是像面附近出现的杂散光汇聚点会形成“眩光”或“鬼像”，使成像质量严重劣化，必须得到抑制。

杂散光的来源很多，常归纳为三大类：第一类是光学系统外部的辐射源，如进入系统的太阳光、大气漫射光等，经系统内部构件的多次反射、折射或衍射到达探测器，这类杂散光称为外杂光；第二类是光学系统的内部辐射源，如电机、温度较高的光学元件等产生的红外辐射，经过系统表面的反射、折射或衍射而进入探测器，这类杂散光称为内杂光；第三类是成像光线经光路表面的非正常传播、或经非光路表面散射而进入探测器的杂散光，称为成像杂散光。可见光成像系统中，外杂光起主要作用，而红外系统中，内杂光起主要作用。

图 9-19 给出了一个摄影物镜的典型杂散光形成示意图。1 为外界强光源发出的光线在第三片透镜的后表面形成全反射，然后在其前表面的残余反射光按成像路径到达了像面，对像面形成干扰（外杂光）。有些设计不完善的系统，在前表面会发生第二次全反射，则对像质的影响更为严重。2 为光学表面的瑕疵（或衍射成像面的多级衍射）导致部分光能偏离正常成像路径，同样会影响像质（成像杂散光）。

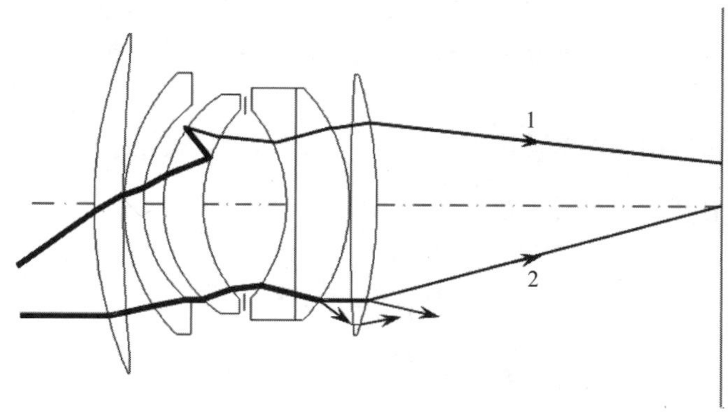

图 9-19　杂散光形成示意图

外杂光的大小可由点源透过率（Point Source Transmittance，PST）来表征。光学系统视场外视场角为 θ 的点源目标的辐射，经过光学系统后，在像面产生的辐射照度 $E_d(\theta)$ 与入瞳处的辐射照度 E_i 之比定义为点源透过率，即

$$PST(\theta)=\frac{E_d(\theta)}{E_i} \tag{9-4}$$

PST 值越小，说明光学系统的杂散光抑制能力越强。

抑制杂散光，通常采用设置遮光罩、改变孔径光阑位置以及特别设计消杂光光阑等方式，但只有对杂散光进行准确分析以后才能采取正确有效的措施。由于许多光学系统，如空间光学系统、红外光学系统和需要传输密集能量的强激光光路等，对杂散光很敏感，所以目前已有许多光学设计软件具备杂散光分析和鬼像分析功能。主要分析方法有 M-C（蒙特卡罗）法、区域法、光线追迹法、光线密度法和近轴近似法等，其中最成熟的是 M-C 模拟与材质的 BRDF（Bidirectional Reflectance Distribution Function，双向反射分布系数）相结合的方法。

第七节 光学系统的像差公差

对于一个光学系统来说，一般不可能也没有必要完全消除各种像差，那么多大的剩余像差被认为是允许的呢？这是一个比较复杂的问题。因为光学系统的像差公差不仅与像质的评价方法有关，而且还随系统的使用条件、使用要求和接收器性能等的不同而不同。像质评价的方法很多，它们之间虽然有直接或间接的联系，但都是从不同的观点、不同的角度来加以评价的，因此其评价方法均具有一定的局限性，使得其中任何一种方法都不可能评价所有的光学系统。此外，有些评价方法由于数学推演繁杂、计算量大，实际上也很难从像质判据来直接得出像差公差。

由于波像差与几何像差之间有着较为方便和直接的联系，因此以最大波像差作为评价依据的瑞利判断是一种方便而实用的像质评价方法。利用它可由波像差的允许值得出几何像差公差，但它只适用于评价望远镜和显微镜等小像差系统。对于其他系统的像差公差则是根据长期设计和实际使用要求而得出的，这些公差虽然没有理论证明，但实践证明是可靠的。

一、望远物镜和显微物镜的像差公差

由于这类物镜视场较小、孔径角较大，应保证其轴上物点和近轴物点有很好的成像质量，因此必须校正好球差、色差和正弦差，使之符合瑞利判断的要求。

（一）球差公差

对于球差可直接应用波像差理论中推导的最大波像差公式导出球差像差公差计算公式。

当光学系统仅有初级球差时，经$\frac{1}{2}\delta L'_{\mathrm{m}}$离焦后的最大波像差为

$$W'_{\max}=\frac{n'}{16}u'^2_{\mathrm{m}}\delta L'_{\mathrm{m}}\leqslant\frac{\lambda}{4} \tag{9-5}$$

所以

$$\delta L'_{\mathrm{m}}\leqslant\frac{4\lambda}{n'u'^2_{\mathrm{m}}}=4\text{ 倍焦深} \tag{9-6}$$

严格的表达式为

$$\delta L'_{\mathrm{m}}\leqslant\frac{4\lambda}{n'\sin^2u'_{\mathrm{m}}} \tag{9-7}$$

大多数的光学系统具有初级和二级球差，当边缘孔径处球差校正后，在 0.707 带上有最大剩余球差，作$\frac{3}{4}\delta L'_{0.707}$的轴向离焦后，其系统的最大波像差为

$$W_{\max}=\frac{n'h^2_{\mathrm{m}}}{24f'^2}\delta L'_{0.707}=\frac{n'u'^2_{\mathrm{m}}\delta L'_{0.707}}{24}\leqslant\frac{\lambda}{4}$$

所以

$$\delta L'_{0.707}\leqslant\frac{6\lambda}{n'u'^2_{\mathrm{m}}}=6\text{ 倍焦深} \tag{9-8}$$

严格的表达式为

$$\delta L'_{0.707} \leqslant \frac{6\lambda}{n'\sin^2 u_m'} \tag{9-9}$$

实际上边缘孔径处的球差未必正好校正到零，可控制在焦深以内，故边缘孔径处的球差公差为

$$\delta L_m' \leqslant \frac{\lambda}{n'\sin^2 u_m'} \tag{9-10}$$

（二）彗差公差

小视场光学系统的彗差通常用相对彗差 OSC'来表示，其公差值根据经验取

$$OSC' \leqslant 0.0025 \tag{9-11}$$

（三）色差公差

通常取

$$\Delta L'_{FC} \leqslant \frac{\lambda}{n'\sin^2 u_m'} \tag{9-12}$$

按波色差计算为

$$W'_{FC} = \sum (D-d)\delta n_{FC} \leqslant \frac{\lambda}{4} \sim \frac{\lambda}{2} \tag{9-13}$$

二、望远目镜和显微目镜的像差公差

目镜的视场角较大，一般应校正好轴外点像差，因此本节主要介绍其轴外点的像差公差，轴上点的像差公差可参考望远物镜和显微物镜的像差公差。

1. 子午彗差公差

$$K_t' \leqslant \frac{1.5\lambda}{n'\sin u_m'} \tag{9-14}$$

2. 弧矢彗差公差

$$K_s' \leqslant \frac{\lambda}{n'\sin u_m'} \tag{9-15}$$

3. 像散公差

$$x_{ts}' \leqslant \frac{\lambda}{n'\sin^2 u_m'} \tag{9-16}$$

4. 场曲公差　因为像散和场曲都应在眼睛的调节范围之内，可允许有 2～4D（屈光度），因此场曲为

$$\left.\begin{aligned} x_t' &\leqslant \frac{4f_{目}'^2}{1000} \\ x_s' &\leqslant \frac{4f_{目}'^2}{1000} \end{aligned}\right\} \tag{9-17}$$

目镜视场角 $2\omega < 30°$时，公差应缩小一半。

5. 畸变公差

$$\delta y_z' = \frac{y_z' - y'}{y'} \times 100\% \leqslant 5\% \tag{9-18}$$

当 $2\omega=30°\sim60°$时，$\delta y_z'\leqslant7\%$；当 $2\omega>60°$，$\delta y_z'\leqslant12\%$

6. 倍率色差公差　目镜的倍率色差常用目镜焦平面上的倍率色差与目镜的焦距之比值来表示，即用角像差来表示其大小，即

$$\frac{\Delta y'_{FC}}{f'}\times3440'\leqslant2'\sim4' \tag{9-19}$$

三、照相物镜的像差公差

照相物镜属大孔径、大视场的光学系统，应校正全部像差。但作为照相系统接收器的感光胶片或光电接收器有一定的颗粒度，在很大程度上限制了系统的成像质量，因此照相物镜无需有很高的像差校正要求，往往以像差在像面上形成的弥散斑大小（即能分辨的线对）来衡量系统的成像质量。

照相物镜所允许的弥散斑大小应与光能接收器的分辨率相匹配。例如，荧光屏的分辨率大约为4~6线对/mm，光电变换器的分辨率为30~40线对/mm，常用照相胶片的分辨率为60~80线对/mm，微粒胶片的分辨率为100~140线对/mm，超微粒干板的分辨率为500线对/mm。所以不同的接收器有不同的分辨率，照相物镜应根据使用的接收器来确定其像差公差。此外，照相物镜的分辨率 N_L 应大于接收器的分辨率 N_d，即 $N_L\geqslant N_d$，所以照相物镜所允许的弥散斑直径应为

$$2\Delta y'=2\times(1.5\sim1.2)/N_L \tag{9-20}$$

系数（1.5~1.2）是考虑到弥散圆的能量分布，也就是把弥散圆直径的60%~65%作为影响分辨率的亮核。

对一般的照相物镜来说，其弥散斑的直径在0.03~0.05mm以内是允许的。对以后需要放大的高质量照相物镜，其弥散斑直径要小于0.01~0.03mm。倍率色差最好不超过0.01mm，畸变要小于2%~3%。以上只是一般的要求，对一些特殊用途的高质量照相物镜，例如投影光刻物镜、微缩物镜、制版物镜等，其成像质量要比一般照相物镜高得多，其弥散斑的大小要根据实际使用分辨率来确定，有些物镜的分辨率高达衍射分辨极限。

习　题

1. 常用像质评价方法中，哪些基于几何光学方法？哪些基于衍射理论？哪些具有综合性？
2. 用分辨率检测法、点列图法和光学传递函数来评价像质，各有什么优缺点？
3. 设计照相物镜时，应主要采用哪几种方法进行像质评价？

第十章 光 学 设 计

如果已知光学系统的结构参数和物体的位置与大小，则可以通过对光学系统进行光线追迹，计算出物体经过该光学系统所产生的像差大小，从而对物体经过该光学系统所成像的质量进行评价。另一方面，在工程实际中，往往需要进行光学系统的设计，即对于给定的物体，在满足一定技术条件和要求的前提下，根据像差理论，确定满足一定成像质量要求的光学系统结构参数。从理论上说，光学系统的像差与其结构参数之间具有确定的函数关系。只要建立起这种对应的关系，就可以由像质要求确定像差大小，求解像差与结构参数之间的函数方程，即求解出光学系统的结构参数。但是，对一些复杂的光学系统，其像差尤其是高级像差与结构参数的函数关系很复杂，无法解析表示。因此，无法直接根据像质要求求解光学系统的结构参数。

前面我们已经建立起光学系统的初级像差理论。光学系统的初级像差与结构参数的关系虽然也较复杂，但可以解析表示。根据初级像差理论求解的结构参数，我们称之为初始结构参数。虽然这种初始结构参数是根据初级像差理论求解的，没有考虑高级像差的影响，不能满足实际像差的要求，而且往往忽略了透镜厚度，是一种近似解，但它可以作为进一步像差校正以获得良好成像质量的前提和依据。一个良好的初始结构参数能够使像差校正过程迅速收敛，很快得到满意的解。否则，像差校正过程收敛速度慢，甚至发散，得不到满意的解。因此，光学系统初始结构参数计算是光学系统设计中一个非常重要的环节。

实际光学系统的设计是一个非常复杂的问题，其过程一般分为六步，即确定光学系统结构参数、利用 PW 方法求解初始结构参数或选择已有相应的初始结构参数、像差校正、像质评价、确定各光学元件的公差和绘制光学系统图等。上述光学设计过程在本章第七节开始的光学系统优化设计中将作详细介绍。

本章首先介绍 PW 形式的初级像差系数与结构参数的关系，以及光学系统初始结构参数的求解方法，即 PW 法，并介绍 PW 法进行双胶合物镜和双分离物镜设计实例。从第七节开始介绍光学系统的优化设计方法以及几种物镜的优化设计实例，供广大读者在实践光学设计时参考。

第一节 *PW* 形式的初级像差系数

一、*PW* 的定义及 *PW* 形式的初级像差系数

根据第六章所述像差理论，光学系统的初级像差可以表示如下：

$$\begin{cases} \text{初级球差：} \quad \delta L' = -\dfrac{1}{2n_k' u_k'^2}\sum_1^k S_{\mathrm{I}}, S_{\mathrm{I}} = luni(i-i')(i'-u) \\ \text{初级彗差：} \quad K_s' = -\dfrac{1}{2n_k' u_k'}\sum_1^k S_{\mathrm{II}}, S_{\mathrm{II}} = luni_z(i-i')(i'-u) = S_{\mathrm{I}}\dfrac{i_z}{i} \end{cases}$$

$$\begin{cases}\text{初级像散:} & x'_{\mathrm{ts}}=-\dfrac{1}{n'_k u'^2_k}\sum\limits_1^k S_{\mathrm{III}},S_{\mathrm{III}}=S_{\mathrm{II}}\dfrac{i_z}{i}=S_{\mathrm{I}}\left(\dfrac{i_z}{i}\right)^2\\ \text{匹兹伐尔场曲:} & x'_{\mathrm{p}}=-\dfrac{1}{2n'_k u'^2_k}\sum\limits_1^k S_{\mathrm{IV}},S_{\mathrm{IV}}=J^2\dfrac{(n'-n)}{nn'r}\\ \text{初级畸变:} & \delta y'_z=-\dfrac{1}{2n'_k u'_k}\sum\limits_1^k S_{\mathrm{V}},S_{\mathrm{V}}=(S_{\mathrm{III}}+S_{\mathrm{IV}})\dfrac{i_z}{i}\\ \text{初级位置色差:} & \Delta l'_{\mathrm{FC}}=-\dfrac{1}{n'_k u'^2_k}\sum\limits_1^k C_{\mathrm{I}},C_{\mathrm{I}}=luni\left(\dfrac{\mathrm{d}n'}{n'}-\dfrac{\mathrm{d}n}{n}\right)\\ \text{初级倍率色差:} & \Delta y'_{\mathrm{FC}}=-\dfrac{1}{n'_k u'_k}\sum\limits_1^k C_{\mathrm{II}},C_{\mathrm{II}}=luni_z\left(\dfrac{\mathrm{d}n'}{n'}-\dfrac{\mathrm{d}n}{n}\right)=C_{\mathrm{I}}\dfrac{i_z}{i}\end{cases} \tag{10-1}$$

式中，$\sum\limits_1^k S_{\mathrm{I}}\sim\sum\limits_1^k S_{\mathrm{V}}$ 分别表示光学系统的球差、彗差、像散、场曲和畸变的初级像差系数，$\sum\limits_1^k C_{\mathrm{I}}$ 和 $\sum\limits_1^k C_{\mathrm{II}}$ 分别为光学系统的位置色差和倍率色差的初级像差系数，k 表示光学系统的面数。

P、W 的定义很简单，即

$$\begin{cases}P=ni(i-i')(i'-u)\\ W=(i-i')(i'-u)\end{cases} \tag{10-2}$$

为确定初级像差系数与光学系统结构参数之间的关系，我们对 P、W 作适当变形，给出其与第一近轴光线 u 和 u' 的关系

$$\begin{cases}P=\left(\dfrac{\Delta u}{\Delta(1/n)}\right)^2\Delta\dfrac{u}{n}=\left(\dfrac{u'-u}{1/n'-1/n}\right)^2\left(\dfrac{u'}{n'}-\dfrac{u}{n}\right)\\ W=-\dfrac{\Delta u}{\Delta(1/n)}\Delta\dfrac{u}{n}=-\dfrac{u'-u}{1/n'-1/n}\left(\dfrac{u'}{n'}-\dfrac{u}{n}\right)\end{cases} \tag{10-3}$$

将式(10-1)中用到的拉-赫不变量 J 作如下变形，得

$$J=nuy=nhi_z-nh_zi \tag{10-4}$$

或者

$$\frac{i_z}{i}=\frac{h_z}{h}+\frac{J}{nhi} \tag{10-5}$$

将式(10-2)或式(10-3)及式(10-5)代入式(10-1)前五式，得

$$\begin{cases}\Sigma S_{\mathrm{I}}=\sum\limits_1^k hP\\ \Sigma S_{\mathrm{II}}=\sum\limits_1^k h_zP+J\sum\limits_1^k W\\ \Sigma S_{\mathrm{III}}=\sum\limits_1^k \dfrac{h_z^2}{h}P+2J\sum\limits_1^k \dfrac{h_z}{h}W+J^2\sum\limits_1^k \dfrac{1}{h}\Delta\dfrac{u}{n}\\ \Sigma S_{\mathrm{IV}}=J^2\sum\limits_1^k \dfrac{n'-n}{n'nr}\\ \Sigma S_{\mathrm{V}}=\sum\limits_1^k \dfrac{h_z^3}{h^2}P+3J\sum\limits_1^k \dfrac{h_z^2}{h^2}W+J^2\sum\limits_1^k \dfrac{h_z}{h}\left(\dfrac{3}{h}\Delta\dfrac{u}{n}+\dfrac{n'-n}{n'nr}\right)-J^3\sum\limits_1^k \dfrac{1}{h^2}\Delta\dfrac{1}{n^2}\end{cases} \tag{10-6}$$

这就是光学系统以单个折射球面为单元的 *PW* 形式的初级像差系数。在实际求解过程中，我们往往忽略透镜的厚度，即考虑薄透镜，这样可以使问题得以简化。

二、薄透镜系统初级像差的 *PW* 表示式

薄透镜系统是由若干薄透镜光组组成，而每个薄透镜光组又是由几个相接触的薄透镜组成，在这种情况下，一个薄透镜组中各折射面上的光线高度 h 和 h_z 相等，在上述公式中就可以将 h 和 h_z 提到 Σ 的外面。这样，我们就用同一薄透镜组中各折射面的 P、W 之和作为该薄透镜组的 P、W。设一薄透镜组由 N 个折射面组成，则该薄透镜组的 P、W 为

$$P = \sum_1^N \left(\frac{\Delta u}{\Delta(1/n)}\right)^2 \Delta \frac{u}{n}, \qquad W = -\sum_1^N \frac{\Delta u}{\Delta(1/n)} \Delta \frac{u}{n} \tag{10-7}$$

将式(10-6)中以薄透镜组的 P、W 参量为单位表示，并做适当简化，可得

$$\begin{cases} \Sigma S_{\mathrm{I}} = \sum\limits_1^N hP \\ \Sigma S_{\mathrm{II}} = \sum\limits_1^N h_z P + J\sum\limits_1^N W \\ \Sigma S_{\mathrm{III}} = \sum\limits_1^N \dfrac{h_z^2}{h} P + 2J\sum\limits_1^N \dfrac{h_z}{h} W + J^2 \sum\limits_1^N \Phi \\ \Sigma S_{\mathrm{IV}} = J^2 \sum\limits_1^N \mu\Phi \\ \Sigma S_{\mathrm{V}} = \sum\limits_1^N \dfrac{h_z^3}{h^2} P + 3J\sum\limits_1^N \dfrac{h_z^2}{h^2} W + J^2 \sum\limits_1^N \dfrac{h_z}{h}(3+\mu)\Phi \end{cases} \tag{10-8}$$

式中，N 为薄透镜系统中相接触的薄透镜组的个数；Φ 是薄透镜组的光焦度，$\mu = \Sigma \dfrac{\varphi}{n}/\Phi$，$\varphi$ 和 n 分别为该薄透镜组中单个薄透镜的光焦度和折射率。由于光学玻璃的折射率 n 变化不大，一般 $n = 1.5 \sim 1.7$。所以，$\mu \approx 1/n \approx 0.6 \sim 0.7$。

我们知道，经过外形尺寸计算，光学系统中各薄透镜组的光焦度 Φ 和相互间隔 d 就确定了。于是，第一近轴光线和第二近轴光线在各薄透镜组上的高度 h、h_z 也就确定了。这样，每一薄透镜组的像差就由 P、W 这两个参数确定。因此，把 P、W 称为薄透镜组的像差参量。

第二节 薄透镜系统的基本像差参量

上节我们给出了薄透镜组的像差参量 P、W，但要想直接由 P、W 求解光学系统的结构参数是很困难的。因为 P、W 不仅取决于系统的内部参数，即结构参数（r，d，n），而且还与光学系统的外部参数有关，即与物体的距离 l、焦距 f'、视场角 ω 和相对孔径 D/f' 等有关。因此，对于同一结构参数的光学系统，不同的外部参数会有不同的 P、W 参量。

为了使像差参量 P、W 与薄透镜组的内部参数关系简化，以便由 P、W 确定薄透镜组的结构参数，必须把外部参数对 P、W 的影响去掉。为此，我们分两步进行，即先将物体在有

限远时的 P、W 值换算到用物体位于无穷远时（即 $u_1=0$）的 P、W 值（记作 P^{∞}、W^{∞}）表示，这样 P^{∞}、W^{∞} 就与物体位置无关。由于实际系统具有不同的焦距 f' 和孔径 h，因此，我们再对焦距和孔径进行规化处理，并将规化后的 P^{∞} 和 W^{∞} 记作 $\overline{P}^{\infty}$、$\overline{W}^{\infty}$，称为薄透镜组的基本像差参量。基本像差参量 $\overline{P}^{\infty}$、$\overline{W}^{\infty}$ 只与光学系统的内部参数（r，d，n）有关，而与外部参数无关，其规化条件是：$u_1=0$，$h_1=1$，$f'=1$ 和 $u_k'=1$。

下面就具体讨论像差参量的规化问题。

一、对像差参量 P、W 进行规化

即由 P、W 求 $h_1=1$ 和 $f'=1$ 时的规化值 $\overline{P}$、$\overline{W}$，这一过程称为单位化。根据薄透镜焦距公式：

$$\frac{1}{f'}=(n-1)\left(\frac{1}{r_1}-\frac{1}{r_2}\right)$$

可知，将各折射面曲率半径除以焦距 f'，则该透镜焦距等于 1；反之，只要我们求出 $\Phi=1$ 时的结构参数，则只需乘以实际焦距，就可以得到对应的实际结构参数。由式(10-3)可知，P、W 与孔径角 u 有关，只要确定了规化前后孔径角的关系，就很容易确定规化像差参量了。

在高斯成像公式两边同时乘以 h，有

$$u'-u=h\Phi \tag{10-9}$$

规化后，由于 $h_1=1$ 和 $\Phi=1$，则规化孔径角 $\overline{u'}$ 和 $\overline{u}$ 应满足

$$\overline{u'}-\overline{u}=1 \tag{10-10}$$

比较式(10-9)和式(10-10)，显然应有

$$\overline{u'}=\frac{u'}{h\Phi},\quad \overline{u}=\frac{u}{h\Phi} \tag{10-11}$$

这时规化后的放大率为

$$\overline{\beta}=\frac{\overline{u'}}{\overline{u}}=\frac{u'}{u}=\beta$$

这表明，对焦距规化后，放大率不变，从而物像关系保持不变。

由式(10-3)可知，$P\propto u^3$、$W\propto u^2$，由式(10-11)可得

$$\overline{u}=\frac{u}{h\Phi},\quad \overline{P}=\frac{P}{(h\Phi)^3},\quad \overline{W}=\frac{W}{(h\Phi)^2} \tag{10-12}$$

二、对物体位置进行规化

如果物体在无穷远，如望远物镜、准直物镜和摄影物镜等，则经过上述规化后，即得到基本像差参量 $\overline{P}^{\infty}$、$\overline{W}^{\infty}$。但如果物体在有限远，如显微物镜等，即使经过上述规化，$\overline{P}$、$\overline{W}$ 还与物体位置有关。为此，我们还必须对物体位置进行规化，从而求出基本像差参量 $\overline{P}^{\infty}$、$\overline{W}^{\infty}$。

首先，我们建立两个不同位置的 P、W 之间的关系。如图 10-1 所示，物体位于 A 点时的像差参量记

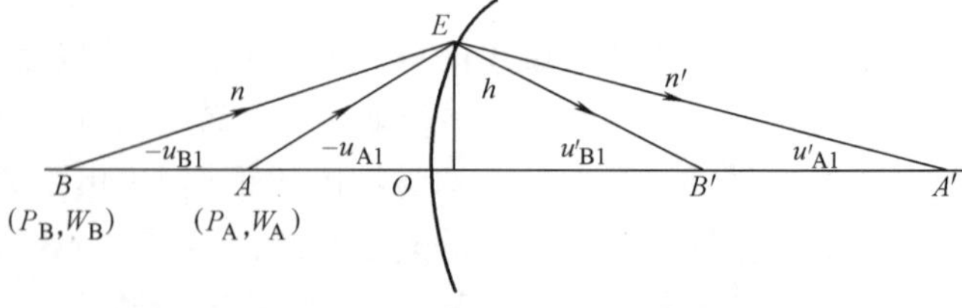

图 10-1 物体位于不同位置时的像差参量 P、W

作 P_A、W_A，物体位于 B 点时的像差参量记作 P_B、W_B，并用 $\alpha = u_{B1} - u_{A1}$ 表示物体从 A 点移至 B 点时物方孔径角 u 的变化量。将式(1-25)分别运用于 A、B 两点，则有

$$n'u'_A - nu_A = n'u'_B - nu_B = (n'-n)\ h/r$$

或写为

$$n\ (u_B - u_A)\ = n'\ (u'_B - u'_A) \tag{10-13}$$

将该式运用于系统的各个折射面，考虑相邻两折射面之间的过渡公式式(1-39)，且由于 $u_{B1} - u_{A1} = a$，$n_1 = 1$，则对于系统任一折射面都有

$$u_B - u_A = a/n,\ u'_B - u'_A = \alpha/n' \tag{10-14}$$

将其代入式(10-3)，经过适当的数学推导与整理，得

$$\begin{cases} P_B = P_A - [4W_A + h\Phi(u'_{Ak} + u_{A1})]\alpha + h\Phi(3+2\mu)\alpha^2 \\ W_B = W_A - h\Phi(2+\mu)\alpha \end{cases} \tag{10-15}$$

设 B 点位于无穷远，A 点位于有限远，并省略掉 A 点的下标，因有 $u_{B1} = 0$，$\alpha = -u_1$，则上式变为

$$\begin{cases} P^\infty = P + [4W + h\Phi(u'_k + u_1)]u_1 + h\Phi(3+2\mu)u_1^2 \\ W^\infty = W + h\Phi(2+\mu)u_1 \end{cases} \tag{10-16}$$

运用该式，就可以将有限远的像差参量 P、W 换算到无穷远时的像差参量 P^∞、W^∞。反之，如果已知无穷远的像差参量 P^∞、W^∞，也可求得任意有限远的像差参量 P、W 为

$$\begin{cases} P = P^\infty - [4W^\infty + (h\Phi)^2]u_1 + h\Phi(3+2\mu)u_1^2 \\ W = W^\infty - h\Phi(2+\mu)u_1 \end{cases} \tag{10-17}$$

如果已经对焦距和孔径进行了规化，则由式(10-10)得

$$\overline{u'}_k + \overline{u}_1 = 1 + 2\overline{u}_1$$

代入式(10-16)得

$$\begin{cases} \overline{P}^\infty = \overline{P} + \overline{u}_1(4\overline{W} + 1) + \overline{u}_1^2(5+2\mu) \\ \overline{W}^\infty = \overline{W} + \overline{u}_1(2+\mu) \end{cases} \tag{10-18}$$

当然，已知 $\overline{P}^\infty$、$\overline{W}^\infty$，亦可由下式求解 $\overline{P}$、$\overline{W}$：

$$\begin{cases} \overline{P} = \overline{P}^\infty - \overline{u}_1(4\overline{W}^\infty + 1) + \overline{u}_1^2(3+2\mu) \\ \overline{W} = \overline{W}^\infty - \overline{u}_1(2+\mu) \end{cases} \tag{10-19}$$

$\overline{P}^\infty$、$\overline{W}^\infty$ 称为薄透镜组的基本像差参量，它只与薄透镜光组的内部结构参数有关，而与光组的外部参数无直接关系。

三、规化色差系数 $\overline{C}_1$

考虑相接触的薄透镜组位于空气中的情况，即 $n'_k = n_1 = 1$，将式(10-1)中初级色差系数的公式应用于薄透镜组，则有

$$\Sigma C_{\mathrm{I}} = h^2 \Sigma \frac{\varphi}{\nu}$$

经规化后，因为有 $h^2 = 1$，$\Phi = \Sigma_\varphi = 1$，则在规化条件下，色差系数 $\overline{C}_{\mathrm{I}}$ 为

$$\overline{C}_{\mathrm{I}} = \Sigma \frac{\overline{\varphi}}{\nu},\ \text{其中}\ \Sigma\overline{\varphi} = \overline{\Phi} = 1 \tag{10-20}$$

于是，有

$$\Sigma C_{\mathrm{I}} = h^2 \Sigma \frac{\varphi}{\nu} = h^2 \Phi \Sigma \frac{\varphi}{\Phi} \frac{1}{\nu} = h^2 \Phi \Sigma \frac{\overline{\varphi}}{\nu}$$

色差系数 ΣC_{I} 与规化色差系数 $\Sigma \overline{C}_{\mathrm{I}}$ 之间的关系为

$$\Sigma C_{\mathrm{I}} = h^2 \Phi \Sigma \overline{C}_{\mathrm{I}} \tag{10-21}$$

同理，可得规化倍率色差系数

$$\Sigma C_{\mathrm{II}} = h h_z \Phi \Sigma \overline{C}_{\mathrm{II}} \tag{10-22}$$

$\overline{C}_{\mathrm{I}}$ 和 $\overline{P}^{\infty}$、$\overline{W}^{\infty}$ 一样，也是薄透镜组的像差参量之一。

四、用规化像差参量 $\overline{P}$、$\overline{W}$ 表示的初级像差系数

将式(10-11)和式(10-12)分别代入式(10-8)，则有

$$\begin{cases} \Sigma S_{\mathrm{I}} = \Sigma h^4 \Phi^3 \overline{P} \\ \Sigma S_{\mathrm{II}} = \Sigma h^3 h_z \Phi^3 \overline{P} + J \Sigma h^2 \Phi^2 \overline{W} \\ \Sigma S_{\mathrm{III}} = \Sigma h^2 h_z^2 \Phi^3 \overline{P} + 2J \Sigma h h_z \Phi^2 \overline{W} + J^2 \Sigma \Phi \\ \Sigma S_{\mathrm{IV}} = J^2 \Sigma \mu \Phi \\ \Sigma S_{\mathrm{V}} = \Sigma h h_z^3 \Phi^3 \overline{P} + 3J \Sigma h_z^2 \Phi^2 \overline{W} + J^2 \Sigma \dfrac{h_z}{h} (3+\mu) \Phi \end{cases} \tag{10-23}$$

式(10-23)和式(10-21)、式(10-22)一起构成一组完整的用规化像差参量表示的初级像差应用公式，是工程设计中常用的公式。设计时通常根据实际消像差条件，由这组公式直接求出各薄透镜组的规化像差参量 $\overline{P}$、$\overline{W}$ 和 $\overline{C}_{\mathrm{I}}$，然后运用式(10-18)，就可以得到基本像差参量 $\overline{P}^{\infty}$、$\overline{W}^{\infty}$ 和 $\overline{C}_{\mathrm{I}}$。

第三节 双胶合薄透镜组的基本像差参量与结构参数的关系

上面我们解决了像差参量的规化问题，即由 P、W、C_{I} 求解 $\overline{P}^{\infty}$、$\overline{W}^{\infty}$ 和 $\overline{C}_{\mathrm{I}}$。因此，只要解决了基本像差参量 $\overline{P}^{\infty}$、$\overline{W}^{\infty}$ 和 $\overline{C}_{\mathrm{I}}$ 与结构参数的关系，就可以解决由任意 P、W、C_{I} 求解结构参数的问题了。因为双胶合薄透镜组是能够满足一定成像质量（即一定 P、W、C_{I}）的最简单型式，也是光学系统初始结构参数求解的基础，因此，这一节我们讨论如何由基本像差参量 $\overline{P}^{\infty}$、$\overline{W}^{\infty}$ 和 $C\,\overline{C}_{\mathrm{I}}$ 求解双胶合薄透镜组的结构参数。

一、双胶合薄透镜组的独立结构参数

一个双胶合薄透镜组的全部结构参数为：r_1、r_2、r_3，n_1、ν_1、n_2、ν_2，在玻璃材料选定的情况下，满足总光焦度要求需用一个参数，满足消色差条件需要一个参数。这样，三个半径中只有一个是独立变数，原则上可用来校正一种单色像差，即满足 $\overline{P}^{\infty}$、$\overline{W}^{\infty}$ 中的一个要求，另一个则可通过适当选择两透镜的玻璃材料来满足。这样，与 $\overline{P}^{\infty}$、$\overline{W}^{\infty}$ 和 $\overline{C}_{\mathrm{I}}$ 有关的独立变数只有六个。

为了解决问题的方便起见，通常用 n_1、ν_1、n_2、ν_2，φ_1 及 Q 等六个参数作为独立结构参数，其中 φ_1 为第一个薄透镜的规化光焦度，Q 为阿贝不变量。这是因为在规化条件下，$\Phi = \varphi_1 + \varphi_2 = 1$，则

$$\varphi_2 = \varphi_1 - 1$$

因此，两光焦度 φ_1 和 φ_2 中只要确定一个，如 φ_1，则另一个 φ_2 也就随之确定。另外，由薄透镜的光焦度公式，有

$$\begin{cases}\varphi_1=(n_1-1)(1/r_1-1/r_2)\\ \varphi_2=(n_2-1)(1/r_2-1/r_3)\end{cases} \tag{10-24}$$

由此可见，若选定玻璃材料，并确定了光焦度的情况下，只要确定其中一个曲率半径，其余两个曲率半径也就随之确定了。这里用胶合面曲率半径 r_2 作为独立变数，并用阿贝不变量 Q 表示，有

$$Q=1/r_2-\varphi_1=\rho_2-\varphi_1 \tag{10-25}$$

由于透镜的形状由 Q 确定，所以，Q 也被称为透镜的形状因子。

确定了以上六个独立结构参数后，由式(10-24)和式(10-25)即可得透镜曲率半径的计算公式如下：

$$\begin{cases}\dfrac{1}{r_2}=\rho_2=\varphi_1+Q\\ \dfrac{1}{r_1}=\rho_1=\dfrac{\varphi_1}{n-1}+\rho_2=\dfrac{n_1\varphi_1}{n_1-1}+Q\\ \dfrac{1}{r_3}=\rho_3=\dfrac{1}{r_2}-\dfrac{1-\varphi_1}{n_2-1}=\dfrac{n_2}{n_2-1}\varphi_1+Q-\dfrac{1}{n_2-1}\end{cases} \tag{10-26}$$

二、基本像差参量 $\overline{P}^\infty$、$\overline{W}^\infty$ 和 $\overline{C}_{\mathrm{I}}$ 与结构参数的关系

首先确定规化色差系数 $\overline{C}_{\mathrm{I}}$ 与结构参数的关系。将 $\overline{\varphi}_2=1-\overline{\varphi}_1$ 代入式(10-20)有

$$\overline{C}_{\mathrm{I}}=\overline{\varphi}_1\left(\frac{1}{\nu_1}-\frac{1}{\nu_2}\right)+\frac{1}{\nu_2} \tag{10-27}$$

可见，根据消色差条件确定 $\overline{C}_{\mathrm{I}}$ 后，选定玻璃材料即可由式(10-27)确定 $\overline{\varphi}_1$，进而确定 $\overline{\varphi}_2$。

由于 $\overline{P}^\infty$、$\overline{W}^\infty$ 不仅与 n_1、n_2 有关，还与 u、u'有关。因此，必须将其表示为结构参数的函数。对于第一面，在规化条件下，有：$u=0$，$n=1$，$n'=n_1$，$h=1$，并将式(10-26)中的 r_1 代入式(1-24)，得

$$u_1'=Q\left(1-\frac{1}{n_1}\right)+\varphi_1$$

对于第二面：$u=u_2=u_1'$，$n=n_1$，$n'=n_2$，$h=1$，并将式(10-26)中的 r_2 代入式(1-24)，得

$$u_2'=Q\left(1-\frac{1}{n_2}\right)+\varphi_1$$

根据规化条件，有 $u_3'=1$。将上述 u_1'、u_2'、u_3' 代入式(10-7)，经过整理，得

$$\begin{cases}\overline{P}^\infty=AQ^2+BQ+C\\ \overline{W}^\infty=KQ+L\end{cases} \tag{10-28}$$

式中，A、B、C、K、L 是与 n_1、n_2、φ_1、φ_2 有关的系数：

$$\begin{cases}A=a_1\varphi_1+a_2\varphi_2\\B=b_1\varphi_1^2-b_2\varphi_2^2-2\varphi_2\\C=c_1\varphi_1^3+c_2\varphi_2^3+(l_2+1)\varphi_2^2\\K=(A+1)/2\\L=(B-\varphi_2)/3\end{cases}\tag{10-29}$$

其中：
$$\begin{cases}a_i=1+2/n_i,\quad b_i=3/(n_i-1),\quad c_i=n_i/(n_i-1)^2,\qquad i=1,2\\l_2=1/(n_2-1)\end{cases}\tag{10-30}$$

如果将 $\overline{P}^\infty$、$\overline{W}^\infty$ 对 Q 配方，则有

$$\begin{cases}\overline{P}^\infty=A(Q-Q_0)^2+P_0\\\overline{W}^\infty=K(Q-Q_0)+W_0\end{cases}\tag{10-31}$$

式中

$$\begin{cases}P_0=C-B^2/4A\\Q_0=-B/2A\\W_0=KQ_0+L\end{cases}\tag{10-32}$$

由此可见，$\overline{P}^\infty$ 是形状因子 Q 的抛物线函数，$\overline{W}^\infty$ 是 Q 的线性函数。Q_0 是 $\overline{P}^\infty$ 的极值点，P_0 是 $\overline{P}^\infty$ 的极小值，W_0 是 $\overline{P}^\infty$ 取得极小值时对应的 $\overline{W}^\infty$ 值。因此，一般情况下，满足 $\overline{P}^\infty$ 的形状因子 Q 不一定满足 $\overline{W}^\infty$，只有通过适当的玻璃组合，才可能同时满足 $\overline{P}^\infty$、$\overline{W}^\infty$ 的要求。P_0、W_0、Q_0 是 n_1、n_2 和 φ_1 的函数，由式(10-27)可知，φ_1 是 $\overline{C}_{\mathrm{I}}$ 和 ν_1、ν_2 的函数，所以，P_0、W_0、Q_0 与玻璃材料及位置色差有关。

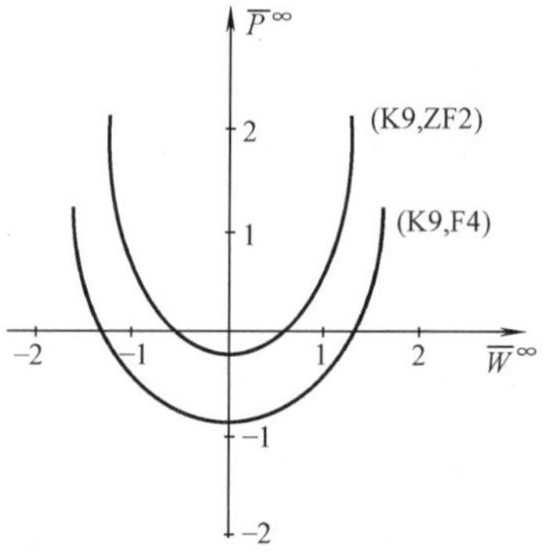

图 10-2 $\overline{P}^\infty$ 与 $\overline{W}^\infty$ 之间的关系

三、$\overline{P}^\infty$、$\overline{W}^\infty$ 与玻璃材料的关系

从式(10-31)中消去 $(Q-Q_0)$，得

$$\overline{P}^\infty=P_0+p(\overline{W}^\infty-W_0)^2\tag{10-33}$$

式中

$$p=\frac{4A}{(A+1)^2}\tag{10-34}$$

若把常用玻璃进行组合，并按不同的 $\overline{C}_{\mathrm{I}}$ 计算 A 值，我们发现，A 值变化不大，取其平均值 $A=2.35$，则 $p=0.85$。而 W_0 的变化范围也很小：当冕牌玻璃在前时，$W_0\approx-0.1$；当火石玻璃在前时，$W_0\approx-0.2$。将这些近似值代入式(10-33)，得

$$\begin{aligned}&\text{火石玻璃在前时：}\quad \overline{P}^\infty=P_0+0.85\ (\overline{W}^\infty+0.2)^2\\&\text{冕牌玻璃在前时：}\quad \overline{P}^\infty=P_0+0.85\ (\overline{W}^\infty+0.1)^2\end{aligned}\tag{10-35}$$

由此可知，不同玻璃组合和 $\overline{C}_{\mathrm{I}}$ 值，将有不同的 P_0 值。玻璃组合和 $\overline{C}_{\mathrm{I}}$ 改变，P_0 也改变，但 $\overline{P}^\infty$ 与 $\overline{W}^\infty$ 之间抛物线形状不变，如图 10-2 所示，只是位置在上下移动而已。图中为 $\overline{C}_{\mathrm{I}}=0$ 时，玻璃 K9 和 ZF2、K9 和 F4 两对玻璃组合的特性曲线。该图也说明，通过合理选择玻璃组合，可以同时满足 $\overline{P}^\infty$ 和 $\overline{W}^\infty$ 的要求。

为便于由不同的 P_0 值和 $\overline{C}_{\mathrm{I}}$ 值查找所要求的玻璃组合，通常对常用的玻璃按“冕牌在前”和“火石在前”两种组合方式，计算并列出有关值，如 φ_1、A、B、C、K、L、Q_0、P_0、

W_0、p 等，《光学技术手册》（机械工业出版社，1988）中列出了常用玻璃组合的上述参量，可以很方便地进行查找。表 10-1 列出了其中几个玻璃组合的双胶合薄透镜的 P_0 值。当然，也可以通过计算机编程实现这些参量的自动计算与查找。

表 10-1　双胶合薄透镜 P_0 表

P_0 \ n_1 / n_2	K9（冕牌在前）						
	$C_I=0.010$	$C_I=0.005$	$C_I=0.002$	$C_I=0.001$	$C_I=0.00$	$C_I=-0.0025$	$C_I=-0.005$
F2	1.831	0.938	-0.053	-0.476	-0.949	-2.371	-4.170
F5	1.849	1.018	0.098	-0.294	-0.732	-2.047	-3.708
ZF1	1.885	1.184	0.410	0.082	-0.284	-1.383	-2.766
ZF2	1.913	1.306	0.637	0.354	0.038	-0.906	-2.093
	BaK2（冕牌在前）						
F2	1.603	0.609	-0.438	-0.877	-1.366	-2.820	-4.639
F5	1.622	0.682	-0.305	-0.718	-1.177	-2.543	-4.249
ZF1	1.668	0.860	0.018	-0.334	-0.724	-1.883	-3.326
ZF2	1.704	0.996	0.260	-0.046	-0.386	-1.393	-2.644
	F5（火石在前）						
K9	1.925	1.208	0.378	0.021	-0.381	-1.598	-3.148
BaK2	1.706	0.875	-0.027	-0.408	-0.834	-2.108	-3.712
BaK7	1.518	0.732	-0.080	-0.418	-0.793	-1.904	-3.287
ZK3	1.652	1.405	1.134	1.019	0.890	0.506	0.024
	ZF2（火石在前）						
K9	1.993	1.498	0.917	0.667	0.385	-0.466	-1.548
BaK2	1.796	1.200	0.550	0.275	-0.032	-0.947	-2.097
BaK7	1.595	0.961	0.306	0.034	-0.268	-1.160	-2.267
ZK3	1.660	1.387	1.083	0.954	0.810	0.379	-0.162

四、求解双胶合薄透镜组结构参数的步骤

当由 P、W 和 C_I 求出 $\overline{P}^\infty$、$\overline{W}^\infty$ 和 $\overline{C}_I$ 后，可按下述步骤求解双胶合薄透镜组的初始结构参数：

（1）由 $\overline{P}^\infty$、$\overline{W}^\infty$ 按式(10-35)求出 P_0。

（2）由 P_0 和 $\overline{C}_I$ 查表找出所需要的玻璃组合，再查表按所选玻璃组合找到 φ_1、Q_0、P_0、W_0 等。

（3）由式(10-31)分别计算出满足 $\overline{P}^\infty$ 和 $\overline{W}^\infty$ 的形状因子 Q：

$$Q_{1,2}=Q_0\pm\sqrt{\frac{\overline{P}^\infty-P_0}{A}} \tag{10-36}$$

$$Q_3 = Q_0 + \frac{\overline{W}^{\infty} - W_0}{K} \tag{10-37}$$

式(10-36)如果有两个解，则取其中与 Q_3 接近的一个作为所求的 Q 值；如果只有一个解，即为所求；如果没有解，则表明所选玻璃组合不能满足 $\overline{P}^{\infty}$ 的需要，一般需要重新选择玻璃组合。

(4) 由 Q 值按式(10-26)求解规化曲率 ρ_1、ρ_2、ρ_3，这是在总光焦度规化为 1 时双胶合三个面的曲率。

(5) 由规化曲率求解实际曲率半径：

$$r_i = f'/\rho_i \qquad (i=1,\ 2,\ 3) \tag{10-38}$$

第四节　单薄透镜的 $\overline{P}^{\infty}$、$\overline{W}^{\infty}$ 和 $\overline{C}_{\mathrm{I}}$ 与结构参数的关系

单透镜是光学系统的基本组成单元，因此，有必要研究如何由 $\overline{P}^{\infty}$、$\overline{W}^{\infty}$ 和 $\overline{C}_{\mathrm{I}}$ 求解单透镜的结构参数。

单透镜可认为是双胶合透镜在 $\varphi_1=1$、$\varphi_2=0$、$n_1=n$ 时的特例，这时，单透镜有

$$\begin{cases}\rho_2 = Q+1\\ \rho_1 = Q+n/(n-1)\end{cases} \tag{10-39}$$

其规化色差系数为

$$\overline{C}_{\mathrm{I}} = \frac{1}{\nu} \tag{10-40}$$

而 $\overline{P}^{\infty}$、$\overline{W}^{\infty}$ 与 Q 之间的关系变为

$$\begin{cases}\overline{P}^{\infty} = aQ^2 + bQ + c\\ \overline{W}^{\infty} = kQ + l\end{cases} \tag{10-41}$$

或者

$$\begin{cases}\overline{P}^{\infty} = a(Q-Q_0)^2 + P_0\\ \overline{W}^{\infty} = k(Q-Q_0) + W_0\end{cases} \tag{10-42}$$

同样，$\overline{P}^{\infty}$ 与 $\overline{W}^{\infty}$ 之间的关系为

$$\overline{P}^{\infty} = P_0 + p(\overline{W}^{\infty} - W_0)^2 \tag{10-43}$$

式中

$$\begin{cases}a = 1+2/n, \quad b = 3/(n-1), \quad c = n/(n-1)^2\\ k = 1+1/n, \quad l = 1/(n-1)\end{cases} \tag{10-44}$$

$$\begin{cases}P_0 = c - \dfrac{b^2}{4a} = \dfrac{n}{(n-1)^2}\left[1 - \dfrac{9}{4(n+2)}\right]\\ Q_0 = -\dfrac{b}{2a} = -\dfrac{3n}{2(n-1)(n+2)}\\ W_0 = kQ_0 + l = -\dfrac{1}{2(n+2)}\\ p = \dfrac{4a}{(a+1)^2} = 1 - \dfrac{1}{(n+1)^2}\end{cases} \tag{10-45}$$

可见，当玻璃选定后，P_0、Q_0、W_0 及 p 均为定值，形状因子 Q 只能满足 $\overline{P}^\infty$、$\overline{W}^\infty$ 二者之一。而且，单透镜的 $\overline{P}^\infty$ 也是 Q 的抛物线函数，$\overline{W}^\infty$ 是 Q 的线性函数。当 $Q=Q_0$ 时 P_0 为 $\overline{P}^\infty$ 的极小点，P_0 为极小值，即 $\overline{P}^\infty \geqslant P_0$，而 $\overline{W}^\infty$ 无界。图 10-3 所示为 K9 玻璃的 $\overline{P}^\infty$、$\overline{W}^\infty$ 和 Q 的变化曲线。

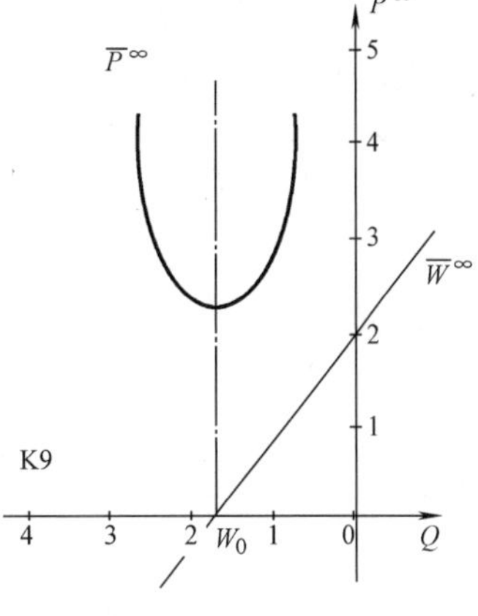

图 10-3　K9 玻璃 $\overline{P}^\infty$、$\overline{W}^\infty$ 与 Q 的关系

当物体在有限远时，在规化条件 $f'=1$ 下，规化孔径角为 $\overline{u}_1$，则有限远距离的 $\overline{P}$、$\overline{W}$ 与 $\overline{P}^\infty$、$\overline{W}^\infty$ 之间的关系为：

$$\begin{cases} \overline{W}=\overline{W}^\infty-\overline{u}_1\left(2+\dfrac{1}{n}\right) \\ \overline{P}=\overline{P}_{\min}+\left[1-\dfrac{1}{(n+1)^2}\right]\left[\overline{W}+\dfrac{1+2\overline{u}_1}{2\ (n+2)}\right]^2 \\ \overline{P}_{\min}=P_0-\dfrac{n}{n+2}\overline{u}_1\ (1+\overline{u}_1) \end{cases} \tag{10-46}$$

第五节　用 *PW* 方法求解初始结构参数实例

双胶合物镜是构成望远物镜和低倍显微物镜的最简单最常用的型式。下面我们结合例子，说明用 *PW* 方法设计简单光学系统的方法与过程。

一、双胶合物镜的初始结构设计

【设计实例 1】　设计一个显微镜光学系统，其系统布置如图 10-4 所示。系统主要技术和性能指标如下：

1）物镜最大孔径角 $u=-0.15$；

2）物镜垂轴放大率：$\beta=-5^\times$；

3）物方线视场直径：$2y=3\text{mm}$；

4）不考虑棱镜时，物到实像面总长约 170mm；

5）孔径光栏在物镜处，视场光栏在实像面处；

6）采用 DI-45°等腰棱镜，使光轴偏折 45°，材料为 K9。口径 $D=16\text{mm}$，从机械结构考虑，棱镜距物镜间隔为 92mm。

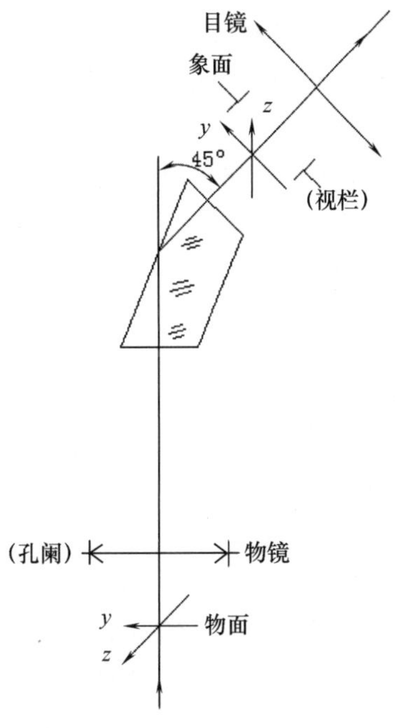

图 10-4　简单显微镜光学系统图

（一）外形尺寸计算

1. 物镜焦距及物像距离计算　按照要求，不考虑棱镜时，物到实像面的总长即物镜的共轭距离 $L=170\text{mm}$，而物镜垂轴放大率 $\beta=-5^\times$，即

$$-l+l'=L=170\text{mm}$$

$$\frac{l'}{l}=\beta=-5$$

联立解得 $l=-28.333\text{mm}$、$l'=141.667\text{mm}$，再由高斯公式计算得物镜焦距 $f'=23.611\text{mm}$。像方线视场 $2y'$

$=\beta 2y=15\text{mm}$。

2. 棱镜展开长度计算　将棱镜展开成平行玻璃平板，再将玻璃平板“压缩”成等效空气平板，要求棱镜距物镜间隔为 92mm，则可画出展开“拉直”后的物镜的光路图，如图 10-5 所示。

因已经给定了棱镜的孔径，所以就不作孔径计算了。棱镜展开长度为：

$$L=D/\tan(45°/2)=16/\tan22.5°=38.627\text{mm}$$

3. 物镜孔径计算　第一近轴光线在物镜上的入射高度

$$h=lu=(-28.333\text{mm})\times(-0.15)=4.25\text{mm}$$

故物镜的通光孔径

$$D=2h=8.5\text{mm}$$

（二）求解初始结构参数

系统的初始结构参数由初级像差理论求解。由于这是一个低倍显微物镜，其视场小，孔径不大，只需要校正球差、正弦差和位置色差，一般采用双胶合物镜的结构型式就能满足消像差的基本要求。由于显微物镜系统由物镜与棱镜组成，棱镜在会聚光路中，将产生像差。棱镜的像差必须由物镜的像差进行补偿，因此首先计算棱镜的像差。

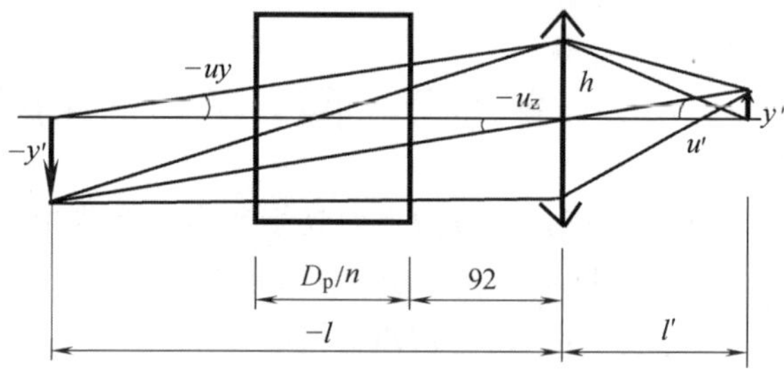

图 10-5　显像物镜展开图

1. 棱镜的初级像差计算　为了便于控制显微物镜的共轭距离，一般进行逆光路设计，即将物镜物距当像距，像距当物距，如图 10-5 所示。设计好后，再将系统倒过来使用。逆光路时 $l=-141.667\text{mm}$，$l'=28.333\text{mm}$，$u_1=-0.03$，$y_1=-7.5\text{mm}$，$y_1'=1.5\text{mm}$，$u_{z1}=-y_1/l=-7.5/141.667=-0.052941$。

根据初级像差理论，平行平板的初级球差、正弦差和位置色差系数有如下关系：

$$\Sigma S_{\text{I}\,\text{P}}=\frac{1-n^2}{n^3}du_1^4$$

$$\Sigma S_{\text{II}\,\text{P}}=\frac{1-n^2}{n^3}du_1^3u_{z1}$$

$$\Sigma C_{\text{I}\,\text{P}}=\frac{d}{\nu}\,\frac{1-n}{n^2}u_1^2$$

棱镜材料为 K9 玻璃，$n=1.5163$，$\nu=64.1$，对于棱镜，$u_{z1}=-0.052941$，$d=38.627$，代入上式计算得：

$$\Sigma S_{\text{I}\,\text{P}}=-0.0000116596,\ \Sigma S_{\text{II}\,\text{P}}=-0.0000205758,\ \Sigma C_{\text{I}\,\text{P}}=-0.0001217888$$

物镜必须保留与棱镜等值异号的像差，以便与棱镜像差进行补偿，达到消像差的目的，于是物镜三种初级像差系数为

$$\Sigma S_{\text{I}}=0.0000116596,\ \Sigma S_{\text{II}}=0.0000205758,\ \Sigma C_{\text{I}}=0.0001217888$$

2. 确定基本像差参量　根据式(10-23)，有

$$\begin{cases}\Sigma S_{\mathrm{I}}=h^4\Phi^3\overline{P}=0.0000116596\\ \Sigma S_{\mathrm{II}}=h^3h_z\Phi^3\overline{P}+Jh^2\Phi^2\overline{W}=0.0000205758\\ \Sigma C_{\mathrm{I}}=h^2\Phi\overline{C}_{\mathrm{I}}=0.0001217888\end{cases}$$

物镜 $h=4.25\mathrm{mm}$，$h_z=0$，$\Phi=1/f'=1/(23.611)\mathrm{mm}=0.04235314\mathrm{mm}^{-1}$，$J=nuy=1\times(-0.03)\times(-7.5)=0.225$。代入计算得：

$$\overline{P}=0.0004704$$
$$\overline{W}=0.002822$$
$$\overline{C}_{\mathrm{I}}=0.0001592$$

这只是物体在有限远时的规化像差参量，还必须将其规化到无穷远。规化孔径角：

$$\overline{u}_1=\frac{u_1}{h\Phi}=\frac{-0.03}{4.25\times0.04235314}=-0.16666588$$

于是，由式(10-18)可求得基本像差参量如下：

$$\begin{aligned}\overline{P}^{\infty}&=\overline{P}+\overline{u}_1(4\overline{W}+1)+\overline{u}_1^2(5+2\mu)\\&=0.0004704+(-0.16666588)\times[4\times(0.002822)+1]+(-0.16666588)^2\times(5+2\times0.65)\\&=0.00692155\end{aligned}$$

$$\overline{W}^{\infty}=\overline{W}+\overline{u}_1(2+\mu)=0.002822+(-0.16666588)\times(2+0.65)=-0.43884258$$

3. 选择玻璃组合　玻璃组合选择的依据是 P_0 和 $\overline{C}_{\mathrm{I}}$，同时，还必须注意：当 $\overline{W}^{\infty}$ 是较小的正值（$0<\overline{W}^{\infty}<1$）时，应尽可能取冕牌玻璃在前；当 $\overline{W}^{\infty}$ 是较大的负数（$-3.5<\overline{W}^{\infty}<-2.5$）时，则尽量取火石玻璃在前。这样可使双胶合透镜胶合面曲率半径较大，减小高级球差，有利于像差校正。这里，我们取冕牌玻璃在前。根据式(10-35)计算 P_0 如下：

$$P_0=0.00692155-0.85\times(-0.43884258+0.1)^2=-0.0416$$

根据 $P_0=-0.0416$ 和 $\overline{C}_{\mathrm{I}}=0.000159\approx0$，查《光学设计手册》中“双胶合物镜 P_0 表”选取玻璃组合。如果 $\overline{C}_{\mathrm{I}}$ 与表中所给数值不符，可用插值法求出不同玻璃对的 P_0；如果所选玻璃对的 P_0 与上述计算值相差不大（如≤0.1），就能基本满足要求。通常 D/f' 越小，P_0 允许误差越大，它对 P 的影响越小。这样可从表中查出若干对玻璃组合来，然后再从中挑选。挑选时考虑的主要因素有：①玻璃的理化性能好；②球面半径尽可能大：一般 φ_1 和 Q_0 绝对值比较小的玻璃胶合面半径较大，这样，胶合面产生的高级像差会较小，有利于后续的像差校正；③玻璃的成本、库存或供应情况（一般尽可能选择常用光学玻璃）。具体到本例，我们至少可以挑选出 9 对玻璃组合，选其中 4 对玻璃组合如下：

$$\frac{\mathrm{K3}}{\mathrm{ZF1}}:P_0=-0.402\quad \frac{\mathrm{K9}}{\mathrm{ZF2}}:P_0=0.038\quad \frac{\mathrm{BaK7}}{\mathrm{ZF3}}:P_0=-0.112\quad \frac{\mathrm{ZK3}}{\mathrm{BaF8}}:P_0=-0.018$$

本例选用 BaK7（$n_1=1.5688$，$\nu_1=56.0$）和 ZF3（$n_2=1.7172$，$\nu_2=29.5$）组合，再查“双胶合薄透镜组的参数表”，得

$$P_0=-0.111520,\quad Q_0=-4.295252,\quad W_0=-0.060241$$
$$\varphi_1=2.113207,\quad A=2.397505,\quad K=1.698752$$

4. 求形状系数 Q　形状系数由式(10-36)和式(10-37)确定。由式(10-36)一般可求出两个 Q 值，选取和式(10-37)计算结果相近的解，作为双胶合薄透镜组的形状系数，也可以取

两者的平均值。在本例中：

$$Q_{1,2}=Q_0\pm\sqrt{\frac{P^{\infty}-P_0}{A}}\approx Q_0=-4.5175176,\quad -4.0729864$$

$$Q_3=Q_0+\frac{\overline{W}^{\infty}-W_0}{K}=-4.5181224$$

取形状系数为

$$Q=-4.51782$$

5. 求薄透镜组各球面的曲率半径　在规化条件下，$f'=1$，由式(10-26)可以求得各面的规化曲率如下：

$$\rho_1=1.310589,\qquad \rho_2=-2.404613,\qquad \rho_3=-0.852456$$

则焦距 $f'=23.611\text{mm}$ 时对应的曲率半径为

$$r_1=f'/\rho_1=18.016\text{mm},\qquad r_2=f'/\rho_2=-9.819\text{mm},\qquad r_3=f'/\rho_3=-27.698\text{mm}$$

6. 薄透镜加厚　以上所求的是厚度为0的所谓薄透镜组，这种薄透镜对应理论分析与求解是有重要作用的，但无任何实际应用意义，也就是说，任何实际透镜都有厚度。因此，必须将上述薄透镜加厚。透镜的厚度不仅与球面半径和透镜直径有关，还涉及透镜的装夹方式、质量要求和加工难易程度等因素。透镜厚度的确定大致可分为如下三步：

（1）确定透镜的全直径 ϕ　透镜的全直径 ϕ 与其通光孔径 D 的关系如下：

$$\phi=D+\Delta$$

式中，Δ 是透镜安装时的装夹余量，视装夹方式而定。透镜的装夹方式有两种：压圈法和滚边法，其装夹余量见表10-2（参见《光学设计手册》）。

表10-2　光学零件的外径余量

通光孔径 D/mm	外径 φ/mm		通光孔径 D/mm	外径 φ/mm	
	滚边法固定	压圈法固定		滚边法固定	压圈法固定
~6	D+0.6	—	>30~50	D+2.0	D+2.5
>6~10	D+0.8	D+1.0	>50~80	D+2.5	D+3.0
>10~18	D+1.0	D+1.5	>80~120	—	D+3.5
>18~30	D+1.5	D+2.0	>120	—	D+4.5

本例中，因为 $D=8.5\text{mm}$，采用压圈法固定，查表得 $\Delta=1.0\text{mm}$，故该显微物镜的外径 $\phi=9.5\text{mm}$。

（2）确定透镜的中心厚度　透镜中心厚度的确定除了与球面曲面半径和透镜外径有关外，还要考虑透镜焦距、精度及加工情况。一般有两种方法确定：作图法和计算法。作图法是根据《光学设计手册》中有关光学零件中心和边缘厚度的规定（GB1205—1975标准，见表10-3），按实际口径作图确定。计算法主要考虑透镜在加工、装夹过程中不易变形，根据中心厚度 d、边缘厚度 t 和外径 D 之间满足一定经验公式来确定，这种经验公式参见《光学设计手册》。

表 10-3 透镜中心及边缘最小厚度

透镜直径 D/mm	正透镜边缘最小厚度 t/mm	负透镜中心最小厚度 d/mm	透镜直径 D/mm	正透镜边缘最小厚度 t/mm	负透镜中心最小厚度 d/mm
3～6	0.4	0.6	>30～50	1.8～2.4	2.2～3.5
>6～10	0.6	0.8	>50～80	2.4～3.0	3.5～5.0
>10～18	0.8～1.2	1.0～1.5	>80～120	3.0～4.0	5.0～8.0
>18～30	1.2～1.8	1.5～2.2	>120～150	4.0～6.0	8.0～12.0

由图 10-6 得，透镜中心厚度、边缘厚度与两球面矢高的关系为

$$d = t - x_2 + x_1 \tag{10-47}$$

式中，x_1、x_2 为球面矢高：

$$x_i = r_i \pm \sqrt{r_i^2 - (D/2)^2} \quad i = 1,2 \tag{10-48}$$

本例中，我们采用查表法确定透镜厚度。由表 10-3，应有 $t_1 \geqslant 0.6$，$d_2 \geqslant 0.8$。计算得：$x_1 = 0.64$，$x_2 = -1.22$，$x_3 = -0.41$。则 $d_1 \geqslant 2.46$，$t_2 \geqslant 1.61$。于是，我们取 $d_1 = 3.0\text{mm}$，$d_2 = 1.2\text{mm}$。

计算出中心厚度和边缘厚度后，可按实际尺寸（或按比例）作图验证。

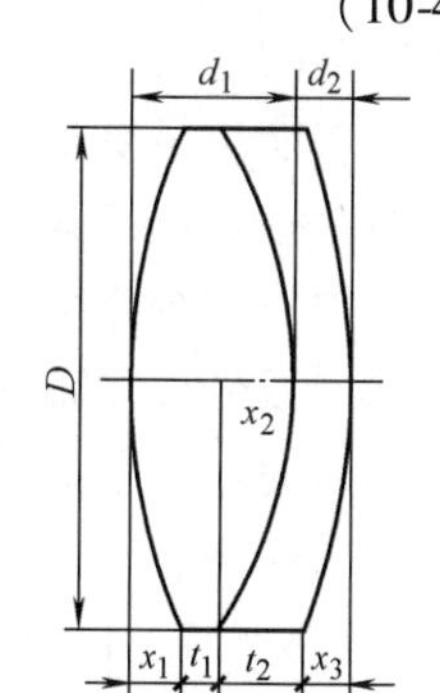

图 10-6 透镜边缘厚度与中心厚度的关系

（3）确定厚透镜的曲率半径　由式(10-3)可知，当每个球面的 u 和 u' 不变时，P、W 保持不变，放大率 $\beta = nu/n'u'$ 亦不变。另一方面，当透镜由薄变厚时，第一近轴光线在主面上入射高度不变，则系统的光焦度也不变。根据这两个原则，透镜由薄变厚时，一般需把由薄透镜确定的曲率半径值，变换为相应的厚透镜的曲率半径值。

当相对孔径不大时，D、r 和 d 都较大，可不作厚度变换。这样引入的像差、放大率、焦距和共轭距离变化都较小，可在后续的像差校正中予以修正。

这样，我们就确定了本设计的初始结构参数如下：

i	r/mm	d/mm	玻璃	n_D	n_F	n_C
1	∞					
		38.63	K9	1.5163	1.52238	1.51389
2	∞					
		92.0	AIR	1.0000	1.0000	1.0000
3	18.016					
		3.0	BaK7	1.5688	1.57596	1.56582
4	-9.819					
		1.2	ZF3	1.7172	1.73468	1.71037
5	-27.698					

经过像差计算，得该初始结构所对应的像差为

h/h_m	1.0	0.85	0.707	0.5	0.25	0.0
$\delta L'$	0.2002	0.0739	0.0161	-0.0073	-0.0045	0.0000
SC'	0.0060	0.0045	0.0036	0.0022	-0.0003	-0.0000
$\Delta L'_{FC}$	0.1243	0.0759	0.0409	0.0092	-0.0131	-0.0202

图 10-7 给出了该初始结构参数对应的三色光的球差曲线。这时，焦距 $f'=24.162\text{mm}$，$l_H=0.95\text{mm}$，$l_H'=-1.75\text{mm}$，共轭距离 $L=186.36\text{mm}$（不考虑棱镜展开平板引起的光路加长，实际为 173.205mm），放大率 $\beta=-0.20506^\times$。显然，该结果还需要作进一步的像差校正。

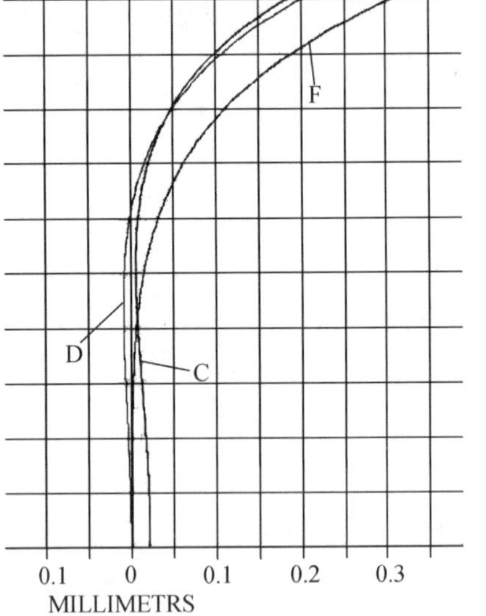

图 10-7 初始结构对应的球差曲线

由于该显微物镜孔径较小，高级像差较小，比较容易进行手工校正：即逐步修改第三面曲率半径，能较好地校正色差，再进行整体弯曲，即能较好地校正所要求的球差、正弦差和位置色差。像差校正好后，显微物镜的共轭距离变化了，按要求的共轭距离进行缩放，即能满足要求。此外，也可以采用优化设计方法进行像差校正，其具体优化设计方法，将在本章的第八节中作详细介绍。

二、双分离物镜的初始结构设计

下面通过一个例子，说明双分离物镜的初始结构参数的求解方法。

【设计实例 2】 设计一个焦距 $f'=1000\text{mm}$ 的准直物镜，要求相对孔径 $D/f'=1:12$，视场角 $2\omega=1.5°$，用物镜框作为孔径光阑。

1. 结构选型 和上例一样，由于视场小，主要校正轴上点及轴外近轴点像差，即球差、正弦差和位置色差。由于相对孔径不大，可选用双胶合或者双分离结构型式。考虑到准直物镜比一般望远物镜的像差校正要求高，为此，选用双分离型。双分离型比双胶合型多一个曲率半径和空气间隔作为独立变数。

2. 选择玻璃材料 一般说来，双分离物镜的玻璃选择比双胶合物镜要自由得多，但也必须合理选择，否则，像差也不易校正。选择玻璃材料时，或按双胶合的玻璃组合，或按下述原则挑选：

1）考虑像差校正。可从折射率和色散两个方面考虑：为便于单色像差的校正，正透镜用低折射率玻璃，负透镜用高折射率玻璃，即 $n_{正}<n_{负}$，且两者相差越大，高级球差越小，越有利于球差校正；为便于色差的校正，正透镜宜用低色散玻璃，负透镜宜用高色散玻璃，即 $\nu_{正}<\nu_{负}$，且两者相差越大，在满足总光焦度的前提下，两透镜光焦度越小，球面的曲率半径就越大，亦可减小高级像差，对像差校正有利。

2）玻璃的物理化学特性。

3）玻璃材料的工艺性好，成本低，供应充足。

根据上述原则，我们选用常用玻璃 K9 和 F2 的组合。因为 K9 玻璃的稳定性比 F2 好，把 K9 玻璃放在前面。这对玻璃的光学参数为：$n_1=1.51630$，$\nu_1=64.07$；$n_2=1.61280$，$\nu_2=36.95$。

3. 光焦度分配 光焦度分配主要考虑色差校正。在规化条件下，$\Phi=1$。按满足总光焦度和消色差要求，有

$$\varphi_1+\varphi_2=\Phi=1$$

$$\frac{\varphi_1}{\nu_1}+\frac{\varphi_2}{\nu_2}=0$$

将所选 K9、F2 玻璃对的光学参数代入，解得

$$\varphi_1=\frac{\nu_1}{\nu_1-\nu_2}\Phi=2.35662,\qquad \varphi_2=\frac{-\nu_2}{\nu_1-\nu_2}\Phi=-1.35662$$

4. 初始结构参数求解

(1) 确定基本像差参量　在求解初始结构参数时，先不考虑空气间隔，作为两密接薄透镜，这样，$h_1\approx h_2\approx h$。根据消像差条件，有

$$\Sigma S_{\mathrm{I}}=\Sigma h^4\varphi^3\overline{P}=h^4\left(\varphi_1^3\overline{P}_1+\varphi_2^3\overline{P}_2\right)=0$$

$$\begin{aligned}\Sigma S_{\mathrm{II}}&=\Sigma h^3h_z\varphi^3\overline{P}+J\Sigma h^2\varphi^2\overline{W}\\&=h^3h_z\left(\varphi_1^3\overline{P}_1+\varphi_2^3\overline{P}_2\right)+Jh^2\left(\varphi_1^2\overline{W}_1+\varphi_2^2\overline{W}_2\right)\end{aligned}$$

由于 $l_1=-\infty$，所以 $\overline{P}_1=\overline{P}_1^{\infty}$、$\overline{W}_1=\overline{W}_1^{\infty}$，又因为光阑与物镜重合，即 $h_z=0$，则上两式变为

$$\begin{cases}\varphi_1^3\overline{P}_1^{\infty}+\varphi_2^3\overline{P}_2=0\\\varphi_1^2\overline{W}_1^{\infty}+\varphi_2^2\overline{W}_2=0\end{cases}\tag{10-49}$$

在规化条件下，$h=1$，将 $\overline{P}_2$、$\overline{W}_2$ 由有限远规化到无穷远。因为

$$\overline{u}_2=\frac{u_2}{h_2\varphi_2}=\frac{u'_1}{h\varphi_2}=\frac{h_1\varphi_1}{h\varphi_2}=\frac{\varphi_1}{\varphi_2}\tag{10-50}$$

则由式(10-19)可将有限远的 $\overline{P}_2$、$\overline{W}_2$ 用无穷远的 $\overline{P}_2^{\infty}$、$\overline{W}_2^{\infty}$ 表示为

$$\begin{cases}\overline{P}_2=\overline{P}_2^{\infty}-(4\overline{W}_2^{\infty}+1)\varphi_1/\varphi_2+(3+2/n_2)\varphi_1^2/\varphi_2^2\\\overline{W}_2=\overline{W}_2^{\infty}-(2+1/n_2)\varphi_1/\varphi_2\end{cases}\tag{10-51}$$

代入式(10-49)，得

$$\begin{cases}\varphi_1^3\overline{P}_1^{\infty}+\varphi_2^3\overline{P}_2^{\infty}-\varphi_1\varphi_2^2(4\overline{W}_2^{\infty}+1)+\varphi_1^2\varphi_2(3+2/n_2)=0\\\varphi_1^2\overline{W}_1^{\infty}+\varphi_2^2\overline{W}_2^{\infty}-\varphi_1\varphi_2(2+1/n_2)=0\end{cases}\tag{10-52}$$

双分离薄透镜的基本像差参量就包含在上述方程中，但两个方程式无法解出四个未知数。好在单透镜的基本像差参量与其形状因子 Q 有关，利用这种关系和式(10-52)可直接求解 Q_1、Q_2。

(2) 求形状系数 Q_1、Q_2　单薄透镜的基本像差参量与其形状因子的关系由式(10-41)决定，将其代入式(10-50)，经整理得

$$\begin{cases}A_1Q_1^2+B_1Q_1+A_2Q_2^2+B_2Q_2+C=0\\K_1Q_1+K_2Q_2+L=0\end{cases}\tag{10-53}$$

式中各系数为

$$\begin{cases}A_1=\varphi_1^3a_1 \qquad B_1=\varphi_1^3b_1\\ A_2=\varphi_2^3a_2 \qquad B_2=\varphi_2^3b_2-4\varphi_1\varphi_2^2k_2\\ C=\varphi_1^3c_1+\varphi_2^3c_2-\varphi_1\varphi_2^2(4l_2+1)+\varphi_1^2\varphi_2(3+2/n_2)\\ K_1=\varphi_1^2k_1 \qquad K_2=\varphi_1^2k_2\\ L=\varphi_1^2l_1+\varphi_2^2l_2-\varphi_1\varphi_2(2+1/n_2)\end{cases} \tag{10-54}$$

式中，系数 a_1、b_1、c_1、k_1、l_1 和 a_2、b_2、c_2、k_2、l_2 可由表中查出 K9 和 F2 玻璃的值，或直接由式(10-44)计算，然后代入方程组式(10-54)求得各系数，求二元二次方程组式(10-53)，得

$$\begin{cases}Q_1=-2.23685\\ Q_2=-0.510164\end{cases} \qquad \begin{cases}Q_1=-4.61504\\ Q_2=6.8411\end{cases}$$

为了有较大的球面半径，以减少高级像差，并改善加工的工艺性，一般取形状因子绝对值小的值，这里取第一组解。

(3) 确定球面半径 前面光焦度分配是在 $\Phi=1$ 的前提下进行的，满足 $f'=1000\text{mm}$ 时，两透镜的实际焦距应为

$$f'_1=f'/\varphi_1=1000/2.35662\text{mm}=424.336\text{mm}$$

$$f'_2=f'/\varphi_2=1000/(-1.35662)\text{mm}=-737.126\text{mm}$$

根据薄透镜规化曲率与形状因子的关系，有

$$\rho_1=\frac{n_1}{n_1-1}+Q_1=\frac{1.5163}{1.5163-1}+(-2.23685)=0.7000084$$

$$\rho_2=1+Q_1=1-2.23685=-1.23685$$

$$\rho_3=\frac{n_2}{n_2-1}+Q_2=\frac{1.6128}{1.6128-1}+(-0.510164)=2.1216898$$

$$\rho_4=1+Q_2=1-0.510164=0.489836$$

于是,得双分离薄透镜组的曲率半径为

$$r_1=f_1'/\rho_1=424.336/0.7000084\text{mm}=606.187\text{mm}$$

$$r_2=f_1'/\rho_2=424.336/(-1.23685)\text{mm}=-343.078\text{mm}$$

$$r_3=f_2'/\rho_3=-737.126/2.1216898\text{mm}=-347.424\text{mm}$$

$$r_4=f_2'/\rho_4=-737.126/0.489836\text{mm}=-1504.84\text{mm}$$

计算两透镜的中心厚度和边缘厚度和上例类似，这里不再赘述，请读者自行完成。

第六节 光学系统的像差校正方法

初始结构参数的求解是建立在薄透镜组的初级像差理论基础之上的，没有考虑高级像差

的影响。因此，对应的实际像差往往并没有得到校正，且薄透镜加厚也会带入附加像差。因此，初始结构参数不能作为最终设计结果直接应用，特别是对相对孔径和视场都比较大的复杂光学系统，只能作为进一步像差校正的基础。一个像差分布合理、透镜弯曲适度、高级像差相对较小的初始结构，是像差校正成败的关键。只有经过像差校正，获得满意成像质量的结果才能得到实际应用。

像差校正分为手工校正和自动校正两种。

手工校正是基于像差理论对系统当前的像差分布进行分析，对系统的单个或少数几个结构参数进行逐步修改，使系统的像差和有关技术参数逐步达到要求。

自动校正则是以系统的结构参数为自变量，以需要校正的像差（几何像差、波像差、点列图甚至传递函数等反映成像质量的指标均可广义地当做像差对待）和需要控制的有关技术参数（如系统的放大率、共轭距离、工作距离等）构成反映系统成像质量的评价函数，在一定的边界条件下（如正透镜边缘厚度和负透镜的中心厚度不能太小，也不宜过大，相邻的透镜组不能相碰，玻璃材料的折射率和阿贝常数不连续等），根据一定的算法（常用的有阻尼最小二乘法和适应法）求解评价函数的最小值的过程。

这里简单介绍几种常用的像差手工校正方法，使初学者对像差理论有更进一步的理解，至于自动像差校正方法，即光学系统的优化设计，将从本章的第七节开始介绍。

一、系统中各光组（以至各面）的像差分布合理，尽量减小高级像差

在像差校正过程中，应尽量使各面上的像差以较小的值相抵消，以使系统不至于有太大的高级像差。为此，应使各光组的光焦度的分配、各面的偏角负担都尽可能合理，避免由个别面的大像差去平衡多个面的像差。

对于相对孔径 h/r 或入射角很大的面，就使其弯向光阑，这样，虽然轴上点像差（如球差）虽大，但由于主光线的偏角或 i_z 小，不至于引起很大的轴外像差。反之，对应背向光阑的面，应有较小的相对孔径。

二、系统的像差具有合理的匹配

光学系统不可能对所有孔径和所有视场进行像差校正，因此，应使轴上点像差和轴外点像差尽可能地一致，使视场内的像质比较均匀，这样，在进行轴向离焦，寻找最佳成像位置时，轴上点和轴外点像质可以得到同步改善。

三、改变单个面的曲率半径

光学设计软件均能自动计算出系统各面的初级像差分布系数，据此可以判断哪个（或几个）面对某种像差最敏感、贡献最大，则修改该面的半径，使这种像差得到校正的同时，其他像差的变化也较小。

四、整体弯曲

由于色差只与光焦度的分配有关，当校正好色差后，为避免校正单色像差时引起色差的明显变化，可保持光焦度的分配不变，整体改变系统中某个透镜或透镜组各面的曲率半径，达到校正其他单色像差的目的。这时，系统总的光焦度、色差及匹兹万场曲不会出现明显的变化。

五、利用特殊位置的透镜或透镜组的像差特性

当孔阑与某一透镜或透镜组重合时，其像散为常数，畸变和倍率色差为零，因此，改变该透镜或透镜组的结构参数，可以用来校正球差或彗差（用整体弯曲）；反之，改变远离孔阑的透镜或透镜组，可用来校正像散、畸变和倍率色差。

利用像面或像面附近的场镜，可以用于校正场曲。

六、利用对称型结构的像差特性，成对地修改结构参数

我们知道，对称型结构因光阑前后半部的垂轴像差等值异号，轴向像差等值同号，故其垂轴像差自动消除，轴向像差是半部的两倍。因此，对成对参数作对称性变化可以用来校正轴向像差，作非对称性变化可以用来校正垂轴像差。

七、增加胶合面，校正色差或单色像差

在系统某一适当位置的单透镜中加入一个胶合面，若使胶合面两边的折射率大致相等而阿贝常数不同，可以用来校正色差；若使胶合面两边的阿贝常数相等而折射率不等，可以用来校正单色像差。

八、更换玻璃，校正色差或单色像差

在胶合透镜中，如果更换其中一个透镜的玻璃，使其折射率大致相等而阿贝常数不等，则可以用于校正色差；反之，如果更换的玻璃阿贝常数大致相等而折射率不等，则可用来校正单色像差。

九、加入无光焦度校正板

在反射式天文望远镜系统中，在孔阑处加入称为无光焦度校正板的薄透镜，在不产生色差、场曲和其他轴外像差校正同时，可以产生一定的附加球差，用于校正系统的球差，改善系统的成像质量，扩大系统的视场角。

十、移动光阑至合适的位置

由于轴外像差（除匹兹万场曲外）均与孔阑位置有关，因此，可以移动孔阑位置，改变轴外像差达到校正轴外像差的目的。

十一、通过拦光，改善轴外点成像质量

适当地拦掉轴外成像质量比较差的那部分光束，牺牲一定的轴外亮度，达到改善轴外成像质量的目的。

十二、加入非球面

在系统中引入非球面，可以明显改善系统的像质，或在保持一定像质的前提下，简化系统的结构，缩小系统的尺寸。

以上只是简要地归纳了像差校正过程中的一些可能的校正方法，具体应用视系统的结构、当前实际像差校正分布状况而适当选用。

尽管现在已经有了功能强大的光学设计软件，使光学设计工作者从大量繁琐的计算中解放出来，极大地提高了光学设计的效率，但要想成为一个优秀的光学设计工程师，必须要有坚实的像差理论基础和较为丰富的设计经验。因此，只有通过不断的光学设计实践，才能较好地掌握光学设计的方法与技能、像差理论和像差校正方法。

第七节 光学系统的优化设计

一、概述

光学设计的一般过程大体上可以分为六个步骤。第一步根据仪器总体性能设计要求，确定光学系统的结构参数，即确定镜头的焦距（f'）要多长，视场范围（角视场 ω 或线视场

y）要多广，相对孔径（D/f'）或数值孔径（NA）要多大，同时应该确定镜头的成像质量要求。第二步根据这些具体的结构参数利用 PW 方法求解初始结构参数或根据已有光学设计手册中的相关数据选择能够达到设计要求的镜头结构型式。例如要设计一个焦距 f' 为 50mm，相对孔径 D/f' 为 1/3.5，全视场 2ω 为 50°的照相物镜一般选择“三片（柯克）”型式或“天塞”型式。如果相对孔径 D/f' 为 1/2，其他要求类似，则一般选用“双高斯”型式。之所以这样选择是根据广大光学设计人员的经验和实践知道，从这些结构型式出发容易取得好的设计结果。设计的第三步是进行像差校正，即通过改变镜头诸面的面形参数（球面透镜的曲率半径，非球面透镜的诸非球面系数），改变透镜的厚度及透镜之间的间隔，更换透镜材料来使得镜头的像差逐步减小，当把镜头的像差校正到一定程度后，转入第四步像质评价。进入第四步后，按照仪器总体性能指标要求的成像质量对镜头的像差值和像差状况进行评价，评价后如果没有达到要求，则仍转回第三步，分析原因，决定采取的步骤和措施，继续进行像差校正，直至镜头的成像质量符合要求。对于一些常见的常规镜头，有许多现成的成像质量好的结果可作为参照，容易作到正确的选型；如果是针对新型的光学系统，类似的物镜结构型式较少，则要在选型上花一番功夫。选型不当，则在第三步和第四步之间虽经多次校正，像质仍达不到要求，此时要转入第二步，寻找新的结构型式。第五步是计算，分配，制定镜头诸元件、组件的加工公差和装配公差。光学设计的第六步是绘制光学系统图，光学组件和零件图并作规范的各项标注。

在光学设计的六个步骤中，第三步像差校正是工作量较大，艺术性较强，也是最重要的一步。一般来说，像差校正是一个循序渐进的过程，很少有一蹴而就的事，特别是一些要求高、结构复杂的镜头更是如此。

由于支配光线在光学系统中传播的物理定律——折射定律是非线性的，所以导致光学系统一般存在像差，而且像差与结构参数的关系也是一个极为复杂的非线性问题。要将镜头的成像质量从初始结构时的状况经过一步一步地调整部分或全部结构参数而将其引导到一个较佳的状态，其实质就是在问题的解空间中寻找一条“曲折”但可行的路线，使镜头从像质不佳的位置逐步走到像质较佳的位置，而且这个镜头要在物理上是存在的，实践上是能够做出来的，其性能价格比应该是优良的。要能够走出这样一条路，靠什么呢？一靠对于当前像差状况的计算与分析，二靠像差理论的指导，三靠设计人员设计经验的积累与判断。

数学上对于这类非线性问题有若干卓有成效的数值算法；电子计算机和计算技术的飞速发展又有可能将已证明是有效的部分设计经验镶嵌到镜头设计的非线性数值算法中，构成了镜头的优化设计，并反映在国内外一系列商品化的光学设计程序中。

这一节首先简述镜头优化设计的数学原理，其目的在于使读者了解优化设计中的基本原理、思路、过程与一些注意之处，同时介绍光学设计中常用的“阻尼最小二乘法”优化方法。在以后的第八节至第十一节中分别给出几个设计实例，一个是 $-5^{\times}$ 显微物镜的优化设计实例，它的初始结构参数由 PW 法求出，利用阻尼最小二乘法优化好像差；另一个是利用阻尼最小二乘法优化设计 He-Ne 激光光束聚焦物镜的例子；第三个例子是利用阻尼最小二乘法优化设计一个激光扫描物镜；第四个例子是在光学镜头中加入非球面用以校正像差，它的优化设计也是由阻尼最小二乘法完成的。几个例子不仅给出最后结果，而且给出完整的优化设计过程，这样便于读者追踪，对于初学者来说这可能是更为需要的。

二、光学镜头设计中常用优化方法的数学原理

在光学镜头的优化设计中，将所有镜头结构参数，即镜头诸面的面形参数、各透镜的厚度和透镜间的间隔、各透镜的材料参数统称为自变量。而将镜头的焦距、横向放大率、后工作距等，以及各类几何像差、波像差等都称为像差，即广义像差。它们都是结构参数的函数。

设镜头的结构参数用 x_i 表示，广义像差用 f_j 来表示，即

$$\begin{cases} f_1(x_1,\cdots,x_n)=f_1 \\ \vdots \\ f_m(x_1,\cdots,x_n)=f_m \end{cases} \tag{10-55}$$

上式是一组非常复杂的非线性函数关系式，几乎不可能写出它们的显式关系。但在已知的初始结构参数处及其附近，广义像差与结构参数的关系是可以近似为线性关系的，因而能写出如下的显式：

$$\begin{gathered} f_1=f_{01}+\frac{\partial f_1}{\partial x_1}\Delta x_1+\cdots+\frac{\partial f_1}{\partial x_n}\Delta x_n \\ \vdots \\ f_m=f_{0m}+\frac{\partial f_m}{\partial x_1}\Delta x_1+\cdots+\frac{\partial f_m}{\partial x_n}\Delta x_n \end{gathered} \tag{10-56}$$

式(10-56)中，f_{0j}是初始结构参数为 x_{0i}时的广义像差，原则上它可由光路计算得出；f_j 是当结构参数变为 $x_i=x_{0i}+\Delta x_i$ 时的广义像差，各偏导数原则上可由基于光路计算的差商求得。当我们以一个初始结构为基础校正像差时，总是要提出像差要达到的目标值f_j'，这个目标往往不是一步达到的，因为事实上办不到，众所周知，其原因是用线性化方法解非线性问题是有很大限制的，但可以分成若干步逐步迭代。设（f_j-f_{0j}）是要求广义像差减少量$(f_j'-f_{0j})$的若干分之一，则式(10-56)就近乎实际的表达了解空间的情况。一般来说广义像差的个数 m 并不总是与结构参数的总数目 n 相等，分 $m\leqslant n$ 和 $m>n$ 两种情况分别讨论。先讨论 $m\leqslant n$ 的情况。顺便提一下光学镜头优化中也较为常用的“适应法”，然后重点讨论“阻尼最小二乘法”。

（一）适应法

当 $m<n$ 时，式(10-56)有无穷多组解向量 $\boldsymbol{\Delta x}=(\Delta x_1,\ \cdots,\ \Delta x_n)^{\mathrm{T}}$，可从中挑一组结构参数变化最小的解向量，即 $\boldsymbol{\Delta x}^{\mathrm{T}}\cdot\boldsymbol{\Delta x}$ 为最小的解。在数学上可利用拉格朗日乘子法在约束条件式(10-56)下求 $\sum_{i=1}^{n}\Delta x_i^2$ 的极小值，从而得到问题的解。

然后以这个新解为基础构造出新的式(10-56)，再走出第二步，以及类似的第三步，第四步……这就是适应法的数学原理。

当 $m=n$ 时，由式(10-56)即得唯一解，然后再以这个解构造出新的式(10-56)，继续走出类似的第二步，第三步……

使用适应法的限制除要求校正的像差数目必须少于或等于可改变的结构参数总数目外，一般不能将相关的广义像差放在一起校正，例如某一视场的初级子午场曲 x_t'、初级弧矢场曲 x_s' 和初级像散 x_{ts}'这三种像差是相关像差，因为三者中的任何一个都可用其余两个表示出来。若将这三者放在一块儿同时去校正，并且提出了相互不匹配的像差目标，就等于在式

(10-56)中列出了相互矛盾的方程，当然没有解；如果提出的像差目标相互间是匹配的，也相当于式(10-56)中有完全一样的两个方程，则出现了冗余。值得庆幸的是，依据适应法的现代镜头优化程序有能力发现相关像差，并使其中之一退出控制。

若要校正的广义像差数目 m 大于可改变的结构参数总数目 n，适应法则不能应用，通常采用如下所述的阻尼最小二乘法这一优化方法。

（二）阻尼最小二乘法

当 $m>n$ 时，式(10-56)的方程数目 m 多于自变量数目 n，属于超定方程，方程不可解，但可以寻找最小二乘意义上的解，即求

$$\varphi = \sum_{j=1}^{m}\left[f_j - \left(f_{0j} + \frac{\partial f_j}{\partial x_1}\Delta x_1 + \cdots + \frac{\partial f_j}{\partial x_n}\Delta x_n\right)\right]^2 \tag{10-57}$$

的极小值。这样做的期望是，虽然做不到改变一定的自变量后每一个要校正的广义像差都达到它们各自的期望值，但希望达到与诸项广义像差期望值偏离的平方和为最小。

又因为在一个镜头中，不同的像差其要求的数量级差别很大，例如对一个焦深为0.1mm的小像差镜头，其球差和场曲小于0.1mm就可以了，但对波色差 $\sum(D-d)\delta n$ 来说，要小于0.00025mm才认为满意，而正弦差 OSC' 则允许0.0025。这样那些数量级小的像差要求在上式中很难反映出来，由式(10-57)得到的最小二乘解不会反映数量级小的像差校正要求，也就是说，此例中波色差、正弦差不会被校正。另外诸广义像差的量纲并不一致，这使得式(10-57)的物理意义不很明确。改进的办法是在上式右端每一项前面加一个权因子 μ_j，即寻找下式 φ 的极小值

$$\varphi = \sum_{j=1}^{m}\mu_j\left[f_j - \left(f_{0j} + \frac{\partial f_j}{\partial x_1}\Delta x_1 + \cdots + \frac{\partial f_j}{\partial x_n}\Delta x_n\right)\right]^2 \tag{10-58}$$

计算实践表明，这样一个加权的最小二乘解也往往并不是我们希望的一个最佳解，其原因在于镜头中像差是结构参数的非线性函数，而以式(10-58)的极小值求得的 Δx_i 其步长往往太大，已远跨出了实际允许的线性区。改进的办法是将带另一个权 p 的 $\sum_{i=1}^{n}\Delta x_i^2$ 加入 φ 中，即构造 ϕ 为

$$\phi = \sum_{j=1}^{m}\mu_j\left[f_j - \left(f_{0j} + \frac{\partial f_j}{\partial x_1}\Delta x_1 + \cdots + \frac{\partial f_j}{\partial x_n}\Delta x_n\right)\right]^2 + p\sum_{i=1}^{n}\Delta x_i^2 \tag{10-59}$$

并去寻找使这个 ϕ 为极小值的解。实践证明，这个方法是成功的。这里第二个权 p 称为阻尼因子，式(10-59)称为评价函数，这个优化方法称为阻尼最小二乘法。显然，阻尼最小二乘法在原理上也适用于 $m<n$ 的情况，因为在式(10-59)中加入了 $p\sum_{i=1}^{n}\Delta x_i^2$ 项，实际上又加入了 n 项要求，使总的要求数目变为 $m+n$，当然 $m+n>n$。现行的许多光学镜头优化设计程序采用阻尼最小二乘法。

三、阻尼因子 p、权因子 μ_j 和评价函数 ϕ

如前述，阻尼最小二乘法是目前镜头优化设计程序中较为普遍采用的一种方法。而评价函数的构造、阻尼因子和权因子的合理选择是使用这个方法成功的关键。阻尼因子一般由程序自动设置完成，无需光学镜头设计人员给出；而权因子一般分为两部分，一部分由光学镜头优化设计程序自动选择给出，称为自动权因子；另一部分由设计人员给出，并在设计过程

中作适当的调整，这一部分权因子称为人工权因子。自动权因子和人工权因子的乘积泛称权因子 μ_j。

（一）阻尼因子 p

从由最小二乘法演化为阻尼最小二乘法的思路中，不难看到引入阻尼因子的目的和作用。用线性化近似来处理非线性问题时，其步子不能跨的太大，特别是非线性程度愈高的问题愈是如此，而用最小二乘法求出的步长，即结构参数的改变量在绝大多数情况下早已超出了本身结构参数实际允许的线性化区域，这正是最小二乘法在光学镜头的优化设计上难有作为的原因所在。而将步长 Δx_i^2 带“权” p 加入到评价函数 ϕ 中，就是希望找到的最小二乘解是小步长的解，这也正是将 p 称为阻尼因子的原由。当镜头在优化设计时，本身结构参数附近范围里可线性化程度究竟如何，是可以通过计算在线地迅速作出判断的，如果可线性化范围较大，则让阻尼因子取小的值，允许步长跨的大一些，相应地优化过程可快一些；而如果可线性化范围较小，则加大阻尼因子，使步长小下来，虽慢但可达。

目前商品化的镜头优化设计程序已经比较完善地作到了阻尼因子的自动设置。

（二）权因子 μ_j

权因子的作用可归结为统一评价函数中各广义像差的量纲；利用它调节各种广义像差在结构参数空间中变化的相对速度，从而改变评价函数的收敛路径，使像差的平衡方案更符合设计者的要求。

广义上讲，权因子的选择与评价函数的构造不无关系，因为权因子体现了进入评价函数中广义像差的相对重要性，对于没有选进评价函数中的像差可认为是权因子为零的像差。由于权因子中有一部分自动权因子由镜头优化程序自动设置，所以人工权因子给 1 即相当于权因子 μ_j 完全由程序自动设置。在现行的镜头优化程序中，已经充分吸收了光学镜头设计的经验和规律，自动权因子设置的比较完好，留给人工权因子设置的难度已经相对容易了一些。

（三）评价函数 ϕ 的构造

如前述，光学镜头的特性参数诸如焦距、横向放大率和后工作距等，以及各种几何像差、波像差，乃至光学传递函数 MTF 这些广义像差都是构成评价函数的元素。在商用光学镜头优化程序中，可供使用者选用的这些评价函数元素一般都有五、六十种至二、三百种。但在做具体镜头的设计时，无论从镜头光学特性参数的要求，还是像质要求，所涉及到的广义像差数目都很有限，不会也没有必要将那么多的广义像差都选进评价函数中。例如设计一个低倍显微物镜时，它的后工作距往往不会成为主要问题，所以就没有必要将后工作距这个广义像差选进评价函数中去参与校正。对于具体的镜头设计要求和选出的初始结构型式，需要选择哪些结构参数作为自变量用以校正像差？选择哪些像差进行校正？在希望校正的像差中，其相对重要性又如何？这些都需要设计人员作出判断和决策，并且要在设计过程中适时作出调整，这是构造评价函数的要点。根椐像差理论的指导、自己设计经验的总结、对别人设计实例和结果的分析与学习，并通过反复试探与比较，是可以给出一个比较合适的评价函数的。选定了评价函数就选定了问题的解空间，选定了像差随结构参数的变动路线。

例如设计一个焦距 $f'=100\text{mm}$，相对孔径 $D/f'=1/4$，全视场 $2\omega=8°$ 的望远物镜。初步选型为双胶合型式，光阑安放在物镜上。自变量选三个球面半径，可外加两种玻璃材料，但两块透镜的厚度不作为校正像差的自变量，因为这里厚度变化对像差的影响很不显著；在保证焦距为 100mm 的前提下，要校正的像差为轴上点球差、轴上点位置色差和正弦差。权因子取 1，即选自动权。这样一个评价函数就构造出来了。

为使优化设计的效率更高，优化程序的设计者有时将广义像差分成两类，分别用于初始阶段优化时所用的评价函数和像差精细校正阶段所用的评价函数中。第一类是基于近轴光线计算数据的像差系数，它们用于初始阶段优化的评价函数中。选择它们进入评价函数，其优化结果基本保证了光瞳位置、孔径大小以及像差的初步平衡，这为进一步优化给出了一个好的基础；第二类是基于实际光线追迹数据的广义像差，它们被用于像差的精细校正阶段，以优化出满意的结果。

在目前所用的商品镜头优化设计程序中，已设置了一些默认的评价函数，使用者只要选定自变量就可以直接应用它，无须再选择要校正的像差、确定权因子。它们集中了镜头设计的经验与成果，且经过了一段时间的考验，是相当好用的。然而对于特殊的镜头设计，设计人员还是自己构造评价函数为好。

四、边界条件

前面已经说过，优化设计出来的镜头不仅光学性能和像质要求要符合预定的仪器总体性能的要求，而且还应该是物理上存在的，生产实践中是可以制作出来的，这就对结构参数有了一定的限制。例如正透镜的边缘厚度和负透镜的中心厚度不能小于一定的数值；透镜之间的空气间隔不能为负值。此外，实际使用的镜头，还必须满足某些外部尺寸的要求，例如像方截距，或者说像距 l'，入瞳或出瞳距 l_z、l_z'，系统的总长度等，这类限制被称为边界条件。

在阻尼最小二乘法程序中，对边界条件的控制是分类处理的。因为像负透镜的中心厚度、镜头中的空气间隔等的边界条件就是对结构参数（自变量）变化范围的限制，一般称为第一类边界条件。像透镜的边缘厚度，像距 l'，入瞳或出瞳距 l_z、l_z'，系统的总长度等是镜头结构参数的函数，对它们的限制一般称为第二类边界条件。

对第一类边界条件的处理有几种方法：①往往采用“冻结”与“释放”的办法处理，即在每次迭代后，对变数违反第一类边界条件者执行冻结，即暂不再将它作为变数，重新进行求解。经若干次迭代后再将被“冻结”的变数释放，重新参与求解。②有时也采用所谓变数惩罚法处理，即每迭代后，对变数违反第一类边界的进行人为地改变其值，使其不致违反边界条件。③对透镜中心厚度的控制，有时也定义一个新的变数 x_i，它与透镜中心厚度 d_i 的关系为 $d_i = d_{0i} + k_i x_i^2$，这里 d_{0i}是透镜最小厚度，k_i 是个正数。这种处理办法谓之变数替换。

对第二类边界条件处理的方法是把它们和像差一样对待。当某个参数违背边界条件时，将它们的违背量加一个适当的权因子放入评价函数，经几次迭代后若不再违反边界条件，再行释放。或者采用拉格朗日不定乘数法求解严格控制边界条件。

无论采用什么办法处理边界条件，它们都是在程序中自动设置完成的。使用者只需要选择确定要控制的边界条件以及有关边界条件的参数即可。

但是设计者在决定哪些边界条件需要控制时，必须仔细分析选择，不能把一些不必要的边界条件选出加以控制，更不能把一些相互间相关甚至矛盾的边界条件通通加以控制。因为过度施加边界条件将会大大降低对像差的校正。例如对有限距离成像的系统，共轭距、光焦度和倍率三者是相关的，只能将其中两个拿出来加以控制，加入第三个就会和前两个发生矛盾。

五、小结

本节讲述了镜头优化设计方法中常用的适应法和阻尼最小二乘法的数学原理，评价函数、权因子、阻尼因子以及边界条件的含义和处理思路，主要目的是说清思想，理清思路，而不在于具体数学公式的推导与演化。

第八节 $-5^{\times}$显微物镜的优化设计实例

本节利用 ZEMAX 程序优化设计一个 $-5^{\times}$ 显微物镜，它是一个小孔径、小视场的显微物镜，主要优化轴上点及近轴部分的像差，采用两种方法设计。方法 1 的初始结构依据初级像差理论求解出，然后在计算机上进行优化，找到一个像质较优的解。方法 2 的初始结构不再依据初级像差理论求解，而是直接选用一对玻璃并大致分配光焦度后简单构造一个初始结构，将它送入计算机进行优化。下面分别介绍方法 1 和方法 2 的具体优化设计方法。

一、方法 1

（一）优化设计

方法 1 优化设计的初始结构是依据初级像差理论解出的，这部分求解工作在本章的第五节中已经完成，这里不再重复。初始结构的像差曲线如图 10-7 所示。

从图 10-7 中初始结构的像差曲线数据看，求解还是成功的，但球差和位置色差的校正状况还不很理想。需要进一步改善的地方是：边缘球差尚不为零（俗称球差曲线没有封口），位置色差校正状态不理想（即 F 光和 C 光球差曲线交点过低，孔径边缘的色球差与近轴部分的差别较大），由像差数据看到正弦差超差。下面对其进行优化。

取物镜的前两个半径作为变量，由它的第三个半径保证像方数值孔径。

将轴上点全孔径的轴向球差 LONA（$\lambda=0.587652\mu m$，Zone = 1）、轴上点 0.707 孔径的位置色差 AXCL（$\lambda_1=0.48613270\mu m$，$\lambda_2=0.65627250\mu m$，Zone = 0.707）、以及全孔径的正弦差 OSC′（$\lambda=0.587652\mu m$，Zone = 1）加入评价函数中，权重都取 1，目标值都取零。

值得指出，这里所写的“LONA”、“AXCL”和“OSCD”是 ZEMAX 程序中的定义，程序中分别称谓轴向像差操作数、轴向色差操作数和偏离正弦条件操作数。其含义分别相当于统称的轴向球差 $\delta L'$、位置色差 $\Delta L'_{\lambda_1\lambda_2}$和正弦差 OSC′。使用“LONA”时其下要确定两个参数，一是当前要计算的波长，例如上述评价函数中确定为主波长，即 d 光波长；二是要确定哪个孔径，例如上述评价函数中指定为全孔径，一般情况下它的单位为 mm。使用“AXCL”时其下要确定三个参数，首先要确定哪两个波长间的轴向色差，例如上述评价函数中确定为 F 光和 C 光波长；其次要确定哪个孔径的轴向色差，例如上述评价函数中指定为 0.707 孔径，一般情况下它的单位为 mm。同样，使用“OSCD”时其下要确定两个参数，一是当前要计算的波长，例如上述评价函数中确定为主波长，即 d 光波长；二是要确定哪个孔径，例如上述评价函数中指定为全孔径。还值得指出，关于 ZEMAX 程序中操作数的详细规定和使用时的注意之处可参阅程序中的“帮助（help）”文件，这里不予赘述。

优化后的结构参数见表 10-4，优化后的像差曲线如图 10-8 所示，优化后的正弦差 OSC′ 的值可在评价函数中找到为 -0.0009。

表 10-4　优化后的结构参数

r/mm	d/mm	材料	r/mm	d/mm	材料
	24.19		18.017	3	BaK7
∞	38.63	K9	-10.081	1.2	ZF3
∞	92		-27.355		
∞（光阑）	0				

（二）像质评价

显微物镜的像差公差通常用波像差来衡量，要求光学系统的波像差小于 $\lambda/4$（λ 为波长）。为方便起见，下面给出这个显微物镜在波像差小于 $\lambda/4$ 时所对应的几何像差公差。

1. 球差　从像差曲线上看，这个显微物镜已存在高级球差，所以球差的公差由两部分构成，即全口径边缘轴向球差 $\delta L_m'$ 和剩余轴向球差 $\delta L'$。球差的公差为

$$\delta L_m' \leqslant \frac{\lambda}{n' u_m'^2} = 0.026\text{mm}$$

$$\delta L' \leqslant \frac{6\lambda}{n' u_m'^2} = 0.155\text{mm}$$

式中，λ 是 d 光波长，n' 和 u_m' 分别是像方折射率和像方最大孔径角。

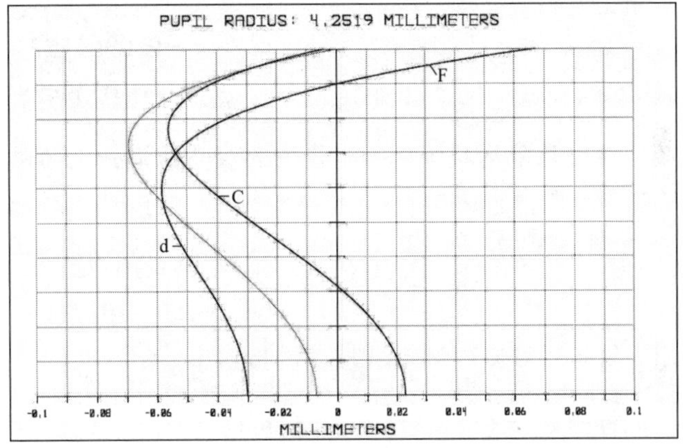

图 10-8　优化后的像差曲线

从像差曲线上看，优化后镜头的球差在公差范围内，合乎要求。

2. 位置色差　由于不同波长（色光）的球差一般不同，所以光学系统中存在色球差。对于双胶合这种结构简单的镜头，一般只要求在 0.707 孔径处的位置色差为

$$L_F' - L_C' \leqslant \frac{\lambda}{n' u_m'^2} = 0.026\text{mm}$$

从像差曲线上看，优化后镜头的位置色差在公差范围内，合乎要求。

3. 正弦差　在小视场显微物镜的像质评价中，往往采用正弦差 OSC′来评价轴外点的彗差，要求物镜的 OSC′小于等于 0.0025 为宜。优化后 OSC′为 -0.0009，合乎要求。

这个显微物镜的像差已在公差范围内，优化设计暂时告一段落。

二、方法 2

设计双胶物镜的关键之一是选好玻璃对，设计时可以用 PW 法得到初始解，然后再上计算机优化，例如方法 1 设计 $-5^{\times}$ 显微物镜时就走过了这样一个过程。也可以不用 PW 法求解初始结构，先初步选用一对玻璃，大致分配光焦度后直接上机优化，在优化过程中的适当阶段将玻璃材料作为变量参与优化，直至得到一个好的结果，下面介绍其设计过程。

（一）初始解

1. 初选玻璃对　玻璃对选择折射率差较大，色散差也较大的常用玻璃。例如这里选用（K9，F5）这对玻璃，它们的折射率和阿贝数分别是 K9（1.51637，64.07）、F5（1.62435，

35.92)。

2. 光焦度分配，初步确定透镜半径 由前面的计算知道，物镜前光路中的平板玻璃产生的 C_{I} 很小，可以先忽略以使计算简便，如此可列出如下的消除位置色差方程和合成光焦度方程

$$\frac{\varphi_1}{\nu_1}+\frac{\varphi_2}{\nu_2}=0$$

$$\varphi_1+\varphi_2=\varphi$$

式中，$\varphi=\dfrac{1}{23.6\mathrm{mm}}$是“$-5^{\times}$显微物镜”的光焦度，$\varphi_1$ 和 φ_2 分别是组成 $-5^{\times}$ 显微物镜两块镜片的光焦度，$\nu_1=64.07$，$\nu_2=35.92$。

解上式得

$$\varphi_1=0.0963157$$

$$\varphi_2=-0.0539428$$

设第一块镜片的形状为相等半径值的双凸透镜，由薄透镜焦距公式 $\varphi_1=(n_1-1)\left(\dfrac{1}{r_1}-\dfrac{1}{r_2}\right)$可得

$$r_1=10.721$$

$$r_2=-10.721$$

这里，$n_1=1.51637$，是 K9 玻璃的折射率。

同样由 $\varphi_2=(n_2-1)\left(\dfrac{1}{r_2}-\dfrac{1}{r_3}\right)$可得

$$r_3=-145.821$$

这里，$n_2=1.62435$，是 F5 玻璃的折射率。

（二）优化设计

以上述初步确定的玻璃材料，初步计算出的半径为初始参数，将第一块镜片的厚度仿照前面的结果初步定为 2.7mm，第二块镜片的厚度定为 1mm，以此作为初始结构上计算机进行优化。初始结构参数如表 10-5 所列，初始结构的像差曲线如图 10-9 所示，OSC′的值由弧矢彗差 K_s'间接算出为 0.024。

表 10-5 方法 2 的初始结构参数

r/mm	d/mm	材料	r/mm	d/mm	材料
	24.19		10.721	2.7	K9
∞	38.63	K9	-10.721	1	F5
∞	92		-145.821		
∞（光阑）	0				

1. 第一步优化 由图 10-9 看出，初始结构的球差与位置色差都不符合像差公差要求，需要优化。

优化时，选择双胶物镜的前两个半径作为变量，用它的第三个半径保证数值孔径 $NA=0.15$。与前例同样，将轴上点全孔径的轴向球差 LONA（$\lambda=0.587652\mu\mathrm{m}$，Zone = 1）、轴上

点 0.707 孔径的位置色差 AXCL（λ_1 = 0.48613270μm，λ_2 = 0.65627250μm，Zone = 0.707）、以及全孔径的正弦差 OSCD（λ = 0.587652μm，Zone = 1）加入到评价函数中，权重都取 1，目标值都取零。优化后的结构参数如表 10-6 所示，优化后的像差曲线如图 10-10 所示，优化后的 OSC′为 0.013。

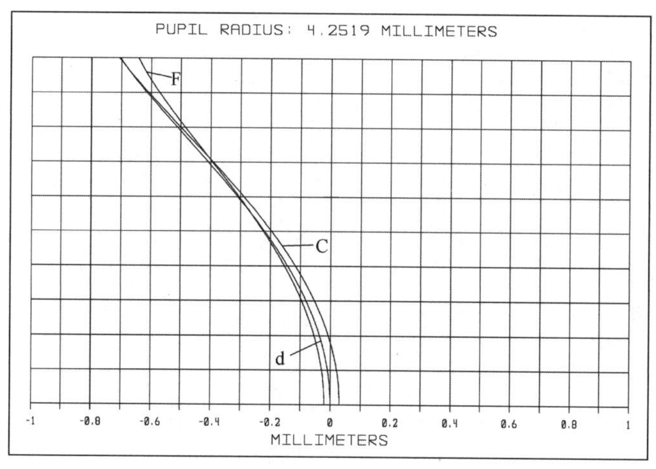

图 10-9　方法 2 初始结构的像差

表 10-6　方法 2 第一步优化后的结构参数

r/mm	d/mm	材料	r/mm	d/mm	材料
	24.19		12.991	2.7	K9
∞	38.63	K9	-9.5	1	F5
∞	92		-47.72		
∞（光阑）	0				

2. 第二步优化　从图 10-10 中像差曲线看到，经第一步优化后，球差和位置色差校正得较好。但物镜的 OSC′值为 0.01，彗差不好。

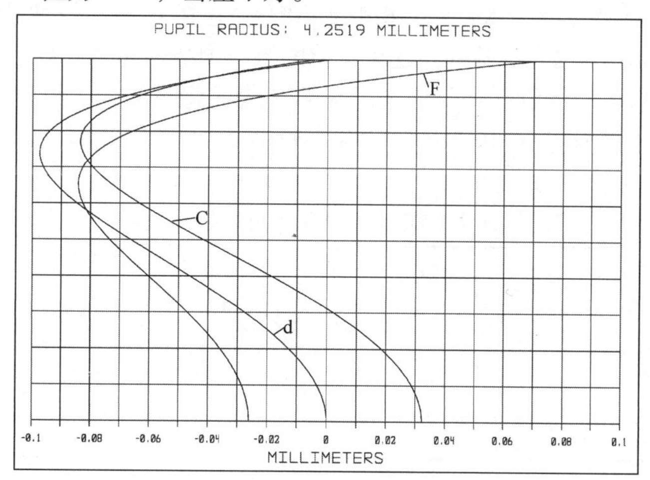

图 10-10　方法 2 第一步优化后的像差曲线

现增加一个变量，将第一块镜片的材料作为变量。将物镜的第一片玻璃改为变量的操作过程是：在主窗口中打开透镜数据编辑器表，将其上的玻璃材料改为“模型玻璃（model）”→右键单击该片玻璃的折射率→将单击后出现在窗口中的 n_d 和 ν_d 改为变量→OK。值得指出，一般来说将玻璃材料作为变量时要加边界条件来限制折射率和阿贝数在合理的范围内变动，现看到第一步优化后像质已接近公差允限，估计材料折射率和阿贝数变动不大即可满足要求，所以就暂不加入材料变动的边界条件了。

仍然选择物镜的第一个半径和第二个半径作为变量，让它的第三个半径保证物镜数值孔径为0.15。仍选用与第一步优化时同样的评价函数进行第二步优化。

第二步优化优化后的像差曲线如图10-11所示，OSC′的值为0。

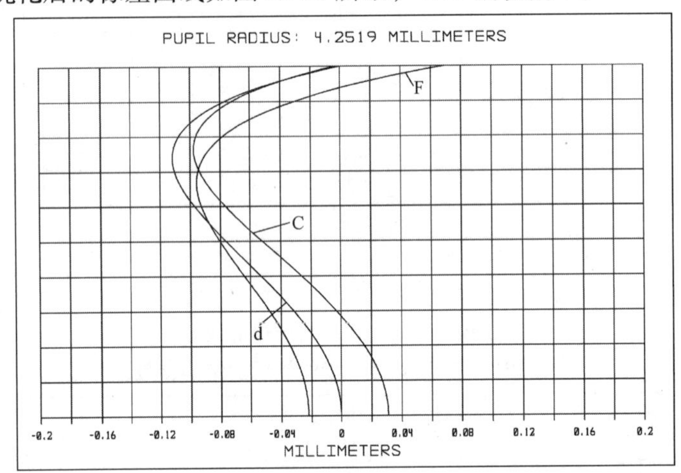

图10-11 方法2第二步优化后的像差曲线

3. 第三步优化 第二步优化后，尽管像差已校正好了，但由于将玻璃材料作为变量，又由于在优化过程中这个变量是作为一个连续变量对待的，所以第二步优化后的材料折射率和阿贝数在现实中不一定正好找到，所以要用实际玻璃就近替代优化后的“模型玻璃”。玻璃替代的操作是右键单击模型玻璃折射率，选择替代（substitute）→OK。

现选择出的替代玻璃是QK3（1.48746，70.04），然后将第一块镜片的材料确定为QK3，不再作为变量。并以此为基础，选择物镜的第一个半径和第二个半径作为变量，让它的第三个半径保证物镜的数值孔径。仍选用与第一步优化时同样的评价函数进行第三步优化。优化后的结构参数列于表10-7中，优化后的像差曲线如图10-12所示，OSC′的值为-0.0016。

表10-7 第三步优化后得出的结构参数

r/mm	d/mm	材料	r/mm	d/mm	材料
	24.19		16.289	2.7	QK3
∞	38.63	K9	-9.068	1	F5
∞	92		21.669		
∞（光阑）	0				

从像差曲线和像差数据看出，这个镜头的质量已符合第九章第七节所列像差公差的要求，设计结果是好的。

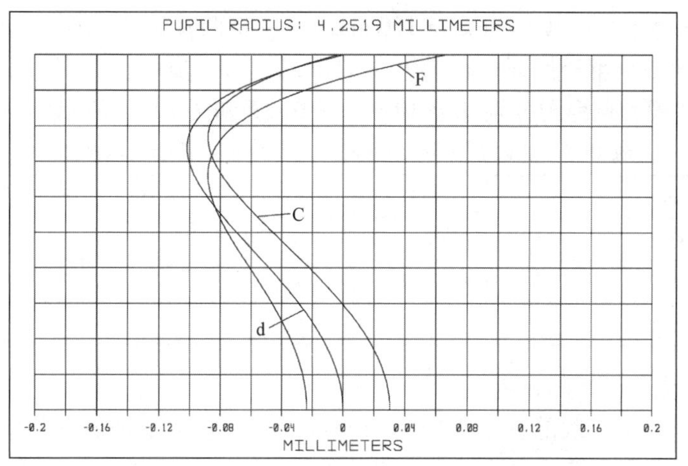

图 10-12　第三步优化后的像差曲线

第九节　激光扫描物镜优化设计实例

本节给出优化设计的第二个实例，即优化设计一个激光扫描物镜，它是一个中等视场、小孔径物镜，主要优化轴外点的像差。仍用 ZEMAX 程序。此例中，我们逐步分析像差状况，逐步调整评价函数的构造，逐步优化而得到一个好的结果。

一、设计要求

这个例子是对于一个已有的激光扫描物镜方案进行改动，将其焦距由原先的 $f'=100\text{mm}$ 缩放至 $f'=160\text{mm}$，并限制其镜头厚度，达到预设的像质要求。具体要求如下：

1. 激光扫描镜头初始结构　物距 $l=-\infty$，视场角 $2\omega=40°$，入瞳直径 $\phi=16\text{mm}$，工作波长 $\lambda=10.6\mu\text{m}$（CO_2 激光器）；初始结构参数见表 10-8。

表 10-8　激光扫描物镜初始结构参数

r/mm	d/mm	n	材料	r/mm	d/mm	n	材料
∞（光阑）	28			-157.8	6	3.28	GaAs
-31.211	5.39	3.28	GaAs	-105.5			
-35	1.5						

2. 对新设计的要求

1）物距　$l=-\infty$；

2）全视场　$2\omega=40°$；

3）轴上点通光口径　$\phi=16\text{mm}$；

4）焦距　$f'=160\text{mm}$；

5）第一片镜片的厚度 $d_2=5.4\text{mm}$，第二片镜片的厚度 $d_4=6\text{mm}$；

6）全视场内弥散圆半径小于 0.02mm；

7）以 $y'=f'\omega$ 作为理想像高的校准畸变（calibrated distortion）小于 0.1%。

二、优化设计过程与结果

（一）为优化设计做准备

将原始结构整体缩放至焦距为$f'=160\text{mm}$，然后将两片镜片的厚度分别改回至5.4mm和6mm，再利用第四个半径保证焦距为$f'=160\text{mm}$。这一步可在计算机上在线完成。初始结构参数、像差曲线和点列图分别如表10-9、图10-13和图10-14所示。

表10-9 焦距$f'=160\text{mm}$的激光扫描物镜初始结构参数

r/mm	d/mm	n	材料	r/mm	d/mm	n	材料
∞（光阑）	38.432			-216.591	6	3.28	GaAs
-42.839	5.39	3.28	GaAs	-135.452			
-48.04	2.06						

（二）第一次优化设计的过程与结果

在（一）的基础上，取前三个半径作为变量，令第四个半径保证物镜的相对孔径，并将轴上点边缘光线高度为零的像平面取为当前的像平面。从图10-13和图10-14看出，初始结构存在较为严重的彗差，故选择初级彗差系数COMA作为要校正的像差进行优化，它的目标值取零，权重取1。

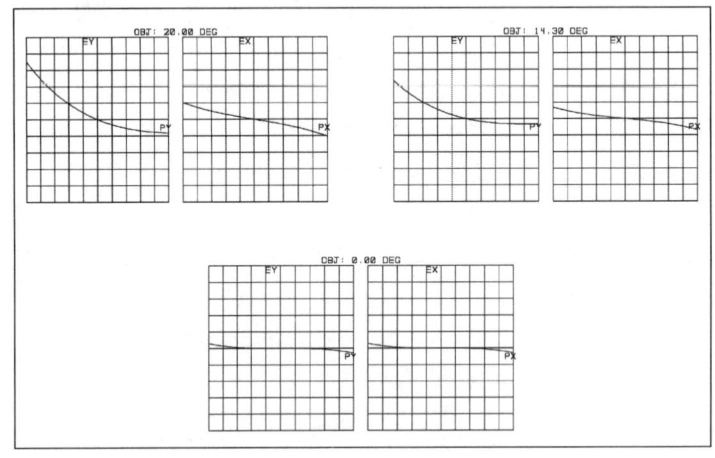

图10-13 焦距$f'=160\text{mm}$的激光扫描物镜初始结构的像差曲线

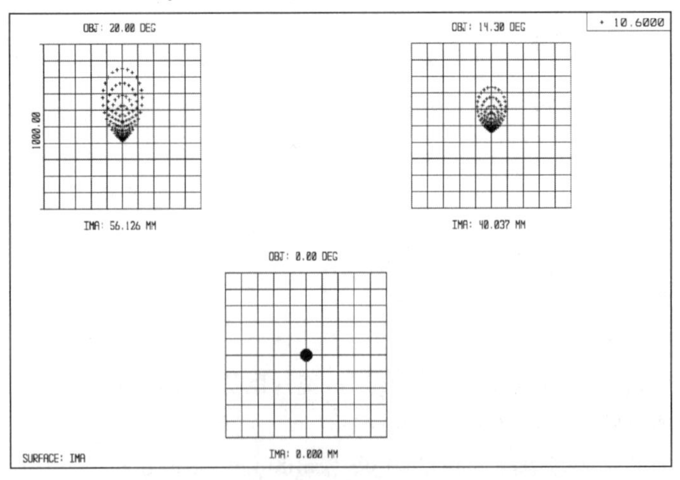

图10-14 焦距$f'=160\text{mm}$的激光扫描物镜初始结构的点列图

值得指出，COMA 是 ZEMAX 程序中定义的初级彗差系数操作数，其含义就是通称的初级彗差系数 S_{II}。优化后的结构参数，像差曲线和点列图分别如表 10-10、图 10-15 和图 10-16 所示。

表 10-10　第一次优化后的激光扫描物镜结构参数

r/mm	d/mm	n	材料	r/mm	d/mm	n	材料
∞（光阑）	38.432			-158.327	6	3.28	GaAs
-41.916	5.39	3.28	GaAs	-118.994			
-45.222	2.06						

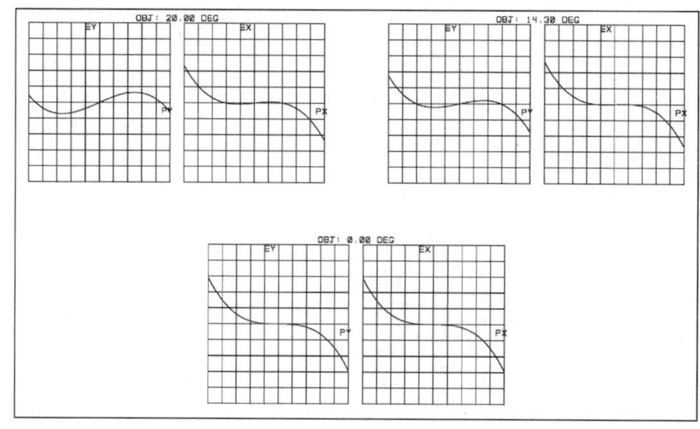

图 10-15　第一次优化后的像差曲线

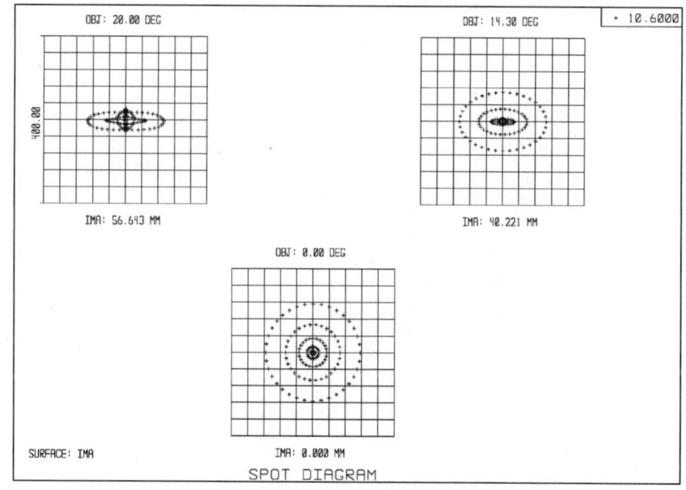

图 10-16　第一次优化后的点列图

（三）第二次优化设计的过程与结果

在（二）的基础上，仍取前三个半径作为变量，令第四面半径保证相对孔径，令轴上点边缘光线交高为零的平面为当前像平面。由图 10-15 和图 10-16 看出，经第一次优化后，存在的主要像差是像散，就选择初级像散系数 ASTI 作为要校正的像差加入到评价函数中，其目标值取为零，权重取为 1。经第二次优化后的结构参数，像差曲线和点列图分别如表

10-11、图 10-17 和图 10-18 所示。这里，ASTI 是程序中定义的操作数，其含义是通称中的初级像散系数 S_{III}。

表 10-11 经第二次优化后的结构参数

r/mm	d/mm	n	材料	r/mm	d/mm	n	材料
∞（光阑）	38.432			-170.167	6	3.28	GaAs
-40.201	5.39	3.28	GaAs	-118.79			
-44.449	2.06						

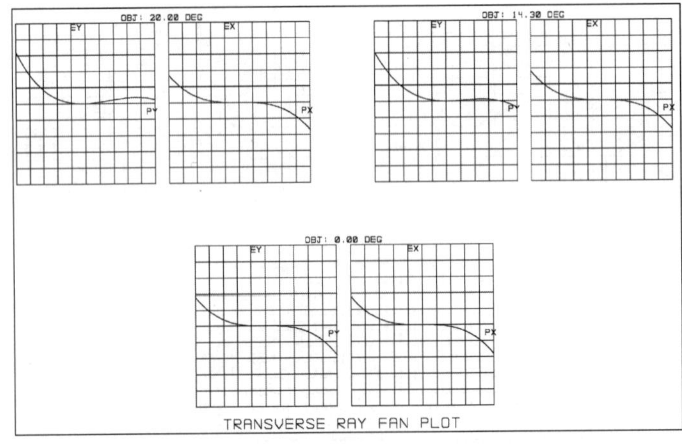

图 10-17 经第二次优化后的像差曲线

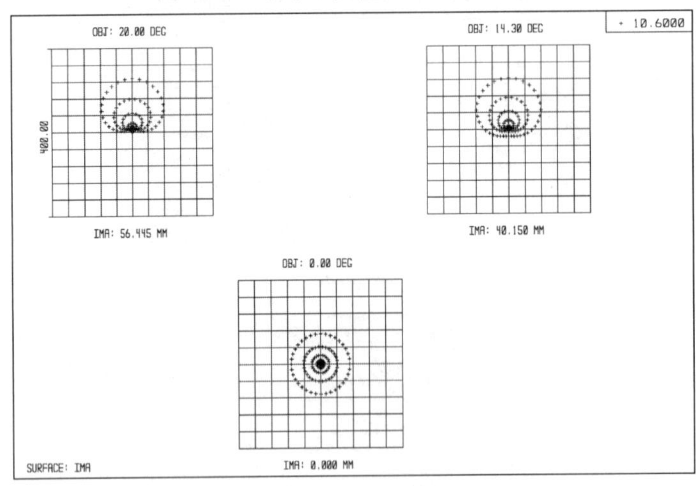

图 10-18 经第二次优化后的点列图

（四）第三次优化设计的过程与结果

在（三）的基础上，取前三个半径作为变量，令第四个半径保证物镜的相对孔径。由图 10-17 和图 10-18 分析，经第二次优化后，像散变小了，但又有彗差出现的趋向。回顾上述优化过程知道，在交替校正彗差和像散的过程中，像散和彗差又是交替成为主要矛盾的，这就启示我们将这两种像差一起共同校正，即将初级彗差系数 COMA 和初级像散系数 ASTI

一起加入到评价函数中，它们的目标值都取零，它们的权重都取1。经第三次优化后的结构参数见表10-12。然后做一次自动离焦（其路径为主窗口Tools→miscellaneous→Quick focus→Spot size radial→ok），离焦后的像差曲线和点列图分别如图10-19和图10-20所示。

表10-12 经第三次优化后的结构参数

r/mm	d/mm	n	材料	r/mm	d/mm	n	材料
∞（光阑）	38.432			-207.673	6	3.28	GaAs
-39.442	5.39	3.28	GaAs	-143.859			
-42.758	2.06						

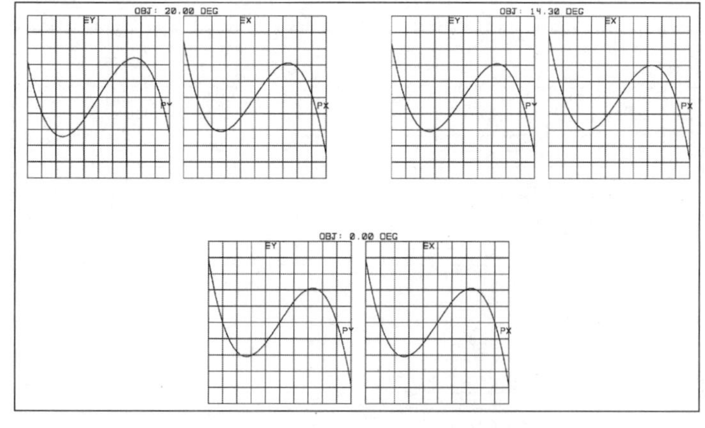

图10-19 经第三次优化并离焦后的像差曲线

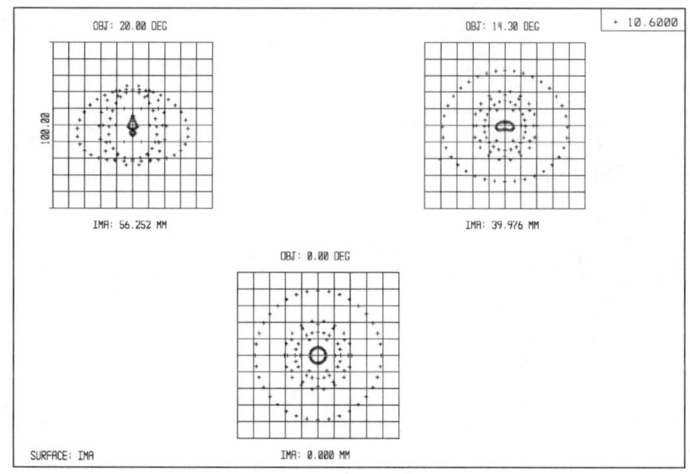

图10-20 经第三次优化并离焦后的点列图

（五）第四次优化设计的过程与结果

经第三次优化后，物镜的彗差和像散都有了改善，弥散圆缩小了很多，但还没有达到要求。另外有关扫描镜头的f-θ条件还没有考虑。

在（四）的基础上，除了取前三个半径作为变量外，将光阑距和两块镜片之间的空气间隔增加为变量，第四个半径仍用来保证物镜的相对孔径。评价函数中除保留初级彗差系数

COMA 和初级像散系数 ASTI 外，另外增加了校准畸变控制 DISC。DISC 是 ZEMAX 程序中的一个操作数，它的作用是控制系统的畸变，使得系统尽可能满足 $f\text{-}\theta$ 条件。三者的目标值都取零，COMA 和 ASTI 的权重都取 1，DISC 的权重取 5。

经第四次优化并做一次自动离焦后的结构参数，像差曲线和点列图分别如表 10-13、图 10-21 和图 10-22 所示，校准畸变曲线如图 10-23 所示。

表 10-13　经第四次优化后的结构参数

r/mm	d/mm	n	材料	r/mm	d/mm	n	材料
∞（光阑）	17.72			−402.84	6	3.28	GaAs
−37.535	5.39	3.28	GaAs	−192.839	183.454		
−41.907	37.74						

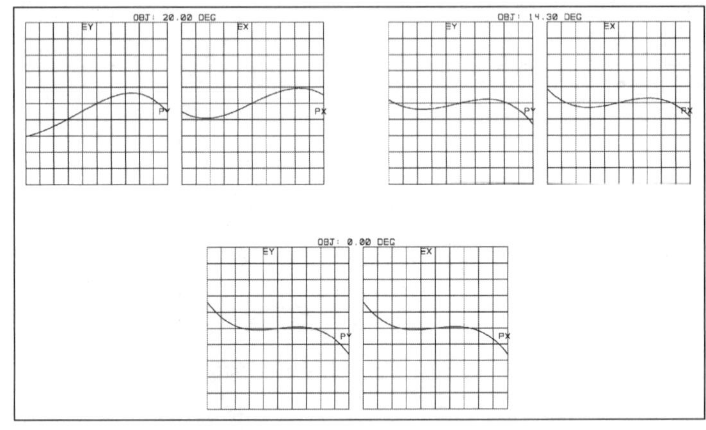

图 10-21　经第四次优化后的像差曲线

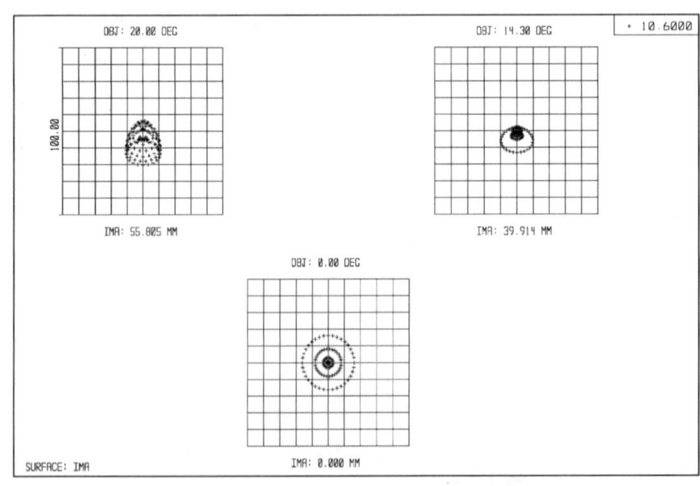

图 10-22　经第四次优化后的点列图

（六）最终的优化设计结果

预定的像质标准是要求弥散圆半径小于 0.02mm，预定的校准畸变要求是小于 0.01%。

由图 10-22 知此结果的弥散圆半径大小已符合要求，但由图 10-23 可知校准畸变的要求还没有达到。

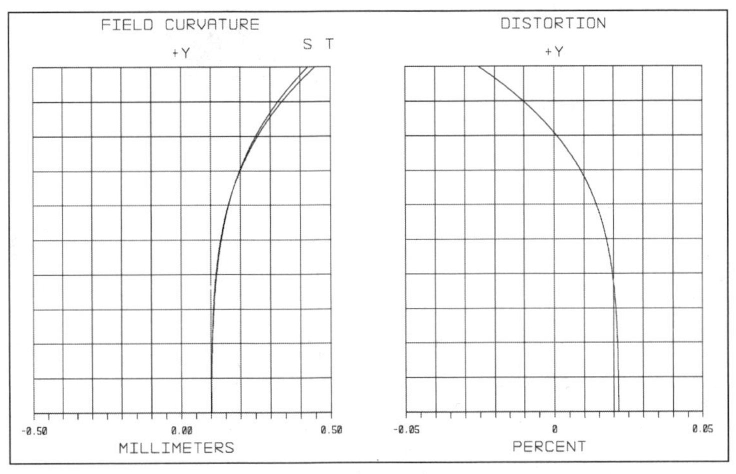

图 10-23 评价函数中加入 *f-θ* 条件后优化出的校准畸变曲线

在（五）的基础上，再将像距（l'）增加为变量，以原有的评价函数作为评价函数进行优化，然后自动离焦，得到结果后，像距（l'）不再作为变量，又优化一次，再做自动离焦得到最后结果。最后结果的结构参数见表 10-14，像差曲线、点列图和校准畸变曲线分别如图 10-24、图 10-25 和图 10-26 所示。

由图 10-25 和图 10-26 可以看出，全部设计要求已经达到。这个结果的像质是非常好的。

表 10-14 最后结果的结构参数

r/mm	*d*/mm	*n*	材料	*r*/mm	*d*/mm	*n*	材料
∞（光阑）	22.419			-394.167	6	3.28	GaAs
-37.59	5.39	3.28	GaAs	-191.352	182.924		
-41.927	36.598						

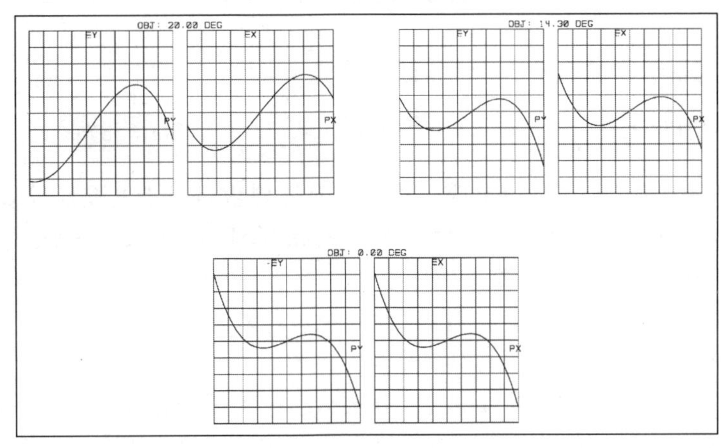

图 10-24 最后结果的像差曲线

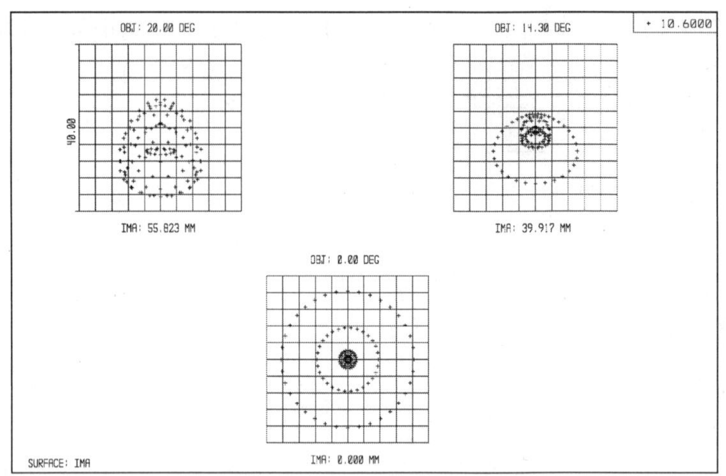

图 10-25 最后结果的点列图

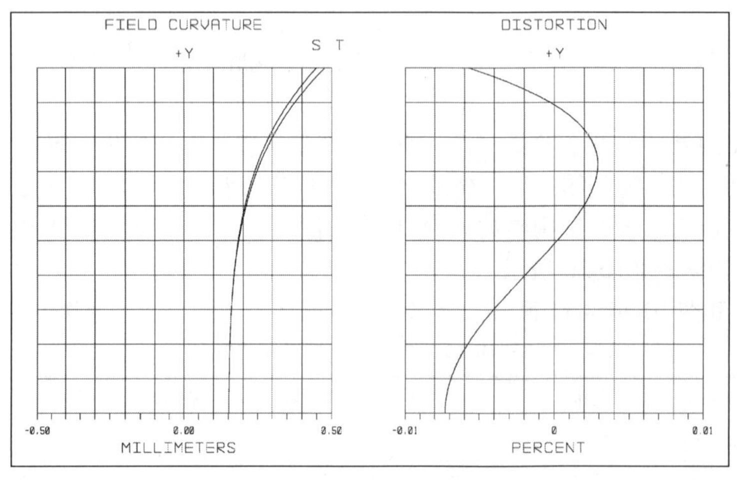

图 10-26 最后结果的校准畸变曲线

第十节 三片数码相机物镜优化设计实例

一、三片数码相机物镜的光学特性和像质要求

1. 三片数码相机物镜的光学特性为$f'=6\text{mm}$；$\dfrac{D}{f'}=\dfrac{1}{3.5}$；$2\omega=53°$；

2. 像质主要以调制传递函数（MTF）衡量，具体要求是对于低频（17lp/mm），视场中心的 MTF≥0.9，视场边缘的 MTF≥0.85；对于高频（51lp/mm），视场中心的 MTF≥0.3，视场边缘的 MTF≥0.25。另外，dist≤4%；

3. 该物镜对 d 光校正单色像差，对 F、C 光校正色差。

二、初始结构

三片数码相机物镜的初始结构可由三种办法给出：①可以通过求解七个初级像差方程和一个光焦度方程得出；②更简单一点的办法是只求解初级场曲、初级位置色差和初级倍率色差这三个只与光焦度分配有关的初级像差方程、以及光焦度方程，从而确定出三片物镜的光焦度分配，然后在计算机上以七个初级像差系数和像方数值孔径的要求构成的评价函数优化出一个初始结构；③最简单的办法是选择一个适当的三片摄影物镜，通过焦距缩放得到一个初始结构。本节中采用第三种办法构成一个数码相机物镜的初始结构。

从参考文献〔34〕中选一个三片摄影物镜作为基型，它的光学参数是：$f'=100\text{mm}$，$\dfrac{D}{f'}=\dfrac{1}{4.5}$，$2\omega=40°$。其结构参数见表 10-15。

表 10-15　三片摄影物镜的结构参数

r/mm	d/mm	材料	r/mm	d/mm	材料
43.463	4.49	SK4（Schott）	41.68	8.82	
-509.386	11.81		164.774	4.49	SK4（Schott）
∞（光阑）	0		-34.698		
-40.552	2.81	F7（Schott）			

将表 10-15 所列的三片摄影物镜的焦距由 100mm 缩放至 6mm 时，其结构参数见表 10-16。同时将它的光学特性增大为$\dfrac{D}{f'}=\dfrac{1}{3.5}$，$2\omega=53°$，以此作为设计三片数码相机物镜的初始结构。它的调制传递函数和畸变曲线分别如图 10-27 和图 10-28 所示。

表 10-16　三片数码相机物镜的初始结构参数

r/mm	d/mm	材料	r/mm	d/mm	材料
2.608	0.27	SK4（Schott）	2.501	0.529	
-30.563	0.708		9.886	0.27	SK4（Schott）
∞（光阑）	0		-2.082		
-2.433	0.168	F7（Schott）			

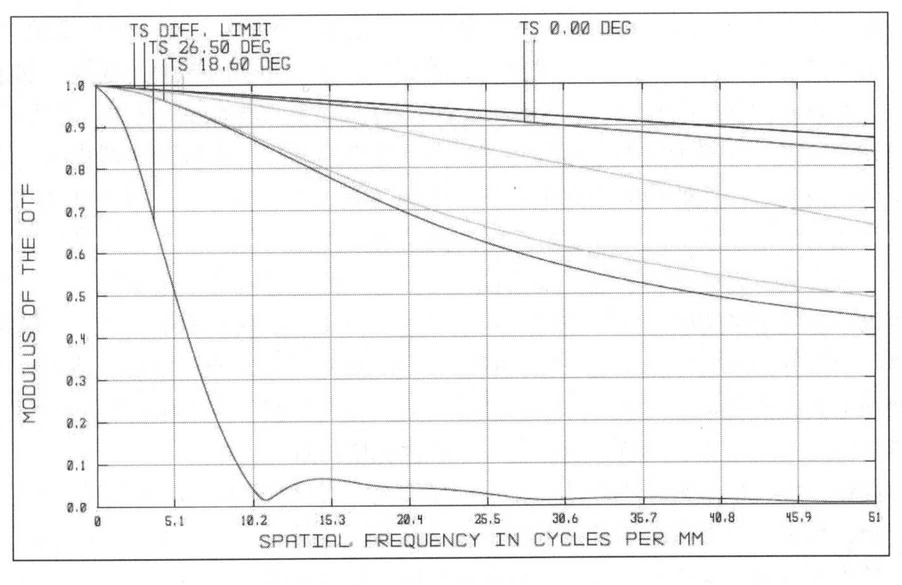

图 10-27　三片数码相机物镜初始结构的调制传递函数

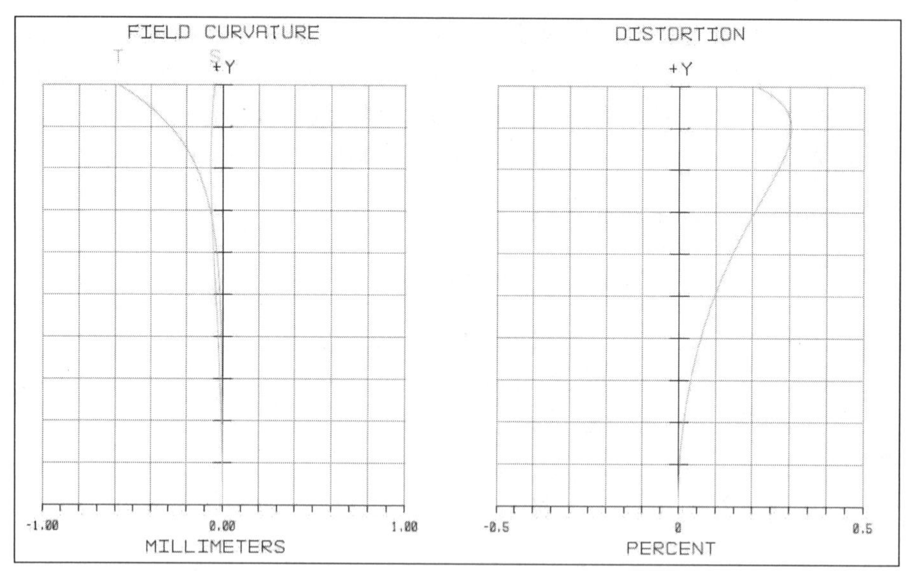

图 10-28 三片数码相机物镜初始结构的畸变曲线

从结构参数看，这个初始结构的最大问题是各镜片的厚度太薄了，只有 0.17 ~ 0.27mm，应该加厚到 1mm 左右；从调制传递函数曲线和畸变曲线看，像质状况还是不错的，不失为一个可用的基础结构。

三、加厚镜片的过程

（一）加厚镜片的办法

现有两种办法来增加各镜片的厚度：一种办法是在上述初始结构的基础上直接将第一和第三块镜片的厚度改为 1mm，将第二块镜片的厚度改为 0.9mm，同时视系统焦距变动的情况进行焦距缩放，并将系统的光学特性改为设计要求，然后再做优化；第二种办法是将系统的光学特性改为设计要求后，每次将厚度增加一点，比如说增加 0.1mm，然后就做初步优化，经过这样几个“增加一点厚度-优化”的循环，直到厚度达到要求，即第一块镜片和第三块镜片的厚度达到 1mm，第二块镜片的厚度达到 0.9mm 后，以其为基础再做进一步的优化。

这里先采用第二种逐步增加厚度的办法，主要考虑是基于一个推测，即推测光学系统的像差与结构以及光学特性的函数空间虽然是一个非常复杂的空间，但在相当的自变量域内，它有极大可能是一个连续空间，在较好结构附近情况更可能是如此。如果情况如此，则一些自变量的小量变化引起的像差变化，就比较容易通过其他自变量的小量变化补偿回来，而这个补偿可以通过优化来达到。这样进行了若干步后，镜片厚度逐渐加上去了，但得到的初始结构还是一个较好的结构，至少是一个较好的基础结构。反之如果采用第一种办法，将镜片厚度直接加上去，倘若像差对镜片厚度较为敏感的话，则得到的初始结构远离原先较好的解，极有可能是一个十分差的解，会使进一步的优化增加难度。

光学设计中往往是“欲速则不达”的，优化算法“阻尼最小二乘法”的研究正好说明了这个问题，最小二乘法在光学设计上难有作为的原因就是步长往往太大，加了阻尼项后就是限制步长不要太大，这样阻尼最小二乘法这个优化算法才告成功。

（二）分步增加镜片厚度并优化

计划分7步完成镜片加厚过程。第一步至第六步中每块镜片的厚度每一步增加0.1mm，即第一块和第三块镜片的厚度为0.27mm→0.37mm→0.47mm→0.57mm→0.67mm→0.77mm→0.87mm，第二块镜片的厚度为0.17mm→0.27mm→0.37mm→0.47mm→0.57mm→0.67mm→0.77mm；最后一步，即第七步将第一块和第三块镜片的厚度均由0.87mm增加至1mm，将第二块透镜的厚度由0.77mm增加为0.9mm。

值得强调指出，每一步增加了镜片的厚度后，就做一次优化。优化时选择6个半径和2个空气间隔作为变量，利用ZEMAX提供的默认评价函数，选取弥散圆型式的评价函数，并加入焦距$f'=6$mm的要求，权重取1进行优化。

通过上述七步加厚并优化后得到的结构参数见表10-17，它的调制传递函数和畸变曲线分别如图10-29和图10-30所示。

表10-17 三片数码相机物镜加厚并优化后的结构参数

r/mm	d/mm	材料	r/mm	d/mm	材料
2.554	1	SK4（Schott）	2.329	0.438	
-7.867	0.121		5.048	1	SK4（Schott）
∞（光阑）	0		-4.84		
-4.287	0.9	F7（Schott）			

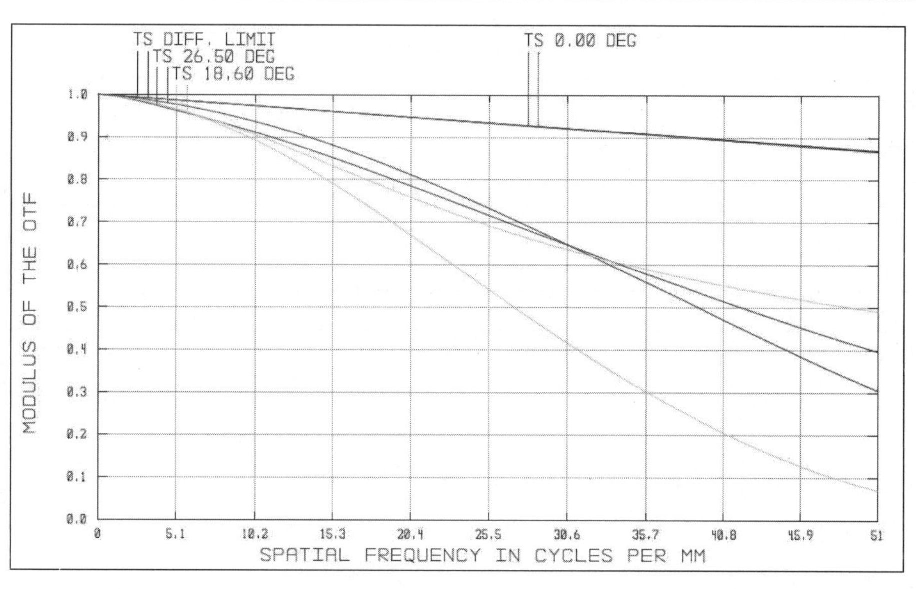

图10-29 三片数码相机物镜镜片加厚并优化后的调制传递函数曲线

四、优化

由图10-29和图10-30看到，加厚镜片并优化后，物镜轴上点的调制传递函数是不错的，轴外点的调制传递函数还比较低；物镜的畸变是合格的。下面做进一步优化。

（一）将离焦量增加为变量

优化时，除仍将6个半径和2个空气间隔用作自变量外，还将离焦量增加为自变量。仍采用ZEMAX提供的弥散圆型式的默认评价函数，并在其中加入焦距$f'=6$mm的要求，权重取1。

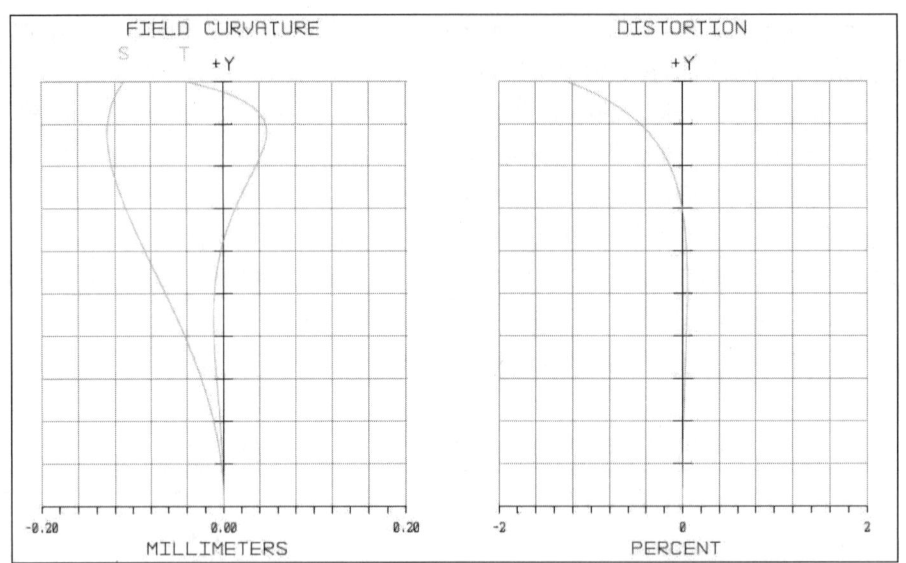

图 10-30 三片数码相机物镜镜片加厚并优化后的畸变曲线

优化后得到的结构参数见表 10-18，它的调制传递函数和畸变曲线分别如图 10-31 和图 10-32 所示。

表 10-18 将离焦量增加为变量优化后的结构参数

r/mm	d/mm	材料	r/mm	d/mm	材料
2. 494	1	SK4 (Schott)	2. 301	0. 452	
-10. 458	0. 122		4. 919	1	SK4 (Schott)
∞ (光阑)	0		-5. 478	3. 758	
-5. 267	0. 9	F7 (Schott)			

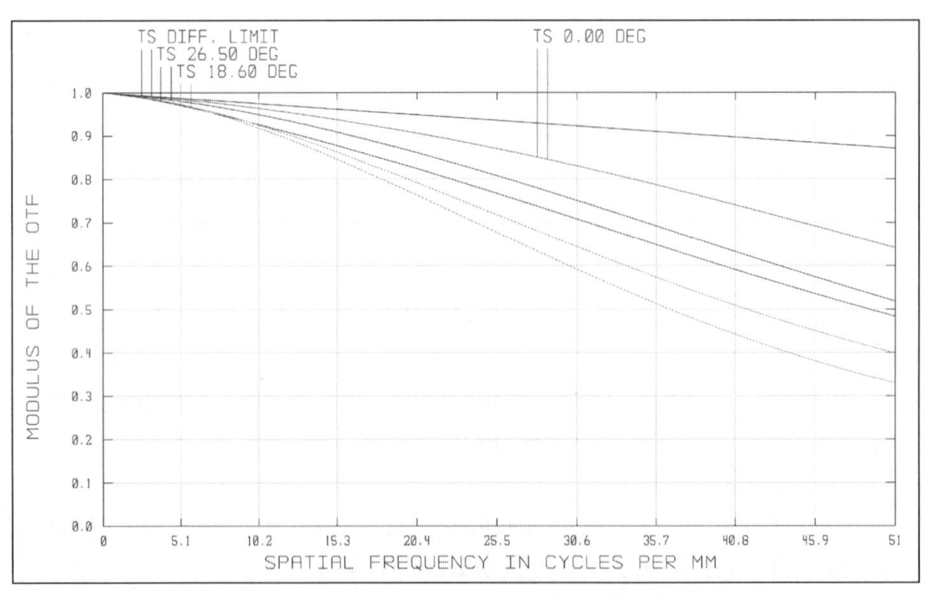

图 10-31 将离焦量增加为变量后优化出的调制传递函数曲线

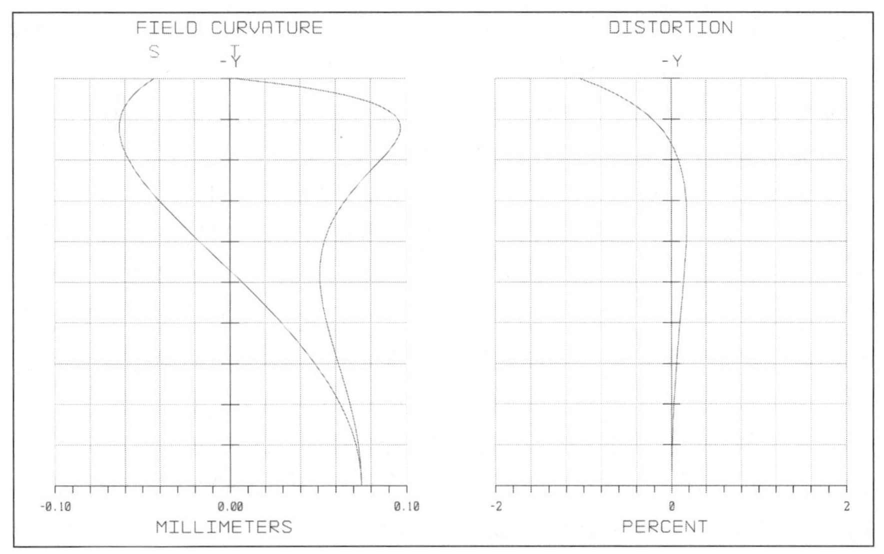

图 10-32 将离焦量增加为变量后优化出的畸变曲线

（二）像质评价

由图 10-31 知，优化后物镜高频（51lp/mm）的调制传递函数（MTF）无论轴上点还是轴外点都大于 0.3，好于设计要求；物镜轴上点低频（17lp/mm）的调制传递函数（MTF）为 0.93，好于设计要求。最大视场的调制传递函数无论子午的还是弧矢的都大于 0.86，好于设计要求。0.707 视场的调制传递函数子午的为 0.84，弧矢的为 0.82，稍低于设计要求，但与设计要求相差不远；由图 10-32 知，物镜畸变好于设计要求。

又鉴于物镜各个视场在整个要求的空间频率范围内无论子午还是弧矢调制传递函数曲线极为集中（这在图 10-31 中看得很清楚），应该说这个物镜的像质还是不错的，可以认为这个物镜的设计要求基本达到，将表 10-18 所示结构作为设计结果结束设计。设计任务就此告一段落。

若想进一步提高物镜的像质，有两条路可走，其一是改动评价函数，改动评价内容或改动操作数的权重和目标值后继续优化；其二是增加别的自变量做进一步优化。这里走第二条路，将材料增加为自变量再继续优化，这样顺便也练习了机选玻璃的操作。

（三）增加玻璃材料为自变量做进一步优化

将玻璃材料作为变量后，在 ZEMAX 程序中有两类优化选择玻璃的办法。其一是将玻璃用它的参量“模型”化，优化这些参量寻找优化解，称其为模型玻璃方法；其二是基于全局优化方法的，优化过程中直接用玻璃库中玻璃做替代，比较评价函数决定取舍，称其为替代玻璃方法。下面利用模型玻璃方法做进一步的优化。

1. 利用“模型玻璃”法进行优化　除选 6 个半径、2 个空气间隔及离焦量作为变量外，将 3 块玻璃改为“模型”玻璃，并将它们的折射率和阿贝数改为变量。这里“模型玻璃”是 ZEMAX 程序中的一个称谓，含义是在可光见范畴中，用折射率和阿贝数两个数字参量表征玻璃，因为在优化过程中这两个数字参量可作为连续参量对待，所以用这两个参量表示的玻璃有时不一定能在实际玻璃中找到，故谓之“模型玻璃”。玻璃作为变量后，为限制玻璃的选择范围，可以将 ZEMAX 程序中的操作数“RGLA”作为约束条件加入到评价函数中。

将材料改为“模型玻璃”的路径是：右击材料旁边的方块→Solve Type(Model)→Index Nd(√)→Abbe Vd(√)→OK。

利用ZEMAX提供的默认评价函数，选取弥散圆型式的评价函数；在其中加入焦距$f'=6$mm的要求，权重取1；并如上述在评价函数中加入“RGLA”，其目标值采用程序推荐的数值0.05，权重取1。值得指出，使用“RGLA”时，除要填写目标值和权重值外，其下还有五个数要确定：前两个是它的使用范围（即需指明是第几面到第几面的玻璃是变量），紧接着是三个所谓子权重数（Wn，Wa，Wp），它们分别是折射率偏差的权重、阿贝数偏差的权重和部分色散偏差的权重。这里所谓的“偏差”指优化过程中所期望的模型玻璃与最接近它的实际玻璃的偏离。事实上，“RGLA”就是上述三个参量偏离的加权和，所加的权重就是使用它时要确定的子权重，一般来说采用程序默认的子权重值的效果不错，这里就采用它。程序规定三个子权重处填写“零”即意味着采用程序的默认值。

以表10-18所列的结构作为初始结构，将6个折射面半径、2个空气间隔、离焦量和3块玻璃材料作为变量，选择弥散圆型式的默认评价函数，并在其中加入“EFFL”和“RGLA”的操作语句。优化出的结构参数见表10-19，优化出的传递函数曲线和畸变像差曲线分别如图10-33和图10-34所示。表10-19中折射率（n，ν）这一列下数据的含义是第一个数是模型玻璃的折射率n，第二个数是模型玻璃的阿贝数ν，例如表10-19中第一块透镜的材料数据是（1.87，39.4），即表明这块材料的折射率$n=1.87$，阿贝数$\nu=39.4$。

表10-19 数码相机物镜透镜材料作为变量优化后的结构参数

r/mm	d/mm	n，ν	r/mm	d/mm	n，ν
3.256	1	1.87，39.4	2.549	0.732	
-140.918	0.156		6.515	1	1.68，62.8
∞（光阑）	0		-5.486	3.803	
-9.020	0.9	1.71，25.3			

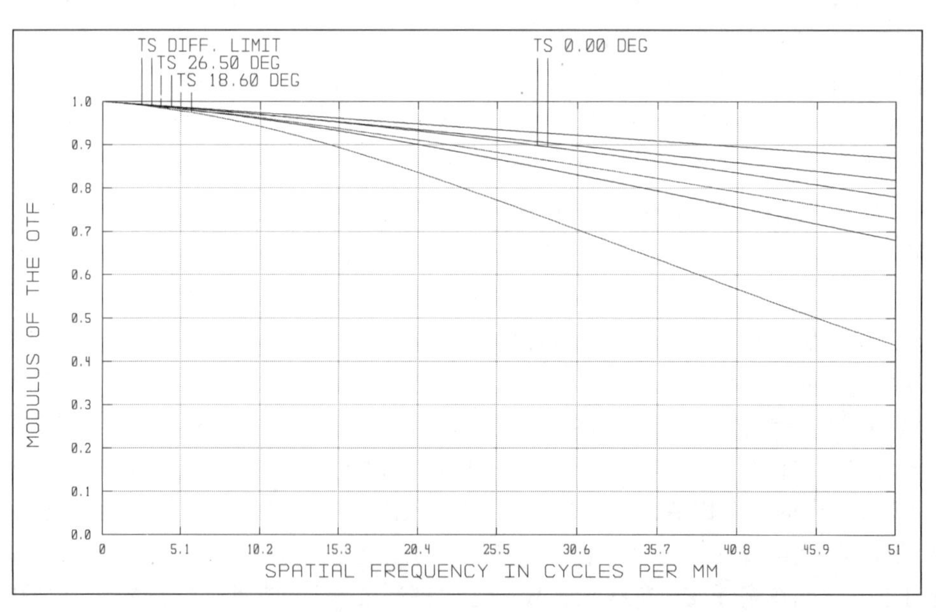

图10-33 数码相机物镜透镜材料作为变量优化后的调制传递函数曲线

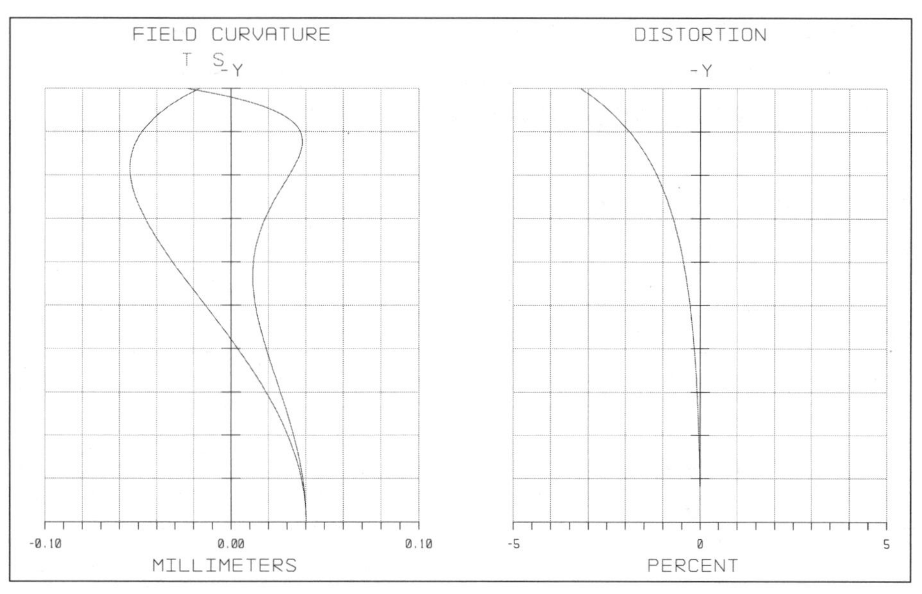

图 10-34　数码相机物镜透镜材料作为变量优化后的畸变曲线

2. 用实际玻璃取代模型玻璃　将玻璃材料增加为自变量并优化后，从图 10-33 所示的传递函数曲线看，预定的像质要求达到了。然而将玻璃材料作为自变量后，优化时程序中是将它们作为连续变量对待的，所以优化出来的玻璃折射率和阿贝数还是模型数值。优化设计的下一步工作是用实际玻璃取代它们。

取代时采用逐步取代的办法，在这个设计中的具体过程是：先取代第一块透镜的玻璃，让程序在肖特（Schott）公司的玻璃库（事实上，这里可以选择的玻璃库可以更广泛一些，例如增加国产玻璃库等。由于笔者手头的国产玻璃库数据没有经过全面核对，所以这里只采用程序开发商提供的肖特玻璃库，仅作为练习，往下的例子同此原因。）中选择最接近第一块模型玻璃的实际玻璃，并采用程序的匹配结果 LASFN15。紧接着以 1 中所采用的评价函数优化。值得指出，这第一步取代-优化过程中的变量除半径、空气间隔和离焦量外，还有第二块和第三块透镜的材料是变量；再取代第二块透镜的玻璃，让程序在肖特公司的玻璃库中选择最接近第二块模型玻璃的实际玻璃，并采用程序的匹配结果 SF10。紧接着以 1 中所采用的评价函数优化。值得指出，这第二步取代-优化过程中的变量除半径、空气间隔和离焦量外，还有第三块透镜的材料是变量；最后取代第三块透镜的玻璃，让程序在肖特公司的玻璃库中选择最接近第三块模型玻璃的实际玻璃，并采用程序的匹配结果 N-PSK53。紧接着以 1 中所采用的评价函数优化。值得指出，这第三步取代-优化过程中的变量就是半径、空气间隔和离焦量。

经过如上所述的实际玻璃取代-优化后得到表 10-20 中所列的物镜结构，它的调制传递函数曲线和畸变曲线分别如图 10-35 和图 10-36 所示。

3. 最终像质的评价　至此优化暂告一段落，现在进行像质评价。从图 10-35 所示的传递函数曲线看，低频部分视场中心的 MTF≥0.94，视场边缘的 MTF≥0.86；高频部分视场中心的 MTF≥0.74，视场边缘的 MTF>0.40。说明低频部分满足设计要求，高频部分好于设计要求。从图 10-36 所示的畸变曲线看，dist<4%。说明这个数码相机物镜的像质达到了设

计要求，设计工作可暂告一段落。不过这里仅作为练习，没有进一步追究玻璃材料的性价比，在实际工作中还要注意这方面的问题，因为LASFN类玻璃的价格是比较贵的。

表10-20 物镜透镜材料都用实际玻璃取代后优化出的结构参数

r/mm	d/mm	材料	r/mm	d/mm	材料
3.103	1	LASFN15（Schott）	2.354	0.827	
-17.467	0.062		5.983	1	N-PSK53（Schott）
∞（光阑）	0		-5.750	3.634	
-7.700	0.9	SF10（Schott）			

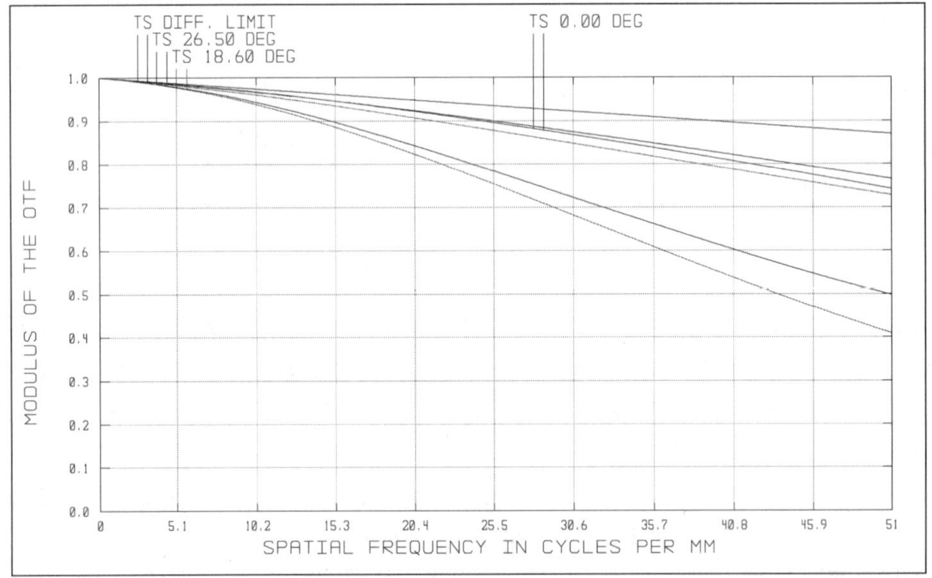

图10-35 物镜透镜材料都用实际玻璃取代后优化出的调制传递函数曲线

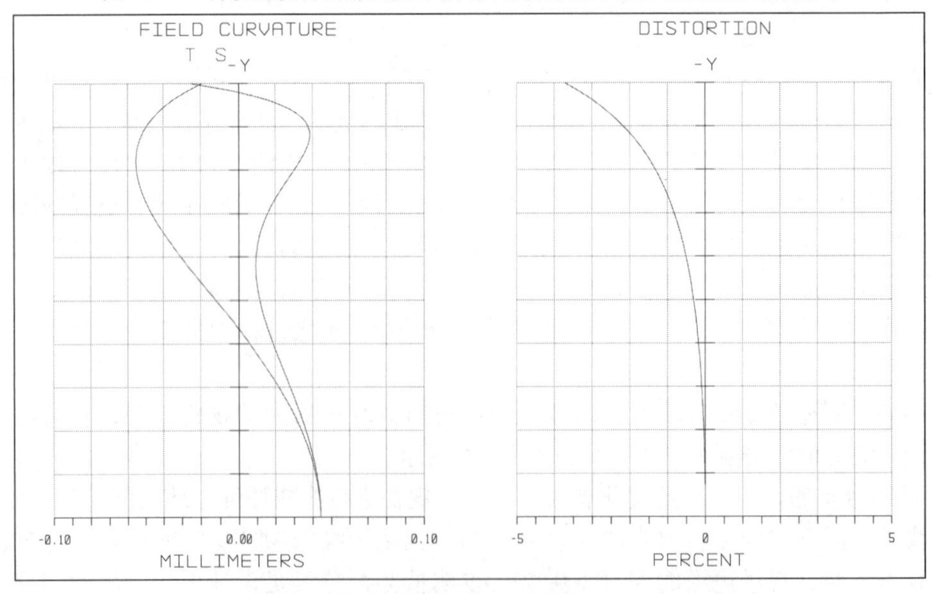

图10-36 物镜透镜材料都用实际玻璃取代后优化出的畸变曲线

第十一节 双高斯物镜优化设计实例

一、设计背景概述

设计一个双高斯物镜，光学特性要求为：$f'=100\text{mm}$，$\dfrac{D}{f'}=\dfrac{1}{3}$，$2\omega=28°$；它在可见光波段工作。

双高斯物镜是摄影物镜中的主流型式之一，现在这个双高斯物镜的光学特性属中等孔径，中等视场，轴上点和轴外点的像差都要优化。

在 ZEMAX 程序中，有这样一个范例，查找路径是：Samples→Sequential→Objectives→Double Gauss 28 Degree Field. ZMX。该范例只给出了设计结果，而没有给出优化设计的过程。它的结构参数见表 10-21，它的横向像差曲线如图 10-37 所示，它的点列图如图 10-38 所示，它的调制传递函数曲线如图 10-39 所示。

表 10-21 ZEMAX 中双高斯物镜范例的结构参数

r/mm	d/mm	材料	r/mm	d/mm	材料
54. 153	8. 747	SK2 (Schott)	-25. 685	3. 777	F5 (Schott)
152. 522	0. 5		∞	10. 843	SK16 (Schott)
35. 951	14	SK16 (Schott)	-36. 98	0. 5	
∞	3. 777	F5 (Schott)	196. 417	6. 858	SK16 (Schott)
22. 27	14. 253		-67. 148	57. 315	
∞ (光阑)	12. 428				

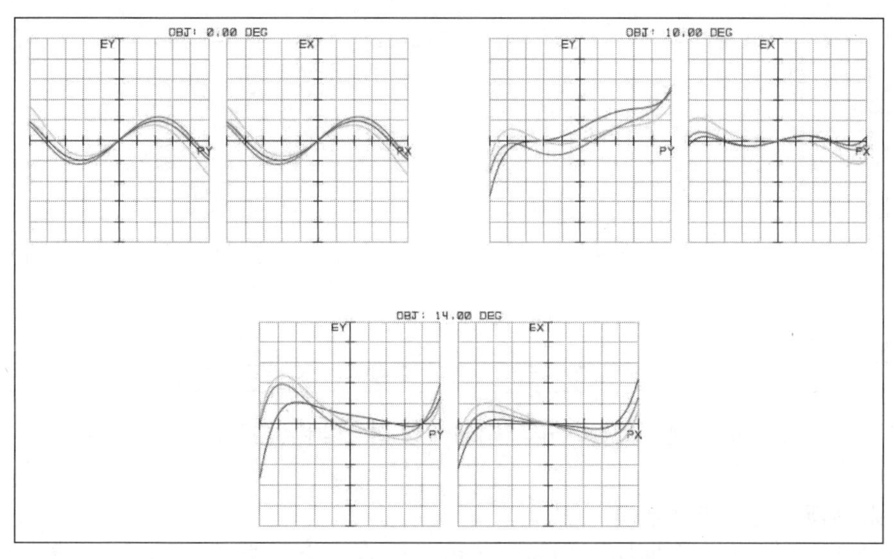

图 10-37 ZEMAX 中双高斯物镜范例的横向像差曲线

这个范例物镜在《现代光学应用技术手册（上册）》中做过一些分析。采用范例各个透镜的厚度值不变，采用范例各块透镜的玻璃材料不变，保持范例两个胶合面半径为平面不变，让最后一个折射面承担整个物镜的光焦度，将其余的折射面半径都取为平面，令其作为初始结构。将两个胶合面和最后一面之外的其余7个折射面半径和离焦量作为变量，让最后一面保证物镜的焦距。采用一个自行构造的评价函数，优化后得到了与范例接近的结果。

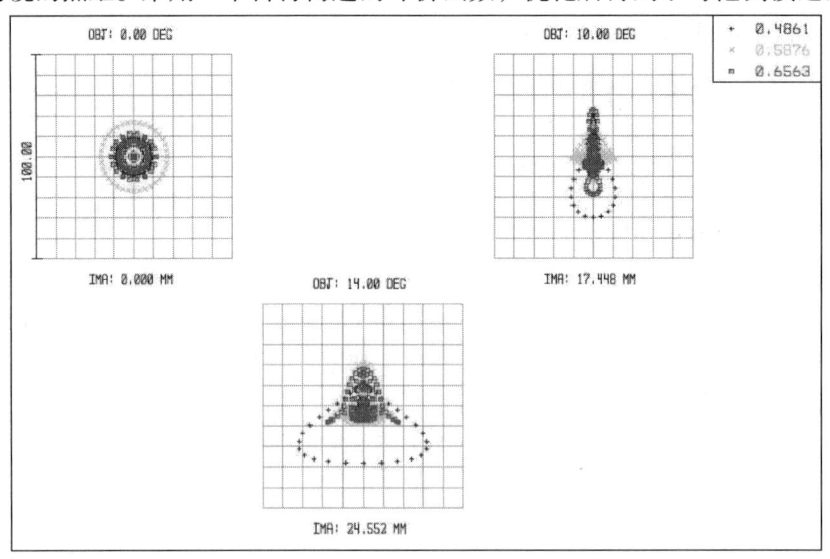

图10-38 ZEMAX中双高斯物镜范例的点列图

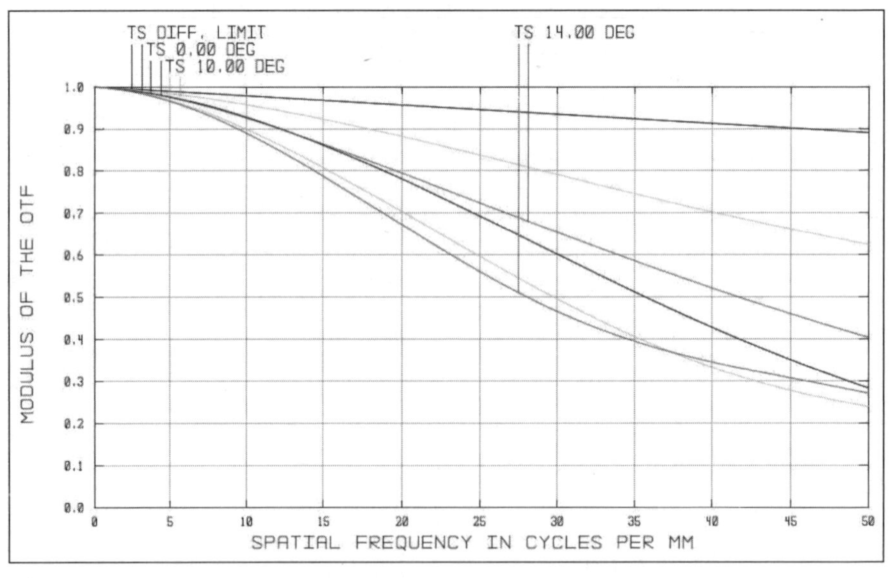

图10-39 ZEMAX中双高斯物镜范例的调制传递函数曲线

二、双高斯物镜的初始结构

按照设计要求，将双高斯物镜初始结构的入瞳直径设定为33.33mm，视场设定为28°（半视场为14°）。

将范例中的折射面半径全部破坏，除用最后1个折射面半径保证物镜的焦距$f'=100$mm外，其余各折射面都取为平面；对范例中的间隔厚度适当破坏，将各平板厚度、空气间隔和最后一块透镜的厚度分别取表10-22中所列的数值；各透镜全部采用范例中所用的玻璃。以此构成一个初始结构，如表 10-22 所列。

表 10-22 双高斯物镜的初始结构参数

r/mm	d/mm	材料	r/mm	d/mm	材料
∞	10	SK2（Schott）	∞	5	F5（Schott）
∞	0.5		∞	12	SK16（Schott）
∞	15	SK16（Schott）	∞	0.5	
∞	5	F5（Schott）	∞	8	SK16（Schott）
∞	15		-61.911		
∞（光阑）	15				

三、优化

1. 第一步优化　除两个胶合面外，将初始结构中的其余折射面半径和离焦量作为变量，采用 ZEMAX 程序提供的弥散圆型式的默认评价函数，并在评价函数中加入保证物镜焦距要求的操作 EFFL，目标值取 100，权重取 1。

优化后，评价函数由初始结构时的 0.91179 减小为 0.01093，得到表 10-23 所列的结构，如图 10-40 所示的横向像差曲线，如图 10-41 所示的点列图，如图 10-42 所示的调制传递函数曲线。

表 10-23 双高斯物镜第一步优化后的结构参数

r/mm	d/mm	材料	r/mm	d/mm	材料
64.778	10	SK2（Schott）	-26.41	5	F5
190.275	0.5		∞	12	SK16（Schott）
35.679	15	SK16（Schott）	-35.211	0.5	
∞	5	F5（Schott）	110.253	8	SK16（Schott）
22.589	15		-106.38	53.214	
∞（光阑）	15				

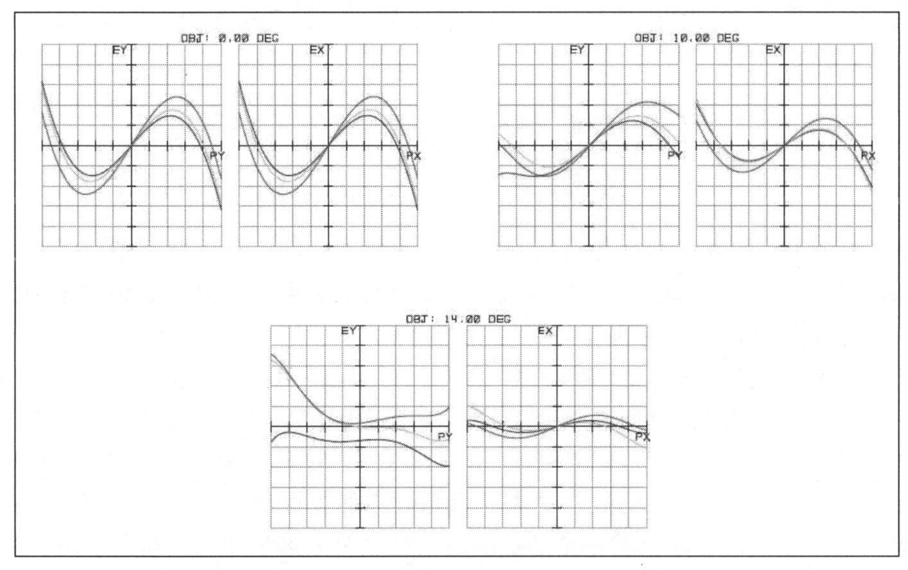

图 10-40 双高斯物镜第一步优化后的横向像差曲线

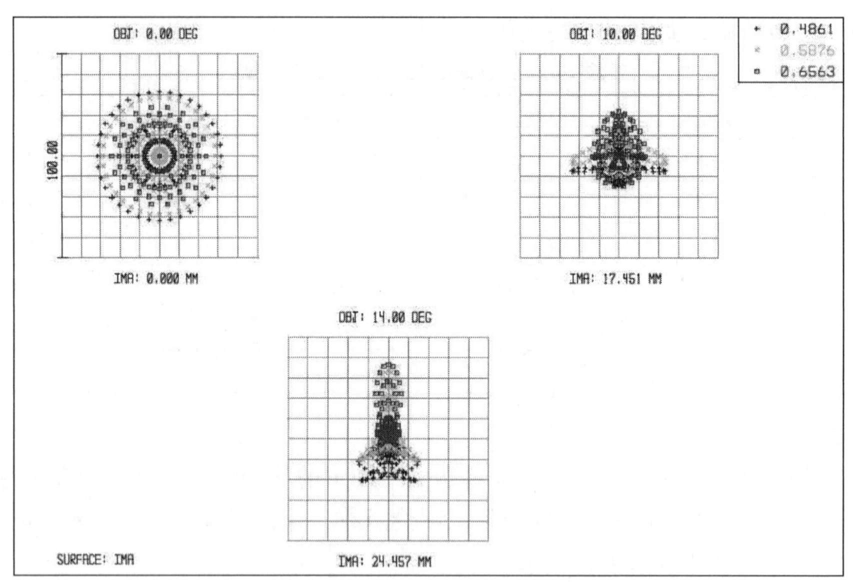

图 10-41 双高斯物镜第一步优化后的点列图

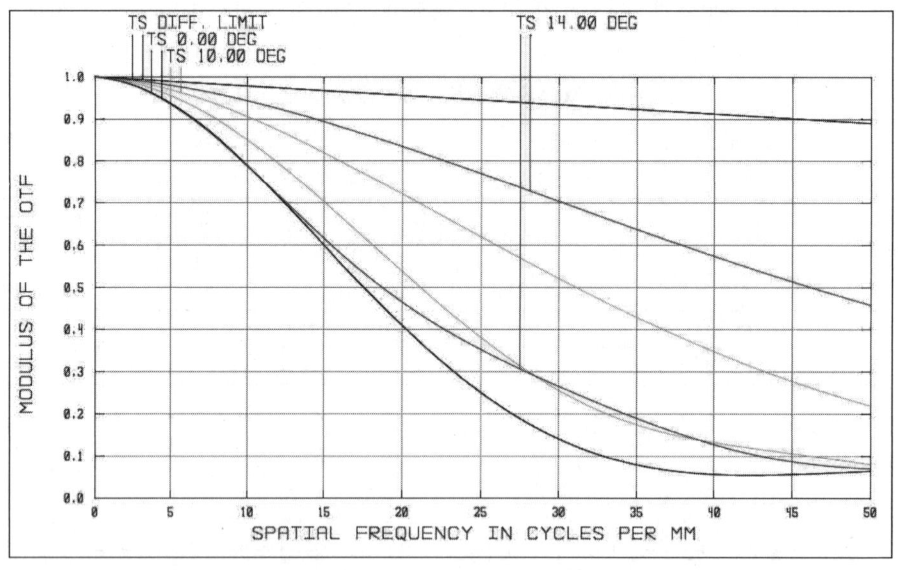

图 10-42 双高斯物镜第一步优化后的调制传递函数曲线

2. 第二步优化 以第一步优化后所得的结构为基础，将全部折射面半径以及离焦量作为变量，采用 ZEMAX 程序提供的弥散圆型式的默认评价函数，并在评价函数中加入保证物镜焦距要求的操作 EFFL，目标值取 100，权重取 1。

优化后，评价函数由 0.01093 减小为 0.00721，得到表 10-24 所列的结构，如图 10-43 所示的横向像差曲线，如图 10-44 所示的点列图，如图 10-45 所示的调制传递函数曲线。

3. 第三步至第五步的优化 以第二步优化后所得的结构为基础，仍然采用 ZEMAX 程序提供的弥散圆型式的默认评价函数，并在评价函数中加入保证物镜焦距要求的操作 EFFL，目标值取 100，权重取 1。除仍然将全部折射面半径以及离焦量作为变量外，另分三步将透镜厚度和空气间隔增加为变量进行优化。

表 10-24 双高斯物镜第二步优化后的结构参数

r/mm	d/mm	材料	r/mm	d/mm	材料
65. 285	10	SK2（Schott）	-28. 409	5	F5
182. 815	0. 5		139. 738	12	SK16（Schott）
36. 95	15	SK16（Schott）	-36. 175	0. 5	
186. 626	5	F5（Schott）	125. 629	8	SK16（Schott）
22. 341	15		-98. 313	60. 124	
∞（光阑）	15				

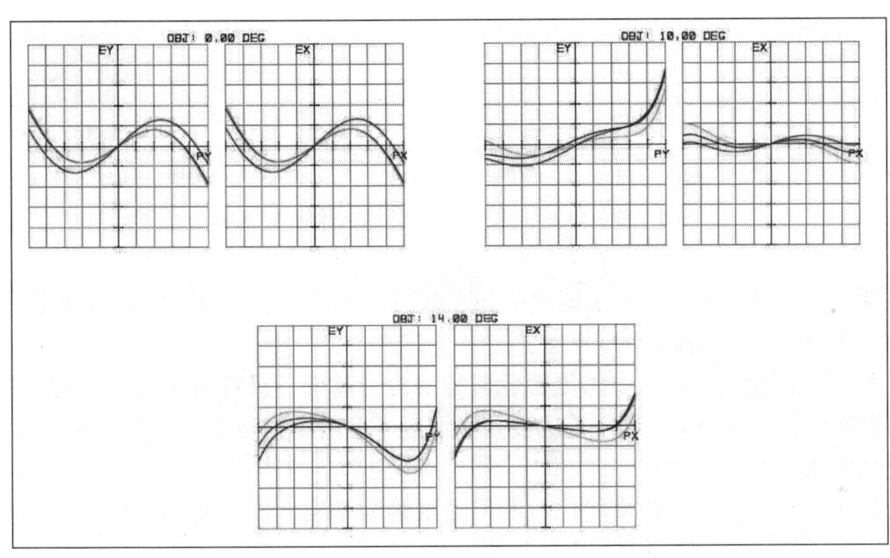

图 10-43 双高斯物镜第二步优化后的横向像差曲线

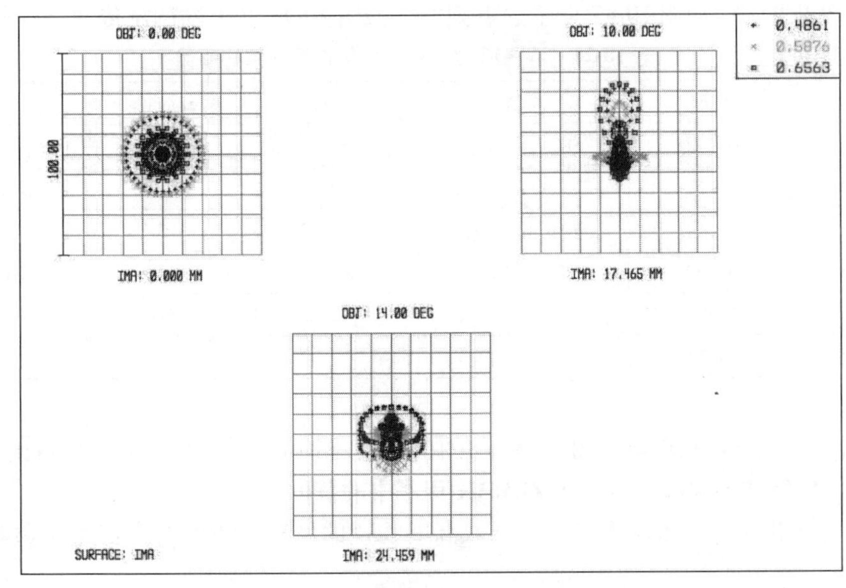

图 10-44 双高斯物镜第二步优化后的点列图

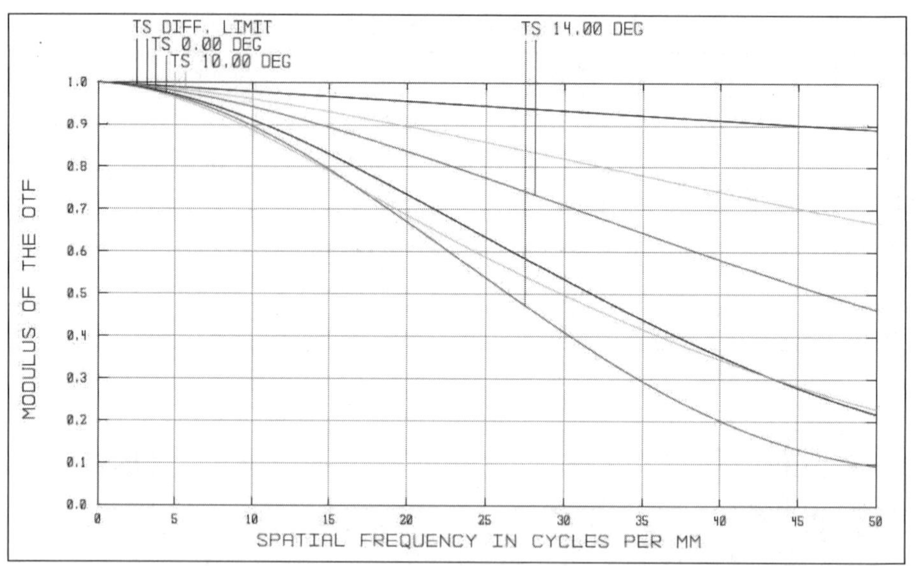

图 10-45 双高斯物镜第二步优化后的调制传递函数曲线

（1）第三步优化 将所有的透镜厚度和光阑前后的两个空气间隔增加为变量。优化后，评价函数由 0.00721 减小为 0.00609。

（2）第四步优化 以第三步优化后所得的结构为基础，只将两个胶合厚透镜的 4 块透镜厚度和光阑前后的两个空气间隔作为变量，固定其余的厚度与空气间隔。优化后，评价函数由 0.00609 减小为 0.00580。

（3）第五步优化 以第四步优化后所得的结构为基础，仅将光阑前后的两个空气间隔作为变量，固定其余的透镜厚度与空气间隔。

优化后，评价函数由 0.00580 减小为 0.00566，得到表 10-25 所列的结构，如图 10-46 所示的横向像差曲线，如图 10-47 所示的点列图，如图 10-48 所示的调制传递函数曲线。

表 10-25 双高斯物镜第五步优化后的结构参数

r/mm	d/mm	材料	r/mm	d/mm	材料
58.245	7.172	SK2（Schott）	-29.078	4.727	F5
151.313	0.5		148.033	11.726	SK16（Schott）
36.381	14.14	SK16（Schott）	-35.713	0.5	
125.528	4.199	F5（Schott）	145.271	5.884	SK16（Schott）
21.877	20.593		-99.383	63.546	
∞（光阑）	11.33				

比较图 10-37 与图 10-46、图 10-38 与图 10-47、图 10-39 与图 10-48，可看出，经过上述五步优化，所得结果的像质稍优于 ZEMAX 程序中的范例。

4. 第六步优化 如果还想继续改善双高斯物镜的像质，考虑将全部透镜材料增加为变量。

以第五步优化后所得的结构为基础，将全部折射面半径以及离焦量作为变量，将光阑前后的两个空气间隔作为变量，将全部透镜材料都改成替代玻璃。采用 ZEMAX 程序提供的弥散圆型式的默认评价函数，并在其中加入保证物镜焦距要求的操作 EFFL，目标值取 100，权重取 1。

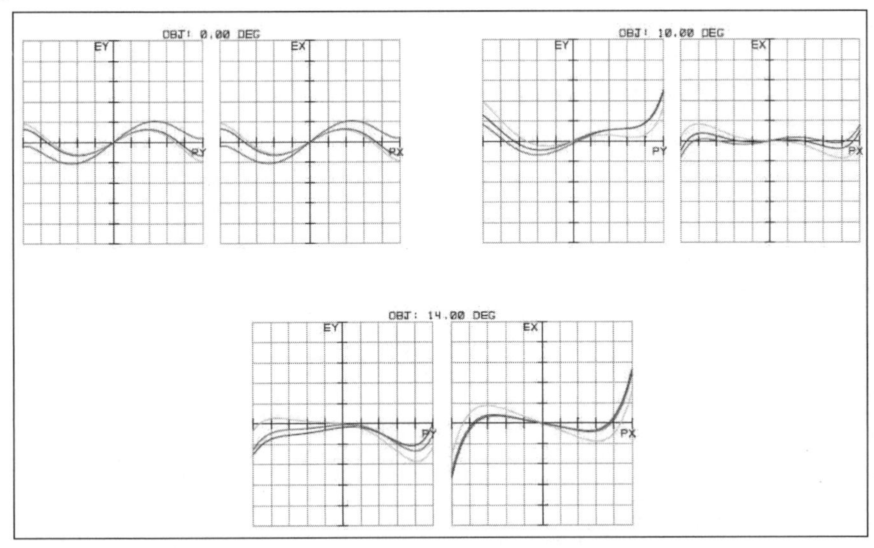

图 10-46　双高斯物镜第五步优化后的横向像差曲线

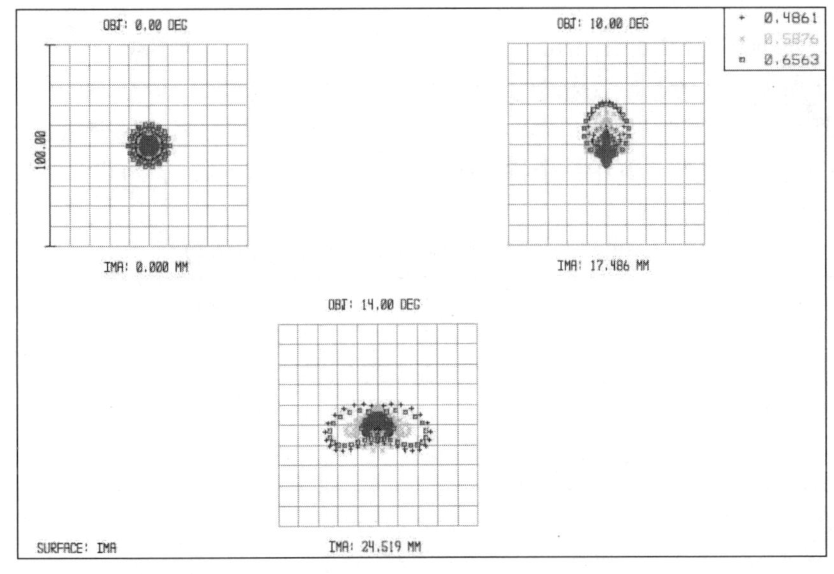

图 10-47　双高斯物镜第五步优化后的点列图

将玻璃材料作为变量后，在 ZEMAX 程序中有两类优化选择玻璃的办法。如前述，其一是将玻璃用它的参量“模型”化，优化这些参量寻找优化解，称其为模型玻璃方法；其二是基于全局优化方法的，优化过程中直接用玻璃库中玻璃做替代，比较评价函数决定取舍，称其为替代玻璃方法。下面利用后一种方法做进一步的优化。

利用“替代玻璃”方法优化时要调用 ZEMAX 程序中的 Hammer 算法，它是一种全局优化算法。调用前将玻璃材料改为“替代玻璃”。修改路径是：右击材料旁边的小方块→Solve Type（Subtitute）→OK。然后通过路径“tools→optimization→Hammer optimization→Hammer”调出 Hammer 算法。

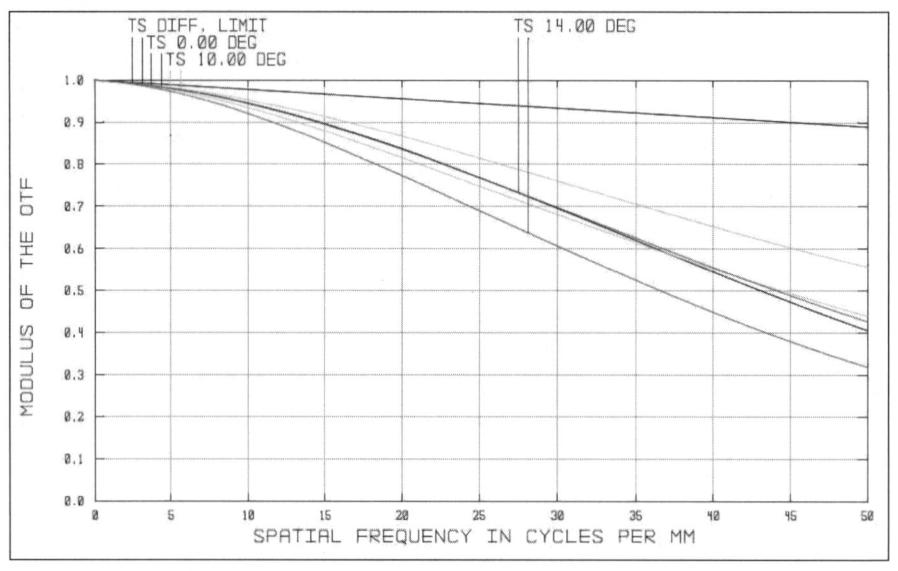

图 10-48　双高斯物镜第五步优化后的调制传递函数曲线

调用“Hammer”算法进行优化。当评价函数由 0.00566 下降到 0.00392 时中断优化，得到表 10-26 所列的结构，其结构简图如图 10-49 所示。有如图 10-50 所示的横向像差曲线，如图 10-51 所示的点列图，如图 10-52 所示的随视场变化的均方根波像差曲线，如图 10-53 所示的调制传递函数曲线，其中几个特征频率随视场变化的调制传递函数曲线如图 10-54 所示。

表 10-26　双高斯物镜第六步优化后的结构参数

r/mm	d/mm	材料	r/mm	d/mm	材料
57.499	7.172	N-Lak33A（Schott）	−29.083	4.727	F6（Schott）
136.484	0.5		115.009	11.726	LakN13（Schott）
37.974	14.14	N-PSK53（Schott）	−43.239	0.5	
196.245	4.199	F6（Schott）	150.978	5.884	LaFN28（Schott）
24.372	8.675		−121.345	53.508	
∞（光阑）	22.069				

由图 10-49 看，双高斯物镜没有渐晕。比较图 10-46 与图 10-50、图 10-47 与图 10-51、图 10-48 与图 10-53，并由图 10-52 和图 10-54 看出，将材料作为变量优化后其像质有了很大改善，因为使用了高折射率的玻璃。

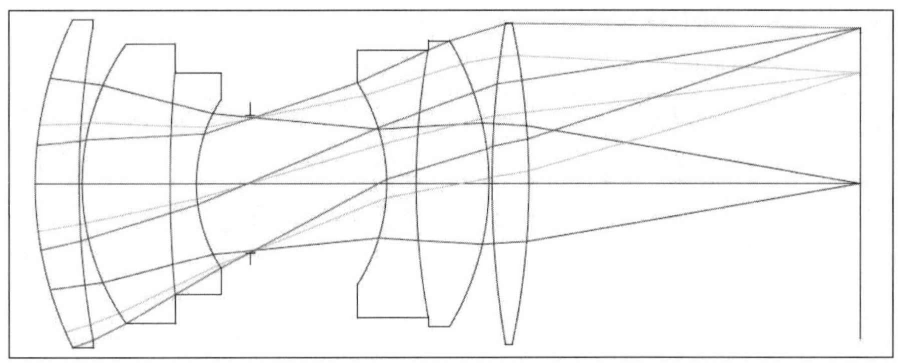

图 10-49 双高斯物镜第六步优化后的结构简图

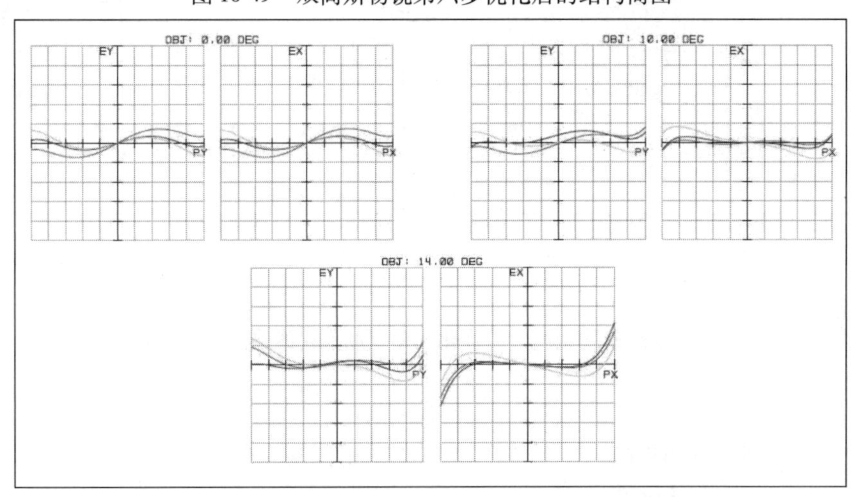

图 10-50 双高斯物镜第六步优化后的横向像差曲线

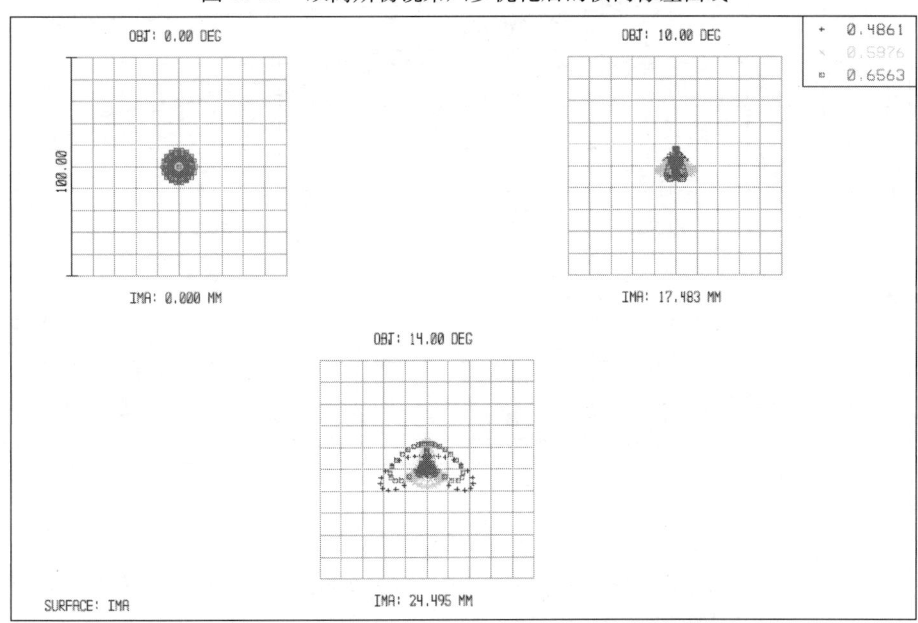

图 10-51 双高斯物镜第六步优化后的点列图

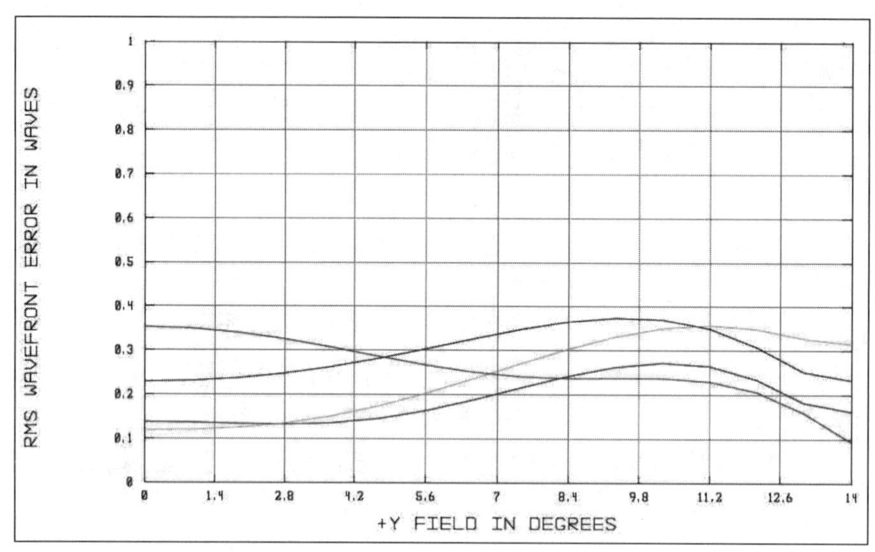

图 10-52 双高斯物镜第六步优化后随视场变化的均方根波像差曲线

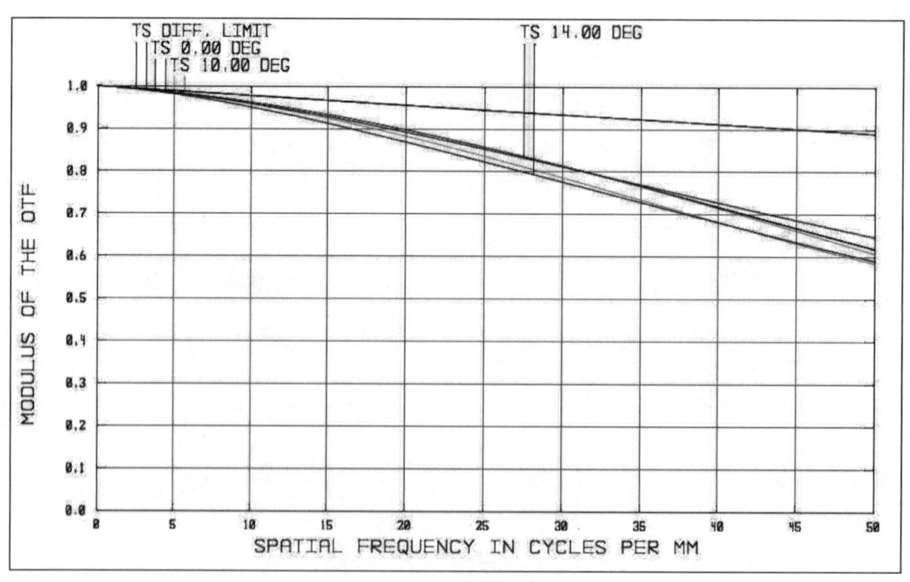

图 10-53 双高斯物镜第六步优化后的调制传递函数曲线

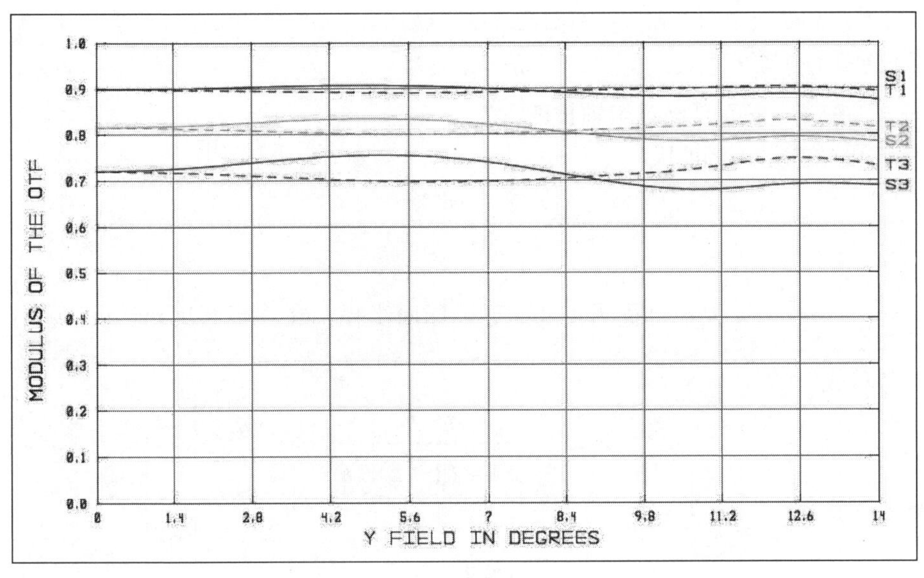

图 10-54 双高斯物镜第六步优化后随视场变化的调制传递函数曲线

第十二节 非球面镜头优化设计实例

一、概述

广义地说，除了球面和平面以外的光学曲面统称为非球面，光学镜头中含有非球面的镜头就叫非球面镜头。在光学系统中采用的非球面有三大类，第一类是轴对称非球面，如回转圆锥曲面，回转高次曲面；第二类是具有两个对称面的非球面，如柱面，复曲面；第三类是没有对称性的自由曲面。本章中讨论的非球面镜头的优化设计只涉及第一类轴对称非球面。

（一）非球面方程

在光学系统的分析计算中，涉及轴对称非球面时，总是将坐标系的原点 O 取在非球面的顶点上，并取非球面的对称轴为坐称系的 z 轴，yz 平面与纸面平行，x 轴垂直于纸面朝里，如图 10-55 所示。

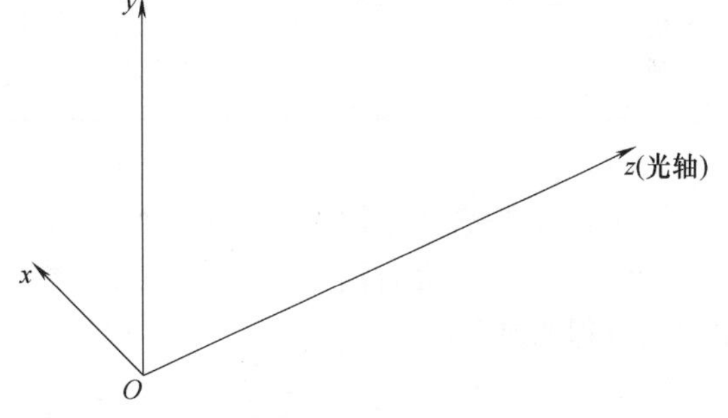

图 10-55 非球面方程中所用的坐标系

这里介绍轴对称非球面的表示形式，它们广泛应用在商用光学设计软件中。

1. 二次回转曲面 光学系统中常用的非球面是二次回转抛物面，二次回转椭球面和二次回转双曲面。在校正像差时，这些面形有特殊的作用。

如图 10-56 所示是一个回转椭球面，z 轴是回转轴，它的方程简写为

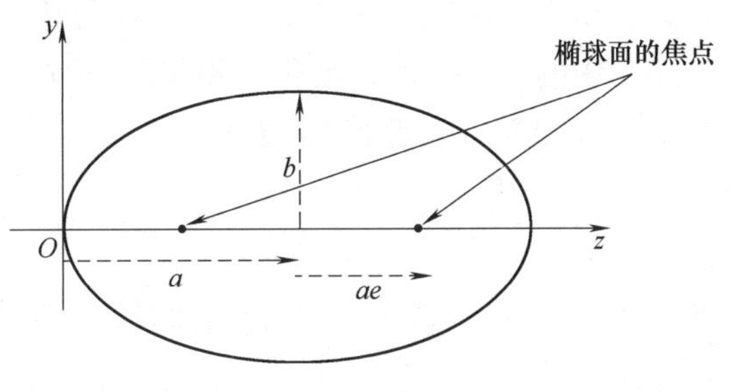

图 10-56 回转椭球面

$$\frac{(z-a)^2}{a^2}+\frac{h^2}{b^2}=1 \tag{10-60}$$

式中，$h^2=x^2+y^2$；a、b 是椭球半轴长度。

通过简单的变换步骤可得

$$z=\frac{ch^2}{1+\sqrt{1-\varepsilon(ch)^2}} \tag{10-61}$$

式中，$\varepsilon=\frac{b^2}{a^2}$；$c=\frac{1}{r}$，$r$ 是椭球面顶点处的近轴球面半径。在许多商用光学设计程序中，式（10-61）常写成

$$z=\frac{ch^2}{1+\sqrt{1-(1+k)c^2h^2}} \tag{10-62}$$

这里 k 是圆锥常数，为

$$k=\varepsilon-1=\frac{b^2}{a^2}-1=-e^2$$

式中，e 称谓椭球偏心率。事实上，式（10-61）和式（10-62）不仅仅是回转椭球面的方程，它们也是描述二次回转圆锥曲面的一般方程，参数 e、ε 和 k 的取值范围和意义见表 10-27。

表 10-27　二次回转圆锥曲面的参数

	$k>0$	$\varepsilon>1$	扁椭球
$e=0$	$k=0$	$\varepsilon=1$	球
$0<e<1$	$-1<k<0$	$0<\varepsilon<1$	长椭球
$e=1$	$k=-1$	$\varepsilon=0$	抛物面
$e>1$	$k<-1$	$\varepsilon<0$	双曲面

2. 轴对称高次非球面

光学系统中常用的轴对称高次非球面是在二次回转圆锥曲面的基础上增加了一些高次项，其方程通常用以下形式表示：

$$z=\frac{ch^2}{1+\sqrt{1-(1+k)(ch)^2}}+a_4h^4+a_6h^6+a_8h^8+a_{10}h^{10}+\cdots \tag{10-63}$$

不言而喻，其与二次回转圆锥曲面的差别在于 4 次及 4 次方以上的项。显然采用这个非球面表示式，易知高次非球面偏离二次非球面的程度。

本章中的设计实例，是利用 ZEMAX 程序优化设计的。在 ZEMAX 程序中，轴对称高次非球面的方程表示成如下的形式：

$$z=\frac{ch^2}{1+\sqrt{1-(1+k)(ch)^2}}+a_2h^2+a_4h^4+a_6h^6+a_8h^8+a_{10}h^{10}+\cdots \tag{10-64}$$

式中，第 1 项为一般的二次回转曲面方程，第 2 项为二次抛物面方程。第 1 项的近轴球面半径 $r_1=\frac{1}{c}$，第 2 项的 $r_2=\frac{1}{2a_2}$，ZEMAX 计算程序的偶次非球面“曲率半径”一栏中的数是

r_1。因此，如果 $a_2 \neq 0$，则实际曲面的近轴球面曲率半径 r 取决于 r_1 和 r_2，即 $r=\dfrac{r_1 r_2}{r_1+r_2}$。很容易分析知，如果 r_1 和 r_2 异号，数值上又是 $|r_1|>|r_2|$，则 r 将和 r_1 异号。式（10-64）中加入第二项的好处在于设计中要改变近轴球面的半径时，只要改变 a_2 即可，而无须去直接改变 c，这样对设计比较方便。

（二）回转轴对称非球面参数括号

由方程（10-64）可知，如果已知参数 r，k，a_2，a_4，a_6，a_8，a_{10}，…，则轴对称非球面就完全确定了，现将这些参数依次放在一个括号内（r，k，a_2，a_4，a_6，a_8，a_{10}，…），用以表示一个确定的非球面，称其为轴对称非球面参数括号。顺便指出，由于这些参数是带有不同量纲的，所以不以“行矢量”称呼这个括号。引入轴对称非球面参数括号的好处是简化了轴对称非球面的表示。例如某“双高斯大孔径照相物镜”，含有一个非球面，非球面的方程为

$$z=\frac{y^2}{r+r\sqrt{1-(y/r)^2}}+a_2y^2+a_4y^4+a_6y^6+a_8y^8+a_{10}y^{10} \tag{10-65}$$

其中的相关数据为

$$r=75.8920,\ k=0,\ a_2=0,\ a_4=-1.02357\times10^{-7},\ a_6=6.311869\times10^{-11}$$
$$a_8=-6.418568\times10^{-14},\ a_{10}=2.089950\times10^{-17}$$

利用轴对称非球面参数括号，这个非球面即可简写为

（75.8920，0，0，-1.02357×10^{-7}，6.311869×10^{-11}，-6.418568×10^{-14}，2.089950×10^{-17}）

这个写法显然简洁多了。

有两点值得指出，显然方程（10-65）在严格的数学意义上是一个曲线方程，而不是曲面方程，因为这里用的坐标是（z，y），而不是（z，h）。事实上，我们现在讨论的是轴对称非球面，它的对称轴就是 z 轴，这样方程（10-65）所表示的曲线绕 z 轴回转就形成了这里所讨论的曲面了。故以后也不再过多地区分这里的“曲线”和“曲面”，统称轴对称非球面方程，这是需要指出的第一点。很显然，轴对称非球面参数括号使用时参数顺序只能按（r，k，a_2，a_4，a_6，a_8，a_{10}，…）的这种约定，最高阶非球面参数前的参数为零时，在括号中不能省略不写，而最高阶非球面参数后的参数是统统为零的，一概省去不写。例如上述“双高斯大孔径照相物镜”中的非球面，最高阶是 10 阶，它的二次圆锥参数 k 为零，二阶非球面系数 a_2 为零，所以参数括号中第二个和第三个数为零，它们是不能省略不写的，但是第 10 阶后的更高阶参数都为零，可以省去不写。这样，非球面参数括号中的项数取决于非球面方程中非零的最高阶数，这是要指出的第二点。

（三）非球面度和非球面度的变化率

在光学系统中使用非球面，设计时就要考虑它的加工方案与检验方法。有两个指标表征非球面的加工难度，一个是非球面度，另一个是非球面度的变化率。

非球面度是指所考虑的非球面与一个比较球面在沿光轴方向的偏离，当然如果任选，比较球面可以有很多，一般选取在非球面顶点和边缘接触，而且与非球面偏离最小的球面作为比较球面，这个比较球面称为最佳比较球面。所以非球面度特指非球面与最佳比较球面在沿光轴方向的偏离，如图 10-57 所示。

非球面度的大小反映了加工的难易程度。另外从图 10-57 可以看出，非球面度是 y 的函数，即非球面上不同孔径处的非球面度是不同的，所以非球面上单位弧长里非球面度变化了多少，这是反映非球面加工难易程度的又一个指标，称为非球面度的变化率。

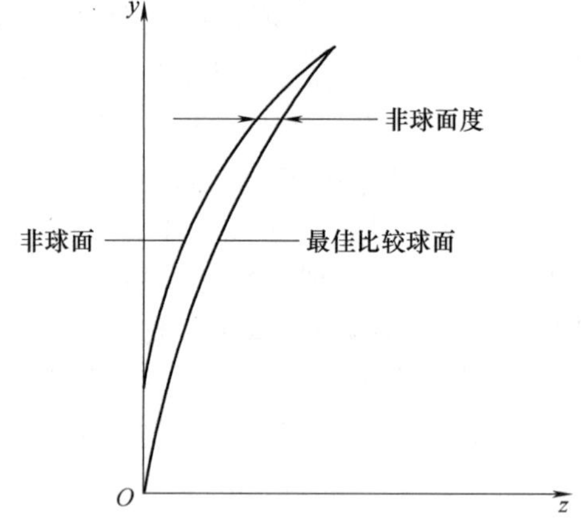

图 10-57 非球面的非球面度

二、非球面激光聚焦物镜优化设计实例

设计一个激光聚焦物镜，其焦距为 $f'=60\text{mm}$、相对孔径为 $\frac{D}{f'}=\frac{1}{2}$、视场为 $\omega=0°$，工作在 $\lambda=0.6328\mu\text{m}$ 波长。像质要求其弥散圆半径小于 $1\mu\text{m}$。

优化设计实践表明，这个物镜若采用共轴球面，在利用高折射率玻璃（$n_{0.6328}=1.90194$）的条件下，可以用两块镜片完成这个设计；若利用低折射率玻璃（$n_{0.6328}=1.51466$），则要用 3 块镜片才能完成这个设计。前者的例子参见参考文献［34］；后者的例子如表 10-28 所列的结构，它的点列图和调制传递函数曲线分别如图 10-58 和图 10-59 所示。

表 10-28 低折射率三片激光聚焦物镜

r/mm	d/mm	n	r/mm	d/mm	n
∞（光阑）	0		-130.426	11.624	
79.44	6	1.51466	-30.010	4	1.51466
-80.833	0.2		-144.613	33.486	
57.227	6	1.51466			

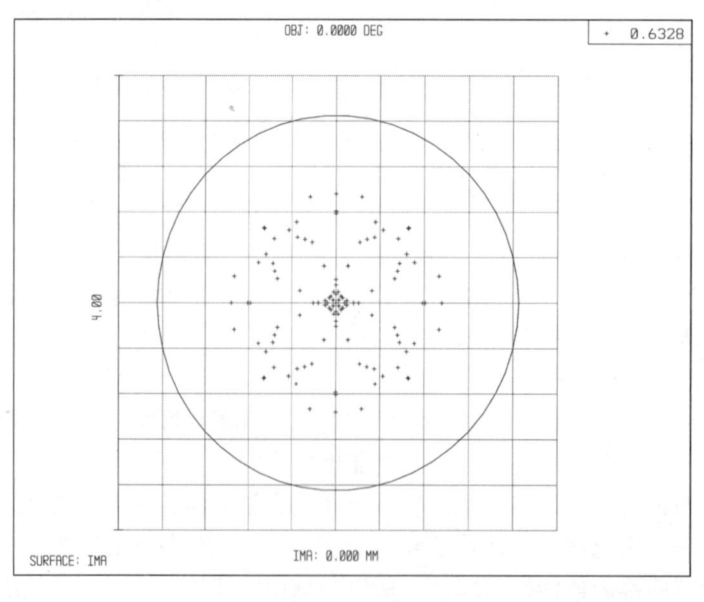

图 10-58 低折射率三片激光聚焦物镜的点列图

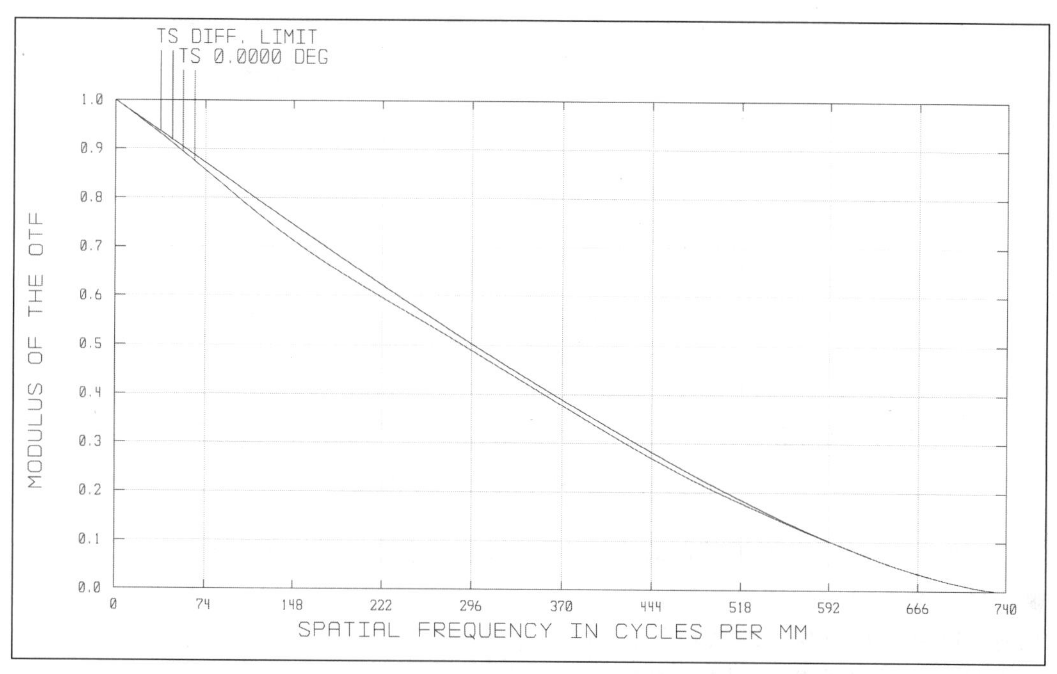

图 10-59 低折射率三片激光聚焦物镜的调制传递函数曲线

这里用一块低折射率单片非球面透镜完成这个设计。非球面透镜玻璃用普通的 K9，折射率为 $n_{0.6328}=1.51466$；透镜形状为凸平，即朝向远处物方的第一面为凸形的非球面，朝向聚焦焦点的第二面为平面。之所以采用这种形式，一是较之球面（非球面更不可相比了），平面加工成本最低，亦想仅仅用一个非球面消除球差，二是这种形式相比于平凸（即平面朝远物，凸面朝向焦点）形式有较小的彗差，使用时可降低瞄准要求。

（一）准备工作

因为采用凸平形式，所以第一面的近轴球面半径由式$\frac{1}{f'}=(n-1)\left(\frac{1}{r_1}-\frac{1}{r_2}\right)$求出为 $r_1=30.88\text{mm}$。这里，$n_{0.6328}=1.51466$，$r_2=\infty$。透镜厚度暂取 $d=6\text{mm}$。

考虑到设计要求相对孔径为$\frac{D}{f'}=\frac{1}{2}$，所以入瞳直径 $D=30\text{mm}$。孔径光阑安放在透镜第一面处。

后面就以这个凸平的球面单透镜构成初始结构，进行优化设计。

（二）优化设计

优化设计时，用全孔径、0.85 孔径、0.707 孔径、0.5 孔径和 0.3 孔径的轴向球差 LONA 构成评价函数，它们的权重都取 1，目标值都取零。而自变量则逐步增加，先利用低阶的非球面系数作为自变量，然后再增加较高阶的非球面系数作为自变量。

（1）第一步优化时，仅选取“Conic”作为自变量，这里“Conic”是 ZEMAX 程序中的称谓，其含义就是式（10-64）中的圆锥常数 k。

经第一步优化后的像差曲线、点列图分别如图 10-60 和图 10-61 所示。第一步优化出的结构参数括号是（30.88，－0.583）。

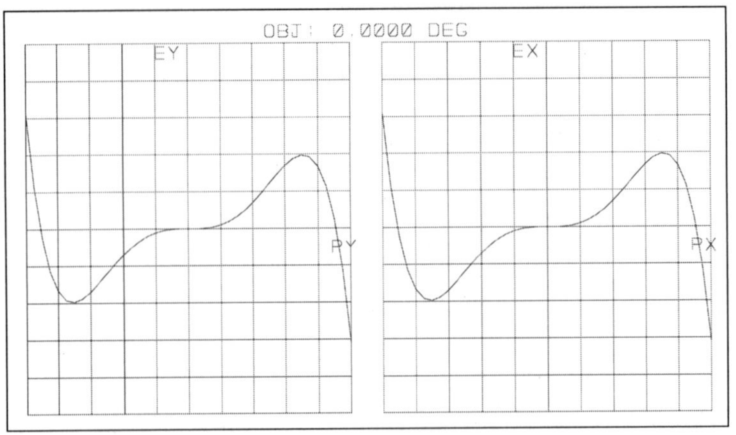

图 10-60　第一步优化出的像差曲线

（2）由图 10-61 左下角的数据知道，经第一步优化后弥散圆的直径约为 6μm，尚未达到设计要求，转入第二步优化。第二步优化时，以第一步优化出的结构为基础，将四阶非球面系数 a_4 增加为变量。这里不将二阶系数 a_2（即 $a_2=0$）作为变量的原因是它的改变将导致系统焦距的改变，若要保持系统焦距不变，则要在评价函数中加入焦距项，这样做使问题复杂化了，不可取。

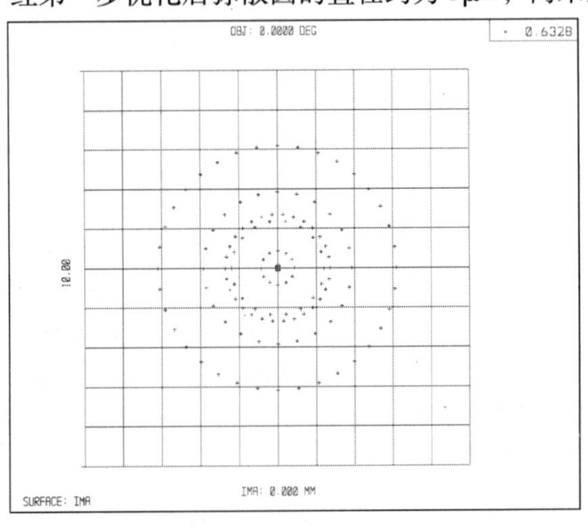

图 10-61　第一步优化出的点列图

经第二步优化后的像差曲线、点列图分别如图 10-62 和图 10-63 所示，轴向球差曲线和调制传递函数曲线分别如图 10-64 和图 10-65 所示。第二步优化出的结构参数括号是（30.88，-0.646，0，3.005×10^{-7}）。

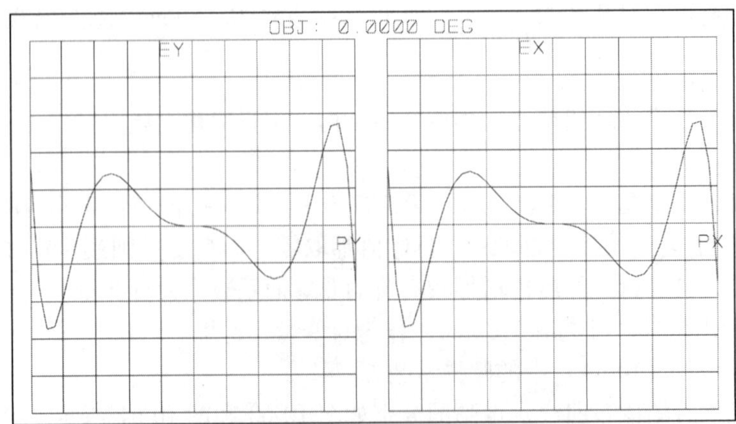

图 10-62　第二步优化出的像差曲线

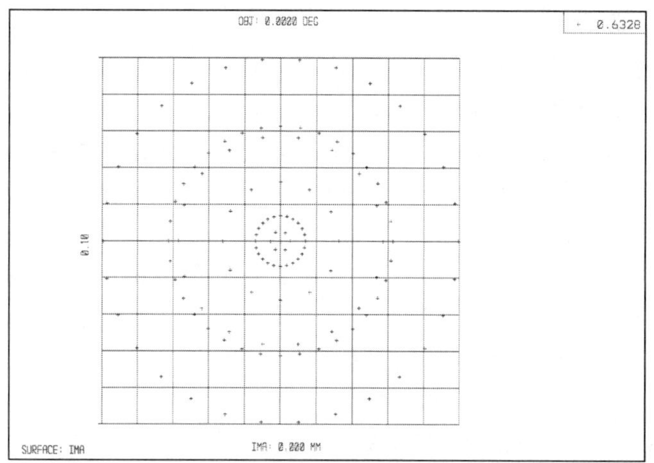

图 10-63　第二步优化出的点列图

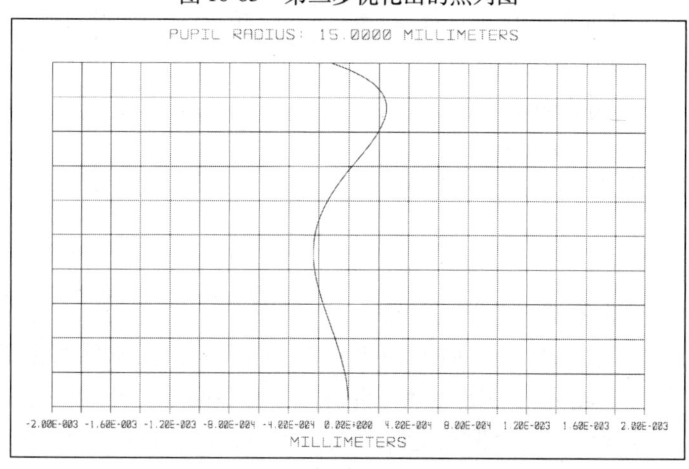

图 10-64　第二步优化出的轴向球差曲线

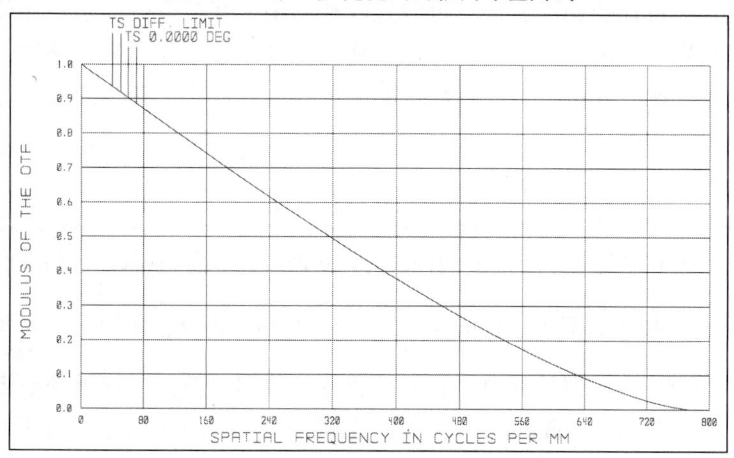

图 10-65　第二步优化出的调制传递函数曲线

从图 10-63 左下角的数据知，弥散圆直径为 0. 1μm；另外从图 10-65 看到，经第二步优化后，单片低折射率非球面激光聚焦物镜的像质近乎无像差的理想状况，远远好于设计要求，设计任务暂告一段落。

与前所述及的球面例子相比，结构上简化为一片，材料上采用的是低折射率的普通玻璃，所付出的代价是面形变为非球面。

三、孔径角 $U'=61°$、后工作距 $l'\geqslant 20$mm 的非球面聚光镜的优化设计

在《光学仪器设计手册（上册）》191 页上介绍了一个凸平形状的非球面聚光镜，如图 10-66 所示。在图示的坐标系中，它的非球面方程是 $y^2=61.4z-0.544z^2+0.0038z^3$；聚光镜的折射率 $n=1.6227$，焦距 $f'=49.3$mm；它的像方孔径角为 61°，入瞳半径为 43mm，轴向球差 $\delta L'\leqslant 0.1$mm，后工作距 $l'=23.126$mm。

这是一块特大孔径的非球面聚光镜，原作者是通过逐次接近解代数方程式的方法确定出非球面面形的。这里我们利用 ZEMAX 程序采用优化方法完成这个设计。

（一）特大孔径非球面聚光镜设计要求：

（1）$l=\infty$，$\omega=0°$；

（2）$f'=50$mm，$l'\geqslant 20$mm；

（3）$U'\geqslant 61°$，$\delta L'\leqslant 0.1$mm；

（4）透镜采用凸平形式，透镜折射率 $n=1.6227$。

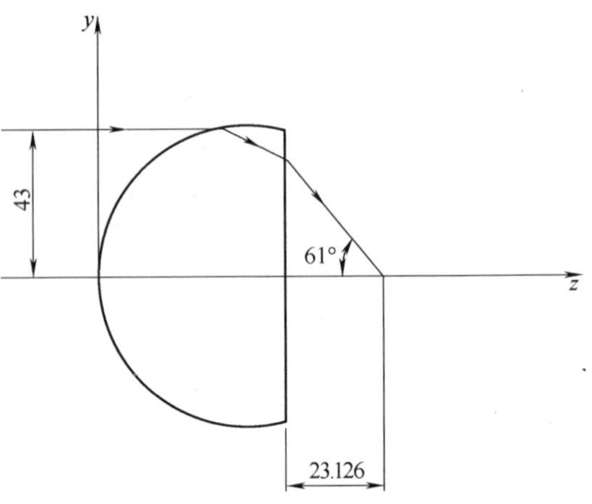

图 10-66 特大孔径的非球面聚光镜

（二）初步认识与分析

从原作者给出的数据不难分析出这个聚光镜的非球面近轴半径约为 30mm，而入瞳半径竟为 43mm，在非球面系数待求的情况下，若非球面系数从零开始，则光线一定不会与折射面相交，问题一开始就无解，优化根本无法进行。由图 10-66 不难看出，这个聚光镜的近轴半径小，由于孔径特大而入射光线很高则要求透镜口径大，所以透镜就要有相当的厚度，否则透镜边缘变尖，光线无法通过。

作为要完成这个设计的初学者，不可能先验地给出一些接近问题解的非球面系数和透镜厚度。所以我们采用逐步渐近的办法，即逐步增大孔径、逐步加大透镜厚度，且让非球面系数的初始值都从零开始，并按从低阶到高阶的顺序逐步释放它们作为变量，逐步渐近地优化出一个符合设计要求的解。

（三）优化设计

（1）由 $f'=50$mm 和 $n=1.6227$ 得非球面的近轴半径 $r=31.135$mm。由此构成一个凸平形状的单透镜，暂定它的厚度为 5mm。孔径光阑安放在透镜第一面处。将其作为初步结构。

取入瞳直径 $\phi=40$mm，选择 Conic 作变量，以 $0.3h$、$0.5h$、$0.7h$、$0.85h\left(h=\dfrac{1}{2}\phi\right)$和全孔径的轴向球差 LONA 构成评价函数，它们的目标值取零，它们的权重都取 1。

经过这第一步优化后，Conic = −0.630，光路图如图 10-67 所示，球差曲线如图 10-68 所示。

（2）由图 10-67 看出，透镜已变尖，将厚度改为 10mm，仍以 Conic 作变量，仍用第一步优化时的评价函数进行优化。

第二步优化后，Conic = −0.615，光路图如图 10-69 所示，球差曲线如图 10-70 所示。

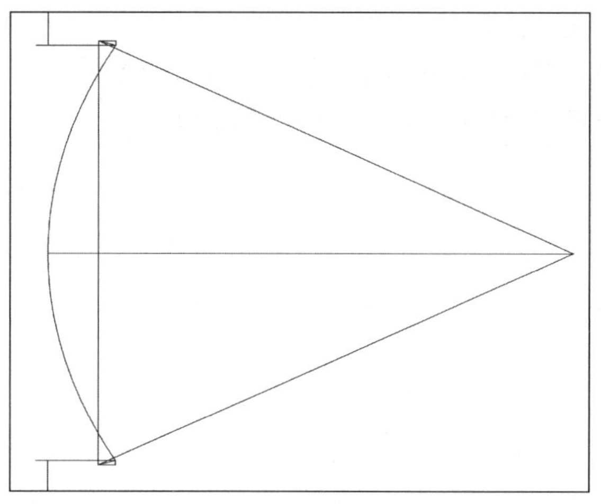

图 10-67　第一步优化后的光路图

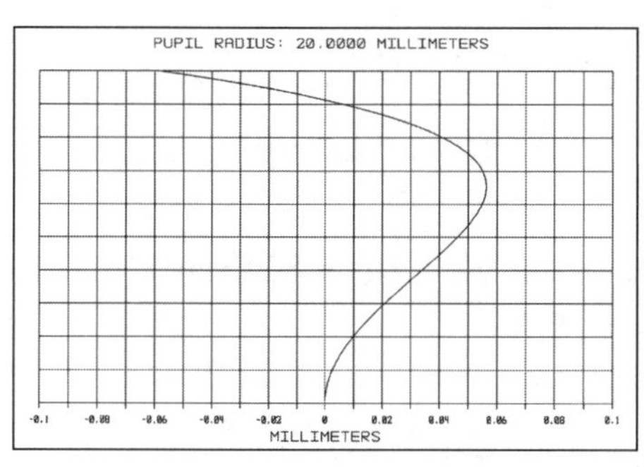

图 10-68　第一步优化后的球差曲线

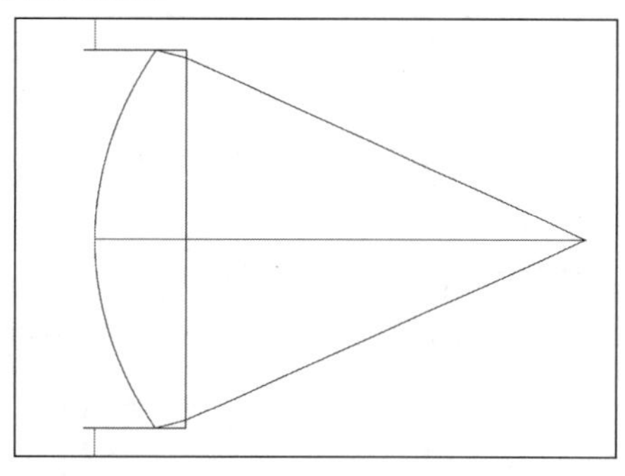

图 10-69　第二步优化后的光路图

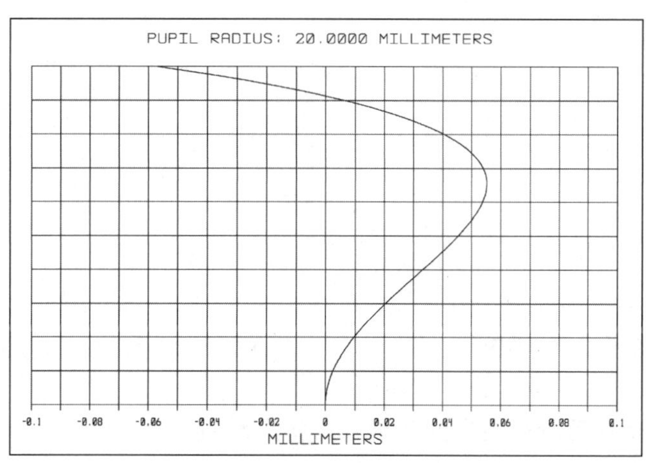

图 10-70　第二步优化后的球差曲线

（3）在第二步优化后所得结果的基础上，将入瞳直径 ϕ 由 40mm 增大至 60mm，仍然仅以 Conic 作变量，沿用第一步所用的评价函数进行第三步优化。

第三步优化后，Conic = −0.652，光路图如图 10-71 所示，球差曲线如图 10-72 所示。

（4）由图 10-71 看出，透镜已变尖，将厚度由 10mm 改为 20mm，；另从图 10-72 看，第三步优化后残留像差还很大，所以除仍以 Conic 作变量外，再将 4 阶和 6 阶非球面系数增加为变量。仍用第一步优化时的评价函数进行优化。这里不将 2 阶非球面系数 a_2 作为变量，是因为它会改变非球面的近轴半径，最终影响到透镜焦距。

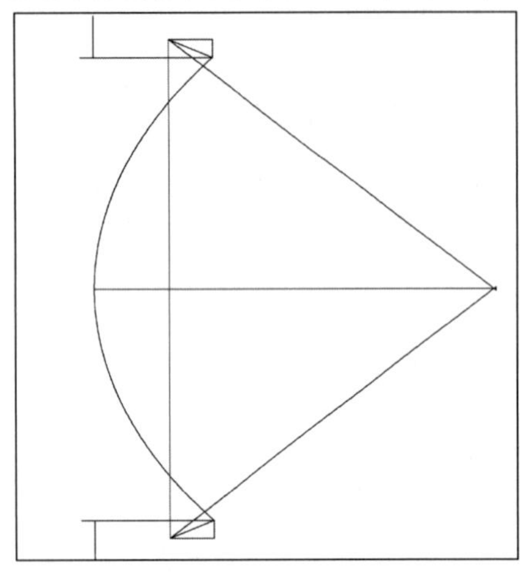

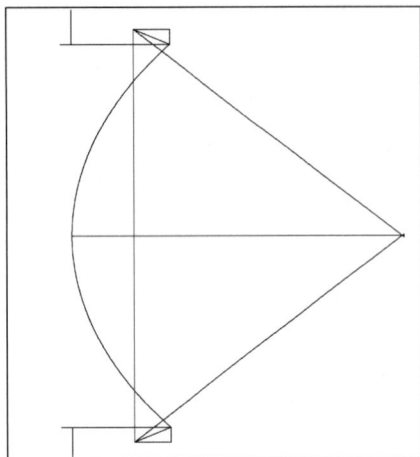

图 10-71 第三步优化后的光路图

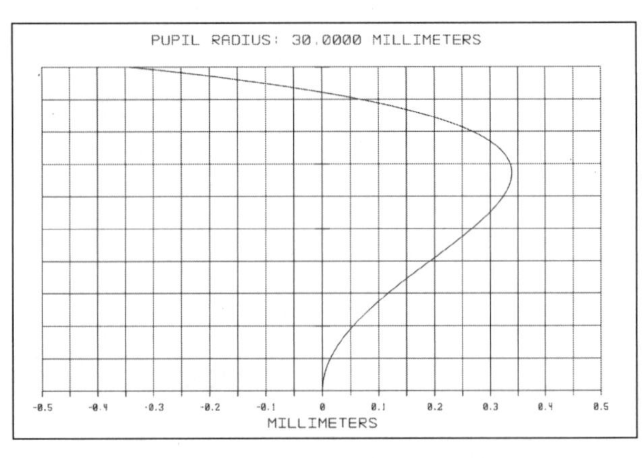

图 10-72 第三步优化后的球差曲线

第四步优化后，非球面的参数括号是（31.135，－0.996，0，1.839×10^{-6}，1.734×10^{-10}），光路图如图 10-73 所示，球差曲线如图 10-74 所示。

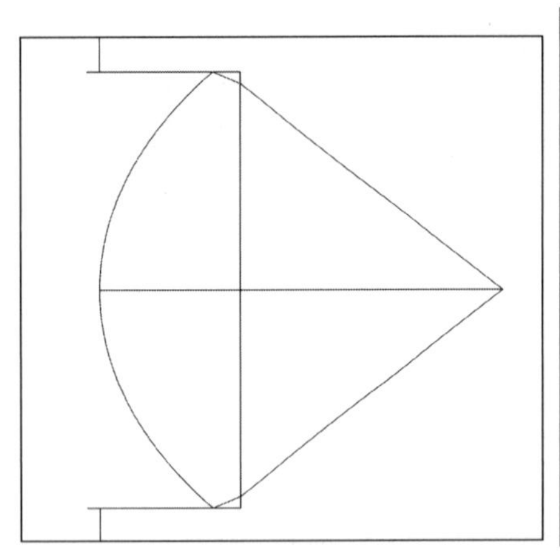

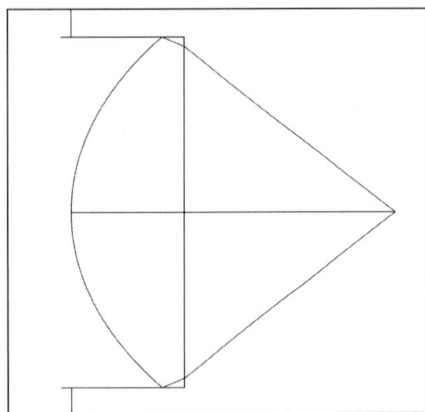

图 10-73 第四步优化后的光路图

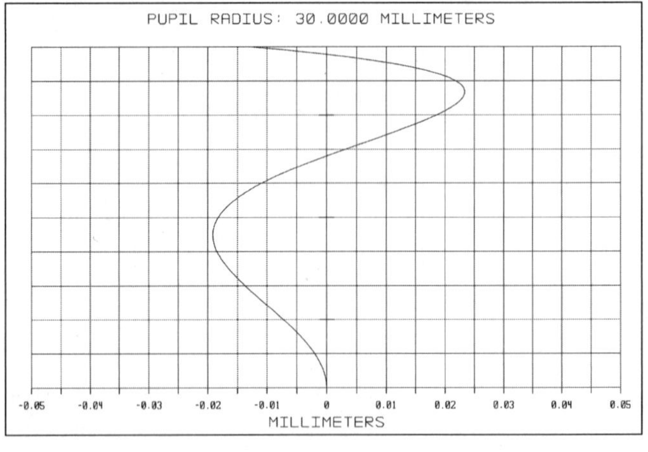

图 10-74 第四步优化后的球差曲线

（5）在第四步优化后所得结果的基础上，将入瞳直径 ϕ 由 60mm 增大至 80mm，仍将 Conic、4 阶和 6 阶非球面系数作为变量，仍沿用第一步所用的评价函数进行第五步优化。

第五步优化后，非球面的参数括号是（31.135，－1，0，2.027×10^{-6}，2.227×10^{-11}），光路图如图 10-75 所示，球差曲线如图 10-76 所示。

（6）由图 10-75 看到，孔径加大后，透镜又变尖了，然而此时孔径还未达到预定的设计要求；另外从图 10-76 看到，像差也没有达到要求。

将透镜的厚度由 20mm 改为 30mm，仍以 Conic、4 阶和 6 阶非球面系数为变量，仍沿用第一步采用的评价函数进行优化。第六步优化后的非球面参数括号为（31.135，－1，0，

2.154×10^{-6}，1.239×10^{-10})，光路图如图 10-77 所示，球差曲线如图 10-78 所示。

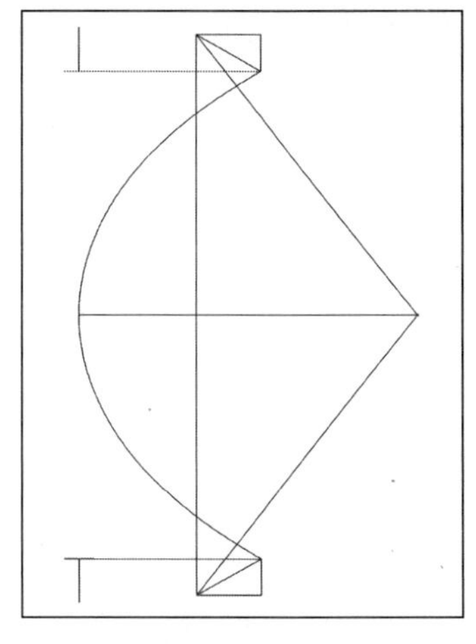

图 10-75　第五步优化后的光路图

图 10-76　第五步优化后的球差曲线

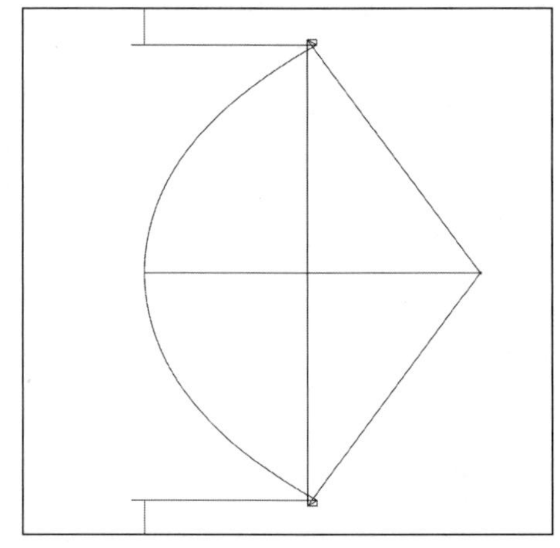

图 10-77　第六步优化后的光路图

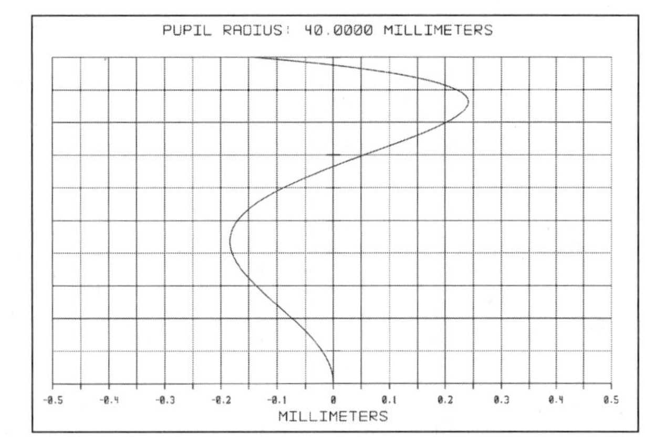

图 10-78　第六步优化后的球差曲线

(7) 由图 10-77 看到，透镜的厚度还不够，边缘还是变尖的，事实上此时孔径还未达到设计要求；另外从图 10-78 看到，像差也未达到要求。

将透镜的厚度由 30mm 改为 40mm；除仍将 4 阶和 6 阶非球面系数作为变量外，另将 8 阶非球面系数和 10 阶非球面系数也增加为变量，而 Conic 不再作为变量。仍沿用第一步所用的评价函数进行第七步优化。

经第七步优化后，非球面参数括号为（31.135，-1，0，2.088×10^{-6}，2.915×10^{-10}，2.306×10^{-13}，-1.053×10^{-16})，优化后的光路图如图 10-79 所示，球差曲线如图 10-80 所示。

(8) 第七步优化后，由图 10-80 知像差已符合要求。并由图 10-79 左小角的数据查到此时后工作距为 25.35mm，符合设计要求。通过路径：主窗口 Analysis→Calculations→Ray Trace，查到 $U'=54.64°$，这还不符合设计要求。

将入瞳直径 ϕ 由 80mm 增加至 88mm。仍用第七步所用的变量，仍用第七步所用的评价函数进行第八步优化。优化后的非球面参数括号为（31.135，-1，0，2.081×10^{-6}，3.156×10^{-10}，2.052×10^{-13}，-9.704×10^{-17}），光路图、球差曲线分别如图10-81和图10-82所示。

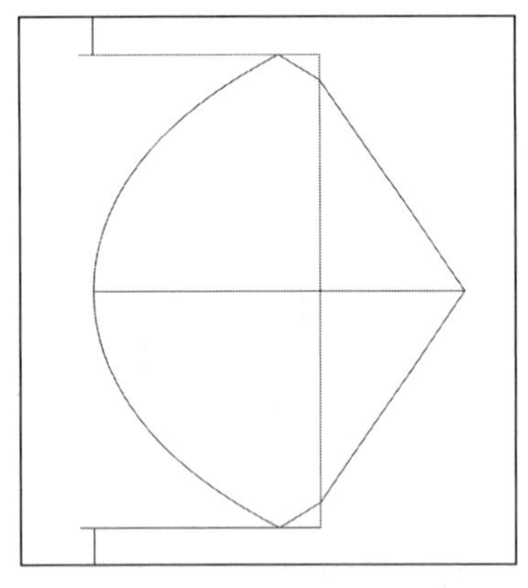

图10-79 第七步优化后的光路图

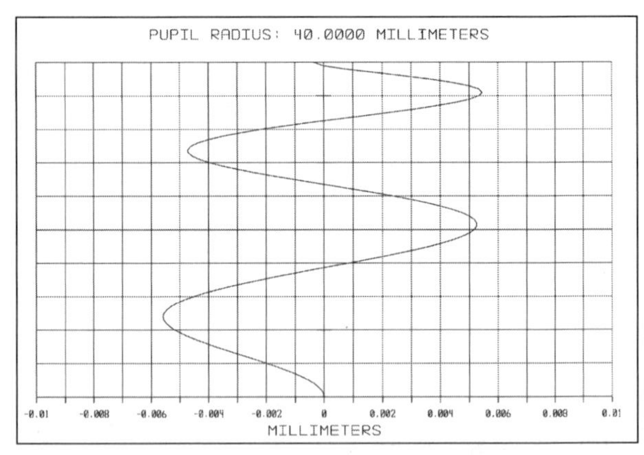

图10-80 第七步优化后的球差曲线

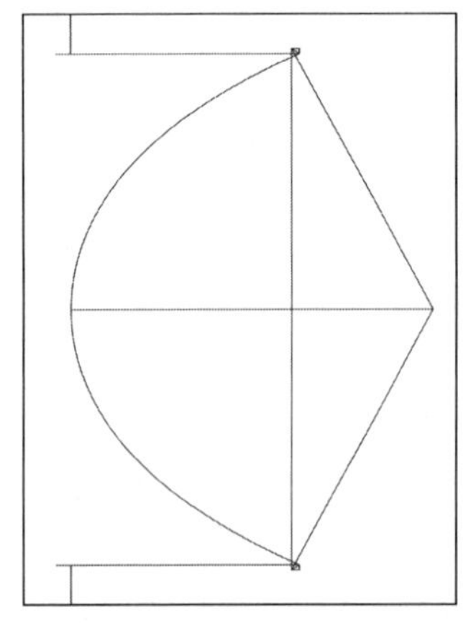

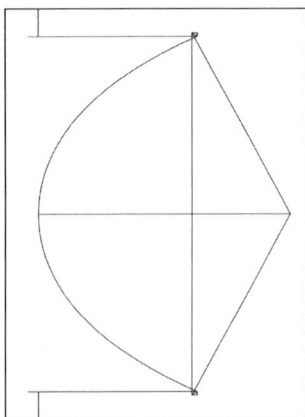

图10-81 第八步优化后的光路图

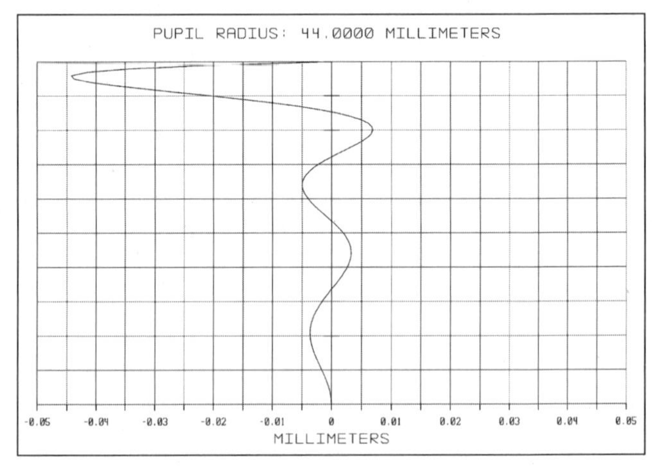

图10-82 第八步优化后的轴向球差曲线

（9）由图10-81看到，透镜的厚度还不够，边缘还是变尖的，将透镜的厚度由40mm改为45mm。沿用第八步优化时所用的变量和评价函数进行第九步优化。

经第九步优化后，非球面参数括号为（31.135，-1，0，2.169×10^{-6}，2.577×10^{-10}，3.517×10^{-13}，-1.376×10^{-17}），优化后的光路图如图10-83所示，球差曲线如图10-84所示。

经第九步优化后得，后工作距 $l'=22.268\text{mm}$，孔径角 $U'=62.2°$，轴向球差 $\delta L'<0.05\text{mm}$。全部指标已达到设计要求。

有两点值得指出：①光学镜头的优化设计，往往不会一蹴而就，所以只能以合适的步长循序渐近地去接近目标；②就设计而言，光学系统中利用了非球面对于光学性能的提高是很有效的。但是一般说来，非球面的加工和检验是无法与球面的加工和检验同日而语的，所以是否采用一定要很好的权衡。

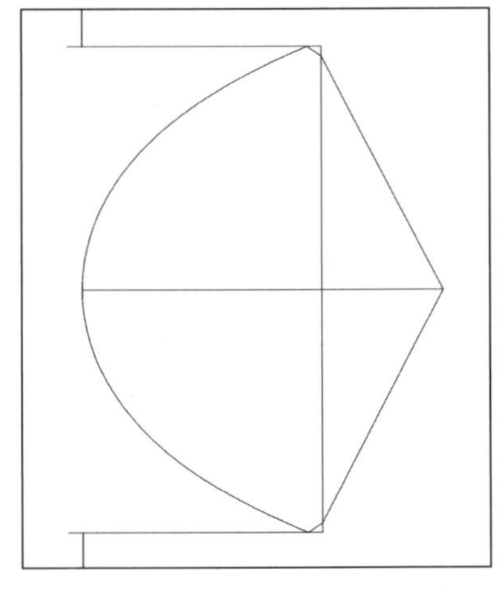

图 10-83 第九步优化后的光路图

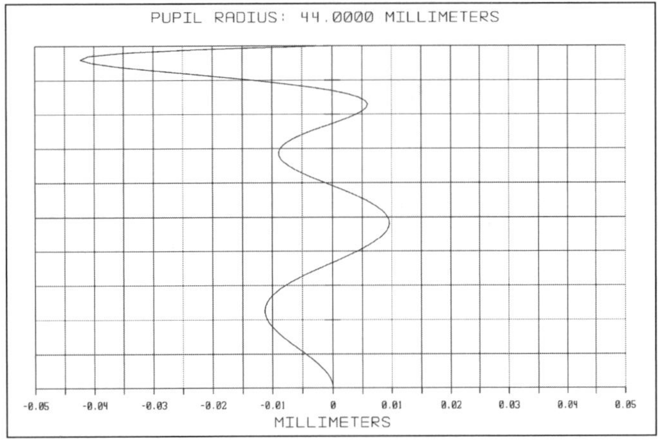

图 10-84 第九步优化后的球差曲线

习 题

1. 证明拉-赫不变量 $J=hh_z(Q_z-Q)$ 及式（10-4）。

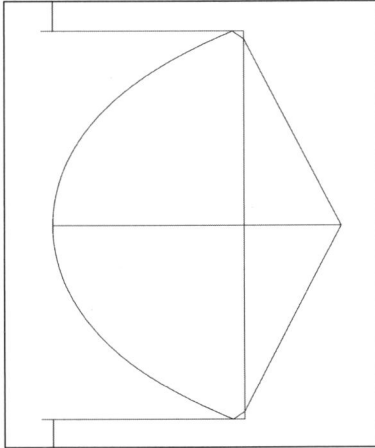

2. 光学系统的基本像差参量是什么？其规化条件是什么？确定基本像差参量的意义是什么？

3. 双胶合薄透镜组的结构参数有哪几个？其中独立变数有哪几个？

4. 双分离薄透镜组选择玻璃时应依据什么原则？

5. 简述望远物镜和显微物镜的光学特性和像差特性。

6. 设计一个 $10^{\times}$ 的望远物镜。根据系统总体要求和外形尺寸计算结果，物镜的光学特性要求为：焦距 $f'=250\text{mm}$，通光孔径 $D=40\text{mm}$，视场角 $2\omega=6°$，入瞳与物镜重合。

7. 如果上题中物镜后面有一转像棱镜，展开成平行玻璃平板的厚度 $d=150\text{mm}$，棱镜玻璃材料为 K9，试重新设计该望远物镜，计算其初始结构参数。

8. 在设计实例 1 中，选择不同玻璃材料（如 K9 与 ZF2），用 *PW* 法重新计算初始结构参数，加厚并进行像差校正。

9. 根据消像差的要求，确定了基本像差参量 $\overline{P}^{\infty}$、$\overline{W}^{\infty}$ 和 $\overline{C}_1$ 后，试根据式（10-24）～式（10-38）编写求解 P_0 以及根据 P_0 和 $\overline{C}_1$ 查找玻璃组合，并求解初始结构参数的程度。

10. 有一双筒望远镜，用普罗 I 型棱镜转像，物镜采用双胶合型式。已知 $f'=150\text{mm}$，$D/f'=1/4$，$2\omega=8°$，转像棱镜展开的平行平板总厚度 $d=104\text{mm}$，棱镜材料为 K9 玻璃。要求对包含转像棱镜的整个物镜系统校正色差、球差和正弦差，试用 *PW* 法求解物镜的初始结构，加厚并上机优化校正好像差。

11. 设计一个可以作为"∞大筒长低倍显微物镜"的三片型物镜。其具体要求和相关参数如下：

（1）物距 $l=\infty$；

（2）焦距 $f'=50\text{mm}$；

（3）数值孔径 $NA=0.1$；

（4）视场 $2\omega=5°$；

（5）工作波段为可见光 d，F，C；

（6）相对畸变 dist≤0.1%；

（7）所要设计物镜的调制传递函数不低于如图 10-85 所示的 MTF。

建议：（1）从参考文献［34］中 P106 里的表 3-12 或 P106 里的表 3-13 或 P123 里的表 3-22 所列的三个镜头中选一个作为初始结构；（2）对初始结构缩放焦距，改正有关的光学参数，评价像质；（3）若像质需要改进，优化时采用程序的默认评价函数。

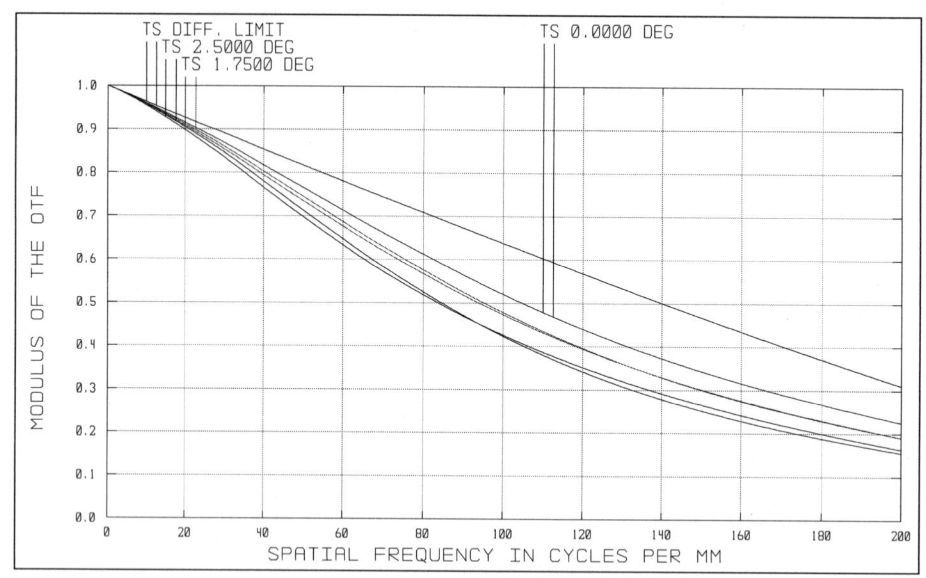

图 10-85 习题 11 图

12. 利用高折射率玻璃（$n_{0.6328}=1.90194$）设计一个由两块共轴球面透镜组成的激光聚焦物镜，其焦距为 $f'=60\text{mm}$、相对孔径为 $\dfrac{D}{f'}=\dfrac{1}{2}$、视场为 $\omega=0°$，工作波长为 $\lambda=0.6328\mu\text{m}$。像质要求其弥散圆半径小于 $1\mu\text{m}$。建议采用第十章第十二节二中的优化评价函数。

上篇习题部分参考答案

第　一　章

2. 2.250×10^8m/s，1.987×10^8m/s，1.818×10^8m/s，1.966×10^8m/s，1.241×10^8m/s
3. 300mm
4. 358.77mm
7. $(n-1)\alpha$
8. $\sqrt{n_1^2-n_2^2}$
9. $5°40'$
14. 2
16. 90mm，实像；15mm，虚像；－10mm，实像；75mm，虚像
18. －200mm，－80mm，－220mm，－93.99mm
19. 300mm，∞，299.332mm，－0.668mm
21. $\frac{5}{8}r$，$\frac{3}{8}r$，$\frac{5}{2}r$，$-\frac{3}{2}r$
22. 2.0
23. $(n-1)\alpha$

第　二　章

3. $f'=600$mm
4. $f'=216$mm
5. $f'_1=40$mm，$f'_2=240$mm
6. $f'=100$mm
7. $f'_1=450$mm，$f'_2=-240$mm
8. $f'_1=-35$mm，$f'_2=25$mm，$d=15$mm
9. $f'=-1440$mm，$\Phi=-0.69\text{m}^{-1}$
10. $d=100$mm
11. $f'=\infty$
12. $n=1.5$，$r_2=-240$mm
15. $l'_2=139.82$mm
16. $l'_2=255.88$mm
17. $f'=64.1$mm，24.36mm，10.26mm
18. －0.8m，7.76mm(向左或说向前)
19. $\beta=-1^{\times}$时，共轭距 $G=4f'$；$\beta=+1^{\times}$时，共轭距 $G=0$
20. $f'=80$mm，$l'=233.33$mm 处

21. $f_1'=450\text{mm}$，$f_2'=-240\text{mm}$

22. $f'=200\text{mm}$

第 三 章

2. 60°

3. 0.001rad，0.01mm

4. $f'=100\text{mm}$，位于物与平面镜中间

5. $\Delta y'=d\sin\varphi\left(1-\dfrac{\cos\varphi\sqrt{n^2-\sin^2\varphi}}{n^2-\sin^2\varphi}\right)$，8°15′48″

6. 890mm

10. 1.58998

11. $\delta_{min}=38°3'3''$，$\Delta\delta=52'50''$

13. 1°1′57″

14. 38.60°，49.30°

15. $3(n-1)\alpha$

16.（1）左移Δx　（2）分划板左（右）移Δz，像下（上）移Δz

18.（1）ID1 = 56.746°　（2）19.14mm

第 四 章

1. $2\omega=54.8°$

3. $f'=36.74\text{mm}$，$D_1=7.74\text{mm}$，$D_2=15.74\text{mm}$

4. $2\omega_{max}=11.33°$，$2\omega_{0.5}=9.08°$

5. $f'=54\text{mm}$

10. 0.244m；1.64m

11.（1）$\Gamma=-50^{\times}$

（2）$f_1'=250\text{mm}$，$f_2'=-150\text{mm}$

（3）$D_1=75\text{mm}$

（4）$x=\pm0.5\text{mm}$

（5）当 $l=-5000\text{mm}$ 时，$\Delta d=17.93\text{mm}$；当 $l=-1000000\text{mm}$ 时，$\Delta d=0.84\text{mm}$

（6）$l_{3z}'=10.43\text{mm}$，$D'=1.5\text{mm}$

（7）$\phi'=2001.5\text{mm}$

12.（2）$\beta=-160.77$

（3）$u=-15.43°$，$u'=0.0984°$，$2\omega'=2\omega=12.21°$

（4）$J=3.566$

第 五 章

1. $\Phi=0.813\text{lm}$，$I=1035668.79\text{cd}$，$L=1.3\times10^{12}\text{cd/m}^2$

2. $\Phi_e=15.13\text{W}$，$Q=907.8\text{J}$

3. $E'=10.79\text{lx}$

4. $\tau=0.51$
5. $X=36.32$，$Z=26.26$
6. $\Delta E_{(L*a*b*)}=9.1$NBS

第 六 章

1. (1) −60mm，(2)1.5
3. $-\frac{2}{3}\lambda$
4. -2λ
5. 0.44，2.4mm
7. (1) $f'_{正}=42.6$mm，$f'_{负}=-74.1$mm，(2) $r_1=44$mm，$r_2=-44$mm，$r_3=1425$mm
8. (1) 0，(2) −0.03mm，(3) 0.06mm，(4) −0.06mm，(5) 0，(6) +0.12mm，(7) 0.07
9. (1) $\Phi_1=0.0184\text{mm}^{-1}$，$\Phi_2=-0.0084\text{mm}^{-1}$，(2) 0.052mm
10. (1) 0.089 (2) 4 倍焦深=0.055 超差 (3) 0.052
12. 其像差特征为 $S_{\mathrm{I}}=S_{\mathrm{II}}=S_{\mathrm{III}}=C_{\mathrm{I}}=C_{\mathrm{II}}=0$，$S_{\mathrm{IV}}\neq0$，$S_{\mathrm{V}}\neq0$
14. $K'_t=-0.1$，$X'_t=x'_t=0$，$\delta L'_T=0$，$\delta y'_z=B'_0B'_z$
15. 垂轴像差为0，轴向像差是半部的二倍
18. $\frac{\delta y'}{y'}=\frac{cy'^3}{y'}=cy'^2$
19. 双胶合薄透镜 $C_{\mathrm{II}}=0$，双分离 $C_{\mathrm{II}}\neq0$
25. EY 约 0.09mm，EX 约 0.03mm
26. 在 0.55 带，约在 0.9 带口径，色球差约 0.16mm
30. 9.53mm
33. 最大剩余球差约为 0.05mm；约在 0.9 带孔径消除了位置色差；色球差约为 0.16mm
38. 向负球差方向移动，移动 −0.15mm，减少 −1/8

第 七 章

1. (1) −0.5m，(2) −0.1m，(3) −1m，(4) −1m，(5) −0.11m
2. (1)9，(2)10mm，(3) −22.2mm
3. (1) −30，(2)1.67mm，(3)29.6mm，(4)0.00275mm，(5)9mm，(6)21.33mm
4. (1)190，(2)0.38
5. 18.75mm，28.87mm
6. (1) 8，(2) 88.9mm，11.1mm，(3) 12.5mm，(4) 18.4mm，(5) ±0.62mm，(6)58.4°，(7)14mm
7. (1)90mm，(2)∞，−45mm
8. 137，0.336，11.2°
9. 188.66
10. 焦距为 100～193.75mm，视场为 40.5°～20.9°

11. 近似8

12. （1）20mm，200mm，（3）$r_1=12\text{mm}$，$r_4=-120\text{mm}$

13. 20

14. （1） 200mm，25mm，（2） 28.6mm，28.1mm，（3） 19.8mm，21.6mm，（4）±2.5mm

15. （1）2.34″，1.875″（2）7.57m

17.（1）0.7333 （2）383.5 （3）19.17mm

18.5

20. ±4m

21.5，100mm

22. −37.5，−6.667mm

23.（1）30.208mm，2.51mm （2）12.06mm，19.33mm

24. −800

25.（1） −30 （2）450mm，15mm （3）69mm （4）55.28°，18.53mm
（5） ±1.125mm

26. 14.533°

28.（1）10mm，25mm，235mm （2）$2y=0.192\text{mm}$

29. $f'=f_c\Gamma$

30. 100mm，10mm

第 八 章

1. ≈5，10911mm，0.00004rad，≈10

上篇主要参考文献

[1] 郁道银，谈恒英．工程光学［M］．3 版．北京：机械工业出版社，2011.
[2] 张以谟．应用光学［M］．3 版．北京：电子工业出版社，2008.
[3] 袁旭沧．应用光学［M］．北京：国防工业出版社，1988.
[4] 王子余．几何光学与光学设计［M］．杭州：杭州大学出版社，1989.
[5] 王之江．光学设计理论基础［M］．北京：科学出版社，1965.
[6] 张风林，孙光珠．工程光学［M］．天津：天津大学出版社，1988.
[7] 张登臣，郁道银．实用光学设计方法与现代光学系统［M］．北京：机械工业出版社，1995.
[8] 陶纯堪．变焦距光学系统设计［M］．北京：国防工业出版社，1988.
[9] 王之江，顾培森．实用光学技术手册［M］．北京：机械工业出版社，2007.
[10] 许世文．计量光学［M］．哈尔滨：哈尔滨工业大学出版社，1988.
[11] 唐务浩，陈敬芬．大地测量仪器学［M］．北京：测绘出版社，1987.
[12] 荆其诚，等．色度学［M］．北京：科学出版社，1979.
[13] 石顺祥，张海兴，刘劲松．物理光学与应用光学［M］．西安：西安电子科技大学出版社，2000.
[14] 章志鸣，沈元华，陈惠芬．光学［M］．2 版．北京：高等教育出版社，2002.
[15] Milton Laikin. Lens Design［M］. 3rd ed. Marcel Dekker，Inc.
[16] R Barry Johnso，Chen Feng. Applied Optics［J］. 1996，31（13）.
[17] Tao Chunkan. Applied Optics［J］. 1996，31（13）.
[18] 李士贤，李林．光学设计手册［M］．2 版．北京：北京理工大学出版社，1996.
[19] 萧泽新．工程光学设计［M］．北京：电子工业出版社，2003.
[20] 李林，林家明，等，工程光学［M］．北京：北京理工大学出版社，2003.
[21] 袁旭沧，光学设计［M］．北京：科学出版社，1983.
[22] Sinclair Optics，OSLO Version5 User's Guide. NY：1996.
[23] 顾培森．应用光学例题与习题集［M］．北京：机械工业出版社，1985.
[24] 李晓彤，岑兆丰．几何光学·像差·光学设计［M］．3 版. 杭州：浙江大学出版社，2014.
[25] 孟庆超，潘国庆，等．红外光学系统的无热化处理［J］．红外与激光工程，2008，Vol. 37（增刊），723-727.
[26] 奚晓，李晓彤，岑兆丰．被动式红外光学系统无热设计［J］．光学仪器，2005，Vol. 27（1）：42-46.
[27] 崔庆丰．折衍射混合成像光学系统设计［J］．红外与激光工程，2006，Vol. 35（1）：12-15.
[28] 金国藩，严瑛白，等．二元光学［M］．北京：国防工业出版社，1998.
[29] 中国航天科工集团第三研究院第 8358 研究所．红外成像系统测试与评价［M］．红外与激光工程编辑部，2006.
[30] 朱林泉，牛晋川，朱苏磊．主动光学与自适应光学［J］．仪器仪表学报，2008，Vol. 29（4）：103-106.
[31] 潘君骅．光学非球面的设计、加工与检验［M］．苏州：苏州大学出版社，2004.
[32] 辛企明．光学塑料非球面制造技术［M］．北京：国防工业出版社，2006.
[33] 李元康，王子余．中国大百科全书：物理学［M］．北京：中国大百科全书出版社，1994.
[34] 毛文炜．现代光学镜头设计方法与实例［M］．北京：机械工业出版社，2013.
[35] 叶辉，侯冒伦．光学材料与元件制造［M］．杭州：浙江大学出版社，2014.

[36] 滕秀金，邱迦易，曾晓栋，等. 颜色测量技术［M］. 北京：中国质检出版社，2007.
[37] 刘娟. 颜色测量方法［J］. 印刷质量与标准化，2008（06）：34-37.
[38] 李湘宁. 工程光学［M］. 北京：科学出版社，2010.
[39] Scott W Sparrold. Arch corrector for conformal optical systems，part of the spie conference on window and dome technologies and materials VI Orlando［J］. Proceedings of SPIE，1999，3705.
[40] Knapp，David J，Mills，et al. Conformal optics risk reduction demonstration［J］. Proceedings of SPIE，2001，4375：146-153.

下篇　物理光学

第十一章　光的电磁理论基础

19 世纪中叶，麦克斯韦（Maxwell）在电磁学理论的研究基础上，从理论上推得电磁波的传播速度等于光速，这使得麦克斯韦推测：光的传播是一种电磁现象，是电磁振动在空间的传播。20 年后赫兹（Hertz）第一次在实验上证实了光波就是电磁波，从而肯定了麦克斯韦的预言，产生了光的电磁理论。光的电磁理论的确立，推动了光学及整个物理学的发展。现代光学尽管产生了许多新的领域，并且许多光学现象需要用量子理论来解释，但是光的电磁理论仍然是阐明大多数光学现象以及掌握现代光学的一个重要基础。

本章叙述光的电磁性质，讨论光在均匀媒质中传播的基本规律，还将讨论光波叠加和复杂波分析的基本处理等问题。本章是全书的理论基础。上篇讲述的几何光学，实际上是波长趋于零时物理光学的一种近似。

第一节　光的电磁波性质

一、电磁场的波动性

（一）麦克斯韦方程组

麦克斯韦在前人的电磁学研究成果的基础上，总结推广了恒定电磁场和似稳电磁场的基本规律，提出了时变场情况下电磁场的传播规律，把它归结为一组表达式，称之麦克斯韦方程组。麦克斯韦方程组有积分形式和微分形式两种，微分形式的麦克斯韦方程组可用以求解电磁场中某一给定点的场量。其表示如下：

$$\nabla \cdot \boldsymbol{D} = \rho \tag{11-1}$$

$$\nabla \cdot \boldsymbol{B} = 0 \tag{11-2}$$

$$\nabla \times \boldsymbol{E} = -\frac{\partial \boldsymbol{B}}{\partial t} \tag{11-3}$$

$$\nabla \times \boldsymbol{H} = \boldsymbol{j} + \frac{\partial \boldsymbol{D}}{\partial t} \tag{11-4}$$

式中，$\boldsymbol{D}$、$\boldsymbol{E}$、$\boldsymbol{B}$、$\boldsymbol{H}$ 分别表示电感强度（电位移矢量）、电场强度、磁感强度和磁场强度；ρ 表示封闭曲面内的电荷密度；$\boldsymbol{j}$ 表示积分闭合回路上的传导电流密度；$\frac{\partial D}{\partial t}$为位移电流密度。

麦克斯韦方程组概括了静电场和似稳电流磁场的性质和时变场情况下电场和磁场之间的联系。式(11-1)是电场的高斯定律，表示电场可以是有源场，此时电力线必是从正电荷发出，终止于负电荷。式(11-2)是磁通连续定律，即穿过一个闭合面的磁通量等于零。表示穿入和穿出任一闭合面的磁力线的数目相等，磁场是个无源场，磁力线永远是闭合的。式(11-3)是法拉第电磁感应定律，指出变化的磁场会产生感应的电场，这是一个涡旋场，其电力线是闭合的，不同于闭合面内有电荷时的情况。麦克斯韦指出，只要所限定面积中磁通量发生变化，不管有否导体存在，必定伴随变化的电场。式(11-4)是安培全电流定律，说明在交变电磁场的情况下，磁场既包括传导电流产生的磁场，也包括位移电流产生的磁场。麦克斯韦认为，在激发磁场这一点上，电场的变化相当于一种电流，称为位移电流。位移电流不同于由电荷流动产生的传导电流，它是由变化电场产生的，但两者在产生磁效应方面是等效的。位移电流的引入，进一步揭示了电场和磁场之间的紧密联系。

（二）物质方程

时变场情况下的麦克斯韦方程组可以用来描述电磁场的变化规律，但是在处理实际问题时，电磁场总是在媒质中传播的，媒质的性质对电磁场的传播会带来影响。

描写物质在场作用下特性的关系式称为物质方程。静止的、各向同性的（物质每一点的物理性质不随方向改变）媒质中的物质方程有如下简单关系：

$$\boldsymbol{j} = \sigma \boldsymbol{E} \tag{11-5}$$

$$\boldsymbol{D} = \varepsilon \boldsymbol{E} \tag{11-6}$$

$$\boldsymbol{B} = \mu \boldsymbol{H} \tag{11-7}$$

式中，σ 是电导率；ε 和 μ 是两个标量，分别称为介电常数（或电容率）和磁导率。在各向同性均匀介质中，ε、μ 是常数，$\sigma=0$。在真空中，$\varepsilon=\varepsilon_0=8.8542\times10^{-12}\mathrm{C^2/N\cdot m^2}$（库^2/牛・米^2），$\mu=\mu_0=4\pi\times10^{-7}\mathrm{N\cdot s^2/C^2}$（牛・秒^2/库^2）。对于非磁性物质，$\mu=\mu_0$。

物质方程给出了媒质的电学和磁学性质，这里用介电常数和磁导率表示光与物质相互作用时媒质中大量分子的平均作用。这样，麦克斯韦方程组与物质方程一起组成一组完整的方程组，用于描写时变场情况下电磁场的普遍规律。在适当的电磁场的边值条件下，用于处理具体的光学问题。

（三）电磁场的波动性

从麦克斯韦方程组知道，随时间变化的电场在周围空间产生一个涡旋的磁场，随时间变化的磁场在周围空间产生一个涡旋的电场，它们互相激发，交替产生，在空间形成统一的场——电磁场，交变电磁场在空间以一定的速度由近及远地传播，就形成了电磁波。

从麦克斯韦方程出发，可以证明电磁场传播具有波动性。为简单起见，讨论无限大各向同性均匀介质的情况。这时 ε、μ 是常数，$\sigma=0$。若同时电磁场远离辐射源，所考虑区域不存在自由电荷和传导电流，则 $\rho=0$，$\boldsymbol{j}=0$。此时麦克斯韦方程组简化为

$$\nabla\cdot\boldsymbol{E}=0 \tag{11-8}$$

$$\nabla\cdot\boldsymbol{B}=0 \tag{11-9}$$

$$\nabla\times\boldsymbol{E}=-\frac{\partial\boldsymbol{B}}{\partial t} \tag{11-10}$$

$$\nabla\times\boldsymbol{B}=\varepsilon\mu\frac{\partial\boldsymbol{E}}{\partial t} \tag{11-11}$$

分别对式(11-10)、式(11-11)取旋度，利用场论公式（见下篇附录A的二），同时

令
$$v=1/\sqrt{\varepsilon\mu} \tag{11-12}$$

则 **E**、**B** 的方程化为

$$\nabla^2 \boldsymbol{E} - \frac{1}{v^2}\frac{\partial^2 \boldsymbol{E}}{\partial t^2} = 0 \tag{11-13}$$

$$\nabla^2 \boldsymbol{B} - \frac{1}{v^2}\frac{\partial^2 \boldsymbol{B}}{\partial t^2} = 0 \tag{11-14}$$

上两式具有一般的波动微分方程的形式。由此表明 **E**、**B** 随时间和空间的变化是遵循波动的规律的，电磁场以波动形式在空间传播，电磁波的传播速度 $v = 1/\sqrt{\varepsilon\mu}$，它与介质的电学和磁学性质有关。

当电磁波在真空中传播时，由式(11-12)，求得其传播速度

$$c = 1/\sqrt{\varepsilon_0 \mu_0} \tag{11-15}$$

代入 ε_0、μ_0 值后，得电磁波在真空中的传播速度 $c = 2.99794 \times 10^8 \text{m/s}$，这一数值与实验测定的光在真空中的传播速度 $c = 2.99792458 \times 10^8 \text{m/s}$ 一致。

在介质中，引入相对介电常数 $\varepsilon_r = \varepsilon/\varepsilon_0$ 和相对磁导率 $\mu_r = \mu/\mu_0$，由式(11-12)得电磁波的速度

$$v = c/\sqrt{\varepsilon_r \mu_r} \tag{11-16}$$

称电磁波在真空中的速度 c 与介质中速度 v 的比值 n 为介质对电磁波的折射率，则由式(11-16)，有

$$n = c/v = \sqrt{\varepsilon_r \mu_r} \tag{11-17}$$

上式给出了介质的光学常数 n 与介质电学常数 ε 和磁学常数 μ 的关系。

除了磁性物质，大多数物质的 $\mu_r \approx 1$，因而有 $n = \sqrt{\varepsilon_r}$ 的关系，这一关系对于化学结构简单的气体，符合得很好，但对于许多液体和固体，两者相差很大。这是由于 $\sqrt{\varepsilon_r}$ 的值（因而折射率 n）实际上与入射电磁波的频率有关，存在色散现象（参见本章第四节）。

麦克斯韦通过理论计算后预言：交变的电场和磁场的相互激发产生电磁波，而光波就是电磁波。麦克斯韦的预言在20年后由赫兹在实验上确证，赫兹发现了电磁驻波，并且证明电磁波具有与光波相同的反射、折射、相干、衍射和偏振特性，它的传播速度等于光速。这以后，光的电磁理论真正为人们所接受。

表 11-1　电磁波谱

辐射波	频率范围/Hz	波长范围
无线电波	$<10^9$	>300mm
微　波	$10^9 \sim 10^{12}$	300 ~ 0.3mm
光波：红外光	$10^{12} \sim 4.3 \times 10^{14}$	300 ~ 0.7μm
光波：可见光	$4.3 \times 10^{14} \sim 7.5 \times 10^{14}$	0.7 ~ 0.4μm
光波：紫外光	$7.5 \times 10^{14} \sim 10^{16}$	0.4 ~ 0.03μm
射线：x 射线	$10^{16} \sim 10^{19}$	30 ~ 0.03nm
射线：γ 射线	$>10^{19}$	<0.03nm

整个的电磁波谱如表11-1所示。通常所称的光学波谱，包括紫外光波、可见光波和红外光波。人眼可以感觉到各种颜色的可见光波在真空中的波长范围约从380nm到760nm。

我们所要学习的光学是以光学波谱为对象，研究辐射光的性质、光所引起的现象及其应用。

二、平面电磁波及其性质

利用波动方程式(11-13)和式(11-14)可以分别求出 $\boldsymbol{E}$ 和 $\boldsymbol{B}$ 的多种形式的解，例如平面波、球面波和柱面波解。方程的解还可以写成各种频率的简谐波及其叠加。在此，以平面波为例求解波的方程，并讨论在光学中有重要意义的平面简谐波解。

（一）平面简谐电磁波的波函数

平面电磁波是电场或磁场在与传播方向正交的平面上各点具有相同值的波。假设平面波沿直角坐标系 xyz 的 z 方向传播，则平面波的 $\boldsymbol{E}$ 和 $\boldsymbol{B}$ 仅是 z 和 t 的函数。这样，波动方程式(11-13)、式(11-14)化为

$$\frac{\partial^2 \boldsymbol{E}}{\partial z^2}-\frac{1}{v^2}\frac{\partial^2 \boldsymbol{E}}{\partial t^2}=0 \tag{11-18}$$

$$\frac{\partial^2 \boldsymbol{B}}{\partial z^2}-\frac{1}{v^2}\frac{\partial^2 \boldsymbol{B}}{\partial t^2}=0 \tag{11-19}$$

求解波动方程，考虑由源向外辐射电磁波的情况，得解

$$\boldsymbol{E}=f\left(\frac{z}{v}-t\right) \tag{11-20}$$

$$\boldsymbol{B}=f\left(\frac{z}{v}-t\right) \tag{11-21}$$

上式表示以速度 v 沿 z 轴正方向传播的平面波。这正是行波的表示形式。表示源点的振动经过一定的时间推迟才传播到场点，电磁场是逐点传播的。

上面得到了波动方程的通解，具体的波动形式将取决于源的振动形式。取最简单的简谐振动作为波动方程的特解，这不仅是因为这种振动形式简单，更重要的是从傅里叶分析方法可以知道，任何形式的振动都可以分解为许多不同频率的简谐振动的和。

于是有

$$\boldsymbol{E}=\boldsymbol{A}\cos\left[\omega\left(\frac{z}{v}-t\right)\right] \tag{11-22}$$

$$\boldsymbol{B}=\boldsymbol{A}'\cos\left[\omega\left(\frac{z}{v}-t\right)\right] \tag{11-23}$$

式(11-22)和式(11-23)就是平面简谐电磁波的波函数，对于光波来说，就是平面单色光波的波动函数。式中 $\boldsymbol{A}$ 和 $\boldsymbol{A}'$ 分别是电场和磁场的振幅矢量，表示平面波的偏振方向；v 是平面波在介质中的传播速度；ω 是角频率；余弦函数中的 $\left[\omega\left(\frac{z}{v}-t\right)\right]$ 称为相位，它是时间和空间坐标的函数，表示平面波在不同时刻空间各点的振动状态的量。

利用物理量之间的如下关系：

$$\omega=2\pi\nu=2\pi/T \tag{11-24a}$$

$$\lambda=vT \quad \text{（介质中）} \tag{11-24b}$$

$$\lambda_0=cT \quad \text{（真空中）} \tag{11-24c}$$

$$\lambda=\lambda_0/n \tag{11-24d}$$

式中，ν 是振动频率；T 为振动周期；λ 为光波波长。λ_0 为真空中的光波长；n 为介质的折

射率。

引入波传播方向上的波矢量 $\boldsymbol{k}=k\boldsymbol{k}_0$，$\boldsymbol{k}_0$ 表示 $\boldsymbol{k}$ 的单位矢量，沿着等相面（把某一时刻相位相同的点的空间位置称为等相面或波面）的法线方向，利用式(11-24)，波矢量 $\boldsymbol{k}$ 的大小 $k=2\pi/\lambda$（称为空间角频率或波数）与 λ、ω 及 v 的关系

$$k=2\pi/\lambda=\omega/v \tag{11-24e}$$

于是，波函数表示式(11-22)可以写成下面两种形式：

$$\boldsymbol{E}=\boldsymbol{A}\cos\left[2\pi\left(\frac{z}{\lambda}-\frac{t}{T}\right)\right] \tag{11-25}$$

$$\boldsymbol{E}=\boldsymbol{A}\cos\ (kz-\omega t) \tag{11-26}$$

由式(11-25)、式(11-26)、式(11-22)所描述的波是一个具有单一频率、在时间和空间上无限延续的波。可以看出，某一时刻波在空间是一个以波长 λ 为周期的周期分布，在空间域中，可以用空间周期 λ、空间频率 $1/\lambda$ 及空间角频率 $k=2\pi/\lambda$ 这样一组物理量来表示它的空间周期性；而对于空间固定的点，波在该点是以时间周期 T 为周期的一个周期振动，在时间域中，可以用时间周期 T、时间频率 $\nu=1/T$ 及角频率 $\omega=2\pi/T$ 这一组物理量表示它的时间周期性。空间周期性与时间周期性之间通过传播速度 v 由式(11-24b)相联系。任何时间周期性和空间周期性的破坏都意味着光波单色性的破坏。

（二）任一方向 $\boldsymbol{k}$ 传播的平面简谐波的波函数

利用波矢量 $\boldsymbol{k}$ 可以写出沿空间任一方向传播的平面波的波函数。如图 11-1 所示，沿空间任一方向 $\boldsymbol{k}$ 传播的平面波在垂直于传播方向的任一平面 $\boldsymbol{\Sigma}$ 上场强相同，且由该平面与坐标原点的垂直距离 s 决定，则平面 $\boldsymbol{\Sigma}$ 上任一点 P 的矢径 $\boldsymbol{r}$ 在 $\boldsymbol{k}$ 方向上的投影都等于 s，因此 $\boldsymbol{k}\cdot\boldsymbol{r}=ks$，于是有

$$\boldsymbol{E}=\boldsymbol{A}\cos\ (\boldsymbol{k}\cdot\boldsymbol{r}-\omega t) \tag{11-27}$$

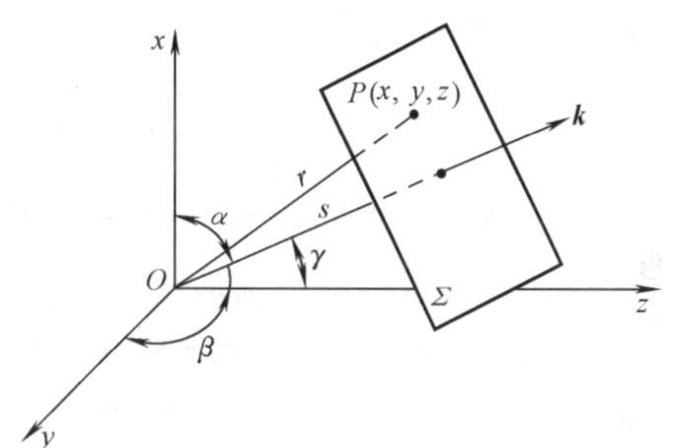

图 11-1　任一方向传播的平面波

式(11-27)就是沿 $\boldsymbol{k}$ 方向传播的平面波表示式。平面波的波面是 $\boldsymbol{k}\cdot\boldsymbol{r}=$ 常数的平面。设 $\boldsymbol{k}$ 的方向余弦为 $\cos\alpha$、$\cos\beta$、$\cos\gamma$，平面上任意点 P 的坐标为 x、y、z，则式(11-27)可以写为

$$\boldsymbol{E}=\boldsymbol{A}\cos[k(x\cos\alpha+y\cos\beta+z\cos\gamma)-\omega t] \tag{11-28}$$

（三）平面简谐波的复数表示和复振幅

1. 平面简谐波的复数表示

平面简谐波波函数式(11-27)是实数形式的波函数，它也可以写成复数形式

$$\boldsymbol{E}=\boldsymbol{A}\exp[\mathrm{i}(\boldsymbol{k}\cdot\boldsymbol{r}-\omega t)] \tag{11-29}$$

式(11-27)实际上是式(11-29)的实数部分。也就是说可以用复数形式的波函数表示式(11-29)来表示平面电磁波，只是对实际存在的电磁场应理解为式(11-29)的实数部分，但两者对于遵从电磁场的传播规律来说是等价的。

用式(11-29)替代式(11-27)来表示平面简谐波，这种代替完全是形式上的，其目的是用复指数函数运算替代三角函数运算，使计算简化。另外也可以证明，对复数表达式进行线性运算（加、减、微分、积）后再取实数部分与对余弦函数进行同样运算所得到的结果相同。但是，复数形式的波函数相乘一般不是线性运算。

2. 平面简谐波的复振幅

复数形式的波函数表示式(11-29)中其相位因子包含了空间相位因子 $\exp(\mathrm{i}\boldsymbol{k}\cdot\boldsymbol{r})$和时间相位因子 $\exp[-\mathrm{i}\omega t]$两部分，把式(11-29)中振幅和空间相位因子的乘积记为

$$\widetilde{\boldsymbol{E}}=\boldsymbol{A}\exp(\mathrm{i}\boldsymbol{k}\cdot\boldsymbol{r}) \tag{11-30a}$$

称 $\widetilde{\boldsymbol{E}}$ 为复振幅，表示某一时刻光波在空间的分布，即场的振幅和相位随空间的变化（对于平面波，空间各点的振幅相同）。一个波函数可以用复振幅和时间相位因子的乘积来表示，而时间相位因子 $\exp[-\mathrm{i}\omega t]$表示场振动随时间的变化。显然，考察某一时刻简谐波的空间分布，只关心其场振动的空间分布时（例如光的干涉和衍射等问题中），时间相位因子都相同，可以用复振幅表示一个简谐光波。

对照式(11-28)与式(11-30a)，沿 $\boldsymbol{k}$ 方向传播的平面波的复振幅可以写成

$$\widetilde{\boldsymbol{E}}=\boldsymbol{A}\exp[\mathrm{i}k(x\cos\alpha+y\cos\beta+z\cos\gamma)] \tag{11-30b}$$

许多时候需要考察平面波传播到某一平面上的复振幅分布，譬如考察平面取为 $z=0$ 的平面，平面波的波矢量 $\boldsymbol{k}$ 的方向余弦为$(\cos\alpha,\cos\beta,\cos\gamma)$，则由式(11-30b)可得 $z=0$（xy 平面）上的复振幅分布为

$$\widetilde{\boldsymbol{E}}=A\exp[\mathrm{i}k(x\cos\alpha+y\cos\beta)] \tag{11-30c}$$

容易写出沿着 $\boldsymbol{k}$ 的负方向传播的平面波在 $z=0$ 平面上的复振幅分布为

$$\widetilde{\boldsymbol{E}}^{*}=\boldsymbol{A}\exp[-\mathrm{i}k(x\cos\alpha+y\cos\beta)] \tag{11-30d}$$

$\widetilde{E}^{*}$ 与 $\widetilde{E}$ 是复数共轭的关系，称 $\widetilde{E}^{*}$ 所代表的波为原波 $\widetilde{E}$ 的共轭波。

图 11-2 表示的是平面波的波矢量 $\boldsymbol{k}$ 在 XOZ 平面内，其方向余弦为$(\cos\alpha,0,\cos\gamma)$，对于 $z=0$ 的考察平面（XOY 面），由式(11-30b)即可写得此面上的复振幅分布为

$$\widetilde{\boldsymbol{E}}=\boldsymbol{A}\exp[\mathrm{i}k(x\cos\alpha)]=\boldsymbol{A}\exp[\mathrm{i}k(x\sin\gamma)]$$

式中，γ 是波矢量 $\boldsymbol{k}$ 与 Z 轴的夹角。其共轭波表示为

$$\widetilde{\boldsymbol{E}}^{*}=\boldsymbol{A}\exp[-\mathrm{i}k(x\cos\alpha)]=\boldsymbol{A}\exp[-\mathrm{i}k(x\sin\gamma)]$$

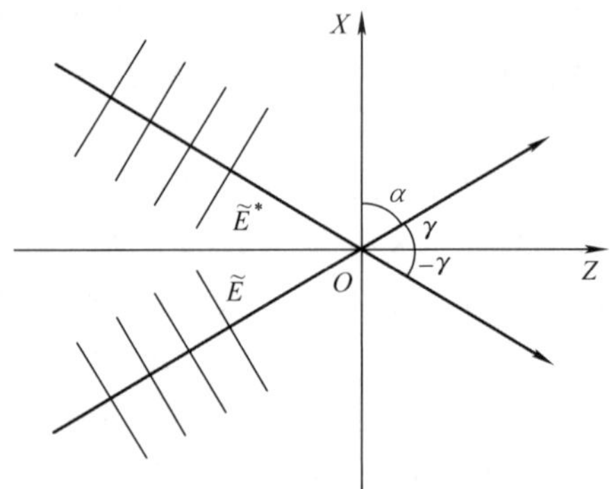

图 11-2 平面波和相应的共轭波

（四）平面电磁波的性质

下面由麦克斯韦方程组讨论平面电磁波的性质。

1. 平面电磁波是横波 平面电磁波的波函数为

$$\begin{aligned}\boldsymbol{E}&=\boldsymbol{A}\exp[\mathrm{i}(\boldsymbol{k}\cdot\boldsymbol{r}-\omega t)]\\\boldsymbol{B}&=\boldsymbol{A}'\exp[\mathrm{i}(\boldsymbol{k}\cdot\boldsymbol{r}-\omega t)]\end{aligned} \tag{11-31}$$

取式(11-29)的散度

$$\nabla\cdot\boldsymbol{E}=\boldsymbol{A}\cdot\nabla\exp[\mathrm{i}(\boldsymbol{k}\cdot\boldsymbol{r}-\omega t)]=\mathrm{i}\boldsymbol{k}\cdot\boldsymbol{E}$$

由式(11-8)，$\nabla\cdot\boldsymbol{E}=0$，因此

$$\boldsymbol{k}\cdot\boldsymbol{E}=0 \tag{11-32}$$

同样，由式(11-9)，$\nabla\cdot\boldsymbol{B}=0$，得

$$\boldsymbol{k} \cdot \boldsymbol{B} = 0 \tag{11-33}$$

式(11-32)、式(11-33)表明，电矢量与磁矢量的方向均垂直于波传播方向，电磁波是横波。

2. $\boldsymbol{E}$、$\boldsymbol{B}$、$\boldsymbol{k}_0$ 互成右手螺旋系　将式(11-29)、式(11-31)代入式(11-10)，利用式(11-11)运算后得

$$\mathrm{i}\omega \boldsymbol{B} = \mathrm{i}k(\boldsymbol{k}_0 \times \boldsymbol{E})$$

式中，$\boldsymbol{k}_0$ 是波矢量 $\boldsymbol{k}$ 的单位矢量。由式(11-24e)，上式可写为

$$\boldsymbol{B} = \frac{1}{v}(\boldsymbol{k}_0 \times \boldsymbol{E}) = \sqrt{\varepsilon\mu}(\boldsymbol{k}_0 \times \boldsymbol{E}) \tag{11-34}$$

式(11-34)表示，$\boldsymbol{E}$ 和 $\boldsymbol{B}$ 互相垂直，又分别垂直于波的传播方向 $\boldsymbol{k}_0$，$\boldsymbol{E}$、$\boldsymbol{B}$、$\boldsymbol{k}_0$ 互成右手螺旋系。

3. $\boldsymbol{E}$ 和 $\boldsymbol{B}$ 同相位　取式(11-34)的标量形式，得

$$\frac{E}{B} = \frac{1}{\sqrt{\varepsilon\mu}} = v \tag{11-35}$$

表示 E 和 B 的复振幅比为一正实数，所以 E 和 B 的振动始终同相位，它们在空间某一点对时间的依赖关系相同，同时到达最大值，同时到达最小值。图 11-3 是沿 z 方向传播的平面电磁波的模型。

从式(11-34)还可以知道，当知道一个场量及波传播方向时，另一个场量的大小和方向也就确定了。特别是考虑光与物质相互作用时，实验和理论表明，对光检测器起作用的是电矢量而不是磁矢量，所以只须考虑电场的作用，此时就用电矢量代表光矢量（即把 $\boldsymbol{E}$ 的振动称为光振动）。但从光的传播来说，光波作为电磁波，电场矢量和磁场矢量一起表示一个光波，缺一不可。

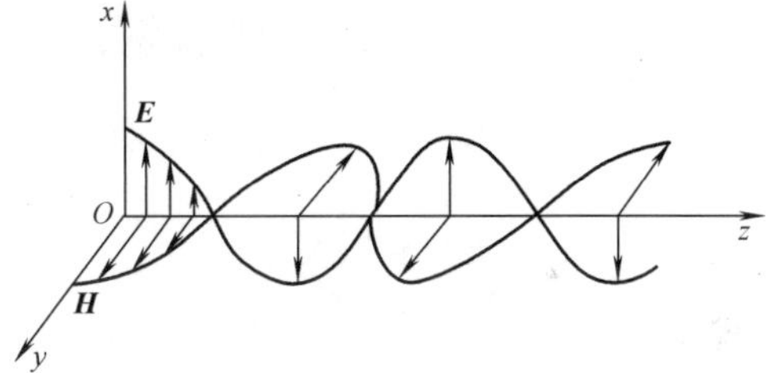

图 11-3　平面简谐电磁波

三、球面波和柱面波

（一）球面波的波函数和复振幅

将一个点光源放在各向同性均匀介质中，从点光源发出的光波以相同的速度沿径向传播，某一时刻电磁波所到达的各点将构成一个以点光源为中心的球面，其等相面（波面）是球面，这种光波称为球面波。

球面波的波动公式可以利用球面坐标下的拉普拉斯算符 ∇^2 的具体形式，由波动方程解得。也可以利用能量守恒关系来简单求取[3]。

球面简谐波的波函数为

$$E = \frac{A_1}{r}\exp[\mathrm{i}(kr - \omega t)] \tag{11-36}$$

式中，A_1 是离开点源单位距离处的振幅。上式表明，球面波的振幅与考察点离开源点的距离 r 成反比，且相位相等的面是 r = 常数的球面。

$$\tilde{E} = \frac{A_1}{r}\exp(\mathrm{i}kr) \tag{11-37}$$

称为球面简谐波的复振幅，通常表示一个由源点向外的发散的球面波，而

$$\widetilde{E}=\frac{A_1}{r}\exp(-ikr) \tag{11-38a}$$

则表示一个向源点会聚的球面波。

可以写出球面波在某一平面上的复振幅分布，例如在直角坐标系 $O\text{-}XYZ$ 中，考察点源 $S(x_0,y_0,-z_0)$发出的球面波在 $z=0$ 平面（xy 平面）上的任一点 $P(x,y)$上的复振幅分布。此时点源 S 到 P 点的距离可写成

$$r=\sqrt{(x-x_0)^2+(y-y_0)^2+z_0^2}$$

由式(11-37)，$z=0$ 平面上的复振幅分布为

$$\widetilde{E}=\frac{A_1}{\sqrt{(x-x_0)^2+(y-y_0)^2+z_0^2}}\exp\left[ik\sqrt{(x-x_0)^2+(y-y_0)^2+z_0^2}\right] \tag{11-38b}$$

当考察平面离开波源很远，并且只注意考察平面上一个小范围时，r 的变化对球面波振幅的影响可以忽略，这时球面波在考察范围内可视为平面波。

（二）柱面波的波函数和复振幅

柱面波是具有无限长圆柱形波面（等相面）的波。在光学中，用一平面波照射一细长狭缝可获得接近于圆柱面形的柱面波。柱面波的场强分布只与离开光源（狭缝）的距离 r 和时间 t 有关。求解柱面坐标下波动微分方程，可求得柱面波的波函数为

$$E=\frac{A_1}{\sqrt{r}}\exp[i(kr-\omega t)] \tag{11-39a}$$

同样，柱面波的复振幅表示为

$$\widetilde{E}=\frac{A_1}{\sqrt{r}}\exp(ikr) \tag{11-39b}$$

麦克斯韦方程在无限大均匀介质中的另一种常见的解是高斯形式的解，即光波的振幅在光束横截面上呈高斯分布，这种光束称为高斯光束。激光器发出的光束就属于这种情况。在均匀介质中，取柱面坐标下波动微分方程的圆柱对称解，可以求得高斯光束的基模解④。高斯光束特征及传播特性见第八章。

四、光波的辐射和辐射能

光波既然是电磁波，它的传播过程就是能量传递的过程，而光源发光实际上是物体不断向外辐射电磁波的过程。应用经典辐射理论可以说明物体发生辐射的物理过程和辐射规律。

（一）电偶极子辐射模型

大部分物体的发光属于原子发光类型。经典电磁理论把原子发光看成是原子内部过程形成的电偶极子的辐射。在外界能量的激发下，原子中的电子和原子核在不停地运动着，以致原子的正电中心（原子核）和负电中心（高速回转的电子）往往不在一起，两者的距离也在不停地变化，从而使原子成为一个振荡的电偶极子。振荡电偶极子必定在周围空间产生交变的电磁场，并在空间以一定的速度传播，伴随着能量的传递。

振荡电偶极子辐射的电磁场可以用麦克斯韦方程组进行计算，这在一般的经典电动力学的辐射场部分都有介绍。这里，引用其结果进行分析。

若电偶极子作直线简谐振荡，偶极矩 $\boldsymbol{p}=\boldsymbol{p}_0e^{-i\omega t}$，式中，$\omega$ 是偶极子振荡角频率，$\boldsymbol{p}_0$ 为

振幅矢量。计算表明，远离偶极子中心的某点 M 的场为

$$\boldsymbol{E}=\frac{\omega^2(\boldsymbol{r}\times\boldsymbol{p}_0)\times\boldsymbol{r}}{4\pi\varepsilon v^2r^3}\exp[\mathrm{i}(kr-\omega t)],\quad \boldsymbol{B}=\frac{\omega^2(\boldsymbol{r}\times\boldsymbol{p}_0)}{4\pi\varepsilon v^3r^2}\exp[\mathrm{i}(kr-\omega t)] \tag{11-40a}$$

式中，$\boldsymbol{r}$ 是偶极子中心到 M 点的矢径；v 是介质中电磁波的传播速度。分析式(11-40a)可知：

（1）辐射电磁波的角频率与偶极子振荡角频率相同，都等于 ω。

（2）取式(11-40a)的标量形式

$$E=\frac{\omega^2p_0\sin\psi}{4\pi\varepsilon v^2r}\exp[\mathrm{i}(kr-\omega t)],\quad B=\frac{\omega^2p_0\sin\psi}{4\pi\varepsilon v^3r}\exp[\mathrm{i}(kr-\omega t)] \tag{11-40b}$$

式中，ψ 为偶极矩方向 $\boldsymbol{p}$ 与波传播方向 $\boldsymbol{r}$ 的夹角。上式表明辐射电磁波是以偶极子中心为原点的发散球面波，其振幅与 r 成反比，并且随 $\sin\psi$ 而变。在偶极子振动方向上，$\psi=0$，因此，$E=B=0$，在此方向上无能量辐射，而在 $\psi=90°$方向上能量最大。

（3）由式(11-40a)可得到如下关系式：

$$\boldsymbol{E}=\frac{v}{r}(\boldsymbol{B}\times\boldsymbol{r}) \tag{11-41}$$

即 $\boldsymbol{E}$、$\boldsymbol{B}$、$\boldsymbol{r}$ 彼此垂直，互成右手螺旋系，且 $\boldsymbol{E}$ 在 $\boldsymbol{p}$ 与 $\boldsymbol{r}$ 组成的平面内振动，而 $\boldsymbol{B}$ 的振动方向与此平面垂直。表明了辐射电磁波的偏振性，也再次证明电磁波（光波）是横波。

显然，电偶极子辐射的电磁波是单色的平面偏振的球面波（如图 11-4 所示）。

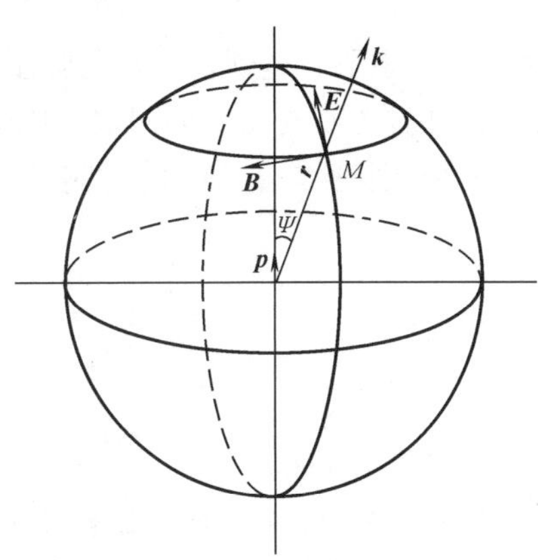

图 11-4　振荡电偶极子辐射的球面电磁波

（二）对实际光波的认识

实际光源发出的光波并不是在时间和空间上无限延续的简谐波，而是一些有限长度的衰减振动，是由这些被称为波列的光波组成的。这是由于原子的振动使原子间相互碰撞，因此每个作自发辐射的原子所辐射的光波（波列）其持续时间只是原子两次碰撞的时间间隔（$10^{-8}\sim10^{-9}$s）。同时实际光源辐射的光波并不具有偏振性，因为虽然单个原子在某一时刻辐射的光波具有偏振性，但由于原子的辐射是不连续的，同一原子不同时刻发出的波列之间其振动方向和相位都是随机的，而且实际光源由大量的分子、原子组成，其发出的各个波列的振动方向和相位也是随机的。因此，在观测时间 T（$\gg$波列存在时间 Δt）内接收这类光的组合时，各个波列的振动方向和相位被完全平均，成为均等包含任何方位振动的光。这种光称为自然光，它可以看作是在一切可能方向上振动的光波的总和。

（三）辐射能

电磁波的最主要的性质之一是能够传输能量，电磁波的传播过程伴随着能量在空间的传递。由电磁学知识可知，空间某一区域中单位体积的辐射能可以用电磁场的能量密度 w 表示

$$w=\frac{1}{2}(\boldsymbol{E}\cdot\boldsymbol{D}+\boldsymbol{H}\cdot\boldsymbol{B})=\frac{1}{2}\left(\varepsilon E^2+\frac{1}{\mu}B^2\right)$$

上式包括了电场和磁场的贡献。在此引入辐射强度矢量或坡印亭（Poynting）矢量 $\boldsymbol{S}$ 用于描

述电磁能量的传播。$\boldsymbol{S}$ 的方向表示能量流动的方向，其大小等于单位时间垂直通过单位面积的能量。设一电磁波以速度 v 垂直通过一面积 σ，则在 dt 时间内通过此面积的能量就等于 $wv\sigma \mathrm{d}t$，于是辐射强度矢量的大小为

$$S = wv = \frac{1}{2}\left(\varepsilon E^2 + \frac{1}{\mu}B^2\right)v = v\varepsilon E^2 = \frac{1}{\mu}EB \tag{11-42}$$

式中应用了关系式(11-35)。在各向同性介质中，能量的传播方向沿着波的传播方向，故式(11-42)可写成矢量形式

$$\boldsymbol{S} = \frac{1}{\mu}\boldsymbol{E} \times \boldsymbol{B} \tag{11-43}$$

表明 $\boldsymbol{S}$（能量传播方向）与 $\boldsymbol{E}$、$\boldsymbol{B}$ 互成右手螺旋系。

对于光波而言，因为 $\boldsymbol{E}$、$\boldsymbol{B}$ 是时间的函数，因此 $\boldsymbol{S}$ 也随时间快速变化，其频率在 10^{15}Hz 左右，人眼或其他探测系统都无法接收到 S 的瞬时值，能够接收的是某一时间周期 T 内 S 的时间平均值 $\langle S\rangle$。取式(11-40b)$\boldsymbol{E}$、$\boldsymbol{B}$ 的实部，由式(11-42)得

$$\begin{aligned}\langle S\rangle = \langle EH\rangle &= \frac{1}{T}\int_0^T S\mathrm{d}t = \frac{\omega^4 P_0^2 \sin^2\psi}{16\pi^2\varepsilon v^3 r^2 T}\int_0^T \cos^2(kr - \omega t)\,\mathrm{d}t \\ &= \frac{\omega^4 P_0^2}{32\pi^2\varepsilon v^3 r^2}\sin^2\psi\end{aligned} \tag{11-44}$$

式(11-44)表明，电偶极子辐射强度的平均值与电偶极子振荡的振幅平方成正比，与辐射电磁波的频率（或波长）的四次方成正比（或反比），同时还与角 ψ 有关。

称辐射强度矢量大小的时间平均值为光强，记为 I。对于平面波的情况，由式(11-42)有

$$\begin{aligned}I = \langle S\rangle &= \frac{1}{T}\int_0^T S\mathrm{d}t = v\varepsilon A^2 \frac{1}{T}\int_0^T \cos^2(kr - \omega t)\,\mathrm{d}t \\ &= \frac{1}{2}\varepsilon v A^2 = \frac{1}{2}\sqrt{\frac{\varepsilon}{\mu}}A^2\end{aligned} \tag{11-45a}$$

可以看出，光强 I 与平面波振幅 A 的平方成正比。在求取同一均匀介质中两场点的相对强度时，可以直接用 $I = A^2$ 表示光强。

若用复振幅表示光强，因为振幅为 $\boldsymbol{A}$ 的复振幅为 $\widetilde{\boldsymbol{E}} = \boldsymbol{A}\exp(\mathrm{i}\boldsymbol{k}\cdot\boldsymbol{r})$，因此在求取同一均匀介质中两场点的相对强度时，有

$$I = |\widetilde{\boldsymbol{E}}|^2 = \widetilde{\boldsymbol{E}}\cdot\widetilde{\boldsymbol{E}}^* \tag{11-45b}$$

第二节　光在电介质界面上的反射和折射

本节讨论单色平面电磁波入射到两电介质界面上时引起的传播方向、振幅、相位、能量及偏振性的变化。

一、电磁场的连续条件

当电磁波由一种介质传播到另一种介质时，由于介质的物理性质不同，即 $n(\varepsilon,\mu)$ 不同，

电磁场在界面上将是不连续的。我们必须根据电磁场方程找出界面两边电磁场量之间的联系，这种联系是借助于电磁场的连续条件来实现的。

电磁场的连续条件是[3]：在没有传导电流和自由电荷的介质中，磁感强度 $\boldsymbol{B}$ 和电感强度 $\boldsymbol{D}$ 的法向分量在界面上连续，而电场强度 $\boldsymbol{E}$ 和磁场强度 $\boldsymbol{H}$ 的切向分量在界面上连续。表示为

$$\left.\begin{aligned} B_{1n} &= B_{2n} \\ D_{1n} &= D_{2n} \\ H_{1t} &= H_{2t} \\ E_{1t} &= E_{2t} \end{aligned}\right\} \tag{11-46}$$

有了这一连续条件，就可以建立两种介质界面两边场量的联系，来具体讨论传播时的问题。

二、光在两电介质分界面上的反射定律和折射定律

光波入射到两电介质分界面上时会产生反射和折射现象，这种现象的产生可以看成是光与物质相互作用的结果。这里用介质的介电常数、磁导率表示大量分子的平均作用，根据麦克斯韦方程组和电磁场连续条件来研究平面光波在两电介质分界面上的反射和折射问题。

具体讨论之前弄清楚以下几点将有助于对问题的理解：

（1）光波的入射面是指界面法线与入射光线组成的平面。

（2）光波的振动面是指电场矢量的方向与入射光线组成的平面，或指电矢量所在的平面。电矢量（光矢量）一般不在入射面内振动。振动面相对于入射面的夹角用方位角 α 表示。

（3）任一方位振动的光矢量 $\boldsymbol{E}$，都可以分解成互相垂直的两个分量（见图 11-5），称平行于入射面振动的分量为光矢量的 p 分量，记作 E_{p}；称垂直于入射面振动的分量为光矢量的 s 分量，记作 E_{s}。这样，对任一光矢量，只要分别讨论两个分量的变化情况就可以了。

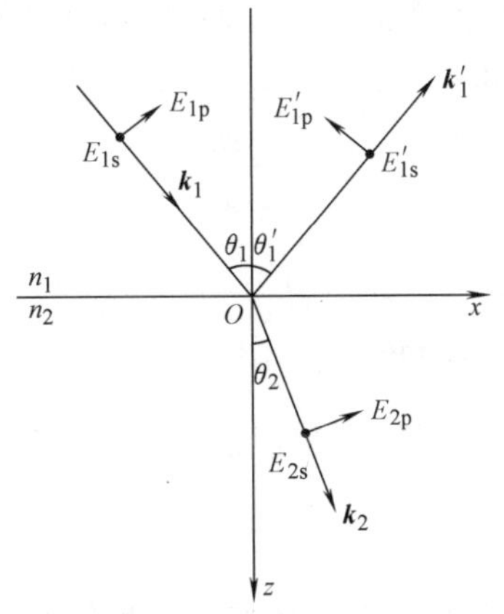

图 11-5　E 的两个分量 E_{s} 和 E_{p}

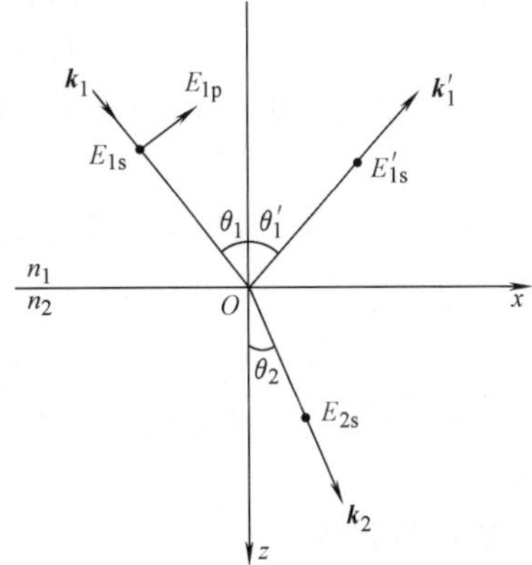

图 11-6　平面波在界面上的反射和折射

下面利用电磁场连续条件讨论反射波和折射波的存在及反射、折射时的传播方向。

假设无限大界面两边介质的折射率分别为 n_1（ε_1，μ_1）和 n_2（ε_2，μ_2）。一单色平面光波入射在界面上（图 11-6），反射光波、折射光波也均为平面光波。设入射波、反射波和折射波的波矢量分别为 $\boldsymbol{k}_1$，$\boldsymbol{k}'_1$ 和 $\boldsymbol{k}_2$，相应的入射角、反射角和折射角为 θ_1、θ'_1 和 θ_2，角频率

为 ω_1、ω_1'和 ω_2。将入射波 $\boldsymbol{E}_1$ 分解成 E_{1s}和 E_{1p}两个分量（见图11-6）。设只考虑 s 分量的情况（若取 y 正方向为 s 分量的正向），则可得到入射波、反射波和折射波的表示分别为

$$\left.\begin{aligned} E_{1s} &= E_{1y} = A_{1s}\exp[\mathrm{i}(\boldsymbol{k}_1 \cdot \boldsymbol{r} - \omega_1 t)] = A_{1s}\exp[\mathrm{i}[k_1(x\sin\theta_1 + z\cos\theta_1) - \omega_1 t]] \\ E_{1s}' &= E_{1y}' = A_{1s}'\exp[\mathrm{i}(\boldsymbol{k}_1' \cdot \boldsymbol{r} - \omega_1' t)] = A_{1s}'\exp[\mathrm{i}[k_1'(x\sin\theta_1' - z\cos\theta_1') - \omega_1' t]] \\ E_{2s} &= E_{2y} = A_{2s}\exp[\mathrm{i}(\boldsymbol{k}_2 \cdot \boldsymbol{r} - \omega_2 t)] = A_{2s}\exp[\mathrm{i}[k_2(x\sin\theta_2 + z\cos\theta_2) - \omega_2 t]] \end{aligned}\right\} \tag{11-47}$$

式中，A_{1s}、A_{1s}'和 A_{2s}一般是复数，因为三个波可以有不同的初相位。$\boldsymbol{r}$ 是原点在界面上任一点 O 时场点的位置矢量。由连续条件式（11-46）中的第四式，且注意到界面一边的场量应等于界面另一边的场量，得到

$$E_{1s} + E_{1s}' = E_{2s}$$

将式(11-47)代入上式，有

$$A_{1s}\exp[\mathrm{i}(\boldsymbol{k}_1 \cdot \boldsymbol{r} - \omega_1 t)] + A_{1s}'\exp[\mathrm{i}(\boldsymbol{k}_1' \cdot \boldsymbol{r} - \omega_1' t)] = A_{2s}\exp[\mathrm{i}(\boldsymbol{k}_2 \cdot \boldsymbol{r} - \omega_2 t)] \tag{11-48}$$

式(11-48)应该对于任意时刻 t 及分界面上任意位置矢量 $\boldsymbol{r}$（$\boldsymbol{x}$，$\boldsymbol{y}$），连续条件都成立，因此 $\boldsymbol{E}_{1s}$、$\boldsymbol{E}_{1s}'$和 $\boldsymbol{E}_{2s}$对变量 $\boldsymbol{r}$ 和 $\boldsymbol{t}$ 的函数关系必须严格相等，于是有

$$\omega_1 = \omega_1' = \omega_2 \tag{11-49}$$

$$A_{1s} + A_{1s}' = A_{2s} \tag{11-50}$$

式(11-49)表明反射波、折射波的频率与入射波的频率相等。在界面上，由式(11-48)同时还有

$$\boldsymbol{k}_1 \cdot \boldsymbol{r} = \boldsymbol{k}_1' \cdot \boldsymbol{r} = \boldsymbol{k}_2 \cdot \boldsymbol{r} \tag{11-51}$$

即

$$(\boldsymbol{k}_1' - \boldsymbol{k}_1) \cdot \boldsymbol{r} = 0 \tag{11-52a}$$

$$(\boldsymbol{k}_2 - \boldsymbol{k}_1) \cdot \boldsymbol{r} = 0 \tag{11-52b}$$

表明$(k_1' - k_1)$和$(k_2 - k_1)$在 r 方向的投影（界面平面上）等于零，即与界面法线平行。这就是说 k_1、k_1'和 k_2 共面，都在入射面内。

利用式(11-47)中 $\boldsymbol{k}$ 与 $\boldsymbol{r}$ 的点积表达式，并考虑到在界面上 $z=0$，由式(11-51)可得

$$k_1\sin\theta_1 = k_1'\sin\theta_1' = k_2\sin\theta_2$$

因为 $k_1 = k_1' = \omega/v_1$ 和 $k_2 = \omega/v_2$，所以有

$$\theta_1 = \theta_1' \tag{11-53}$$

即入射角等于反射角。这就是反射定律。同时可得

$$\frac{\sin\theta_1}{v_1} = \frac{\sin\theta_2}{v_2} \quad 或 \quad n_1\sin\theta_1 = n_2\sin\theta_2 \tag{11-54}$$

式中，n_1、v_1 和 n_2、v_2 分别是光波在介质 1 和介质 2 中的折射率和传播速度。式(11-54)就是折射定律。

三、菲涅耳公式

利用电磁场的连续条件可以导出表示反射波、折射波与入射波的振幅和相位关系的菲涅耳公式。对于入射平面光波 $\boldsymbol{E}_1$ 的两个互相垂直的分量 s 波和 p 波，其反射波和折射波的振幅和相位关系是不相同的，这里我们分别在下面予以讨论。同时必须给场矢量的取向以某种约定：无论是入射光波、反射光波和折射光波，相对于光的传播方向，$\boldsymbol{E}$、$\boldsymbol{B}$、$\boldsymbol{k}_0$ 都必须具有相同的相对取向，这时认为所考察的两个场同相，其场量的振幅比为正值，场矢量取规定的正向；若两个场反相，则其场量的振幅比为负值（电介质时），场矢量取向与规定的正向相反。之所以作出约定是因为菲涅耳公式是在特定的场矢量取向下推得的。这里，我们规定

E_s 的正向沿 y 轴方向，即垂直于图面向外（图 11-7），E_p 的正向如图 11-8 所示；与其相应的 H_s、H_p 的正向由 $\boldsymbol{E}$、$\boldsymbol{B}$、$\boldsymbol{k}_0$ 右手螺旋关系给出。

1. s 波（垂直于入射面分量）　图 11-7 中同时示出了反射波、折射波的场量的正向。由连续条件式(11-46)，有

$$E_{1s}+E'_{1s}=E_{2s} \tag{11-55}$$

$$H_{1p}\cos\theta_1-H'_{1p}\cos\theta_1=H_{2p}\cos\theta_2 \tag{11-56}$$

由式(11-34)、式(11-7)，因为

$$\boldsymbol{H}=\frac{1}{\mu v}(\boldsymbol{k}_0\times\boldsymbol{E})$$

且当两介质的折射率为 n_1、n_2 时，根据式(11-17)，有

$$\frac{v_1}{v_2}=\frac{n_2}{n_1} \tag{11-57}$$

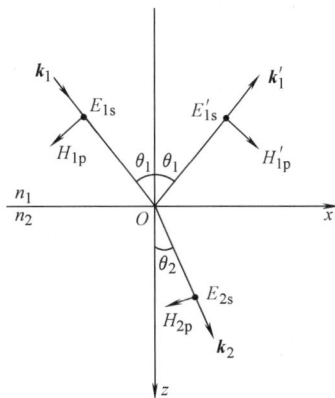

图 11-7　s 波的 $\boldsymbol{E}$ 和 $\boldsymbol{H}$ 的正向

故式(11-56)可写成

$$\frac{n_1}{\mu_1}(E_{1s}-E'_{1s})\cos\theta_1=\frac{n_2}{\mu_2}E_{2s}\cos\theta_2 \tag{11-58}$$

这样由式(11-55)、式(11-58)，利用式(11-48)、式(11-50)，得

$$r_s=\frac{A'_{1s}}{A_{1s}}=\frac{\dfrac{n_1}{\mu_1}\cos\theta_1-\dfrac{n_2}{\mu_2}\cos\theta_2}{\dfrac{n_1}{\mu_1}\cos\theta_1+\dfrac{n_2}{\mu_2}\cos\theta_2} \tag{11-59a}$$

$$t_s=\frac{A_{2s}}{A_{1s}}=\frac{2\dfrac{n_1}{\mu_1}\cos\theta_1}{\dfrac{n_1}{\mu_1}\cos\theta_1+\dfrac{n_2}{\mu_2}\cos\theta_2} \tag{11-59b}$$

这两个式子称为 s 波的菲涅耳公式，r_s、t_s 称为 s 波的振幅反射系数和振幅透射系数。

当两种介质都是电介质时，考虑一般的非磁性物质情况，可以认为 $\mu_1=\mu_2$，再利用式(11-54)，r_s、t_s 可写成如下形式：

$$r_s=\frac{A'_{1s}}{A_{1s}}=\frac{n_1\cos\theta_1-n_2\cos\theta_2}{n_1\cos\theta_1+n_2\cos\theta_2}=-\frac{\sin(\theta_1-\theta_2)}{\sin(\theta_1+\theta_2)} \tag{11-60a}$$

$$t_s=\frac{A_{2s}}{A_{1s}}=\frac{2n_1\cos\theta_1}{n_1\cos\theta_1+n_2\cos\theta_2}=\frac{2\sin\theta_2\cos\theta_1}{\sin(\theta_1+\theta_2)} \tag{11-60b}$$

2. p 波（平行于入射面分量）　p 波的电矢量的正向与相应的磁矢量的取向如图 11-8 所示，并假定在界面处入射波、反射波和折射波同时取正向。据连续条件式(11-46)，有

$$E_{1p}\cos\theta_1-E'_{1p}\cos\theta_1=E_{2p}\cos\theta_2 \tag{11-61}$$

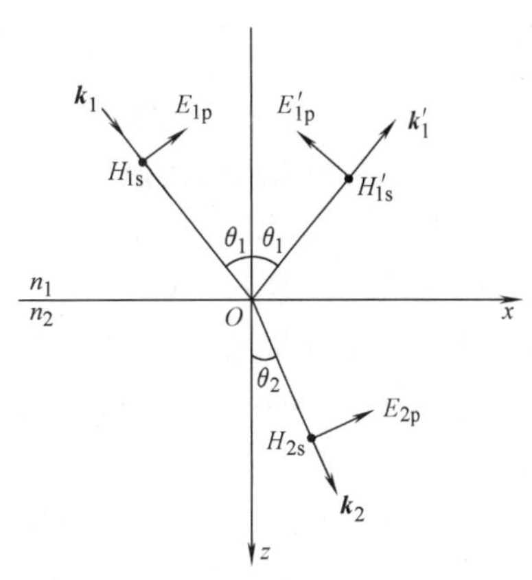

图 11-8　p 波的 $\boldsymbol{E}$ 和 $\boldsymbol{H}$ 的分量

因为磁矢量垂直于入射面，由式(11-46)第三式和式(11-7)得

$$\frac{1}{\mu_1 v_1}E_{1p}+\frac{1}{\mu_1 v_1}E'_{1p}=\frac{1}{\mu_2 v_2}E_{2p} \tag{11-62}$$

利用式(11-48)、式(11-57)，由式(11-61)、式(11-62)，得到有关 p 波的菲涅耳公式：

$$r_p=\frac{A'_{1p}}{A_{1p}}=\frac{\frac{n_2}{\mu_2}\cos\theta_1-\frac{n_1}{\mu_1}\cos\theta_2}{\frac{n_2}{\mu_2}\cos\theta_1+\frac{n_1}{\mu_1}\cos\theta_2} \tag{11-63a}$$

$$t_p=\frac{A_{2p}}{A_{1p}}=\frac{2\frac{n_1}{\mu_1}\cos\theta_1}{\frac{n_2}{\mu_2}\cos\theta_1+\frac{n_1}{\mu_1}\cos\theta_2} \tag{11-63b}$$

若考虑 $\mu_1=\mu_2$ 及折射定律式（11-54），可得

$$r_p=\frac{A'_{1p}}{A_{1p}}=\frac{n_2\cos\theta_1-n_1\cos\theta_2}{n_2\cos\theta_1+n_1\cos\theta_2}=\frac{\tan(\theta_1-\theta_2)}{\tan(\theta_1+\theta_2)} \tag{11-64a}$$

$$t_p=\frac{A_{2p}}{A_{1p}}=\frac{2n_1\cos\theta_1}{n_2\cos\theta_1+n_1\cos\theta_2}=\frac{2\sin\theta_2\cos\theta_1}{\sin(\theta_1+\theta_2)\cos(\theta_1-\theta_2)} \tag{11-64b}$$

r_p 和 t_p 分别称为 p 波的振幅反射系数和振幅透射系数。

对于 $\theta_1=0$ 的垂直入射的特殊情况，由式(11-59a)、式(11-63a)和式(11-59b)、式(11-63b)，并考虑 $\mu_1=\mu_2$，得到垂直入射时的菲涅耳公式：

$$r_s=\frac{A'_{1s}}{A_{1s}}=-\frac{n-1}{n+1} \tag{11-65a}$$

$$t_s=\frac{A_{2s}}{A_{1s}}=\frac{2}{n+1} \tag{11-65b}$$

$$r_p=\frac{A'_{1p}}{A_{1p}}=\frac{n-1}{n+1} \tag{11-65c}$$

$$t_p=\frac{A_{2p}}{A_{1p}}=\frac{2}{n+1} \tag{11-65d}$$

式中，$n=n_2/n_1$ 为相对折射率。

四、反射和折射时的振幅关系

菲涅耳公式直接给出了反射波或折射波与入射波其振幅的相对变化，这种变化用振幅反射（或透射）系数 r（或 t）来描写，并且随入射角而变。根据菲涅耳公式画出的 r_s、r_p、t_s 和 t_p 随入射角 θ_1 的变化关系示于图 11-9。图 a 表示光从光疏介质入射到光密介质（如从空气射向玻璃）时的情况。当 $\theta_1=0$，即垂直入射时，$|r_s|$、$|r_p|$、t_s 和 t_p 都不等于零，表示存在反射波和折射波。当 $\theta_1=90°$，即掠入射时，$|r_s|=|r_p|=1$，$t_s=t_p=0$，即没有折射光波。从图中可见，t_s、t_p 随 θ_1 的增大而减小；$|r_s|$则随 θ_1 的增大而增大，直到等于 1；而 $|r_p|$值在 $\theta_1=\theta_B$（θ_B 满足 $\theta_B+\theta_2=90°$）时，有 $|r_p|=0$，即反射光波中没有 p 波，只有 s 波，产生全偏振现象。

图 11-9b 表示光从光密介质入射到光疏介质（$n<1$）时的情况。当 $\theta_1=0$ 时，$|r_s|$、$|r_p|$与图 11-9a 相同；当 $\theta_1 \geqslant \theta_c$（$\theta_c$ 为 $\theta_2=90°$时对应的 θ_1）时，$|r_s|=|r_p|=1$，表示发生全反射现象，并且有 t_s、t_p 都大于 1，且随 θ_1 的增大而增大。

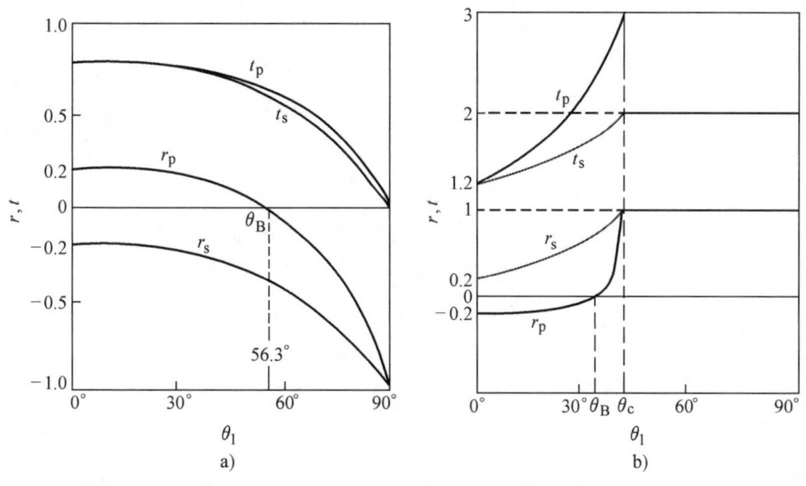

图 11-9 r_s、r_p、t_s、t_p 随 θ_1 的变化关系

a）$n=1.5$ b）$n=1/1.5$

五、相位变化

当光波在电介质表面反射和折射时，由于其折射率为实数，故 r_s、r_p、t_s 和 t_p 通常也是实数（暂不考虑全反射），随着 θ_1 的变化只会出现正值或负值的情况，表明所考虑的两个场同相位（振幅比取正值），或者反相位（振幅比取负值），其相应的相位变化或是零或是 π（因为 $e^{-i\pi}=-1$）。

对于折射波，由菲涅耳公式(11-60b)和式(11-64b)可知，不管 θ_1 取何值，t_s、t_p 都是正值，即表明折射波和入射波的相位总是相同，其 s 波和 p 波的取向与规定的正向一致，光波通过界面时，折射波不发生相位改变。

对于反射波，应区分 $n_1>n_2$ 与 $n_1<n_2$ 两种情况，并注意 $\theta_1<\theta_B$ 和 $\theta_1>\theta_B$ 时的不同。

（1）当 $n_1<n_2$（光从光疏介质射向光密介质）时，由式(11-60a)、(11-64a)可知，r_s 对所有的 θ_1 都是负值，即 E'_{1s}的取向与规定的正向相反，表明反射时 s 波在界面上发生了 π 的相位变化。对 r_p 分量，当 $\theta_1+\theta_2<\pi/2$，即 $\theta_1<\theta_B$ 时为正值，表明 E'_{1p}取规定的正向，其相位变化为零；当 $\theta_1+\theta_2>\pi/2$ 时，r_p 为负值，即 E'_{1p}的取向与规定的正向相反，表明在界面上，反射光的 p 波有 π 相位变化，当 $\theta_1+\theta_2=\pi/2$（$\theta_1=\theta_B$）时，$r_p=0$，表明反射光中没有平行于入射面的振动，而只有垂直于入射面的振动，即发生全偏振现象。上述相位变化情况如图 11-10a、b 所示。

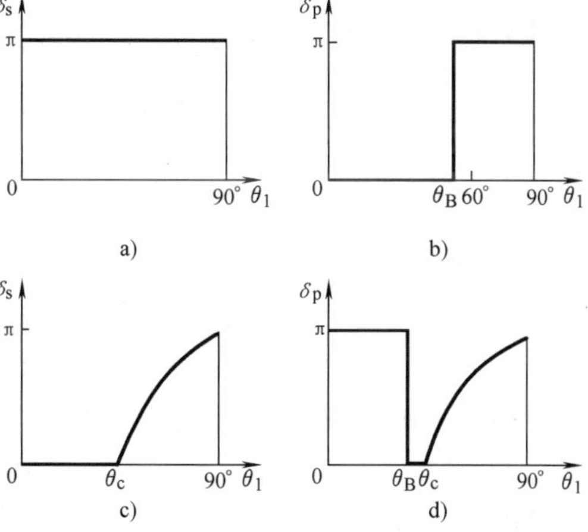

图 11-10 反射时 s 波和 p 波的相位变化

a）、b）$n>1$ c）、d）$n<1$

（2）对于 $n_1>n_2$（光从光密介质射向光疏介质）情况，s 波和 p 波的相位变化分别示于图 11-10c、d。由图可知，当入射角 $\theta_1>\theta_c$ 时，相位改变既不是零也不是 π，而随入射角有一个缓慢变化，这是发生了全反射现象之故。而在 $\theta_1<\theta_c$ 时，s 波和 p 波的相位变化情况与 $n_1<n_2$ 时得到的结果相反，并且也有 $\theta_1=\theta_B$ 时产生全偏振现象（见习题 11-12）。

（3）当光在光疏-光密介质界面上反射时，对于正入射（$\theta_1\to0$）或掠入射（$\theta_1\to\pi/2$）的情况，由菲涅耳公式，并考虑到在界面上光传播方向的改变，可以知道，反射光的光矢量产生 π 的相位改变（即半波损失）。图 11-11 中示出了正入射（$\theta_1\to0$）时的情况，由菲涅耳公式，E_{1s} 与 E'_{1s} 互相方向相反；同时考虑到传播方向的改变，也有 E_{1p} 与 E'_{1p} 互相方向相反，其结果，E'_1 也与 E_1 的取向相反，即在反射过程中有 π 相位改变。这种现象在讨论干涉现象时譬如牛顿环和洛埃镜的情况，必须予以考虑。

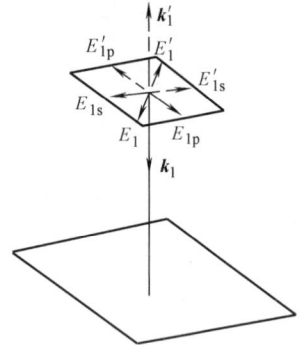

图 11-11　垂直入射的反射光

（4）一般斜入射的情况下，界面上任一点的三束光的振动方向不一致，比较它们之间的相位没有意义。但在干涉中，当研究从一薄膜上下表面反射的两束光，由于反射过程的相位变化而引起的附加程差时，可以根据菲涅耳公式，参考图 11-10 中各种相位变化情况，分析后决定其附加程差。

六、反射比和透射比

由菲涅耳公式还可以得到入射波与反射波和透射波的能量关系，这种关系用反射比 ρ 和透射比 τ 来表征。考虑界面上一单位面积（见图 11-12），设入射波、反射波和透射波的光强分别为 I_1、I'_1 和 I_2，则通过此面积的光能为

入射波　$W_1=I_1\cos\theta_1=\dfrac{1}{2}\sqrt{\dfrac{\varepsilon_1}{\mu_1}}A_1^2\cos\theta_1$

反射波　$W'_1=I'_1\cos\theta_1=\dfrac{1}{2}\sqrt{\dfrac{\varepsilon_1}{\mu_1}}A'^2_1\cos\theta_1$

透射波　$W_2=I_2\cos\theta_2=\dfrac{1}{2}\sqrt{\dfrac{\varepsilon_2}{\mu_2}}A_2^2\cos\theta_2$

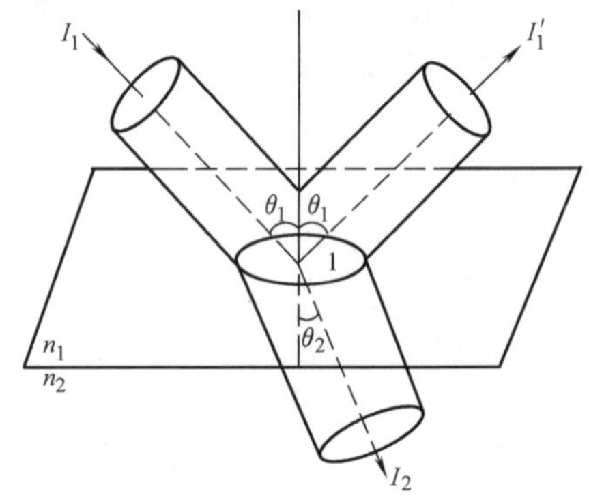

图 11-12　能流的反射和透射

因此界面上反射波、透射波的能流与入射波能流之比为

$$\rho=\frac{W'_1}{W_1}=\frac{I'_1\cos\theta_1}{I_1\cos\theta_1}=\frac{I'_1}{I_1}=\left(\frac{A'_1}{A_1}\right)^2 \tag{11-66}$$

$$\tau=\frac{W_2}{W_1}=\frac{I_2\cos\theta_2}{I_1\cos\theta_1}=\frac{n_2\cos\theta_2}{n_1\cos\theta_1}\left(\frac{A_2}{A_1}\right)^2 \tag{11-67}$$

上式中利用了 $\mu_1=\mu_2$ 的假定。当不考虑介质的吸收和散射时，根据能量守恒关系，得

$$\rho+\tau=1 \tag{11-68}$$

应用菲涅耳公式，可以写出 s 波和 p 波的反射比和透射比表示式为

$$\rho_s=\left(\frac{A'_{1s}}{A_{1s}}\right)^2=r_s^2=\frac{\sin^2(\theta_1-\theta_2)}{\sin^2(\theta_1+\theta_2)} \tag{11-69}$$

$$\tau_s=\left(\frac{A_{2s}}{A_{1s}}\right)^2\frac{n_2\cos\theta_2}{n_1\cos\theta_1}=\frac{n_2\cos\theta_2}{n_1\cos\theta_1}t_s^2=\frac{n_2\cos\theta_2}{n_1\cos\theta_1}\frac{4\sin^2\theta_2\cos^2\theta_1}{\sin^2(\theta_1+\theta_2)}\tag{11-70}$$

$$\rho_p=\left(\frac{A'_{1p}}{A_{1p}}\right)^2=r_p^2=\frac{\tan^2(\theta_1-\theta_2)}{\tan^2(\theta_1+\theta_2)}\tag{11-71}$$

$$\tau_p=\left(\frac{A_{2p}}{A_{1p}}\right)^2\frac{n_2\cos\theta_2}{n_1\cos\theta_1}=\frac{n_2\cos\theta_2}{n_1\cos\theta_1}t_p^2=\frac{n_2\cos\theta_2}{n_1\cos\theta_1}\frac{4\sin^2\theta_2\cos^2\theta_1}{\sin^2(\theta_1+\theta_2)\cos^2(\theta_1-\theta_2)}\tag{11-72}$$

同样满足能量守恒定律，有

$$\rho_s+\tau_s=1,\qquad \rho_p+\tau_p=1\tag{11-73}$$

影响反射比和透射比的因素，除了界面两边介质的性质以外，须考虑入射波的偏振性和入射角的因素。当入射波电矢量取任意方位角 α 时，可以证明其反射比 ρ_α 和透射比 τ_α 分别为

$$\rho_\alpha=\rho_s\sin^2\alpha+\rho_p\cos^2\alpha\tag{11-74a}$$

$$\tau_\alpha=\tau_s\sin^2\alpha+\tau_p\cos^2\alpha\tag{11-74b}$$

对于入射自然光的情况，可以将自然光看成具有一切可能振动方向的光波的总和，利用上面的结果，对所有可能的方位角取值 α（α 从 $0\to2\pi$）所对应的反射比取平均，求得自然光反射比为

$$\rho_n=\langle\rho_s\sin^2\alpha\rangle+\langle\rho_p\cos^2\alpha\rangle=(\rho_s+\rho_p)/2\tag{11-75}$$

〈　　〉表示取平均。容易证明，ρ_n 与 $\rho_{45°}$ 完全一样。因此在讨论能量关系时，自然光可以用振动方向互相垂直、振幅相等、而相位没有关联的两个线偏振光来表示，这时自然光和45°方位振动的线偏振光具有相同的光强度，但是这两个线偏振光不能合成为一个45°方位振动的线偏振光。

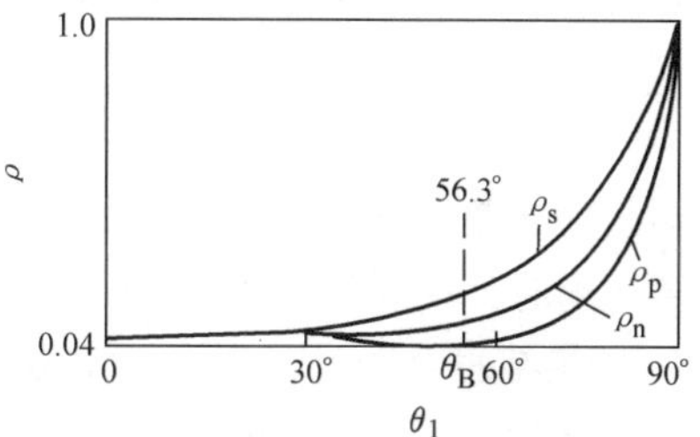

图 11-13　ρ_s、ρ_p、ρ_n 随入射角的变化（$n_1=1$，$n_2=1.5$）

图 11-13 示出了光在空气-玻璃界面（$n=1.52$）反射时，ρ_s、ρ_p 和 ρ_n 随入射角变化的关系曲线（$n<1$ 的情况在全反射时讨论）。在入射角小于45°的区域，ρ_n 几乎不变，与正入射时相近；当 $\theta_1\to\pi/2$ 时，ρ_n 很快地趋于1，因此，即使是粗糙的表面也可以获得很高的反射比。正入射时，自然光的反射比由

$$\rho_n=\left(\frac{n-1}{n+1}\right)^2\tag{11-76}$$

给出，这时 ρ_n 只取决于相对折射率 $n=n_2/n_1$。如果 n_1 与 n_2 接近，ρ_n 就降低，这一原理用于需要减少反射损失的情况。由图 11-13 还看到，即使是正入射的情况，反射损失总是存在的（如 $n=1.52$ 时，$\rho_n=0.04$），当反射面多时，光能的损失相当严重，这种现象随着 n 的增加更为明显。现代光学技术普遍采用在光学元件表面镀以增透膜的方法，以减少光能的损失。关于光学薄膜的原理将在干涉内容中讨论。

七、反射和折射时的偏振特性

从前面的讨论显见，一般情况下，一束线偏振光入射到电介质界面上时，反射光和透射光仍是线偏振光，但由于 $r_s\neq r_p$，$t_s\neq t_p$，因此反射和折射时，反射光波和折射光波的光矢量

的振动面相对于入射光波的振动面将发生偏转。

由菲涅耳公式可以求取反射光和折射光的光矢量的方位。设入射光、反射光和透射光的光矢量的方位（光矢量振动方向与入射面的夹角）分别为 α_1、α_1' 和 α_2，由于任一入射线偏振光的光矢量的振动方位 α_1 由它的 s 分量和 p 分量决定，即 $\tan\alpha_1 = \frac{A_{1s}}{A_{1p}}$，相应地可以求得反射光的光矢量的方位为

$$\tan\alpha_1' = \frac{A_{1s}'}{A_{1p}'} = \frac{r_s}{r_p}\frac{A_{1s}}{A_{1p}} = \frac{r_s}{r_p}\tan\alpha_1$$

同样可求得透射光光矢量的方位为

$$\tan\alpha_2 = \frac{A_{2s}}{A_{2p}} = \frac{t_s}{t_p}\frac{A_{1s}}{A_{1p}} = \frac{t_s}{t_p}\tan\alpha_1$$

也可以利用菲涅耳公式直接得到如下关系：

$$\tan\alpha_1' = -\frac{\cos(\theta_1 - \theta_2)}{\cos(\theta_1 + \theta_2)}\tan\alpha_1$$

$$\tan\alpha_2 = \cos(\theta_1 - \theta_2)\tan\alpha_1$$

当入射光是自然光时，如果入射角满足 $\theta_1 + \theta_2 = \pi/2$，则由式(11-71)和图 11-13 可知，$\rho_p = 0$，即反射光中没有 p 波，只有垂直于入射面振动的 s 波，发生全偏振现象，反射光是偏振光，称这时的入射角为起偏振角或布儒斯特（Brewster）角，记做 θ_B。同时由折射定律可得

$$\tan\theta_B = n \tag{11-77}$$

此时折射光波中含有全部 p 波和部分 s 波，是一个 p 波占优势的部分偏振光。当自然光以其他角度入射时，反射光一般是 s 波占优势的部分偏振光，而透射光是 p 波占优势的部分偏振光。

光在界面上反射时产生的全偏振现象，提供了一种获取完全偏振光的方法。玻片堆就是其中一实用装置。它由若干薄玻璃片叠合而成（见图 11-14），当光以 θ_B 角入射到玻片堆时，经过各片上、下表面的反射和折射，透射光中的 s 波随反射次数的增加变得越来越少，最后得到偏振程度相当高的平行于入射面振动的透射光。

全偏振现象在近代激光技术中的一个应用就是可以获得高相干度的单色线偏振光。在激光器谐振腔的放电管上，以布儒斯特角斜贴上两块玻片（见图 11-15），形成一布儒斯特窗。s 波在反射光方向上，不能在谐振腔中形成多次反射，但沿轴向行进的 p 波能无损耗地通过布儒斯特窗，在谐振腔中经多次反射得到增益而形成激光，最后从谐振腔出射的是平行于入射面振动的 p 波。

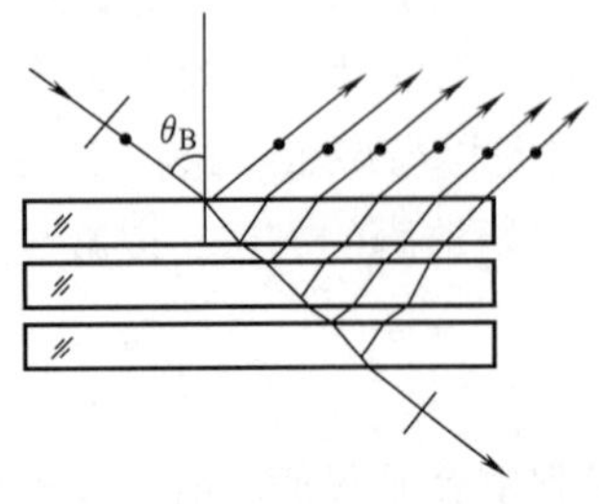

图 11-14 玻片堆

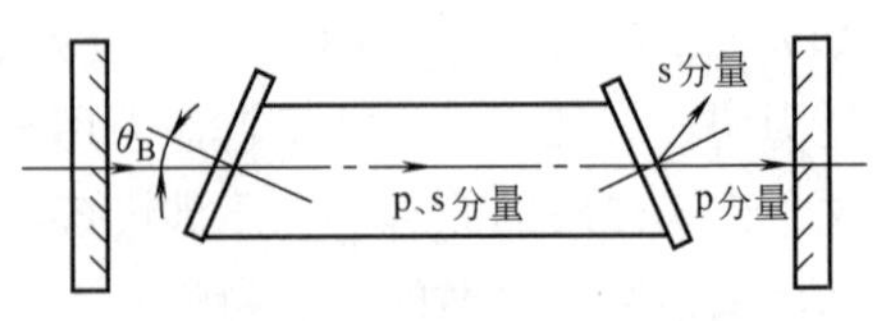

图 11-15 带布儒斯特窗的激光谐振腔

八、全反射

光波从光密介质射向光疏介质（$n<1$）时，若增大折射角，根据折射定律

$$\sin\theta_2=\frac{n_1}{n_2}\sin\theta_1>1$$

因不存在满足上式条件的折射角 θ_2，故这时没有折射光，在界面上所有的光都反射回介质1。这种现象称为全反射。当入射角为

$$\sin\theta_c=\frac{n_2}{n_1}=n$$

时，折射角 $\theta_2=90°$，此时开始全反射，称 θ_c 为临界角。下面利用菲涅耳公式讨论全反射的特点及其应用。

（一）相位变化

光在界面上发生全反射时，由折射定律，给出以下形式的折射角 θ_2：

$$\sin\theta_2=\sin\theta_1/n \tag{11-78a}$$

$$\cos\theta_2=\pm\mathrm{i}\sqrt{\frac{\sin^2\theta_1}{n^2}-1} \tag{11-78b}$$

因为全反射时，光在介质2中将发生衰减（见倏逝波部分），因此式(11-78b)中应取正号才有意义。将式(11-78a)、式(11-78b)代入式(11-60a)、式(11-64a)，则有

$$r_s=\frac{\cos\theta_1-\mathrm{i}\sqrt{\sin^2\theta_1-n^2}}{\cos\theta_1+\mathrm{i}\sqrt{\sin^2\theta_1-n^2}}=|r_s|\mathrm{e}^{\mathrm{i}\delta_s} \tag{11-79a}$$

$$r_p=\frac{n^2\cos\theta_1-\mathrm{i}\sqrt{\sin^2\theta_1-n^2}}{n^2\cos\theta_1+\mathrm{i}\sqrt{\sin^2\theta_1-n^2}}=|r_p|\mathrm{e}^{\mathrm{i}\delta_p} \tag{11-79b}$$

以上两式表明，r_s 和 r_p 是复数，且其分子分母都为复数共轭关系。一个复数可以用它的模和复角来表示。这里复数的模 $|r_s|$ 和 $|r_p|$ 表示反射波和入射波的实际振幅之比，其值等于1，相应的反射比也等于1，说明全反射时光能全部反射回介质1。复数的复角 δ_s 和 δ_p 分别表示全反射时s波和p波的相位变化，由式(11-79a)、式(11-79b)，可以求得

$$\tan\frac{\delta_s}{2}=-\frac{\sqrt{\sin^2\theta_1-n^2}}{\cos\theta_1} \tag{11-80a}$$

$$\tan\frac{\delta_p}{2}=-\frac{\sqrt{\sin^2\theta_1-n^2}}{n^2\cos\theta_1} \tag{11-80b}$$

δ_p 和 δ_s 随 θ_1 的变化关系如图11-16所示。可见，全反射时的s波和p波在界面上有不同的相位改变。因此反射光中s波和p波有一相位差 δ，它由下式决定：

$$\tan\frac{\delta}{2}=\tan\frac{\delta_s-\delta_p}{2}=\frac{\cos\theta_1\sqrt{\sin^2\theta_1-n^2}}{\sin^2\theta_1} \tag{11-81}$$

易见，当入射角 θ_1 等于临界角 θ_c 和90°时，反射光中s波和p波的相位差为零，如果这时入射光为线偏振光，则反

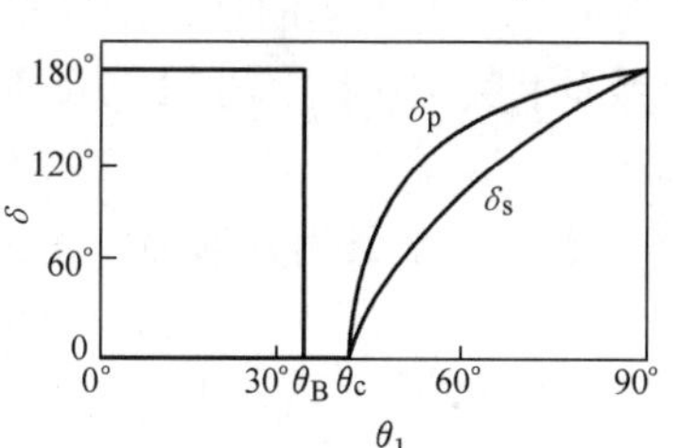

图11-16　全反射时相位的变化（$n_1=1.5$，$n_2=1$）

射光也为线偏振光。但当入射角 $\theta_1>\theta_c$，且入射线偏振光的振动方向与入射面的交角 $\alpha\neq 0°$ 或 90°，这时 $\delta\neq 0$ 或 π，反射光将成为椭圆偏振光。关于椭圆偏振光形成的原理将在第五节中叙述。

（二）反射比

由菲涅耳公式和式(11-79a)、(11-79b)及图 11-17，在全反射区间（$\theta_1\geqslant\theta_c$），有 $\rho_s=\rho_p=1$，即 $\rho_n=1$，可知所有光线全部返回介质 1，光在界面上发生全反射时确实不损失能量。

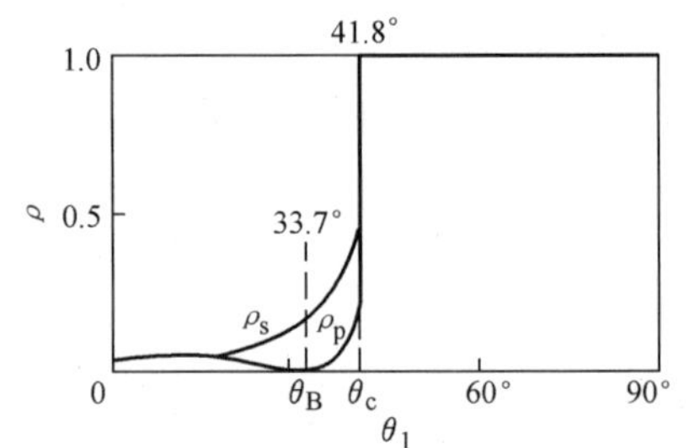

图 11-17 全反射时 ρ_s、ρ_p 随 θ_1 的变化曲线（$n_1=1.5$，$n_2=1$）

从图 11-17 还可以看到，当入射角从 θ_B 变化到 θ_c 时，ρ_p 从 0 很快趋于 1，反射比在临界角附近发生急剧变化。这种变化在两介质折射率相差大时更为显著。例如，对于玻璃-空气界面（$n_1=1.52$，$n_2=1$）情况，当 $\theta_B=33°20'$ 时，$\rho_p=0$；相应有 $\theta_c=41°8'$，$\rho_p=1$，其入射角的变化范围为 7°48′。如果是透红外光的锗片（$n_1=4.0$），则有 $\theta_B=14°2'$，$\theta_c=14°29'$，入射角仅变化 27′，其反射比 ρ 就从 0 陡然上升到 1。这种性质在激光技术等方面得到应用。图 11-18 所示为另一个利用临界角高精度对焦的例子。当光点准确聚焦在光盘上时，经反射后入射在全反射棱镜斜面上的光是平行光，且入射角大于临界角，因此光检测器全亮；当光点没有被准确聚焦时，光在棱镜斜面上的入射角有部分小于临界角，故反射比急剧下降，以致光检测器上出现明暗区域。通过检测其明暗区域之差，可以知道离焦量、判断离焦的方向，具有很高的对焦精度。

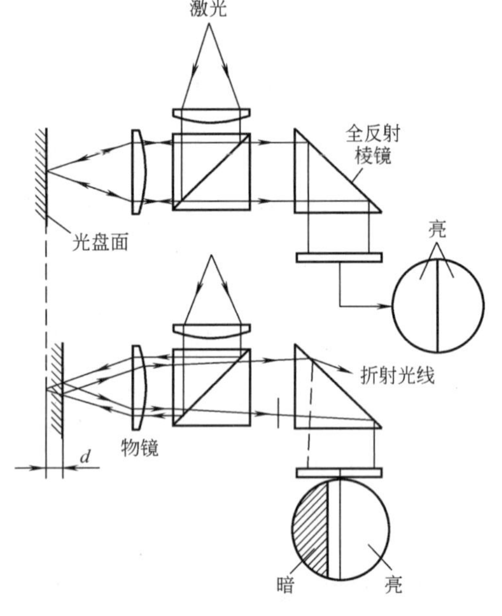

图 11-18 用临界角高精度对焦

（三）倏逝波

实验表明，在全反射时光波不是绝对地在界面上被全部反射回第一介质，而是透入第二介质大约一个波长的深度，并沿着界面流过波长量级距离后重新返回第一介质，沿着反射光方向射出。这个沿着第二介质表面流动的波称为倏逝波。从电磁场的连续条件来看，倏逝波的存在是必然的。因为电场和磁场不会在两介质的界面上突然中断，在第二介质中应该有透射波存在，并具有特殊的形式。这从下面讨论中易知。

设取 xz 平面为入射面，由式(11-28)，其透射波可表示为

$$E_2=A_2\exp[\mathrm{i}k_2(x\sin\theta_2+z\cos\theta_2)]\exp(-\mathrm{i}\omega t)$$

将式(11-78a)、(11-78b)代入上式，且利用 $k_1=k_2/n$，可得

$$E_2=A_2\exp[-k_1z\sqrt{\sin^2\theta_1-n^2}]\exp[\mathrm{i}(k_1x\sin\theta_1-\omega t)] \tag{11-82}$$

式中，k_1、k_2 分别为介质 1 和介质 2 中的波数。式(11-82)表明，透射波是一个沿 x 方向传播其振幅在 z 方向作指数衰减的波，这个波就是倏逝波（见图 11-19）。可以看出，这是一个

非均匀波，其等幅面是 z 为常数的平面，其等相面是 x 为常数的平面，两者互相垂直，并且倏逝波的波长和传播速度分别为

$$\lambda_2=\frac{2\pi}{k_1\sin\theta_1}=\frac{\lambda_1}{\sin\theta_1} \tag{11-83}$$

$$v_2=\frac{v_1}{\sin\theta_1} \tag{11-84}$$

式(11-82)还表明，倏逝波的振幅随透入深度 z 的增加急速下降。通常定义振幅减少到界面（$z=0$）处振幅的 1/e 时的深度为穿透深度 z_0，则

$$z_0=\frac{\lambda_1}{2\pi\sqrt{\sin^2\theta_1-n^2}} \tag{11-85}$$

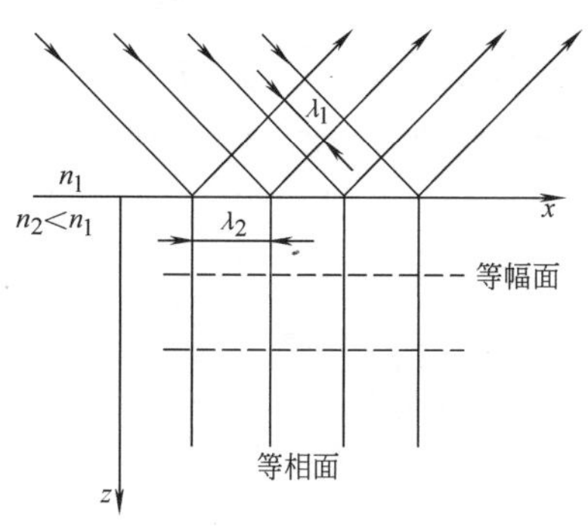

图 11-19　倏逝波

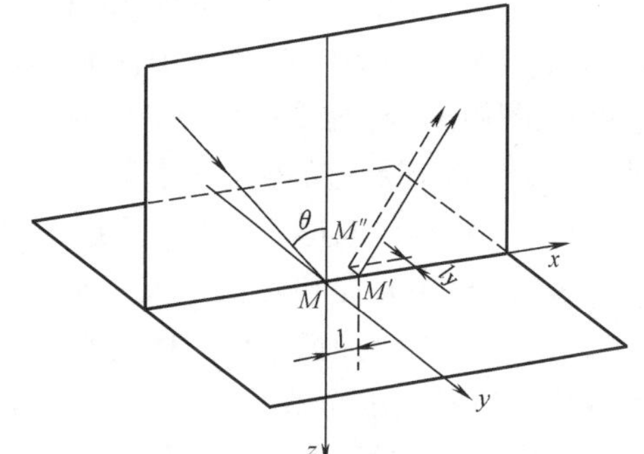

图 11-20　全反射中的位移

例如，选取 $n_1=1.5$，$n_2=1$，$\theta_1=45°$时，有 $z_0=0.675\lambda_1$（λ_1 为 n_1 媒质中的波长）。说明穿透深度很小，只有入射波波长量级。进一步研究倏逝波在第二介质中的能量流动情况，计算辐射强度矢量的时间平均值，则有[7] $\langle S_y\rangle=0$，$\langle S_z\rangle=0$。

$$\langle S_x\rangle=\langle E_yH_z-E_zH_y\rangle=\frac{1}{2}\,\frac{A_1^2}{v_2}(|t_s|^2+|t_p|^2)\neq0 \tag{11-86}$$

即只有沿 x 方向（界面）有能量流动，而 y、z 方向的平均能流为零。表明流入第二介质的能量全部返回第一介质。实验和计算还证明，一束有限宽度的平行光全反射时，反射光沿界面产生侧向位移［称为古斯-哈恩森（Goos-Haenchen）位移］，其值只是入射光波波长量级。例如，对于 $n_1=1.5$，$n_2=1$，$\lambda_1=632.8\text{nm}$，$\theta_1=45°$，当入射光是平行于入射面振动的 p 波时，其位移 $l_p=0.9\lambda_1$。从图 11-20 可以看到，入射到 M 点并全反射的光只沿 x 方向行进了 $l=\overline{MM'}$ 距离便在 M' 点沿反射光方向出射。图中从 M'' 点出射的反射光对应入射光是圆偏振光的情况[7]。

（四）全反射现象的应用

全反射现象的特点，即无反射能量损失、反射时有相位变化及存在倏逝波，在许多方面得到了实际应用。

由于全反射时光能没有透射损失，所以光学技术中使用各种全反射棱镜使光束方向改变，转折光路。光导纤维（光纤）（见第八、十六章）是近年迅速发展起来的一门新技术，是全反射现象的另一个重要应用领域。利用光在光纤中不断地全反射不仅能传导光能，还能

传递光学图像，并可以做成各种光纤传感器，使得全反射在医学、精密测量、计算机和光通信等方面得到了广泛的应用。

利用倏逝波特性产生的受抑全反射效应能制成光调制器或光输出耦合器。如图 11-21 所示，P_1 和 P_2 是两个等同全反射棱镜，两斜面间留有一定空气间隙 d。当光入射在棱镜 P_1 的斜面 BC 上时，反射光由光电元件 V_1 接收，同时透过 BC 面有一个倏逝波存在。当 d 很小（在波长量级），且倏逝波足够强时，在邻近的棱镜 P_2 中将激发起一个波，并在 P_2 中行进，光电元件 V_2 能接收到这一方向的出射光。若不考虑棱镜的吸收，则总的能量守恒。当控制改变 d 的大小时，V_1 及 V_2 中接收到的光强将发生变化。反之，若测出透射和反射的两路光的光强，也可以求取微小位移 d。这种因为倏逝波透入第二介质中深度的变化所带来的对介质 1 中全反射效应的影响，称为受抑全反射效应。它是一种光学隧道效应。通过全反射时透射区中倏逝波的耦合，实现能流的转移和传输。

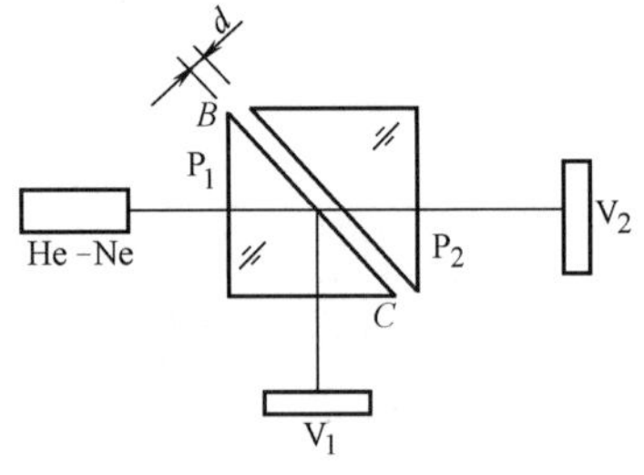

图 11-21　倏逝波光调制器

20 世纪 90 年代取得很大发展的近场扫描光学显微镜（NSOM）是倏逝波的又一应用领域。图 11-22 中，一个表面微结构的样品紧贴全反射棱镜界面，当发生内全反射时，在样品及其邻近区域存在倏逝波场，用一光纤探针接近样品表面，通过受抑全反射效应耦合，针尖接收到一光强信号输出。由于倏逝波振幅随耦合的间距指数衰减，所以测控系统反应很敏感，当样品表面有轻微起伏时，测控系统通过控制信号使针尖适时升降，因此可以从控制信号中获取全反射界面上样品图像。近场扫描光学显微镜用于研究纳米尺度或分子尺度微结构和材料的光学性质，其无损和多样化样品种类也为生物、化学和医学提供了新的研究手段。

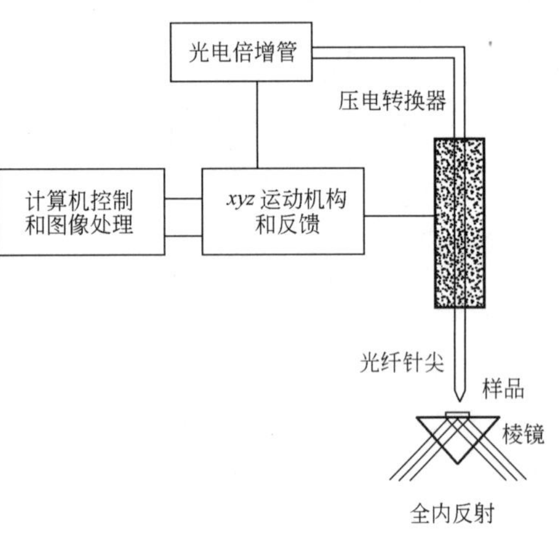

图 11-22　近场扫描光学显微镜工作原理示意图

倏逝波在薄膜光波导理论和技术中的应用，在第十六章中再作讨论。

利用全反射时的相位变化特性，选取适当的折射率 n 和入射角 θ_1，可以得到特定的相位差值 δ，从而改变入射光的偏振状态。据此原理设计的菲涅耳棱体有类似于波片（在第十五章中介绍）的功能，且能在调谐范围内消色差，因此在激光光谱学中得到应用。图 11-23 是菲涅耳棱体原理图，图 a 中，选取入射角 $\theta_1=48°37'$或 $54°37'$，经菲涅耳棱体斜面的两次全反射，产生$\pi/2$的相位变化，当入射光是线偏振光时，反射光一般为椭圆偏振光；若取入射光方位 $\alpha=45°$，则出射光将是圆偏振光。这里棱体起着改变入射光偏振态的作用，相当于一块 1/4 波片。图 b 所示则由两块棱体组成，能产生 π 的相位变化，起到旋转入射光振动面的作用。

326

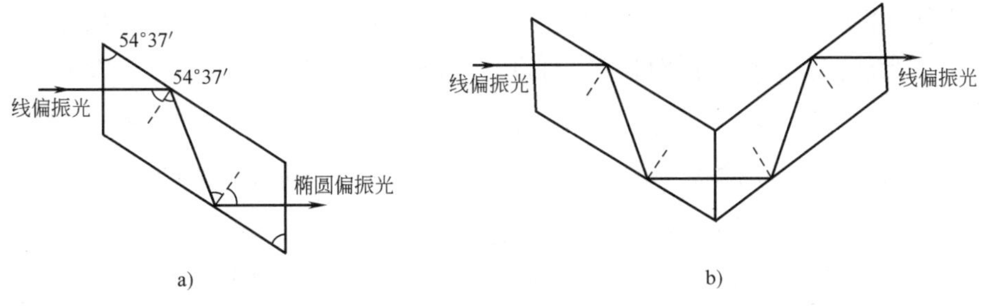

图 11-23　菲涅耳棱体（$n=1.51$）

第三节　光在金属表面的反射和透射

前面讨论了光在非导电（电导率 $\sigma=0$）的各向同性介质及其界面上的反射和透射，本节讨论光在介质-金属界面上的反射和透射。金属是导电媒质，一般为良导体，电导率 σ 很大，并且满足 $\sigma/(\omega\varepsilon)\gg1$，这也表明金属的导电性能还与外界电磁场（入射光波）的角频率 ω 有关。一般金属导体 σ/ε 的大小在 10^{17}s 左右，故外界光波频率 $\omega\ll10^{17}$Hz 时，金属均可看成为良导体。

一、金属中的光波

媒质是导体（金属）的情况下，麦克斯韦方程组的形式将与电介质时的不同。因为金属中存在着大量的非束缚自由电子，即 $\sigma\neq0$，因此在外界场的作用下，金属中能产生传导电流 $\boldsymbol{j}=\sigma\boldsymbol{E}$。此时由麦克斯韦方程组得到的波动微分方程为

$$\nabla^2\boldsymbol{E}-\mu\sigma\frac{\partial\boldsymbol{E}}{\partial t}-\mu\varepsilon\frac{\partial^2\boldsymbol{E}}{\partial t^2}=0 \tag{11-87}$$

对于单色光波，$\boldsymbol{E}=\widetilde{\boldsymbol{E}}\mathrm{e}^{-\mathrm{i}\omega t}$ 和 $\frac{\partial}{\partial t}=-\mathrm{i}\omega$，因此上式和电介质时的波动微分方程式（11-12）可以写成如下形式：

$$\nabla^2\boldsymbol{E}+\omega^2\mu\left(\varepsilon+\mathrm{i}\frac{\sigma}{\omega}\right)\boldsymbol{E}=0 \qquad（金属中） \tag{11-88}$$

$$\nabla^2\boldsymbol{E}+\omega^2\varepsilon\mu\boldsymbol{E}=0 \qquad（电介质中） \tag{11-89}$$

定义复介电常数

$$\tilde{\varepsilon}=\varepsilon+\mathrm{i}\frac{\sigma}{\omega}=\varepsilon_0\tilde{\varepsilon}_\mathrm{r} \tag{11-90}$$

这时式(11-88)和式(11-89)有相同的形式，表明金属时具有与电介质情况下的波动方程完全相同的形式。因此，类似地可以定义复相位速度 $\tilde{v}$ 和复折射率 $\tilde{n}$：

$$\tilde{v}=c/\sqrt{\mu_\mathrm{r}\tilde{\varepsilon}_\mathrm{r}} \tag{11-91}$$

$$\tilde{n}=c/\tilde{v}=\sqrt{\mu_\mathrm{r}\tilde{\varepsilon}_\mathrm{r}}=\frac{c}{\omega}\tilde{k} \tag{11-92}$$

$\tilde{n}$ 一般又可表示为

$$\tilde{n}=n(1+\mathrm{i}\kappa) \tag{11-93}$$

式中，n 是金属的折射率，等价于电介质的折射率，决定光波在金属中的传播速度；κ 是衰减系数，决定光波在金属中传播时振幅的衰减（或吸收）特性。利用式(11-93)，于是有

$$\tilde{k}=k\tilde{n}=kn(1+\mathrm{i}\kappa) \tag{11-94}$$

为简单起见，设波沿 x 方向行进，这样可以写出金属中沿 x 方向行进的平面波的表示式为

$$\boldsymbol{E}=\boldsymbol{A}\exp[\mathrm{i}(\tilde{k}x-\omega t)]=\boldsymbol{A}\exp(-kn\kappa x)\exp[\mathrm{i}(knx-\omega t)] \tag{11-95}$$

式(11-95)第二个指数项表示沿 x 方向行进的平面波，第一个指数项表示金属中光波的振幅，随着进入金属中深度 x 的增加，振幅按指数变化急剧衰减，并且当入射光波频率 ν（即 ω）和衰减系数 κ（正比于 σ）增大时，这种减弱越明显。

设进入金属中的光其振幅下降到界面上振幅的 1/e 时的深度 x_0 为穿透深度，则由式(11-95)，有

$$x_0=\frac{\lambda}{2\pi}\frac{1}{n\kappa} \tag{11-96}$$

利用式(11-93)和$\tilde{\varepsilon}$、$\tilde{n}$ 的表达式(11-90)、式(11-92)，对于金属良导体（$\varepsilon\leqslant\sigma/\omega$）的情况，得到

$$n\kappa\approx\sqrt{\frac{\mu_{\mathrm{r}}\sigma}{2\omega\varepsilon_0}} \tag{11-97}$$

将式(11-97)代入式(11-96)，得穿透深度 x_0 为

$$x_0=\frac{\lambda}{2\pi}\sqrt{\frac{2\omega\varepsilon_0\mu_0}{\mu\sigma}}=\frac{\lambda}{2\pi c}\sqrt{\frac{2\omega}{\mu\sigma}}=\sqrt{\frac{2}{\omega\mu\sigma}} \tag{11-98}$$

对银来说，$\sigma=6.21\times10^7/\Omega\cdot\mathrm{m}$，$\mu=1.26\times10^{-6}\mathrm{H}\cdot\mathrm{m}^{-1}$，$\omega=3.42\times10^{15}\mathrm{s}^{-1}$，当 $\lambda=550\mathrm{nm}$ 时，算得 $x_0=2.73\mathrm{nm}$。可见，光波只能透入金属表面很薄的表层。所以，由于金属中有大量的自由电子，金属存在着明显的吸收，一般是非透明的。

二、金属表面的反射

关于电介质表面反射和折射时的菲涅耳公式，只要以复折射率 $\tilde{n}$ 代替实折射率 n，相应的折射角表示成复数形式，即

$$\sin\tilde{\theta}_2=\frac{1}{\tilde{n}}\sin\theta_1 \tag{11-99}$$

对于金属界面依然有效。当然，由于金属表面存在强烈的吸收，所以界面上观察到的现象几乎是由反射引起的。改写后的菲涅耳公式为

$$\tilde{r}_{\mathrm{s}}=-\frac{\sin(\theta_1-\tilde{\theta}_2)}{\sin(\theta_1+\tilde{\theta}_2)}=|\tilde{r}_{\mathrm{s}}|\mathrm{e}^{\mathrm{i}\delta_{\mathrm{s}}} \tag{11-100}$$

$$\tilde{r}_{\mathrm{p}}=\frac{\tan(\theta_1-\tilde{\theta}_2)}{\tan(\theta_1+\tilde{\theta}_2)}=|\tilde{r}_{\mathrm{p}}|\mathrm{e}^{\mathrm{i}\delta_{\mathrm{p}}} \tag{11-101}$$

其反射比表示式近似为

$$\rho_{\mathrm{s}}=|\tilde{r}_{\mathrm{s}}|^2=\frac{(n-\cos\theta_1)^2+n^2\kappa^2}{(n+\cos\theta_1)^2+n^2\kappa^2} \tag{11-102}$$

$$\rho_p = |\tilde{r}_p|^2 = \frac{\left(n - \dfrac{1}{\cos\theta_1}\right)^2 + n^2\kappa^2}{\left(n + \dfrac{1}{\cos\theta_1}\right)^2 + n^2\kappa^2} \tag{11-103}$$

正入射时有

$$\rho = \left|\frac{\tilde{n}-1}{\tilde{n}+1}\right|^2 = \frac{n^2(1+\kappa^2)+1-2n}{n^2(1+\kappa^2)+1+2n} \tag{11-104}$$

由以上表式可知，当 $\sigma=0$ 时 $\kappa\to0$，得到与电介质时相同的表示式；当 σ 很大时，κ 很大，因而 ρ 很大。所以光洁的金属表面几乎可以把光全部反射。这种强烈的反射特性与其导电性是分不开的。因为密度很大的自由电子分布在金属表面，相对于入射光波造成强烈的反射次波，迫使光波返回透明介质，故金属表面呈很高的反射能力；而在金属内部，自由电子吸收光能转化为焦耳热，使光波很快衰减，几乎是不透明的。这样金属表现出高反射比和非透明性，呈现金属的非光学性质。表 11-2 中列出了常用金属的折射率和反射比。

表 11-2　常用金属的折射率和反射比（$\lambda=589.3\text{nm}$，$\theta_1=0$）

金　属	n	$n\kappa$	ρ
银	0.18	3.64	0.95
金	0.37	2.82	0.85
铝	1.44	5.23	0.83
水银	1.62	4.41	0.73
铜	0.64	2.62	0.70
镍（蒸发的）	1.30	1.97	0.43
铁（蒸发的）	1.51	1.63	0.33

金属表面的反射同时还与入射波长有关，这是因为金属的光学常数 n 和 $n\kappa$ 是波长的函数，因此金属的反射比也一定随入射波长而变。图 11-24 给出了实验测定的铝、铜、银和金等常见金属的反射比随波长变化的曲线。可以看出，银和铝有很高的反射比，铜和金的反射比随波长变短而显著下降。在紫外区，银的反射比下降很快，在短波区，反射比与玻璃（电介质）时的反射比接近（$\rho=0.042$），因此银在此波段是透明的。铝在整个从红外到近紫外区都有很高的反射比，它是近紫外区理想的高反射比材料。这几种金属在红外区都具有很高的反射比，这一性能常被用来研制节能薄膜。

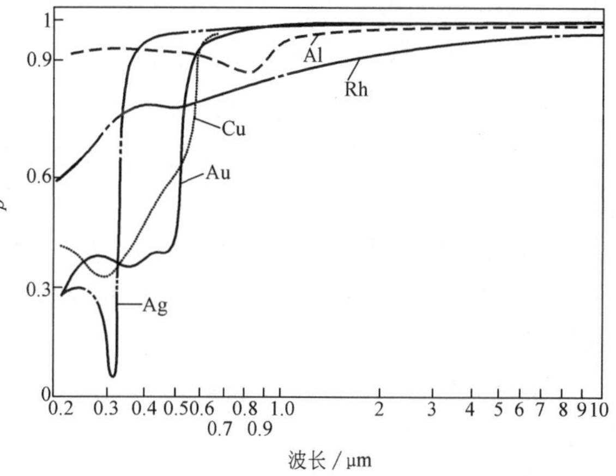

图 11-24　几种常用金属薄膜的反射比曲线

图 11-25 表示铜、银两种金属的反射比随入射角 θ_1 的变化曲线。可以看出与电介质时的反射比曲线（图 11-13）

有明显的不同。虽然在 $\theta_1=90°$ 时 $\rho_s=\rho_p=1$，且 ρ_p 有极小值，但 ρ_p 的极小值不等于零，表明在金属表面反射时不会产生全偏振现象。同时看出，即使在正入射时，金属表面也有很高的反射比，因此金属在任何情况下都会产生很强的反射。

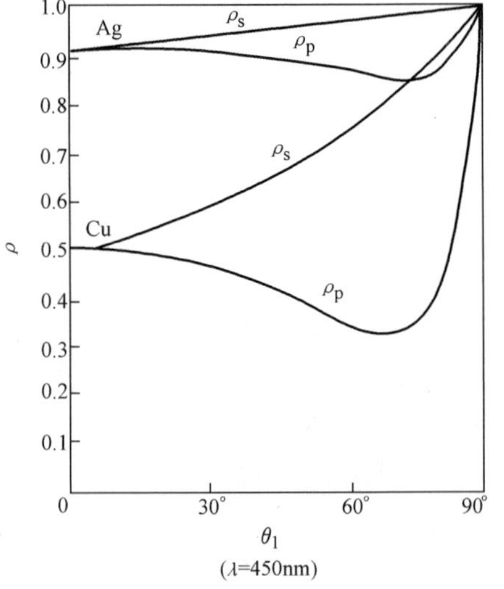

图 11-25 银、铜反射比随入射角的变化

另外，根据式(11-100)和式(11-101)，因为 $\tilde{\theta}_2$ 是复数，$\tilde{r}_p$ 和 $\tilde{r}_s$ 也是复数，相应的 δ_s、δ_p 一般不为零，这表示，反射光相对于入射光，s 波和 p 波都发生了相位变化，且随着入射角的不同，其相位变化值介于 0 与 π 之间，并且 s 波与 p 波的相位变化一般不相同。进一步的讨论表明，若入射角非 0 或 π/2，并且入射光振动面不与入射面重合或正交，那么光从金属表面反射时，入射光的两个互相垂直的分量之间将出现一个附加相位差，其值既不为零也不为 π，使得入射光的偏振态发生变化。如果入射光为线偏振光，那么反射光一般是椭圆偏振光。显然偏振态的变化依赖于金属光学常数 n 和 κ。反过来，如果能测定光在金属表面反射时偏振态的变化，就可以测定光学常数。这是测定金属常数的一种重要方法。椭圆偏振法就是较常用的测量方法，在第十五章中将介绍其测量原理及方法。

第四节 光的吸收、色散和散射

光的吸收、色散和散射是光波在物质中传播时所发生的普遍现象，是光与物质相互作用的表现。本节讨论光在各向同性介质中传播时的吸收、色散和散射现象，其传播特点、理论解释和应用。

一、光的吸收

光在任何物质内传播都有被吸收现象。从光波电磁场与物质相互作用的观点容易理解这一点。当光波在介质中传播时，介质中的束缚电子将在光波电磁场的作用下作受迫振荡，使得介质中的原子成为一个振荡电偶极子，光波要消耗电能量来激发电偶极子的振荡。电偶极子振荡的一部分能量将以电磁次波的形式与入射波叠加为反射波和折射波，另一部分能量由于原子（分子）间的相互作用转变为其他形式的能量。光的这一部分能量损耗就是物质对光的吸收。

（一）光吸收定律

当光束射入介质时，由于介质对光的吸收，光束的强度将随着射入介质的深度的增加而逐渐减弱。若一束单色平行光在某种均匀介质中沿 x 方向传播，通过厚度为 $\mathrm{d}x$ 的薄层后，光强由 I 变为 $I-\mathrm{d}I$，实验表明，光强的减少量 $\mathrm{d}I$ 与光强 I 及通过的介质厚度 $\mathrm{d}x$ 成正比，即

$$\frac{\mathrm{d}I}{I}=-\alpha\mathrm{d}x$$

其光强 I 可表示为

$$I = I_0 e^{-\alpha l} \tag{11-105}$$

式中，α 是与光强无关的比例系数，称为介质的吸收系数。I_0 和 I 分别是 $x=0$ 和 $x=l$ 处的光强。式(11-105)表示的吸收规律称为朗伯（Lambert）定律，表示由于物质对光的吸收，随着光进入物质的深度的增加，光的强度按指数规律衰减。

朗伯定律反映了光与物质的线性相互作用。这对于一般光源产生的光强不太强的光束是成立的。但对于像激光那样的强光光束，其物质对光的吸收是非线性的，朗伯定律不再适用。

当光通过溶解于透明溶剂中的物质而被吸收时，实验证明，当溶液浓度不太大时，吸收系数 $\alpha=\beta C$ 与溶液的浓度 C 成正比，其吸收规律可以表示为

$$I = I_0 e^{-\beta C l} \tag{11-106}$$

式中，β 是与浓度 C 无关的常量。上式表示的规律称为比尔（Beer）定律。

根据比尔定律，可以通过测定被吸收的光强，求出溶液的浓度，这是吸收光谱分析常用的方法。需要注意的是，当溶液浓度过大或当溶剂分子明显地影响着溶质分子对光的吸收本领时，比尔定律不再成立。

由式(11-105)可知，吸收系数在数值上等于光强度因吸收而减弱到 1/e 时透过的物质厚度的倒数，其单位为 m^{-1}。各种物质的吸收系数相差很大，对可见光来说，玻璃的 $\alpha \approx 10^{-2}cm^{-1}$，金属的 $\alpha \approx 10^{6}cm^{-1}$，而一个大气压（101kPa）下空气的 $\alpha \approx 10^{-5}cm^{-1}$。显然，光在空气中传播时很少被吸收，而极薄的金属片就能吸收掉通过它的光能，呈现出对光不透明的性能。

（二）吸收的波长选择性

大多数物质在可见区的吸收具有波长选择性，即对于不同波长的光，物质的吸收系数不同，甚至相差很大。选择吸收的结果，当白光通过该物质后就变成彩色光。由于物质其表面或体内对可见光进行选择吸收，造成绝大部分物质呈现颜色。例如，红玻璃对绿光、蓝光和紫光几乎全部吸收，而对红光、橙光吸收很少。因此，当用白光照射它时，只有红光能透过，玻璃呈现红色。

观察整个光学波段，所有物质的吸收都具有波长选择性。这是物质的普遍属性。例如，地球大气层，对可见光和波长在 300nm 以上的紫外光是透明的，而对红外光的某些波段和波长小于 300nm 的紫外光，则表现为选择吸收。红外波段的主要吸收气体是水蒸气，波长小于 300nm 的紫外光的吸收气体是臭氧。我们熟悉的包括玻璃在内的普通光学材料，均表现出不同的选择吸收，具有不同的无吸收的透光范围，分别处于短波紫外端和长波红外端，见表 11-3。所以，必须选用对所研究的波长范围是透明的光学材料来制作光学元件，如可见光波段可选用玻璃，紫外波段选用石英，红外波段选用萤石等晶体材料。

物质吸收的波长选择性可用它的吸收系数 α 和波长 λ 的关系曲线（称为吸收曲线）来表示。一般来讲，固体和液体在某一较大的波长范围内吸收较强，且有极大值，这个吸收范围称为吸收带，如图 11-26 所示。显然，带外波长区吸收很小，可视为透明区。

对于稀薄气体，吸收带很窄，约为 10^{-3}nm 量级，吸收带变成了吸收线。吸收线的出现，显示出光波作用于介质时，在一系列特定的波长处，入射光波的频率和介质中的原子、分子的固有振动频率一致而引起共振，这时入射波的能量强烈地被吸收，产生共振吸收。这

在稀薄气体时尤为明显。在固体和液体中，由于系统处于周围分子的场作用下，使得原子固有振动频率展宽，因此吸收范围有较大加宽。一种物质往往有许多形态不同的吸收带，形成所谓的吸收光谱。图 11-27 是太阳光通过周围大气层形成的暗线吸收光谱。

表 11-3 几种光学材料的透光波长范围

光学材料	透光波长范围/nm
冕牌玻璃	350 ~ 2000
火石玻璃	380 ~ 2500
石英（SiO_2）	180 ~ 4000
萤石（CaF_2）	125 ~ 9500
岩盐（NaCl）	175 ~ 14500
氯化钾（KCl）	180 ~ 23000

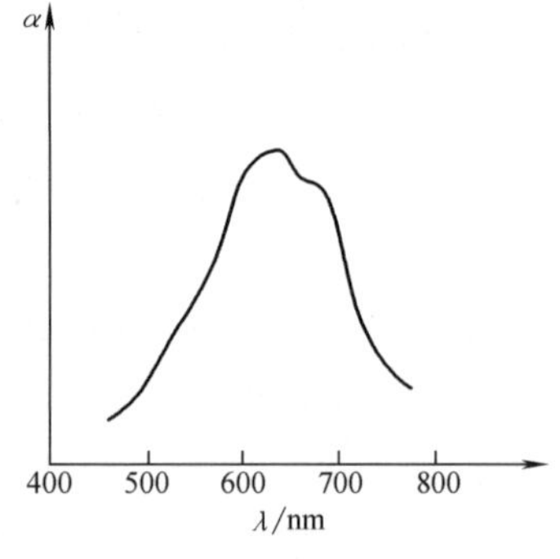

图 11-26 固体液体的吸收带

大量实验指出，物质的吸收线或吸收带的位置即波长值，与该物质的发射光谱线或光谱带的位置相一致。这表明，某种物质自身发射哪些波长的光，就强烈地吸收那些波长的光。据此可以利用物质的光谱来分析物质中的元素成分。如图 11-27 吸收暗线分别对应太阳大气中含量较多的几种吸收元素。如氢（C 线、F 线）、氧（A 线、B 线）、氦（D_3 线）、钠（D_1 线，D_2 线）、铁（E_2 线，G 线）和钙（H 线）等。

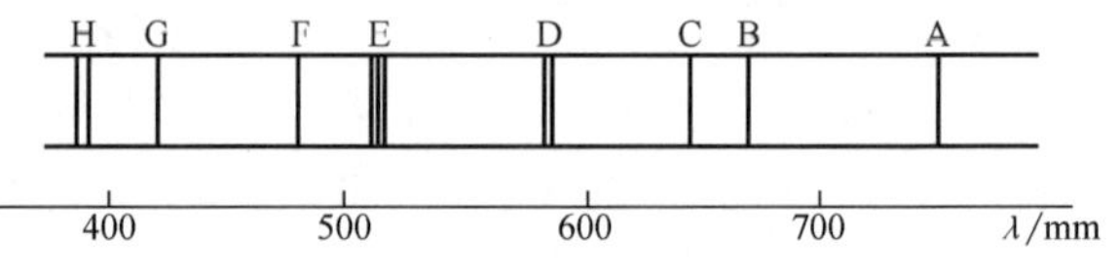

图 11-27 太阳大气的吸收光谱

光谱分析中，由于原子吸收光谱具有高灵敏度，因此对于混合物或化合物中极少含量的原子及其变化，将导致光谱吸收线的出现及其光密度的变化，从而通过对原子吸收光谱的定性和定量分析来发现新的元素并测得其含量。利用固体、液体分子的红外吸收光谱，可以鉴别分子的种类，测定分子的振动频率，分析分子的结构等，在有机化学研究和生产中有广泛的应用。另外，可以利用原子（分子）的共振吸收特性制作光频滤波器，能实现对特定频率的入射光有强烈吸收或很少吸收，其结果相当于带阻或带通滤波器的作用。这种所谓的原子滤波器是当前一个重要的研究课题。

二、光的色散

光在物质中传播时其折射率（传播速度）随光波波长（频率）而变的现象称为色散。光的色散可以通过介质折射率的频率特性来描述。一般介质的折射率随波长的变化的快慢用介质的色散率 $\upsilon = \mathrm{d}n/\mathrm{d}\lambda$ 来表征，实际使用时，应根据光学材料的色散大小和使用要求分别选用。色散可以分为正常色散和反常色散，下面分别对这两种情况进行讨论。

（一）正常色散和反常色散

正常色散是发生在物质透明区（物质对光的吸收很小）内的色散，表现为折射率随光波长的增大而减小，即 $\mathrm{d}n/\mathrm{d}\lambda < 0$，其表征折射率与波长变化关系的色散曲线 $n(\lambda)$ 呈单调下降。图 11-28 所示是几种常用光学材料在可见区的正常色散曲线。可以看出，波长越短，折射率越大，且折射率随波长的变化越大，即 $|\upsilon|$ 越大；对于一定的波长，折射率越大的材

料，其色散率也越大。

描述介质的色散特性，除了采用实验测得的色散曲线外，还可以利用实验总结出来的经验公式。正常色散的描述由1836年科希（A. L. Cauchy）得出的经验公式给出：

$$n = A + \frac{B}{\lambda^2} + \frac{C}{\lambda^4} \tag{11-107}$$

式中，A、B、C三个系数是与物质有关的常数，叫做科希常数。对于通常的光学材料，这些常数值可以在手册上查到。实际上，只要测出某种介质对其正常色散区内三条已知波长的折射率n的值，便可由上式求取A，B，C三个常数。

在可见光波段，科希公式与物质的正常色散实验曲线很好吻合。当考察的波长范围不大时，科希公式只需取头两项，即

$$n = A + \frac{B}{\lambda^2} \tag{11-108}$$

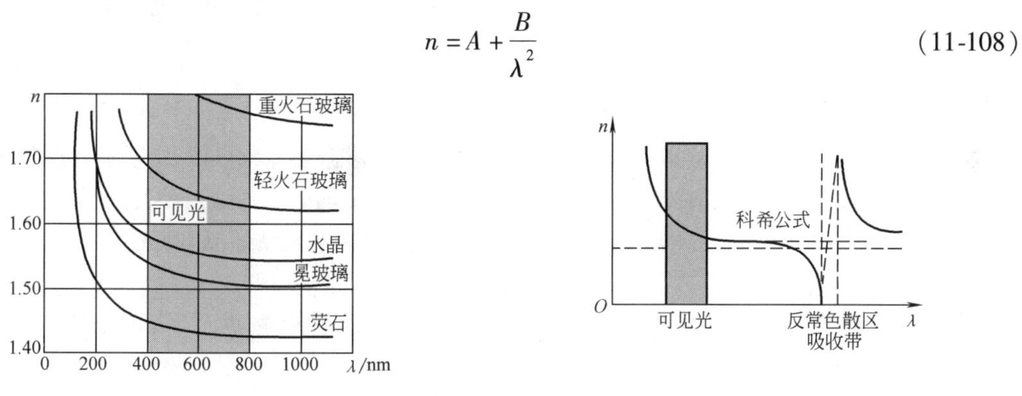

图11-28　正常色散曲线

图11-29　吸收带附近的反常色散

反常色散是发生在物质吸收区内的色散（见图11-29），此时折射率随波长的增大而增大，即有$dn/d\lambda > 0$。在接近反常色散区域，科希公式不再成立。实验表明，反常色散与物质的吸收区相对应，正常色散与物质的透明区相对应。

考察各种物质的全波段色散曲线，类似地有如图11-30的形貌，它由某种介质在整个光谱区各波段的一系列正常色散曲线（满足科希公式）和反常色散曲线（吸收带）组成。可以看出，在相邻两个吸收带之间折射率随波长增大呈单调下降；在每个吸收带处折射率发生突变，长波一侧的折射率急剧增大；各吸收带之间的曲线随波长增大而趋高。

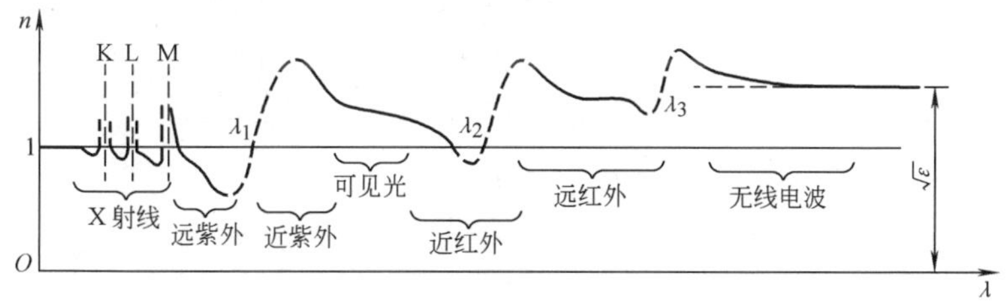

图11-30　一种介质的全波段色散曲线

（二）色散的解释

光与物质相互作用所导致的色散现象可以用经典色散理论来解释。这一理论将洛伦兹的经典电子论和麦克斯韦的电磁理论相结合，导出电磁场的频率与介电常数的关系，由此得到

光波频率与折射率的关系，从而阐明了色散现象。在经典电子论看来，组成物质的原子由原子核和外层束缚电子以线性弹性力所维系，原子成为作阻尼振荡的电偶极子。

设光波 $\boldsymbol{E}=\tilde{\boldsymbol{E}}_0\exp(-\mathrm{i}\omega t)$ 入射到介质中，使得介质中的束缚电子作受迫振荡，考虑到光与物质相互作用时，主要是光波电场的作用，因而忽略入射光波磁场对电子的作用力，于是得到了电子作受迫振动的方程为

$$\frac{\mathrm{d}^2\boldsymbol{l}}{\mathrm{d}t^2}+\gamma\frac{\mathrm{d}\boldsymbol{l}}{\mathrm{d}t}+\omega_0^2\boldsymbol{l}=\frac{q\tilde{\boldsymbol{E}}_0}{m}\exp(-\mathrm{i}\omega t)$$

式中，$\boldsymbol{l}$ 是电子振动的位移；m 和 q 分别是电子的质量和电荷。上式表示受到三个力，即光波电场的作用力 $q\boldsymbol{E}$；准弹性力 $-\beta\boldsymbol{l}=\omega_0^2\boldsymbol{l}$，这里 β 是弹性系数，令 $\beta=\omega_0^2$，此力用于维持电子以固有频率 ω_0 振动；阻尼力 $-\gamma\dfrac{\mathrm{d}\boldsymbol{l}}{\mathrm{d}t}$，这里 γ 为阻尼系数。求得上式方程的解为

$$\boldsymbol{l}(t)=\frac{q}{m}\frac{\tilde{\boldsymbol{E}}_0}{(\omega_0^2-\omega^2)-\mathrm{i}\gamma\omega}\exp(-\mathrm{i}\omega t) \tag{11-109}$$

将这一复数写成 $\boldsymbol{l}(t)=\boldsymbol{l}_0\exp(\mathrm{i}\delta)$ 形式，它包含了电子位移振幅 $\boldsymbol{l}_0(\omega)$ 以及它与外加电场之相位差 $\delta(\omega)$，这两者均与入射光波频率 ω 有关。当 $\omega=\omega_0$ 时，其振幅最大，即为共振现象，这时简谐振子吸收光波的能量最多。当 $\omega\neq\omega_0$ 时，受迫振动的振幅 $\boldsymbol{l}_0$ 与光波频率及阻尼力有关，并且电子振动与光波振动有一个相位差 δ。

由于电子的振动，原子作为一个振荡电偶极子其电偶极矩为 $q\boldsymbol{l}$，若单位体积内有 N 个相同的原子，则介质的电极化强度矢量为

$$\boldsymbol{P}=Nq\boldsymbol{l}=\frac{Nq^2}{m}\frac{\boldsymbol{E}}{(\omega_0^2-\omega^2)-\mathrm{i}\gamma\omega} \tag{11-110}$$

考虑极化的情况下，由电磁学知识，得电位移矢量 $\boldsymbol{D}$ 为

$$\boldsymbol{D}=\varepsilon_0\boldsymbol{E}+\boldsymbol{P}=\left(\varepsilon_0+\frac{Nq^2}{m}\cdot\frac{1}{(\omega_0^2-\omega^2)-\mathrm{i}\gamma\omega}\right)\boldsymbol{E}=\tilde{\varepsilon}\boldsymbol{E}$$

利用折射率 n 与相对介电常数 $\varepsilon_\mathrm{r}=\varepsilon/\varepsilon_0$ 的关系式 $n=\sqrt{\varepsilon_\mathrm{r}}$，并注意到 $\tilde{\varepsilon}$ 是复数，得表征介质折射率 $\tilde{n}$ 与外界入射光频率 ω 的变化（色散）关系式

$$\tilde{n}^2=1+\frac{Nq^2}{\varepsilon_0 m}\cdot\frac{1}{(\omega_0^2-\omega^2)-\mathrm{i}\gamma\omega} \tag{11-111}$$

利用上式可以讨论在透明区和选择吸收区的吸收和色散问题。

（1）写出一般的吸收介质中沿 x 方向行进的平面波 E 的表示式

$$\boldsymbol{E}=\boldsymbol{E}_0\exp[\mathrm{i}(\tilde{k}x-\omega t)]$$

记复折射率 $\tilde{n}$ 为

$$\tilde{n}=n(1+\mathrm{i}\kappa)$$

又 $\quad\tilde{k}=k\tilde{n}=kn(1+\mathrm{i}\kappa)$

则 $\quad\boldsymbol{E}=\boldsymbol{E}_0\exp(-kn\kappa x)\exp[\mathrm{i}(knx-\omega t)]$

上式与在金属中传播的平面波的表示式一样，第一个指数项表示平面波振幅的衰减（吸收），κ 称为衰减系数，它与 $\tilde{n}$ 的虚部相对应。因此，对于透明区，不考虑电偶极子作

受迫振动中所受阻力，可视 $\gamma=0$，此时 $\tilde{n}$ 是实数。由式(11-111)可知，折射率 $\tilde{n}$ 随入射光波频率 ω 的增大而减少，出现正常色散。

（2）在共振频率附近的选择吸收区，即当入射光频率处于 $\omega\approx\omega_0$ 的吸收带附近时，$\tilde{n}$ 表式中因极化引起的 γ 项不能忽略，此时，$\tilde{n}$ 是个复数，可以写成

$$\tilde{n}^2=n^2(1-\kappa^2)+\mathrm{i}2n^2\kappa \tag{11-112}$$

比较上式与式(11-111)的实部和虚部，得

$$n^2(1-\kappa^2)=1+\frac{Nq^2(\omega_0^2-\omega^2)}{\varepsilon_0 m[(\omega_0^2-\omega^2)^2+(\gamma\omega)^2]} \tag{11-113}$$

$$2n^2\kappa=\frac{Nq^2\gamma\omega}{\varepsilon_0 m[(\omega_0^2-\omega^2)^2+(\gamma\omega)^2]} \tag{11-114}$$

上两式给出了在共振频率 ω_0（吸收线）附近 n，κ 和 ω 的关系。

图 11-31 是用波长代替频率时给出的其吸收波长 λ_i 附近折射率的实部 n 及虚部 $n\kappa$ 的形状。图中，在 λ_i 处，$n\kappa$ 显示极大值，有吸收峰；在 λ_i 附近，n 随 λ 的增大而变大，为反常色散区；在远离吸收波长 λ_i 的位置，n 随波长 λ 增大而减少，出现正常色散。并且反常色散与吸收带相对应，得到与实验相符的结果。

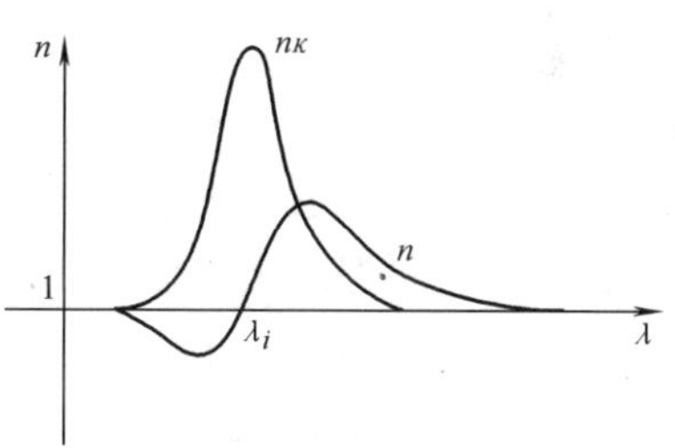

图 11-31　吸收波长 λ_i 附近的折射率

如果物质中带有（m_j，q_j，ω_j，γ_j）特性的带电粒子有 N_j 个，此时式(11-111)可以写成

$$\tilde{n}^2=1+\frac{1}{\varepsilon_0}\sum_j\frac{q_j^2}{m_j}\frac{1}{(\omega_j^2-\omega^2)-\mathrm{i}\gamma_j\omega} \tag{11-115}$$

此时，每一个共振频率 $\omega=\omega_j$ 附近，对应一个吸收带和相应的反常色散区，而这些区域以外，则属正常色散区，将出现一系列的反常色散和正常色散区，相应地有一系列吸收带。

前面利用电偶极子振荡模型，介绍了稀薄气体介质的色散和吸收的物理过程。同样的也可用于讨论原子密度较大的介质（如液体和固体）的情况，此时每一个原子还受到其他原子的电场作用。可以证明，介质的复折射率方程为

$$\frac{\tilde{n}^2-1}{\tilde{n}^2+2}=\frac{1}{3\varepsilon_0}\sum_j\frac{q_j^2}{m_j(\omega_{0j}^2-\omega^2)-\mathrm{i}\gamma_j\omega} \tag{11-116}$$

此式称为洛伦兹-洛仑茨（Lorentz-Lorenz）公式，是研究色散现象的重要公式。

三、光的散射

光的散射是指，由于物质（气体、液体或固体）中存在的微小粒子对光束的作用，使光波偏离原来的传播方向而四周散开的现象。与光的吸收一样，光的散射也使通过物质的光的强度减弱。前者是入射光转化为物质内其他形式的能量；后者是光能量的空间分布被改变。对于光通过物质被减弱的现象，一般情况应同时考虑吸收和散射的影响。

（一）瑞利散射和米氏散射

瑞利（Rayleigh）散射是指散射粒子线度比波长小得多的粒子对光波的散射。例如大气

中的灰尘、烟、雾等悬浮微粒所引起的散射；另外，在纯净的流体或气体中，由于分子热运动造成的密度的局部涨落所引起的散射（称为分子散射）也属于瑞利散射。一般悬浮微粒的散射很强，例如牛奶可以把入射光全部散射掉，而使其本身变得不透明。比较起来，分子散射的光强是十分微弱的。

与吸收、色散一样，光的散射也是光与物质相互作用的结果。利用光波作用于物质中分子、原子所导致的电偶极子振荡的模型能很好地解释散射现象。据此，当光波射入介质中，会激发起介质中电子作受迫振荡，从而发出次级电磁波。对于均匀介质，这些次波相互叠加的结果使光波沿着反射和折射定律方向传播，而在其他方向上，次波干涉完全相消，因而不发生散射现象。当介质非均匀，介质内有悬浮微粒或有密度涨落，这时入射波激发起的次波的振幅和相位不完全相同，于是次波干涉的结果，在非透射方向上不能完全抵消而造成散射光。

瑞利研究了线度远小于波长的微粒的散射现象，得出散射现象的主要特点：

（1）散射光强与入射波长（频率）的四次方成反比（正比），即

$$I(\omega)\propto\omega^4\propto\frac{1}{\lambda^4} \tag{11-117}$$

这一规律称为瑞利散射定律。表明散射光中短波长的光占优势。我们观察到的天空呈蔚蓝色，是大气强烈散射太阳光中的紫光和蓝光所造成的；而在清晨和傍晚，由于蓝、紫光的强烈散射，穿过厚厚大气层看到的旭日、夕阳则是红色的。另外，正是红外线比红光有更强的穿透力，因而更适用于远距离红外摄影或遥感技术。

（2）散射光强随观察方向而变。散射光强的角分布为

$$I(\theta)=I_0(1+\cos^2\theta) \tag{11-118}$$

这里，$I(\theta)$是与入射光方向成θ角方向上的散射光强；I_0是$\theta=\pi/2$方向上的散射光强，在不同的观察方向上，散射光强不同。

（3）散射光具有偏振性，并与θ角有关。自然光入射各向同性媒质中，在垂直于入射方向上的散射光是线偏振光；在原入射光方向及其逆方向上，散射光仍是自然光，而在其他方向上，散射光是部分偏振光，偏振程度与θ角有关。而在各向异性媒质中，散射光在与入射光垂直方向上是部分偏振光。

前面指出，散射光是次波叠加的结果，因此散射光的以上特点，对照本章第一节有关电偶极子辐射的规律可以很好地给予说明。由式(11-40b)及式(11-41)可知，散射光波长与入射光波长相同，其散射光强与入射光波长的四次方成反比，并与散射光方向有关；散射光具有偏振性，其偏振程度决定于散射光与偶极矩方向的夹角。

瑞利散射规律适用于微粒线度在$\lambda/10$以下极小微粒的情况，当微粒线度与波长可以比拟或比波长大时，瑞利定律不再适用。粒子线度大于10λ的较大微粒散射称为米氏(G. Mie)散射。此时，散射光强几乎与波长无关。如观察白云对阳光的散射，各波长的光都大致均等地被散射，所以晴空的云是白色的。浪花呈白色也是同样的道理。米氏散射不同于瑞利散射呈对称状分布，而是前向散射的成分增多，被用于大气中滴粒分布的研究。

利用光的散射可以研究胶状溶液、浑浊介质和高分子物质的物理化学性质，测定散射微粒的大小和运动速度，这在生物学、高分子化学和胶体化学等方面都有应用。

（二）喇曼散射和布里渊散射

瑞利散射和米氏散射是散射光的频率与入射光频率相同的散射现象。此后，在研究纯净

液体和晶体内的散射时，发现散射光中出现与入射光频率不同的成分，称这种散射为喇曼（C. V. Raman）散射。喇曼散射的主要特征是：

（1）在与入射光频率 ω_0 相同的散射谱线（瑞利散射线）两侧，对称地分布着频率为 $\omega_0 \pm \omega_1$，$\omega_0 \pm \omega_2$，…强度较弱的散射谱线，长波一侧（$\omega_0 - \omega_1$，$\omega_0 - \omega_2$，…）的谱线称为斯托克斯线。短波一侧（$\omega_0 + \omega_1$，$\omega_0 + \omega_2$，…）的谱线称为反斯托克斯线。

（2）频率差 ω_1，ω_2，…与散射物质中分子的固有振动频率一致，而与入射光频率 ω_0 无关。

电磁理论对喇曼散射的解释，认为散射物质的极化率与分子的固有振动频率有关，于是以固有振动频率 ω_1，ω_2，…振动的分子，以此频率调制了极化率，从而以相同的频率调制了折射率，导致了对入射光波的相应调制，使得在散射光中产生了这些频率的谱线。

布里渊（L · Brillouin）研究了光通过由热波产生声波的介质，当频率为 ω_1 的入射波与频率为 ω 的超声波相互作用时，产生了频率为 $\omega_1 \pm \omega$ 的两个散射波束，入射波散射光频谱中除了包含了原来的入射光频率外（瑞利散射），其两侧还有频谱线，称为布里渊双重线，这种散射就是布里渊散射，它类似于喇曼散射。但由于声子比光子能量小得多，因而其频移量很小，大多在微波波段中。导致布里渊散射的原因可用运动物体产生多普勒频移来解释。

喇曼散射和布里渊散射是研究物质分子结构、分子和分子动力学的重要方法，用于分子光谱分析中。特别是激光出现后，由于有高亮度强激光束的激励，产生了受激喇曼散射，用于揭示光与分子相互作用更深层的非线性效应。受激布里渊散射则被用于产生相位共轭光，在光通信、光信息处理等激光光学和现代光学中有着新的应用。

第五节　光波的叠加

本节讨论两个（或多个）光波在空间某一区域相遇时光波的叠加问题。

一、波的叠加原理

波的叠加原理可以表述为：两个（或多个）波在相遇点产生的合振动是各个波单独在该点产生的振动的矢量和。波的叠加服从叠加原理，光波也同样。应该指出，叠加原理是波动光学的基本原理。波动光学所要研究的光波的干涉、衍射和偏振等内容中所要讨论的就是几个光波在传播过程中相遇叠加之后，其合成波在考察点的复振幅分布和强度分布及各个光波的振幅、相位（或光程差）、频率对其分布的影响。

如果有 n 个矢量波 $\boldsymbol{E}_1$，$\boldsymbol{E}_2$，…，$\boldsymbol{E}_n$ 在空间某 P 点相遇，则据叠加原理，P 点的合振动为

$$\boldsymbol{E}(P) = \boldsymbol{E}_1(P) + \boldsymbol{E}_2(P) + \cdots + \boldsymbol{E}_n(P) = \sum_n \boldsymbol{E}_n(P) \tag{11-119}$$

式中，$\boldsymbol{E}_1$，$\boldsymbol{E}_2$，…，$\boldsymbol{E}_n$ 是各个光波单独存在时在相遇点产生的光振动（电场振动）矢量，$\boldsymbol{E}$ 是合振动矢量。

如果叠加光波的场矢量方向相同，或者只考虑矢量波的某一分量时，光波场可用标量场处理，上式中的矢量和简化为代数和，即

$$E(P) = E_1(P) + E_2(P) + \cdots + E_n(P) = \sum_n E_n(P) \tag{11-120}$$

如果用光波的复振幅来表示，显然，对于矢量波的情况，则相遇点合振动的复振幅矢量

等于各个光波单独存在时在相遇点产生的光振动的复振幅矢量的和。此时式(11-119)可以写成下面的形式：

$$\widetilde{\boldsymbol{E}}(P)=\widetilde{\boldsymbol{E}}_1(P)+\widetilde{\boldsymbol{E}}_2(P)+\cdots+\widetilde{\boldsymbol{E}}_n(P)=\sum_n \widetilde{\boldsymbol{E}}_n(P) \tag{11-121}$$

光波的叠加原理表明了光波传播的独立性。一个光波的作用不会因为其他光波的存在而受到影响。这是实验的结果。譬如两个光波在相遇后又分开，每个光波仍保持原有的特性(频率、波长、振动方向等)，按照原来的传播方向继续前进。

同时，光波的叠加原理也是介质对光波电磁场作用的线性响应的一种反映。实际上，它是波动微分方程的必然结果。这是由于波动方程的线性性质保证了其解的叠加性。可以这样说，解的叠加性构成了波叠加原理的基础。注意两个或多个满足波动方程的光波同时存在时，总的波场就是这些光波的直接叠加。波动方程的线性性质反过来限制了叠加原理只在入射光强度较弱的情况下成立，而当光波的强度很大（例如场强达 10^{12} V/m 的激光）时，介质将产生非线性效应，这时介质对光波的响应是非线性的，上述线性叠加原理不再适用。

二、两个频率相同、振动方向相同的单色光波的叠加

（一）代数加法

如图 11-32 所示，设两个频率相同、振动方向相同的单色光波分别发自光源 S_1 和 S_2。它们在空间某一点 P 相遇，P 点到 S_1 和 S_2 的距离分别为 r_1 和 r_2。因此两光波各自在 P 点产生的光振动可以写为

$$E_1=a_1\cos(kr_1-\omega t) \tag{11-122}$$

$$E_2=a_2\cos(kr_2-\omega t) \tag{11-123}$$

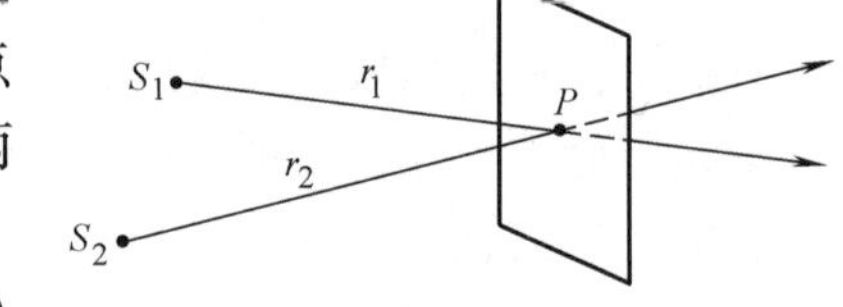

图 11-32 两光波在 P 点的叠加

式中，a_1 和 a_2 分别为两光波在 P 点处的振幅。若令 $\alpha_1=kr_1$，$\alpha_2=kr_2$，则根据叠加原理，P 点的合振动为

$$E=E_1+E_2=a_1\cos(\alpha_1-\omega t)+a_2\cos(\alpha_2-\omega t)$$

利用三角公式可得到 P 点合振动的表示式为

$$E=A\cos(\alpha-\omega t) \tag{11-124}$$

式中

$$A^2=a_1^2+a_2^2+2a_1a_2\cos(\alpha_2-\alpha_1) \tag{11-125}$$

$$\tan\alpha=\frac{a_1\sin\alpha_1+a_2\sin\alpha_2}{a_1\cos\alpha_1+a_2\cos\alpha_2} \tag{11-126}$$

可见，P 点的合振动也是一个简谐振动，其振动频率和振动方向都与两单色光波相同，而振幅 A 和初相位 α 分别由式(11-125)和式(11-126)决定。

若两个单色光波在 P 的振幅相等，$a_1=a_2=a$，同时记 $I_0=a^2$ 表示单个光波在 P 点的强度；$\delta=\alpha_2-\alpha_1$ 表示两光波在 P 点的相位差，则 P 点合振动的光强由式(11-125)得到

$$I=4I_0\cos^2\frac{\delta}{2} \tag{11-127}$$

上式表示在 P 点叠加的合振动的光强 I 取决于两光波在叠加点的相位差 δ。当

$$\delta=2m\pi \qquad (m=0,\ \pm1,\ \pm2,\ \cdots) \tag{11-128}$$

时，$I=4I_0$，P 点光强有最大值。而当

$$\delta=(2m+1)\pi \qquad (m=0,\ \pm1,\ \pm2,\ \cdots) \tag{11-129}$$

时，$I=0$，P 点光强有最小值。相位差介于两者之间时，P 点光强在 0 和 $4I_0$ 之间。两光波在 P 的相位差又可写成

$$\delta=\alpha_2-\alpha_1=k(r_2-r_1)=\frac{2\pi}{\lambda_n}(r_2-r_1)$$

式中，λ_n 为单色光波在传播介质中的波长。因为有 $\lambda_n=\lambda/n$，其中 λ 为真空中的波长，n 为介质折射率。所以 δ 又可写成

$$\delta=\frac{2\pi}{\lambda}n(r_2-r_1) \tag{11-130a}$$

式中，$n(r_2-r_1)$ 为光程差，它是光在介质中走过的几何路程与介质折射率的乘积，记作 Δ。表示从 S_1 和 S_2 到 P 点的光程之差。式(11-130a)给出了光程差和它引起的相位差之间的关系，是分析光波在某点叠加时合振动强度变化的重要物理量。根据式(11-127)，显然当

$$\Delta=n(r_2-r_1)=m\lambda \qquad (m=0,\pm1,\pm2,\cdots) \tag{11-130b}$$

即光程差等于波长的整数倍时，P 点有光强最大值；而当

$$\Delta=n(r_2-r_1)=\left(m+\frac{1}{2}\right)\lambda \qquad (m=0,\ \pm1,\ \pm2,\ \cdots) \tag{11-130c}$$

即光程差等于波长的半整数倍时，P 点的光强最小。

显然，两光波在空间相遇，如果它们在源点发出时的初相位相同，则光波在叠加区相遇点的强度将取决于两光波在该点的光程差或相位差。若在考察时间内，两光波的初相位保持不变，光程差也恒定，则该点的强度不变，叠加区内各点的强度也不变，那么在叠加区内将看到强弱稳定的强度分布，把这种现象称为干涉现象。称产生干涉的光波为相干光波，其光源称为相干光源。一个理想的单色光波可以认为是简谐波，因而其初相位是不变的，所以简谐波一定是相干光波。一般地，因为实际光源发出的光波不是简谐波，而是一个个波列，因而在观测时间内，初相位是变化的，这种光波不是相干光波，必须通过一定的装置使其满足相干条件。在第十二章中将详细讨论获取相干光的方法。

采用复数形式表示光波时，可以将光波写成复振幅与时间相位因子的乘积，即

$$E(P)=\widetilde{\boldsymbol{E}}(P)\exp[-\mathrm{i}\omega t]$$

由上式及叠加原理式（11-121）可知，这两个单色光波在 P 点的合振动的复振幅表示式为：

$$\widetilde{\boldsymbol{E}}(P)=\widetilde{\boldsymbol{E}}_1(P)+\widetilde{\boldsymbol{E}}_2(P)$$

即

$$A\exp(\mathrm{i}\alpha)=a_1\exp(\mathrm{i}\alpha_1)+a_2\exp(\mathrm{i}\alpha_2)$$

对上式作复数运算，可求得合振动的振幅 A 与相位 α 的表示式与式(11-124)、式(11-125)完全相同。

（二）相幅矢量加法

这是一种图解法。定义一个相幅矢量 $\boldsymbol{A}$，它的长度表示某一光振动的振幅大小，它与给定轴（设为 Ox 轴）的夹角等于该光振动的相位，当它以角速度 ω 绕 O 点逆时针方向旋转时，该矢量末端在给定轴上的投影运动就表示该简谐振动。

同时，在数学上，两个矢量的投影和等于这两个矢量和的投影。因此，两个单色光波在某点的光振动的叠加可以通过其相幅矢量相加求取。如图 11-33 所示作出式(11-122)、

式(11-123)表示的两个单色光波的相幅矢量 $\boldsymbol{a}_1$、$\boldsymbol{a}_2$ 及合矢量 $\boldsymbol{A}$，则 $\boldsymbol{A}$ 的长度表示合成波的振幅 A，它与 Ox 轴的夹角表示合成波的相位 α，其合矢量 $\boldsymbol{A}$ 随 t 的变化在 Ox 轴上的投影运动也为一简谐振动。显然，由图中几何关系求出的振幅 A 和相位 α 的表式与式(11-125)、式(11-126)完全一样。

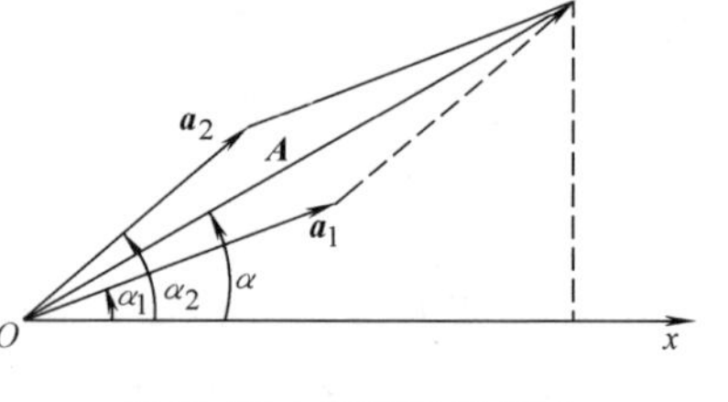

图 11-33 相幅矢量相加

这种图解法能够快速、简便地给出结果，特别是精度要求不高的情况。它在分析多束同频波的叠加问题时特别有用（见习题 11-26）。

三、驻波

两个频率相同，振动方向相同而传播方向相反的单色光波，例如垂直入射到两种介质分界面的单色光波和反射波的叠加将形成驻波。

设反射面是 $z=0$ 的平面（见图 11-34），并假定界面的反射比很高，可以设入射波和反射波的振幅相等。写出入射波和反射波的表示式为

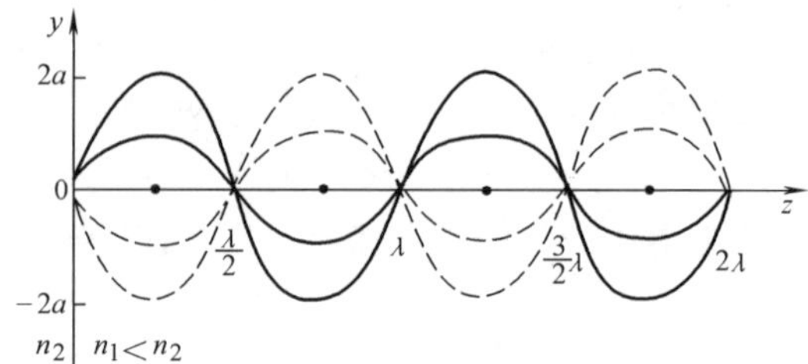

图 11-34 驻波

$$E_1=a\cos(kz+\omega t)\text{和}E_2=a\cos(kz-\omega t+\delta)$$

式中，δ 是反射时的相位变化，则入射波与反射波叠加后的合成波为

$$E=E_1+E_2=2a\cos\left(kz+\frac{\delta}{2}\right)\cos\left(\omega t-\frac{\delta}{2}\right) \tag{11-131a}$$

上式表示，对于 z 方向上每一点，随时间的振动是频率为 ω 的简谐振动，相应的振幅则随 z 而变，记为

$$A=\left|2a\cos\left(kz+\frac{\delta}{2}\right)\right|$$

可见，不同的 z 值处有不同的振幅，但极大值和极小值的位置不随时间而变。振幅最大值的位置称为波腹，其振幅等于两叠加光波的振幅之和，而振幅为零的位置称为波节。波腹的位置由下式决定：

$$kz+\frac{\delta}{2}=n\pi \qquad (n=1,\ 2,\ 3,\ \cdots) \tag{11-131b}$$

波节的位置则由下式决定：

$$kz+\frac{\delta}{2}=\left(n-\frac{1}{2}\right)\pi \qquad (n=1,\ 2,\ 3,\ \cdots) \tag{11-131c}$$

容易看出，相邻波节（或波腹）之间的距离为 $\lambda/2$，而相邻波节和波腹间的距离为 $\lambda/4$（见图 11-34）。并且，波腹、波节的位置不随时间而变。

还应该指出，如果两介质分界面上的反射比不等于 1，则入射波与反射波的振幅不等，这时合成波除驻波外还有一个行波，因此波节处的振幅不再为零，并且由于有行波存在，将伴随着能量的传播。

光驻波现象在光学中是普遍存在的，它的应用也是多方面的。例如，激光器的谐振腔中经多次反射形成的光波，可以看成是两个沿相反方向传播的光波经叠加后形成的驻波。在激光理

论中，称这种稳定的驻波图样为纵模。另外，全反射现象中，分析在入射波和反射波的叠加区内（见图 11-35）的合成波，可知，合成波在界面法线方向上具有驻波的特点，在与法线垂直的 z 方向上具有行波的特点。这一性质有助于理解介质光波导的原理（见第十六章）。

四、两个频率相同、振动方向互相垂直的单色光波的叠加

（一）合成光波偏振态的分析

如图 11-36 所示，光源 S_1 和 S_2 发出两个频率相同而振动方向互相垂直的单色光波，其振动方向分别平行于 x 轴和 y 轴，并沿 z 轴方向传播。考察它们在 z 轴方向上任一点 P 处的叠加。显然两光波在该处产生的光振动可写为（假定 S_1 和 S_2 光振动的初相位为零）

$$E_x = a_1\cos\,(kz_1 - \omega t) \tag{11-132}$$

$$E_y = a_2\cos\,(kz_2 - \omega t) \tag{11-133}$$

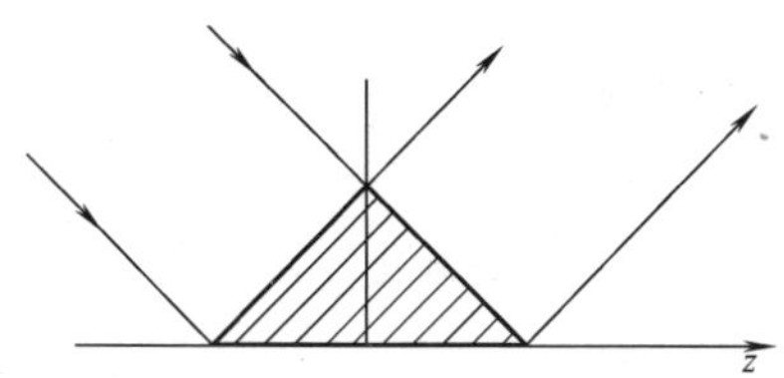

图 11-35　入射波和反射波的叠加

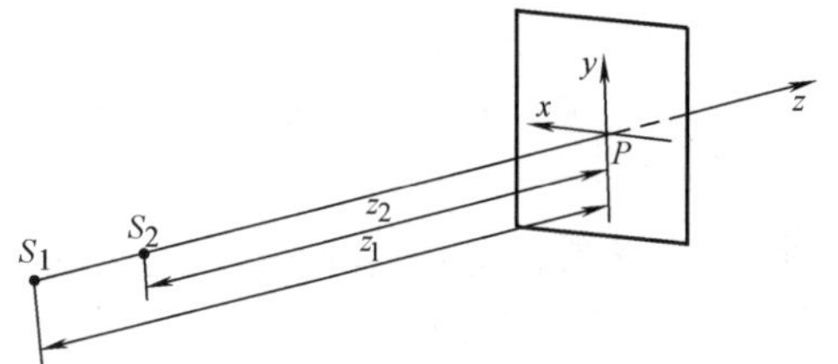

图 11-36　振动方向互相垂直的光波的叠加

根据叠加原理，P 点处的合振动为

$$\boldsymbol{E} = \boldsymbol{x}_0 E_x + \boldsymbol{y}_0 E_y = \boldsymbol{x}_0 a_1\cos(kz_1 - \omega t) + \boldsymbol{y}_0 a_2\cos(kz_2 - \omega t)$$

易见，合振动的大小和方向都是随时间变化的，由式(11-132)和式(11-133)消去参数 $\boldsymbol{t}$ 求得，合振动矢量末端运动轨迹方程为

$$\frac{E_x^2}{a_1^2} + \frac{E_y^2}{a_2^2} - 2\,\frac{E_x E_y}{a_1 a_2}\cos(\alpha_2 - \alpha_1) = \sin^2(\alpha_2 - \alpha_1) \tag{11-134}$$

式中，$\alpha_1 = kz_1$，$\alpha_2 = kz_2$，一般说来，这是一个椭圆方程式，表示在垂直于光传播方向平面上，合振动矢量末端的运动轨迹为一椭圆，且该椭圆内接于边长为 $2a_1$ 和 $2a_2$ 的长方形（见图 11-37），可以证明，椭圆长轴与 x 轴的夹角 ψ 为

$$\tan 2\psi = \frac{2a_1 a_2}{a_1^2 - a_2^2}\cos\delta \tag{11-135}$$

式中，$\delta = \alpha_2 - \alpha_1$ 是振动方向平行于 y 轴的光波与振动方向平行于 x 轴的光波的相位差。

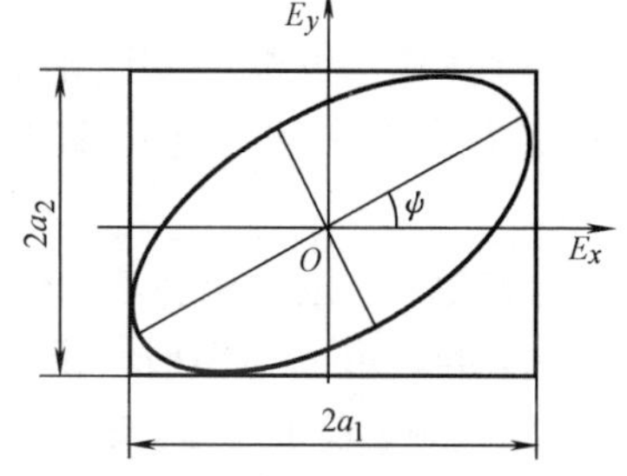

图 11-37　偏振椭圆

把合矢量以角频率 ω 周期旋转，其矢量末端运动轨迹为椭圆的光称为椭圆偏振光。因此，两个频率相同、振动方向互相垂直且具有一定相位差的光波的叠加，一般可得到椭圆偏振光。

由式(11-134)可知，椭圆的形状取决于两叠加光波的振幅比 a_2/a_1 和相位差 $\delta = \alpha_2 - \alpha_1$，$\delta$ 表示 E_y 相对 E_x 的相位差，从而可得到合振动的不同的偏振状态（见图 11-38）：

（1）$\delta = 0$ 或 $\pm 2\pi$ 的整数倍时，式(11-134)化为

$$E_y = \frac{a_2}{a_1}E_x \tag{11-136}$$

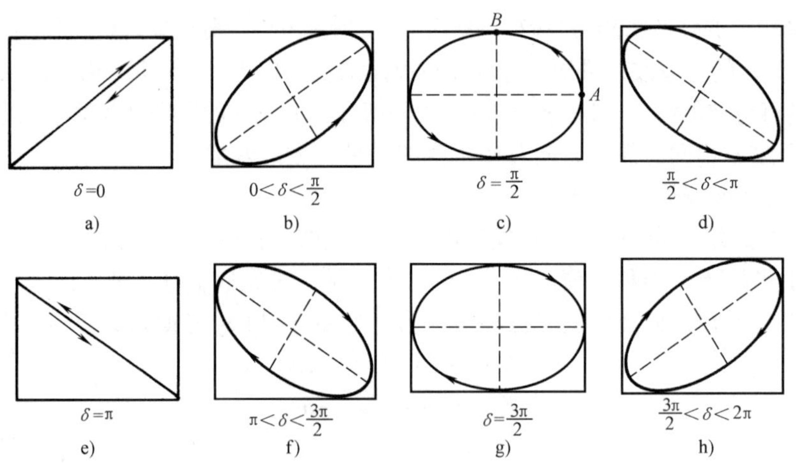

图 11-38　相位差 δ 不同取值时的椭圆偏振

表示合矢量末端的运动沿着一条经过坐标原点其斜率为 a_2/a_1 的直线进行，其合成光波是线偏振光（见图 11-38a）。

（2）$\delta=\pm\pi$ 的奇数倍时，有

$$E_y=-\frac{a_2}{a_1}E_x \tag{11-137}$$

表示其矢量末端运动经过坐标原点沿斜率为 $-a_2/a_1$ 直线行进，其合成光波也是线偏振光(见图 11-38e)。

（3）$\delta=\pm\frac{\pi}{2}$的奇数倍时，有

$$\frac{E_x^2}{a_1^2}+\frac{E_y^2}{a_2^2}=1 \tag{11-138}$$

这是一个正椭圆方程，其椭圆的长、短轴分量分别在 x、y 坐标轴上，表示合成光波是椭圆偏振光（见图 11-38c、g）。若同时有 $a_1=a_2=a$，则

$$E_x^2+E_y^2=a^2 \tag{11-139}$$

这时合矢量末端运动轨迹是一个圆，因此合成光波是圆偏振光。

（4）当 δ 取其他值时，由式(11-134)可知，合成光波为任意取向的椭圆偏振光（见图 11-38b、d、f、h），其长轴方位 ψ 由式(11-135)决定。

椭圆（或圆）偏振光有右旋和左旋之分。通常规定当对着光的传播方向（即沿 $-z$ 方向）看去，合矢量顺时针方向旋转时为右旋偏振光，反之为左旋偏振光。偏振光的旋向可以由两叠加光波的相位差来决定，即当 $\sin\delta<0$ 时，为右旋；而当 $\sin\delta>0$ 时为左旋。这可以分析式(11-132)、式(11-133)在相隔 1/4 周期时对应的值看出。

（二）椭圆偏振参量间的关系

一般情况下，椭圆偏振光可以由合振动在坐标系 xy 中的分量 E_x、E_y 的振幅比 a_2/a_1 和相位差 $\delta=(\alpha_2-\alpha_1)$表示，也可以由椭圆两个主轴（长、短半轴）长度 A_1、A_2 及主轴（长轴）相对于坐标轴 x 的方位角 ψ 及旋转方向来表示。两组参量之间可以根据几何关系互相换算。

如图 11-39 所示，在空间正交坐标系（x，y）中，椭圆偏振光 $\boldsymbol{E}$ 的分量 E_x、E_y 分别由式(11-132)、式(11-133)表示；而在（x'，y'）主轴系（x'，y'的方向分别与椭圆的长、短轴一致）中，椭圆偏振光 $\boldsymbol{E}$ 的两个分量可表示为

$$E_{x'} = A_1\cos(\alpha - \omega t) \tag{11-140}$$

$$E_{y'} = A_2\cos\left(\alpha - \omega t \pm \frac{\pi}{2}\right) \tag{11-141}$$

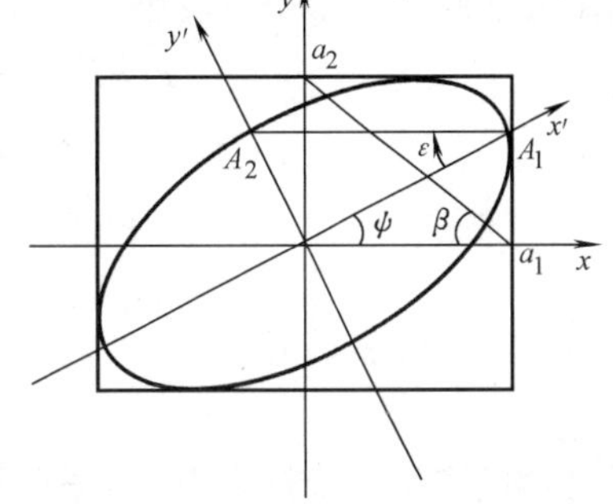

图 11-39　椭圆偏振光的描述

式中，A_1、A_2 是椭圆的长轴和短轴，正、负号分别对应左旋和右旋。上式表示在主轴系中的一个正椭圆。两坐标系之间光矢量的关系为

$$E_{x'} = E_x\cos\psi + E_y\sin\psi \tag{11-142}$$

$$E_{y'} = -E_x\sin\psi + E_y\cos\psi \tag{11-143}$$

将式(11-132)、式(11-133)及式(11-140)、式(11-141)代入上两式，运算[5,21]后得

$$A_1^2 + A_2^2 = a_1^2 + a_2^2 \tag{11-144}$$

上式表明，不管将椭圆偏振光投影在什么坐标下，两个互相垂直分振动振幅的平方和是常数。

进一步运算可以得到式(11-135)

$$\tan2\psi = \frac{2a_1a_2}{a_1^2 - a_2^2}\cos\delta$$

定义椭圆度 ε，且有

$$\tan\varepsilon = A_2/A_1 \qquad |\varepsilon| \leqslant \pi/4 \tag{11-145}$$

则 $\varepsilon < 0$ 时为右旋，$\varepsilon > 0$ 时为左旋。

定义振幅比角 β，且

$$\tan\beta = a_2/a_1 \qquad 0 \leqslant \beta \leqslant \frac{\pi}{2} \tag{11-146}$$

则可以求得

$$\sin2\varepsilon = \sin2\beta\sin\delta \tag{11-147}$$

$$\tan2\psi = \tan2\beta\cos\delta \tag{11-148}$$

上两式给出了两组坐标系中椭圆参量之间的关系。已知一组参量即可求取另一组参量。一般来说，由比值 A_2/A_1 和角度 ψ 两参量就可以确定椭圆形状及其在空间的取向，因此是椭圆偏振光的两个基本参量，并且也是在实际工作中可以直接测量的两个量。在进行光学薄膜厚度和折射率的测量时，正是通过测量椭圆偏振光的两个参量 ψ 和 A_2/A_1，然后利用它们与 a_1、a_2 和 δ 之间的关系，进一步由菲涅耳公式找到 a_1、a_2 及 δ 与薄膜厚度和折射率的联系，从而进行薄膜光学参数的测量的（见第十五章第 7 节）。

五、两个不同频率的单色光波的叠加

现在讨论两个振幅相同、振动方向相同、且在同一方向传播，但频率接近的单色光波的叠加，其结果将产生光学上有意义的“拍”现象。

（一）光学拍

两个不同频率的单色光波由下式给出：

$$E_1 = a\cos(k_1 z - \omega_1 t) \quad 和 \quad E_2 = a\cos(k_2 z - \omega_2 t)$$

利用叠加原理，得合成波表示式为

$$E = E_1 + E_2 = 2a\cos(k_m z - \omega_m t)\cos(\bar{k}z - \bar{\omega}t) \tag{11-149}$$

式中

$$\bar{\omega} = (\omega_1 + \omega_2)/2 \qquad \bar{k} = (k_1 + k_2)/2$$

$$\omega_m = (\omega_1 - \omega_2)/2 \qquad k_m = (k_1 - k_2)/2$$

若令

$$A = 2a\cos(k_m z - \omega_m t) \tag{11-150}$$

式(11-149)可表示为

$$E = A\cos(\bar{k}z - \bar{\omega}t) \tag{11-151}$$

于是合成波是一个频率为$\bar{\omega}$而振幅受到调制的波，其振幅值随时间和位置在 $-2a$ 与 $2a$ 间变化，是一个低频调制波（见图 11-40 所示）。当 $\omega_1 \approx \omega_2$ 时，ω_m 很小，因而振幅 A 变化缓慢，虽然因为光频很大无法被直接探测，但可以探测调制波的强度变化。此时合成波的强度为

$$I = A^2 = 4a^2\cos^2(k_m z - \omega_m t) = 2a^2[1 + \cos 2(k_m z - \omega_m t)] \tag{11-152}$$

可以看出，合成波的强度随时间和位置在 0 和 $4a^2$ 之间变化，这种强度时大时小的现象称为拍。由上式知拍频等于 $2\omega_m$，即为两叠加单色光波频率之差。

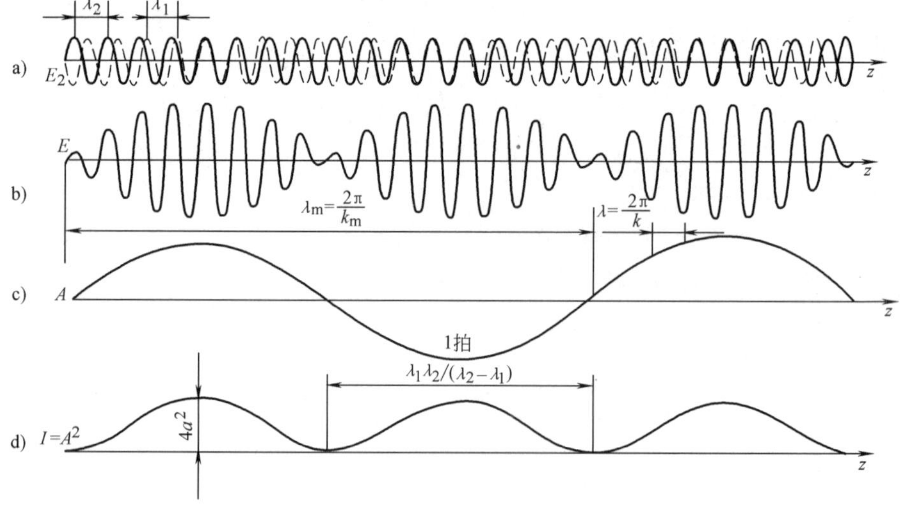

图 11-40 频率不同的两个单色光波的叠加

a）两个单色波 b）合成波 c）合成波的振幅变化 d）合成波的强度变化

光波因为频率很高，所以观测它的拍频现象不像无线电波或声波来得容易。1955 年弗列斯特（A·Forrester）等人利用磁场分裂谱线（塞曼效应）首次得到了频率相差 10^{10}Hz 的两个光波，并使他们在光电混频管的表面叠加产生拍频。激光器的出现提供了单色性好的光，使光学拍频现象的观测容易多了。现在光学拍的观测已成为检测微小频率差的一种特别灵敏而简单的方法。

（二）群速度和相速度

到目前为止，我们讨论的都是单个光波的传播问题，并且提到的传播速度都是指它的等相面的传播速度，即相速度。对于现在讨论的合成波，由式(11-149)可知，应包含等相面传

播速度和等幅面传播速度两部分。上式中，由相位不变条件（$\bar{k}z-\bar{\omega}t$ = 常数），求得合成波的相速度

$$v=\bar{\omega}/\bar{k} \tag{11-153}$$

群速度是指合成波振幅恒定点的移动速度，也即振幅调制包络的移动速度。如果叠加的两个波在无色散的真空中传播，则由于两个波的速度一样，因而合成波是一个波形稳定的拍，其相速度和群速度也相等。当光波在色散介质中传播时，由于频率不同，其传播速度也不同，其合成波的波形在传播过程中不断地产生微小变形，此时很难确切定义合成波的速度。不过，当 $\omega_1\approx\omega_2$，且$\bar{\omega}\gg\omega_m$ 时，可以认为合成波的波形变化缓慢，因而仍可用调制包络的移动速度来定义群速度。

合成波的振幅最大值的速度即合成波的群速度。由式(11-149)振幅不变的条件，即 $k_m z-\omega_m t$ = 常数来求出

$$v_g=\frac{\omega_m}{k_m}=\frac{\omega_1-\omega_2}{k_1-k_2}=\frac{\Delta\omega}{\Delta k} \tag{11-154}$$

当 $\Delta\omega$ 很小时，有

$$v_g=\mathrm{d}\omega/\mathrm{d}k \tag{11-155}$$

由上式可得到群速度 v_g 与相速度 v 有如下关系：

$$v_g=\frac{\mathrm{d}\omega}{\mathrm{d}k}=\frac{\mathrm{d}(kv)}{\mathrm{d}k}=v+k\frac{\mathrm{d}v}{\mathrm{d}k} \tag{11-156}$$

代入 $k=2\pi/\lambda$，上式改写为

$$v_g=v-\lambda\frac{\mathrm{d}v}{\mathrm{d}\lambda} \tag{11-157}$$

且得群折射率 n_g 为

$$n_g=\frac{c}{v_g}=\frac{n}{1+\dfrac{\lambda}{n}\dfrac{\mathrm{d}n}{\mathrm{d}\lambda}} \tag{11-158}$$

上式表示，在色散物质中，$v_g\neq v\left(=\dfrac{c}{n}\right)$，色散$\dfrac{\mathrm{d}v}{\mathrm{d}\lambda}$越大，即波的相速度随波长的变化越大时，群速度 v_g 与相速度 v 相差越大。当 $\mathrm{d}v/\mathrm{d}\lambda>0$ 或 $\mathrm{d}n/\mathrm{d}\lambda<0$，即正常色散时，群速小于相速；反之，在 $\mathrm{d}v/\mathrm{d}\lambda<0$ 或 $\mathrm{d}n/\mathrm{d}\lambda>0$ 的反常色散时，群速大于相速，对于无色散介质，即有 $\mathrm{d}v/\mathrm{d}\lambda=0$，即群速等于相速。表 11-4 中给出了各种物质的色散和群折射率。

表 11-4　各种物质的色散和群折射率

物质（18℃）	n（λ = 546.1nm）	$\frac{\mathrm{d}n}{\mathrm{d}\lambda}$/（$\times10^{-6}\mathrm{mm}^{-1}$）	n_g（λ = 546.1nm）
空气[①]	1.0002779	−0.02	1.0002888
水[②]	1.3345	−35	1.3539
冕牌玻璃（K_3）	1.5203	−51	1.5487
火石玻璃（F_2）	1.6241	−99	1.6800
石英玻璃	1.4602	−39	1.4818

（续）

物质（18℃）	n（$\lambda=546.1\text{nm}$）	$\frac{\mathrm{d}n}{\mathrm{d}\lambda}$/（$\times10^{-6}\text{mm}^{-1}$）	n_g（$\lambda=546.1\text{nm}$）
石英（寻常光）	1.5462	-44	1.5706
萤石	1.4350	-25	1.4488

① 15℃，101.325kPa。(1大气压)，干燥。

② 20℃。

以上讨论的由两列波合成的波的群速度也适合于更多频率相近的波叠加而成的复杂波的情况。已经指出，复杂波的群速度可以认为是振幅最大点的移动速度，而波动携带的能量与振幅平方成正比，所以群速度就是光能量或光信号的传播速度。通常实验中测量到的光脉冲的传播速度就是群速度，而不是相速度。

必须指出，相速度表征的是一个其频率和振幅不变的无穷的正弦波，这样的波不仅不存在，而且也是无法传递信号的。要实现信号传递，必须对波进行振幅或频率的调制，这就涉及到不止一个频率的波所组成的波群，因此用群速度来表示信号速度时，可以认为群速度只在真空或在物质正常色散的情况下是有意义的。这时因为吸收比较小，一个波群（波列）在一定距离内的传播不会发生显著的衰减，这样，信号传播才有意义。对于反常色散情况，由于波的能量被物质强烈吸收，波迅速衰减，波群不能传播。此时群速度就不再具有物理意义，不能用来表示信号速度。

第六节　光波的傅里叶分析

已经知道，几个频率相同的单色光波相叠加，不管其振幅和相位是否相同，其合成波仍然是同一频率的单色光波。不同频率的单色光波相叠加，其结果将是一个复杂波，不再是一个单色光波（见图11-41）。由此想到，任意一个复杂波能否用若干个振幅、相位和波长不同的单色光波的适当组合来表示，或者说把复杂波分解成若干个不同的单色光波。事实上，这种复杂波的分解可以应用傅里叶分析法来实现。本节分别讨论周期性和非周期性复杂波的傅里叶分析方法，并应用于对实际光波场的讨论。

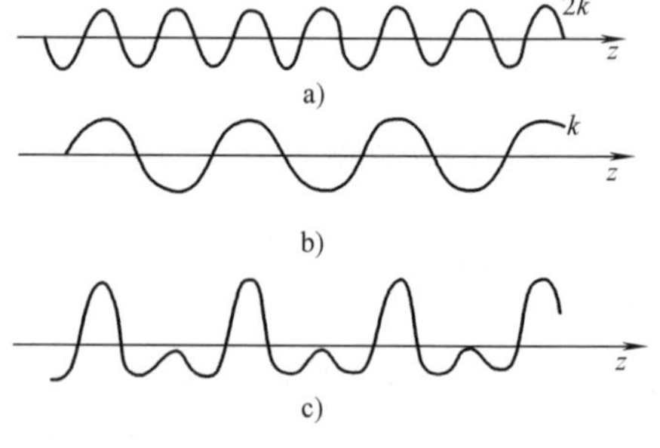

图11-41　两个频率为k和$2k$的单色光波的叠加

一、非简谐周期波的傅里叶级数表示

所谓周期波就是在相邻的相等时间和空间内运动完全重复一次的波。图11-41c所示的复杂波是非简谐波，但是周期波。这类波可以应用数学上的傅里叶级数定理进行分解。傅里叶级数定理表述为：一个空间周期为$\lambda=2\pi/k$的周期函数$f(z)$满足狄里赫利条件［$f(x)$在一周期内只有有限个极值点和第一类不连续点］，则$f(x)$可以用下式的傅里叶级数表示：

$$f(z)=\frac{A_0}{2}+\sum_{n=1}^{\infty}(A_n\cos nkz+B_n\sin nkz) \tag{11-159}$$

式中，A_0、A_n，B_n 称为函数 $f(z)$ 的傅里叶系数，分别为

$$\left.\begin{aligned} A_0 &= \frac{2}{\lambda}\int_0^{\lambda} f(z)\,\mathrm{d}z \\ A_n &= \frac{2}{\lambda}\int_0^{\lambda} f(z)\cos nkz\,\mathrm{d}z \\ B_n &= \frac{2}{\lambda}\int_0^{\lambda} f(z)\sin nkz\,\mathrm{d}z \end{aligned}\right\} \tag{11-160}$$

显然，利用傅里叶级数定理，对于空间角频率为 k 的复杂波 $f(z)$，可以表示成许多空间角频率为 k，$2k$，$3k$，…的不同振幅的单色光波的叠加。A_n，B_n 是某一空间角频率的单色光波的振幅，表示该单色光波在复杂波中所占的比例。因此，给定某一个复杂波的函数形式，对它作傅里叶分析，只需由式（11-160）决定它的各个分波的振幅。

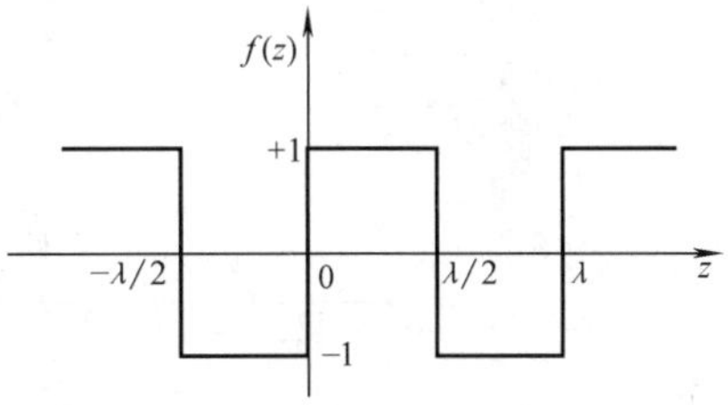

图 11-42　矩形周期波

下面以图 11-42 所示的矩形波为例进行分析，在一个周期$(0,\lambda)$内，矩形周期函数可表示为

$$f(z)=\begin{cases} +1 & 0<z<\lambda/2 \\ -1 & \lambda/2<z<\lambda \end{cases}$$

因为 $f(z)$ 是一奇函数，即 $f(z)=-f(-z)$，因此有 $A_0=0$，$A_n=0$，而

$$\begin{aligned} B_n &= \frac{2}{\lambda}\int_0^{\lambda} f(z)\sin nkz\,\mathrm{d}z \\ &= \frac{2}{\lambda}\int_0^{\lambda/2}(+1)\sin nkz\,\mathrm{d}z+\frac{2}{\lambda}\int_{\lambda/2}^{\lambda}(-1)\sin nkz\,\mathrm{d}z \\ &= \frac{2}{n\pi}(1-\cos n\pi) \end{aligned}$$

将上式展开，得

$$B_1=\frac{4}{\pi},\ B_2=0,\ B_3=\frac{4}{3\pi},\ B_4=0,\ B_5=\frac{4}{5\pi},\ \cdots$$

因此矩形波 $f(z)$ 的傅里叶级数表示式为

$$f(z)=\frac{4}{\pi}\left(\sin kz+\frac{1}{3}\sin 3kz+\frac{1}{5}\sin 5kz+\cdots\right)$$

表示该复杂波包括空间角频率为 k（基频）的基波和 $3k$（三次谐波）、$5k$（五次谐波）等高次谐波［空间频率 m/λ（$m\geqslant 2$）是谐频］。图 11-43 画出了几个分波及叠加的情况，易见，叠加分波数目越多，合成波形状越接近于原矩形波。

通常把各个分波的振幅与相应空间角频率（或空间频率）的关系描绘成图，称此图为空间频谱（振幅频谱）图，用于表示傅里叶分析的结果。画出上述矩形波的频谱图（见图

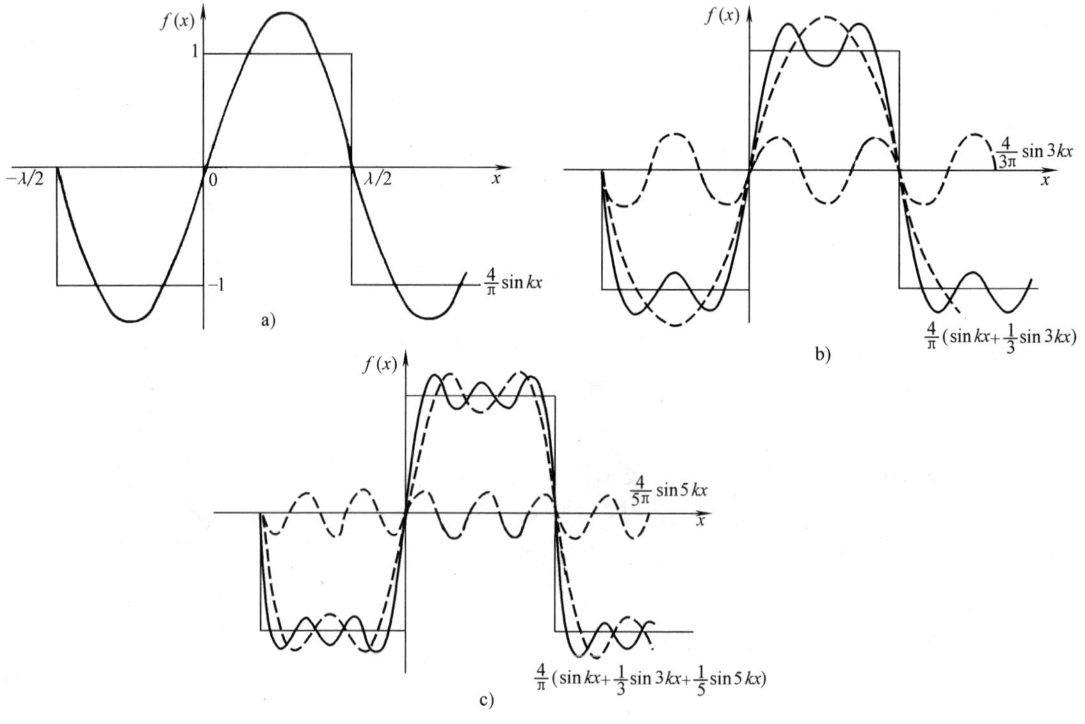

图 11-43 矩形周期波的分析与合成

11-44)，应是一些离散的表示不同振幅值的线。显见，周期性复杂波的频谱是离散频谱，由一系列离散线组成。具有周期分布的信号，例如随时间变化的电信号或者振幅透射系数随空间坐标周期变化的光波等都可以用傅里叶分析方法进行分解，并作出频谱分析。

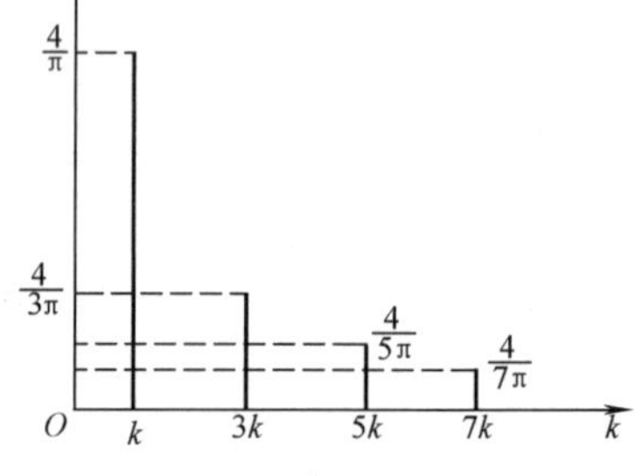

图 11-44 矩形周期波的频谱

傅里叶级数用复数形式表示时可以写为

$$f(z)=\sum_{n=-\infty}^{\infty}C_n\mathrm{e}^{\mathrm{i}nkz} \tag{11-161}$$

其中系数

$$C_n=\frac{1}{\lambda}\int_{-\lambda/2}^{\lambda/2}f(z)\mathrm{e}^{-\mathrm{i}nkz}\mathrm{d}z \quad (n=0,\pm1,\pm2,\cdots) \tag{11-162}$$

这时式(11-161)的每一项都表示一个单色光波，C_n 是该空间角频率光波的振幅，$f(z)$可以看作由许多不同 k 值的单色光波所组成。

二、非周期波的傅里叶积分表示

这类波在空间或时间上并不是无限延续的，一般只限于一定的时间间隔或空间范围内存在。可以将非周期波看成是周期为无穷大的波，然后利用傅里叶积分进行分析。

傅里叶积分定理表述如下：一个非周期函数$f(z)$（视为周期无限大），在 $[-\infty,\infty]$ 上满足狄里赫利条件，且绝对可积，可以用一个傅里叶积分表示为

$$f(z) = \frac{1}{2\pi}\int_{-\infty}^{\infty} A(k)\mathrm{e}^{\mathrm{i}kz}\mathrm{d}k \tag{11-163}$$

其中

$$A(k) = \int_{-\infty}^{\infty} f(z)\mathrm{e}^{-\mathrm{i}kz}\mathrm{d}z \tag{11-164}$$

这里 $\mathrm{e}^{\mathrm{i}kz}$ 表示空间角频率为 k 的单色光波（若 $f(z)$ 是一个复杂波）；$A(k)$ 是相应的振幅，表示这一空间角频率的单色光波在复杂波中的贡献大小。一般称 $A(k)$ 为函数 $f(z)$ 的傅里叶变换（傅里叶频谱），$f(z)$ 为函数 $A(k)$ 的傅里叶逆变换。

由此可知，非周期波 $f(z)$ 可以通过傅里叶积分理解为振幅 $A(k)$ 随空间角频率 k 连续变化的无限多个单色波的叠加。一个复杂波的分解实际上是求它的傅里叶变换，即振幅随空间角频率 k 的分布。

下面以矩形脉冲非周期函数（如矩形脉冲电信号或平面光波通过一细缝后的复振幅分布）为例，求取它的傅里叶变换及频谱图。矩形脉冲函数可表示为（见图 11-45a）

$$f(z) = \begin{cases} 1 & |z| \leqslant a/2 \\ 0 & \text{其他} \end{cases}$$

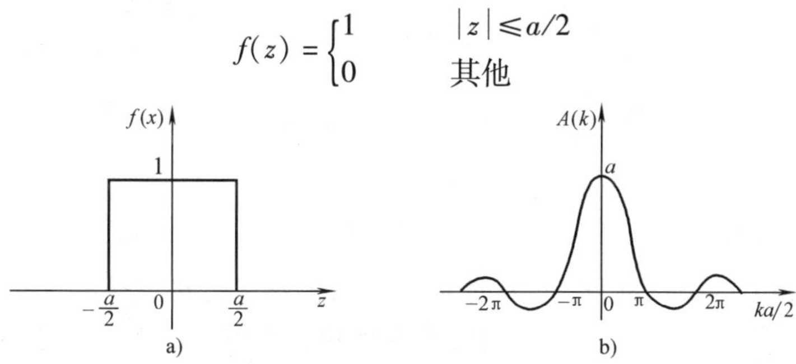

图 11-45　矩形脉冲函数及其频谱
a）矩形脉冲函数　b）频谱图

由式（11-164），它的频谱函数为

$$A(k) = \int_{-\infty}^{\infty} f(z)\mathrm{e}^{-\mathrm{i}kz}\mathrm{d}z = \int_{-a/2}^{a/2} 1 \cdot \mathrm{e}^{-\mathrm{i}kz}\mathrm{d}z = \frac{\sin(ka/2)}{(k/2)} = a\mathrm{sinc}(a/\lambda)$$

式中应用了 $\mathrm{sinc}(x) = \dfrac{\sin\pi x}{\pi x}$，这是光学中常用的一个函数。由图 11-45b 知，矩形脉冲非周期函数的频谱是连续谱。

三、实际光源发出的光波的分析

第一节中曾经指出，实际光源发出的光波不是无限延续的单色光波，而是一个个断续的波列或振幅衰减的光波，可以把这种波列看成发光原子一次辐射发出的波动的近似模型。这里，利用傅里叶分析方法对实际光源发出的波列进行分析，我们将看到，光源辐射的物理过程与光波单色性的密切联系。

考察某一固定时刻实际光源发出的一个波列。假设波列在空间一段距离 $2L$ 内呈简谐分布，其振幅为 A_0，空间角频率为 k_0，取波列长度 $2L$ 的中点为坐标原点（见图 11-46a），它的函数形式为

$$f(z) = \begin{cases} A_0\mathrm{e}^{\mathrm{i}k_0 z} & |z| < L \\ 0 & |z| > L \end{cases} \tag{11-165}$$

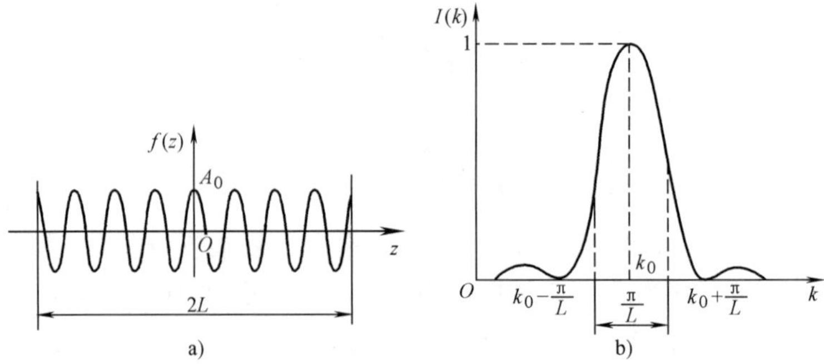

图 11-46 有限长度的单色光

a）波列 b）强度函数

由式(11-164)，它的傅里叶分解的振幅分布（傅里叶频谱）为

$$A(k)=\int_{-\infty}^{\infty}f(z)\mathrm{e}^{-\mathrm{i}kz}\mathrm{d}z=\int_{-L}^{L}A_0\mathrm{e}^{-\mathrm{i}(k-k_0)z}\mathrm{d}z=2A_0L\frac{\sin(k-k_0)L}{(k-k_0)L} \tag{11-166}$$

其空间频谱图是一条连续曲线。由振幅分布函数的平方得到强度分布为（略去常数因子）

$$I(k)=\left[\frac{\sin(k-k_0)L}{(k-k_0)L}\right]^2 \tag{11-167}$$

其分布曲线示于图 11-46b。易见，实际光源发出的光波（波列）不是一个单色光波，除了发出空间角频率为 k_0 的光波以外，还包含有其他角频率取值的无数个分波。同时也看到，存在着一个有效空间频率范围，光源发出的波列的光强度可以近似地视为是这一范围内诸多分波的贡献。取强度的第一对零值对应的频宽的一半，得有效空间角频率范围 Δk 为

$$\Delta k=k-k_0=\pi/L \tag{11-168}$$

因为 $k=2\pi/\lambda$，因此上式也可以用波长范围 $\Delta\lambda$（空间周期为 λ）表示，得

$$\Delta\lambda=\lambda^2/2L \tag{11-169}$$

从上两式可知，波列长度 $2L$ 越长，则波列所包含的单色光波的波长范围 $\Delta\lambda$ 或有效空间角频率范围 Δk 就越窄，实际光源发出的光波的单色性就越好；反之，Δk 就越宽，其单色性就越差；当波列长度等于无穷大时，$\Delta\lambda$ 与 Δk 等于零，就得到单色光波。实际上，由于原子间碰撞，引起发射谱线增宽，大多只能获得准单色光，即波长宽度与中心波长之比 $\Delta\lambda/\lambda\ll 1$ 的光波。

以上在空间域中讨论了空间角频率和空间周期与光波单色性的联系。对于空间固定一点，考虑一定时间内通过此点的波列，可以利用空间坐标与时间坐标之间的对应关系，把波列写成时间坐标的函数，同样可以在时间域中对波列作傅里叶分解，并且会得到类似的结果。若设波列存在的时间为 Δt，则容易证明这个波列所包含的单色光波的时间频率范围 $\Delta\nu=1/\Delta t$。这样当波列长度 $2L$ 越长时，Δt 也越大，易知 $\Delta\nu$ 就越窄，光波的单色性就越好，反之，$\Delta\nu$ 就宽，光波的单色性就越差。显见，Δt 和 $\Delta\nu$ 同样可用于评价光波单色性的好坏。

习　题

1. 一个平面电磁波可以表示为 $E_x=0$，$E_y=2\cos\left[2\pi\times10^{14}\left(\dfrac{z}{c}-t\right)+\dfrac{\pi}{2}\right]$，$E_z=0$，求：（1）该电磁波的频率、波长、振幅和原点的初相位；（2）波的传播方向和电矢量的振动方向；（3）相应的磁场 $\boldsymbol{B}$ 的表达式。

2. 在玻璃中传播的一个线偏振光可以表示为 $E_y=0$，$E_z=0$，$E_x=10^2\cos\pi10^{15}\left(\dfrac{z}{0.65c}-t\right)$，试求：（1）光的频率和波长；（2）玻璃的折射率。

3. 平面电磁波的表示式为 $\boldsymbol{E}=(-2x_0+2\sqrt{3}y_0)\exp[\mathrm{i}(\sqrt{3}x+y+6\times10^8t)]$，试求该平面波的偏振方向，传播方向，传播速度，振幅，波长和频率。

4. 在与一平行光束垂直的方向上插入一透明薄片，薄片厚度 $h=0.01\mathrm{mm}$，折射率 $n=1.5$，若光波的波长为 $\lambda=500\mathrm{nm}$，试计算透明薄片插入前后所引起的光程和相位的变化。

5. 地球表面每平方米接收到来自太阳光的功率约为 1.33kW，试计算投射到地球表面的太阳光的电场强度的大小。假设太阳光发出波长为 $\lambda=600\mathrm{nm}$ 的单色光。

6. 写出平面波 $E=100\exp\{\mathrm{i}[2x+3y+4z)-16\times10^8t]\}$ 的传播方向上的单位矢量 $\boldsymbol{k}_0$。

7. 一束线偏振光以45°角从空气入射到玻璃的界面，线偏振光的电矢量垂直于入射面，试求反射系数和透射系数。设玻璃折射率为1.5。

8. 太阳光（自然光）以60°角入射到窗玻璃（$n=1.5$）上，试求太阳光的透射比。

9. 光波以入射角 θ_1 从折射率为 n_1 介质入射到折射率为 n_2 的介质，在二介质的界面上发生反射和折射（折射角为 θ_2，见图11-47），s 波和 p 波的振幅反射系数和透射系数分别为 r_s，r_p 和 t_s，t_p。若光波从 n_2 介质入射到 n_1 介质（图11-47b 中，入射角为 θ_2，折射角为 θ_1），s 波和 p 波的反射系数和透射系数分别为 r'_s，r'_p 和 t'_s，t'_p，试利用菲涅耳公式证明：（1）$r_s=-r'_s$；（2）$r_p=-r'_p$；（3）$t_st'_s=\tau_s$；（4）$t_pt'_p=\tau_p$。（τ_p 为 p 波的透射比，τ_s 为 s 波的透射比）

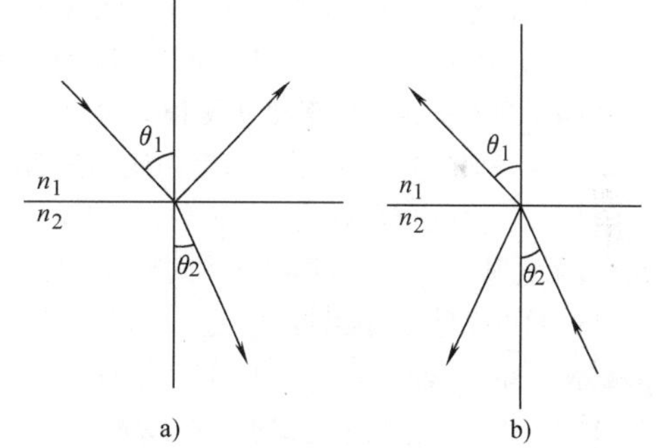

图11-47　习题9图

10. 一束光入射到空气和火石玻璃（$n_1=1.0$，$n_2=1.7$）界面，试问光束以什么角度入射可使 $r_p=0$？

11. 电矢量方向与入射面成45°角的一束线偏振光入射到两介质的界面上，两介质的折射率分别为 $n_1=1$，$n_2=1.5$，问：入射角 $\theta_1=50°$时，反射光电矢量的方位角（与入射面所成的角）为多少？若 $\theta_1=60°$，反射光的方位角又为多少？

12. 光束入射到平行平面玻璃板上，如果在上表面反射时发生全偏振，试证明折射光在下表面反射时亦发生全偏振。

13. 光束垂直入射到45°直角棱镜的一个侧面，并经斜面反射后由第二个侧面射出（见图11-48），若入射光强为 I_0，求从棱镜透过的出射光强 I？设棱镜的折射率为1.52，且不考虑棱镜的吸收。

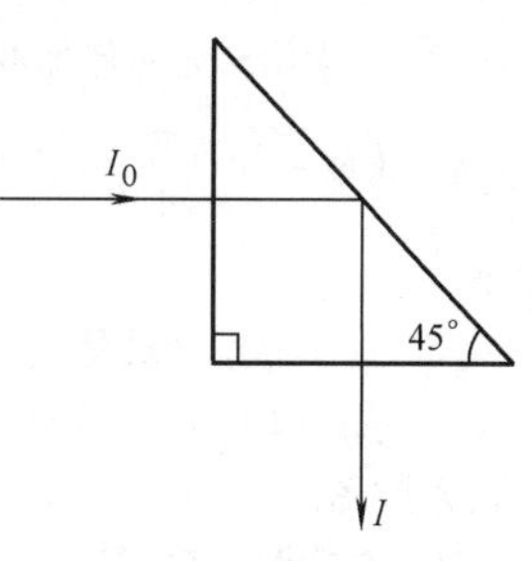

图11-48　习题13图

14. 一个光学系统由两片分离透镜组成，两透镜的折射率分别为1.5和1.7，求此系统的反射光能损失。如透镜表面镀上增透膜，使表面反射比降为0.01，问此系统的光能损失又为多少？设光束以接近正入射通过各反射面。

15. 一半导体砷化镓发光管（见图11-49），管芯 AB 为发光区，其直径

$d\approx 3\text{mm}$。为了避免全反射，发光管上部研磨成半球形，以使内部发的光能够以最大透射比向外输送。要使发光区边缘两点 A 和 B 发的光不发生全反射，半球的半径至少应取多少？（已知对发射的 $\lambda=0.9\mu\text{m}$ 的光，砷化镓的折射率为 3.4）。

图 11-49　习题 15 图

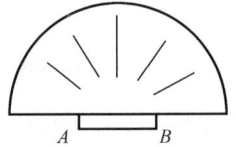

16. 线偏振光在玻璃-空气界面上发生全反射，线偏振光的方位角 $\alpha=45°$，问线偏振光以多大角度入射才能使反射光的 s 波和 p 波的相位差等于 45°，设玻璃折射率 $n=1.5$。

17. 线偏振光在 n_1 和 n_2 介质的界面上发生全反射，线偏振光的方位角 $\alpha=45°$，证明当

$$\cos\theta=\sqrt{\frac{1-n^2}{1+n^2}}$$

时（θ 是入射角），反射光 s 波和 p 波的相位差有最大值。式中 $n=n_2/n_1$。

18. 圆柱形光纤（见图 11-50）其纤芯和包层的折射率分别为 n_1 和 n_2，且 $n_1>n_2$。（1）证明入射光的最大孔径角 $2u$ 满足关系式 $\sin u=\sqrt{n_1^2-n_2^2}$；（2）若 $n_1=1.62$，$n_2=1.52$，求孔径角。

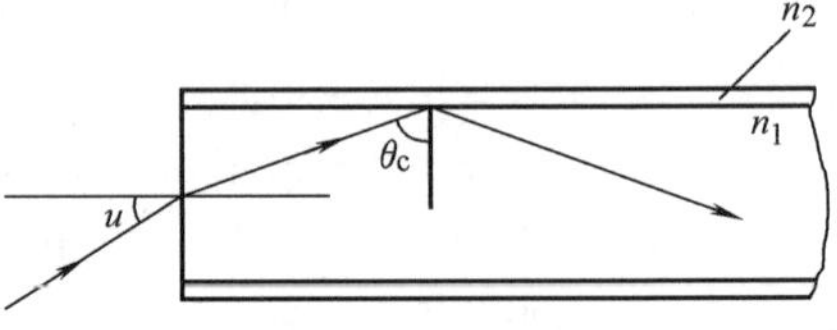

图 11-50　习题 18 图

19. 已知硅试样的相对介电常数 $\dfrac{\varepsilon}{\varepsilon_0}=12$，电导率 $\sigma=2/\Omega\cdot\text{m}$，证明当电磁波的频率 $\nu<10^9\text{Hz}$ 时，硅试样具有良导体作用。计算 $\nu=10^6\text{Hz}$ 时电磁波对这种试样的穿透深度。

20. 铝在 $\lambda=50\text{nm}$ 时，有 $n=1.5$，$n\kappa=3.2$，试求正入射时的反射比和相位变化。

21. 冕牌光学玻璃 K9 在可见光范围内为正常色散，对波长为 435.8nm 的蓝光和波长为 546.1nm 的绿光的折射率分别为 1.52626 和 1.51829，试确定科希公式中的常数 A 和 B，并计算此光学玻璃对波长为 589.3nm 的钠黄光的折射率和色散率 $\mathrm{d}n/\mathrm{d}\lambda$。

22. 在一根长为 32cm 的玻璃管内盛有含烟雾的气体。某波长的光通过后强度减至为入射光的 56%，若将烟雾除去，透射光的强度减至入射光的 88%。若烟雾对该波长的光只散射而无吸收，而气体对该光只有吸收而无散射。试计算含烟雾气体的吸收系数和散射系数。

23. 两束振动方向相同的单色光波在空间某一点产生的光振动分别表示为 $E_1=a_1\cos(\alpha_1-\omega t)$ 和 $E_2=a_2\cos(\alpha_2-\omega t)$，若 $\omega=2\pi\times10^{15}\text{Hz}$，$a_1=6\text{V/m}$，$a_2=8\text{V/m}$，$\alpha_1=0$ 和 $\alpha_2=\pi/2$，求合振动的表示式。

24. 利用波的复数表达式求两个波 $E_1=a\cos(kx+\omega t)$ 和 $E_2=-a\cos(kx-\omega t)$ 的合成波。

25. 设平面波以 θ 角入射到平面反射表面（见图 11-51），且反射面的振幅反射系数 $r=r_0\exp(\mathrm{i}\delta)$，若入射波的振幅为 A，其初相位为 φ，试求入射波与反射比的合成场的表示式，并说明该表示式的含义。

26. N 个频率相同、振动方向相同的光波在空间某点 P 叠加，若 N 个波的振幅都为 A_0，相邻光波间的相位差为 δ，试用相幅矢量加法求取 P 点的光的合强度。

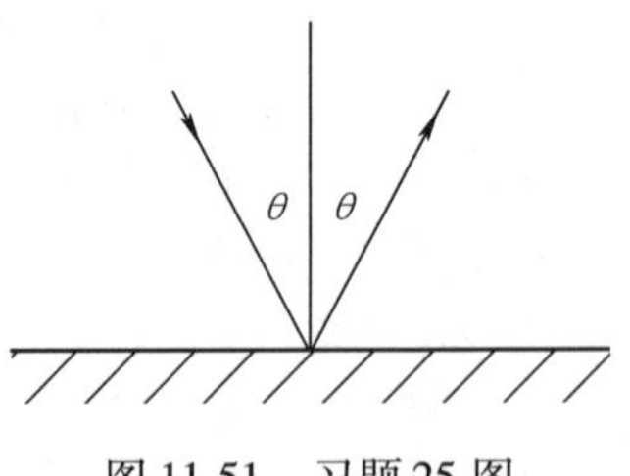

图 11-51　习题 25 图

27. 一束沿 z 方向传播的椭圆偏振光表示为 $E(z,t)=x_0A\cos(kz-\omega t)+y_0A\cos\left(kz-\omega t-\dfrac{\pi}{4}\right)$，试求偏振椭圆的方位角和椭圆长半轴及短半轴大小。

28. 有一菲涅耳棱体（见图 11-23a），其折射率为 1.5，入射线偏振光的电矢量与入射面（即图面）成 45°角，求：（1）菱体的顶角 α 取多大时，从菱体能射出圆偏振光？（2）若菱体的折射率为 1.49，能否产生圆偏振光？

29. 右旋圆偏振光以 50°角入射到空气-玻璃界面（玻璃折射率为 1.5），试决定反射波和透射波的偏振状态。

30. 确定其正交分量由下面两式表示的光波的偏振态：

$$E_x(z,t)=A\cos\omega\left(\frac{z}{c}-t\right),\quad E_y(z,t)=A\cos\left[\omega\left(\frac{z}{c}-t\right)+\frac{5\pi}{4}\right]$$

31. 真空中沿 z 方向传播的两个单色光波为

$$E_1=a\cos2\pi\left(\frac{z}{\lambda}-\nu t\right),\quad E_2=a\cos\left\{2\pi\left[\frac{z}{(\lambda+\Delta\lambda)}-(\nu-\Delta\nu)t\right]\right\}$$

若 $a=100\text{V/m}$，$\nu=6\times10^{14}\text{Hz}$，$\Delta\nu=10^8\text{Hz}$，试求合成波在 $z=0$，$z=1m$ 和 $z=1.5$ 各处的强度随时间的变化关系。若两波频率差 $\Delta\nu=3\times10^8\text{Hz}$，试求合成波振幅变化和强度变化的空间周期。

32. 试计算下列各情况的群速度：(1) $v=\sqrt{\frac{g\lambda}{2\pi}}$（深水波，$g$ 为重力加速度）；(2) $v=\sqrt{\frac{2\pi\sigma}{\rho\lambda}}$（浅水波，$\sigma$ 为表面张力，ρ 为质量密度）。

33. 试求图 11-52 所示的周期性矩形波的傅里叶级数表达式，并绘出其频谱图。

34. 求图 11-53 所示周期性三角波的傅里叶分析表达式，并绘出其频谱图。

35. 试求图 11-54 所示的矩形脉冲的傅里叶变换，并绘出其频谱图。

36. 试求图 11-55 所示三角形脉冲的傅里叶变换。

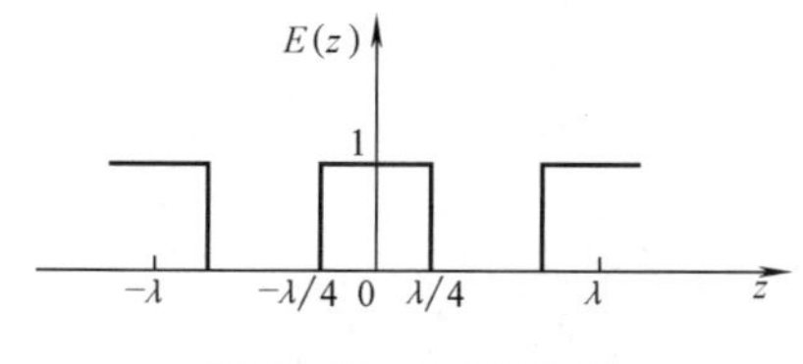

图 11-52　习题 33 图

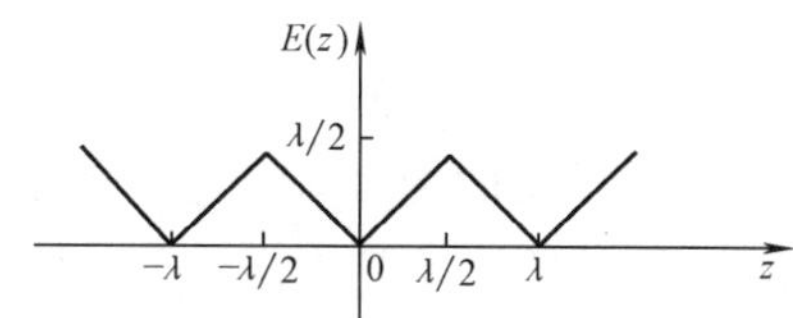

图 11-53　习题 34 图

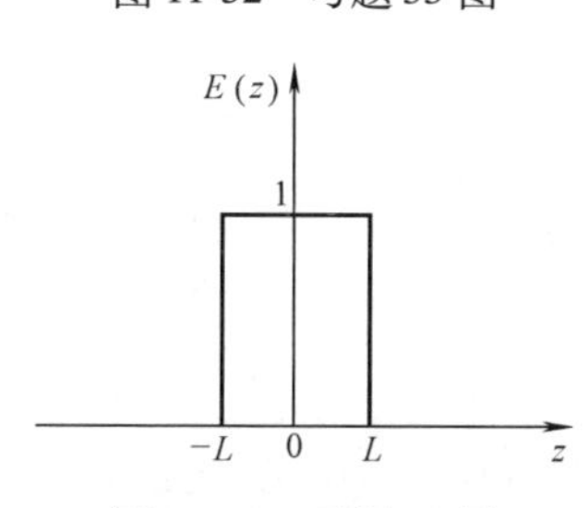

图 11-54　习题 35 图

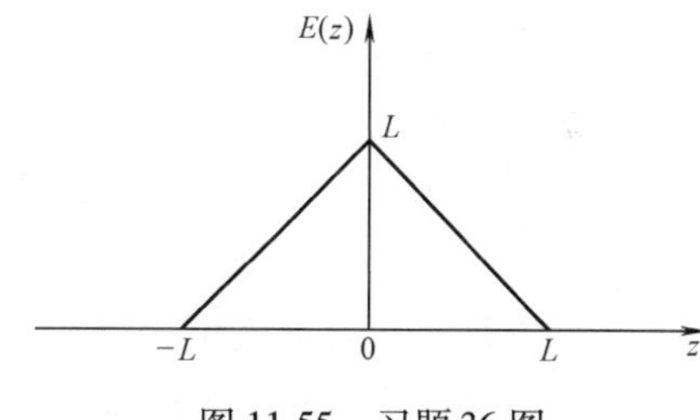

图 11-55　习题 36 图

37. 氪同位素 ^{86}Kr 放电管发出的波长 $\lambda=605.7\text{nm}$ 的红光是单色性很好的光波，其波列长度约为 700mm，试求该光波的波长宽度和频率宽度。

第十二章　光的干涉和干涉系统

光的干涉现象是光的波动性的重要特征。1801 年杨氏(Thomas Young)的双缝实验证明了光可以发生干涉。其后，菲涅耳(A. Fresnel)等人用波动理论很好的说明了干涉现象的各种细节。光的干涉技术在科学技术的许多方面有着广泛的应用。本章讨论光波干涉的条件，分析两类干涉的特点，着重介绍双光束干涉和多光束干涉、典型干涉技术与系统及应用。

第一节　光波干涉的条件

光波服从波的叠加原理，在两个（或多个）光波叠加的区域，某些点的振动始终加强，另一些点的振动始终减弱，该区域内在观察时间里形成稳定的光强强弱分布的现象称为光的干涉现象。但是，并不是任意的两个（或多个）光波的叠加都能形成干涉现象的。本节从矢量波叠加的强度分布，引出光波相干的条件。

讨论如图 12-1 所示的振动方向夹角为 α 的两个矢量波 $\boldsymbol{E}_1$ 和 $\boldsymbol{E}_2$ 的叠加，设

$$\boldsymbol{E}_1(\boldsymbol{r},t)=\boldsymbol{A}_1\exp[\mathrm{i}(\boldsymbol{k}_1\cdot\boldsymbol{r})-\omega_1 t+\delta_1]$$

和 $$\boldsymbol{E}_2(\boldsymbol{r},t)=\boldsymbol{A}_2\exp[\mathrm{i}(\boldsymbol{k}_2\cdot\boldsymbol{r})-\omega_2 t+\delta_2] \tag{12-1}$$

按光波的叠加原理，其合成矢量为

$$\boldsymbol{E}(\boldsymbol{r},t)=\boldsymbol{E}_1(\boldsymbol{r},t)+\boldsymbol{E}_2(\boldsymbol{r},t) \tag{12-2}$$

图 12-1　振动方向成 α 交角的两列光波在 t 时刻到达 p 点的叠加

它的共轭点积的时间平均值

$$I=\langle\boldsymbol{E}\cdot\boldsymbol{E}^*\rangle=\langle[\boldsymbol{E}_1(\boldsymbol{r},t)+\boldsymbol{E}_2(\boldsymbol{r},t)]\cdot[\boldsymbol{E}_1^*(\boldsymbol{r},t)+\boldsymbol{E}_2^*(\boldsymbol{r},t)]\rangle \tag{12-3}$$

表示该矢量场的强度。在第十一章中，我们得到结论：平面波可以直接用其实振幅的平方表示光强，即 $I=A^2$。但是，在求解光场的光强分布时，通常事先并不预知相应的实振幅，而是要通过光波的叠加来求光强。式(12-3)给出了光波的复数矢量场强度的求法，它等效于用列阵表示矢量时（例如第十五章中介绍的 Jones 矩阵），矢量场强度用其转置共轭乘积的时间平均值表示；它还等效于用复数表示的标量场，其共轭乘积的时间平均值表示该场的强度(见习题 12-1。注意：如果用不含时间相位因子的复数或矢量复数表示相应的光波时，时间平均值的演算可以略去)。数学上，一个周期为 T 的时间函数 $f(t)$ 的时间平均 $\langle f(t)\rangle=\lim\limits_{T\to\infty}\dfrac{1}{T}\int_0^T f(t)\,\mathrm{d}t$，物理上意味着接收该物理量的探测器在一个远比周期 T 大得多的时间里测量的（平均）结果。具体到式(12-3)，就是光探测器（人眼也是一种光探测器）测量到的光强大小。

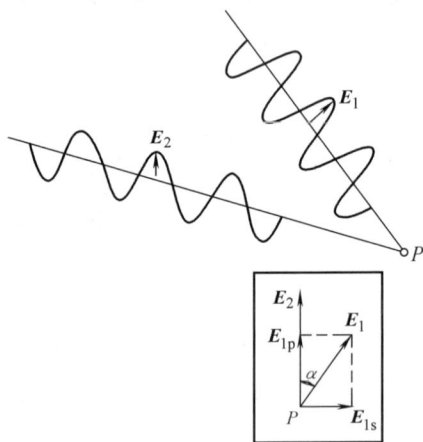

将式(12-3)进一步写为

$$
\begin{aligned}
I &= \boldsymbol{E}_1 \cdot \boldsymbol{E}_1^* + \boldsymbol{E}_2 \cdot \boldsymbol{E}_2^* + \langle \mathrm{Re}\{2\boldsymbol{E}_1 \cdot \boldsymbol{E}_2^*\} \rangle \\
&= A_1^2 + A_2^2 + 2A_1A_2\cos\alpha \langle \cos[(\boldsymbol{k}_1 - \boldsymbol{k}_2) \cdot \boldsymbol{r} + (\delta_1 - \delta_2) - (\omega_1 - \omega_2)t] \rangle \\
&= I_1 + I_2 + I_{12}
\end{aligned} \tag{12-4}
$$

式中 Re{　}表示取复数的实部，其中 $I_1 = A_1^2$，$I_2 = A_2^2$ 以及称为相干项的

$$I_{12} = 2A_1A_2\cos\alpha \langle \cos[(\boldsymbol{k}_1 - \boldsymbol{k}_2) \cdot \boldsymbol{r} + (\delta_1 - \delta_2) - (\omega_1 - \omega_2)t] \rangle \tag{12-5}$$

记

$$\psi = (\boldsymbol{k}_1 - \boldsymbol{k}_2) \cdot \boldsymbol{r} + (\delta_1 - \delta_2) - (\omega_1 - \omega_2)t \tag{12-6}$$

则

$$I_{12} = 2A_1A_2\cos\alpha \langle \cos\psi \rangle = 2\sqrt{I_1I_2}\cos\alpha \langle \cos\psi \rangle \tag{12-7a}$$

从 I 表式可以看出，因为相干项 I_{12} 的存在，该点的合成强度不是简单地等于两光波单独在该点产生的强度之和。容易理解，两列波的叠加能否产生干涉取决于相干项 I_{12} 为零与否。在 $\alpha = 90°$ 即两列波的振动方向互相垂直时，相干项 I_{12} 为零，叠加的强度效果表现为各自光场光强的和，这时两列波叠加但不产生干涉；当两列光波的振动方向相同即 $\alpha = 0$ 时，I_{12} 取得最大值 $2A_1A_2\langle\cos\psi\rangle$。

当 $\alpha \neq 90°$ 时，则要对 $\langle\ \rangle$ 表示的时间平均值作讨论，由式(12-7a)和式(12-6)显见，该平均值取决于 $(\boldsymbol{k}_1 - \boldsymbol{k}_2) \cdot \boldsymbol{r}$，$(\varphi_1 - \varphi_2)$ 和 $(\omega_1 - \omega_2)t$ 三个因素。对于空间确定的考察点第一项是一个常数，后二者则不然。先讨论第三项，假定 $\boldsymbol{E}_1$ 和 $\boldsymbol{E}_2$ 都是理想的单色光波，"理想"意味着谐波在时间和空间上都是无限延伸的。那么两光波在空间确定的某处相位 δ_1 和 δ_2，连同 $(\delta_1 - \delta_2)$ 是恒定的，相干项式(12-5)是对 $(\omega_1 - \omega_2)$ 这个差频谐波求时间平均。粗略点说，只要差频不为零，即 $\omega_1 \neq \omega_2$，整个的时间平均为零，使得总的光场强度为常数而呈现均匀分布，从而不产生干涉现象。只有当 $\omega_1 = \omega_2$，这时 $\psi = (\boldsymbol{k}_1 - \boldsymbol{k}_2) \cdot \boldsymbol{r} + (\delta_1 - \delta_2) - (\omega_1 - \omega_2)t$ 中的时间相位差为零，剩余的相位记为 δ，即

$$\delta = (\boldsymbol{k}_1 - \boldsymbol{k}_2) \cdot \boldsymbol{r} + (\delta_1 - \delta_2)$$

于是在 $\alpha \neq 90°$ 时，式(12-7a)表示的相干项为

$$I_{12} = 2A_1A_2\cos\alpha\cos\delta = 2\sqrt{I_1I_2}\cos\alpha\cos[(\boldsymbol{k}_1 - \boldsymbol{k}_2) \cdot \boldsymbol{r} + (\delta_1 - \delta_2)] \tag{12-7b}$$

则当 $\alpha = 0$ 时，由式(12-7b)，有

$$I = I_1 + I_2 + I_{12} = I_1 + I_2 + 2\sqrt{I_1I_2}\cos\delta = (I_1 + I_2)\left(1 + \frac{2\sqrt{I_1I_2}}{I_1 + I_2}\cos\delta\right) \tag{12-7c}$$

当两束光的振幅相等，即 $A_1 = A_2 = A_0$ 时，记 $I_1 = I_2 = I_0$，式子写成更通用的形式：

$$I = I_1 + I_2 + I_{12} = 2I_0 + 2I_0\cos\delta = 2I_0(1 + \cos\delta) \tag{12-7d}$$

这个式子在满足使用条件情况下可以直接采用。

根据以上讨论，可以得到光波的相干条件为：

（1）频率相同　两光波的频率应该相同，不然，因为两光波频率差引起的随时间的迅速变化而产生的相位差 δ 的变化，将使 I_{12} 等于零。

（2）振动方向相同　干涉项 I_{12} 与 $\boldsymbol{A}_1$，$\boldsymbol{A}_2$ 的标量积有关。如前所述，当两光波的振动方向相互垂直时，则 $\boldsymbol{A}_1 \cdot \boldsymbol{A}_2 = 0$，$I_{12} = 0$，因此不产生干涉现象；当两光波的振动方向相同时，$I_{12} = 2A_1A_2\cos\delta$，类似于标量波的叠加；当两光波振动方向有一定夹角 α 时，$I_{12} = 2A_1A_2\cos\alpha\cos\delta$。这时，相当于一个光波矢量在另一个光波矢量上的分量构成同向振动相干，与之垂直的分量则构成了干涉场的背景光，使干涉条纹的对比度降低。所以，"振动方向相同"这个条件可以推广为"有相同的振动方向分量"。

(3) 相位差恒定　在相位差 δ 表达式中，若 $\boldsymbol{k}_1$、$\boldsymbol{k}_2$ 是两个光波的传播矢量，则两光波在讨论区域内应该相遇，这时相位差应该是坐标的函数。对于确定的点，则要求在观察时间内两光波的相位差($\delta_1-\delta_2$)恒定，此时 δ 保持恒定值，该点的强度稳定。不然，δ 随机变化，在观察时间内，多次经历 0 到 2π 的一切数值，而使 $I_{12}=0$。对于空间不同的点，此时对应着不同的相位差，因而有不同的强度，则在空间形成稳定的强度强弱分布。

光波的频率相同、振动方向相同和相位差恒定是能够产生干涉的必要条件。满足干涉条件的光波称为相干光波，相应的光源称为相干光源。

两个普通的独立光源产生的光波是不能产生干涉的，即使同一光源其不同部位辐射的光波也不能满足干涉的条件。因为实际光源发出的光波是一个个波列，原子这一时刻发出的波列与下一时刻发出的波列，其光波的振动方向和相位都是随机的，不同时刻发出的波列相遇时相位已无固定关系，只有同一原子发出的同一波列相遇才能相干。因此，要获得两个相干光波，必须利用同一发光原子（发光点）发出的光波，通过具体的干涉装置来获得两个相关联的光波，它们相遇时这两列波的频率、振动方向和初相位将随着原光波同步变化，各列光波间仍可能有恒定的相位差，能够产生干涉。它们相遇时同时还必须满足两叠加光波的光程差不超过光波的波列长度这一补充条件。各种光源发出的光波的波列长度并不相同，激光出现以前，最好的单色光波是氪同位素 ^{86}Kr 放电管发出的橙红色光（605.78nm），其波列长度约为 70cm，白光的波列长度仅为几个可见光波长，氦氖激光的波列长度可达 10^7km。

利用以下各节介绍的分波前或分振幅装置，可以由一个(源)光波获得两个或多个（次级）光波，这些次级光波由于来自于同一个光波，具有相同的振动频率和相同的振动方向以及具有确定的初相位差，从而是相干的。典型的例子如本章介绍的杨氏干涉和平板干涉。

简言之，光波的干涉条件是：相同的振动方向，相同的频率，相位差恒定以及由之引出的两束光的光程差必须小于光波的波列长度。

第二节　杨氏干涉实验

杨氏干涉实验是用分波前法产生干涉的最著名实验。通过对这个实验的分析，可以了解分波前干涉的特点，并由之引出一些普适的结论。

一、杨氏干涉条纹的分析

杨氏实验装置如图 12-2 所示，S 是一个受到单色光源照明的小孔，从 S 射出的光波照射屏 A 上对称的小孔 S_1、S_2。由 S_1、S_2 发散出的光波来源于同一光波，因而是相干光波，在距屏 A 为 D 的屏 M 上叠加并形成干涉图样。

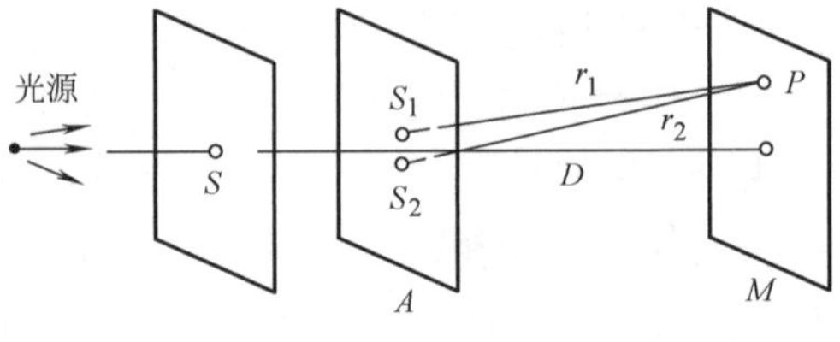

考察屏 M 上某点 P 处的强度分布。由于 S_1、S_2 对称设置，且大小相等，可以认为由 S_1、S_2 发出的两光波在 P 点的光强度相等，即 $I_1=I_2=I_0$，由上一节讨论，则 P 点的干涉条纹强度分布为

图 12-2　杨氏干涉实验装置

$$I=I_1+I_2+2\sqrt{I_1I_2}\cos\delta=4I_0\cos^2\frac{\delta}{2} \tag{12-8}$$

用 $\delta=k(r_2-r_1)=k\Delta$ 代入，得

$$I = 4I_0\cos^2\left[\frac{\pi(r_2 - r_1)}{\lambda}\right] \tag{12-9}$$

表明 P 点的光强 I 取决于两光波在该点的光程差 $\Delta(=r_2 - r_1)$ 或相位差 δ。选用图 12-3 的坐标来确定屏 M 上的光强分布，有

$$r_1 = \overline{S_1P} = \sqrt{\left(x - \frac{d}{2}\right)^2 + y^2 + D^2},\ r_2 = \overline{S_2P} = \sqrt{\left(x + \frac{d}{2}\right)^2 + y^2 + D^2}$$

式中，d 是两相干点光源 S_1，S_2 间的距离，D 是两相干光源到观察屏（干涉场）M 的距离。由上面两式可得 $r_2^2 - r_1^2 = 2xd$，于是

$$\Delta = r_2 - r_1 = \frac{2xd}{r_1 + r_2}$$

实际情况中，$d << D$，若同时 x，$y << D$，则 $r_1 + r_2 \approx 2D$，故

$$\Delta = r_2 - r_1 \approx \frac{xd}{D} \tag{12-10}$$

于是有

$$I = 4I_0\cos^2\left[\frac{\pi xd}{\lambda D}\right] \tag{12-11}$$

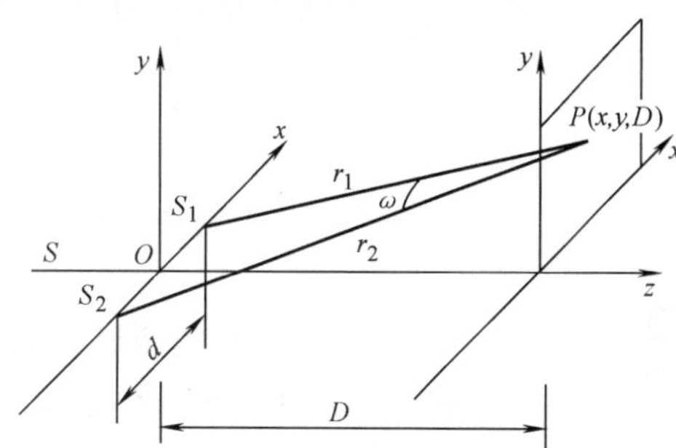

图 12-3 杨氏干涉计算中坐标的选取

上式表明，x 相同的点具有相同的强度，形成同一条干涉条纹。当

$$x = \frac{m\lambda D}{d} \quad (m = 0,\ \pm1,\ \pm2,\ \cdots) \tag{12-12}$$

时，屏 M 上有最大光强 $I = 4I_0$，为亮纹；当

$$x = \left(m + \frac{1}{2}\right)\frac{\lambda D}{d} \quad (m = 0,\ \pm1,\ \pm2,\ \cdots) \tag{12-13}$$

时，屏 M 上光强极小为 $I = 0$，得暗纹。

上述结果表明，屏幕上 z 轴附近的干涉图样由一系列平行等距的明暗直条纹组成，条纹的分布呈余弦平方变化规律，条纹的走向垂直于 S_1、S_2 连线（x 轴）方向（见图 12-4）。

称相邻两个亮条纹或暗条纹之间的距离为条纹间距，由式(12-12)，可得条纹间距

$$e = D\lambda/d \text{ 或 } e = \lambda/(d/D) \tag{12-14}$$

一般地，称到达屏（即干涉场）上某点的两条相干光线间的夹角为相干光束的会聚角，记为 ω。在杨氏干涉装置中，当 $d << D$，且 x，$y << D$ 时，可有 $\omega = d/D$，于是

$$e = \lambda/\omega \tag{12-15}$$

上式表明，条纹间距正比于相干光的波长，反比于相干光束的会聚角，尽管式(12-15)是从杨氏装置导出的，但它是对任何干涉系统都适用的求取干涉条纹间距的普遍关系式。在实际工作中，可以由 λ 和 ω 计算条纹间距。需要指出的是，由于 ω 随干涉场的不同位置而异，因此对于具体的干涉装置，应从干涉光束会聚角的定义出发求取 ω。比如习题 12-2 的菲涅耳双面镜分波面干涉装置。

在干涉仪理论中，常常把观察屏幕，或目镜焦平面以及照相底片等接收干涉条纹所在的平面称为干涉场，本章以后各节的讨论中，将沿用干涉场这个名称。

这里，我们看到了两个肉眼不可见的周期结构（两个正弦光波）的叠加，得到了一个

新的肉眼可见的周期结构（正弦强度分布的图案）。这个干涉装置，如同电子学上的示波器，起了光学示波器的作用。

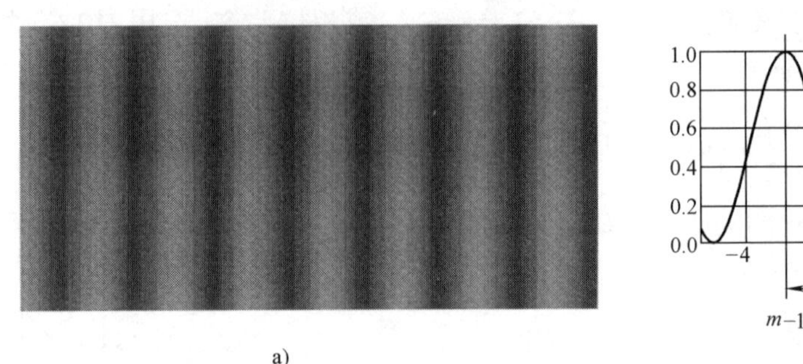

a)

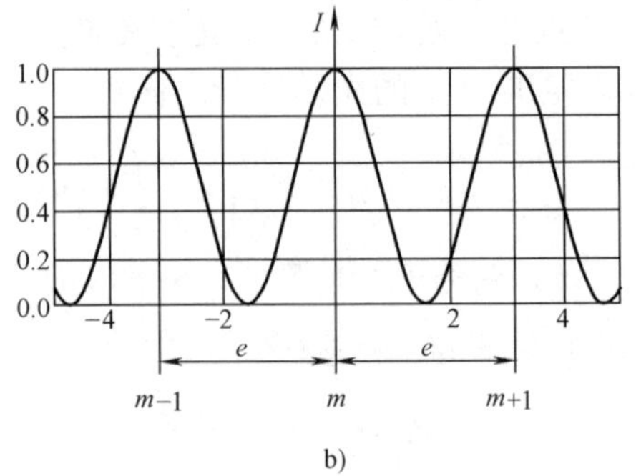

b)

图 12-4 杨氏干涉条纹

a）干涉图样 b）干涉条纹的余弦强度分布

二、两个单色相干点源在空间形成的干涉场

图 12-5 给出一个由相干点源 S_1 和 S_2 在空间形成的干涉场，杨氏干涉系统只是它的一个局部。由前面的分析知道，干涉条纹是空间位置对 S_1、S_2 等光程差的轨迹。由 S_1、S_2 在 xOz 平面中形成的干涉条纹，显然是距 S_1 和 S_2 等光程差点的集合，这是一簇以 S_1 和 S_2 为焦点的双曲面，在 xyz-O 三维空间，等光程差轨迹则是该簇双叶双曲线绕 S_1、S_2 连线回转的双曲面簇。某个观察屏上的干涉条纹，相当于屏平面与双曲面簇的交线。容易分析和理解，在 S_1 和 S_2 连线的垂直平面上，得到的交线形成圆环形条纹，而在 S_1、S_2 连线的等分线的远方，得到的是杨氏干涉的等距直条纹，在其他平面上得到双曲线状条纹。

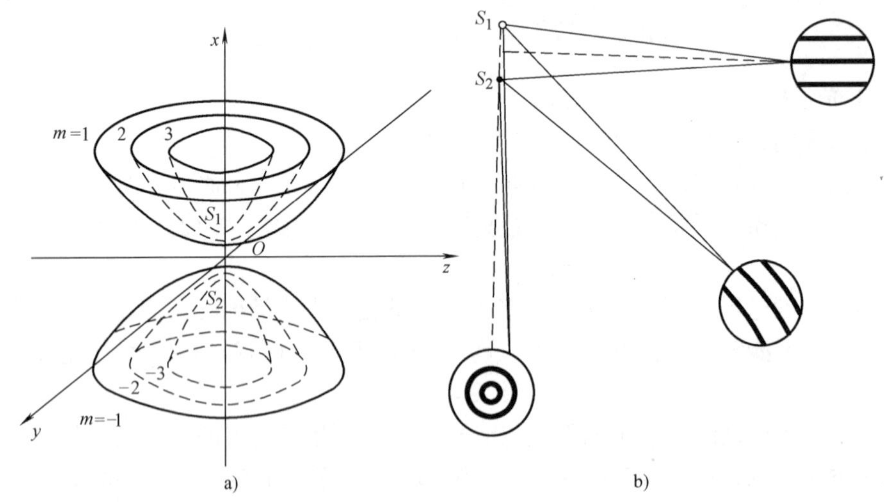

图 12-5 两相干点源的干涉场

a）等光程差面 b）不同位置的条纹形状

第三节 干涉条纹的可见度

这一节先对这个称为干涉条纹可见度的参数作定量的介绍，随后讨论影响干涉条纹可见

度的因素。

一、干涉条纹可见度的定义

干涉场某点附近干涉条纹的可见度定义为

$$K=(I_M-I_m)/(I_M+I_m) \tag{12-16}$$

它表征了干涉场中某处条纹亮暗反差的程度。式中 I_M 和 I_m 分别是所考察位置附近的最大光强和最小光强,由双光束干涉的强度分布公式(12-8)及其相关式子可得

$$I=(I_1+I_2)\left(1+\frac{2\sqrt{I_1I_2}}{I_1+I_2}\cos\delta\right) \tag{12-17}$$

而由 K 的定义式可求得

$$K=(I_M-I_m)/(I_M+I_m)=2\sqrt{I_1I_2}/(I_1+I_2) \tag{12-18}$$

所以

$$I=(I_1+I_2)(1+K\cos\delta) \tag{12-19a}$$

由上式可知，在求得余弦光强的分布式之后，将其常数项（直流分量）归化为1，余弦变化部分的振幅（或称调制度）即是条纹的可见度。

影响干涉条纹可见度的主要因素是两相干光束的振幅比、光源的大小和光源的非单色性。

二、影响条纹可见度的因素

（一）两相干光束振幅比的影响

由式（12-18）可得

$$K=\frac{2\sqrt{I_1I_2}}{I_1+I_2}=\frac{2(A_1/A_2)}{1+(A_1/A_2)^2} \tag{12-20}$$

表明两相干光的振幅比对于干涉条纹的可见度有影响，当 $A_1=A_2$ 时，$K=1$；$A_1\neq A_2$ 时，$K<1$。两光波振幅差越大，K 越小。设计干涉系统时应尽可能使 $K=1$，以获得最大的条纹可见度。

（二）光源大小的影响和空间相干性

实际光源总有一定的大小，通常称之为扩展光源。这时，光源可以看作是许多不相干点源的集合。在干涉仪器中，扩展光源上的每一点源通过干涉系统形成各自的一组余弦条纹，在屏幕上再由许多组的余弦条纹作强度叠加，总的强度分布如图12-6所示。由图可见，叠加后干涉条纹的可见度下降。

1. 条纹可见度随光源大小的变化　设想将宽度为 b，光强为 I_0 的扩展光源分成许多宽度为 dx'、相等强度为 $i_0=\frac{I_0}{b}$的元光源（见图12-7），每一元光源到达干涉场的强度为 i_0dx'。则位于宽度为 b 的扩展光源 $S'S''$上 c 点处的元光源，在屏平面 x 上的 P 点形成干涉条纹的强度为

$$dI=2i_0dx'[1+\cos k(\Delta'+\Delta)] \tag{12-21}$$

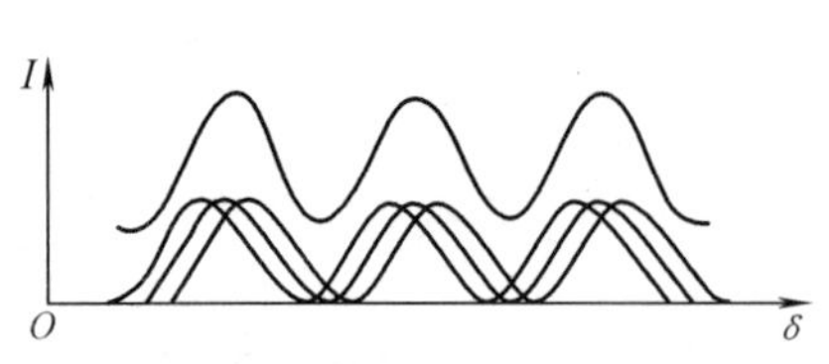

图 12-6 多组条纹的叠加

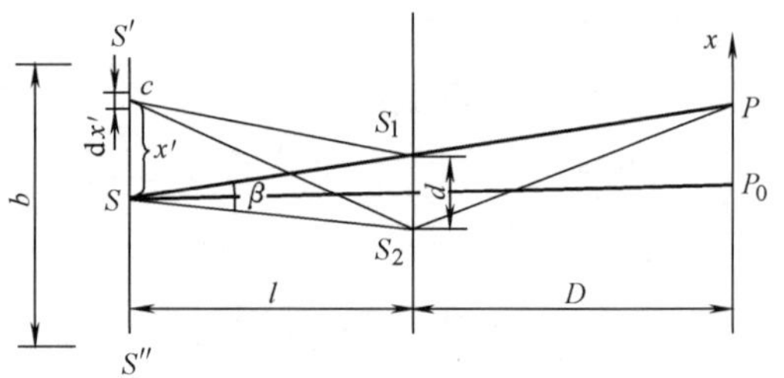

图 12-7 把扩展光源分成许多元光源

其中 Δ' 和 Δ 分别是从 c 点到 P 点的一对相干光在干涉系统左右方的光程差。类似于上节中求解关系式 $\Delta=\dfrac{xd}{D}$，容易求得 $\Delta'=\dfrac{x'd}{l}$ 或 $\Delta'=\beta x'$，其中记 $\beta=d/l$。β 称为干涉孔径角，即到达干涉场某点的两条相干光束相应于从实际光源发出时的夹角。于是，宽度为 b 的整个光源在 x 平面 P 点处的光强为

$$I=\int_{-b/2}^{b/2}2i_0\left[1+\cos\frac{2\pi}{\lambda}\left(\frac{d}{l}x'+\frac{d}{D}x\right)\right]\mathrm{d}x'=2i_0b+2i_0\frac{\sin\pi b\beta/\lambda}{\pi\beta/\lambda}\cos\left(\frac{2\pi}{\lambda}\frac{d}{D}x\right)$$

$$=2I_0\left[1+\frac{\sin\pi b\beta/\lambda}{\pi b\beta/\lambda}\cos\left(\frac{2\pi}{\lambda}\frac{d}{D}x\right)\right]\tag{12-22}$$

显然，式(12-22)中的 $\dfrac{\sin\pi b\beta/\lambda}{\pi b\beta/\lambda}$ 就是干涉条纹的可见度，写成

$$K=\left|\frac{\lambda}{\pi b\beta}\sin\frac{\pi b\beta}{\lambda}\right|\tag{12-23}$$

K 随 b 的变化如图 12-8 所示，第一个 $K=0$ 值对应 $b=\lambda/\beta$，称条纹可见度为零时的光源宽度为光源的临界宽度，记为 b_c，关系式 $b_c=\lambda/\beta$ 是求解干涉系统中光源的临界宽度的普遍公式。实际工作中，为了能够较清晰地观察到干涉条纹，通常取该值的 1/4 作为光源的允许宽度 b_p，这时条纹可见度为 $K=0.9$，有

$$b_p=b_c/4=\lambda/(4\beta)\tag{12-24}$$

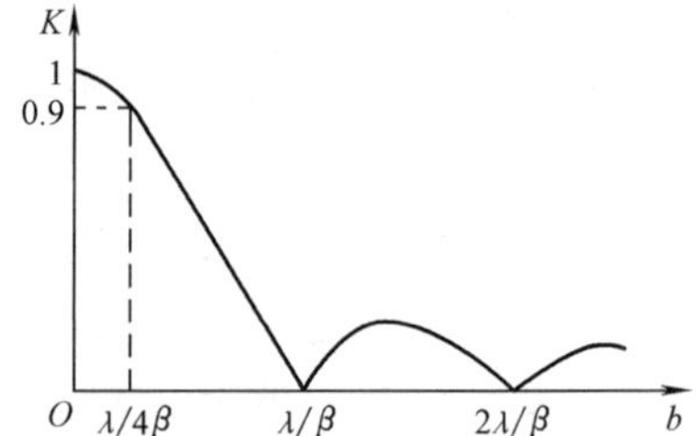

图 12-8 条纹可见度随光源宽度的变化

2. 空间相干性 由式 $b_c\beta=\lambda$，可知光源大小与相干空间（这里用干涉孔径角表示）成反比关系。给定一个光源尺寸，就限制着一个相干空间，这就是空间相干性问题。也就是说，若通过光波场横方向上两点的光在空间相遇时能够发生干涉，则称通过空间这两点的光具有空间相干性。如图 12-9 所示，对于大小为 b 的光源，相应地有一干涉孔径角 β，在此 β 所限定的空间范围内，在垂直于光传播方向的横方向上，任意取两点 S_1 和 S_2，它们作为被光源照明的两个次级点光源，发出的光波是相干的；而同样由光源照明的 S_1' 和 S_2' 次光源发出的光，因其不在 β 角的范围内，其发出的光波是不相干的。而在阴影线（假设为临界角的1/4）内的两个次级点光源，其形成的干涉条纹有很好的对比度。

对于如图 12-10 所示的干涉系统，在 S_1 和 S_2 的中心 O 处向临界宽度为 b_c 的光源两端引张角 θ_1，向干涉场的一个条纹间距的两端引张角 θ_2，由

$$b_c/l=\theta_1,\ e/D=\theta_2$$

联系
$$e=\lambda/\omega \text{ 和 } b_c=\lambda/\beta$$

则有
$$b_c\beta=e\omega=d\theta=\lambda \tag{12-25}$$

其中 $\theta_1=\theta_2=\theta$。式(12-25)是这类干涉系统的不变量。对于某一干涉系统，如果空间横方向上两点的间距 d 由小变大，则观察到的条纹可见度由大变小，在改变 d 的过程中，一旦条纹消失，干涉系统不变量得到满足。这个结果在迈克耳逊测星干涉仪中得到很好的应用。

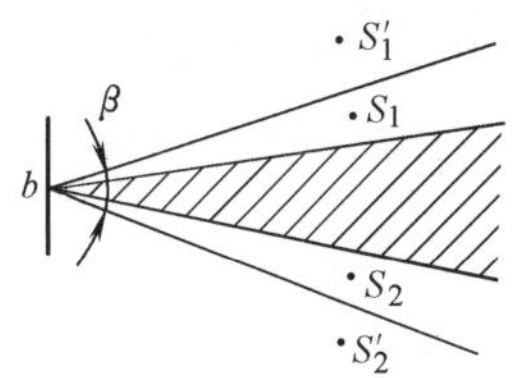

图 12-9　空间相干性

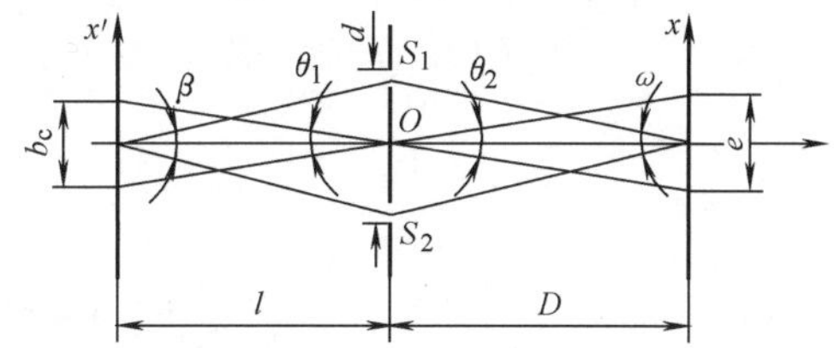

图 12-10　干涉系统不变性

图 12-11 所示是迈克耳逊测星干涉仪系统图，其中 L 是望远物镜，D_1 和 D_2 是两个光阑的阑孔中心，M_1、M_2、M_3 和 M_4 是反射镜，M_1 和 M_2 可以沿 D_1D_2 连线方向精密移动；M_3 和 M_4 是定镜，进入望远镜的两束光在其焦面上相干，形成类似杨氏干涉的条纹。$\overline{M_1M_2}$是可拉开很大间距的类似杨氏干涉装置的双孔距离 d，星体大小的一维尺寸 b 相当于一个扩展光源。测量星体角直径的方法是改变 M_1 与 M_2 之间的距离 d，观察什么时候条纹消失，此时角直径 θ 满足干涉仪不变量，即 $\theta d=\lambda$。此时只要测得 d，即可计算出星体角直径 θ。

我们以一维做例子讨论了测星干涉仪。考虑到空间的情况，具体数值有所不同。此时，部分相干性理论给出的结果是 $d\theta=1.22\lambda$。迈克耳逊在测量星体参数时，在 $\lambda=570\text{nm}$ 情况下，测得 $d=3.07\text{m}$（121in），求得这个星体的角直径 $\theta=0.047''$。

（三）光源非单色性的影响和时间相干性

1. 光源非单色性的影响　实际使用的单色光源都有一定的光谱宽度 $\Delta\lambda$，这就会影响条纹的可见度。因为条纹间距与波长有关，$\Delta\lambda$ 范围内的每条谱线都各自形成一组干涉条纹，且除零级以外，相互有偏移，各组条纹重叠的结果使得条纹可见度下降（见图 12-12）。

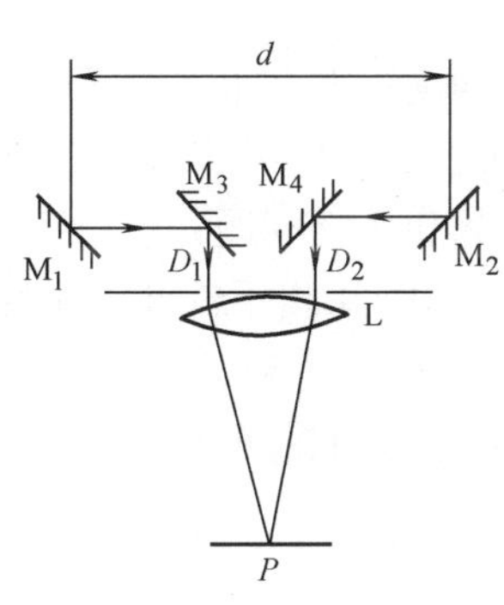

图 12-11　迈克耳逊测星干涉仪

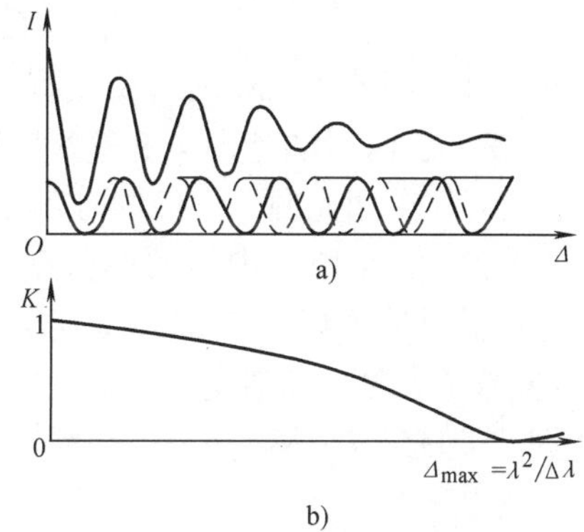

图 12-12　光源非单色性对条纹的影响
a）强度分布曲线　b）可见度曲线

以下对带宽为 Δk 的矩形分布的光谱结构求解干涉条纹可见度与光谱带宽的关系。为方便计，用波数 k 表示。

设位于波数 k_0 处的元谱线 $\mathrm{d}k$ 的强度为 $i_0(\mathrm{d}k)$，i_0 为光强的光谱分布（谱密度），在此为常数。由前讨论可知元谱线（$\mathrm{d}k$）在干涉场中产生的光强分布为

$$\mathrm{d}I = 2i_0\mathrm{d}k(1+\cos k\Delta)$$

则所有的谱线在干涉场中产生的光强分布为

$$I = \int_{k_0-\frac{\Delta k}{2}}^{k_0+\frac{\Delta k}{2}} 2i_0(1+\cos k\Delta)\mathrm{d}k = 2i_0(\Delta k)\left(1+\frac{\sin\left((\Delta k)\cdot\frac{\Delta}{2}\right)}{(\Delta k)\cdot\frac{\Delta}{2}}\cos(k_0\Delta)\right) \tag{12-26}$$

于是有

$$K = \left|\frac{\sin[(\Delta k)\cdot\Delta/2]}{(\Delta k)\cdot\Delta/2}\right| \tag{12-27}$$

K 随 Δ 的变化示于图 12-12b。当（Δk）$\cdot\Delta/2=\pi$ 时，求得第一个 $K=0$ 对应的光程差值

$$\Delta_{\max} = \frac{2\pi}{(\Delta k)} = \frac{\lambda_1\lambda_2}{(\Delta\lambda)} \approx \frac{\lambda^2}{(\Delta\lambda)} \tag{12-28}$$

这时的 Δ 就是对应于光谱宽度为$(\Delta\lambda)$(或(Δk))的光源能够产生干涉的最大光程差，即相干长度。可见，它与波列长度相一致。

2. 时间相干性 光波在一定的光程差下能够发生干涉的事实表现了光波的时间相干性。我们把光通过相干长度所需的时间称为相干时间。显然，若同一光源在相干时间(Δt)内不同时刻发出的光，经过不同的路径相遇时能够产生干涉，则称光的这种相干性为时间相干性。它对应于光波场纵方向上空间两点的相位关联。相干时间(Δt)是光的时间相干性的量度，它决定于光波的光谱宽度。显然，由式(12-28)得

$$\Delta_{\max} = c(\Delta t) = \lambda^2/(\Delta\lambda) \tag{12-29}$$

由波长 λ 与频率 ν 之间的关系 $\lambda\nu=c$，可以得到波长宽度$(\Delta\lambda)$与频率宽度$(\Delta\nu)$的关系

$$(\Delta\lambda)/\lambda = (\Delta\nu)/\nu$$

将上式代入式(12-28)，得到

$$(\Delta t)(\Delta\nu) = 1 \tag{12-30}$$

上式表明$(\Delta\nu)$(频率带宽)越小，(Δt)越大，光的时间相干性越好。所以相干长度长（或波列长度长），光谱带宽小，其单色性好，这些都是时间相干性好的同义语（参见第十一章讨论）。

通常，对于普通光源，一般同时存在空间相干性和时间相干性问题，应当注意光源大小和光源非单色性的影响。理想的单色点光源是相干光源，其时间相干性和空间相干性都很好。激光是相干性很好的光源，特别是对于单纵模激光，安排实验时只需注意偏振方向（对于偏振激光光源）和两支光的强度相等，都能得到可见度很好的干涉条纹。

至此，我们在本节第一小节中得到

$$I = I_1+I_2+I_{12} = I_1+I_2+2\sqrt{I_1I_2}\cos\delta = (I_1+I_2)\left(1+\frac{2\sqrt{I_1I_2}}{I_1+I_2}\cos\delta\right)$$

即式(12-17)和可见度的定义

$$K = \frac{2\sqrt{I_1I_2}}{I_1+I_2}$$

即式（12-18）。

在第二小节中，讨论过 $I_1 = I_2$ 时可见度为 $K = 1$，得到了可见度很好的干涉场。可是在讨论光源的大小和单色性时，即使 $A_1 = A_2$，却仍旧遇到空间相干性和时间相干性问题，遇到干涉条纹的可见度不为 1 的情况，问题出在第一节中对 $<\cos\psi>$ 这个时间平均的讨论不严格，这个问题的更普遍和深入讨论，属于光的部分相干性的内容。在部分相干性理论中，这个时间平均用一种叫做相干函数的方法来处理，即使对于 $A_1 = A_2$，仍旧能得到形式上类似而内容上丰富得多的结果，为区别起见，记为

$$I = 2I_0(1 + V\cos\delta) \tag{12-19b}$$

其中 $0 \leqslant V \leqslant 1$。当 $V = 1$ 时，叫做完全相干；当 $0 < V < 1$ 时，叫做部分相干；当 $V = 0$ 时，叫做完全不相干。关于部分相干的内容可参见顾德门的《统计光学》。

第四节　平板的双光束干涉

在第二节中讨论了分波前的干涉，对于这类干涉，由于空间相干性的限制（即分波前干涉法的干涉孔径角 β 总有一定大小，而且有 $\beta b \leqslant \lambda$ 条件），只能使用有限大小的光源，这在实际应用中往往不能够满足对条纹亮度的要求（激光光源除外）。为了使用扩展光源，必须实现 $\beta = 0$ 的干涉，这是本节要讨论的平板的分振幅干涉。它利用平板的两个表面对入射光的反射和透射，使入射光的振幅分解成两部分，这两部分光波相遇产生干涉，而它们在实际光源处的夹角满足 $\beta = 0$ 的条件，这样使得在使用扩展光源的同时，可保持有清晰的条纹，解决了分波前干涉中发生的条纹的亮度与条纹可见度的矛盾。

一、干涉条纹的定域

如前所述，两个单色相干点源在空间任意一点相遇，总有一个确定的光程差，从而产生一定的强度分布，并都能观察到清晰的干涉条纹，这种干涉称为非定域干涉。在扩展光源的情况下，在空间任意一点，由光源上不同点源发出到达该点的产生双光束干涉的两支相干光的光程差不同，从而在该点引入了光程差变化 $\delta\Delta$。第三节中关于空间相干性对于 b 或者 β 的讨论，可以等效为扩展光源线度的两个端点对干涉场造成的 $\delta\Delta$ 的讨论，容易证明，式（12-24）等效于 $\delta\Delta < \lambda/4$。于是，在 $\delta\Delta \geqslant \lambda/4$ 的那些区域，条纹可见度下降，观察不到清晰的干涉条纹；而在 $\delta\Delta < \lambda/4$ 的那些区域，尽管采用了扩展光源，条纹仍保持有高的可见度。这样，就解决了条纹亮度与可见度间的矛盾。能够得到清晰条纹的区域称为定域区（该区域若对应平面或曲面则称为定域面）。可见，定域干涉是和扩展光源的使用联系在一起的，它本质上是一个空间相干性的问题。由于分振幅干涉是实现 $\beta = 0$ 的干涉，因此，条纹的定域区可以根据在照明场中对应于 $\beta = 0$ 的光线通过干涉系统后在干涉场中的交点的轨迹来确定。

二、平行平板产生的等倾干涉

图 12-13 给出利用平行平板获得的分振幅干涉。扩展光源上一点 S 发出的一束光经平行平板的上、下表面的反射和折射后，在透镜后焦面 P 点相遇产生干涉。由于在照明空间，两支相干光来自于同一光线

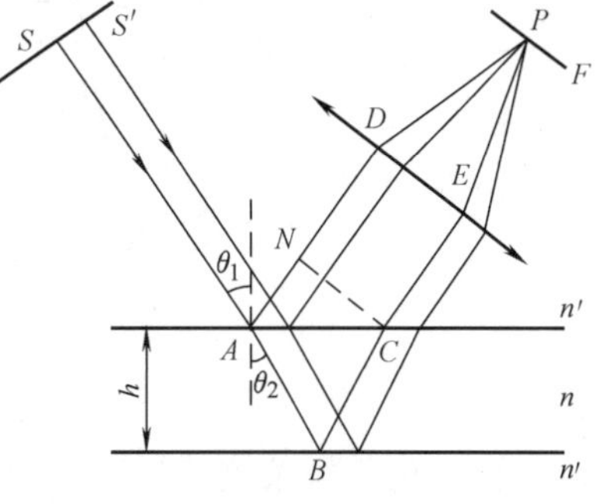

图 12-13　平行平板的分振幅干涉

SA，因此其干涉孔径角 $\beta=0$。在干涉场，对应的两支相干光会聚在透镜的焦平面 F 上，于是 F 面为条纹的定域面。P 点处的强度为

$$I(P)=I_1+I_2+2\sqrt{I_1I_2}\cos k\Delta \tag{12-31}$$

式中，I_1 和 I_2 是两支相干光各自在 P 点产生的强度；Δ 是两支相干光在 P 点的光程差，由图 12-13 可得出

$$\Delta=n(AB+BC)-n'AN$$

式中，n 和 n'分别是平板折射率和周围介质的折射率；N 是从 C 点向 AD 所引垂线的垂足。自 N、C 点到透镜焦面 P 点的光程相等。

利用几何关系和折射定律得到

$$\Delta=2nh\cos\theta_2 \text{ 或 } \Delta=2h\sqrt{n^2-n'^2\sin^2\theta_1} \tag{12-32}$$

由于周围介质折射率一致，所以两个表面的反射光中有一支光发生“半波损失”，应当再考虑由反射引起的附加光程差 $\lambda/2$，此时

$$\Delta=2nh\cos\theta_2+\frac{\lambda}{2} \tag{12-33}$$

值得指出的是，在平行平板的干涉中，光程差只取决于折射角 θ_2，相同 θ_2（从而有相同入射角 θ_1）的入射光构成同一条纹，故称等倾条纹。扩展光源上不同点 S'发出的同倾角的光线，经平行平板分光后具有相同的光程差也到达 P 点。所以 P 处的不同组条纹没有位移，这就既保持了条纹的很好的可见度，又因为使用扩展光源而大大增加了条纹亮度。

产生等倾圆条纹的装置如图 12-14 所示。图中透镜的焦平面与平行平板的平面平行，垂直于平板的方向上，等倾条纹是一组同心圆环，圆心位于透镜的焦点。用图 12-13 的分析方法，不难判断图 12-14 中所标各光线的走向。

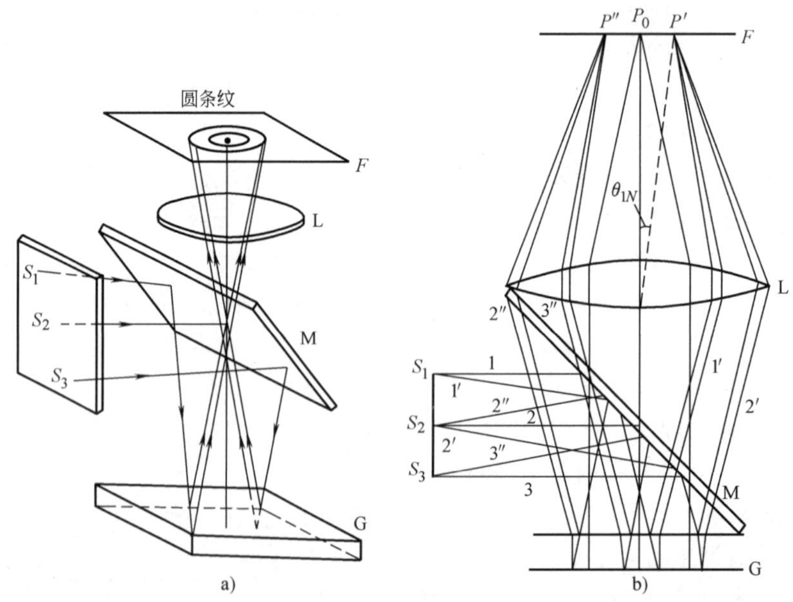

图 12-14 产生等倾条纹的装置

下面讨论等倾条纹的角半径和角间距。由式(12-33)可知，光程差越大，对应的条纹干涉级次越高。因此等倾圆条纹在中心（$\theta_2=0$）处具有最高干涉级。设条纹中心的干涉级为

m_0，则

$$2nh+\frac{\lambda}{2}=m_0\lambda \tag{12-34}$$

m_0 一般不一定是整数（即中心不一定是最亮点），它可以写成

$$m_0=m_1+q$$

式中，m_1 是最靠近中心的亮条纹的整数干涉级，q 是小于 1 的分数，从中心向外数，第 N 个亮条纹的干涉级表示为$[m_1-(N-1)]$，其角半径记为 θ_{1N}（条纹半径对透镜中心的张角），与其相应的 θ_{2N}满足

$$2nh\cos\theta_{2N}+\frac{\lambda}{2}=[m_1-(N-1)]\lambda \tag{12-35}$$

将式(12-35)与式(12-34)相减得

$$2nh(1-\cos\theta_{2N})=(N-1+q)\lambda$$

通常 θ_{1N}和 θ_{2N}都很小，利用 $n'\sin\theta_{1N}=n\sin\theta_{2N}$，$n\approx n'\theta_{1N}/\theta_{2N}$及 $1-\cos\theta_{2N}\approx\frac{\theta_{2N}^2}{2}\approx\frac{1}{2}\left(\frac{n'\theta_{1N}}{n}\right)^2$，则求得

$$\theta_{1N}\approx\frac{1}{n'}\sqrt{\frac{n\lambda}{h}}\sqrt{N-1+q} \tag{12-36}$$

上式表明平板厚度 h 越大，条纹角半径 θ_{1N}就越小。对式（12-33）微分，可得

$$-2nh\sin\theta_2\mathrm{d}\theta_2=\lambda\mathrm{d}m$$

令 $\mathrm{d}m=1$，对应的 $\mathrm{d}\theta_2$ 记作 $\Delta\theta_2$，并应用折射定律，同样作小角度近似，得到条纹的角间距（相邻条纹对透镜中心的张角之差）为

$$\Delta\theta_1=\frac{n\lambda}{2n'^2\theta_1 h} \tag{12-37}$$

易知，$\Delta\theta_1$ 反比于 θ_1，表明靠近中心的条纹较疏，离中心越远条纹越密，呈里疏外密分布。$\Delta\theta_1$ 正比于 $1/h$，即平板越厚条纹也越密。

最后考察透射光产生的等倾条纹，由图 12-15 可知，在反射方向的两支光具有近乎相等的振幅，其干涉条纹有很好的可见度。而透射方向两支相干光的强度相差悬殊，所以其干涉

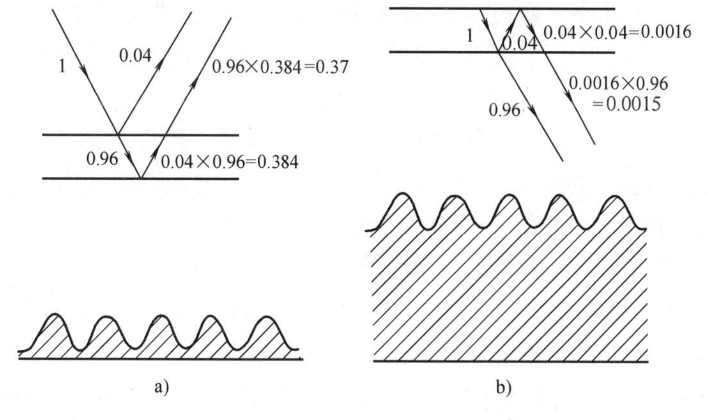

图 12-15　平行平板干涉的反射光条纹和透射光条纹
a）反射光干涉及条纹对比度　b）透射光干涉及条纹对比度

条纹的可见度低。透射光干涉的另一特点是两相干光波的附加光程差等于零，所以对应于某一入射角的反射光干涉条纹为亮纹时，透射光干涉条纹为暗纹。这种情况称为反射条纹与透射条纹互补。所以一般平板的反射率较低的情况下，利用反射光干涉条纹，而不是利用透射光干涉条纹。

三、楔形平板产生的等厚干涉

两个不平行平面的分振幅干涉，称为楔形平板的干涉。它同样有定域干涉与非定域干涉问题，在使用扩展光源的情况下，同样要产生定域干涉，其定域面的求法以及定域区的深度都较等倾干涉复杂。

（一）定域面和定域深度

楔形平板干涉条纹定域面的位置，也是由 $\beta=0$ 的条件确定的，由于平板的两个表面之间有一夹角，定域面与楔板相对于扩展光源的位置有关。图 12-16 给出了三种不同的相对位置时的定域面的作图求法。由图可见，当光源在楔形板的正上方时，定域面在楔板内。楔板的楔角越小，定域面离板越远，楔板成为平行板时，定域面过渡到无穷远。楔板的厚度越小，定域面越接近于板的表面，平时在油膜上看到的彩色条纹就是这种干涉的例子。对于较厚的楔板，如果光束倾斜入射，定域面离板面较远，不太容易进行条纹的观察。这时，大多选用图 12-16b 的情况，即平行光垂直入射在楔板上的情况，以便观察和测试。

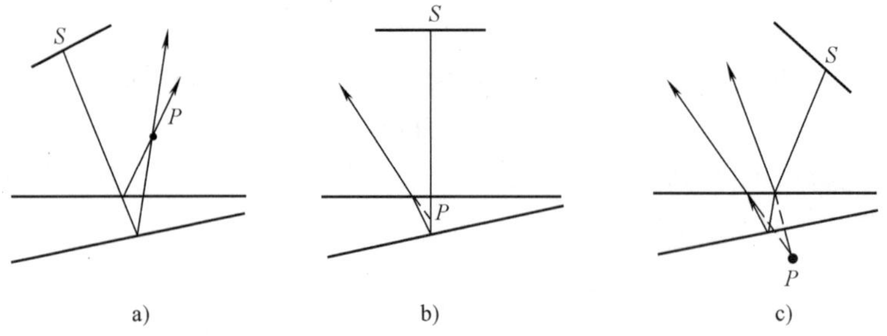

图 12-16 用扩展光源时楔形平板产生的定域条纹

a）定域面在板上方 b）定域面在板内 c）定域面在板下方

在实际的干涉装置中，扩展光源并非需要无穷大，即 β 可以不是零。所用的扩展光源只要有一定的宽度（如几厘米）便可满足条纹的亮度要求。这样，干涉条纹不只局限在定域面，在定域面附近的区域里也能看到干涉条纹，这一区域的深度称为定域深度。当然，对应于 $\beta=0$ 的定域面位置有最大条纹可见度，在其前后，由于 $\beta\neq0$ 而使 $b\beta$ 有一个定值，造成条纹可见度的下降。定域深度以外的区域看不到干涉条纹。显然，定域深度的大小与光源宽度成反比，随着光源宽度的减少，定域深度变大，点光源时，干涉变为非定域的。

由于楔板干涉条纹的定域面随系统的不同而不同，故其干涉条纹不像平行平板那样定域在无限远而容易观察。通常用肉眼直接观察比用仪器来得方便，这一方面由于人眼的自动调节能力，使最清晰的干涉条纹成像在视网膜上，另一方面还由于人眼的瞳孔比一般的透镜的孔径小得多，限制了扩展光源的实际有效尺寸，这种情况从图 12-17 中可以看出，宽度为 S_1S_4 的光源仅 S_2S_3 部分进入人眼，其结果是加大了

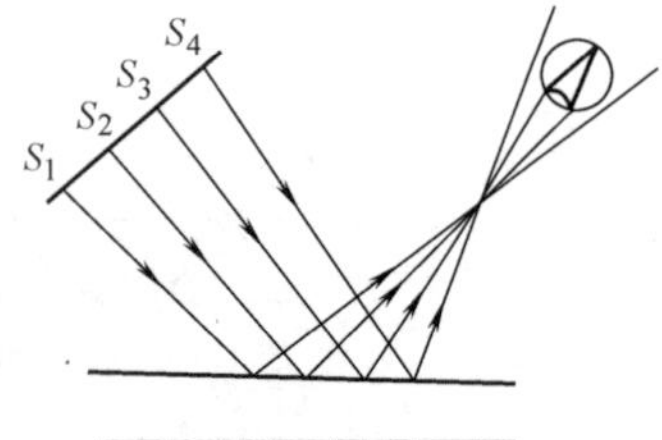

图 12-17 人眼瞳孔对光束的限制

人眼观察干涉条纹区域的定域深度，所以用人眼更容易找到干涉条纹。

（二）楔板产生的等厚条纹

图 12-18 所示的楔板干涉中，从光源 S 中心发出经楔板上下表面反射的两支光交于定域面上某点 P，这两支相干光在 P 点产生的光程差为

$$\Delta = n(AB + BC) - n'(AP - CP)$$

式中，n 为楔形平板的折射率；n'为周围介质的折射率。光程差 Δ 的精确计算很困难，但是在实用的干涉系统中，板的厚度一般很小，且楔角也不大，可以近似地用平行平板的光程差公式来代替，计及半波损失，有

$$\Delta = 2nh\cos\theta_2 + \frac{\lambda}{2} \qquad (12\text{-}38)$$

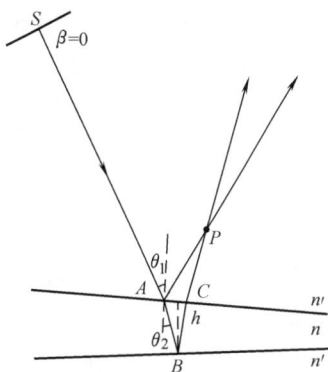

图 12-18　楔形平板的干涉

式中，h 是楔板 B 点处的厚度；θ_2 是入射光在 A 点处的折射角。

一种实用的观察系统如图 12-19 所示。在该系统中，照明平行光垂直入射楔板，$\theta_2=0$，若楔板折射率处处均匀，那么干涉条纹与等 h（等厚度）的轨迹相对应，这种条纹称作等厚条纹（否则是等光学厚度 nh 构成条纹）。由式（12-38），当

$$\Delta = 2nh + \frac{\lambda}{2} = m\lambda \quad (m=0,\ \pm1,\ \pm2,\ \cdots) \qquad (12\text{-}39)$$

时，对应亮纹，而当

$$\Delta = 2nh + \frac{\lambda}{2} = \left(m + \frac{1}{2}\right)\lambda \quad (m=0, \pm1, \pm2, \cdots) \qquad (12\text{-}40)$$

时，对应暗纹。

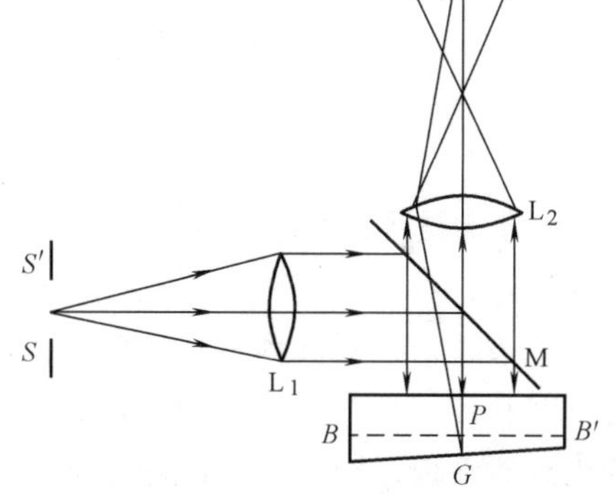

图 12-19　观察板上等厚条纹的一种实用系统

显然，对于折射率均匀的楔形平板，条纹平行于楔棱，由亮纹（或暗纹）公式容易导出，从一个条纹过渡到另一个条纹，平板的厚度变化为 $\Delta h = \lambda/2n$，对应光程差变化为 λ。也容易导出，楔板的楔角 $\alpha = \lambda/(2ne)$，其中 e 是条纹的间距。几种不同形状的等厚条纹如图 12-20 所示。

在楔板干涉中，即使平板平面平整，折射率均匀，由于使用扩展光源，会使得干涉条纹的对比度降低。所以在实际干涉仪中，通常在扩展光源前，准直镜焦面上加一个可变光阑，用于限制光源大小，以保证条纹的清晰度（见习题 12-16）。

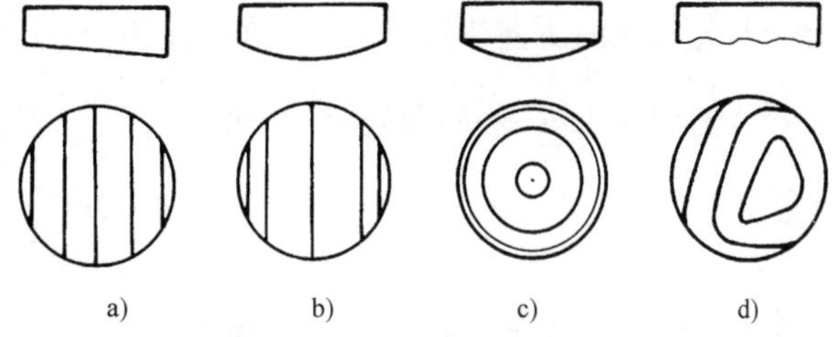

图 12-20　几种不同形状的等厚条纹

a）楔面　b）柱面　c）球面　d）不规整面

四、斐索干涉仪和迈克耳逊干涉仪

在干涉现象中，不论是何种干涉，相邻条纹之间的程差改变都等于相干

光波波长，所以通过对条纹数目或条纹数变化的计算，可以获得以光波长为单位的对程差的计量，如折射率已知，则得到以波长为单位的长度值；若长度已知，可得微小折射率差；当长度以波长为单位时，还能精密地测量微小角度或角度差。总之，利用条纹形状、数目、间距的变化，可以作精密的测量及表面质量、误差的精密检验。下面介绍几种典型的双光束干涉仪及其应用。

（一）斐索干涉仪

等厚干涉型的干涉系统称为斐索干涉仪，常用于光学零件表面质量的检查，按测量对象分成平面干涉仪和球面干涉仪。

1. 激光平面干涉仪　图 12-21 给出激光平面干涉仪的光路。He-Ne 激光器输出的光束经 L_1 扩束，针孔 H 滤波，分光板 G 反射后被 L_2 准直成平行光束垂直入射到标准平晶 P 及待测零件 Q 上。标准平晶的上表面做成斜面，使其反射光偏出视场。Q 置于可微调的平台上。从标准平面及待测平面反射的光返回后经过 G 进入观察系统 L_3，可测量平板的平面度。若移开标准平晶 P，可测量平板楔角或平行平板的平行度。图 12-22 给出了一种被测表面的缺陷情况，其表面平面度为

$$\Delta h = \frac{H}{e}\frac{\lambda}{2}$$

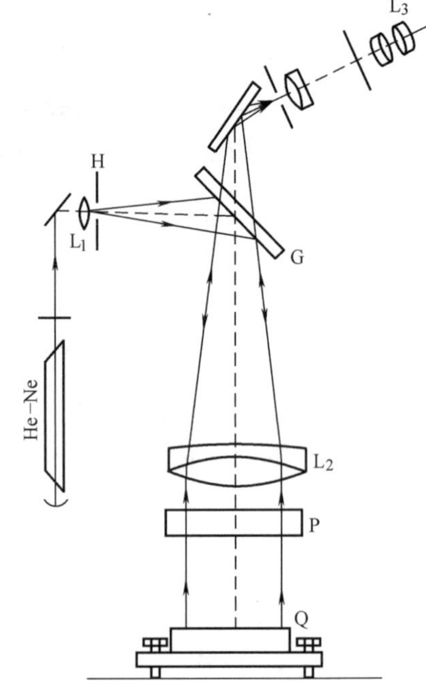

图 12-21　激光平面干涉仪

其中，H 为被测表面的偏差引起的条纹偏离，e 为条纹间距。

另外，对于样板和平面元件之间形成角度很小的楔形间隙的情况，可以用白光照明获得的彩色条纹来判断被测表面的偏差，如果被测表面没有缺陷，则可观察到均匀一片的视场或者直线彩带条纹，按照程差公式 $\Delta = 2h = m\lambda$，可以知道直线彩带条纹的彩色色序是长波长的光远离楔顶，即从楔顶往外光谱分布从紫色、蓝色到红色。

2. 激光球面干涉仪　把前面的平面样板换成球面样板，类似的测量可用于球面零件，图 12-23 表示零件 Q 有半径误差，可观察到圆形等厚条纹，两表面曲率之差为 $\Delta k = \frac{1}{R_1} - \frac{1}{R_2}$，$R_1$ 和 R_2 分别为零件和样板的半径。由几何关系可得

$$h = \frac{D^2}{8}\left(\frac{1}{R_1} - \frac{1}{R_2}\right) = \frac{D^2}{8}\Delta\kappa$$

式中，h 为两表面所夹空气层的最大厚度；D 为 Q 的口径。若在 D 的范围内观察到 N 个圆条纹（光学零件图中称 N 为光圈），由 $h = N\frac{\lambda}{2}$，则有

$$N = \frac{D^2}{4\lambda}\Delta\kappa$$

它给出了曲率误差允差 $\Delta\kappa$ 与允许光圈数 N 之间的关系。

同样，类似平面干涉仪测量平面，可用球面干涉仪来测量球面半径，其装置如图 12-24 所示。光源和基准平面 P 的光路系统都与平面干涉仪一致，L 是经过很好校正的透镜，经干

涉仪准直之后的平行光用 L 再次聚焦。Q 为待检球面，其中心置于透镜 L 的焦点。如果待检球面是理想的，则反射回的光束经透镜后仍然是平面波，与标准面上反射的平面波干涉产生典型的两个平面波的干涉条纹；如果待检平面有缺陷，其检测波面携着 Q 面信息返回原光路与平面波面相干，从而测出 Q 面的误差。图中 a、b 分图分别是检测凹凸球面的示意图。同样道理，可以利用白光的彩色条纹来识别光学球面对样板的偏离。如图 12-23 所示的状况，样板与被检表面在中心接触，在光学加工中称为高光圈，这种情况如同楔顶在中心的楔形膜，按照前面的讨论，容易知道，其白光条纹的色序从中心往外由紫蓝色到红色。如果样板与被检表面在边缘接触，在光学加工中称为低光圈，这种情况如同楔顶在边缘的楔形膜，按照前面的讨论，容易知道，其白光条纹的色序从边缘往中心由紫蓝色到红色。

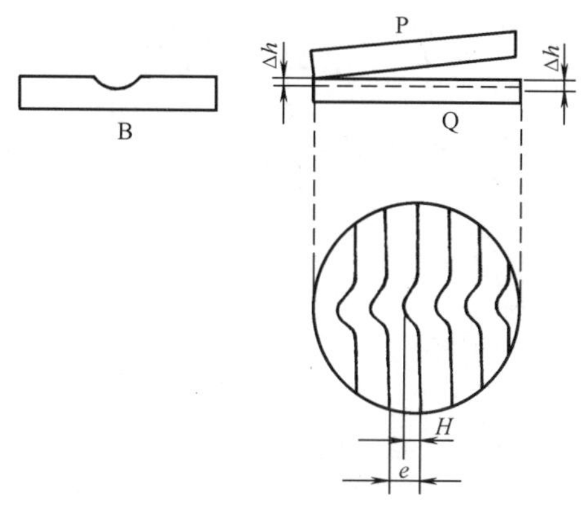

图 12-22　用等厚条纹检查表面的平面度与缺陷

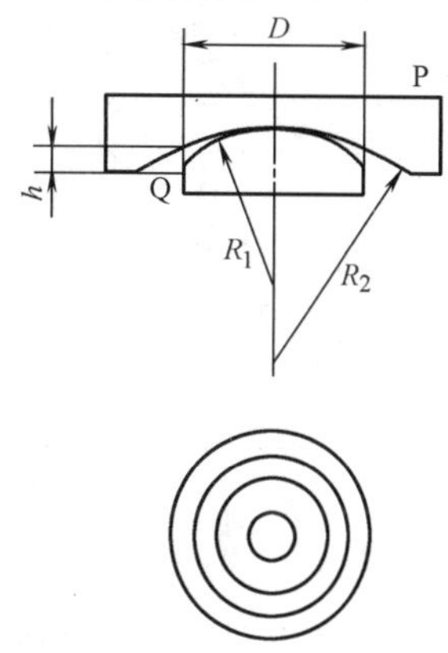

图 12-23　用球面样板检查球面零件

（二）迈克耳逊干涉仪

迈克耳逊干涉仪是最典型的双光束干涉仪，它可以构成平行平板、楔板、厚板和薄板等各种平板干涉仪。其结构如图 12-25 所示。M_1 和 M_2 为两个镀银或镀铝的平面反射镜，其中 M_2 固定在仪器基座上，M_1 可借助于精密丝杆螺母副沿导轨前后移动，D 和 C 为两块相同的平行平板，由同一块平行平板玻璃切制而得，因而有相同的厚度和折射率，D 的分光面涂以半透半反膜，C 不镀膜，作为补偿板使用，D 和 C 与 M_1 和 M_2 都成 45°角，扩展光源 S 上的一点发出的光在 D 的分光面上有一部分反射，转向 M_1 镜，再由 M_1 反射，穿过 D 后进入观察系统。入射光的另一部分穿过 D 和 C 后再由 M_2 反射，回穿过 C 后由 D 反射也进入观察系统，如图中 1′和 2′光线，它们都由 S 发出的一支光分解而来，所以是相干光，进入观察系统后形成干涉。

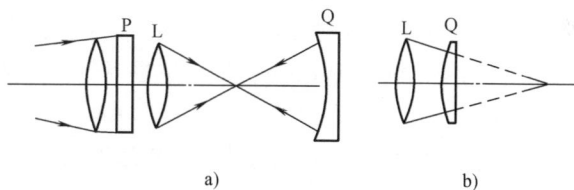

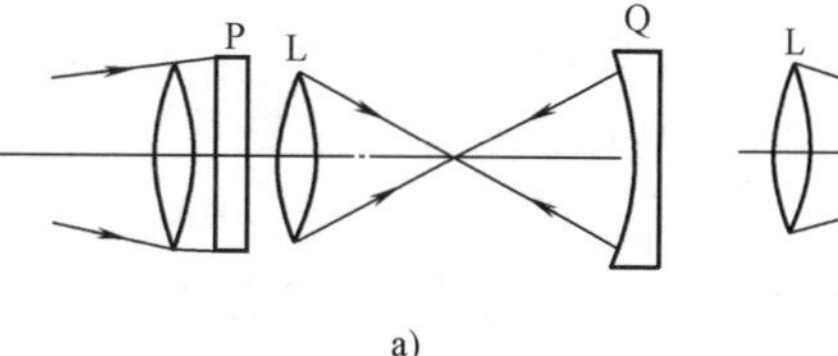

图 12-24　球面干涉仪

a）检查凹球面　b）检查凸球面

干涉仪等效于 M_1、M_2' 虚平板，M_2' 是 M_2 经 D 分光面所成的虚像。通过调节 M_1、M_2 的相对位置，改变虚平板的厚度和楔角，从而可以实现平行平板的等倾干涉，实现楔板的混合型条纹，并且在楔板角度不大、板厚很小的条件下获得等厚条纹。

在楔形空气平板的情况下，一般观察到的是弯曲的条纹（有不同 nh 和 θ_2 造成的混合型条纹），这是因为干涉条纹是等光程差点的轨迹，由于采用扩展光源照明，故而有不同入射角。由光程差公式$\Delta = 2nh\cos\theta_2$可知，对于倾角较大的入射光，它对应的光程差若与倾角较小时的光程差相等，应以增大平板厚度来补偿。由图 12-26 可知条纹的边缘对应了大的入射角而处于大的 h 位置，中心对应了小的入射角处于小的 h 位置，所以得出这样的结论，干涉条纹总是弯向楔顶方向。

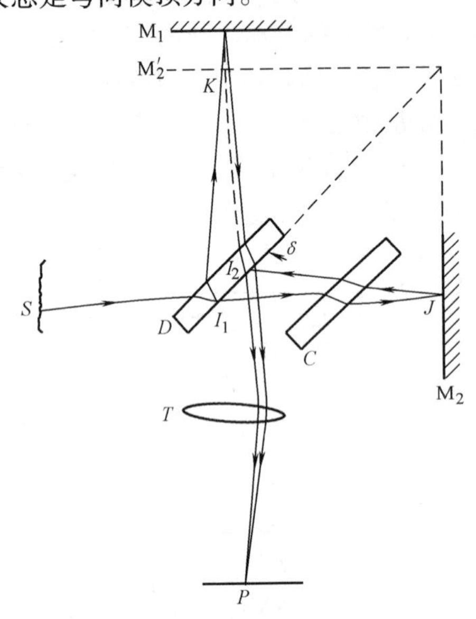

图 12-25　迈克耳逊干涉仪

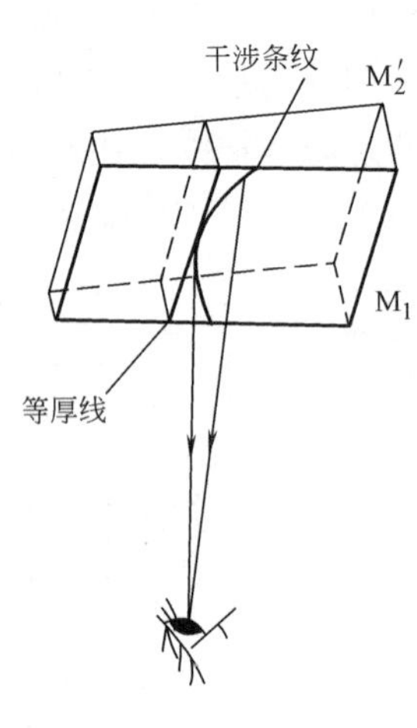

图 12-26　混合型条纹

设想用单色光照明，移动 M_1，改变空气层厚度，这时可看到条纹移动。当移动方向使膜厚变小，若观察到的是等厚条纹，则条纹向膜的较厚的方向移动；若观察的是等倾条纹，这时条纹向中心收缩。每移动（或缩进）一个条纹，M_1 移动距离是 $\lambda/2$。这样。利用迈克耳逊干涉仪，便将 M_1 镜的移动量与单色光的波长 λ 联系起来，显然

$$\Delta h = N\lambda/2$$

式中，N 是视场中心移动（或冒出或缩进）条纹的数目；Δh 是 M_1 走过的距离；λ 是单色光波长。

补偿板 C 的作用是用于补偿光束 1 与光束 2 因透过 D 的次数不同而引进的光程差。这种补偿在单色光照明时并非必要，因为光束 1 经过玻璃板所增加的光程，可以通过移动 M_1 的位置用空气中的行程补偿。但是用白光照明时，因为玻璃的色散，不同波长的光有不同的折射率而无法用空气中的行程补偿。所以，加上与 D 完全相同且平行放置的补偿板 C 才能同时补偿各色光的光程差以获得零级白光条纹。

白光干涉条纹产生在零程差附近，当迈克耳逊干涉仪的楔形空气平板极薄时，在楔板的楔棱附近可以看到白光照明时形成的所谓白光条纹，这种条纹在楔棱（程差或虚平板厚度为零）处一般是白色的（分光面镀金属膜后两相干光束的程差可认为近似为零），其两边为彩色条纹。白光干涉条纹在迈克耳逊干涉仪中极为有用，能够用于准确地确定零光程差的位置，进行长度的精确测量。例如，可以利用白光条纹来测量一块厚度为 h 的待测透明平行平板：先利用钠黄光等调出肉眼可见的等厚条纹，然后改用白光照明，利用仪器本身的机械零程差位置，细心调出白光条纹。随后在定镜 M_2 一臂加入上述待测平板，其大约厚度可以由精密度低些的量具如千分尺或卡尺事先测得设为 h_1。这时，仪器两臂的光程差为$2(n-1)h$，

然后朝加大动镜距离的方向移动 M_1 镜为 h_1，这时细心前后扫描重新找到白光条纹，这时由仪器可测得波长量级的 h 值。

近年提出了一种利用白光干涉测量非透明物质厚度的技术，能用于非接触、高效精确地在线金属超薄带测厚系统中[14]。该系统用光纤串连两个迈克耳逊干涉系统，干涉仪的测量反射镜是被测超薄带的左右光滑表面，这两个表面分别与各自干涉仪的参考镜组成平行平板，形成各自的光程差（可调），测量点为被测超薄带垂直厚度的对应点，由光谱仪接收串连差分后的干涉光谱信号，再经信号处理，可求取金属超薄带的厚度。

在迈克耳逊干涉仪中由于利用分束镜的反射和透射形成的两束光分开较远，这便于在这种类型的干涉仪中分别改变两束光的光程（如移动其中一个反射镜或在任一束的光程中放入被测样品）来观测干涉图样的变化。使用迈克耳逊干涉仪进行的各种测量都是利用了这个特点。由于激光的良好相干性，以激光作为光源的迈克耳逊干涉仪广泛地用于长度测量中，例如，前述的用 $\Delta h = N\lambda/2$ 测长方法，可以用在长导轨的长度测量中，只需把动镜安在调整好的长导轨上即可进行。由于光电技术的发展，这类测量很容易实现自动化。稍作改进，同时还可进行导轨不直度的测量。

第五节　平行平板的多光束干涉及其应用

前一节讨论了平板的双光束干涉。本节要讨论的是当平板表面镀以高反射膜时产生的多光束干涉，多光束干涉较之于双光束干涉又有更加明锐的干涉条纹，因此广泛应用于更高精度的检测工作中。

一、平行平板的多光束干涉

在第四节平板干涉中，仅考虑了反射光的双光束干涉。事实上，无论在反射场还是在折射场，理论上都存在着多束光，当平板涂以高反射比（例如当涂以 $\rho = 0.9$）材料，且膜层无吸收时，则平行平板对于强度为 1 的入射光，各反射光的强度依次为 0.9，0.009，0.0073，0.00577，0.0046，…。而透射光强度依次为 0.01，0.0081，0.00656，0.00529，0.00431，…。由于各支光的强度接近，这时应按照多支光束的叠加来计算干涉场的强度分布。

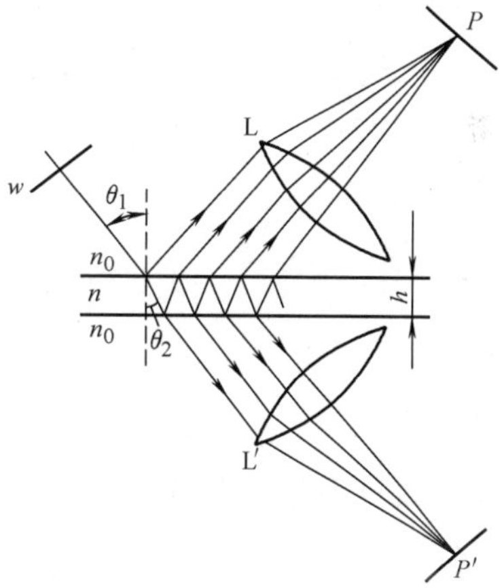

图 12-27　在透镜焦面上产生的多束光干涉

（一）干涉场的强度分布公式

平行平板的多束光干涉示于图 12-27 中，用扩展光源照明时，其定域面在无限远，或者在图示透镜的后焦面上。

现在来计算透射方向的干涉场 P' 点的强度。设 nh 是平行平板的光学厚度，λ 为照明光波在真空中的波长，平行平板折射率为 n，周围介质折射率为 n_0，r 和 t 分别为光束从周围介质进入平行平板时的振幅反射系数和振幅透射系数，r' 和 t' 分别为光束从平板内的反射和由平板向周围介质折射时的振幅反射系数和振幅透射系数。设入射光的振幅为 $A^{(i)}$，则从平板透射的各束光振幅分别为

$$tt'(A)^{(i)}, tt'r'^2A^{(i)}, tt'r'^4A^{(i)}, tt'r'^6A^{(i)}, \cdots$$

计及由相邻的两支光的光程差所引起的相位差 δ，显然有

$$\delta=\frac{4\pi}{\lambda}nh\cos\theta_2 \tag{12-41}$$

于是得到透射光的复振幅依次为

$$\begin{aligned}\tilde{A}_1^{(t)}&=tt'A^{(i)}\\ \tilde{A}_2^{(t)}&=tt'r'^2\mathrm{e}^{\mathrm{i}\delta}A^{(i)}\\ \tilde{A}_3^{(t)}&=tt'r'^4\mathrm{e}^{\mathrm{i}2\delta}A^{(i)}\\ &\vdots\\ \tilde{A}_p^{(t)}&=tt'r'^{2(p-1)}\mathrm{e}^{\mathrm{i}(p-1)\delta}A^{(i)}\end{aligned}$$

完成 $\tilde{A}^{(t)}=\sum_{p=1}^{\infty}\tilde{A}_p^{(t)}$ 的运算，可以得到合成波在 P' 点的复振幅为

$$\tilde{A}^{(t)}=\frac{tt'}{1-r'^2\mathrm{e}^{\mathrm{i}\delta}}A^{(i)} \tag{12-42}$$

利用菲涅耳公式容易证明（习题 11-9），各振幅反射系数和透射系数间满足

$$r=-r' \text{和 } tt'=1-r^2 \tag{12-43}$$

另外界面反射比 $\rho=r^2$，计及能量关系 $\rho+\tau=1$，τ 为界面透射比，代入式(12-43)得到

$$tt'=1-r^2=1-\rho=\tau \tag{12-44}$$

所以透射光在 P' 点的强度为

$$\begin{aligned}I^{(t)}=\tilde{A}^{(t)}\cdot\tilde{A}^{(t)*}&=\frac{\tau^2}{(1-\rho)^2+4\rho\sin^2\dfrac{\delta}{2}}I^{(i)}\\ &=\frac{(1-\rho)^2}{(1-\rho)^2+4\rho\sin^2\dfrac{\delta}{2}}I^{(i)}=\frac{1}{1+F\sin^2\dfrac{\delta}{2}}I^{(i)}\end{aligned} \tag{12-45}$$

其中，记

$$F=\frac{4\rho}{(1-\rho)^2} \tag{12-46}$$

称为精细度系数。用同样的方法可求得反射场上 P' 点的光强 $I^{(r)}$ 满足

$$I^{(r)}=\frac{F\sin^2\dfrac{\delta}{2}}{1+F\sin^2\dfrac{\delta}{2}}I^{(i)} \tag{12-47}$$

可知

$$\frac{I^{(r)}}{I^{(i)}}+\frac{I^{(t)}}{I^{(i)}}=1 \tag{12-48}$$

上式表明反射光和透射光的强度互补，意指对某一个反射光，其干涉条纹为亮纹时，相应的透射光的干涉条纹为暗纹。

（二）干涉条纹的特征

由式(12-45)、式(12-47)可知，干涉场强度随 ρ 和 δ 而变，当 ρ 一定时，则仅由 δ 决定。分析式(12-41)，光强度只与光束倾角有关。因此，平行平板在透镜焦面上产生的多光

束干涉条纹，如同双光束干涉条纹一样，仍是等倾条纹。垂直于平板观察时，等倾条纹是一组同心圆环。对于透射光，由强度分布公式(12-45)，形成亮条纹和暗条纹的条纹分别为

$$\delta = 2m\pi \text{ 和 } \delta = (2m+1)\pi \qquad m = 0, \pm 1, \pm 2, \cdots \tag{12-49}$$

其相应强度为

$$I_{\mathrm{M}}^{(t)} = I^{(i)} \text{ 和 } I_{\mathrm{m}}^{(t)} = \frac{1}{1+F} I^{(i)} \tag{12-50}$$

显然，不论是对于透射光还是反射光，形成亮暗条纹的条件与双光束干涉时在相应方向形成的亮暗条纹的条件相同，因此条纹的位置也相同。不同反射比下透射光条纹的强度分布曲线如图 12-28 所示，由图可知，当反射比 ρ 低时，类同于双光束干涉透射光条纹，对比度差，当 ρ 增大时，亮纹变得细锐。当 $\rho \to 1$ 时，得到全暗背景上清晰的极细锐的亮纹，这是多光束干涉的最显著和最重要的特点。在实际应用中都采用透射光的多光束干涉条纹。

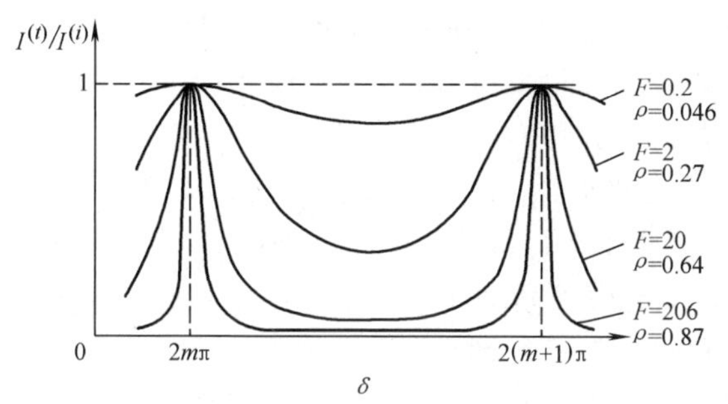

图 12-28　不同反射率下多光束干涉强度分布曲线（透射光）

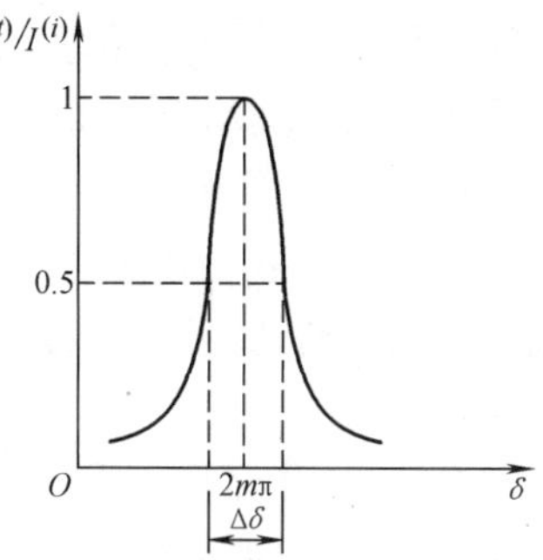

图 12-29　条纹半宽度

（三）干涉条纹锐度和精细度

为了表示多光束干涉条纹的极为明锐这一特点，引入条纹的锐度和精细度的概念。

条纹的锐度用条纹的相位半宽度 $\Delta\delta$ 来表示。多光束干涉中，它定义为两个半强度点对应的相位差范围。如图 12-29 所示，对于第 m 级条纹，两个半强度点的相位差分别是 $\delta = 2m\pi + \frac{\Delta\delta}{2}$ 和 $\delta = 2m\pi - \frac{\Delta\delta}{2}$，将其代入式(12-45)，得到

$$\frac{1}{1 + F\sin^2\frac{\Delta\delta}{4}} = \frac{1}{2}$$

于是，解得锐度或条纹的相位差半宽度

$$\Delta\delta = \frac{4}{\sqrt{F}} = \frac{2(1-\rho)}{\sqrt{\rho}} \tag{12-51}$$

定义条纹的精细度为相邻条纹相位差 2π 与条纹锐度 $\Delta\delta$ 之比，记作 s

$$s = \frac{2\pi}{\Delta\delta} = \frac{\pi\sqrt{F}}{2} = \frac{\pi\sqrt{\rho}}{1-\rho} \tag{12-52}$$

可见，ρ 越大，则锐度 $\Delta\delta$ 越小，精细度 s 越大，条纹越细锐，当 $\rho \to 1$ 时，条纹有很高的精细度，这在光学精密测量中非常有用。

二、法布里-珀罗干涉仪

利用多光束干涉原理产生十分细锐条纹的最重要仪器是法布里-珀罗干涉仪（或记为 F-

P 干涉仪），它是在平板的两个表面镀金属膜或多层电介质反射膜使反射比达到90%以上来实现多光束干涉的。

（一）F-P 干涉仪的结构与工作原理

F-P 干涉仪的结构如图12-30所示，它由两块互相平行的平面玻璃板或石英板 G_1 和 G_2 组成，两板的内表面镀一层高反膜。为了获得细锐的条纹，两反射面的平面度达 1/20 ~ 1/100 波长。两表面还应保持平行，以构成产生多光束干涉的平行板。干涉仪的两块玻璃板（或石英板）通常做成有一小楔角（1′~10′），以避免未涂层表面反射光的干扰。F-P 干涉仪有两种形式，一种是两块板中的一块固定，一块可以移动，以改变两板之间的距离 h，但是在整个移动过程中要保持两板的工作面平行还是有困难的，这种类型的仪器即叫 F-P 干涉仪；另一种是在两块板间加上一个平行隔圈，这种隔圈由铟钢做成，有很小的膨胀系数，以保证两板间的距离不变并严格平行，这后一种类型的仪器叫做 F-P 标准具。

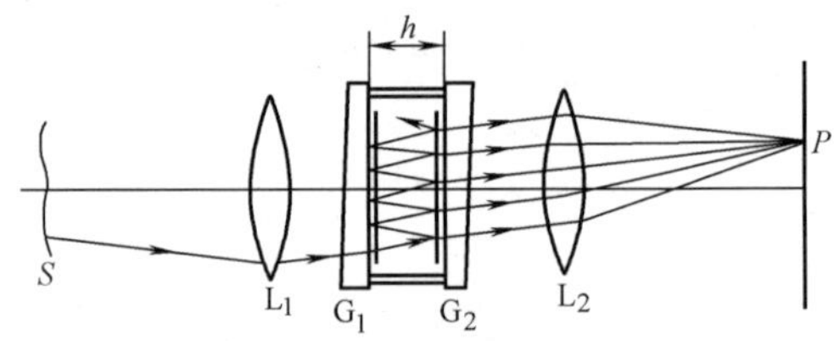

图12-30 法布里-珀罗干涉仪

干涉仪用扩展光源照明，其中一支光的光路如图12-30所示，在透镜 L_2 的后焦面上将形成一系列细锐的等倾条纹。若 L_2 的光轴垂直于平行板的工作面，则在 L_2 的后焦面上形成的亮纹是一组同心圆，F-P 干涉仪圆条纹比双光束等倾干涉条纹明显细窄得多，但两种条纹的角半径和角间距同样都可用式(12-36)和式(12-37)计算。条纹的干涉级次取决于 h，以 $h=5\text{mm}$为例，中央条纹的干涉级约为20000左右，可见条纹的干涉级很高，因而这种仪器只适用于单色性很好的光源。

干涉仪两板的内表面镀以金属膜时，必须考虑光在金属表面反射时的相位变化 φ 及金属的吸收比 α。这时式(12-45)、式(12-41)可写为

$$\frac{I^{(t)}}{I^{(i)}}=\left(1-\frac{\alpha}{1-\rho}\right)^2\frac{1}{1+F\sin^2\dfrac{\delta}{2}}$$

$$\delta=\frac{4\pi}{\lambda}h\cos\theta+2\varphi \tag{12-53}$$

且有

$$\rho+\tau+\alpha=1$$

与无吸收时相比，透射光条纹的峰值位置不变，而其强度降低了，严重时只有入射光强的几十分之一。

（二）用作光谱线的超精细结构研究

1. 测量原理 F-P 标准具具有高分辨能力，常用来测量波长相差非常小的两条光谱线的波长差，即光谱学中的超精细结构。这在一般的光谱仪则是难以做到的。设照明的扩展光源含有两条谱线 λ_1 和 $\lambda_2=\lambda_1+\Delta\lambda$，则通过 F-P 标准具后，干涉场一般形成两组条纹。如图12-31所示，实线对应 λ_2，虚线对应 λ_1。考察靠近条纹中心的某一点，根据式（12-53）对应于两个波长的干涉级差为

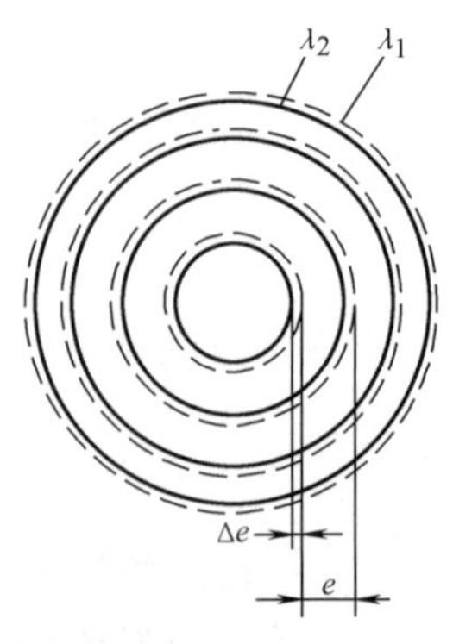

图12-31 波长 λ_1 和 λ_2 的两组条纹

$$\Delta m=m_1-m_2=\left(\frac{2h}{\lambda_1}+\frac{\varphi}{\pi}\right)-\left(\frac{2h}{\lambda_2}+\frac{\varphi}{\pi}\right)=\frac{2h\ (\lambda_2-\lambda_1)}{\lambda_1\lambda_2}$$

另外，由图 12-31，把两组条纹的相对位移作为级差的度量

$$\Delta m = \frac{\Delta e}{e}$$

式中，Δe 和 e 分别是两组条纹的位移和同组条纹的间距，于是有

$$\Delta\lambda = \lambda_2 - \lambda_1 = \left(\frac{\Delta e}{e}\right)\frac{\bar{\lambda}^2}{2h} \tag{12-54}$$

式中，$\bar{\lambda}$ 是 λ_1 和 λ_2 的平均波长，可先由分辨本领较低的仪器测出；h 是标准具间隔。只要测出 Δe 和 e 即可求得 $\Delta\lambda$。

值得指出的是，由于每级条纹间不是等间距分布（即或非线性），因而式(12-54)给出的在一级条纹内小数部分按线性内插求解是近似的。

2. F-P 标准具的自由光谱区和分辨本领　在测量工作中，当 $\Delta e \to e$ 时，$\Delta\lambda = \frac{\bar{\lambda}^2}{2h}$，正好两组条纹重叠（越一个级次重叠），在视场里看到一组条纹，这时对应$\frac{\Delta e}{e}=1$。若 $\Delta\lambda > \frac{\bar{\lambda}^2}{2h}$，这时两组条纹看上去仍如图 12-31 的分布，但无法判断是否越级，为避免这种测量上的困难，我们把$\frac{\Delta e}{e}=1$ 时对应的 $\Delta\lambda$ 值作为标准具所能测得的最大波长差，称为标准具常数或标准具的自由光谱范围，记为

$$(\Delta\lambda)_{(S,R)} = \frac{\bar{\lambda}^2}{2h} \tag{12-55}$$

一般标准具的 h 比较大，所以自由光谱范围较小。

表征标准具分光特性的另一个重要参数是标准具能够分辨的最小波长差$(\Delta\lambda)_m$，也称标准具的分辨极限。显然，可以把自由光谱区理解为仪器的测量范围，分辨极限理解为仪器的精度，下面我们来确定$(\Delta\lambda)_m$ 的大小。

在光谱仪器关于分辨的判断中，常采用瑞利判据，这里采用稍微不同的形式来表达它：两个波长的亮条纹只有当它们合强度曲线中央的极小值等于或低于两边极大值的 0.81 时才能被分开（见图 12-32）。若不计及标准具的吸收，由式(12-45)，对于 λ_1 和 λ_2 两个很靠近条纹的合强度为

$$I = \frac{I^{(i)}}{1 + F\sin^2\frac{\delta_1}{2}} + \frac{I^{(i)}}{1 + F\sin^2\frac{\delta_2}{2}} \tag{12-56}$$

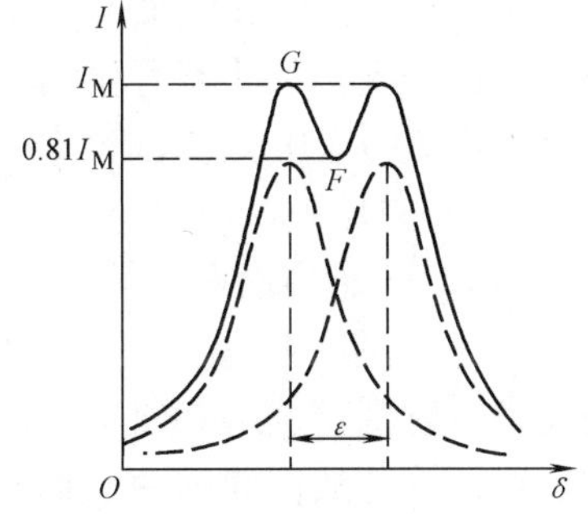

图 12-32　两个波长的条纹刚好被分辨时的强度分布

式中，δ_1 和 δ_2 是干涉场上同一点处两波长条纹对应的 δ 值，令 $\delta_1 - \delta_2 = \varepsilon$，那么合强度曲线 G 点（合强度最大）处，$\delta_1 = 2m\pi$，$\delta_2 = 2m\pi - \varepsilon$；在 F 点处 $\delta_1 = 2m\pi + \frac{\varepsilon}{2}$，$\delta_2 = 2m\pi - \frac{\varepsilon}{2}$，把上述两组相位差值代入式(12-56)分别求得 I_G 和 I_F，再使用 $I_F = 0.81I_G$ 的条件，可求得

$$\varepsilon = \frac{4.15}{\sqrt{F}} = \frac{2.07\pi}{s} \tag{12-57}$$

另一方面，由式(12-53)，当 $2\varphi << \frac{4\pi}{\lambda}h\cos\theta$（通常 h 很大）可以略去时，得到

$$|\Delta\delta| = \frac{4\pi h\cos\theta}{\lambda^2}\Delta\lambda = 2m\pi\frac{\Delta\lambda}{\lambda} \tag{12-58}$$

两波长的条纹刚被分辨开时，$\Delta\delta = \varepsilon = \frac{2.07\pi}{s}$。

定义标准具的分辨本领 A 为

$$A = \frac{\lambda}{(\Delta\lambda)_{\mathrm{m}}} \tag{12-59}$$

指工作波长 λ 与标准具能够分辨的最小波长差 $(\Delta\lambda)_{\mathrm{m}}$ 的比值。由式(12-58)和式(12-59)，于是有

$$A = \frac{\lambda}{(\Delta\lambda)_{\mathrm{m}}} = 2m\pi\frac{s}{2.07\pi} = 0.97\mathrm{ms} \tag{12-60}$$

可知，标准具的分辨本领正比于干涉级次 m 和精细度 s。由于标准具具有极高的干涉级次和不低的精细度，标准具的分辨本领是很高的。有时把式(12-60)的 $0.97s$ 记作 N，称有效光束数，这时有

$$A = \frac{\lambda}{(\Delta\lambda)_{\mathrm{m}}} = mN \tag{12-61}$$

它与光栅光谱仪的分辨本领 A 有同样的形式和意义，但是以后我们将会看到光栅的高分辨率本领是由其大量的刻缝数 N 决定的。

三、光学薄膜与干涉滤光片

光学薄膜是用物理和化学方法涂镀在玻璃或金属光滑表面上的透明介质膜，利用光波在薄膜中反射、折射及叠加（干涉）来达到减反或增反的作用，还可以起到分光、滤光、调整光束偏振或相位状态等作用。光学薄膜在近代科学技术（如激光、人造卫星、宇航等）中有着广泛的应用。这里介绍多光束干涉原理在薄膜理论中的应用。

（一）单层膜

图 12-33 给出涂在折射率为 n_G 的玻璃平板上、折射率为 n 的介质膜，周围介质的折射率为 n_0。当光束入射到薄膜表面上时，将在薄膜内产生多次反射，并且从薄膜的两表面有一系列的平行光射出，这种情况与平行平板的多光束干涉时相类似，只是薄膜两边的介质不同。对出射光束作类似多光束干涉的计算，便可了解薄膜的反射和透射性质。计算表明，薄膜上反射光的复振幅为

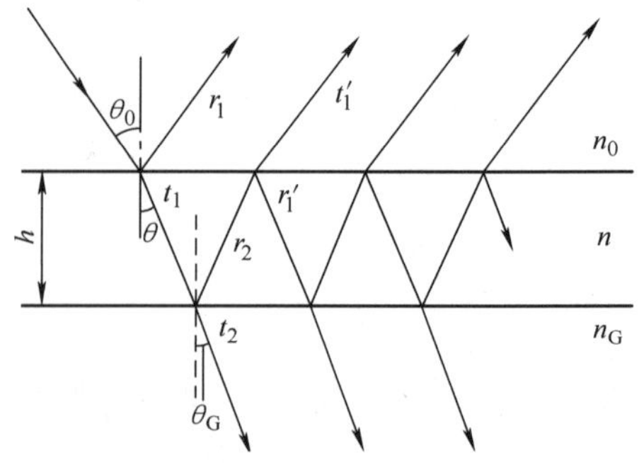

图 12-33 单层介质膜的反射和透射

$$A^{(r)} = \frac{r_1 + r_2\exp(\mathrm{i}\delta)}{1 + r_1 r_2\exp(\mathrm{i}\delta)}A^{(i)} \tag{12-62}$$

透射光的复振幅

$$A^{(t)}=\frac{t_1t_2}{1+r_1r_2\exp(\mathrm{i}\delta)}A^{(i)} \tag{12-63}$$

相继两光束由光程差引起的相位差为

$$\delta=\frac{4\pi}{\lambda}nh\cos\theta$$

式中，r_1、t_1、r'_1、t'_1、r_2、t_2 所表示的振幅反射系数和振幅透射系数亦如图所示，其余符号如前约定，于是薄膜的振幅反射系数和振幅透射系数分别为

$$r=\frac{r_1+r_2\exp(\mathrm{i}\delta)}{1+r_1r_2\exp(\mathrm{i}\delta)} \tag{12-64}$$

和

$$t=\frac{t_1t_2}{1+r_1r_2\exp(\mathrm{i}\delta)} \tag{12-65}$$

若不计及薄膜的吸收，得到薄膜的反射比和透射比分别为

$$\rho=|r|^2=\frac{r_1^2+r_2^2+2r_1r_2\cos\delta}{1+r_1^2r_2^2+2r_1r_2\cos\delta} \tag{12-66}$$

$$\tau=\frac{n_G\cos\theta_G}{n_0\cos\theta_0}|t|^2=\frac{n_G\cos\theta_G}{n_0\cos\theta_0}\cdot\frac{t_1^2t_2^2}{1+r_1^2r_2^2+2r_1r_2\cos\delta} \tag{12-67a}$$

可以证明

$$\rho+\tau=1 \tag{12-68}$$

也可以用振幅反射系数表示透射比，这时有

$$\tau=\frac{1+r_1^2r_2^2-(r_1^2+r_2^2)}{1+r_1^2r_2^2+2r_1r_2\cos\delta}=\frac{(1-r_1^2)(1-r_2^2)}{1+r_1^2r_2^2+2r_1r_2\cos\delta} \tag{12-67b}$$

以下就反射情况加以讨论。正入射时，在薄膜两表面上的反射系数分别为

$$r_1=\frac{n_0-n}{n_0+n}\text{和 }r_2=\frac{n-n_G}{n+n_G}$$

把它们代入式(12-66)，得到正入射时的薄膜反射比为

$$\rho=\frac{(n_0-n_G)^2\cos^2\dfrac{\delta}{2}+\left(\dfrac{n_0n_G}{n}-n\right)^2\sin^2\dfrac{\delta}{2}}{(n_0+n_G)^2\cos^2\dfrac{\delta}{2}+\left(\dfrac{n_0n_G}{n}+n\right)^2\sin^2\dfrac{\delta}{2}} \tag{12-69}$$

对于确定的 n_0 和 n_G，介质膜的反射比 ρ 是 n 和 δ 的函数，从而也是 n 和 nh 的函数。图 12-34 给出 $n_0=1$，$n_G=1.5$ 的情况下，对于一定的波长 λ_0 和不同的折射率的介质膜，膜的反射比 ρ 随 nh 变化的曲线。以下我们根据这些曲线和式(12-69)来讨论。

1. 单层增透膜　由图 12-34 可知，只要膜的折射率 n 小于玻璃基板的折射率 n_G，则涂膜后的反射比小于玻璃基板时的反射比，从而膜层起到减反增透的作用，并且当 $nh=\dfrac{\lambda_0}{4}$，即 $\delta=\pi$ 时增透效果最好，这时式(12-69)可改写为

$$\rho_{\lambda 0}=\frac{\left(\dfrac{n_0n_G}{n}-n\right)^2}{\left(\dfrac{n_0n_G}{n}+n\right)^2}=\left(\frac{n_0-\dfrac{n^2}{n_G}}{n_0+\dfrac{n^2}{n_G}}\right)^2 \tag{12-70}$$

$\rho_{\lambda 0}$为对某一波长 λ_0 的光在正入射时的反射比。可见当

$$n=\sqrt{n_0 n_G} \tag{12-71}$$

时，膜系（指薄膜和玻璃基板组成的系统）的反射比为零，起到全增透作用。对于 $n_0=1$，$n_G=1.5$ 的典型情况，可求得 $n=\sqrt{n_0 n_G}\approx 1.22$。但目前还找不到这种折射率的材料，通常使用的是折射率 $n=1.38$ 的氟化镁（MgF_2），这时 $\rho\approx 1.3\%$。

对于光束中包含的波长异于 λ_0 的光，式(12-70)不能适用，因为介质膜的光学厚度 nh 不再是这些波长的1/4，因而 $\delta\neq\pi$，这时只能用式(12-69)来求这些波长的反射比。显然，它们较 λ_0 时的反射比要高。图12-35的曲线 E 是在 $n_G=1.5$ 的玻璃基板上涂镀光学厚度为 $\lambda_0/4$（λ_0 取550nm）的氟化镁膜时，膜系的反射比随波长的变化情况，由图可知，离550nm较远的红光和蓝光的反射比较大，这就是一般在照相机镜头上观察到红紫色反射光的原因。

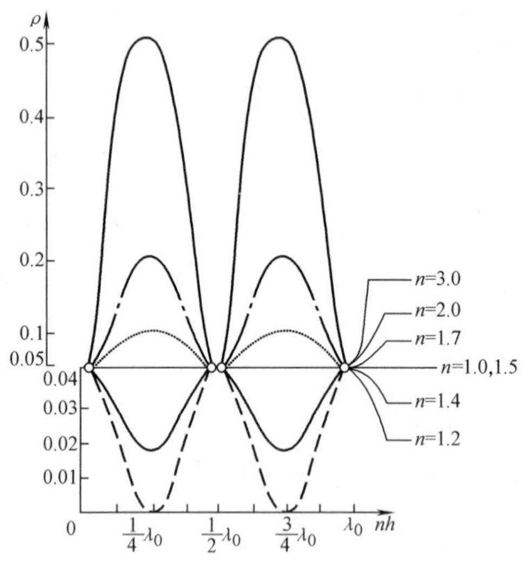

图12-34　介质膜反射比曲线

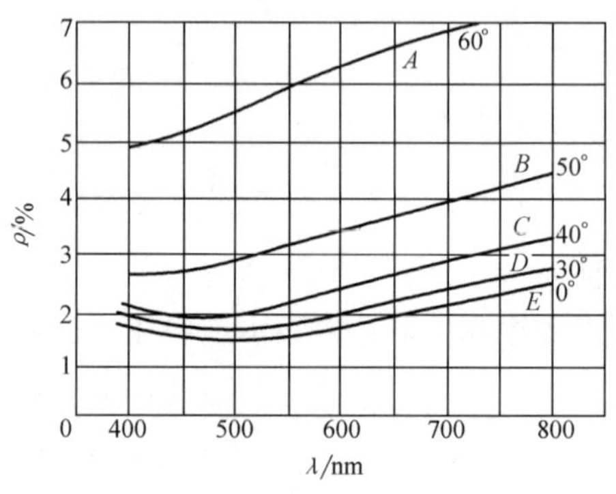

图12-35　不同入射角下氟化镁单层膜反射比随波长的变化

在光束斜入射的情况下，根据菲涅耳公式，在折射率为 n_1 和 n_2 的两介质分界面上，s波和p波的振幅反射系数分别为

$$r_s=\frac{n_2\cos\theta_2-n_1\cos\theta_1}{n_2\cos\theta_2+n_1\cos\theta_1}$$

$$r_p=\frac{n_2/\cos\theta_2-n_1/\cos\theta_1}{n_2/\cos\theta_2+n_1/\cos\theta_1}$$

显见，若对于s波，以 $\bar{n}$ 代替 $n\cos\theta$；对于p波，以 $\bar{n}$ 代替 $n/\cos\theta$，上面两式形式上与正入射时单个界面的反射系数表达式相同，称 $\bar{n}$ 等效折射率。此时，仍可以使用式(12-69)来计算，只要在该式中对s波和p波用相应的等效折射率来代替 n_0，n 和 n_G，就可以分别计算出光束斜入射时s波和p波的反射比，取平均值即为自然光的反射比。由图12-35还可知，当入射角增大时反射比上升，同时反射比极小值往短波方向移动。

2. 单层反射膜　由图12-34还可看出，当单层膜的 $n>n_G$，$nh=\lambda_0/4$ 时，ρ 增加将起到增反的作用，由式(12-70)，得到极值反射比为

$$\rho_{\lambda 0}=\left(\frac{n_0-\dfrac{n^2}{n_G}}{n_0+\dfrac{n^2}{n_G}}\right)^2 \tag{12-72}$$

由式(12-72)可知涂层的折射率 n 越大，膜系的反射比越高。常用的高反射比镀膜材料是硫化锌（ZnS，$n=2.38$），其单层膜的最大反射比为33%。

3. 半波长膜　$nh=\lambda_0/2$，即 $\delta=2\pi$ 时，由图12-34及式(12-69)可知，不论单层膜的折射率是大于还是小于基片的折射率，膜系对波长为 λ_0 的反射比同不涂层时一样。$\lambda_0/2$ 膜也叫虚膜。

（二）双层膜和多层膜

1. 双层增透膜　由菲涅耳公式，垂直于 n_0-n_G 界面入射光的反射比为

$$\rho=\left(\frac{n_0-n_G}{n_0+n_G}\right)^2 \tag{12-73}$$

将它与垂直于 n_0-n-n_G 单层 $\lambda_0/4$ 膜表面入射光的反射比表示式(12-70)相比较，可知单层膜可以等效于一个界面，该界面基底介质的折射率称为等效界面折射率，记为 n'_G

$$n'_G=\frac{n^2}{n_G} \tag{12-74}$$

涂镀不同大小的 n，可得到不同的 n'_G，从而改变 ρ 达到增反或增透的目的。低折射率膜对应了低的等效界面折射率从而有低的反射比（增透）；高折射率膜对应了高的等效界面折射率从而有高的反射比（增反），这是涂层的基本性质。

等效界面折射率的概念可应用于多层 $\lambda_0/4$ 膜，例如，对于 n_0-n_1-n_2-n_G 双层膜系，有

$$n'_{G2}=\frac{n_2^2}{n_G},\quad n'_{G1}=\frac{n_1^2}{n'_{G2}}=\frac{n_1^2}{n_2^2}n_G \tag{12-75}$$

式(12-69)此时变成

$$\rho=\left(\frac{n_0-n'_{G1}}{n_0+n'_{G1}}\right)^2 \tag{12-76}$$

令 $\rho=0$，或即 $n_0-n'_{G1}=0$，得到双层 $\lambda_0/4$ 膜系全增透条件

$$n_2=\sqrt{\frac{n_G}{n_0}}n_1 \tag{12-77}$$

与单层膜 $n=\sqrt{n_0n_G}$ 的全增透条件相比，双层膜有两个折射率可供匹配选取，它能达到全增透。例如，对于 $n_0=1, n_G=1.52, n_1=1.38(MgF_2), n_2=1.70(SiO)$ 的 $\lambda_0/4$ 膜系即可达到极好的增透效果。但是，这种正入射时的全增透，只对特定的 λ_0 满足，其他波段的反射比仍还存在，甚至比单层时还差。这种情况如图12-36曲线1所示，所以它只适用于窄波段的工作，膜系因其曲线形状称为V型增透膜。

为改善工作波段，通常采用 $n_1h_1=\lambda_0/4$ 和 $n_2h_2=\lambda_0/2$ 的双层膜，其 ρ-λ 曲线如图12-36的曲线2所示。该膜系因曲线形状而称为W型增透膜。

2. 多层高反膜　常用的多层高反膜是一种由 nh 均为 $\lambda_0/4$ 的高折射率层（ZnS）和低折射率层（MgF_2）交替叠成的膜系，如图12-37所示。这种膜系称为 $\lambda_0/4$ 膜系，可以用符号

表示为

$$\mathrm{GHLHLH\cdots LHA = G(HL)^{p}HA} \qquad p=1,2,3,\cdots$$

式中，G 和 A 分别为玻璃基片和空气，H 和 L 分别为高、低折射率层，$2p+1$ 为膜层数。

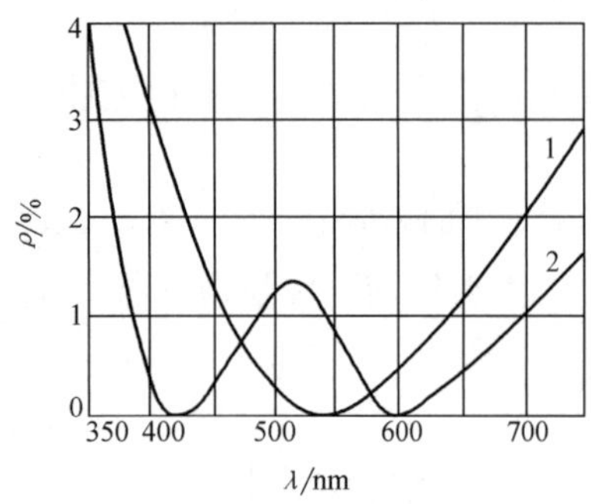

图 12-36 双层增透膜的 ρ-λ 曲线

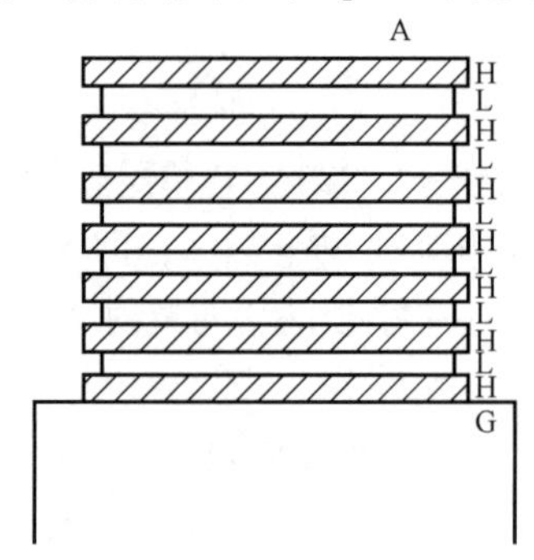

图 12-37 $\lambda_0/4$ 膜系的多层高反膜

按照前述膜层的等效界面法，逐层递推使用式(12-74)容易求得

$$\rho_{\text{正}\cdot\lambda_0}=\left[\frac{n_0-\left(\dfrac{n_\mathrm{H}}{n_\mathrm{L}}\right)^{2p}\dfrac{n_\mathrm{H}^2}{n_\mathrm{G}}}{n_0+\left(\dfrac{n_\mathrm{H}}{n_\mathrm{L}}\right)^{2p}\dfrac{n_\mathrm{H}^2}{n_\mathrm{G}}}\right]^2 \tag{12-78}$$

式中，n_H 和 n_L 分别为高、低折射率层的折射率；ρ 的下标“正”和“λ_0”分别表示对应于正入射和仅考察波长 λ_0 的情况的反射比，由式(12-78)可知，n_H 和 n_L 相差越大，膜层数 $2p+1$ 越多，膜系的反射比就越高。例如氦氖激光器谐振腔的反射镜涂层达 15 ~ 19 层，ρ 高达 99.6%。

（三）常用光学薄膜

1. 干涉滤光片　干涉滤光片是利用多光束干涉原理制成的一种从白光中过滤出近单色光的多层膜系。图12-38所示是金属膜干涉滤光片。在片基 G 和保护玻璃 G′的一个面上各镀一层高反射率的银膜 S，银膜层之间是介质层薄膜 F，光线在银膜间多次反射，形成多光束干涉。易知，干涉滤光片类似于间隔很小的 F-P 标准具。

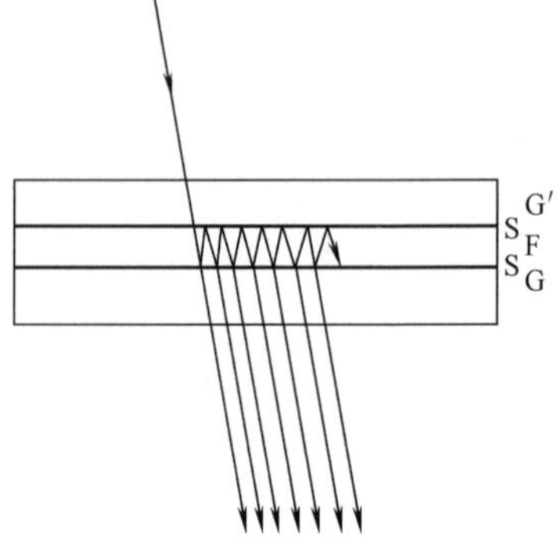

图 12-38 金属膜干涉滤光片

干涉滤光片的光学性能由三个参量表征。

（1）滤光片的中心波长 λ_C，即对应透射比最大的波长。由式(12-49)，得正入射时表达式为

$$\lambda_\mathrm{C}=2nh/m \tag{12-79}$$

它与间隔层光学厚度 nh 和干涉级 m 有关。易知，nh 较大时，存在多个中心波长，可用有色玻璃滤去其他波长。一般情况下，希望 nh 小一些，便以得到单个近单色光。

（2）透射带的波长半宽度 $\Delta\lambda$，即透过比为峰值透过比一半时所对应的两波长差。由式(12-51)和式(12-58)，得

$$\Delta\lambda=\frac{\lambda^2}{2\pi nh}\frac{1-\rho}{\sqrt{\rho}} \tag{12-80}$$

取 λ 为 λ_C，对应的 $\Delta\lambda$ 即透射带的波长半宽度，可见，$\Delta\lambda$ 与 ρ 及 nh（或 m）有关，两者大时，$\Delta\lambda$ 就小，滤光片的单色性就越好。一般 $\Delta\lambda$ 在几纳米至十几纳米。

（3）峰值透过比 τ，即中心波长处的透过比，表示为

$$\tau=(I^{(t)}/I^{(i)})_{max} \tag{12-81}$$

若不考虑吸收等损失，由 $I^{(t)}_{max}=I^{(i)}$，知 $\tau=1$。实际上由于高反膜的吸收和散射等损失，一般 $\tau<1$。特别是金属膜作干涉滤光片时，一般 $\tau<30\%$。

干涉滤光片可用于获取纯度较好的单色光，常常在对单色性有要求的系统中使用，同时也起到消除系统的杂散光的作用。

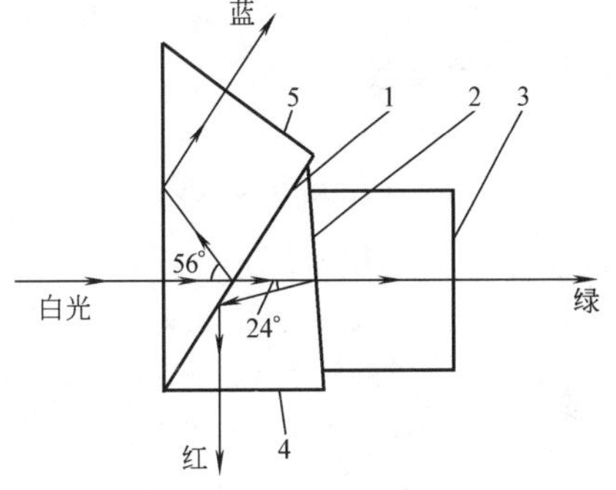

图 12-39　彩色分光系统

1—反蓝透红绿彩色分光膜　2—反红透蓝绿彩色分光膜　3—绿色滤光片　4—红色滤光片　5—蓝色滤光片

2. 彩色分光膜　在彩色电视和彩色印刷中，需要把光分成红、绿、蓝三原色。采用多层介质膜可以镀制成可见区有选择反射性能的滤光器。图 12-39 是彩色电视摄像机中所用的一种彩色分光系统。图中滤光器 1 和 2 分别是反蓝透红绿彩色分光膜和反红透蓝绿彩色分光膜；3、4、5 分别是绿色、红色、蓝色滤光片。入射白光经过彩色分光系统可以得到红、绿、蓝三原色。

3. 红外滤光片　为讨论方便，我们重写式(12-69)

$$\rho=\frac{(n_0-n_G)^2\cos^2\dfrac{\delta}{2}+\left(\dfrac{n_0n_G}{n}-n\right)^2\sin^2\dfrac{\delta}{2}}{(n_0+n_G)^2\cos^2\dfrac{\delta}{2}+\left(\dfrac{n_0n_G}{n}+n\right)^2\sin^2\dfrac{\delta}{2}}$$

前面在讨论式（12-69）时提到过，对于确定的 n_0 和 n_G，介质膜的反射比 ρ 是 λ、n 和 nh 的函数。如果使用确定的膜层折射率 n 和膜层的光学厚度 nh，可以想见，其反射比 ρ 或透过比 τ 是波长 λ 的函数。对于交替涂布光学厚度 nh 相等的 7 层 ZnS($n=2.38$) 和 MgF_2($n=1.38$)，以 nh 为参量，计算得到 τ 随 λ 变化的特性曲线如图 12-40 所示。可以把这特性曲线理解为膜层的滤波特性。比如，由图 a 可知，对于 $nh=130$nm，膜层反射可见光而透过红外光；图 b 则给出相反的情况。这种滤光片叫做红外滤光片，前者用在避免发热的照明场合；后者可以用在放映机系统中以保护胶片。

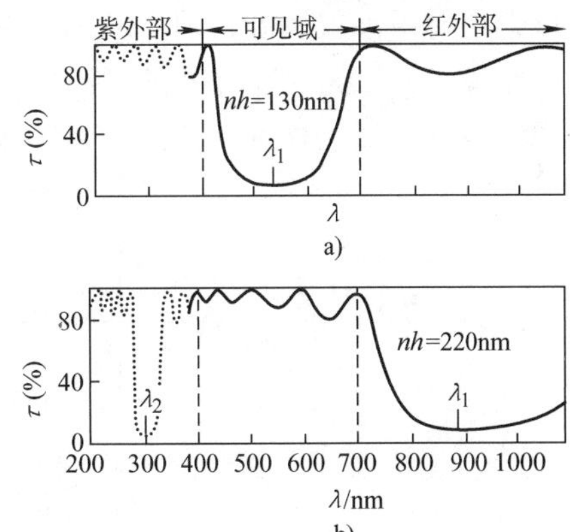

图 12-40　红外滤光片的透光特性曲线

第六节　现代干涉技术和干涉系统

在第四节中结合双光束干涉原理介绍了基本的干涉仪——斐索干涉仪和迈克耳逊干涉仪，随着电子技术、计算机和现代光学的发展，干涉仪与干涉技术在近现代也获得飞速发

展，在学科上形成专门的光干涉测量技术或称激光干涉测量学，在科学技术研究和国防工业应用中的作用举足轻重。本节在上述基本干涉仪的基础上进一步介绍一些干涉仪与现代干涉技术及其应用。

一、外差干涉和泰曼-格林系统

（一）外差干涉原理

迄今为止所讨论的都是图样稳定的干涉场，在第十一章中介绍过光学拍的现象，两个频率差很小的相干光束在空间相遇，会产生一种动态的差频波，这种差频波可以用作外差干涉。

设干涉场上任意点(x,y)处的光波是光频为ω的测试表面光波与光频为$(\omega+\Delta\omega)$的参考表面光波的合成，可写为

$$E(x,y,t)=E_0(x,y)e^{i[\delta(x,y)-\omega t]}+E_r e^{i[\delta_r-(\omega+\Delta\omega)t]} \tag{12-82}$$

式中，$E_0(x,y)$和$\delta(x,y)$分别为测试光波的振幅和相位，E_r及δ_r分别为参考光波的振幅和相位。则干涉场上的光强分布为

$$I(x,y,t)=|E(x,y,t)|^2=E_0^2(x,y)+E_r^2+2E_0(x,y)E_r\cos[\Delta\omega t+\delta_r-\delta(x,y)] \tag{12-83}$$

由式可知，光强是以$\Delta\omega$为频率随时间作余弦变化的，该点的相位被调制为差频波的相位。通过检测该相位可以实现外差干涉计量。

（二）泰曼-格林干涉仪

泰曼-格林干涉仪是迈克耳逊干涉仪的改型，利用这种干涉仪产生的等厚干涉条纹可以检验光学零件（或光学系统）的综合质量。检验原理是通过研究光波波面经光学零件后的变形来确定零件的质量。仪器结构如图12-41a所示，这里用单色点光源照明，经准直后成平行光入射干涉仪系统，因此取消了补偿板。光束2入射到被检棱镜Q上，通过棱镜的光在平面镜M_2上反射后沿原路回到分束镜。移动反射镜M_1使两相干光等光程以求得最清晰的干涉条纹。显然这种干涉条纹是等厚条纹。

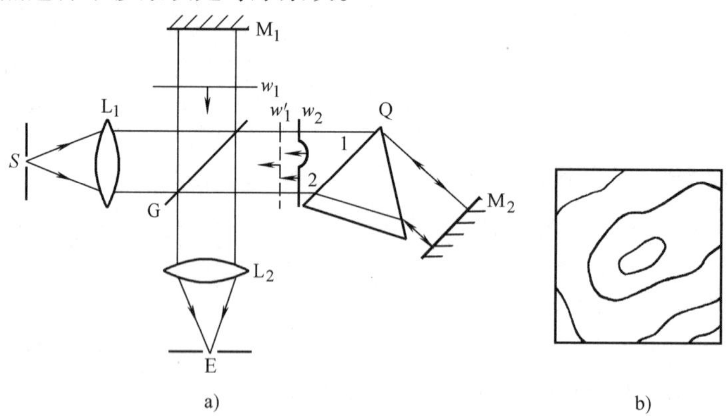

图12-41 泰曼-格林干涉仪

a）检查棱镜 b）棱镜干涉图

产生干涉条纹的原理可以从另一个角度来分析，从整个视场来观察，干涉场中事实上由M_1反射的标准平面波面w_1和由M_2反射的带有两次棱镜缺陷的波面w_2叠加形成干涉条纹，等价于图中w_1'和w_2两个波面的干涉（w_1'是w_1关于分光板G的虚像），两波面上相应点的间距恰为各处的两相干光的光程差。所以干涉条纹全场地反映了被检零件的波面形状，从而反映了零件各处的缺陷。人眼在E处观察，调焦到棱镜表面附近即可看到干涉条纹。

图 12-41b 表示一个典型的棱镜干涉图，条纹密集的地方表示波面弯曲大，而条纹稀疏处波面弯曲小，同一条纹处在与标准波面等高的地方，从一个条纹过渡到另一个条纹，波面间高差为一个波长，在这个意义上，干涉图类似于波面的等高线图，可以用手轻压平面镜 M_2 的后面，使 M_2 稍向外倾，或移动 M_1，用此时的条纹移动方向来确定弯曲的方向，根据等高线确定缺陷，以精确零件表面。

同样的原理可用于检验平行平板。另外，类似于从激光平面干涉仪过渡到激光球面干涉仪，泰曼-格林干涉仪也可用于检验球面镜和透镜等，这种仪器又叫棱镜透镜干涉仪。

（三）外差法泰曼-格林干涉仪

图 12-42a 所示外差法泰曼-格林干涉仪是实现外差法测量的一种系统，它是在泰曼干涉仪的参考光路中加入频率偏移器 D，使入射波的频率 ω 产生一个频率差 $\Delta\omega$。在 A、B 两处安放探测器接受如图 12-42b 给出的信号，其相位项分别为 $\delta_A=\delta_{Ar}-\delta(x_A,y_A)$ 和 $\delta_B=\delta_{Br}-\delta(x_B,y_B)$，两处的相位差 $\Delta\delta=\delta(x_B,y_B)-\delta(x_A,y_A)$ 可以通过图 12-29 测得的 A、B 信号的相位差获得（对于参考波面，不失一般性，假定 $\delta_{Ar}=\delta_{Br}$，否则只相差一个已知的确定常数）。显然

$$\Delta\delta=2\pi\Delta t/T \tag{12-84}$$

这种方法只要用简单的电子装置即可实现相位的直接测量，将模拟信号数字化后，可用计算机做实时处理和显示，检测精度可达 $\lambda/250$ 以上。

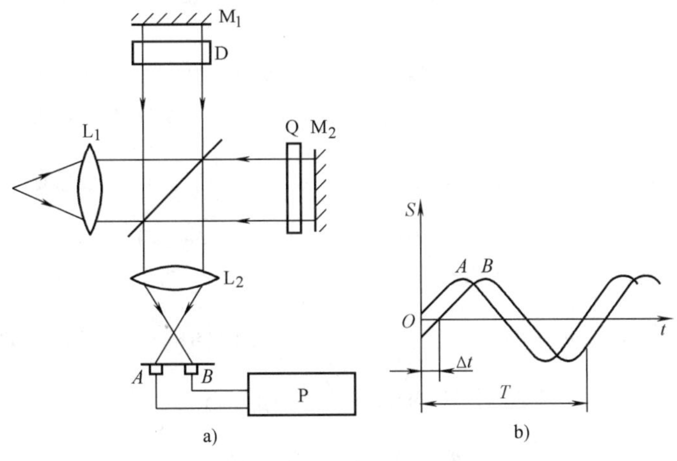

图 12-42　外差法泰曼-格林干涉仪

a）外差干涉原理　b）外差干涉信号

二、剪切干涉和马赫-曾德系统

我们所讨论过的干涉计量，都要使用参考波面或样板波面。现在要讨论的剪切干涉是一种变换被测波面并使之与变换前的波面进行比较而求得被测波面的干涉技术，其特点是可以使两光波共路，系统简便灵活稳定性好。有许多种剪切干涉的方法和广泛的应用，这里介绍其中的横向剪切干涉技术，有兴趣的读者可以参阅有关专著。

（一）剪切干涉原理

以图 12-43 所示的一维待求波面 $\phi(x)$ 为例来讨论剪切干涉的原理。假设该波面在 x 方向获得微小位移 Δx，位移后的波面写为 $\phi(x+\Delta x)$。两波面差为 $\Delta\phi(x)=\phi(x+\Delta x)-\phi(x)$，数学上这是 $\phi(x)$ 的差分运算，本质上相应于微分运算，如果能求得这个差分波面，

就能够通过对它的反演，求出原波面 $\phi(x)$。剪切干涉正好提供了求差分波面的手段，例如，用图 12-44 一个简单的平行平板就可以把波面分成两个，这两个波面的干涉图样从物理上提供了这个差分波面。设光波在平板上的入射角为 i，平板厚度为 d，玻璃折射率为 n，则剪切量为

$$s = d\sin(2i)(n^2 - \sin^2 i)^{-1/2} \tag{12-85}$$

由于干涉图样是等相位差的轨迹，可以写为

$$\Delta\phi(x) = \phi(x+\Delta x) - \phi(x) = 2\pi m(x) \tag{12-86}$$

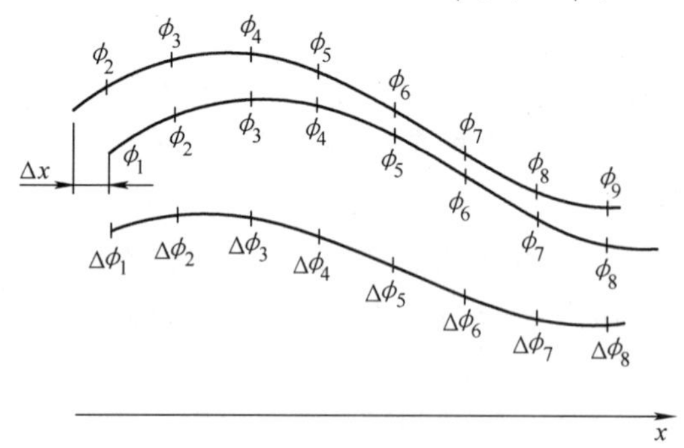

图 12-43 由波面位相差求波面示意图

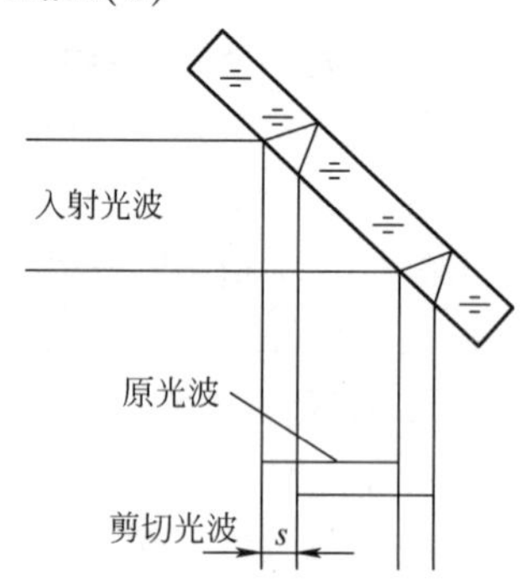

图 12-44 平板剪切示意图

干涉场上的图样 $2\pi m(x)$ 是可测的，测量出不同位置 x 上的条纹级次 m，也就求出了各个位置上的 $\Delta\phi$ 值，从而求出波面 $\phi(x)$。例如，假定 $\phi_1 = 0$，$\phi_2 = \Delta\phi_1$，$\phi_3 = \Delta\phi_1 + \Delta\phi_2$，…，$\phi_{j+1} = \sum_{j=1}^{j} \Delta\phi_j$。事实上，在 Δx 很小时，对式（12-86）稍作变换，写成

$$\frac{\Delta\phi(x)}{\Delta x} = \frac{\phi(x+\Delta x) - \phi(x)}{\Delta x} = \frac{2\pi m(x)}{\Delta x} = \frac{\mathrm{d}\phi(x)}{\mathrm{d}x} = \frac{2\pi m(x)}{\Delta x}$$

或即 $\mathrm{d}\phi(x) = \frac{2\pi m(x)}{\Delta x}\mathrm{d}x$，$\phi(x) = \int \frac{2\pi m(x)}{\Delta x}\mathrm{d}x$，可知前面的反演本质上是做数值积分。进一步，干涉场上如果观察到图样是均匀一片，相当于 $\frac{2\pi m(x)}{\Delta x} =$ 常数 c，则 $\phi(x) = cx + d$，得到了一维空间的线形相位因子，于是可以判断该波面是理想的平面波；可以推想，如果测得的条纹级次随 x 的分布是线性的 $\phi(x)$ 的积分结果为 x 的二次多项式，表明该波面是球面波。

（二）马赫-曾德干涉仪

马赫-曾德干涉仪的结构如图 12-45 所示，G_1、G_2 是两块分别具有半透半反面 A_1、A_2 的平行平面玻璃板，M_1、M_2 是两块平面反射镜，四个反射面通常是平行安置。光源 S 置于透镜 L_1 的焦点，光束经 L_1 准直后经 A_1 分为两束，分别由 M_1、A_2 反射和 M_2 反射、A_2 透射后进入透镜 L_2，两光束的干涉图样可用置于 L_2 焦面附近的照相机拍摄下来，若用短时间曝光，即可得到条纹的瞬间照片。若在光

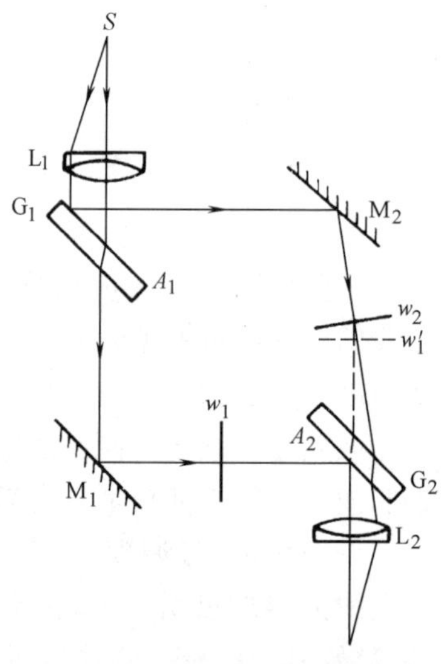

图 12-45 马赫-曾德干涉仪

中放入相位物体，则能够观察到受相位调制的波面 ω_1 与另一光路所得到的基准平面波 ω_2 之间形成的等厚干涉条纹。

在用扩展光源照明时，得到的条纹是定域的，定域面的位置可根据 $\beta=0$ 的条件找到，显然，当四个反射面平行时，定域面在无限远处，或者在 L_2 的焦面上。若在图示平面内转动 M_2 和 G_2，条纹虚定域于 M_2 和 G_2 之间，干涉条纹定域面还可以任意调节。

马赫-曾德干涉仪被用于测量相位物体引起的相位变化，如大型风洞中气流引起的空气密度变化、微小物体的相位变化等。马赫-曾德干涉仪在全息术中也有广泛应用，如用于制备全息光学元件、全息滤波器及全息术研究等。在光纤和集成光学中用途也很广。

（三）剪切法马赫-曾德干涉仪

剪切法马赫-曾德干涉仪布局如图 12-46 所示，各个平板的剪切量已如上述，通过平板的转动得到所需的剪切量为二者之和。这种布局很容易实现互相垂直方向上的剪切，从而实现二维波面的重构。

三、傅里叶变换光谱仪

傅里叶变换光谱仪是利用傅里叶变换技术，根据干涉效应来分析光源的光谱分布的仪器，包括泰曼干涉仪和一套作傅里叶变换的电子计算机处理系统（见图 12-47）。

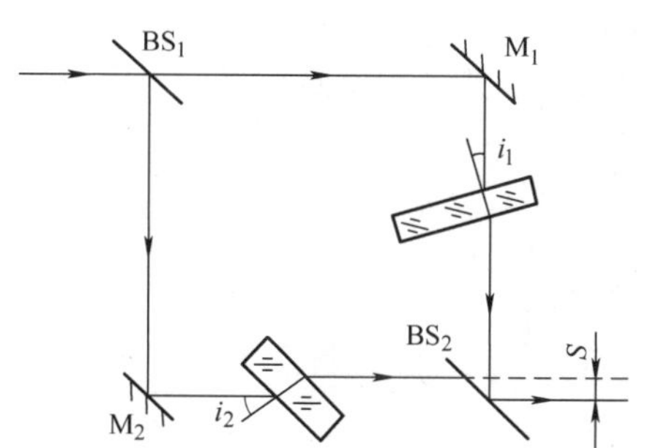

图 12-46　剪切法马赫-曾德干涉仪

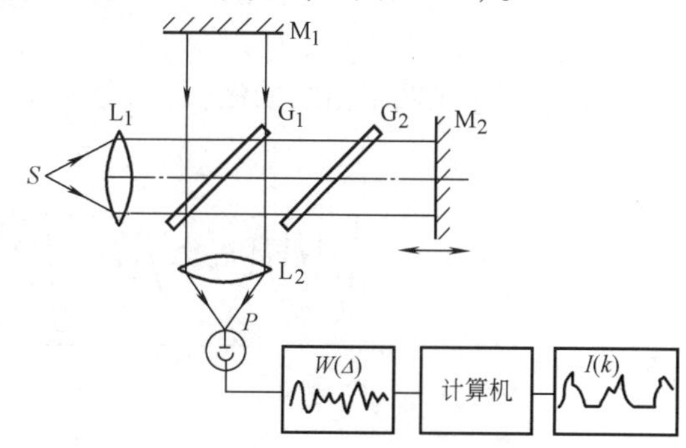

图 12-47　傅里叶变换光谱仪

在本章第三节中已讨论过光源的光谱分布与所产生的干涉条纹的光强或可见度与光程差变化之间有一确定的关系。对于矩形分布的光谱，据式（12-26），强度可表示为

$$I(\Delta)=\int_{K_0-\frac{\Delta k}{2}}^{K_0+\frac{\Delta k}{2}}2i_0(1+\cos k\Delta)\,\mathrm{d}k$$

式中假定发生干涉的两束光强度相等，一般情况下 i_0 并非常数，这时可将谱密度函数写为 $i_0(k)$，因此，一般地上式应为

$$\begin{aligned}I(\Delta)&=\int_{-\infty}^{\infty}2i_0(k)(1+\cos k\Delta)\,\mathrm{d}k\\&=\int_{-\infty}^{\infty}2i_0(k)\,\mathrm{d}k+\int_{-\infty}^{\infty}2i_0(k)\,\frac{\exp(ik\Delta)+\exp(-ik\Delta)}{2}\mathrm{d}k\\&=\frac{1}{2}I(0)+\int_{-\infty}^{\infty}i_0(k)\exp(ik\Delta)\,\mathrm{d}k\end{aligned}$$

式中，$I(0)$是光程差 $\Delta=0$ 时 P 点的强度，把 $i_0(k)$的定义域扩充为从 $-\infty$ 到 $+\infty$，同时定义 $i_0(-k)=i_0(k)$。这样，上式可写为强度随光程差变化的函数

$$W(\Delta)=I(\Delta)-\frac{1}{2}I(0)=\int_{-\infty}^{\infty}i_0(k)\exp(ik\Delta)\mathrm{d}k \tag{12-87}$$

此式表明，$W(\Delta)$与$i_0(k)$构成傅里叶变换对，光源的谱密度函数$i_0(k)$是强度函数$W(\Delta)$的傅里叶变换：

$$i_0(k)=\frac{1}{2\pi}\int_{-\infty}^{\infty}W(\Delta)\exp(-ik\Delta)\mathrm{d}\Delta \tag{12-88}$$

于是，只要通过干涉仪记录下作为光程差函数的强度值$W(\Delta)$，就可以由其傅里叶变换求得谱密度函数$I_0(k)$。在傅里叶变换光谱仪中，移动动镜M_2以改变两束光的光程差Δ，同时记录P点的光强变化。对$W(\Delta)$作傅里叶变换则由电子计算机处理系统来完成。

图12-48是用钠光灯作光源时记录下的强度函数（示意图见图a）及求出的相应的钠双线光谱图（见图b）。图中已将$I(k)$换为$I(\lambda)$。由图可知，$W(\Delta)$随光程差Δ作周期性变化，容易理解条纹的可见度也将随Δ而作周期性变化。这就是我们通常用钠光灯作光源时，在迈克耳逊干涉仪实验中所看到的Δ改变时，干涉条纹时而清晰，时而模糊的原因。不难求得条纹可见度变化的周期是

$$\Delta'=\frac{\lambda_1\lambda_2}{\lambda_2-\lambda_1}\approx\frac{\bar{\lambda}^2}{\Delta\lambda}$$

式中，λ_1和λ_2是两根谱线的波长，$\bar{\lambda}$是平均波长；$\Delta\lambda$为两谱线波长差。

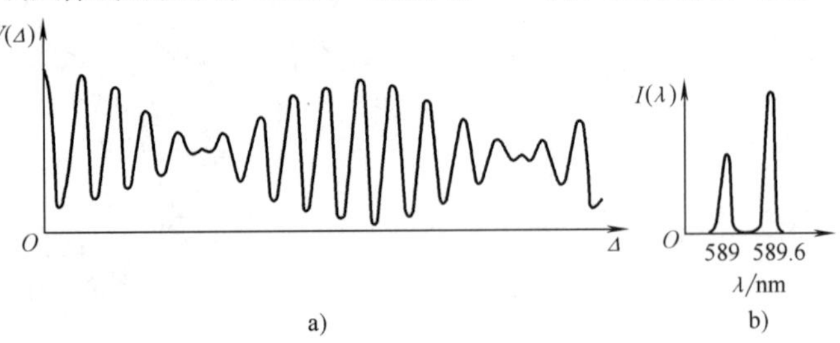

图12-48 强度函数与光谱

傅里叶变换光谱仪其主要特点是光能的利用效率高，在有相同分辨本领的情况下，傅里叶变换光谱仪收集到待测光谱的能量要比一般光谱仪高两个数量级以上。另外，傅里叶变换光谱仪是同时记录所有光谱信息，其信噪比高，这些特点使得傅里叶变换光谱仪对于分析气体的极为复杂而强度很弱的红外光谱特别有用。

四、用于制作光学元件的干涉系统

在介绍了干涉系统的测量功能后，这里用一小节的篇幅介绍干涉系统的另一种功能——光学加工功能。

（一）用于制作平面光栅的一种干涉系统

平面光栅是光谱仪器的重要光学元件，在近代光学中还是重要的光波调制器，传统的加工费时，对工作环境要求高，近代用光学方法制作的所谓全息光栅，制作便当，省时省事。这种加工方法本质上是记录干涉图样，其制作系统的安排如图12-49所示。平行光束经过分光镜B后分成的两束光分别由反光镜M_1和M_2反射，在x方向的上相干涉形成平行等距的余弦条纹，并在置于该方向的记录介质底片H上记录下来，经过光学处理后即得到平面光

栅。

假定系统是对称的，如习题 12-3 中的光路布置，题中得到的干涉条纹间距即是这里全息光栅的光栅栅距

$$d=\frac{\lambda}{2\sin\varphi} \tag{12-89}$$

在 φ 角很小，其正弦值可以用弧度制代替时，该式变为 $d=\frac{\lambda}{2\varphi}$，它正是图 12-49 中水平方向右方的干涉场的纪录结果。

（二）用于制作透镜的一种干涉系统

如前所述，平面光栅的制作，实际上是记录余弦平行等距条纹。如果记录按一定参数设计的余弦等倾条纹，那么它的功用相当于一个透镜（详见第十三章光的衍射），类似于全息平面光栅的名字，这种透镜通常称为全息透镜。全息透镜实际上是被记录的两个球面波或球面波与平面波的干涉图。如把发散光束分成两路，再同轴相向干涉纪录在底片上，类比于平面光栅的形成原理，这里记录的是相当于图 12-50 在垂直方向上的干涉场，形成同轴全息图。同轴全息图记录的条纹也是等倾圆环条纹，条纹间距的分布规律，与牛顿环、平板等倾干涉圆环以及随后第十三章光的衍射中菲涅耳波带片一样，从中心圆环（斑）往外数的环序号平方与环半径成正比。

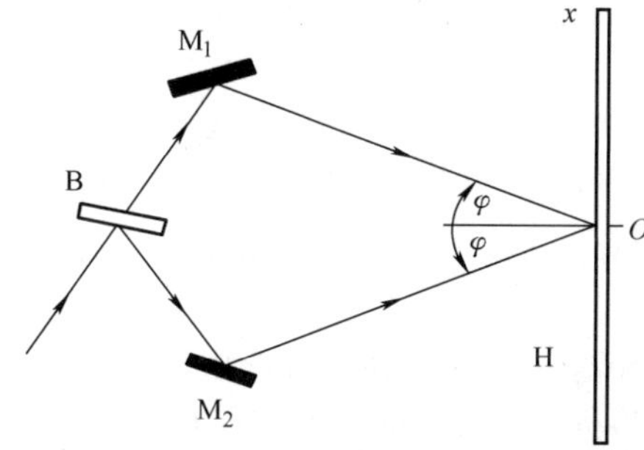

图 12-49　平面光栅制作系统示意图

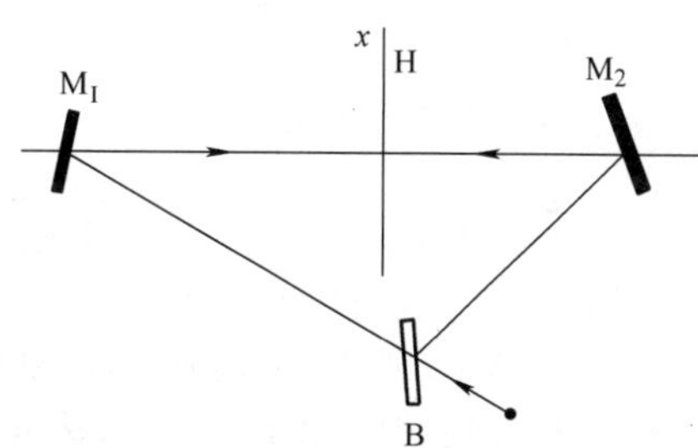

图 12-50　全息透镜制作系统示意图

在结束这一章的时候，我们要指出，光的干涉，原理上是相干光波的叠加，内容上是求干涉场的分布。首先要注意场的属性——标量场还是矢量场，然后正确应用光波的数学表达式来表示光波，按叠加原理，把场上的所有参与叠加的光波表达式写出，照第一节的介绍和习题 12-1 的方法做某种由场属性决定的数学加法和求平方，就可求解场的光强分布。本章连同随后的光的衍射和光的偏振，构成了波动光学的核心内容，干涉场和衍射场讨论的是标量场的光强分布。一般地说，干涉场是分立光波的叠加，衍射场是连续元光波的叠加，此时加法变成了积分；偏振场因其振动特点表示出的矢量光波属性，更注重加法本身，矢量加法在物理上表示不同振动状态合成后振动状态的变化。

习　题

1. 第十一章讨论光强时得出结论：平面波的光强可以直接用它的实振幅的平方表示，即 $I=A^2$。试演算验证：对于用复振幅 $\widetilde{E}=A\exp(\mathrm{i}\boldsymbol{k}\cdot\boldsymbol{r}+\varphi)$ 表示的标量平面光波，可以用其复振幅的共轭平方表示光强；

对于用复振幅矢量表示的矢量平面光波，除了教材中式（12-3）的方法处理外，对于如同光的偏振一章中使用形如$\widetilde{\boldsymbol{E}}(\boldsymbol{r})=\boldsymbol{E}_0\exp(\mathrm{i}\boldsymbol{k}\cdot\boldsymbol{r})=\begin{pmatrix}E_x\exp(\mathrm{i}\boldsymbol{k}\cdot\boldsymbol{r}+\varphi_1)\\E_y\exp(\mathrm{i}\boldsymbol{k}\cdot\boldsymbol{r}+\varphi_2)\end{pmatrix}$的 Jones 矩阵表示的平面光波（不失一般性，$E_x$ 和 E_y 设令为实数），可以用其矩阵的转置共轭乘积来表示光强。

提示：复数矩阵$\begin{pmatrix}\widetilde{A}\\\widetilde{B}\end{pmatrix}$的转置共轭乘积定义为$[\widetilde{A}\quad\widetilde{B}]\cdot\begin{pmatrix}\widetilde{A}^*\\\widetilde{B}^*\end{pmatrix}$。

2. 菲涅耳双面镜波面干涉装置如图 12-51 所示，由两个相交成一个小角度 α 的平面镜组成，由距平面镜交点 O 为 r、波长为 λ 的单色点源 S 照明干涉系统，在距平面镜交点为 q 的远处屏幕 π 处的两光束交叠区上可以观察到干涉条纹。试说明系统的干涉原理，计算相干光束会聚角并进而求取条纹间距。

3. 换一个视角来考察杨氏条纹分布。如图 12-52 所示，假定系统是对称的，相干光波的波长为 λ，相干光的会聚角为 2φ，写出两列光波在屏幕 x 平面上的数学表达式并证明干涉条纹的间距为 $d=\lambda/(2\sin\varphi)$。注意：在 φ 角很小，其正弦值可以用弧度制代替时，该式变为 $d=\lambda/(2\varphi)$，就是杨氏干涉的 $e=\lambda/\omega$。

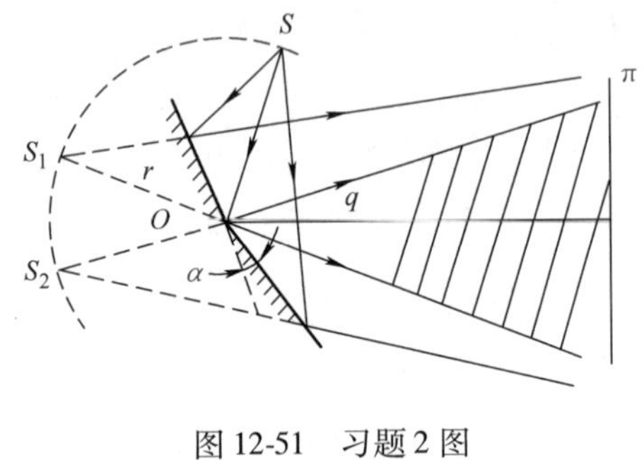

图 12-51 习题 2 图

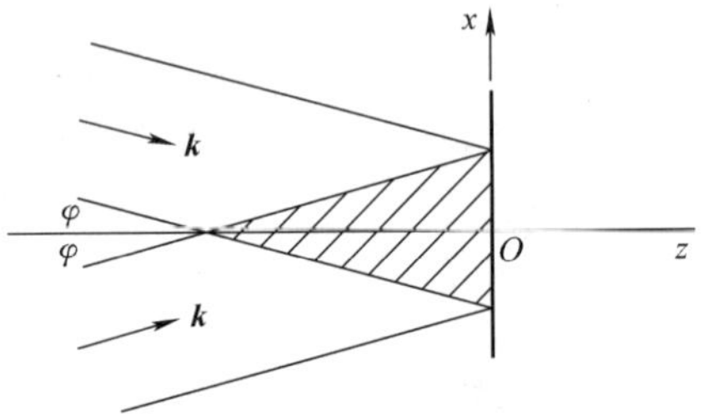

图 12-52 习题 3 图

4. 双缝间距为 1mm，离观察屏 1m，用钠光灯做光源，它发出两种波长的单色光 $\lambda_1=589.0\text{nm}$ 和 $\lambda_2=589.6\text{nm}$，问两种单色光的第 10 级亮条纹之间的距离是多少？

5. 在杨氏实验中，两小孔距离为 1mm，观察屏离小孔的距离为 50cm，当用一片折射率为 1.58 的透明薄片贴住其中一个小孔时（见图 12-53），发现屏上的条纹系移动了 0.5cm，试确定试件厚度。

6. 一个长 30mm 的充以空气的气室置于杨氏装置中的一个小孔前，在观察屏上观察到稳定的干涉条纹系。继后抽去气室中的空气，注入某种气体，发现条纹系移动了 25 个条纹，已知照明光波波长 $\lambda=656.28\text{nm}$，空气折射率 $n_0=1.000276$。试求注入气室内气体的折射率。

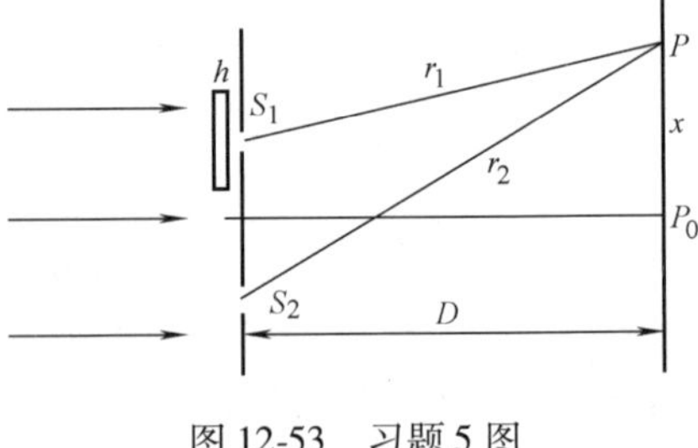

图 12-53 习题 5 图

7. 垂直入射的平面波通过折射率为 n 的玻璃板，透射光经透镜会聚到焦点上。玻璃板的厚度沿着 C 点且垂直于图面（见图 12-54）的直线发生光波波长量级的突变 d，问 d 为多少时，焦点光强是玻璃板无突变时光强的一半。

8. 在点光源的干涉实验中，若光源的光谱分布服从高斯分布（见图 12-55）

$$i=i_0\exp(-\alpha^2x^2)$$

式中，$\alpha=2\sqrt{\ln2}/\Delta k$，$x=k-k_0$。试证明干涉条纹的可见度表达式可近似地写为 $K=\exp\left[-\left(\frac{\Delta}{2d}\right)^2\right]$。

9. 若光波的波长为 λ，波长宽度为 $\Delta\lambda$，相应的频率和频率宽度记为 ν 和 $\Delta\nu$，证明：$\left|\frac{\Delta\nu}{\nu}\right|=\left|\frac{\Delta\lambda}{\lambda}\right|$。对于 $\lambda=632.8\text{nm}$ 的氦氖激光，波长宽度 $\Delta\lambda=2\times10^{-8}\text{nm}$，求频率宽度和相干长度。

10. 直径为 0.1mm 的一段钨丝用作杨氏实验的光源（$\lambda=550\text{nm}$），为使横向相干宽度大于 1mm，双孔必须与灯相距多远？

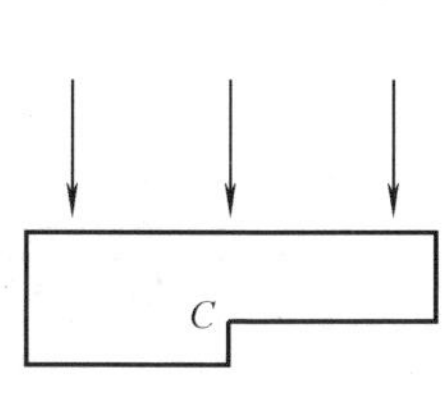

图 12-54　习题 7 图

图 12-55　习题 8 图

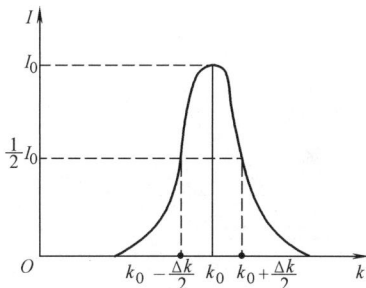

11. 在等倾干涉实验中，若照明光波的波长 $\lambda=600\text{nm}$，平板的厚度 $h=2\text{mm}$，折射率 $n=1.5$，其下表面涂上某种高折射率介质 $n_H>1.5$，问（1）在反射光方向观察到的圆条纹中心是暗还是亮？（2）由中心向外计算，第 10 个亮纹的半径是多少？（观察望远物镜的焦距为 20cm）（3）第 10 个亮环处的条纹间距是多少？

12. 用氦氖激光照明迈克耳逊干涉仪，通过望远镜看到视场内有 20 个暗环，且中心是暗斑。然后移动反射镜 M_1，看到暗环条纹收缩，并且一一在中心消失了 20 个环，此时视场内只有 10 个暗环，试求（1）M_1 移动前中心暗斑的干涉级次（设干涉仪分光板 G_1 不镀膜）；（2）M_1 移动后第 5 个暗环的角半径。

13. 在等倾干涉实验中，若平板的厚度和折射率分别是 $h=3\text{mm}$ 和 $n=1.5$，望远镜的视场角为 6°，光波长 $\lambda=450\text{nm}$，问通过望远镜能够看到几个亮纹？

14. 用等厚条纹测量玻璃楔板的楔角时，在长达 5cm 的范围内共有 15 个亮条纹，玻璃楔板的折射率 $n=1.52$，所用光波波长 $\lambda=600\text{nm}$，求楔角。

15. 图 12-56 所示的装置产生的等厚干涉条纹称牛顿环。证明 $R=\dfrac{r^2}{N\lambda}$，N 和 r 分别表示第 N 个暗纹及对应的暗纹半径；λ 为照明光波波长；R 为球面曲率半径。

16. 试根据干涉条纹清晰度的条件（对应于光源中点和边缘点，观察点光程之差 $\delta\Delta$ 必须小于 $\lambda/4$），证明在楔板表面观察等厚条纹时，光源的许可角度为 $\theta_p=\dfrac{1}{n'}\sqrt{\dfrac{n\lambda}{h}}$，其中，$h$ 是观察点处楔板厚度；n 和 n' 是板内外折射率。

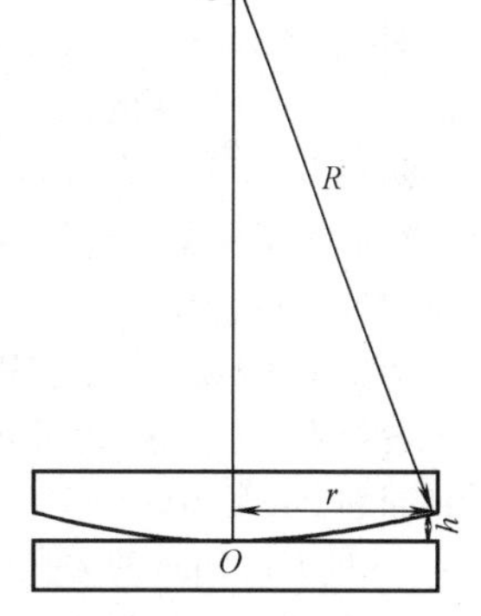

图 12-56　习题 15 图

17. 在图 12-57 中，长度为 10cm 的柱面透镜一端与平面玻璃相接触，另一端与平面玻璃相隔 0.1mm，透镜的曲率半径为 1m。问：（1）在单色光垂直照射下看到的条纹形状怎样？（2）在透镜长度方向及与之垂直的方向上，由接触点向外计算，第 N 个暗条纹到接触点的距离是多少？设照明光波波长 $\lambda=500\text{nm}$。

18. 假设照明迈克耳逊干涉仪的光源发出波长为 λ_1 和 λ_2 的两个单色光波，$\lambda_2=\lambda_1+\Delta\lambda$，且 $\Delta\lambda<<\lambda_1$，这样，当平面镜 M_1 移动时，干涉条纹呈周期性的消失和再现，从而使条纹可见度作周期性变化，（1）试求条纹可见度随光程差的变化规律；（2）相继两次条纹消失时，平面镜 M_1 移动的距离 Δh；（3）对于钠灯，设 $\lambda_1=589.0\text{nm}$ 和 $\lambda_2=589.6\text{nm}$ 均为单色光，求 Δh 值。

19. 图 12-58 是用泰曼干涉仪测量气体折射率的示意图，其中 D_1 和 D_2 是两个长度为 10cm 的真空气室，端面分别与光束Ⅰ和Ⅱ垂直。在观察到单色光照明（$\lambda=589.3\text{nm}$）产生的干涉条纹后，缓慢向气室 D_2 充氧气，最后发现条纹移动了 92 个，（1）计算氧气的折射率；（2）若测量条纹精度为 1/10 条纹，求折射率的测量精度。

20. 红宝石激光棒两端面平行差为 10″，将其置于泰曼干涉仪的一支光路中，光波的波长为 632.8nm，棒放入前，仪器调整为无干涉条纹，问应该看到间距多大的条纹？设红宝石棒的折射率 $n=1.76$。

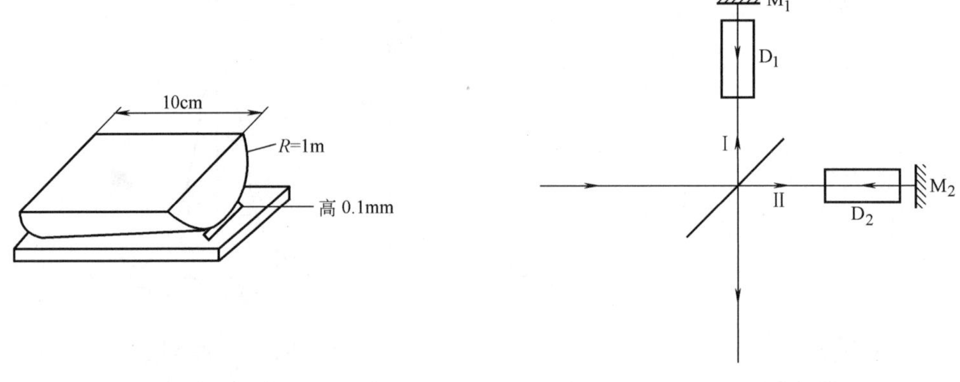

图 12-57　习题 17 图

图 12-58　习题 19 图

21. 将一个波长稍小于 600nm 的光波与一个波长为 600nm 的光波在 F-P 干涉仪上比较，当 F-P 干涉仪两镜面间距改变 1.5mm 时，两光波的条纹就重合一次，试求未知光波长。

22. F-P 标准具的间隔为 2.5mm，问对于 $\lambda=500\text{nm}$ 的光，条纹系中心的干涉级是多少？如果照明光波包含波长 500nm 和稍小于 500nm 的两种光波，它们的环条纹距离为 1/100 条纹间距，问未知光波的波长是多少？

23. F-P 标准具两镜面的间隔为 0.25mm，它产生的 λ_1 谱线的干涉环系中的第 2 环和第 5 环的半径分别是 2mm 和 3.8mm，λ_2 谱线的干涉环系中的第 2 环和第 5 环的半径分别是 2.1mm 和 3.85mm。两谱线的平均波长为 500nm，求两谱线波长差。

24. 如图 12-59 所示，F-P 标准具两镜面的间隔为 1cm，在其两侧各放一个焦距为 15cm 的准直透镜 L_1 和会聚透镜 L_2。直径为 1cm 的光源（中心在光轴上）置于 L_1 的焦面上，光源为 $\lambda=589.3\text{nm}$ 的单色光。空气折射率为 1。(1) 计算 L_2 焦点处的干涉级次，在 L_2 的焦面上能看到多少个亮条纹？其中半径最大条纹的干涉级和半径是多少？(2) 若将一片折射率为 1.5，厚度为 0.5mm 的透明薄片插入其间至一半位置，干涉环条纹应怎样变化？

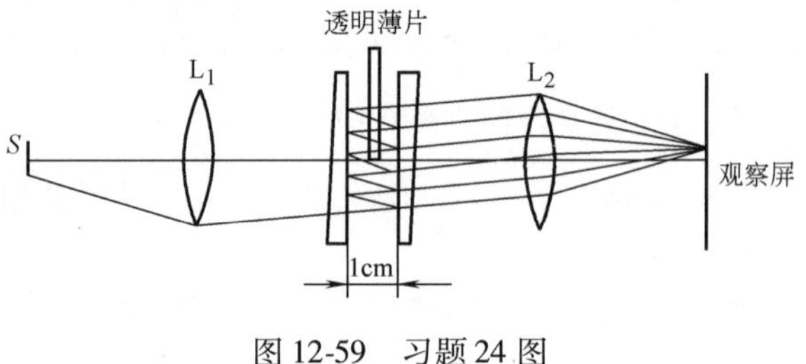

图 12-59　习题 24 图

25. 在玻璃基片上（$n_G=1.52$）涂镀硫化锌薄膜（$n=2.38$），入射光波长为 $\lambda=500\text{nm}$，求正入射时给出最大反射比和最小反射比的膜厚及相应的反射比。

26. 在玻璃基片上镀两层光学厚度为 $\lambda_0/4$ 的介质薄膜，如果第一层折射率为 1.35，问为达到在正入射下膜系对 λ_0 全增透的目的，第二层薄膜的折射率应为多少？（玻璃基片折射率 $n_G=1.6$）

27. 在照相物镜上镀一层光学厚度为 $\frac{5}{4}\lambda_0$（$\lambda_0=550\text{nm}$）的低折射率膜，试求在可见区内反射比最大的波长？薄膜应呈什么颜色？

28. 有一干涉滤光片间隔层的厚度为 2×10^{-4}mm，折射率 $n=1.5$，求 (1) 正入射时滤光片在可见区内的中心波长；(2) $\rho=0.9$ 时透射带的波长半宽度；(3) 倾斜入射时，入射角分别为 10°和 30°时的透射光波长。

29. 在玻璃基片（$n_G=1.6$）上镀单层增透膜，膜层材料是氟化镁（$n=1.38$），控制膜厚度使得在正入射时对于波长 $\lambda_0=500\text{nm}$ 的光给出最小反射比。试求这个单层膜在下列条件下的反射比：

(1) 波长 $\lambda_0=600\text{nm}$，入射角 $\varphi_0=0°$；(2) 波长 $\lambda_0=500\text{nm}$，入射角 $\varphi_0=30°$。

第十三章　光 的 衍 射

光的衍射是光的波动性的主要标志之一。建立在光的直线传播定律基础上的几何光学不能解释光的衍射现象，这种现象的解释要依赖于波动光学。历史上最早成功地运用波动光学原理解释衍射现象的是菲涅耳（1818 年），他把惠更斯在 17 世纪提出的惠更斯原理用干涉理论加以完善，发展成为惠更斯-菲涅耳原理，从而相当成功地解释了光的衍射现象。在光的电磁理论出现之后，人们知道光是一种电磁波，因而光波通过小孔之类的衍射问题应该作为电磁场的边值问题来处理。但一般这种普遍解法很复杂，实际所用的衍射理论都是一些近似解法。

本章基于惠更斯-菲涅耳原理，介绍基尔霍夫的标量衍射理论和菲涅耳-基尔霍夫积分公式；讨论菲涅耳衍射和夫琅和费衍射的一般处理方法，着重讨论夫琅和费衍射分布的特点和应用。简要介绍衍射光学的近代发展——二元光学和应用。

第一节　光波衍射的基本理论

一、光的衍射现象

在单色点光源和屏幕之间放置一个中间开有圆孔的不透明屏如图 13-1 所示，对投影边缘仔细观察会发现：有光线进入到几何阴影区，并且出现了一些亮暗相间的条纹。索末菲将这种“不能用反射或折射来解释的光线对直线光路的任何偏离”的现象定义为光的衍射。

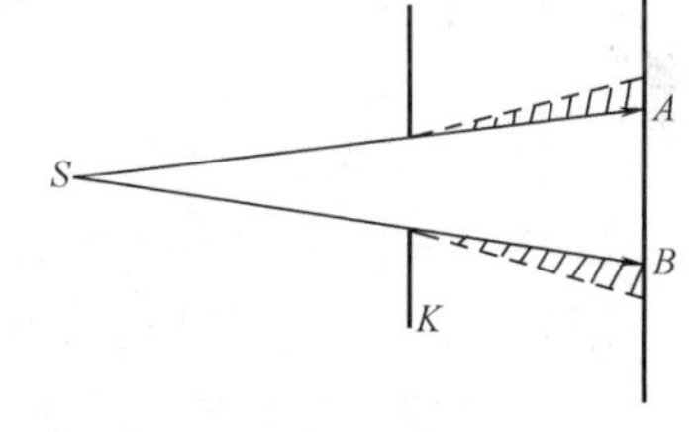

图 13-1　光的衍射现象

衍射现象的发生，最初认为是由于自由光波在空间传播遇到障碍物（如狭缝、孔、屏）时，其波面（或波前）受到障碍物体的限制、分割而使波面发生破损，实际上波面的任何变形（通过相位物体）或者说波面（波前）上光场的复振幅分布受到任何空间调制，都将导致衍射现象的发生，而使通过障碍物以后的光场的复振幅重新分布。

导致衍射发生的障碍物称作“衍射屏”，其特性用复振幅透射系数 $t(x_1, y_1)$ 表示有

$$t(x_1, y_1) = A(x_1, y_1)\mathrm{e}^{\mathrm{i}\varphi(x_1, y_1)} \tag{13-1}$$

$t(x_1, y_1)$ 是一复值函数，$A(x_1,\ y_1)$ 表示振幅，$\varphi(x_1,\ y_1)$ 表示相位，$(x_1,\ y_1)$ 代表衍射屏上的空间坐标。

图 13-2 表示一个衍射系统的基本配置：光源、衍射屏、接收屏。设 $\widetilde{E}_0(x_1,\ y_1)$ 为照明光场透过衍射屏前的复振幅分布，而 $\widetilde{E}(x_1,\ y_1)$ 是刚刚透过衍射屏后的复振幅分布，并且有

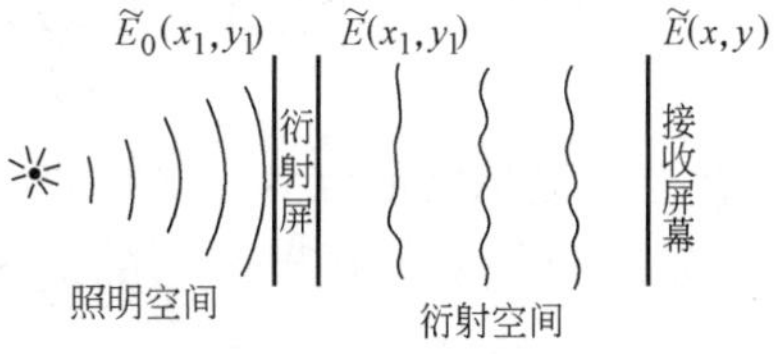

图 13-2　衍射系统中的三个波前

$$\widetilde{E}(x_1,y_1)=\widetilde{E}_0(x_1,y_1)t(x_1,y_1) \tag{13-2}$$

式(13-2)体现了衍射屏对照明光场在屏面上复振幅分布 $\widetilde{E}_0(x_1, y_1)$ 的分割、调制作用。被调制的光场 $\widetilde{E}(x_1, y_1)$ 的传播将发生衍射，在接收屏上得到新的复振幅分布 $\widetilde{E}(x, y)$，这个分布完全不同于 $\widetilde{E}(x_1, y_1)$。

衍射现象的基本问题是：已知照明光场和衍射屏的特性求屏幕上衍射光场的分布；已知衍射屏及屏幕上衍射光场的分布去探索照明光场的某些特性；特别是已知照明光场及屏幕上所需要的衍射光场分布，设计、计算衍射屏的结构和制造衍射光学元件。

二、惠更斯-菲涅耳原理

1690 年惠更斯为了说明波在空间各点逐步传播的机理，曾提出一种假设：波面（波前）上的每一点都可以看作为一个发出球面子波的次级扰动中心，在后一个时刻这些子波的包络面就是该时刻新的波面。因为波面的法线方向就是光波的传播方向（在各向同性介质中也是光线的传播方向），所以应用惠更斯原理可以确定光波从一个时刻到另一个时刻的传播。

利用惠更斯原理可以说明衍射现象的存在。考察如图 13-3 所示的衍射实验。单色点光源发出的球面波到达圆孔边缘时，波面只有 DD'部分暴露在圆孔范围内，其余部分受光屏阻挡。按照惠更斯原理，暴露在圆孔范围内的波面上的各点可以看作为次级扰动中心、发出球面子波，并且这些子波的包络面决定圆孔后的新的波面。可见，新的波面扩展到 SD，SD'锥体之外，在锥体外光波不再沿原光波方向传播。

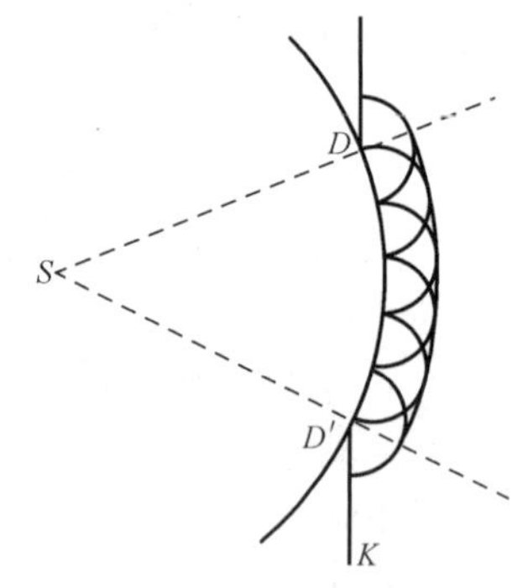

图 13-3　光波通过圆孔的惠更斯作图法

菲涅耳基于光的干涉原理，并考虑到惠更斯子波来自同一光源，它们应该是相干的，因而波面外任一点的光振动应该是波面上所有子波在该点相干叠加的结果。这样用“子波相干叠加”思想补充的惠更斯原理叫做惠更斯-菲涅耳原理，它能够用来很好地解释光的衍射现象。

下面来导出惠更斯-菲涅耳原理的数学表达式。考察单色点光源 S 发出的球面波对于空间任意一点 P 的作用，即 S 点的光振动怎样传播到 P 点（见图 13-4）。选取 S 和 P 之间一个波面 Σ'，并以波面上各点发出的子波在 P 点相干叠加的结果代替 S 对 P 的作用。设单色点光源 S 在波面 Σ'上任一点 Q 产生的复振幅为

$$\widetilde{E}_Q=\frac{A}{R}\exp(ikR) \tag{13-3}$$

式中，A 是离点光源单位距离处的振幅；R 是波面 Σ' 的半径。

在 Q 点处取波面元 $d\sigma$，则按照菲涅耳的假设，面元 $d\sigma$ 发出的子波在 P 点产生的复振幅与入射波在面元上的复振幅 $\widetilde{E}_Q$、面元大小 $d\sigma$ 和倾斜因子 $K(\theta)$ 成

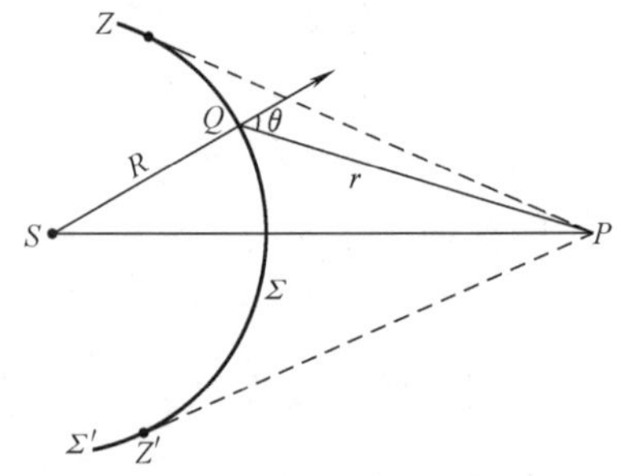

图 13-4　点光源 S 对 P 点的作用

正比；$K(\theta)$ 表示子波的振幅随面元法线与 QP 的夹角 θ 的变化（θ 称为衍射角）。因此，面元 $\mathrm{d}\sigma$ 在 P 点产生的复振幅可以表示为

$$\mathrm{d}\widetilde{E}(P)=CK(\theta)\frac{A\exp(\mathrm{i}kR)}{R}\frac{\exp(\mathrm{i}kr)}{r}\mathrm{d}\sigma \tag{13-4}$$

式中，C 为一常数，$r=QP$。菲涅耳还假设，当 $\theta=0$ 时，倾斜因子 K 有最大值，而随着 θ 的增大，K 不断减小。在图 13-4 中，ZZ' 范围内[$K(\theta)\neq 0$]的波面 Σ 上的面元发出的子波对 P 点产生的复振幅总和为

$$\widetilde{E}(P)=\frac{CA\exp(\mathrm{i}kR)}{R}\iint_{\Sigma}\frac{\exp(\mathrm{i}kr)}{r}k(\theta)\mathrm{d}\sigma \tag{13-5}$$

上式就是惠更斯-菲涅耳原理的数学表达式。利用这一表达式原则上可以计算任意形状的孔或屏的衍射问题。显然，只有在孔径范围内的波面 Σ 对 P 点起作用，这部分波面的各面元发出的子波在 P 点的干涉将决定 P 点的复振幅和强度。由此可见，衍射问题实质上还是个干涉问题。只是与上一章讨论的两个或多个相干光束的干涉有别，它所处理的是波面上无数个子波源发出的子波的干涉。换言之，只要对波面 Σ 完成式(13-5)的积分，便可求得 P 点的复振幅和强度。

实际上，式(13-5)中的积分面可以选取波面，更一般的情况也可以选取 S 和 P 之间的任何一个曲面或平面，设其复振幅分布为 $\widetilde{E}(Q)$，则这一曲面或平面上的各点发出的子波在 P 点产生的复振幅可以表示为

$$\widetilde{E}(P)=C\iint_{\Sigma}\widetilde{E}(Q)\frac{\exp(\mathrm{i}kr)}{r}K(\theta)\mathrm{d}\sigma \tag{13-6}$$

上式可以看作惠更斯-菲涅耳原理的推广。

三、菲涅耳-基尔霍夫衍射公式

利用公式(13-6)对一些简单形状孔径的衍射现象进行计算时，虽然计算出的衍射光强分布与实际的结果符合得很好。但是菲涅耳理论本身是不严格的，例如，倾斜因子 $K(\theta)$ 的引入缺乏理论依据，也没能够准确地给出倾斜因子 $K(\theta)$ 和常数 C 的具体形式等。基尔霍夫弥补了菲涅耳理论的不足，从波动微分方程出发，利用场论中的格林（Green）定理及电磁场的边值条件，给惠更斯-菲涅耳原理找到了较完善的数学表达式[1]，确定了倾斜因子 $K(\theta)$ 和常数 C 的具体形式。其公式表示如下：

$$\widetilde{E}(P)=\frac{A}{\mathrm{i}\lambda}\iint_{\Sigma}\frac{\exp(\mathrm{i}kl)}{l}\frac{\exp(\mathrm{i}kr)}{r}\left[\frac{\cos(n,r)-\cos(n,l)}{2}\right]\mathrm{d}\sigma \tag{13-7}$$

此式称为菲涅耳-基尔霍夫衍射公式。它表示单色点光源发出的球面波照射到孔径 Σ 上，在 Σ 后任意一点 P 处产生的光振动的复振幅（见图 13-5）。式中 l 是点源 S 到 Σ 上任意一点 Q 的距离，r 是 Q 点到 P 点的距离，$(n,\ l)$ 和 $(n,\ r)$ 分别为孔径面 Σ 的法线与 l 和 r 方向的夹角。若令

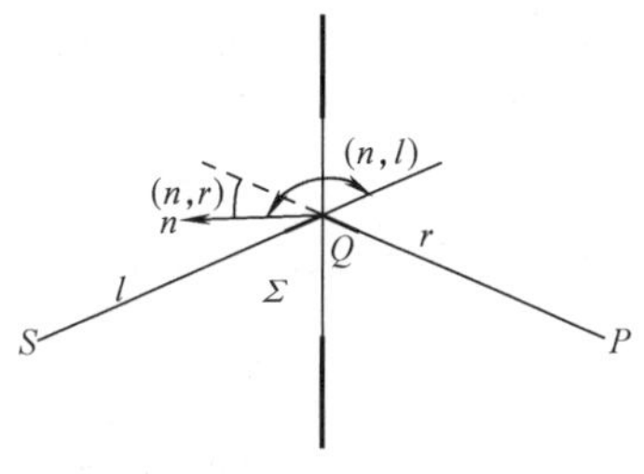

图 13-5　球面波在孔径 Σ 上的衍射

$$C=\frac{1}{\mathrm{i}\lambda};\widetilde{E}(Q)=\frac{A\exp(\mathrm{i}kl)}{l};K(\theta)=\frac{\cos(n,r)-\cos(n,l)}{2}$$

则式(13-7)与式(13-6)完全相同。因此，式(13-7)也可以按照惠更斯-菲涅耳原理的基本思想进行解释，P 点的场是由孔径 Σ 上无穷多个虚设的子波源 $\frac{1}{r}\exp(\mathrm{i}kr)$ 产生的，子波源的复振幅与入射波在该点的复振幅 $\widetilde{E}(Q)$ 和倾斜因子 $K(\theta)$ 成正比，与波长 λ 成反比，并且因子 $\frac{1}{\mathrm{i}}\left[=\exp\left(-\mathrm{i}\frac{\pi}{2}\right)\right]$ 表明，子波源的振动相位超前于入射波 90°。基尔霍夫公式给出了倾斜因子的具体形式：$K(\theta)=\frac{1}{2}[\cos(n,r)-\cos(n,l)]$，它表示子波的振幅在各个方向上是不同的，其值在 0 与 1 之间。如果点光源离开孔径足够远，使入射光可以看成为垂直入射到孔径的平面波，那么对于孔径上各点都有 $\cos(n,l)=-1$，$\cos(n,r)=\cos\theta$（见图 13-6），因而

$$K(\theta)=\frac{1+\cos\theta}{2}$$

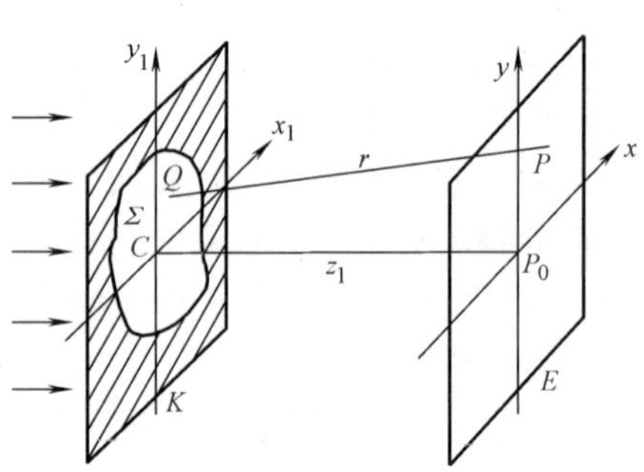

图 13-6 孔径 Σ 的衍射

菲涅耳-基尔霍夫衍射公式假设了衍射孔径由单个发散球面波（波长为 λ）照明，显然对更普遍的孔径照明的情况也是成立的。这种普遍性实际上寓于上述较特殊的情况之中，因为任意照明的情况总可以分解为（可能是无穷多个）点源（或波长）的集合，而由于波动方程的线性性质，可对每一个点源（或波长）应用这个公式。

四、巴比涅原理

由基尔霍夫衍射理论，还可以得出关于互补屏衍射的一个有用原理。所谓互补屏，是指这样两个衍射屏，其一的通光部分正好对应另一个的不透明部分，反之亦然。如图 13-7a 和 b 就是一对互补屏。图 a 表示一个开有圆孔的无穷大的不透明屏，图 b 表示一个大小与圆孔相同的不透明圆屏。

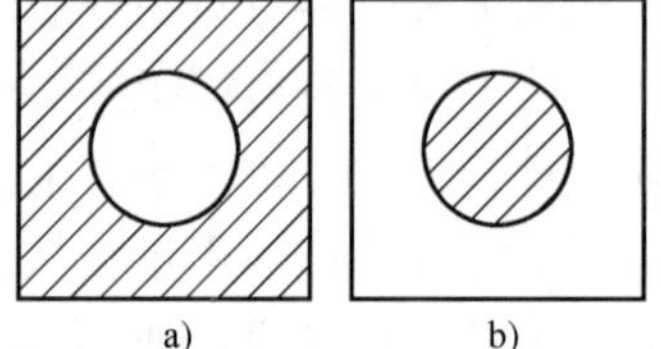

图 13-7 两个互补屏

设 $\widetilde{E}_{\mathrm{a}}(P)$、$\widetilde{E}_{\mathrm{b}}(P)$ 分别表示两个互补屏单独放在光源和考察点 P 之间时 P 点的复振幅，$\widetilde{E}(P)$ 表示两个屏都不存在时考察点 P 的复振幅。那么按照式(13-7)，$\widetilde{E}_{\mathrm{a}}(P)$、$\widetilde{E}_{\mathrm{b}}(P)$ 可表示成两个互补屏各自通光部分的积分，而两个屏的通光部分合起来正好和不存在屏时一样，所以有

$$\widetilde{E}(P)=\widetilde{E}_{\mathrm{a}}(P)+\widetilde{E}_{\mathrm{b}}(P) \tag{13-8}$$

此式表示两个互补屏单独产生的衍射场的复振幅之和等于没有屏时的复振幅。这一结果称为巴比涅原理。

由巴比涅原理，如 $\widetilde{E}(P)=0$，则有 $\widetilde{E}_{\mathrm{a}}(P)=-\widetilde{E}_{\mathrm{b}}(P)$。这表示在 $\widetilde{E}(P)=0$ 的那些点，$\widetilde{E}_{\mathrm{a}}(P)$ 和 $\widetilde{E}_{\mathrm{b}}(P)$ 和的相位差为 π，而强度 $I_{\mathrm{a}}=|\widetilde{E}_{\mathrm{a}}(P)|^2$ 和 $I_{\mathrm{b}}=|\widetilde{E}_{\mathrm{b}}(P)|^2$ 相等。也就是在

$\widetilde{E}(P)=0$的那些点，两个互补屏单独产生的衍射图样的强度相等。

利用互补屏的衍射特性，可以用衍射方法方便地测量细线（如几十微米或几微米的金属丝或其他细丝）的直径。

五、基尔霍夫衍射公式的近似

应用基尔霍夫公式(13-7)来计算衍射问题时，由于被积函数的形式比较复杂，所以即使对于很简单的衍射问题也不易以解析形式求出积分。因此，有必要根据实际的衍射问题对公式作某些近似处理。

（一）初步近似

考察无穷大的不透明屏上的孔 Σ 对垂直入射的单色平面波的衍射（见图 13-6）。通常衍射孔径的线度及在观察屏上的考查范围均比观察屏到孔径的距离小得多。据此，可作如下两点近似：

（1）取 $\cos(n, r)=\cos\theta\approx 1$，因此倾斜因子 $K(\theta)=\dfrac{1+\cos\theta}{2}\approx 1$，即近似地把倾斜因子看作常量，不考虑它的影响。

（2）在孔径范围内，认为某点 Q 到观察屏上考察点 P 的距离 r 的变化不大，并且 r 的变化对孔径范围内各子波源发出的球面子波在 P 点的振幅影响不大，可取 $r\approx z_1$，其中，z_1 是观察屏和衍射屏之间的距离。但式(13-7)复指数中的 r 的变化对相位的影响不能忽略。于是，式(13-7)可以写为

$$\widetilde{E}(P)=\frac{1}{\mathrm{i}\lambda z_1}\iint_{\Sigma}\widetilde{E}(Q)\exp(\mathrm{i}kr)\,\mathrm{d}\sigma \tag{13-9}$$

式中，$\widetilde{E}(Q)=\dfrac{A\exp(\mathrm{i}kl)}{l}$为孔径 Σ 内各点的复振幅分布。

（二）菲涅耳近似和菲涅耳衍射计算公式

式(13-9)被积函数中的 r 虽不可取作为 z_1，但对于具体的衍射问题还可以作更精确些的近似。为此，在孔径平面和观察平面分别取直角坐标（x_1，y_1）和（x，y），见图 13-6，因而 r 可以写成

$$r=\sqrt{z_1^2+(x-x_1)^2+(y-y_1)^2}=z_1\left[1+\left(\frac{x-x_1}{z_1}\right)^2+\left(\frac{y-y_1}{z_1}\right)^2\right]^{1/2}$$

式中，（x_1，y_1）和（x，y）分别是孔径上任一点 Q 和观察屏上考察点 P 的坐标值。对上式作二项式展开，得到

$$r=z_1\left\{1+\frac{1}{2}\left[\frac{(x-x_1)^2+(y-y_1)^2}{z_1^2}\right]-\frac{1}{8}\left[\frac{(x-x_1)^2+(y-y_1)^2}{z_1^2}\right]^2+\cdots\right\}$$

当 z_1 大到使得上式第三项以后各项对相位 kr 的贡献远小于 π 时，即

$$\frac{k}{8z_1^3}\left[(x-x_1)^2+(y-y_1)^2\right]_{\max}^2\ll\pi \tag{13-10}$$

第三项以后各项便可忽略，因此可只取头两项来表示 r，即

$$r=z_1\left\{1+\frac{1}{2}\left[\frac{(x-x_1)^2+(y-y_1)^2}{z_1^2}\right]\right\}=z_1+\frac{x^2+y^2}{2z_1}-\frac{xx_1+yy_1}{z_1}+\frac{x_1^2+y_1^2}{2z_1} \tag{13-11}$$

这一近似称为菲涅耳近似。观察屏置于这一近似成立的区域（菲涅耳区）内所观察到的衍射现象称为菲涅耳衍射。

在菲涅耳近似下，由式(13-11)，即可得到菲涅耳衍射的计算公式

$$\widetilde{E}(x,y) = \frac{\exp(\mathrm{i}kz_1)}{\mathrm{i}\lambda z_1}\iint_{\Sigma}\widetilde{E}(x_1,y_1)\exp\left\{\frac{\mathrm{i}k}{2z_1}[(x-x_1)^2+(y-y_1)^2]\right\}\mathrm{d}x_1\mathrm{d}y_1 \qquad (13\text{-}12)$$

式中，已把 $\mathrm{d}\sigma$ 写作 $\mathrm{d}x_1\mathrm{d}y_1$。上式积分域是孔径 Σ，由于在 Σ 之外，复振幅 $\widetilde{E}(x_1, y_1)=0$，所以上式亦可写成对整个 x_1y_1 平面的积分

$$\widetilde{E}(x,y) = \frac{\exp(\mathrm{i}kz_1)}{\mathrm{i}\lambda z_1}\iint_{-\infty}^{\infty}\widetilde{E}(x_1,y_1)\exp\left\{\frac{\mathrm{i}k}{2z_1}[(x-x_1)^2+(y-y_1)^2]\right\}\mathrm{d}x_1\mathrm{d}y_1 \qquad (13\text{-}13)$$

式(13-12)和式(13-13)代表菲涅耳子波的线性叠加积分，这里 $\exp\left\{\frac{\mathrm{i}k}{2z_1}[(x-x_1)^2+(y-y_1)^2]\right\}$ 表示在菲涅耳近似条件下，孔径上任意一点 $Q(x_1, y_1)$发出的球面子波在观察面上的复振幅分布，或者说 Q 点子波在观察面上的响应，并且不同的 Q 点在（x、y）面上的响应具有相同的形式，其分布特点是等相位点构成以（$x=x_1$，$y=y_1$）为中心的一簇同心圆，Q 点子波对观察面上任一点 $P(x, y)$ 处复振幅的贡献仅取决于 P 点到这个中心的距离，即两点的坐标差，而与两点绝对坐标无关，如图 13-8 所示。这说明菲涅耳子波的复振幅分布具有空间不变性。这一概念在第十四章第五节将进一步讨论，式(13-13)又可写成

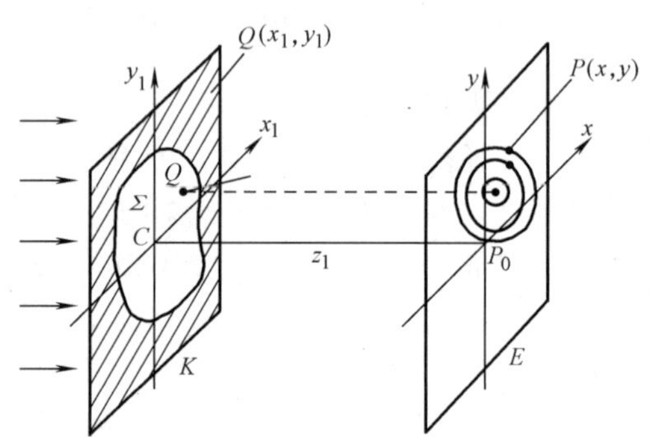

图 13-8　子波的复振幅分布

$$\widetilde{E}(x,y) = \frac{\exp(\mathrm{i}kz_1)}{\mathrm{i}\lambda z_1}\widetilde{E}(x_1,y_1) * \exp\left[\frac{\mathrm{i}k}{2z_1}(x_1^2+y_1^2)\right] \qquad (13\text{-}14)$$

式中，“ * ” 表示卷积运算。

利用式(13-11)，式(13-13)又可写为

$$\widetilde{E}(x,y) = \frac{\exp(\mathrm{i}kz_1)}{\mathrm{i}\lambda z_1}\exp\left[\frac{\mathrm{i}k}{2z_1}(x^2+y^2)\right]\iint_{-\infty}^{\infty}\widetilde{E}(x_1,y_1)\exp\left[\frac{\mathrm{i}k}{2z_1}(x_1^2+y_1^2)\right]\cdot$$
$$\exp\left[-\mathrm{i}2\pi\left(x_1\frac{x}{\lambda z_1}+y_1\frac{y}{\lambda z_1}\right)\right]\mathrm{d}x_1\mathrm{d}y_1 \qquad (13\text{-}15)$$

（三）夫琅和费近似与夫琅和费衍射公式

注意到在菲涅耳近似中［式(13-11)］，第二项和第四项分别取决于观察屏上的考察范围和孔径线度相对于 z_1 的大小；当 z_1 很大而使得第四项对相位的贡献远小于 π 时，即

$$k\frac{(x_1^2+y_1^2)_{\max}}{2z_1} \ll \pi \qquad (13\text{-}16)$$

时，第四项便可以略去。菲涅耳近似式中第二项也是一个随 z_1 增大而减小的量，但它比第

四项大得多。这是因为随着 z_1 的增大，衍射光波的范围将不断扩大，相应的考察范围也随着增大。所以，在满足式(13-16)的条件下，式(13-11)可以进一步近似地写为

$$r \approx z_1 + \frac{x^2 + y^2}{2z_1} - \frac{xx_1 + yy_1}{z_1} \tag{13-17}$$

这一近似称为夫琅和费近似。在使这一近似成立的区域（夫琅和费区）内观察到的衍射现象称为夫琅和费衍射。

把式(13-17)代入式(13-9)，得到夫琅和费衍射的计算公式

$$\widetilde{E}(x,y) = \frac{\exp(\mathrm{i}kz_1)}{\mathrm{i}\lambda z_1}\exp\left[\frac{\mathrm{i}k}{2z_1}(x^2+y^2)\right]\iint_{\Sigma}\widetilde{E}(x_1,y_1)\exp\left[-\frac{\mathrm{i}k}{z_1}(xx_1+yy_1)\right]\mathrm{d}x_1\mathrm{d}y_1 \tag{13-18}$$

因为孔径 Σ 外的 $\widetilde{E}(x_1,\ y_1)=0$，上式也可以写为

$$\widetilde{E}(x,y) = \frac{\exp(\mathrm{i}kz_1)}{\mathrm{i}\lambda z_1}\exp\left[\frac{\mathrm{i}k}{2z_1}(x^2+y^2)\right]\iint_{-\infty}^{\infty}\widetilde{E}(x_1,y_1)\exp\left[-\mathrm{i}2\pi\left(x_1\frac{x}{\lambda z_1}+y_1\frac{y}{\lambda z_1}\right)\right]\mathrm{d}x_1\mathrm{d}y_1 \tag{13-19}$$

上式积分符号前的指数函数在求光强时可自动消去，因此，由式(13-19)可知，夫琅和费衍射的复振幅分布可由衍射孔径上复振幅分布的傅里叶变换求出，衍射场复振幅分布与衍射孔径的这一变换关系是夫琅和费衍射的重要特征。比较式(13-10)和式(13-16)可知，产生夫琅和费衍射对距离 z_1 的要求要比菲涅耳衍射苛刻得多。显然菲涅耳衍射区包含了夫琅和费衍射区。凡能用来计算菲涅耳衍射的公式都适于夫琅和费衍射，反之则不然。

第二节　菲涅耳衍射

已经知道，光源或者观察屏，或者光源和观察屏两者距衍射屏有限远时产生的衍射称为菲涅耳衍射或近场衍射。通常用式(13-12)和式(13-13)的菲涅耳衍射公式来计算衍射图样。还可采用一些定性或半定量的方法，如菲涅耳波带法，来得到衍射图样。

一、菲涅耳波带法

考查单色平面波垂直照射圆孔衍射屏的情况（见图 13-9）。利用菲涅耳波带法决定 P_0 点的光强度。P_0 点位于通过圆孔中心 C 且垂直于圆孔平面的轴上，离圆孔的距离为 z_1。

假设单色平面波在圆孔范围内的波面为 Σ，根据惠更斯-菲涅耳原理，衍射屏后任一点 P 的复振幅，应是 Σ 上所有面元发出的惠更斯子波在 P 点叠加的结果。为了决定波面 Σ 在 P_0 点产生的复振幅的大小，可以按这样的方法来作图，以 P_0 点为中心，以 $z_1+\frac{\lambda}{2}$，$z_1+\lambda$，$\cdots z_1+\frac{j\lambda}{2}$，$\cdots$为半径分别作出一系列球面，这些球面与 Σ 相交成圆，将 Σ 划为一个个环带（见图 13-9），并且自相邻波带的边缘（或相应点）到 P_0 点的光程差为半个波长，这些环带叫做菲涅耳

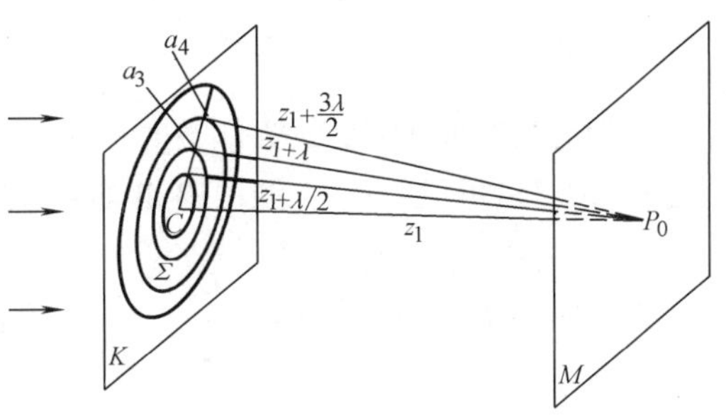

图 13-9　菲涅耳波带法

半波带或菲涅耳波带。

显然，P_0 点的复振幅就是波面 Σ 上所有波带发出的子波在 P_0 点产生的复振幅的叠加，由惠更斯-菲涅耳原理得知，各个波带在 P_0 点产生的振幅正比于该波带的面积，反比于该波带到 P_0 点的距离，并且依赖于倾斜因子$\frac{1}{2}$（$1+\cos\theta$）。因此，设圆心 C 所在的波带为第1波带，向外依次为第2，3，…，j，…波带，则第 j 个波带在 P_0 点产生的振幅可以表示为

$$|\tilde{E}_j| = C\frac{A_j}{r_j}\frac{1+\cos\theta}{2} \tag{13-20}$$

式中，C 是比例常数；r_j 是第 j 波带到 P_0 点距离；A_j 是第 j 波带的面积。

由图13-9容易看出，A_j 是波面上半径分别为 ρ_j 和 ρ_{j-1} 的两个圆的面积之差，而 ρ_j 由下式给出

$$\rho_j = \left[\left(z_1 + j\frac{\lambda}{2}\right)^2 - z_1^2\right]^{1/2} = \sqrt{jz_1\lambda}\left[1+\frac{j\lambda}{4z_1}\right]^{1/2} \tag{13-21}$$

当 $z_1 >> \lambda$ 时，取

$$\rho_j \approx \sqrt{jz_1\lambda} \tag{13-22}$$

因此

$$A_j \approx \pi\rho_j^2 - \pi\rho_{j-1}^2 \approx \pi z_1\lambda \tag{13-23}$$

表明各个波带的面积近似相等。各波带在 P_0 点所产生的振幅就只与各波带到 P_0 点的距离和倾斜因子有关。波带的序数 j 愈大，距离 r_j 和倾角也愈大，因而各波带在 P_0 点产生的振动的振幅将随 j 的增大而单调减小，即 $|\tilde{E}_1| > |\tilde{E}_2| > |\tilde{E}_3| > \cdots$。再考虑到相邻波带到 P_0 点的光程差为半波长，它们发出的子波到达 P_0 点的相位差为 π，相邻波带产生的复振幅分别为一正一负，这样，各波带在 P_0 点产生的复振幅总和为

$$\tilde{E} = |\tilde{E}_1| - |\tilde{E}_2| + |\tilde{E}_3| - |\tilde{E}_4| + \cdots - (-1)^n|\tilde{E}_n| \tag{13-24}$$

这里假定圆孔范围内的波面 Σ 包含有 n 个波带。由于 $|\tilde{E}_1|$，$|\tilde{E}_2|$，$|\tilde{E}_3|$，…单调下降，且变化缓慢，所以近似有

$$|\tilde{E}_2| = \frac{|\tilde{E}_1|}{2} + \frac{|\tilde{E}_3|}{2}, |\tilde{E}_4| = \frac{|\tilde{E}_3|}{2} + \frac{|\tilde{E}_5|}{2}, \cdots$$

当波带数 n 足够大时，$|\tilde{E}_{n-1}|$ 和 $|\tilde{E}_n|$ 相差很小，于是，式(13-24)可写为

$$\tilde{E} = \frac{|\tilde{E}_1|}{2} \pm \frac{|\tilde{E}_n|}{2} \tag{13-25}$$

上式中 n 为奇数时取+号，n 为偶数时取−号。

由式(13-25)可见，P_0 点的振幅和强度与圆孔包含的波带数 n 有关。当圆孔包含的波带数 n 为奇数时，$\tilde{E} = \frac{|\tilde{E}_1|}{2} + \frac{|\tilde{E}_n|}{2}$，$P_0$ 点的强度较大；当 n 为偶数时，$\tilde{E} = \frac{|\tilde{E}_1|}{2} - \frac{|\tilde{E}_n|}{2}$，$P_0$ 点的强度较小。若逐渐开大或缩小圆孔，在 P_0 点将可以看到明暗交替的变化。

另一方面，对于一定的圆孔大小和光波波长，波带数 n 取决于圆孔到 P_0 点的距离 z_1，也即是 z_1 不同，P_0 点对应的波带数 n 不同。因此，当把观察屏沿光轴 CP_0 平移时，同样可以看到 P_0 点忽明忽暗地交替变化。

如果圆孔非常大，或者根本不存在圆孔衍射屏时，则 $|\widetilde{E}_n| \to 0$（r_n 和倾角 θ 增大所致）。因此，由式(13-25)，得到

$$\widetilde{E}_\infty = \frac{\widetilde{E}_1}{2} \tag{13-26}$$

表明这时 P_0 点复振幅等于第一波带产生的复振幅的一半，强度为第一波带产生的强度的$\frac{1}{4}$。

由此可见，当圆孔包含的波带的数目很大时，圆孔的大小不再影响 P_0 点光强。这实际上也是从光的直线传播定律出发所得的结论。可以说，从波动概念和从光的直线传播概念得出的结论，当圆孔包含的波带的数目很大时开始吻合。

二、菲涅耳圆孔衍射

上面讨论了观察屏上轴上点 P_0 的光强，对于轴外点的光强原则上也可以用同样的方法来分析。考察轴外 P 点（见图 13-10），这时应以 P 为中心，分别以 $z_1+\frac{\lambda}{2}$，$z_1+\lambda$，…为半径在圆孔露出的波面 Σ 上作波带（z_1 为 P 到圆孔衍射屏的距离）。这些波带在 P 点产生的光强，不仅取决于波带的数目，而且也取决于每个波带露出部分的面积。但可以预料，随着 P 点离开 P_0 点逐渐往外，其光强将时大时小的变化。由于整个装置的轴对称性，在观察屏上离 P_0 距离相同的 P 点都应有相同的光强。因此，圆孔的菲涅耳衍射图样是一组亮暗交替的同心圆环条纹，中心可能是亮点也可能是暗点。

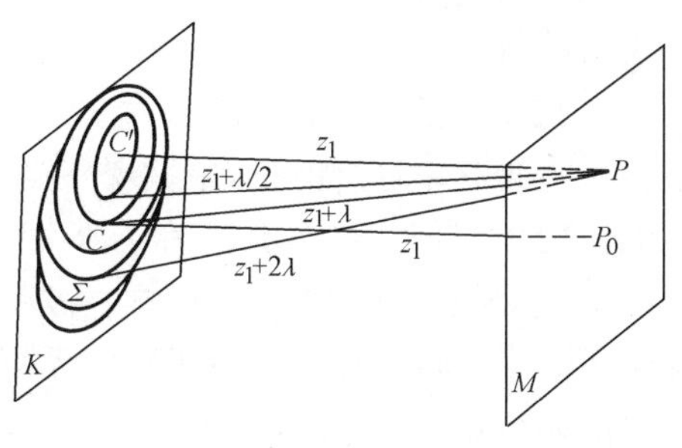

图 13-10　对轴外点作的波带

三、菲涅耳圆屏衍射

用一个很小的不透明圆屏代替图 13-9 中的圆孔衍射屏，就是圆屏的菲涅耳衍射装置。为了求得观察屏上轴上点 P_0 的光强，也可以采用波带法。为此，以 P_0 点为中心，分别以 $r_0+\frac{\lambda}{2}$，$r_0+\lambda$，…为半径（r_0 是圆屏边缘点到 P_0 点的距离），在到达圆屏的波面上作波带。按照式(13-26)，全部波带在 P_0 点产生的复振幅应为第 1 波带产生的复振幅的一半，而强度为第 1 波带在 P_0 点产生的强度的$\frac{1}{4}$。因此，可以断言，轴上点 P_0 点总是亮点，对于轴外点，也可以用讨论圆孔衍射图的方法来讨论。轴外点随着离开 P_0 点距离的增大，也有光强大小的变化。因此，圆屏的衍射图样是：中心为亮点，周围有一些亮暗相间的圆环条纹。

应该指出，上述讨论是对小圆屏而言的，当圆屏较大时，由于从圆屏边缘开始作出的第 1 波带对 P_0 点的作用甚微，所以，P_0 点的强度实际上接近于零，不再能够看出是个亮点。

四、菲涅耳波带片（菲涅耳透镜）

设想制成一个特殊的光阑，使得奇数波带畅通无阻，而偶数波带完全被阻挡，或者使奇

数波带被阻挡而偶数波带畅通，那么从圆孔衍射的讨论可知，各通光波带产生的复振幅将在 P_0 点同相位叠加，P_0 点的振幅和光强会大大增加。例如，设上述光阑包含 20 个波带，让 10 个奇数波带通光，而 10 个偶数波带不通光，则 P_0 点的振幅为

$$|\widetilde{E}| = |\widetilde{E}_1| + |\widetilde{E}_3| + \cdots + |\widetilde{E}_{19}| \approx 10|\widetilde{E}_1| = 20|\widetilde{E}_\infty|$$

式中，$|\widetilde{E}_\infty|$ 是波面无穷大即光阑不存在时 P_0 点的振幅。P_0 点的光强为

$$I \approx (20|\widetilde{E}_\infty|)^2 = 400I_\infty$$

即光强约是光阑不存在时的 400 倍。

这种将奇数波带或偶数波带挡住的特殊光阑称为菲涅耳波带片。由于它的聚光作用类似一个普通的透镜，所以又称为菲涅耳透镜。图 13-11a 和 b 所示分别是将奇数波带和偶数波带挡住（涂黑）的两块菲涅耳波带片。

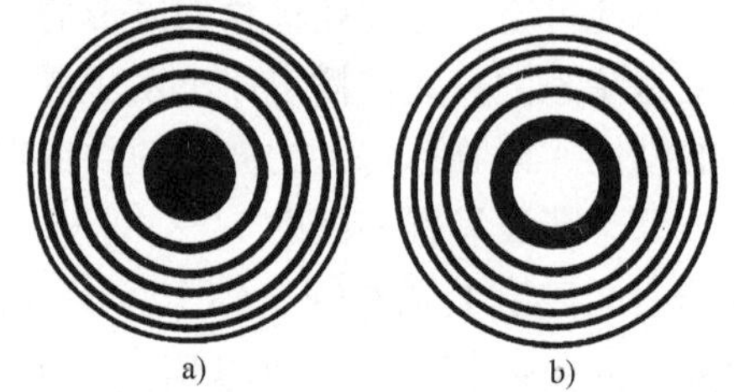

图 13-11 菲涅耳波带片

假设图 13-11a（或 b）所示的波带片是对应于距离为 z_1 的轴上点 P_0 而设计的，那么当用单色平面波垂直照明波带片时，将在 P_0 呈现一亮点。与普通透镜的作用相类似，这个亮点称为波带片的焦点，而距离 z_1 就是波带片的焦距。同样，波带片的焦点也可以理解为波带片对无穷远的轴上点光源所成的像，而 z_1 则是对应于物距无穷大的像距。

由式(13-22)，波带片第 j 个波带的外圆半径为 $\rho_j = \sqrt{jz_1\lambda}$，因此，波带片的焦距

$$f = z_1 = \frac{\rho_j^2}{j\lambda} \tag{13-27}$$

波带片除了对无穷远的点光源有类似普通透镜的成像关系外，对有限远的轴上点光源也有一个类似于普通薄透镜的成像关系式。设有一个距离波带片为 l 的轴上点光源 S 照明波带片（见图 13-12），波带片焦点为 P_0，波带片焦距 $f = CP_0$。显然，在现在的情况下，波带片平面上的子波不再同相位，因而波带上奇数环带（假定此波带片的奇数环带通光）在焦点 P_0 产生的复振幅也不再同相位，所以 P_0 点不会再是亮点。此时的亮点应在 S'，它须满足条件

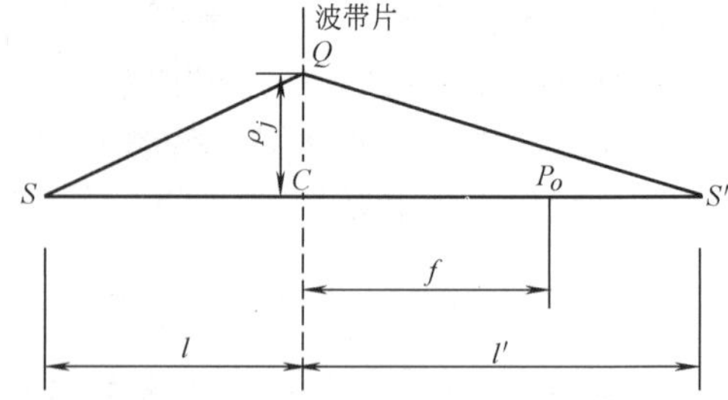

图 13-12 点光源在有限距离照明波带片

$$SQ + QS' - SS' = \frac{j\lambda}{2} \tag{13-28}$$

式中，Q 是波带片上第 j 个环带的外边缘点。在这一条件下，由 S 经过波带片相邻奇数环带的对应点到达 S' 的光是同相位的，因此在 S' 将形成明亮的像点，这一点恰好体现了几何光学成像的物像等光程的要求，CS' 就是像距 l'。

由图 13-12 可知

$$SQ=(SC^2+CQ^2)^{1/2}=(l^2+\rho_j^2)^{1/2}, QS'=(l'^2+\rho_j^2)^{1/2}$$

利用二项式级数把这两个式子展开，由于 ρ_j 很小，只保留前两项，得到

$$SQ=l\left(1+\frac{\rho_j^2}{2l^2}\right), QS'=l'\left(1+\frac{\rho_j^2}{2l'^2}\right)$$

在满足条件式(13-28)时，有

$$l\left(1+\frac{\rho_j^2}{2l^2}\right)+l'\left(1+\frac{\rho_j^2}{2l'^2}\right)-(l+l')=\frac{j\lambda}{2}$$

由于 $\rho_j=\sqrt{jz_1\lambda}$，所以由上式得出

$$\frac{1}{l'}+\frac{1}{l}=\frac{1}{f} \tag{13-29}$$

此式表明波带片的物距 l、像距 l' 和焦距 f 三者关系与普通透镜的成像公式完全一样。

波带片和普通透镜在成像方面主要的不同点是，波带片不仅有上面指出的一个焦点 P_0（也称主焦点），还有一系列光强较小的次焦点 P_1，P_2，P_3，…它们距离波带片分别为 $f/3$，$f/5$，$f/7$，…（见图 13-13）。波带片具有多个次焦点这一事实，不难利用波带划分的方法来说明。此外，从波带片作为一个类似光栅的衍射屏来考虑，波带片除有上述实焦点外，还应有一系列与实焦点位置对称的虚焦点（见图 13-13 中的 P_0'，P_1'，P_2'，…）。

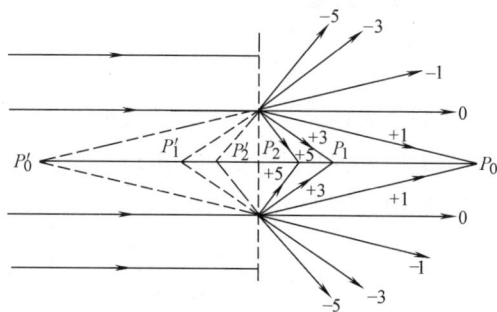

图 13-13　波带片的焦点和虚焦点

在制造菲涅耳波片时，除了用遮挡偶数波带的办法，还可以采用相位补偿的办法，通过减小或增加奇数波带的厚度，使光通过偶数波带相对于奇数波带产生 π 的相位变化，于是通过偶数波带的光与通过奇数波带的光在 P_0 点变成同相位，它们互相加强。

图 13-14a 所示的波带片，相位补偿是通过在玻璃表面上刻蚀或薄膜沉积的方法形成浮雕形结构，这样构成了一个最简单的二台阶的二元相位菲涅耳透镜。由对二元光学元件各级衍射强度特点的讨论（见本章第七节）可知，进一步增加台阶的数目，可以使光能向二元相位光栅衍射的 +1 级集中，因此可使菲涅耳透镜主焦点的衍射效率达到预

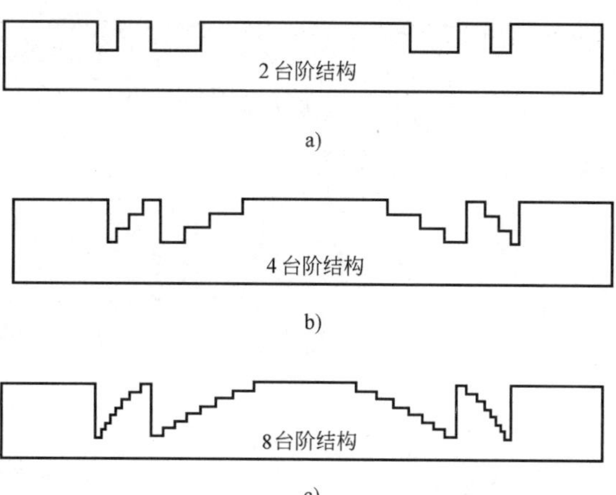

图 13-14　刻蚀法制作 8 阶相位型菲涅耳波带透镜

期的要求。例如当台阶数 $N=8$ 时，主焦点的衍射效率达到95%，这时多焦点已经消失。图13-14b、c 表示的是4 台阶和8 台阶相位菲涅耳透镜。

二元相位菲涅耳透镜类同于一般波带片的特点除主焦点有很高的衍射效率外，由式(13-27)可知它的焦距与波长成反比，因而具有不同于常规折射元件的色散特性，把衍射型的二元透镜与传统的折射透镜结合起来制成混合型透镜可以消除色差。

五、泰伯（Talbot）效应

当用单色平面波垂直照明具有周期结构的衍射屏时，将会在衍射屏后菲涅耳衍射区内某些距离上出现该周期物体的几何像，如图13-15 所示。这种不用透镜可对周期物体成像的方法称为泰伯效应或泰伯自成像（Selfimaging）。为了数学上的方便，同时又不失去结论的一般性，这里讨论振幅型正弦光栅菲涅耳衍射产生的自成像。设光栅的振幅透射系数为

$$t(x_1,y_1)=\frac{1}{2}+\frac{1}{2}\cos 2\pi\frac{1}{d}x_1 \tag{13-30}$$

式中，d 为光栅常数，$\frac{1}{d}=u_0$。如果用单位振幅平面波垂直照明光栅，则刚刚透过光栅的光场为

$$\widetilde{E}(x_1,y_1)=t(x_1,y_1)$$

图13-15 泰伯自成像

被光栅调制的光场 $\widetilde{E}(x_1,y_1)$ 传播到菲涅耳衍射区并离光栅的距离为 z 的平面上，根据式(13-13)并将式(13-30)代入，得光场的复振幅分布为

$$\widetilde{E}(x,y)=\frac{e^{ikz}}{i\lambda z}\iint_{-\infty}^{\infty}\left(\frac{1}{2}+\frac{1}{2}\cos 2\pi\frac{1}{d}x_1\right)e^{\frac{ik}{2z}[(x-x_1)^2+(y-y_1)^2]}dx_1dy_1 \tag{13-31}$$

式中，作 $x-x_1=\omega$ 的变量代换，并由于积分

$$\int_{-\infty}^{\infty}e^{\frac{ik}{2z}(y-y_1)^2}dy_1=(i\lambda z)^{1/2}$$

则

$$\widetilde{E}(x,y)=\frac{e^{ikz}}{(i\lambda z)^{1/2}}\int_{-\infty}^{\infty}\left(\frac{1}{2}+\frac{1}{4}e^{i2\pi\frac{1}{d}(x-\omega)}+\frac{1}{4}e^{-i2\pi\frac{1}{d}(x-\omega)}\right)e^{\frac{ik}{2z}\omega^2}d\omega \tag{13-32}$$

式(13-32)中的积分分别为

$$\int_{-\infty}^{\infty}e^{\frac{ik}{2z}\omega^2}d\omega=(i\lambda z)^{\frac{1}{2}}$$

$$\int_{-\infty}^{\infty}e^{i2\pi\frac{1}{d}(x-\omega)}e^{\frac{ik}{2z}\omega^2}d\omega=(i\lambda z)^{\frac{1}{2}}e^{i2\pi\frac{1}{d}x}e^{-i\lambda\pi z\left(\frac{1}{d}\right)^2}$$

$$\int_{-\infty}^{\infty}e^{i2\pi\frac{1}{d}(x-\omega)}e^{\frac{ik}{2z}\omega^2}d\omega=(i\lambda z)^{\frac{1}{2}}e^{-i2\pi\frac{1}{d}x}e^{-i\lambda\pi z\left(\frac{1}{d}\right)^2}$$

因此，式(13-32)化为

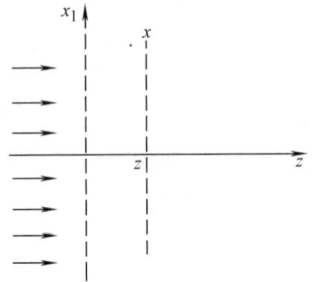

$$\widetilde{E}(x,y)=\frac{1}{2}+\frac{1}{2}e^{-i\lambda\pi z\left(\frac{1}{d}\right)^2}\cos 2\pi\frac{1}{d}x \tag{13-33}$$

式中已略去括号前对强度分布没有影响的常数相位因子 e^{ikz}。可见正弦光栅菲涅耳衍射的复振幅分布 $\widetilde{E}(x, y)$ 与光栅的振幅透射系数只相差一个与位置 z 有关的相位因子，显然当

$$z=\frac{2md^2}{\lambda} \qquad (m=0, \pm1, \cdots) \tag{13-34}$$

时，菲涅耳衍射的复振幅分布与光栅的振幅透射系数完全相同，为光栅自身的像，满足式(13-34)的自成像的距离 z 称为泰伯距离。

利用泰伯效应可制成泰伯干涉仪。图 13-16 所示为一种基于泰伯效应的剪切干涉仪。它的基本结构主要包括点光源 S、准直透镜 L 及两块非平行放置的光栅 G_1 和 G_2。单色点光源 S 发出的光经 L 准直后照明 G_1，将 G_2 置于 G_1 后的泰伯距离（z_T）处，于是光栅 G_1 的泰伯自成像 G_1'与光栅 G_2 生成莫尔条纹[㊀]。根据莫尔条纹的形状和变化，可以对光源的准直性、透镜的像差等进行检测。若将两块光栅 G_1 和 G_2 平行放置并互相错位 1/2 周期，则置于光栅 G_1 的泰伯平面处的光栅 G_2 正好挡住了通过 G_1 的光束，因此在 G_2 后面形成暗场。在 G_1 和 G_2 之间插入透明的相位物体，将使通过它的光束发生偏折而形成莫尔条纹。测量这些条纹，可得透明物体的相位分布，这是一种测量相位分布的非常灵敏的方法。

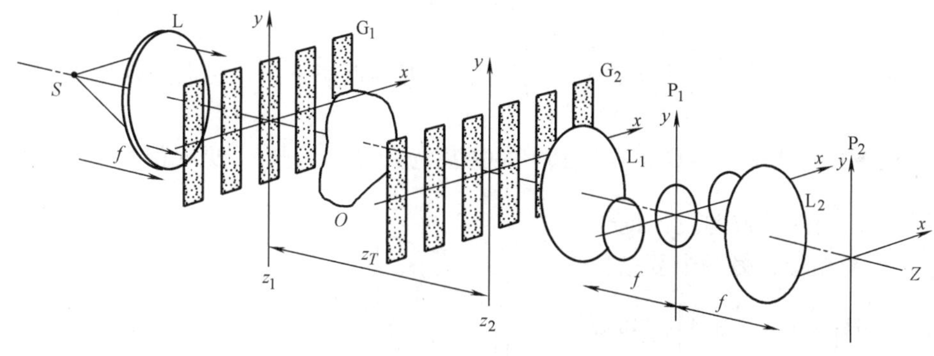

图 13-16　泰伯剪切干涉仪

S—点光源　G_1、G_2—光栅　O—物面　L、L_1、L_2—透镜　P_1—空间滤波平面　P_2—成像面

第三节　典型孔径的夫琅和费衍射

由第一节的讨论已经知道，观察夫琅和费衍射需要把观察屏放置在离衍射孔径很远的地方，其垂直距离 z_1 要满足式(13-16)。通常采用图 13-17 所示的系统作为夫琅和费衍射实验

㊀ 莫尔条纹是 18 世纪法国研究人员莫尔先生首先发现的一种光学现象。光栅莫尔条纹主要由栅线的遮光原理产生的视觉结果。当两只光栅其刻划面相向叠合且两者栅线有很小的交角 θ 时，在不透光的刻线交点处由于光线被挡住了，它们的连线形成暗条纹；而透光的非刻划区的交点处，因透光面积最大，它们的连线形成亮条纹。当光栅在一定的夹角 θ 下相对移动时，条纹沿垂直于光栅刻线方向，严格地说是沿垂直于刻线交角平分线方向移动，这就是由遮光原理形成的莫尔条纹。

装置。这里假设单色点光源 S 发出的光波经透镜 L_1 准直后垂直地投射到孔径 Σ 上。孔径 Σ 紧贴透镜 L_2 的前表面放置，在透镜 L_2 的后焦面上观察孔径 Σ 的夫琅和费衍射。

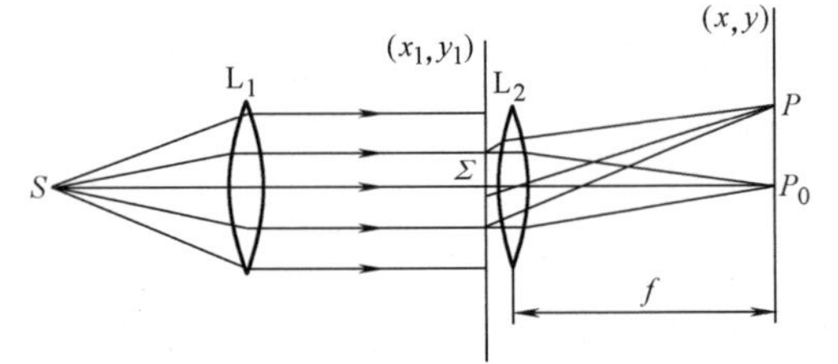

图 13-17 夫琅和费衍射实验装置

一、夫琅和费衍射公式的意义

夫琅和费衍射装置的光路图示于图 13-18，分别在孔径平面和透镜焦平面上建立坐标系 x_1Cy_1 和 xP_0y。按照夫琅和费衍射公式式(13-18)，在后焦面上某一点 $P(x, y)$ 的复振幅分布为

$$\widetilde{E}(x,y) = \frac{C}{f}\exp\left[\mathrm{i}k\left(f+\frac{x^2+y^2}{2f}\right)\right]\iint_{\Sigma}\widetilde{E}(x_1,y_1)\exp\left[-\mathrm{i}\frac{k}{f}(xx_1+yy_1)\right]\mathrm{d}x_1\mathrm{d}y_1 \tag{13-35}$$

式中，$C=\dfrac{1}{\mathrm{i}\lambda}$，$\widetilde{E}(x_1, y_1)$ 是 x_1y_1 面上孔径范围内的复振幅分布。当平面波垂直照明孔径时，$\widetilde{E}(x_1, y_1)$ 应为常数，设为 A'。这样，式(13-35)又可写为

$$\widetilde{E}(x,y) = \frac{CA'}{f}\exp\left[\mathrm{i}k\left(f+\frac{x^2+y^2}{2f}\right)\right]\iint_{\Sigma}\exp\left[-\mathrm{i}k\left(\frac{x}{f}x_1+\frac{y}{f}y_1\right)\right]\mathrm{d}x_1\mathrm{d}y_1 \tag{13-36}$$

先看上式中复指数因子 $\exp\left[\mathrm{i}k\left(f+\dfrac{x^2+y^2}{2f}\right)\right]$。在菲涅耳近似下，孔径面坐标原点 C（当透镜紧靠孔径时，C 与透镜中心 O 重合）到 P 的距离为 $r\approx f+\dfrac{x^2+y^2}{2f}$［见式(13-17)］，所以上述复数因子是 C 处的子波源发出的子波到达 P 点的相位。另一个复指数因子 $\exp\left[-\mathrm{i}k\left(\dfrac{x}{f}x_1+\dfrac{y}{f}y_1\right)\right]$，其幅角实际上是代表孔径内任一点 Q（坐标值为 x_1，y_1）和坐标原点 C 发出的子波到达 P 点的相位差。为此，作出由 Q 点和 C 点发出的子波到达 P 点的路径，分别为 QJP 和 CIP（见图 13-18）。显然，QJP 和 CIP 的光程差为

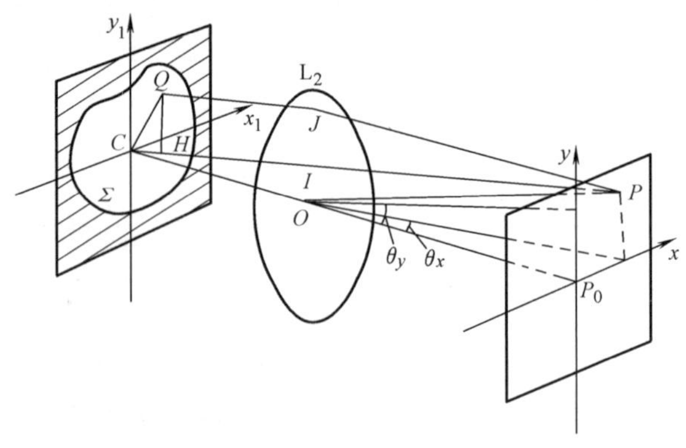

图 13-18 夫琅和费衍射光路图

$$\Delta = CH = (CIP) - (QJP)$$

(CIP) 和 (QJP) 分别表示 C、Q 到 P 的光程。当 P 靠近 P_0 时，在傍轴近似下，CI 的方向余弦（与 OP 的方向余弦相同）为

$$l=\sin\theta_x=\frac{x}{r}\approx\frac{x}{f},\omega=\sin\theta_y=\frac{y}{r}\approx\frac{y}{f}$$

式中，θ_x 和 θ_y 分别是 CI 与 x_1 轴和 y_1 轴夹角（方向角）的余角，称为二维衍射角。设 $\boldsymbol{q}$ 为

CI 方向的单位矢量，因此上述光程差又可表示为

$$\Delta = CH = \boldsymbol{q} \cdot \overrightarrow{CQ} = lx_1 + \omega y_1 = x_1 \sin\theta_x + y_1 \sin\theta_y = \frac{x}{f}x_1 + \frac{y}{f}y_1 \tag{13-37}$$

相应的相位差为

$$\delta = k\Delta = k\left(\frac{x}{f}x_1 + \frac{y}{f}y_1\right) \tag{13-38}$$

可见，式(13-35)正是表示孔径面内各点发出的子波在方向余弦 l 和 ω 代表的方向上的叠加，叠加的结果取决于各点发出的子波和参考点 C 发出的子波的相位差。由于透镜的作用，l 和 ω 代表的方向上的子波聚焦在透镜焦面上的 P 点。此时在透镜后焦面上得到的夫琅和费衍射分布由式(13-35)可表示为

$$\widetilde{E} = C\frac{A'}{f}\exp(\mathrm{i}kf)\exp\left[\mathrm{i}k\left(\frac{x^2+y^2}{2f}\right)\right]\iint_{\Sigma}\widetilde{E}(x_1,y_1)\exp[-\mathrm{i}k(lx_1+\omega y_1)]\mathrm{d}x_1\mathrm{d}y_1 \tag{13-39}$$

二、矩孔衍射

选取矩孔中心作为坐标原点 C(见图 13-19)，由式(13-39)，观察平面上 P 点的复振幅为

$$\begin{aligned}\widetilde{E} &= C'\exp\left[\mathrm{i}k\left(\frac{x^2+y^2}{2f}\right)\right]\int_{-\frac{a}{2}}^{\frac{a}{2}}\exp(-\mathrm{i}klx_1)\mathrm{d}x_1\int_{-\frac{b}{2}}^{\frac{b}{2}}\exp(-\mathrm{i}k\omega y_1)\mathrm{d}y_1 \\ &= C'ab\frac{\sin\frac{kla}{2}\sin\frac{k\omega b}{2}}{\frac{kla}{2}\frac{k\omega b}{2}}\exp\left[\mathrm{i}k\left(\frac{x^2+y^2}{2f}\right)\right]\end{aligned} \tag{13-40}$$

式中

$$C' = \frac{CA'}{f}\exp(\mathrm{i}kf)$$

对于在透镜光轴上的 P_0 点，$x=y=0$。由式(13-40)，这一点的复振幅为 $\widetilde{E}_0 = C'ab$，因此，P 点的复振幅为

$$\widetilde{E} = \widetilde{E}_0\left(\frac{\sin\frac{kla}{2}}{\frac{kla}{2}}\right)\left(\frac{\sin\frac{k\omega b}{2}}{\frac{k\omega b}{2}}\right)\exp\left[\mathrm{i}k\left(\frac{x^2+y^2}{2f}\right)\right] \tag{13-41}$$

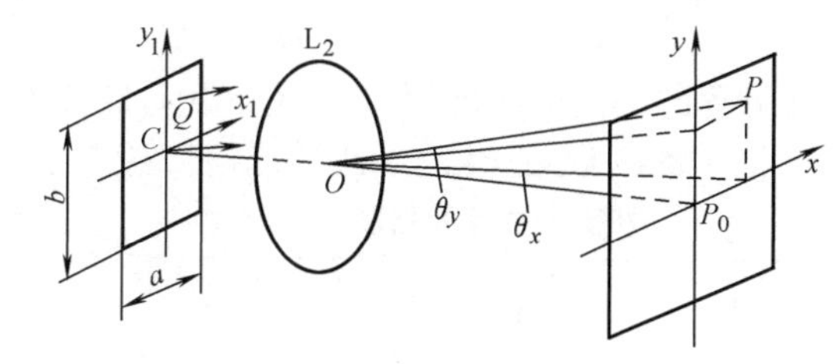

图 13-19 夫琅和费矩孔衍射

P 点的强度为

$$I = \left|\widetilde{E}\right|^2 = I_0\left(\frac{\sin\frac{kla}{2}}{\frac{kla}{2}}\right)^2\left(\frac{\sin\frac{k\omega b}{2}}{\frac{k\omega b}{2}}\right)^2 \tag{13-42}$$

或者简写为

$$I = I_0\left(\frac{\sin\alpha}{\alpha}\right)^2\left(\frac{\sin\beta}{\beta}\right)^2 \tag{13-43}$$

式中，I_0 是 P_0 点的强度，α 和 β 分别为

$$\alpha = \frac{kla}{2} = \frac{\pi}{\lambda} a\sin\theta_x , \beta = \frac{k\omega b}{2} = \frac{\pi}{\lambda} b\sin\theta_y \tag{13-44}$$

式(13-42)或式(13-43)就是所求夫琅和费矩孔衍射的强度分布公式。式中一个因子依赖于坐标 x 或方向余弦 l，另一个因子依赖于坐标 y 或方向余弦 ω，表明所考察的 P 点的强度与它的两个坐标有关。

现在讨论在 x 轴上的点的强度分布。这时 $\omega = 0$，因此强度分布公式式(13-43)变为

$$I = I_0\left(\frac{\sin\alpha}{\alpha}\right)^2 \tag{13-45}$$

其强度分布曲线如图 13-20 所示。它在 $\alpha = 0$ 处（对应于 P_0 点）有主极大，$\frac{I}{I_0} = 1$，$\alpha = 0$，即衍射角 $\theta_x = 0$，说明抵达 P_0 点的衍射光具有相同相位，因此这个零级衍射斑中心就是几何光学像点。而在 $\alpha = \pm\pi$，$\pm 2\pi$，$\pm 3\pi$，…处，有极小值 $I = 0$，所以零强度点（暗点）满足条件

$$a\sin\theta_x = n\lambda \qquad n = \pm 1, \pm 2, \cdots \tag{13-46}$$

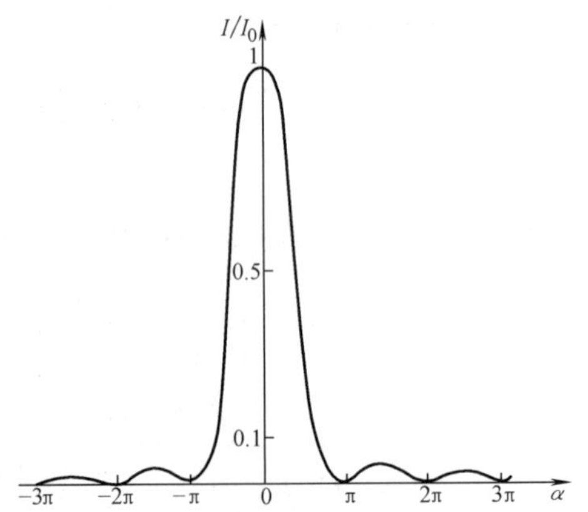

图 13-20 矩孔衍射在 x 轴上的强度分布曲线

相邻两个零强度点之间的距离与宽度 a 成反比。还可以看出，在相邻零强度点之间有一个强度次极大，次极大的位置由下式决定

$$\frac{\mathrm{d}}{\mathrm{d}\alpha}\left(\frac{\sin\alpha}{\alpha}\right)^2 = 0 \quad 或 \quad \tan\alpha = \alpha \tag{13-47}$$

满足此方程的头几个次极大的 α 值及相应的强度见表 13-1。

表 13-1 在 x 轴上头几个极大的位置和强度

极大序号	α	$\frac{I}{I_0} = \left(\frac{\sin\alpha}{\alpha}\right)^2$
0	0	1
1	$1.43\pi = 4.493$	0.04718
2	$2.459\pi = 7.725$	0.01694
3	$3.470\pi = 10.90$	0.00834
4	$4.479\pi = 14.07$	0.00503

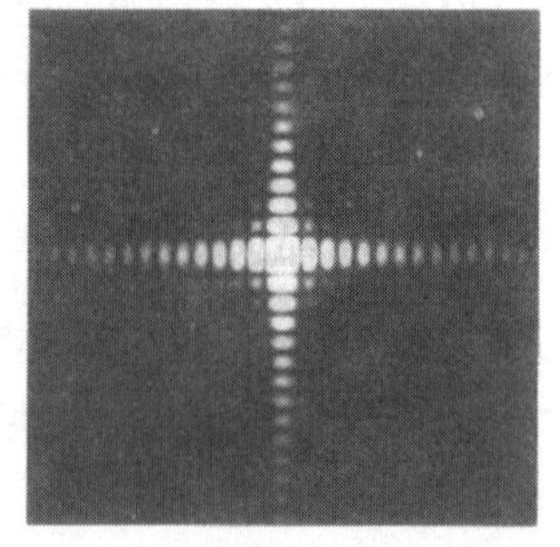

图 13-21 夫琅和费矩孔衍射图样

矩孔衍射在 y 轴上的光强分布由 $I = I_0\left(\frac{\sin\beta}{\beta}\right)^2$ 决定，它可利用同样的方法讨论。如果矩孔的 a 和 b 不等，那么沿 x 轴和 y 轴相邻暗点的间距不同。若 $b > a$，则沿 y 轴较沿 x 轴的暗点间距为密，如图 13-21 所示。在 x 轴和 y 轴外各点的光强，根据它们的坐标按照式(13-43)计算。不难了解光强为零的地方是一些和矩孔边平行的直线。在两组正交暗线形成的一个矩形格子内，各

有一个亮斑。图 13-22 表示了一些亮斑的强度极大点的位置及相对强度值。可以看出,中央亮斑的强度最大,其他亮斑的强度比中央亮斑要小得多,所以绝大部分光能集中在中央亮斑内。中央亮斑可认为是衍射扩展的主要范围,它的边缘在 x 轴和 y 轴上分别由条件

$$a\sin\theta_x = \pm\lambda \qquad b\sin\theta_y = \pm\lambda$$

决定，则中央亮斑的角半宽度为

$$\Delta\theta_x = \frac{\lambda}{a} \qquad \Delta\theta_y = \frac{\lambda}{b} \tag{13-48}$$

相应的中央亮斑的半宽尺寸为

$$\Delta x_0 = \frac{\lambda}{a}f \qquad \Delta y_0 = \frac{\lambda}{b}f \tag{13-49}$$

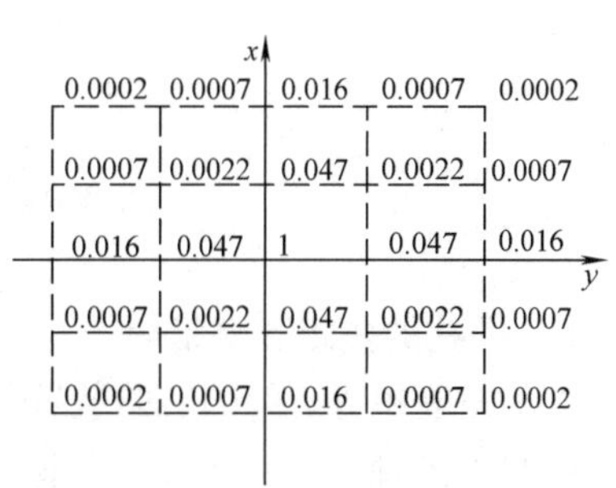

图 13-22　矩孔衍射图样中一些亮斑的强度

由于中央亮斑集中了绝大部分光能，它的角半宽度的大小可以作为衍射效应强弱的标志。对于给定波长，$\Delta\theta$ 与缝宽度成反比，即缝宽越小对光束的限制越大，衍射场越弥散；反之，当缝宽很大，光束几乎自由传播时，$\Delta\theta\to 0$，这表明衍射场基本上集中在沿直线传播的方向上，在透镜焦面上衍射斑收缩为几何像点。$\Delta\theta$ 与波长 λ 成正比，波长越长，衍射效应越显著；波长越短，衍射效应越可以忽略。所以说几何光学是波动光学当 $\lambda\to 0$ 时的极限。

三、单缝衍射

如果矩孔一个方向的宽度比另一个方向的宽度大得多，比如 $b \gg a$，矩孔就变成了狭缝。单（狭）缝的夫琅和费衍射如图 13-23 所示，由于这一单缝的 $b \gg a$，所以入射光在 y 方向的衍射效应可以忽略，衍射图样只分布在 x 轴上。显然，单缝衍射在 x 轴上的衍射强度分布公式也是

$$I = I_0\left(\frac{\sin\alpha}{\alpha}\right)^2 \tag{13-50}$$

式中

$$\alpha = \frac{kla}{2} = \frac{\pi}{\lambda}a\sin\theta \tag{13-51}$$

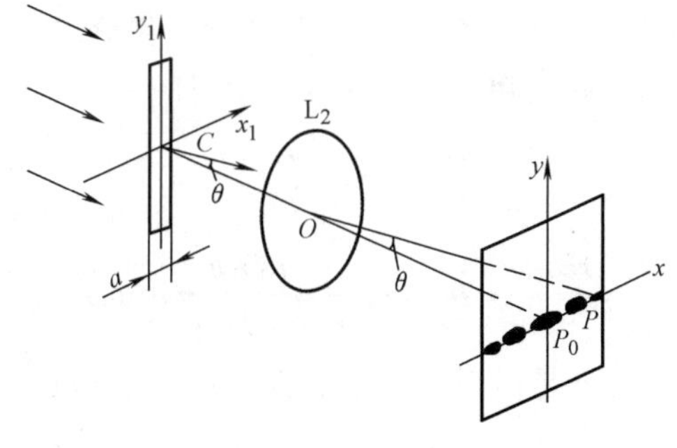

图 13-23　单缝夫琅和费衍射装置

θ 是衍射角，式(13-43)中的因子$\left(\frac{\sin\alpha}{\alpha}\right)^2$通常称为单缝衍射因子。

根据前面对式(13-45)的讨论，可知在单缝衍射图样中，中央亮纹的角半宽度为

$$\Delta\theta = \frac{\lambda}{a} \tag{13-52}$$

这一范围集中了单缝衍射的绝大部分能量。

在单缝衍射实验中，常常用取向与单缝平行的线光源（实际上是一个被光源照亮的狭缝）来代替点光源，如图 13-24 所示。这时，在观察平面上将得到一些与单缝平行的直线衍射条纹，它们是线光源上各个不相干点光源产生的衍射图样的总和。

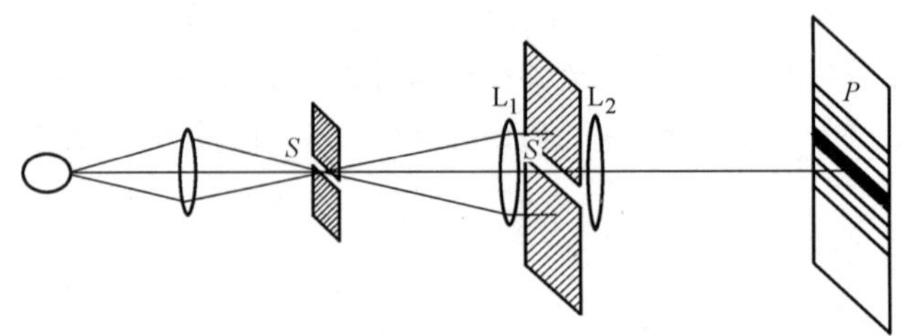

图 13-24 线光源照明的夫琅和费衍射装置

四、圆孔的夫琅和费衍射

圆孔夫琅和费衍射的实验装置仍采用图 13-17 所示的系统。假定圆孔的半径为 a，圆孔中心 C 位于光轴上。由于圆孔的圆对称性，在计算圆孔的衍射强度分布时采用极坐标表示比较方便。圆孔中任意点 Q 的位置，用直角坐标表示时为（x_1，y_1）；用极坐标表示时为（r_1，ψ_1）（见图 13-25），两种坐标有如下关系：

$$x_1 = r_1\cos\psi_1, \quad y_1 = r_1\sin\psi_1$$

类似地，也可把观察平面上任意点 P 的位置用极坐标（r，ψ）表示，它们和直角坐标的关系为

$$x = r\cos\psi, \quad y = r\sin\psi$$

式(13-35)是计算夫琅和费衍射的普遍适用的公式。计算圆孔径衍射时，积分域 Σ 是圆孔面积，用极坐标表示时应为

$$\mathrm{d}\sigma = r_1\mathrm{d}r_1\mathrm{d}\psi_1$$

而

$$\frac{x}{f} = \frac{r\cos\psi}{f} = \theta\cos\psi, \frac{y}{f} = \frac{r\sin\psi}{f} = \theta\sin\psi$$

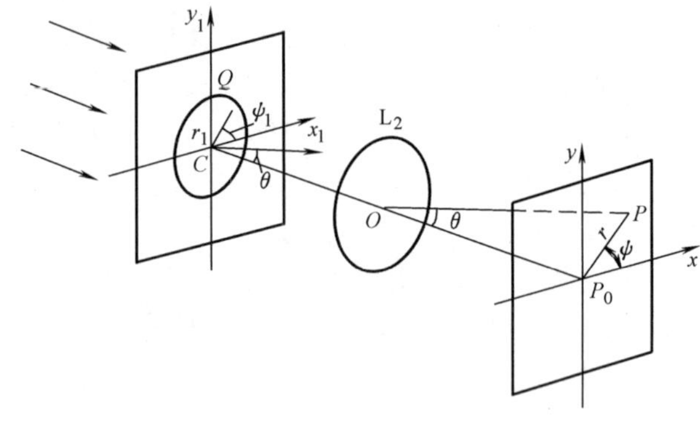

图 13-25 计算圆孔衍射采用的极坐标

式中，θ 是衍射角（衍射方向 OP 与光轴的夹角）。把这些关系代入式(13-35)，得到 P 点的复振幅为

$$\begin{aligned}\widetilde{E}(P) &= C'\int_0^a\int_0^{2\pi}\exp[-\mathrm{i}k(r_1\theta\cos\psi_1\cos\psi + r_1\theta\sin\psi_1\sin\psi)r_1\mathrm{d}r_1\mathrm{d}\psi_1] \\ &= C'\int_0^a\int_0^{2\pi}\exp[-\mathrm{i}kr_1\theta\cos(\psi_1 - \psi)r_1\mathrm{d}r_1\,\mathrm{d}\psi_1]\end{aligned} \tag{13-53}$$

式中，$C' = \dfrac{CA}{f}\exp(\mathrm{i}kf)$；另一相位因子 $\exp\left[\mathrm{i}k\left(\dfrac{x^2+y^2}{2f}\right)\right]$在计算强度时最终将被消去，为使式子简化，已被省略。又由于圆对称情况下，积分结果与方位角 ψ 无关，可令 $\psi = 0$。

根据贝塞尔（Bessel）函数的性质，

$$\frac{1}{2\pi}\int_0^{2\pi}\exp(-\mathrm{i}kr_1\theta\cos\psi_1)\mathrm{d}\psi_1 = \mathrm{J}_0(kr_1\theta)$$

是零阶贝塞尔函数，于是式(13-53)可表示为

$$\widetilde{E}(P)=2\pi C'\int_0^a \mathrm{J}_0(kr_1\theta)r_1\mathrm{d}r_1=\frac{2\pi C'}{(k\theta)^2}\int_0^{ka\theta}(kr_1\theta)\mathrm{J}_0(kr_1\theta)\mathrm{d}(kr_1\theta)$$

$$=\frac{2\pi C'}{(k\theta)^2}kr_1\theta\mathrm{J}_1(kr_1\theta)\Bigg|_{r_1=0}^{r_1=a}=\pi a^2C'\frac{2\mathrm{J}_1(ka\theta)}{ka\theta} \tag{13-54}$$

式中，利用了贝塞尔函数的递推关系

$$\frac{\mathrm{d}}{\mathrm{d}z}[Z\mathrm{J}_1(Z)]=Z\mathrm{J}_0(Z)$$

因此，P 点的光强

$$I=(\pi a^2)^2|C'|^2\left[\frac{2\mathrm{J}_1(ka\theta)}{ka\theta}\right]^2=I_0\left[\frac{2\mathrm{J}_1(Z)}{Z}\right]^2 \tag{13-55}$$

式中，$I_0=(\pi a^2)^2|C'|^2$ 是轴上点 P_0 的强度；$\mathrm{J}_1(Z)$ 为一阶贝塞尔函数，而 $Z=ka\theta$。式(13-55)就是所求的圆孔衍射的强度分布公式。下面根据这一公式来分析圆孔衍射图样。

式(13-55)表示 P 点的强度与它对应的衍射角有关，由于 $\theta=\dfrac{r}{f}$，θ 或 r 相等处的光强相同，所以衍射图样是圆环条纹（见图 13-26）。

其次，由光强分布曲线图 13-27，在 $Z=0$ 处（对应于轴上点 P_0），$\dfrac{I}{I_0}=1$，有极大值（中央极大）。当 Z 满足 $\mathrm{J}_1(Z)=0$ 时，$\dfrac{I}{I_0}=0$，有极小值，这些 Z 值决定衍射暗环的位置。此外，在相邻两极小之间有一个次极大，其位置由满足下式的 Z 值决定：

$$\frac{\mathrm{d}}{\mathrm{d}Z}\left[\frac{\mathrm{J}_1(Z)}{Z}\right]=-\frac{\mathrm{J}_2(Z)}{Z}=0\qquad 或\qquad \mathrm{J}_2(Z)=0$$

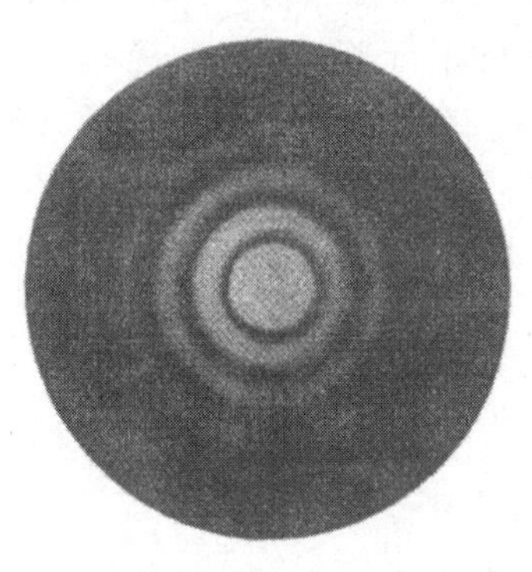

图 13-26　圆孔夫琅和费衍射图样

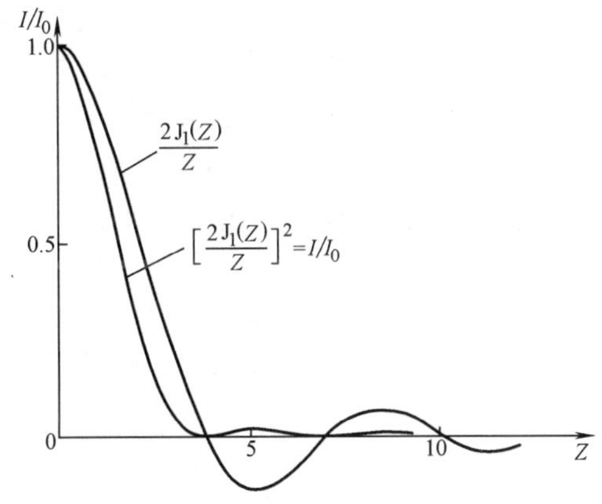

图 13-27　圆孔夫琅和费衍射强度分布

在表 13-2 中，列出了头几个衍射暗环和亮环对应的 Z 值和强度值。可以看出，两相邻暗环的间距并不相等，次极大的强度比中央主极大的强度要小得多。因此，在圆孔衍射图样

中，光能也是绝大部分集中在中央亮斑内。这一亮斑通常称为爱里（Airy）斑，它的半径 r_0 由对应于第一个强度为零的 Z 值决定：

$$Z=\frac{kar_0}{f}=1.22\pi$$

因此

$$r_0=1.22f\frac{\lambda}{2a} \qquad (13\text{-}56)$$

或以角半径表示为

$$\theta_0=\frac{r_0}{f}=\frac{0.61\lambda}{a} \qquad (13\text{-}57)$$

表 13-2 圆孔衍射强度分布的头几个极大和极小

极大和极小	Z	$\frac{I}{I_0}=\left[\frac{2J_1(Z)}{Z}\right]^2$
中央极大	0	1
极小	$1.22\pi=3.833$	0
次极大	$1.635\pi=5.136$	0.0175
极小	$2.233\pi=7.016$	0
次极大	$2.679\pi=8.417$	0.0042
极小	$3.238\pi=10.174$	0
次极大	$3.699\pi=11.620$	0.0016

此式表明衍射斑的大小与圆孔半径成反比，而与光波波长成正比，这些规律与矩孔和单缝衍射完全类似。

第四节 光学成像系统的衍射和分辨本领

一、成像系统的衍射现象

在几何光学中，一个理想光学成像系统使点物成点像。但实际上由于任何光学系统都有限制光束的光瞳，它带来的衍射效应是无法消除的，所以光学系统所成的点物的像应该是一个衍射像斑。自然，这个像斑非常接近于点像，因为通常光学系统的光瞳都比光波波长大得多，从而衍射效应极小。但是，若用足够倍数的显微镜来观察光学系统所成的衍射像斑，则还是可以清楚地看到像斑结构的。

图 13-28 所示的是望远物镜的星点检验装置，它也是一个成像系统。图中 S 是一个很小的针孔，由单色光源（实际上是水银灯之类的光源）通过聚光镜照明。S 和透镜 L_1 构成平行光管，透镜 L_2 是被检验的望远物镜。自平行光管射出的平行光经望远物镜 L_2 成像于 P_0。不难看出，这一系统也是夫琅和费衍射系统；如果假定 L_2 的口径小于 L_1 的口径（通常是这样），P_0 将是由 L_2 的孔径光阑产生的夫琅和费衍射像斑，像斑的大小可以应用式(13-56)计算。设 L_2 的光阑直径 $D=30\text{mm}$，焦距 $f=120\text{mm}$，照明光波波长 $\lambda=546.1\text{nm}$，则衍射的爱里斑半径为

$$r_0=1.22f\frac{\lambda}{D}=0.0025\text{mm}$$

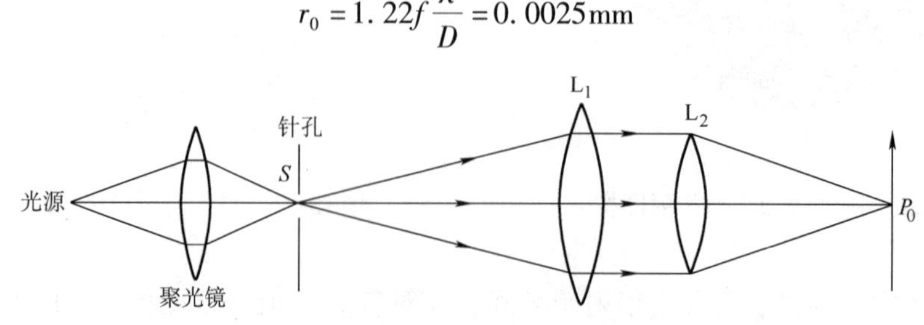

图 13-28 望远物镜的星点检验

这样小的像斑人眼是无法直接看出它的结构细节的，只能通过显微镜放大来观察。

被检验望远物镜通常或大或小地存在着像差，因而所形成的衍射像斑也要受到像差的影响，使得它与理想光学系统所成的像斑在衍射条纹形状及强度分布方面有了差别。在光学工厂中，常通过比较这种差别来判定被检物镜成像质量的优劣。这种方法称为星点检验。

二、在像面观察的夫琅和费衍射

到目前为止，我们讨论的是以平行光（相当于点光源在无穷远）照明孔径，在透镜的焦面上观察的夫琅和费衍射问题。但是，对于光学成像系统，比较多的情形是对近处的点光源（点物）成像（比如照相物镜、显微物镜），这时在像面上观察到的衍射像斑是否也可以应用夫琅和费衍射公式来计算呢？下面我们来讨论这个问题。

考虑图 13-29 所示的成像装置。图中 S 是点物，L 代表成像系统，S'是成像系统对 S 所成的像，D 是系统的孔径光阑。假定成像系统没有像差，并且略去它的衍射效应，那么像 S'应为点像。用波动光学来描述这一过程，就是系统 L 将发自 S 点的发散球面波变换为会聚于点 S'的会聚球面波。但是，在图 13-29 所示的装置中，尚有孔径光阑 D，它将限制来自 L 的会聚球面波，所以系统所成的像 S'应是会聚球面波通过孔径光阑 D 在像面上的衍射像斑。通常光阑面到像面的距离 R 虽比光阑的口径要大得多，但一般还不能用夫琅和费衍射公式来计算像面上的复振幅分布，我们只能利用菲涅耳衍射的计算公式。如果在孔径光阑面上建立坐标系 x_1Cy_1，在像面上建立坐标系 $xS'y$，两坐标系的原点 C 和 S'在光轴上，那么按照式(13-12)，像面上的复振幅分布为

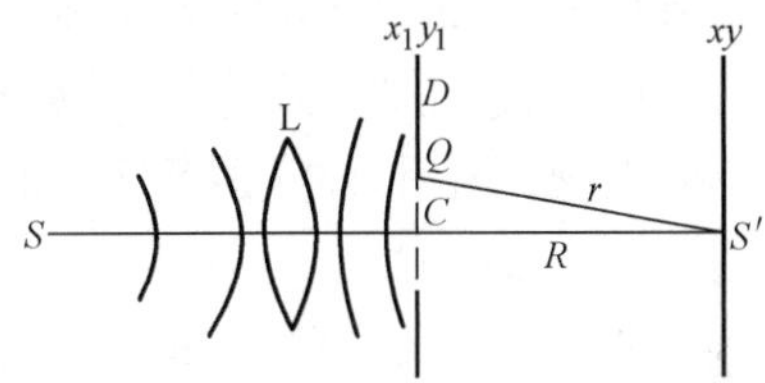

图 13-29　成像系统对近处点物成像

$$\widetilde{E}(x,y)=\frac{\exp(\mathrm{i}kR)}{\mathrm{i}\lambda R}\iint_{\Sigma}\widetilde{E}(x_1,y_1)\exp\left\{\frac{\mathrm{i}k}{2R}\left[(x-x_1)^2+(y-y_1)^2\right]\right\}\mathrm{d}x_1\mathrm{d}y_1 \tag{13-58}$$

式中，Σ 是孔径面积，$\widetilde{E}(x_1,\ y_1)$ 是孔径面上的复振幅分布。由于孔径受会聚球面波照明，按照本章第一节对球面波函数所做的近似处理，在菲涅耳近似下，有

$$\widetilde{E}(x_1,y_1)=\frac{A}{R}\exp(-\mathrm{i}kR)\exp\left[-\frac{\mathrm{i}k}{2R}(x_1^2+y_1^2)\right]$$

把这一结果代入式(13-58)，得到

$$\widetilde{E}(x,y)=\frac{A'}{\mathrm{i}\lambda R}\exp\left[\frac{\mathrm{i}k}{2R}(x^2+y^2)\right]\iint_{\Sigma}\exp\left[-\mathrm{i}k\left(\frac{x}{R}x_1+\frac{y}{R}y_1\right)\right]\mathrm{d}x_1\mathrm{d}y_1 \tag{13-59}$$

式中，$A'=\dfrac{A}{R}$是入射波在光阑面上的振幅。把式(13-59)和夫琅和费衍射公式(13-36)相比较，易见两式中的积分是一样的，只是在式(13-59)中用 R 代替了式(13-16)中的 f_0。因此，式(13-59)也可以解释为单色平面波垂直入射到孔径光阑，并在一个焦距为 R 的透镜的后焦面上产生的夫琅和费衍射的复振幅分布（不计积分前的因子）。这说明在像面上观察到的近处点物的衍射像也是孔径光阑的夫琅和费衍射图样，这提供了一种更为普遍的用会聚光照明方式来得到孔径频谱的方法。相应的爱里斑半径为

$$r_0=1.22\frac{R\lambda}{D} \tag{13-60}$$

式中，D 为孔径光阑的直径；R 为光阑到像面的距离。

至此，我们已经说明了成像系统对无穷远处的点物在焦面上所成的像是夫琅和费衍射像，也说明了成像系统对近处点物在像面上所成的像是夫琅和费衍射像。由于无穷远处的点物和系统的焦点是物像关系，所以上述结论统一起来也可以说，成像系统对点物在它的像面上所成的像是夫琅和费衍射图样。

三、光学成像系统的分辨率

光学成像系统的分辨率指的是它能分辨开两个靠近的点物或物体细节的能力。前面已经指出，光学系统对点物所成的“像”是一个夫琅和费衍射图样。这样，对于两个非常靠近的点物，它们的“像”（衍射图样）就有可能分辨不开，因而也无从分辨两个点物。

考察图 13-30 所示的光学系统对两个点物的成像。图中 L 代表成像系统，S_1 和 S_2 是两个发光强度相等的点物，S_1'和 S_2'分别是 S_1 和 S_2 的“像”，即衍射图样。

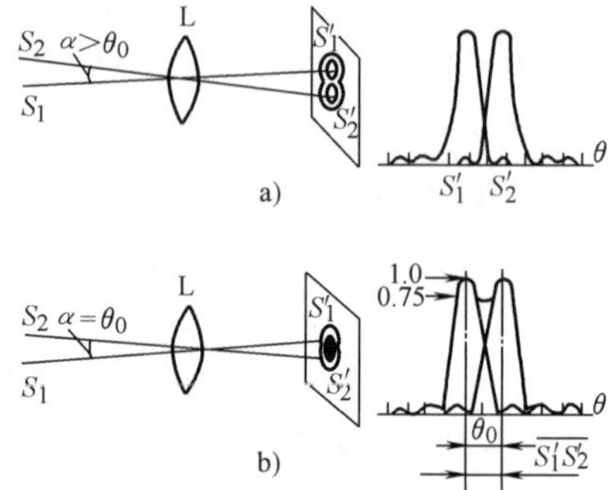

图 13-30 两个点物的衍射像的分辨率

看图 13-30b 的情况，即一个点物衍射图样的中央极大与近旁另一个点物衍射图样的第一极小重合，作为光学成像系统的分辨极限，认为此时系统恰好可以分辨开两个点物，称此分辨标准为瑞利判据。这时有 $\alpha=\theta_0$，其中 α 为两物点对系统的张角，θ_0 为点物衍射斑的角半径。显然，当 $\alpha\geqslant\theta_0$ 时，两点物可以分辨。

下面分别对三种典型光学系统进行讨论。

1. 望远镜的分辨率　望远镜用于对远处物体成像。设望远镜物镜的圆形通光孔径的直径为 D，则它对远处点物所成的像的爱里斑角半径为 $\theta_0=\dfrac{1.22\lambda}{D}$ [见式(13-57)]。如果两点物恰好为望远镜所分辨，根据瑞利判据，两点物对望远物镜的张角为（见图 13-31）。

$$\alpha=\theta_0=\frac{1.22\lambda}{D} \tag{13-61}$$

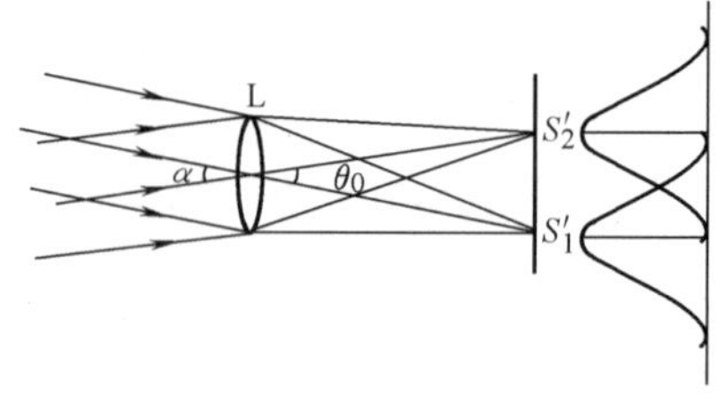

图 13-31 望远镜的最小分辨角

这就是望远镜的分辨率公式。此式表明，物镜的直径 D 越大，分辨率越高。天文望远镜物镜的直径做得很大（当今世界上最大最先进的天文望远物镜的直径可达 16m），原因之一就是为了提高分辨率。

2. 照相物镜的分辨率　照相物镜一般用于对较远的物体成像，并且所成的像由感光底片记录，底片的位置与照相物镜的焦面大致重合。若照相物镜的孔径为 D，则它能分辨的最靠近的两直线在感光底片上的距离为

$$\varepsilon'=f\theta_0=1.22f\frac{\lambda}{D}$$

式中，f 是照相物镜的焦距。照相物镜的分辨率以像面上每毫米能分辨的直线数 N 来表示，易见

$$N=\frac{1}{\varepsilon'}=\frac{1}{1.22\lambda}\frac{D}{f}\tag{13-62}$$

若取 $\lambda=550\text{nm}$，则 N 又可表示为

$$N\approx 1490\frac{D}{f}$$

式中，D/f 是物镜的相对孔径。可见，照相物镜的相对孔径越大，其分辨率越高。

在照相物镜和感光底片所组成的照相系统中，为了充分利用照相物镜的分辨能力，所使用的感光底片的分辨率应该大于或等于物镜的分辨率。

3. 显微镜的分辨率　显微镜物镜的成像如图 13-32 所示。点物 S_1 和 S_2 位于物镜前焦点附近，由于物镜的焦距极短，所以 S_1 和 S_2 发出的光波以很大的孔径角入射到物镜，而它们的像 S_1' 和 S_2' 则离物镜较远。虽然 S_1 和 S_2 离物镜很近，但根据本节前面的讨论，它们的像也是物镜边缘（孔径光阑）的夫琅和费衍射图样，其中爱里斑的半径为

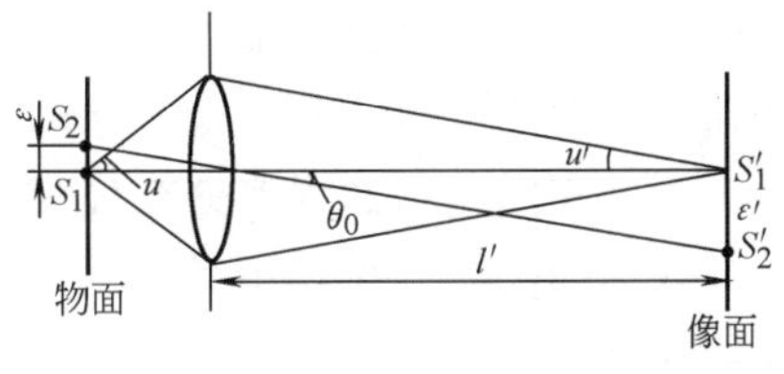

图 13-32　显微镜的分辨率

$$r_0=l'\theta_0=1.22\frac{l'\lambda}{D}\tag{13-63}$$

式中，l' 是像距；D 是物镜直径。

上式与式(13-56)的区别仅是以 l' 代替了式(13-56)中的 f。显然，如果两衍射图样的中心 S_1' 和 S_2' 之间的距离 $\varepsilon'=r_0$，则按照瑞利判据，两衍射图样刚好可以分辨，这时两点物之间的距离 ε 就是物镜的最小分辨距离。由于显微镜物镜的成像满足阿贝（Abbe）正弦条件

$$n\varepsilon\sin u=n'\varepsilon'\sin u'$$

式中，n 和 n' 分别为物方和像方折射率。对显微镜有 $n'=1$，并且 $\sin u'$ 近似地可表示为（因为 $l'\gg D$）

$$\sin u'\approx u'=\frac{D}{2l'}$$

最后得到

$$\varepsilon=\frac{0.61\lambda}{n\sin u}\tag{13-64}$$

式中，$n\sin u$ 称为物镜的数值孔径，通常以 NA 表示。

由上式可见，提高显微镜分辨率的途径是增大物镜的数值孔径；减小波长。增大数值孔径有两种方法，一是减小物镜的焦距，使孔径角 u 增大；二是用油浸物镜以增大物方折射率，但只能把数值孔径增大到 1.5 左右。应用减小波长的方法，如果被观察的物体不是自身发光的，只要用短波长的光照明即可。一般显微镜的照明设备附加一块紫色滤光片，就是这个原因。近代电子显微镜利用电子束的波动性来成像，由于电子束的波长比光波要小得多，比如在几百万伏的加速电压下电子束的波长可达 10^{-3}nm 的数量级，因而电子显微镜的分辨率比普通光学显微镜提高千倍以上（电子显微镜的数值孔径较小）。

第五节 多缝的夫琅和费衍射

多缝夫琅和费衍射装置如图 13-33 所示，图中 S 是与图面垂直的线光源，位于透镜 L_1 的焦面上；G 是开有多个等宽等间距狭缝、缝宽为 a、缝距为 d 的衍射屏，它能对入射光的振幅进行空间周期性调制，这种衍射屏也称作振幅型矩形光栅，d 称作光栅常数。多缝的方向与线光源平行。多缝的衍射图样在透镜 L_2 的焦面上观察。假定多缝的方向是 y_1 方向，那么很显然，多缝衍射图样的强度分布只沿 x 方向变化，衍射条纹是一些平行于 y 轴的亮暗条纹。

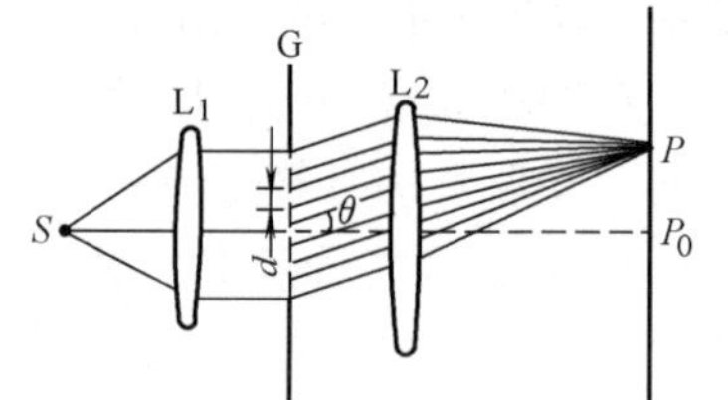

图 13-33 多缝夫琅和费衍射的实验装置

一、多缝衍射的强度分布公式

在多缝夫琅和费衍射装置中，多缝按其光栅常数 d 把入射光波波面分割成 N 个部分，每个部分成为一个单缝而发生夫琅和费衍射。由于单缝衍射场之间是相干的，因此多缝夫琅和费衍射的复振幅分布是所有单缝夫琅和费衍射复振幅分布的叠加，可以看成是单缝夫琅和费衍射和多缝干涉的综合结果。

设 P 为 L_2 后焦面上任一观察点，位于光轴上的中心单缝的夫琅和费衍射图样在 P 点的复振幅为

$$\widetilde{E}(P)=A\left(\frac{\sin\alpha}{\alpha}\right)$$

式中，$A=\frac{C}{f}A'\exp[\mathrm{i}kf]$ 为常数，$\alpha=\frac{\pi}{\lambda}a\sin\theta$，$\sin\theta=\frac{x}{f}$。相邻单缝在 P 点产生的夫琅和费衍射的幅值与中心单缝的相同，只是产生一个相位差：

$$\delta=\frac{2\pi}{\lambda}d\sin\theta \tag{13-65}$$

以此类推，则多缝在 P 点产生的复振幅是 N 个振幅相同、相邻光束相位差相等的多光束干涉的结果。

$$\begin{aligned}\widetilde{E}(P)&=A\left(\frac{\sin\alpha}{\alpha}\right)\{1+\exp(\mathrm{i}\delta)+\exp(\mathrm{i}2\delta)+\cdots+\exp[\mathrm{i}(N-1)\delta]\}\\&=A\left(\frac{\sin\alpha}{\alpha}\right)\left(\frac{\sin\frac{N}{2}\delta}{\sin\frac{\delta}{2}}\right)\exp\left[\mathrm{i}(N-1)\frac{\delta}{2}\right]\end{aligned}$$

因此 P 点的光强为

$$I(P)=I_0\left(\frac{\sin\alpha}{\alpha}\right)^2\left(\frac{\sin\frac{N}{2}\delta}{\sin\frac{\delta}{2}}\right)^2 \tag{13-66}$$

式中，$I_0=|A|^2$ 是单缝在 P_0 点产生的光强。

式(13-66)包含两个因子：单缝衍射因子 $\left(\dfrac{\sin\alpha}{\alpha}\right)^2$ 和多光束干涉因子 $\left(\dfrac{\sin\dfrac{N}{2}\delta}{\sin\dfrac{\delta}{2}}\right)^2$，表明多缝衍射是衍射和干涉两种效应共同作用的结果。单缝衍射因子与单缝本身的性质（包括缝宽乃至单缝范围内引入的振幅和相位的变化）有关㊀，而多光束干涉因子来源于狭缝的周期性排列，与单缝本身的性质无关。因此，如果有 N 个性质相同的缝在一个方向上周期性地排列起来，或者 N 个性质相同的其他形状的孔径在一个方向上周期地排列起来，它们的夫琅和费衍射图样的强度分布式中就将出现这个因子。这样，只要把单个衍射孔的衍射因子求出来，将它乘上多光束干涉因子，便可以得到这种孔径周期排列的衍射图样的强度分布。这一规律对于求多个周期排列的孔径的衍射是很有用的。

二、多缝衍射图样的特征

多缝衍射图样中的亮纹和暗纹的位置可通过分析式(13-66)中多光束干涉因子和单缝衍射因子的极大值和极小值条件得到。从多光束干涉因子可知，当

$$\delta=\frac{2\pi}{\lambda}d\sin\theta=2m\pi\qquad m=0,\ \pm1,\ \pm2,\cdots$$

或

$$d\sin\theta=m\lambda\qquad m=0,\ \pm1,\ \pm2,\cdots\tag{13-67}$$

时，它有极大值，其数值为 N^2。这些极大值称为主极大，m 为主极大的级次，常把式(13-67)叫作光栅方程。方程表明主极大的位置与缝数无关，衍射角的绝对值 $|\theta|$ 不可能大于 $90°$，$|\sin\theta|$ 不可能大于 1，这就限制了主极大的级次。当 $N\dfrac{\delta}{2}$ 等于 π 的整数倍而 $\dfrac{\delta}{2}$ 不是 π 的整数倍时，即

$$\frac{\delta}{2}=\left(m+\frac{m'}{N}\right)\pi\qquad m=0,\ \pm1,\ \pm2,\cdots;\qquad m'=1,2,\cdots,N-1$$

或

$$d\sin\theta=\left(m+\frac{m'}{N}\right)\lambda\qquad m=0,\ \pm1,\ \pm2,\cdots;\qquad m'=1,2,\cdots,N-1\tag{13-68}$$

时，它有极小值，其数值为零。不难看出，在两个相邻主极大之间有 $N-1$ 个零值。相邻两个零值之间（$\Delta m'=1$）的角距离为 $\Delta\theta$，由式(13-68)可得

$$\Delta\theta=\frac{\lambda}{Nd\cos\theta}\tag{13-69}$$

由式(13-68)同样可得到主极大与其相邻的一个零值之间的角距离也是式(13-69)的形式，$\Delta\theta$ 称为主极大的半角宽度。它表明缝数 N 越大，主极大的宽度越小，反映在观察面上主极大亮纹越亮、越细。

㊀ 至此为止，讨论的衍射屏都是在孔径范围内透射比为 1（孔径不引入入射光振幅和相位的变化），孔径范围外透射比为零。但也可以设想在孔径范围内透射系数不均匀的情况，如后面将叙述的正弦光栅的情况。

此外，在相邻两个零值之间也应有一个次极大。可以证明，次极大的强度与它离开主极大的远近有关，但主极大旁边的最强的次极大，其强度也只有主极大强度的4%左右。显然，次极大的宽度也随N增大而减小，当N是一个很大的数目时（如下节讨论的光栅），它们将与强度零点混成一片，成为衍射图样的背景。

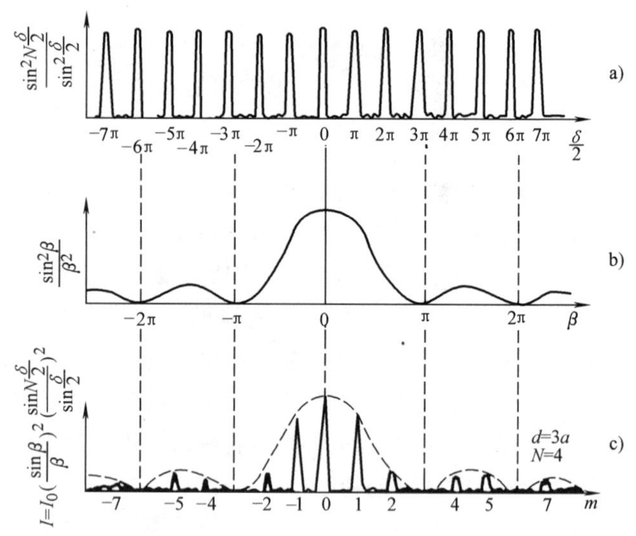

图 13-34　4 缝衍射的强度分布曲线

图 13-34a 给出了对应于4个缝的干涉因子的曲线。这时在两相邻主极大之间有3个零点，2个次极大。图 13-34b 所示是单缝衍射因子的曲线。上述两个因子相乘的曲线就是4个缝衍射的强度分布曲线，如图 13-34c 所示。可以看出，各级主极大的强度受到单缝衍射因子的调制。各级主极大的强度为

$$I=N^2I_0\left(\frac{\sin\alpha}{\alpha}\right)^2$$

它们是单缝衍射在各极大位置上产生的强度的N^2倍。其中零级主极大的强度最大，等于N^2I_0。

值得注意的情况是，当干涉因子的某级主极大值刚好与衍射因子的某级极小值重合，这些主极大值就被调制为零，对应级次的主极大就消失了，这一现象叫作缺级。因为干涉主极大的位置由$d\sin\theta=m\lambda$决定，$m=0$，±1，±2，…，而单缝衍射极小的位置由$a\sin\theta=n\lambda$决定，$n=0$，±1，±2，…，因此缺级的条件为

$$m=n\left(\frac{d}{a}\right) \qquad (13\text{-}70)$$

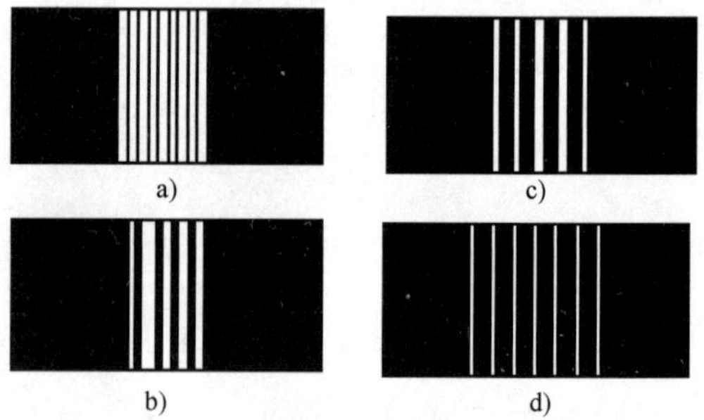

图 13-35　双缝和多缝衍射图样

a）双缝　b）3缝　c）6缝　d）20缝

总之，对于多缝夫琅和费衍射，缝间距d（光栅常数）给出各级主极大值的位置；缝宽a（联系单缝因子）仅影响光强在各主极大值之间的分配。可以看出，当缝数N增大时，衍射图样最显著的改变是亮纹变成很细的亮线（见图 13-35）。

第六节　衍射光栅

能对入射光波的振幅或相位进行空间周期性调制，或对振幅和相位同时进行空间周期性调制的光学元件称为衍射光栅。

衍射光栅的夫琅和费衍射图样又称作光栅光谱，它是在焦面上一条条又细又亮的条纹，这些条纹的位置随照明波长而变。因此包括有不同波长的复色光波经过光栅后，其中每一种波长都形成各自一套条纹，且彼此错开一定距离，借此可以区分出照明光波的光谱组成，这就是光栅的分光作用。

衍射光栅的种类很多，分类的方法也不尽相同。按对光波的调制方式，可以分为振幅型和相位型；按工作方式可分为透射型和反射型；按光栅工作表面的形状又可分为平面光栅和凹面光栅；按对入射波调制的空间又可分为二维平面光栅和三维体积光栅；按光栅制作的方式又可分为机刻光栅、复制光栅以及全息光栅等。例如前节分析过的多缝光栅就是一种振幅型平面光栅。如图 13-36 所示是透射光栅和反射光栅。透射光栅是在光学平板玻璃上刻划出一道道等间距的刻痕，刻痕处不透光，未刻处则是透光的狭缝；反射光栅是在金属镜上刻划一道道刻痕，刻痕上发生漫反射，未刻处在反射光方向发生衍射，相当于一组衍射狭缝。

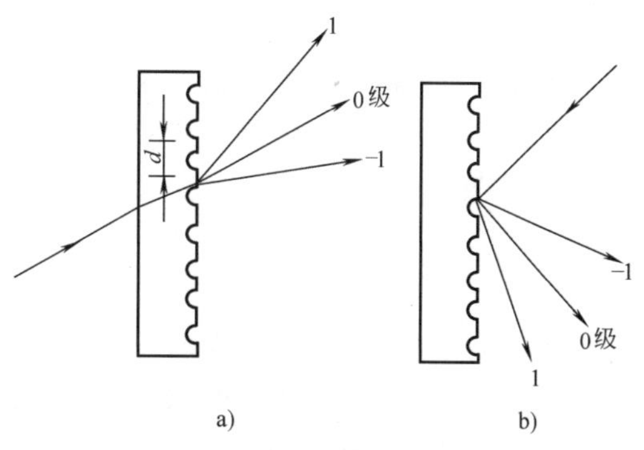

图 13-36　透射光栅与反射光栅

a）透射光栅　b）反射光栅

光栅最重要的应用是用作分光元件，使用光栅作分光元件的光谱仪称光栅光谱仪。下面先介绍光栅在这方面的性质。

一、光栅的分光性能

（一）光栅方程

决定各级主极大位置的式(13-67)称为光栅方程，它是光波正入射时设计和使用光栅的基本方程式。

下面以反射光栅（见图 13-37）为例，导出更为普遍的斜入射情形的光栅方程。设平行光束以入射角 i 斜入射到反射光栅上，并且所考察的衍射光与入射光分别处于光栅法线的两侧（见图 13-37a）或同侧（见图 13-37b）。当光束到达光栅时，两支相邻光束的光程差为

$$\Delta = d\sin i \pm d\sin\theta$$

因此，光栅方程的普遍形式可写为

$$d(\sin i \pm \sin\theta) = m\lambda \quad m = 0, \pm1, \pm2, \cdots \tag{13-71}$$

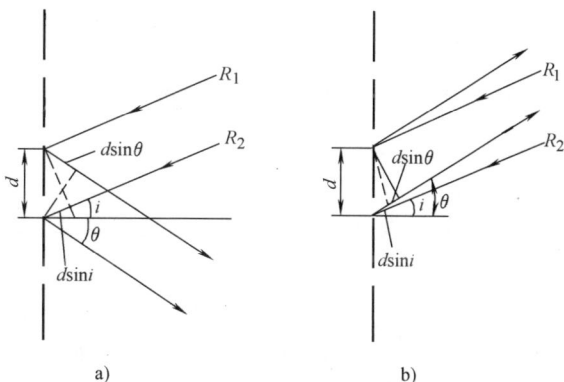

图 13-37　光束斜入射到反射光栅上发生的衍射

在考察与入射光同一侧的衍射光谱时，上式取正号；在考察与入射光异侧的衍射光谱时，上式取负号。容易证明，上式对于透射光栅同样适用。

（二）光栅的色散

由光栅方程可知，除零级外，不同波长的同一级主极大对应不同的衍射角，这种现象称为光栅的色散。光栅有色散，表示它有分光能力。

光栅的色散用角色散和线色散来表示。相差单位波长的两条谱线通过光栅分开的角度为角色散。它与光栅常数 d 和衍射的级次 m 的关系可从光栅方程式(13-71)求得。对光栅方程的两边取微分，得到

$$\frac{\mathrm{d}\theta}{\mathrm{d}\lambda}=\frac{m}{d\cos\theta} \tag{13-72}$$

表明光栅的角色散与光栅常数 d 成反比，与级次 m 成正比。

光栅的线色散是聚焦物镜焦面上相差单位波长的两条谱线分开的距离。设物镜的焦距是 f，则线色散为

$$\frac{\mathrm{d}l}{\mathrm{d}\lambda}=f\frac{\mathrm{d}\theta}{\mathrm{d}\lambda}=f\frac{m}{d\cos\theta} \tag{13-73}$$

角色散和线色散是光谱仪的一个重要质量指标，光谱仪的色散越大，就越容易将两条靠近的谱线分开。由于实用光栅通常每毫米有几百条刻线以至上千条刻线，亦即光栅常数 d 通常很小，所以光栅具有很大的色散本领，这一特性，使光栅光谱仪成为一种优良的光谱仪器。

如果我们在 θ 角不大的地方记录光栅光谱，$\cos\theta$ 几乎不随 θ 角而变，所以色散是均匀的，这种光谱称匀排光谱。测定这种光谱的波长时，可用线性内插法，这一点也是光栅光谱相对于棱镜光谱的优点之一。

（三）光栅的色分辨本领

光栅的色分辨本领是指可分辨两个波长差很小的谱线的能力。

考察两条波长分别为 λ 和 $\lambda+\Delta\lambda$ 的谱线。如果它们由于色散所分开的距离正好使一条谱线的强度极大值和另一条谱线极大值边上的极小值重合（见图 13-38），那么根据瑞利判据，这两条谱线刚好可以分辨。这时的波长差 $\Delta\lambda$ 就是光栅所能分辨的最小波长差，而光栅的色分辨本领定义为

$$A=\frac{\lambda}{\Delta\lambda} \tag{13-74}$$

按照式(13-69)谱线的半角宽度为

$$\Delta\theta=\frac{\lambda}{Nd\cos\theta}$$

再由角色散的表达式(13-72)，与角距离 $\Delta\theta$ 对应的波长差为

$$\Delta\lambda=\left(\frac{\mathrm{d}\lambda}{\mathrm{d}\theta}\right)\Delta\theta=\frac{d\cos\theta}{m}\cdot\frac{\lambda}{Nd\cos\theta}=\frac{\lambda}{mN}$$

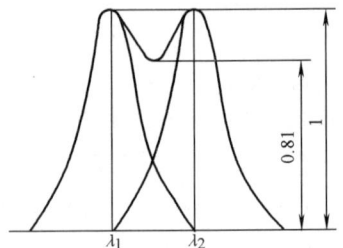

图 13-38 光栅的分辨极限

因此，光栅的色分辨本领

$$A=\frac{\lambda}{\Delta\lambda}=mN \tag{13-75}$$

此式表明，光栅的色分辨本领正比于光谱级次 m 和光栅线数 N，与光栅常数 d 无关。式(13-75)与 F-P 标准具的分辨本领式(12-61)是一致的。

对于光栅来讲，光谱级次受到 d/λ 的限制，一般不是很大的数，但光栅线数 N 是一个很大的数目，因此光栅的分辨本领仍然很高。

光栅与 F-P 标准具的分辨本领都很高，但它们的高分辨本领来自不同的途径：光栅来源于刻线数 N 很大，而 F-P 标准具来源于高干涉级 m，它的有效光束数 N 并不大。

（四）光栅的自由光谱范围

图 13-39 所示是一种光源在可见区的光栅光谱。可以看出，从 2 级光谱开始，发生了邻级光谱之间的重叠现象。这是容易理解的，因为衍射现象与波长有关。

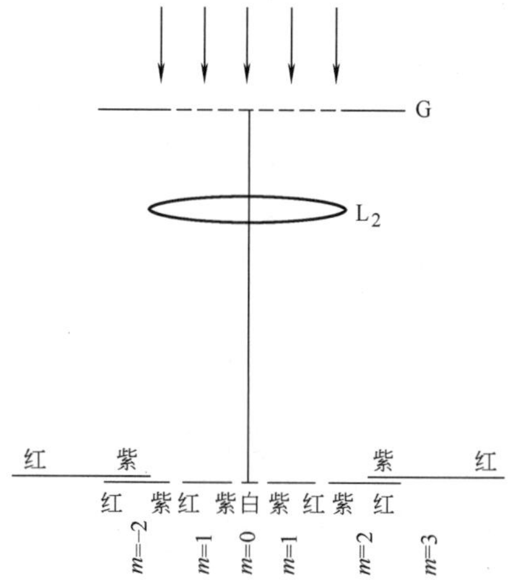

图 13-39　可见光区的光栅光谱

容易理解，在波长 λ 的 $m+1$ 级谱线和波长 $\lambda+\Delta\lambda$ 的 m 级谱线重叠时，波长在 λ 到 $\lambda+\Delta\lambda$ 之内的不同级谱线是不会重叠的。因此，光谱不重叠区 $\Delta\lambda$ 可由式 $m(\lambda+\Delta\lambda)=(m+1)\lambda$ 得到，即

$$\Delta\lambda=\frac{\lambda}{m} \tag{13-76}$$

由于光栅使用的光谱级 m 很小，所以它的自由光谱范围 $\Delta\lambda$ 比较大。这一点和 F-P 标准具形成鲜明对照。

二、正弦（振幅）光栅

正弦型振幅光栅能对入射光波的振幅按余弦或正弦函数变化规律进行调制，而不影响其相位分布。它的复振幅透射系数为

$$t(x_1,y_1)=\left(1+B\cos2\pi\frac{1}{d}x_1\right) \tag{13-77}$$

这是一个在 x_1 方向上无限长的一维光栅，B 取 $0<B<1$，它表示光栅对光波振幅调制的幅度，d 为光栅常数。这样的光栅可以通过照相记录传播方向有一定夹角的两平面波的干涉条纹来得到。图 13-40 画出了正弦光栅和矩形振幅光栅的复振幅透射系数。

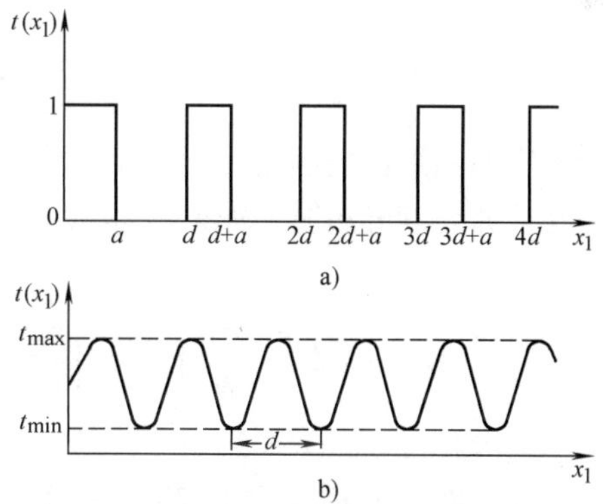

图 13-40　矩形光栅和正弦光栅的复振幅透射系数

假设正弦光栅有 N 个周期，则光栅长度为 Nd。当单位振幅的平面波垂直照明光栅，则由式(13-2)，光栅面上的复振幅分布为

$$\tilde{E}(x_1)=t(x_1)=\begin{cases}1+B\cos\frac{2\pi}{d}x_1 & x_1\leqslant|Nd/2|\\ 0 & x_1>|Nd/2|\end{cases} \tag{13-78}$$

根据上一节的讨论，求这类 N 个单元（每一个周期可看作一个衍射单元）的光栅的衍射强度分布，只需要求出单元的衍射因子，再乘上多光束干涉因子$\left(\dfrac{\sin\frac{N}{2}\delta}{\sin\frac{\delta}{2}}\right)^2$便可以得到。

根据式(13-35)，并略去积分号前的常数和二次相位因子，则对于这里所讨论的正弦振幅光栅，单元衍射的复振幅分布为

$$\widetilde{E}_s(x) = \int_{-\frac{d}{2}}^{\frac{d}{2}} \widetilde{E}(x_1)\exp(-\mathrm{i}2\pi u x_1)\mathrm{d}x_1 \tag{13-79}$$

式中，$u=\frac{x}{\lambda f}=\frac{\sin\theta}{\lambda}$。

把式(13-78)代入上式，得到

$$\begin{aligned}\widetilde{E}_s(x) &= \int_{-\frac{d}{2}}^{\frac{d}{2}}\left(1+B\cos\frac{2\pi}{d}x_1\right)\exp\left(-\mathrm{i}kx_1\frac{x}{f}\right)\mathrm{d}x_1\\ &= \int_{-\frac{d}{2}}^{\frac{d}{2}}\left[1+\frac{B}{2}\exp\left(\mathrm{i}\frac{2\pi}{d}x_1\right)+\frac{B}{2}\exp\left(-\mathrm{i}\frac{2\pi}{d}x_1\right)\right]\exp\left(-\mathrm{i}kx_1\frac{x}{f}\right)\mathrm{d}x_1\\ &= d\left[\frac{\sin\alpha}{\alpha}+\frac{B}{2}\frac{\sin(\alpha+\pi)}{\alpha+\pi}+\frac{B}{2}\frac{\sin(\alpha-\pi)}{\alpha-\pi}\right]\end{aligned} \tag{13-80}$$

式中，$\alpha=\frac{\pi xd}{\lambda f}=\frac{\pi d}{\lambda}\sin\theta$。所以正弦振幅光栅夫琅和费衍射图样的强度分布为

$$I(x)=I_0\left[\frac{\sin\alpha}{\alpha}+\frac{B}{2}\frac{\sin(\alpha+\pi)}{\alpha+\pi}+\frac{B}{2}\frac{\sin(\alpha-\pi)}{\alpha-\pi}\right]^2\left(\frac{\sin\frac{N}{2}\delta}{\sin\frac{\delta}{2}}\right)^2 \tag{13-81}$$

又因 $\delta=\frac{2\pi d}{\lambda}\sin\theta=2\alpha$，故式(13-81)可以写为

$$I(x)=I_0\left[\frac{\sin\alpha}{\alpha}+\frac{B}{2}\frac{\sin(\alpha+\pi)}{\alpha+\pi}+\frac{B}{2}\frac{\sin(\alpha-\pi)}{\alpha-\pi}\right]^2\left(\frac{\sin N\alpha}{\sin\alpha}\right)^2 \tag{13-82}$$

式中，单元衍射强度为三个 sinc 函数$\left[\mathrm{sinc}(x)=\frac{\sin x}{x}\right]$之和的平方，包含的项数较多，准确地画出它的图形比较困难。

在计算强度分布时，如果 N 很大，$Nd=L>>d$，可以忽略三个 sinc 函数之间的交迭，得光强分布为

$$I(x)=I_0\left\{\left(\frac{\sin\alpha}{\alpha}\right)^2+\frac{B^2}{4}\left[\frac{\sin(\alpha+\pi)}{\alpha+\pi}\right]^2+\frac{B^2}{4}\left[\frac{\sin(\alpha-\pi)}{\alpha-\pi}\right]^2\right\}\left(\frac{\sin N\alpha}{\sin\alpha}\right)^2 \tag{13-83}$$

图 13-41 画出了式(13-83)中的三个 sinc 函数，表示光栅衍射只有三级谱线，即 0 级和 ±1 级。谱线的位置同样由光栅方程决定，即 $\sin\theta=0$ 对应零级，而 $\sin\theta=\pm\frac{\lambda}{d}$对应 ±1 级，谱线的位置与 N 无关。而每个谱线的角半宽度$\left(\Delta\theta=\frac{\lambda}{Nd}\right)$与 Nd 成反比，当 $N\to\infty$ 时，谱线宽度减小到零，在数学上可

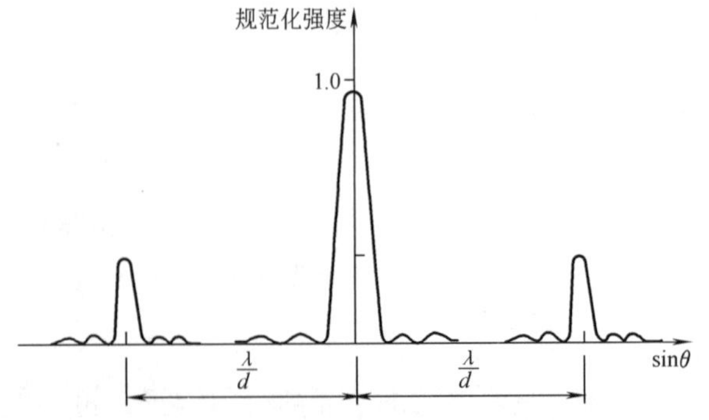

图 13-41 正弦型振幅光栅的夫琅禾费衍射

以用 δ 函数表示（有关 δ 函数的内容，参见附录 E）。

由上面的分析过程我们可以看出，正弦光栅的零级对应着光栅复振幅透射系数的常数部分。从信息观点来看零级往往是无用的，因为它不反映物体的任何结构，而 ±1 级才反映了物体的基本结构。

三、闪耀光栅

前面讨论的振幅型光栅存在一个明显的缺点，作为色散元件，无色散的零级光谱占据了总能量的很大一部分，而光谱分析中使用的较高级次的光谱却只占很少一部分能量，因此衍射效率（衍射光能量与入射光能量之比）很低。其原因在于单缝衍射的中央极大与缝间干涉的零级主极大（即零级光谱）重合。下面介绍的闪耀光栅能使光能量几乎全部集中到所需要的光谱级次上。

闪耀光栅的巧妙之处是它的刻槽面与光栅面不平行，两者之间有一夹角 γ（称为闪耀角）。从而使单个刻槽面（相当于单缝）衍射的中央极大和诸槽面间（缝间）干涉零级主极大分开，将光能量从干涉零级主极大（即零级光谱），转移并集中到某一级光谱上去，实现该级光谱的闪耀。

光栅干涉主极大方向是以光栅面法线方向为其零级方向，而衍射的中央主极大方向则是由刻槽面法线方向决定。图 13-42 所示为入射光垂直于光栅刻槽面入射的情况，光谱仪中称之为李特洛（Littrow）自准式入射。这时单个刻槽表面衍射的中央极大的方向对应于入射光反方向，即刻槽面的几何光学的反射方向（$\theta=i$）。而对于光栅平面来说，入射光为斜入射，入射角为入射光与光栅面法线的夹角，如图为 $i=\gamma$，刻槽面间干涉各级主极大由光栅方程确定，即

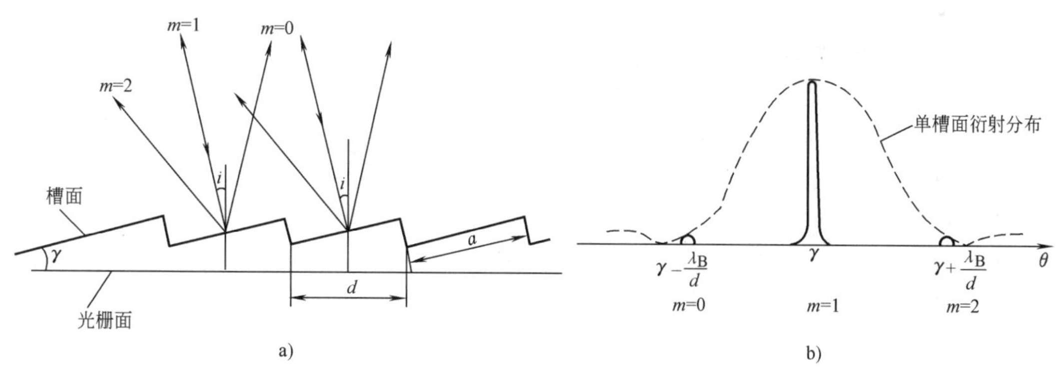

图 13-42 闪耀光栅及 λ_B 的 1 级光谱的闪耀

a）闪耀光栅 b）λ_B 的 1 级光谱的闪耀

$$d(\sin i+\sin\theta)=m\lambda \tag{13-84}$$

光栅方程取“+”是因为所观察的衍射光的方向与入射光在光栅面法线同侧。将 $\theta=i$，$i=\gamma$ 代入光栅方程式（13-84），得

$$2d\sin\gamma=m\lambda \tag{13-85}$$

式（13-85）表示单个刻槽面衍射的中央极大与诸刻槽面间干涉的 m 级主极大（即 m 级光谱）重合的条件。

当 $m=1$，入射波长为 λ_B 时，

$$2d\sin\gamma = \lambda_B \tag{13-86}$$

则波长为 λ_B 的 1 级光谱获得闪耀，并获得最大光强。波长 λ_B 称为 1 级闪耀波长。又因为闪耀光栅的槽面宽度 $a \approx d$，所以波长 λ_B 的其他级次的光谱都几乎和单个刻槽面衍射的极小位置重合，致使这些级次的光谱强度很小。就是说，在总能量中占的比例很少，而大部分能量(80%以上）都转移并集中到 1 级光谱上（见图 13-42b）。

由式(13-86)可以看出，对波长 λ_B 的 1 级光谱闪耀的光栅，也对波长为 $\lambda_B/2$、$\lambda_B/3$ 的 2 级，3 级光谱闪耀。不过，通常所称光栅的闪耀波长是指在上述照明条件下的 1 级闪耀波长 λ_B。显然，闪耀光栅在同一级光谱中只对闪耀波长产生极大光强度，但由于刻槽面衍射的中央极大到极小有一定的宽度，所以，闪耀波长附近一定的波长范围内的谱线也有相当大的光强，因而闪耀光栅可用于一定的波长范围。

四、阶梯光栅

阶梯光栅是由许多平面平行厚玻璃板（厚度达 1 ~ 2cm）组成的一段阶梯，如图 13-43 所示。组成阶梯的玻璃板厚度相同，折射率相同，且每块玻璃板凸出的高度相等（约 0.1cm）。当平行光束通过光栅时，便在玻璃板的凸出部分（阶梯）发生衍射，相当于前面讨论的多缝衍射。

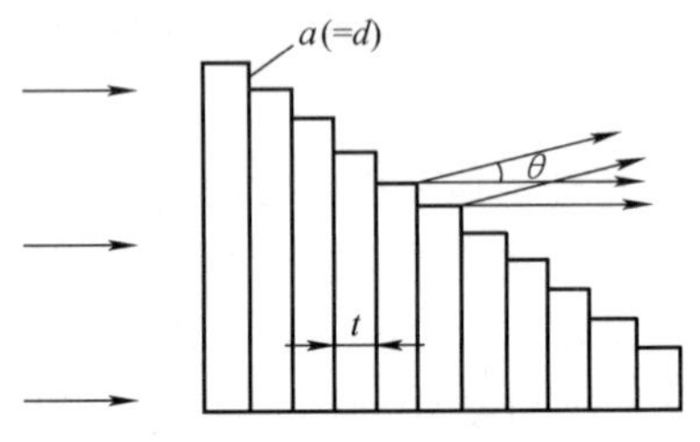

图 13-43　透射式阶梯光栅

阶梯光栅也是一种高分辨的分光器件。它的高分辨本领来源于高光谱级次，而衍射阶梯数 N 并不大（通常 $N = 20 \sim 30$）。在衍射角 θ 不大的情况下，由图 13-43，容易得到相邻两阶梯衍射光在 θ 方向的光程差 $\delta L = (n-1)t + \theta d$。因此，光栅方程为

$$(n-1)t + \theta d = m\lambda \tag{13-87}$$

式中，n 是玻璃的折射率，t 是玻璃板厚度，d 为阶梯高度。设 $t = 1\text{cm}$，$n = 1.5$，$\lambda = 500\text{nm}$，则光栅最低的光谱级（对应于 $\theta = 0$）为

$$m = (n-1)t/\lambda = 0.5\text{cm}/500 \times 10^{-7}\text{cm} = 10000$$

由于阶梯光栅的光谱级 m 很大，它的自由光谱范围是很小的，因而这种光栅适于分析光谱线的精细结构。又由于这种光栅的 $d = a$，所以只有落在单阶梯衍射零级极大范围内的一个或两个光谱线才有较大的光强度（见图 13-44）。这一点，与闪耀光栅极为相似，闪耀光栅也可以认为是阶梯光栅的一种。

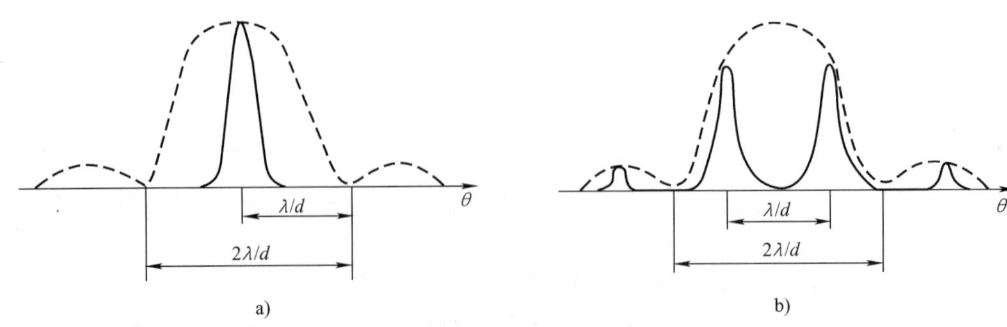

图 13-44　阶梯光栅产生的光谱线

a）第 m 级光谱线与单阶梯衍射零级极大重合　b）不重合

阶梯光栅有透射式和反射式两种。图 13-43 所示是透射式阶梯光栅，反射式阶梯光栅如图 13-45 所示。这两种光栅的原理完全相同。容易得到，反射式阶梯光栅的光栅方程为

$$2t - \theta d = m\lambda \tag{13-88}$$

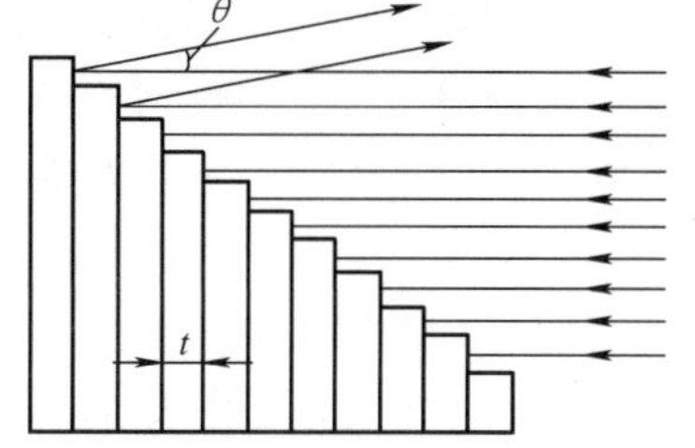

图 13-45 反射式阶梯光栅

五、体光栅

前面讨论的光栅都是一维的，即衍射屏的结构只在空间的一个方向上有周期性。除一维光栅外，还可以有二维光栅、三维光栅。晶体的晶格在三维空间里有周期性的结构，它对于波长较短的 X 射线来说，是一个理想的三维光栅。三维光栅也叫作体光栅或空间光栅。

当 X 射线入射在晶体上时（见图 13-46），晶体中处在格点上的原子或离子都会成为一个散射中心，这些散射中心在空间周期性地排列着，它们散射的 X 射线彼此相干，将在空间发生干涉。这同多缝光栅很相似，晶格的格点与单缝相当，两者都是衍射单元；而晶格常数 d_0 与光栅常数 d 相当，两者都反映了衍射屏的空间周期。区别主要在于一个是一维的，一个是三维的。

空间光栅的衍射规律可分解为两步进行分析，一是同一晶面中各个格点之间的干涉——点间干涉，二是不同晶面之间的干涉——面间干涉。

（一）点间干涉

如图 13-47 所示，整个晶体点阵可以看成是由一族相互平行的晶面Ⅰ、Ⅱ、Ⅲ、Ⅳ…组成。设这些晶面平行于 x-y 面，入射的 X 射线垂直于 y 轴（即平行于 z-x 平面），并与晶面族成 θ 角（称为掠射角）。现考虑某一晶面上各个格点衍射波的相干叠加。对于这些格点构成的二维点阵来说，入射波是倾斜的。在衍射 0 级的主极大方向上，所有的衍射线之间应该没有光程差。

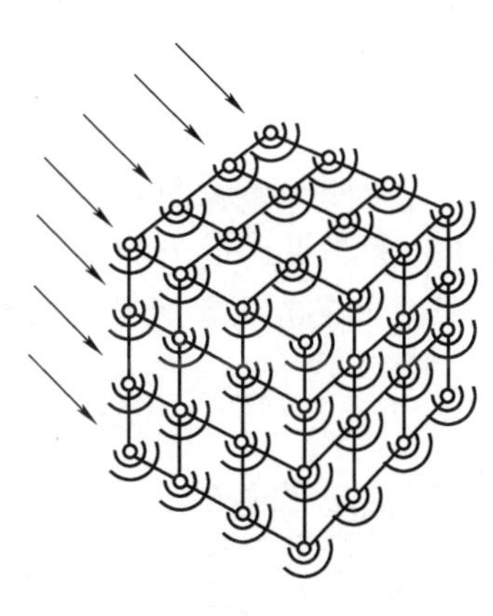
图 13-46 晶体对 X 射线的衍射

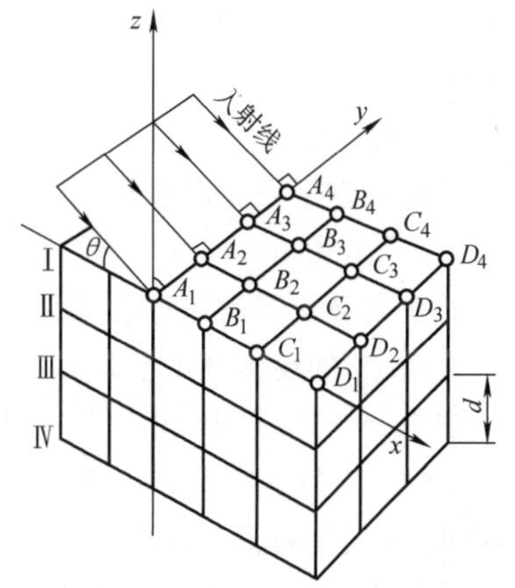

图 13-47 晶体点阵由晶面组成

首先找出沿 y 方向排列的格点发出的衍射线之间零程差的条件。如图 13-48 所示，因入射线 1、2、3、4…与 y 轴垂直，它们到达沿 y 方向排列的格点（A_1、A_2、A_3、A_4…）时，彼此之间没有光程差。由图不难看出，任何一组相互平行的衍射线，只要仍然保持与 y 轴垂

直，它们之间就没有光程差。也就是说，由 A_1、A_2、A_3、A_4…发出的衍射线的零程差条件是它们与入射线一样位于与 z-x 面平行的平面（即入射面）内。

再来找出沿 x 方向排列的格点（A_1、B_1、C_1、D_1…）发出的衍射线之间的零程差条件。考虑到上述沿 y 方向的零程差条件，这里只需讨论平行于 z-x 面的衍射线。如图 13-49 所示，a、b、c、d…为一组平行的入射线，它们的掠射角为 θ，a'、b'、c'、d'…为一组平行的衍射线，它们与 x 轴的夹角为 θ'。由 A_1 和 D_1 分别作入射线和衍射线的垂线 A_1M 和 D_1N。则 d、a 两入射线之间的光程差为 $\Delta L=\overline{MD_1}=\overline{A_1D_1}\cos\theta$，而 d'、a'两衍射线之间的光程差为 $\Delta L'=\overline{A_1N}=\overline{A_1D_1}\cos\theta'$。由此可见，零程差的条件是 $\theta=\theta'$。

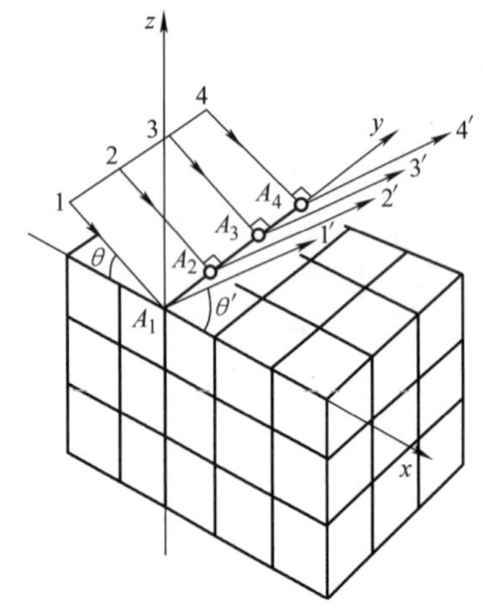

图 13-48 晶面内沿 y 方向排列的格点

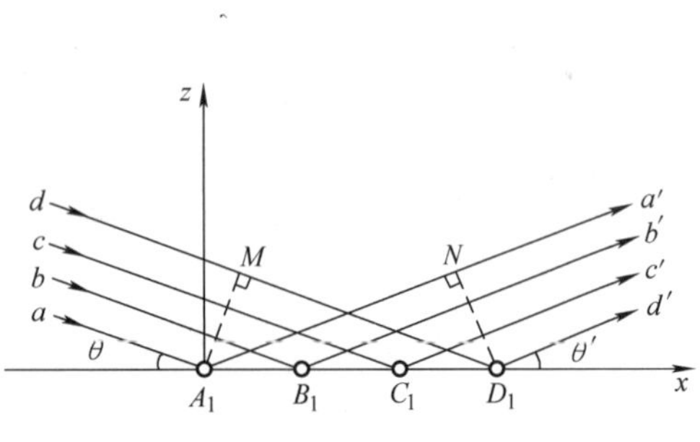

图 13-49 晶面内沿 x 方向排列的格点上衍射波

总之，同时考虑二维点阵中两个方向的零程差条件，衍射线应在 z-x 平面（入射面）内，且衍射角等于入射的掠射角。换句话说，二维点阵的 0 级主极大方向，就是以晶面为镜面的反射线方向。

（二）面间干涉

上面已经确定了每个晶面衍射的主极大沿反射线方向，下面再讨论不同晶面上反射线之间的干涉。图 13-50 中的，1′、2′、3′、4′…分别是晶面Ⅰ、Ⅱ、Ⅲ、Ⅳ…的反射线，这些平行的衍射光束叠加起来是加强还是减弱取决于相邻反射线之间的光程差。考虑晶面Ⅰ、Ⅱ上对应点 P_1、P_2 的反射线 1′、2′。由 P_1 分别作入射线和反射线的垂线 P_1M 和 P_1N，则光线 1-1′和 2-2′之间的光程差为 $\Delta L=\overline{MP_2}+\overline{P_2N}=2d_0\sin\theta$（$d_0$ 为晶面间隔），要使各晶面的衍射线叠加起来产生主极大，光程差 ΔL 必须是波长的整数倍。所以面间干涉的主极大条件为

$$2d_0\sin\theta=m\lambda \quad m=1,2,3,\cdots \qquad (13\text{-}89)$$

这就是通常所说的晶体衍射的布拉格条件。

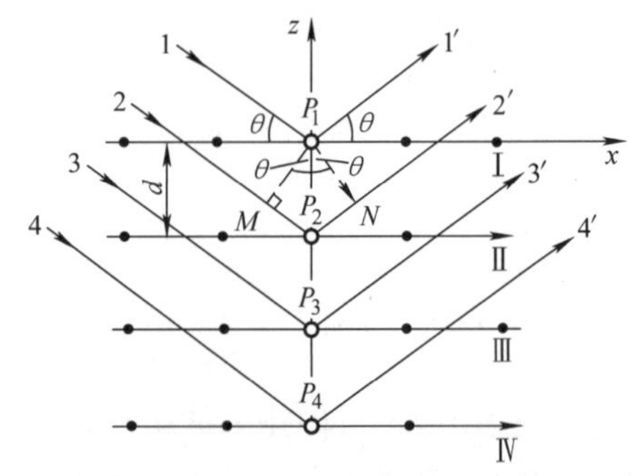

图 13-50 布拉格条件

X 射线在晶体上的衍射现象具有重要的意义，一方面它可以从已知的晶格结构（已知 d_0）来测

量 X 射线的波长 λ，于是形成所谓的 X 射线光谱学；另一方面，也可以利用已知的 X 射线（已知 λ）来确定晶体的结构，这就是所谓的 X 射线结构分析。

第七节　二元光学元件

一、二元光学概述

20 世纪 60 年代激光的出现，促进了光学技术的飞速发展。但是目前使用的仍是基于折反射原理的传统光学元（器）件，如透镜、棱镜等，这些元（器）件大都是以机械的铣磨、抛光等工艺制作而成的，其缺点是工艺复杂，元件尺寸大且重。在当今仪器走向光、机、电集成化和微型化的趋势中，它们已显得极不相称。因此，研制小型、高效、阵列化光学元件，已经是光学领域刻不容缓的任务。二元光学就是为了适应这些需要而发展起来的光学中的一个新分支。

二元光学是指基于光波的衍射理论，运用计算机辅助设计，并利用超大规模集成（VISI）电路制作工艺，在片基上（或传统光学器件表面上）刻蚀产生两个或多个台阶深度的浮雕结构，形成纯相位、同轴再现、具有极高衍射效率的一类衍射光学元件。二元光学是光学与微电子学相互渗透和交叉的前沿学科。实际上，二元光学是一种复杂的波带片，是一种特殊设计的微相位光栅，故二元光学元件又称为衍射光学元件。

下面以反射型闪耀光栅为例，简要讨论二元光学元件（光栅）的结构、衍射光强分布规律及其制造方法。

二、二元光学元件的结构、特性与制造

（一）二元光学元件的结构

设闪耀光栅如图 13-51a 所示，光栅周期为 d，闪耀角为 γ。单位振幅的入射光垂直于光栅面入射，光栅对入射波相位产生锯齿形调制，并使得在一个周期内波面相位连续分布，制造这种锯齿形的相位轮廓是较为困难的。所谓二元光栅是利用超大规模集成（VLSI）电路制作工艺将其每个周期单元制作成 $N=2^n$（$n=1, 2, 3, \cdots$）个微小台阶，相邻台阶对光波所产生的相位差为 $2\pi/N$，台阶数越多越逼近锯齿形的相位轮廓，这一过程叫相位轮廓量化，如图 13-51b ~ d 所示，因此二元光栅每个周期单元由一个台阶数为 N、光栅常数为 $d'=d/N$、阶梯深度 Δh 为 $\dfrac{d\sin\gamma}{N}$ 或 $d'\sin\gamma$ 的反射型阶梯光栅组成。因此二元光栅也是相位光栅。

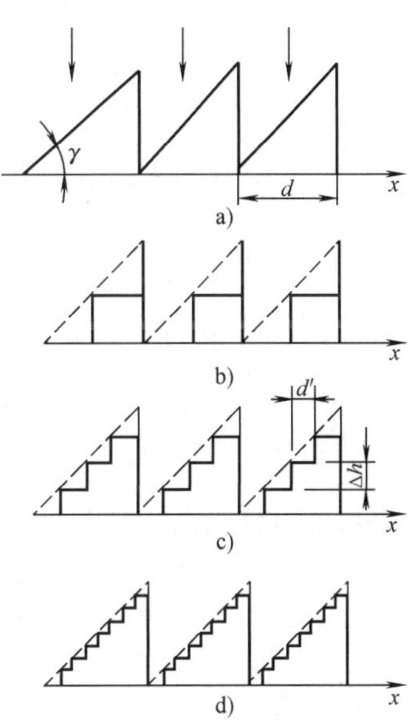

图 13-51　多阶相位轮廓光栅

图 13-52 表示了一个折射透镜演变成表面连续浮雕结构及多台阶浮雕结构的二元光学元件（二元菲涅耳透镜）的过程。

（二）二元光栅夫琅和费衍射强度分布及特点

用傅里叶变换法求取二元光栅夫琅和费衍射的强度分布。如图 13-53 所示为二元光栅的一个周期，AB 为光栅

的宏观表面，光垂直入射，在AB面上的复振幅分布为$\widetilde{E}(x)=1$。当光波经过光栅离开AB面时，光波已受到台阶面之间程差引起的相位调制，其复振幅分布为$\widetilde{E}'(x)$，在二元光栅一个周期内（即一个台阶数为N、光栅常数为d'的阶梯光栅）的复振幅反射函数为

$$R'(x)=\widetilde{E}'(x)/\widetilde{E}(x)\text{或}R'(x)=\widetilde{E}'(x) \tag{13-90}$$

可以把每个台阶看作是完全透光的一系列单缝，缝宽度为d'，缝间隔也为d'，光波经过相邻台阶引入一个由台

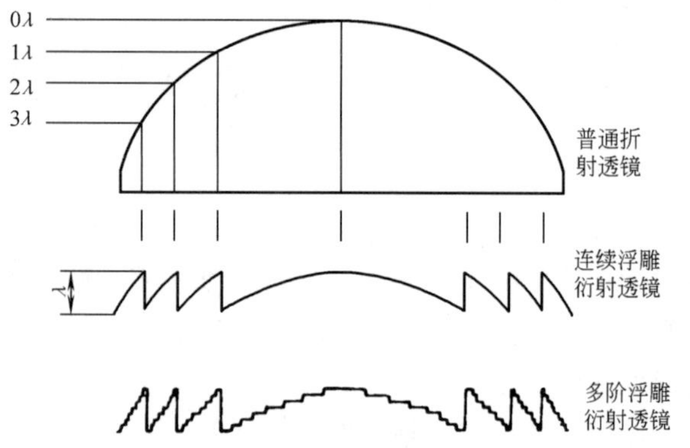

图 13-52 折射透镜到二元光学元件浮雕结构的演变

阶高度决定的相位差$\exp\left(i\dfrac{2\pi}{\lambda}2\Delta h\right)$，因此被调制的光波在$AB$面上的复振幅分布，即二元光栅一个周期的复振幅反射函数为

$$R'(x)=\sum_{j=0}^{N-1}\mathrm{rect}\left(\frac{x-jd}{d}\right)\exp\left(\mathrm{i}\frac{2\pi}{\lambda}j\times2\Delta h\right) \tag{13-91}$$

式中，j为台阶计数顺序。设$u_0=\dfrac{2\sin\gamma}{\lambda}$，并利用$\Delta h=d'\sin\gamma$，式(13-91)化为

$$R'(x)=\sum_{j=0}^{N-1}\mathrm{rect}\left(\frac{x-Nd'}{d'}\right)\exp(\mathrm{i}2\pi jd'u_0) \tag{13-92}$$

对$R'(x)$做傅里叶变换得到二元光栅一个周期衍射的复振幅分布为

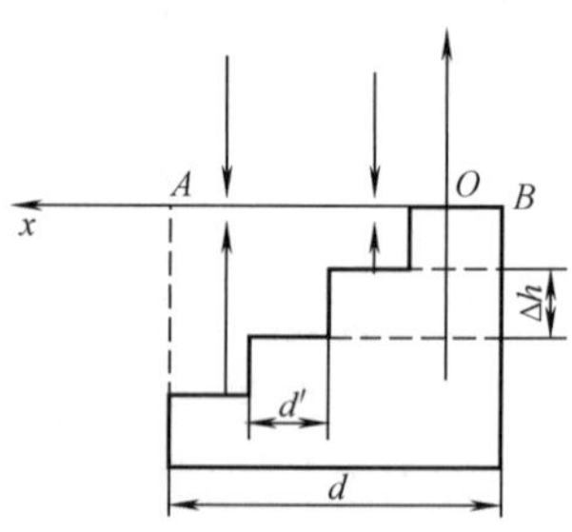

图 13-53 二元光栅一个周期的反函数

$$\mathscr{F}[R'(x)]=d'\mathrm{sinc}(d'u)\frac{\sin\dfrac{N}{2}2\pi(u-u_0)d'}{\sin\dfrac{1}{2}2\pi(u-u_0)d'} \tag{13-93}$$

式中，$u=\dfrac{\sin\theta}{\lambda}$，$\theta$为衍射角，因而

$$\delta=2\pi(u-u_0)d'=\frac{2\pi}{\lambda}(d'\sin\theta-2\Delta h) \tag{13-94}$$

δ正是反射阶梯光栅相邻光束的相位差。

整个二元光栅复振幅反射函数可写为

$$R(x)=\sum_m\delta(x-md)*R'(x) \tag{13-95}$$

对上式做傅里叶变换，并利用式(13-93)，得到二元光栅的复振幅分布$\widetilde{E}$为

$$\widetilde{E} = \mathscr{F}[A_0R(x)] = A_0d'\sum_m \mathrm{sinc}(d'u)\frac{\sin\pi N(u-u_0)d'}{\sin\pi(u-u_0)d'}\frac{1}{d}\delta\left(u-\frac{m}{d}\right) \tag{13-96}$$

式(13-96)中，A_0 为照明光波的振幅，利用关系式 $u=\dfrac{\sin\theta}{\lambda}$，$u_0=\dfrac{2\sin\gamma}{\lambda}$，并将垂直照明时的光栅方程 $d\sin\theta=m\lambda$ 代入式(13-96)，则

$$\widetilde{E} = \sum_m\left[\frac{\sin\left(\dfrac{m\pi}{N}\right)}{m\pi}\cdot\frac{\sin\pi\left(m-\dfrac{2d\sin\gamma}{\lambda}\right)}{\sin\pi\left(m-\dfrac{2d\sin\gamma}{\lambda}\right)/N}\right]\delta\left(u-\frac{m}{d}\right) \tag{13-97}$$

相应的各级衍射光谱强度分布为

$$I=|\widetilde{E}|^2=\left[A_0\frac{\sin\left(\dfrac{m\pi}{N}\right)}{m\pi}\cdot\frac{\sin\pi\left(m-\dfrac{2d\sin\gamma}{\lambda}\right)}{\sin\pi\left(m-\dfrac{2d\sin\gamma}{\lambda}\right)/N}\right]^2 \tag{13-98}$$

由于相邻台阶对光波产生的附加相位差为 $2\pi/N$，即

$$\frac{2\pi}{\lambda}\times 2\Delta h=\frac{2\pi}{N} \tag{13-99}$$

在上式中代入关系式 $\Delta h=\dfrac{d\sin\gamma}{N}$，重新得到

$$2d\sin\gamma=\lambda \tag{13-100}$$

这正是二元相位光栅的闪耀条件，则由式(13-98)和式(13-100)得

$$\eta=I/I_0=\left[\frac{\sin m\pi/N}{m\pi}\cdot\frac{\sin\pi(m-1)}{\sin\pi(m-1)/N}\right]^2 \tag{13-101}$$

式(13-101)是二元光学元件衍射效率的普遍计算公式，可知其衍射效率与台阶的数目 N、衍射级次 m 有关。

根据式(13-101)可计算出当台阶数 $N=2^n$ 取不同数值时，二元相位型光栅不同衍射级的效率(见表 13-3)及光强分布(见图 13-54)。

表 13-3　二元相位型光栅不同衍射级的效率

N \ η(%) \ m	−10	−9	−8	−7	−6	−5	−4	−3	−2	−1	0	1	2	3	4	5	6	7	8	9	10
2	0	0.5	0	0.82	0	1.6	0	4.5	0	40.5	0	40.5	0	4.5	0	1.6	0	0.82	0	0.5	0
4	0	0	0	1.65	0	0	0	9	0	0	0	81	0	0	0	3.2	0	0	0	1	0
8	0	0	0	1.9	0	0	0	0	0	0	0	95	0	0	0	0	0	0	0	1.2	0

当 $N=2$ 时，±1 级衍射效率各为 40.5%，偶数级次衍射效率为零，其他的奇数级次衍射效率较小。当 $N=4$ 时，−1 级效率为零，而 +1 级达到 81%，其他级次的效率为零或很小。当 $N=8$ 时，+1 级的效率增加到 95%。可见，相位台阶数越多，+1 级的效率越高，集中的光能量也越多，二元光栅的轮廓越逼近锯齿形轮廓的闪耀光栅。显然，当 $N\to\infty$ 时，

能量将全部集中在 +1 级上，也就是 +1 级光谱发生了闪耀，这一点不难从 $2d\sin\gamma=\lambda$ 已满足得到理解。发生 +1 级闪耀时，二元相位光栅的衍射效率的公式为

$$\eta = I/I_0 = \left[\frac{\sin(\pi/N)}{(\pi/N)}\right]^2 \tag{13-102}$$

十分明显，+1 级闪耀时的衍射效率只取决于台阶数 N。

综上所述，二元相位光栅（二元光学元件）各级衍射光强分布规律与 $N=2^n$ 紧密联系，这揭示了二元光学的本质，为研制实用的二元光学元件提供了依据。

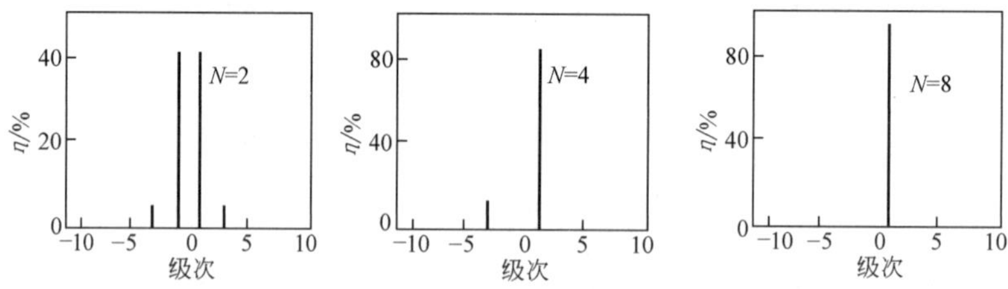

图 13-54 二元光栅衍射的强度分布

二元光学元件表面的台阶分布是连续波面相位的分等级的量化表示。由于二元光学元件通常是由给定入射波场和所需的衍射光场通过计算机设计出相应的衍射屏的复振幅透射系数，即衍射屏的波面相位分布，通过大规模集成电路工艺制成一类片基表面深度为微米或亚微米的台阶形分布的纯相位元件。二元光学元件与其他光学元件相比具有无可比拟的优点：同轴使用，高衍射效率，可衍射成任意形状的波场；可把多种功能集于一个元件身上，特别是可制成轻型化、微型化、阵列化与集成化，并且可复制、价格低廉等。二元光学元件已越来越受到人们的重视，并已在激光核聚变、光计算、光传输和光互连等方面显示出重要的应用前景。

（三）二元光学元件制造方法

由于二元光学元件表面具有特殊的浮雕形结构，它的制造方法完全不同于普通光学元件的制造方法，而是与超大规模集成电路制造技术相同。目前二元光学元件的制造方法有多种，现以多掩模法为例来说明二元光学元件的制造方法。

多掩模法首先根据给定的入射光场和所要求的衍射光场，利用标量衍射理论和傅里叶分析方法求出衍射屏透射系数；计算衍射屏表面的浮雕结构，设计出一组用于光刻的具有黑白相间图案的掩模版（类似于 $a=d/2$ 的黑白光栅），一般使用 n 块掩模版可得到 $N=2^n$ 个相位量化台阶。通过掩模对涂有光致抗蚀剂的基片进行曝光和显影处理，使基片上曝光部分的光致抗蚀剂被去掉，露出其底表面，而未曝光的光致抗蚀剂得以保留。通过这一过程把掩模图案转印到光致抗蚀剂上。再经过刻蚀技术（例如离子束刻蚀）并适当控制刻蚀的深度，即得到二元光栅。由于光致抗蚀剂具有阻碍刻蚀而保护基底表面的作用，刻蚀的结果使露出的基底表面形成凹陷的台阶，结果把光致抗蚀剂上的图案转印到基片上，形成如图 13-55 所示的两个相位台阶。对于四个台阶，需用另一块掩模，其空间频率是第一块的两倍，重复上述工艺过程。如果要得到 2^n 不连续的相位台阶，需要 n 个掩模，并重复 n 次上述工艺过程。注意每次曝光时，掩模要严格对准，就可制成多台阶表面浮雕轮廓的二元光栅。图中同时示出了四台阶二元光栅的工艺过程。此外还可利用激光束直写及电子束直写技术等来加工二元

光学元件。

二元光学元件很容易复制，图 13-56 为用 PMMA（聚甲基丙烯酸甲酯，又称作压克力或有机玻璃）材料复制的二元光学透镜实物图。

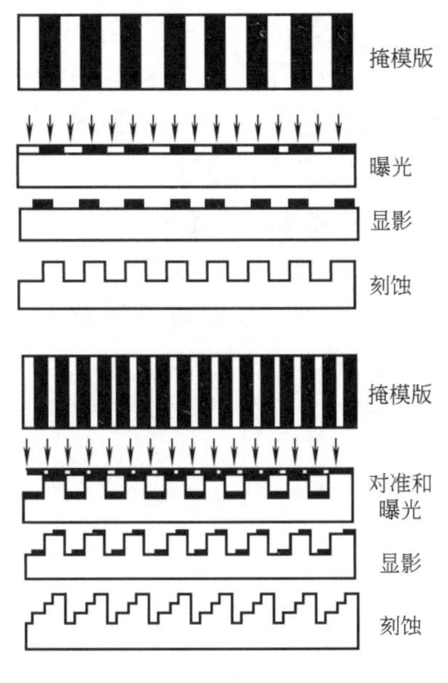

图 13-55　多掩模法制作二元光学透镜

图 13-56　二元光学透镜实物图

三、二元光学元件应用举例

二元光学透镜和有关器件是微光学系统中的重要器件，下面举两个应用实例加以说明。

（一）成像系统校正色差

二元光学透镜可用于成像。它和折射透镜的主要差别之一是色散特性。二元光学透镜用作正透镜时，红光（长波长）比蓝光（短波长）偏折大，这正好和折射透镜的色散特性相反。因此，两者结合即可构成一组消色差透镜，如图 13-57 所示。这种消色差透镜的优点是重量轻、体积小、消色差性能好（因为消色差透镜的色散特性与制作透镜的材料无关）。

图 13-58 绘出了传统的目镜和折衍混合目镜的结构对比示意图，显然，前者远比后者复杂。其原因是目镜既要能获得较大的视场角和合适的出瞳位置，又要有较好的消色差效果，致使目镜结构复杂。由于透镜数目增加，折射面弯曲严重，又增加了单色光像差。然而用衍射透镜消色差，可以大大减小折射透镜的折射面弯曲，如图 13-58b 所示。此外，衍射透镜不仅本身不产生场曲，而且可以校正折射的大视场畸变。

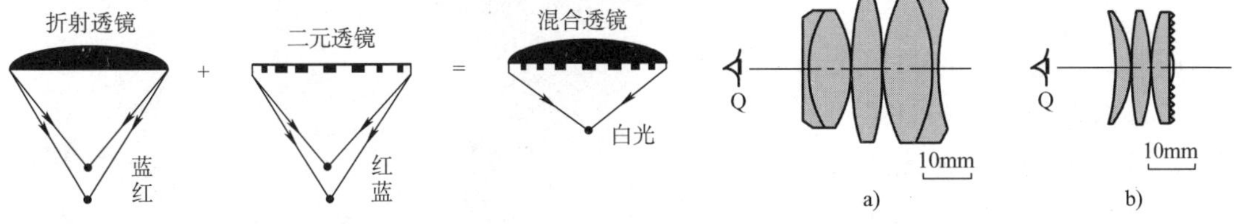

图 13-57　折衍透镜的聚光特性

图 13-58　目镜结构示意图
a）传统目镜　b）折衍混合目镜

（二）光束的整形和准直

半导体激光器是指以半导体材料为工作物质的激光器，又称为半导体激光二极管（LD）。LD具有体积小、价格低、使用方便等特点，广泛应用于光纤通信、光纤传感、精密测量、光存储等领域。但由于半导体激光器的结构特点，它所发出的光束是非圆对称的，因此极其不利于准直。然而一般的折射透镜都是圆对称的，用于半导体激光器准直的缺点是光束质量差，光能利用率低。如果用二元光学透镜，就可以较好地解决准直的要求。其具体方法是由已知的入射波面和所要求的出射波面的参数，利用衍射理论，设计计算所需衍射透镜的结构。采用非圆对称结构的衍射透镜，可以将LD发光非圆对称的光束整形成圆对称光束。如果将LD置于二元光学透镜的焦点内侧，则出射光束为圆对称的发散光束，如图13-59a所示。此时二元光学透镜除了具有一般正透镜的会聚作用外，还具有光束整形的功能；如果将LD置于二元光学透镜的焦点处，则出射光束为圆对称的平行光束，如图13-59b所示。可见，二元光学透镜很好地解决了半导体激光器非圆对称光束的整形和准直问题。

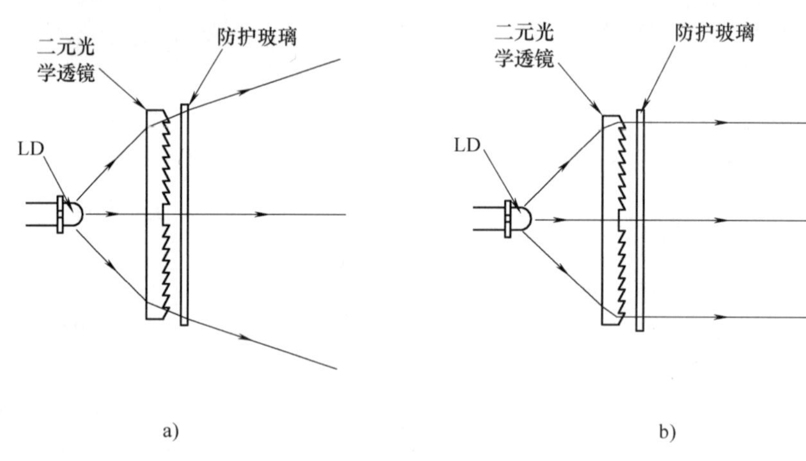

图13-59 LD光束的整形和准直

a）光束整形 b）光束整形并准直

一般光学透镜设计中仅有折射率、曲率半径、厚度等几个参数可供调整，而二元光学透镜的参数较多，设计方案灵活多变。可以通过二元光学透镜的参数设计，将一般激光器输出的高斯光束整形为在有效光斑面积内能量均匀分布的贝塞尔光束。

此外，二元光学透镜厚度薄，重量轻，可以做得很大，并且易于复制，成本低，因而在太阳能聚焦和大屏幕投影等方面得到了广泛的应用。图13-60是两人手持超大直径二元光学透镜使置于透镜焦点附近的燃料瞬间点燃的照片。

图13-60 大口径二元光学透镜用于太阳能聚集

习　　题

1. 点光源 S 向平面镜 M 发出球面波，用惠更斯作图法求出反射波的波前。

2. 试解释下式：

$$\widetilde{E}(P) = \iint_{\Sigma} \widetilde{E}(Q) \frac{1}{r} \exp(\mathrm{i}kr) K(\theta) \mathrm{d}s$$

式中各个因子的物理意义。当在菲涅耳近似和夫琅和费近似的条件下该式如何表达？

3. 如图 13-61 所示，单色点光源 S（波长 $\lambda = 500\text{nm}$）安放在离光阑 1m 远的地方，光阑上有一个内外半径分别为 0.5mm 和 1mm 的通光圆环。考察点 P 离光阑 1m（SP 连线通过圆环中心并垂直于圆环平面），问在 P 点的光强和没有光阑时的光强之比是多少？

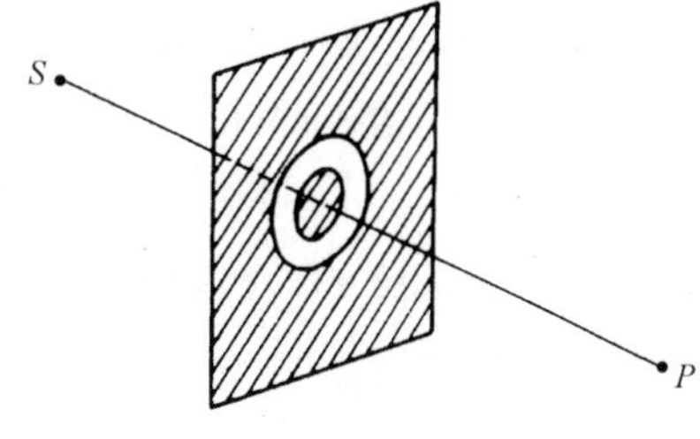

图 13-61　习题 3 图

4. 波长 $\lambda = 563.3\text{nm}$ 的平行光正入射在直径 $D = 2.6\text{mm}$ 的圆孔上，与孔相距 $r_0 = 1\text{m}$ 处放一屏幕。问：（1）屏幕上正对圆孔中心的 P 点是亮点还是暗点？（2）要使 P 点变成与（1）相反的情况，至少要把屏幕向前（同时求出向后）移动多少距离？

5. 单位振幅的单色平面波垂直照明半径为 1 的圆孔，试利用式(13-12)证明，圆孔后通过圆孔中心光轴上的点的光强分布为

$$I = 4\sin^2 \frac{\pi}{2\lambda z}$$

式中，z 是考察点到圆孔中心的距离。

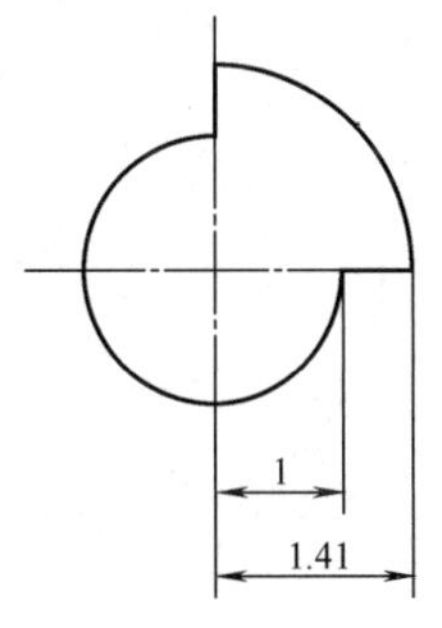

图 13-62　习题 7 图

6. 一波带片离点光源 2m，点光源发光的波长 $\lambda = 546\text{nm}$，波带片于 2.5m 远处成点光源的像，问波带片第一个波带和第二个波带的半径各是多少？

7. 一振幅为 A，光强为 I 的平面波正入射到如图 13-62 所示的透光屏上，轴上观察点离屏 2m，平面波波长为 500nm。（1）计算观察点处的振幅和强度；（2）确定相对于自由传播（相当于无屏）时的光强。

8. 波长 $\lambda = 500\text{nm}$ 的单色光垂直入射到边长为 3cm 的方孔上，在光轴（它通过孔中心并垂直方孔平面）附近离孔 z 处观察衍射，试求出夫琅和费衍射区的大致范围。

9. 波长为 500nm 的平行光垂直照射在宽度为 0.025mm 的单缝上，以焦距为 50cm 的会聚透镜将衍射光聚焦于焦面上进行观察，求：（1）衍射图样中央亮纹的半宽度；（2）第一亮纹和第二亮纹到中央亮纹的距离；（3）第一亮纹和第二亮纹相对于中央亮纹的强度。

10. 平行光斜入射到单缝上，证明：（1）单缝夫琅和费衍射强度公式为

$$I = I_0 \left\{ \frac{\sin\left[\dfrac{\pi a}{\lambda}(\sin\theta - \sin i)\right]}{\dfrac{\pi a}{\lambda}(\sin\theta - \sin i)} \right\}^2$$

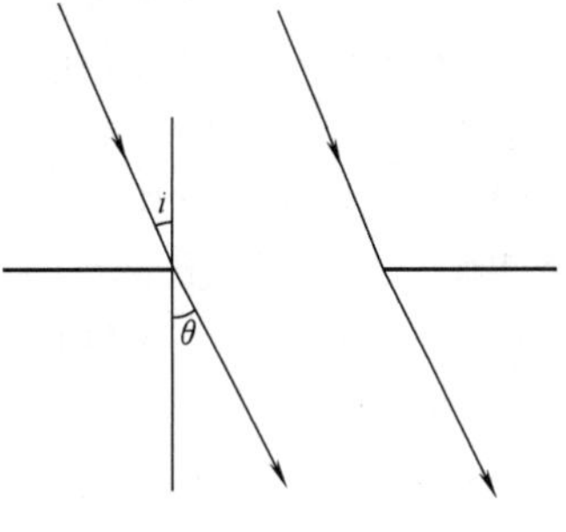

图 13-63　习题 10 图

式中，I_0 是中央亮纹中心强度；a 是缝宽；θ 是衍射角；i 是入射角

(见图 13-63)

(2) 中央亮纹的角半宽度为

$$\Delta\theta = \frac{\lambda}{a\cos i}$$

11. 在不透明细丝的夫琅和费衍射图样中，测得暗条纹的间距为 1.5mm，所用透镜的焦距为 30mm，光波波长为 632.8nm。问细丝直径是多少?

12. 用物镜直径为 4cm 的望远镜来观察 10km 远的两个相距 0.5m 的光源。在望远镜前置一可变宽度的狭缝，缝宽方向与两光源连线平行，让狭缝宽度逐渐减小，发现当狭缝宽度减小到某一宽度时，两光源产生的衍射像不能分辨，问这时狭缝宽度是多少?(设光波波长 $\lambda = 500\text{nm}$)。

13. 利用第三节的结果导出外径和内径分别为 a 和 b 的圆环（见图 13-64）的夫琅和费衍射强度公式，并求出当 $b = a/2$ 时，(1) 圆环衍射与半径为 a 的圆孔衍射图样的中心强度之比；(2) 圆环衍射图样第一个暗环的角半径$\left(超越方程 J_1(Z) = \frac{1}{2}J_1\left(\frac{1}{2}Z\right)的解为 Z = 3.144\right)$。

14. 不透明屏幕上有一孔径 Σ，用一个向 P 点会聚的球面波照明，P 点位于孔径后面与孔径相距 z 的平行平面上，如图 13-65 所示。

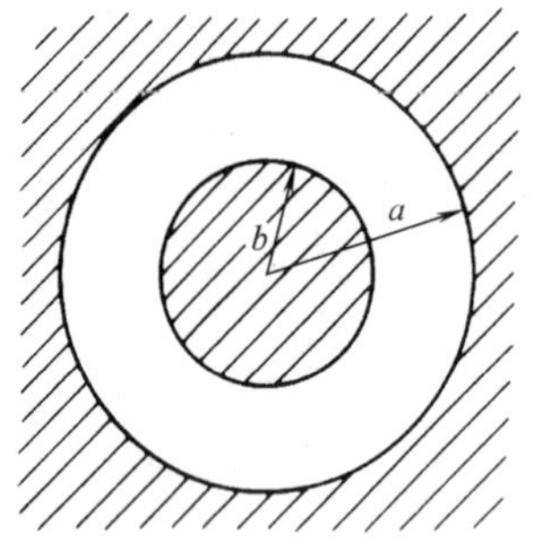

图 13-64 习题 13 图

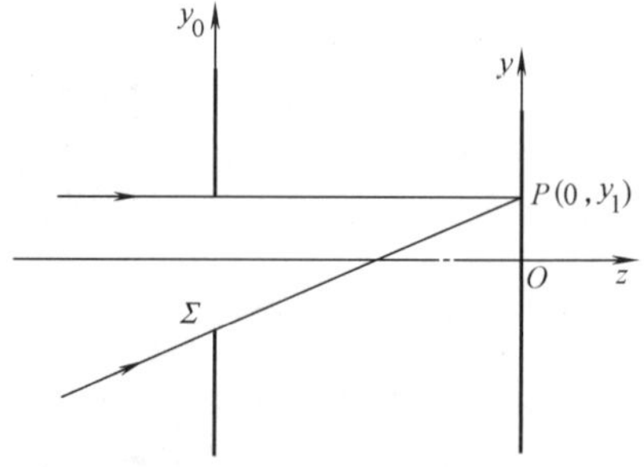

图 13-65 习题 14 图

(1) 求出孔径平面上入射球面波的傍轴近似，设 P 点分别位于 Z 轴上和轴外 $(0, y_1)$ 点两种情形。

(2) 假设孔径面到观察面之间为菲涅耳衍射区，证明在上述两种情况下，观察到的强度分布是孔径 Σ 的夫琅和费衍射，且分布中心在 P 点。

15. 用望远镜观察远处两个等强度的发光点 S_1 和 S_2。当 S_1 的像（衍射图样）中央和 S_2 的像的第一个强度零点相重合时，两像之间的强度极小值与两个像中央强度之比是多少?

16. 若望远镜能分辨角距离为 $3\times10^{-7}\text{rad}$ 的两颗星，它的物镜的最小直径是多少? 同时为了充分利用望远镜的分辨率，望远镜应有多大的放大率?

17. 若要使照相机感光胶片能分辨 2μm 的线距，(1) 感光胶片的分辨率至少是每毫米多少线；(2) 照相机镜头的相对孔径 D/f 至少有多大?(设光波波长为 550nm)。

18. 一台显微镜的数值孔径为 0.85，问：(1) 它用于波长 $\lambda = 400\text{nm}$ 时的最小分辨距离是多少? (2) 若利用油浸物镜使数值孔径增大到 1.45，分辨率提高了多少倍? (3) 显微镜的放大率应设计成多大?(设人眼的最小分辨角为 1′，人眼的明视距离为 250mm)。

19. 在双缝夫琅和费衍射实验中，所用光波波长 $\lambda = 632.8\text{nm}$，透镜焦距 $f = 50\text{cm}$，观察到两相邻亮条纹之间的距离 $e = 1.5\text{mm}$，并且第 4 级亮纹缺级。试求：(1) 双缝的缝距和缝宽；(2) 第 1，2，3 级亮纹的相对强度。

20. 在双缝的一个缝前贴一块厚 0.001mm、折射率为 1.5 的玻璃片。设双缝间距为 1.5μm，缝宽为

0.5μm，用波长500nm的平行光垂直入射。试分析该双缝的夫琅和费衍射图样。

21. 一块光栅的宽度为10cm，每毫米内有500条缝，光栅后面放置的透镜焦距为500nm。问：（1）它产生的波长 $\lambda=632.8\text{nm}$ 的单色光的1级和2级谱线的半宽度是多少？（2）若入射光是波长为632.8nm及和此波长相差0.5nm的两种单色光，它们的1级和2级谱线之间的距离是多少？

22. 设计一块光栅，要求（1）使波长 $\lambda=600\text{nm}$ 的第2级谱线的衍射角 $\theta\leqslant30°$；（2）色散尽可能大；（3）第3级谱线缺级；（4）在波长 $\lambda=600\text{nm}$ 的2级谱线处能分辨0.02nm的波长差。在选定光栅的参数后，问在透镜的焦面上只可能看到波长600nm的几条谱线？

23. 为在一块每毫米1200条刻线的光栅的1级光谱中分辨波长为632.8nm的一束氦氖激光的模结构（两个模之间的频率差为450MHz），光栅需要有多宽？

24. 证明光束斜入射时，（1）光栅衍射强度分布公式为

$$I=I_0\left(\frac{\sin\alpha}{\alpha}\right)^2\left(\frac{\sin N\beta}{\sin\beta}\right)^2$$

式中

$$\alpha=\frac{\pi a}{\lambda}(\sin\theta-\sin i),\beta=\frac{\pi d}{\lambda}(\sin\theta-\sin i)$$

θ 为衍射角；i 为入射角，见图13-66，N 为光栅缝数。

（2）若光栅常数 $d>>\lambda$，光栅形成主极大的条件可以写为

$$(d\cos i)(\theta-i)=m\lambda\quad m=0,\pm1,\pm2,\cdots$$

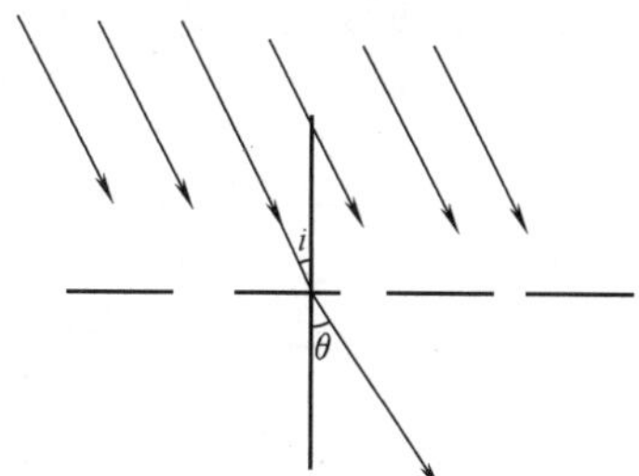

图13-66　习题24图

25. 有一多缝衍射屏如图13-67所示，缝数为 $2N$，缝宽为 a，缝间不透明部分的宽度依次为 a 和 $3a$。试求正入射情况下，这一衍射的夫琅和费衍射强度分布公式。

26. 一块闪耀光栅宽260mm，每毫米有300个刻槽，闪耀角为77°12′。（1）求光束垂直于槽面入射时，对于波长 $\lambda=500\text{nm}$ 的光的分辨本领；（2）光栅的自由光谱范围有多大？（3）试同空气间隔为1cm、精细度为25的法布里-珀罗标准具的分辨本领和自由光谱范围作一比较。

27. 一透射式阶梯光栅由20块折射率相等、厚度相等的玻璃平板平行呈阶梯状叠成，板厚 $t=1\text{cm}$，玻璃折射率 $n=1.5$，阶梯高度 $d=0.1\text{cm}$。以波长 $\lambda=500\text{nm}$ 的单色光垂直照射，试计算：（1）入射光方向上干涉主极大的级数；（2）光栅的角色散和分辨本领（假定玻璃折射率不随波长变化）。

28. 设光栅的振幅透射系数为

$$t(x)=t_0+t_1\cos2\pi f_0x+t_1\cos\left(2\pi f_0x+\frac{\pi}{2}\right)$$

这块光栅的夫琅和费衍射场中将出现几个衍射斑？各斑的中心强度与零级的比值是多少？

29. 在宽度为 b 的狭缝上放一折射率为 n、折射棱角为 α 的小光楔，由平面单色波垂直照射（见图13-68），求夫琅和费衍射图样的光强分布以及中央零级极大和极小的方向。

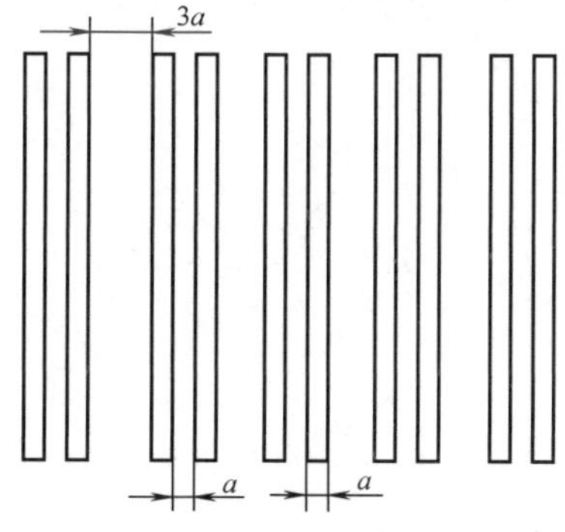

图13-67　习题25图

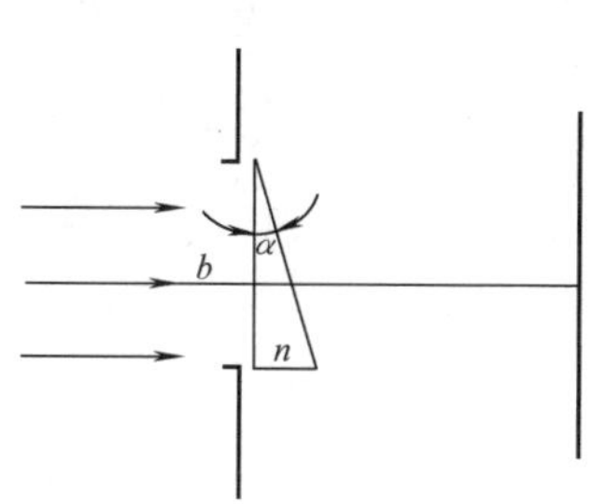

图13-68　习题29图

30. 图 13-69 为一透射型闪耀光栅，周期为 d，闪耀角为 α，由平面波垂直入射。（1）求夫琅和费衍射图样的光强分布；（2）求光栅对 $m=1$ 级光谱闪耀时 α 应满足的条件；（3）试分析对 $m=1$ 级闪耀时，光谱强度分布的特点。

31. 图 13-69 所示的锯齿形透射闪耀光栅，当其被量化成具有 N 个台阶的二元透射闪耀光栅时，试证明当 $m=1$ 级闪耀时的衍射效率为

$$\eta_{+1}=\left(\frac{\sin\pi/N}{\pi/N}\right)^2$$

32. 一块相位光栅如图 13-70 所示，在透明介质薄板上做成栅距为 d 的刻槽，刻槽的宽度与台阶宽度相等，且都是透明的。设刻槽深度为 t，介质折射率为 n，平行光正入射。试导出这一光栅的夫琅和费衍射强度分布公式，并讨论它的强度分布图样。

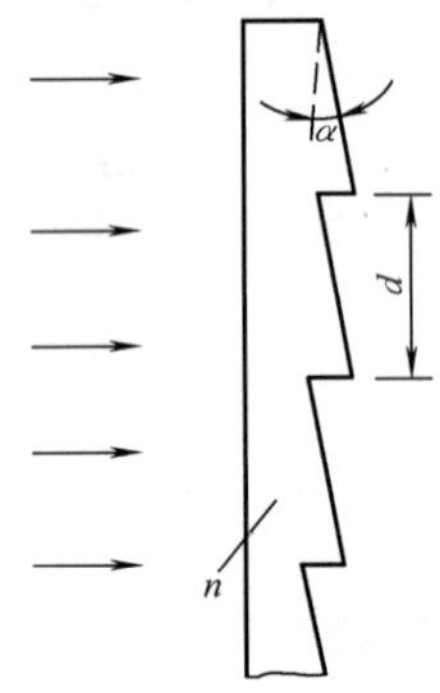

图 13-69　习题 30、31 图

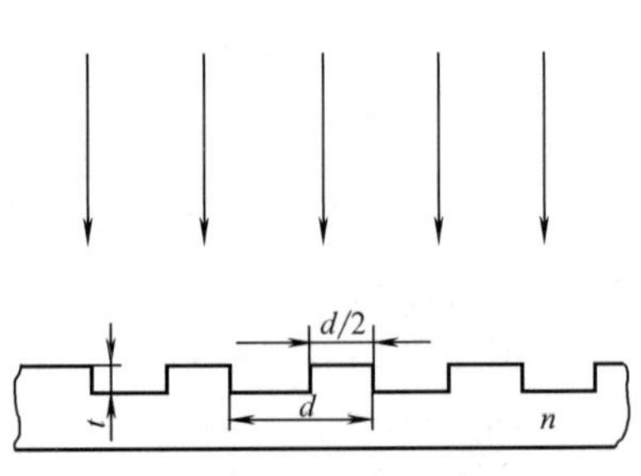

图 13-70　习题 32 图

33. 试证明振幅型正弦光栅的泰伯成像的最大距离为

$$z_{\max}=\frac{Nd^2}{\lambda}$$

设 d 为光栅常数，N 为光栅周期数目。

第十四章　傅里叶光学

傅里叶光学是把通信理论，特别是其中的傅里叶分析（频谱分析）方法引入到光学中来逐步形成的一个分支。它是现代物理光学的重要组成部分。

我们知道，通信系统是用来收集、处理或传输信息的。这种信息一般是随时间变化的，例如一个被调制的电压或电流的波形。我们所熟悉的光学系统通常是用来成像的，从物平面上的复振幅分布或光强分布得到像平面上的复振幅分布或光强分布。从通信理论的观点来看，可以把物平面上的复振幅分布或光强分布看作是输入信息，把物平面叫作输入平面；把像平面上的复振幅分布或光强分布看作是输出信息，把像平面叫作输出平面。光学系统的作用在于把输入信息转变为输出信息，只不过光学系统所传递和处理的信息是随空间变化的函数，而通信系统传递与处理的信号是随时间变化的函数。从数学的角度来看，这一差别不是实质性的。

光学系统和通信系统的相似，不仅在于两者都是用来传递和变换信息，而且在于这两种系统都具有一些相同的基本性质，如线性和空（时）间不变性等，因此都可以用傅里叶分析（频谱分析）方法来描述和分析。通信理论的许多经典的概念和方法，如滤波、噪声中信号的提取、相关、卷积等，都被移植到光学中来，形成了光学传递函数、光学信息处理、全息术等现代光学发展的新领域。

第一节　平面波的复振幅分布和空间频率

光波的复振幅分布和光强分布的空间频率是傅里叶光学中基本的物理量，透彻地理解这个概念及其物理意义是很重要的。

频率原本是时间域里的概念，指的是随时间做正弦或余弦变化的信号在单位时间内重复的次数。与此类似，可以把一个在空间呈正弦或余弦分布的物理量在某个方向上单位长度内重复的次数称为该方向上的空间频率。

一、光场中任一平面上的复振幅分布

在第十一章里已经指出，波矢量为 $\boldsymbol{k}$ 的单色平面波，沿 z 轴方向传播时，平面波沿传播方向的复振幅分布可以表示为

$$\widetilde{E}(z)=A\exp(\mathrm{i}kz)=A\exp\left(\mathrm{i}\frac{2\pi}{\lambda}z\right) \tag{14-1}$$

这是一个空间周期分布，周期就等于波长 λ，而周期的倒数 $1/\lambda$ 表示复振幅在传播方向上单位长度内重复的次数，因此可以把它称为沿传播方向的空间频率。显然，如果两个单色波沿传播方向的空间频率不同，就意味着它们有不同的波长。

一般情况下，波矢量为 $\boldsymbol{k}$ 的单色平面波在空间的复振幅分布可以表示为

$$\widetilde{E}(x,y,z)=A\exp[\mathrm{i}k(x\cos\alpha+y\cos\beta+z\cos\gamma)] \tag{14-2}$$

式中，$\cos\alpha$、$\cos\beta$、$\cos\gamma$ 是 $\boldsymbol{k}$ 的方向余弦。

现在考察平面波在一个平面上的复振幅分布，因为在光学系统中，需要处理的往往是一个平面上的复振幅分布（或光强分布）。对于传播方向余弦为（$\cos\alpha$，$\cos\beta$，$\cos\gamma$）的一般情况（见图 14-1a），把 $z=z_0$ 代入式(14-2)，得到单色平面波在 $z=z_0$ 平面上的复振幅分布为

$$\begin{aligned}\widetilde{E}(x,y) &= A\exp\left(\mathrm{i}\frac{2\pi}{\lambda}z_0\cos\gamma\right)\exp\left[\mathrm{i}\frac{2\pi}{\lambda}(x\cos\alpha+y\cos\beta)\right]\\ &= A'\exp\left[\mathrm{i}\frac{2\pi}{\lambda}(x\cos\alpha+y\cos\beta)\right]\end{aligned} \tag{14-3}$$

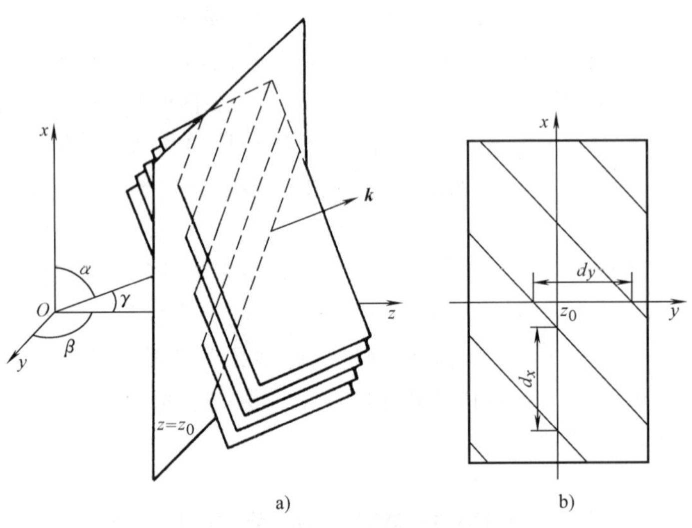

图 14-1 平面波在 $z=z_0$ 平面上的等相位线

二、复振幅分布的空间频率及物理意义

由式(14-3)可见，单色平面波在 $z=z_0$ 平面上的复振幅分布具有周期性，在 $z=z_0$ 平面上等相位线的方程为直线方程

$$x\cos\alpha+y\cos\beta=C \tag{14-4}$$

式中，C 是某一常数，不同 C 值对应的等相位线是一些平行斜线。在图 14-1a 中，用虚线表示出相位依次相差 2π 的一些等相位线，它们可看作平面波的相位依次相差 2π 的波面与 $z=z_0$ 平面的交线。由于相位相差 2π 的点的光振动实际上相同，所以在 $z=z_0$ 平面上的复振幅分布是周期性分布。在现在的情形，沿 x 方向和沿 y 方向的复振幅分布都是周期性的，其空间周期分别为 d_x 和 d_y（见图 14-1b，图中斜线是相位依次相差 2π 的等相位线），由式(14-4)得

$$d_x=\frac{\lambda}{\cos\alpha}\qquad d_y=\frac{\lambda}{\cos\beta} \tag{14-5}$$

在 x 和 y 方向相应的空间频率为

$$u=\frac{1}{d_x}=\frac{\cos\alpha}{\lambda}\qquad v=\frac{1}{d_y}=\frac{\cos\beta}{\lambda} \tag{14-6}$$

把上式代入式(14-2)，得到直接用空间频率（u，v）表示的 $z=z_0$ 平面上的复振幅分布

$$\widetilde{E}(x,y) = A'\exp[\mathrm{i}2\pi(ux+vy)] \tag{14-7}$$

显然，也可以认为上式代表一个传播方向余弦为（$\cos\alpha=\lambda u$，$\cos\beta=\lambda v$）的单色平面波。

空间频率有时也通过 α、β 的余角来表示。图 14-2 表示了 α、β 的余角

$$\theta_x = \frac{\pi}{2}-\alpha \qquad \theta_y = \frac{\pi}{2}-\beta$$

利用 θ_x 和 θ_y 来表示空间频率，则有

$$u = \frac{\sin\theta_x}{\lambda} \qquad v = \frac{\sin\theta_y}{\lambda} \tag{14-8}$$

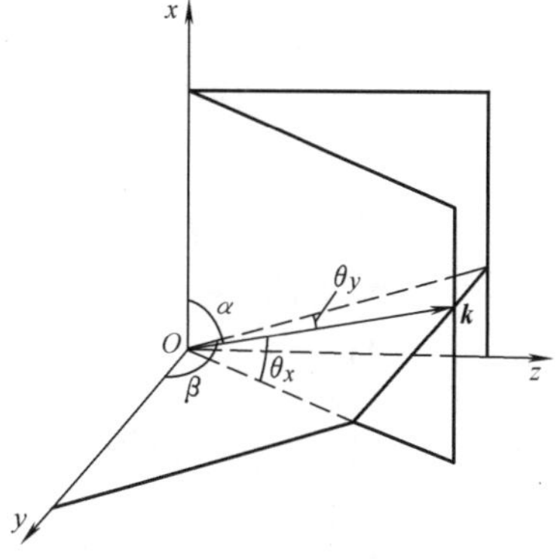

图 14-2　α、β 及其余角 θ_x、θ_y

可以看出，空间频率（u，v）是用来描述波场中 xy 平面上复振幅的一种基本的周期分布的两个特征量，这一基本周期分布的数学形式是复指数函数 $\exp[\mathrm{i}2\pi(ux+vy)]$。不同的一组（$u$，$v$）值，对应不同的复振幅周期分布，也对应着沿不同方向传播的平面波。根据光波的叠加和分解的性质，如果光场中 x-y 平面上的复振幅是一种复杂的分布，则它可以分解为许多种这样的基本周期分布，也可以说这个复杂的复振幅分布包含有许多种空间频率成分，并可认为有许多个沿不同方向传播的平面波通过该平面。

在研究光波在光学系统中的传播时，空间频率的概念不仅可以用来描述复振幅的周期分布，通常也用它来描述平面上光强的周期分布，这要视光学系统受相干光照明还是非相干光照明而定。当以空间频率（u，v）表示平面上光强的周期分布 $\exp[\mathrm{i}2\pi(ux+vy)]$时，不再意味着有向某个方向传播的平面波通过该平面。

第二节　复杂复振幅分布及其分解

如上节所述，光波在自由传播的情况下，单色平面波波场中一个平面上的复振幅分布是一种简单的周期分布，可以用复指数函数 $\exp[\mathrm{i}2\pi(ux+vy)]$来表示。但当光波通过一个光屏（有限大小的孔径屏）或光栅时，会发生衍射现象，它的复振幅（振幅或相位）分布将受到光屏或光栅的透光能力的调制，因此透射光波的复振幅（振幅或相位）分布将受到光屏或光栅的透光能力的调制，因此透射光波的复振幅分布一般是很复杂的。本章我们将从傅里叶光学的观点来讨论衍射问题，而问题的关键仍然是衍射屏如何改变和调制入射光波的振幅和相位分布。

一、单色波场中复杂的复振幅分布

由上一章第一节的讨论可知，衍射屏对光波的调制作用取决于衍射屏的复振幅透射系数 $t(x,y)$。$t(x,y)$一般为复函数，包括振幅和相位两部分。$t(x,y)$的相位为常数的衍射屏是振幅型衍射屏，它只对入射波的振幅进行调制；$t(x,y)$的振幅为常数的衍射屏是相位型衍射屏，它只对入射波的相位进行调制。

设入射到衍射屏的光波为$\widetilde{E}_0(x,y)$，则根据式(13-2)，在紧靠衍射屏后的平面上透射光

波的复振幅分布为$\widetilde{E}(x,y)=\widetilde{E}_0(x,y)t(x,y)$。在单位振幅的平面波正入射情况下，紧靠衍射屏前的平面上的复振幅分布$\widetilde{E}_0(x,y)=1$，则$\widetilde{E}(x,y)=t(x,y)$。

下面讨论几种常用的振幅型衍射屏，在单位振幅的平面波正入射情况下衍射屏后的光波复振幅分布。

（1）缝宽为 a 的单缝，如图 14-3a 所示。

$$\widetilde{E}(x,y)=t(x,y)=\mathrm{rect}\left(\frac{x}{a}\right)=\begin{cases}1 & |x|\leqslant a/2\\ 0 & \text{其他}\end{cases} \tag{14-9}$$

（2）边长分别为 a 和 b 的方孔，如图 14-3b 所示。

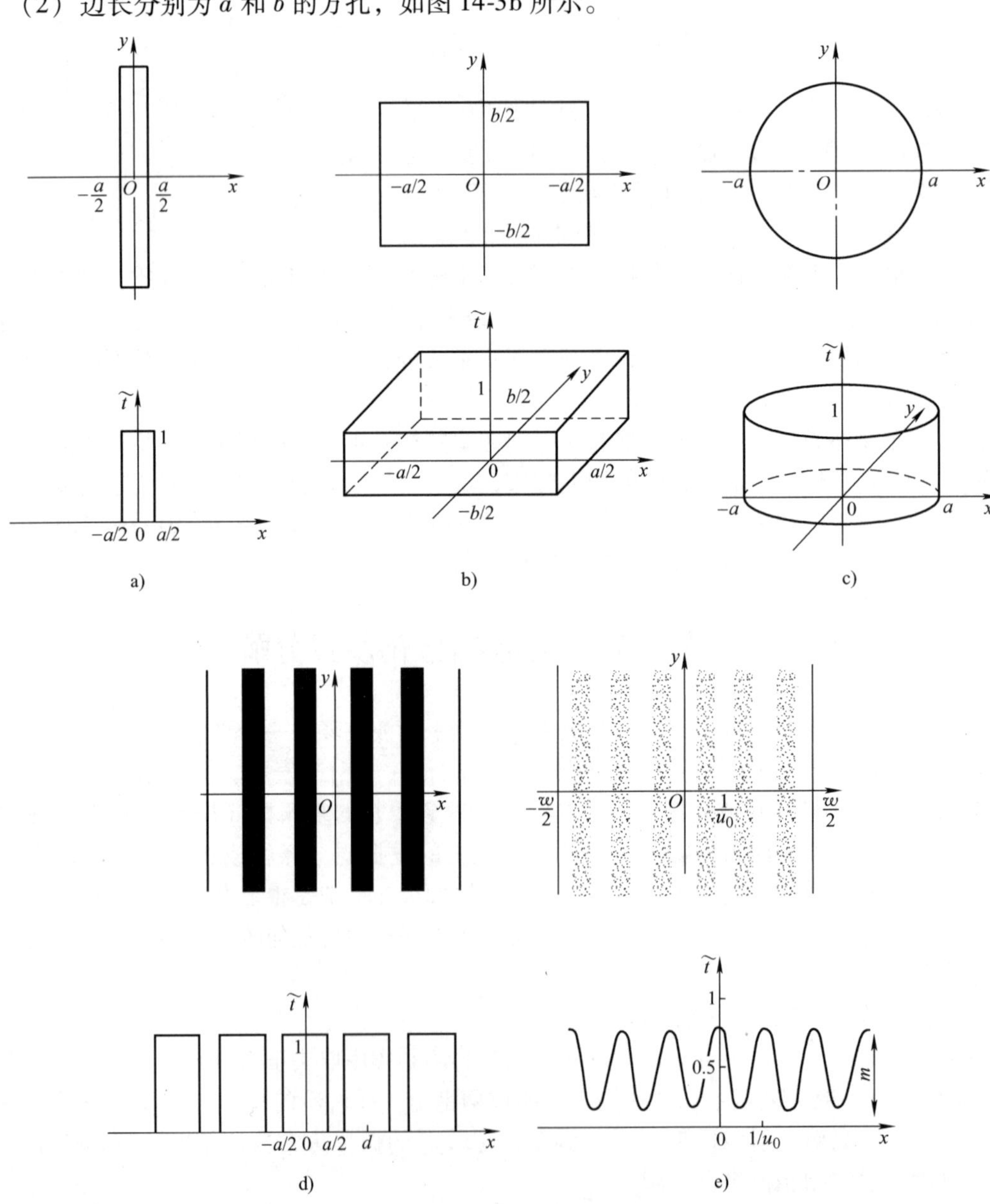

图 14-3 几种振幅型衍射屏及其透射系数

$$\widetilde{E}(x,y)=t(x,y)=\mathrm{rect}\left(\frac{x}{a}\right)\mathrm{rect}\left(\frac{y}{b}\right)=\begin{cases}1 & |x|\leqslant a/2,|y|\leqslant b/2\\0 & 其他\end{cases}\tag{14-10}$$

（3）半径为 a 的圆孔，如图 14-3c 所示。

$$\widetilde{E}(x,y)=t(x,y)=\mathrm{circ}\left(\frac{r}{a}\right)=\mathrm{rect}\left(\frac{\sqrt{x^2+y^2}}{a}\right)=\begin{cases}1 & \sqrt{x^2+y^2}\leqslant a\\0 & 其他\end{cases}\tag{14-11}$$

（4）矩形振幅光栅，缝宽为 a、光栅常数为 d、缝数为 N（奇数），如图 14-3d 所示。

$$\widetilde{E}(x,y)=t(x,y)=\sum_{n=-(N-1)/2}^{(N-1)/2}\mathrm{rect}\left(\frac{x+nd}{a}\right)\tag{14-12}$$

（5）正弦振幅光栅，总宽度为 w、振幅调制度为 m、透射系数的变化频率为 u_0，如图 14-3e 所示。

$$\widetilde{E}(x,y)=t(x,y)=\left[\frac{1}{2}+\frac{m}{2}\cos(2\pi u_0x)\right]\mathrm{rect}\left(\frac{x}{w}\right)\tag{14-13}$$

以上都是复杂的复振幅分布，都不再能够简单地用指数函数 $\exp[\mathrm{i}2\pi(ux+vy)]$ 来表示。

二、复杂复振幅分布的分解

单色光波通过衍射屏引起的复杂的复振幅分布，可以利用傅里叶积分进行分解，其方法与第十一章第六节讨论的方法类似。不过现在涉及的是二维傅里叶积分及其变换。假设在 x，y 平面上的复杂的复振幅分布为 $\widetilde{E}(x,y)$，那么根据傅里叶积分定理，$\widetilde{E}(x,y)$ 可以分解成无数个形式为 $\exp[\mathrm{i}2\pi(ux+vy)]$ 的基元函数（基本的周期函数）的线性组合：

$$\widetilde{E}(x,y)=\int_{-\infty}^{\infty}\int\widetilde{E}(u,v)\exp[\mathrm{i}2\pi(ux+vy)]\mathrm{d}u\mathrm{d}v\tag{14-14}$$

其中

$$\widetilde{E}(u,v)=\int_{-\infty}^{\infty}\int\widetilde{E}(x,y)\exp[-\mathrm{i}2\pi(ux+vy)]\mathrm{d}x\mathrm{d}y\tag{14-15}$$

是函数 $\widetilde{E}(x,y)$ 的二维傅里叶变换，通常也简记为 $\widetilde{E}(u,v)=\mathscr{F}(\widetilde{E}(x,y))$。而 $\widetilde{E}(x,y)$ 是 $\widetilde{E}(u,v)$ 的二维傅里叶逆变换，简记为 $\widetilde{E}(x,y)=\mathscr{F}^{-1}[\widetilde{E}(u,v)]$。

$\widetilde{E}(u,v)$ 表征空间频率为 (u,v) 的基元函数所占相对比例（权重）的大小，即基元函数的幅值和相位，而 u，v 分别是基元函数沿 x，y 方向上的空间频率。$\widetilde{E}(u,v)$ 也称为空间频谱或频谱。

在上节已经指出，$\exp[\mathrm{i}2\pi(ux+vy)]$ 代表一个传播方向余弦为 $(\cos\alpha=\lambda u,\cos\beta=\lambda v)$ 的单色平面波。因此式(14-14)和式(14-15)的物理含义是，复振幅分布 $\widetilde{E}(x,y)$ 可以看成是不同方向传播的单色平面波分量的线性叠加。这些单色平面波分量的传播方向和频率（u，v）相对应，而振幅和相对相位取决于频谱 $\widetilde{E}(u,v)$。

第三节　光波衍射的傅里叶分析方法

在传统的物理光学中，讨论光波的传播、衍射、叠加及成像等现象时，都是研究在一定的物理条件下，光场中各点的复振幅或光强与空间坐标的函数关系，这种表达与分析方法称为在空间域中的分析。对于一个平面上的复振幅分布，利用傅里叶分析方法把它分解为具有不同空间频率的各基元周期结构的线性叠加，每个基元周期结构对应一列沿一定方向传播的平面波，研究复振幅与空间频率坐标的函数关系即空间频谱的变化，这种表达与分析方法称为在空间频率域中的分析。两种分析方法是完全等效的，在频率域中进行分析体现了傅里叶光学的基本分析方法。

一、夫琅和费衍射与傅里叶变换的关系

下面先讨论夫琅和费衍射与傅里叶变换的关系,并在此基础上对夫琅和费衍射进行再认识。

在第十三章第三节中讨论了夫琅和费近似下的衍射积分公式，现将孔径扩展到普遍意义上的衍射屏，则式(13-35) 可写为

$$\widetilde{E}(x,y)=\frac{C}{f}\exp\left[ik\left(f+\frac{x^2+y^2}{2f}\right)\right]\iint_{-\infty}^{\infty}\widetilde{E}(x_1,y_1)\exp\left[-i2\pi\left(\frac{x}{\lambda f}x_1+\frac{y}{\lambda f}y_1\right)\right]dx_1dy_1 \tag{14-16}$$

当单位振幅平面波垂直入射时，$\widetilde{E}_0(x_1,y_1)=1$，则$\widetilde{E}(x_1,y_1)=t(x_1,y_1)$，式(14-16)又可写成

$$\widetilde{E}(x,y)=\frac{C}{f}\exp\left[ik\left(f+\frac{x^2+y^2}{2f}\right)\right]\iint_{-\infty}^{\infty}t(x_1,y_1)\exp[-i2\pi(ux_1+vy_1)]dx_1dy_1 \tag{14-17}$$

式中

$$u=\frac{x}{\lambda f}\qquad v=\frac{y}{\lambda f} \tag{14-18}$$

可见除去因子$\frac{C}{f}\exp\left[ik\left(f+\frac{x^2+y^2}{2f}\right)\right]$外，式(14-16)和式(14-17)与式(14-15)形式上完全相同。在只考虑衍射复振幅的相对分布时，常数因子$\frac{C}{f}\exp(ikf)$ 可以忽略，剩下的二次相位因子 $\exp\left[ik\left(\frac{x^2+y^2}{2f}\right)\right]$在求衍射强度分布时被自动消去而不起作用。注意这并不意味着这个二次相位因子不重要，例如当夫琅和费衍射场与别的光场干涉时，它的影响就显示出来。通常通过调整孔径与透镜之间的距离可消除这个因子，这将在下一节中讨论。因此夫琅和费衍射场的复振幅分布$\widetilde{\boldsymbol{E}}(x,y)$是孔径面上（或衍射屏）光场的复振幅分布$\widetilde{\boldsymbol{E}}(x_1,y_1)$的傅里叶变换，也就表示透过孔径的波场 $\widetilde{E}(x_1, y_1)$ 被分解为一系列具有不同空间频率（u, v）的基元函数 $\exp[i2\pi(ux_1+vy_1)]$的线性叠加。

夫琅和费衍射场距孔径很远或在透镜的焦面上，如图 13-17 所示，焦面上任一点$P(x, y)$处光场的复振幅是孔径上所有点发出具有相同方向子波复振幅的叠加，这些子波构成了一个方向余弦为$\left(\frac{x}{f}, \frac{y}{f}\right)$的平面波，$P$ 点的复振幅就代表了这个平面波的权重，这个平面波在孔径面上的复振幅分布为 $\exp[i2\pi(ux_1+vy_1)]$，就是空间频率为$\left(u=\frac{x}{\lambda f}, v=\frac{y}{\lambda f}\right)$的基

元函数。因此夫琅和费衍射复振幅分布恰恰就是这些基元函数的权重，或者说是孔径面的复振幅分布 $\widetilde{E}(x_1, y_1)$ 的傅里叶频谱。

很自然，理想的夫琅和费衍射系统是一个傅里叶频谱分析器。一张复杂的光学图片由许多不同空间频率的单频（基元）信息组成，当单色波正入射在待分析的图像上时，通过夫琅和费衍射，一定空间频率的单频（基元）信息就被向特定方向衍射的平面波输送出来，所有衍射波最终会聚在焦面上的不同位置而形象地展示出原图片的频谱。说明夫琅和费衍射实现了二维图像傅里叶变换模拟运算。这一过程的特点是二维图片上所有点的数据同时进入衍射系统，同时被计算，结果同时输出，这样的分析过程是并行的，因此有着远远高于电子计算机的运算速度。

在无线电通信理论中，一维傅里叶变换把一个时间域中的信号变换成频率域中的信号，有许多信号处理概念和方法，如带宽、通道、分（倍）频滤波、深埋噪声中的信号的提取等，在时间域中很难甚至无法说清楚，而在频率域中很容易就说清楚了。高亮度、高相干度的激光束通过衍射孔径或光学图片后，其夫琅和费衍射“像”是孔径或图像的二维傅里叶变换，这个结论与通信理论相似。

二、夫琅和费衍射图样的特点

夫琅和费衍射场与衍射屏之间的傅里叶变换的关系，为计算夫琅和费衍射图样的强度分布提供了一种简洁的方法。傅里叶变换作为一种数学方法，具有许多特性，当其与衍射问题联系起来时，就成为研究夫琅和费衍射特点的有利手段。

夫琅和费衍射有以下特点：

（一）衍射现象扩散程度与孔径大小成反比

傅里叶变换的相似定理（缩放定理）表明，空域中坐标 x 的收缩和展宽，导致空间频率域中坐标 u 按同一比例展宽或收缩，同时频谱的振幅相应降低或增加。用公式表示为

$$\mathscr{F}[f(ax)] = \frac{1}{|a|}F\left(\frac{u}{a}\right) \tag{14-19}$$

设 $a>1$，上述原坐标为 x 的点，$f(ax)$ 的坐标为 ax，即收缩为原来的 $1/a$，在空间频率域中坐标为（u/a），即（u）放大了 a 倍。系数 $1/a$ 表明振幅降低了 $1/a$。

在衍射这一物理问题中，说明物函数的尺度缩小，使频谱函数的尺度放大，但频谱的函数形式不变，这表明对光的限制越严重，衍射现象越显著，呈现出反比的关系。还需指出，焦面上的一个点对应于物空间衍射光波的一个方向，所以 $\Delta\theta$ 和 θ_0 即是衍射斑大小的度量，也是衍射光波取向的弥散程度的度量，$\Delta\theta$ 和 θ_0 大，说明物的空间频谱带宽。

（二）孔径（衍射屏）在自身平面内平移不改变衍射图样的位置和形状

傅里叶变换位移定理可表示为

$$\mathscr{F}[f(x-x_0)] = F(u)\exp[-\mathrm{i}2\pi u x_0] \tag{14-20}$$

上式表明孔径或衍射屏在空域面上横向平移，并不影响频谱面上的光场的振幅分布，只是其相位有一线性变化，频谱面上的强度分布不变（见图 14-4）。

（三）倾斜平面波照明孔径，使衍射图样产生平移

傅里叶变换相移定理

$$\mathscr{F}[f(x_1)\exp(\mathrm{i}2\pi u_0 x_1)] = F(u-u_0) \tag{14-21}$$

式(14-21)表明空间域中的线性相移，引起了空间频率域中频谱分布的横向位移。这对应着孔径或衍射屏被一束单位振幅的倾斜平面波照明时的情况，如图 14-5 所示，θ_0 为照明平面波与 z 轴的夹角，倾斜平面波在空域面（孔径面）上的复振幅分布为 $\exp\left[i2\pi x_1\dfrac{\sin\theta_0}{\lambda}\right]$，相应获得了一线性相移 $\exp[i2\pi x_1 u_0]$，其中 $u_0=\dfrac{x_0}{\lambda f}=\dfrac{\sin\theta_0}{\lambda}$。结果频谱 $F(u-u_0)$ 的形式不变，仅仅横向发生了平移，平移量为 u_0 或 $x_0=u_0\lambda f$。这一点很容易根据零级衍射斑中心就是几何光学像点的结论，用几何光学方法找到零级衍射斑的位置，这一位置与根据相移定理求出的结论完全一致。

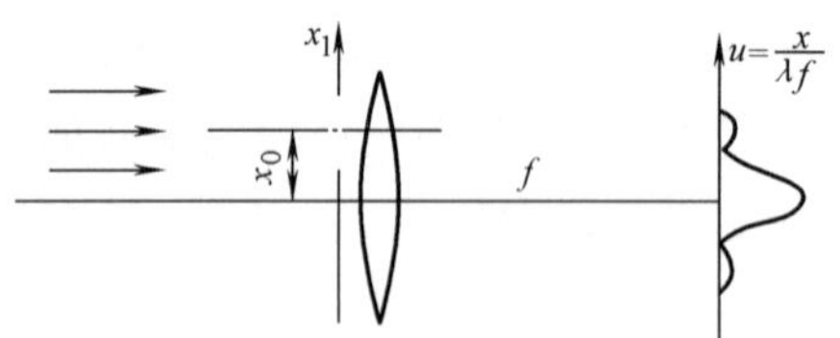

图 14-4 夫琅和费衍射与傅里叶变换位移定理

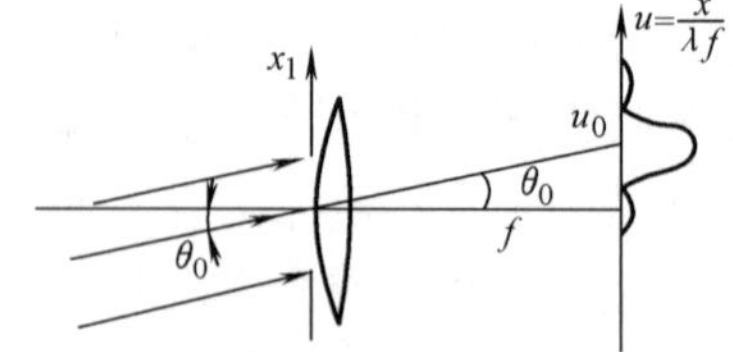

图 14-5 夫琅和费衍射与傅里叶变换相移定理

三、夫琅和费衍射的傅里叶变换处理实例

下面讨论几种常用衍射屏的夫琅和费衍射。根据夫琅和费衍射和傅里叶变换的关系，利用上面讨论的有关傅里叶变换的性质，衍射光场分布的计算可以大大简化，而且计算结果与上一章得到的结果完全一致。

（一）矩孔衍射和单缝衍射

长和宽分别为 a 和 b 的矩形孔（见图 13-19）的复振幅透射系数为

$$t(x_1,y_1)=\mathrm{rect}\left(\frac{x_1}{a}\right)\mathrm{rect}\left(\frac{y_1}{b}\right)=\begin{cases}1 & x_1\leqslant a,y_1\leqslant b\\0 & x_1>a,y_1>b\end{cases}\tag{14-22}$$

参阅书后附录 B、C 列举的常用函数及傅里叶变换，根据衍射场与衍射屏的傅里叶变换关系式(14-17)，在单位振幅的单色平面波垂直照明下，在观察面上光场的复振幅分布为

$$\widetilde{E}(x,y)=C'\mathscr{F}[t(x_1,y_1)]=C'ab\,\mathrm{sinc}(au)\,\mathrm{sinc}(bv)\tag{14-23}$$

设 $C'ab=\widetilde{E}_0$ 为常数，且 $u=\dfrac{x}{\lambda f}$，$v=\dfrac{y}{\lambda f}$，则相应的光强分布为

$$I(x,y)=|\widetilde{E}(x,y)|^2=I_0\left[\frac{\sin\pi\left(\frac{ax}{\lambda f}\right)}{\pi\left(\frac{ax}{\lambda f}\right)}\right]^2\left[\frac{\sin\pi\left(\frac{by}{\lambda f}\right)}{\pi\left(\frac{by}{\lambda f}\right)}\right]^2\tag{14-24}$$

式中，$I_0=|\widetilde{E}_0|^2$，进一步简化为

$$I(x,y)=I_0\left(\frac{\sin\alpha}{\alpha}\right)^2\left(\frac{\sin\beta}{\beta}\right)^2\tag{14-25}$$

式中，$\alpha=\pi\left(\dfrac{ax}{\lambda f}\right)=\dfrac{kal}{2}$；$\beta=\pi\left(\dfrac{by}{\lambda f}\right)=\dfrac{kbw}{2}$。式(14-25)与式(13-43) 是完全相同的。

如果 $b>>a$，矩孔就成了平行于 y_1 轴的狭缝，如图 13-23 所示。这时，式(14-25)中的因子 sinc(bv)在 x 轴之外实际上为 0，衍射将集中在 x 轴，即衍射光只沿着垂直于单缝的方向扩展。因此，对于单缝衍射有

$$\widetilde{E}(x)=C'\mathscr{F}[t(x_1)]=C'a\operatorname{sinc}(au),\ I(x,y)=I_0\left(\frac{\sin\alpha}{\alpha}\right)^2$$

中央亮斑的半宽度为 $\Delta x=\lambda f/a$，对应的频谱宽度为 $\Delta u=\frac{\Delta x}{\lambda f}=\frac{1}{a}$。

对于单色平面波垂直照明的情况，入射光场的频率 $u=v=0$。所以，从频率域来看衍射现象，衍射孔径的作用是使入射光场的频谱增宽，其宽度与衍射孔径的大小成反比。孔径宽度减为原来的 $1/n$，频谱增宽 n 倍。这一结果，也可以看成是傅里叶变换相似定理（缩放定理）的物理解释。

（二）圆孔衍射

在单位振幅的单色平面波垂直照明半径为 a 的圆孔时，如图 13-25 所示，在刚刚透过圆孔的平面上光场的复振幅分布为

$$\widetilde{E}(x_1,y_1)=t(x_1,y_1)=\operatorname{rect}\left(\frac{\sqrt{x_1^2+y_1^2}}{a}\right)=\operatorname{circ}\left(\frac{r_1}{a}\right)\tag{14-26}$$

利用圆域函数的傅里叶变换结果和相似定理，得到

$$\mathscr{F}[\widetilde{E}(x_1,y_1)]=\mathscr{F}\left[\widetilde{E}(r_1)\right]=\mathscr{F}\left[\operatorname{circ}\left(\frac{r_1}{a}\right)\right]=\pi a^2\left[\frac{2J_1(2\pi a\rho)}{2\pi a\rho}\right]\tag{14-27}$$

式中，J_1 为一阶第一类贝塞尔函数，r 是观察面（xy 平面）的径向坐标，ρ 是沿径向的空间频率，它与坐标 r 的关系为 $\rho=\frac{r}{\lambda f}$。圆孔夫琅和费衍射的强度分布为

$$I(r)=\left\{\mathscr{F}\left[\operatorname{circ}\left(\frac{r_1}{a}\right)\right]\right\}^2=(\pi a^2)^2\left[\frac{2J_1\left(\frac{2\pi ar}{\lambda z_1}\right)}{\frac{2\pi ar}{\lambda z_1}}\right]^2\tag{14-28}$$

令 $Z=\frac{2\pi ar}{\lambda z_1}$，并由于$\frac{J_1(Z)}{Z}=\frac{1}{2}$，所以观察平面上轴上点 P_0 的强度 $I(0)=(\pi a_2)^2$。因此，圆孔夫琅和费衍射的强度分布为

$$I(Z)=I(0)\left[\frac{2J_1(Z)}{Z}\right]^2\tag{14-29}$$

这一结果与上一章的处理结果式(13-55) 完全相同。

（三）双缝和多缝衍射

对于图 14-6 所示的缝宽为 a、缝中心间距为 d 的双缝及所选取的坐标系，孔径平面的复振幅分布可以写为

$$\widetilde{E}(x_1)=\operatorname{rect}\left(\frac{x_1+d/2}{a}\right)+\operatorname{rect}\left(\frac{x_1-d/2}{a}\right)$$

双缝产生的夫琅和费衍射图样的强度分布可以由$\widetilde{E}(x_1)$的傅里叶变换求得，即

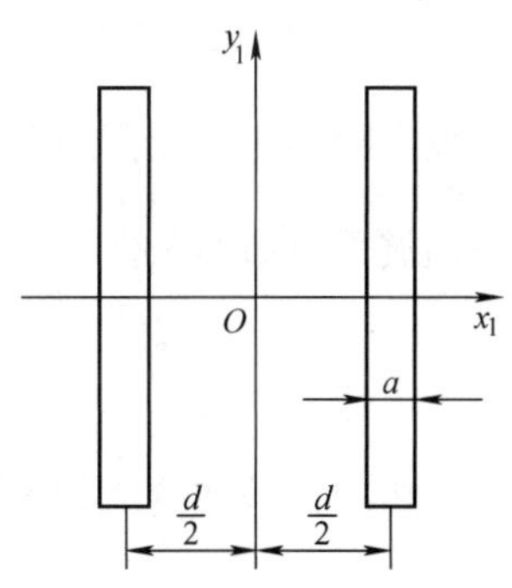

图 14-6　双缝的夫琅和费衍射

$$\tilde{E}(x)=\mathscr{F}[\tilde{E}(x_1)]=\mathscr{F}\left[\mathrm{rect}\left(\frac{x_1+d/2}{a}\right)+\mathrm{rect}\left(\frac{x_1-d/2}{a}\right)\right]$$
$$=\mathscr{F}\left[\mathrm{rect}\left(\frac{x_1+d/2}{a}\right)\right]+\mathscr{F}\left[\mathrm{rect}\left(\frac{x_1-d/2}{a}\right)\right] \tag{14-30}$$

由傅里叶变换位移定理[式(14-20)]，上式两项表示的两个偏离中心的狭缝光场的傅里叶变换，可以用位于中心的一个狭缝光场的傅里叶变换乘上一个相移因子来代替。因此上式可以写为

$$\tilde{E}(x)=\exp\left[-\mathrm{i}2\pi u\left(\frac{d}{2}\right)\right]\mathscr{F}\left[\mathrm{rect}\left(\frac{x_1}{a}\right)\right]+\exp\left[-\mathrm{i}2\pi u\left(-\frac{d}{2}\right)\right]\mathscr{F}\left[\mathrm{rect}\left(\frac{x_1}{a}\right)\right]$$
$$=[\exp(-\mathrm{i}\pi ud)+\exp(\mathrm{i}\pi ud)]a\mathrm{sinc}(au)$$
$$=2a\cos\left(\frac{\pi xd}{\lambda z_1}\right)\mathrm{sinc}\left(\frac{ax}{\lambda z_1}\right) \tag{14-31}$$

利用完全类似的方法，对于 N 个狭缝等距排列组成的孔径屏(光栅)的衍射，如图 13-33 所示，以最上面（或最下面）狭缝的中心为坐标原点，相邻两缝引入的相位差为 $2\pi ud$，则衍射屏上的复振幅分布为

$$\tilde{E}(x)=a\mathrm{sinc}(au)\{1+\exp(\mathrm{i}2\pi ud)+\exp(\mathrm{i}4\pi ud)+\cdots+\exp[\mathrm{i}2\pi u(N-1)d]\}$$
$$=a\mathrm{sinc}(au)\left[\frac{1-\exp(\mathrm{i}2\pi uNd)}{1-\exp(\mathrm{i}2\pi ud)}\right]$$
$$=a\mathrm{sinc}(au)\frac{\exp(\mathrm{i}\pi uNd)}{\exp(\mathrm{i}\pi ud)}\left[\frac{\exp(-\mathrm{i}\pi uNd)-\exp(\mathrm{i}\pi uNd)}{\exp(-\mathrm{i}\pi ud)-\exp(\mathrm{i}\pi ud)}\right]$$
$$=a\mathrm{sinc}\left(\frac{ax}{\lambda z_1}\right)\left[\frac{\sin N\left(\frac{\pi xd}{\lambda z_1}\right)}{\sin\left(\frac{\pi xd}{\lambda z_1}\right)}\right]\exp\left[\mathrm{i}\pi\frac{x}{\lambda z_1}(N-1)d\right] \tag{14-32}$$

强度分布为

$$I(x)=I(0)\mathrm{sinc}^2\left(\frac{ax}{\lambda z_1}\right)\left[\frac{\sin N\left(\frac{\pi xd}{\lambda z_1}\right)}{\sin\left(\frac{\pi xd}{\lambda z_1}\right)}\right]^2 \tag{14-33}$$

式中，$I(0)$为单个狭缝在衍射图样中心产生的光强。

（四）正弦振幅光栅的衍射

设振幅型正弦光栅的透射系数为 $t(x)=\left[\frac{1}{2}+\frac{m}{2}\cos(2\pi u_0x)\right]\mathrm{rect}\left(\frac{x_1}{L}\right)$，在单位振幅的单色平面波垂直照明条件下，光栅面上的复振幅分布为

$$\tilde{E}(x_1)=t(x_1)=\left[\frac{1}{2}+\frac{m}{2}\cos(2\pi u_0x_1)\right]\mathrm{rect}\left(\frac{x_1}{L}\right) \tag{14-34}$$

光栅的夫琅和费衍射图样的强度分布可以由$\tilde{E}(x_1)$的傅里叶变换求得

$$\tilde{E}(u)=\mathscr{F}[\tilde{E}(x_1)]=\mathscr{F}\left\{\left[\frac{1}{2}+\frac{m}{2}\cos(2\pi u_0x_1)\right]\mathrm{rect}\left(\frac{x_1}{L}\right)\right\} \tag{14-35}$$

利用傅里叶变换的卷积定理，得

$$\widetilde{E}(u)=\mathscr{F}\left[\frac{1}{2}(1+m\cos 2\pi u_0x_1)\right]*\mathscr{F}\left[\mathrm{rect}\left(\frac{x_1}{L}\right)\right]$$

$$=\left[\frac{1}{2}\delta(u)+\frac{m}{4}\delta(u+u_0)+\frac{m}{4}\delta(u-u_0)\right]*L\mathrm{sinc}(uL)$$

$$=\frac{1}{2}\delta(u)*L\mathrm{sinc}(uL)+\frac{m}{4}\delta(u+u_0)*L\mathrm{sinc}(uL)+\frac{m}{4}\delta(u-u_0)*L\mathrm{sinc}(uL)$$

(14-36)

根据 δ 函数的卷积性质，得

$$\widetilde{E}(u)=\frac{1}{2}L\mathrm{sinc}(uL)+\frac{m}{4}L\mathrm{sinc}[(u+u_0)L]+\frac{m}{4}L\mathrm{sinc}[(u-u_0)L]$$

以衍射场观察平面上的 x 坐标表示，为

$$\widetilde{E}(x)=\frac{1}{2}L\mathrm{sinc}\left(\frac{xL}{\lambda z_1}\right)+\frac{m}{4}L\mathrm{sinc}\left[\frac{xL}{\lambda z_1}+u_0L\right]+\frac{m}{4}L\mathrm{sinc}\left[\frac{xL}{\lambda z_1}-u_0L\right] \quad (14\text{-}37)$$

上式的二次方就是衍射场的强度分布。如果光栅宽度 L 比光栅周期 $1/u_0$ 大得多，可以忽略三个 sinc 函数之间的交迭，于是得到光强分布为

$$I(x)=|\widetilde{E}(x)|^2=\frac{L^2}{4}\left\{\mathrm{sinc}^2\left(\frac{xL}{\lambda z_1}\right)+\frac{m}{4}\mathrm{sinc}^2\left[\frac{xL}{\lambda z_1}+u_0L\right]+\frac{m}{4}\mathrm{sinc}^2\left[\frac{xL}{\lambda z_1}-u_0L\right]\right\} \quad (14\text{-}38)$$

上式中的三个 sinc 函数表示光栅衍射只有三级谱线，即 0 级和 ±1 级，强度衍射图样与图 13-41 相同，在观察平面上相邻谱线沿 x 坐标轴的间隔为 $u_0\lambda z_1$。

（五）正弦相位光栅

正弦相位光栅的复振幅透射系数为

$$t(x_1)=\exp\left[\mathrm{i}\,\frac{A}{2}\sin 2\pi u_0x_1\right]\cdot\mathrm{rect}\left(\frac{x_1}{L}\right) \quad (14\text{-}39)$$

它能按正弦规律对入射光进行相位调制，正弦相位可以通过使光栅的光学厚度（几何厚度或折射率）呈正弦型变化来实现。式中 A 为相位调制度，$u_0=1/d$ 为光栅的空间频率，L 为光栅的长度。利用贝塞耳函数恒等式

$$\exp\left[\mathrm{i}\,\frac{A}{2}\sin 2\pi u_0x_1\right]=\sum_{q=-\infty}^{\infty}J_q\left(\frac{A}{2}\right)\exp[\mathrm{i}2\pi qu_0x_1] \quad (14\text{-}40)$$

可以使下面要进行的积分简化，式中 J_q 为 q 阶第一类贝塞尔函数。当单位振幅平面波正入射时，正弦相位光栅夫琅和费衍射复振幅分布（已忽略了常数项和二次相位因子）为

$$\widetilde{E}(x)=\mathscr{F}[t(x_1)]$$

将式(14-39)、式(14-40) 代入上式得

$$\widetilde{E}=(L\mathrm{sinc}Lu)*\sum_{q=-\infty}^{\infty}J_q\left(\frac{A}{2}\right)\delta(u-u_0)=\sum_{q=-\infty}^{\infty}LJ_q\left(\frac{A}{2}\right)\mathrm{sinc}L(u-qu_0) \quad (14\text{-}41)$$

或

$$\tilde{E}=\sum_{q=-\infty}^{\infty}LJ_q\left(\frac{A}{2}\right)\left[\frac{\sin\frac{\pi}{\lambda}L\left(\sin\theta-q\frac{\lambda}{d}\right)}{\frac{\pi}{\lambda}L\left(\sin\theta-q\frac{\lambda}{d}\right)}\right] \tag{14-42}$$

上式表明复振幅分布为一系列 sinc 函数的叠加，它们分别代表各级衍射级次。由于 sinc 函数的主瓣很窄，相应的半角宽度为 $\Delta\theta=\frac{\lambda}{L}$，远小于相邻 sinc 函数之间的角距离 λ/d，因此式(14-42) 求强度时的交叉项可以忽略，相应的强度分布为

$$I=\sum_{q=-\infty}^{\infty}L^2J_q^2\left(\frac{A}{2}\right)\left[\frac{\sin\frac{\pi}{\lambda}L\left(\sin\theta-q\frac{\lambda}{d}\right)}{\frac{\pi}{\lambda}L\left(\sin\theta-q\frac{\lambda}{d}\right)}\right]^2 \tag{14-43}$$

正弦相位光栅一般情况下所有的衍射级次均出现，衍射主极大方向由

$$\sin\theta-q\frac{\lambda}{d}=0 \tag{14-44}$$

即 $d\sin\theta=q\lambda$，$q=0$，±1，±2，…决定。由式(14-43)可看出，如果忽略光栅本身材料的吸收等因素，光栅衍射第 q 级主极大的强度为 $J_q^2\left(\frac{A}{2}\right)$，这样可以通过调节相位调制度 A 来控制各级主极大的强度，从而实现能量在不同级次上的重新分配。图 14-7 和图 14-8 表示一个正弦相位光栅 $A=8$ 时的夫琅和费衍射图样的截面图和不同 q 值时 $J_q\left(\frac{A}{2}\right)$对$\frac{A}{2}$的依赖关系。很显然，只要$\frac{A}{2}$是 J_0 的一个根，即 $J_q\left(\frac{A}{2}\right)=0$，则光栅衍射零级完全消失。

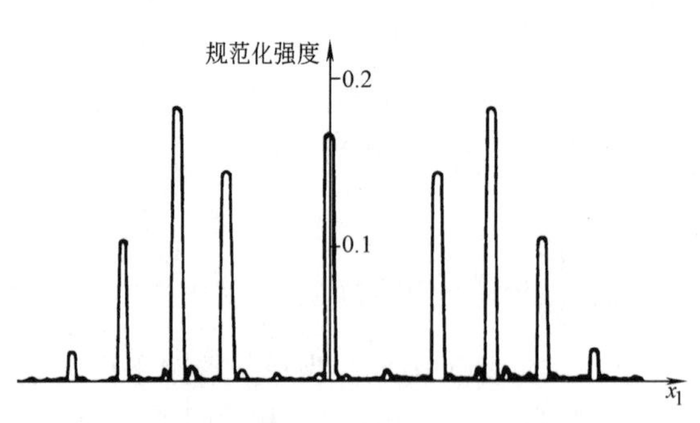

图 14-7 一个正弦型相位光栅（$A=8$）的夫琅和费衍射图样的截面图

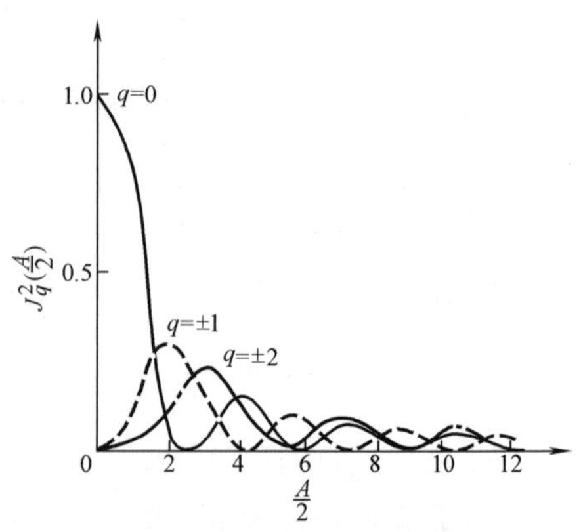

图 14-8 对于 $\pm q$ 的三个数值，$J_q\left(\frac{A}{2}\right)$对$\frac{A}{2}$的依赖关系

光纤激光器及光纤光栅就是基于正弦相位光栅的原理工作的。

四、菲涅耳衍射的傅里叶变换处理

菲涅耳衍射是在观察位置距孔径面比较近的区域内观察到的衍射现象。在第十三章中已经得到菲涅耳衍射的计算公式，即式(13-13)：

$$\widetilde{E}(x,y)=\frac{\exp(ikz_1)}{i\lambda z_1}\iint_{-\infty}^{\infty}\widetilde{E}(x_1,y_1)\exp\left\{\frac{ik}{2z_1}(x-x_1)^2+(y-y_1)^2\right\}dx_1dy_1$$

式中，$\widetilde{E}(x_1,y_1)$是孔径平面的复振幅分布，z_1是观察屏幕到孔径面的距离。如果把上式指数中的二次项展开，可以写成

$$\begin{aligned}\widetilde{E}(x,y)&=\frac{\exp(ikz_1)}{i\lambda z_1}\exp\left[\frac{ik}{2z_1}(x^2+y^2)\right]\times\\&\iint_{-\infty}^{\infty}\widetilde{E}(x_1,y_1)\exp\left[\frac{ik}{2z_1}({x_1}^2+{y_1}^2)\right]\exp\left[-i2\pi\left(x_1\frac{x}{\lambda z_1}+y_1\frac{y}{\lambda z_1}\right)\right]dx_1dy_1\\&=\frac{\exp(ikz_1)}{i\lambda z_1}\exp\left[\frac{ik}{2z_1}(x^2+y^2)\right]\mathscr{F}\left\{\widetilde{E}(x_1,y_1)\exp\left[\frac{ik}{2z_1}({x_1}^2+{y_1}^2)\right]\right\}\end{aligned}\tag{14-45}$$

上式就是菲涅耳衍射的傅里叶变换表达式，它表明除了积分号前面的一个与x_1、y_1无关的振幅和相位因子外，菲涅耳衍射的复振幅分布是孔径平面复振幅分布和一个二次相位因子$\exp\left[\frac{ik}{2z_1}({x_1}^2+{y_1}^2)\right]$乘积的傅里叶变换，变换在空间频率$\left(u=\frac{x}{\lambda z_1},v=\frac{y}{\lambda z_1}\right)$上取值。

由于参与傅里叶变换的二次相位因子$\exp\left[\frac{ik}{2z_1}\ ({x_1}^2+{y_1}^2)\right]$与$z_1$有关，因而菲涅耳衍射的场分布也与$z_1$有关。所以在菲涅耳衍射区域内，位于不同$z_1$位置的观察屏幕将接收到不同的衍射图样。从频谱分析的观点来看，孔径平面上的场分布，可以看成是具有不同空间频率(u,v)的平面波的线性叠加。这些平面波分量在传播到菲涅耳衍射区的观察平面上时，将产生一个与频率和距离z_1有关的相移。这些相位变化了的平面波分量的线性叠加就是观察平面上的场分布，因而菲涅耳衍射的场分布与距离z_1有关。相反地，夫琅和费的衍射场分布与z_1无关。因为在夫琅和费近似下可以认为对应于一个空间频率(u,v)的平面波会聚于衍射场的一点，这样，在夫琅和费的衍射区域内，不同z_1位置处的衍射场分布是相同的。两类衍射现象的这种不同，如图14-9所示。实际上通过第十三章的讨论已经知道两类衍射的不同性质，这里只是用傅里叶变换（频谱分析）的形式表达出来。

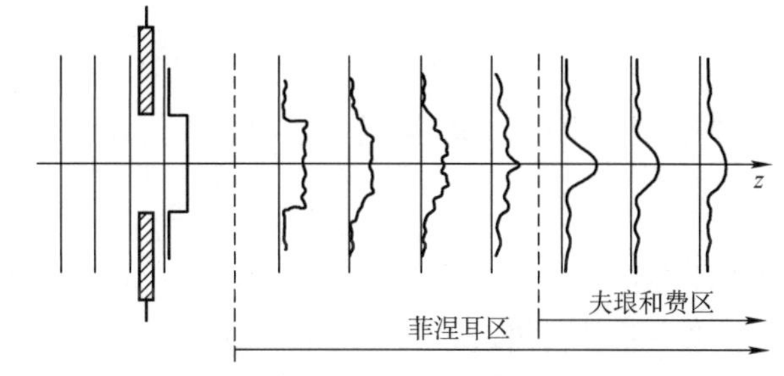

图14-9　夫琅和费衍射与菲涅耳衍射的观察

第四节　透镜的傅里叶变换性质和成像性质

我们知道，可以采用透镜把衍射光会聚，在其后焦面上观察衍射屏的夫琅和费衍射图样。这就是说，利用透镜可以实现傅里叶变换，或者说，透镜具有作傅里叶变换的性质。另外我们知道，透镜还具有成像的性质。透镜的这两项性质，使它成为光学成像系统以及光信

息处理系统的最基本、最重要的元件。

一、透镜的透射函数

不论从传统光学的观点看，还是从傅里叶光学的观点看，透镜都是最重要的光学元件。透镜由透明物质制成，如果略去透镜对光能量的吸收和反射损失，透镜则只改变入射光波的空间相位分布，因而它可以看作是相位型衍射屏。下面来求出它的透射系数的函数形式。

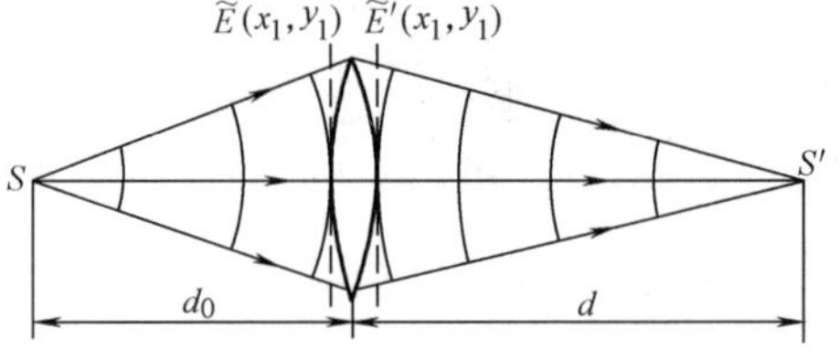

图 14-10 透镜的相位变换函数

考察一会聚透镜对点光源的成像。若不考虑透镜像差和孔径衍射的影响，透镜的作用是使点物成点像，也就是使一束发散的球面波变为会聚的球面波，由此来说明透镜的相位变换作用。如图 14-10 所示，在傍轴近似下，由点物 S 发出的发散球面波（曲率半径为 d_0）在紧靠透镜前平面上的复振幅分布为

$$\tilde{E}(x_1,y_1) = A\exp(\mathrm{i}kd_0)\exp\left[\mathrm{i}\frac{k}{2d_0}(x_1^2+y_1^2)\right] \tag{14-46}$$

考虑薄透镜情况，光波经过透镜后向 S'点会聚的球面波（曲率半径为 d）在紧靠透镜后平面上产生的复振幅分布为

$$\tilde{E}'(x_1,y_1) = A\exp(-\mathrm{i}kd)\exp\left[-\mathrm{i}\frac{k}{2d}(x_1^2+y_1^2)\right] \tag{14-47}$$

由式(14-46)、式(14-47)，并忽略该两式中常量相位因子 $\mathrm{e}^{\mathrm{i}kd_0}$和 $\mathrm{e}^{-\mathrm{i}kd}$，则得到表示透镜相位变换作用的复振幅透射系数为

$$\begin{aligned}\tilde{t}(x_1,y_1) &= \frac{\tilde{E}'(x_1,y_1)}{\tilde{E}(x_1,y_1)} = \exp[\mathrm{i}\varphi(x_1,y_1)]\\ &= \exp\left[-\mathrm{i}k\frac{(x_1^2+y_1^2)}{2}\left(\frac{1}{d}+\frac{1}{d_0}\right)\right]\\ &= \exp\left[-\mathrm{i}k\frac{x_1^2+y_1^2}{2f}\right]\end{aligned} \tag{14-48}$$

式中，f是透镜焦距；d、d_0 满足薄透镜成像公式

$$\frac{1}{d}+\frac{1}{d_0}=\frac{1}{f} \tag{14-49}$$

透镜之所以具有相位变换的能力，从根本上讲是因为透镜沿半径方向的厚度变化，使入射光波通过透镜不同厚度时，产生不同的相位延迟，类似于相位物体的作用。

值得注意的是，上述讨论没有考虑到透镜的有限孔径。为了表示透镜的有限孔径效应，可以引入光瞳函数 $P(x_1,y_1)$,其定义为

$$P(x_1,y_1) = \begin{cases}1 & \text{透镜孔径内}\\ 0 & \text{其他}\end{cases} \tag{14-50}$$

在考虑了透镜的孔径效应之后，透镜的透射系数可以表示为

$$\tilde{t}(x_1,y_1) = P(x_1,y_1)\exp\left(-\mathrm{i}k\frac{x_1^2+y_1^2}{2f}\right) \tag{14-51}$$

二、透镜的傅里叶变换性质

透镜的傅里叶变换性质与衍射屏和透镜的相对位置有关，也与照明光波有关。这里仅对

常用的单色平面波垂直照明下的两种傅里叶变换光路做出讨论。

1. 衍射屏紧靠透镜 首先考察图 14-11 所示的衍射屏紧靠透镜放置的情况，这是我们熟知的观察夫琅和费衍射的典型位置。现在来求取透镜后焦面上的复振幅分布 $\widetilde{E}(x,y)$。容易看出，为了求出 $\widetilde{E}(x,y)$，可以逐面求出光波透过衍射屏和透镜后的场分布（紧靠透镜后平面上的场分布），再由这一场分布通过求近场的菲涅耳衍射最后得到 $\widetilde{E}(x,y)$。假设光波透过衍射屏后的场分布为 $\widetilde{E}(x_1, y_1)$，由于衍射屏紧靠透镜，所以光波再透过透镜后的场分布为

$$\widetilde{E}'(x_1,y_1)=\widetilde{E}(x_1,y_1)\tilde{t}(x_1,y_1)$$

式中，$\tilde{t}(x_1,y_1)$是透镜的复振幅透射系数。在不考虑透镜有限孔径的情况下，由式(14-48)得

$$\widetilde{E}'(x_1,y_1)=\widetilde{E}(x_1,y_1)\exp\left(-\mathrm{i}k\frac{x_1^2+y_1^2}{2f}\right) \tag{14-52}$$

光波从紧靠透镜的平面传播到后焦面，这是菲涅耳衍射问题。由式(13-15）或式(14-45)，令其中的 $z_1=f$ 即得

$$\begin{aligned}\widetilde{E}(x,y) &= \frac{\exp(\mathrm{i}kf)}{\mathrm{i}\lambda f}\exp\left(\mathrm{i}k\frac{x^2+y^2}{2f}\right)\iint_{-\infty}^{\infty}\widetilde{E}'(x_1,y_1)\exp\left(\mathrm{i}k\frac{x_1^2+y_1^2}{2f}\right)\exp\left[-\mathrm{i}2\pi\times\left(\frac{x}{\lambda f}x_1+\frac{y}{\lambda f}y_1\right)\right]\cdot\\ \mathrm{d}x_1\mathrm{d}y_1 &= \frac{\exp(\mathrm{i}kf)}{\mathrm{i}\lambda f}\exp\left(\mathrm{i}k\frac{x^2+y^2}{2f}\right)\mathscr{F}\left\{\widetilde{E}'(x_1,y_1)\exp\left(\mathrm{i}k\frac{x_1^2+y_1^2}{2f}\right)\right\}_{u=\frac{x}{\lambda f},v=\frac{y}{\lambda f}}\end{aligned} \tag{14-53}$$

把式(14-52)代入上式，透镜的二次相位因子和变换函数中的二次相位因子相消，得到

$$\widetilde{E}(x,y) = \frac{\exp(\mathrm{i}kf)}{\mathrm{i}\lambda f}\exp\left(\mathrm{i}k\frac{x^2+y^2}{2f}\right)\mathscr{F}\left\{\widetilde{E}(x_1,y_1)\right\}_{u=\frac{x}{\lambda f},v=\frac{y}{\lambda f}} \tag{14-54}$$

上式表明，除了一个相位因子外，透镜后焦面上的复振幅分布是衍射屏平面的复振幅分布的傅里叶变换，空间频率取值与后焦面坐标的关系为$\left(u=\frac{x}{\lambda f},\ v=\frac{y}{\lambda f}\right)$。这就是说，后焦面上 $(x,\ y)$ 点的振幅和相位，由衍射屏所透过的光的空间频率为$\left(u=\frac{x}{\lambda f},\ v=\frac{y}{\lambda f}\right)$的傅里叶分量的振幅和相位决定。因为透镜可以使平面波会聚到它的后焦面上的一点，所以上述性质是容易理解的。

另外，式(14-54)中变换式前的振幅和相位因子并不影响衍射图样的强度分布，因此利用图 14-11 的光路可以在近处（透镜后焦面上）得到衍射屏的远场夫琅和费衍射图样。

2. 衍射屏置于透镜前一定距离 图 14-12 所示是更一般的光路。衍射屏放置在透镜之前距离为 d_0 处，由单色平面波垂直照明。在这种情况下，为了得到透镜后焦面上的光场分布 $\widetilde{E}(x,y)$，只要知道紧靠透镜之前平面上的光场分布 $\widetilde{E}(x_2,y_2)$的频谱（傅里叶变换），就可以利用上面导出的式(14-54)进行计算。由上节的讨论可知，衍射屏平面上光场分布的频谱在经历了一个相移后得到透镜前平面上光场分布的频谱，这个相移因子为

$$H(u,v)=\mathrm{e}^{\mathrm{i}kd_0}\mathrm{e}^{-\mathrm{i}\lambda\pi d_0(u^2+v^2)} \tag{14-55}$$

相移因子与空间频率和传播距离 d_0 有关。既然在上述两个平面之间傅里叶分量的变化只是

引入一个与频率有关的相位因子 $\exp[-i\pi\lambda d_0(u^2+v^2)]$，那么这两个平面的场分布的频谱之间的关系就可以写为

$$\mathscr{F}\{\widetilde{E}(x_2,y_2)\} = \mathscr{F}\{\widetilde{E}(x_1,y_1)\}\exp[-i\pi\lambda d_0(u^2+v^2)] \tag{14-56}$$

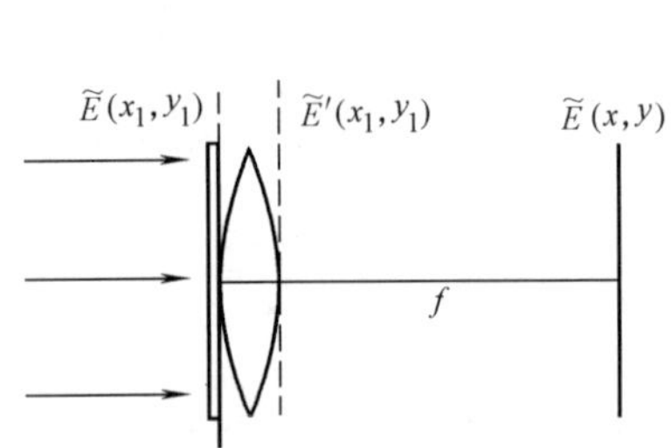

图 14-11 衍射屏紧靠透镜的傅里叶变换光路

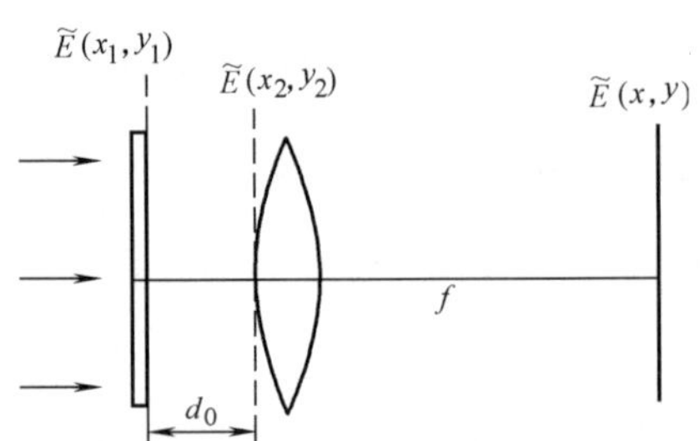

图 14-12 衍射屏置于透镜前方的傅里叶变换光路

把这一结果代入式(14-54)[注意,式(14-54)中的 $\widetilde{E}(x_1,y_1)$ 现在是 $\widetilde{E}(x_2,y_2)$]，得到透镜后焦面上的光场分布为

$$\widetilde{E}(x,y) = \frac{1}{i\lambda f}\exp\left[\frac{ik}{2f}\left(1-\frac{d_0}{f}\right)(x^2+y^2)\right]\mathscr{F}\left\{\widetilde{E}(x_1,y_1)\right\}_{u=\frac{x}{\lambda f},v=\frac{y}{\lambda f}} \tag{14-57}$$

式中舍去了常数因子 exp（ikf）。上式表明，透镜后焦面上的复振幅分布，除了一个相位因子外，仍然是衍射屏平面复振幅分布的傅里叶变换。应该注意，由于相位因子的存在，衍射屏平面和后焦面复振幅分布之间的傅里叶变换关系不是准确的，或者说，后焦面上的复振幅分布并不完全是衍射屏平面复振幅分布的频谱函数，两者相差一个相位因子。

由式(14-57)容易看出，如果把衍射屏置于透镜的前焦面，即当 $d_0=f$ 时

$$\widetilde{E}(x,y) = \frac{1}{i\lambda f}\mathscr{F}\left\{\widetilde{E}(x_1,y_1)\right\}_{u=\frac{x}{\lambda f},v=\frac{y}{\lambda f}} \tag{14-58}$$

因此，透镜后焦面的复振幅分布准确地说是置于前焦面的衍射屏平面复振幅分布的傅里叶变换。在相干光学处理系统中，我们将经常利用透镜的这一重要的变换特性。

另外，上面的讨论并没有考虑透镜的有限孔径，事实上，由于透镜的孔径有限，它将限制物体的较高频率成分（对应于与 z 轴夹角较大的平面波）的传播，如图 14-13 所示。这种现象称为渐晕效应。显然，物体越靠近透镜或透镜孔径越大，渐晕效应越小。渐晕效应的存在，将使后焦面上得不到完全的物体频谱。

三、透镜的成像性质

在此只讨论透镜对点物成像，扩展平面物体的成像留在以后讨论。例如考虑点物距透镜无穷远的情况。如图 14-14 所示，点物位于距透镜无穷远的光轴上，在紧靠透镜前平面上的光场分布为一常数，设为 1。光波透过透镜后，如果不考虑透镜的有限孔径，在紧靠透镜后平面上的光场分布则是

$$\widetilde{E}'(x_1,y_1) = \tilde{t}(x_1,y_1) = \exp\left[-i\frac{k}{2f}(x_1^2+y_1^2)\right] \tag{14-59}$$

上式表明单色平面波经过透镜后变成了会聚球面波，这个球面波会聚于透镜的焦点，因而透

镜的焦点就是无穷远点物的像点。这一结果与几何光学计算的结果一致。同样的讨论表明，有限距离处点物发出的发散球面波通过透镜后将变为会聚球面波，会聚点在满足几何光学成像定律的像点处。

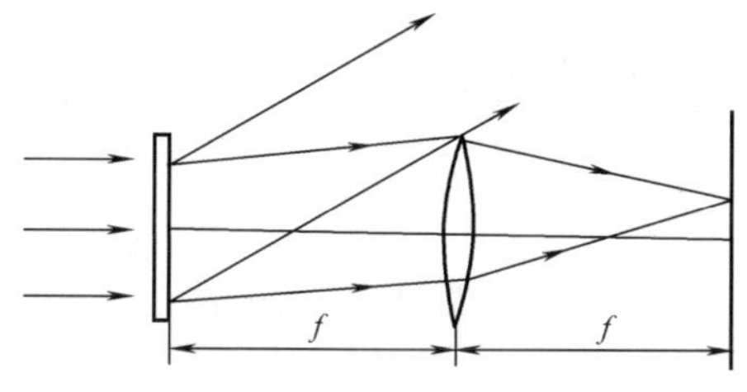

图 14-13　渐晕效应

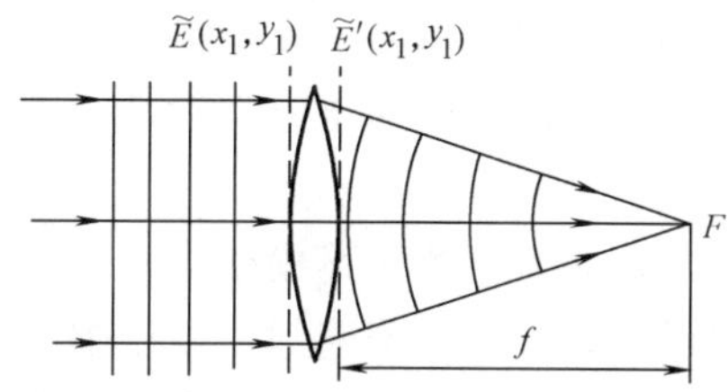

图 14-14　透镜对无穷远点物成像

容易看出，透镜的成像本领是透镜对入射光波的相位产生调制作用的结果，正是透镜的二次相位因子改变了入射波的相位分布，使得入射平面波变成为会聚球面波。从这一点看也容易明白，在透镜用于傅里叶变换时，正是透镜的相位调制作用使得物体平面场分布的各个频率分量会聚于透镜后焦面，从而在后焦面上得到物体（或物体平面场分布）的频谱。所以，透镜的相位调制作用不仅是透镜具有成像本领的根本原因，也是透镜能够用于傅里叶变换的根本原因。

上述讨论，没有考虑透镜的有限孔径，也就是把透镜看作为无限大，从而得到与几何光学相一致的结果。那么在傍轴近似下，可以证明，当考虑透镜的有限孔径时，则有

$$\widetilde{E}(x,y) = A\exp\left(\mathrm{i}k\frac{x^2+y^2}{2l'}\right)\mathscr{F}\left\{P(x_1,y_1)\right\}_{u=\frac{x}{\lambda l'},v=\frac{x}{\lambda l'}} \tag{14-60}$$

式(14-60)表明，在像面上的场分布由透镜孔径的夫琅和费衍射图样给出，其中心在几何像点，l'为几何像点的像距。这一结论，在上一章第四节里曾经得到过。另外，联系到透镜的傅里叶变换性质，这里的讨论也表明，在采用球面波照明时，透镜仍然可起傅里叶变换作用，只是这时频谱面不在后焦面，而位于点光源的像面。

最后，还要指出，在实际的成像光学系统中，成像透镜一般是多个透镜组合成的复杂透镜。容易证明，只要成像透镜具有把一个发散球面波变换为一个会聚球面波的性能，它就应该有一个与薄透镜相同的透射函数。因此，前面的讨论不仅适用于薄透镜这样的成像透镜，也适用于其他复杂的透镜系统。当然，我们都假定它们是理想的，没有像差。

第五节　相干成像系统分析及相干传递函数

下面分别对相干照明和非相干照明两种情况讨论光学系统对扩展平面物体的成像及其质量评价函数——传递函数。

光学系统的成像及其质量评价是传统光学研究的一个中心问题。我们知道，即使一个没有像差的完善的光学系统，由于系统对光束的限制，它对点物所成的像也是一个由系统孔径决定的衍射斑。光学系统对扩展物体所成的像，则是对应于构成物体的所有点的衍射斑的叠加。正是由于光学系统的衍射效应，使理想光学系统所成的像不能完全与物体本身相似。对于一个有像差的实际光学系统，还因为像差的存在而影响衍射斑中的能量分布，从而降低光学系统的成像质量。在传统的像质评价方法中，鉴别率法和星点法（见第九章第二节）因

不能反映成像过程的本质而受到局限。

随着傅里叶分析方法和线性系统理论在光学系统成像研究中的应用，相应地产生了光学传递函数理论。光学传递函数可以定量描述物体频谱中各个频率成分经过光学系统的传播情况，因而它可以从本质上反映物像之间的变化，比较科学地对成像质量作出评价。现在，这一理论已经普遍地应用于光学设计结果的评价、光学镜头质量的检验、光学系统总体设计以及光学信息处理等方面。

一、成像系统的普遍模型

光学系统的成像普遍地可以用图 14-15 来表示。图中显示了成像的三个过程：①光波由物平面到入瞳平面；②由入瞳平面到出瞳平面；③由出瞳平面到像平面。图示表明，只要知道成像系统的边端性质（成像系统的边端由一个入瞳和一个出瞳组成），可以不必计及成像系统内部的结构和工作情况，就能够说明系统的性质。例如，对于无像差的理想成像系统（也称为衍射受限成像系统），它的边端性质是，可以将投射到入瞳的发散球面波变换成出瞳上的会聚球面波。而对于有像差的成像系统，出瞳上的波前将偏离理想球面波形，产生波像差。

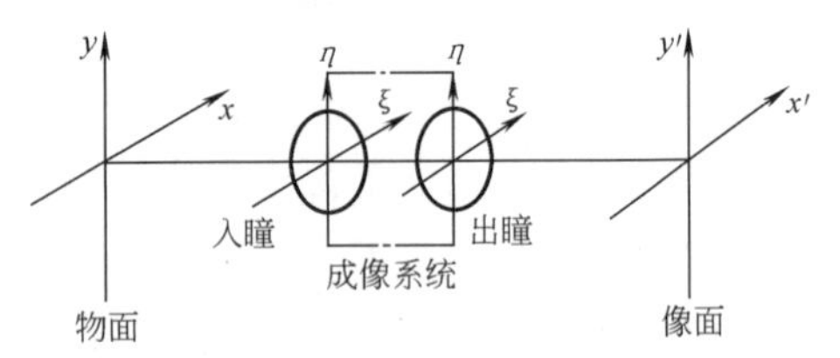

图 14-15　成像系统的普遍模型

二、成像系统的线性和空间不变性

在“线性系统”理论中，若系统的输入可分解为一些简单输入的线性叠加，而总输出为单个输出的线性叠加，则该系统称为线性系统。前面已经指出，成像系统对扩展物体所成的像是对应于构成物体的所有点的像斑的线性叠加。对于相干成像系统，例如单色平面波照明物体的情况，物面上任意相邻两点的光振动是相互关联的，像的复振幅分布是各像斑复振幅分布的线性叠加；对于非相干成像系统，如扩展光源照明物体的情况，物面上任意相邻两点的光振动是互不相关的，像的强度分布是各像斑强度分布的线性叠加。因此，相干成像系统对复振幅分布而言是线性系统，而非相干成像系统对强度分布而言是线性系统。

本节讨论相干成像系统，考察物面和像面的复振幅分布的关系。设 $o(x,y)$ 和 $g(x',y')$ 分别代表物面和像面的复振幅分布，那么根据系统的线性性质，可以把物函数 $o(x,y)$ 分解为物面上各点光场的叠加，成像系统对每一点的输入光场都产生相应的输出，而总的输出 $g(x',y')$ 就是各点输出的线性叠加。这样一来，研究系统对扩展物体的成像问题就变成为研究点物的成像问题。

一个点物的光场可以用一个 δ 函数（参阅附录 E）表示。这一输入函数通过成像系统的“变换”，在像平面上产生的输出函数 $h(x',y')$（即像斑的复振幅分布函数）称为点扩散函数。对于衍射受限的成像系统，这个函数反映系统的衍射效应（系统的入瞳或出瞳对光束限制产生的衍射）。对于有像差的成像系统，这个函数则反映系统的衍射和像差的共同效应。图 14-16 所示是光瞳为圆形的衍射受限系统的点扩散函数，它实际上就是一个圆孔夫琅和费衍射的复振幅分布图。

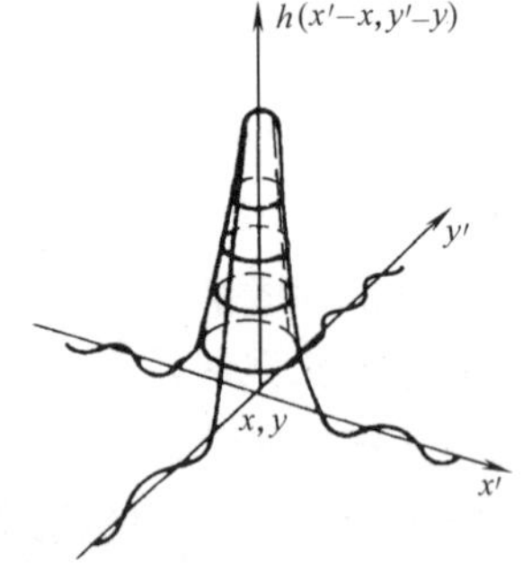

图 14-16　点扩散函数

应该注意，对于物平面上不同位置的点物，其点扩散函数一般并不相同，所以 h 除了是 x'、y' 的函数外，还与 x、y 有关，它应该写成 $h(x, y; x', y')$。现在考虑成像系统的一种近似。在靠近光轴的等晕区内，可以近似地假定，点扩散函数依赖于物面上考察点与其几何光学像点的坐标差 $(x'-x)$ 和 $(y'-y)$，而与物点位置 x、y 无关，即不同位置的点物，其点扩散函数对应于其像点的位置，而函数形式相同。这一性质称为成像系统的空间不变性。利用系统的空间不变性，可以将点扩散函数写成 $h(x'-x, y'-y)$，这将使成像问题的分析变得十分简单。

三、扩展物体的成像

假设物面上扩展物体的复振幅分布为 $o(x,y)$。由于物体可以看作是由一系列点物组成，所以 $o(x,y)$ 可以写为一系列代表点物场分布的 δ 函数的线性组合（见附录 E）

$$o(x,y) = \int_{-\infty}^{\infty}\int_{-\infty}^{\infty} o(\xi,\eta)\delta(x-\xi,y-\eta)\,\mathrm{d}\xi\mathrm{d}\eta \tag{14-61}$$

根据相干成像系统的线性性质，式(14-61)表示的输入函数在像面上产生的输出函数 $g(x',y')$（像的复振幅分布）就是与各个 δ 函数相对应的点扩散函数的线性组合，即

$$g(x',y') = \int_{-\infty}^{\infty}\int_{-\infty}^{\infty} o(\xi,\eta)h(x-\xi,y-\eta)\,\mathrm{d}\xi\mathrm{d}\eta \tag{14-62}$$

仍以 (x, y) 代表物面坐标，上式变为

$$g(x',y') = \int_{-\infty}^{\infty}\int_{-\infty}^{\infty} o(x,y)h(x'-x,y'-y)\,\mathrm{d}x\mathrm{d}y \tag{14-63}$$

这个式子在数学上表示函数 $g(x',y')$ 是 $o(x,y)$ 和 $h(x',y')$ 两个函数的卷积，它可以简单表示为（参阅附录 D）

$$g(x',y') = o(x',y') * h(x',y') \tag{14-64}$$

式中，$*$ 是卷积符号。式(14-63)、式(14-64)表明，对于相干成像系统，在满足空间不变性的条件下，扩展物体的像的复振幅分布等于系统的点扩散函数和物的几何光学像的复振幅分布函数的卷积。这个结果在光学系统的成像分析中非常重要，它将为运用傅里叶分析方法来研究光学系统的成像问题带来方便。

扩展物体的卷积成像过程可以由图 14-17 看出。为简单起见，设物的复振幅分布呈一维的余弦分布。由图可见，为获得像函数的卷积过程，将点（线）扩散函数的曲线在 x 轴上平移，乘上各处的 $o(x)$ 值，得到一系列高度受 $o(x)$ 调制的曲线图形，最后把所有这些图形叠加起来。这一过程显示出，像函数幅度和相位的变化取决于点扩散函数的形状。点扩散函数图形的窄宽，决定像函数变化幅度的大小和像对比度的好坏（见图 14-17a 和 b）。当点扩散函数宽度为零时（相当于点物成点像），像函数与物函数相同，像与物完全一致。另外，当点扩散函数不对称时（图 14-17c），像函数要发生相移。但是，不论点扩散函数的形状如何，像分布仍然保持物分布的余弦变化形式。在放大率等于 1 的系统中，物与像余弦变化的空间频率相同。

四、相干传递函数（CTF）

由空间域中相干成像系统物与像的成像关系式(14-64)，分别取式中 g、o、h 三个函数的傅里叶变换，并记为

$$\left.\begin{aligned} G_c(u,v) &= \mathscr{F}\{g(x',y')\} \\ O_c(u,v) &= \mathscr{F}\{o(x',y')\} \\ H_c(u,v) &= \mathscr{F}\{h(x',y')\} \end{aligned}\right\} \tag{14-65}$$

利用傅里叶变换的卷积定理（见附录B），得到空间频率域中相干成像系统物与像之间的关系为

$$G_c = (u,v) = O_c(u,v)H_c(u,v) \tag{14-66}$$

或者

$$H_c(u,v) = \frac{G_c(u,v)}{O_c(u,v)} \tag{14-67}$$

h（x'，y'）的傅里叶变换 H_c（u，v）称为相干传递函数。这表示相干传递函数等于像的复振幅分布的频谱与物的复振幅分布的频谱之比。这就是说，如果给出物的分布函数，求出它的频谱，乘以相干传递函数，就得到像的频谱。这样一来，系统的成像关系在频率域中比在空间域中（卷积成像）变得要简单得多。在空间域中，点扩散函数反映系统的成像特性（质量），而在频率域中，则是相干传递函数描述系统的成像特性。

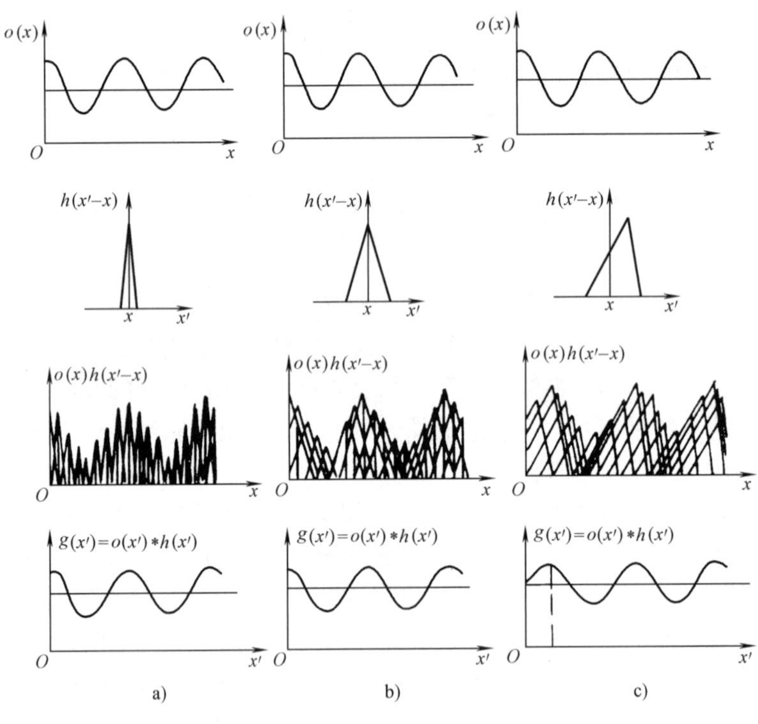

图 14-17 卷积成像图示

一般情况下（比如对于有像差的系统），相干传递函数是复数，物和像的频谱函数也是复数。因此，由式(14-67)，有

$$|H_c(u,v)|e^{i\varphi(u,v)} = \frac{|G_c(u,v)|e^{i\varphi_g(u,v)}}{|O_c(u,v)|e^{i\varphi_o(u,v)}} = \frac{|G_c(u,v)|}{|O_c(u,v)|}e^{i[\varphi_g(u,v)-\varphi_o(u,v)]} \tag{14-68}$$

由于$|G_c(u,v)|$和$\varphi_g(u,v)$表示像复振幅分布中空间频率为（u，v）的傅里叶分量的幅度和相位，$|O_c(u,v)|$和$|\varphi_o(u,v)|$表示物或其几何光学像中频率为（u，v）的傅里叶分量的幅度和相位，所以由上式可见，相干传递函数的模值表示像与物中频率为（u，v）的傅里叶分量幅度的变化，而相干传递函数的幅角表示（u，v）傅里叶分量与几何光学像之间的相移（平移）。显然，如果对于某些空间频率$H_c(u,v)=1$，这些空间频率的傅里叶分量成像时其幅度和相位都将不受影响；而如果对另一些空间频率$H_c(u,v)=0$，则这些空间频率的傅里叶分量不能通过系统成像，它们对于形成物体的像没有贡献。因此，空间频率域中相干成像是所有傅里叶分量经历了幅值变化和相移后的线性叠加。

按照定义，相干传递函数是点扩散函数的傅里叶变换，而点扩散函数由系统的衍射、像差等效应决定。已经证明，对于衍射受限的成像系统，一个点物的像斑（点扩散函数）正是系统的孔径（在普通模型图14-15中由出瞳表示）的夫琅和费衍射图样。设出瞳处的光瞳函数为$P(\xi,\eta)$，其中ξ、η是出瞳面的坐标，那么由式(14-60)，点物的像斑的复振幅分布，即点扩散函数为（换用本节使用的符号）

$$h(x',y') = A\exp\left(ik\frac{x'^2+y'^2}{2l'}\right)\iint_{-\infty}^{\infty}P(\xi,\eta)\exp\left[-i2\pi\times\left(\frac{x'}{\lambda l'}\xi+\frac{y'}{\lambda l'}\eta\right)\right]d\xi d\eta \tag{14-69}$$

式中，l'是出瞳面到像面的距离。如果令

$$u=\frac{\xi}{\lambda l'}\qquad v=\frac{\eta}{\lambda l'} \tag{14-70}$$

式(14-69)化为

$$\begin{aligned}h(x',y') &= A\exp\left(ik\frac{x'^2+y'^2}{2l'}\right)\iint_{-\infty}^{\infty}P(\lambda l'u,\lambda l'v)\exp[-i2\pi(ux'+vy')]dudv\\ &= A'\exp\left(ik\frac{x'^2+y'^2}{2l'}\right)\mathscr{F}\{P(\lambda l'u,\lambda l'v)\}\end{aligned} \tag{14-71}$$

这里u、v是像面的空间频率，在放大率$M=1$的系统中，它们与物面相应的空间频率相同；在$M\neq1$的系统中，与u、v相应的物面的空间频率为$u_o=Mu$，$v_o=Mv$。另外，A'是常系数；又由于一般情况下衍射像斑极小，而l'比像斑要大得多，所以上式的指数因子可看作1，这样，上式可写为

$$h(x',y') = \mathscr{F}\{P(\lambda l'u,\lambda l'v)\} \tag{14-72}$$

而相干传递函数为

$$H_c(u,v) = \mathscr{F}\{h(x',y')\} = \mathscr{F}\{\mathscr{F}[P(\lambda l'u,\lambda l'v)]\} \tag{14-73}$$

由傅里叶变换定理（见附录B），得

$$H_c(u,v) = P(-\lambda l'u,-\lambda l'v) \tag{14-74}$$

表明相干传递函数与光瞳函数形式相同，只要用$\lambda l'u$、$\lambda l'v$置换光瞳函数的自变量就可以得到相干传递函数。如果将光瞳坐标轴都取反方向（通常光瞳具有对称性），一般也把上式写为

$$H_c(u,v) = P(\lambda l'u,\lambda l'v) \tag{14-75}$$

我们知道，光瞳函数之值在出瞳范围内等于1，在出瞳范围外等于0，因此相干传递函数之值也是如此。这意味着衍射受限的相干成像系统在频率域中存在一个有限的通频带，物

(理想像）的频谱中在这个频带内的全部频率分量可以没有畸变地通过系统成像，而这个通频带外的高频成分将被系统“过滤”，在这个意义上，可以把光学成像系统看成为一个低通滤波器。把通频带内的最高频率称为截止频率。显然，截止频率（和通频带）的存在是系统的有限出瞳产生限制的结果。

下面我们对于常见的圆形出瞳写出相干传递函数的表达式，并求出相应的截止频率。

设出瞳是直径为 D 的圆孔（见图 14-18a)，其光瞳函数可写为

$$P(\xi,\eta) = \mathrm{circ}\left(\frac{\sqrt{\xi^2+\eta^2}}{D/2}\right) \tag{14-76}$$

因此，相应地有

$$H_c(u,v) = \mathrm{circ}\left(\frac{\sqrt{u^2+v^2}}{D/(2\lambda l')}\right) \tag{14-77}$$

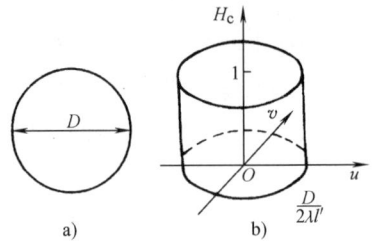

图 14-18　圆形出瞳及其 CTF

其图形如图 14-18b 所示。可见，当 $\sqrt{u^2+v^2} \leqslant \dfrac{D}{2\lambda l'}$时，$H_c(u,v)=1$,因此沿圆孔任一径向方向，系统的截止频率都是

$$\rho_{\max} = \left(\sqrt{u^2+v^2}\right)_{\max} = \frac{D}{2\lambda l'} \tag{14-78}$$

图 14-19 所示的是照相机对距离为 l 远的物体拍照的例子。假定物体受相干光照明，并且认为照相镜头已校正好像差，因此该照相机是衍射受限的相干成像系统，而系统的相干传递函数由照相镜头的圆形孔径决定。由式(14-77)和式(14-78)得

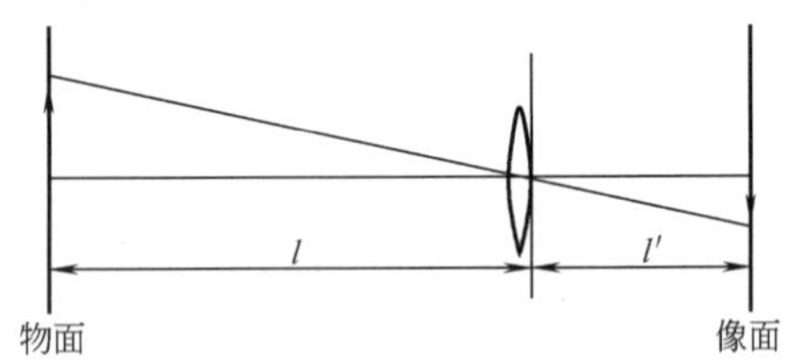

图 14-19　照相机的 CTF 计算

$$H_c(\rho) = \mathrm{cric}\left(\frac{\rho}{D/(2\lambda l')}\right), \qquad \rho_{\max} = \frac{D}{2\lambda l'}$$

另外，此系统的放大率等于 l'/l，不等于 1，因此物面的截止频率与像面的截止频率不同，它应为

$$\rho_{0\max} = \rho_{\max}\frac{l'}{l} = \frac{D}{2\lambda l}$$

第六节　非相干成像系统分析及光学传递函数

本节讨论非相干系统的成像及其传递函数（光学传递函数，OTF）。光学传递函数表示非相干成像系统空间频率域中的成像特性。

一、非相干系统的成像

已经指出，非相干系统是光强度的线性系统，应考察物和像的光强分布关系。类似地，可以把物的光强分布函数看作是一系列 δ 函数的线性叠加，而每一个 δ 函数都代表一个点物的光强分布。如果定义这些 δ 函数通过系统在像面上产生的输出函数为点扩散函数（即点物产生的像斑的光强分布函数)，那么物体像的光强分布函数就是这些点扩散函数的线性叠

加。当假定非相干系统也具有空间不变性、点扩散函数的分布形式也是空间不变时，如果以 $I(x',y')$ 和 $I_o(x,y)$ 分别表示像和物的光强分布，以 $h_I(x'-x,y'-y)$ 表示（强度）点扩散函数，那么非相干成像系统的物像光强分布之间的关系也类似于式(14-63)或式(14-64)有

$$I(x',y') = \iint_{-\infty}^{\infty} I_o(x,y)h_I(x'-x,y'-y)\,\mathrm{d}x\mathrm{d}y \tag{14-79}$$

$$I(x',y') = I_o(x',y') * h_I(x',y') \tag{14-80}$$

上式表明，对于非相干成像系统，在空间域内的成像关系仍然是一种卷积关系。

二、光学传递函数（OTF）

将式(14-80)两边进行傅里叶变换，则有

$$G_I(u,v) = O_I(u,v)H_I(u,v) \tag{14-81}$$

式中，G_I（u，v）、O_2（u，v）和 H_I（u，v）分别是像的光强分布 I（x'，y'）、物的光强分布 I_o（x，y）和强度点扩散函数 h_I（$x'-x$，$y'-y$）的频谱。定义 $H_I(u,v)$ 为非相干成像系统的传递函数，则由式(14-81)可见，物体像光强分布的频谱等于物体几何光学理想像光强分布的频谱与传递函数的乘积。式(14-81)是非相干成像系统在频率域中的物像关系式，而传递函数 $H_I(u,v)$ 则表示物光强频谱由物面传递到像面的变化情况。

函数 I（x'，y'）、I_o（x，y）和 h_I（$x'-x$，$y'-y$）是光强的分布函数，尽管它们都是实函数，但一般情况下，它们的傅里叶变换 G_I（u，v）、O_I（u，v）和 H_I（u，v）仍为复函数。并且，对传递函数 $H_I(u,v)$，可做与相干传递函数 $H_c(u,v)$ 相类似的解释。因此，如果找出系统的传递函数 $H_I(u,v)$，就可以了解物光强分布的各个频谱分量通过系统后其幅度和相位的变化。但是，$H_I(u,v)$ 并不能完全反映各种频谱成分成像的清晰情况，因为每一个频谱成分成像是否清晰，不仅由该频谱成分的幅度决定，还与平均强度（对应零频分量）有关。

因此，从观察的效果看，一个图像的光强分布中每一个频谱成分的作用，应由它的对比度来描述，而光学系统的成像质量也应以它是否"忠实地"反映物光强分布的各频谱成分的对比度来判断。所以，考虑一个规范化的频谱可以更确切地表示所讨论的图像的特征，即讨论物光强分布的频谱时用

$$O(u,v) = \frac{O_I(u,v)}{O_I(0,0)} = \frac{\iint_{-\infty}^{\infty} I_o(x',y')\exp[-\mathrm{i}2\pi(ux'+uy')]\,\mathrm{d}x'\mathrm{d}y'}{\iint_{-\infty}^{\infty} I_o(x',y')\,\mathrm{d}x'\mathrm{d}y'} \tag{14-82}$$

而讨论像光强分布的频谱时用

$$G(u,v) = \frac{G_I(u,v)}{G_I(0,0)} = \frac{\iint_{-\infty}^{\infty} I(x',y')\exp[-\mathrm{i}2\pi(ux'+uy')]\,\mathrm{d}x'\mathrm{d}y'}{\iint_{-\infty}^{\infty} I(x',y')\,\mathrm{d}x'\mathrm{d}y'} \tag{14-83}$$

相应地，如果把 $H_I(u,\ v)$ 规范化

$$H(u,v) = \frac{H_I(u,v)}{H_I(0,0)} = \frac{\iint_{-\infty}^{\infty} h_I(x',y')\exp[-\mathrm{i}2\pi(ux'+uy')]\,\mathrm{d}x'\mathrm{d}y'}{\iint_{-\infty}^{\infty} h_I(x',y')\,\mathrm{d}x'\mathrm{d}y'} \tag{14-84}$$

则由式(14-81)有

$$G_I(u,v) = H_I(u,v)O_I(u,v)$$

$$G_I(0,0) = H_I(0,0)O_I(0,0)$$

得到

$$G(u,v) = H(u,v)O(u,v) \tag{14-85}$$

$$H(u,v) = \frac{G(u,v)}{O(u,v)} \tag{14-86}$$

把规范化的传递函数 $H(u,v)$ 称为光学传递函数（OTF）。由式(14-84)可见，当把 $\iint_{-\infty}^{\infty} h_I(x',y')\mathrm{d}x'\mathrm{d}y'$ 归一化为1时，光学传递函数就是强度点扩散函数的傅里叶变换。一般地，$H(u,v)$ 为复函数，它可以写为

$$H(u,v) = |H(u,v)|\exp[\mathrm{i}\varphi(u,v)] \tag{14-87}$$

由于 $G(u,v)$ 和 $O(u,v)$ 的模表示像分布和物分布中空间频率为（u，v）的傅里叶成分的对比度，所以 $H(u,v)$ 的模值就是像分布和物分布中同一空间频率成分的对比度的变化。因此，$|H(u,v)|$ 称为调制传递函数（MTF）。$H(u,v)$ 的辐角 $\varphi(u,v)$ 则称为相位传递函数（PTF），它表示像分布和物分布中空间频率为（u，v）的傅里叶成分之间的相对相移。显然，如果要求成像系统所成的像与物完全相同，必须有MTF等于1和PTF等于零。

三、OTF与CTF的关系

由式(14-84)有

$$H(u,v) = \frac{H_I(u,v)}{H_I(0,0)} = \frac{\mathscr{F}\{h_I(x',y')\}}{H_I(0,0)} \tag{14-88}$$

首先考察上式中的分子，并注意到 $h_I(x',y')$ 是强度点扩散函数，它与振幅点扩散函数 $h(x',y')$ 的关系为

$$h_I(x',y') = |h(x',y')|^2 \tag{14-89}$$

因此

$$H_I(u,v) = \mathscr{F}\{h_I(x',y')\} = \mathscr{F}\{|h(x',y')|^2\} \tag{14-90}$$

根据附录D中傅里叶变换自相关定理

$$\begin{aligned} H_I(u,v) &= H_c(u,v) \otimes H_c(u,v) \\ &= \iint_{-\infty}^{\infty} H_c^*(\alpha',\beta')H_c(u+\alpha',v+\beta')\mathrm{d}\alpha'\mathrm{d}\beta' \end{aligned} \tag{14-91}$$

式中，⊗是自相关符号，上式表示 $H_I(u,v)$ 是相干传递函数 $H_c(u,v)$ 的自相关函数。

再看式(14-88)的分母。由式(14-91)，有

$$\begin{aligned} H_I(0,0) &= \iint_{-\infty}^{\infty} H_c^*(\alpha',\beta')H_c(\alpha',\beta')\mathrm{d}\alpha'\mathrm{d}\beta' \\ &= \iint_{-\infty}^{\infty} |H_c(\alpha',\beta')|^2\mathrm{d}\alpha'\mathrm{d}\beta' \end{aligned} \tag{14-92}$$

把式(14-91)和式(14-92)代入式(14-88)，得到OTF与CTF的关系式

$$H(u,v) = \frac{H_c(u,v) \otimes H_c(u,v)}{\iint_{-\infty}^{\infty} |H_c(\alpha',\beta')|^2 d\alpha' d\beta'} \tag{14-93}$$

上式中的分母是一个常数，所以 H（u，v）与 H_c（u，v）的自相关函数仅相差一个常数因子。而当把上式分母归一化为 1 时，H（u，v）就是 H_c（u，v）的自相关函数。另外，上式的推导是从点扩散函数 h_I（x'，y'）出发的，没有涉及系统是否有像差，所以上式对于有像差的成像系统仍然适用。

四、衍射受限系统的 OTF

对于衍射受限系统，由式（14-75），相干传递函数 H_c（u，v）与光瞳函数 P（ξ，η）的关系为

$$H_c(u,v) = P(\lambda l' u, \lambda l' v)$$

并且，P 只有 1 和 0 两个值。因此，由式(14-93)

$$H(u,v) = \frac{\iint_{-\infty}^{\infty} P(\lambda l'\alpha',\lambda l'\beta) P[\lambda l'(u+\alpha'),\lambda l'(v+\beta')] d\alpha' d\beta'}{\iint_{-\infty}^{\infty} [P(\lambda l'\alpha',\lambda l'\beta')]^2 d\alpha' d\beta'} \tag{14-94}$$

做变量变换

$$\xi = \lambda l'\alpha' \qquad \eta = \lambda l'\beta'$$

式(14-94)化为

$$H(u,v) = \frac{\iint_{-\infty}^{\infty} P(\xi,\eta) P(\lambda l' u+\xi,\lambda l' v+\eta) d\xi d\eta}{\iint_{-\infty}^{\infty} [P(\xi,\eta)]^2 d\xi d\eta} \tag{14-95}$$

上式把 OTF 与光瞳函数 P（ξ，η）联系起来，提供了由光瞳函数直接计算 OTF 的方法。

如图 14-20 所示，设图形 Σ 代表出瞳的光瞳函数，图形 Σ' 代表坐标原点位移到（$-\lambda l'u$，$-\lambda l'v$）的出瞳光瞳函数，两光瞳函数中心的距离与通过系统的傅里叶分量的空间频率有关。由于光瞳函数 P（ξ，η）和 P（$\xi+\lambda l'u$，$\eta+\lambda l'v$）分别在 Σ 和 Σ' 内为 1，在 Σ 和 Σ' 外为零，所以式(14-95)分子中的被积函数 P（ξ，η）P（$\xi+\lambda l'u$，$\eta+\lambda l'v$）只在 Σ 和 Σ' 重叠的区域（图 14-20 中画斜线的区域）内为 1，而在重叠区域外为零。因此，式(14-95)分子的积分在数值上等于两个错开的光瞳函数相互重叠的面积，而式(14-95)分母的积分等于光瞳函数的总面积。这样一来，OTF 的计算就可以变为用下式表示的出瞳几何图形的计算

$$H(u,v) = \text{两个错开出瞳的重叠面积} / \text{出瞳总面积} \tag{14-96}$$

当出瞳具有简单的几何形状时，可直接按照上式求出 $H(u, v)$的完整表达式(见下面的例子)。当出瞳的形状很复杂时，可用面积仪或数字计算机算出 OTF 在一系列分立频率上的值。

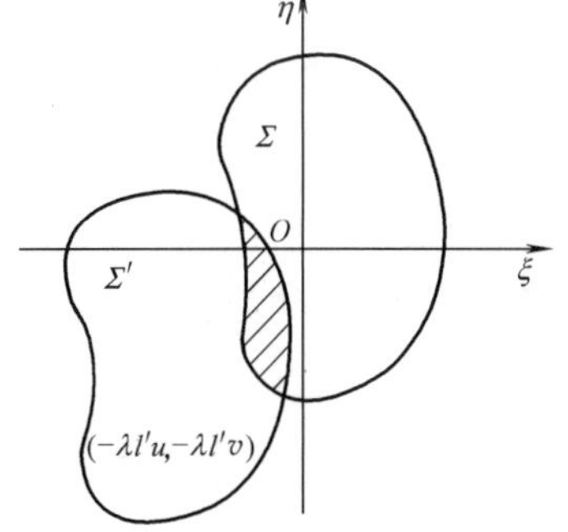

图 14-20　两个错开的光瞳函数

上述关于 OTF 的几何意义的讨论表明，衍射受限系统的 OTF 为小于等于 1 的正实数，并且，当 u 或 v 大于一定数值后，两错开出瞳函数的重叠面积等于零，因此 $H(u,\ v)$ 也等于零。这时所对应的空间频率就是系统的截止频率。

下面举一个利用几何图形计算 OTF 的例子。

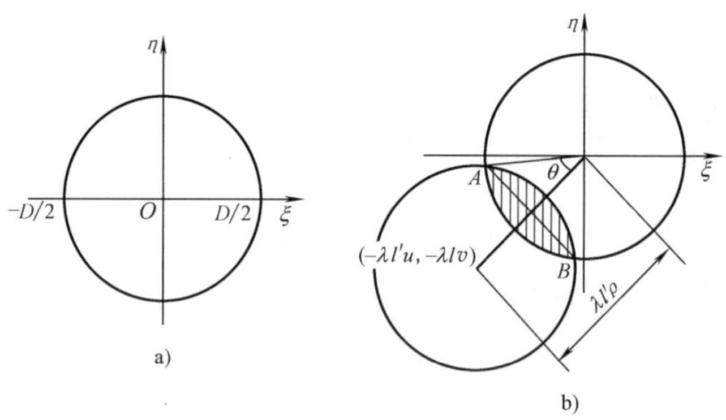

图 14-21　圆形出瞳的重叠面积计算

例　设非相干成像系统的出瞳是直径为 D 的圆孔（见图 14-21a）。这时，由图 14-21b 可见，中心在 $\xi=0$，$\eta=0$ 和 $\xi=-\lambda l'u$，$\eta=-\lambda l'v$ 的两个圆的重叠面积是扇形 OAB 面积与三角形 OAB 面积的差的两倍，即

$$S=2\left[\frac{\theta}{\pi}\cdot\pi\left(\frac{D}{2}\right)^2-\frac{D^2}{4}\sin\theta\cos\theta\right]=\pi\left(\frac{D}{2}\right)^2\left[\frac{2\theta}{\pi}-\frac{2}{\pi}\sin\theta\cos\theta\right] \tag{14-97}$$

$$\cos\theta=\frac{\dfrac{\sqrt{(\lambda l'u)^2+(\lambda l'v)^2}}{2}}{\dfrac{D}{2}}=\frac{\lambda l'\sqrt{u^2+v^2}}{D}=\frac{\lambda l'\rho}{D} \tag{14-98}$$

式中，$\rho=\sqrt{u^2+v^2}$是频率平面上沿径向的空间频率。把式(14-98)代入式(14-97)，得到

$$S=\begin{cases}\pi\left(\dfrac{D}{2}\right)^2\cdot\dfrac{2}{\pi}\left[\arccos\left(\dfrac{\lambda l'\rho}{D}\right)-\dfrac{\lambda l'\rho}{D}\sqrt{1-\left(\dfrac{\lambda l'\rho}{D}\right)}\right] & \rho\leqslant\dfrac{D}{\lambda l'}\\ 0 & \rho>\dfrac{D}{\lambda l'}\end{cases}$$

再除以圆形出瞳的面积 $\pi\left(\dfrac{D}{2}\right)^2$，即得到 OTF 的表达式为

$$H(\rho)=\begin{cases}\dfrac{2}{\pi}\left[\arccos\left(\dfrac{\rho}{D/(\lambda l')}\right)-\dfrac{\rho}{D/(\lambda l')}\sqrt{1-\left(\dfrac{\rho}{D/(\lambda l')}\right)^2}\right] & \rho\leqslant\dfrac{D}{\lambda l'}\\ 0 & \rho>\dfrac{D}{\lambda l'}\end{cases} \tag{14-99}$$

上式表明，系统的截止频率 $\rho_{\max}=\dfrac{D}{\lambda l'}$，它是相干照明情况下截止频率的两倍。

图 14-22 给出 OTF 的图形，与相干系统的 CTF 图形（图 14-18）比较，可见在截止频率之内相干系统的传递函数都等于 1，而非相干系统的传递函数随着频率的增大从 1 逐渐下降到零。另外还应该注意，相干系统的截止频率指的是像的复振幅的最高空间频率，而非相干系统的截止频率指的是像的光强的最高空间频率。因此，不能根据非相干系统的截止频率是相干系统的截止频率的两倍，就简单地认为对于同一个成像系统，使用非相干照明必定比相干照明有更好的像质。

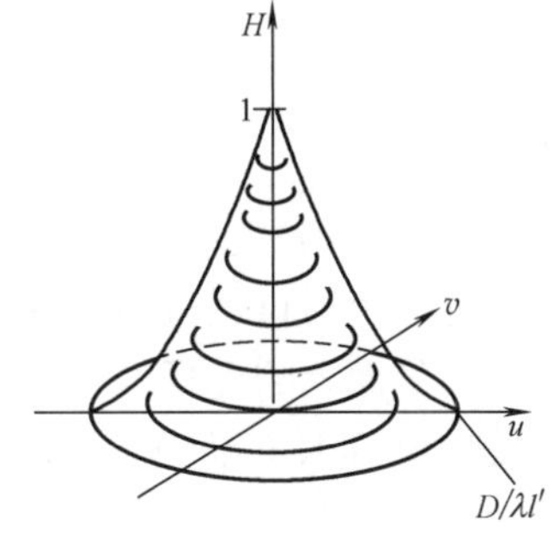

图 14-22　具有圆形出瞳的系统的 OTF

在衍射受限成像系统中，相干传递函数和光学传递函数都是正实数，这意味着系统在相干照明成像时，在截止频率以内的空间频率成分的幅值和相位均不改变，而非相干照明成像时，在截止频率以内的空间频率成分相位不变化而对比度下降。在有像差的系统中，相干传递函数和光学传递函数一般地为复数，这时系统将同时改变空间频率成分的对比度和相位。

第七节　阿贝成像理论与波特实验

一、阿贝成像理论

阿贝（E. Abbe）于 1873 年在显微镜成像理论的论述中首次提出了频谱的概念和两次衍射成像的理论，其后波特（A. B. Porter）用实验证实了阿贝成像理论。阿贝认为显微镜成像包含了两次衍射。图 14-23 所示为一个显微镜成像系统，设物体为一个复杂的光栅，其振幅透射系数为 $t(x_1,y_1)$，相干光垂直照明物体并发生衍射。根据式(14-57)，后焦面上夫琅和费衍射场分布为（这里假设透镜的尺寸足够大）

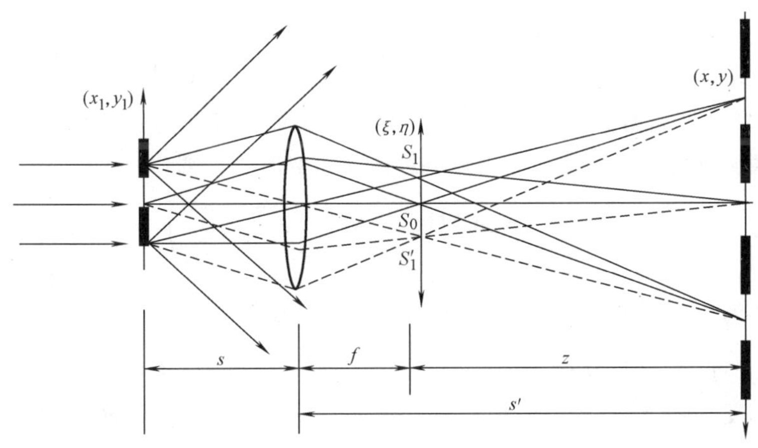

图 14-23　阿贝成像理论

$$\widetilde{E}(\xi,\eta)=\frac{1}{\mathrm{i}\lambda f}\exp\left[\frac{\mathrm{i}k}{2f}\left(1-\frac{S}{f}\right)(\xi^2+\eta^2)\right]\mathscr{F}[t(x_1,y_1)] \tag{14-100}$$

式中

$$\mathscr{F}[t(x_1,y_1)]=T(u,v)$$

$$u=\frac{\xi}{\lambda f},\qquad v=\frac{\eta}{\lambda f} \tag{14-101}$$

T (u, v) 为物体的频谱。式(14-100)中的二次相位因子在第二次衍射时被自行消去，因此这一衍射过程得到了物体的频谱。

后焦面上的光场经历第二次衍射传播到像面。即后焦面上各点又可视为新的相干子波源并发出菲涅耳球面子波，所有子波在像面上叠加得到像面上光场的复振幅分布，根据式(13-15)有

$$\widetilde{E}(x,y)=\frac{\exp(\mathrm{i}kz)}{\mathrm{i}\lambda z}\exp\left[\frac{\mathrm{i}k}{2z}(x^2+y^2)\right]\iint_{-\infty}^{\infty}\widetilde{E}(\xi,\eta)\exp\left[\frac{\mathrm{i}k}{2z}(\xi^2+\eta^2)\right]$$

$$\exp\left[-\mathrm{i}2\pi\left(\xi\frac{x}{\lambda z}+\eta\frac{y}{\lambda z}\right)\right]\mathrm{d}\xi\mathrm{d}\eta \tag{14-102}$$

积分号前与像面坐标(x,y)有关的二次相位因子不影响最终像面的强度分布，可以弃去。将式(14-100)代入上式后得

$$\widetilde{E}(x,y)=c'\iint_{-\infty}^{\infty}\exp\left[\mathrm{i}k\frac{\xi^2+\eta^2}{2}\left(\frac{S'}{fz}-\frac{S}{f^2}\right)\right]T\left(\frac{\xi}{\lambda f},\frac{\eta}{\lambda f}\right)\exp\left[-\mathrm{i}2\pi\left(\xi\frac{x}{\lambda z}+\eta\frac{y}{\lambda z}\right)\right]\mathrm{d}\xi\mathrm{d}\eta$$

式中，$c'=\left(\frac{\exp\ (\mathrm{i}kz)}{\mathrm{i}\lambda f}\cdot\frac{1}{\mathrm{i}\lambda f}\right)$为常数，$S'=f+z$，根据几何光学关系$\frac{S'}{S}=\frac{z}{f}=M$，则上式积分中$\frac{S'}{fz}-\frac{S}{f_2}=0$，所以

$$\widetilde{E}(x,y)=c'\iint T\left(\frac{\xi}{\lambda f},\frac{\eta}{\lambda f}\right)\exp\left[-2\pi\left(\xi\frac{x}{\lambda z}+\eta\frac{y}{\lambda z}\right)\right]\mathrm{d}\xi\mathrm{d}\eta \tag{14-103}$$

或进一步化为

$$\widetilde{E}(x,y)=c\iint T(u,v)\exp\left[-2\pi\left(u\frac{x}{M}+u\frac{y}{M}\right)\right]\mathrm{d}u\mathrm{d}v \tag{14-104}$$

式中，$c=c'(\lambda f)^2$ 仍为常数。式(14-104)表明显微镜像面上复振幅分布为物频谱$T(u,v)$的傅里叶变换，也表明从后焦面到像面的衍射也是夫琅和费衍射，则

$$\widetilde{E}(x,y)=\mathscr{F}[T(u,v)]=ct\left(\frac{-x}{M},\frac{-y}{M}\right) \tag{14-105}$$

不考虑常数c，像面复振幅分布函数与物体的透射系数分布相同，$\left(x_1=\frac{-x}{M},\ y_1=-\frac{y}{M}\right)$表明像面尺度相对物面尺度放大$M$倍，负号表示倒像。若系统取$M=1$并且选择像面坐标方向与物面坐标方向相反，则

$$\widetilde{E}(x,y)=\mathscr{F}[T(u,v)]=t(x,y) \tag{14-106}$$

因此相干照明的显微镜成像中，第一次夫琅和费衍射是物体的复振幅分布被分解而得到

其空间频谱，第二次夫琅和费衍射是频谱中所有傅里叶频谱分量在像面叠加而综合成像的复振幅分布。

成像过程中，频谱的这一分解和综合使得人们可以通过物理手段在谱面上改变物体频谱的组成或分布来达到处理和改造图像的目的，这正是阿贝成像理论赋予现代光学信息处理的启示。

当不考虑系统的有限光瞳的限制时，物体所有的频谱分量都通过系统参与成像，所得的像逼真于物。但实际上由于物镜口径的限制，或者系统光瞳大小的限制（见图 14-23），物体的频谱分量中高频部分被滤掉而丢失，结果像中失去物中的某些细节，而影响像的分辨率。当高频分量具有的能量很弱，或光瞳足够大，丢失的高频分量的影响就小，像就越近似于物，因此光学成像系统的作用，类似于一个光学信息的低通滤波器。

二、波特实验

波特实验是阿贝成像理论的有力证明。采用图 14-24a 所示的阿贝-波特实验系统，透镜 L 将物面成像于像面 G′上，透镜的后焦面 F 就是傅里叶频谱面，这样可同时观察谱面与像面。用平面单色波垂直照明透明物体 $t(x_1,y_1)$，并在谱面 F 放置狭缝、圆屏等掩模板来改变 $t(x_1,y_1)$的频谱，从而观察像面发生的变化。这一过程称为空间滤波，而这些掩模板则称为空间滤波器。

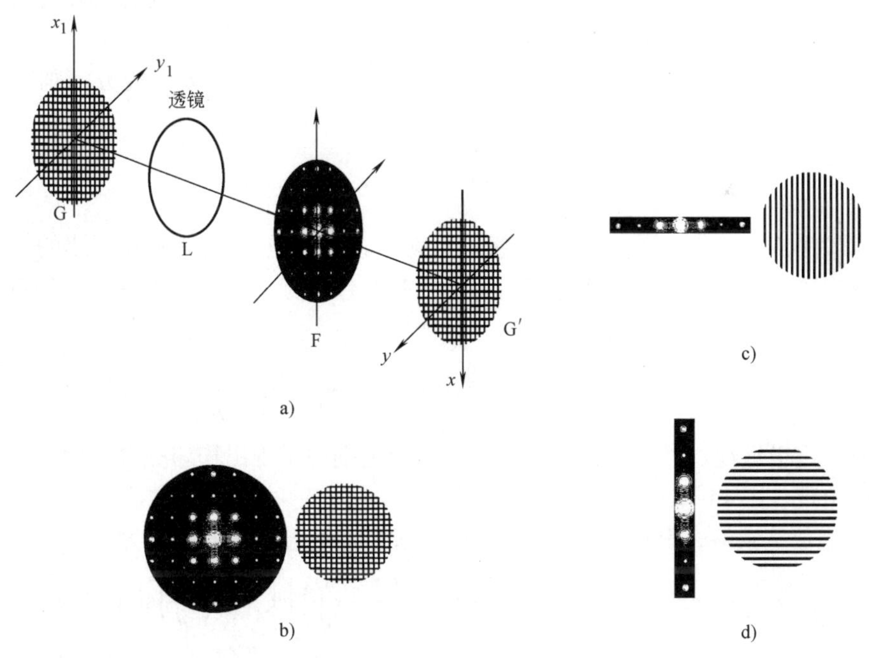

图 14-24　阿贝-波特实验

图 14-24b 所示为二维网格光栅与它的频谱图，物的二维周期结构在谱面上产生了二维分立的谱点，由于这些傅里叶频谱分量的再综合，像面上复现出网格光栅的像。如果在谱面上采用水平狭缝，只允许水平方向分布的一行谱点通过，则它们仅代表网格中垂直线条结构的信息，因而相应的频谱分量在像面综合出垂直线条，如图 14-24c 所示，由于垂直方向的谱点全部挡去，像面上不再出现水平线条结构。如果将狭缝旋转 90°，即只允许垂直方向分布的一列谱点通过，则相应的频谱分量在像面上综合出水平方向的线条，如图 14-24d 所示。

若在谱面上放置一可变光阑，可使直径由小到大，使通过系统的傅里叶频谱分量的空间频率逐渐增加，可以观察到网格光栅像由低频分量开始直到高频分量的综合过程。

现以一维振幅型矩形光栅为例做傅里叶分析，以了解改变物体频谱对像结构的影响。例如一个缝宽（即透光部分的宽度）为 a、周期为 d、长度为 L 的振幅型矩形光栅，其振幅透射系数为

$$t(x_1)=\left[\operatorname{rect}\left(\frac{x_1}{a}\right)*\frac{1}{d}\operatorname{comb}\left(\frac{x_1}{d}\right)\right]\operatorname{rect}\left(\frac{x}{L}\right) \tag{14-107}$$

式中，用到梳状函数 $\operatorname{comb}(x)$ 及 $\delta(x)$ 的性质，请参阅附录 C、E。当用单位振幅平面波垂直照明该光栅时，根据式(14-101)，谱面 F 上物的频谱为

$$\begin{aligned}T(u,v)&=\mathscr{F}[t(x_1)]=\frac{aL}{d}\sum_{m=-\infty}^{\infty}\operatorname{sinc}\left(\frac{a}{d}m\right)\operatorname{sinc}\left[L\left(u-\frac{m}{d}\right)\right]\\&=\frac{aL}{d}\left\{\operatorname{sinc}(Lu)+\operatorname{sinc}\left(\frac{a}{d}\right)\operatorname{sinc}\left[L\left(u-\frac{1}{d}\right)\right]+\operatorname{sinc}\left(\frac{a}{d}\right)\operatorname{sinc}\left[L\left(u+\frac{1}{d}\right)\right]+\cdots\right\}\end{aligned} \tag{14-108}$$

式中，$u=\dfrac{\xi}{\lambda f}$。由于 $L\gg d$，相邻 sinc 函数之间的距离远大于 sinc 函数本身的宽度，因此大括号内一系列 sinc 函数为一系列分立且不重叠的谱点。如在谱面 F 上放置不同的光阑或屏，对物频谱作处理，将会综合出完全不同的输出像。

（1）选择适当宽度的狭缝，仅让零级谱通过，而滤掉其余的频率成分，则刚透过狭缝的光场为

$$T(u)H(u)=\frac{aL}{d}\operatorname{sinc}(Lu) \tag{14-109}$$

式中，$H(u)$ 为狭缝的振幅透射系数。注意 sinc 函数的分布在空间是无限延续的，因其衰减很快，可认为主要能量集中在狭缝的有限宽度内并透过狭缝，因而上式有一定的近似性。根据式(14-106)，像面上光场复振幅分布为

$$\widetilde{E}(x)=\mathscr{F}[T(u)H(u)]=\frac{a}{d}\operatorname{rect}\left(\frac{x}{L}\right) \tag{14-110}$$

上式表明只让零级谱通过时，像面上在光栅几何像范围内呈现出均匀亮度，而不再有任何周期条纹结构出现。图 14-25 表示了全部处理过程。

（2）适当放宽狭缝，只让零级和 ±1 级谱通过，则透过狭缝的频谱为

$$T(u)H(u)=\frac{aL}{d}\left\{\operatorname{sinc}(Lu)+\operatorname{sinc}\left(\frac{a}{d}\right)\operatorname{sinc}\left[L\left(u-\frac{1}{d}\right)\right]+\operatorname{sinc}\left(\frac{a}{d}\right)\operatorname{sinc}\left[L\left(u+\frac{1}{d}\right)\right]\right\} \tag{14-111}$$

像上的光场分布为

$$\begin{aligned}\widetilde{E}(x)&=\mathscr{F}[T(u)H(u)]\\&=\frac{a}{d}\left[\operatorname{rect}\left(\frac{x}{L}\right)+\operatorname{sinc}\left(\frac{a}{d}\right)\operatorname{rect}\left(\frac{x}{L}\right)\exp\left(\mathrm{i}2\pi\frac{1}{d}x\right)+\operatorname{sinc}\left(\frac{a}{d}\right)\operatorname{rect}\left(\frac{x}{L}\right)\exp\left(-\mathrm{i}2\pi\frac{1}{d}x\right)\right]\\&=\frac{a}{d}\operatorname{rect}\left(\frac{x}{L}\right)\left[1+2\operatorname{sinc}\left(\frac{a}{d}\right)\cos2\pi\frac{1}{d}x\right]\end{aligned} \tag{14-112}$$

这一结果表明，像面上在光栅几何像范围内呈现出一个周期与物光栅周期 d 相同的余弦光栅像，处理过程如图 14-26 所示。物光栅最基本的特征是光栅常数为 d 的周期性，这说明，若使像能反映出物光栅的最基本特征，成像系统需让零级和 ±1 级频谱通过。在一般情况下，低频在成像过程中具有特别的意义，它们是由物体中结构较粗大的部分形成，因此低频成分直接决定了像的大致轮廓形状，而高频成分将影响像的精细结构。

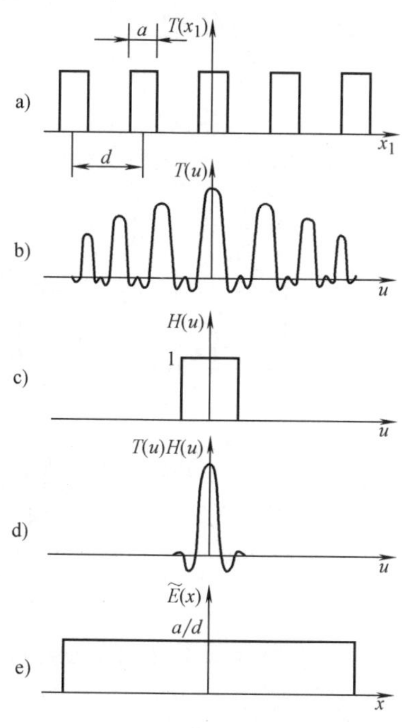

图 14-25 一维光栅经滤波的像（透过零级）

a）物体 b）物的频谱 c）滤波函数 d）滤波后的谱 e）输出像

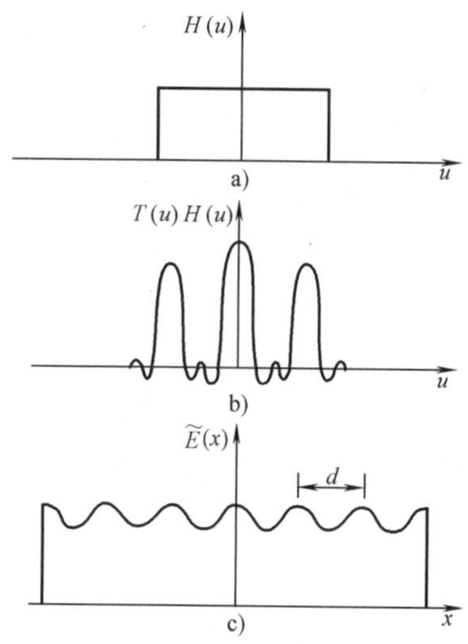

图 14-26 一维光栅经滤波的像（通过零级和正负一级频谱）

a）滤波函数 b）滤波后的谱 c）输出像

进一步讨论可知，若仅让 ±2 级谱通过并参与成像，则像面的复振幅分布在物光栅几何像范围内呈现余弦条纹分布，周期为物光栅周期的一半；若挡住零级，而让其余频谱全部通过参与成像，这时情况较为复杂，将发现像的光强分布为：当 $a/d>1/2$ 时，对应物体上亮的部分变暗，暗的部分则变亮，实现了对比的反转；当 $a/d<1/2$ 时，像的形状与物相同，只是对比有些变化；当 $a/d=1/2$ 时，像面上无光栅像形成。上述实验证实了阿贝成像理论，为进一步实现光学信息处理提供了深刻的启示。

第八节 光学信息处理

光学信息处理是指用光学方法实现对输入信息的各种变换或处理。这些输入信息可以是光信息，例如记录在感光胶片上的图像，表现为光的复振幅或强度的空间调制；也可以是电信号或声信号，它们需用电光转换器件或声光转换器件将其变为光信号后再输入光学处理系统；也可用计算机模拟物体。

用光学方法可以实现各种变换和运算：非涅耳衍射和夫琅和费衍射可以分别实现菲涅耳变换和傅里叶变换；成像过程可实现卷积运算；能用光学方法实现对图像信息的编码、解码，或对信息进行加减、微分和积分等模拟运算。光学信息处理涉及光学、电子学、通信和计算机科学等学科领域。

光学信息处理根据使用光源的时间相干性和空间相干性分为相干光学信息处理、非相干光学信息处理和白光信息处理。对应不同的照明方式，系统具有不同的性质。

一、相干光学信息处理

（一）相干光学处理系统

在相干光照明下，系统传递和处理的是复振幅分布形式的信息，系统对复振幅分布的响应呈线性。在阿贝-波特实验中，利用各种空间滤波器改变物和像的频谱从而改变像的结构，这就是一个简单的光学信息处理过程，即对于输入图像（光学信息）进行了光学处理，而阿贝-波特实验系统就是一个相干光学处理系统。一般在进行相干光学处理时，采用图 14-27 所示的双透镜系统（也称 4f 系统）。从几何光学看，4f 系统是两个透镜成共焦组合放大率为 -1 的成像系统。下面，从傅里叶光学的角度来分析系统的成像。

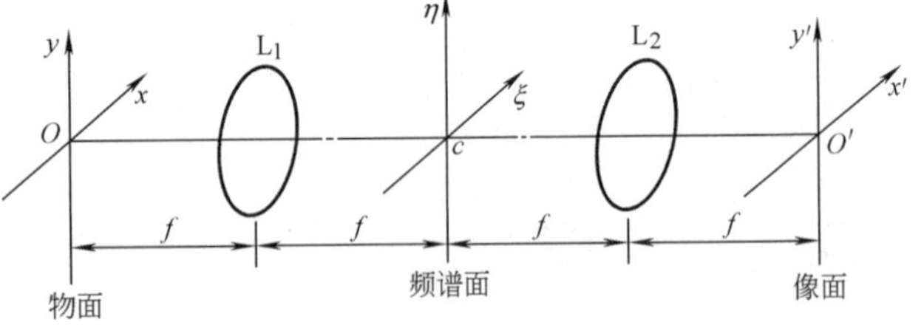

图 14-27　相干光学处理的双透镜（4f）系统

根据前面的讨论，在单色平面波垂直照射下，当输入图像置于透镜 L_1 的前焦面时，在 L_1 的后焦面上得到输入图像 $\widetilde{E}(x, y)$ 的准确的傅里叶变换

$$\widetilde{E}(\xi,\eta) = \iint_{-\infty}^{\infty} \widetilde{E}(x,y)\exp[-\mathrm{i}2\pi(ux + vy)]\mathrm{d}x\mathrm{d}y \tag{14-113}$$

式中，略去了积分量前的常数因子，变量 $\xi = \lambda fu$，$\eta = \lambda fv$ 是 L_1 后焦面（频谱面）的坐标。由于 L_1 的后焦面与 L_2 的前焦面重合，所以在 L_2 的后焦面上又得到频谱函数 $\widetilde{E}(\xi,\eta)$ 的傅里叶变换

$$\widetilde{E}(x',y') = \iint_{-\infty}^{\infty} \widetilde{E}(\xi,\eta)\exp[-\mathrm{i}2\pi(u'\xi + v'\eta)]\mathrm{d}\xi\mathrm{d}\eta \tag{14-114}$$

$x' = \lambda fu'$，$y' = \lambda fv'$ 是 L_2 后焦面（像面）的坐标，将式(14-113)代入上式，得到

$$\widetilde{E}(x',y') = \iint_{-\infty}^{\infty} \widetilde{E}(x,y)\delta(x + x', y + y')\mathrm{d}x\mathrm{d}y = \widetilde{E}(-x', -y') \tag{14-115}$$

此式表示通过两次傅里叶变换，函数复原，只是自变量改变符号，这意味着输出图像与输入图像完全相同，只是变成了倒像。因为对函数做一次傅里叶变换和一次傅里叶逆变换就得到原函数本身，所以上述第二次傅里叶变换也可以视为傅里叶逆变换加图像倒转。如果像面坐标反向选取，第二次傅里叶变换则可用傅里叶逆变换代替。即

$$\widetilde{E}(x',y') = \mathscr{F}^{-1}\left[\widetilde{E}\left(\frac{\xi}{\lambda f},\frac{\eta}{\lambda f}\right)\right] \tag{14-116}$$

相干光学信息处理一般在频率域内进行，通过在频谱面上加入各种空间滤波器改变频谱

而达到处理图像信息的目的。假设空间滤波器的复振幅透射系数为 $T\left(\frac{\xi}{\lambda f},\ \frac{\eta}{\lambda f}\right)$，那么通过空间滤波器的频谱函数就是

$$\widetilde{E}'\left(\frac{\xi}{\lambda f},\frac{\eta}{\lambda f}\right)=\widetilde{E}\left(\frac{\xi}{\lambda f},\frac{\eta}{\lambda f}\right)T\left(\frac{\xi}{\lambda f},\frac{\eta}{\lambda f}\right) \tag{14-117}$$

在不考虑透镜的孔径效应时，$\widetilde{E}'\left(\frac{\xi}{\lambda f},\ \frac{\eta}{\lambda f}\right)$为像的频谱，而 $\widetilde{E}\left(\frac{\xi}{\lambda f},\ \frac{\eta}{\lambda f}\right)$是物（图像）的频谱。把式(14-117)和式(14-66)对照［在式(14-66)中物和像频谱分别记为 $O_c(u,v)$ 和 $G_c(u,v)$］，可以看出，空间滤波器的复振幅透射系数在目前情况下就是系统的相干传递函数。在光学信息处理系统中，它又称为滤波函数。在频率域内物像关系取决于滤波函数 $T\left(\frac{\xi}{\lambda f},\ \frac{\eta}{\lambda f}\right)$，因此按照处理要求制作出具有所需滤波函数的滤波器是光学信息处理的关键所在。

（二）处理举例

1. 激光输出的处理　激光光束输出时，由于光学镜面的缺陷或附有灰尘，会发生衍射，并与未发生衍射的光（直射光）相互干涉，结果在激光光斑上出现一些局部的斑纹，影响其光斑的均匀性，如图 14-28a 所示。这种带有斑纹的激光束在实际应用中是有害的。光斑有斑纹的激光束可以看成由两部分组成，即呈高斯分布的光束（激光束在横截面内的振幅分布是高斯分布）和产生斑纹的衍射光束，由于高斯分布函数的傅里叶变换仍然是一个高斯函数，因而它在图 14-28c 中扩束透镜 L_1 的后焦面上的频谱分布主要是位于光轴附近，即以低频成分为主，而那些斑纹的频谱主要以高频成分居多，它们位于远离光轴的位置。因此，在频谱面（L_1 后焦面）中心放置一个小孔滤波器就可以滤去属于斑纹的高频成分，最后在输出光束中将没有这些斑纹的干扰，如图 14-28b 所示。

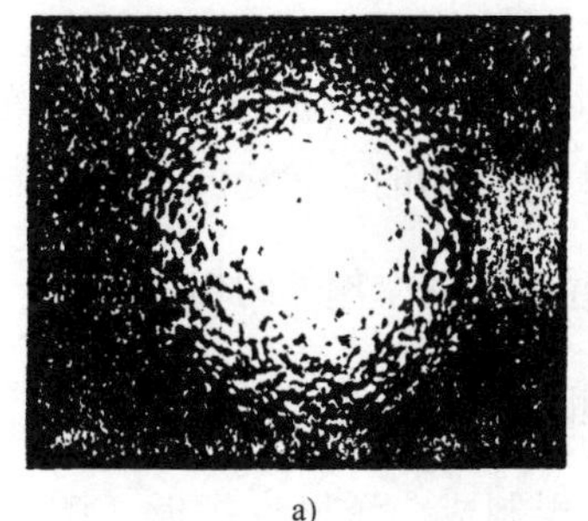
a)

b)

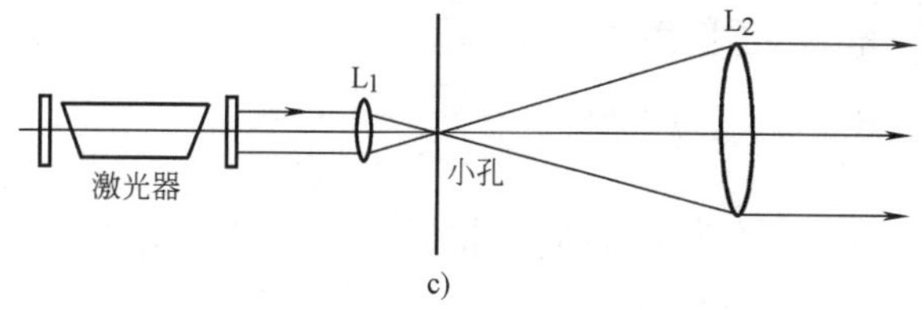

c)

图 14-28　激光输出处理

2. 相位物体的观察　相位物体指只有空间相位结构而透明度均匀的透明体，如生物切片、细胞、光学玻璃或油膜等。其上各处的复振幅透射系数的模值可以看作为 1，但由于厚度或折射率的不均匀，其透射系数有一个相位分布

$$\tilde{t}(x,y)=\exp[\mathrm{i}\varphi(x,y)] \tag{14-118}$$

直接观察相位物体时，无法看到其结构（厚度或折射率的变化），因为人眼只能感受和辨别物体上光强的差别，而并不能辨别物体引入的相位的差别。为此必须设法把物体引入的相位

变化转变为光强的变化。这里讨论一种观察相位物体的方法，即在频率域内处理光场的泽尼克相衬法。

把相位物体置于相干光学处理系统中的物面位置。当单色平面波通过物体时，由式(14-118)得其复振幅分布为

$$\begin{aligned}\widetilde{E}(x,y) &= \tilde{t}(x,y) = \exp[\mathrm{i}\varphi(x,y)] \\ &= 1+\mathrm{i}\varphi(x,y)-\frac{1}{2}\varphi^2(x,y)-\frac{\mathrm{i}}{6}\varphi^3(x,y)+\cdots\end{aligned} \tag{14-119}$$

如果 $\varphi\ (x,\ y)$ 很小，可以略去 $\varphi^2\ (x,\ y)$ 以上的项，得

$$\widetilde{E}(x,y) = 1+\mathrm{i}\varphi(x,y) \tag{14-120}$$

在透镜 L_1 的后焦面上得到 $\widetilde{E}\ (x,\ y)$ 的频谱为

$$\widetilde{E}(u,v) = \mathscr{F}\{1+\mathrm{i}\varphi(x,y)\} = \delta(u,v)+\mathrm{i}\phi(u,v) \tag{14-121}$$

式中，$\delta\ (u,\ v)$ 和 $\phi\ (u,\ v)$ 分别为1和 $\varphi\ (x,\ y)$ 的傅里叶变换。$\delta\ (u,\ v)$ 对应于零级谱，表现为透镜 L_1 焦点上的一个亮点；$\phi\ (u,\ v)$ 有一定的扩展范围，它可以看作相位变化产生的衍射图样。按泽尼克相衬法使用的空间滤波器（泽尼克相板），既使零级谱透过滤波器的模值衰减，又使零级谱的相位引入一个额外的相位延迟$\dfrac{\pi}{2}$，而对于 $\phi\ (u,\ v)$ 全部透过。因此空间滤波器是在一块平玻璃板上，在与零级谱对应的中心位置镀上$\dfrac{\lambda}{4}$或$\dfrac{3}{4}\lambda$ 厚度的膜层制成。泽尼克相板（图14-29a）的复振幅透射系数可以表示为

$$\widetilde{T}(u,v) = \begin{cases}\pm\,\mathrm{i}A & \text{零级谱位置}\\ 1 & \text{其他频谱}\end{cases}$$

式中，$0<A<1$。在频谱面加入相板后，透过泽尼克相板的频谱函数为［利用式(14-121)］

$$\widetilde{E}'(u,v) = \widetilde{E}(u,v)\,\widetilde{T}(u,v) = \pm\,\mathrm{i}A\delta(u,v)+\mathrm{i}\phi(u,v)$$

因此，像面的复振幅分布为

$$\widetilde{E}'(x',y') = \mathscr{F}^{-1}\{\widetilde{E}'(u,v)\} = \pm\,\mathrm{i}A+\mathrm{i}\varphi(x',y')$$

光强分布为

$$\begin{aligned}I'(x',y') &= A^2\pm 2A\varphi(x',y')+\varphi^2(x',y')\\ &\approx A^2\pm 2A\varphi(x',y')\end{aligned} \tag{14-122}$$

这样，原来看不见的相位物体出现了光强分布，并且它与物体的相位分布成线性关系，因而光强分布可以作为物体引入的相位分布的直接指示。图14-29b所示是一个透镜的相衬照片，透镜折射率变化引起的相位变化可以清楚地看出来。易知，光强分布的对比度与 A 成反比。

根据相衬法原理制作的相衬显微镜，在生物学、医

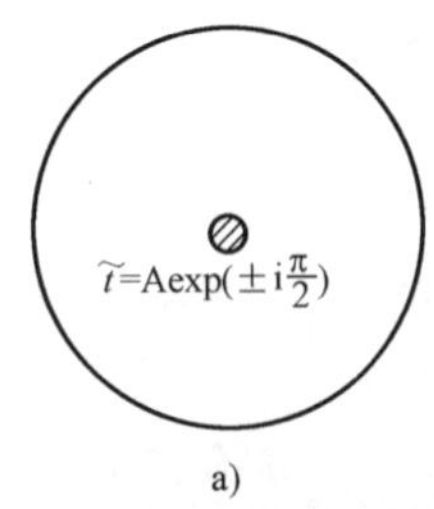

a)

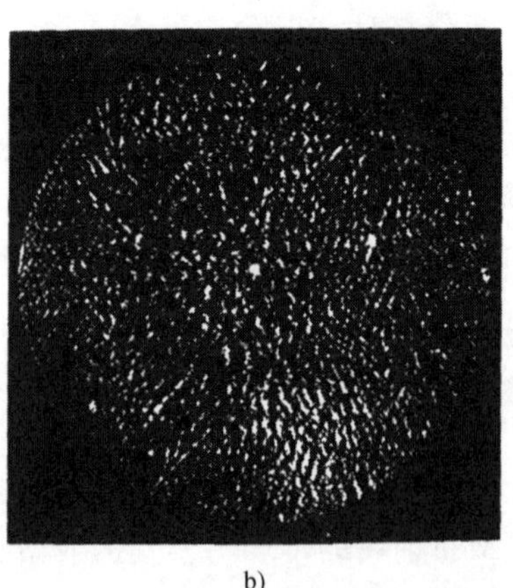

b)

图14-29 泽尼克相衬法

a）相板 b）透镜的相衬照片

学等方面有着广泛的应用。图 14-30 所示是一种常见的相衬显微镜及其照明系统的光路图。图中 D_1 和 D_2 是两个附加光阑，D_1 位于透镜 L_2 的前焦面，成环形；D_2 位于显微镜 L_3 的后焦面，是环状相板。光源 S 经透镜 L_1 成像于光阑 D_1，透过 D_1 环形孔的光束由透镜 L_2 准直成为平行光束，倾斜地照明相位物体 I。在显微镜物镜 L_3 的后焦面将得到物体的频谱，其中零级谱对应于直射光，这里零级谱就是附加光阑 D_1 由透镜 L_2、L_3 所成的像。较高级次谱对应于衍射光。显然，现在零级谱在谱面上成环状，其位置与 D_1 环孔共轭。因此，相板也应制做成环状，在零级谱的环内镀$\dfrac{\lambda}{4}$或$\dfrac{3}{4}\lambda$ 膜，以产生一定的振幅透射系数 A 和$\dfrac{\pi}{2}$的相位延迟。一般相衬显微镜配备有不同直径的环形光阑 D_1 和环形相板 D_2，它们分别与不同放大倍数的物镜相匹配。

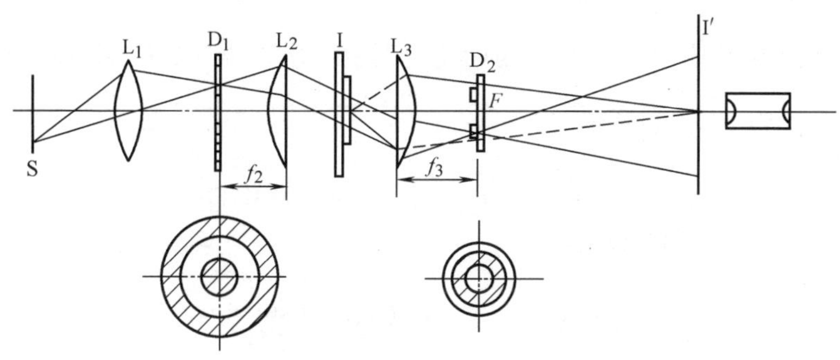

图 14-30 一种常见的相衬显微镜

3. 图像识别 这里讨论的图像识别，是用光学信息处理方法从许多图像中检测出某一特定图像或从给定图像中检测出某一特定的信息。两种情况的原理完全相同，下面仅讨论前一种情况。

图像识别处理是在空间频率域中使用匹配滤波器，实现光学相关操作。所谓匹配滤波器就是复振幅透射系数与输入图像的频谱成复数共轭的滤波器。如果输入图像 $\widetilde{E}_A(x,y)$ 的频谱为 $\widetilde{E}_A(u,v)$，那么匹配滤波器的复振幅透射系数就是

$$\widetilde{T}(u,v)=\widetilde{E}_A^*(u,v) \tag{14-123}$$

在相干光学处理系统中，如图 14-31 所示，将匹配滤波器 $\widetilde{E}_A^*(u,v)$ 置于系统频谱面，即 L_1 的后焦面上，如仍以 $\widetilde{E}_A(x,y)$ 作为输入图像，在紧靠滤波器后平面上光场分布为

$$\widetilde{E}_A(u,v)\widetilde{E}_A^*(u,v)$$

像面上光场分布为

$$\begin{aligned}\widetilde{E}(x',y')&=\mathscr{F}[\widetilde{E}_A(u,v)\widetilde{E}_A^*(u,v)]\\&=\widetilde{E}_A(x',y')*\widetilde{E}_A(x',y')\\&=\iint\widetilde{E}_A^*(\xi,\eta)\widetilde{E}_A(\xi+x',\eta+y')\mathrm{d}\xi\mathrm{d}\eta\end{aligned} \tag{14-124}$$

上式表明像面上光场复振幅分布是输入图像$\widetilde{E}_A(x,y)$的自相关函数，根据自相关函数的特点，像面上出现自相关峰值亮点。如果输入图像为$\widetilde{E}_B(x,y)$，则像面得到的是$\widetilde{E}_B(x,y)$与$\widetilde{E}_A(x,y)$的互相关函数分布，由于二者的差异，使能量弥散开来而得不到峰值亮点。据此可以从大量的图像中识别出特征图像$\widetilde{E}_A$来，例如从大量指纹中识别有无某人的指纹；从许多文字中找出所需要的文字；在病理照片中识别出癌变的细胞等。

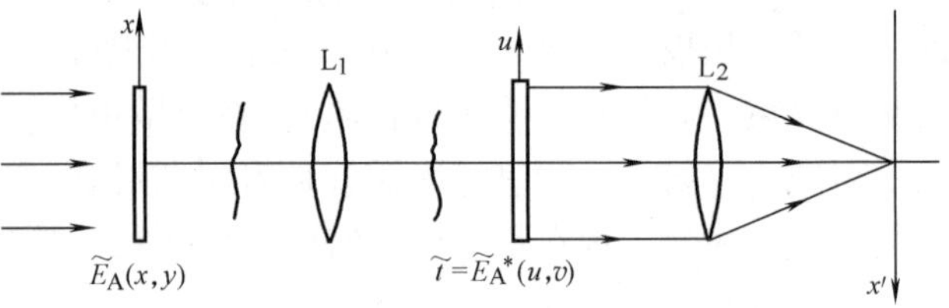

图 14-31　匹配滤波器的作用

利用匹配滤波器实现图像的相关识别是输入图像与滤波器完成匹配的过程。当输入图像$\widetilde{E}_A(x,y)$置于输入面时，得到其频谱为

$$\widetilde{E}_A(u,v) = |\widetilde{E}_A(u,v)|\exp[i\varphi(u,v)]$$

根据匹配滤波器的定义式(14-123)

$$\widetilde{T}(u,v) = \widetilde{E}_A^*(u,v) = |\widetilde{E}_A(u,v)|\exp[-i\varphi(u,v)]$$

输入图像频谱通过匹配滤波器后为$|\widetilde{E}_A(u,v)|^2$，这是一个正的实数，意味着滤波器完全抵消了$\widetilde{E}_A(u,v)$的全部相位弯曲，使得透过滤波器平面的光场的相位相同，为一振幅加权的平面波。这一平面波继续传播，通过透镜L_2在其后焦面上会聚成一峰值亮点，即为输入图像的自相关亮斑。显然，所谓的“匹配”，实质上是在频域对输入图像的频谱的相位进行补偿形成平面相位分布。

二、非相干光学处理

非相干光学处理指采用扩展的非相干光照明光学系统，系统传递和处理的基本物理量是光场的强度分布，系统对强度分布的响应呈线性。非相干光学处理由于照明光场的非相干性质，输入函数只能是非负的实值函数代表的光学信息，而对大量的由复值函数代表的输入信息处理起来就比较困难。激光出现后相干系统具有一个物理上的频谱面，可以直接实现傅里叶变换运算，使得光学信息处理能在空间频率域中进行。但相干光学处理系统的突出问题是相干噪声严重，导致对系统的元件提出较高的要

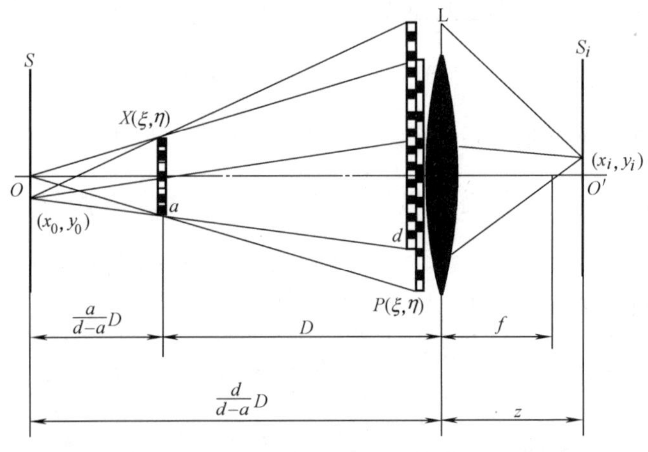

图 14-32　非相干光学相关器原理示意图

求，而非相干光学处理系统由于装置简单，又没有相干噪声，因而再度受到广泛重视。

图 14-32 所示为一非相干光学相关器。待识别图像的强度透过率为 $X(\xi,\eta)$，被均匀漫射非相干扩展光源 S 照明。参考图像的强度透过率为 $P(\xi,\eta)$，紧贴焦距为 f 的透镜 L 之前放置，其间距可以忽略不计。$P(\xi,\eta)$ 与 $X(\xi,\eta)$ 的间距为 D，它们的幅面尺寸分别为 $2a\times2a$ 和 $2d\times2d$。由于照明光源是非相干的、均匀的、漫散射的，若从光源上 O 点发出的光使得待识别图像 $X(\xi,\eta)$ 在 P 平面上的投影恰好与参考图像 $P(\xi,\eta)$ 的尺寸相同并重合，透过的光再经过透镜 L 成像于 O' 点，则光源面的轴向位置应由 $\frac{a}{d-a}D$ 给出。设光源面 S 的像面为 S_i，点 (x_i,y_i) 为光源面 S 上任意一点 (x_0,y_0) 的像点，由 (x_0,y_0) 发出的光将 $X(\xi,\eta)$ 投射到 $P(\xi,\eta)$ 平面上，其横向位置平移了 $\left[\frac{d-a}{a}x_0,\frac{d-a}{a}y_0\right]$，因此通过两个图像之后的光场为

$$X\left(\xi-\frac{d-a}{a}x_0,\eta-\frac{d-a}{a}y_0\right)P(\xi,\eta) \tag{14-125}$$

透镜 L 的积分作用，是将 (x_0,y_0) 点发出并透过 $X\left(\xi-\frac{d-a}{a}x_0,\eta-\frac{d-a}{a}y_0\right)$ 和 $P(\xi,\eta)$ 的光会聚在（x_i，y_i）点，则 S_i 面上（x_i，y_i）点得到的光强为

$$I(x_i,y_i)=\iint X\left(\xi-\frac{d-a}{a}x_0,\eta\frac{d-a}{a}y_0\right)P(\xi,\eta)\mathrm{d}\xi\mathrm{d}\eta \tag{14-126}$$

式中的积分面积为透镜的通光口径。由于（x_0，y_0）与（x_i，y_i）满足物像关系，利用几何光学关系可以得到

$$\frac{x_0}{x_i}=\frac{y_0}{y_i}=\frac{d(D-f)+af}{(d-a)f} \tag{14-127}$$

将上式代入式(14-126)，用（x_i，y_i）为变量替换（x_0，y_0）得到像面 S_i 上的光强分布为

$$I(x_i,y_i)=\iint X\left(\xi-\frac{d(D-f)+af}{af}x_i,\eta-\frac{d(D-f)+af}{af}y_i\right)P(\xi,\eta)\mathrm{d}\xi\mathrm{d}\eta \tag{14-128}$$

上述积分就是图像 $X(\xi,\eta)$ 和 $P(\xi,\eta)$ 以 $\frac{d(D-f)+af}{af}$ 为比例的相关函数。光源上各点的照明光束使得 $X(\xi,\eta)$ 相对于 $P(\xi,\eta)$ 有不同的平移，而在像面上获得 $X(\xi,\eta)$ 与 $P(\xi,\eta)$ 相关结果。若 $X(\xi,\eta)$ 与 $P(\xi,\eta)$ 完全相同，则积分式(14-128)是 $X(\xi,\eta)$ 的自相关函数，在($x_i=0$，$y_i=0$)点得到自相关峰值亮点，以此来实现图像的相关识别。

相关面 S_i 与透镜 L 的间距由光源 S 的几何光学像距给出

$$z=\frac{dDf}{d(D-f)+af} \tag{14-129}$$

式中，$a=d$ 时，即 X（ξ，η）和 P（ξ，η）尺寸相同，可得到一特殊的情况

$$z=f \tag{14-130}$$

即相关面出现在透镜的后焦面上，当二者匹配时自相关峰值亮点出现在透镜的焦点上，以此来实现图像的相关识别。由以上分析可知，非相干处理系统由于没有物理上的频谱面，相关

运算不是在空间频率域中通过匹配滤波和傅里叶变换实现的，而是在空域中直接实现相关运算完成图像识别。因此，非相干系统简单易行，但缺点是 $X(\xi,\eta)$ 的空间结构越细，相关值误差越大，因为从 $X(\xi,\eta)$ 到 $P(\xi,\eta)$ 完全按几何投影考虑，完全忽略结构的衍射，结构越细，衍射越显著，所以这个系统处理的图像的分辨率受到限制。

三、白光信息处理

白光信息处理吸取了相干处理和非相干处理的优点，采用宽谱带白光源，既在某种程度上保留了相干处理系统对复振幅进行处理的能力，又不存在相干噪声，特别适于处理彩色图像或信号，近年得到广泛的重视和应用。

白光信息处理系统也采用4f系统（见图 14-33），用白光点光源照明，物函数均先用光栅调制后再放置在输入平面上，在频谱面上得到色散的频谱。用适当的滤波器对物频谱进行处理，可以得到所需的像函数。

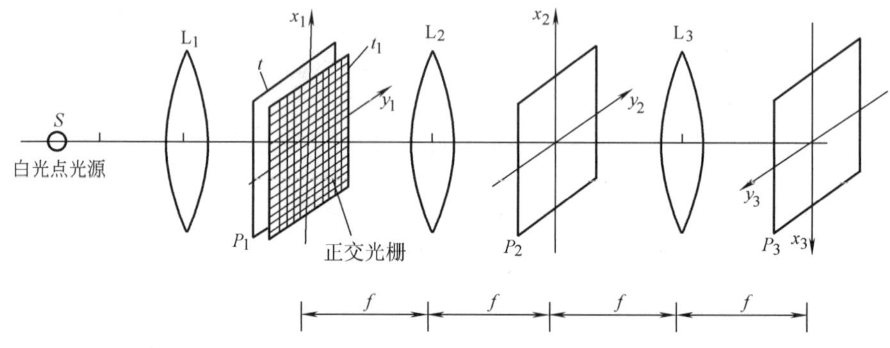

图 14-33　白光信息处理系统

假彩色编码是利用白光信息处理系统依据黑白图像空间频率或光密度（灰阶）的不同，人为地赋予黑白图像以各种色彩，增加人眼识别图像细节能力的一种技术。假彩色编码实质是把一个光强调制的信号变换为用不同波长调制的信号，信号的内容不变，但存在形式发生了变化。等空间频率假彩色编码是直接对信号透明片上不同的空间频率赋予不同色彩的处理技术；而等密度假彩色编码是直接对信号透明片上不同的光密度赋予不同色彩的处理技术。图 14-33是典型的假彩色编码系统，实际上是一个白光点光源照明下的 4f 系统，振幅透射系数为 $t(x_1,y_1)$ 的黑白输入透明片与正交光栅贴合在一起放置在输入平面 P_1 上，在频谱面上得到色散的物频谱，用适当的滤波器对频谱函数进行处理，完成假彩色编码。

在白光照明下，在 P_2 平面上沿 x_2、y_2 轴有四个呈彩虹颜色的信号一级谱。由于空间滤波器只有沿着垂直于颜色弥散的方向有效，若在 P_2 面上四个呈彩虹颜色的一级谱处分别对蓝色谱带安放低通滤波器和对红色谱带安放高通滤波器，参见图 14-34a，滤波后的频谱在像面 P_3 合成彩色编码像，像的低频结构呈蓝色，而高频结构呈红色，相同的空间频率结构呈同一颜色。

若在 P_2 面上两个呈彩虹颜色的信号一级谱处，分别对红色谱带安放全通滤波器和对绿色谱带也安放全通滤波器，但绿色谱带中心部分是一个 π 相位滤波器（参见图 14-34b）。让与红色和绿色波长相应的频谱能通过系统。于是，在输出平面 P_3 上形成红色像和绿色反转像叠加而得到等密度假彩色编码像，使得原图像不同密度的区域呈现不同的颜色，原图中密度最小处呈红色，密度最大处呈绿色。

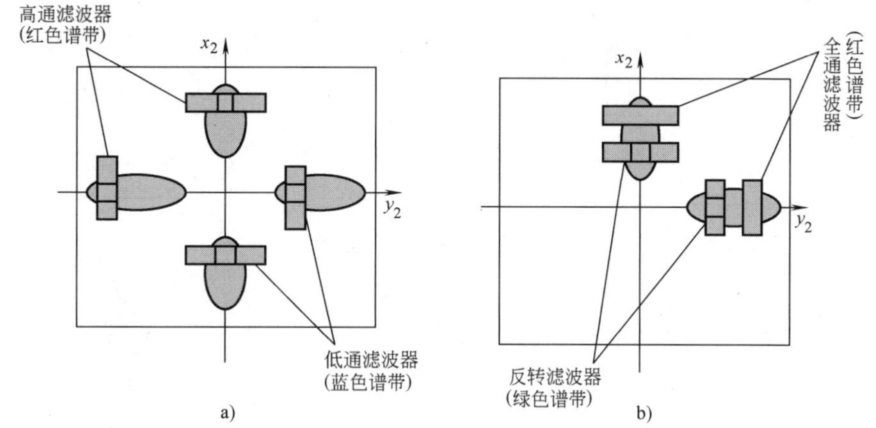

图 14-34　假彩色编码的滤波器

a）等空间频率假彩色编码　b）等密度假彩色编码

假彩色编码技术可用于遥感、气象图像、医用 X 光照片的处理。

第九节　全　息　术

全息术是近些年发展起来的物理光学的一个新的分支。它是由伽伯（D. Gabor）最先在 1948 年提出的。20 世纪 60 年代以来激光的出现，解决了高相干性与大强度光源问题，全息术得到了迅速的发展，并在许多领域获得成功的应用。这里，就全息术的基本原理、特点、应用做一简要介绍。

一、全息术的原理

全息术是利用“干涉记录、衍射再现”原理的两步无透镜成像法，把从三维物体来的光的波前记录在感光材料上（称此为全息图），再按照需要照明此全息图，使原先记录的物光波的波前再现的一种新的照相技术，它是一种三维立体成像技术。

（一）物光波面的记录

全息术的第一步是将物光波的全部振幅和相位信息记录在感光材料上。由于感光材料只对光的强度具有感光度，为此采用相干光，把具有振幅和相位信息的物光波和参考光波相干涉产生的干涉条纹以强度分布形式记录成全息图，所以全息图实际是一张干涉图。

如图 14-35a 所示，设物体被相干光照明发生散射，散射光携带物体的全部信息，到达全息图 H 的物光波的复振幅为 $\widetilde{E}_o(x,y)$，由相干光源 R 发出、到达全息图 H 的参考光波的复振幅为 $\widetilde{E}_r(x,y)$，且有

$$\widetilde{E}_o(x,y) = a_o(x,y)\mathrm{e}^{\mathrm{i}\varphi_o(x,y)} \tag{14-131}$$

$$\widetilde{E}_r(x,y) = a_r(x,y)\mathrm{e}^{\mathrm{i}\varphi_r(x,y)} \tag{14-132}$$

式中，$a_o(x,y)$、$a_r(x,y)$、$\varphi_o(x,y)$、$\varphi_r(x,y)$分别表示物光波和参考光波在 H 面上的振幅和

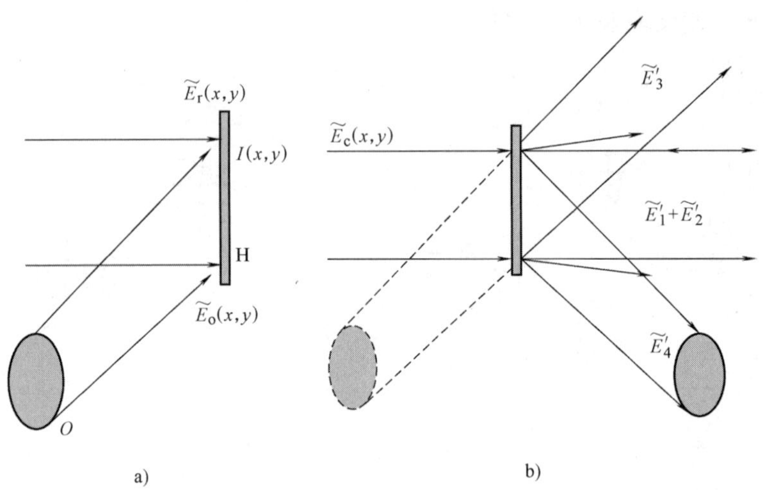

图 14-35　全息图的记录和再现

a）记录　b）虚像和共轭实像的再现

相位分布，物光波与参考光波发生干涉后强度分布为

$$
\begin{aligned}
I(x,y) &= |\widetilde{E}_o(x,y)+\widetilde{E}_r(x,y)|^2 \\
&= |\widetilde{E}_o(x,y)|^2+|\widetilde{E}_r(x,y)|^2+\widetilde{E}_r(x,y)\widetilde{E}_o^*(x,y)+\widetilde{E}_r^*(x,y)\widetilde{E}_o(x,y) \\
&= a_r^2+a_o^2+2a_ra_o\cos[\varphi_r(x,y)-\varphi_o(x,y)]
\end{aligned}
\tag{14-133}
$$

上式的第一、二项分别为参考光和物光单独到达全息图 H 时的强度，它们的和表示干涉条纹的平均强度。第三项包含了物光波和参考波的振幅和相位的信息，它表示干涉条纹交替的强度变化的幅度为 $2a_ra_o$，相位为 $\varphi_r(x,y)-\varphi_o(x,y)$。从干涉条纹可见度的变化获知物光波的强度即振幅的信息，而从干涉条纹的形状、间距可以获得相位的信息。所以全息图上记录的干涉条纹反映了物体的振幅和相位的全部信息。

全息图拍摄时应选取底片振幅透射系数随光强（曝光量）呈线性变化的区域记录，由此条件制作的全息图的振幅透射系数 $t(x,y)$ 为

$$
t(x,y)=k_0+k_1I(x,y) \tag{14-134}
$$

式中，k_0、k_1 是常数，$k_1<0$ 是负片，$k_1>0$ 是正片。在上式中代入式(14-133)，则有

$$
\begin{aligned}
t &= (k_0+k_1|\widetilde{E}_r|^2)+k_1|\widetilde{E}_o|^2+k_1(\widetilde{E}_r^*\ \widetilde{E}_o)+k_1(\widetilde{E}_r\widetilde{E}_o^*) \\
&= t_1+t_2+t_3+t_4
\end{aligned}
\tag{14-135}
$$

（二）物光波面的再现

全息术的第二步是由全息图再现物光波。全息图可看作为一个透过系数为 t 的衍射屏，相当于一块复合光栅，因为这个全息图记录的是物光场分布包含的许多不同空间频率成分所对应的沿不同方向传播的平面波与参考波相干涉形成的许多光栅。当用再现照明光波照射全息图时，全息图后的衍射光场中包含有再现的物光波，它们的叠加形成物体的再现像。

如图 14-35b，设再现照明光与全息图记录时的参考光完全相同，即 $\widetilde{E}_c=\widetilde{E}_r$，则由式(14-135)，得透过全息图的光波的复振幅分布 $\widetilde{E}'(x,y)$ 为

$$\begin{aligned}\widetilde{E}'(x,y) &= \widetilde{E}_r t \\ &= \{k_0 + k_1|\widetilde{E}_r|^2\}\widetilde{E}_r + k_1|\widetilde{E}_o|^2\widetilde{E}_r + k_1|\widetilde{E}_r|^2\widetilde{E}_o + k_1\widetilde{E}_r^2\widetilde{E}_o^* \\ &= \widetilde{E}'_1 + \widetilde{E}'_2 + \widetilde{E}'_3 + \widetilde{E}'_4\end{aligned} \tag{14-136}$$

式中，第一项和第二项表示衰减的再现光$\widetilde{E}_r$方向不变地透过全息图，也就是把全息图看作衍射屏时的零级衍射波，与物光波的再现无关。第三项$\widetilde{E}'_3$是透过全息图的 +1 级衍射光，除一个常数衰减外，这是一个与原物光波完全相同的再现物光波，是沿原物光波方向向前传播的发散波，因此，在全息图后迎着此再现光波方向可看到一个在原物位置的物的虚像，称此原始像为直接像。第四项$\widetilde{E}'_4$是通过全息图的 -1 级衍射波，这是一个原物光波的共轭波，它是会聚波。该项的振幅和相位表明，在全息图后侧形成的共轭像是与直接像不同方向且失真的实像（见图 14-35b），对观察者而言，该实像的凸凹与原物正好相反，这种像也称作赝像。当全息图的再现光不同于记录时的参考光时，无论 +1 级衍射形成的虚像还是 -1 级衍射形成的实像将失真变形。要同时再现出完全对称于全息图的不失真的直接像和共轭像，参考光和再现照明光应该取$\widetilde{E}_r=\widetilde{E}_r^*$，因而$\varphi_r(x,y)=0$的波，即垂直于全息图的平面波。

二、基元全息图

全息图是包含物体全部信息的散射光与参考光干涉的结果，因此干涉图的形状一般是很复杂的。但是物体上每一点都可视为子波源或散射中心，辐射出一个个球面子波，每个球面波与参考平面波相干涉形成一个球面波基元全息图。复杂的物体全息图是许多这样的球面波基元全息图的叠加。同样地，物体上的散射光也可看作是不同空间频率的平面波的线性叠加，每个平面波与参考平面波相干涉形成了另一类平面波基元全息图。物体全息图也可看作是许多平面波基元全息图的叠加。前者相当于空间域中的基元全息图，而后者相应于空间频率域中的基元全息图。显然，了解了基元全息图的记录和再现，复杂全息图的记录和再现就清楚了。

（一）物光波是球面波，参考光波是平面波的情况（球面波基元全息图）

如图 14-36a 所示，单色平面波垂直照射透明片 M。假定 M 上只有一点物 S，则由 S 散射的物光波是球面波，而直接透过 M 的光波（参考光波）是平面波。两光波产生的干涉图样在照相底板 H 上记录成为点物的全息图（或称菲涅耳全息图）。在 H 上取坐标系 $Oxyz$，令 z 轴垂直于 H 平面，并假定点物 S 在 z 轴上，离原点 O 的距离为 z_1。那么，点物散射的球面物光波在 H 上的复振幅分布为（取菲涅耳近似）

$$\widetilde{E}_o(x,y) = a_o\exp\left[\mathrm{i}\frac{k}{2z_1}(x^2+y^2)\right] \tag{14-137}$$

式中，a_o 可近似地为常数；参考光波在 H 上的振幅均匀分布，设为 1，即$\widetilde{E}_r(x,y)=1$，因此，在 H 上的光强分布为

$$I(x,y) = |a_o|^2 + 1 + a_o\exp\left[\mathrm{i}\frac{k}{2z_1}(x^2+y^2)\right] + a_o\exp\left[-\mathrm{i}\frac{k}{2z_1}(x^2+y^2)\right] \tag{14-138}$$

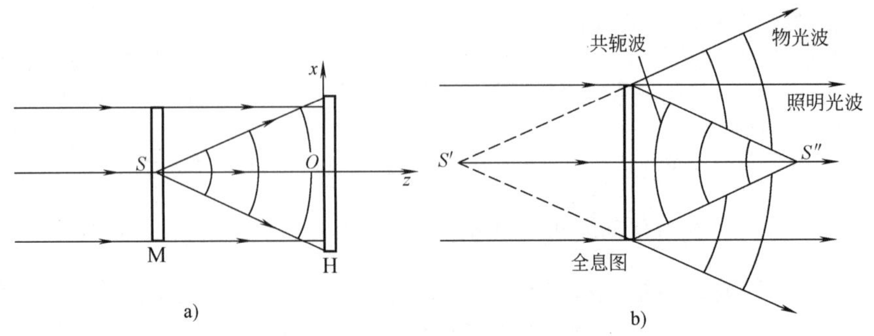

图 14-36 球面物光波的记录和再现

H 经曝光和冲洗后的透射系数为（忽略常数比例因子）

$$\tilde{t}(x,y) = |a_o|^2 + 1 + a_o\exp\left[\mathrm{i}\frac{k}{2z_1}(x^2+y^2)\right] + a_o\exp\left[-\mathrm{i}\frac{r}{2z_1}(x^2+y^2)\right]$$

$$= (|a_o|^2+1) + 2a_o\cos\left[\frac{k}{2z_1}(x^2+y^2)\right] \tag{14-139}$$

再现时，如果用与参考光波相同的光波垂直照明全息图，那么透过全息图的衍射光波为

$$\widetilde{E}_D(x,y) = |a_o|^2 + 1 + a_o\exp\left[\mathrm{i}\frac{k}{2z_1}(x^2+y^2)\right] + a_o\exp\left[-\mathrm{i}\frac{k}{2z_1}(x^2+y^2)\right] \tag{14-140}$$

上式右边第一项代表与全息图垂直的平面波，即直射光。第二项是物光波，是一个发散的球面波。当迎着它观察时，可以看到点物 S 的虚像 S'。第三项是共轭波，它是一个球心在全息图右方 z_1 处的会聚球面波，在球心形成点物 S 的实像 S''（见图 14-36b）。

容易看出，这里所考察的全息图的再现，与菲涅耳波带片的衍射极为相似。全息图也可以看成是一个波带片。但与菲涅耳波带片不同，它的透射系数是余弦变化的，它的衍射只出现一对焦点（S'和 S''），而菲涅耳波带片有一系列虚的和实的焦点。

上面讨论的是物在有限距离、参考光为平面波时菲涅耳全息的点源全息图，若参考光为球面波时，点源全息图则由两个球面波干涉形成。

（二）物光波和参考光波都是平面波的情况（平面波基元全息图）

图 14-37 所示的是记录夫琅和费（傅里叶变换）全息图的光路图。

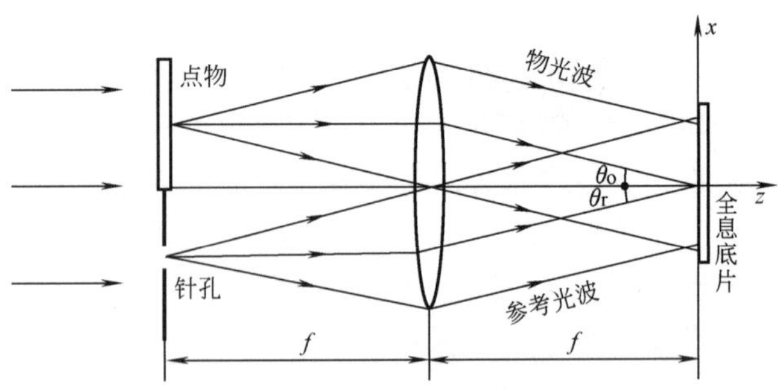

图 14-37 傅里叶变换全息图的记录

假定物体是点物，那么经透镜后射到照相底板的物光波和参考光波是两个相干的平面波。设它们的波矢量平行于 xz 平面，并分别与 z 轴成 θ_o 和 θ_r 角，因而两光波在照相底板平面（xy 平面）上的复振幅分布分别为

$$\widetilde{E}_o(x,y) = a_o(x,y)\exp(\mathrm{i}kx\sin\theta_o)$$

和

$$\widetilde{E}_{r}(x,y) = a_{r}(x,y)\exp(ikx\sin\theta_{r})$$

按照式(14-133)，两光波的干涉光强为

$$\begin{aligned} I(x,y) &= a_{o}^{2} + a_{r}^{2} + a_{o}a_{r}\exp[ikx(\sin\theta_{o} - \sin\theta_{r})] + a_{o}a_{r}\exp[-ikx(\sin\theta_{o} - \sin\theta_{r})] \\ &= a_{o}^{2} + a_{r}^{2} + 2a_{o}a_{r}\cos[kx(\sin\theta_{o} - \sin\theta_{r})] \end{aligned} \tag{14-141}$$

照相底板曝光和冲洗后，其复振幅透射系数为（忽略常数比例因子）

$$\tilde{t}(x,y) = a_{o}^{2} + a_{r}^{2} + 2a_{o}a_{r}\cos\{kx(\sin\theta_{o} - \sin\theta_{r})\} \tag{14-142}$$

可见，这个全息图实际上是一块余弦光栅，条纹是一组与 y 轴平行的直条纹，间距由式(14-142)求得

$$kx(\sin\theta_{o} - \sin\theta_{r}) = 2m\pi$$

$$e = \frac{\lambda}{\sin\theta_{o} - \sin\theta_{r}} \tag{14-143}$$

再现时，如果用与参考光波完全相同的光波作为照明光波，那么透过全息图的光波为

$$\begin{aligned} \widetilde{E}_{D}(x,y) = &(a_{o}^{2} + a_{r}^{2})a_{r}\exp(ikx\sin\theta_{r}) + a_{r}^{2}a_{o}\exp(ikx\sin\theta_{o}) \\ &+ a_{r}^{2}a_{o}\exp[ikx(2\sin\theta_{r} - \sin\theta_{o})] \end{aligned} \tag{14-144}$$

这是三个沿不同方向传播的平面波（见图 14-38a），第一项代表直射的照明光，第二项是物光波，第三项是共轭波，其传播方向与 z 轴的夹角为

$$\arcsin(2\sin\theta_{r} - \sin\theta_{o}) \approx 2\theta_{r} - \theta_{o} \tag{14-145}$$

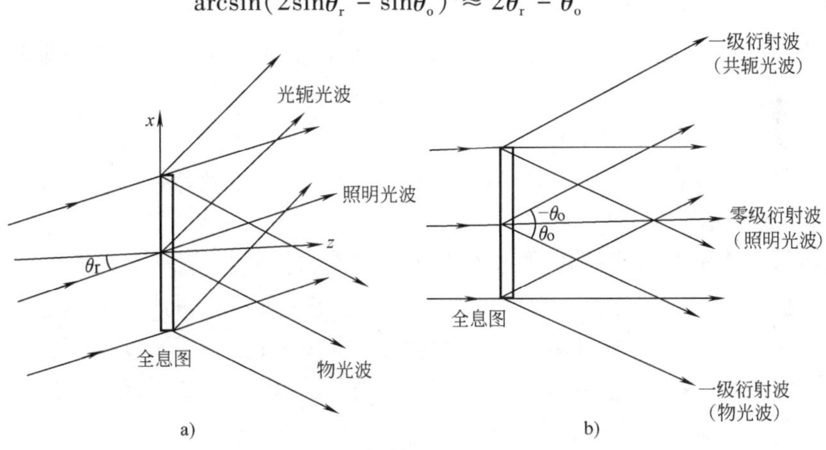

图 14-38　平面波全息图的再现

在参考光波和照明光波都沿 z 轴传播的特殊情况下，有 $\theta_{r}=\theta_{c}=0$，因此

$$\widetilde{E}_{D}(x,y) = (a_{o}^{2} + a_{r}^{2})a_{r} + a_{r}^{2}a_{o}\exp\{ikx\sin\theta_{o}\} + a_{r}^{2}a_{o}\exp(-ikx\sin\theta_{o}) \tag{14-146}$$

上式表明衍射光波包含沿 z 轴传播的直射光、沿与 z 轴成 θ_{o} 角传播的物光波和与 z 轴成 $-\theta_{o}$ 角传播的共轭波（见图 14-38b）。这三个光波，对应于我们前面已讨论过的正弦光栅衍射的零级和正、负一级衍射波。

三、全息术的特点

通过前面的讨论，可以看出全息术具有以下一些显著的特点：

（1）全息术能够记录物体光波振幅和相位的全部信息，并能把它再现出来。因此，应用全息术可以获得与原物完全相同的立体像。

（2）全息术实质上是一种干涉和衍射现象。全息图的记录和再现一般需利用单色光源，单色光的相干长度应大于物光波和参考光波之间的光程差，以保证从物体上不同部分散射的光波和参考光波能够发生干涉。此外，在全息图记录时，由于一般物体的散射光比较弱，故应采用强度大的光源。显然，最理想的光源就是激光光源。常用的激光光源有：氦-氖激光（波长632.8nm），氩离子激光（波长488nm和514.5nm）和红宝石激光（波长694.3nm）。

（3）全息图的任何局部都能再现原物的基本形状。物体上任意点散射的球面波可抵达全息干版的每点或每个局部，与参考光相干涉形成基元全息图，也就是全息图的每点或局部都记录着来自所有物点的散射光。显然，物体全息图每一局部都可再现出记录时所有照射到该局部的物点的光，形成物体的像，也就是破损后部分全息图仍能再现物体的像。

四、全息术的应用

（一）全息光学元件

全息光学元件实际上是一张用感光记录介质制做的全息图，它具有普通光学元件的成像、分光、滤波和偏转等功能，并且有重量轻、制作方便等优点，广泛应用于激光技术、传感器、光通信和光学信息处理等领域。

平面全息光栅就是记录两列有一定夹角的平面波干涉条纹的全息图。改变两束光的夹角可以记录所需要频率的光栅。一般采用光致抗蚀剂作为记录介质，用氩离子激光（$\lambda=459$nm）可产生频率达每毫米数千条的光栅。光致抗蚀剂经曝光、显影后可得浮雕型正弦光栅。如在表面镀铝，能制成反射全息光栅。

全息透镜则是记录两束球面波或球面波与平面波的干涉条纹从而得到菲涅耳全息图，也称其为菲涅耳全息透镜。它除具有一般光学透镜的成像功能以外，还具有重量轻、造价低、易制作、可复制、可阵列化的优点。

此外，全息滤波器、全息光学互联器件等，也广泛用于激光技术及光计算领域。

（二）全息显示

全息显示利用全息术能够再现物体的真实三维图像的特点，是全息术最基本的应用之一。已经成功制成的人体骨骼、地铁模型、大型雕塑像、各种机床等的全息图，全息图面积甚至可达1～1.5m^2。反射全息图由于是体全息，能在白光照明下呈现单色像。若用红、绿、蓝三种波长的激光拍摄彩色物体的全息图，则能再现彩色的三维图像。全息显示的应用已涉及艺术、广告、印刷、军事等许多领域。

（三）全息干涉计量

全息术最成功、最广泛的应用之一是在干涉计量方面，全息干涉计量技术具有许多普通干涉计量所不能比拟的优点。例如可用于各种材料的无损检测，非抛光表面和形状复杂表面的检验，研究物体的微小变形、振动和高速运动等。这项技术采用单次曝光（实时法）、二次曝光以及多次曝光等多种方法。

1. 实时法　这种方法可以实时地研究物体状态的变化过程。为此，先拍摄一张物体变形前的全息图（例如利用图14-39a所示的装置），然后将此全息图复位，精确地放回到原来记录时的位置。如果保持记录光路中所有元件的位置不变，并用原来的参考光波照明全息图，那么，在原来物体所在处就会出现一个再现虚像。这时，若同时照明物体，并且物体保持原来的状态不变，则再现像与物体完全重合，或者说再现物光波和实际物光波完全相同，它们叠加后观察不到干涉条纹。当物体由于外界原因，例如加载、加热等使之产生微小的位移或变形时，再现物光波和实际物光波之间就会产生与位移和变形大小相应的相位差，此时两光波的叠加将产生干涉条纹，根据干涉条纹的分布情况，可以推知物体的位移和变形大小，如果物体的状态是逐渐变化的，则干涉条纹也随之逐步地变化，因此物体状态的变化过程可以通过干涉条纹的变化“实时”地加以研究。

2. 二次曝光法　二次曝光法（见图 14-39b）是在同一张照相底板上，先让来自变形前物体的物光波和参考光波曝光一次，然后再让来自变形后的物体的物光波和同一参考光波第二次曝光。照相底板在显影定影后形成全息图。当再现这张全息图时，将同时得到两个物光波，它们分别对应于变形前和变形后的物体。由于两个物光波的相位分布已经不同，所以它们叠加后将产生干涉条纹。通过这些干涉条纹便可以研究物体的变形。

二次曝光法不要求全息图精确复位，但不能对物体状态做实时研究。

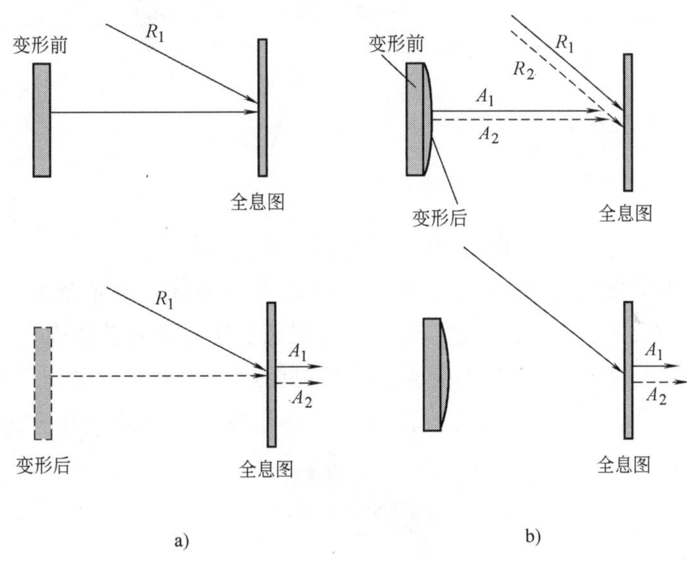

图 14-39　全息干涉法

a）实时法　b）二次曝光法

（四）光学全息存储

全息存储是一种存储容量大、数据传输速率高和随机存取时间短且能进行并行处理的信息存储方式。下面以体全息存储为例子，介绍它的原理。

体全息数据存储的基本原理如图 14-40 所示。数据是由 0 或 1 组成的数据流，经编码加载到空间光调制器上构成二维数据页，物光经过空间光调制器（SLM）被调制而携带信息到达记录介质。由于透镜 L_1 的傅里叶变换作用，照明记录介质的物光是二位数据页的频谱，而平面参考光以特定的方向直接照明记录介质，物光与参考光在记录介质中的三维交叠区域产生干涉条纹。记录过程中，由于体全息记录介质具有光折变性质，包含有数据信息的干涉条纹即全息图以相位光栅的形式被记录下来。采用角度复用存储方式，即改变参考光的方向，使不同方向的参考光与相应的数据页一一对应，如图中参考光1，2，…，实现在记录介质中的公共区域内存储多幅全息图。读出的过程是，首先遮挡住物光，选择和复现某一特定方向的参考光重新照明记录介质，参考光被相应的光栅（全息图）所衍射，衍射光精确地再现出这个特定方向参考光所对应的数据页的频谱，经过透镜 L_2 的傅里叶变换作用，在其后焦面形成数据页的像，再由放置在后焦面的CCD接收。当连续改变参考光的方向使之与记录参考光的方向依次一一对应，就可实现数据页的连续读出。

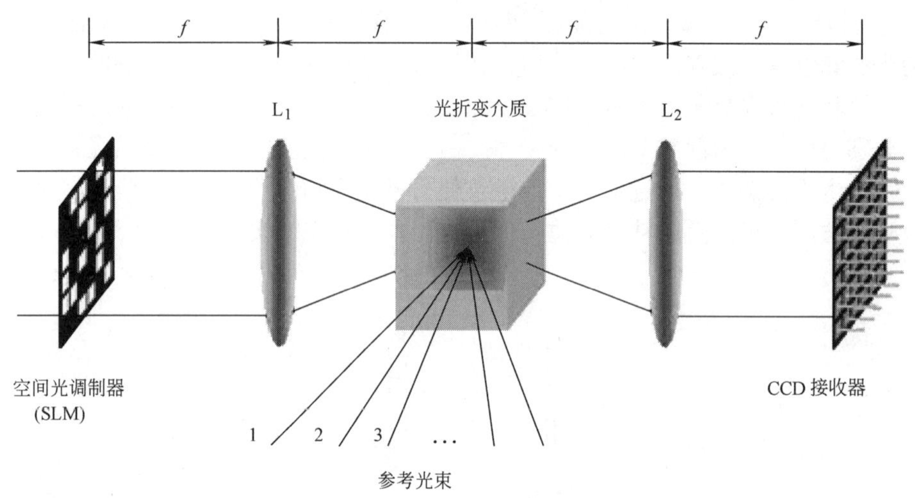

图 14-40 体全息数据存储原理

图 14-41 所示为典型的参-物夹角为 90°的体全息存储系统。激光器发出的光束经准直扩束和分光棱镜 M 分光，一路为参考光，另一路为物光。参考光通过透镜 L_1，反射棱镜 M_1 和透镜 L_2（其中 L_1 和 L_2 共焦）仍为平行光并直接照明记录介质（记录介质放置在 L_2 的焦面处）。当平移工作台移动时，参考光方向改变，实现角度复用存储。另一路物光再一次被准

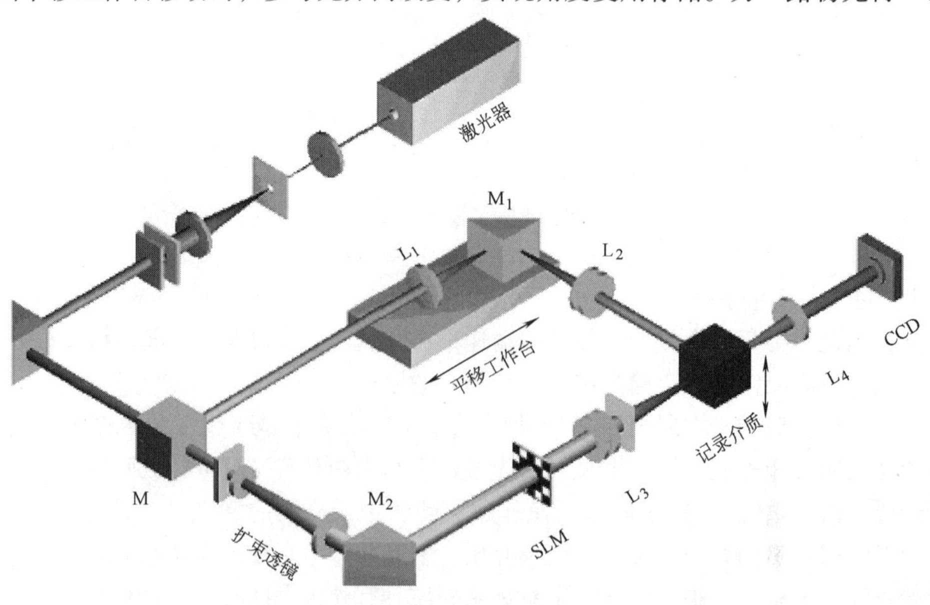

图 14-41 体全息数据存储系统

直扩束并经棱镜 M_2 反射后垂直照明空间光调制器（SLM）。空间光调制器（SLM）、探测器（CCD）、移动工作台均由计算机控制来实现数据的自动存储和读出。

体全息数据存储具有下列优点：信息通常以谱全息图的形式存储在介质中一定的扩展体积内，因而具有高度的冗余性。当记录介质发生局部的缺损或污染，读出时只会使数据页的强度下降，而不引起数据的丢失；信息以数据页的形式并行写入和读出，使得体全息存储器具有极高的数据传输率；采用适当的复用技术，如角度复用、波长复用、散斑复用或它们之间的混合，可以在记录介质中同一公共体积内存储更多的全息图，因而具有高存储密度。体全息存储还具有并行相关操作的功能，当输入任意一幅数据页，可实现该数据页与公共体积内存储的所有数据页同时实现相关操作等。基于以上特点，体全息存储可用于大容量的数据存储，如图像识别。体全息存储常用的记录材料是掺铁铌酸锂晶体和有机光聚合物材料。

习　题

1. 振幅为 A，波长为 $\frac{2}{3}\times10^4$nm 的单色平面波的方向余弦 $\cos\alpha=\frac{2}{3}$，$\cos\beta=\frac{1}{3}$，$\cos\gamma=\frac{2}{3}$，试求它在 xy 平面上的复振幅及空间频率。

2. 波长为 500nm 的单色平面波在 xy 平面上的复振幅分布为（空间频率单位为 mm^{-1}）

$$\widetilde{E}(x,y)=\exp[\mathrm{i}2\times10^3\pi(x+1.5y)]$$

试决定平面波的传播方向。

3. 振动方向相同的两列波长同为 400nm 的平面波照射在 xy 平面上。两波的振幅均为 A，传播方向与 xz 平面平行，与 z 轴的夹角分别为 10°和 −10°（见图 14-42）求：（1）xy 平面上的复振幅分布及空间频率；（2）xy 平面上的强度分布及空间频率。

4. 求下列函数的傅里叶频谱，并画出原函数及频谱的图形。

（1）$E(x)=\begin{cases}A\sin2\pi u_0x & |x|\leqslant l\\ 0 & |x|>l\end{cases}$

（2）$E(x)=\begin{cases}A\sin^2 2\pi u_0x & |x|\leqslant l\\ 0 & |x|>l\end{cases}$

（3）$E(x)=\begin{cases}\exp(-ax) & a>0,x>0\\ 0 & x<0\end{cases}$

（4）高斯函数

$$E(x)=\exp(-\pi x^2)$$

图 14-42　习题 3 图

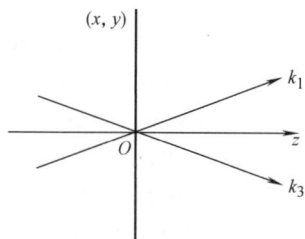

5. 试用傅里叶变换方法，求出单色平面波以入射角 i 斜入射到光栅上时（见图 13-63），光栅的夫琅和费衍射图样的强度分布。

6. 求出图 14-43 所示的衍射屏的夫琅和费衍射图样的强度分布。设衍射屏由单位振幅的单色平面波垂直照明。

7. 求出图 14-44 所示的衍射屏的夫琅和费衍射图样的强度分布。设衍射屏由单位振幅的单色平面波垂直照明。

8. 将上题中的衍射屏换成两块正交叠合的光栅，它们的振幅透射系数分别为

$$t_1(x)=1+\cos2\pi u_0x \qquad |x|\leqslant l$$
$$t_2(y)=1+\cos2\pi v_0y \qquad |y|\leqslant l$$

试求这一光栅组合的夫琅和费衍射图样的强度分布。

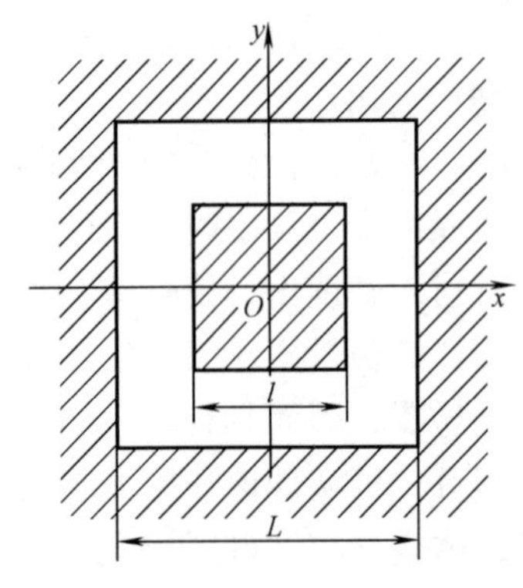

图 14-43 习题6图

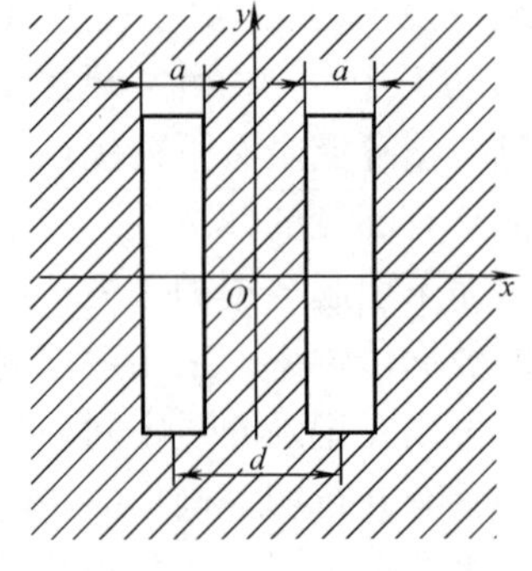

图 14-44 习题7图

9. 直径为 D 的不透明圆屏置于透镜前焦面上（中心在光轴上），以单位振幅的单色光垂直照明，求透镜后焦面上夫琅和费衍射图样的复振幅分布和强度分布。

10. 一个衍射屏具有圆对称的振幅透射系数

$$t(r)=\left(\frac{1}{2}+\frac{1}{2}\cos ar^2\right)\text{circ}\left(\frac{r}{a}\right)$$

（1）试说明这一衍射屏有类似透镜的性质。

（2）给出此屏的焦距的表达式。

11. 将一个受直径 $d=2\text{cm}$ 的圆孔限制的物体置于透镜的前焦面上（见图 14-45），透镜的直径 $D=4\text{cm}$，焦距 $f=50\text{cm}$。照明光波波长 $\lambda=600\text{nm}$。问（1）在透镜后焦面上，强度能准确代表物体的傅里叶频谱的模的平方的最大空间频率是多少？（2）在多大的空间频率以上，其频谱为零？尽管物体可以在更高的空间频率上有不为零的傅里叶分量。

12. 假定透过一个衍射物体的光场分布的最低空间频率是 20mm^{-1}，最高空间频率是 200mm^{-1}。采用单个透镜作为空间频谱分析系统，要使最高频和最低频的1级频谱分量在频谱平面上相距 90mm，问透镜的焦距需要多大？设工作波长为 500nm。

13. 用一架镜头直径 $D=2\text{cm}$、焦距 $f=7\text{cm}$ 的照相机拍摄 2m 远受相干光照明的物体的照片，求照相机的相干传递函数以及像和物的截止空间频率。设照明光波长 $\lambda=600\text{nm}$。

14. 在上题中，若被成像的物是周期为 d 的矩形光栅，问当 d 分别为 0.4mm、0.2mm 和 0.1mm 时，像的强度分布的大致情形怎样？

15. 一个单透镜成像系统，对 1m 远的矩形光栅成像，光栅的基频为 100cm^{-1}。若分别用相干光和非相干光照明，要使像面出现光强度的变化，透镜的直径至少应有多大？设照明光波的波长为 500nm，成像系统的放大率 $M=-1$。

16. 一个非相干成像系统的出瞳是直径为 D 的半圆孔，如图 14-46 所示。求沿 u 轴和 v 轴的光学传递函数的表达式。

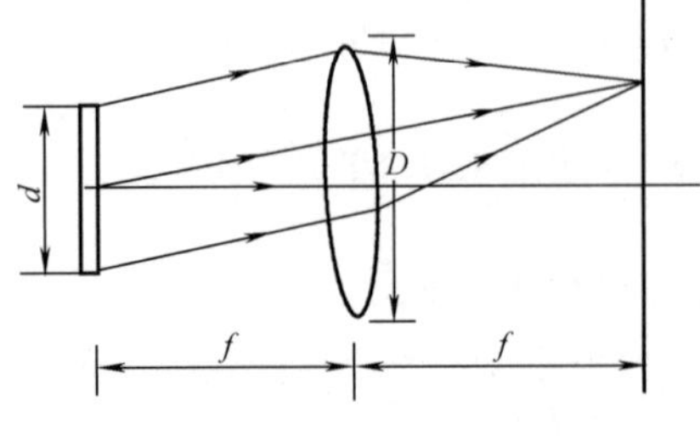

图 14-45 习题11图

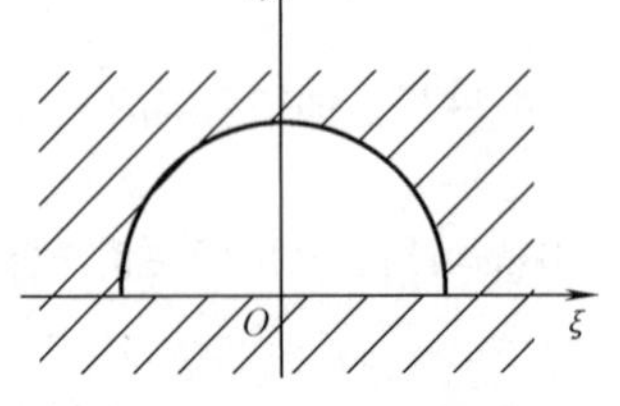

图 14-46 习题16图

17. 在图 14-23 所示的信息处理系统中，在 xy 平面上放置一正弦光栅，其振幅透射系数为 $t(x)=\frac{1}{2}+\frac{1}{2}\cos 2\pi u_o x$。(1) 在频谱面的中央设置一小圆屏挡住光栅的零级谱，求这时像面上的光强度分布；(2) 移动小圆屏，挡住光栅的 -1 级谱，像面上的光强分布又是怎样？

18. 试利用阿贝成像理论证明，当物体受相干光倾斜照明时，显微镜的最小分辨距可以达到

$$d=\frac{0.5\lambda}{n\sin u}$$

（提示：显微镜能够分辨周期为 d 的物体结构，至少其衍射的零级和 1 级谱能进入显微镜物镜）

19. 一个物体有如图 14-47 所示的周期性振幅透射系数，如将它置于相干光学处理系统的物面位置，并在频谱面上用一小圆屏把零级谱挡住，试说明在像面上将得到对比度反转的物体像。

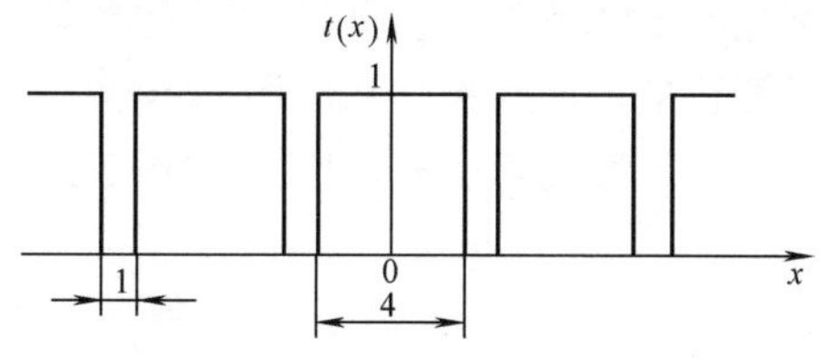

图 14-47　习题 19 图

20. 用相衬法来检测一块玻璃片的不平度时，若用波长 $\lambda=500\text{nm}$ 的光照明，并且分别使用 (1) 完全透明的相位板；(2) 光强透射比减小到 $\frac{1}{25}$ 的相位板。试求两种情况能检测玻璃片的最小不平度。设能够观测的最小对比度为 0.03，玻璃的折射率为 1.5。

21. 在阿贝-波特实验中，若物体是图 14-48a 所示的图形，经过空间滤波后，在像面得到的输出图像变为图 14-48b 所示的图形。试描述空间滤波器的形状，并解释它是怎样产生这个输出图像的。

22. 用全息法将图 14-49 所示的房顶、墙壁和天空三部分制成互成 120° 的余弦光栅，并置于一块玻璃片上，把此片放在 4f 系统的物平面上。用什么方法可使原来没有颜色的房顶、墙壁和天空分别变成红的、黄的和蓝的？

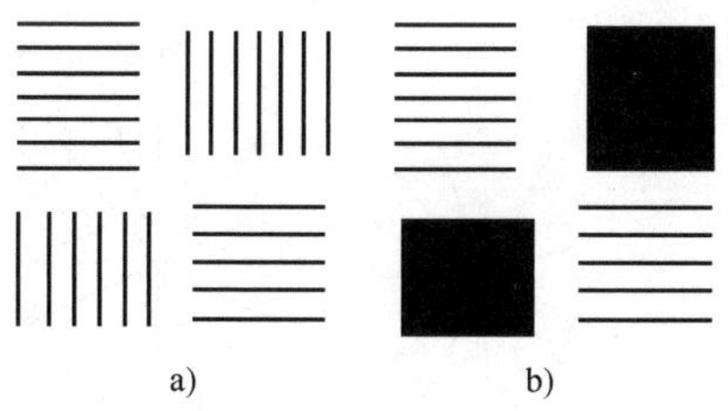

图 14-48　习题 21 图

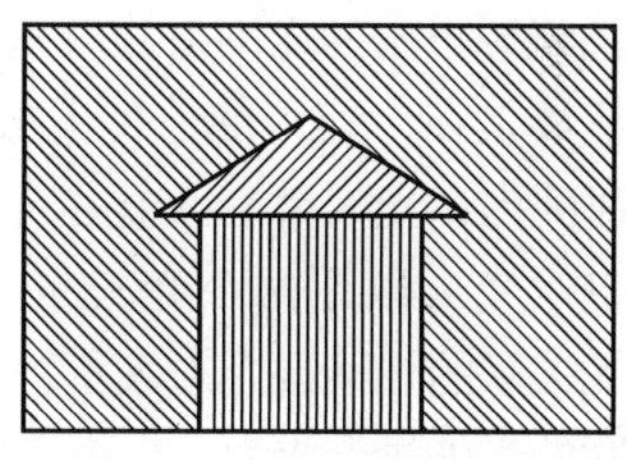

图 14-49　习题 22 图

第十五章　光的偏振和晶体光学基础

光的干涉和衍射现象说明了光具有波动性。光的偏振和在光学各向异性晶体中的双折射现象进一步证实了光的横波性。本章将在麦克斯韦电磁理论基础上，讨论双折射现象的产生和规律，着重说明单轴晶体的光学性质和光在单轴晶体中的传播；介绍晶体偏振光学元件、偏振光的干涉及磁光、电光、声光效应及其应用，并将介绍十分有用的偏振的矩阵表示和近年得到长足发展的液晶和应用。本章还引入了近年来备受关注的径向偏振光的概念。光的偏振特性在工程技术中有着广泛和重要的应用。

第一节　偏振光概述

一、偏振光和自然光

就偏振性而言，光一般可分为偏振光、自然光和部分偏振光。光矢量的方向和大小有规则变化的光称为偏振光。在传播过程中，光矢量的方向不变，其大小随相位变化的光是线偏振光，这时在垂直于传播方向的平面上，光矢量端点的轨迹是一直线。圆偏振光在传播过程中，其光矢量的大小不变，方向呈规则变化，其端点的轨迹是一个圆。椭圆偏振光的光矢量的大小和方向在传播过程中均呈规则变化，光矢量端点沿椭圆轨迹转动。任一偏振光都可以用两个振动方向互相垂直、相位有关联的线偏振光来表示。

从普通光源发出的光不是偏振光，而是自然光。自然光可以看成是在一切可能方位上振动的光波的总和，即在观察时间内，光矢量在各个方向上的振动几率和大小相同。自然光可以用两个光矢量互相垂直、大小相等、相位无关联的线偏振光来表示，但不能将这两个相位没有关联的光矢量合成为一个稳定的偏振光。

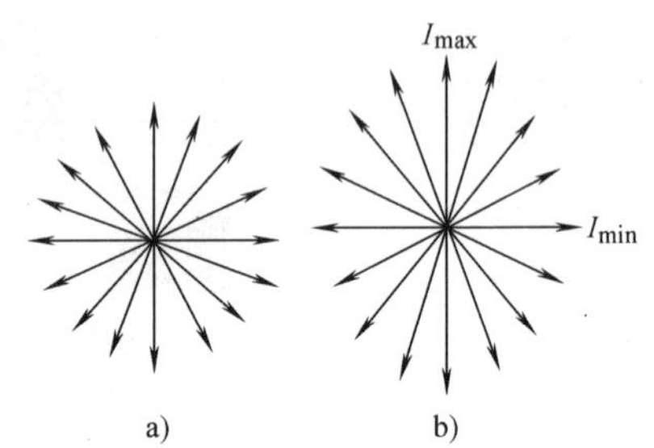

图 15-1　自然光和部分偏振光

a）自然光　b）部分偏振光

自然光在传播过程中，由于外界的影响，造成各个振动方向上的强度不等。使某一方向的振动比其他方向占优势，这种光叫做部分偏振光（见图 15-1）。图 b 中，光矢量沿垂直方向的振动占优势，其强度用 $I_{\max}$ 表示；与其垂直方向的振动处劣势，其强度记为 $I_{\min}$。当部分偏振光只是线偏振光和自然光的混合时，其中完全偏振光的强度为 $I_p = I_{\max} - I_{\min}$，它在部分偏振光总强度（$I_{\max} + I_{\min}$）中所占的比率 P 叫做偏振度，即

$$P = \frac{I_p}{I_p + I_n} = \frac{I_{\max} - I_{\min}}{I_{\max} + I_{\min}} \tag{15-1}$$

式中，I_n 为自然光的强度。显然，自然光的 $P=0$，完全线偏振光 $P=1$，部分偏振光 $0<P<1$。偏振度越大，其光束偏振化程度就越高。

二、产生线偏振光的方法

已经知道，一般光源发出的光不是偏振光，必须通过一定的途径才能从非偏振光中获取

偏振光。从自然光获取偏振光的方法主要有以下几种。

1. 反射及折射产生偏振光　由第十一章知道，当自然光以布儒斯特角入射到界面时，反射光成为光矢量垂直于入射面振动的线偏振光，透射光是偏振度很高的部分偏振光。因此任何光滑的电介质表面都可以获取线偏振光。可以选用折射率大的介质表面来提高反射光的强度，例如红外材料锗（Ge）的折射率 $n=4.0028$（对于 $\lambda=10.6\mu m$），当以布儒斯特角入射时，垂直分量的反射率为78%。也可以用增多锗片数的方法来提高透射光的偏振度，例如只需用三片锗堆就使透射光达到全偏振。这种用高折射率锗制作的红外反射或透射型偏振器在二氧化碳激光器中被广泛应用。

偏振分光镜是根据反射和折射原理产生偏振光的一种极有用的器件。如图15-2所示，在两直角玻璃棱镜之间交替地镀上高折射率 n_H 和低折射率 n_L 的膜层，然后胶合成一块立方棱镜。这些膜层起反射和透射型偏振器的作用。入射自然光垂直于棱镜表面、以45°角入射到多层介质膜上，经膜层的反射和折射，反射光与透射光垂直于棱镜表面以分开90°方向出射。

为了获取光束的最大偏振度，必须合理选取玻璃棱镜的折射率和膜层的材料、厚度及层数（见习题15-3）。显然，为使反射率大，相邻膜层的折射率应相差大，一般棱镜材料的选取应使光线在相邻材料（薄膜和薄膜）界面上的入射角等于布儒斯特角，以使反射光为线偏振光。膜层厚度的选取应使膜层上下表面反射光满足干涉加强的条件。膜层的层数则取决于对反射光或透射光偏振度的要求。例如在偏振分光镜的每一个直角棱镜上镀上三层硫化锌和两层冰晶石，就可以使从偏振棱镜出射的反射光和透射光的偏振度达到98%。

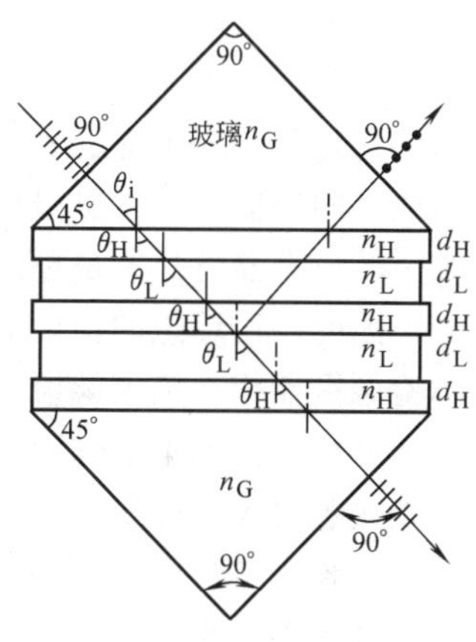

图15-2　偏振分光镜

2. 由二向色性产生线偏振光　有些各向异性的晶体对不同振动方向的偏振光有不同的吸收系数，这种特性称为二向色性。晶体的二向色性还与波长有关，即具有选择吸收特性，因此当振动方向互相垂直的两束线偏振白光通过晶体后呈现出不同的颜色。在天然晶体中，电气石具有很强的二向色性，当自然光入射时，1mm厚的电气石几乎将一个方向振动的光全部吸收掉，使透射光成为振动方向与该方向垂直的线偏振光，并且由于选择吸收，而使出射光呈蓝色。

此外，一些各向同性介质在受到外界作用时也会产生各向异性，并具有二向色性。利用这一特性获取偏振光的器件叫做人造偏振片。一种称作H偏振片的人造偏振器是这样制作的，把聚乙烯醇薄膜浸泡在碘溶液中，从而形成碘链，然后在较高温度下拉伸4~5倍，再烘干制成。拉伸的目的是使碘-聚乙烯醇分子形成的碘链沿拉伸方向规则排列成一条条导电的长碘链。当光入射时，因为碘中的传导电子能够沿着长链运动，因此入射光波中平行于长链方向的电场分量驱动链中电子，对电子作功而被强烈吸收；而垂直于长链方向的分量不对电子作功而透过。这样得到的透射光成为线偏振光，其光矢量垂直于拉伸方向。H偏振片在整个可见光范围内偏振度可达98%，但它的透明度低，在最佳波段上自然光入射时最大透射率为42%，且对各色可见光有选择吸收。但它的有效孔径几乎达180°，可以做得薄而大，且价廉，故获得了广泛应用。

K 偏振片可用于高温环境中。它是把拉伸的聚乙烯醇薄膜在氯化氢催化剂中加热脱水并定型制成的，同样具有极强的二向色性，且光化学性稳定，在强光照射下也不会褪色，但膜片略微变黑，透明度较低。

3. 双折射晶体产生线偏振光　在双折射晶体内，自然光被分解成光矢量互相正交的线偏振光传播，把其中的一束光拦掉，便得到线偏振光。最为重要的偏振器件是利用晶体的双折射制成的。在以后几节中将进一步讨论晶体的双折射特性及晶体偏振器件。

三、马吕斯定律和消光比

能够将自然光变为偏振光的器件称为起偏器，用于检验偏振光的器件称为检偏器。一束自然光通过偏振器后，出射线偏光矢量的振动方位是由偏振器决定的。称偏振器允许透过的光矢量的方向为偏振器的透光轴。使从起偏器出射的光通过一检偏器，则透过两偏振器后的光强 I 随两器件透光轴的夹角 θ 而变化，即

$$I = I_0 \cos^2\theta \tag{15-2}$$

称式(15-2)表示的关系式为马吕斯（Malus）定律。可知，当两偏振器透光轴平行（$\theta = 0$）时，透射光强最大，为 I_0；当两偏振器透光轴互相垂直（$\theta = 90°$）时，如果偏振器是理想的，则透射光强为零，没有光从检偏器出射，称此时检偏器处于消光位置，同时说明从起偏器出射的光是完全线偏振光；当两偏振器相对转动时，随着 θ 的变化，可以连续改变透射光。因此，两偏振器装置也可用作连续可调的减光装置。

实际的偏振器件总不是理想的，即自然光透过后得到的不是完全的线偏振光，而是部分偏振光。因此，用理想的检偏器检验时，即使两偏振器的透光轴互相垂直，透射光强也不为零。称检偏振器相对被测偏振器转动时的最小透射光强与最大透射光强之比为被测偏振器的消光比。一般晶体偏振器的消光比（$10^{-4} \sim 10^{-5}$）优于二向色性偏振器（$\sim 10^{-3}$）。

消光比与最大透射率（透过的最大光强与入射光强之比）是评价偏振器性能的主要参数。消光比越小，最大透射率越大，该偏振器质量越高。

四、径向偏振光

线偏振光、圆偏振光和椭圆偏振光，其光矢量（电场矢量）是在垂直于光传播方向的光束横截面内振动，在此平面上每一点，光矢量的振动状态都一致。随着激光技术的发展，理论和实验发现，存在着一种轴对称光束，它的光矢量的方向相对于光传播方向（光轴）呈中心对称分布，在垂直于光传播方向的光束横截面内，其光矢量的方向与矢径的夹角保持不变。轴中心对称偏振分布中的两种典型状态即是径向偏振光和角向偏振光，这两种形式的光，其光矢量的方向在光束横截面上相对于光的传播方向（光轴）呈对称分布，且始终与径向平行或垂直。

若光场中光束横截面上每点光矢量的方向相对于径向的夹角为 φ_0（见图 15-3a），则该点光矢量的表示式（柱面坐标下）可写为

$$\widetilde{\boldsymbol{E}}(r, \varphi) = \widetilde{E}_0(r)\left[\boldsymbol{r}_0 \cos\varphi_0 + \boldsymbol{\phi}_0 \sin\varphi_0\right]$$

式中，$\boldsymbol{r}_0$ 和 $\boldsymbol{\phi}_0$ 分别是径向和角向（切向）的单位矢量，$\widetilde{E}_0(r)$ 是光场的复振幅分布。

当 $\varphi_0 = 0$ 时，其光矢量的方向沿着矢径方向，得到径向偏振光（见图 15-3b）的表达式为

$$\widetilde{\boldsymbol{E}}(r, \varphi) = \widetilde{E}_0(r)\,\boldsymbol{r}_0 = \widetilde{E}_0(r)\left[\boldsymbol{x}_0 \cos\varphi + \boldsymbol{y}_0 \sin\varphi\right]$$

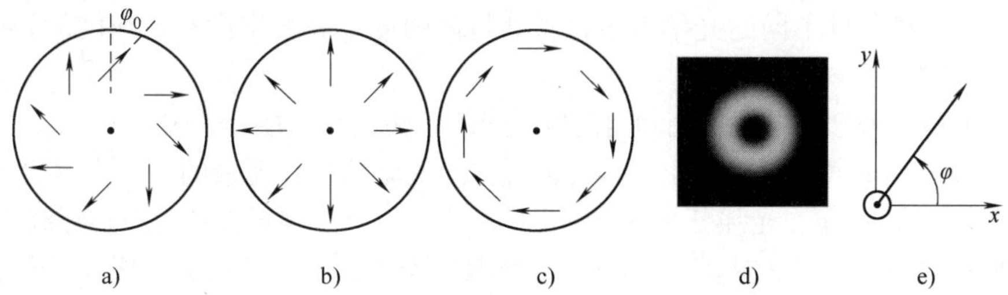

图 15-3　径向偏振光及其强度示意图

a）一般的轴对称偏振光　b）径向偏振光　c）角向偏振光　d）中空环状强度分布

e）直角坐标与柱面坐标关系（图中箭头指的是光矢量的方向）

当 $\varphi_0=\pi/2$ 时，其光矢量的方向与矢径垂直，得到角向偏振光（见图 15-3c）的表达式为

$$\widetilde{\boldsymbol{E}}(r,\ \varphi)=\widetilde{E}_0(r)\boldsymbol{\phi}_0=\widetilde{E}_0(r)[-\boldsymbol{x}_0\sin\varphi+\boldsymbol{y}_0\cos\varphi]$$

式中，$\boldsymbol{x}_0$，$\boldsymbol{y}_0$ 分别为直角坐标系 $\boldsymbol{x}$，$\boldsymbol{y}$ 方向的单位矢量。柱面坐标系与直角坐标系的关系如图 15-3e 所示。

已经知道，任何一种偏振光都可以用两个振动方向互相垂直，其相位有关联的线偏振光来描述。径向偏振光和角向偏振光同样可以用两个振动方向互相垂直，其相位差为零的线偏振光的合成来得到。

若使激光器输出两个正交的线偏振光 $\widetilde{E}_{\mathrm{TEM}_{10}}$ 和 $\widetilde{E}_{\mathrm{TEM}_{01}}$ 的光场分布分别表示为

$$\widetilde{\boldsymbol{E}}_{\mathrm{TEM}_{10}}(r,\ \varphi)=\boldsymbol{x}_0\widetilde{E}_{\mathrm{TEM}_{10}}(r,\ \varphi)=\boldsymbol{x}_0\widetilde{E}_0(r)\cos\varphi$$

$$\widetilde{\boldsymbol{E}}_{\mathrm{TEM}_{01}}(r,\ \varphi)=\boldsymbol{y}_0\widetilde{E}_{\mathrm{TEM}_{01}}(r,\ \varphi)=\boldsymbol{y}_0\widetilde{E}_0(r)\sin\varphi$$

则相干叠加后可得到径向偏振光和角向偏振光，其表达式分别为

$$\widetilde{E}(r,\ \varphi)=\boldsymbol{x}_0\widetilde{E}_{\mathrm{TEM}_{10}}(r,\ \varphi)+\boldsymbol{y}_0\widetilde{E}_{\mathrm{TEM}_{01}}(r,\ \varphi)=\boldsymbol{r}_0\widetilde{E}_0(r)$$

$$\widetilde{E}(r,\ \varphi)=\boldsymbol{y}_0\widetilde{E}_{\mathrm{TEM}_{10}}(r,\ \varphi)-\boldsymbol{x}_0\widetilde{E}_{\mathrm{TEM}_{01}}(r,\ \varphi)=\boldsymbol{\phi}_0\widetilde{E}_0(r)$$

图 15-4 是径向偏振光和角向偏振光由此产生的原理示意图。

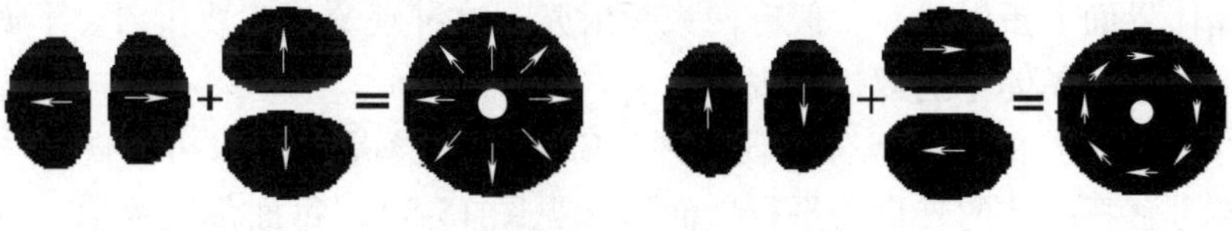

a)　　b)

图 15-4　两个正交线偏振光合成

a）径向偏振光和　b）角向偏振光的原理示意图

据此原理，实验研究获取径向偏振光和角向偏振光的方法大致分为两类：一类是在激光器的谐振腔外，利用正交的两束线偏振光的TEM$_{01}$模式和TEM$_{10}$模式的高斯光束相干涉来获取；一类是在激光器谐振腔内用光学元件合成两束正交的线偏振TEM$_{01}$模式的高斯光束来直

接得到。人们应用各种不同的光学方法以求获得高强度、高稳定度和高纯度的径向偏振光（可参阅相关资料）。

进一步的研究得知径向偏振光和角向偏振光的一些主要特性及其应用。

1. 径向偏振光和角向偏振光由于具有轴对称的偏振结构，光束的形式为一阶贝塞耳-高斯（Bessel-Gauss）分布，光强分布具有轴上中心零点，且光强最大值出现在环绕光轴位置，其轮廓呈环状的中空分布（见图 15-3d）；径向偏振光还具有沿轴的光场纵向分量，其强度分布在光轴上具有极大值。而线偏振光则是零阶贝塞耳-高斯光束，只具有轴上中心光强最大值。

2. 径向偏振光在强聚焦情况下有锐利的聚焦性能。聚焦（近轴焦点）的径向偏振光具有一个很强的轴上纵向场分量，其强度远大于横向场分量，并随着聚焦系统数值孔径的增大而增强。角向偏振光无此轴向纵向分量，在光轴上场强具有最小值。而且径向偏振光的环形光束模式可以使得所有聚焦光线的光矢量都与焦点处的光轴平行，从而得到焦点处的光场分布呈螺旋对称分布，不会引起聚焦光场的部分消减。而在线偏振光情况下，则会出现焦点处场分量的非螺旋对称分布，导致焦点的不对称变形，引起聚焦光场的部分消减。

径向偏振光的这些特性，使它较之一般的圆偏振光和线偏振光有更卓越的应用。径向偏振光经大数值孔径的透镜聚焦后，可以产生超越衍射极限的极小的焦斑，聚焦光斑尺寸比线偏振光时要小得多，而且焦点区域纵向光场非常强。这一性能可用于高分辨的显微成像，特别是径向偏振光具有轴上光强呈中空的环状分布，在暗场扫描显微成像中能更好地发现显微样品上的瑕疵和凹凸。利用径向偏振光极强的纵向分量能提高拉曼光谱显微镜探针的灵敏度，有助于显微探针达到原子量级的分辨率。径向偏振光在近轴焦平面上能产生比圆偏振光更紧密的光斑尺寸，从而可提高光学存储的线密度。在激光加工、金属切割、粒子加速和光学捕获等高科技研究上，径向偏振光表现出巨大的潜在应用价值。

对径向偏振光和角向偏振光的特性、产生和应用研究的进一步了解可参阅相关资料。

第二节 光在晶体中的传播

一、晶体的双折射现象

一束单色的自然光入射在各向同性介质界面时，按照折射定律，折射光只有一束。但当在各向异性晶体界面上折射时，一般有两束折射光，这种现象称为双折射。下面以常用的方解石晶体为例，讨论晶体中的双折射现象。

方解石（冰州石）的化学成分是碳酸钙（$CaCO_3$），这是一种双折射现象非常显著的天然晶体。天然方解石晶体的外形为平行六面体（见图 15-5），每面都是菱形，且每个菱面都具有 102°和 78°的一对角度。由三面钝角组成的一对钝顶角称为钝隅。由于方解石的双折射特性，晶体中的折射光分成两支，所以通过方解石观察物体时可以看到两个像。

1. 寻常光线和非常光线　对方解石的双折射现象研究表明，晶体中的两条折射光线中，一条的折射行为遵循折射定律，即不论入射光线方位如何，折射光线总在入射面内，且入射角的正弦与折射角的正弦之比为常数，因此称这条折射光线为寻常光线或 o 光线；另一条折射光线则不同，一般情况下，入射角的正弦与折射角的正弦之比不是常数，且折射光线往往不在入射面内，即不遵守折射定律，称它为非常光线或 e 光线。进一步用检偏器来检验这两支光的偏振态，发现均为线偏振光。

2. 晶体的光轴、主平面、主截面　光轴是晶体中存在的一个特殊方向，当光在晶体中沿此方向传播时不产生双折射现象。显然，在晶体中凡是与此方向平行的任何直线都是晶体的光轴。实验指出，当方解石的各棱等长时，相对的两个钝隅的连线就是光轴的方向（见图 15-5），当光在方解石内沿这一方向传播时，o、e 光的传播方向相同，其传播速度也相同，不产生双折射。

通常把光线在晶体中的传播方向与光轴组成的平面称为该光线的主平面。称光轴和晶面法线组成的面为晶体的主截面。当光线在主截面内入射，即入射面与主截面重合时，此时 o、e 光都在该平面内，该面也是 o、e 光的共同主平面。一般情况下，两主平面并不重合。实际使用时，有意选取入射面与主截面重合的情况。

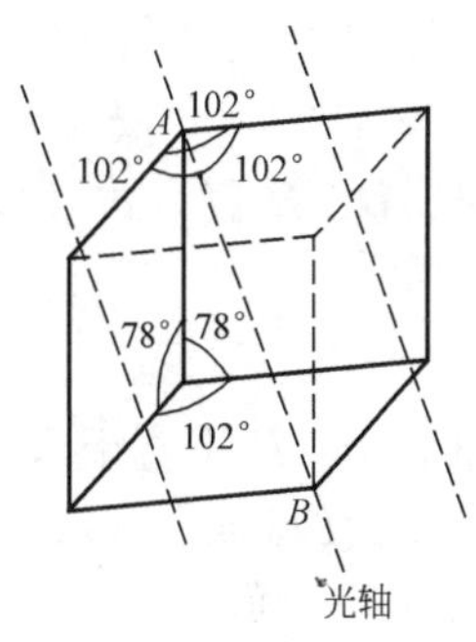

图 15-5　方解石晶体

二、晶体的各向异性和介电张量

1. 晶体的各向异性　光在晶体中出现的双折射现象，说明晶体在光学上的各向异性，表现在对不同方向的光振动，在晶体中有不同的传播速度或折射率，实质上表示晶体物质对入射光电磁场相互作用的各向异性。应该指出，一些非晶物质的分子、原子的排列也具有不对称性，但由于它们在物质中的无序排列，呈现出宏观的各向同性，但在外界场（应力、电场或磁场）作用下，会出现规则排列而呈现各向异性，这就是人为的各向异性。

2. 晶体的介电张量　晶体光学也是以麦克斯韦方程和物质方程为基础的。已经知道，各向同性物质中，电感强度 $\boldsymbol{D}$ 与电场强度 $\boldsymbol{E}$ 的关系由下式给出

$$\boldsymbol{D}=\varepsilon\boldsymbol{E}=\varepsilon_0\varepsilon_r\boldsymbol{E}$$

ε 是个标量常数,因此 $\boldsymbol{D}$ 和 $\boldsymbol{E}$ 的方向一致。但在各向异性晶体中,极化是各向异性的,因而 ε 的取值与电场的方向有关,此时介电常数应由介电张量$[\varepsilon]$所代替,ε 用张量表示时,有

$$[\varepsilon]=[\varepsilon_{ij}] \tag{15-3}$$

用 i，$j=1$，2，3 分别对应着直角坐标系的三个方向，则 $\boldsymbol{D}$ 与 $\boldsymbol{E}$ 的关系可写成

$$D_i=\sum_{j=1}^{3}\varepsilon_{ij}E_i \tag{15-4}$$

当媒质无吸收和无旋光性时，(ε_{ij}) 是实数，由能量守恒原理可以证明在正交坐标系 x，y，z 中介电张量 $[\varepsilon]$ 是一对称张量，即 $\varepsilon_{ij}=\varepsilon_{ji}$。可用矩阵表示为：

$$[\varepsilon]=\begin{bmatrix}\varepsilon_x & 0 & 0\\ 0 & \varepsilon_y & 0\\ 0 & 0 & \varepsilon_z\end{bmatrix} \tag{15-5}$$

x，y，z 三个互相垂直的方向称为晶体的主轴方向，ε_x，ε_y，ε_z 称为晶体的主介电常数。在主轴坐标系中，$\boldsymbol{D}$ 能用简单的形式表示

$$D_x=\varepsilon_xE_x,\qquad D_y=\varepsilon_yE_y,\qquad D_z=\varepsilon_zE_z \tag{15-6}$$

由以上讨论得出如下重要结论：各向异性晶体中，由于一般地，$\varepsilon_x\neq\varepsilon_y\neq\varepsilon_z$，因此 $\boldsymbol{D}$ 和 $\boldsymbol{E}$ 有不同的方向，仅当电场 $\boldsymbol{E}$ 的方向沿着三主轴（x，y，z）之一方向时，$\boldsymbol{D}$ 与 $\boldsymbol{E}$ 才平行。

晶体就其光学性质可分成三类。一类是三个主介电常数相等，即 $\varepsilon_x=\varepsilon_y=\varepsilon_z$，这时晶体

中任一方向上，$\boldsymbol{D}$ 与 $\boldsymbol{E}$ 平行，这类晶体是光学各向同性的；第二类晶体中有两个主介电常数相等，例如 $\varepsilon_x=\varepsilon_y\neq\varepsilon_z$，此时光轴方向平行于 z 轴，称这类晶体为单轴晶体，如方解石、石英、KDP（磷酸二氢钾）和红宝石等；第三类晶体对应 $\varepsilon_x\neq\varepsilon_y\neq\varepsilon_z$ 的情况，一般有两个光轴方向，称为双轴晶体，如云母、石膏、蓝宝石、硫磺等。

三、单色平面波在晶体中的传播

下面利用麦克斯韦方程组和晶体中的物质方程讨论单色平面波在晶体中传播的特点。

1. 法线速度和光线速度　设晶体中传播着一束波矢量为 $\boldsymbol{k}$ 的单色平面波，可表示为

$$\boldsymbol{E}=\boldsymbol{E}_0\mathrm{e}^{\mathrm{i}(\boldsymbol{k}\cdot\boldsymbol{r}-\omega t)},\qquad D=D_0\mathrm{e}^{\mathrm{i}(\boldsymbol{k}\cdot\boldsymbol{r}-\omega t)},\qquad H=H_0\mathrm{e}^{\mathrm{i}(\boldsymbol{k}\cdot\boldsymbol{r}-\omega t)}$$

将 $\boldsymbol{E}$，$\boldsymbol{D}$，$\boldsymbol{H}$ 代入式（11-10）、式（11-15）得到

$$\boldsymbol{k}\times\boldsymbol{E}=\omega\mu_0\boldsymbol{H} \tag{15-7}$$

$$\boldsymbol{k}\times\boldsymbol{H}=-\omega\boldsymbol{D} \tag{15-8}$$

不难看出：$\boldsymbol{D}$ 垂直于 $\boldsymbol{H}$ 和 $\boldsymbol{k}$；$\boldsymbol{H}$ 垂直于 $\boldsymbol{E}$ 和 $\boldsymbol{k}$。因此，$\boldsymbol{D}$、$\boldsymbol{H}$、$\boldsymbol{k}$ 组成右手螺旋正交系。另外，由式(11-43)可知，$\boldsymbol{E}$、$\boldsymbol{H}$、$\boldsymbol{S}$ 也构成右手螺旋正交系，可知，$\boldsymbol{D}$、$\boldsymbol{E}$、$\boldsymbol{k}$ 和 $\boldsymbol{S}$ 在同一垂直于 $\boldsymbol{H}$ 的平面内；又由于一般情况下 $\boldsymbol{D}$ 和 $\boldsymbol{E}$ 不同向，所以 $\boldsymbol{k}$ 与 $\boldsymbol{S}$ 也不同向（参见图 15-6）。至此，得到下列关于晶体光学性质的重要结论：由于晶体的各向异性，在晶体中传播的单色平面波的 $\boldsymbol{D}$ 与 $\boldsymbol{E}$ 一般不同向，因而波法线方向 $\boldsymbol{k}$（波面的传播方向）与光线方向 $\boldsymbol{S}$（能量的传递方向）一般不同向。$\boldsymbol{D}$ 与 $\boldsymbol{E}$ 的夹角 $\boldsymbol{\alpha}$ 就是 $\boldsymbol{k}$ 与 $\boldsymbol{S}$ 间的夹角。

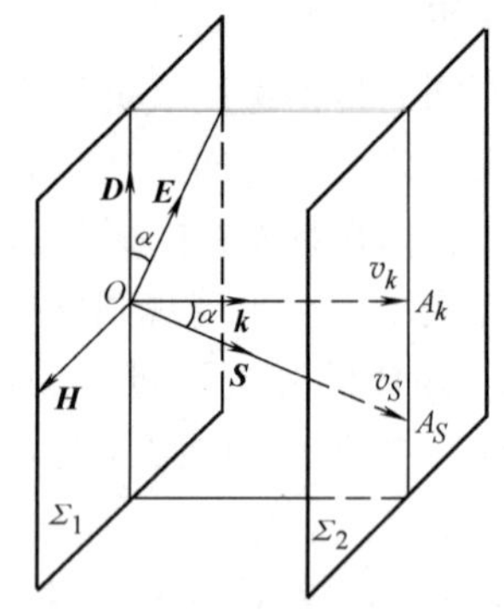

图 15-6　晶体中 $\boldsymbol{D}$，$\boldsymbol{E}$，$\boldsymbol{k}$，$\boldsymbol{s}$ 与 $\boldsymbol{H}$ 的方向关系

从图 15-6 中还可以看到，当光线从波面 Σ_1 的 O 点传播到波面 Σ_2 的 A_S 点时，波面沿着法线方向传播到 Σ_2 上的 A_k 点，易见，光线速度 v_S 与波面法线速度（即相速度）v_k 间的关系为

$$v_k=v_S\cos\alpha \tag{15-9}$$

参照相速度 v_k 与折射率 n 的关系，在形式上可以定义与光线速度对应的光线折射率 n_S

$$n_S=c/v_S=n\cos\alpha \tag{15-10}$$

2. 光在晶体中传播的菲涅耳方程　由方程式(15-7)、(15-8)消去 $\boldsymbol{H}$，得到

$$\boldsymbol{D}=\varepsilon_0n^2[\boldsymbol{E}-(\boldsymbol{E}\cdot\boldsymbol{k}_0)\boldsymbol{k}_0]=\frac{\boldsymbol{\varepsilon}_0\boldsymbol{c}^2}{v_k^2}[\boldsymbol{E}-(\boldsymbol{E}\cdot\boldsymbol{k}_0)\boldsymbol{k}_0] \tag{15-11}$$

式中利用了关系式 $\boldsymbol{k}=|k|\boldsymbol{k}_0=\frac{\omega}{c}n\boldsymbol{k}_0$，$\boldsymbol{k}_0$ 是 $\boldsymbol{k}$ 的单位矢量，c 是光速，ω 是角频率，$n(=c/v_k)$是折射率。

由图 15-7，并利用关系式(15-10)，可写出 E 的表达式

$$\boldsymbol{E}=\frac{1}{\varepsilon_0{n_S}^2}[(\boldsymbol{D}-\boldsymbol{D}\cdot\boldsymbol{S}_0)\boldsymbol{S}_0]=\frac{v_S^2}{\varepsilon_0c^2}[\boldsymbol{D}-(\boldsymbol{D}\cdot\boldsymbol{S}_0)\boldsymbol{S}_0] \tag{15-12}$$

式中，$\boldsymbol{S}_0$ 是光线方向 $\boldsymbol{S}$ 的单位矢量。式(15-11)给出了波传播方向 $\boldsymbol{k}_0$ 与法线速度 v_k 和折射率 n 的关系；式(15-12)则给出了光线（能量）传播方向 $\boldsymbol{S}_0$ 与光线速度 v_S 和光线折射率 n_S

的关系。它们是晶体光学性质的基本方程，决定着电磁波在晶体中传播的性质。

现在写出式(15-11)在晶体主轴坐标系中的分量，并代入关系 $\varepsilon_i=\varepsilon_0\varepsilon_{\mathrm{r}i}$（$i=x$，$y$，$z$。$\varepsilon_{\mathrm{r}i}$是相对介电常数），得

$$D_i=\frac{\varepsilon_0 k_{oi}(\boldsymbol{E}\cdot\boldsymbol{k}_0)}{\dfrac{1}{\varepsilon_{\mathrm{r}i}}-\dfrac{1}{n^2}}\qquad(i=x,y,z)\tag{15-13}$$

利用$\boldsymbol{D}\cdot\boldsymbol{k}_0=0$，由式(15-13)可得到

$$\frac{k_{0x}^2}{\dfrac{1}{n^2}-\dfrac{1}{\varepsilon_{rx}}}+\frac{k_{0y}^2}{\dfrac{1}{n^2}-\dfrac{1}{\varepsilon_{ry}}}+\frac{k_{0z}^2}{\dfrac{1}{n^2}-\dfrac{1}{\varepsilon_{rz}}}=0\tag{15-14}$$

若利用 $v_{\mathrm{k}}=c/n$，再定义沿三个主轴方向的主传播速度 v_i

$$v_i=c/\sqrt{\varepsilon_{\mathrm{r}i}}\qquad(i=x,\ y,\ z)\tag{15-15}$$

式(15-14)可写成

$$\frac{k_{0x}^2}{v_{\mathrm{k}}^2-v_x^2}+\frac{k_{0y}^2}{v_{\mathrm{k}}^2-v_y^2}+\frac{k_{0z}^2}{v_{\mathrm{k}}^2-v_z^2}=0\tag{15-16}$$

式(15-14)和式(15-16)均称为波法线菲涅耳方程，它们给出了单色平面波在晶体中传播时，光波折射率 n 或波法线速度 v_{k} 与波法线方向 $\boldsymbol{k}_0$ 的函数关系，表示波的传播速度与传播方向有关。显然，菲涅耳方程是关于 n^2 或 v_{k}^2 的一个二次方程，对应晶体中一个已知的波法线方向 $\boldsymbol{k}_0$，一般有两个独立的实根 n'和 n''（另外两个负根没有意义而略去）或 v'_{k} 和 v''_{k}，即可以有两种不同的光波折射率或两种不同的光波法线速度。利用式(15-13)，分别代入 n'和 n''，得到 n'、n''对应的两个光波的 $\boldsymbol{E}'$和 $\boldsymbol{E}''$，这是两个线偏振光；再由式(15-6)和式(15-13)，能够求出相应的两个光波的 $\boldsymbol{D}'$和 $\boldsymbol{D}''$，并证明 $\boldsymbol{D}'$和 $\boldsymbol{D}''$正交。

于是，得到关于晶体光学性质的又一重要结论：对于晶体中既定的一个波法线方向，可以有两束特定振动方向的线偏振波传播，它们有两种不同的光波折射率或两种不同的波法线速度，且这两个波的振动面互相垂直；并且，一般情况下，这两个光波的 $\boldsymbol{E}$ 和 $\boldsymbol{D}$ 不平行，因而两个光波有不同的光线速度和光线方向（见图 15-8）。

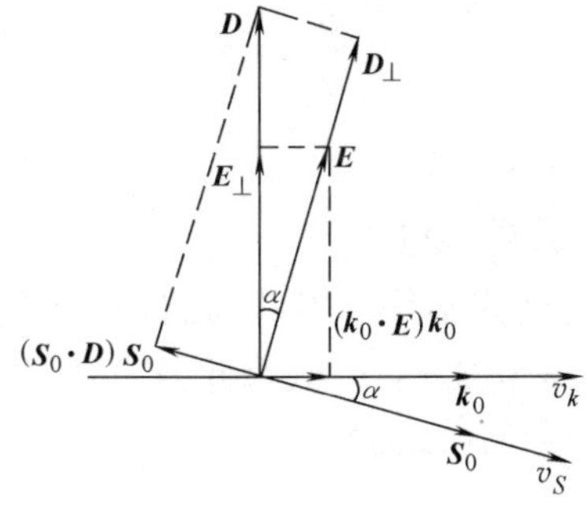

图 15-7　晶体中 $\boldsymbol{E}$，$\boldsymbol{D}$，$\boldsymbol{H}$，$\boldsymbol{S}_0$，$\boldsymbol{k}_0$ 间的关系

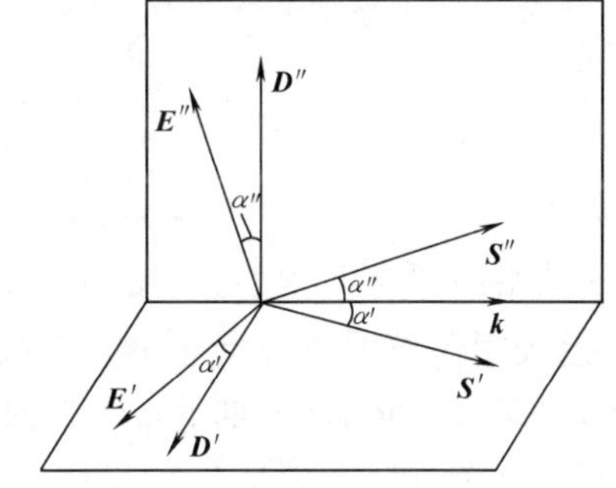

图 15-8　对应 $\boldsymbol{k}_0$ 方向的 $\boldsymbol{D}$、$\boldsymbol{S}$、$\boldsymbol{E}$ 的两个可能方向

根据式(15-12)，利用关系 $\boldsymbol{E}\cdot\boldsymbol{S}_0=0$，类似地可以得到光线菲涅耳方程

$$\frac{S_{0x}^2}{\frac{1}{v_S^2}-\frac{1}{v_x^2}}+\frac{S_{0y}^2}{\frac{1}{v_S^2}-\frac{1}{v_y^2}}+\frac{S_{0z}^2}{\frac{1}{v_S^2}-\frac{1}{v_z^2}}=0 \tag{15-17}$$

上式给出了晶体中光线速度与光线方向的关系。可以知道，对应于晶体中一个给定的光线方向，允许有两个不同光线速度的线偏振波传播，并且其波的振动面互相垂直；一般情况下，这两个波的法线速度和法线方向也不同。

需要指出，在一定的晶体中，由于波法线方向与光线方向之间的投影关系，一般只要知道光波法线的传播规律就能推得相应光线的传播规律。

3. 单轴晶体中光的传播　对于单轴晶体，有 $\varepsilon_x=\varepsilon_y\neq\varepsilon_z$，或 $n_x=n_y=\sqrt{\varepsilon_{rx}}=n_o$，$n_z=\sqrt{\varepsilon_{rz}}=n_e$，且 $n_o\neq n_e$，n_o 和 n_e 分别为单轴晶体的 o 光折射率和 e 光主折射率。同时可知，主轴 x、y 可以在垂直于 z 轴的平面上任意选取。现在应用菲涅耳方程讨论单轴晶体中光的传播特性。为方便起见，选取给定的波法线方向 $\boldsymbol{k}_0$ 在 yz 平面内，且与 z 轴的夹角为 θ，则 $\boldsymbol{k}_0$ 在三主轴上分量为

$$k_{0x}=0,\qquad k_{0y}=\sin\theta,\qquad k_{0z}=\cos\theta$$

将它们代入菲涅耳方程式(15-14)，得到

$$(n^2-n_o^2)[n^2(n_o^2\sin\theta+n_e^2\cos^2\theta)-n_o^2n_e^2]=0$$

由上式可解得两个实根

$$n'^2=n_o^2 \tag{15-18a}$$

$$n''^2=\frac{n_o^2n_e^2}{n_o^2\sin^2\theta+n_e^2\cos^2\theta} \tag{15-18b}$$

这表示在单轴晶体中,给定一个波法线方向 $\boldsymbol{k}_0$ 可以有两种折射率不同的光波。一种光波的折射率与 $\boldsymbol{k}_0$ 无关,总有 $n'=n_o$,称这个光波为寻常光,即 o 光;另一种光波的折射率 n''随波法线 $\boldsymbol{k}_0$ 对 z 轴的夹角 θ 而变,即与波的传播方向有关,称为非常光,即 e 光。对于 e 光,当 $\theta=\pi/2$ 时,$n''=n_e$;当 $\theta=0$ 时,$n'=n''=n_o$,可见当 $\boldsymbol{k}_0$ 与 z 轴重合,即光波沿 z 轴传播时,o、e 光波有相同的折射率和相同的法线速度,不发生双折射。因此把 z 轴方向称为光轴方向。

进一步确定 o 光波和 e 光波的振动方向。整理式(15-13)，对于 o 光波，代入 $n=n'=n_o$ 及 $\boldsymbol{k}_0$ 分量，并注意单轴晶体时，$\varepsilon_{rx}=\varepsilon_{ry}=n_o^2$，$\varepsilon_{rz}=n_e^2$，得到

$$\left.\begin{aligned}&(n_o^2-n_o^2)E_x=0\\&(n_o^2-n_o^2\cos^2\theta)E_y+n_o^2\sin\theta\cos\theta E_z=0\\&n_o^2\sin\theta\cos\theta E_y+(n_e^2-n_o^2\sin^2\theta)E_z=0\end{aligned}\right\} \tag{15-19a}$$

由第一式给出 $E_x\neq0$;因为方程的第二、三两式的系数行列式不等于零,因此有 $E_y=E_z=0$,$E_x\neq0$。这表明,o 光是 $\boldsymbol{E}$ 平行于 x 方向振动的线偏振光,由于 $\boldsymbol{D}=\varepsilon_o n_o^2\boldsymbol{E}$,因此 $\boldsymbol{D}$ 与 $\boldsymbol{E}$ 平行,o 光的 $\boldsymbol{D}$ 也沿着 x 方向,两者都垂直于光轴与波法线组成的平面(yz 面)。

对于 e 光,将 $n=n''$及 $\boldsymbol{k}_0$ 分量代入式(15-13)，得

$$\left.\begin{aligned}&(n_o^2-n''^2)E_x=0\\&(n_o^2-n''^2\cos^2\theta)E_y+n''^2\sin\theta\cos\theta E_z=0\\&n''^2\sin\theta\cos\theta E_y+(n_e^2-n''^2\sin^2\theta)E_z=0\end{aligned}\right\} \tag{15-19b}$$

将式(15-18b)代入上式，因为上式中的第二、三式的系数行列式为零，故 E_y、$E_z\neq0$；且因

$n'' \neq n_o$，知 $E_x=0$，$D_x=0$。可见，e 光的 $\boldsymbol{E}$ 和 $\boldsymbol{D}$ 均位于 yz 平面内，即在 $\boldsymbol{k}_0$ 与光轴 z 组成的平面内振动，但 $\boldsymbol{E}$ 和 $\boldsymbol{D}$ 不同向，因而 e 光的波法线与光线方向也不一致。

总之，在单轴晶体中，对应于给定的波法线方向 $\boldsymbol{k}_0$，产生一个 o 光和一个 e 光，它们都是线偏振光，其振动方向互相垂直。o 光的 $\boldsymbol{E}$ 和 $\boldsymbol{D}$ 互相平行并垂直于波法线与光轴所组成的面，且折射率不依赖于传播方向 $\boldsymbol{k}_0$，光线方向与波法线方向一致，类同于各向同性媒质中的传播。而 e 光的 $\boldsymbol{E}$ 和 $\boldsymbol{D}$ 在光轴与波法线 $\boldsymbol{k}_0$ 所组成的平面内，但一般 $\boldsymbol{E}$、$\boldsymbol{D}$ 不一致，其光线方向与波法线方向不重合，且其折射率随传播方向 $\boldsymbol{k}_0$ 而变（见图 15-9）。

晶体光学中，称波法线方向与光线方向的夹角为离散角。对于单轴晶体，o 光的离散角总是等于零。现在求取 e 光离散角的关系式。由图 15-9 可见，若 θ 为 e 光波法线与光轴 z 的夹角，θ' 为 e 光线与光轴 z 的夹角，则离散角 $\alpha=\theta-\theta'$。

因为

$$\tan\theta' = \frac{(S_e)_y}{(S_e)_z} = -\frac{E_z}{E_y}$$

将式(15-18b)代入式(15-19b)后用于上式，得

$$\tan\theta' = \frac{n_o^2}{n_e^2}\tan\theta \tag{15-20}$$

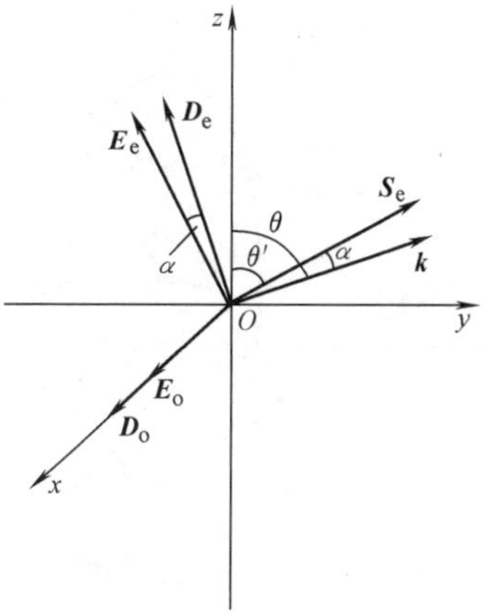

图 15-9　单轴晶体中 o、e 光各矢量的方向

利用三角函数关系，则有

$$\tan\alpha = \tan(\theta-\theta') = \left(1-\frac{n_o^2}{n_e^2}\right)\frac{\tan\theta}{1+\dfrac{n_o^2}{n_e^2}\tan^2\theta} = \frac{1}{2}\,\frac{n_e^2-n_o^2}{n_o^2\sin^2\theta+n_e^2\cos^2\theta}\sin2\theta \tag{15-21}$$

以上用晶体光学的基本理论讨论了单色平面波在单轴晶体中的传播特性。对于双轴晶体，这里就不专门讨论了。

第三节　晶体光学性质的几何表示

在晶体光学中，还常常使用一些几何图形来描述晶体的光学性质，说明晶体中光波的传播规律。诚然，这些直观的几何表示方法是以物理方程和基本关系为基础的。

一、折射率椭球

在晶体的介电主轴坐标系中折射率椭球方程可写成下式

$$\frac{x^2}{n_x^2}+\frac{y^2}{n_y^2}+\frac{z^2}{n_z^2}=1 \tag{15-22}$$

x、y、z 轴与介电主轴方向重合，分别对应主折射率 n_x、n_y 和 n_z。折射率椭球表示晶体折射率在晶体空间各个光波 $\boldsymbol{D}$ 方向上的全部取值分布。

折射率椭球具有以下性质：

（1）从折射率椭球中心出发的任一矢径 $\boldsymbol{r}=n\boldsymbol{d}$（$\boldsymbol{d}$ 是 $\boldsymbol{D}$ 的单位矢量），即矢径的方向表

示光波 $\boldsymbol{D}$ 矢量的一个振动方向，其矢径长度表示 $\boldsymbol{D}$ 矢量在该方向振动的光波的折射率。

（2）过折射率椭球中心作垂直于某一给定的波法线方向 $\boldsymbol{k}_0$ 的一个平面，它与椭球的截面是一椭圆（见图 15-10），则椭圆的长轴和短轴方向就是与 $\boldsymbol{k}_0$ 对应的允许存在的两个光波的 $\boldsymbol{D}$ 的方向 $\boldsymbol{D}'$、$\boldsymbol{D}''$，而长、短半轴的长度就等于这两个光波的折射率 n'、n''。

（3）利用折射率椭球得到 $\boldsymbol{D}$、$\boldsymbol{E}$、$\boldsymbol{k}_0$、$\boldsymbol{S}_0$ 之间的关系。即 $\boldsymbol{E}$ 矢量是 $\boldsymbol{D}$ 矢量端点处椭球切平面的法线；由于 $\boldsymbol{D}$、$\boldsymbol{E}$、$\boldsymbol{k}_0$、$\boldsymbol{S}_0$ 共面，又 $\boldsymbol{D}\perp\boldsymbol{k}_0$，$\boldsymbol{E}\perp\boldsymbol{S}_0$，可以得到相应的 $\boldsymbol{k}_0$ 与 $\boldsymbol{S}_0$ 的方向，并且 $\boldsymbol{k}_0$ 垂直于 $\boldsymbol{S}_0$ 与椭球交点处的切平面（见图 15-11）。

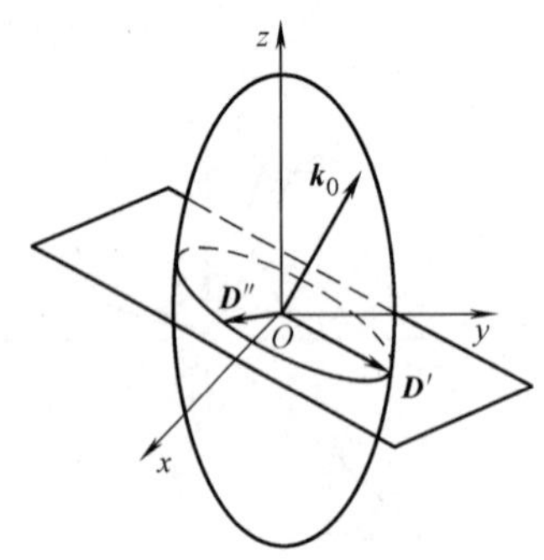

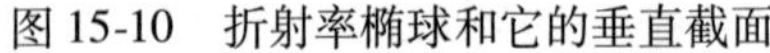

图 15-10　折射率椭球和它的垂直截面

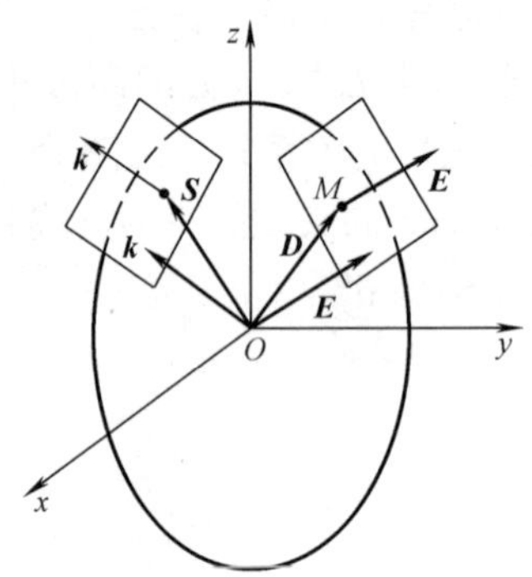

图 15-11　折射率椭球中 $\boldsymbol{D}$、$\boldsymbol{E}$、$\boldsymbol{k}_0$、$\boldsymbol{S}_0$ 的关系

二、法线面、光线面和波矢面

1. 法线面　从晶体中任一点 o，引各个方向的法线速度矢量 $\boldsymbol{v}_k$，其端点的轨迹就是法线面。因此法线面的矢径方向平行于某个给定的波法线方向 $\boldsymbol{k}_0$，而矢径长度对应于相应的两个光波的波法线速度 $\boldsymbol{v}_k$，即 $\boldsymbol{r}=v_k\boldsymbol{k}_0=\frac{c}{n}\boldsymbol{k}_0$，$|r|^2=v_k^2(k_{0x}^2+k_{0y}^2+k_{0z}^2)=x^2+y^2+z^2$。法线面是双层曲面（见图 15-12）。

由菲涅耳方程式(15-16)求取法线面与三个主轴坐标面的截线。例如，取 $k_{0x}=0$，得 yz 面上的交线方程为

$$(v_k^2-v_y^2)(v_k^2-v_x^2)k_{0z}^2+(v_k^2-v_x^2)(v_k^2-v_z^2)k_{0y}^2=0 \tag{15-23}$$

利用 $|\boldsymbol{k}_0|=1$，即

$$k_{0y}^2+k_{0z}^2=1 \tag{15-24}$$

式(15-23)可写成

$$\{v_k^2(k_{0y}^2+k_{0z}^2)-v_x^2\}\{v_k^4(k_{0z}^2+k_{0y}^2)^2-v_y^2v_k^2k_{0z}^2-v_z^2v_k^2k_{0y}^2\}=0 \tag{15-25}$$

代入 $v_kk_{0z}=z$，$v_kk_{0y}=y$，得如下两方程

$$\begin{cases}y^2+z^2=v_x^2 & (15\text{-}26\text{a})\\(y^2+z^2)^2=v_y^2z^2+v_z^2y^2 & (15\text{-}26\text{b})\end{cases}$$

式(15-26a)、式(15-26b)分别表示半径为 v_x 的圆和与 y、z 轴的交点各为 v_z 和 v_y 的四次曲线（见图 15-13b）。

对 xy 面和 zx 面作用样的讨论，可知法线面的三个截面（见图 15-13a、b、c）都是圆和卵形面（4 次曲面）。双层曲面交叉的 zx 面，自原点向两曲线交点所引的两条轴 C_1O、C_2O 叫做光轴或主光轴，表明在此方向上得到与振动方向无关的相等的法线速度。

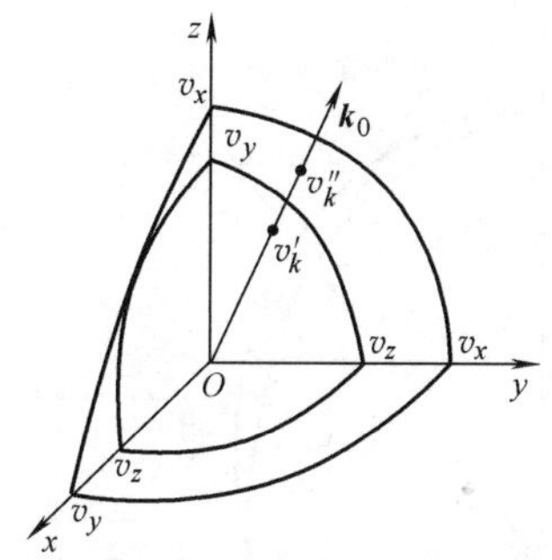

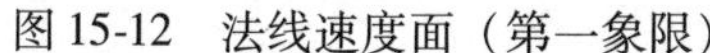
图 15-12 法线速度面（第一象限）

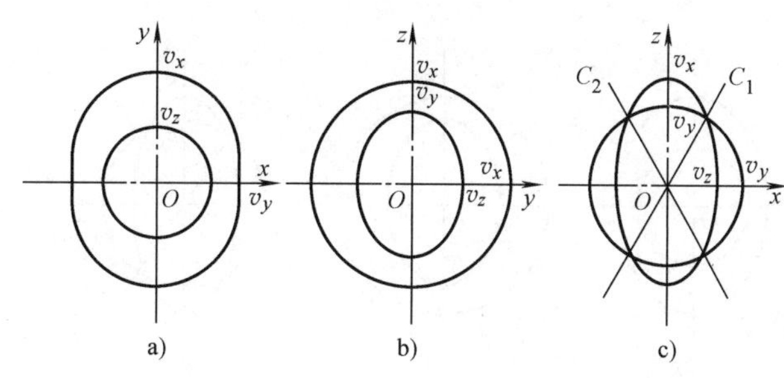

图 15-13 法线速度面之截面

a）xy 面 b）yz 面 c）zx 面

2. 光线面 光线面的矢径 $\boldsymbol{r}=v_S\boldsymbol{S}_0$，即矢径的方向平行于某一给定的光线方向 $\boldsymbol{S}_0$，矢径的长度等于相应光波的光线速度 v_S。由菲涅耳光线方程式(15-17)可知，光线面也是一个双层曲面（见图 15-14）。

类似于法线面的讨论，取 $S_{0x}=0$，得与 yz 面之交线方程为

$$\begin{cases} y^2+z^2=v_x^2 & (15\text{-}27\mathrm{a}) \\ \dfrac{y^2}{v_z^2}+\dfrac{z^2}{v_y^2}=1 & (15\text{-}27\mathrm{b}) \end{cases}$$

式(15-27a)表示半径为 v_x 的圆，式(15-27b)表示与 y、z 轴之交点为 v_z、v_y 的椭圆（见图 15-15b）。对 xy 面和 zx 面作相同讨论，得图 15-15a、c。易知光线面的每一截面都是圆和椭圆。同时，在 zx 面上连接交点和原点的两个方向 S_1O、S_2O 上，得到与振动面方向无关的确定的光线速度，此方向称为光线轴或副光轴。

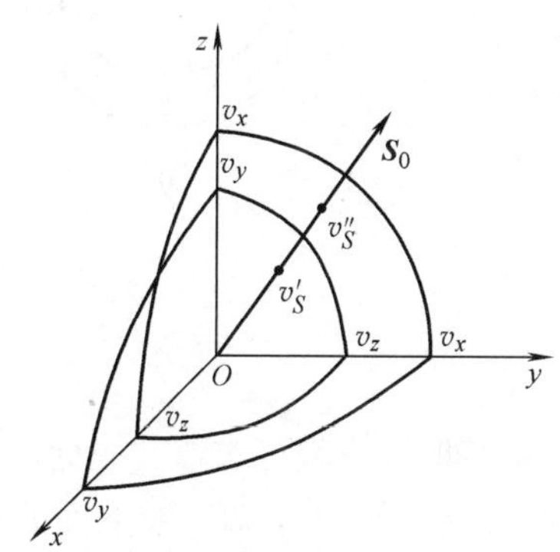

图 15-14 光线面（第一象限）

光线面与法线面之间存在着简单的几何关系（见图 15-16）。设 o 至光线面一点 P 的矢径为 $\boldsymbol{r}=v_S\boldsymbol{S}_0$，$P$ 点切平面交法线面于 P'点，O 至 P'点的矢径 $\boldsymbol{r}'=v_k\boldsymbol{k}_0$，因为 $v_k=v_S\cos\alpha$（α 是离散角），所以 P 点切平面总是垂直于相应的波法线，因此，法线面是光线面的垂足曲面；反之，光线面是通过法线面上各点所作的与矢径垂直的诸平面的包络面。

法线速度是决定媒质的折射率的，满足界面上的折射定律，但不伴随能量的传播；光线速度则表示能量的传播速度，并决定媒质中光线的方向，是光能量实际到达的位置。实际上光线面是某时刻点光源发出的光波的等相位面形成的包络面（见图 15-16），也就是实际的等相位面。

3. 波矢面 波矢面定义为这样一个双层曲面：其矢径 $\boldsymbol{r}=\boldsymbol{k}$（波矢量），或者 $\boldsymbol{r}=|\boldsymbol{k}|\boldsymbol{k}_0=\dfrac{\omega n}{c}\boldsymbol{k}_0$ ⊖，即矢径平行于某一给定的波法线方向 $\boldsymbol{k}_0$，矢径长度等于相应两个光波的波数 k。

⊖ 法线面的 $\boldsymbol{r}=v_k\boldsymbol{k}_0=\dfrac{c}{n}\boldsymbol{k}_0$，故波矢面（或折射率面）是法线面的倒数面。

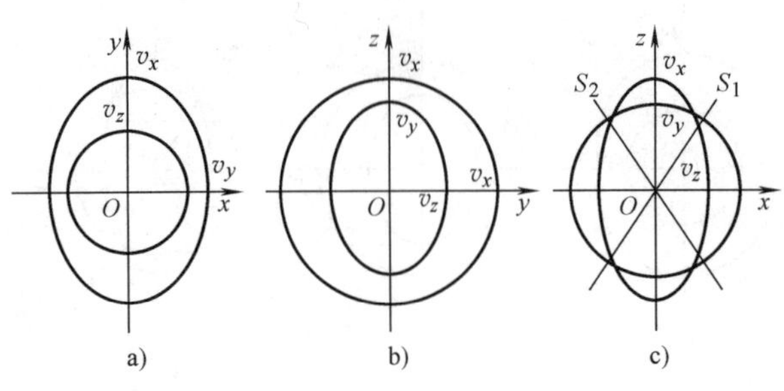

图 15-15 光线面之截面

a）xy 面 b）yz 面 c）zx 面

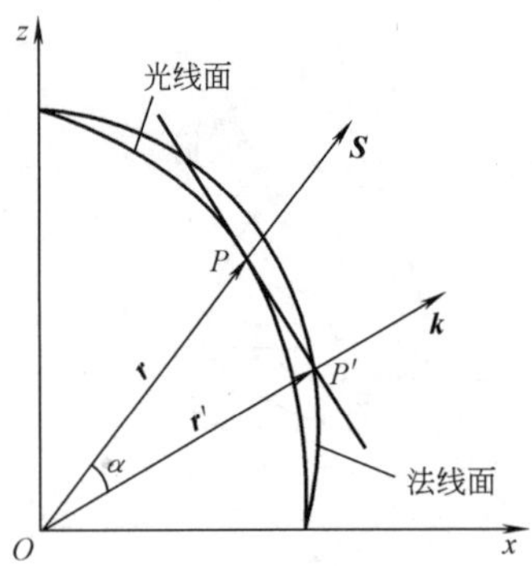

图 15-16 光线面与法线面之关系

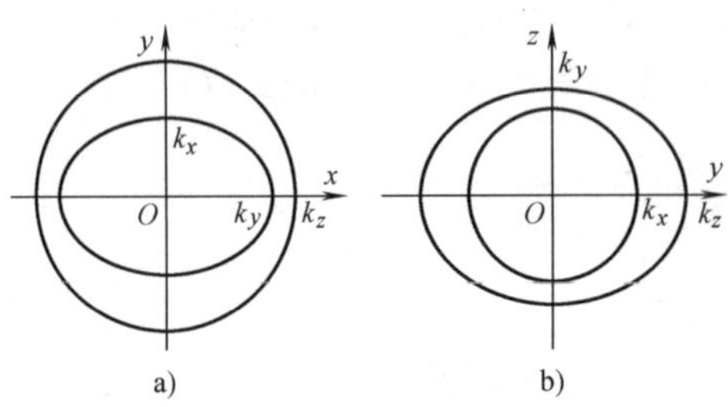

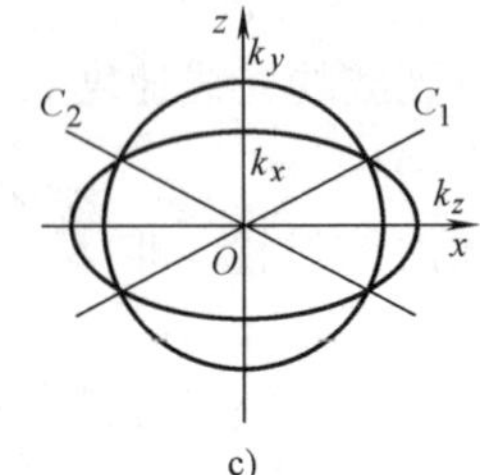

图 15-17 波矢面之截面

a）xy 面 b）yz 面 c）zx 面

由菲涅耳方程可求取波矢面的方程。波矢面与三个主轴坐标面的截线的求法与光线面时相同。由图 15-17 可知，波矢面的每一截面都是圆和椭圆。双层波矢面有四个交点，通过坐标原点 O 的两对交点的连线方向就是晶体光轴的方向。图 15-18 给出了双层波矢面的第一象限图。

三、单轴晶体光学性质的几何表示

1. 单轴晶体的折射率椭球 对于单轴晶体，三个主折射率 n_x、n_y、n_z 中有两个相等，一般设 $n_x=n_y=n_o$，$n_z=n_e$，此时由式(15-22)，折射率椭球方程写成

$$\frac{x^2}{n_o^2}+\frac{y^2}{n_o^2}+\frac{z^2}{n_e^2}=1 \tag{15-28}$$

这是一个以 z 轴为回转轴的旋转椭球面（见图 15-19）。利用折射率椭球的性质，考察通过折射率椭球中心的不同截面，可以看到：

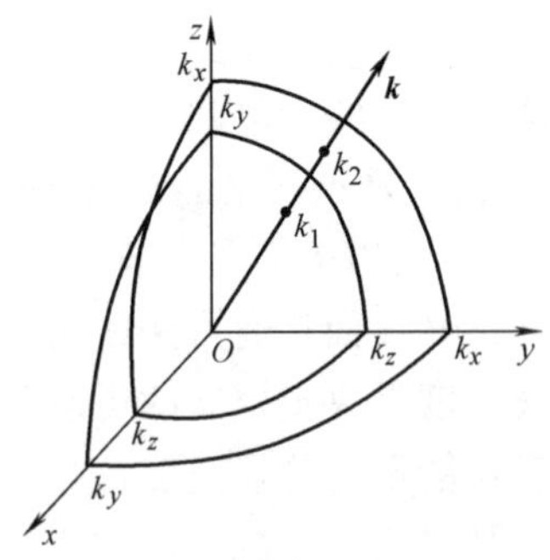

图 15-18 波矢面（第一象限）

（1）波法线 $\boldsymbol{k}$ 沿着 z 轴方向行进时，其椭球的 xy 平面上的截面是一半径为 n_o 的圆 σ_0，表明光波的折射率是与光的振动方向无关的确定值，其光波的振动方向可取垂直于 z 轴的任意方向，这时只有折射率为 n_o 的一种光波，不产生双折射现象。所以 z 轴就是单轴晶体的光轴。

（2）当波法线方向 $\boldsymbol{k}$ 与光轴有一定倾角时，过中心的垂直截面是一椭圆 σ，得到振动方向分别在椭圆长、短轴上的二个线偏振光。其中 $\boldsymbol{D}'$ 矢量垂直于包含光轴 z 和波法线 $\boldsymbol{k}$ 的平面（主平面）振动，光的折射率由半轴长 n_o 给出，且当 $\boldsymbol{k}$ 变化时，其值不变，类同于各向同性介质中的传播，在界面上服从折射定律，称为寻常光（或 o 光），其折射率 $n_x = n_y = n_o$ 叫做寻常光折射率。另一个 $\boldsymbol{D}''$ 矢量平行于包含 $\boldsymbol{k}$ 与光轴的平面振动，所对应的折射率由椭圆 σ 的长轴给出，它的值与 $\boldsymbol{k}$ 方向有关，因此在界面上不服从折射定律，称为非常光（或 e 光）。由几何关系，可求得 σ 椭圆两半轴对应的折射率［见式(15-18)］。因为 $\boldsymbol{D}''$ 不在主轴方向上，所以 $\boldsymbol{E}_e$ 与 $\boldsymbol{D}_e$ 不同向，$\boldsymbol{\kappa}_e$ 与 $\boldsymbol{S}_e$ 也不同向，因而产生双折射。

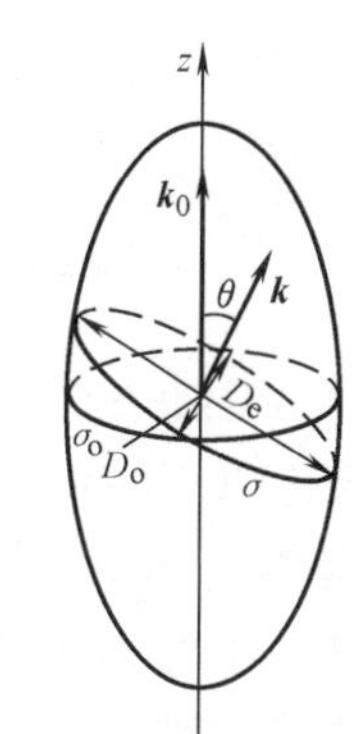

图 15-19　单轴晶体的折射率椭球及截面

（3）当 $\boldsymbol{k}$ 沿着垂直于光轴方向传播时，显然对应的截面是一椭圆，其长、短轴分别对应折射率 n_o 与 n_e。这表明，当波法线方向垂直于光轴方向时，可以允许两个线偏振波传播，平行于光轴方向的 $\boldsymbol{D}$ 光波为 e 光波，其折射率 n_e 称为 e 光的主折射率；$\boldsymbol{D}$ 垂直于光轴的光波为 o 光波，折射率为 n_o。

一般而言，不同的晶体，n_e、n_o 的大小关系不同，$n_e > n_o$ 的晶体为正单轴晶体（对应 $v_o > v_e$）；反之，$n_e < n_o$ 的晶体为负单轴晶体（对应 $v_o < v_e$）。表 15-1 列出了常用的一些单轴晶体。

表 15-1　几种常用单轴晶体的折射率

方解石（负晶体）			KDP（负晶体）			石英（正晶体）		
波长/nm	n_o	n_e	波长/nm	n_o	n_e	波长/nm	n_o	n_e
656.3	1.6544	1.4846	1500	1.482	1.458	1946	1.52184	1.53004
589.3	1.6584	1.4864	1000	1.498	1.463	589.3	1.54424	1.55335
486.1	1.6679	1.4908	546.1	1.512	1.47	340	1.56747	1.57737
404.7	1.6864	1.4969	365.3	1.529	1.484	185	1.65751	1.68988

上面分析的结果与上一节理论分析结果相同，但更为直观、形象。

双轴晶体的光学性质同样可以利用折射率椭球作出分析，这里不作专门讨论。需要指出，在双轴晶体中，除了波法线 $\boldsymbol{k}$ 沿着三个主轴的光波其波法线与光线方向一致外，$\boldsymbol{k}$ 沿着其他方向传播的光波，光线方向与波法线方向都不一致。因此双轴晶体中产生的两个光波都是非常光。

2. 单轴晶体的法线面、光线面和波矢面　单轴晶体时，一般取 $n_x = n_y = n_o$，$n_z = n_e$，对应的法线速度为 $v_x = v_y = v_o = c/n_o$，$v_z = v_e = c/n_e$，故法线面的截线方程式(15-13)变为

$$\begin{cases} y^2 + z^2 = v_o^2 & (15\text{-}29a) \\ (y^2 + z^2)^2 = v_o^2 z^2 + v_e^2 y^2 & (15\text{-}29b) \end{cases}$$

式(15-29a)表示在 yz 平面上得到半径为 v_o 的圆，式(15-29b)表示与 y、z 轴的交点各为 v_e 和 v_o 的四次曲线（见图 15-20）。对 xy 面和 xz 面可作同样讨论。这时，图 15-13 所示法线面的 xz 截面上两个光轴 C_1O 和 C_2O 相一致，并与 z 轴（光轴）重合，且圆与四次曲线在光轴方

向相切。显然，与之对应的法线面的空间图形是以 z 轴（光轴）为回转轴、在光轴方向相切的球面和旋转卵形面，球面表示 o 光的法线面，e 光的法线面是一旋转卵形面。

将单轴晶体的光线速度 $v_x = v_y = v_o$，$v_z = v_e$ 代入光线面截面方程式(15-27)，得

$$\begin{cases} y^2 + z^2 = v_o^2 & (15\text{-}30\text{a}) \\ \dfrac{y^2}{v_e^2} + \dfrac{z^2}{v_o^2} = 1 & (15\text{-}30\text{b}) \end{cases}$$

式(15-30a)表明在 yz 平面上得到半径为 v_o 的圆，式(15-30b)表示与 y、z 轴的交点各为 v_e 和 v_o 的椭圆（见图15-21）。进一步对 xy 面和 xz 面讨论后，容易得到单轴晶体光线面的空间图形是以 z 轴（光轴[⊖]）为旋转轴，且在光轴方向相切的球面（o 光的光线面）和旋转椭球面（e 光的光线面）。

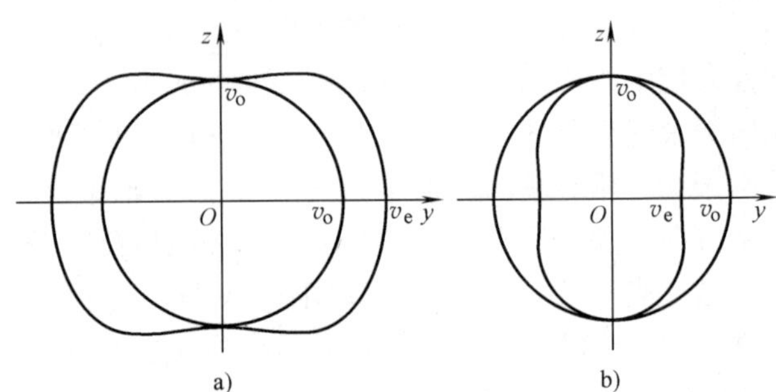

图 15-20　单轴晶体的法线面

a）负晶体　b）正晶体

类似的讨论可以得到单轴晶体波矢面的空间图形，它是以 z 轴（光轴）为旋转轴、在光轴方向相切的球面和旋转椭球面。球面的半径为 k_o，表示 o 光的波矢面；e 光的波矢面是与 z 轴的交点为 k_o、与之垂直方向上交点为 k_e 的旋转椭球面（见图 15-22）。

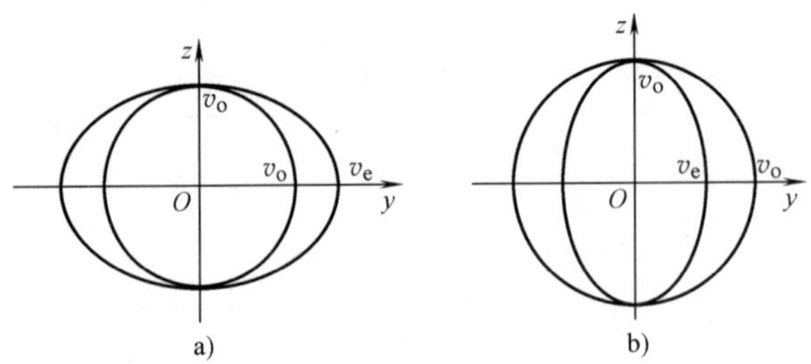

图 15-21　单轴晶体的光线面

a）负晶体　b）正晶体

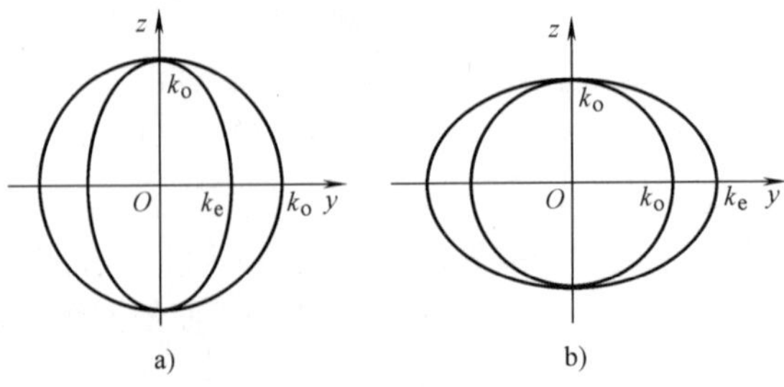

图 15-22　单轴晶体的波矢面

a）负晶体　b）正晶体

⊖ 单轴晶体的光线轴与光轴一致，均在 z 轴方向。

第四节 光波在晶体表面的折射和反射

我们已经讨论了光波在晶体中传播的特点，但是实际问题中需要处理光波在晶体表面发生折射或内反射时的情况。本节将讨论光波入射在晶体界面上时，怎样确定光在媒质中的波法线方向和相应的光线方向。

一、光在晶体表面的折射定律和反射定律

在各向异性晶体中，只是物质方程与各向同性时不同，麦克斯韦方程组和场的连续条件仍然正确，因此由式(11-52)表达的最普遍的反射和折射定律仍然成立，这是确定界面上反射和折射方向的基本出发点。

由矢量形式的折射、反射定律

$$\boldsymbol{r}\cdot(\boldsymbol{k}'_1-\boldsymbol{k}_1)=0,\qquad \boldsymbol{r}\cdot(\boldsymbol{k}_2-\boldsymbol{k}_1)=0 \tag{15-31}$$

可知

（1）对于界面上的任一位置矢量 $\boldsymbol{r}$，入射波、反射波和折射波的波矢量 $\boldsymbol{k}_1$、$\boldsymbol{k}'_1$ 和 $\boldsymbol{k}_2$ 都在入射面内，且波矢量 $\boldsymbol{k}$ 在界面上的投影大小不变，即

$$\boldsymbol{k}_1\cdot\boldsymbol{r}=\boldsymbol{k}'_1\cdot\boldsymbol{r}=\boldsymbol{k}_2\cdot\boldsymbol{r} \tag{15-32}$$

对于晶体界面，由于一般地晶体中波法线（波矢量）方向与相应的光线方向不一致，因而反射和折射定律是对波法线而言的，其相应的光线一般不在入射面内，并且不遵守折射、反射定律。

（2）将式(15-32)写成

$$\boldsymbol{k}_1\sin\theta_1=\boldsymbol{k}'_1\sin\theta'_1\ \text{和}\ \boldsymbol{k}_1\sin\theta_1=\boldsymbol{k}_2\sin\theta_2 \tag{15-33}$$

式中入射角 θ_1、反射角 θ'_1 和折射角 θ_2 分别是对应的波法线与界面法线的夹角。特别地，由于晶体中存在着双折射和双反射现象，不同传播方向上对应的波矢量 $\boldsymbol{k}$ 不是常数，所以比值 $\sin\theta_2/\sin\theta_1$ 或 $\sin\theta'_1/\sin\theta_1$ 也不是常数，这与各向同性介质中其比值为常数的情况不同。

二、光在单轴晶体中传播方向的确定

考察从各向同性介质向晶体入射的平行光束的行径。可以有两种求取晶体中折射光波方向的方法。

（一）计算法

利用折射定律和反射定律计算晶体中折射光波和反射光波的波法线的方向，再由离散角关系式求出相应的光线的方向。有关的计算公式如下

$$n_1\sin\theta_1=n'_1\sin\theta'_1=n_2\sin\theta_2 \tag{15-34}$$

$$n'^2=n_o^2$$

$$n''^2=\frac{n_o^2n_e^2}{n_o^2\sin^2\theta+n_e^2\cos^2\theta}$$

$$\tan\alpha=\frac{1}{2}\frac{n_e^2-n_o^2}{n_o^2\sin^2\theta+n_e^2\cos^2\theta}\sin2\theta$$

式中，n_1、n'_1，n_2 分别为入射波、反射波、折射波所在媒质的折射率；θ_1、θ'_1 和 θ_2 为相应的波法线（波矢量）与界面法线的夹角；n'和 n''分别为单轴晶体中寻常光和非常光的折射率；θ 是晶体中波法线与光轴的夹角；α 是波法线方向与相应光线方向的夹角（离散角）。

当已知入射光波法线的方向 θ_1 和晶体光轴的方向，则由式(15-34)和式(15-18b)可求得折射（或反射）光的波法线方向，然后利用式(15-21)求出相应的光线方向。

（二）作图法

1. 斯涅耳作图法求取波法线方向　斯涅耳作图法是基于折射和反射定律、利用波矢面的作图法，可以方便确定光波在晶体界面的折射波和反射波的方向。这里仅讨论折射波的方向。对于反射波可以作同样讨论。

图 15-23 中，假定光波沿 $\boldsymbol{k}_1$ 方向从各向同性介质射向晶体表面。以晶体表面上一点 O 为原点，在晶体中分别画出光波在入射介质中的波矢面 Σ_1（单层球面）和在晶体中的波矢面 Σ'_2 和 Σ''_2（双层曲面）。自 O 点延长入射光波 $\boldsymbol{k}_1$ 交 Σ_1 于 A 点，过 A 点作垂直于晶体表面的直线，与晶体波矢面 Σ'_2 和 Σ''_2 分别交于 B 和 C 点，则 $\boldsymbol{OB}$ 和 $\boldsymbol{OC}$ 就是所求的两个折射光波的波矢量 $\boldsymbol{k}'_2$ 和 $\boldsymbol{k}''_2$。显然，$\boldsymbol{k}'_2$ 和 $\boldsymbol{k}''_2$ 满足式(15-32)的关系，它们在界面上的投影相等。

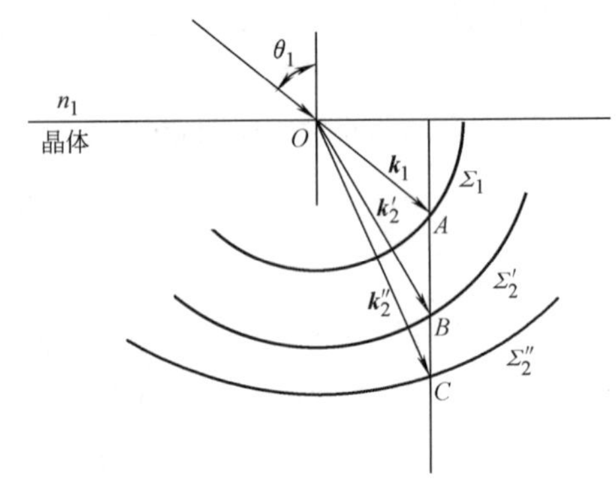

图 15-23　斯涅耳作图法

斯涅耳作图法给出的是折射波波法线的方向，可以证明，该波法线矢径在波矢面端点处的切面法线就是相应的光线方向。

2. 惠更斯作图法求取光线方向　惠更斯原理指出，任一时刻波前上的每一点都可以看作是发出球面次波的波源，新的波前是这些次波的包络面。据此原理，可以用作图法直接求出折射光线或反射光线的方向，这就是惠更斯作图法。它同样也适用于晶体。此时在晶体中次波源发出的波面就是光线面。

讨论平面波斜入射在单轴晶体（设为正晶体）表面且光轴在图面内并与晶面倾斜的一般情况（见图 15-24）。取入射平面波前 Σ 上 A、A'两点作为子波源，当A'到达界面上 A''点时，先前到达晶面上的子波源 A 在晶体中形成以 A 为原点的两个光线面。因为光轴在图面内，故图面就是主截面。图中示出了两个光线面在主截面上的截线。对应 o 光是圆，e 光是椭圆，它们在光轴方向相切。据惠更斯原理，晶体内新的波前是通过 A''并垂直于图面的光线面的切平面，于是得到 o 光与 e 光的波前分别为 $\boldsymbol{\Sigma}_o$ 和 $\boldsymbol{\Sigma}_e$。连接 A 点与切点 o，则矢径 $\boldsymbol{AO}$（$\boldsymbol{S}_o$）就是 o 光线的方向，由于 $\boldsymbol{AO}$ 垂直于 $\boldsymbol{\Sigma}_o$，它也是 o 光波法线的方向。连接 A 点与切点 E，矢径 $\boldsymbol{AE}$ 就是 e 光线的方向（$\boldsymbol{S}_e$）。e 光波法线的方向则可利用本章第二节中的讨论，由 A 点作 $\boldsymbol{\Sigma}_e$ 的垂线得到 $\boldsymbol{k}_e$。

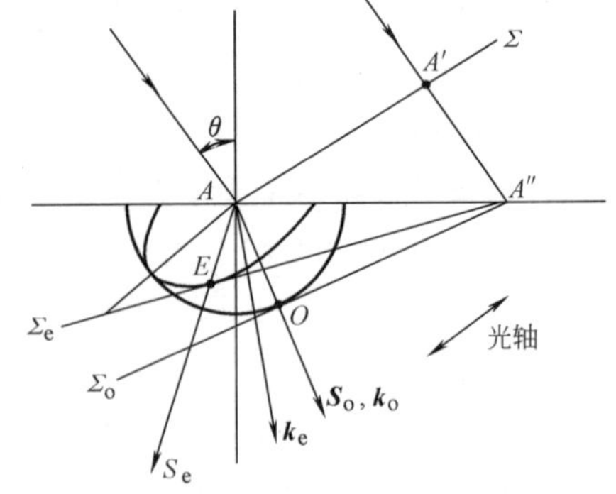

图 15-24　惠更斯作图法求取折射光波的 $\boldsymbol{k}_o$、$\boldsymbol{k}_e$、$\boldsymbol{S}_o$、$\boldsymbol{S}_e$

显然，对于光轴与晶面斜交（光轴在入射面内）且光波斜入射在晶面上的情况，一般地，o、e 光线分离，o、e 光波法线也不一致，发生双折射。

平面波垂直入射时，有几种很有实际意义的特殊情况。如图 15-25 所示，图 a 和图 d 中，晶体表面切成与光轴平行，此时 o、e 光线方向一致，并且与它们的波法线方向一致，在界面上发生折射，但是 Σ_e 与 Σ_o 并不重合，表明 o、e 光的传播速度不同，透过晶片后，o、e 光间有一相位差存在，说明发生了双折射。这种取向的晶片可以改变入射光波的偏振性质。特别要指出图 d 的情况，光轴垂直入射面取向时，主截面中 o、e 光光线面的截面是不同半径 v_o 和 v_e 的圆，即使改变入射光的方向，o、e 光线面上对应的矢径大小 v_o 和 v_e 也不变，只是矢径的方向随入射角改变，因此，折射（或反射）定律对 o、e 光线均成立，能如各向同性介质时一样，方便地确定 o、e 光线的方向。图 b 表示光轴垂直于晶面切割，此时 Σ_o 与 Σ_e 重合，o，e 光线重合，且与波法线方向一致，o，e 光的传播速度与传播方向均相同，不发生双折射。图 c 是光轴与晶面倾斜的情况，o、e 光的波法线依然重合，但 e 光线与 e 光波法线不一致，o、e 光线分离，发生双折射。

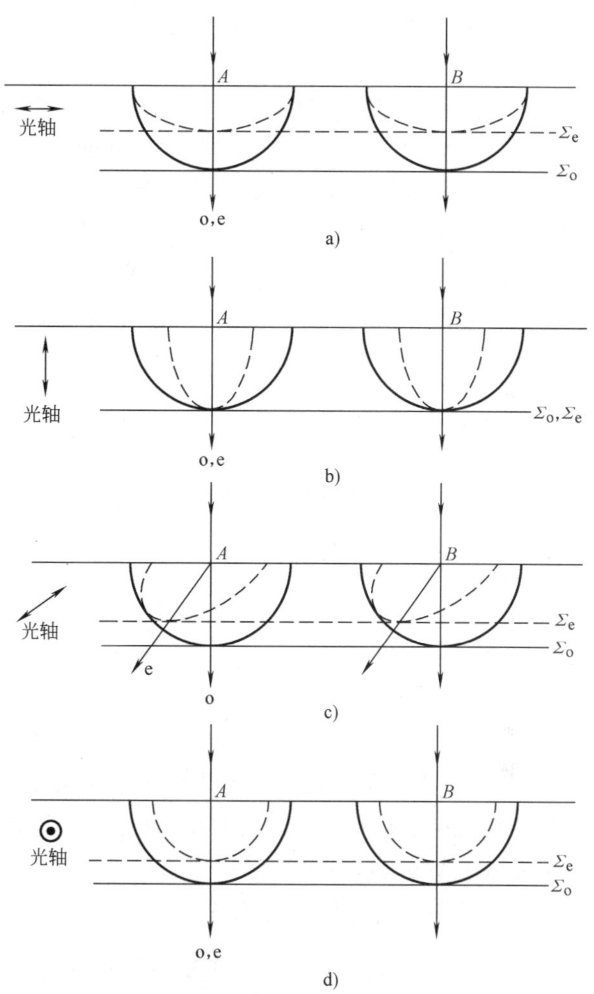

图 15-25 惠更斯作图法（垂直界面入射）

显然，光波垂直于晶面入射时，o、e 光的波法线方向一致，且沿着入射光的方向；若同时光轴取向垂直或平行于晶面时，除图 b 所示光在晶体中沿光轴方向传播不产生双折射外，一般地 o、e 光线方向一致，且与波法线方向一致，但 o、e 光的传播速度不同，因而产生双折射。

对于光轴既不垂直也不平行于入射面的普遍情况，这时 e 光线不在入射面内，此时只在一个平面内作图就不够了。

对于双轴晶体，原则上也可以利用惠更斯作图法求取折射光波的方向。当入射面与主轴面一致时，折射光线在入射面内，可类似单轴晶体非常光线的作图方法求取；当入射面与主轴面倾斜时，可以进行与光轴不在入射面时单轴晶体非常光线作相同的处理。

下面给出利用解析法结合斯涅耳作图法、惠更斯作图法求解光在晶体中传播的两个例子。

【例 15-1】 平行钠光正入射到一块方解石晶片上，晶片的光轴在图面内，并与晶体表面成 30°角，试求：(1) 晶片内 o 光线与 e 光线的夹角？(2) 当晶片的厚度 d 为 1mm 时，o 光和 e 光射出晶片的相位差？

解：(1) 方解石晶体是负单轴晶体，据题意，斯涅耳作图如图 15-26 所示，图中给出 o、e 光的波矢面为 Σ_o、Σ_e，o 光，e 光的波法线 $\boldsymbol{k}_o$、$\boldsymbol{k}_e$。

由于平行钠光正入射在晶片上，可知，晶体内 o 光和 e 光的波法线方向相同，且均与晶片表面垂直。同时由于 o 光线与 o 光波法线同向，因此 o 光线的方向垂直于晶片。

由于光轴取向与晶片成 30°角，可知 e 光线与 e 光波法线之间有一夹角 α（即离散角），利用式(15-21)求解：

$$\tan\alpha=\tan(\theta-\theta')=\frac{1}{2}\frac{n_e^2-n_o^2}{n_o^2\sin^2\theta+n_e^2\cos^2\theta}\sin2\theta$$

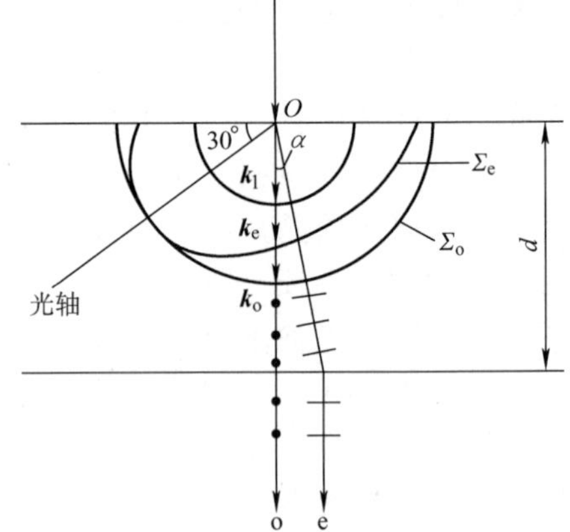

图 15-26 例 15-1 图

式中，θ 为 e 光波法线与光轴的夹角，θ' 为 e 光线与光轴的夹角。

据题意：$\theta=90°-30°=60°$，$n_o=1.6584$，$n_e=1.4864$

所以
$$\tan\alpha=\frac{1}{2}\frac{n_e^2-n_o^2}{n_o^2\sin^2\theta+n_e^2\cos^2\theta}\sin2\theta$$
$$=\frac{1}{2}\frac{(1.4864)^2-(1.6584)^2}{[(1.6584)\sin60°]^2+[(1.4864)\cos60°]^2}\sin(2\times60°)=-0.0896$$

得离散角 $\alpha=-5°7'$。负号表示 e 光线与光轴的夹角 θ' 大于 e 光波法线与光轴的夹角 θ，所以 e 光线较波法线运离光轴（如图 15-26 所示）。由于 e 光波法线与 o 光一致，所以 α 角也就是 e 光线和 o 光线之间的夹角。

(2) 利用相位差与光程差的关系

$$\delta=\frac{2\pi}{\lambda}\Delta=\frac{2\pi}{\lambda}d(n_o-n_e'(\theta))$$

式中，$n_e'(\theta)$ 是 e 光波法线与光轴成 $\theta=60°$方向上的波法线折射率，由式(15-18b)求得：

$$n_e'=\frac{n_on_e}{(n_o^2\sin^2\theta+n_e^2\cos^2\theta)^{1/2}}=\frac{1.6584\times1.4864}{[(1.6584)^2\sin^260°+(1.4864)^2\cos^260°]^{1/2}}$$
$$=1.5243$$

由此求得 o、e 光射出晶片后的相位差为

$$\delta=\frac{2\pi}{\lambda}d(n_o-n_e'(\theta))=\frac{2\pi}{589.3\times10^{-6}\text{mm}}\times1\text{mm}\times(1.6584-1.5243)$$
$$=455\pi$$

【例 15-2】 方解石晶体（负单轴晶体）的光轴与晶面成 30°角且在入射面内，当钠黄光以 60°入射角从空气（即入射光正对着晶体光轴方向（见图 15-27））入射到晶体时，求晶体内 e 光线的折射角？在晶体内发生双折射吗？

解：本题意情况下的惠更斯作图如图 15-27 所示，图中给出了 o 光，e 光的光线面 Σ_o、Σ_e，o 光线（即 o 光波法线）、e 光波法线和 e 光线的方向。

（1）解题分析：

1）入射光方向平行于光轴，但因光斜入射在晶面上，经晶面折射后，在晶体中并不沿着光轴方向，应存在双折射现象。

2）入射光非垂直入射晶面，一般晶体中 o 光、e 光的波法线方向不一致。

3）在斜光轴、斜入射的情况下，一般晶体中 o 光线、e 光线的方向不一致，且不能用 o 光线的方向表示 e 光波法线的方向。

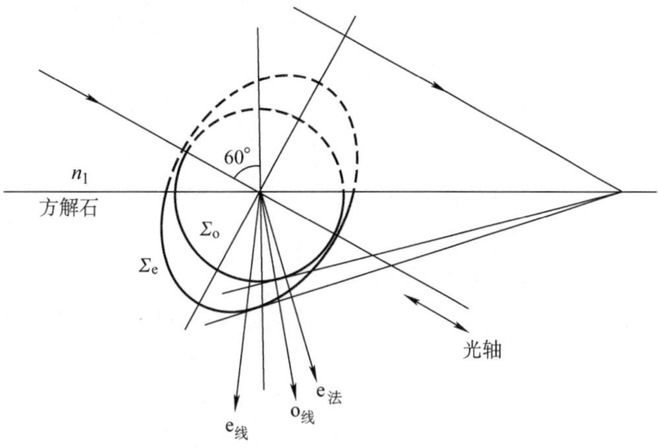

图 15-27　例 15-2 图

综上分析，本题情况下晶体中存在双折射现象。

（2）用介析法具体求解：

对 e 光：先求取 e 光波法线与光轴的夹角 θ，设 e 光波法线的折射角为 θ_e，则有 $\theta = 60° - \theta_e$

由式(15-34)有

$$n_1 \sin\theta_1 = n_e(\theta_e)\sin\theta_e$$

$$n_e^2(\theta) = \frac{n_o^2 n_e^2}{n_o^2\sin^2\theta + n_e^2\cos^2\theta}$$

联立方程化简后得

$$n_1 \sin\theta_1 = \frac{n_o n_e \sin(60° - \theta)}{\sqrt{n_o^2\sin^2\theta + n_e^2\cos^2\theta}}$$

代入数据

$$1 \times \sin 60° = \frac{1.6584 \times 1.4864 \times \sin(60° - \theta)}{\sqrt{(1.6584)^2\sin^2\theta + (1.4864)^2\cos^2\theta}}$$

解得 e 光波法线与光轴的夹角 $\theta = 27.61°$。

再由 e 光线与光轴的关系式

$$\tan\theta_o' = \frac{n_o^2}{n_e^2}\tan\theta$$

解得 e 光线与光轴的夹角

$$\theta_e' = \arctan\left(\frac{n_o^2}{n_e^2}\tan\theta\right) = \arctan\left[\left(\frac{1.6584}{1.4864}\right)^2 \tan 27.61°\right]$$
$$= 33.1°$$

则 e 光线的折射角 $\theta_e' = 60° - \theta_e' = 60° - 33.1° = 26.9°$。

对 o 光：直接用折射定律，求得 o 光线的折射角 θ_o' 为

$$\theta_o' = \arcsin\frac{\sin\theta_1}{n_o} = \arcsin\frac{\sin 60°}{1.6584} = 31.48°$$

显然，$\theta_o' \neq \theta_e'$，晶体中 o 光线、e 光线的方向并不一致，所以晶体中存在双折射现象。

第五节 晶体偏振器件

在工程光学中常常需要获取、检验和测量光的偏振特性、改变偏振态，以及利用偏振特性进行一些物理量的测量等，这就需要产生和检验光的偏振态的器件，以及改变光的偏振态的器件。本节将讨论基于晶体双折射性质的偏振器件及作用。

一、偏振棱镜

（一）偏振起偏棱镜

这种棱镜是使自然光入射时晶体中其中的一束线偏振光在偏振棱镜内发生全反射，而只出射一束线偏振光。

1. 格兰-汤姆逊（Glan-Thompson）棱镜　格兰-汤姆逊棱镜由两块方解石直角棱镜沿斜面相对胶合而成，光轴取向垂直于图面并相互平行（见图 15-28）。当光垂直于棱镜端面入射时，o 光和 e 光均不发生偏折，它们在斜面上的入射角就等于棱镜斜面与直角面的夹角 θ。制作时应使胶合剂的折射率 n_g 大于并接近非常光的折射率但小于寻常光折射率，并选取 θ 角大于 o 光在胶合面上的临界角。这样，o 光在胶合面上将发生全反射，并被棱镜直角面上涂层吸收；而 e 光，由于折射率几乎不变而无偏折地从棱镜出射。

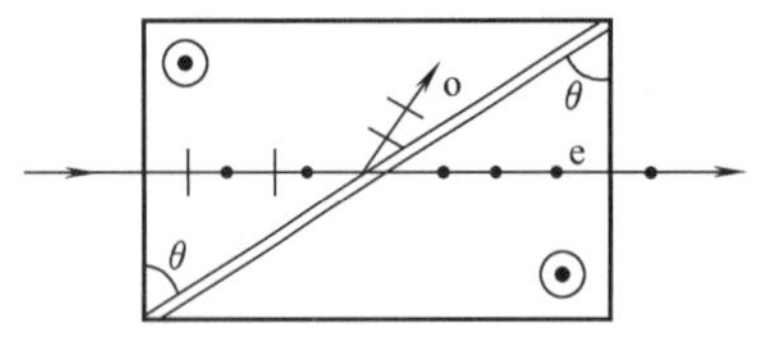

图 15-28　格兰棱镜

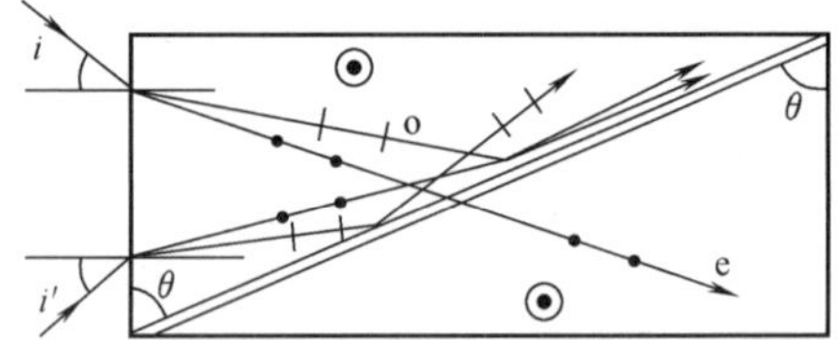

图 15-29　孔径角的限制

当入射光束不是平行光或平行光非正入射偏振棱镜时，棱镜的全偏振角或孔径角受到限制。如图 15-29 所示，当上偏角 i 大于某一值时，o 光在胶合面上的入射角将会小于临界角，致使不发生全反射而部分地透过棱镜。当下偏角 i' 大于某值时，由于 e 光折射率增大而与 o 光均发生全反射，结果没有光从棱镜射出。因此这种棱镜不宜用于高度会聚或发散的光束。对于给定的晶体，孔径角与使用波段、胶合剂折射率和棱镜底角有关。例如，对于 $\lambda=589.3\text{nm}$ 的钠黄光，方解石的 $n_o=1.6548$，$n_e=1.4864$，加拿大树胶的 $n_B=1.55$。在方解石-树胶界面上 o 光的临界角为69°，若选取棱镜的底角 $\theta=73°$（$>69°$），则由 $\tan\theta=3.27$，可定出棱镜的长宽比为 3.27∶1，求得相应的孔径角约为 13°；若选 $\theta=81°$，则棱镜长宽比为 6.31∶1，孔径角接近 40°。表明较大的孔径角需以增加棱镜材料为代价。若方解石棱镜改用甘油（$n_B=1.474$，近紫外波段也透明）胶合，对于 He-Ne 激光，在大致相同的棱镜长宽比（$\tan\theta=\tan72.90°=3.25$）时，可获得孔径角约 32°。

2. 格兰-傅科（Glan-Foucault）棱镜　将格兰-汤姆逊棱镜中的加拿大树胶用空气薄层代替，成为格兰-傅科棱镜（见图 15-30a）。这种棱镜适用于紫外波段，并能承受强光（~100W/cm^2）照射，避免了树胶强烈吸收紫光的缺点。但它的孔径角不大，对于 $\lambda=632.8\text{nm}$ 的激光，棱镜长宽比为 0.83 时，其孔径角约为 8°，透过率也不高。图 15-30 中 a、b 两种制造方式其光的透过率有很大不同。由图11-17反射率曲线可知，图15-30a中透射光为垂直于入射面的振动分量，由于$\rho_s > \rho_p$，透射光强下降，从棱镜出射的光只有入射光的约0.56倍。若取图15-30b的形式，其透射光为平行于入射面的振动分量，反射损失小，可以获得透过率在0.86左右。这是目前较多采用的型式。

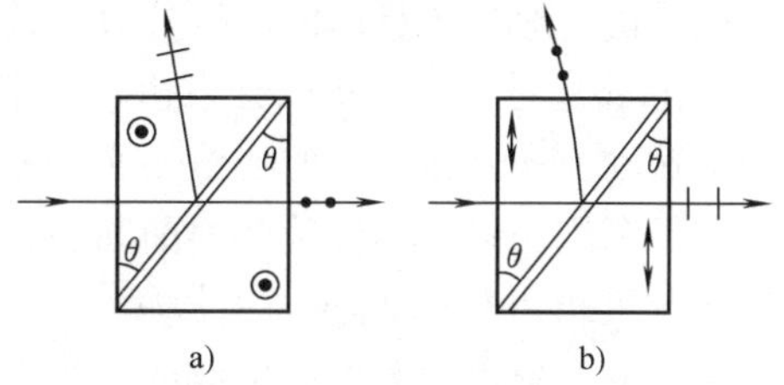

图15-30　格兰-傅科棱镜

a）光轴⊥入射面　b）光轴∥入射面

（二）偏振分束棱镜

偏振分束棱镜利用晶体的双折射、且光的折射角与光振动方向有关的原理，改变振动方向互相垂直的两束线偏振光的传播方向，从而获得两束分开的线偏振光。偏振分束棱镜故也称为双像棱镜，常用于偏振光干涉系统中，大多用来比较振动方向互相垂直的两束线偏振光强度的光度学测量中，也可用作起偏器。偏振分束棱镜一般采用方解石或石英为材料，两半棱镜光轴取向互相垂直。下面介绍典型的几种棱镜。

1. 渥拉斯顿（Wollaston）棱镜　由图15-31所示，它是由两块底面相同的方解石直角棱镜其光轴正交地胶合而成。平行自然光垂直入射到棱镜端面，在第一块棱镜内o光、e光以不同的速度沿同一方向行进。进入第二棱镜时，由于光轴转过了90°，o光、e光发生转化。第一棱镜中的o光在第二棱镜中变成了e光。由于方解石的$n_o > n_e$，这支光在通过界面时是从光密介质进入光疏介质，所以偏离棱镜斜面法线传播；而第一棱镜中的e光在第二棱镜中变成o光，因而靠近棱镜斜面法线传播。这两束线偏振光在射出棱镜时再偏折一次，因此从渥拉斯顿棱镜得到的是分开一定角度、振动方向互相垂直的两束线偏振光。容易证明，两束光的夹角近似为

$$2\varphi \approx 2\arcsin[(n_o - n_e)\tan\theta] \tag{15-35}$$

渥拉斯顿棱镜的材料也可以选用石英，只是分出的两束光夹角要小得多。当入射光不是单色光时，两束线偏振光均稍有色散。但这种棱镜允许入射光从左、右任何一方射入棱镜。

2. 洛匈（Rochon）棱镜　图15-32所示是洛匈棱镜的一种。当平行自然光垂直入射棱镜时，光在第一棱镜中沿着光轴方向传播，因此不产生双折射，o、e光都以o光速度沿同一方向行进。进入第二棱镜后，由于光轴转过90°，所以第一棱镜中平行于图面振动的e光在第二棱镜中变为o光，这支光在两块棱镜中速度不变，故无偏折地射出棱镜；第一棱镜中垂直于图面振动的o光在第二棱镜中则变为e光，由于石英的$n_e > n_o$，故在斜面上折射光线偏向斜面法线，最后得到两束分开的振动方向互相垂直的线偏振光。

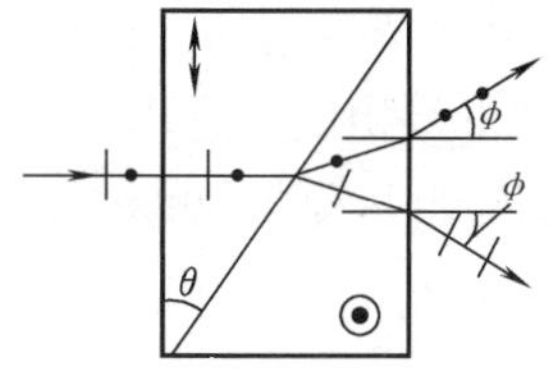

图15-31　渥拉斯顿棱镜

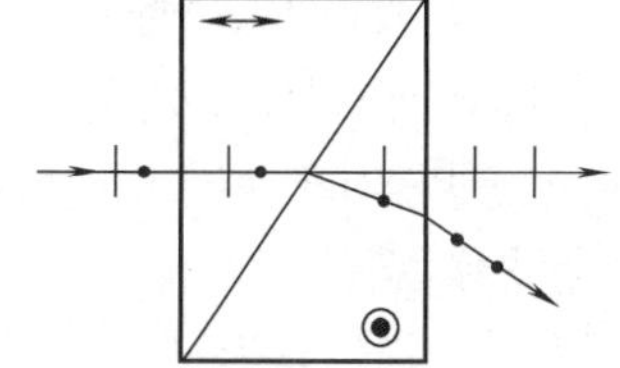

图15-32　洛匈棱镜（石英）

洛匈棱镜只允许光从左方射入棱镜。这种棱镜能使o光无偏折地出射，因此白光入射时，能得到无色散的线偏振光（把另一支光挡掉），这是非常有利的。洛匈棱镜也可用方解

石制成，也有用玻璃-晶体制成的。

3. 可调分束角棱镜　前面讨论的几种分束棱镜其分束角都是固定不变的，由表式(15-35)也可以看出，对一个具体的偏振分束棱镜（如渥拉斯顿棱镜），结构角（用本节的叫法）θ与分束角φ是对应的，所以分束角是固定的，且不可能做大（一般不超过20°），并且分出的两束振动方向互相垂直的线偏振光的强度往往相差较大，这给使用带来限制。

如果利用渥拉斯顿棱镜两斜面间加入的一定的光学介质膜的平行胶合层作为过渡层，则可构成分束角可变的偏振分束棱镜。如图15-33所示[28]，入射光经棱镜的入射界面折射后生成的o光、e光在胶合层的两个层面折射后，最后从棱镜的出射界面射出，显然，可调分束角棱镜的分束角和出射的两束振动方向互相垂直的线偏振光的强度与入射光在棱镜入射面上的入射角、相应界面上入射光和折射光所在介质的折射率的变化以及棱镜的结构角有关。当线偏振光入射时，还与偏振光的振动面相对于棱镜主截面的夹角有关。因此，按照使用要求，当改变光在棱镜入射面上的入射角时，可使从棱镜出射的两束振动方向互相垂直的线偏振光分开的角度发生变化。如对于结构角为37°的分束角棱镜，当入射角变化时，可使分束角的可调范围从15°连续变到45°，且在分束角变化的相当大的范围内，被分束的两束振动方向互相垂直的线偏振光的光强基本相近。

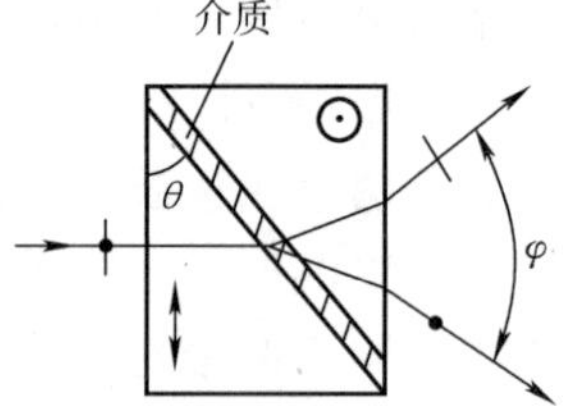

图15-33　可调分束角棱镜主截面

可调分束角棱镜除了有分束、起偏的作用外，还有高的透光率及消光比，因此在激光调制、偏振态输出及偏振干涉技术中得到重要的应用。

二、波片

波片也称为相位延迟器，它能使偏振光的两个互相垂直的线偏振光之间产生一个相对的相位延迟，从而改变光的偏振态。它们在偏振技术中有重要作用。

波片是透明晶体制成的平行平面薄片，其光轴与表面平行。当一束线偏振光垂直入射到由单轴晶体制成的波片时，在波片中分解成沿原方向传播但振动方向互相垂直的o光和e光，相应的折射率为n_o、n_e。由于两光在晶片中的速度不同，当通过厚度为d的晶片后产生相应的相位差（相位延迟量）为

$$\delta=\frac{2\pi}{\lambda}|n_o-n_e|d \tag{15-36}$$

这样，两束振动方向互相垂直且有一定相位差的线偏振光相叠加，一般得到椭圆偏振光。

需要指出，波片制造时通常标出快（或慢）轴，称晶体中波速快的光矢量的方向为快轴，与之垂直的光矢量方向即为慢轴。显然，负单轴晶体时，e光比o光速度快，因此快轴在e光光矢量方向，即光轴方向，o光光矢量方向为慢轴；正晶体时正好相反。波片产生的相位差δ是慢轴方向光矢量相对于快轴方向光矢量的相位延迟量。下面给出几种典型的波片。

（一）全波片

这种波片产生相位延迟

$$\delta=\frac{2\pi}{\lambda}|n_o-n_e|d=2m\pi \qquad (m=0,1,2,3,\cdots) \tag{15-37a}$$

其厚度

$$d=\frac{m}{|n_o-n_e|}\lambda \tag{15-37b}$$

全波片产生 2π 整数倍的相位延迟，故不改变入射光的偏振态。全波片一般用于应力仪中，以增大应力引起的光程差值，使干涉色随内应力变化变得灵敏。

（二）半波片$\left(\text{或}\dfrac{\lambda}{2}\text{片}\right)$

半波片产生的相位延迟 δ 和相应的波片厚度 d 为

$$\delta=(2m+1)\pi,\qquad d=\frac{(2m+1)}{|n_o-n_e|}\cdot\frac{\lambda}{2}\tag{15-38}$$

$\lambda/2$ 片产生 π 奇数倍的相位延迟，线偏振光通过 $\lambda/2$ 片后仍是线偏振光。若入射线偏振光的振动方向与波片快轴（或慢轴）夹角为 α，则出射线偏振光的振动方向向着快轴（或慢轴）方向转过 2α 角（图 15-34）。圆偏振光入射时，出射光是旋向相反的圆偏振光。

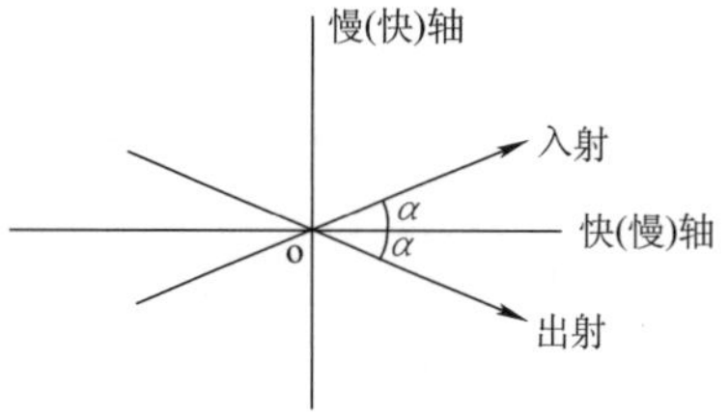

图 15-34　入射线偏振光经半波片后光矢量的方位

（三）$\lambda/4$ 片

这种波片产生的相位延迟 δ 和相应的波片厚度 d 分别为

$$\delta=(2m+1)\pi/2,\qquad d=\frac{(2m+1)}{|n_o-n_e|}\frac{\lambda}{4}\tag{15-39}$$

$\lambda/4$ 片产生 $\pi/2$ 奇数倍的相位延迟，能使入射线偏振光变为椭圆偏振光。若入射线偏振光的光矢量与波片快（慢）轴成 ±45°时，将得到圆偏振光。

需要指出，波片都只对某一特定波长的入射光产生某一确定的相位变化。同时，入射在波片上的光必须是偏振光。自然光经波片后的出射光仍是自然光。为了达到改变偏振态的目的，应该使波片的快（慢）轴与入射光矢量有一定夹角，以便在两个互相垂直的光矢量间引入一定的相位延迟。波片只能改变入射光的偏振态，而不改变其光强。

制造波片最常用的材料是云母，云母容易被解理成各种所需厚度的薄片。一般云母的 $\lambda/4$片（对黄绿光）厚度约为 0.035mm。云母不易在整片上得到相同的消光比，对此有要求时，可选用石英波片，一块$\lambda/4$石英波片（对 $\lambda=632.8$nm）厚度约为 0.017mm，由于太薄不易加工，通常用两块厚度适当的石英片按快轴互相垂直粘合在一起进行抛光，直到两板厚度差等于$\lambda/4$波片的厚度，这样做还可以消除材料的旋光性和二向色性影响。在需要消色差的场合，可选用具有正、负双折射材料制成的复合波片。也可以用经过拉伸的聚乙烯醇薄膜等非晶材料制造，这对大面积波片的制造有利。在第十一章中提到的菲涅耳棱体是最稳定且有最好消色差效果的波片。

三、补偿器

补偿器是一种相位延迟量可以在一定范围内调节的波片，能够产生连续改变的相位差。

（一）巴比涅补偿器和索累补偿器

这是利用晶片平移的方法来改变其相位延迟的补偿器。如图 15-35 所示，巴比涅（Babinet）补偿器由两块方解石或石英制成的光楔组成，这两块光楔的光轴互相垂直。当光垂直入射时，分解成光矢量互相垂直的两个分量。因为光楔的楔角很小（一般为 2°～3°），厚度也不大，因此这两个分量的传播方向基本一致。设光在上、下两块光楔中通过的厚度分别为 d_1 和 d_2。由于上、下两块光楔的光轴互相垂直，相应地在上面光楔中的 o、e 光，在下

面棱镜中将变为 e、o 光。这样，可以得到通过补偿器后两个分量间的相位差为

$$\delta=\frac{2\pi}{\lambda}[(n_e d_1+n_o d_2)-(n_o d_1+n_e d_2)]=\frac{2\pi}{\lambda}(n_e-n_o)(d_1-d_2)$$

当沿图中箭头方向平移光楔，则（d_1-d_2）距离将发生变化，δ 也随之改变。根据光楔移动的数值可以知道所产生的 δ 值。巴比涅补偿器只适用于细微光束。

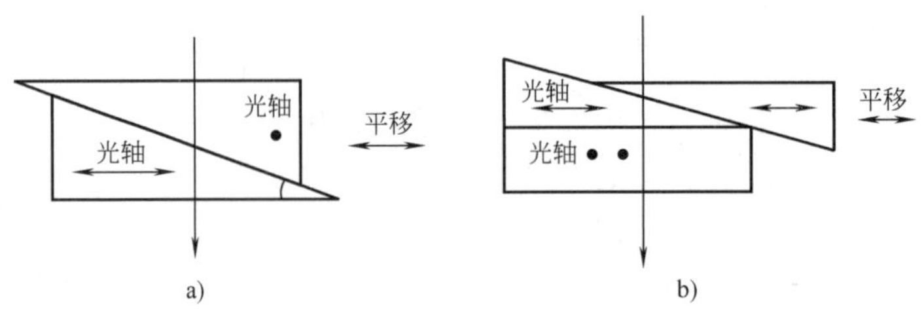

图 15-35 补偿器

a）巴比涅补偿器 b）索累补偿器

索累（Soleil）补偿器由两块相同光楔和一块固定平行晶片组成。平行晶片的光轴与光楔的光轴互相垂直。平移上面光楔可使楔厚发生变化，并与平行晶片的厚度间产生任意的差值，从而可得到所需要的相位延迟量，并在两光楔相接触的全部区域内相位延迟量不变，这种补偿器可在宽光束中使用。

（二）旋转式补偿器

旋转式补偿器是由两个单元波片构成的复合波片。复合波片由几个单个波片串接构成，其总相位延迟由单个波片的相位延迟、单个波片快轴间的夹角和入射光矢量与第一波片快轴之夹角决定。如单个波片间的快轴彼此既不平行也不垂直，则其总的相位延迟量将随入射偏振光矢量的方向而变，由此构成旋转式补偿器。可以通过旋转复合波片以实现相位延迟量的连续调节。这种补偿器调节范围大，调节方便，还能在宽光束中使用。

补偿器能在任何波长上产生所需要的相位延迟，补偿或抵消一个元件的自然双折射，引入一个固定的相位延迟偏置，测量待测波片的相位延迟等，被广泛应用于偏振技术中。

四、退偏器

退偏器（Depolarizer）是将偏振光变成非偏振光的一种偏振器件。由于几乎所有的探测器都具有偏振敏感性，需要在探深器前加一个退偏器来消除探测器的偏振灵敏度对入射辐射偏振的依赖性，以提高测量精度。退偏器在天文学仪器、激光加工、激光医学、光纤通讯等光电测量仪器中已经得到应泛的应用。

在实际应用中普遍采用的退偏振器件是用双折射材料（如方解石、石英、光纤或液晶）制作而成的。它的基本原理是：当线偏振光通过具有一定梯度相位差的双折射材料后，使光束在一个微小区域内干涉叠加，从而改变其有序状态，使出射光的偏振度下降，实现退偏。退偏器根据所要退偏的光的种类可以分为：复色光（或白色）退偏器、单色光（单波长）退偏器和圆退偏器。

1. 复色光（或白光）退偏器　单片式的复色光退偏器利用光轴平行于通光面的双折射平行平板，使入射的线偏振光的振动面与双折射平行平板的光轴成45°并垂直于平板入射，由于入射光的波长不同，通过双折射晶体后具有不同的相位延迟，使出射光成为具有不同椭圆率的椭圆偏振光。这样在双折射平板同一处出射的光就有不同的偏振状态，整个光束就是

这种随机状态的合成，结果使得整个光束横截面上的积分造成有效的退偏振。

对宽谱光波（白光），Lyot 退偏器是目前较适用的一种。Lyot 退偏器是由两片厚度比为 2∶1，且两光轴的夹角为 45°的石英平板串联而成。这种退偏器不依赖于入射光的振动面方位，即对于振动面经常变化的入射光或部分偏振光也能有很好的退偏效果。

2. 单色光退偏器 单色光退偏器（如双折射单光楔退偏器）的光轴在通光平面内，当入射光的振动面与光楔的光轴成 45°角入射时，入射光被分成两个相等的正交分量，即 o 光和 e 光。由于光楔的双折射特性，o 光、e 光通过双折射晶体时，其传播速度不同，因而光楔上不同位置的出射光具有不同的相位差。可以知道，随着厚度的变化，o 光、e 光的相位差也不断变化，出射光将在线偏振光、椭圆偏振光和圆偏振光之间不断变化。可以推知，只要光楔的顶端到底端其厚度变化足够大，在晶体的出射处的光将包含所有的偏振状态，从而达到退偏的合成效果。

目前也有用两块结构角相同的左、右旋石英光楔组成的单色光石英退偏器，这两块石英光楔的光轴均与通光端面垂直，光在退偏器中是沿着石英晶体的光轴（如 z 轴）行进的，退偏器表现为旋光器的作用。这样，对于电矢量与水平轴（即 x 轴）成 θ 角且垂直于通光端面入射的单色线偏振光，经单色光石英退偏器后，其电矢量的振动方向相对于入射光电矢量的振动方向旋转的角度是它在退偏器中 y 方向（x、y 截面）座标的函数，于是对于有一定截面大小的单色线偏振光束，经退偏器后得到的是电矢量沿 y 方向座标连续变化的光的混合，从而达到退偏效果。

3. 单色光圆退偏器

对圆偏振光退偏时要用圆退偏器。一种圆退偏器由云母 $\lambda/4$ 波片与两块双折射光楔胶合而成。入射到退偏器的圆偏振光先由 $\lambda/4$ 波片将它转换成线偏振光，并使其偏振面与第一块光楔的光轴成 45°角。两块光楔的光轴正交，组成一个线偏振退偏器。这种退偏器对左、右旋圆偏振光均能很好退偏。

除了双折射晶体以外，也有用电光晶体、液晶等材料做延迟器构成退偏器。可参阅有关资料。

第六节 偏振的矩阵表示

偏振的矩阵表示法，能够提供一种用最简练的矩阵形式进行最简单的矩阵运算，来推算出偏振器件组成的复杂系统对出射光波状态作用的方法，而不必去追究其中每一过程的具体物理意义。光偏振态的矩阵表示有琼斯（Jones）矢量表示法和斯托克斯（Stockes）矢量表示法。琼斯矢量表示法只能用于偏振光的情况，其参量与光波的振幅和相位相关，相应的光学元件的传输矩阵用 2×2 的琼斯矩阵来表示；而斯托克斯矢量表示法所描述的光可以是完全偏振光，也可以是部分偏振光或完全非偏振光，可以是单色光或非单色光，其参量与可以测量的光强成正比，相应的光学元件的传输矩阵是 4×4 的密勒（Mueller）矩阵。斯托克斯矢量表示法能容易地测定包含在部分偏振光中的任意偏振光。本节只介绍用于偏振光情况的琼斯矢量表示法，有关斯托克斯矢量表示法请参阅有关文献［21，22］。

一、偏振光的琼斯矢量表示

设在主轴系统中偏振光 $\boldsymbol{E}$ 的两个正交分量的复振幅为

$$\left.\begin{aligned}\tilde{E}_x &= a_1 e^{i\alpha_1}\\ \tilde{E}_y &= a_2 e^{i\alpha_2}\end{aligned}\right\} \tag{15-40}$$

矩阵表示法就是用一个称为琼斯矢量的列矩阵来表示偏振光

$$\boldsymbol{E} = \begin{pmatrix}\tilde{E}_x\\ \tilde{E}_y\end{pmatrix} = \begin{pmatrix}a_1 e^{i\alpha_1}\\ a_2 e^{i\alpha_2}\end{pmatrix} = a_1 e^{i\alpha_1}\begin{pmatrix}1\\ \dfrac{a_2}{a_1}e^{i(\alpha_2-\alpha_1)}\end{pmatrix}$$

我们知道，偏振光的强度是它的两个分量的强度之和，即

$$I = |\tilde{E}_x|^2 + |\tilde{E}_y|^2 = a_1^2 + a_2^2$$

通常我们研究的往往是光强度的相对变化，所以其归一化形式可以用$\sqrt{a_1^2+a_2^2}$去除$\boldsymbol{E}$的每一个分量（使得两分量的平方和为1）而得到。考虑到偏振态的形状、位置及旋向仅取决于两分量的振幅比 $\tan\beta = a = a_2/a_1$ 和相位差 $\delta = \alpha_2 - \alpha_1$，因此归一化的琼斯矢量可以写为

$$\boldsymbol{E} = \frac{a_1}{\sqrt{a_1^2+a_2^2}}\begin{pmatrix}1\\ a e^{i\delta}\end{pmatrix} \tag{15-41}$$

下面举几个求取偏振光的归一化琼斯矢量的例子。

1. 光矢量与 x 轴成 θ 角、振幅为 a 的线偏振光

$$\tilde{E}_x = a\cos\theta \qquad \tilde{E}_y = a\sin\theta \qquad |\tilde{E}_x|^2 + |\tilde{E}_y|^2 = a^2$$

归一化的琼斯矢量为

$$\boldsymbol{E} = \frac{1}{a}\begin{pmatrix}a\cos\theta\\ a\sin\theta\end{pmatrix} = \begin{pmatrix}\cos\theta\\ \sin\theta\end{pmatrix}$$

2. 长轴沿 x 轴，长短轴之比为 2∶1 的右旋椭圆偏振光[⊖]

$$\tilde{E}_x = 2a \qquad \tilde{E}_y = a e^{-i\frac{\pi}{2}} \qquad |\tilde{E}_x|^2 + |\tilde{E}_y|^2 = 5a^2$$

归一化的琼斯矢量为

$$\boldsymbol{E}_{右} = \frac{1}{\sqrt{5a^2}}\begin{pmatrix}2a\\ a e^{-i\frac{\pi}{2}}\end{pmatrix} = \frac{1}{\sqrt{5}}\begin{pmatrix}2\\ -i\end{pmatrix}, \qquad \boldsymbol{E}_{左} = \frac{1}{\sqrt{5a^2}}\begin{pmatrix}2a\\ e^{i\frac{\pi}{2}}\end{pmatrix} = \frac{1}{\sqrt{5}}\begin{pmatrix}2\\ i\end{pmatrix}$$

同样方法可以写出其他偏振态的琼斯矢量。表 15-2 列出了一些偏振态的归一化琼斯矢量。

表 15-2 一些偏振态的归一化琼斯矢量

偏振态		琼斯矢量
线偏振光	光矢量沿 x 轴	$\begin{pmatrix}1\\0\end{pmatrix}$
	光矢量沿 y 轴	$\begin{pmatrix}0\\1\end{pmatrix}$
	光矢量与 x 轴成 ±45°角	$\frac{1}{\sqrt{2}}\begin{pmatrix}1\\ \pm 1\end{pmatrix}$
	光矢量与 x 轴成 $\pm\theta$ 角	$\begin{pmatrix}\cos\theta\\ \pm\sin\theta\end{pmatrix}$
圆偏振光	右旋	$\frac{1}{\sqrt{2}}\begin{pmatrix}1\\ -i\end{pmatrix}$
	左旋	$\frac{1}{\sqrt{2}}\begin{pmatrix}1\\ i\end{pmatrix}$

⊖ 长短轴在 x，y 轴上的右圆偏振光 $\delta = \alpha_2 - \alpha_1 = -\frac{\pi}{2}$。请参阅第十一章讨论。

通过简单的矩阵运算，可以方便地求出若干个偏振光叠加后新的偏振态。例如上例中左、右椭圆偏振光的叠加

$$\boldsymbol{E}_{合}=\boldsymbol{E}_{右}+\boldsymbol{E}_{左}=\frac{1}{\sqrt{5}}\begin{pmatrix}2\\-\mathrm{i}\end{pmatrix}+\frac{1}{\sqrt{5}}\begin{pmatrix}2\\\mathrm{i}\end{pmatrix}=\frac{4}{\sqrt{5}}\begin{pmatrix}1\\0\end{pmatrix}$$

结果表明合成波是光矢量沿 x 轴的线偏振光，其振幅是椭圆偏振光 x 分振幅的 2 倍。

二、正交偏振

设任意两个偏振光的琼斯矢量为

$$\boldsymbol{E}_1=\begin{pmatrix}\widetilde{E}_{1x}\\\widetilde{E}_{1y}\end{pmatrix}=\begin{pmatrix}A_1\\B_1\end{pmatrix},\qquad \boldsymbol{E}_2=\begin{pmatrix}\widetilde{E}_{2x}\\\widetilde{E}_{2y}\end{pmatrix}=\begin{pmatrix}A_2\\B_2\end{pmatrix}$$

如果它们满足关系

$$\boldsymbol{E}_1\cdot\boldsymbol{E}_2{}^*=0\quad 即\ \widetilde{E}_{1x}\widetilde{E}_{2x}^*+\widetilde{E}_{1y}\widetilde{E}_{2y}^*=0 \tag{15-42}$$

式中，$*$ 表示复数共轭。上式表明这两个偏振光是正交的，它们是一对正交偏振态。

可以证明，任何一种偏振态都可以用一对特定正交偏振态的两个琼斯矢量的线性组合来表示，即任何一种偏振态均存在着相应的一对正交偏振态。

例如，对于任意偏振光 $\boldsymbol{E}=\begin{pmatrix}A\\B\end{pmatrix}$，据矢量运算法则，可以写成

$$\begin{pmatrix}A\\B\end{pmatrix}=A\begin{pmatrix}1\\0\end{pmatrix}+B\begin{pmatrix}0\\1\end{pmatrix} \tag{15-43}$$

即可以用分别在水平与垂直方向振动的一对正交的线偏振光来表示。同时也可以表示成

$$\begin{pmatrix}A\\B\end{pmatrix}=\frac{1}{2}(A+\mathrm{i}B)\begin{pmatrix}1\\-\mathrm{i}\end{pmatrix}+\frac{1}{2}(A-\mathrm{i}B)\begin{pmatrix}1\\\mathrm{i}\end{pmatrix} \tag{15-44}$$

表明这一偏振光也可以用一对正交的右旋圆偏光$\begin{pmatrix}1\\-\mathrm{i}\end{pmatrix}$和左旋圆偏光$\begin{pmatrix}1\\\mathrm{i}\end{pmatrix}$来表示。

三、偏振器件的琼斯矩阵表示

偏振光通过偏振器件之后，光的偏振态将发生变化。若入射光的偏振态表示为 $\boldsymbol{E}_1=\begin{pmatrix}A_1\\B_1\end{pmatrix}$，经过偏振器后变为 $\boldsymbol{E}_2=\begin{pmatrix}A_2\\B_2\end{pmatrix}$，则偏振器件的线性变换作用可以用一个二行二列的矩阵来表示，即有

$$\begin{pmatrix}A_2\\B_2\end{pmatrix}=\begin{pmatrix}g_{11}&g_{12}\\g_{21}&g_{22}\end{pmatrix}\begin{pmatrix}A_1\\B_1\end{pmatrix} \tag{15-45}$$

或

$$\boldsymbol{E}_2=\boldsymbol{G}\boldsymbol{E}_1 \tag{15-46}$$

称矩阵

$$\boldsymbol{G}=\begin{pmatrix}g_{11}&g_{12}\\g_{21}&g_{22}\end{pmatrix} \tag{15-47}$$

为该偏振器件的琼斯矩阵。式(15-45)的分量形式为

$$\begin{aligned}A_2&=g_{11}A_1+g_{12}B_1\\B_2&=g_{21}A_1+g_{22}B_1\end{aligned} \tag{15-48}$$

式中，g_{11}、g_{12}、g_{21}、g_{22}一般为复常数。

上式表明偏振器件在偏振态转换中起着线性变换作用，新的偏振态的两个分量是原来偏振态两分量的线性组合。

下面列举求取偏振器件琼斯矩阵的例子。

1. 线偏振器的琼斯矩阵　设偏振器透光轴与 x 轴成 θ 角。如图 15-36 所示，建立 xy 坐标系，入射光在 x、y 轴上的两个分量分别为 A_1 和 B_1，将它们在线偏振器透光轴方向上投影。入射光通过线偏振器后，A_1 和 B_1 沿透光轴方向的分量分别为 $A_1\cos\theta$ 和 $B_1\sin\theta$，将这两个分量的组合在 x、y 轴上再一次投影，得到出射光的两个分量 A_2、B_2，即

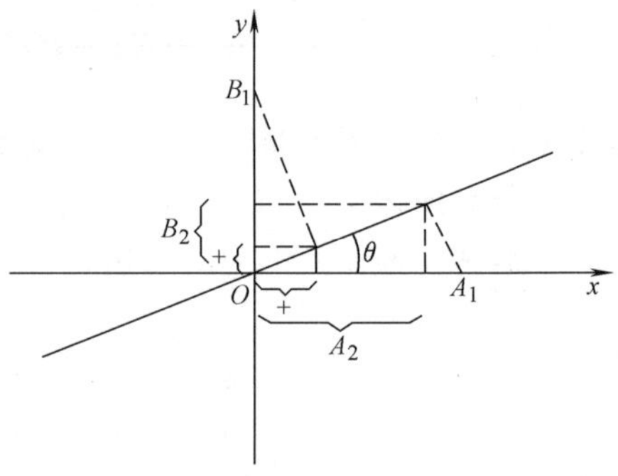

图 15-36　线偏振器琼斯矩阵的推导

$$A_2=(A_1\cos\theta+B_1\sin\theta)\cos\theta=A_1\cos^2\theta+\frac{1}{2}B_1\sin2\theta$$

$$B_2=(A_1\cos\theta+B_1\sin\theta)\sin\theta=\frac{1}{2}A_1\sin2\theta+B_1\sin^2\theta$$

比较式(15-48)，由上式可得线偏振器的琼斯矩阵为

$$\boldsymbol{G}=\begin{pmatrix}\cos^2\theta & \frac{1}{2}\sin2\theta\\ \frac{1}{2}\sin2\theta & \sin^2\theta\end{pmatrix}\tag{15-49}$$

2. 波片的琼斯矩阵　设波片的快轴与 x 轴成 θ 角，产生的相位差为 δ。如图 15-37 建立坐标系。取入射偏振光为$\begin{pmatrix}A_1\\B_1\end{pmatrix}$，则两分量在波片快、慢轴上的分量和为

$$A_\xi=A_1\cos\theta+B_1\sin\theta$$
$$B_\eta=-A_1\sin\theta+B_1\cos\theta$$

或表示为

$$\begin{pmatrix}A_\xi\\B_\eta\end{pmatrix}=\begin{pmatrix}\cos\theta & \sin\theta\\-\sin\theta & \cos\theta\end{pmatrix}\begin{pmatrix}A_1\\B_1\end{pmatrix}$$

从波片出射时，必须考虑快、慢轴上分量的相对相位延迟，于是 A_ξ、B_η 分量变为

$$A'_\xi=A_\xi$$
$$B'_\eta=B_\eta e^{i\delta}$$

或表示为

$$\begin{pmatrix}A'_\xi\\B'_\eta\end{pmatrix}=\begin{pmatrix}1 & 0\\0 & e^{i\delta}\end{pmatrix}\begin{pmatrix}A_\xi\\B_\eta\end{pmatrix}$$

这两个分量再分别在 x、y 轴上投影，得到出射光琼斯矢量在 x、y 轴上的两分量分别为

$$A_2=A'_\xi\cos\theta-B'_\eta\sin\theta$$
$$B_2=A'_\xi\sin\theta+B'_\eta\cos\theta$$

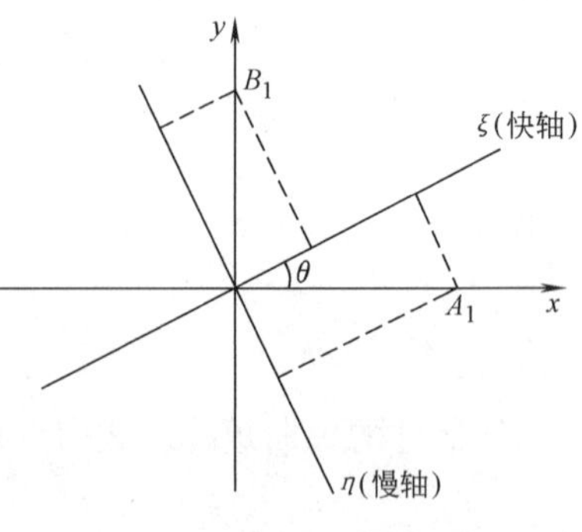

图 15-37　波片琼斯矩阵的推导

或表示为

$$\begin{pmatrix} A_2 \\ B_2 \end{pmatrix} = \begin{pmatrix} \cos\theta & -\sin\theta \\ \sin\theta & \cos\theta \end{pmatrix} \begin{pmatrix} A'_\xi \\ B'_\eta \end{pmatrix}$$

代入各量，得

$$\begin{pmatrix} A_2 \\ B_2 \end{pmatrix} = \begin{pmatrix} \cos\theta & -\sin\theta \\ \sin\theta & \cos\theta \end{pmatrix} \begin{pmatrix} 1 & 0 \\ 0 & e^{i\delta} \end{pmatrix} \begin{pmatrix} \cos\theta & \sin\theta \\ -\sin\theta & \cos\theta \end{pmatrix} \begin{pmatrix} A_1 \\ B_1 \end{pmatrix}$$

整理后，得到波片的琼斯矩阵为 $\boldsymbol{G} = \begin{pmatrix} \cos^2\theta + \sin^2\theta e^{i\delta} & \frac{1}{2}\sin 2\theta\ (1 - e^{i\delta}) \\ \frac{1}{2}\sin 2\theta\ (1 - e^{i\delta}) & \sin^2\theta + \cos^2\theta e^{i\delta} \end{pmatrix}$

或写成

$$\boldsymbol{G} = \cos\frac{\delta}{2} \begin{pmatrix} 1 - i\tan\frac{\delta}{2}\cos 2\theta & -i\tan\frac{\delta}{2}\sin 2\theta \\ -i\tan\frac{\delta}{2}\sin 2\theta & 1 + i\tan\frac{\delta}{2}\cos 2\theta \end{pmatrix} \tag{15-50}$$

类似方法可以推出其他波片的琼斯矩阵。表 15-3 列出了一些典型偏振器件的琼斯矩阵。

表 15-3　一些典型偏振器件的琼斯矩阵

偏振器件	琼斯矩阵
线偏振器：透光轴沿 x 轴	$\begin{pmatrix} 1 & 0 \\ 0 & 0 \end{pmatrix}$
线偏振器：透光轴沿 y 轴	$\begin{pmatrix} 0 & 0 \\ 0 & 1 \end{pmatrix}$
线偏振器：透光轴与 x 轴成 ±45°角	$\frac{1}{2}\begin{pmatrix} 1 & \pm 1 \\ \pm 1 & 1 \end{pmatrix}$
线偏振器：透光轴与 x 轴成 θ 角	$\begin{pmatrix} \cos^2\theta & \frac{1}{2}\sin 2\theta \\ \frac{1}{2}\sin 2\theta & \sin^2\theta \end{pmatrix}$
$\frac{1}{4}$波片：快轴沿 x 轴	$\begin{pmatrix} 1 & 0 \\ 0 & i \end{pmatrix}$
$\frac{1}{4}$波片：快轴沿 y 轴	$\begin{pmatrix} 1 & 0 \\ 0 & -i \end{pmatrix}$
$\frac{1}{4}$波片：快轴与 x 轴成 ±45°角	$\frac{1}{\sqrt{2}}\begin{pmatrix} 1 & \mp i \\ \mp i & 1 \end{pmatrix}$
半波片：快轴沿 x 或 y 轴	$\begin{pmatrix} 1 & 0 \\ 0 & -1 \end{pmatrix}$
半波片：快轴与 x 轴成 ±45°角	$\begin{pmatrix} 0 & 1 \\ 1 & 0 \end{pmatrix}$
一般波片（相位延迟角为 δ）：快轴沿 x 轴	$\begin{pmatrix} 1 & 0 \\ 0 & e^{i\delta} \end{pmatrix}$
一般波片（相位延迟角为 δ）：快轴沿 y 轴	$\begin{pmatrix} 1 & 0 \\ 0 & e^{-i\delta} \end{pmatrix}$
一般波片（相位延迟角为 δ）：快轴与 x 轴成 ±45°角	$\cos\frac{\delta}{2}\begin{pmatrix} 1 & \mp i\tan\frac{\delta}{2} \\ \mp i\tan\frac{\delta}{2} & 1 \end{pmatrix}$

（续）

各向同性移相器（产生相移 φ）	$\begin{pmatrix} e^{i\varphi} & 0 \\ 0 & e^{i\varphi} \end{pmatrix}$
旋光元件（偏振态旋转 θ 角）	$\begin{pmatrix} \cos\theta & -\sin\theta \\ \sin\theta & \cos\theta \end{pmatrix}$
反射元件	$\begin{pmatrix} -r_p & 0 \\ 0 & r_s \end{pmatrix}$
圆起偏振器 $\begin{cases}\text{右 旋} \\ \text{左 旋}\end{cases}$	$\frac{1}{2}\begin{pmatrix} 1 & 1 \\ -i & -i \end{pmatrix}$ $\frac{1}{2}\begin{pmatrix} 1 & 1 \\ i & i \end{pmatrix}$

利用琼斯表示法可以方便地计算通过任意偏振器件后的光的偏振态。如果偏振光相继通过 N 个偏振器件，它们的琼斯矩阵为 $\boldsymbol{G}_1$，$\boldsymbol{G}_2$，…，$\boldsymbol{G}_N$，则出射光的琼斯矢量为

$$\boldsymbol{E}_t=\boldsymbol{G}_N\cdots\boldsymbol{G}_2\boldsymbol{G}_1\boldsymbol{E}_i \tag{15-51}$$

式中矩阵相乘的次序不能颠倒。

利用关系式(15-45)还可以在已知任两项时求取另一未知项，从而方便地得到入射光或出射光的偏振态或偏振器件的矩阵表示。

第七节 偏振光的变换和测定

任何一种相位延迟器都能够使入射偏振光的两个互相垂直的线偏振光之间的相位差发生变化，从而获取所要求的偏振光，或者与偏振器组合，被用于检验各种光的偏振态。它们在偏振技术中具有重要作用。

一、偏振光的变换

1. 椭圆偏振光的获得　当线偏振光入射晶体表面时，利用晶体双折射引起的相位变化，能使晶体中产生的两个光矢量互相垂直的线偏振光中引起相对相位延迟，从而获得椭圆偏振光。

一种常用的方法是采用起偏器和 $\lambda/4$ 片从自然光得到椭圆偏振光。自然光经起偏器后成为与 x 轴成 θ 角的线偏振光，垂直入射在快轴取 x 轴的 $\lambda/4$ 片上，由于 $\lambda/4$ 片产生 $\delta_{\lambda/4}=\pi/2$ 的相位延迟（y 轴相对于 x 轴的相位延迟），此时出射光为椭圆偏振光，它的两个垂直分量间的相位差 $\delta_{出}$ 由下式

$$\delta_{出}=\delta_{入}+\delta_{\lambda/4}$$

给出。代入 $\delta_{入}=0$，$\delta_{\lambda/4}=\pi/2$，得 $\delta_{出}=\pi/2$，从而可知此椭圆偏振光是左旋的。将 $\delta_{出}$ 代入式(11-145)，得椭圆长轴与 x 轴之夹角 $\psi=0$，故此椭圆为长、短轴与 x、y 轴重合的正椭圆，其椭圆度 $\tan\varepsilon=\tan\theta$。

当取入射线偏振光与 x 轴夹角为 $\theta=\pm45°$的情况，则因为 $\tan\theta=\pm1$，又 $\lambda/4$ 片产生 $\pi/2$ 的相位延迟，因此从该系统出射的光是圆偏振光。若取 $\theta=45°$，$\lambda/4$ 片的快轴在 x 轴，可

知出射光是左旋圆偏振光。

利用琼斯表示法，由 $\boldsymbol{E}_{出} = \boldsymbol{G}\boldsymbol{E}_{\boldsymbol{\lambda}}$，也可以方便正确地得到偏振光经波片后的偏振态。

2. 椭圆偏振光的检验　利用相位延迟器和偏振器，同样可以来鉴别光的偏振态。在检验椭圆偏振光、部分椭圆偏振光和部分线偏振光时，可以让光通过检偏器，转动检偏器时光强有亮暗变化但不能消光，则表明入射光可能是椭圆偏振光或部分椭圆偏振光或部分线偏振光。这时可将检偏器停留在透射光强最大的位置，在检偏器前插入一个 $\lambda/4$ 片，使它的快轴与检偏器透光轴平行（即与椭圆长轴方向一致），然后转动检偏器观察：①当椭圆偏振光入射时，通过 $\lambda/4$ 片后变成了线偏振光，转动检偏器可以看到有两个消光位置；②线偏振光与自然光混合而成的部分线偏振光入射时，通过 $\lambda/4$ 片后仍为部分线偏振光，若将波片转过 45°，它将变为部分圆偏振光，因此检偏器转动时光强不变；③当是椭圆偏振光和自然光混合而成的部分椭圆偏振光入射时，通过 $\lambda/4$ 片后将变为部分线偏振光，若将 $\lambda/4$ 片转过 45°，它仍然是部分椭圆偏振光，因此转动检偏器时仍然出现光强的明暗变化。

二、偏振光的测定

1. 线偏振光的测定　线偏振光的测定包含两层含义，即确定被检光是线偏振光和测定线偏振光的振动方向。

由马吕斯定律，若被检光是线偏振光，当它通过透光轴方向已知的检偏器时，应该观察到透射光强随检偏器透光轴方向旋转而变化的现象，并且在某个位置上透射光强为零，即出现消光位置。

据此，使用一块检偏器，通过测定偏振光的强度来测定偏振态。定量测定时，一般使用光电倍增管或CDS等材料的光电器件。当旋转检偏器时，以半周旋转为周期，检偏器的输出按正弦波变化，即只通过检偏器透光轴方向上的分量。当检偏器在某一位置时出现零强度，则被检光是线偏振光，其振动方向与此时检偏器方位垂直。

如果检偏器的偏振度小于 1，或者有少量非偏振的杂散光同时入射，则即使被检光是线偏振光也不再出现零强度。为了判断被检光的振动方向，需要找出透射光强最小时检偏器的方向；同时为了确定是否达到最小光强，要求光强接收器具有记忆能力，以比较不同检偏器透光轴方位下的透射光强。为了提高决定检偏器方位的精度，可使用半影式检偏器。如图 15-38a 所示，在检偏器 A 之前将 $\lambda/2$ 片 H 放成半视场，选 ox、oy 为 $\lambda/2$ 片的快、慢轴（见图 15-38b）。检偏器的透光轴取为 OA，OA 的垂线与 x 轴成 θ 角。现设待检方位的线偏振光的振动方向为 $\boldsymbol{OP}_1$，它与 x 轴的夹角为 θ'。设检偏器的振幅为 1，据马吕斯定律，检偏器得到的强度为

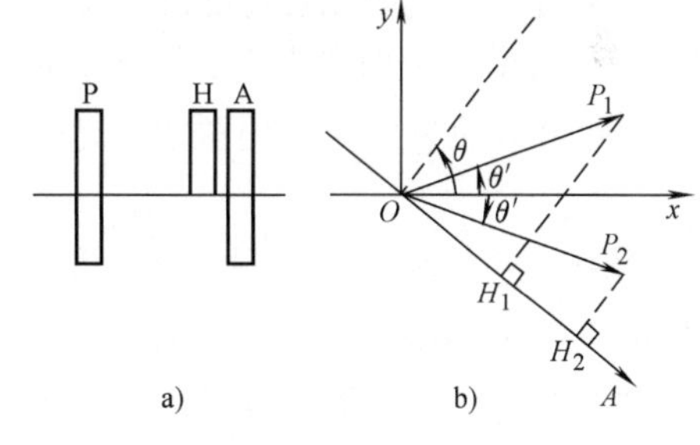

图 15-38　半影式检偏器

a）半影式检偏器　b）原理

$$I_1 = \overline{OH_1}^2 = \sin^2(\theta - \theta')$$

另外，通过 $\lambda/2$ 片的光其振动方向变换到相对于 x 轴对称的位置 OP_2，由检偏器得其强度为

$$I_2 = \overline{OH_2}^2 = \sin^2(\theta + \theta')$$

若 $\theta'=0$，即考虑 OP_1 与 x 轴一致的情况，则 $I_1 = I_2$，两半视场的亮度相等。任何 θ' 的增大或减小，都将使 I_1 减少或增大。因此，由两半视场的亮度一致就能正确地决定 $\theta'=0$ 的位置，此时强度 $I=\sin^2\theta$。这种比较两个暗的视场的亮度的方法叫半影法，2θ 为半影角。

2. 椭圆偏振光的测定　椭圆偏振光的测定就是在实验上测定表示偏振状态的参量，即主轴系下椭圆偏振光长轴在指定坐标系中的方位角 ψ 及长、短轴之比 $\tan\varepsilon = A_2/A_1$（椭圆度）和旋向；或直角坐标系中椭圆偏振光两分量的振幅比 $\tan\beta = a_2/a_1$ 及相位差 δ。

采用检偏器和 $\lambda/4$ 片检验的方法。首先用检偏器测定椭圆长轴的方位 ψ 角。设在椭圆主轴坐标系（x'，y'）中，该椭圆的琼斯矢量为 $\begin{pmatrix} A_1 \\ \mathrm{i}A_2 \end{pmatrix}$，检偏器透光轴方向与 x'轴夹角为 θ，其琼斯矩阵可由式(15-49)表示，由此算得出射光的琼斯矢量为

$$\boldsymbol{E}_{出} = \boldsymbol{G}\boldsymbol{E}_{入} = \begin{pmatrix} \cos^2\theta & \frac{1}{2}\sin2\theta \\ \frac{1}{2}\sin2\theta & \sin^2\theta \end{pmatrix}\begin{pmatrix} A_1 \\ \mathrm{i}A_2 \end{pmatrix} = \begin{pmatrix} A_1\cos^2\theta + \frac{\mathrm{i}}{2}A_2\sin2\theta \\ \frac{A_1}{2}\sin2\theta + \mathrm{i}A_2\sin^2\theta \end{pmatrix}$$

故出射光的强度为

$$\begin{aligned} I(\theta) &= \left|A_1\cos^2\theta + \frac{\mathrm{i}}{2}A_2\sin2\theta\right|^2 + \left|\frac{1}{2}A_1\sin2\theta + \mathrm{i}A_2\sin^2\theta\right|^2 \\ &= (A_1^2 - A_2^2)\cos^2\theta + A_2^2 \end{aligned} \tag{15-52}$$

当旋转检偏器时，透射光强将随之变化。当检偏器透光轴方向与长轴方向 x'重合，即 $\theta=0°$ 或 $180°$时，有最大透射光强 $I(\theta)=A_1^2$；而当互相垂直，即 $\theta=90°$或 $270°$时，有最小光强 $I(\theta)=A_2^2$。由此可以通过旋转检偏器找到光强最大的位置，从而确定长轴与预定的 x 轴之间的夹角 ψ。

然后用 $\lambda/4$ 片和检偏器测定椭圆度 $\tan\varepsilon = A_2/A_1$ 和旋向。在用检偏器找到椭圆长轴方位的基础上，在检偏器前插入 $\lambda/4$ 片，并旋转使出现最大透射光强，则表明波片快轴方向与椭圆长轴方向相一致。由于 $\lambda/4$ 片产生 $\delta_{\lambda/4} = \pi/2$ 的相位差，若入射椭圆偏振光两垂直分量间的 $\delta_{入} = \frac{\pi}{2}$（左旋时），得出射光的 $\delta_{出} = \pi$，出射线偏振光的光矢量在 x'、y'坐标系中的二、四象限（图 15-39 中 OC_1 方位）；若 $\delta_{入} = -\frac{\pi}{2}$（右旋时），则 $\delta_{出}=0$（对应图 15-39 中 OC_2 方位）测定时，旋转检偏器，找到消光位置，与此垂直的方向是出射线偏振光的方位，便可得到 ε 角，进而得到椭圆度 $\tan|\varepsilon| = A_2/A_1$。其旋向可由线偏振光所在象限得出。

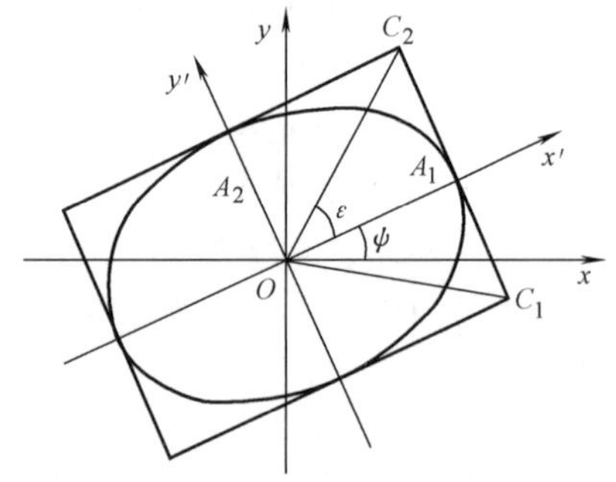

图 15-39　椭圆偏振光的检验（$\lambda/4$ 片）

3. 椭圆偏振法测量　线偏振光入射到透明物质或金属表面时，反射光的 s、p 分量的振幅反射系

数 $\tilde{r}_s$、$\tilde{r}_p$ 一般是复数，因而反射光是椭圆偏振光。由第十一章讨论知，$\tilde{r}_s$、$\tilde{r}_p$ 与物质的反射特性有关，因此椭圆偏振光的性质将反映物质的光学性质。

若用椭圆函数 ρ 表征椭圆的特征，令

$$\rho = \frac{\tilde{r}_p}{\tilde{r}_s} = \frac{r_p}{r_s}e^{i(\delta_p - \delta_s)} = \tan\psi e^{i\delta} \tag{15-53}$$

显然，

$$\tan\psi = r_p/r_s, \tag{15-54}$$

$$\delta = (\delta_p - \delta_s) \tag{15-55}$$

$\tan\psi$ 表示物质表面反射光 p、s 分量间的相对振幅变化，$\delta = \delta_p - \delta_s$ 是反射光的 p、s 分量间的相位差。称 ψ、δ 为椭圆参量，$\tan\psi$ 和 δ 正是在 x、y 直角坐标系中椭圆偏振光两分量间的振幅比和相位差。因此，由实验测得椭圆参量 ψ 及 δ，就可以由 r_s、r_p 和 δ 求取物质的光学常数（光学薄膜的折射率 n 和厚度 d），这就是椭圆偏振法测量的原理。椭圆偏振测量广泛用于薄膜光学、集成光学、半导体和生物医学工程等方面。

图 15-40 介绍了一种 PQSA 消光型椭圆偏振测量仪（椭偏仪）的原理光路。自然光经起偏器 P 和 $\lambda/4$ 片 Q 变为椭圆偏振光，经样品 S 反射后一般仍为椭圆偏振光。因为 $\lambda/4$ 片快轴方位恒为 ±45°，所以该椭圆偏振光的 P、S 分量的振幅比等于 1。入射到 S 上的这个椭圆偏振光经样品反射后，其对应分量必然分别与 $\tilde{r}_p$ 和 $\tilde{r}_s$ 成正比。若事先在入射光两分量中引进相位差，使得从样品反射后的反射光被补偿成线偏振光。此时调节检偏器 A 的透光轴方位可以达到消光，测出消光时相应的一对起偏器与检偏器的位置 θ_p、θ_A，求出椭圆参量 ψ 和 δ，即可由有关关系式算得薄膜的光学常数。椭圆偏振法测量原理可利用琼斯矩阵来证明。

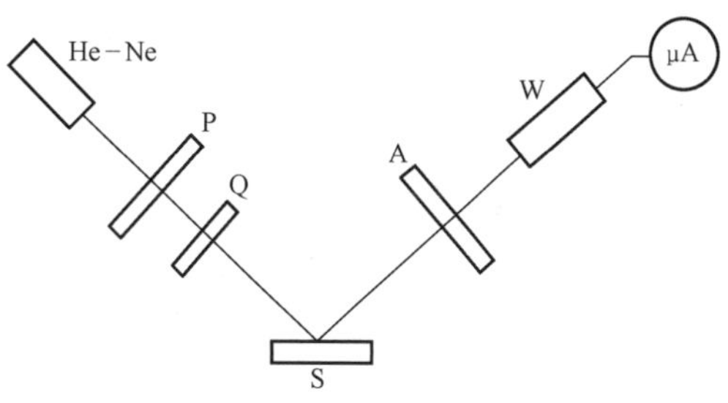

图 15-40　椭偏仪原理光路

新型的椭偏仪中，可以将光电变换的电信号输入到微机中进行各种处理。例如按预先设置的程序转动起偏器和检偏器，对光电信号进行处理，直接计算并打印结果。仪器精度非常高，用格兰棱镜时消光比可达 10^{-6}，偏振器等旋转角读数可精确到 0.01°。也有的仪器在光路中放置斩波器，使电信号变成更易进行放大的交流信号，以提高测量精度。

第八节　偏振光的干涉

从起偏器射出的线偏振光进入晶片后，一般在晶片中产生的两个光波具有相同的频率，从晶片出射时保持恒定的相位差，但这两个光波的振动方向互相垂直，因此不能产生干涉现象。必须使从晶片出射的这两个光波同时通过一检偏器，在检偏器透光轴上投影的两分量，此时具有相同的振动方向，满足光波干涉的条件。因此偏振光干涉装置的基本元件应包括起偏器、晶片和检偏器。偏振光干涉的应用很广，在物质结构应力测量、物质微观结构研究、材料物性分析、精密测量和信息记录等方面都得到应用。本节介绍偏振光干涉的原理、特点

及应用。

一、平行偏振光的干涉

如图 15-41 所示，平行偏振光垂直通过放在两偏振器之间的平行平面晶片。设晶片的快、慢轴分别沿 x 轴和 y 轴，起偏器 P 和检偏器 A 的透光轴与 x 轴的夹角分别为 α 和 β。透过 P 的线偏振光的振幅为 a，它在晶片快、慢轴上的投影分别为 $a\cos\alpha$ 和 $a\sin\alpha$，这两个分量通过厚度为 d 的晶片 Q 后的相位差为

$$\delta = \frac{2\pi}{\lambda}|n_o - n_e|d \tag{15-56}$$

式中，$|n_o - n_e|$ 为晶片 Q 的双折射率。此时两分量的复振幅分别为

$$\widetilde{E}_x = a\cos\alpha, \qquad \widetilde{E}_y = a\sin\alpha \cdot e^{i\delta}$$

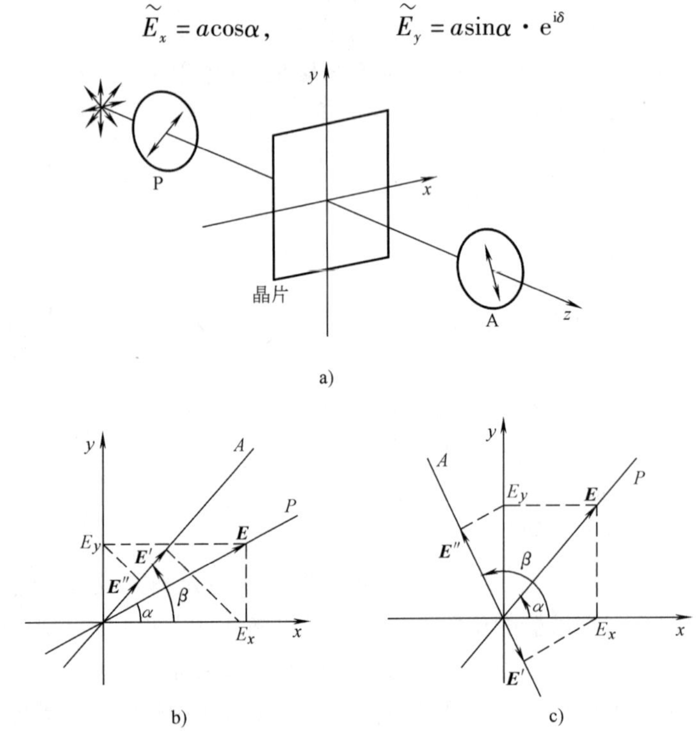

图 15-41 平行偏振光干涉

叠加后的合成光一般是椭圆偏振光，让此合成光通过检偏器 A，则 $\widetilde{E}_x$ 和 $\widetilde{E}_y$ 沿 A 的透光轴方向的分量分别为

$$\widetilde{E}' = \widetilde{E}_x\cos\beta = a\cos\alpha\cos\beta$$

$$\widetilde{E}'' = \widetilde{E}_y\sin\beta = a\sin\alpha\sin\beta e^{i\delta}$$

自检偏器 A 透射的这两个分量有相同的振动方向和频率，且相位差恒定，能够产生干涉现象。其干涉强度为

$$I = |\widetilde{E}' + \widetilde{E}''|^2$$

$$I = a^2\cos^2(\alpha - \beta) - a^2\sin2\alpha\sin2\beta\sin^2\left(\frac{\pi|n_o - n_e|d}{\lambda}\right) \tag{15-57}$$

式中已代入式(15-56)。上式就是平行偏振光干涉的强度分布公式。其中的第一项与晶片性质无关，仅取决于P、A之间的相对方位，形成干涉场的背景光；第二项表明干涉强度与偏振器P、A相对于晶片快、慢轴的方位有关，同时取决于晶片的性质。对于单色光照明的不均匀晶片，一般将出现等厚线状干涉条纹。现在分析几种常用情况。

（一）正交偏振器系统

设起偏器P与检偏器A的透光轴互相垂直，即$\beta=\alpha+\pi/2$，由式(15-57)得强度分布为

$$I_{\perp}=I_0\sin^2 2\alpha\sin^2\left(\frac{\pi\,|n_o-n_e|d}{\lambda}\right)=I_0\sin^2 2\alpha\sin^2\frac{\delta}{2} \tag{15-58}$$

式中，$I_0=a^2$。

分析式(15-58)，若δ为定值情况下，当$\alpha=0$，$\pi/2$，π，$3\pi/2$，…，$m\pi/2$（m为整数）时，因为$\sin 2\alpha=0$，则$I_{\perp}=0$。表明偏振器透光轴与晶片的快（慢）轴方向一致时，干涉光强有极小值。此时绕z轴转动晶片一周，可看到有四次光强为零的位置。

当$\alpha=\pi/4$，$3\pi/4$，…，$(2m+1)\pi/4$时，即晶片快（慢）轴与偏振器透光轴成45°时，有$I_{\perp}=I_0\sin^2\delta/2$，光强有极大值。此时转动晶片一周，出现四个最亮的位置。在研究晶片时，一般都采用这种取向状态。

注意到相位差δ对光强的影响，当$\delta=0$，2π，…，$2m\pi$时，$I_{\perp}=0$，得暗纹，晶片起着全波片的作用。当$\delta=\pi$，3π，…，$(2m+1)\pi$时，$I_{\perp}=I_0\sin^2 2\alpha$，得亮纹，晶片起着半波片的作用。

由上面分析可知，当$\delta=(2m+1)\pi$，且$\alpha=(2m+1)\pi/4$时，有最大的干涉光强$I_{\perp}=I_0$。

（二）平行偏振器系统

设起偏器、检偏器的透光轴互相平行，即$\alpha=\beta$。由式(15-57)得光强分布为

$$I_{\parallel}=I_0\left(1-\sin^2 2\alpha\sin^2\frac{\delta}{2}\right) \tag{15-59}$$

显然，光强极大、极小的条件与垂直偏振器系统时正好相反。

（三）白光干涉

当光源是包含各种波长成分的白光时，光强应是各种单色光干涉强度的非相干叠加。例如P⊥A时，有

$$I_{\perp}=\sum_i (I_0)_i\sin^2 2\alpha\sin^2\frac{\delta_i}{2} \tag{15-60}$$

式中，“i”脚标代表不同波长单色光成分；$(I_0)_i$表示光源中波长为λ_i的成分透过起偏器P后的线偏振光的强度。可知，不同的λ_i，其δ_i不同，对总光强$I_{\perp}$的贡献也不同。对于满足

$$\lambda_i=\left|\frac{2(n_o-n_e)}{(2m+1)}\right|d$$

的单色光，其干涉光强最大。这时透射光不再是白光，而是色泽鲜艳的色彩（干涉色）。易知，平行偏振器时干涉场的色彩与垂直时成互补色。这种干涉现象称为色偏振。显然干涉色与一定的光程差或相位差相对应，对于单轴晶体，则与晶片双折射率$|n_o-n_e|$和晶片厚度

d 有关。反之，由干涉色可求取光程差或双折射率或厚度。色偏振现象是检验双折射现象的极灵敏的方法，在光测弹性学和应力分析中得到应用。

（四）光测弹性方法及玻璃内应力的测定

由应变引起的双折射现象称为应力双折射效应或光弹效应。例如，对一各向同性介质（如玻璃等）均匀加压或拉伸，此时介质变成如同光轴在应力方向的单轴晶体，在应力方向与其垂直方向上的主折射率不等，产生双折射，其双折射率与外加应力成正比。利用偏振光干涉方法可以分析其受力情况。因此，若把有应力的物体 C 放在两块正交偏振片 P 和 A 之间（见图 15-42），就如晶片放在其间一样，在屏幕上出现由于偏振光干涉产生的干涉图样。干涉条纹的形状由光程差相等亦即主应力差相等的那些点的轨迹决定。物体上应力越集中的地方，主应力差的变化越大，因此干涉条纹越密集。根据干涉图样的这些特征，可以对物体的应力分布作定性和定量的分析。对于不透明的大型构件，如桥梁、水坝、建筑物等，常用光弹材料（如环氧树脂等）制成模型，模拟其真实情况施以应力，利用偏振光干涉图分析其应力分布，这种技术称为光测弹性方法，在工程力学中有着重要的应用。

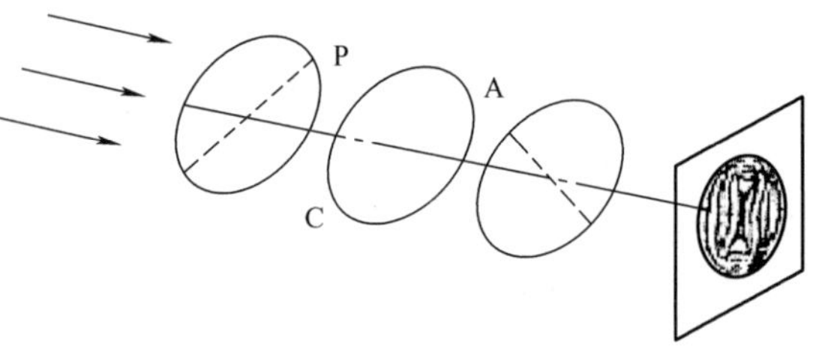

图 15-42 光测弹性装置

光学玻璃在制造或加工过程中，由于退火不均匀或装夹问题会产生内应力引起的双折射，从而影响产品的质量。下面以玻璃内应力测试为例说明偏振干涉法在应力测定上的应用。

读数偏光仪是用 $\lambda/4$ 片法测量光学玻璃内应力的仪器，其原理图示于图 15-43，主要部件有起偏器 P、检偏器 A 和 $\lambda/4$ 片 Q。G 是检偏器的分度盘，当分度盘为 0°时，P 和 A 的透光轴正交，处于消光位置（检偏器零位）。$\lambda/4$ 片的快、慢轴与起偏器透光轴平行或垂直时（未放入被测样品），保持暗视场。滤色片 F 的作用是当被测样品双折射较大、视场中出现干涉色不利于观察时消除其他颜色，以提高对准精度。

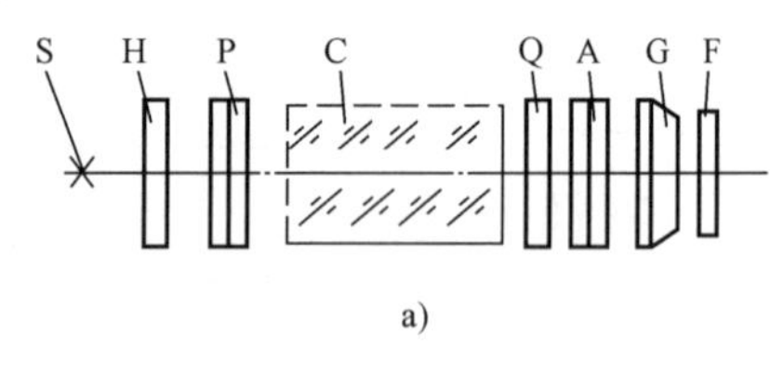

a)

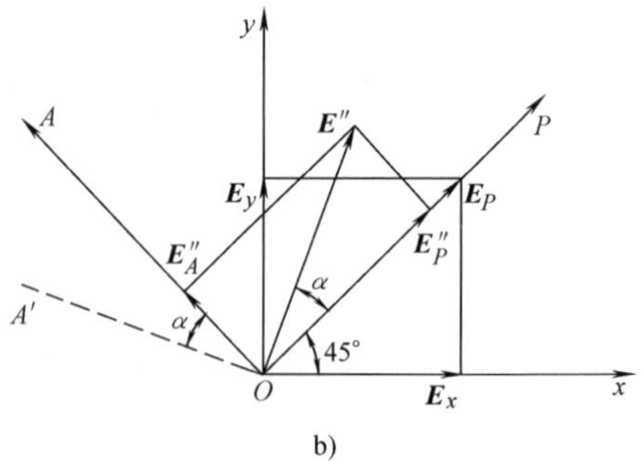

b)

图 15-43 读数偏光仪原理图

选取 x 轴和 y 轴为 $\lambda/4$ 片快、慢轴的方向（见图 15-43b），放入有应力的样品 C，两个主应力方向分别与 x、y 轴成 45°角。设样品内应力产生的相位差为 δ。易知，自 P 出射的线偏振光进入被测样品后将变为一椭圆偏振光，再经 $\lambda/4$ 片后出射的是线偏振光，且被测样品与 $\lambda/4$ 片的共同影响使自 P 出射的线偏振光的光矢量偏转了 α 角。现在用琼斯表示法求出自 $\lambda/4$ 片出射光的偏振态。

根据式(15-51)，分别代入 $\lambda/4$ 片 Q，样品 C 的琼斯矩阵 $\boldsymbol{G}_Q$、$\boldsymbol{G}_c$（坐标选取见图 15-43b）和透过 P 的线偏振光的琼斯矢量 $\boldsymbol{E}_\lambda$，则出射光的琼斯矢量为

$$E_{出} = G_Q \cdot G_C \cdot E_{入} = \begin{pmatrix} 1 & 0 \\ 0 & \mathrm{i} \end{pmatrix} \cos\frac{\delta}{2} \begin{pmatrix} 1 & -\mathrm{i}\tan\frac{\delta}{2} \\ -\mathrm{i}\tan\frac{\delta}{2} & 1 \end{pmatrix} \begin{pmatrix} 1 \\ 0 \end{pmatrix}$$

$$= \cos\frac{\delta}{2} \begin{pmatrix} 1 & 0 \\ 0 & \mathrm{i} \end{pmatrix} \begin{pmatrix} 1 \\ -\mathrm{i}\tan\frac{\delta}{2} \end{pmatrix} = \cos\frac{\delta}{2} \begin{pmatrix} 1 \\ \tan\frac{\delta}{2} \end{pmatrix}$$

表明从 $\lambda/4$ 片出射的是线偏振光，其光矢量与 $\lambda/4$ 片快轴（x 轴）的夹角 α 就等于 $\delta/2$，即有

$$\delta = 2\alpha \tag{15-61}$$

可得偏转角 α 与光程差 Δ 的关系

$$\alpha = \frac{\delta}{2} = \frac{\pi}{\lambda}\Delta \tag{15-62}$$

实际测量时，检偏器应从未放样品时的零位（图 15-43b 中 OA 转到 OA'）转过 α 角，以得到新的消光位置。α 角值可从分度盘上准确读出，从而求得光程差 Δ。已知样品厚度时，可以求出其双折射率。使用白光光源时，各种色光对应的 α 角各不相同，常用 $\lambda = 540\mathrm{nm}$ 的绿色滤光片，以消除其他色光的影响。实际测量中常用公式为

$$\Delta_l = \frac{\lambda\alpha}{\pi l} \approx 3\ \frac{\alpha}{l} \tag{15-63}$$

式中，Δ_l 是样品中每一厘米行程所产生的光程差；l 是被测样品沿观察方向的长度；$\lambda = 540\mathrm{nm}$。

二、会聚偏振光的干涉

讨论单轴晶片的光轴与表面垂直并且两偏振器 A、P 的透光轴互相正交的简单情况。图 15-44 中，入射到晶片 C 上的是会聚光，除了沿光轴方向传播的光不发生双折射外，其余方向的光线与光轴有一定的夹角，会产生双折射（见图 15-45a）。通过厚度为 d 的晶片时两束出射光之间的相位差可表示为

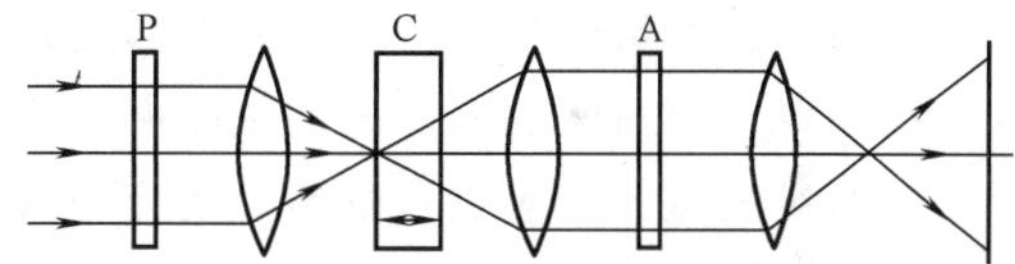

图 15-44　会聚偏振光干涉装置

$$\delta = \frac{2\pi}{\lambda} |n_o - n'_e| \frac{d}{\cos\psi} \tag{15-64}$$

式中，n_o、n'_e 是与折射角为 ψ 的波法线相应的 o、e 光的折射率；ψ 是 o、e 光相应的折射角的平均值；$\frac{d}{\cos\psi}$表示晶体中两波法线的平均几何路程，即折射角为 ψ 的“折中”波法线在晶片中的几何路程。

在 P⊥A 的情况下，偏振光干涉的强度分布为㊀

$$I_{\perp} = I_0 \sin^2 2\alpha \sin^2 \frac{\pi |n_o - n'_e| d}{\lambda \cos\psi} \tag{15-65}$$

由上式可知：①干涉强度与入射角方向有关，入射角相同的光线在晶体中经过的距离相同，光程差相等，形成同一干涉色的圆条纹。且光程差随倾角非线性增大，形成以居中光线为中心的里疏外密的同心干涉圆环（等色线）（见图 15-45b）。②干涉强度同时还与入射面相对

㊀　认为会聚光束中任一小立体角中的光接近平行光，类同于平行偏振光下干涉的强度分布。

于正交偏振器透光轴的方位 α 有关。这是由于同一圆周上，由光线和光轴构成的主平面的方位是逐点改变的（见图 15-45c）。

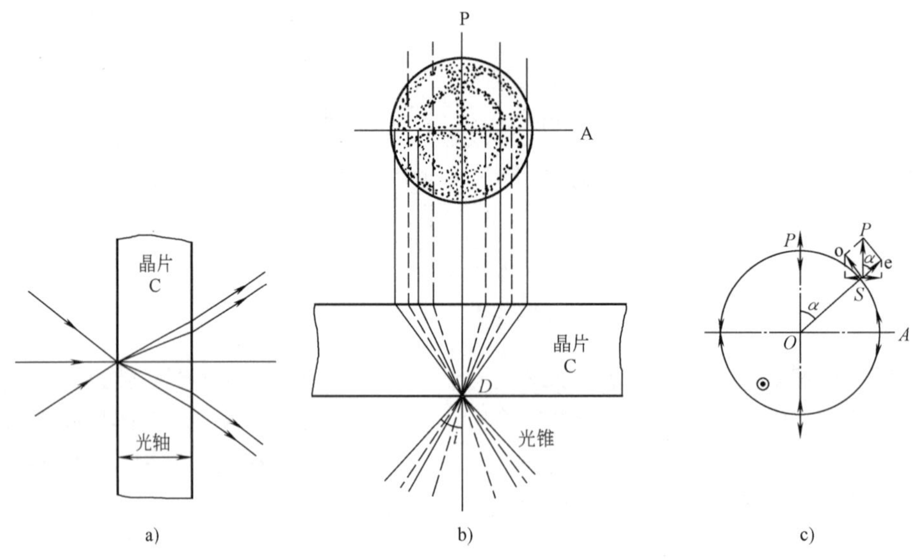

图 15-45　会聚偏振光通过晶片

由于任何一条入射光的折射光波法线都在入射面内，又因为晶体光轴方向就是表面法线方向，因而每一对折射光线所在的入射面就是主截面，对照图 15-45c，例如 OS 平面表示圆条纹上任一点 S 所对应的入射面即主截面。因而，参与干涉的 o、e 光在检偏器透光轴上的投影振幅随着主截面相对于起偏器 P 的方位 α 而变，由强度分布式(15-65)易知，当 $\alpha = \pm 45°$时，能得到最鲜明的干涉条纹；当 $\alpha \to 0$ 或 $\pi/2$ 时，即当入射面趋近于起偏器或检偏器透光轴时，晶体中只有一个 o 光或 e 光，入射光通过晶片后的偏振态没有改变，因而不能通过检偏器，此时不论 δ 为何值，光强均为零，相应的干涉图样将呈现暗十字刷状(见图 15-46)。

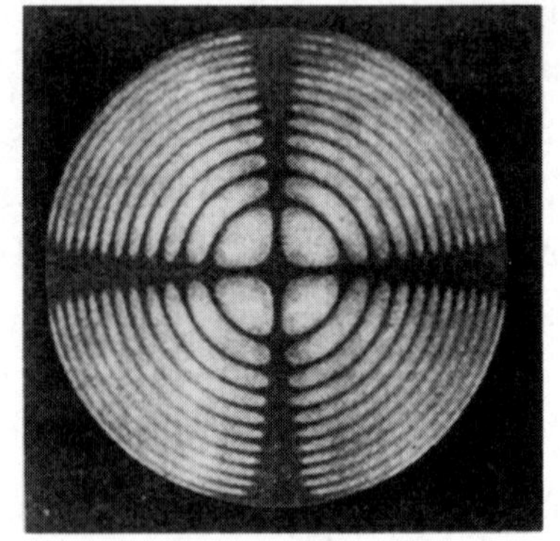

图 15-46　会聚偏振光干涉图
（单轴晶体垂直光轴切割）

将正交偏振器（P⊥A）变为平行偏振器（P∥A），这时暗十字刷变为亮十字刷，两种情况的干涉图互补。白光干涉时各圆环的干涉色变成它的互补色。

如果晶片光轴与表面不垂直，随着晶片的旋转，十字刷中心随之打圈，偏离透镜光轴，据此可判断晶体光轴是否与表面垂直、测定光轴倾斜的方位和角度。所以，会聚偏振光的干涉除了由相位差变化测定双折射率以外，还能判断光轴倾斜及晶体光性，用于矿物极性研究中。

三、偏光干涉仪

偏振光干涉是振动面分割型干涉，常用的偏光干涉仪大致以两种形式实现振动面分割。

（一）双折射晶体作分光镜

双折射分光镜一般也称为双像元件，它是利用双折射晶体能够改变两个振动面互相垂直的线偏振光的传播方向，而起着分割光的振动面的作用。例如渥拉斯顿棱镜和洛匈棱镜，能使光束垂直于入射光束方向分离；双焦系统或称双折射透镜，光束分别沿着入射光束轴向分离（见图 15-47）。图 15-48 是用双像元件作分光镜的一种微分干涉显微镜光路图。双折射棱镜 Q 由光轴取向如图的两个双折射小棱镜胶合而成，自 P 出射的线偏振光进入第一棱镜后，o、e 光沿不同的方同行进，在第二棱镜中 o、e 光互换，并发生折射，会聚于透镜 L 的后焦点 F 上。通过透镜后两光线以间隔 d 平行入射于样品 S 上，经 S 反射后再经 L、Q 后合并以同一方向行进，在像面上可以观察到与 d 对应的横向偏移的两个像 S″和 S′重叠产生的干涉像。取起偏器 P 的透光轴与 o、e 光的振动方向成45°配置，检偏器 A 的透光轴一般取 P∥A 或 P⊥A 的情况。若样品表面形状用 $H(x, y)$ 表示，偏离方向为 x 方向，则像面上的强度分布为

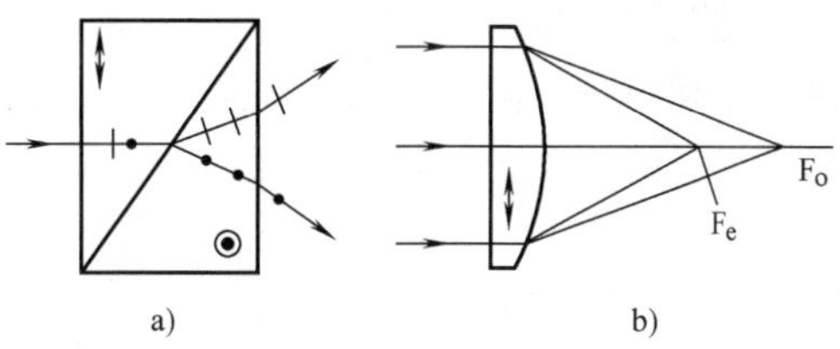

图 15-47　双像元件的分束
a）渥拉斯顿棱镜　b）双焦系统

$$I = I_0[1 + V\cos[2k[H(x+d,y) - H(x,y)] + \delta]] \tag{15-66}$$

式中，V 是由检偏器 A 方位决定的常数；δ 是同一方位角时由双折射镜产生的相位差，且随棱镜绕系统光轴转动而变。δ 很小时，式(15-66)变为

$$I = I_0\left\{1 + V\cos\left[\left(2k\frac{\partial H}{\partial x}\cdot d\right) + \delta\right]\right\} \tag{15-67}$$

即表面形状的微分值以强度变化的形式被观察到。白光照明时，能够检测很小的凹凸差。这种干涉装置用于 IC 板之类的晶体表面缺陷或光学玻璃表面毛疵、腐蚀状态的高灵敏度检测。

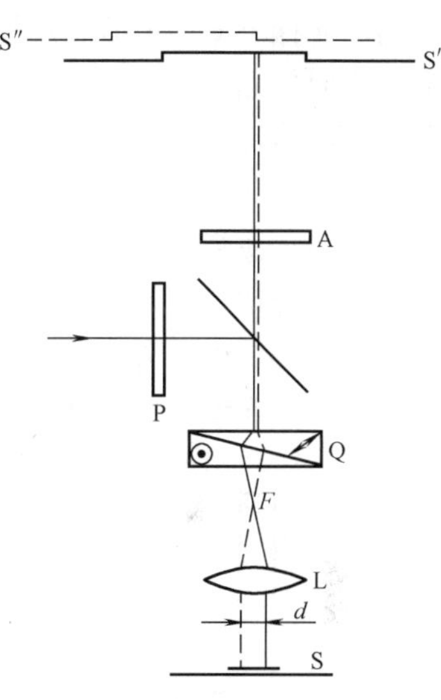

图 15-48　微分干涉显微镜光路图

（二）偏振分光镜与 λ/4 片组合

另一种形式的偏光干涉仪用偏振分光镜与 λ/4 片组合代替普通干涉仪中的分光镜而成，这样的偏振干涉系统有许多特殊的性质和优点，在干涉系统中被广泛地应用。

我们知道，自然光经偏振分光镜后，产生垂直于入射面（主截面）振动的反射线偏振光和平行于入射面振动的透射线偏振光。如果入射光是平行于入射面振动的光，在图 15-49b 结构中，它被全部透过，其反射分量为零。当它入射到被测反射镜并反射回分光镜时，因光路中加进一 λ/4 片，它能使两次经过 λ/4 片的光振动方向转过 90°，原来平行于主截面振动的分量此时变为垂直振动分量，因此入射至偏振分

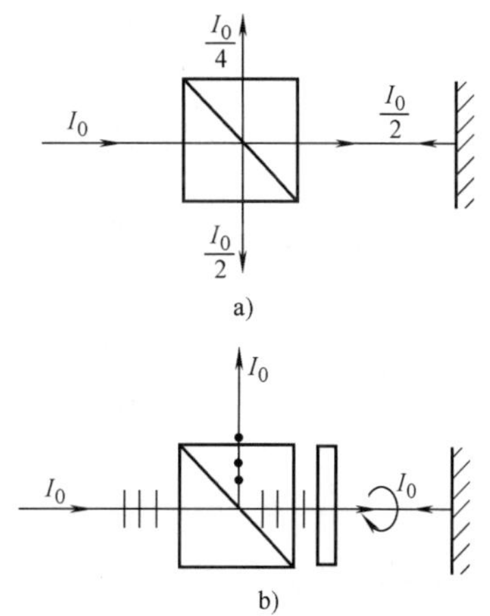

图 15-49　偏振分光镜作用
a）普通分光镜　b）偏振分光镜

光镜的光被全部反射至探测器。而一般普通分光镜经斜面两次反射，只有总光强的1/4到达接收器（见图15-49a）。由此看到，这种偏振干涉系统能充分地利用光能，且能防止光向光源回授的不利影响。同时当入射线偏振光相对于入射面（主截面）方位变化时，可以改变从分光镜出射的两束光的相对强度。

图15-50是非球面测定用干涉仪光路图，实际上是泰曼双光束干涉仪的改型，其中分光镜用偏振分光镜与$\lambda/4$片组合代替。这是20世纪80年代后期开发的一种高精度波面测定仪器，采用压电晶体驱动参考镜，探测系统用光电二极管阵列，由计算机自动控制测量过程、自动计算和显示干涉图，测量的平面最大直径为125mm，精度达$\lambda/100$。为保证系统测量精度的实现，除采用稳频激光器以外，分光镜选用偏振分光镜与$\lambda/4$片组合的形式。入射光的两个分量经偏振分光镜反射和透射后分别射向参考镜和被测镜，并分别两次往返$\lambda/4$片而使它们的振动方向旋转90°，这样由参考镜反射的光和由被测镜表面返回的光分别全部透过和反射至光探测器，最后利用检偏器，使这两束线偏振光发生干涉。显然，在这样的光路中，防止了回授光对光源稳定性的影响，并且在$\lambda/4$片前面的各反射面反射的非期望光线都被偏振分光镜抑制掉了，不产生对干涉条纹的干扰，消除了杂散光的影响。另外，在照明系统中还置有一$\lambda/2$片，转动$\lambda/2$片，可以改变入射光的偏振分量，控制入射光的两个互相垂直分量的相对强度。这样，对于不同反射率的被测表面，总可以调节到使参考光束和被检光束在通过检偏器后的光强相等，以得到最好的条纹对比度，而不必更换参考面。特别是被检面的反射率很小（如未镀膜的光学元件表面）时，采用偏振干涉系统能得到相当于一般干涉仪三倍的光强，能充分合理地利用所有的光强。

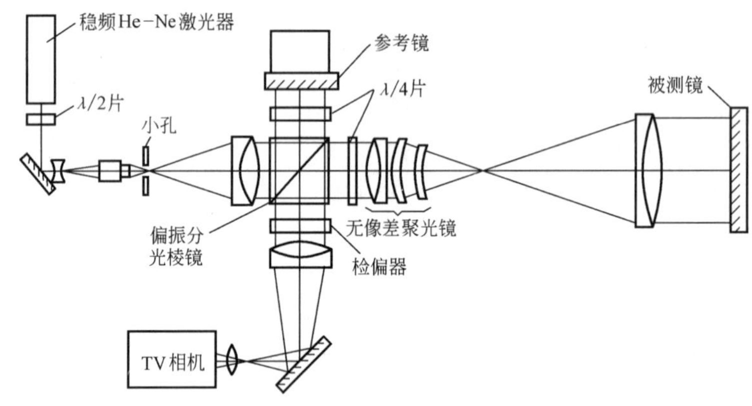

图15-50 非球面测定用干涉仪

第九节 磁光、电光和声光效应

由磁场、电场和应力作用产生的双折射或双折射性质的变化与外界作用的性质和大小密切联系，测定所发生的磁光效应、电光效应和声光效应中的双折射大小或变化可以推断外界作用的大小和方向；反之，通过控制外界作用，产生所需要的双折射，可以实现对透射光的相位、强度或偏振态的调制。这些效应近些年在激光技术、光学信息处理和光通信等领域的应用更加广泛。本节将简要介绍其原理及应用。

一、旋光现象和磁致旋光效应

（一）物质的固有旋光现象及解释

人们发现，某些晶体（光轴垂直于表面切取），当入射平行线偏振光在晶体内沿着光轴方向传播时，线偏振光的光矢量随传播距离逐渐转动，这种现象称为旋光现象。具有这种性质的媒质称为旋光物质。它们以双折射晶体（如石英，酒石酸等）、各向同性晶体（如砂糖晶体、氯化钠晶体等）和液体（如砂糖溶液、松节油等）等各种形态存在着。

实验表明，线偏振光通过旋光物质时，光矢量转过的角度 θ 与通过该物质的距离 l 成正比，即

$$\theta = \alpha l \tag{15-68}$$

式中，α 为该物质中 1mm 长度上光矢量旋转的角度，称为旋光系数。

表 15-4 给出几种物质的旋光系数。实验发现，旋光系数与波长平方成反比，即不同波长的光波在同一旋光物质中其光矢量旋转的角度不同，这种现象称为旋光色散。图 15-51 是石英的旋光系数随波长变化的曲线。对于旋光液体，转角 θ 还与溶液的浓度成正比。据此，通过测定转角 θ 可以测定溶液的浓度。

表 15-4　几种物质的旋光系数（对 D 光）

物　　质	$\alpha/(')\cdot mm^{-1}$
辰砂 HgS	+32.5
石英 SiO_2	+21.75
尼古丁菸碱（液态）10～30°C	−16.2
胆甾相液晶	1800

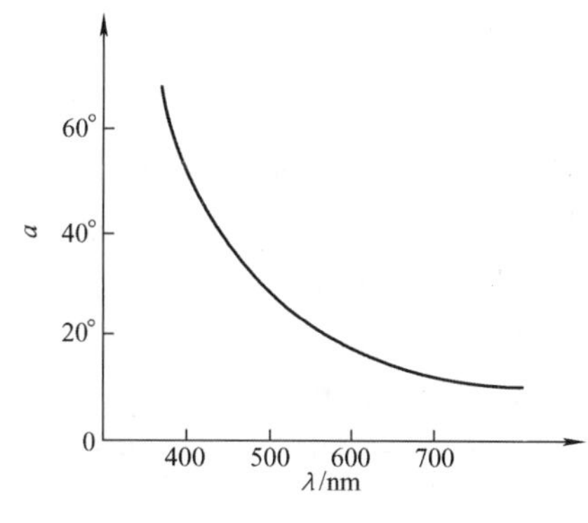

图 15-51　石英的旋光色散

实验还发现，旋光物质有左旋和右旋之分：对着光的传播方向观察，使光矢量顺时针方向旋转的物质为右旋物质，逆时针旋转的物质为左旋物质。大多数旋光物质都具有这两种状态，例如石英、糖溶液等。它们的旋光本领在数值上相等，但旋向相反；它们的分子组成相同，但成镜对称结构排列。

菲涅耳曾对旋光现象作出惟象解释。菲涅耳假设沿晶体光轴传播的线偏振光可以看作由两个等频率、不同传播速度的左旋和右旋的圆偏振光组成。右旋物质中，右旋圆偏振光的传播速度大于左旋圆偏振光的传播速度；左旋物质中，则正好相反。据此，当通过厚度为 l 的旋光物质时，这两个圆偏振光之间产生一个相位差

$$\delta = \frac{2\pi}{\lambda} l(n_{左} - n_{右}) \tag{15-69a}$$

容易知道，线偏振光相应的转过的角度为

$$\theta = \frac{\delta}{2} = \frac{\pi}{\lambda} l(n_{左} - n_{右}) \tag{15-69b}$$

可知，当 $n_{左} > n_{右}$，即 $v_{右} > v_{左}$ 时，光矢量顺时针旋转 θ 角，对应右旋物质；当 $n_{左} < n_{右}$，即 $v_{右} > v_{左}$ 时，光矢量逆时针旋转 θ 角，对应左旋物质；同时偏转角 θ 与深入晶体的厚度 l、波

长 λ 及两圆偏振光传播速度 $v_{左}$、$v_{右}$ 有关。菲涅耳同时在实验上证实了这种假设。

利用同一种旋光物质有右旋、左旋两种状态、且物质的这种固有旋光的旋向与光的传播方向有关，提出了采用由右旋、左旋物质制作的组合光学元件。图 15-52a 的科纽透镜是用左、右旋石英做成的两个 30°棱镜组合成的，光轴方向均平行于棱镜底边，由于右旋部分和左旋部分速度的交换，在最小偏向角位置上，可以消除旋光的影响，在光谱仪器中得到应用。图 15-53 是大型石英自准摄谱仪光路图，光经 30° 自准棱镜 P，相当于通过 60°的科纽棱镜，由于光在其中两次通过时传播方向相反，使得在光谱面上不产生旋光影响。图 15-52b 为相同原理制成的科纽棱镜。

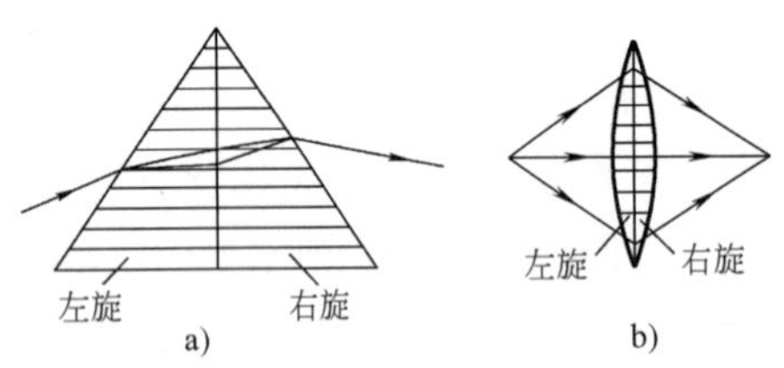

图 15-52　旋光光学元件（石英晶体）
a）科纽透镜　b）科纽棱镜

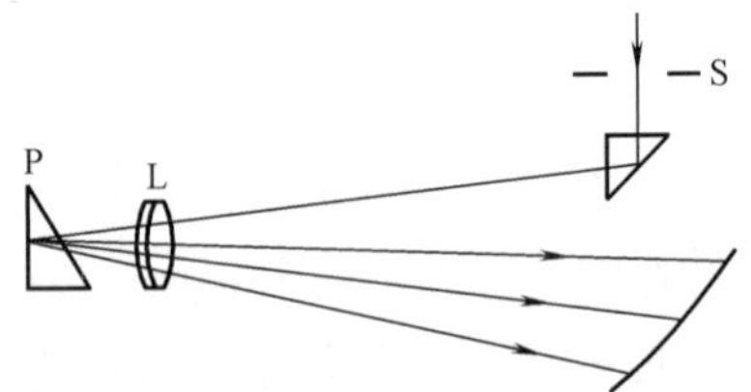

图 15-53　大型石英自准摄谱仪光路图（用于紫外波段）

石英是一种在晶体光学中用得十分普遍的双折射材料，又是一种旋光材料。我们发现，石英晶体沿光轴方向只表现旋光性而无双折射性，而在垂直光轴方向只表现双折射性而无旋光性。这是因为沿光轴方向两种圆偏振光的折射率 $n_{左}$ 和 $n_{右}$ 之差比之沿垂直光轴方向传播的 o、e 光的折射率 n_o 和 n_e 之差要小得多，因此，除了晶体切面在垂直光轴的一个很小范围外，石英晶体的作用基本上与普通单轴晶体相同。

另外，旋光晶片能使入射线偏振光的振动面发生偏转这一点似乎同于半波片的作用，但两者是有区别的。首先，晶片的取向不同，半波片时光轴平行于晶面，而旋光晶片的光轴取向垂直于晶面，光在晶体中沿光轴方向传播；其次，半波片只对某一波长，其出射光是线偏振光，而旋光晶片对任何波长均为线偏振光，只是转角不同而已；再者，对于半波片，入射光振动面旋转的角度与振动面相对于波片快、慢轴夹角有关，可以左转也可以右转；而对于旋光晶片，对于确定旋向的晶片，光的振动面只向一个方向转动一定的角度，这在使用时必须注意。当只需把线偏振光的振动面转过一个角度时，通常用旋光晶片比用半波片更优越。

（二）磁致旋光效应

所谓磁光效应就是在强磁场的作用下，物质的光学性质会发生变化。这里介绍主要的磁致旋光效应。

1864 年，法拉第发现在强磁场作用下，本来不具有旋光性的物质产生了旋光性，即线偏振光通过加有外磁场的物质时，其光矢量发生了旋转。这就是磁致旋光效应或法拉第效应。

在图 15-54 的系统中，将样品（例如玻璃）放进螺线管的磁场中，并置于正交偏振器 P、A 之间。使光束顺着磁场方向通过玻璃样品，此时检偏器 A 能接收到通过样品的光，表明光矢量的方向发生了偏转。旋转的

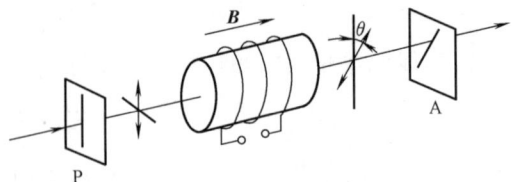

图 15-54　法拉第效应

角度可以由检偏器重新消光的位置测出。实验发现，入射光矢量旋转的角度 θ 与沿着光传播方向作用在非磁性物质上的磁感应强度 B 及光在磁场中所通过的物质厚度 l 成正比，即

$$\theta = VBl \tag{15-70a}$$

式中，V 是物质常数，称为维尔德（Verdet）常数，它与波长有关，且非常接近该材料的吸收谐振，故不同的波长应选取不同的材料。大多数物质的 V 值都很小，见表 15-5。近年出现了一些具有极强磁致旋光能力的新型材料，这些材料属于铁磁性物质，线偏振光通过在磁场中被磁化的材料时，振动面会发生旋转。当磁化强度未达到饱和时，振动面旋转角度 θ 与磁化强度 M 及通过距离 l 成正比，即

$$\theta = F\frac{M}{M_0}l \tag{15-70b}$$

式中，M_0 是饱和磁化强度；F 称为法拉第旋光系数，表示磁化强度达到饱和后光振动面每通过单位距离所转过的角度。这些材料中的强磁性金属合金及金属化合物（如 Fe，Co 及 Ni）有极高的 F（单位 deg/cm）值，但同时吸收系数 α（单位 cm^{-1}）的值也非常大；强磁性化合物由于一般存在 α 极小的波长区域，使得它具有很高的旋光性能指数㊀，例如强磁性化合物 YIG 在 $\lambda = 1.2\mu m$ 时其性能指数高达 10^3（deg/dB），是磁光器件的理想材料。

表 15-5　几种材料的维尔德常数

物质	(20°C, λ = 589.0nm) V/[(′).(10^{-4}T.cm)$^{-1}$]
冕玻璃	0.015～0.025
火石玻璃	0.030～0.050
稀土玻璃	0.13～0.27
氯化钠	0.036
金刚石	0.012
水	0.013
TGG	0.12(λ = 1064nm)

实验指出，磁致旋光的方向只与磁场的方向有关，而与光的传播方向无关，光束往返通过磁致旋光物质时，旋转角度往同一方向累加。

（三）磁光效应的应用

1. 自动测量　磁致旋光的转角与磁场大小成正比，改变电流的大小可以控制磁场，从而控制光矢量的偏角，实现自动测量。图 15-55 是量糖计自动测量原理图。正交偏振器 P、A 间放入法拉第盒 F 和待测糖溶液 K，由于糖液的旋光性质，入射光矢量经 K 后发生偏转，控制 F 上的电流以控制磁致偏转的大小和方向，使再次保持消光。测出所加电流大小可求得光在糖溶液中的转角，实现糖溶液浓度的自动测量。这种测量方法还广泛用于化学、制药等工业。因为许多有机物也具有旋光性，例如抗菌素氯霉素，其天然品是左旋，而人工合成的"合霉素"却是左、右旋各半的混合旋化合物，其中只有左旋成分有疗效；驱虫药四咪唑也是左、右旋混合物，其中只有左旋成分有效。人们在分析研究这些旋光异构体时需要量糖计。

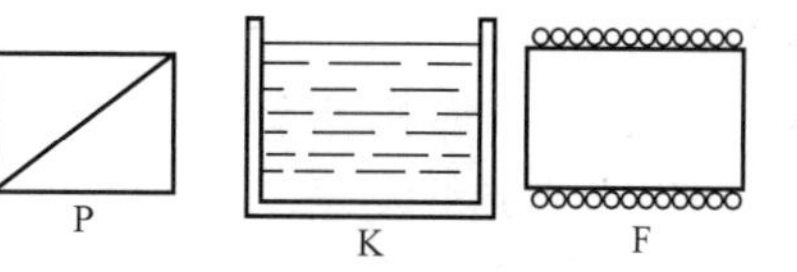
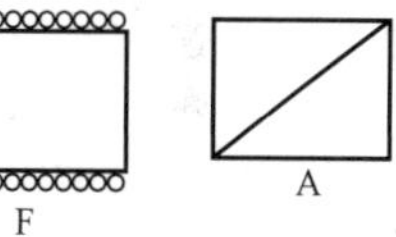

图 15-55　量糖计

2. 光隔离器　光隔离器是利用磁光效应构成的一种非互易光学元件，它使光束只能沿单方向前进，而不能反向传播。其原理如图 15-56a 所示，P、A 为偏振器，其透光轴互成 45°角，F-R 为磁致旋光器件。调节磁场大小和方向，使线偏振光光矢量经过隔离器后旋转

㊀ 材料的性能指数用每衰减 1 分贝所转过的角度（单位 deg/dB）或法拉第旋光系数 F 与光吸收系数 α 之比（单位 deg）表示。

45°，这时从左向右传输的光可以通过 A 出射，而从右向左的回授光经过 A 和磁致旋转器 F-R 后，因为磁场的大小和方向不变，所以光矢量的振动方向又同向转过 45°，正好与偏振器 P 的透光轴方向垂直（见图 15-56b），因而完全不能通过 P，回授光被阻挡。这种光隔离器常在激光的多级放大装置中使用，它可避免反射光对前级的干扰。还可在光纤通信等应用领域中与其他光纤器件匹配使用。

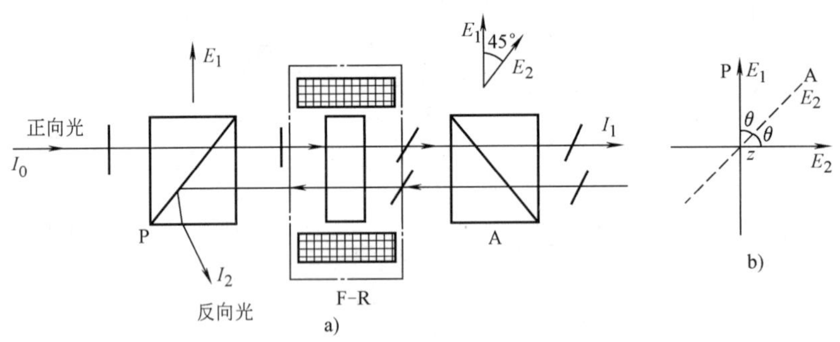

图 15-56　磁光隔离器原理图

3. 磁光调制　固定起偏器和检偏器的相对方位，按一定方式改变置于其间的磁致旋光物质上外加电流的大小，能够改变入射到检偏器上的光矢量的方位，使出射光强按马吕斯定律发生相应的变化。这就是磁光调制。相应的器件称为磁光调制器。磁光调制技术有着广泛的应用。

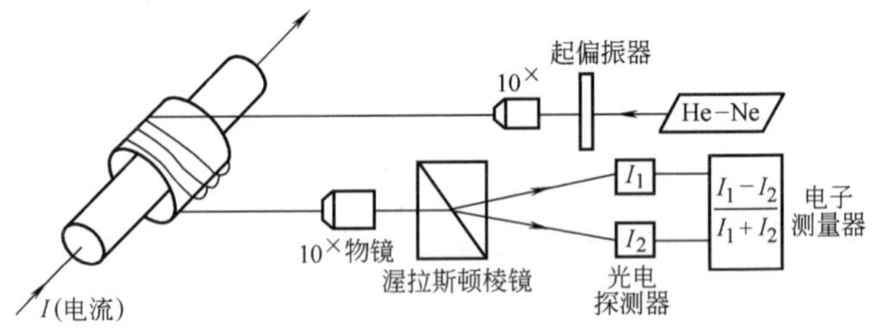

图 15-57　磁光式光纤安培计

（1）光纤安培计　应用于高压输电线上的磁光式光纤安培计是法拉第效应的应用例子。图 15-57 是其原理图，线偏振激光经显微物镜耦合到单模光纤中，作为电流传感元件的光纤绕在高压输电母线上，光纤线圈中传送的线偏振光在电流磁场的作用下发生法拉第旋转。考虑到安培环路定律，可以导出待测电流 I 与光纤中光振动面旋转角 θ 间的关系式

$$\theta = VNI$$

式中，V 为维尔德常数；N 为高压母线上光纤的匝数。

旋转角与光纤线圈的形状大小及其中导体位置无关，因此检测不受输电母线振动的影响。出射的线偏振光由显微物镜耦合到渥拉斯顿棱镜，被分解成振动方向互相垂直的两束线偏振光，分别由两个光电探测器接收其光强 I_1 和 I_2 并转换为电信号，经电子测量器运算出参数 P

$$P = \frac{I_1 - I_2}{I_1 + I_2} = K\theta$$

式中，K 是与光纤性能有关的系数。这样，在 V、K、N 确定及测出参数 P 后，即可求出母线中的待测电流 I。

这种安培计测量范围大，灵敏度高，且与高压不接触，实现了输入、输出端的电绝缘。据报道，用于15～40kV的高压输电线上，电流测量范围为0.5～2000A，其精度为1%～5%。磁光式检测方法有望成为高压大电流测量技术的一个新方向。

（2）磁光空间光调制器(MOSLM)　近年开发的磁光空间光调制器是基于法拉第效应的电寻址器件，具有实时地对光束进行空间调制的重要功能而成为实时光学信息处理、光计算和光学神经网络等系统的关键器件。MOSLM是由磁光薄膜调制单元和寻址电极组成一维或二维的像元阵列及外围电路和附件构成。这里我们不详细讨论它的结构和制造，主要介绍法拉第效应在其中的应用。

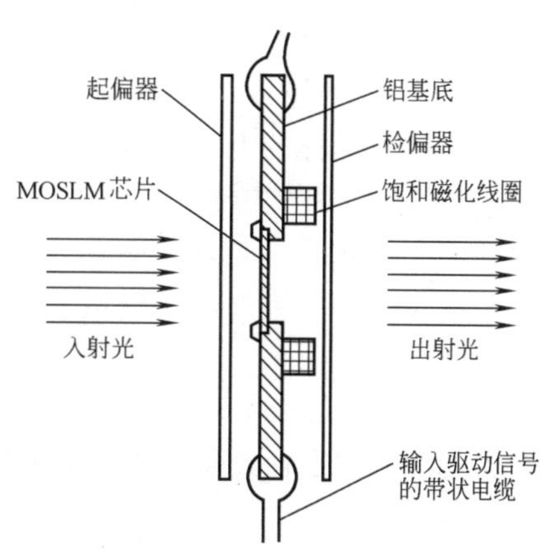

图15-58　MOSLM的侧视结构图

图15-58中的MOSLM芯片是由被刻蚀成矩形像元阵列的磁光薄膜和用光刻技术制作在像元间的器件的寻址电极组成。磁光调制芯片被固定在铝基底上，封装于起偏器和检偏器之间，并可以相对转动。当有弱电流通过寻址电极时，像元即被寻址，薄膜的磁化状态随寻址磁场而发生变化。一般薄膜内磁场方向垂直于薄膜表面，当线偏振光垂直薄膜入射时（即平行于磁化方向入射），线偏振光的振动面将发生旋转，即呈现法拉第效应（见图15-59）。当光束的传播方向与薄膜的磁化方向相同或相反时，光振动面将分别向两个相反方向旋转$\pm\theta_F d$（d为调制层厚度，θ_F为法拉第旋光系数），表明光束通过薄膜后一般具有二值化的偏振方向。若使检偏器的透光轴方向与其中某一偏振方向垂直，则相应的光束不能通过，相应的调制像元处于关态；而另一种偏振方向的光则可部分或全部（$\theta=45°$时）透过，即对应像元处于开态，入射到开像元上的光可“全部”透过。实际上，磁光调制薄膜具有的“开”“关”或“两者之中间状态”三种调制状态取决于磁化状态，也即受视频编码信号控制，从而可以实现信息的写入和读取。

二、电光效应

在外界强电场的作用下，某些本来是各向同性的介质会产生双折射现象，而本来有双折射性质的晶体，它的双折射性质也会发生变化，这就是电光效应。

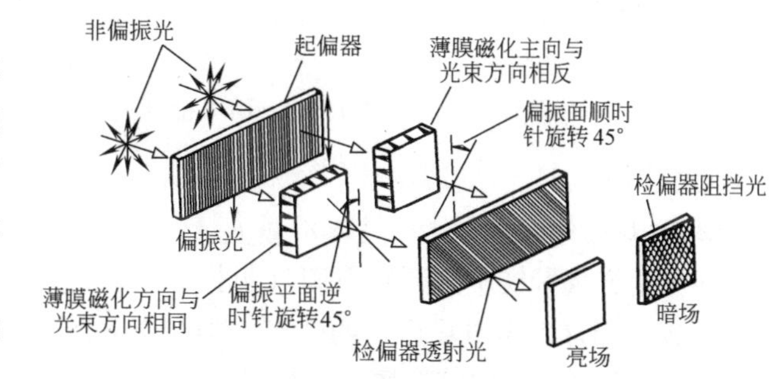

图15-59　MOSLM工作原理示意图

（一）泡克耳斯效应（一级电光效应）

泡克耳斯效应又称一级电光效应，此时外加电场引起的双折射只与电场的一次方成正比。用作电光晶体的有ADP（磷酸二氢铵）和KDP（磷酸二氢钾）。新近使用的KD^*P（磷酸二氘钾）晶体，它所需的外界电压低于KDP的一半，但产生与KDP相同的相位延迟。此外还有铌酸锂、钛酸钡、铌酸钡钠等也纷纷进入电光晶体的行列。

根据外加电场与传播方向平行还是垂直，泡克耳斯效应分为纵向和横向两种。现以

KDP 单轴晶体为例，对于电场平行于光轴加入的情况[⊖]讨论这两种效应的特点。

KDP 晶体是负单轴晶体，取垂直于 z 轴（光轴）切割情况。在与晶轴方向一致的主轴坐标系中，据晶体光学理论，当平行于 z 轴加入电场时，KDP 晶体的折射率椭球方程为

$$\frac{x^2}{n_o^2}+\frac{y^2}{n_o^2}+\frac{z^2}{n_e^2}+2\gamma E_z xy=1 \tag{15-71}$$

式中，γ 是 KDP 晶体的电光系数，一般为 10^{-12}m/V 量级。上式表明，z 轴仍是主轴，但 x、y 轴已不再是新椭球的主轴了。分析式(15-71)可知，因为方程中 x、y 可以互换，所以新椭球的另外两个主轴 x'和 y'必定是 x、y 轴的角分线，即在 $z=0$ 的平面内 x、y 轴转过 45°的方向上（见图 15-60）。在新的主轴系 $x'y'z'$中，式(15-71)变为

$$\left(\frac{1}{n_o^2}+\gamma E_z\right)x'^2+\left(\frac{1}{n_o^2}-\gamma E_z\right)y'^2+\frac{z^2}{n_e^2}=1 \tag{15-72}$$

于是，得到新椭球主轴方向上的三个主折射率为

$$n'_x=n_o-\frac{1}{2}n_o^3\gamma E_z,\qquad n'_y=n_o+\frac{1}{2}n_o^3\gamma E_z,\qquad n_z=n_e \tag{15-73}$$

可以知道，平行于光轴方向的电场使 KDP 晶体从单轴晶体变成了双轴晶体，折射率椭球在 $z=0$ 平面内的截面由圆变成椭圆（见图 15-60b），其椭圆主轴长度与外加电场 E_z 大小有关。分析式(15-73)易见，外加电场引起的双折射与光的传播方向有关。

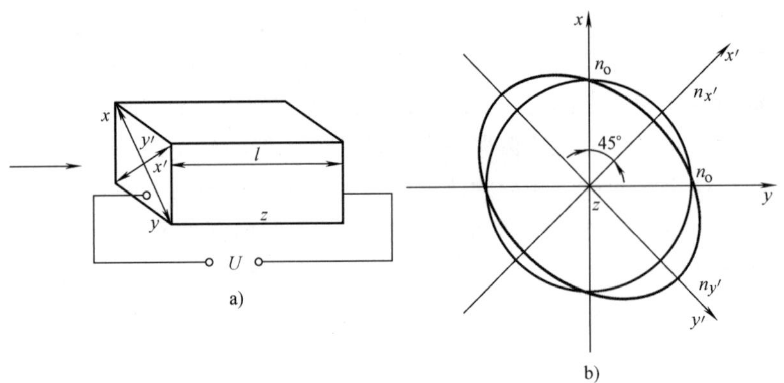

图 15-60 KDP 晶体的纵向泡克耳斯效应

a）纵向运用 b）KDP 晶体的折射率椭球（$z=0$ 截面）

纵向电光效应时，KDP 晶体取垂直于 z 轴（光轴）切割成长方体，长边与光轴平行，两端面为正方形并镀上透明导电膜（见图 15-60a）。外加电场的方向与光的传播方向（沿 z 轴）一致，当加上强电场后，两感应主轴在正方形的对角线 x'，y'方向上，此时在感应主轴 x'和 y'方向振动的二束等振幅的线偏光有着不同的传播速度，由此引起的相位差为

$$\delta=\frac{2\pi}{\lambda}(n_{y'}-n_{x'})l=\frac{2\pi}{\lambda}n_o^3\gamma E_z l=\frac{2\pi}{\lambda}n_o^3\gamma U \tag{15-74}$$

式中，λ 是真空中波长；l 是光在晶体中通过的长度；U 是外加电压。

⊖ 对于 KDP 晶体，电场垂直于光轴加入时，横向电光效应为零，纵向电光效应十分微弱。一般均采用平行光轴加入的工作方式。

由式(15-74)可知，纵向电光效应产生的相位延迟与光在晶体中通过的长度 l 无关，仅由晶体的性质 γ 和外加电压 U 决定。

在电光效应中，使相位差 δ 达到 π 所需施加的电压称为半波电压，常用 U_π 或 $U_{\lambda/2}$ 表示。半波电压与电光系数是表示晶体电光性能的重要参数。显然，γ 越大，$U_{\lambda/2}$ 就越小，这是所希望的。表 15-6 给出某些电光晶体的半波电压和电光系数。

表 15-6　某些电光晶体的电光系数和半波电压（室温下，$\lambda=546.1\text{nm}$）

晶　体	$\gamma/(\text{m}\cdot\text{v}^{-1})$	n_o	$U_{\lambda/2}/\text{kV}$
ADP（$NH_4H_2PO_4$）	8.5×10^{-12}	1.52	9.2
KDP（KH_2PO_4）	10.6×10^{-12}	1.51	7.6
KDA（KH_2AsO_4）	$\sim13.0\times10^{-12}$	1.57	~6.2
KD*P（KD_2PO_4）	$\sim23.3\times10^{-12}$	1.52	~3.4

在横向电光效应中，光沿垂直于电场（z 向）的 x' 方向传播（见图 15-61），此时沿着两主振动方向 z 和 y' 方向上振动的线偏振光有不同的传播速度，利用式(15-73)可知，通过长度为 l 的晶体后产生的相位差为

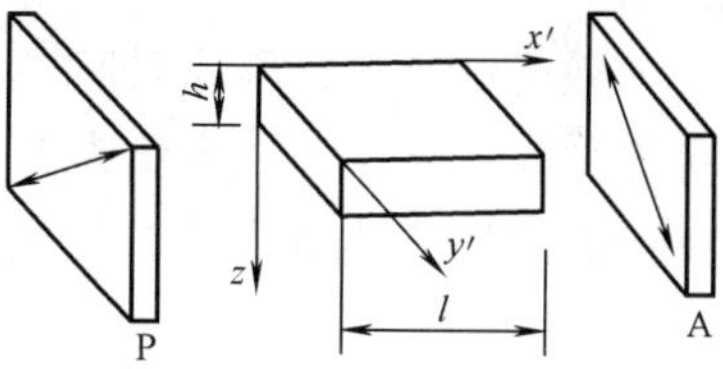

$$\delta=\frac{2\pi}{\lambda}(n_{y'}-n_e)\ l=\frac{2\pi}{\lambda}|n_o-n_e|l+\frac{\pi}{\lambda}n_o^3\gamma E_z l$$

$$=\frac{2\pi}{\lambda}|n_o-n_e|l+\frac{\pi}{\lambda}n_o^3\gamma\left(\frac{l}{h}\right)U \qquad (15\text{-}75)$$

图 15-61　KDP 晶体的横向电光效应

式中，h 为晶体在电场方向（z 向）的厚度；U 是外加电压。

上式第一项表示自然双折射的影响，第二项是外加电场引起的双折射。由式(15-75)第二项看到，此时电场引起的相位差 δ 与外加电压 U 成正比，同时与晶体的长度和厚度有关。可以通过增加比值 l/h（纵横比）使半波电压比纵向运用时大大降低。因为纵向运用时必须有低光损耗的透明电极，因此除了有大视场、大口径要求的情况外，一般都利用横向电光效应。但横向运用中，总存在一项自然双折射的影响，此项对环境温度敏感。实验表明，长 30mm 的 KDP 晶体，相位差随温度的变化$(\Delta\delta)=\pi/°\text{C}$，如要求（$\Delta\delta$）$<20\times10^{-3}\text{rad}$，则温度变化$(\Delta T)<0.05°\text{C}$。为此，通常采用光学长度严格相等、光轴方向互相垂直的两块晶体并联形式（如图 15-62b 所示）。z 向加电场时，前一块中的 o、e 光在后一块中变为 e、o 光，光先后通过两块晶体时，自然双折射及温度变化产生的相位延迟被抵消，而电光延迟累积相加。

纵向运用时，为改善外加电压高的缺点，可以采用多块晶体串接的形式（见图 15-62a），各晶体上电极并联（即光学上串联），此时电光相位延迟累加，而电压可降为单块晶体时的 $1/N$（N 为块数）。

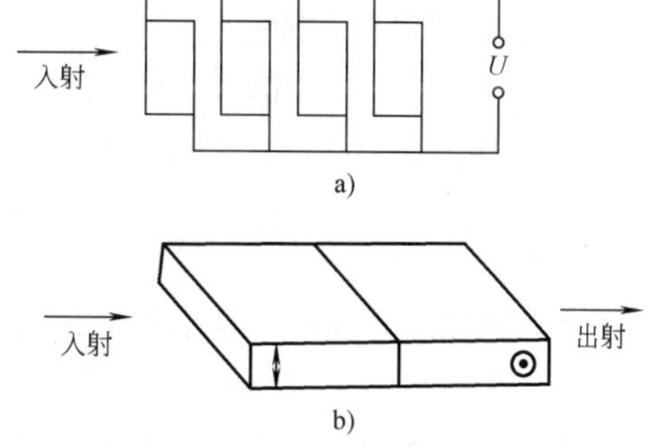

图 15-62　横向、纵向运用的形式

a）纵向运用的串联形式

b）横向运用的并联形式

（二）克尔效应（平方电光效应）

克尔效应的实验装置如图 15-63 所示，装

有一对平行板电极的克尔盒放在正交偏振器 P、A 之间，盒内装有硝基苯（$C_6H_5NO_2$）或二硫化碳（CS_2）等电光液体。当两极板间加上强电场时，盒内的各向同性液体变成了各向异性介质，表现出如同单轴晶体的光学性质，光轴的方向沿着外加电场的方向。实验发现，线偏振光沿着与电场垂直的方向通过液体时，被分解成沿着电场方向振动和垂直于电场方向振动的二束线偏振光，其折射率差（Δn）与外加电场强度 E 的平方成正比，即

$$\Delta n = n_{\parallel} - n_{\perp} = K\lambda E^2 \tag{15-76}$$

相应的电光延迟为

$$\delta = \frac{2\pi}{\lambda}(\Delta n)l = 2\pi Kl\frac{U^2}{h^2} \tag{15-77}$$

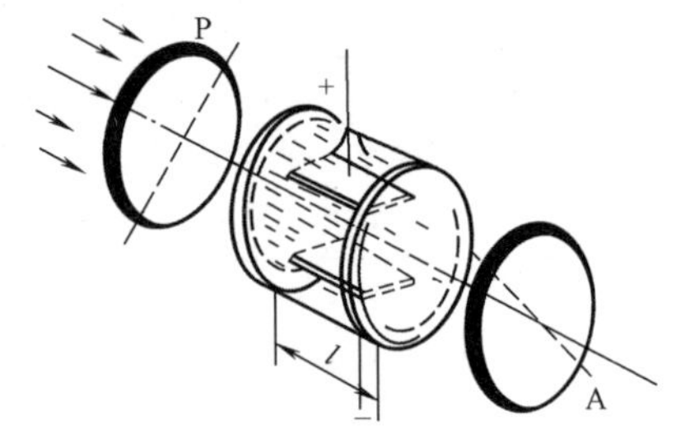

图 15-63 克尔效应实验装置

式中，K 是物质的克尔常数；h 是极板间距；l 是光在电光介质中经过的长度；$U=Eh$ 是外加电压。

克尔效应的特点是驰豫时间极短，约 10^{-9}s 量级，是理想的高速电光开关；加上调制信号后能改变光的强度，故也作为电光调制器，用于高速摄影和激光通信等方面。但一般克尔效应的半波电压高达数万伏，使用不便，已逐渐被利用泡克耳斯效应的固体电光器件所替代。

（三）电光效应的应用

由上述讨论可知，外加电场的作用可以人为地改变媒质（包括晶体和各向同性媒质）的光学性质。利用这些电光材料做成的电光器件可以实现对光束的振幅、相位、频率、偏振态和传播方向的调制，使电光效应在现代光学技术中得到广泛的运用。

1. 电光调制　外加电场作用下的电光晶体尤如一块波片，它的相位延迟随外加电场的大小而变，随之引起偏振态的变化，从而使得检偏器出射光的振幅或强度受到调制。这就是电光调制器的工作原理。

图 15-64 是电光光强调制器的一种典型装置。电光晶体（如 KDP 类晶体）置于正交偏振器 P、A 之间，考虑纵向运用的情况，则 KDP 晶体的感应主轴 x'、y' 与未加电场时 KDP 单轴晶体的两主振动方向 x、y 成 45°，且与起偏器 P 的透光轴成 45°角。利用式(15-74)、式(15-58)可知，通过检偏器的相对光强为

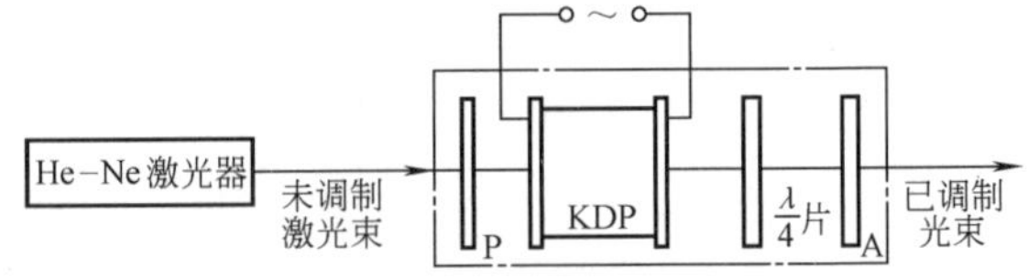

图 15-64 电光光强调制器

$$I/I_0 = \sin^2\delta/2 = \sin^2\left(\frac{\pi}{\lambda}n_o^3\gamma U\right) = \sin^2\left(\frac{\pi}{2}\frac{U}{U_{\lambda/2}}\right) \tag{15-78}$$

把透射的相对光强随外加电压变化关系用 $I/I_0 \sim U$（或 δ）曲线表示，称此曲线为晶体的透射率曲线（见图 15-65a）。当加入的电压是交流调制电压信号时，它对输出光强的调制作用可以利用晶体管电路原理知识由 U/I 曲线来分析。当调制器工作在透射率曲线的非线性部分时，输出光信号失真（图 15-65b 中曲线 1）；工作点选在透射率曲线线性区（$\delta=\pi/2$ 附近）时，得到不失真的基频信号（图 15-65b 中曲线 2），其输出光强的调制频率就等于外加电压的频率。调制器中 $\lambda/4$ 片的作用是引入固定的偏置相位差 $\delta=\pi/2$（光偏置法），以

代替晶体管线路中的直流偏压，使调制器工作点移至透射率曲线的线性区。$\lambda/4$ 片的快、慢轴应与电光晶体的感应主轴一致，且与 P 的透光轴成 45°。$\lambda/4$ 片置于电光晶体之前或后均可。

这样，对于交流调制信号电压 $U=U_0\sin\omega t$，由于引入了 $\pi/2$ 的偏置相位差，P、A 间总的相位差变为（$\pi/2+\delta$），相应的输出光强为

$$I/I_0=\sin^2\left(\frac{\pi}{4}+\frac{\pi U_0}{2U_{\lambda/2}}\sin\omega t\right) \tag{15-79}$$

以上电光调制原理可用于实现激光通信，也可用于测定高电压及用作电光开关。

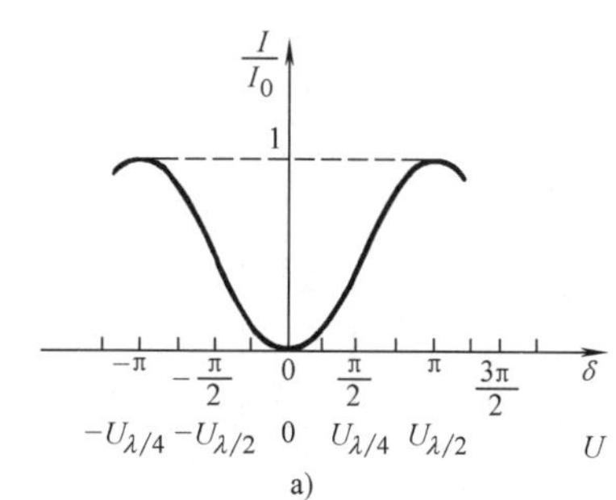

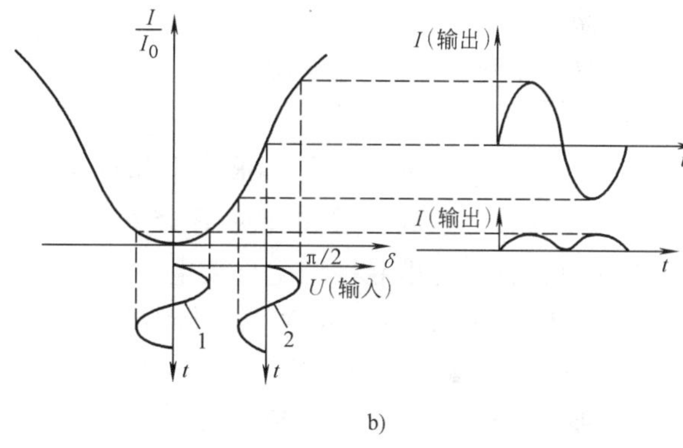

图 15-65　电光光强调制器的输出特性
a）透射率曲线　b）调制特性

2. 电光偏转　利用电光效应实现光束偏转的技术称为电光偏转技术。数字（阶跃）式偏转是在特定的间隔位置上使光束离散。这种偏转器由起偏器、电光晶体和双折射晶体组成。图 15-66 是一级一维数字式电光偏转器原理图。采用 z 向切割的 KDP 或 KD^*P 晶体的纵向电光效应。光沿着电光晶体 z 轴方向传播，双折射晶体的光轴、起偏器透光轴和电光晶体的 y 轴或 x 轴均在图面内。电光晶体上不加电压时，入射光在双折射晶体内作为 o 光无偏转地通过；当施加半波电压时，则同样的入射光通过电光晶体后其光矢量转过 90°，再进入双折射晶体时变为 e 光而发生折射，这两束光平行出射，但在空间位置上发生分离。这样通过在电光晶体上加或不加半波电压，可以达到控制光束分别占据其一位置的目的。

显然，通过适当的组合可以控制出射光占据更多的位置。也可拼成 $x-y$ 二维电光偏转器，能在二维空间控制光斑的位置。数字式偏转器在光学信息处理和存贮技术中有很好的应用前景。

3. 泡克耳斯读出光调制器(PROM)　这是一种利用泡克耳斯电光效应的空间光调制器。可在随时间变化的电驱动信号控制下，或在任一种空间光强分布的作用下改变空间上光分布的相位、偏振、振幅（或强度）和波长，被广泛应用于光学信息领域。

典型的 PROM 采用具有电光效应和光电导性的硅酸铋 $Bi_{12}SiO_{20}$（BSO）晶体材料，BSO 具有较低的半波电压（$U_{\lambda/2}=3.9\text{kV}$），且易于生成大块晶体。BSO 晶体属立方晶系，不加电场时是各向同性的，沿 z 轴施加电压后变为类似于 KDP 的晶体，其感应主轴如图 15-67 中 x'、y'方向。当垂直振动的线偏振光通过 z 向切割的 BSO 晶体时，经检偏器透过的光强为零。若沿着 z 向（纵向运用）加上一直流电压 U，由于晶体的电光效应产生双折射，其感应

主轴方向上的双折射与外加电场成正比。随着外界电场正、负极性的反转，折射率也随之交换。此时，垂直振动的线偏振光通过晶体后变为椭圆偏振光，得检偏器后的输出光强为

$$I = I_0 \sin^2\left(\frac{\pi U}{2U_{\lambda/2}}\right)$$

当外加电压等于半波电压时，输出光强最大。

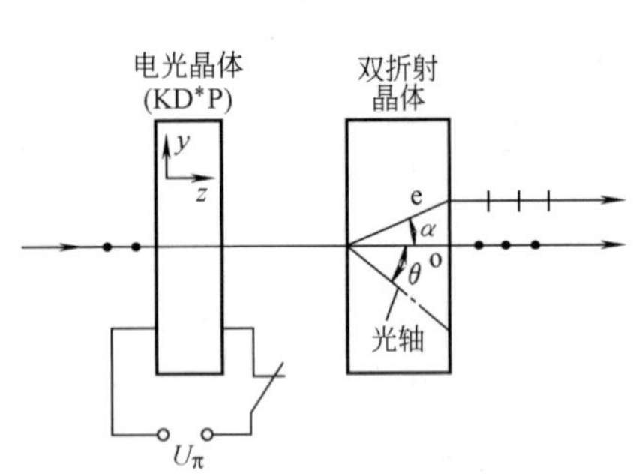

图 15-66　数字式电光偏转器

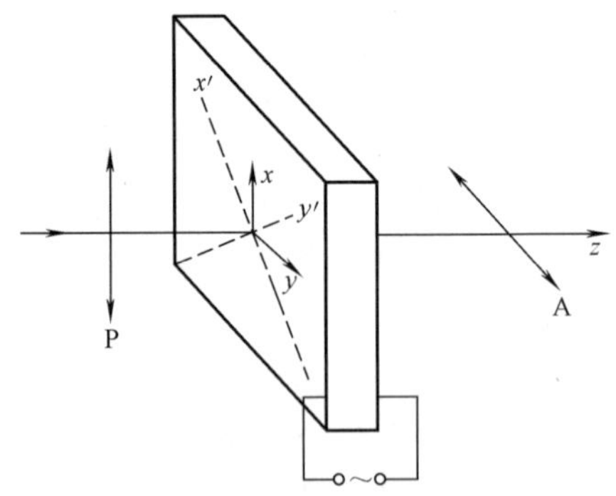

图 15-67　泡克耳斯空间调制器原理

PROM 的工作过程示于图 15-68。当晶体充分绝缘时，在电极间施以电压 U_0（约 1.2kV），该电压被分配到各层间（见图 15-68a）。擦除时，用一短持续时间的氙灯照射器件，由于 BSO 晶体的光电导性产生移动电子，漂移于晶体和绝缘层界面之间，在每一绝缘层间建立一电位差（见图 15-68b），器件中以前所有的图像已被擦除。关掉擦除光（氙灯），并使电压 U_0 反转（见图 15-68c），这时晶体上的电压变为 $2U_0$ 量级，分配于晶体与绝缘层之间。接着在图 15-68d 中，用蓝光（写入光）开始对图像曝光，蓝光在晶体照明面积内由于光电导效应而使存储电场衰减，器件内则形成了相应于原图像光强模式的电荷分布图形，并被存贮下来，于是图像在器件的负极面写入。最后用线偏振的红光（读出光）进行图像读出（见图 15-68e），红光对光电导性不敏感，即不能产生新的空间电荷。读出光振动面平行于晶面，经晶体的电光效应使光的偏振态发生变化。再被正交的偏振器检偏，使器件存储的电荷图像再次转换成光的图像。在记录图像的亮区，外加电场被光生电荷屏蔽，因而晶体双折射效应最弱，光束在这些区域其偏振方向几乎不变；在记录图像的暗区，双折

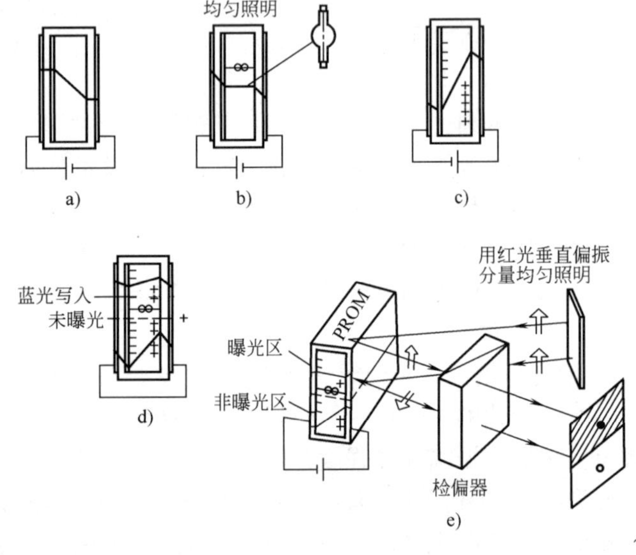

图 15-68　PROM 的操作过程

a）施加电压　b）氙灯闪光擦除　c）电压反转

d）曝光　e）反射读出

射效应最强，因而读出图像为记录图像的反转像。图 15-68a ~ c 为基本循环过程。

三、声光效应

媒质在外力作用下发生弹性应变，从而导致媒质光学性质改变的现象称为弹光效应。声波是一种弹性波。声波在媒质中传播时，由于应变缘故，使介质的折射率随空间和时间周期性地变化。光通过这种媒质时会发生衍射，这种现象称为声光效应。声光效应是声场与光波场在声光媒质中的相互作用，是弹光效应的一种表现形式。基于声光效应原理制作的器件广泛应用于光学、光电子学和声学中。

弹光效应可以用与电光效应类似的方法进行讨论。各向同性介质在受到应力作用时，介质具有应力方向为光轴的单轴晶体的性质，在应力方向及与之垂直方向上产生折射率差为

$$\Delta\left(\frac{1}{n^2}\right)=ps \tag{15-80}$$

式中，p 为弹光系数；s 表示应变。介质为各向异性媒质时，p 为弹光系数张量，s 是应变张量。

一个纵声波在声光介质中传播，介质只在纵声波传播方向受到压缩或伸长。若介质中的纵声波沿 z 方向传播，则媒质粒子沿 z 方向的位移所引起的应变可表示为

$$s=s_0\cos(k_sz-\omega_st) \tag{15-81}$$

式中，s_0 是应变幅值；$\omega_s=2\pi/T_s$ 和 $k_s=2\pi/\lambda_s$ 分别代表声波的圆频率和波数。

由式(15-80)得

$$\Delta n=-\frac{1}{2}n^3ps=-\frac{1}{2}n^3ps_0\cos(k_sz-\omega_st) \tag{15-82}$$

因此，介质的折射率为

$$n(z,t)=n+\Delta n=n-\frac{1}{2}n^3ps_0\cos(k_sz-\omega_st) \tag{15-83}$$

式中,n 是无声波时的介质折射率。由上式可知,当纵声波在介质中传播时,介质折射率随空间位置和时间呈周期变化,此时介质可视为一运动的声光栅,它以声速移动。因为声速仅为光速的十万分之一,所以对入射光波来说,运动的声光栅可以认为是静止的,不随时间变化。

光波通过声光栅的衍射类似于一般的光学光栅的衍射,其光栅方程为

$$\lambda_s(\sin\theta-\sin\theta_i)=m\lambda \tag{15-84}$$

声光栅的光栅常数等于声波的波长 λ_s（空间周期），θ_i 和 θ 分别为入射光波和衍射光波与光栅的平面夹角，m 是衍射级次，λ 是光波波长。根据超声波长 λ_s、光波长 λ 和声光互作用长度 L 的大小，存在两种典型的声光衍射现象。喇曼-奈斯（Raman-Nath）衍射可以认为是 $\theta_i\approx0$、超声频率较低（声波长 λ_s 较长）、声光互作用长度较短、即 $2\pi L\lambda/(n\lambda_s^2)\ll1$ 时产生的声光衍射；布喇格（Bragg）声光衍射则是 $\theta_i\neq0$、超声频率较高（λ_s 较小）、声光互作用长度大、即 $2\pi L\lambda/(n\lambda_s^2)\gg1$ 时产生的衍射。

（一）布喇格声光衍射

布喇格衍射时纵声波通过的声光介质可以看作是间距为声波波长的一排排反射层（见图 15-69），根据相邻波面衍射光的光程差等于光波波长的整数倍的条件，由式(15-84)可得出布喇格衍射条件为

$$\theta_i=\theta=\theta_B;\qquad 2k\sin\theta_B=mk_s \tag{15-85a}$$

由于声波为正弦波，声光介质折射率的空间分布也是正弦函数。因此，布喇格衍射条件应为

$$2k\sin\theta_B = k_s \qquad 或\ 2\lambda_s\sin\theta_B = \frac{\lambda}{n} \tag{15-85b}$$

表明出射波中只有唯一的一个峰（衍射级次 $m=+1$ 或 -1），这就是布喇格衍射波。当入射方向偏离式(15-85)确定的布喇格角时，入射波转换成衍射波的衍射效应将大大降低。可以推得，布喇格声光衍射的零级和一级衍射光强分别可表示为

$$I_0 = I_i\cos^2\frac{\delta}{2}; \qquad I_1 = I_i\sin^2\frac{\delta}{2} \tag{15-86}$$

$$\delta = \frac{2\pi}{\lambda}(\Delta n)\frac{L}{\cos\theta_B}$$

式中，I_i 是入射光强；δ 为零级与一级衍射光之间的相位延迟，即光波通过超声场所产生的附加相位差。可知，当 $\delta=\pi$ 时，$I_1=I_i$，入射光的全部光能由于布喇格衍射全部转移到 1 级衍射上。理想的布喇格声光衍射效率可达100%。

由于声波波面的运动，衍射光的频率因多普勒效应要产生频移。这时可将声波面理解为运动的光源或运动的光接收器，它们的运动方向都使光频增加或缩小。因此，当声波沿例如 z 方向运动时，应得到数值为声频的频移（见图 15-69），即

$$\Delta\omega = \pm\omega_s \tag{15-87}$$

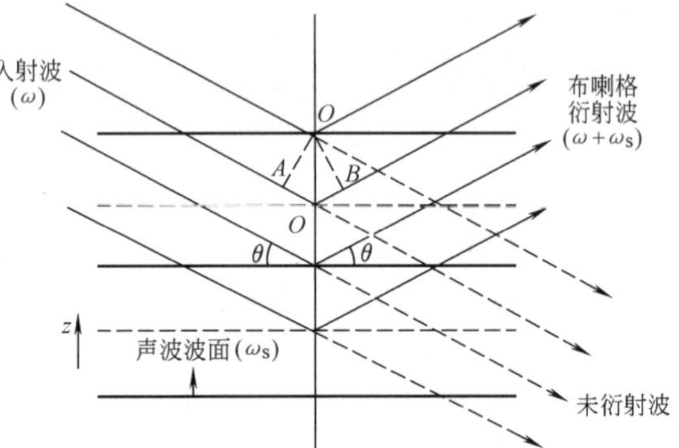

图 15-69 布喇格衍射

当声波在各向异性媒质中传播时，媒质的折射率一般与光的传播方向有关，声光衍射时的入射光与衍射光，一般情况下方向不同，因而相应的折射率也不同，可以解得各向异性媒质中的布喇格衍射条件为

$$\left.\begin{aligned} 2k\sin\theta_i &= k_s - \frac{k'^2-k^2}{k_s} \\ 2k'\sin\theta &= k_s + \frac{k'^2-k^2}{k_s} \end{aligned}\right\} \tag{15-88}$$

式中，k'为与衍射光波相应的波矢。以单轴晶体（例如铌酸锂晶体）中的布喇格衍射为例，设入射光波与声波的传播方向均位于垂直晶体光轴的平面内，由式(15-88)可得满足布喇格衍射条件的入射角和衍射角应为

$$\left.\begin{aligned} \sin\theta_i &= \frac{1}{2n_e}\left[\frac{\lambda}{\lambda_s} - \frac{\lambda_s}{\lambda}\ (n_o^2-n_e^2)\right] \\ \sin\theta &= \frac{1}{2n_o}\left[\frac{\lambda}{\lambda_s} + \frac{\lambda_s}{\lambda}\ (n_o^2-n_e^2)\right] \end{aligned}\right\} \tag{15-89}$$

式中，n_o、n_e 分别表示单轴晶体的 o、e 光的折射率。一般情况下，应使 $|n_o-n_e| \leqslant \lambda/\lambda_s \leqslant |n_o+n_e|$，以使布喇格衍射能够实现。

（二）喇曼-奈斯声光衍射

喇曼-奈斯声光衍射（见图 15-70）产生于声波强度较弱且声光相互作用长度较短的情况。光束通过声光介质后方向改变小，仍可将出射波看成是平面波，但声波通过媒质时，波的相位在空间将受到调制，声光媒质犹如一块相位光栅。由光栅衍射原理可知，各级衍射波最大值方向满足条件

$$\sin\theta - \sin\theta_i = m\lambda/\lambda s = mk_s/k, \qquad m=0,\ \pm1,\ \pm2,\ \cdots \tag{15-90}$$

在入射光两侧出现与 $m=0$，±1，±2，…相联系的一些衍射极大值。并且由于运动的声波，其衍射光产生多普勒效应，故相应的光波的频率分别为 ω，$\omega\pm\omega_s$，$\omega\pm2\omega_s$，…，其中零级衍射光是入射光的延伸，第 m 级衍射光强为

$$I_m \propto J_m^2(\delta) \tag{15-91}$$

式中，J_m 是 m 阶贝塞耳函数；$\delta=\kappa(\Delta n)L$，与超声场的作用相联系。

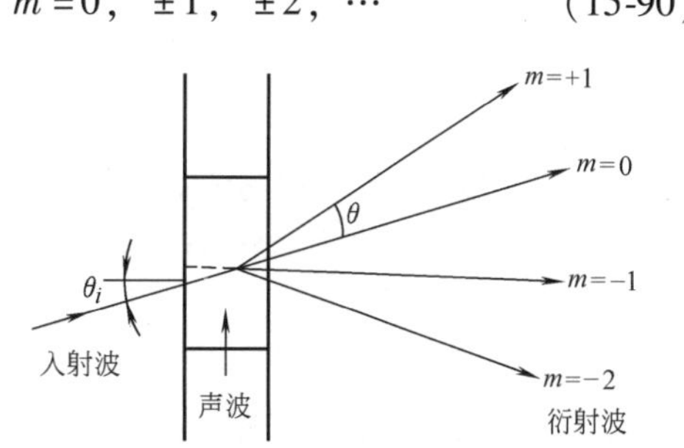

图 15-70　喇曼-奈斯声光衍射

喇曼-奈斯声光衍射的衍射效率低，目前已较少被应用。

（三）声光效应的应用

产生声光效应的器件叫声光器件。声光器件由声光介质、电-声换能器和声吸收材料等组成（见图 15-71）。声光介质是声光相互作用的媒介，可以是各向同性或各向异性介质；电-声换能器也称超声波发生器，其作用是将高频振荡器输入的电功率转换成声功率，使得在介质中形成超声场。根据换能器的形式与形状可以产生平面波或球面波。吸声或反射材料则用于吸收或反射超声波，以使在声光介质中形成行波场或驻波场。基于声光原理的声光器件有各种应用。

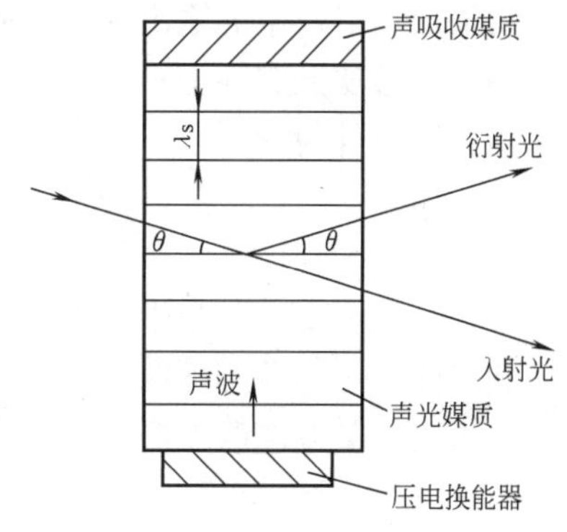

图 15-71　声光器件结构示意图

1. 声光调制器　入射光束以布喇格角入射至声光介质，同时在其对称方向接收衍射光束，此时一级衍射光强与声波强度成简单的线性关系。若对声波强度加以调制，衍射光强也就被调制，这样就能够将需传输的信息加载于光波上。工作方式除一级输出外也可以零级输出的形式。布喇格衍射的效率较高，理论上一级衍射效率可达 100%，一般可达 60% 以上。喇曼-奈斯声光衍射也能用于光强调制，其一级衍射效率为 34%，相对比较低。

图 15-72 是声光调 Q 装置示意图。声光调制器由换能器、声光媒质、吸声材料和电源组成。一般换能器由压电材料（如铌酸锂、石英等）制成。由换能器获得的超声波耦合到声光媒质（如玻璃、熔融石英和钼酸锂等），并在其中形成超声场。吸声材料一般用金属铝。声光调制器在激光器谐振腔中按布喇格条件安置。当超声波存在时，光束将以布喇格条件决定的衍射方向行进，偏离谐振腔的轴线，使得腔内损耗严重。但一旦撤去超声波，光束将在均匀的声光媒质中沿腔轴线传播，不发生偏转，使得 Q 值升高。这种调 Q 方法有获得输出稳定且重复频率高的优点，大多用于中等功率、重复频率高的脉冲激光器中。

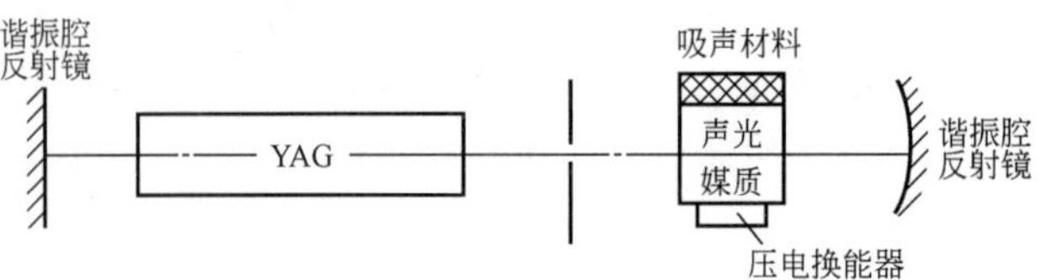

图 15-72　声光调 Q 装置示意图

2. 声光偏转器　布喇格声光衍射时，可以通过改变超声波的频率来改变衍射光的偏转方向。在通常应用的声频范围内，布喇格角 θ_B 一般很小，故可将式(15-85b)近似写成

$$\theta_B = \frac{\lambda}{2n\lambda_s} = \frac{f_s\lambda}{2nv_s} \tag{15-92}$$

式中，n 是声光介质的折射率；v_s 为声速；f_s 为声波频率。易知，θ_B 与声频 f_s 成简单的线性关系，当 f_s 随时间变化时，θ_B 也将发生变化。利用此原理的布喇格衍射装置构成声光偏转器。

声光偏转器可用作激光电视扫描、x-y 记录仪等快速随机读出装置等。多频声光偏转器还可用作高速激光字母数字发生器，用于计算机、显微胶卷、输出打印机等。

3. 可调谐声光滤波器　利用声光效应可以制作波长可调谐的光谱滤波器。当满足布喇格衍射条件时，光波长 λ 与声波长 λ_s 之间满足一定的关系。当改变声频（声波长）时，将使相应的最大衍射效率的输出光波长随之改变，从而实现可调谐光谱滤波。

可调谐光谱滤波实际上是声光偏转的一个应用，一般用各向异性介质作为声光介质，此时布喇格衍射条件为

$$\frac{2\pi}{\lambda}(n_2\sin\theta_2 - n_1\sin\theta_1) = \pm\frac{2\pi}{v_s}f_s \tag{15-93}$$

式中，n_1、n_2 为入射波与衍射波对应的折射率；θ_1 和 θ_2 为对应的入射角和衍射角；v_s 和 f_s 为声速和声频。声频和调谐波长满足式(15-93)的关系。

由于用电子学方法改变声频，所以声光可调谐滤波器较之光学方法的调谐器更为简单。

第十节　液　　晶

处于既不是液态也不是固态的中间态即所谓的液晶态的物质称为液晶，液晶既有液体的流动性，又有类似于晶体结构的有序性和各向异性，显示晶体的一些特殊的电、磁、热、光等性质。液晶的这些独特的物理性质和技术应用到 20 世纪 60 年代得到真正的重视。如今，液晶作为一种新的光电器件材料在电子工业、非破坏性检查、光通信、光信息处理等许多领域得到广泛应用。

本节简要介绍液晶的光学各向异性性质、效应和应用。

一、液晶的光学各向异性性质

液晶大多为有机物质（如芳香族化合物）及它们的混合物，其分子形状呈长棒状，其排列结构呈现一定的有序性。液晶按其长棒分子的长轴取向（积聚状态）的不同分布可分为向列型、近晶型和胆甾型三种：向列型（丝状）液晶分子的长轴互相平行，但不排列成

层，分子可以上下、左右、前后移动（图15-73a），富于流动性；近晶型（层状）液晶的棒状分子平行排列成层状，分子的长轴方向几乎与层面垂直或与层面成一定的角度排列（图15-73b），分子层之间的作用力弱，各层层面容易滑动，因而近晶型液晶呈现二维流体的性质，具有高黏度的特性；胆甾型（螺旋状）液晶是二维向列型液晶层叠加形成的结构，每层分子的长轴在层内相互平行，其方位相对于相邻分子层长轴方向稍有偏移，液晶整体形成螺旋结构（图15-73c），扭曲一周时叠层厚度的一半为一个螺距，近似可见光波波长量级。基于这种结构，胆甾型液晶具有很大的旋光能力，并有左、右旋之属性，还有选择性和圆偏振二色性等光学性质，且螺距随外界条件（如温度、压力、电场、磁场）的改变而改变，出现液晶的色的变化。

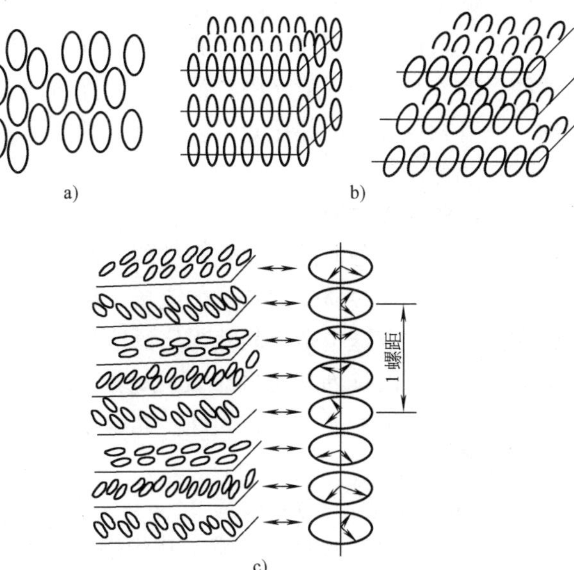

图15-73　液晶分子排列的三种类型

a）向列型液晶　b）近晶型液晶　c）胆甾型液晶

由于液晶具有特殊的分子排列结构，其在平行于分子长轴方向上和与其垂直方向上的物理常数（如折射率、电容率、磁化率、电导率等）各不相同，液晶成为各向异性材料。呈现出强烈的光学各向异性，具有单轴晶体的光学性质。向列型液晶、近晶型液晶中，液晶分子长轴的方向相当于单轴晶体光轴的方向，类似于单轴晶体的情况，其折射率的各向异性可表示为：$\Delta n=n_e-n_o=n_\perp-n_{/\!/}$，一般向列型液晶和近晶型液晶的$\Delta n>0$，它们具有正单轴晶体的光学性质。胆甾型液晶中，螺旋轴相当于光轴，与液晶分子长轴的方向垂直。当光的波长比螺距大很多时，液晶的主折射率n_o、n_e可表示为：

$$\left.\begin{aligned} n_o&=\left[\frac{1}{2}(n_{/\!/}^2+n_\perp^2)\right]^{1/2}\\ n_e&=n_\perp \end{aligned}\right\} \tag{15-94}$$

这里$n_{/\!/}>n_\perp$的关系依然成立这里，因此有$\Delta n=n_e-n_o<0$，胆甾型液晶显示负单轴晶体的光学性质。

由于液晶具有单轴晶体的光学各向异性，因此呈现出一些很有用的光学特性：能使入射光的行进方向向液晶分子的长轴方向偏转。这是因为液晶中$n_{/\!/}>n_\perp$，液晶中平行于分子长轴方向的分量的光速比其垂直分量的光速快，因此液晶中光速合成的方向与液晶分子长轴的夹角变小，所以进入液晶后，光线的传播方向沿液晶分子长轴的方向偏转。

另外，能改变入射光的偏振态和偏振方向。设液晶分子长轴的方向在x方向，θ为入射线偏振光振动方向与分子长轴的夹角。因为入射光在液晶中通过一定厚度z后，产生的相位差为

$$\delta=\frac{2\pi}{\lambda}(n_{/\!/}-n_\perp)z$$

所以入射光在 x、y 方向的分量经一定厚度的液晶层后合成光的偏振态将发生变化。当入射线偏振光振动方向与分子长轴平行或垂直（$\theta=0$ 或 $\pi/2$）时，出射光依然是线偏振光；当 θ 在其他角度时，在入射光行进的 z 方向上，δ 由零逐渐变大，其偏振光状态将按直线、椭圆、圆、椭圆、直线偏振光的顺序变化，线偏振光的偏振方向也发生变化。

还能使入射偏振光相应于左旋光或右旋光进行反射或透射。对于螺距与入射光波长大小相当的胆甾型液晶，则入射光中与液晶的旋光方向（例如右旋光）相同的偏振光（右旋光）被反射，只有相反方向的偏振光（左旋光）才能透过。这种反射是一种二色性选择光散射，使液晶呈现彩色。

二、液晶的电光效应

由于液晶的光学各向异性，它有类似于晶体的双折射性质，又由于液晶分子的排列不象晶体那么牢固，因此容易受到外加的电场、磁场、温度、应力等作用的影响，而使它的各种光学性质发生变化，这也是液晶获得广泛应用的原因。液晶的电光效应是指液晶在外加电场作用下其液晶分子的排列状态发生变化，从而引起其光学性质随之变化的一种电的调制现象，并且由于双折射而显示出旋光性、光干涉和光散射等特殊的光学性质。这里介绍几种主要的电光效应。

（一）扭曲向列型（TN）效应

将两片内表面涂有透明导电膜、其沟漕方向（一般用金刚沙磨擦法在玻璃表面形成细微沟漕，其玻璃片的受擦方向）成 90°角的玻璃片相对叠合成液晶盒，片间充以正向列型液晶，将液晶盒置于一对偏振片 P、A 之间进行观察。由于具有互相垂直沟漕的玻璃基片对液晶长棒分子起扭矩作用，而液晶长棒分子之间又会产生回复力矩，两者共同的作用使液晶盒内水平排列的液晶分子其长轴（如果液晶盒左边玻璃片沟漕取水平方向），从左边到右边逐渐发生 90°的扭转而成螺旋状取向，使得入射偏振光通过液晶盒时其振动方向发生 90°的同步扭转，光到达输出面时，其偏振面旋转了 90°。因此在无电场时，当前后两偏振片平行时则无光透过（如图 15-74a 所示）。这时若加入超过一定阈值的外电场后，这个结构就在一个完全确定的电压下解扭，盒内液晶分子的长轴变为沿电场方向排列（即垂直于玻璃表面），从而失去旋光能力。这时若液晶盒处于平行偏振器之间，盒子将变成透明（如图 15-74b 所示）。这一现象称为扭曲型场效应。这种效应无滞后性，且其液晶盒具有高对比、低阈值电压（2～3V）、低驱动电压（为 2～5V）等特点，是许多常见液晶显示应用的基础。

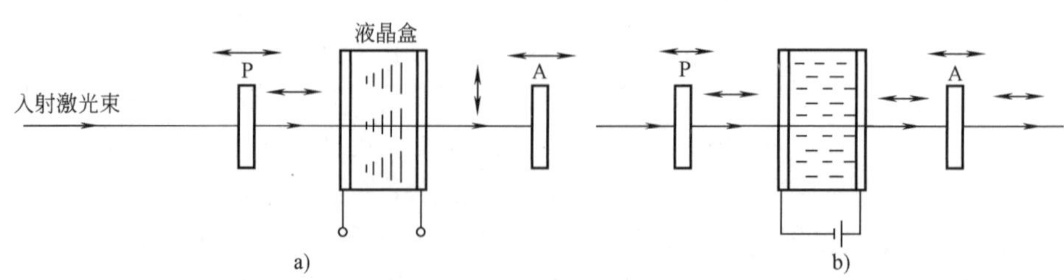

图 15-74　平行偏振器之间的扭曲向列型场效应

a）未加电压（$U=0$）　b）加上电压（$U>U_{阈}$）

（二）电控双折射（ECB）效应

这种电光效应是通过外加电场来控制液晶盒的双折射性质。把负介电各向异性的向列型液晶夹在两片透明电极板之间，做成使液晶分子长轴的初始取向垂直于两电极板的垂直排列相（DAP）液晶盒。

图 15-75 是垂直排列相（分子长轴垂直于基片表面排列）效应的原理图。向列型液晶是单轴晶体，具有双折射性，其分子长轴就是光轴。当未加电压时，由于光的行进方向与液晶光轴及分子长轴一致，故入射线偏振光通过液晶盒时不受双折射影响，光的振动面没有变化，此时没有光通过检偏器（见图 15-75a），当外加电压超过阈值电压时，除电极面附近的液晶分子外，分子发生旋转，分子长轴会偏离电场方向 φ 角，这一角度随着电压的增大而增大，使得入射线偏振光由于双折射而变为椭圆偏振光，从而有光透过检偏器（见图 15-75b），此透过光强依赖于外加电压，φ 为 90°时，透射光强最大，液晶盒完全透明（不考虑吸收）。利用这种效应，可以制成液晶电光开关应用于光波导及集成电路中。另外，因为输出光强度还与入射波长有关，因而当用白光照射时，由于透过检偏器的光产生干涉而带有颜色，并且其色调随外加电压的强度而变化。这一特性可应用于多色彩显示元件。

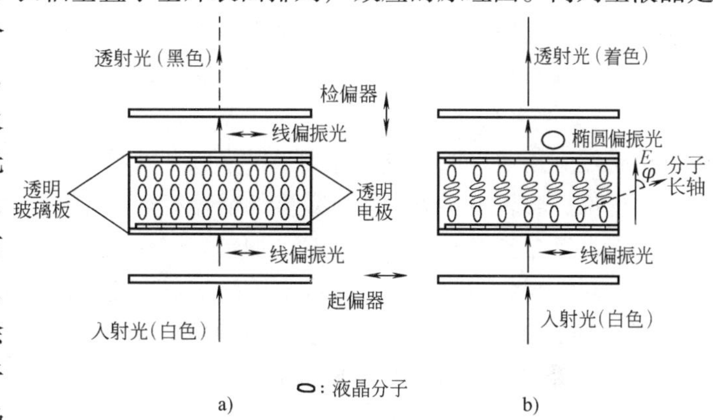

图 15-75　向列型液晶的垂直排列相效应

a）未加电压（$U=0$）时液晶分子排列状态

b）加上电压（$U>U_{阈}$）引起的液晶分子的旋转

（三）“宾主”（GH）效应

把在分子的长轴方向和短轴方向对可见光的吸收具有各向异性的二向色性染料物质（宾体）溶解于特定排列的向列型液晶（主体）中，则一般地，长形染料分子将与液晶分子长轴方向平行排列。利用电场，使主体液晶分子排列变化，则宾体的二向色性染料的分子排列也随之发生同步变化。因为二向色性染料分子的长轴和短轴方向对可见光具有吸收各向异性，这样可以通过外加电场来控制染料的可见光吸收量，从而改变染料的颜色。这种电光效应称为宾主效应，可用于彩色显示中。宾主效应也产生于胆甾型液晶中。图 15-76 给出原理

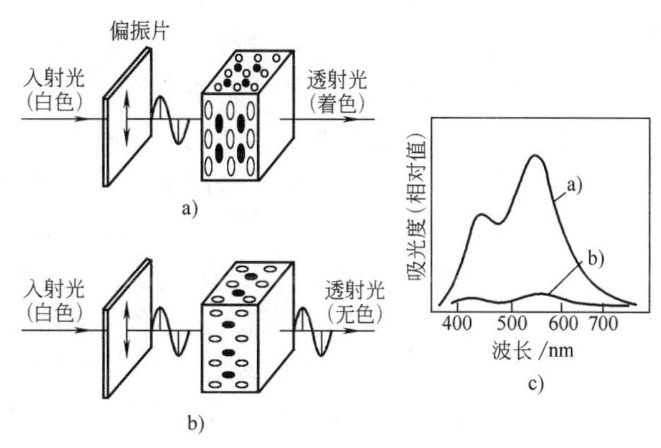

图 15-76　“宾主”效应的原理

（多色性染料的作用和光学变化）

a）$U=0$　b）$U>U_{阈}$　c）a、b 两种情况下不同波长与吸光度相对值的关系

图。采用一片偏振片，液晶未加电压时，由于从偏振片出来的线偏振光的振动方向与染料的光吸收轴一致，发生光吸收而使透过光着色（呈染料颜色），如图 15-76a 所示；加上电压后，线偏振光的振动方向与染料的光吸收轴方向垂直，理论上不发生光吸收，因此透过光几乎不着色，如图 15-76b 所示。a、b 两种情况下不同波长与吸光度的关系见图 15-76c。例如在无电场的情况下，染料与负介电各向异性液晶匹配，其染料的光吸收轴与入射线偏振光的振动方向呈垂直排列时，由于不发生光吸收光，则盒子无色，在导电层光刻成字形的场合，一旦施以电场，则分子转向，可以看到白底彩色字。

（四）热光效应

热光效应是通过加热或冷却的手段来改变液晶分子的排列状态，从而使其光学性质发生变化的现象。表现出明显的热光效应的晶体有近晶型液晶和胆甾型液晶。如在两透明导电玻璃板中充入近晶型液晶制成液晶盒，加热到一定温度后，其内液晶变为各向同性液体相，然后使其冷却。当急速冷却时，液晶盒内的液晶变为不透明的固体相，则液晶分子排列呈杂乱状；当慢慢冷却时，则又回复到透明的近晶型液晶，这时液晶分子排列呈有序状。这种近晶型液晶的热光效应，利用不透明固体相与过冷却状态的透明液晶相其透过率的对比，通过光的照射，将图像写入或消去，已应用于以激光束照射作为加热手段的热写入式的大屏幕显示。

在给出温度变化的同时外加电场，这时产生的光学效应称为电光热效应。可以由信号电极上电压的有无实现透明状态或浑浊状态的选择，并且当电压除去后这两个状态并不消除，从而具有存储的特征。

三、液晶的应用

1. 液晶显示　利用液晶在电流、电场和温度作用下的各种电光效应及其他光学性质，可以得到各种黑白和彩色显示元件。

图 15-77 是一种可作为计算机终端的液晶显示板，其主要特点是利用了液晶的热光效应和液晶的电场效应。

显示板的液晶层夹在两块玻璃板之间，一块玻璃板上制作 ITO 电极，并用作加热器和反射镜。另一块玻璃板上制有金属电极，在其表面涂有表面活化剂，使液晶形成垂直排列状在金属电极上通电加热，液晶从近晶型变成各向同性型。当停止加热时，则液晶迅速冷却为近晶型。然而，当信号电压为零时，可以得到强烈的散射近晶相；当信号电压高于阈值电压时，可以得到透明的近晶相。这样，可以由信号电压的有无来实现透明与混浊状态的选择。这是一种非挥发性存储效应，不需要不断地刷新被存储的信息，当需要写入新的信息时，可以用再次加热液晶的办法来擦除已写入的信息。

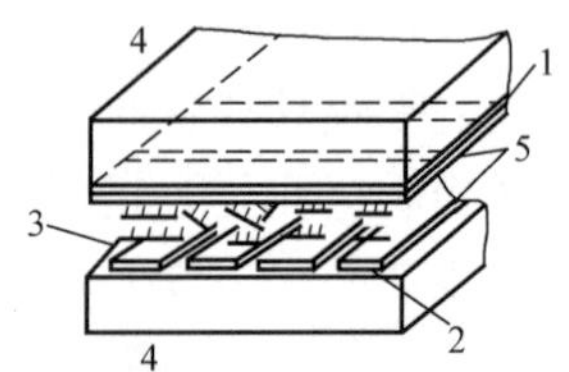

图 15-77　一种液晶显示板
1—ITO 电极　2—金属电极　3—液晶层　4—玻璃板　5—表面活化剂

由于液晶显示具有驱动电压低（$1\sim10^2$V），耗电少（μW/rcm 量级），显示装置体积小，并可以从小面积到大面积范围内显示等特点，因此，被广泛应用于数字显示器、字符播放接收机、计算机终端显示及电视等许多领域的数字和图像显示。

2. 液晶空间光调制器(液晶光阀)　液晶分子均匀排列的向列型或近晶型液晶具有单轴晶体的性质，光矢量沿分子长轴方向时具有较大的非常光折射率 n_e，而与其垂直的方向上

是寻常光折射率 n_o。分子长轴方向就是晶体光轴的方向。当外加电场时，液晶分子在电场作用下会沿着电场方向排列，即光轴方向沿着电场方向偏转，由此实现了电场控制的双折射效应的变化，液晶光阀正是利用了液晶对光的空间分布的调制特点制成的具有实时功能的空间光调制器。

图 15-78b 所示液晶光阀（LCLV）是一种用光信号传递信息的光寻址空间光调制器，利用液晶的混合场效应（液晶同时出现双折射效应和扭曲场效应）制成。它有一个由多层薄膜材料组成的夹层结构（见图 15-78b）。

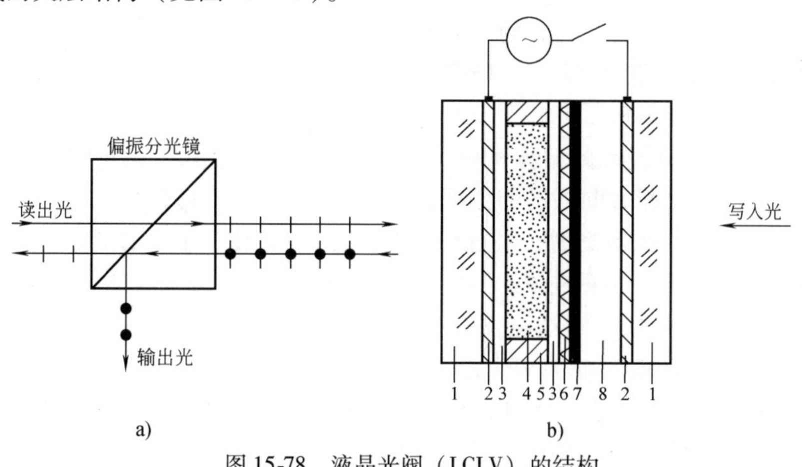

图 15-78　液晶光阀（LCLV）的结构

1—玻璃衬底　2—透明电极　3—液晶分子取向膜层　4—液晶层　5—垫片
6—介质反射膜　7—光阻挡层　8—光电导层

在两片玻璃衬底的里面是两层氧化物制成的透明电极。电极里面是光电导层、光阻挡层、介质反射膜和液晶层。光阻挡层的作用是阻挡右侧的写入光与左侧的读出光相互串扰。液晶光阀与起偏器、检偏器一起组成一个空间光调制器，也可用一个偏振分光棱镜代替一对偏振器（见图 15-78a）。

工作时将待处理的非相干图像从右侧成像在光电导层上，作为写入光。读出光从左侧入射，经偏振分光棱镜后，其偏振方向与液晶左侧分子的长轴方向一致。经透明电板、液晶层后，在右侧的介质反射膜处反射后返回，再次穿过液晶层，经偏振分光棱镜后只有某特定偏振方向的光出射，成为输出光。

加在两透明电极上的外电压作用在液晶层、反射膜光阻挡层和光电导层上。控制液晶电光效应的实际值由光电导层与液晶层的实际阻抗之比决定，即取决于光电导层上光照的情况。对写入图像上的暗区，光电导层上光照很少，电阻很大，外电压主要分配到光电导层上，而液晶层上电压较小，不足于产生有效的电光效应，液晶的光学性质没有改变，故读出光在相应的暗区像素上基本没有受到调制作用，输出光束仍相应地保持较小输出。反之，对写入光图像上照度大的像区，相应的光电导层阻抗较小，外电压大部分落在液晶层相应像区上。由于液晶的电光效应，使在该区输出光达到最大。对于写入光图像上其他照度区域，输出光束相应像素的输出光强将介于最大值和最小值之间。这样，输出光束的光强分布就被写入光图像的空间分布所调制，液晶光阀起到了光强度空间光调制器的作用。

液晶光阀空间光调制器作为输入变换器或者作为变换、计算器件，在光学信息处理、光学互连及光计算系统中具有多种用途。尤其在实时处理系统中是必不可少的器件。液晶光阀还作为一种实时的高分辨大屏幕投影显示的光调制器，广泛用于电视和图形显示上。有兴趣的读者可参阅下篇参考文献［27］。

3. 光电转换开关　在光通信的光纤通路上装上液晶盒，在液晶盒上施加电场，则液晶分子的排列发生变化，从而可实现光路转换。

图 15-79 示出了利用扭曲向列型场效应的向列型液晶的光路转换开关的工作原理。图 15-79a 中，入射光通过分束器 P_1 后分成垂直和平行于入射面方向振动的偏振光。垂直方向振动的偏振光由反射镜 M_1 反射后透过液晶盒 R，平行方向振动的偏振光则原路通过液晶盒 R。当 R 上未加电场时，平行和垂直振动的光的振动面都发生旋转，故经分束器 P_2 后得到输出 A。如果在 R 上加上电场，则液晶盒 R 中的分子排列发生变化，偏振光的旋转能力消失，因此图 15-79b 中所示平行和垂直振动的光均不变地通过液晶盒 R，经分束器 P_2 后得到输出 B，实现了光路转换。

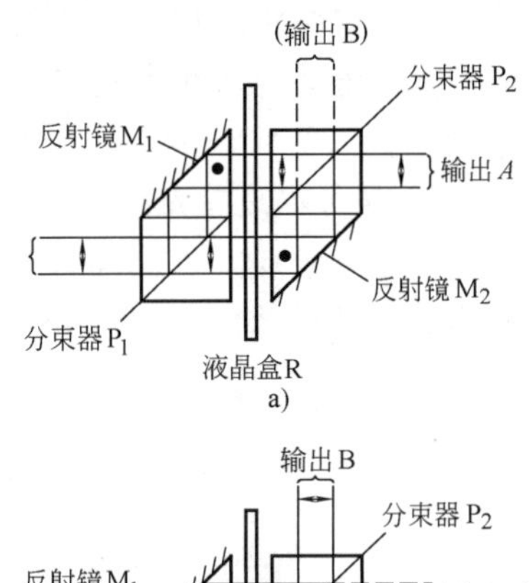

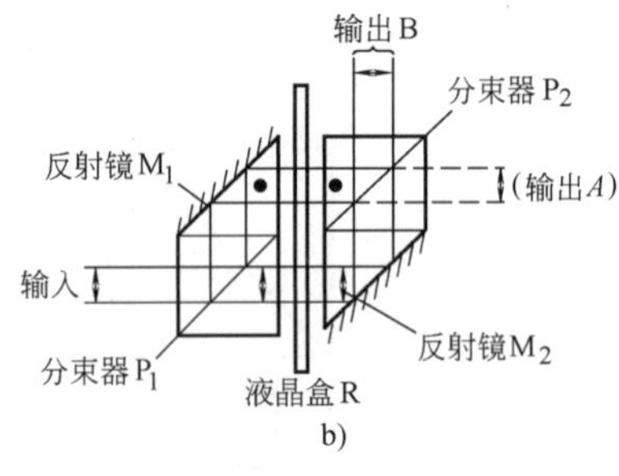

图 15-79　利用 TN 型向列型液晶的光路转换开关工作原理

习　　题

1. 一束自然光在 30°角下入射到玻璃—空气界面，玻璃的折射率 $n=1.54$，试计算（1）反射光的偏振度；（2）玻璃—空气界面的布儒斯特角；（3）以布儒斯特角入射时透射光的偏振度。

2. 自然光以布儒斯特角入射到由 10 片玻璃片叠成的玻片堆上，试计算透射光的偏振度。

3. 选用折射率为 2.38 的硫化锌和折射率为 1.38 的氟化镁作镀膜材料，制作用于氦氖激光（$\lambda=632.8\text{nm}$）的偏振分光镜。试问（1）分光棱镜的折射率应为多少；（2）膜层的厚度应为多少？

4. 两块理想的偏振片 P_1 和 P_2 前后放置，用强度为 I_1 的自然光和强度为 I_2 的线偏振光同时垂直入射到偏振片 P_1 上；从 P_1 透射后又入射到偏振片 P_2 上，试问：（1）P_1 放置不动，将 P_2 以光线方向为轴转动一周，从系统透射出来的光强如何变化？（2）欲使从系统透射出来的光强最大，应如何设置 P_1 和 P_2？

5. 线偏振光垂直入射到一块光轴平行于界面的方解石晶体上，若光矢量的方向与晶体主截面成（1）30°、（2）45°、（3）60°的夹角，求 o 光和 e 光从晶体透射出来后的强度比。

6. 方解石晶片的厚度 $d=0.013\text{mm}$，晶片的光轴与表面成 60°角，当波长 $\lambda=632.8\text{nm}$ 的氦氖激光垂直入射晶片时（见图 15-80），求（1）晶片内 o、e 光线的夹角；（2）o 光和 e 光的振动方向；（3）o、e 光通过晶片后的相位差。

7. 一束汞绿光在 60°角下入射到 KDP 晶体表面，晶体的 $n_o=1.512$，$n_e=1.470$，若光轴与晶体表面平行且垂直于入射面，试求晶体中 o 光与 e 光的夹角。

8. 如图 15-81 所示，一块单轴晶片的光轴垂直于表面，晶片的两个主折射率分别为 n_o 和 n_e。证明当平面波以 θ_1 角入射到晶片时，晶体中非常光线的折射角 θ'_e 可由下式给出：

$$\tan\theta'_e=\frac{n_o\sin\theta_1}{n_e\sqrt{n_e^2-\sin^2\theta_1}}$$

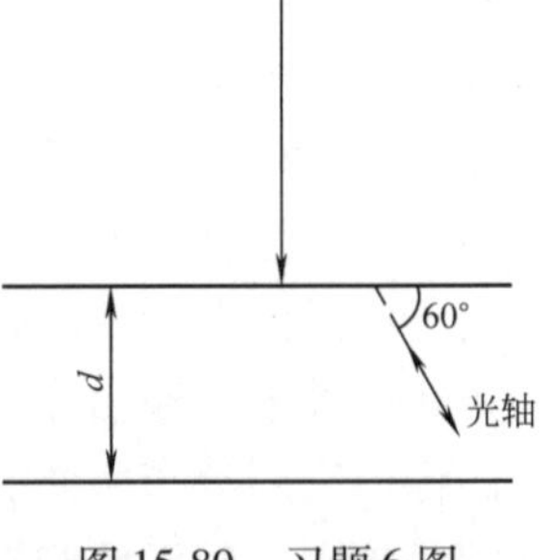

图 15-80　习题 6 图

9. 一块负单轴晶体制成的棱镜如图 15-82 所示，自然光从左方正入射到棱镜。试证明 e 光线在棱镜斜面上反射后与光轴夹角 θ'_e 由下式决定：

$$\tan\theta'_e = \frac{n_o^2 - n_e^2}{2n_e^2}$$

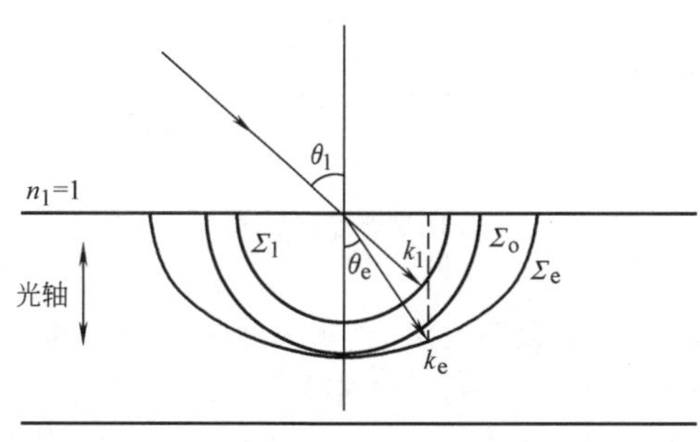

图 15-81　习题 8 图

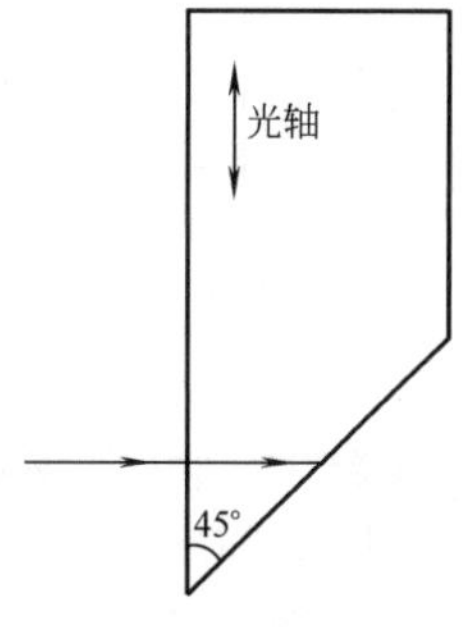

图 15-82　习题 9 图

10. 图 15-83 所示是偏振光度计的光路图。从光源 S_1 和 S_2 射出的光都被渥拉斯顿棱镜 W 分为两束线偏振光，经光阑后，其中一束被挡住，只有一束进入视场。来自 S_1 的这束光的振动在图面内，来自 S_2 的这束光的振动垂直于图面。转动检偏器 N，直到视场两半的亮度相等。设这时检偏器的透光轴与图面的夹角为 θ，试证明光源 S_1 与 S_2 的强度比为 $\tan^2\theta$。

11. 图 15-84 中并列放有两组偏振片，偏振片 A 透光轴沿铅直方向，偏振片 B 透光轴与铅直方向成 45°方向。(1) 若垂直偏振光从左边入射，求输出光强 I；(2) 若垂直偏振光从右边入射，I 又为多少？设入射光强为 I_0。

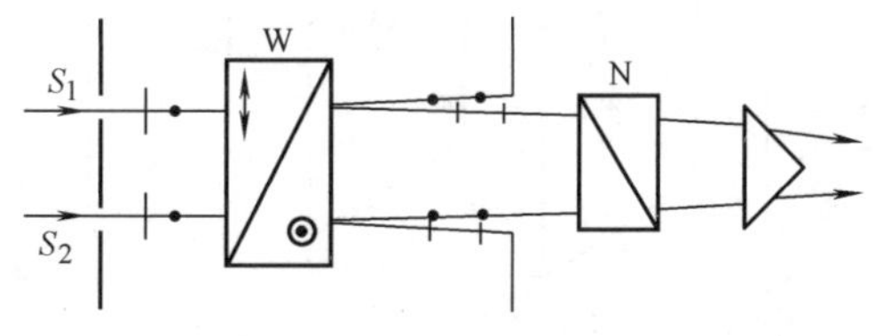

图 15-83　习题 10 图

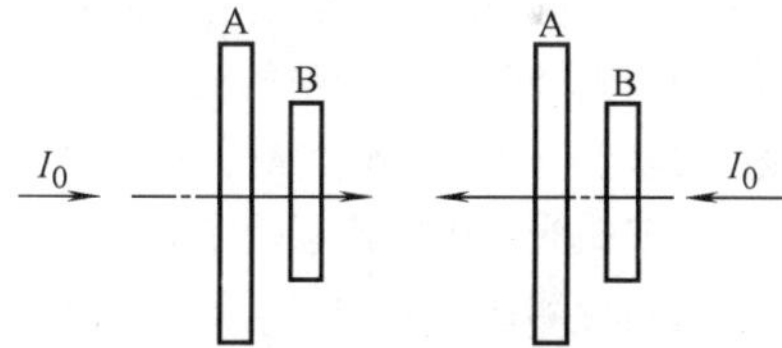

图 15-84　习题 11 图

12. 电气石对 o 光的吸收系数为 3.6cm^{-1}，对 e 光的吸收系数为 0.8cm^{-1}，将它做成偏振片。当自然光入射时，若要得到偏振度为 98% 的透射比，问偏振片需要做成多厚？

13. 石英晶体制成的塞拿蒙棱镜，每块的顶角是 20°（见图 15-85）。光束正入射于棱镜，求从棱镜出射的 o 光线与 e 光线之间的夹角。

14. 一束线偏振的钠光垂直入射到石英片上，晶片光轴与表面平行，入射光振动面与光轴成 45°角，求使出射光为①是线偏振的，②是圆偏振的对应的晶体厚度。

15. 一束线偏振的钠黄光（$\lambda = 589.3\text{nm}$）垂直通过一块厚度为 $1.618\times10^{-2}\text{mm}$ 的石英晶片。晶片折射率为 $n_o = 1.54424$，$n_e = 1.55335$，光轴沿 x 轴方向（见图 15-86），试对于以下三种情况，决定出射光的偏振态。

（1）入射线偏振光的振动方向与 x 轴成 45°角；

（2）入射线偏振光的振动方向与 x 轴成 −45°角；

（3）入射线偏振光的振动方向与 x 轴成 30°角。

16. 设计一个产生椭圆偏振光的装置，使椭圆的长轴方向在竖直方向，且长短轴之比为 2∶1。详细说明各元件的位置与方位。

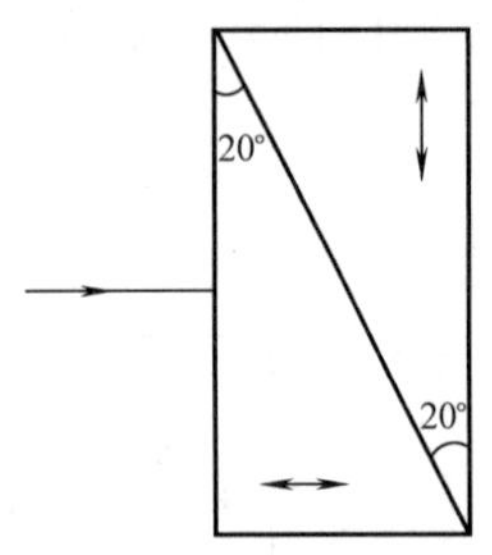

图 15-85 习题 13 图

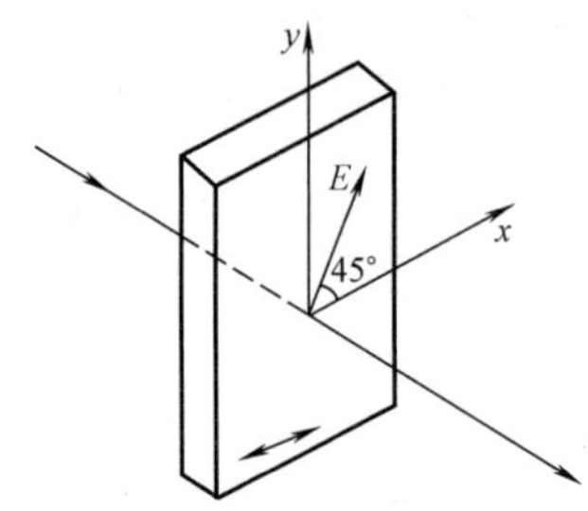

图 15-86 习题 15 图

17. 通过检偏器观察一束椭圆偏振光，其强度随着检偏器的旋转而改变。当检偏器在某一位置时，强度为极小，此时在检偏器前插入一块 $\lambda/4$ 片，转动 $\lambda/4$ 片使它的快轴平行于检偏器的透光轴，再把检偏器沿顺时针方向转过 20°就完全消光。试问（1）该椭圆偏振光是右旋还是左旋？（2）椭圆的长短轴之比？

18. 为了决定一束圆偏振光的旋转方向，可将 $\lambda/4$ 片置于检偏器之前，再将后者转至消光位置。此时 $\lambda/4$ 片快轴的方位是这样的：需将它沿着逆时针方向转 45°才能与检偏器的透光轴重合。问该圆偏振光是右旋还是左旋？请用琼斯矢量法讨论。

19. 导出长、短轴之比为 2∶1、且长轴沿 x 轴的左旋和右旋椭圆偏振光的琼斯矢量，并计算这两个偏振光叠加的结果。

20. 自然光通过透光轴与 x 轴夹角为 45°的线起偏器后，相继通过 1/4 波片、半波片和 1/8 波片，1/4 波片，半波片和 1/8 波片的快轴均沿 y 轴，试用琼斯矩阵计算透射光的偏振态。

21. 为测定波片的相位延迟角 δ，采用图 15-87所示的实验装置：使一束自然光相继通过起偏器、待测波片、$\lambda/4$ 片和检偏器。当起偏器的透光轴和 $\lambda/4$ 的快轴沿 x 轴，待测波片的快轴与 x 轴成 45°角时，从 $\lambda/4$ 片透出的是线偏振光，用检偏器确定它的振动方向便可得到待测波片的相位延迟角。试用琼斯计算法说明这一测量原理。

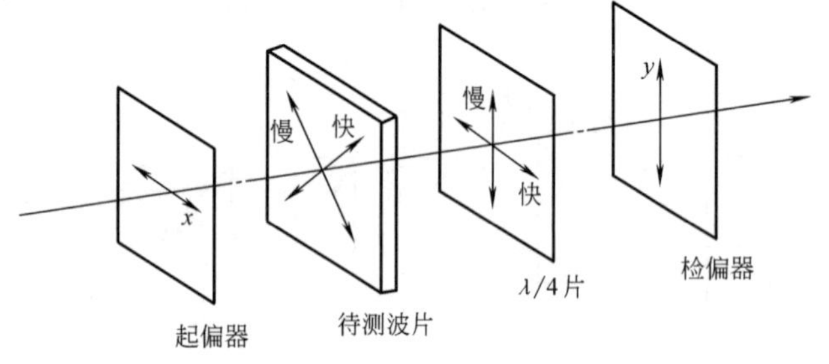

图 15-87 习题 21 图

22. 一种观测太阳用的单色滤光器如图 15-88所示，由双折射晶片 C 和偏振片 P 交替放置而成。滤光器的第一个和最后一个元件是偏振片，晶片的厚度相继递增，即后者是前者的两倍，且所有晶体光轴都互相平行并与光的传播方向垂直。所有偏振片的透光轴均互相平行，但和晶体光轴成 45°角，设该滤光器共由 N 块晶体组成。试用琼斯矩阵法证明该滤光器总的强度透过率 T 是 φ 的函数，即

$$T=\left(\frac{\sin 2^N\varphi}{2^N\sin\varphi}\right)^2,\ \varphi=\frac{2\pi(n_o-n_e)d}{\lambda\quad 2}$$

因此该滤光器对太阳光的各种波长有选择作用。

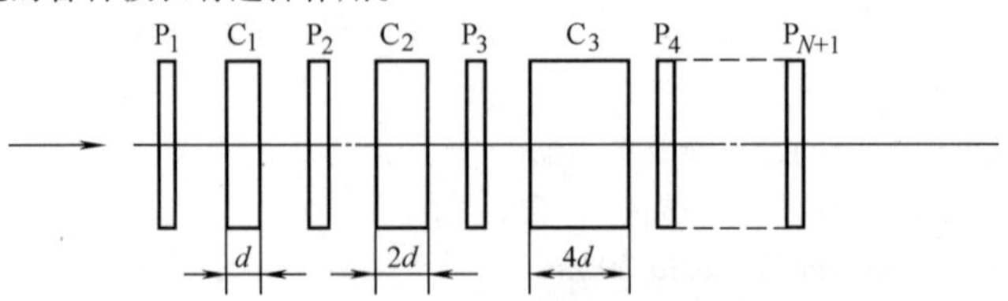

图 15-88 习题 22 图

23. 如图 15-89 所示的单缝夫琅和弗衍射装置，波长为 λ、沿 x 方向振动的线偏振光垂直入射于缝宽为 a 的单缝平面上，单缝后和远处屏幕前各覆盖着偏振片 P_1 和 P_2，缝面上 $x>0$ 区域内 P_1 的透光轴与 x 轴成 45°；$x<0$ 区域内 P_1 的透光轴方向与 x 轴 $-45°$，而 P_2 的透光轴方向沿 y 轴（y 轴垂直于 xz 平面），试讨论屏幕上的衍射光强分布。

24. 将一块 $\frac{\lambda}{8}$ 片插入两个前后放置的偏振器之间，波片的光轴与两偏振器透光轴的夹角分别为 $-30°$ 和 40°，求光强为 I_0 的自然光通过一系统后的强度是多少？（不考虑系统的吸收和反射损失）

25. 一块厚度为 0.05mm 的方解石波片放在两个正交的线偏振器中间，波片的光轴方向与两线偏振器透光轴的夹角为 45°，问在可见光范围内哪些波长的光不能透过这一系统？

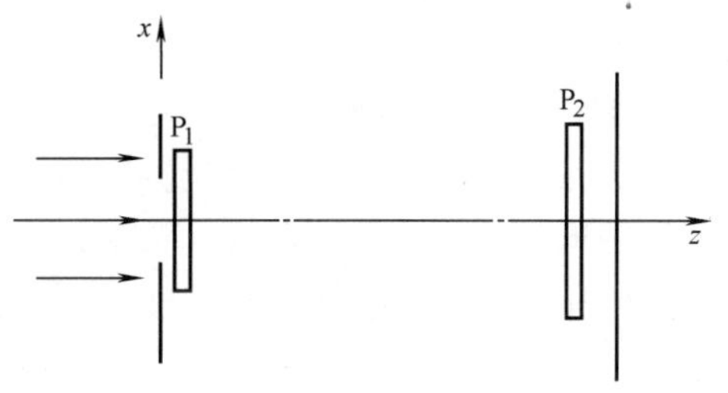

图 15-89　习题 23 图

26. 在两个正交偏振器之间插入一块 $\lambda/2$ 片，强度为 I_0 的单色光通过这一系统。如果将波片绕光的传播方向旋转一周，问（1）将看到几个光强的极大和极小值？相应的波片方位及光强数值；（2）用 $\lambda/4$ 片和全波片替代 $\lambda/2$ 片，又如何？

27. 在两个线偏振器之间放入相位延迟角为 δ 的波片，波片的光轴与起、检偏器的透光轴分别成 α、β 角。利用偏振光干涉的强度表达式(15-57)证明：当旋转检偏器时，从系统输出的光强最大值对应的 β 角为：$\tan 2\beta = (\tan 2\alpha)\cos\delta$

28. 将巴比涅补偿器放在两个正交线偏振器之间，并使补偿器光轴与线偏振器透光轴成 45°。补偿器用石英晶体制成，其光楔楔角为 2°30′。问：（1）在钠黄光照明时，补偿器产生的条纹的间距？（2）当在补偿器上放一块方解石波片时（波片光轴与补偿器光轴平行），发现条纹移动了 1/2 条纹间距，求方解石被波片的厚度？

29. 利用双折射可制成单色仪。一束平行钠光通过一对透光轴方向相互平行的偏振器，其间放入一块光轴与表面平行的方解石平板。要使波长间隔 $\Delta\lambda=0.6\text{nm}$ 的钠双线 D 的一条谱线以最大强度射出检偏器，此方解石的最小厚度应为多少？方解石在 D 线范围的主折射率：当 $\lambda=587.6\text{nm}$ 时，$n_o=1.65846$，$n_e=1.48647$；当 $\lambda=589.3\text{nm}$ 时，$n_o=1.65836$，$n_e=1.48641$。

30. ADP 晶体的电光系数 $\gamma=8.5\times10^{-12}\text{m/V}$，$n_o=1.52$，试求以这种晶体制成的泡克耳斯盒在光波长 $\lambda=500\text{nm}$ 时的半波电压？

第十六章　导波光学基础

光通信的迅速发展，促进了对与之有密切联系的光波导技术的研究。光波导技术是一种以光的电磁场理论为基础，对光波实施限制和传输的技术。其中，介质波导和光纤是两种最常用和最重要的光波导。在这一章中，将以射线理论和电磁场理论分析光波在介质波导和光纤中的传导模式、传播特性及导波光学器件的典型应用。

第一节　光在平板波导中的传播

一、平板光波导的射线理论

光波被约束在确定的导波介质中传播时，由这种介质构成的光波通道称为光学介质波导，或简称为光波导。平板型波导是介质波导中最简单、最基本的结构，其理论分析也具有代表性，故本节就平板型波导从射线理论和电磁场理论两个方面进行分析。

（一）导波与辐射模

最简单的平板型光波导是由沉积在衬底上的一层均匀薄膜构成的（因而又叫做薄膜波导），如图 16-1 所示，它的折射率 n_1 比覆盖层（通常为空气）的折射率 n_0 及衬底层折射率 n_2 都高，且 $n_1 > n_2 > n_0$。设薄膜厚度为 h，沿 y 方向薄膜不受限，在薄膜与衬底的界面（下界面）上平面波产生全反射的临界角为 θ_{c1}，而在薄膜与覆盖层的界面（上界面）上平面波产生全反射的临界角为 θ_{c0}，根据全反射原理，有

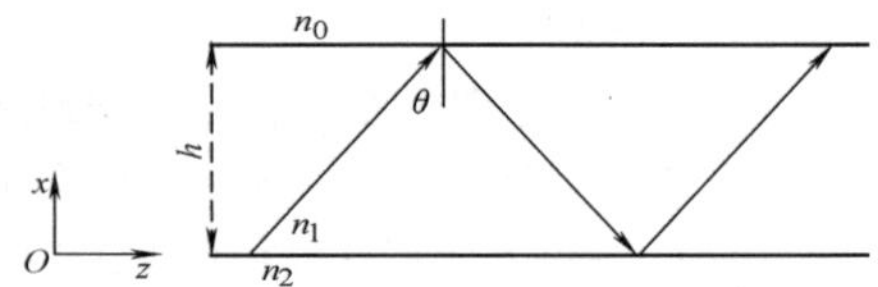

图 16-1　平板波导及其中的射线路径

$$\theta_{c1} = \arcsin \frac{n_2}{n_1} \tag{16-1a}$$

$$\theta_{c0} = \arcsin \frac{n_0}{n_1} \tag{16-1b}$$

由于 $n_2 > n_0$，所以 $\theta_{c1} > \theta_{c0}$，当平面波的入射角 θ 变化时，波导内可产生不同的波型。当入射角满足 $\theta_{c0} < \theta_{c1} < \theta < 90°$时，入射平面波在上下界面均产生全反射，此时形成的波称为导波。当 $\theta_{c0} < \theta < \theta_{c1}$时，在下界面的全反射条件被破坏，而当 $\theta < \theta_{c0} < \theta_{c1}$时，上下界面的全反射条件均被破坏。在这两种情况下均有一部分能量从薄膜中辐射出去，此时的波称为辐射模。

只有导波能将能量集中在薄膜中导行，在平板型光波导中即是由它来传输光波的。而辐射模却通过界面向外辐射能量，是不希望存在的寄生波。

（二）平板光波导中的导波

1. 导波的特征方程与横向谐振条件　当平面波的入射角 θ 大于临界角 θ_c 时才能形成导波。但在 $\theta > \theta_c$ 的范围内，θ 的取值并不是连续的，只有当入射角 θ 满足某些条件时，才能在薄膜中形成导波。图 16-2 是平板波导中构成导波的平面波示意图，实线 $ABCD$ 和$A'B'C'D'$

代表平面波的两条射线。双点划线 BB' 和 CC' 则代表向上斜射的平面波的两个波阵面，所以 B、B' 点应有相同的相位，C、C' 点也有相同的相位。可见由 B 到 C 和由 B' 至 C' 所经历的相位变化之差为 2π 的整数倍。从 B' 到 C'，平面波在其传播方向上没有经历过反射，其相位变化了 $k_0 n_1 \overline{B'C'}$，而从 B 到 C，平面波在 B 点和 C 点各经历了一次全反射。在 C 点（下界面）全反射时相位变化了 $2\phi_1$，而在 B 点（上界面）全反射时相位变化了 $2\phi_0$，这里，相位变化都以反射波比入射波超前计算。根据全反射时相位变化公式式(11-82)，对于 TE 波（即电场矢量 $\boldsymbol{E}$ 垂直于纸面的 s 波），有

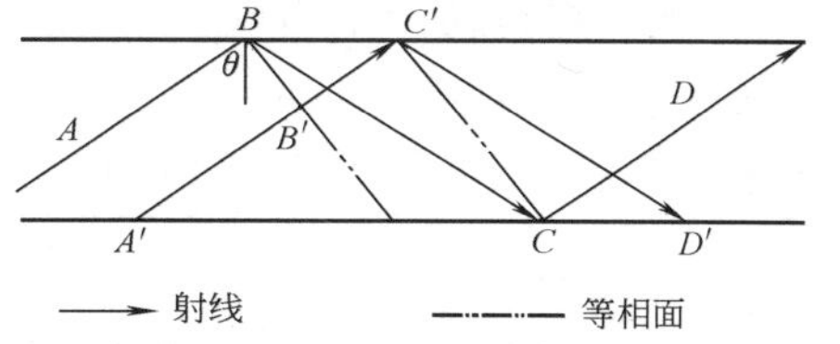

图 16-2 平板波导中的平面波

$$\phi_{1s} = \arctan \frac{\sqrt{n_1^2 \sin^2\theta - n_2^2}}{n_1 \cos\theta} \tag{16-2a}$$

$$\phi_{0s} = \arctan \frac{\sqrt{n_1^2 \sin^2\theta - n_0^2}}{n_1 \cos\theta} \tag{16-2b}$$

而对于 TM 波（即电场矢量 $\boldsymbol{E}$ 平行于纸面的 p 波），有

$$\phi_{1p} = \arctan \frac{\sqrt{n_1^2 \sin^2\theta - n_2^2}}{n_2^2 \cos\theta / n_1} \tag{16-2c}$$

$$\phi_{0p} = \arctan \frac{\sqrt{n_1^2 \sin^2\theta - n_0^2}}{n_0^2 \cos\theta / n_1} \tag{16-2d}$$

于是两射线的相位差为

$$k_0 n_1 (\overline{BC} - \overline{B'C'}) - 2\phi_1 - 2\phi_0 = 2m\pi, \quad m = 0, 1, 2, \cdots \tag{16-3a}$$

根据图 16-2 中的几何关系，上式可变为

$$2k_0 n_1 h\cos\theta - 2\phi_1 - 2\phi_0 = 2m\pi \tag{16-3b}$$

式中，n_1、h 是薄膜波导的参数；$k_0 = 2\pi/\lambda_0$ 是自由空间的波数，它决定于工作波长 λ_0；ϕ_1、ϕ_0 由式(16-2)给出，它们与波导的结构参数 n_1、n_2、n_0 和入射角 θ 有关。当波导和入射波长给定时，式(16-3)是关于未知数 θ 的方程，它确定了形成导波的入射角 θ 的条件，因而叫薄膜波导的特征方程。特征方程是讨论导波特性的基础。

特征方程式(16-3b)中 $k_0 n_1 \cos\theta$ 是薄膜中波矢量在 x 方向的分量，它是薄膜中的横向相位常数，可表示为

$$k_{1x} = k_0 n_1 \cos\theta \tag{16-4}$$

于是特征方程式(16-3b)可写为

$$2k_{1x} h - 2\phi_1 - 2\phi_0 = 2m\pi \tag{16-5}$$

该式表明，由波导的某点出发，沿波导横向往复一次回到原处，总的相位变化应是 2π 的整数倍。这使原来的波加强，即相当于在波导的横向谐振，因而叫做波导的横向谐振条件。横向谐振特性是波导导波的一个重要特性。

2. 导波的模式　对给定的波导、工作波长和整数 m，由特征方程可求出形成导波的入射角 θ 的值。以该 θ 角入射的平面波形成一个导波模式。当 ϕ_1 和 ϕ_0 以 s 波的表达式代入

时，得出模式为 TE 波；当 ϕ_1 和 ϕ_0 以 p 波的表达式代入时，得出模式为 TM 波。当 $m=0$，1，2，…时，可得到 TE_0、TM_0、TE_1、TM_1、TE_2、TM_2…模。m 表示了各模式的特点，称为模序数。

各模式的特性可用式(16-4)表示的横向相位常数 k_{1x} 及以下几个参数表示

$$\beta = k_{1z} = k_0 n_1 \sin\theta \tag{16-6}$$

$$\alpha_2 = k_0 n_1 \sqrt{\sin^2\theta - (n_2/n_1)^2} \tag{16-7}$$

$$\alpha_0 = k_0 n_1 \sqrt{\sin^2\theta - (n_0/n_1)^2} \tag{16-8}$$

横向相位常数 k_{1x} 决定导波模式在薄膜内的横向驻波规律，α_0 和 α_2 决定导波在上、下界面的横向衰减规律（参见式(11-84)），它们决定了导波模式的横向分布图形。β 称为轴向相位常数（或传播常数），它表示导波模式的纵向传播规律，是导波的一个重要参数。由于 $\theta_{c1} < \theta < 90°$，所以 $k_0 n_2 < \beta < k_0 n_1$。对于给定的模式有确定的 θ 值，因而也有确定的轴向相位常数 β。由特征方程求出了 θ，就可确定各模式的轴向相位常数 β。但特征方程是超越方程，得不到解析形式的解。对于给定的模式，其 β 值是随工作波长 λ_0（或角频率 ω）而变化的。图 16-3 是根据数值解画出的 $\beta-\omega$ 曲线，它表明了 β 的变化范围及变化规律。β 不能小于 $k_0 n_2$，否则将会出现辐射模。β 也不能大于 $k_0 n_1$，因而对于导波，β 是被限制在 $k_0 n_1 \sim \omega$ 和 $k_0 n_2 \sim \omega$ 两条直线所夹的扇形面积之中的。图中 ω_{c0}、ω_{c1} 及 ω_{c2} 分别是 $m=0$，1，2 时导模的截止频率。

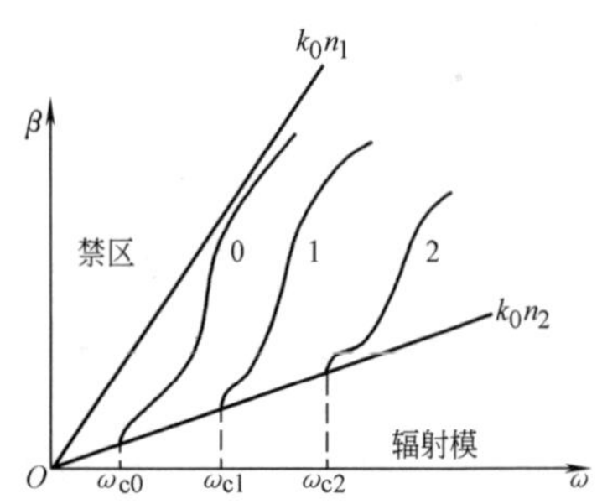

图 16-3 $m=0$，1，2 时导波的 $\beta-\omega$ 曲线

3. 截止波长　在平板波导中，任一界面的全反射条件被破坏，即认为导波处于截止状态。由于 $n_1 > n_2 > n_0$，所以当 $\theta = \theta_{c1}$ 时即处于截止的临界状态。特征方程式(16-3b)可写成如下形式

$$\frac{2\pi}{\lambda_0} h n_1 \cos\theta = m\pi + \phi_0 + \phi_1$$

对一个给定的模式，m 是常数。如果工作波长 λ_0 变化，必须调整平面波的入射角 θ，才能满足特征方程，形成导波。当 $\theta = \theta_{c1}$ 时，导波转化为辐射模，此时的波长就是该模的截止波长，截止波长用 λ_c 表示。由上式有

$$\lambda_c = \frac{2\pi h n_1 \cos\theta_{c1}}{m\pi + \phi_0 + \phi_1}$$

由于下界面处于全反射临界状态，因而不管对 TE 波还是 TM 波，都有 $\phi_1 = 0$，且据式(16-1a)，有

$$\cos\theta_{c1} = \sqrt{1-(n_2/n_1)^2} = \frac{\sqrt{n_1^2 - n_2^2}}{n_1}$$

因此截止波长表示为

$$\lambda_c = \frac{2\pi h \sqrt{n_1^2 - n_2^2}}{m\pi + \phi_0} \tag{16-9}$$

对于 TE 模和 TM 模，把不同的 ϕ_0 代入上式即可得到相应的截止波长。显然，各模式的截止波长由波导参数 n_1、n_2、n_0 和 h 决定，与外加频率无关，它是表示波导本身特征的物理量。不同的模式有不同的截止波长，模式越高，截止波长越短。TE_0 模和 TM_0 模的截止波长最长。模序数相同的 TE 模和 TM 模的截止波长不同。当 m 相同时，TE 模的截止波长较长，因而在所有的波导模式中，TE_0 模的截止波长最长。

当 $n_2=n_0$ 时，称为对称平板波导，此时截止波长为

$$\lambda_c=\frac{2h\sqrt{n_1^2-n_2^2}}{m} \tag{16-10}$$

该式对 TE 模和 TM 模都适用，这就是说，对于对称波导，模序数相同的 TE 模和 TM 模具有相同的截止波长 λ_c。但是，TE_0 模（或 TM_0 模）的截止波长 $\lambda_c=\infty$，此时没有截止现象，这是对称波导的特有性质。

4. 单模传输与模式数量　由于 TE_0 模的截止波长最长，因而它的传输条件最容易满足。在波导术语中，把截止波长最长（截止频率最低）的模式叫做基模。平板波导中的 TE_0 模即是基模。如果波导的结构或选择的工作波长只允许 TE_0 模传输，其他模式均截止，则称为单模传输。单模传输的条件是

$$\lambda_c(TM_0)<\lambda_0<\lambda_c(TE_0) \tag{16-11}$$

当 n_1 与 n_2 差别不大时，TE_0 模和 TM_0 模非常接近，难以分开，此时仍可认为是单模传输。即是说，单模传输的概念并不那么严格。

当单模传输的条件被破坏（如工作波长缩短）时，即出现多模共存现象。多模共存时的模数量可由特征方程求得

$$m=\frac{\dfrac{2\pi}{\lambda_0}h\sqrt{n_1^2-n_2^2}-\phi_0}{\pi} \tag{16-12}$$

与该 m 对应的模式处于截止状态，而比它低的模式处于导行状态。波导中导波模式的数量是 TE 模和 TM 模的模式数量之和。膜越厚（h 越大），n_1 与 n_2 差别越大，波导中的模式数量就越多。

二、平板光波导的波动理论

用射线法讨论平板波导，物理概念清楚、明确，得出的许多结论不仅对平板波导，而且对其他形式的介质波导也是很有价值的。但对波导中各模式对应的电磁场的具体分布形式，射线法尚不能给出满意的解答，必须应用电磁场的波动理论结合波导的边界条件来确定。

设在平板波导中，衬底和覆盖层分别延伸到无穷远，同时薄膜的宽度远大于它的厚度。因此，可以认为平板波导中的光波只在 x 方向受到限制（见图 16-1），并设平板波导的几何结构和折射率分布沿 y 方向不变，即折射率分布 $n(x)$ 只与 x 有关，相应的模式也只是 x 坐标的函数。为简单起见，下面只讨论 TE 模的场分布形式。对于 TE 模，在图 16-1 所选的坐标系中，它的电磁场分量为 E_y、H_x 和 H_z。由于电场与磁场有确定的关系，因此下面只分析电场 E_y。

对于定态单色波，其电磁场满足波动方程式(11-13)，若不考虑时间因子，则波动方程将转化为亥姆霍兹方程。对于 TE 模，其电场只有沿 y 方向的一个分量 E_y，并且 E_y 可以表

达为

$$E_y = E_y(x)\exp(\mathrm{i}\beta z) \tag{16-13}$$

式中,β 是传播常数,由式(16-6)给出。将上式代入亥姆霍兹方程,得到各层中的电场应满足的亥姆霍兹方程

$$\frac{\partial^2 E_y(x)}{\partial x^2} + (k_0^2 n_j^2 - \beta^2)E_y(x) = 0, \quad j = 0,1,2 \tag{16-14}$$

对于 $n_2 > n_0$ 的非对称波导,当 $k_0 n_2 < \beta < k_0 n_1$ 时,由于是导波,在薄膜中应是驻波解,可用余弦函数表示;在衬底和覆盖层中应是衰减解,可用指数函数表示。于是方程式(16-14)在覆盖层、波导和衬底中的解 $E_y(x)$ 可以表述为:

$$E_y(x) = \begin{cases} A_0 \exp[-\alpha_0(x-h)], & x \geqslant h \\ A_1 \cos(k_{1x} - \varphi), & h \geqslant x \geqslant 0 \\ A_2 \exp(\alpha_2 x), & x \leqslant 0 \end{cases} \tag{16-15}$$

式中,A_0、A_1、A_2 是三个区域中的电场复振幅;φ 是一常数相位角;k_{1x}是薄膜内 x 方向的横向相位常数;α_0 和 α_2 是导波在上、下界面的横向衰减常数。

将式(16-15)中各表达式代入式(16-14),得到

$$\alpha_0^2 = \beta^2 - k_0^2 n_0^2 \tag{16-16a}$$

$$k_{1x}^2 = k_0^2 n_1^2 - \beta^2 \tag{16-16b}$$

$$\alpha_2^2 = \beta^2 - k_0^2 n_2^2 \tag{16-16c}$$

薄膜波导中的边界条件为:在 $x=0$ 和 $x=h$ 处,电场强度的切向分量 E_y 连续,磁场强度的切向分量 H_z ($\propto \mathrm{d}E_y/\mathrm{d}x$) 连续,将场方程式(16-15)代入,即得

$$A_1 \cos\varphi = A_2 \quad (\text{在 } x=0 \text{ 处},E_y \text{ 连续}) \tag{16-16d}$$

$$A_1 k_{1x} \sin\varphi = \alpha_2 A_2 \quad (\text{在 } x=0 \text{ 处},H_z \text{ 连续}) \tag{16-16e}$$

$$A_1 \cos(k_{1x}h - \varphi) = A_0 \quad (\text{在 } x=h \text{ 处},E_y \text{ 连续}) \tag{16-16f}$$

$$A_1 k_{1x} \sin(k_{1x}h - \varphi) = \alpha_0 A_0 (\text{在 } x=h \text{ 处},H_z \text{ 连续}) \tag{16-16g}$$

有了式(16-16)的 7 个方程式,就可联解出场方程式(16-15)中的 7 个未知数,再由模式本征方程式(16-3b)可求出不同 m 值对应的 β 值。这样,就可以确定出覆盖层、波导和衬底中的场分布 $E_{ym}(x)$。图 16-4 给出了 TE_0、TE_1、TE_2 及 TE_3 四种模式的场分布。可以看出,在波导内,场呈余弦分布,而在覆盖层和衬底内,均作指数衰减。通常,$n_0 < n_2$,所以 $\alpha_0 > \alpha_2$,即场在覆盖层内衰减得要快一些。这就是说,覆盖层与衬底的折射率和薄膜的折射率相差越大,场在覆盖层内与衬底内衰减得就越快,而在薄膜波导内越集中得好。另一方面,根据模式本征方程知道,m 越大,则 β 越小,从而 α_0 和 α_2 都越小,因而高阶模场被波导束缚的程度越差。所以,高阶模的电场延伸到覆盖层与衬底内较远的地方。最后,从图 16-4 中还可以看出,模序数 m 的物理意义,即表示场在波导中的节点数。

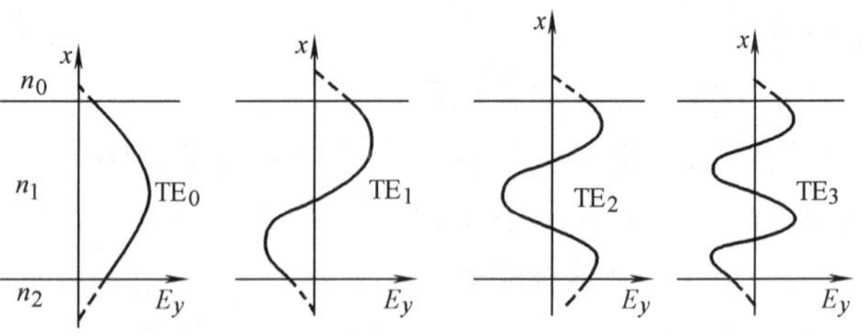

图 16-4 TE_0、TE_1、TE_2 及 TE_3 四种导模的电场分布

三、耦合模理论

在实际应用中，常常要求将一个光波导中的能量耦合到相邻的光波导中去，以实现方向耦合、开关、调制、滤波等功能。另一方面，光波导间的耦合有时又是有害的。因此，有必要研究在光波导中传输的模间耦合问题。下面以两个并列的条形波导为例说明模间耦合问题。如图 16-5 所示，折射率为 n_1 和 n_2 的两个条形波导并列于折射率为 n_3 的衬底中，一个波导位于另一个波导的倏逝波的范围内，彼此间存在着较弱的耦合。由此简单模型出发，可导出模间耦合的公式，并讨论典型的激发条件。

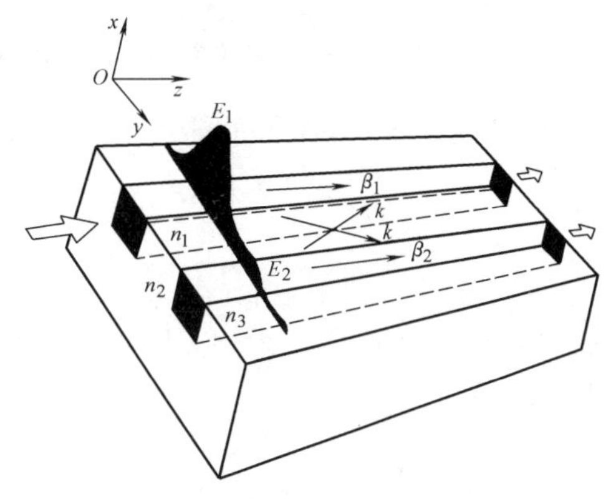

图 16-5　光波导模间耦合模型

1. 耦合模方程　首先假设在波导 1、2 中分别传输着模式 E_1、E_2，彼此间不存在耦合，则 E_1 或 E_2 均可表示为

$$E(x,y,z,t)=A(x,y)\exp[-\mathrm{i}(\omega t-\beta^0 z)] \tag{16-17}$$

且满足微分方程

$$\frac{\mathrm{d}E}{\mathrm{d}z}=\mathrm{i}\beta^0 E \tag{16-18}$$

式中，$A(x,y)$是横截面的场分布。事实上，当两个波导靠得很近时，将发生两件事：第一，由于几何结构的变化传播常数将发生变化；第二，因为两个波导彼此处于对方的倏逝波区，所以两波导间将发生功率交换。这样，微分方程式(16-18)变为

$$\left.\begin{aligned}\frac{\mathrm{d}E_1}{\mathrm{d}z}&=\mathrm{i}\beta_1 E_1+c_{12}E_2\\ \frac{\mathrm{d}E_2}{\mathrm{d}z}&=\mathrm{i}\beta_2 E_2+c_{21}E_1\end{aligned}\right\} \tag{16-19}$$

式中

$$\beta_1=\beta_1^0-c_{11},\ \beta_2=\beta_2^0-c_{22} \tag{16-20}$$

β_1^0 和 β_2^0 分别为波导 1 和波导 2 独立存在时的传播常数；c_{11} 和 c_{22} 分别为引入邻近波导时波导 1 和波导 2 的传播常数的改变量；c_{12} 和 c_{21} 称为互耦系数，体现出两波导间的能量交换。方程式(16-19)称为耦合模方程，是研究和讨论耦合效应的基础。

2. 耦合模方程的解　假设 E_1、E_2 仍然具有指数形式的解

$$E_1=A\exp(\alpha z),E_2=B\exp(\alpha z) \tag{16-21}$$

将上式代入式(16-19)，可求得 α 的两个解

$$\left.\begin{aligned}\alpha_1&=\left[c_{12}c_{21}-\left(\frac{\beta_1-\beta_2}{2}\right)^2\right]^{1/2}+\mathrm{i}\frac{\beta_1+\beta_2}{2}\\ \alpha_2&=-\left[c_{12}c_{21}-\left(\frac{\beta_1-\beta_2}{2}\right)^2\right]^{1/2}+\mathrm{i}\frac{\beta_1+\beta_2}{2}\end{aligned}\right\} \tag{16-22}$$

这样，E_1 与 E_2 的通解为

$$\left.\begin{aligned} E_1 &= A_1\exp(\alpha_1 z) + A_2\exp(\alpha_2 z) \\ E_2 &= \frac{1}{c_{12}}[A_1(\alpha_1 - \mathrm{i}\beta_1)\exp(\alpha_1 z) + A_2(\alpha_2 - \mathrm{i}\beta_1)\exp(\alpha_2 z)] \end{aligned}\right\} \tag{16-23}$$

进一步假设从波导 1 中泄漏的能量全部被波导 2 所吸收，则两波导的总能量沿 z 轴保持不变，则有

$$\frac{\mathrm{d}W}{\mathrm{d}z} = 0$$

其中，$W = E_1E_1^* + E_2E_2^*$。将式(16-23)代入上式，得到耦合条件：$c_{12} = -c_{21}^*$。利用此条件，式(16-22)可简化为

$$\left.\begin{aligned} \alpha_1 &= \mathrm{i}(\beta + \beta_b) \\ \alpha_2 &= \mathrm{i}(\beta - \beta_b) \end{aligned}\right\} \tag{16-24}$$

式中

$$\beta = \frac{\beta_1 + \beta_2}{2}, \quad \beta_b = \sqrt{\Delta^2 + |c_{12}|^2}, \quad \Delta = \frac{\beta_1 - \beta_2}{2} \tag{16-25}$$

现在式(16-23)中尚剩系数 A_1 和 A_2 需确定，它们可由外部激发条件求出。

3. 典型的激发条件

（1）两个光波导的结构参数完全一致，仅波导 1 的输入端被激发，即

$$\Delta = 0, \beta_1 = \beta_2 = \beta, E_1(0) = U, E_2(0) = 0 \tag{16-26}$$

在这种情况下，耦合模方程的解为

$$\left.\begin{aligned} E_1 &= U\cos(|c_{12}|z)\exp(\mathrm{i}\beta z) \\ E_2 &= -U\sqrt{\frac{c_{12}^*}{c_{12}}}\sin(|c_{12}|z)\exp(\mathrm{i}\beta z) \end{aligned}\right\} \tag{16-27}$$

上式表示两个波导内场的振幅分别受到余弦和正弦函数的调制。在 $z = (2k+1)\pi/(2|c_{12}|)$，$k = 0,1,2,\cdots$处，波导 1 的能量全部传递给波导 2；而在 $z = k\pi/|c_{12}|$处，能量又全部回授给波导 1。$\beta_1 = \beta_2$ 又称为相位匹配。

（2）两个光波导的结构参数保持相同，且在输入端加入相同的激发信号光

$$\Delta = 0, \beta_1 = \beta_2 = \beta, E_1(0) = E_2(0) = U \tag{16-28}$$

此种情况下，耦合模方程的解为

$$\left.\begin{aligned} E_1 &= U\left[\cos(|c_{12}|z) + \sqrt{\frac{c_{12}}{c_{12}^*}}\sin(|c_{12}|z)\right]\exp(\mathrm{i}\beta z) \\ E_2 &= U\left[\cos(|c_{12}|z) - \sqrt{\frac{c_{12}^*}{c_{12}}}\sin(|c_{12}|z)\right]\exp(\mathrm{i}\beta z) \end{aligned}\right\} \tag{16-29}$$

特别当 c_{12} 为纯虚数时，上式变为

$$\left.\begin{aligned} E_1 &= U\exp[\mathrm{i}(\beta + |c_{12}|)z] \\ E_2 &= U\exp[\mathrm{i}(\beta - |c_{12}|)z] \end{aligned}\right\} \tag{16-30}$$

此时两个波导内光波场的惟一区别是传播常数不同，因而传播速度不同。

（3）作为一般的情形，考虑两个波导的参数不一致，在 $z=0$ 处仅波导 1 被激发的情形。耦合模方程的解为

$$\left.\begin{aligned} E_1 &= U\left(\cos\beta_b z + \mathrm{i}\frac{\Delta}{\beta_b}\sin\beta_b z\right)\exp(\mathrm{i}\beta z) \\ E_2 &= -\frac{c_{12}^*}{\beta_b}U\sin(\beta_b z)\exp(\mathrm{i}\beta z) \end{aligned}\right\} \tag{16-31}$$

式中，$U=E_1(0)$。为了研究波导间的能量传递，可计算出

$$\left.\begin{aligned} |E_1|^2 &= |U|^2\left[1-\frac{|c_{12}|^2}{|c_{12}|^2+\Delta^2}\sin^2(\beta_b z)\right] \\ |E_2|^2 &= |U|^2\frac{|c_{12}|^2}{|c_{12}|^2+\Delta^2}\sin^2(\beta_b z) \end{aligned}\right\} \tag{16-32}$$

显然，总能量 $W=|E_1|^2+|E_2|^2=|U|^2$ 在光波的传播过程中保持不变，所以两个波导的能量变化是互补的。在条件 $\Delta=0$ 满足时，可实现波导间能量的完全转移。在其余的情况下，转移部分的能量所占比例取决于 Δ，因而取决于波导间参数的差异。调整这些参数可改变 Δ，从而改变波导间耦合的程度。

第二节　光在光纤中的传播

光在光纤中传播的基本原理及光纤光学系统已在第八章中作了介绍。本节从射线理论和波动理论两方面对光在光纤中传播的物理图像进行讨论。

一、光纤的结构特性

1. 光纤的结构　光纤是光导纤维（又称光学纤维）的简称，它是一种用透明的光学材料（如石英、玻璃、塑料等）拉制而成的用于传输光的圆柱型光波导。光纤的典型结构如图 16-6 所示。光纤的核心部分是由圆柱形玻璃纤芯和玻璃包层构成，最外层是一种弹性耐磨的塑料护套。纤芯的粗细、纤芯的折射率 n_1 和包层的折射率 n_2，对光纤的传光特性有决定性的影响。按照折射率分布划分，光纤类型分为阶跃折射率光纤和渐变（梯度）折射率光纤。图 16-7 示出这两类光纤的折射率分布及光线行进情况。随着纤芯直径（通常用 $2a$ 表示）的粗细不同，光纤中传输模式（传输模式的概念在下一小节介绍）的数量也不相同。因此，按照光纤传输模式的数量划分，光纤分为单模光纤和多模光纤。随着光纤技术的发展，还出现了一系列的特种光纤，如塑料光纤、导电光纤、空心光纤、发光光纤、保偏光纤等。

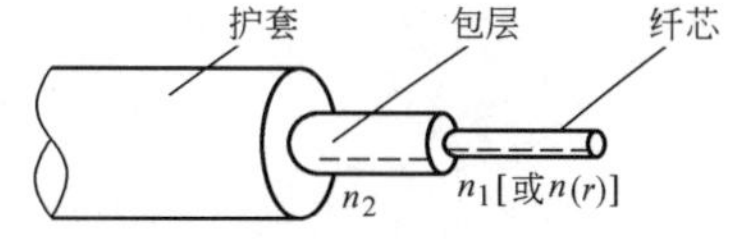

图 16-6　光纤的结构

2. 光纤的基本特性参数　描述光纤传光特性的基本结构参数主要有以下几个：

（1）光纤尺寸：如图 16-7 所示，光纤结构尺寸包括纤芯直径 $2a$ 和包层外径 $2b$。

（2）数值孔径 NA：光纤的数值孔径是表示光纤集光能力大小的一个参数。第八章第四节对此已有讨论，其定义式见式(8-54)。数值孔径越大即孔径角越大，光纤的集光能力就越强，也就是说能够进入光纤的光通量就越多。

（3）相对折射率差 Δ：相对折射率差是表示纤芯和包层之间相对折射率差的一个参数，

由下式给出

$$\Delta=\frac{n_1-n_2}{n_1} \tag{16-33}$$

通常纤芯和包层折射率相差很小。Δ 的取值大约在 0.001 ~0.01 范围，此时 $\Delta<<1$，这种情况称为弱波导。在弱波导条件下，数值孔径 NA 和相对折射率差 Δ 将有如下关系

$$NA=n_1\sqrt{2\Delta} \tag{16-34}$$

（4）归一化频率（或结构参量）V：归一化频率是一个与光纤中能够传输的模式数有关的参数，其定义为

$$V=\frac{2\pi a}{\lambda_0}NA\approx\frac{2\pi a}{\lambda_0}n_1\sqrt{2\Delta} \tag{16-35}$$

其中 λ_0 为传播的光波波长。一般当 $V\leqslant 2.4$ 时，光纤中只能传输单一模式。当 $V>2.4$ 时，将传输多种模式。如弱波导光纤中允许存在的模式数 M 可由下式估算

$$M=\frac{4}{\pi^2}V^2\approx\frac{1}{2}V^2 \tag{16-36}$$

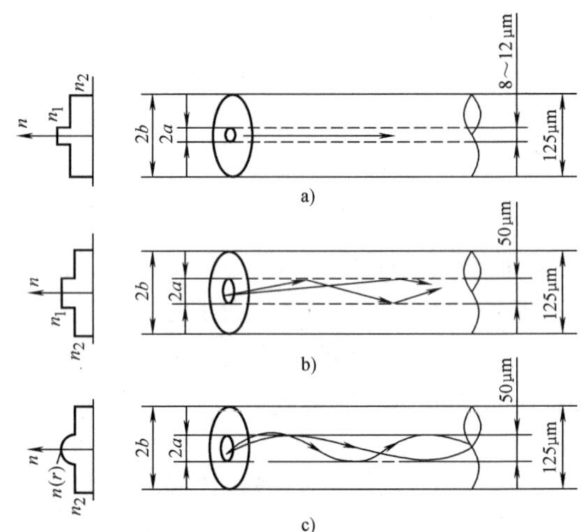

图 16-7 典型光纤的结构

a）阶跃折射率单模光纤 b）阶跃折射率多模光纤 c）梯度折射率多模光纤

（5）折射率分布：上面分析的都是阶跃折射率光纤的情况，其整个纤芯中折射率是常数 n_1。对梯度折射率光纤，其纤芯截面的径向折射率 $n(r)$ 呈渐变型分布（见图 16-9），往往用下式来表示

$$n(r)=n_1\left[1-2\Delta\left(\frac{r}{a}\right)^{\alpha}\right]^{1/2} \tag{16-37}$$

式中，n_1 是纤芯轴线处（$r=0$）的折射率；r 为纤芯内任意一点到芯轴的距离；a 为纤芯半径；Δ 为相对折射率差；α 为折射率分布指数。

阶跃型多模光纤一般芯直径 $2a=50\sim200\mu m$，$\Delta=0.01\sim0.02$。单模光纤的芯直径一般小于 10μm，$\Delta=0.001\sim0.01$，归一化频率 $V<2.4$。梯度（渐变）型光纤芯径与阶跃型相同，但折射率不是常数，通常从纤芯轴处往纤芯边缘按抛物线形递减（$\alpha=2$）。

二、阶跃光纤的射线理论

下面用几何光学的方法，分析阶跃折射率光纤子午面内与界面法线成 θ 角传播的光线（从波动的角度看就是平面波）的传播行为，如图 16-8 所示，设单色平面波在真空中的波长为 λ_0，波数为 $k_0=2\pi/\lambda_0$，在折射率为 n_1 的纤芯内波数为 $k_1=n_1k_0$，在折射率为 n_2 的包层中波数为 $k_2=n_2k_0$。

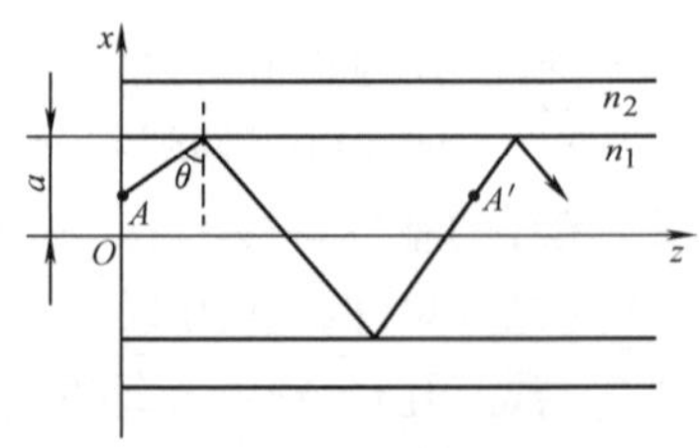

图 16-8 光纤中子午面内的光线传播路径

将芯内以 θ 角传播的平面波波矢 k_1 分解成轴向（z

方向）分量β和横向分量γ（x方向），则

$$\beta = n_1 k_0 \sin\theta \tag{16-38}$$

$$\gamma = n_1 k_0 \cos\theta \tag{16-39}$$

轴向分量β通常称为传播常数，表示平面波以行波在轴向上传播。横向分量γ由于纤芯和包层界面的反射，当横向来回一次的相位变化为2π的整数倍时，所有的多重反射波都在x的相同位置上互相增强，因而形成一种不沿轴向减弱的驻波。这样，在纤芯内光强的横向分布沿轴向不变，形成稳定的光场分布，这种状态称之为模。而这种模只有在特定的θ角度下才会形成，下面就来分析这种特定的角度。

据图16-8，从A点到A'点，光线正好向前曲折全反射一个周期，在直径为$2a$的波导中，其横向一周期的相位变化$\Delta\varphi$为

$$\Delta\varphi = 2 \times 2a\gamma + 2\varphi \tag{16-40}$$

式中，φ为光线在纤芯-包层界面上发生一次全反射时产生的相位变化。根据第十一章中对全反射的相移的讨论，我们知道光纤中平行于纤芯包层界面的偏振波（s分量）发生的相移由式(11-82a)确定，即为

$$\varphi_s = -2\arctan\frac{(\beta^2 - n_2^2 k_0^2)^{1/2}}{(n_1^2 k_0^2 - \beta^2)^{1/2}} \tag{16-41a}$$

同理，磁矢量平行于界面的偏振波（p分量）发生的相移由式(11-82b)确定，即为

$$\varphi_p = -2\arctan\frac{\left(\dfrac{n_1}{n_2}\right)^2 (\beta^2 - n_2^2 k_0^2)^{1/2}}{(n_1^2 k_0^2 - \beta^2)^{1/2}} \tag{16-41b}$$

由式(16-41)及式(16-38)可知，φ随θ角而改变。只有光波在光纤横向一周期内相位的变化$\Delta\varphi$为2π的整数倍时，这样的光波才能沿轴向不减弱地传播。这一条件为

$$\Delta\varphi = 4a\gamma + 2\varphi = 4k_0 a n_1 \cos\theta + 2\varphi = 2N\pi \tag{16-42}$$

式中，N取一系列整数。式(16-42)称为光纤射线理论的模式本征方程。如给定一整数N，就可由上式计算出对应的角度θ_N，它即为对应于N的特征反射角。图16-9中，对应于$N=0$、1、2的光线画出了光纤子午面内横向相应的电场强度分布（将在下一节讨论）。因为N是离散的，所以θ_N也是离散的，它表示在光纤中传输的光只有在特定的反射角θ_N下才会形成稳定的光场分布，这时才有对应的模式输出，而不满足θ_N的光线不会在光纤中形成稳定的光场。N决定模的阶数，表示横向电场强度分布的波节数（参见图16-9）。以上讨论的是光纤中子午面内的传输情况。由此看出采用射线方法分析，可以得到光在光纤中传输的直观图像和导波模式的初步概念。但为了更详细地掌握光纤的传输特性，以及光纤中电磁场的各种分布状态（即各种模式的形象描述），还必须运用波动光学理论对光纤作进一步的分析。

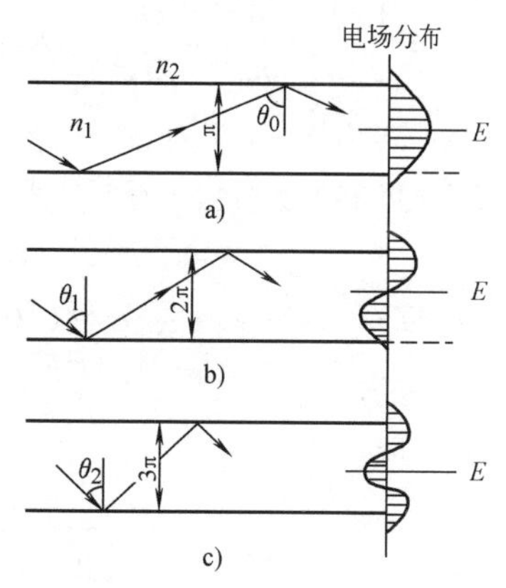

图16-9 阶跃光纤中子午光线的传输和模的电场分布

a) $N=0$ b) $N=1$ c) $N=2$

三、阶跃光纤的模式理论

1. 光纤中的横向电磁场　将光纤置于圆柱坐标系中，根据光纤圆柱形边界条件，求波动方程的解，是光纤模式理论的基本出发点。下面采用近似模式理论来讨论，即是将光纤中的横向电场和横向磁场当作标量近似处理。它是基于以下的考虑：当光纤纤芯折射率 n_1 接近于包层折射率 n_2（即为弱波导光纤）时，在纤芯和包层的交界面上产生全反射临界角 $\theta_c=\arcsin(n_2/n_1)\approx 90°$。在这种情况下，光纤中的射线要形成导波模式传播，射线在纤芯和包层交界面上的入射角 θ 必须大于临界角 θ_c。因此，可以近似地认为光纤中的射线与光纤轴平行传播，这样的电磁波可以看成是“准 TEM 波”，它在光纤中的纵向分量 E_z 和 H_z 极微弱，而横向场分量 E_t 和 H_t 极强，另外，考虑到圆柱形光纤的轴对称性，因而可将准 TEM 波的横向电场分量 E_t 用沿 y 轴（或 x 轴）偏振的标量 E_y（或 E_x）来表示。经过以上的近似处理后，据电磁场波动方程，可得到光纤中横向电场 E_y 满足的方程为

$$\nabla^2 E_y-\frac{1}{\nu^2}\frac{\partial^2 E_y}{\partial t^2}=0 \tag{16-43}$$

式中，$\nabla^2=\frac{\partial^2}{\partial x^2}+\frac{\partial^2}{\partial y^2}+\frac{\partial^2}{\partial z^2}$（直角坐标系）。选择 z 轴与光纤波导轴重合。考虑光纤中的定态单色波

$$E_y=\overline{E_y}\exp(-\mathrm{i}\omega t)$$

则波动方程式(16-43)化为亥姆霍兹方程

$$\nabla^2\,\overline{E_y}+k^2\,\overline{E_y}=0 \tag{16-44}$$

式中，$k=\omega/\nu=2\pi/\lambda$ 为波数，光波在光纤中沿 z 轴传播，取柱坐标系(r,φ,z)，令

$$\overline{E_y}=E_y(r,\varphi)\exp(\mathrm{i}k_z z) \tag{16-45}$$

式中，k_z 为波矢 k 在轴向(z 方向)的分量，即为传播常数 β；$E_y(r,\varphi)$ 为光波在横截面(r-φ 面，即 x-y 面)上的电场分布，即为横向场。

方程(16-44)取柱坐标系下的拉普拉斯算子，并将式(16-45)代入，则亥姆霍兹方程变为

$$\nabla_t^2 E_y+(k^2-k_z^2)E_y=0 \tag{16-46}$$

式中，$\nabla_t^2=\frac{1}{r}\frac{\partial}{\partial r}\left(r\frac{\partial}{\partial r}\right)+\frac{1}{r}\frac{\partial^2}{\partial\varphi^2}$。在纤芯和包层中，$k^2$ 各为 $k_1^2=n_1^2k_0^2$ 和 $k_2^2=n_2^2k_0^2$，而传播常数 k_z 则两者相等，为 $k_z=n_1k_0\sin\theta=\beta$，由于电磁场在 φ 方向(圆周方向)必须满足周期条件，故可令代表横向电场的 $E_y(r,\varphi)$ 为下述形式

$$E_y(r,\varphi)=E_y(r)\exp(\mathrm{i}m\varphi) \tag{16-47}$$

将式(16-47)代入亥姆霍兹方程(16-46)，则在纤芯及包层中有

$$\frac{\mathrm{d}^2E_y}{\mathrm{d}r^2}+\frac{1}{r}\frac{\mathrm{d}E_y}{\mathrm{d}r}+\left(k_1^2-\beta^2-\frac{m^2}{r^2}\right)E_y=0 \tag{16-48a}$$

$$\frac{\mathrm{d}^2E_y}{\mathrm{d}r^2}+\frac{1}{r}\frac{\mathrm{d}E_y}{\mathrm{d}r}+\left(k_2^2-\beta^2-\frac{m^2}{r^2}\right)E_y=0 \tag{16-48b}$$

由于光波在纤芯与包层界面产生全反射，从而有 $\sin\theta>\sin\theta_c=n_2/n_1$，这样就有 $\beta>k_2$。从而可知，式(16-48a)为第一类贝塞尔(Bessel)方程，其解为 $\mathrm{J}_m\left(\frac{ur}{a}\right)$。而式(16-48b)为第二类贝塞

尔方程，其解为 $K_m\left(\frac{wr}{a}\right)$，这样波动方程(16-48)的标量解就为

$$\text{纤芯中}\quad E_y = A_1 \mathrm{J}_m\left(\frac{ur}{a}\right)\exp[-\mathrm{i}(\omega t-\beta z+m\varphi)] \tag{16-49a}$$

$$\text{包层中}\quad E_y = A_2 K_m\left(\frac{wr}{a}\right)\exp[-\mathrm{i}(\omega t-\beta z+m\varphi)] \tag{16-49b}$$

式中，u 和 w 是两个无量纲实参量，其定义为

$$\frac{u^2}{a^2}=k_1^2-\beta^2 \tag{16-50a}$$

$$\frac{w^2}{a^2}=\beta^2-k_2^2 \tag{16-50b}$$

它们与归一化频率 V 的关系为：$V^2=u^2+w^2$，A_1 与 A_2 是两个由边界条件确定的常数。根据贝塞尔函数性质，式(16-49a)表示在纤芯中电场成驻波分布，式(16-49b)表示在包层中电场是衰减的。因此，u 表示纤芯中电场的传播状态，而 w 则代表包层里电场传播的状态。通常 u 称为导波的径向归一化相移常数，w 称为导波的径向归一化衰减常数。m 是从 0 开始的正整数。知道了光纤中电场 E_y，进而就可以根据麦克斯韦方程求出磁场 H_x（此处略去这一求解过程）。E_y 和 H_x 是分析阶跃折射率光纤中光传播行为的两个基本量。图 16-9 中给出了三种模的电场分布。由于 E_y 和 H_x 是两个沿坐标轴 y 和 x 的线性偏振量，因此称此种导波模式为线性偏振模，简称为 LP 模。

2. 特征方程与截止条件　波动方程的解式(16-49)应满足边界条件，即在 $r=a$ 处的纤芯与包层界面上，横向电场 E_y 本身和沿边界法线上的变化率 $\frac{\partial E_y}{\partial r}$ 应连续。由此可以推导出阶跃折射率光纤的特征方程为

$$\frac{u^2\mathrm{J}_{m+1}(u)\mathrm{J}_{m-1}(u)}{\mathrm{J}_m^2(u)}=-\frac{w^2K_{m+1}(w)K_{m-1}(w)}{K_m^2(w)} \tag{16-51}$$

利用该特征方程，可以求出 u 或 w，进而分析光纤中 LP 模的传输特性。因为特征方程式(16-51)是一个超越方程，一般情况下只能求其数值解。不过，在某些对于研究光纤传输特性有着普遍意义的特殊情况下，可以将它简化成很简单的形式求解。

对于光纤传输特性有普遍意义的问题是：光纤中的导波模式传输和截止的条件。为了研究这些条件，首先必须了解光纤中导波模式的截止现象。我们知道，如果 $\beta<n_2k_0$，则纤芯内的全反射条件被破坏，此时导波模式不再被约束在光纤纤芯中传播，此时在光纤包层中出现了辐射模，从而被认为传输模截止。通常将 $\beta=n_2k_0$ 或者 $w=0$ 作为光纤中导波模式发生截止的标志。光纤中 LP 模发生截止时，特征方程式(16-51)可以简化为以下形式

$$\mathrm{J}_{m-1}(u_c)=0 \tag{16-52}$$

式中，u_c 为 LP 模在截止状态下的径向归一化相移常数，显然，它是 $m-1$ 阶贝塞尔函数的根。

通常用 LP_{mn} 的写法来区分线性偏振模中的模式。其中，m 表示贝塞尔函数的阶，n 为 m 阶贝塞尔函数根的序号。下面根据特征方程式(16-52)具体研究 LP_{mn} 模的传输和截止条件。

当 $m=0$ 时，$\mathrm{J}_{-1}(u_c)=\mathrm{J}_1(u_c)=0$，$u_c$ 是一阶贝塞尔函数的根。查贝塞尔函数根值表可

知:$u_c=0, 3.83171, 7.01559, \cdots$。显然,它们分别为光纤中 $LP_{01}, LP_{02}, LP_{03}, \cdots$模式截止时的 u_c 值;当 $m=1$ 时,$J_0(u_c)=0$,u_c 是零阶贝塞尔函数的根。同理,查贝塞尔函数根值表可得:$u_c=2.40483, 5.52008, 8.65373, \cdots$,它们分别为光纤中 $LP_{11}, LP_{12}, LP_{13}, \cdots$模式截止时的 u_c 值。事实上,根据特征方程式(16-52)可求得光纤中任一 LP_{mn} 模式截止时的 u_c 值。将各模式截止时的 u_c 值代入 V 的定义式,并注意到 $w=0$,可求得各种 LP_{mn} 模式相应的归一化截止频率(简称为截止频率)

$$V_c = u_c \tag{16-53}$$

就是说,光纤中各种 LP_{mn} 模式的截止频率 V_c 就是由特征方程式(16-52)求出的 u_c 值。

进入光纤中的光信号具有一定的归一化频率 V,当它大于光纤中某种模式的截止频率 V_c(即 u_c)时,该光信号就能由这种模式携带在光纤中传输;反之,若 $V<V_c$,则与 V_c 相应的模式将被截止,不能在光纤中传输。例如,LP_{12} 模的 $V_c=5.52008$,LP_{02} 模的 $V_c=3.83171$,如果 $3.83171<V<5.52008$ 时,则归一化频率为 V 的光信号,将同时由 LP_{01}、LP_{11} 和 LP_{02} 三种模式携带在光纤中传输。显然,进入光纤中的光信号具有的 V 越大,光纤中传输的模就越多。因此,合理地选择光纤纤芯半径 a 和折射率 n_1、n_2,可使

$$0<V<2.40483 \tag{16-54}$$

从而使光纤中只传输 LP_{01} 模一个模式,这就是阶跃折射率光纤的单模传输条件。LP_{01} 模是阶跃折射率单模光纤的工作模式。顺便指出,LP_{01} 模的截止频率 $u_c=0$,故任何波长的光信号都可由它携带在光纤中传输,它是阶跃折射率光纤的主模。

四、光纤的传输损耗与色散

1. 光纤的损耗　光纤具有较小的传输损耗,这使得它得以广泛的应用。但对于实际的传输,要求传输不同波长模式的光波时,其传输损耗是一个不容忽视的问题。

光纤的传输损耗可按下式计算

$$\alpha(\lambda) = \frac{10\lg(p_0/p_1)}{L} \tag{16-55}$$

式中,$\alpha(\lambda)$为传输不同波长时光纤的传输损耗,单位为 dB/km;L 为光纤长度;p_{0w} 为输入端光功率;p_1 为输出端光功率。一般石英光纤的$\alpha(\lambda)$为 0.5~50dB/km,塑料光纤的 $\alpha(\lambda)$为 20~300dB/km。

光纤的损耗除材料本身的吸收损耗以外,还包括:纤芯折射率不均匀引起的散射(瑞利散射)损耗;光纤弯曲引起的损耗;纤维间永久性并接及由连接器连接引起的对接损耗;输入、输出端的耦合损耗;纤芯与包层间界面不规则引起的界面损耗等。

2. 光纤的色散　光纤的色散是由于光纤所传输信号的不同频率成分或不同模式成分的群速度不同而引起传输信号畸变的一种物理现象。当一个光脉冲在光纤中传输时,由于光的色散特性,在输出端光脉冲响应被拉长,或者说脉冲被展宽。由于脉冲展宽,在光通信中,为了不造成误码,必须降低脉冲速率,这就将降低光纤通信的信息容量和品质。而在光纤传感方面,在需要考虑信号传输的失真度问题时,光纤的色散特性也成为一个重要参数。

光纤的色散有材料色散、结构色散和模式色散三种。材料色散是光纤的折射率随波长变化所引起的。由光纤的几何结构决定的色散称为结构色散。因为不同波长的同一模式,其光线在光纤中走过的光程将不同,从而产生脉冲展宽,这种色散也称为波导色散。这项色散比之材料色散要小得多。上述两种色散均与波长有关。模式色散则与波长无关,它是同一波长

在多模传输时，其群速度不同引起的色散。对于多模传输，一般模式色散较之材料色散和结构色散要大得多。单模传输时，没有模式色散而以材料色散为主，结构色散比材料色散一般小 1 ~2 个数量级。由于没有模式色散，所以单模光纤的带宽很宽。

第三节　导波光学的应用

一、导波光学的典型器件与应用

随着光纤通信技术及半导体精密制作技术的发展，以光波导为基础，利用电光、磁光、声光、热光效应来调节折射率变化，从而实现对入射光的相位、强度、偏振、方向、波长的控制的导波器件也不断涌现。下面介绍导波光学器件的应用实例。

1. 双通道电光调制器及光开关　双通道电光调制器又称定向耦合开关，它是由一对紧密排列的条形光波导组成的，材料为电光介质，如铌酸锂（$LiNbO_3$）或砷化镓（GaAs），如图 16-10 所示，在波导管上方镀上电极，以便加入外电场。由于电光效应，当在两条形波导电极上施加反相电压时，电光介质的折射率将随外加电场而变化，从而表征传播常数之差的参数 Δ 将随外电场的变化而变化。由式(16-32)知道，当 $\Delta=0$ 时，能量可完全从波导 1 转移到波导 2。因此，加外电场之前，光信号从波导 1 的始端输入，从波导 2 的终端输出。随着控制电压的升高，从（2′）端输出的能量逐渐减少，而从（1′）端输出的能量逐渐增加。当电光耦合长度 $\beta_b L=\sqrt{\Delta^2+|c_{12}|^2}$ 中 L 是 π 的整数倍时，能量又全部回授给波导 1，全部能量从（1′）端输出，仿佛另一波导根本不存在。这样就实现了电光控制开关。如外加信号为交变电压，则两个波导通道输出的都是调制光。

2. 波导阵列波分复用器　光波分复用器是对光波波长进行分离与合成的光无源器件，在高速光通信系统中有着广泛的应用。随着通信系统速率不断升级，满足其要求的新型光无源器件也随之出现。图 16-11 是一种近几年出现的新型波导阵列波分复用器，它是由输入波导、输出波导、空间耦合器和波导阵列光栅构成。其中，输入、输出波导制作成同单模光纤相同的结构及光学参数，以便同单模光纤连接时具有非常低的耦合损耗。空间耦合器（图中为晶片光波导）的作用是将各种波长的输入信号耦合进入阵列波导输入端。由于阵列波导一般由几百条光程依次相差一定值的波导构成，根据衍射理论，在波导阵列光栅输出端，光信号按波长长短顺序排列输出，并通过空间耦合器传输到相应的输出波导端口，达到分波的目的。反之，则成合波器。

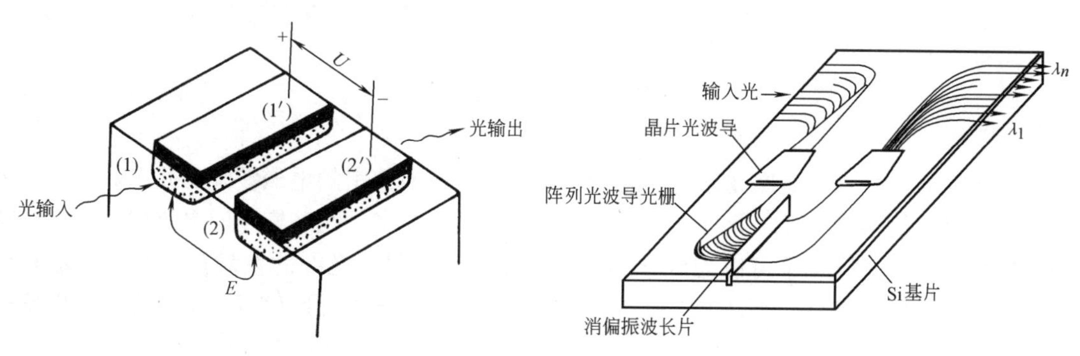

图 16-10　双通道电光调制器　　图 16-11　波导阵列波分复用器示意图

3. 光波导型激光器　在光通信、光盘机等中使用的激光器是如图16-12所示的光波导型半导体激光器，它是沿晶面劈开衬底，将端面作为反射镜，将光波导作为谐振腔，沿平行于衬底的方向产生振荡，由端面输出激光的。其厚度为100μm左右，大小为纵横几百微米，光的出射部位仅为几微米，与光纤对准时较困难。与LED相比，半导体激光器体积小、光谱带宽很窄，时间相干性和空间相干性都很好。通信用1.3μm和1.55μm通道的光波导型半导体激光器已商品化。

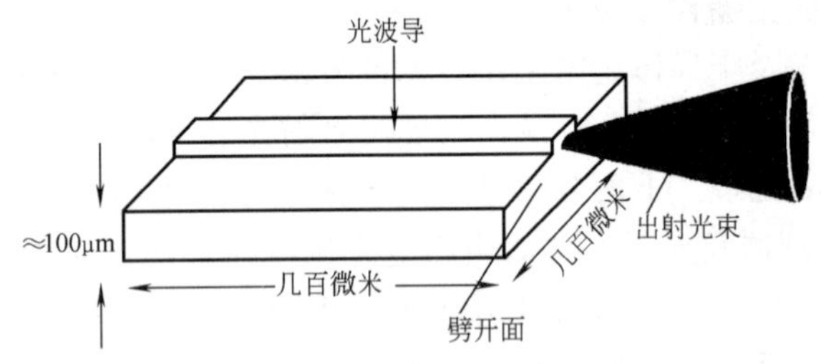

图16-12　光波导型激光器

二、光纤的应用

由于光纤具有传光、传像和对于许多物理量敏感的性能，因而它在通信、医学、军事及工业等方面得到了广泛的应用。下面介绍光纤的两种典型应用。

1. 光纤通信　光纤通信是利用光纤传导光信号来进行通信的一种技术。光纤通信系统（如图16-13所示）中，在发信端信息被转换和处理成便于传输的电信号，电信号控制一光源，使发出的光信号具有所传输信号的特点，从而实现信号的电—光转换。发信端发出的光信号通过光纤传输到光纤通信系统的接收端，经光接收机的检测和放大转换成电信号，最后由电接收机恢复出与原发信端相同的信息。为了补偿光纤线路的损耗，消除信号的失真和噪声干扰，每隔一定的距离要接入光中继器。

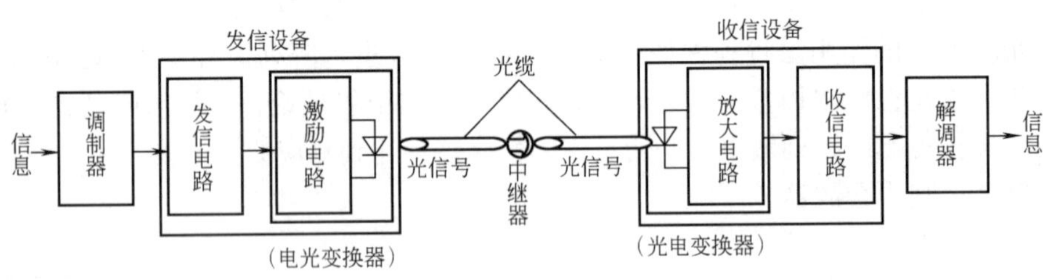

图16-13　光纤通信系统

由于光波也是一种电磁波，但它的频率比有线载波通信中的电磁波高出几个数量级，因此光纤有极大的通信容量。此外，光纤是绝缘体，不会受高压线和雷电的电磁感应，抗核辐射的能力也强。光纤几乎可以做到不漏光，因此保密性强。光纤的重量轻，便于运输和铺设，它的传输损耗很小，所以无中继通信的距离很长。由于光纤通信具有上述优点，因此得到了迅速的发展。

2. 光纤传感器　光纤传感器是通过被测量对光纤内传输的光进行调制，使传输光的强度（振幅）、相位、频率或偏振态等特性发生变化，再通过对被调制过的光信号进行检测，从而得出被测量大小的一种新型传感器。按光纤在传感器内所起的作用不同，光纤传感器可分为两大类：一类是功能型传感器，另一类是非功能型传感器。前者是利用光纤本身的特性把光纤作为敏感元件，它既感知信息，又传输信息，所以又称为传感型光纤传感器。后者光纤仅起传输信息的作用，利用其他敏感元件感受被测量的变化，因此又称为传光型传感器。

光纤传感器一出现，就受到世界各国的高度重视，得到了迅速发展，现在在许多领域都有它的应用实例。下面以两个实例介绍上述两类光纤传感器的应用。

（1）马赫-曾德光纤温度传感器：马赫-曾德（Mach-Zehnder）光纤温度传感器属于功能型光纤传感器，是最早用于温度传感的一种光纤干涉仪，其结构如图 16-14 所示。干涉仪包括激光器、扩束器、分束器、两个显微物镜、两根单模光纤及光探测器等。两根光纤中的一根用作参考臂，另一根作测量臂。干涉仪工作时，由激光器发出的激光束经分束器分别送入两根长度基本相同的单模光纤。把两根光纤的输出端会合在一起，则两束光即产生干涉，从而出现了干涉条纹。当测量臂光纤受到温度场的作用后，光纤中光波产生相位差的变化，从而引起干涉条纹的移动，显然干涉条纹移动的数量将反映出被测温度的变化。光探测器接收到干涉条纹的变化信息，并输入到适当的数据处理系统，即可得到测量结果。马赫-曾德光纤传感器也可应用于压力的测量。

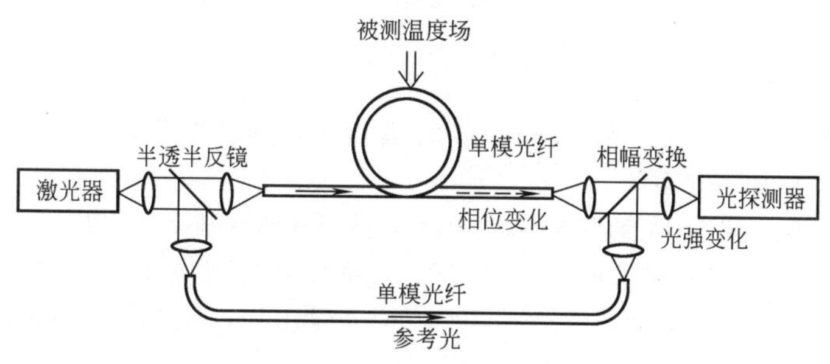

图 16-14　马赫-曾德光纤温度传感器

（2）光纤电压表：光纤电压表是一种非功能型光纤传感器。非功能型光纤传感器是应用得最早的光纤传感器。由于光纤仅起传输光信息的作用，它不是敏感元件，因此失去了功能型中光纤“传”、“感”合一的优点，但是由于它可以充分利用已有敏感元件，并且光纤可以远距离传输信息，因而这种光纤传感器最容易实用化，尤其在电力系统中得到了广泛的应用。图 16-15 是光纤电压表的工作原理图，图中起偏器 P 和检偏器 A 正交放置，激光经光纤不能透过检偏器而到达探测器 D。当电光晶体 $LiNbO_3$（铌酸锂）受被测高压作用时，产生普克尔电光效应，晶体两端入射光强 I_i 与出射光强 I_o 之比为

$$\frac{I_o}{I_i}=\sin^2\left(\frac{\pi}{2}\frac{U}{U_\pi}\right) \tag{16-56}$$

式中，U 为外界测试电压；U_π 为半波电压。$LiNbO_3$ 的 $U_\pi=15\text{kV}$。随着被测电压的增高，光电探测器接收到的光强按式(16-56)变化，达到 $U=U_\pi$ 时，输出光强最大，因此用电压表可直接测出被测电压。

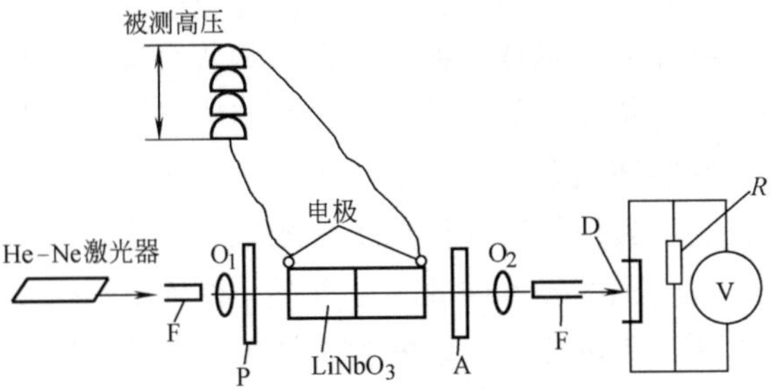

被测高压
电极
He-Ne激光器
O_1
O_2
D
R
V
F
P
$LiNbO_3$
A
F

图 16-15 光纤电压表工作原理

F—光纤 P—起偏器 A—检偏器 O_1、O_2—耦合透镜 D—光电探测器 R—电阻 V—电压表

习 题

1. 证明：对于对称平板波导，模式 m 的截止波长为 $\lambda_c = \dfrac{2h\sqrt{n_1^2 - n_2^2}}{m}$。

2. 试说明为什么对称平板波导中的基模不存在截止波长，而非对称平板波导中的基模却存在截止波长？

3. 已知平板波导 $n_1 = 1.563$，$n_0 = n_2 = 1.550$，工作波长 $\lambda_0 = 1.30\mu m$。求此波导的最小传播常数 β 和最大等效折射率 $N\left(N = \dfrac{\beta}{k_0}\right)$。

4. 设有一对称平板波导，$n_1 = 3.6$，$n_0 = n_2 = 3.5$，厚度 $h = 5\mu m$，工作波长 $\lambda_0 = 0.8\mu m$。试确定其传输模式的最高阶数和相应的传播常数。

5. 今欲在发射 $1.3\mu m$ 波长辐射的双异质结半导体激光器中得到基模，已知波导中导光层的折射率为 $n_1 = 3.501$，覆盖层和衬底的折射率为 $n_0 = n_2 = 3.220$，问导光层的厚度应满足什么条件？

6. 有一平板光波导，$n_1 = 2.0$，$n_0 = 1$，$n_2 = 1.6$。问导波截止时，最低模式的传输角 θ 为多少？θ 是出现导波的最大角还是最小角？

7. 试确定出式(16-15)中 A_0、A_1 及 A_2 三个常数。

8. 设一根光纤纤芯折射率 $n_1 = 1.532$，包层的折射率 $n_2 = 1.530$，(1) 计算光在光纤中传输时应满足的临界角；(2) 若一条光线沿轴向传播，另一条光线以临界角入射到包层上，试求传播 1km 距离后两光线间的时间差 Δt（又称为微分滞后）。

9. 一光纤对于 $\lambda_0 = 1.3\mu m$ 是单模光纤。问：(1) 对于 $\lambda_0 = 0.85\mu m$ 的光波传输多少模式？(2) 对于 $\lambda_0 = 1.55\mu m$ 的光波传输多少模式？

10. 一阶跃型光纤的纤芯和包层的折射率分别为 $n_1 = 1.52$，$n_2 = 1.51$，现欲使该光纤作单模传输，问当工作波长分别为 $\lambda_0 = 1.2\mu m$ 和 $\lambda_0 = 0.8\mu m$ 时，光纤的最大芯径应为多少？

11. 一单模光纤的纤芯半径为 $a = 5\mu m$，包层的折射率为 $n_2 = 1.62$，工作波长为 $1.3\mu m$，求纤芯的最大折射率 n_1。

12. 如果光纤传输的波段分别为 $0.8 \sim 0.9\mu m$ 和 $1.2 \sim 1.3\mu m$，每个话路的频带宽度为 4kHz，每套彩色电视节目的频带宽度为 10kHz，问该光纤在理论上可以分别传送多少对话路或多少套彩色电视节目？

第十七章　光子学基础

传统光学主要是研究宏观光学特性，如光的折射、反射、成像及光传播时的干涉、衍射和偏振等波动性质，而未去探究其微观的物理原因。然而随着光学的发展，人们逐渐地注意研究光与物质（包括光子与光子）相互作用的微观特性，以及与这种微观特性相联系的光的产生、传播和探测等过程。同时，也逐渐地注意研究光子承载信息的能力，以及它在承载信息时的变换和处理等基础问题。现在人们用光子光学（Photon Optics）或光子学（Photonics）来概括这一领域的研究。光子学在现代科学技术中的作用越来越显重要。

本章结合光电效应，引入光子学中的基本概念和关系式，讨论电磁场的量子化和光子的性质，并介绍两种应用。

第一节　光的量子性

一、光电效应与爱因斯坦光子学说

1. 光电效应的规律　1887 年赫兹在题为“关于紫外光对放电的影响”的论文中首先描述了物体在光的作用下释放出电子的现象，这就是通常所说的光电效应。一般采用图 17-1a 的装置观察金属的光电效应。电极 K 和 A 封闭在高真空容器内，光经石英小窗照射到金属阴极 K 上。当电极 K 受光照射时，光电子被释放出并受电场加速后形成光电流。实验发现光电流的大小与照射光的强度成正比，照射光中紫外线越强，光电效应越强。用一定强度和给定频率的光照射时，光电流 i 和两极间电位差 u 的实验曲线如图 17-1b 所示，称为光电流的伏安特性曲线。当 u 足够大时，光电流达到饱和值 I_m；当 $u \leqslant u_0$ 时光电流停止（u_0 称为临界截止电压）。总结所有的实验结果，得到如下规律：

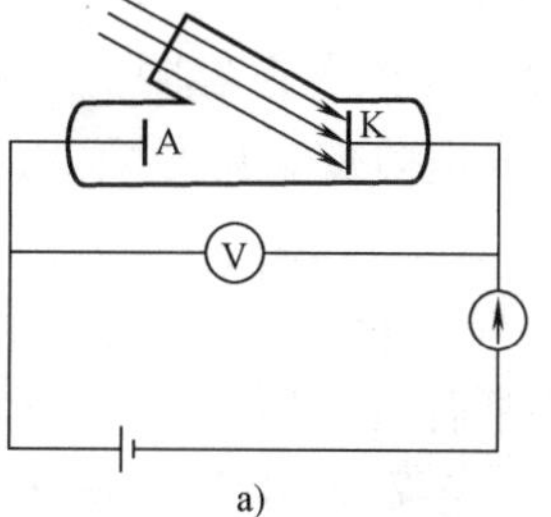

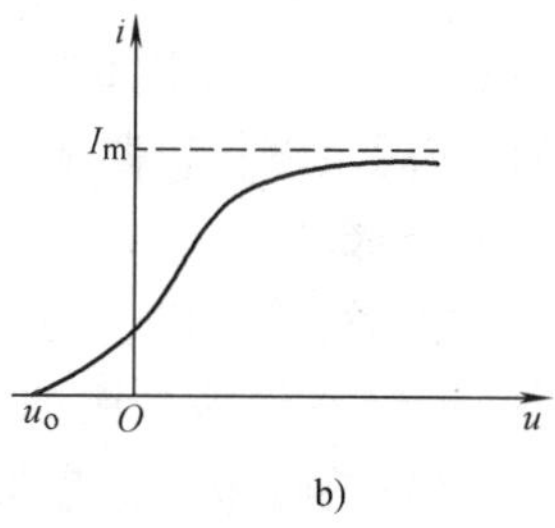

图 17-1　光电效应实验装置和光电流伏安特性曲线

（1）对某一光电阴极材料而言，在入射光频率不变条件下，饱和电流的大小与入射光的强度成正比。

（2）光电子的能量与入射光的强度无关，而只与入射光的频率有关，频率越高，光电子的能量就越大。

（3）入射光有一截止频率 ν_0（称为光电效应的红限）。在这个极限频率以下，不论入射光多强，照射时间多长，都没有光电子发射。不同的金属具有不同的红限。

（4）即使光的强度非常弱，只要照射光的频率 ν 大于某一极限值，在开始照射后就有光电子产生，不存在一个可测的弛豫时间。

上述实验规律，很难用光的电磁波理论加以解释。表面上看，单就存在光电效应这一事实本身似乎没有令人惊讶的地方。因为光既然是电磁波，当然会对金属中的自由电子施加一个力，造成某些电子从金属中逸出。但下面的讨论表明，真的要用经典的电磁波理论解释上述实验规律时，事情变得完全难以理解。

按照经典理论，电子从金属内部逸出，至少要消耗数量上等于该金属脱出功 A 的能量。如果电子从光强为 I 的入射光中接受的能量为 $I\sigma\tau$（σ 为电子的有效受光面积，τ 为弛豫时间），逸出金属时的最大初动能为 $mv_m^2/2$，若电子热运动动能忽略不计，则应有

$$I\sigma\tau=\frac{1}{2}mv_m^2+A=eu_0+A \tag{17-1}$$

式中，m 为电子质量；e 为电子电荷；v_m 为电子最大速度。

按照“电动力学”估计，一个电子的有效受光面积约和入射光波长的平方相当，由此，式(17-1)变为

$$eu_0=\frac{1}{2}mv_m^2=I\left(\frac{c}{v}\right)^2\tau-A \tag{17-2}$$

此式是经典理论的结果。现用来与上述光电效应的四条基本实验规律进行对比：

按基本实验规律（1），频率 ν 一定时，饱和光电流与光强度成正比。可是按式(17-2)，此时与光强成正比的却是（eu_0+A）。

按基本实验规律（2），临界截止电压与入射光强无关，与频率成线性上升关系。可是由式(17-2)，u_0 与 I/v^2 成线性上升关系。

按基本实验规律（3），光电效应应该存在红限。可是按经典的理论，只要光强足够大，或弛豫时间足够长，似乎可以产生光电效应，即只要式(17-2)左端大于或至少等于零，总可以产生光电效应。

按基本实验规律（4），光电效应不存在一个可测的弛豫时间。可是按式(17-2)估计弛豫时间 τ 却大得多。例如对金属锂而言，脱出功 $A=2.5\text{eV}$，实验发现当对锂使用波长 0.4μm（锂的红限波长是 0.5μm）、光强为 10^{-13}J/cm^2 的弱光照射时，立即有光电效应。这样，即使考虑 $v_m=0$ 的极限情况，τ 的最低估计值由式(17-2)也应为 42min。这是个相当长的可测时间。但光电效应的实验表明 τ 最多不超过 10^{-9}s。

由此可见，用经典的理论来解释光电效应的基本实验规律时，遇到了不可调和的尖锐矛盾。

2. 爱因斯坦光子学说　为了解释光电效应，1905 年爱因斯坦在普朗克关于辐射能量子概念的基础上，提出了光子学说。普朗克能量子假说的要点是：把辐射体看成是由许多带电的线性谐振子组成，每个振子发出一种单色波，且振子的能量不能连续变化，整个辐射体腔内部的辐射场仍然看成是连续的电磁波。爱因斯坦指出：光在传播过程中具有波动的特性，然而在光的发射与吸收过程中却具有类似粒子的性质。光本身只能一份份发射，物体吸收光也是一份份地吸收，即发射或吸收的能量都是光的某一最小能量的整数倍。这最小的一份能量称为光能量子，简称为光子。光子的能量 ε 为

$$\varepsilon=h\nu \tag{17-3}$$

式中，ν 是辐射频率；h 是普朗克常数。光是一束由能量为 $h\nu$ 的光子组成的粒子流。

按照这个概念，当光子入射到金属表面时，光一次即为金属中的电子全部吸收，而无需

累积能量的时间。电子把这能量的一部分用来克服金属表面对它的吸力，余下的就变为电子离开金属表面的动能。按能量守恒原理应有

$$h\nu = \frac{1}{2}mv_{\mathrm{m}}^2 + A \tag{17-4}$$

该式称为爱因斯坦光电效应方程。

用爱因斯坦的光子学说可以成功地解释光电效应的实验规律。按照粒子观点，光电效应的物理图像应该是：金属中一个电子吸收了入射光中的一个光子的能量（$h\nu$），如果这个能量足以克服金属对电子的束缚，电子就被击出。因为入射光的强度是由单位时间到达金属表面的光子数目决定的，而被击出的光电子（即吸收了光子能量的电子）数与光子数目成正比。这些被击出的光电子全部到达 A 极，便形成了饱和电流。因此饱和电流与被击出的光电子数成正比，也就是与到达金属表面的光子数成正比，即与入射光的强度成正比。对于一定的金属来说（其脱出功 A 为常数），光子的频率越高，光电子的能量 $mv_{\mathrm{m}}^2/2$ 就越大。如果入射光的频率过低，以致 $h\nu < A$ 时，电子不能脱出金属，因而没有光电效应。只有当入射光的频率 $\nu > \nu_0 = A/h$ 时，电子才能脱离金属。

二、光的波粒二象性

光既表现出明显的波动性，又表现出毋容置疑的粒子性，这就是光的波粒二象性。光的这种奇特的性质确实容易使人感到困惑，原因就在于人们最初对物理现象的观察所涉及的是宏观体系。在宏观体系里，人们用两个基本过程——“波”与“粒子”来描述运动，此外再没有别的描述运动的直观图像了。而且，在宏观体系里“波”与“粒子”是截然不同的。人们从没有观察到在单一事物中同时表现出波动性与粒子性，于是，就形成了一套“经典的偏见”。当研究光学现象时，也习惯于用熟知的“波”或“粒子”的图像来对号，总想辨清“光究竟是波还是粒子”。其实，波动性与粒子性是光的客观属性，二者总是同时存在的。只不过，在一定条件下，波动的属性表现明显，而当条件改变后，粒子的属性又变得明显。例如，光在传播过程中所表现的干涉、衍射等现象中波动性较为明显，这时，我们往往把光看成是由一列一列的光波组成的。而当光和物质互相作用时，如光的吸收、发射、光电效应等，其粒子性又较为明显，这时，我们往往又把光看成是由一个一个光子组成的粒子流。事实上，光的波动性（由频率 ν 标志）与光的粒子性（由能量 ε 描述）通过公式(17-3)而紧密联系在一起。

第二节　光谐振腔的辐射模

一、谐振腔及其特性

谐振腔能贮存辐射能，腔内形成稳定的高频率的振荡，随辐射频率的不同，腔的具体结构形式不同，如图 17-2 所示。

LCR 回路中，存在无限多个谐振频率，每一个谐振频率对应一独特的场分布，或者对应一独特的腔模。与电谐振回路相对应，光学谐振腔也能容纳无限多个谐振频率的光，也可以把它看成带反馈的光传输系统，因为光可以在系统内周而复始地反射而不逸出。光谐振腔有图 17-3 所示四种典型结构，其中最简单的结构是图 17-3a 所示的结构，由两平行平面镜组成，光在两镜之间重复反射，损耗微小。下面以这种最简单结构讨论腔模的概念。

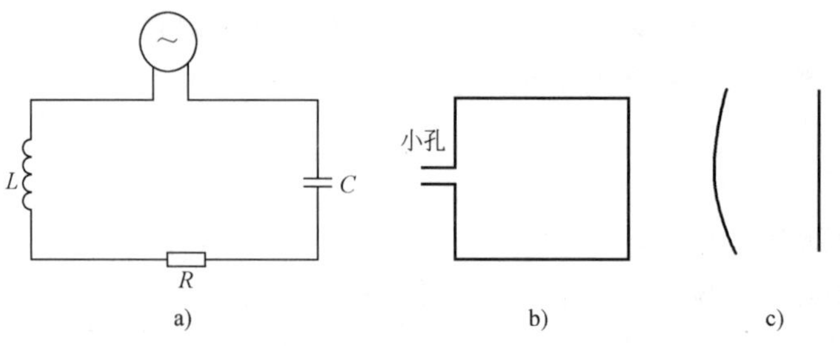

图 17-2 电磁腔的结构

a）*LCR* 谐振回路 b）微波金属谐振腔 c）光学 F-P 腔

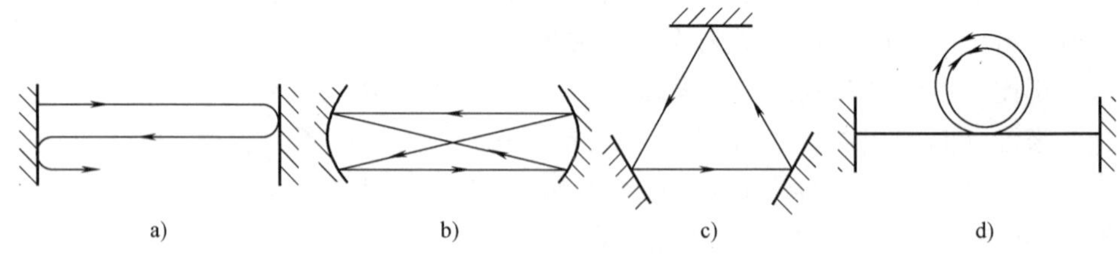

图 17-3 光谐振腔的典型结构

a）平行平面腔 b）球面腔 c）环行腔 d）光纤端镜复合腔

二、腔模

在无边界的自由空间中，单色平面波是波动方程式(11-13)的一个特解。而在存在边界或约束的有限空间中，光场还必须要满足电磁场边界条件，波动方程就只能存在一系列分立的解。波矢量 k 只能取一系列分立值，它们分别代表具有不同分立的频率、不同的空间分布及传播方向和偏振状态的电磁场的一种本征振动状态。这些彼此线性独立的特解的线性组合构成了实际存在的光场。一般称满足波动方程及其边界条件的稳定电磁场的本征振动状态，或电磁场的分布形式为光波的模式，简称光波模。

1. 驻波模

单色波函数 $U(r,t)=\mathrm{Re}\{U(r)\exp(-\mathrm{i}2\pi\nu t)\}$

代表电场的横向分量,其中复振幅 $U(r)$ 应满足亥姆霍兹方程,其驻波解为

$$U(r)=A\sin kz \tag{17-5}$$

式中,$k=2\pi\nu/c$ 为波数。如图 17-3a 所示,平行平面腔在 $z=0$ 和 $z=d$ 的镜面处(设腔长为 d),电场的横向分量 $U(r)=0$。波数 k 受到下式的限制

$$k_q=\frac{q\pi}{d} \tag{17-6}$$

式中,$q=1,2,\cdots$,称为模数,不同的 q 代表不同的模式。因此任一腔模可写成

$$U_q(r)=A_q\sin k_q z$$

腔内任意波可以写成腔模的叠加

$$U(r)=\sum_q A_q\sin k_q z \tag{17-7}$$

根据波数与频率的关系，由式(17-6)可得

$$\nu_q=q\frac{c}{2d}\quad q=1,\ 2\cdots \tag{17-8}$$

因此，相邻模的频率差为

$$\nu_{\mathrm{F}}=\nu_{q+1}-\nu_{q}=\frac{c}{2d} \tag{17-9}$$

2. 行波模　每一模式代表一种稳定的电磁振荡，所以模应是自行再生波，即波经一个回程后本身能再生（图 17-4 所示）。因此，一个回程产生的相移（距离 $2d$）为 $\varphi=2dk=4\pi\nu d/c$，应是 2π 的整数倍，即

$$\varphi=2dk=q2\pi \quad q=1,\ 2,\ \cdots \tag{17-10}$$

由此得到 $kd=q\pi$，谐振频率由式(17-8)确定，式(17-10)是系统发生反馈的条件。

3. 模密度　存在于一个体积为 V 的无损腔（如图 17-5 所示立方体谐振腔）内的光场是由许多不同频率、不同空间分布和不同偏振状态的分立正交模之和组成的，即

$$E(r,t)=\mathrm{Re}\{U(r,t)\} \tag{17-11}$$

其中

$$U(r,t)=\sum_{q}A_{q}U_{q}(r)\exp(-\mathrm{i}2\pi\nu_{q}t)e_{q} \tag{17-12}$$

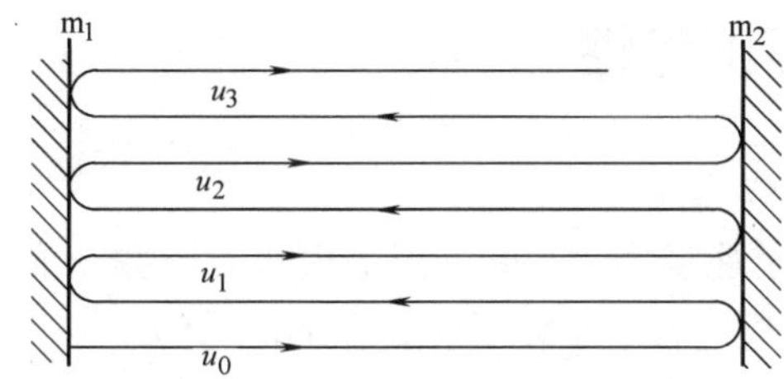

图 17-4　平面镜腔模的相图

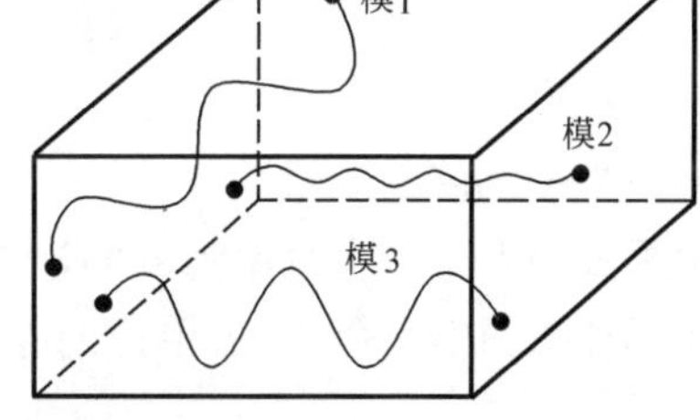

图 17-5　立方体谐振腔中的电磁模

这里，A_q 为 q 模的复振幅，单位方向矢 e_q 表达 q 模的场方向。复函数 U_q（t）是 q 模的场空间分布。显然，光波模是按其频率、空间分布、传播方向和偏振方向的不同来区分的。按照光波场相干性的经典分析，很容易理解，如果光场仅仅包含同一种光波模式，那该光场就是完全相干的。然而，由式(17-12)可知，普通的光场往往包含着多个、甚至是大量的光波模式，那就只能是部分相干的，甚至可能是不相干的。进一步分析可以证明，均匀的、各向同性介质中的光波场的模密度，即单位体积、频率为 ν 处的单位频率间隔内所含有可能的光波模数为

$$n_{v}=\frac{8\pi\nu^{2}}{c^{3}} \tag{17-13}$$

式中 c 为介质中的光速。对于光频波段，ν 约为 10^{14}Hz，例如在 $1\mathrm{cm}^3$ 的空间体积内，频率范围为 10^{10}Hz，所估算的光波模数约为 10^8 个。如此大量的模同时存在，极大地限制了普通光源所发出的光波场的相干性。

根据能量守恒原理，复函数 $U_q(r)$ 必须满足归一化条件

$$\int_{V}|U_{q}(r)|^{2}\mathrm{d}r=1 \tag{17-14}$$

对于线度为 d 的立方腔，q 模的场空间分布 $U_q(r)$ 应选为一组驻波

$$U_{q}(r)=\left(\frac{2}{d}\right)^{3/2}\sin\left(\frac{q_{x}\pi x}{d}\right)\sin\left(\frac{q_{y}\pi y}{d}\right)\sin\left(\frac{q_{z}\pi z}{d}\right) \tag{17-15}$$

式中，$q=(q_x, q_y, q_z)$，q 模的能量为

$$W_q=\frac{1}{2}\varepsilon\int U(r,t)\cdot U(r,t)^*\mathrm{d}r=\frac{1}{2}\varepsilon|A_q|^2 \tag{17-16}$$

腔内总能量是所有模式能量之和，即

$$W=\sum_q W_q \tag{17-17}$$

这一有关模能量的电磁理论，若对模的能量加上具有允许和禁止之分的限制，就可以用来讨论光谐振腔中的光子。这一限制使能量不再连续，而是彼此相隔某个固定值的分立值。这个固定能量值即为光子能量 $h\nu$。每个模的能量是 $h\nu$ 的整数倍。因此说，模的能量是量子化的。谐振腔中的光，由含整数个光子的一组模构成，如图17-6所示。这一组模中的模序号就代表该模包含的光子数，例 n 模含有 n 个光子。

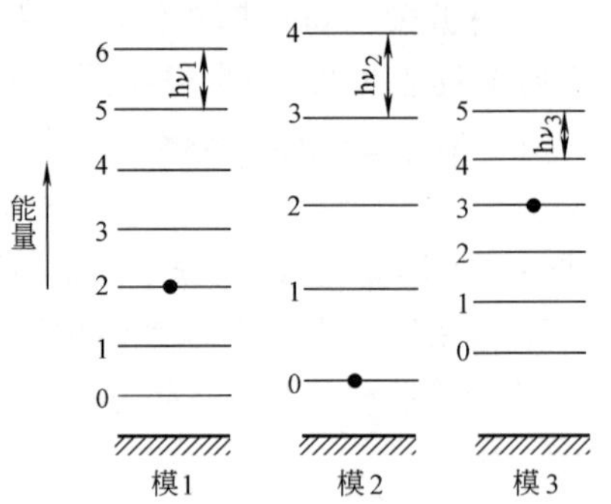

图17-6　立方腔中电磁模的能量

第三节　光子的特性

一、光子的能量

根据式(17-3)，在频率为 ν 的模中的一个光子能量为 $E=h\nu$。因为模包含整数个光子，所以模的能量只能是以 $h\nu$ 为单位的能量。所以当模内含 n 个光子时，模的能量为

$$E_n=\left(n+\frac{1}{2}\right)h\nu \quad n=0,1,2,\cdots \tag{17-18}$$

其中所含零光子模的能量 $E_0=h\nu/2$，叫零点能。在多数实验中，直接测到的只是两能态的能量差（$E_n-E_m=\Delta E$），因此直接测不到零点能，这是量子力学中非对易变量零点涨落的结果，对此，在任何有物理意义的物理量计算中，可以不予考虑，但在热辐射的普朗克定律中，它被理解为具有物理意义的噪声量，在原子的自发辐射过程起着关键作用。

按照 $E=h\nu=ch/\lambda$，可得各种光子频率（或波长）的光子能量值。频率高的光子带有较大能量，光子的粒子性愈显突出，光子的波长较短，像干涉、衍射这类波动性质随之变得难以觉察。所以X和γ射线的行为几乎像一群粒子；相反，无线电波的行为纯粹是波。而在光所属的频区内，光具有粒子和波动的二重性行为。

二、光子的定位

光子的波行为，用与光子相属的那个模的波函数 $AU(r)\exp(-\mathrm{i}2\pi\nu t)$ 来描述。

当一个光子沿传播方向垂直打到探测器中位置 r 附近的小面积 $\mathrm{d}A$ 内时，如按照经典理论和光子的不可分性，只存在要么测到该光子，要么没测到该光子这样两种可能。但光子具有波的行为，光子出现的确定位置是不存在的，这个位置应由光强 $I(r)\propto|U(r)|^2$ 决定。

在一个元面积 $\mathrm{d}A$ 内，任意时间内在 r 点观察到一个光子的几率 $p(r)\mathrm{d}A$ 正比于该处的光强，即

$$p(r)\mathrm{d}A\propto I(r)\mathrm{d}A \tag{17-19}$$

此式表明，在光强高的地方，容易找到光子，所以对一个强度分布为

$$I(x,y,z)=\propto\sin^2(\pi z/d)$$

$(0\leqslant z\leqslant d)$的驻波模，在 $z=d/2$ 处最可能找到光子，且光子决不会出现在 $z=0$ 和 $z=d$ 处。纯波动在空间无限延伸；相反，纯粒子是定位的。所以光子的行为表明它像一个在一定范围内伸展和定位的物。光子的这一行为就是前述的波粒二象性。

利用式(17-19)，可以很方便地解决一个光子通过光学元件(如分束器)的能力问题，如图 17-7 所示。对于一个理想分束器，设它的透射率为 τ，若入射光强为 I，则透射光强 I_t 和反射光强 I_r 存在关系式

$$I_t=\tau I, I_r=(1-\tau)I$$

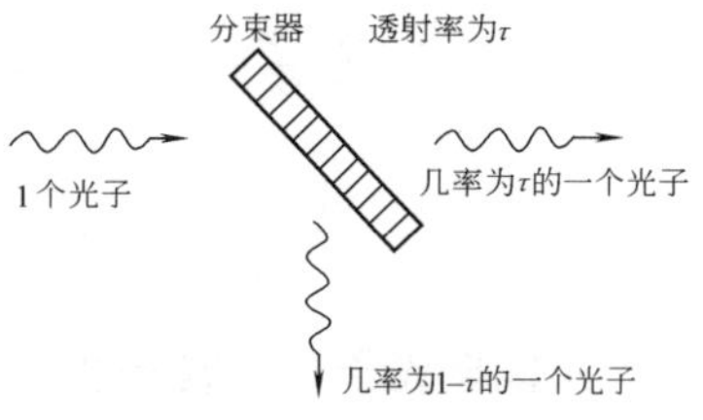

图 17-7　光子入射分束器

实际上由于光子是不可分的，所以入射单个光子只能取分束器两个可能方向之一的路径。光子透射的几率正比于 τ，而反射几率正比于$(1-\tau)$。

三、光子的动量

光子作为微观粒子，和其他的基本粒子一样，除了具有一定的能量外，还具有动量等，在相互作用中遵守能量和动量守恒定律。根据量子理论，电磁波由简谐振子的模组成，模内光子的动量 p 可以用它的平面波函数的波矢 k 来描写，即：

$$p=\hbar k \tag{17-20}$$

其中 $\hbar=h/2\pi$。若光子在波矢方向运动，其动量的幅值为

$$p=\hbar k=\frac{h}{\lambda} \tag{17-21}$$

复函数形式的波可能有比平面波更复杂的形式，此时使用傅里叶光学分析方法，展开成具有不同波矢的平面波之和。其中波矢为 k 的波分量为

$$A(k)\exp(ik\cdot r)\exp(-i2\pi\nu t)e$$

式中，$A(k)$是波矢为 k 的平面波分量的振幅。该波描写的光子的动量是一个测不准量，它的值 $p=\hbar k$ 出现的概率正比于$|A(k)|^2$。

四、光子的偏振

光子的偏振就是光子所占模式的偏振。电磁波可展开成模之和，这种展开可有多种选择，形成了各种偏振方向、偏振状态。下面用光子光学的概念解释这些偏振的性质。

1. 线偏振光子　这相当于在 z 向传播的两个平面波模叠加成的光，如图 17-8 所示。若设一个波模在 x 向线偏振，另一个波模在 y 向线偏振，则合成波模为

$$E(r,t)=(A_x x+A_y y)\exp(ikz)\exp(-i2\pi\nu t) \tag{17-22}$$

(x,y)坐标系统绕 z 轴逆时针旋转 45°，形成新坐标系统(x',y')。新坐标系统中合成波模为

$$E(r,t)=(A_{x'}x'+A_{y'}y')\exp(ikz)\exp(-i2\pi\nu t) \tag{17-23}$$

若 x 偏振模占有一个光子，而 y 偏振模是真空，x'向偏振的光子被找到的概率为多大？使用光子光学中所用的概率概念可以解答这个问题。因为找到一个 x,y,x'或 y'向偏振的光子的概率正比于该方向波模强度$|A_x|^2$、$|A_y|^2$、$|A_{x'}|^2$ 或$|A_{y'}|^2$。这个问题中，显然，$|A_x|^2=1$，$|A_y|^2=0$，而$|A_{x'}|^2=|A_{y'}|^2=\frac{1}{2}$，其结果可用图 17-8 表述如下：找到一个 x 向偏振光子的几率为 1，相当于找到一个 x'偏振光子的几率为 1/2 和找到一个 y'向偏振光子的几率为 1/2。

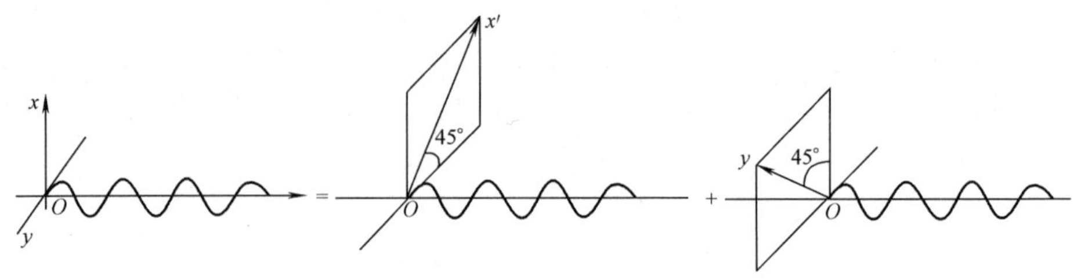

图 17-8　线偏振光子

2. 圆偏振光子　光波场也可按两个圆偏振平面波模展开(如图 17-9 所示),即

$$E(r,t)=(A_{\mathrm{R}}\mathrm{e}_{\mathrm{R}}+A_{\mathrm{L}}\mathrm{e}_{\mathrm{L}})\exp(\mathrm{i}kz)\exp(-\mathrm{i}2\pi\nu t) \tag{17-24}$$

式中，A_{R} 和 A_{L} 分别是右旋和左旋圆偏振的振幅。这两个模分别带有右旋圆偏振光子和左旋圆偏振光子，找到带这种偏振的光子的几率分别为 $|A_{\mathrm{R}}|^2$ 和 $|A_{\mathrm{L}}|^2$。一个线偏振光子等效为一个右旋圆偏振光子和左旋圆偏振光子的叠加。因为后者被找到的几率均为 1/2，这种情形示于图 17-9 中。从该图可知，找到一个线偏振光子的几率为 1，等效于找到一个右旋偏振光子的几率为 1/2 加上找到一个左旋偏振光子的几率为 1/2，所以一个圆偏振的光子在通过线偏振器后，检测到它的几率仅为 1/2。

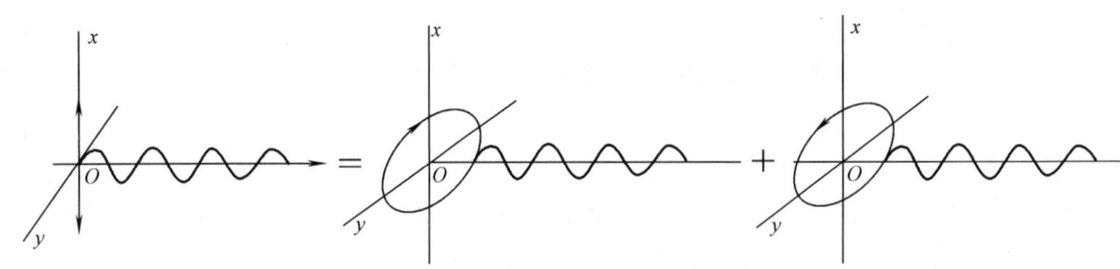

图 17-9　圆偏振光子

五、光子的自旋

光子与其他微观粒子一样，具有内禀角动量，即自旋。由于光波是横波，所以自旋在光传播方向上只有两种可能投影值，即

$$S=\pm\hbar \tag{17-25}$$

其中“+”或“-”分别表示这两个投影态与右旋或左旋圆偏振光子的自旋平行或反平行于其动量矢相对应。而线偏振光子，自然呈现的平行或反平行于其动量矢的几率是相等的。线偏振光子可把动量传递给其他物体，圆偏振光子对物体作用是一个转动惯量。

第四节　光　子　流

上面讨论了单个光子的性质。本节将讨论光子集合的性质。光子集合，即多光子体系，它存在各种各样的随机性，这些随机性均源自光子的统计性质。

一、光子简并度

按照光的量子理论，光子是组成光辐射场的基本物质单元。组成光辐射场的大量数目的光子分别处于不同的光子统计状态。光子的运动状态简称为光子态。光子态是按光子所具有的不同能量（或动量数值）、光子行进的方向以及偏振方向彼此相互区分的。处于同一光子态内的光子彼此之间是不可区分的，又因为光子是玻色子，在光子集合中，光子数按其运动状态的分布不受泡里不相容原理的限制。处于同一光子态的平均光子数目称为光场的光子简并度。光子集合中光子数按态的分布服从玻色一爱因斯坦（Bose-Einstein）统计分布规律。在温度为 T 的平衡热辐射场中，处于频率为 ν（或能量为 $h\nu$）的光子态的平均光子数，即光子简并度为

$$\bar{n}=\frac{1}{e^{h\nu/k_BT}-1} \tag{17-26}$$

式中，T 为热力学温度；h 为普朗克常数；k_B 为玻尔兹曼常数。对于光频波段，在常温（例如 $T=300\text{K}$）下，普通热光源的光子简并度极低，约为 $\bar{n}=0.01$。

光波的模式和光子态其实是等效的概念。显然，处于同一光子态的光子是相干的，就如同属于同一光波模的光波是相干的一样。式(17-13)实际上给出了光子集合中光子单色态密度的表达式。光子的产生过程，如原子发射光子，一般是随机性的。因此一束光子流中具有众多的传播模，模中所占有的光子数是随机性的，或者说，光子分布在各个模中是遵循统计分布的。因此，一个单色的平面光波，尽管包含了多个全同光子，但在模中分布是按统计规律的。

二、平均光子通量

为了用光子统计理论讨论光子流的时间、空间行为，先引入讨论中要用到的几个量的定义。

1. 平均光子通量密度　强度为 $I(r)$（W/cm^2）、频率为 ν 的单色光，对应的平均光子通量密度定义为

$$\Phi(r)=\frac{I(r)}{h\nu} \tag{17-27}$$

此式将经典的量度（能量/s · cm^2）转化为量子的量度（光子数/s · cm^2）。对中心频率为 $\bar{V}$ 的准单色光，光子的能量近似等于同一个 $h\bar{\nu}$，因此，准单色光平均光子通量密度近似为

$$\Phi(r)=\frac{I(r)}{h\bar{\nu}} \tag{17-28}$$

例如，典型光源的平均光子通量密度：室内光为 10^{12} 个光子/s · cm^2；阳光为 10^{14} 个光子/s · cm^2；而 H_e-N_e 激光束为 10^{22} 个光子/s · cm^2。

2. 平均光子通量　平均光子通量密度对标定面积进行积分，获得单位时间通过该面积的光子数，即平均光子通量 ϕ（光子数/s），即

$$\Phi=\int_A \Phi(r)\,\mathrm{d}A=\frac{P}{h\nu} \tag{17-29}$$

相应的光功率（W）为

$$P=\int_A I(r)\,\mathrm{d}A \tag{17-30}$$

利用式(17-29)，对波长 λ_0 为 $0.623\mu\text{m}$、光功率为 1nW 的光源，释放给照射体的平均光子通量约为 3×10^9 个光子/s，即每一纳秒（ns）有 3 个光子打到照射面上。

3. 平均光子数　在面积 A 和时间间隔 T 内测到的平均光子数 $\bar{n}$ 等于光子通量 Φ 乘以时宽 T，即

$$\bar{n}=\Phi T=\frac{E}{h\nu} \tag{17-31}$$

式中，$E=PT$ 为光子能量（J）。

三、光子通量的随机性

假定光源能提供单个光子，则在点 (r,t) 处探测到该光子的几率，按照式(17-19)，正比于经典光强 $I(r,t)$。光子流的行为与单个光子是相同的。不过，对光子流而言，经典光强 $I(r,t)$ 决定了平均光子通量密度 $\Phi(r,t)$。光源的性质决定了 $\Phi(r,t)$ 的涨落，所以不同光源类型就有不同的光子通量涨落。

光功率 $P(t)$ 随时间的变化，视光源而定。作为例子，$P(t)$ 的变化情况如图 17-10 所示两种情况。虽然平均光子通量 $\Phi(t)=\dfrac{P(t)}{h\nu}$，但接收到光子的真实时间是随机分布的。如图 17-10b 所示，$P(t)$ 是变化的，但平均而言，功率大的地方，光子数较多；光子数较少的地方，必与功率低的地方相对应。而从图 17-10a 看到，即使 $P(t)$ = 常数，检测到光子的时间分布还是随机的。这充分体现出光源的性质。例如，在波长为 1.24μm、功率为 1nW 的光带有 6.25 个光子/ns，表示在 10^5 时间间隔内只检测到一个光子，在大部分时间间隔内检测不到光子，即 625 个时间间隔包含了 1 个光子。

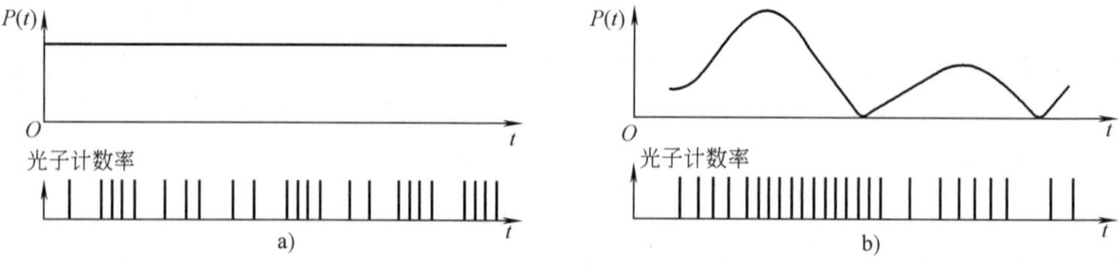

图 17-10　光功率和接受光子的时间分布

a) $P(t)$ 是恒量　b) $P(t)$ 是变化量

光子数随机性的研究，对弱像和光信息传输中的噪声分析等应用十分重要。光纤通信系统中，信息是加载在光子流上的。由源发射的平均光子数，其随机性由发射体性质决定。所以真实的光子数是不可预知的。光子数的这种不可预测性，在信息传输中将产生误差。

四、光子数的统计分布

因为光子数的统计分布与光源性质有关，所以一般需用光的量子理论处理这类问题。但是在有些情况下，可用经典统计观点讨论这个问题。通过实验可以得知，以光子计数器测出每秒从光电阴极上光子打出的电子经倍增后形成的电脉冲个数，即可测得光子计数率。由于光电子发射本身存在一定的随机性，所以取一定的时间间隔测得的光子计数率分布一般不代表光子数的实际分布，但它包含了光子数实际分布的信息，从这可以获取实际分布。但光子通量，即光子计数率，是正比于光功率的。光功率可能是确定值（如相干光中），也可能是随机的（如部分相干光中）。对前者可以认为光子的出现是一列独立随机事件，而在部分相干光中，功率涨落是相关的，光子的出现不再是独立事件。所以，这是两种情况，服从不同

的统计规律。

1. 相干光与泊松分布　若相干光的光功率是一恒定值，则其平均光子通量也应是常数。但在每个等间隔时间内测到的光子数是不相等的，它服从泊松分布

$$P(n)=\frac{\bar{n}^{n}}{n!}\mathrm{e}^{-\bar{n}} \tag{17-32}$$

式中，$\bar{n}$是光子的平均值。该式是光子探测完全随机时所遵从的统计规律（如图 17-11 所示）。若找到 n 个光子的几率是泊松分布，则 n 的方差 σ_n^2 和平均值相等，均为$\bar{n}$。包括发射单模单色相干光束的理想激光器的许多种光源，均可使用泊松分布作为光子数统计分布。光的量子理论完全可以证明，这一分布与相干光的量子态（简称相干态）是相对应的。

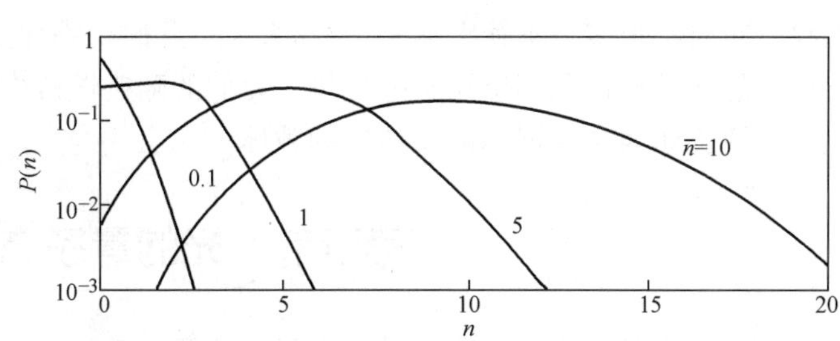

图 17-11　光子数 n 的泊松分布 p（n）

光子数时空分布的随机性，成为噪声的主要源头。所以利用光作信息传输的载体时，应能正确评估这个问题。若信号取平均值$\bar{n}$，噪声取方差根值 σ_n，则评估作为携载信息体的光的性能时，可以使用与$\bar{n}$和 σ_n 有关的信噪比（SNR），即

$$SNR=\frac{\bar{n}^{2}}{\sigma_n^{2}} \tag{17-33}$$

对泊松分布而言，$SNR=\bar{n}$，可见它随平均光子数增加而可以无限增大。所以从理论上说，信噪比可以无限增高。可见，具有泊松分布的这类光（相干光）适合作为高数据率信息传输的载体。

2. 热辐射光　对于热光（热辐射）的情形，辐射模处于量子态 n 的几率，即光子数统计服从玻色-爱因斯坦分布（如图 17-12 所示对数线）

$$P(n)=\frac{1}{\bar{n}+1}\left(\frac{\bar{n}}{\bar{n}+1}\right)^{n} \tag{17-34}$$

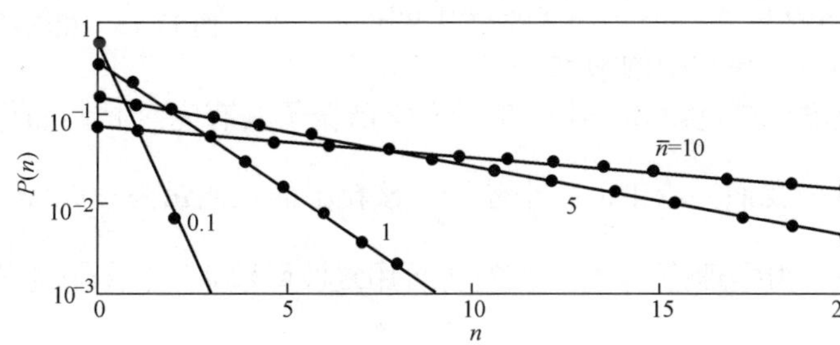

图 17-12　光子数 n 的玻色-爱因斯坦分布

与图 17-11 泊松分布相比较，热光的光子数 n 的分布比相干光要宽得多。此时，辐射模内光子数 n 的方差为

$$\sigma_n^2 = \overline{n} + \overline{n}^2 \tag{17-35}$$

比泊松分布时方差大$\overline{n}^2$，表明具有更大的不确定性，相当于光子数涨落的范围更大。而信噪比

$$SNR = \frac{\overline{n}}{\overline{n} + 1} \tag{17-36}$$

比泊松分布时小得多。不管平均光子数$\overline{n}$多大，此时信噪比总小于1，即 $SNR < 1$。其物理原因在于，热光的振幅和相位均是随机量，它们的随机性造成光子数分布的加宽。这类光的噪声高，不适合作为高数据率信息传输的载体。

第五节　光的量子态

上面讨论中已说明一个电磁模中光子的位置、动量和数目一般均是随机量。本节将说明电场本身一般也是随机量。

一、光的量子态及其描述

现讨论在体积 V 中的一个平面电磁模，其电场由下式描写

$$E(r,t) = A\exp(\mathrm{i}k \cdot r)\exp(-\mathrm{i}2\pi\nu t) \tag{17-37}$$

按经典电磁理论,电磁场的能量是一个定值,等于$\frac{1}{2}\varepsilon|A|^2V$。在光的量子理论中,场的能量应是光子(设其数为$|a|^2$)的能量,因此有$\frac{1}{2}\varepsilon|A|^2V = h\nu|a|^2$,模的电场值由此可写成

$$E(r,t) = \left(\frac{2h\nu}{\varepsilon V}\right)^{1/2} a\exp(\mathrm{i}k \cdot r)\exp(-\mathrm{i}2\pi\nu t) \tag{17-38}$$

式中,复变量 a 将决定场的复振幅。在经典电磁理论中,$\alpha\exp(-\mathrm{i}2\pi\nu t)$是旋转的相幅矢量。它在实轴上的投影为简谐变化的电场,如图 17-13 所示。这一复变量的实部 $X = \mathrm{Re}\{a\}$ 和虚部 $P = \mathrm{Im}\{a\}$,称为矢量 a 的正交分量,因为它们彼此相位相差 90°,它们分别代表呈简谐变化电场的振幅和相位。由于经典的电磁场单色模和经典的谐振子的行为完全相同,因此,实分量 X 代表谐振子运动中的位置,虚分量 P 代表谐振子运动中的动量。

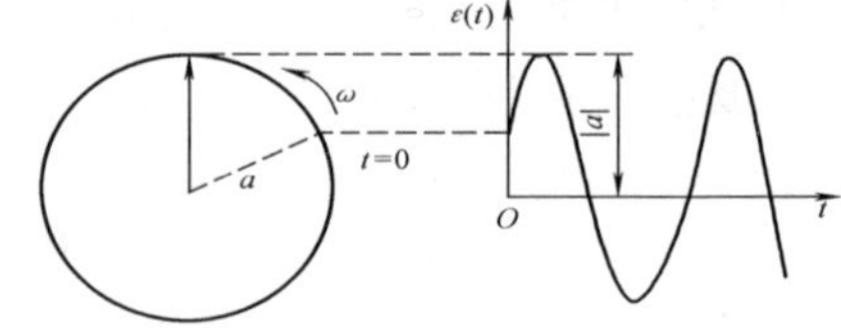

图 17-13　相矢量及其投影

同样,量子的电磁场单色模和一维的量子力学谐振子具有完全相同的行为。悬挂物和弹簧构成的谐振子,现为我们讨论中的一个粒子。该粒子的总能量为$\frac{1}{2}p^2/m + \frac{1}{2}kx^2$,振动频率$\omega = (k/m)^{1/2}$。按量子力学理论,该粒子的行为可用复波函数 $\psi(x)$描写,它满足与时间无关的一维薛定谔方程

$$-\frac{\hbar^2}{2m}\frac{\mathrm{d}^2\psi}{\mathrm{d}x^2} + V(x)\psi(x) = E\psi(x) \tag{17-39}$$

式中,E 是粒子的能量。求解此式即得到式(17-18)表示的分立能量值 E_n,与之对应的复波函

数 $\psi_n(x)$，称为属于本征能量 E_n 的本征函数，它是归一化厄密-高斯（Hermite-Gaussian）函数为

$$\psi_n(x)=(2^n n!)^{1/2}\left(\frac{2m\omega}{\hbar}\right)^{1/4}H_n\left[\left(\frac{m\omega}{\hbar}\right)^{1/2}x\right]\exp\left(-\frac{m\omega}{2\hbar}x^2\right) \tag{17-40}$$

式中，$H_n(x)$是 n 阶厄密多项式。

因为任意一个波函数 $\psi(x)$ 可按正交本征函数 $\psi_n(x)$ 展开，使 $\psi(x)$ 成为本征函数 $\psi_n(x)$ 之和，即

$$\psi(x) = \sum_n C_n\psi_n(x) \tag{17-41}$$

波函数 $\psi(x)$决定了系统的状态。所以一旦已知波函数少 $\psi(x)$，则可从以下几方面确定粒子的行为：

(1) 波函数 $\psi(x)$ 展开级数的系数的模平方 $|C_n|^2$ 代表谐振子带 n 个能量子的几率 $P(n)$。

(2) 波函数 $\psi(x)$的模平方 $|\psi(x)|^2$ 代表在位置 x 处找到粒子的几率密度。

(3) 粒子具有动量 p 的几率密度为 $|\psi(p)|^2$，其中 $\psi(p)$ 与 $\psi(x)$存在傅里叶逆变换关系，即

$$\psi(p) = \frac{1}{\sqrt{h}}\int_{-\infty}^{\infty}\psi(x)\exp\left(\mathrm{i}2\pi\frac{p}{h}x\right)\mathrm{d}x \tag{17-42}$$

变量 x 和 p/h 之间的傅里叶变换关系，暗示位置—动量之间存在海森堡（Heisenberg）不确定关系

$$\sigma_x\sigma_p \geqslant \frac{\hbar}{2} \tag{17-43}$$

式中，σ_x 和 σ_p 分别表示位置 x 和动量 p 的方均根。

量子电动力学理论认为：能量为 $h\nu|a|^2 = h\nu(X^2+P^2)$的电磁场，与能量为$\frac{1}{2}p^2/m+\frac{1}{2}kx^2$的谐振子之间存在可比的关系，它的基础是下面两式的有效代换

$$X=(2h\nu)^{1/2}\omega x \tag{17-44a}$$

$$P=(2h\nu)^{1/2}p \tag{17-44b}$$

从而得到了电磁场能量$\frac{1}{2}(p^2+\omega^2x^2)$的表达式，这是质量 $m=1$ 的谐振子的能量。由此得出，量子电磁场的能量与量子力学谐振子的能量一样，被量子化成$\left(n+\frac{1}{2}\right)h\nu$。因此使用适当比例因子，谐振子的位置 x 和动量 p 的行为能描写电磁场的正交分量 X 和 P。

$\psi(x)$和 $\psi(p)$之间的傅里叶变换关系（式(17-42)），决定了正交分量 X 和 P 之间存在不确定关系。正交分量的方均根宽度之间的测不准关系为

$$\sigma_X\sigma_P \geqslant \frac{1}{4} \tag{17-45}$$

此式表明不可能同时以任意精度求得电场的实分量和虚分量。下面结合具体情况，讨论此式

的实际影响。

二、相干态光

若函数 $\psi(x)$ 为高斯型，可以证明不确定关系式（17-45）维持在最小值，即 $\sigma_X\sigma_P=\frac{1}{4}$。在这种情形下，波函数 $\psi(x)$ 应写成

$$\psi(x)\propto\exp[-(x-\sigma_X)^2] \tag{17-46}$$

它的傅里叶变换 $\varphi(p)$ 也应是高斯型的，也可写成

$$\varphi(p)\propto\exp[-(p-\sigma_P)^2] \tag{17-47}$$

于是由 $|\psi(x)|^2$ 和 $|\varphi(p)|^2$，求得正交分量 X 和 P 的不确定度为 $\sigma_X=\sigma_P=1/2$。处于这种条件下的电磁场，可以说处于相干态。图 17-14 所示为相干态光的正交分量 X 和 P，以及复振幅 a 和电场的不确定度的标准偏差范围。

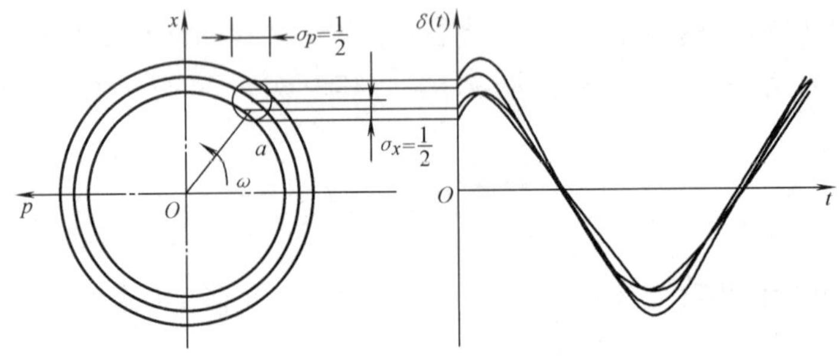

图 17-14　相干态的不确定度

在 σ_X 和 σ_P 很小时，相干态的不确定性最为突出。在 $\sigma_X=\sigma_P=0$ 时的极限情况，相当于模内无光子，此时称为真空态，模能量为零点能 $E_0=\frac{1}{2}h\nu$。

三、压缩态光

有许多光学现象不能用经典电磁理论解释，一般称为非经典光学现象，包括光子反群聚（反聚束）、亚泊松分布、压缩态等现象。这三个现象均得用光场的量子理论方能予以解释。

1. 正交分量压缩光　虽然不确定度积 $\sigma_X\sigma_P$ 不可能降到低于最小值$\frac{1}{4}$，但正交分量之一可以降到（压缩到）低于$\frac{1}{2}$，当然，是以增大另一分量的不确定度为代价的。于是这种光称为正交压缩光。例如，带有分布宽度 $\sigma_x=\frac{s}{2}$（$s>1$）的高斯函数 $\psi(x)$ 与带有压缩宽度 $\sigma_P=\frac{1}{2s}$的高斯函数 $\varphi(p)$ 相对应。此态的积 $\sigma_X\sigma_P$ 仍保持最小值 1/4，但其相量 a 的不确定度圆却被压缩成图 17-15 所示的一个椭圆。两个正交分量不确定度的不对称性，在电场的时间过程中周期性地出现不确定度的增高后经四分之一周期出现不确定度的减小。如果精密测量工作能充分利用这一周期，例如在不确定度最小值出现期间测量光场，则会获得低于相干

态噪声值的低噪声。为实现对这些时间的选择，一般使用一个相位合适的相干光场与压缩光场的外差效应。由于正交压缩态能降低噪声，所以压缩态光在精密测量和信息传输中很有用。

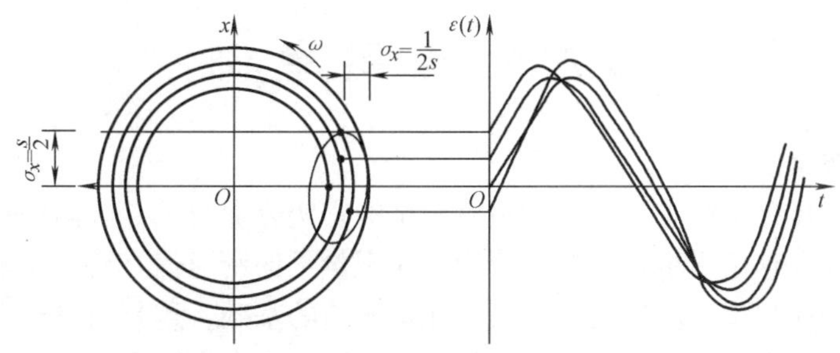

图 17-15　正交压缩态的不确定度

2. 光子数压缩光(Photon Number Squeezed Light)　正交压缩光呈现出一种特性，其两个正交分量之一的不确定可降到低于相干态对应的值。另有一种非经典光，叫光子数压缩光，或叫亚泊松光（Sub—PoissonLight)。它的特性是：光子数方差能压缩到低于相干态（泊松）值，即 $\sigma_n^2<\bar{n}$。这是违反式(17-35)的，因此服从这一不等式的光子数涨落是非经典的。

特殊设计的半导体注入激光器，可以产生这一特殊光束。让光束中光子数分布窄于相同平均光子数的泊松分布，这种分布称为亚泊松分布。有时还称这种情形是反群聚（反聚束）的，意即在检测到一个光子后，紧接着再检测到一个光子的几率要小于平均几率。因此可以设法控制个别原子或分子在时间上比较均匀地一个一个发射光子（半导体注入激光器中)，或让激光通过一种介质使在其中时间上比较紧接的那些光子更多地被吸收掉（在非线性介质作参量下变换)，可以获得反群聚光和亚泊松分布光。

作为讨论光子数压缩光的例子，考虑由谐振子本征态 $\psi(x)=\psi_{n_0}(x)$ 描述的一个电磁模。由于此模所带的光子数为 $n=n_0$，所以 $P(n)=|C_n|^2=1$，显然 $n\neq n_0$ 的 $|C_n|=0$。因此把这叫数态光。数态光的特征是有确定的光子数。显然，平均光子数为 $\bar{n}=n_0$，因此方差 $\sigma_n^2=0$（不再存在光子数涨落)，数态光的不确定度示于图 17-16 中。虽然，正交分量以及相量的相位和振幅都是不确定的，但光子数是绝对确定的。所以在做实验时要把光子数控制在某一固定值。其方法是利用参量下变换原理产生相关对光子流，其一作为测量用，另一作为控制测量束中光子数用。

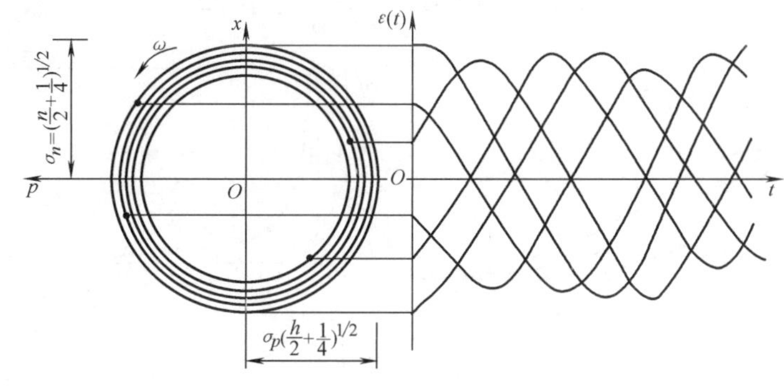

图 17-16　数态光的不确定度

除了上述两种压缩态外，还有一种振幅压缩态，它以增大相位涨落为代价去压缩振幅的涨落。利用非线性光学效应可以制备出压缩态。企图探索超低噪声光通信技术者应该对光的压缩态是感兴趣的。

第六节 应 用 举 例

一、量子保密通信

量子保密通信具有防窃听功能，是绝对安全的密钥分配技术，国内外都在开展相应的理论和实验研究，现在它正逐步走向商业应用。实现量子保密通信有两大技术关键——单光子脉冲技术和单光子探测技术。单光子是量子保密通信的基础，这是由量子力学基本原理中未知量子态不能完全被克隆的定理决定的。如果发射脉冲中含有两个或多个光子，那么窃听者就有可能截取多余光子进行检测而不被知晓。理想的方法是只发射单光子。下面主要介绍获得单光子源的原理。

激光器产生的激光是相干态的光子，其分布服从式(17-32)所表示的泊松分布，为叙述方便，将其改写为如下形式：

$$p(n,u)\frac{\mu^{n}}{n!}e^{-\mu}$$

式中，n 为弱脉冲中包含的光子数；μ 为每脉冲平均光子数。

随光脉冲平均光子数变化的光子数概率分布如图 17-17a 所示。由图 17-17a 可知，当 $\mu=1$ 时，出现单光子脉冲的概率最大，此时出现单光子脉冲是多光子脉冲的 1.4 倍，并且 $\mu>1$ 时光路中传输的主要是多光子脉冲。因此 $\mu\geqslant1$ 不满足单光子脉冲传输的要求，必须 $\mu<1$。由泊松分布可得非空弱相干脉冲中多光子脉冲与单光子脉冲出现的概率关系，如图 17-17b 所示。从图 17-17b 可知，μ 越小，出现单光子脉冲与多光子脉冲的比值越大。当 $\mu=0.1$ 时，出现单光子脉冲是多光子脉冲的 19 倍。如把光脉冲衰减到平均光子数 $\mu=0.1$，其含义是仅 5% 的非空脉冲包含多个光子，此时若能探测到光子即可被认定为单光子脉冲。例如使用波长为 1310nm 的半导体激光器，激光器的输出功率为 1mW，调制频率为 2MHz，则每脉冲的光子数为 3.3×10^{9} 个，对光进行强衰减使平均每 10 个脉冲中包含 1 个光子，则衰减量（dB）为

$$\alpha_{dB}=-10\log\frac{0.1}{3.3\times10^{9}}=105.2$$

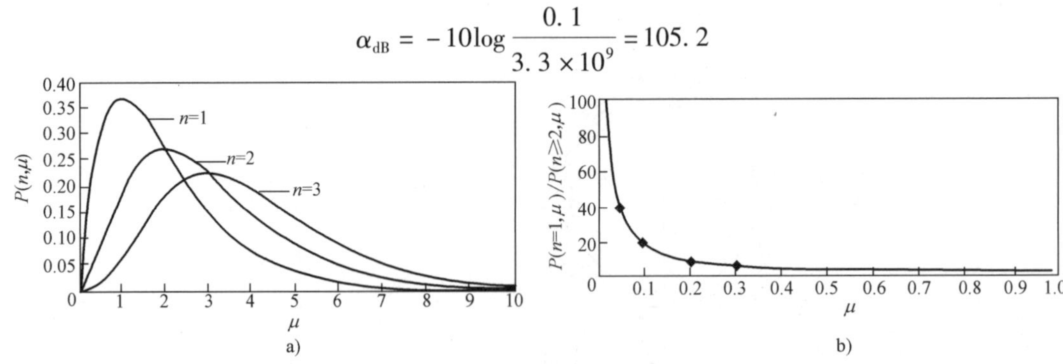

图 17-17

a）随光脉冲平均光子数变化的光子数概率分布 b）单光子与多光子关系图

因此，把输入光衰减105.2dB，就可以认为在光路中传输的是单光子脉冲。光衰减的方式很多，吸收、散射和耦合损耗等都是比较常用的方法，这些方法都可以使光脉冲在传输过程中光子数减少。目前实际使用的单光子源是由紧密控制的强衰减技术得到的。在实现单光子流输出的基础上，量子保密通信便成为可能。

二、光子晶体激光器和光子晶体滤波器

光子晶体激光器是一种基于二维（2-D）光子晶体平板的微谐振腔结构的光发射器件。具有光子带隙结构的材料叫做光子晶体。光子带隙结构是一种周期性介质结构。该材料是类比于半导体材料的电子带隙结构，所以有时人们又把光子晶体叫做光半导体。光子晶体最主要的特点是：在某一能量范围内的光子不能通过光子晶体或在光子晶体内部产生的光不能传播。

最具实用的2-D光子晶体平板结构是具有2-D空气孔阵图案的光学介质平板，即在光学介质薄膜上排列着周期结构的空气孔阵。这样的平板结构类似于半导体的晶格结构，从而构成光子带隙（PBG）。空气孔中心间距 a 就是PBG结构的晶格常数，通常约为500nm，空气孔半径 r 比 a 小，通常约为150～300nm。PBG的晶格结构可以是正方形、三角形、蜂窝形和六角形，但实际中用得最多的是三角形晶格结构或六角形晶格结构。这样的2-D光子晶体平板是不能传播光的，即具有局域光的特性。如果在这样的平板中引入一个环形缺陷，便可构成一个环形微谐振腔，光波可以在环形微腔中振荡；如果在这种平板中引入一个点缺陷，便可构成一个点微腔，利用这个点微腔便可构成一个点微谐振器。线缺陷和点缺陷的引入非常简单，只要破坏光子晶体的周期结构即可，例如，丢失一排或一个空气孔便可构成线性光波导或点缺陷微腔。目前研究得最多的光子晶体激光器有两类结构：一类是具有中心缺陷的纳米腔结构的激光器，如图17-18b图；另一类是基于光子晶体波导的六角形波导环形腔结构的激光器，如图17-18a图。

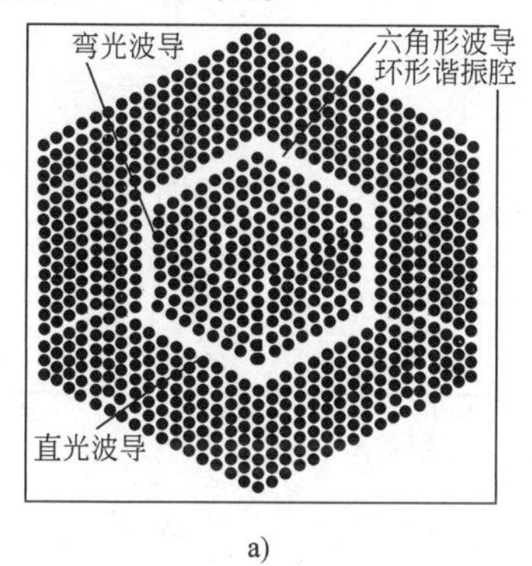

a)

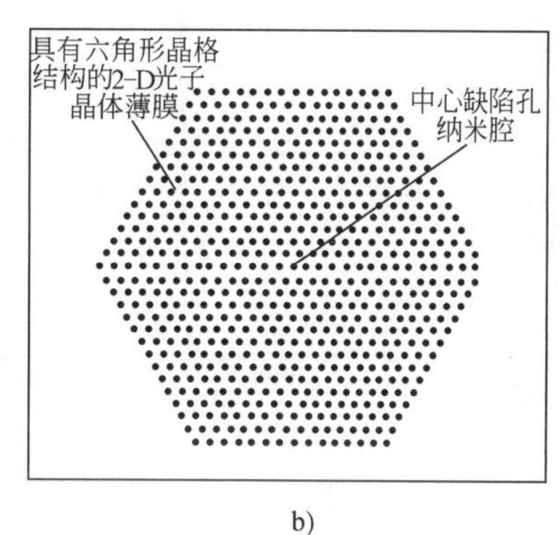

b)

图17-18　光子晶体激光器结构

a）六角形波导环形腔结构　b）具有中心缺陷的纳米腔结构

由于光子晶体激光器的超微型化、低阈值化和可集成性，在很多领域中都有极好的应用前景。如光子晶体激光器可以用作光纤通信系统的紧凑光源。光子晶体激光器第二个潜在应用是用作气体传感器。这是因为光子晶体激光器是一种基于2-D空气孔阵的器件，可以通过研究孔和材料之间的相互作用，探测微量气体变化。光子晶体激光器的第三个潜在应用是用于半导体微处理器芯片的光时钟分配。这一应用是利用了光子晶体激光器低功耗、小尺寸和可与微处理器单片集成的特性。

在光子晶体中引入缺陷态能制造一些特殊的“窗口”，频率落在窗口中的光可以几乎没有损耗地通过。这一特性可用来制造高品质极窄带光滤波器，对于发展超高密度波分复用器件具有重要应用价值。图 17-19 所示为1D 光子晶体窄带滤波器结构，选取高折射率介质层为 ZnS（折射率 $n_a=2.35$，厚度 $d_a=170\text{nm}$），低折射率介质层为 MgF_2（折射率 $n_b=1.38$，厚度 $d_b=335\text{nm}$），晶格常数 $d=d_a+d_b=505\text{nm}$，掺杂层为 GaAs（折射率 $n_c=1.8$，厚度 $d_c=547\text{nm}$），摆列成形如 $(AB)^M C(AB)^N$ 的结构。其中介质C之前的周期数为6，介质C之后的周期数为8。其透过率特性如图 17-20 所示，可以看到在宽度为545nm 的禁带附近（见图 17-20a）1550nm 处出现了一个很窄且透过率很高的窗口，透过率从 100% 降到 0 附近，只经过了 1nm 宽度（见图 17-20b），符合窄带滤波的要求。

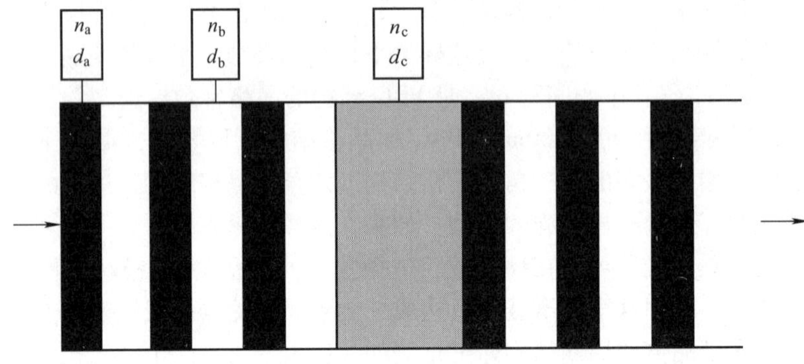

图 17-19 光子晶体窄带滤波器结构

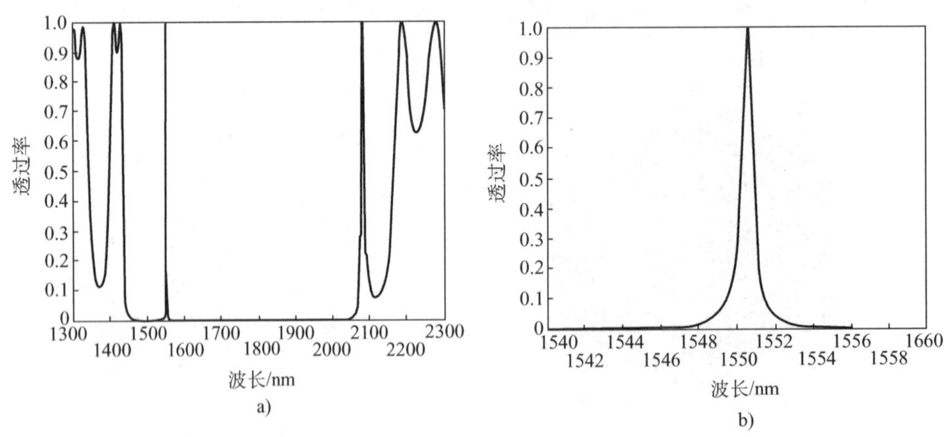

图 17-20 光子晶体窄带滤波器输出特性

三、光子学的应用前景

光子学是一门以应用为主要目标的科学和技术，具有鲜明的技术性和实用性。光子技术对许多自然科学和技术科学已产生深刻的影响：光子作为能量载体，在激光加工、激光医疗等方面已获得广泛应用；光子作为信息载体，已成功地用于信息传输（光纤通信）和信息存储（光盘），并已形成可观的产业规模；激光引发核聚变有可能成为下一世纪的新能源；光信息处理的功能正在不断地开发，特别是正在开发研制中的光子计算机，它所具有的潜在优点一旦变成现实，对未来信息领域的影响是很深远的。因此，光子学不仅与电子学一样，有极其广泛的应用领域，而且正在电子学最重要的应用领域，又是迫切需要革新的领域——信息领域（特别是该领域中的通信和计算机）中做出其积极的贡献。人们已普遍认为：通信与计算机发展的未来世界属于光子学领域，光子技术是推动今后信息时代发展的主要动力，它在今后的信息时代将占有越来越重要的地位。

习　题

1. 波长 $\lambda=320\text{nm}$ 的紫外光入射到逸出功为2.2eV的金属表面上，求光电子从金属表面发射出来时的最大速度。若入射光的波长为原来的一半，出射光电子的最大动能是否变为两倍?

2. （1）如果一个光子的质量等于电子的静止质量，则光子的能量和波长各为多少?（2）一波长为0.5μm的光子，其质量、动量和能量各为多少?

3. 分别计算波长为500nm与10μm的光子的能量、动量和质量。

4. 腔长为0.5m的氩离子激光器，发射中心频率 $\nu_0=5.85\times10^{14}\text{Hz}$，萤光线宽 $\Delta\nu=6\times10^{8}\text{Hz}$，问它可能存在几个纵模（设 $n=1$）?

5. 工作波长 $\lambda_0=0.6328\mu\text{m}$ 的某He-Ne激光器，其气体工作物质的折射率 $n=1$，问

（1）当该激光器的腔长 $d=10\text{cm}$ 时，其纵模序数 m 与纵模间隔 $\Delta\nu$ 分别是多少?

（2）当该激光器的腔长 $d=30\text{cm}$ 时，其纵模序数 m 与纵模间隔 $\Delta\nu$ 分别是多少?

6. 一个100W的钠蒸气灯，向四周均匀辐射．问：（1）离开这灯多远的地方光子的平均密度为 $10/\text{cm}^3$?（2）离开这灯2m远的地方，光子的平均密度有多大?假设光是单色的，波长 $\lambda=589\text{nm}$。

7. 求辐射通量为 $3\times10^{-5}\text{W/cm}^2$ 的一束单色平行光每立方厘米中的光子数目。光波波长分别取0.02nm和500nm。

下 篇 附 录

附录 A　矢量分析及场论的主要公式

一、标量场的梯度及矢量场的散度和旋度

标量场 $f(x,y,z)$ 在某一点 $\boldsymbol{M}$ 的梯度是一个矢量，它以 $f(x,y,z)$ 在该点的偏导数 $\frac{\partial f}{\partial x}, \frac{\partial f}{\partial y}, \frac{\partial f}{\partial z}$（假定他们不同时为零）作为其在 x,y,z 坐标轴上的投影，记作

$$\mathbf{grad}f(x,y,z)=\frac{\partial f}{\partial x}\boldsymbol{x}_0+\frac{\partial f}{\partial y}\boldsymbol{y}_0+\frac{\partial f}{\partial z}\boldsymbol{z}_0 \tag{A-1}$$

式中，$\boldsymbol{x}_0$、$\boldsymbol{y}_0$、$\boldsymbol{z}_0$ 分别为 x、y、z 坐标轴的单位矢量。

引入记号——矢量微分算符（又称哈密顿算符、那勃勒算子），它定义为

$$\boldsymbol{\nabla}=\boldsymbol{x}_0\frac{\partial}{\partial x}+\boldsymbol{y}_0\frac{\partial}{\partial y}+\boldsymbol{z}_0\frac{\partial}{\partial z} \tag{A-2}$$

设矢量函数 $\boldsymbol{F}(\boldsymbol{M})$ 在 x、y、z 方向的分量分别为 F_x、F_y、F_z，它的散度是一个标量函数，定义为算符 ∇ 与矢量函数 $\boldsymbol{F}(\boldsymbol{M})$ 的数量积，即

$$\begin{aligned}\mathrm{div}\boldsymbol{F} &= \boldsymbol{\nabla}\cdot\boldsymbol{F}=\left(\boldsymbol{x}_0\frac{\partial}{\partial x}+\boldsymbol{y}_0\frac{\partial}{\partial y}+\boldsymbol{z}_0\frac{\partial}{\partial z}\right)(F_x\boldsymbol{x}_0+F_y\boldsymbol{y}_0+F_z\boldsymbol{z}_0)\\ &=\frac{\partial F_x}{\partial x}+\frac{\partial F_y}{\partial y}+\frac{\partial F_z}{\partial z}\end{aligned} \tag{A-3}$$

矢量函数 $\boldsymbol{F}(\boldsymbol{M})$ 的旋度则定义为算符 $\boldsymbol{\nabla}$ 与矢量函数 $\boldsymbol{F}(\boldsymbol{M})$ 的矢量积，即

$$\begin{aligned}\mathbf{rot}\boldsymbol{F} &= \boldsymbol{\nabla}\times\boldsymbol{F}=\left(\boldsymbol{x}_0\frac{\partial}{\partial x}+\boldsymbol{y}_0\frac{\partial}{\partial y}+\boldsymbol{z}_0\frac{\partial}{\partial z}\right)\times(F_x\boldsymbol{x}_0+F_y\boldsymbol{y}_0+F_z\boldsymbol{z}_0)\\ &=\left(\frac{\partial F_z}{\partial y}-\frac{\partial F_y}{\partial z}\right)\boldsymbol{x}_0+\left(\frac{\partial \boldsymbol{F}_x}{\partial z}-\frac{\partial F_z}{\partial x}\right)\boldsymbol{y}_0+\left(\frac{\partial F_y}{\partial x}-\frac{\partial F_x}{\partial y}\right)\boldsymbol{z}_0\end{aligned} \tag{A-4}$$

它是一个矢量函数。

应用微分算符，也可把标量函数 $f(M)$ 的梯度表示为

$$\mathbf{grad}f=\boldsymbol{\nabla}f=\frac{\partial f}{\partial x}\boldsymbol{x}_0+\frac{\partial f}{\partial y}\boldsymbol{y}_0+\frac{\partial f}{\partial z}\boldsymbol{z}_0 \tag{A-5}$$

可见 $f(\boldsymbol{M})$ 的梯度是一个矢量，它构成一个矢量场。

二、场论主要公式

算符 ∇ 是一个矢量微分算符，在计算中具有矢量和微分的双重性质；∇ 作用在一个标量函数或矢量函数上时，其方式仅有如下三种情况：$\boldsymbol{\nabla}f$、$\boldsymbol{\nabla}\cdot\boldsymbol{F}$ 和 $\boldsymbol{\nabla}\times\boldsymbol{F}$，即在“ $\boldsymbol{\nabla}$ ”之后必是标量函数，在“ $\boldsymbol{\nabla}\cdot$ ”与“ $\boldsymbol{\nabla}\times$ ”之后必为矢量函数。

在物理场中常用以下恒等式

1. $\nabla(f_1f_2)=f_2\ \nabla f_2+f_2\ \nabla f_1$
2. $\nabla\cdot(f\boldsymbol{F})=(\nabla f)\cdot\boldsymbol{F}+f\nabla\cdot\boldsymbol{F}$
3. $\nabla\times(f\boldsymbol{F})=\nabla f\times\boldsymbol{F}+f\nabla\times\boldsymbol{F}$
4. $\nabla\cdot(\boldsymbol{F}_1\times\boldsymbol{F}_2)=(\nabla\times\boldsymbol{F}_1)\cdot\boldsymbol{F}_2-\boldsymbol{F}_1\cdot(\nabla\times\boldsymbol{F}_2)$
5. $\nabla\times(\boldsymbol{F}_1\cdot\boldsymbol{F}_2)=\boldsymbol{F}_2\times(\nabla\times\boldsymbol{F}_2)+(\boldsymbol{F}_1\cdot\nabla)\boldsymbol{F}_2+\boldsymbol{F}_2\times(\nabla\times\boldsymbol{F}_1)+(\boldsymbol{F}_2\cdot\nabla)\boldsymbol{F}_1$
6. $\nabla\times(\boldsymbol{F}_1\times\boldsymbol{F}_2)=(\boldsymbol{F}_2\cdot\nabla)-(\boldsymbol{F}_1\cdot\nabla)\boldsymbol{F}_2-\boldsymbol{F}_2(\nabla\cdot\boldsymbol{F}_1)+\boldsymbol{F}_1(\nabla\cdot\boldsymbol{F}_2)$
7. $\nabla\times(\nabla f)=0$
8. $\nabla\cdot(\nabla\times\boldsymbol{F})=0$
9. $\nabla\times(\nabla\times\boldsymbol{F})=\nabla(\nabla\cdot\boldsymbol{F})-\boldsymbol{F}(\nabla\cdot\nabla)$

附录 B　二维傅里叶变换关系及其基本定理

二维傅里叶变换关系为

$$f(x,y)=\iint_{-\infty}^{\infty}F(u,v)\exp[\mathrm{i}2\pi(ux+vy)]\mathrm{d}u\mathrm{d}v \tag{B-1}$$

和

$$F(u,v)=\iint_{-\infty}^{\infty}f(x,y)\exp[-\mathrm{i}2\pi(ux+vy)]\mathrm{d}x\mathrm{d}y \tag{B-2}$$

式中，u 和 v 是二维空间函数(x,y)沿 x 方向和 y 方向的空间频率；$F(u,v)$是频谱函数。与一维的情形相类似，称 $F(u,v)$为$f(x,y)$的傅里叶变换，$f(x,y)$是 $F(u,v)$的傅里叶逆变换。

通常，为书写简便起见，也把$f(x,y)$的傅里叶变换记为

$$F(u,v)=\mathscr{F}\{f(x,y)\} \tag{B-3}$$

把 $F(u,v)$的傅里叶逆变换记为

$$f(x,y)=\mathscr{F}^{-1}\{F(u,v)\} \tag{B-4}$$

下面给出傅里叶变换的几个基本定理，它们的证明从略，读者可参阅有关数学书籍或自行证明。

1. 线性定理　设 a 和 b 是两个任意常数，如果有 $\mathscr{F}\{f(x,y)\}=F(u,v)$和 $\mathscr{F}\{g(x,y)\}=G(u,v)$，则

$$\mathscr{F}\{af(x,y)+bg(x,y)\}=aF(u,v)+bG(u,v) \tag{B-5}$$

即两个函数的线性组合的变换，等于它们各自变换的线性组合。

2. 相似定理（缩放定理）　若 $\mathscr{F}\{f(x,y)\}=F(u,v)$，则对于任意非零实数 a 和 b，有

$$\mathscr{F}\{f(ax,by)\}=\frac{1}{ab}F\left(\frac{u}{a},\frac{v}{b}\right) \tag{B-6}$$

这个定理说明空间域中坐标(x,y)的压缩（或放大），将导致频率域中坐标(u,v)的放大（或压缩），并且频谱的幅度发生总体变化。

3. 相移定理　若 $\mathscr{F}\{(x,y)\}=F(u,v)$，则对于任意实数 a 和 b，有

$$\mathscr{F}\{f(x-a,y-b)\}=F(u,v)\exp[-\mathrm{i}2\pi(ua+vb)] \tag{B-7}$$

这一定理说明函数在空间域中的平移，将带来频率中的一个线性相移。

4. 帕色伏（Parseval）定理　若 $\mathscr{F}\{f(x,y)\}=F(u,v)$，则

$$\iint_{-\infty}^{\infty} |f(x,y)|^2 \mathrm{d}x\mathrm{d}y = \iint_{-\infty}^{\infty} |F(u,v)|^2 \mathrm{d}u\mathrm{d}v \tag{B-8}$$

这个定理可以理解为能量守恒的表述：若$f(x,y)$代表xy平面上的复振幅分布，则上式等号左边代表单位时间通过xy面的能量，这个能量与由频谱函数计算的能量相等。

5. 卷积定理　若$\mathscr{F}\{(x,y)\}=F(u,v)$

$$\mathscr{F}\{g(x,y)\}=G(u,v)$$

则有
$$\mathscr{F}\{f(x,y)*g(x,y)\}=F(u,v)G(u,v) \tag{B-9a}$$

和
$$\mathscr{F}\{f(x,y)g(x,y)\}=F(u,v)*G(u,v) \tag{B-9b}$$

式中，$*$号表示两个函数的卷积运算（卷积定义见附录D）

6. 自相关定理　若$\mathscr{F}\{f(x,y)\}=F(u,v)$，则有

$$\mathscr{F}\{f(x,y)\circledast f(x,y)\}=|F(u,v)|^2 \tag{B-10a}$$

和
$$\mathscr{F}\{|f(x,y)|^2\}=F(u,v)\circledast F(u,v) \tag{B-10b}$$

式中，$\circledast$是相关运算符号（见附录D），在这里表示函数$f(x,y)$的自相关运算。

7. 共轭变换定理　若$\mathscr{F}[f(x,y)]=F(u,v)$，则有

$$\mathscr{F}\{f^*(x,y)\}=F^*(-u,-v) \tag{B-11}$$

8. 两次变换定理　在函数$f(x,y)$的各个连续点上，有

$$\mathscr{F}\mathscr{F}^{-1}\{f(x,y)\}=\mathscr{F}^{-1}\mathscr{F}\{f(x,y)\}=f(x,y) \tag{B-12a}$$

和
$$\mathscr{F}\mathscr{F}\{f(x,y)\}=\mathscr{F}^{-1}\mathscr{F}^{-1}\{f(x,y)\}=f(-x,-y) \tag{B-12b}$$

附录C　几个常用函数的定义及傅里叶变换

光学中几个常用函数的定义如下：

1. 矩形函数

$$\mathrm{rect}(x)=\begin{cases}1, & |x|\leqslant\dfrac{1}{2}\\ 0, & \text{其他}\end{cases}$$

2. sinc 函数

$$\mathrm{sinc}(x)=\frac{\sin\pi x}{\pi x}$$

3. 符号函数

$$\mathrm{sgn}(x)=\begin{cases}1 & x>0\\ 0 & x=0\\ -1 & x<0\end{cases}$$

4. 三角状函数

$$\Lambda(x)=\begin{cases}1-|x| & |x|\leqslant 1\\ 0 & \text{其他}\end{cases}$$

5. 梳状函数

$$\mathrm{comb}(x)=\sum_{n=-\infty}^{\infty}\delta(x-n)$$

6. 圆域函数

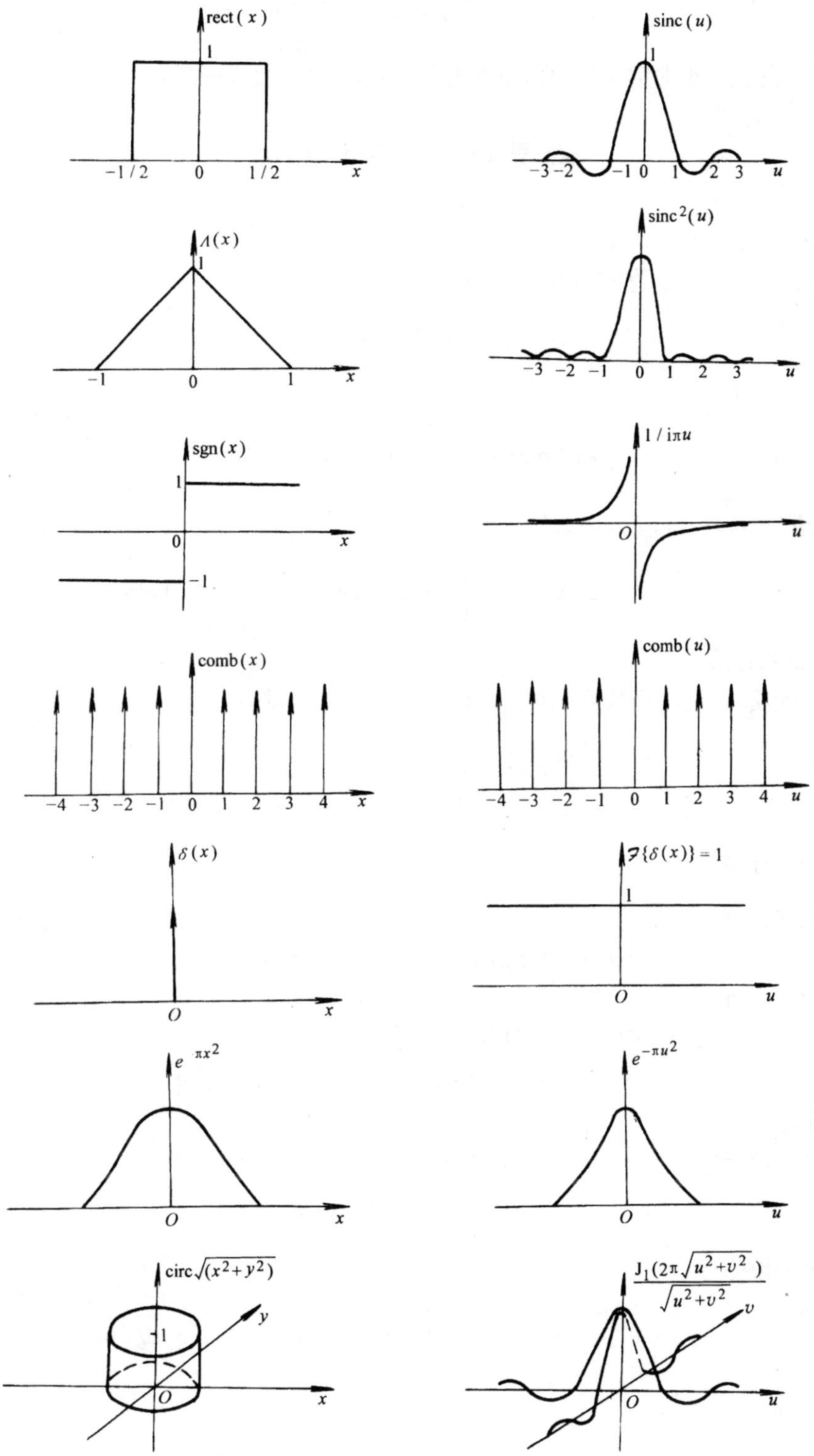

图 C-1　常用函数傅里叶变换及其图形

$$\mathrm{circ}(\sqrt{x^2+y^2})=\begin{cases}1 & \sqrt{x^2+y^2}\leqslant 1\\0 & 其他\end{cases}$$

图 C-1 给出了这些常用函数的傅里叶变换(频谱函数)及其图形。

附录 D 卷积和相关

一、卷积定义

函数 $f(x)$ 和 $g(x)$ 的卷积运算表示为

$$f(x)*g(x)$$

它定义为如下积分:

$$f(x)*g(x)=\int_{-\infty}^{\infty}f(\xi)g(x-\xi)\mathrm{d}\xi \tag{D-1}$$

对于二维函数 $f(x,y)$ 和 $g(x,y)$,其卷积为

$$f(x,y)*g(x,y)=\iint_{-\infty}^{\infty}f(\xi,\eta)g(x-\xi,y-\xi)\mathrm{d}\xi\mathrm{d}\eta \tag{D-2}$$

二、卷积的性质

1. 线性性质　设有函数 $f(x,y)$、$g(x,y)$ 和 $h(x,y)$,则有

$$\begin{aligned}&[af(x,y)+bg(x,y)]*h(x,y)\\&=af(x,y)*h(x,y)+bg(x,y)*h(x,y)\end{aligned} \tag{D-3}$$

式中,a 和 b 是任意常数。

2. 服从交换率

$$f(x,y)*g(x,y)=g(x,y)*f(x,y) \tag{D-4}$$

3. 位移不变性

若 $f(x,y)*g(x,y)=h(x,y)$,则有

$$f(x-\xi,y-\eta)*g(x,y)=h(x-\xi,y-\eta) \tag{D-5}$$

三、相关

函数 $f(x,y)$ 和 $g(x,y)$ 的相关运算表示为

$$f(x,y)\circledast g(x,y)$$

它定义为如下积分

$$f(x,y)\circledast g(x,y)=\iint_{-\infty}^{\infty}f^*(\xi,\eta)g(x+\xi,y+\eta)\mathrm{d}\xi\mathrm{d}\eta \tag{D-6}$$

当 $f(x,y)=g(x,y)$ 时,有

$$f(x,y)\circledast f(x,y)=\iint_{-\infty}^{\infty}f^*(\xi,\eta)f(x+\xi,y+\eta)\mathrm{d}\xi\mathrm{d}\eta \tag{D-7}$$

称为 $f(x,y)$ 的自相关函数。

容易证明，相关运算不服从交换律，即

$$f(x,y) \circledast g(x,y) \neq g(x,y) \circledast f(x,y) \tag{D-8}$$

设$f(x,y)$是一个开孔函数

$$f(x,y) = \begin{cases} 1 & \text{当}(x,y)\text{在开孔内} \\ 0 & \text{当}(x,y)\text{在开孔外} \end{cases}$$

由式(D-7)，它的自相关函数为

$$f(x,y) \circledast f(x,y) = \iint_{-\infty}^{\infty} f(\xi,\eta) f(x+\xi, y+\eta) \mathrm{d}\xi \mathrm{d}\eta \tag{D-9}$$

这一函数可以解释为将函数$f(x,y)$由原点平移到$(-x, -y)$点，移动前后两个函数的重叠面积（见图 D-1）。由于式(D-9)也可以写为

$$f(x,y) \circledast f(x,y) = \iint_{-\infty}^{\infty} f(\alpha - x, \beta - y) f(\alpha, \beta) \mathrm{d}\alpha \mathrm{d}\beta \tag{D-10}$$

所以，$f(x,y)$的自相关函数也可以解释作$f(x,y)$由原点平移到(x,y)点，移动前后两个函数的重叠面积。

如果将开孔函数$f(x,y)$的自卷积与自相关函数对比一下，$f(x,y)$的自卷积是

$$\begin{aligned} f(x,y) * f(x,y) &= \iint_{-\infty}^{\infty} f(\xi,\eta) f(x-\xi, y-\eta) \mathrm{d}\xi \mathrm{d}\eta \\ &= \iint_{-\infty}^{\infty} f(\xi,\eta) f[-(\xi - x), -(\eta - y)] \mathrm{d}\xi \mathrm{d}\eta \end{aligned} \tag{D-11}$$

显然，它可以解释为将函数$f(x,y)$由原点平移到(x,y)点，再在平面内绕自身中心转 180°，移动前后两个函数的重叠面积（见图 D-2）

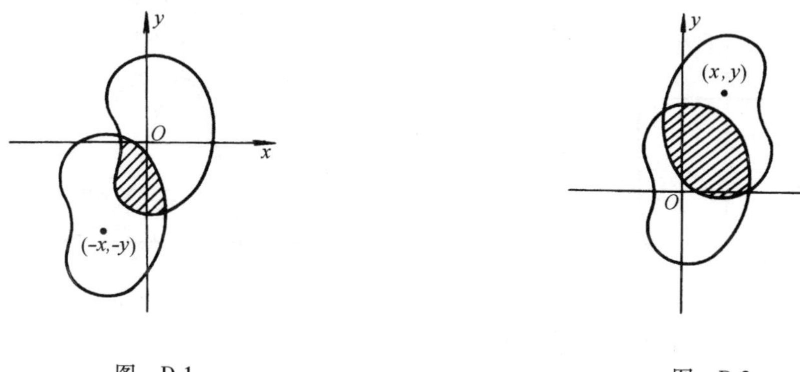

图　D-1　　　　图　D-2

附录 E　δ　函　数

一、δ 函数的定义

δ 函数是物理学家狄拉克（Dirac）首先引用的一个广义函数，它不是普通意义下的函数。

二维的 δ 函数 $\delta(x,y)$ 定义为

$$\delta(x,y) = \begin{cases} \infty & x = y = 0 \\ 0 & x \neq 0, y \neq 0 \end{cases} \tag{E-1}$$

$$\iint_{-\infty}^{\infty} \delta(x,y)\mathrm{d}x\mathrm{d}y = 1 \tag{E-2}$$

在光学中,δ 函数可以用来描述点光源的复振幅分布或光强分布。

有多种函数可以被选作为 δ 函数,只要它们满足上述性质即可。现讨论图 E-1 所示的矩形函数,为简单起见,讨论一维情形。

$$f(x) = \frac{1}{2a}\mathrm{rect}\left(\frac{x}{2a}\right) \tag{E-3}$$

这个函数在区间[$-a,a$] 内数值为$\frac{1}{2a}$,所以矩形面积

$$\int_{-\infty}^{\infty} f(x)\mathrm{d}x = 1$$

它与 a 的大小无关。当 $2a \to 0$ 时,$\frac{1}{2a} \to \infty$,但矩形面积仍为 1,故 α 趋于零时 $\delta(x)$ 的极限就可选作为 δ 函数,即

$$\delta(x) = \lim_{N\to\infty} N\mathrm{rect}(Nx) \tag{E-4}$$

再如高斯函数(见图 E-2)

$$g(x) = \frac{1}{\sqrt{2\pi}\sigma}\exp\left(-\frac{x^2}{2\sigma^2}\right) \tag{E-5}$$

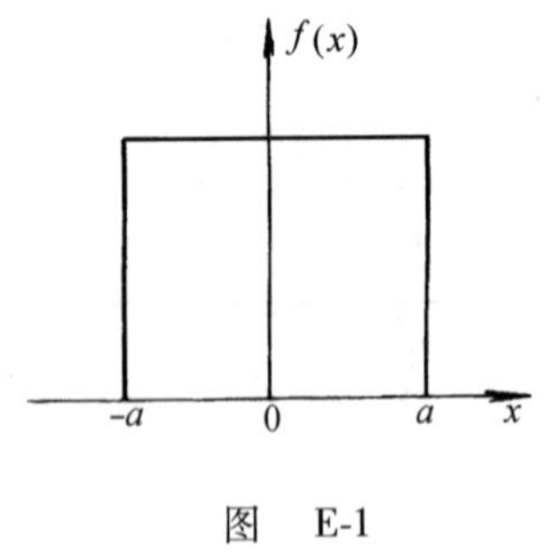

图 E-1

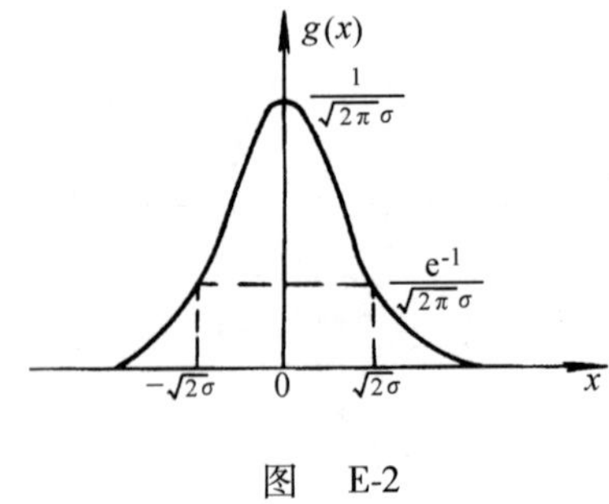

图 E-2

可以证明

$$\int_{-\infty}^{\infty} g(x)\mathrm{d}x = \int_{-\infty}^{\infty} \frac{1}{\sqrt{2\pi}\sigma}\exp\left(-\frac{x^2}{2\sigma^2}\right)\mathrm{d}x = 1 \tag{E-6}$$

并且 $g(x)$ 的最大值和半宽度为

$$g_{\max}(x) = \frac{1}{\sqrt{2\pi}\sigma}$$

$$\frac{\Delta x}{2} = \sqrt{2}\sigma$$

当 $\sigma \to 0$ 时,式(E-6) 仍然成立。这时

$$g_{\max}(x) \to \infty$$

$$\frac{\Delta x}{2} \to 0$$

故也可选取 σ 趋于零时 $g(x)$ 的极限为 δ 函数,即

$$\delta(x) = \lim\left[\frac{1}{\sqrt{2\pi}\sigma}\exp\left(-\frac{x^2}{2\sigma^2}\right)\right]$$

或令 $N = \dfrac{1}{\sqrt{2\pi}\sigma}$,把 δ 函数写作为

$$\delta(x) = \lim_{N\to\infty}[N\exp(-\pi N^2x^2)] \tag{E-7}$$

以上两个函数选作为 δ 函数时,其二维形式为

$$\delta(x,y) = \lim_{N\to\infty}N^2\mathrm{rect}(Nx)\mathrm{rect}(Ny) \tag{E-8}$$

$$\delta(x,y) \lim_{N\to\infty}N^2\exp[-\pi N^2(x^2+y^2)] \tag{E-9}$$

另外一些作为 δ 函数的常用函数的极限为

$$\delta(x,y) = \lim_{N\to\infty}N^2\mathrm{sinc}(Nx)\sin(Ny) \tag{E-10}$$

$$\delta(x,y) = \lim_{N\to\infty}\frac{N^2}{\pi}\mathrm{circ}(N\sqrt{x^2+y^2}) \tag{E-11}$$

$$\delta(x,y) = \lim_{N\to\infty}N\frac{\mathrm{J}_1(2\pi N\sqrt{x^2+y^2})}{\sqrt{x^2+y^2}} \tag{E-12}$$

二、δ 函数的性质

1. δ 函数的筛选性质

$$f(x,y) = \iint_{-\infty}^{\infty}\delta(x-\xi,y-\eta)f(\xi,\eta)\mathrm{d}\xi\mathrm{d}\eta \tag{E-13}$$

2. δ 函数的卷积性质

$$\delta(x,y) * f(x,y) = f(x,y) * \delta(x,y) = f(x,y) \tag{E-14}$$

3. δ 函数的傅里叶变换

$$\mathscr{F}\{\delta(x,y)\} = 1 \tag{E-15}$$

4. δ 函数的缩放性质

$$\delta(ax,by) = \frac{1}{|ab|}\delta(x,y) \tag{E-16}$$

附录F 贝塞尔函数

二阶齐次线性微分方程

$$x^2\frac{\mathrm{d}^2y}{\mathrm{d}x^2}+x\frac{\mathrm{d}y}{\mathrm{d}x}+(x^2-n^2)y=0 \tag{F-1}$$

称为贝塞尔微分方程，它的通解为

$$y=C_1J_n(x)+C_2N_n(x) \tag{F-2}$$

式中，$J_n(x)$ 称为 n 阶第一类贝塞尔函数，$N_n(x)$ 称为 n 阶第二类贝塞尔函数（也叫诺依曼函数）。

本书只用到第一类贝赛尔函数 $J_n(x)$，下面介绍 $J_n(x)$ 的级数表示式及其基本性质。

一、贝赛尔函数的级数表示式

微分方程常以级数法求解。设贝塞尔方程有一收敛级数解

$$y=\sum_{k=0}^{\infty}a_kx^{c+k} \tag{F-3}$$

式中，$a_0\neq0$，a_k 及 c 均为待定常数。下面来确定它们。由上式得到

$$\frac{\mathrm{d}y}{\mathrm{d}x}=\sum_{k=0}^{\infty}(c+k)a_kx^{c+k-1}$$

$$\frac{\mathrm{d}^2y}{\mathrm{d}x^2}=\sum_{k=0}^{\infty}(c+k)(c+k-1)a_kx^{c+k_2}$$

代入式(F-1)，有

$$(c^2-n^2)a_0x^c+[(c+1)^2-n^2]a_1x^{c+1}+\sum_{k=2}^{\infty}\{[(c+k)^2-n^2]a_k+a_{k-2}\}x^{c+k}=0$$

此为恒等式，故 x 各次幂的系数均须等于零：

$$(c^2-n^2)a_0=0 \tag{F-4}$$

$$[(c+1)^2-n^2]a_1=0 \tag{F-5}$$

$$[(c+k)^2-n^2]a_k+a_{k-2}=0 \tag{F-6}$$

按假设 $a_0\neq0$，所以由式(F-4)，$c=\pm n$，再由式(F-5)得 $a_1=0$。取 $c=n$，则由式(F-6)得

$$a_k=\frac{-a_{k-2}}{k(2n+k)}$$

因 $a_1=0$，故由上式得 $a_1=a_3=a_5=\cdots=0$，而 a_2，a_4，a_6，…都可用 a_0 来表示：

$$a_2=\frac{-a_0}{2(2n+2)}$$

$$a_4=\frac{a_0}{2\times4(2n+2)(2n+4)}$$

$$a_6 = \frac{-a_0}{2\times4\times6(2n+2)(2n+4)(2n+6)}$$

$$\vdots$$

$$a_{2m} = \frac{(-1)^m a_0}{2\times4\times6\times\cdots\times2m(2n+2)(2n+4)\times\cdots\times(2n+2m)}$$

$$= \frac{(-1)^m a_0}{2^{2m}m!\ (n+1)(n+2)\cdots(n+m)} \qquad m=1,2,3,\cdots$$

将这些系数代入式(F- 3)，则得

$$y = a_0\sum_{m=0}^{\infty}(-1)^m\frac{x^{n+2m}}{2^{2m}m!(n+1)(n+2)\cdots(n+m)} \tag{F-7}$$

由达朗贝尔判别法知该级数恒收敛，故为贝塞尔方程之一解。

当 n 为非负整数时，令

$$a_0 = \frac{1}{2^n\Gamma(n+1)}$$

式中，$\Gamma(n+1)$ 是 Γ 函数㊀。这样得到的特解，就是 n 阶第一类贝塞尔函数（通常简称 n 阶贝塞尔函数）

$$J_n(x) = \sum_{m=0}^{\infty}(-1)^m\frac{x^{n+2m}}{2^{2m}m![2^n\Gamma(n+1)](n+1)(n+2)\cdots(n+m)}$$

$$= \sum_{m=0}^{\infty}(-1)^m\frac{x^{n+2m}}{2^{n+2m}m!\Gamma(n+m+1)} \tag{F-8}$$

由 Γ 函数的性质,在 n 为非负整数时,$\Gamma(n+m+1)=(n+m)!$，因此 $J_n(x)$ 又可以写为

$$J_n(x) = \sum_{m=0}^{\infty}(-1)^m\frac{x^{n+2m}}{2^{n+2m}m!(n+m)!} \tag{F-9}$$

通常 $J_0(x)$ 和 $J_1(x)$ 用得较多，在上式中取 $n=0$ 和 $n=1$，得到

$$J_0(x) = 1-\frac{x^2}{2^2}+\frac{x^4}{2^2\cdot4^2\cdot6^2}-\frac{x^6}{2^2\cdot4^2\cdot6^2\cdot8^2}+\cdots \tag{F-10}$$

$$J_1(x) = \frac{x}{2}\left[1-\frac{x^2}{2\cdot4}+\frac{x^4}{2\cdot4^2\cdot6}-\frac{x^6}{2^2\cdot4^2\cdot6^2\cdot8}+\cdots\right] \tag{F-11}$$

$J_0(x)$ 和 $J_1(x)$ 分别称零阶和一阶贝塞尔函数，其图形如图 F-1 所示（图中只画出 x 是正值的情况）。$J_0(x)$ 和 $J_1(x)$ 的数值在普通的数学手册中可以查到。

㊀ Γ 函数定义为 $\Gamma = \int_0^{\infty}x^{s-1}\exp(-x)\mathrm{d}x$

$\Gamma(s)$ 在 $s>0$ 时收敛，否则发散。Γ 函数有如下基本性质：$\Gamma(s+1)=s\Gamma(s)$；

$\Gamma(1) = \int_0^{\infty}\exp(-x)\mathrm{d}x = 1$；$s$ 等于正整数 n 时，由以上两点性质得 $\Gamma(n+1)=n!$

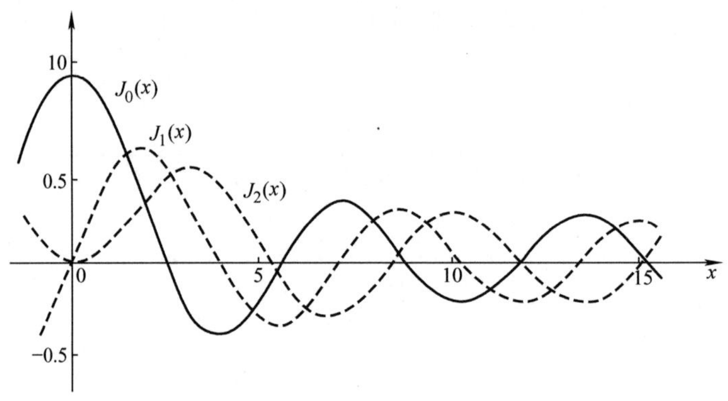

图 F-1

二、贝塞尔函数的基本性质（n 为整数）

(1) $$J_{-n}(x)=(-1)^n J_n(x)$$

(2) $$J_n(x)=\frac{x}{2n}[J_{n-1}(x)+J_{n+1}(x)]$$

(3) $$\frac{\mathrm{d}}{\mathrm{d}x}J_n(x)=\frac{1}{2}[J_{n-1}(x)-J_{n+1}(x)]$$

(4) $$\lim_{x\to 0}\frac{J_n(x)}{x^n}=\frac{1}{2^n n!}$$

(5) 两个递推关系：$\frac{\mathrm{d}}{\mathrm{d}x}[x^{n+1}J_{n+1}(x)]=x^{n+1}J_n(x)$

$$\frac{\mathrm{d}}{\mathrm{d}x}\left[\frac{J_n(x)}{x^n}\right]=-\frac{J_{n+1}(x)}{x^n}$$

三、贝塞尔函数的积分公式（n 为整数）

(1) $$J_n(x)=\frac{1}{2\pi}\int_0^{2\pi}\cos(x\sin\varphi-n\varphi)\mathrm{d}\varphi$$

(2) $$J_n(x)=\frac{i^{-n}}{2\pi}\int_0^{2\pi}\cos n\varphi\exp(\mathrm{i}x\cos\varphi)\mathrm{d}\varphi$$

(3) $$J_n(x)=\frac{i^{-n}}{2\pi}\int_0^{2\pi}\exp(\mathrm{i}n\varphi)\exp(\mathrm{i}x\cos\varphi)\mathrm{d}\varphi$$

附录G 矩　　阵

一、矩阵的定义

一个矩阵就是指排成方阵列或正方阵列的一组实数或复数。例如

$$A=\begin{pmatrix} a_{11} & a_{12} & \cdots & a_{1n} \\ a_{21} & a_{22} & \cdots & a_{2n} \\ \vdots & & \ddots & \vdots \\ a_{n1} & a_{n2} & \cdots & a_{nn} \end{pmatrix} \tag{G-1}$$

式中，a_{ij}代表第 i 行第 j 列元素。上式也可以简单地记为

$$\boldsymbol{A}=[a_{ij}] \tag{G-2}$$

因为这个矩阵包括 m 行 n 列，就称它为 $m\times n$ 维矩阵。

当 $m=1$ 时，$\boldsymbol{A}=[a_{11} \quad a_{12} \quad \cdots \quad a_{1n}]$，称为单行矩阵。

当 $n=1$ 时，$\boldsymbol{A}=\begin{pmatrix} a_{11} \\ a_{21} \\ \vdots \\ a_{m1} \end{pmatrix}$，称为单列矩阵或列阵。

当 $m=n$ 时，$\boldsymbol{A}$ 称为 n 阶方阵。一个方阵，若 $a_{ij}=\begin{cases}1 & i=j \\ 0 & i\neq j\end{cases}$，则称为单位矩阵，并用 $\boldsymbol{I}$ 标记，即

$$\boldsymbol{I}=\begin{pmatrix} 1 & & & 0 \\ & 1 & & \\ & & \ddots & \\ 0 & & & 1 \end{pmatrix} \tag{G-3}$$

二、矩阵的运算

1\. 矩阵的相等　若两个矩阵 $[a_{ij}]$ 和 $[b_{ij}]$ 的行数相同，列数相同，并且对应元素都相等，即 $a_{ij}=b_{ij}$，则称这两个矩阵相等，即 $\boldsymbol{A}=\boldsymbol{B}$。

2\. 矩阵的加减　若两个矩阵 $[a_{ij}]$ 和 $[b_{ij}]$ 都是 $m\times n$ 维矩阵，则它们的和或差也是 $m\times n$ 维矩阵，它的矩阵元等于 $[a_{ij}]$ 和 $[b_{ij}]$ 的对应矩阵元的和或差，记为

$$[a_{ij}]\pm[b_{ij}]=[c_{ij}]$$

其中

$$c_{ij}=a_{ij}\pm b_{ij}$$

3\. 常数乘矩阵　设 q 为一个常数，则 $q[a_{ij}]=[c_{ij}]$，其中 $c_{ij}=qa_{ij}$。

4\. 两个矩阵相乘　两个矩阵 $\boldsymbol{A}$ 和 $\boldsymbol{B}$ 相乘，只有当 $\boldsymbol{A}$ 的列数等于 $\boldsymbol{B}$ 的行数时才有意义。设 $\boldsymbol{A}$ 是一个 $m\times p$ 维矩阵，$\boldsymbol{B}$ 是一个 $p\times n$ 维矩阵，则 $\boldsymbol{AB}$ 是一个 $m\times n$ 维矩阵，记为

$$\boldsymbol{C}=\boldsymbol{AB} \tag{G-4a}$$

式中，$\boldsymbol{C}$ 的元素 c_{ij}是 $\boldsymbol{A}$ 的第 i 行与 $\boldsymbol{B}$ 的第 j 列对应元素乘积之和，即

$$c_{ij}=\sum_{k=1}^{p} a_{ik}b_{kj} \tag{G-4b}$$

矩阵相乘满足结合律和分配律，即

$$(\boldsymbol{AB})\boldsymbol{C}=\boldsymbol{A}(\boldsymbol{BC}) \tag{G-5}$$

$$\boldsymbol{A}(\boldsymbol{B}+\boldsymbol{C})=\boldsymbol{AB}+\boldsymbol{AC} \tag{G-6}$$

但交换律一般不成立，即一般 $\boldsymbol{AB}\neq\boldsymbol{BA}$。在特殊情况下，当 $\boldsymbol{AB}=\boldsymbol{BA}$ 时，矩阵 $\boldsymbol{A}$ 和 $\boldsymbol{B}$ 称为可易矩阵。

另外，任何方阵与同阶单位矩阵的乘积等于它本身，即

$$\boldsymbol{AI}=\boldsymbol{IA}=\boldsymbol{A} \tag{G-7}$$

三、矩阵的本征矢和本征值

给定一个 n 阶方阵 $\boldsymbol{A}$，当它作用到一个具有 n 个矩阵元的单列矩阵 $\boldsymbol{x}$ 上时，就形成另一个单列矩阵。但是有可能选取特殊的单列矩阵 $\boldsymbol{x}$，使得它受到矩阵 $\boldsymbol{A}$ 作用之后形成的单列矩阵元正比于 $\boldsymbol{x}$ 的每个矩阵元，即

$$\boldsymbol{Ax}=\lambda\boldsymbol{x} \tag{G-8}$$

式中，λ 是比例因子。当这个方程得到满足时，就称 $\boldsymbol{x}$ 是 $\boldsymbol{A}$ 的一个本征矢，称 λ 是的本征值。例如，设 $\boldsymbol{A}$ 是二阶方阵，由式(G-8)得到

$$a_{11}x_1+a_{12}x_2=\lambda x_1$$

$$a_{21}x_1+a_{22}x_2=\lambda x_2$$

它们可以化为

$$\left.\begin{aligned}(a_{11}-\lambda)x_1+a_{12}x_2=0\\ a_{21}x_1+(a_{22}-\lambda)x_2=0\end{aligned}\right\} \tag{G-9}$$

根据线性方程组的理论知道，要使这一方程组有非零解，其系数行列式必须为零，即

$$\begin{vmatrix}a_{11}-\lambda & a_{12}\\ a_{21} & a_{22}-\lambda\end{vmatrix}=0 \tag{G-10}$$

展开后得到

$$\lambda^2-(a_{11}+a_{22})\lambda+(a_{11}a_{22}-a_{21}a_{12})=0 \tag{G-11}$$

这个方程称为特征方程。$\boldsymbol{A}$ 的本征值就是特征方程的根。设特征方程的根是 λ_1 和 λ_2，由二次方程的初等理论可以证明

$$\left.\begin{aligned}\lambda_1+\lambda_2=a_{11}+a_{22}\\ \lambda_1\lambda_2=a_{11}a_{22}-a_{21}a_{12}=|A|\end{aligned}\right\} \tag{G-12}$$

式中，$a_{11}+a_{22}$是矩阵对角线上诸元素之和，$|A|=a_{11}a_{22}-a_{21}a_{12}$是 $\boldsymbol{A}$ 对应的行列式的值。式(G-12)可以推广到更高阶的方程。

下篇习题部分参考答案

第 十 一 章

1. (1) $\nu = 10^{14}\text{Hz}, \lambda = 3\times10^{-6}\text{m}, A = 2\text{V/m}, \varphi_0 = \pi/2$;

(2)波沿 z 的正方向传播,电矢量的振动方向沿 y 轴方向;

(3) $B_x = -\frac{2}{c}\cos\left[2\pi\times10^{14}\left(\frac{z}{c}-t\right)+\frac{\pi}{2}\right]$

2. (1) $\nu = 5\times10^{14}\text{Hz}$;(2) $\lambda = 0.39\times10^{-6}\text{m}$;(3) $n = 1.54$

3. (1)偏振方向 $\boldsymbol{A}_0 = \boldsymbol{x}_0\cos120° + \boldsymbol{y}_0\cos30°$;(2)行进方向:$\boldsymbol{k}_0 = \boldsymbol{x}_0\cos30° + \boldsymbol{y}_0\cos60°$,波沿 $-\boldsymbol{k}$方向传播:

(3) $v = 3\times10^8\text{m/s}, |\boldsymbol{E}| = 4\text{V/m}, \nu = 3/\pi\times10^8\text{Hz}, \lambda = \pi\text{m}$

4. 0.005mm;20π

5. 10^3V/m

6. $\boldsymbol{k}_0 = \frac{2}{\sqrt{29}}\boldsymbol{x}_0 + \frac{3}{\sqrt{29}}\boldsymbol{y}_0 + \frac{4}{\sqrt{29}}\boldsymbol{z}_0$

7. $r = -0.3034; t = 0.6966$

8. $\tau = 0.83$

10. 入射角 θ_1 等于布儒斯特角 θ_B($=59°32'$)

11. $\alpha = -80°20'; \alpha = 84°18'$

13. $I = 0.92I_0$

14. 0.2;0.04

15. $R > 1.7d = 5.1\text{mm}$

16. $53°15'$或 $50°13'$

18. (2) 68°

19. 0.0356m

20. $\rho = 0.636, \delta = 29°5'$

21. $A = 1.5042, B = 4.194\times10^3\text{nm}^2; n = 1.51627, \frac{\mathrm{d}n}{\mathrm{d}\lambda} = -4.66\times10^{-5}/\text{nm}$

22. 含烟气体吸收系数为 $\alpha = 4.0\times10^{-3}\text{cm}^{-1}$,散射系数 $\beta = 1.4\times10^{-2}\text{cm}^{-1}$.

23. $E = 10\cos(53°7' - 2\pi\times10^{15}t)$

24. $E = -2a\sin kx\sin\omega t$(取实部)

25. $$E = E^i + E^r = (1-r_0)A_0\cos\left[\omega\left(\frac{x\cos\theta + y\sin\theta}{c} - t\right) + \varphi\right]$$
$$+2r_0A_0\cos\left[\omega\left(\frac{y\sin\theta}{c} - t\right) + \varphi + \frac{\delta}{2}\right]\cos\left[\omega\left(\frac{-x\cos\theta}{c} + \frac{\delta}{2}\right)\right]$$

26. $I = I_0 \dfrac{\sin^2\left(\dfrac{N\delta}{2}\right)}{\sin^2\dfrac{\delta}{2}}$，其中 $I_0 = A_0^2$

27. $\psi = 45°$；$1.31A$，$0.542A$

28. (1) 53°15′或50°13′，(2) 不能

29. 左旋椭圆偏振光，右旋椭圆偏振光

30. 右旋椭圆偏振光，椭圆长轴与 x 轴成 135°

31. $I_{z=0} = 4\times10^4\cos^2(10^3\pi t)$；$\lambda_m = 2\text{m}$，$\lambda_I = 1\text{m}$

32. (1) $v_g = v/2$；(2) $v_g = 3v/2$

33. $E(z) = \dfrac{1}{2} + \dfrac{2}{\pi}\left[\cos kz - \dfrac{1}{3}\cos 3kz + \dfrac{1}{5}\cos 5kz + \cdots\right]$

34. $E(z) = \dfrac{\lambda}{4} - \dfrac{2\lambda}{\pi^2}\left[\dfrac{\cos kz}{1^2} + \dfrac{\cos 3kz}{3^2} + \dfrac{\cos 5kz}{5^2} + \cdots\right]$

35. $A(k) = 2L\text{sinc}\dfrac{2L}{\lambda}$

36. $A(k) = L^2\text{sinc}^2\dfrac{L}{\lambda}$

37. $\Delta\lambda = 5.2\times10^{-4}\text{nm}$，$\Delta\nu = 4.3\times10^8\text{Hz}$

第 十 二 章

4. $6\times10^{-3}\text{mm}$

5. $1.72\times10^{-2}\text{mm}$

6. $n = 1.000823$

7. $d = \dfrac{\lambda}{n-1}\left(\dfrac{m}{2} + \dfrac{1}{4}\right)$，$(m = 0,1,2,3,\cdots)$

9. $\Delta\nu = 1.5\times10^4\text{Hz}$，$\Delta_{\max} = 2\times10^4\text{m}$

10. 182mm

11. (1) 亮；(2) 13.4mm；(3) 0.67mm

12. (1) 40.5；(2) $\theta_5 = 0.707\text{rad}$

13. $N = 11$

14. $\alpha = 5.9\times10^{-5}\text{rad}$

17. $0.707\sqrt{N}\text{mm}$；$0.25N\text{mm}$

18. (1) $\left|\cos\dfrac{\Delta\lambda}{\lambda^2}\pi\Delta\right|$；(2) $\Delta h = \dfrac{\lambda_1\lambda_2}{2\Delta\lambda}$；(3) $\Delta h = 0.289\text{mm}$

19. $n = 1.000271$，$\Delta n = 2.9\times10^{-7}$

20. 8.7mm

21. 599.88nm

22. 10^4；499.9995nm

23. 0.06nm

24. (1) 33938.57;18;33920;≈5mm;(2) 两套干涉环

25. $h=52.52\text{nm}, \rho_{\max}=0.33$; $h=105\text{nm}, \rho_{\min}=0.04$

26. $n_2=1.7$

27. 458nm,687nm

28. (1) 600nm;(2) 20nm;(3)591nm,519.6nm

29. 0.01. 0.018

第 十 三 章

2. 菲涅耳近似条件下:

$$\widetilde{E}(x,y)=\frac{\exp(\mathrm{i}kz_1)}{z_1}\exp\left[\frac{\mathrm{i}k}{2z_1}(x^2+y^2)\right]\times$$

$$\iint_{\Sigma}\widetilde{E}(x_1,y_1)\exp\left[\frac{\mathrm{i}k}{2z_1}(x_1^2+y_1^2)\right]\exp\left[-\mathrm{i}2\pi\left(x_1\frac{x}{\lambda z_1}+y_1\frac{y}{\lambda z_1}\right)\right]K(\theta)\mathrm{d}x_1\mathrm{d}y_1$$

夫琅和费近似条件下:

$$\widetilde{E}(x,y)=\frac{\exp(\mathrm{i}kz_1)}{z_1}\exp\left[\frac{\mathrm{i}k}{2z_1}(x^2+y^2)\right]\times$$

$$\iint_{\Sigma}\widetilde{E}(x_1,y_1)\exp\left[-\mathrm{i}2\pi\left(x_1\frac{x}{\lambda z_1}+y_1\frac{y}{\lambda z_1}\right)\right]K(\theta)\mathrm{d}x_1\mathrm{d}y_1$$

3. ≈4 倍

4. (1) 亮点;(2) 前移 250mm,后移 500mm

6. 0.78mm;1.10mm

8. $z>900\text{m}$

9. (1) 10mm;(2) 14.3mm;24.6mm;(3) $I/I_0=0.047$; $I/I_0=0.016$

11. 0.0126mm

12. 1.1cm

13. (1) 9:16;(2) $\theta_1=0.51\dfrac{\lambda}{a}$

14. (1) $\widetilde{E}(x_0,y_0)=a_0\exp(-ikz_0)\exp\left[\dfrac{-ik}{2z}(x_0^2+y_0^2)\right]\exp\left(ik\dfrac{y_1y_0}{z_0}\right)$;(2) 略

15. 0.748

16. $D_{\min}=2.24\text{m}$; $M\geqslant 900$

17. (1) 500mm^{-1};(2) $D/f=0.34$

18. (1) 287mm;(2) 1.7 倍;(3)430 倍

19. (1) $d=0.21\text{mm}, b=0.05\text{mm}$;(2) 分别为零级条纹的 0.81,0.4,0.09

21. (1) $3.34\times10^{-3}\text{mm}, 4.08\times10^{-3}\text{mm}$;(2) 0.13mm,0.32mm

22. 5 条谱线

23. 87.8cm

25. $I=4I_0\left(\frac{\sin\beta}{\beta}\cos2\beta\right)^2\left(\frac{\sin6N\beta}{\sin6\beta}\right)^2, \beta=\frac{\pi a\sin\theta}{\lambda}$

26. (1) $\approx10^6$;(2) $\Delta\lambda=38.5\text{nm}$;(3) F-D 标准具的分辨本领:$A=0.97ms=9.7\times10^5$,自由光谱范围:0.0125nm

27. (1) 10^4;(2) $d\theta/d\lambda=10^{-2}\text{rad/nm}, A=\lambda/\Delta\lambda=2\times10^5$

28. 有 3 个夫琅和费衍射斑;$I_{\pm1}/I_0=\frac{1}{2}(t_1/t_0)^2$

29. 衍射图样光场分布为

$$I(x)=I_0\frac{\sin^2\frac{\pi b[\sin\theta-\alpha(n-1)]}{\lambda}}{\left(\frac{\pi b}{\lambda}\right)^2[\sin\theta-\alpha(n-1)]^2}$$

中央零极大的位置:$\theta\approx(n-1)\alpha$,极小的位置满足方程:$\sin\theta=\frac{m\lambda}{b}+\alpha(n-1)$

30. (1) $I(x)=I_0\left(\frac{\sin\beta}{\beta}\right)^2\left[\frac{\sin\left(\frac{N\delta}{2}\right)}{\sin\frac{\delta}{2}}\right]^2$,其中 $\beta=\frac{\pi d}{\lambda}[\sin\theta-\alpha(n-1)], \delta=2\pi\frac{d\sin\theta}{\lambda}$;

(2) $\alpha=\frac{\lambda}{d(n-1)}$;(3) 光谱中大部分能量集中在 $m=1$ 的闪耀级次上

32. $I=2I_0\left(\frac{\sin\beta}{\beta}\right)^2\left(\frac{\sin N\frac{\delta}{2}}{\sin\frac{\delta}{2}}\right)^2\left\{1+\cos\left[\frac{2\pi}{\lambda}t(n-1)+\frac{\delta}{2}\right]\right\}$

其中 $\beta=\frac{\pi d\sin\theta}{2\lambda}, \delta=\frac{2\pi}{\lambda}d\sin\theta$

第 十 四 章

4. (1) $E(u)=iAL\{\text{sinc}[2L(u+u_0)]-\text{sinc}[2L(u-u_0)]\}$

(2) $E(u)=AL\left\{\text{sinc}\left(2Lu-\frac{1}{2}\text{sinc}[2L(u+2u_0)]-\frac{1}{2}\text{sinc}[2L(u-2u_0)]\right)\right\}$

(3) $E(u)=\frac{1}{\sqrt{a^2+(2\pi u)^2}}\exp\left[i\arctan\frac{2\pi u}{a}\right]$

(4) $E(u)=\exp(-\pi u^2)$

6. $I(x,y)=\frac{1}{(\lambda z_1)^2}\left[L^2\text{sinc}\left(\frac{Lx}{\lambda z_1}\right)\text{sinc}\left(\frac{Ly}{\lambda z_1}\right)-l^2\text{sinc}\left(\frac{lx}{\lambda z_1}\right)\text{sinc}\left(\frac{ly}{\lambda z_1}\right)\right]^2$

7. $I(x,y)=\left(\frac{2ab}{\lambda z_1}\right)^2\text{sinc}^2\left(\frac{ax}{\lambda z_1}\right)\text{sinc}^2\left(\frac{by}{\lambda z_1}\right)\cos^2\left(\frac{\pi dx}{\lambda z_1}\right)$

8. $I(x,y)=L^4\left\{\mathrm{sinc}^2\left(\frac{Lx}{\lambda z_1}\right)+\frac{1}{4}\mathrm{sinc}^2\left[L\left(\frac{x}{\lambda z_1}-u_0\right)\right]+\frac{1}{4}\mathrm{sinc}^2\left[L\left(\frac{x}{\lambda z_1}+u_0\right)\right]\right\}\times$

$$\left\{\mathrm{sinc}^2\left(\frac{Ly}{\lambda z_1}\right)+\frac{1}{4}\mathrm{sinc}^2\left[L\left(\frac{y}{\lambda z_1}-v_0\right)\right]+\frac{1}{4}\mathrm{sinc}^2\left[L\left(\frac{y}{\lambda z_1}+v_0\right)\right]\right\}$$

9. $\widetilde{E}(\rho)=\delta(\rho)-\frac{D}{2}\frac{\mathrm{J}_1(\pi D\rho)}{\rho}$

10. (2) $f_1=\frac{\pi}{\lambda a}$， $f_2=-\frac{\pi}{\lambda a}$， $f_3=\infty$

13. 像截止频率$(\rho_i)_{\max}=230\mathrm{mm}^{-1}$，

物截止频率$(\rho_0)_{\max}=8.3\mathrm{mm}^{-1}$.

16. 沿 u 轴光学传递函数

$$H(u,o)=\begin{cases}\frac{2}{\pi}\left[\arccos\left(\frac{u}{D/\lambda l'}\right)-\left(\frac{u}{D/\lambda l'}\right)\times\sqrt{1-\left(\frac{u}{D/\lambda l'}\right)^2}\right] & u<D/\lambda l'\\ 0 & u\geqslant D/\lambda l'\end{cases}$$

17. (1) $I(x')=\frac{1}{2}(1+\cos4\pi u_0x')$；(2) $I(x')=\frac{5}{4}+\cos2\pi u_0x'$；

20. (1) 2.4nm；(2) 0.5nm

第 十 五 章

1. (1) 94%；(2) 33°；(3)9%
2. 94.8%
3. (1) 1.69；(2) 77nm，229nm
5. (1) 1∶3；(2) 1∶1；(3)3∶1
6. (1) 5°42′；(3) ≈2π
7. 1°10′
12. 16.4mm
13. 11′16″
14. $d=m\times0.0327\mathrm{mm}$；$d=(2m+1)\times0.0164\mathrm{mm}$
15. (1) 右旋圆偏光；(2) 左旋圆偏光；(3)右旋椭圆偏振光
16. 自然光通过透光轴与 x 轴成 63°26′角的起偏器，再通过快轴在 x 轴的$\frac{\lambda}{4}$片。
17. (1) 右旋椭圆偏振光；(2) 2.747
18. 左旋圆偏振光
19. 光矢量沿 x 轴的线偏光
20. $E_{出}=\frac{1}{\sqrt{2}}\begin{bmatrix}1\\ \exp\left(\mathrm{i}\frac{\pi}{4}\right)\end{bmatrix}$，透射光是长轴在一、三象限的左旋椭圆偏振光
21. $\theta=\delta/2$

24. $0.12I_0$
25. 782nm,717nm 等
26. 4 个极大,$I_{max}=I_0/2$;4 个极小,$I_{min}=0$
28. (1) 0.74mm;(2) 1.7×10^{-3}mm
29. $d=\frac{\lambda^2}{2\Delta\lambda}\cdot\frac{1}{(n_o-n_e)-\lambda(\Delta n_o/\Delta\lambda-\Delta n_e/\Delta\lambda)}\approx1.5\text{mm}$
30. 8.4kV

第十六章

3. $\beta_{min}=7.49\times10^6\text{m}^{-1}$,$N_{max}=1.563$
4. $m_{max}=10$,$\beta=27.5674\times10^6\text{m}^{-1}$
5. $h<0.47\mu\text{m}$
6. 53.13°,最小角
8. (1) 87.07°;(2) 0.67×10^{-8}s
9. (1) 两个模式;(2) 截止
10. 2.64μm,1.76μm
11. $n_1=1.623$

第十七章

1. 7.69×10^5m/s,出射光电子的最大动能大于原来的两倍
2. (1) 5.1×10^5eV,2.4×10^{-6}μm;
   (2) 4.3×10^{-38}kg,1.3×10^{-29}kg·m/s,3.98×10^{-2}J
3. 3.98×10^{-19}J,1.99×10^{-20}J;
   1.33×10^{-27}kg·m/s,6.63×10^{-29}kg·m/s
   4.42×10^{-36}kg,2.21×10^{-37}kg
4. 3 个
5. (1) 316055,1.5×10^9Hz;(2) 948166,5×10^8Hz
7. $0.1/\text{cm}^3$,$2.5\times10^3/\text{cm}^3$

下篇主要参考文献

[1] M 玻恩，E 沃耳夫．光学原理［M］．杨葭荪，等译．北京：电子工业出版社，2005.

[2] E 赫克特，A 赞斯．光学［M］．秦克诚，等译．北京：人民教育出版社，1980.

[3] 梁铨廷．物理光学［M］．3 版．北京：电子工业出版社，2008.

[4] 胡鸿章，凌世德．应用光学原理［M］．北京：机械工业出版社，1993.

[5] 严瑛白．应用物理光学［M］．北京：机械工业出版社，1990.

[6] 曲林杰，等．物理光学［M］．北京：国防工业出版社，1980.

[7] 辻内顺平．光学概论［M］．东京：朝仓书社．1978.

[8] 郁道银，谈恒英．工程光学［M］．3 版．北京：机械工业出版社，2011.

[9] 陈军．现代光学及技术［M］．杭州：浙江大学出版社，1996.

[10] 久保田广．波动光学［M］．刘瑞详，译．北京：科学出版社，1983.

[11] 金国藩，李景镇．激光测量学［M］．北京：科学出版社，1998.

[12] 吴震，等．光干涉测量技术［M］．北京：中国计量出版社，1995.

[13] J W 顾德门．统计光学［M］．秦克诚，译．北京：科学出版社，1992.

[14] 杜艳丽，等．串连差分白光干涉法测量金属极薄带厚度［J］．光电工程，2008，35（9）.

[15] 田芊，廖延彪，孙利群．工程光学［M］．北京：清华大学出版社，2006.

[16] 金国藩，等．二元光学［M］．北京：国防工业出版社，1997.

[17] J W 顾德门．傅里叶光学导论［M］．秦克诚，等译．北京：电子工业出版社，2006.

[18] 辻内顺平，村田和美．光学信息处理［M］．谈恒英，译．北京：机械工业出版社．1985.

[19] 吕乃光．傅里叶光学［M］．北京：机械工业出版社．2006.

[20] 于美文．光全息学及其应用［M］．北京：北京理工大学出版社，1996.

[21] 龙槐生，张仲先，谈恒英．光的偏振及其应用［M］．北京：机械工业出版社，1989.

[22] 廖延彪．偏振光学［M］．北京：科学出版社，2003.

[23] 王振华，李劲松．径向偏振光的产生及在现代光学中的应用［J］．激光杂志，2009，30（1）.

[24] 贾信庭．轴对称偏振光束特性的研究［D］．武汉：华中科技大学，2011.

[25] 张艳丽．矢量偏振光束特性及应用［D］．合肥：中国科学技术大学，2006.

[26] 杨国光．近代光学测试技术［M］．杭州：浙江大学出版社，2002.

[27] 李育林，傅晓理．空间光调制器及其应用［M］．北京：国防工业出版社，1996.

[28] 李国华．可调分束角棱镜［J］．曲阜师范大学学报，1982，（3）.

[29] 许福运，李国华．退偏振器研究的历史现状及其应用［J］．光学仪器，1995．17（2）.

[30] 吴福全，等．单色光石英退偏器的退偏机理及性能研究［J］．中国激光，1995．22（5）.

[31] 松本正一，角田市良．液晶最新技术［M］．东京：工业调查会，1983.

[32] 陈家璧，苏显渝．光信息技术原理及应用［M］．北京：高等教育出版社，2002.

[33] 彭国贤，等．电子显示技术［M］．南京：江苏科技出版社，1987.

[34] 方俊鑫，等．光波导技术物理基础［M］．上海：上海交通大学出版社，1988.

[35] 蔡仁荣，等．集成光学［M］．成都：电子科技大学出版社，1990.

[36] 叶培大，等．光波导技术基本理论［M］．北京：人民邮电出版社，1981.

[37] 李泽民．光纤通信［M］．北京：科学技术文献出版社，1992.

[38] 张国顺，等．光纤传感技术［M］．北京：水利电力出版社，1988.

[39] 小林功郎．光集成器件［M］．北京：科学出版社，2002.

[40] 程路，等. 量子光学［M］. 北京：科学出版社，1985.

[41] 周文，等. 光子学基础［M］. 杭州：浙江大学出版社，2000.

[42] 刘景锋，等. 量子保密通信用的光精密控制强衰减技术［J］. 光子学报，2004. 33（7）：867-870.

[43] 廖先炳. 光子晶体技术——（三）光子晶体激光器［J］. 半导体光电，2003. 24（4）：286－289.

[44] 黄章勇. 光纤通信用光子晶体器件（二）［J］. 光子技术，2004（1）：1－6.

[45] 于荣金. 光子学及其发展［J］. 物理，1995，24（1）：20－26.

[46] Teng-Yun Chen, Hao Liang, Yang Liu, Wen-Qi Cai, Lei Ju, Wei－Yue Liu, Jian Wang, Hao Yin, Kai Chen, Zeng－Bing Chen, Cheng-Zhi Peng, Jian-Wei Pan. Field test of a practical secure communication network with decoy－state quantum cryptography [J]. Optics Express, 2009, 17: 6540.

[47] 郑慧茹，周骏，等. 超窄带和梳状多通道光子晶体滤波器设计［J］. 强激光与粒子束，2006，18（11）.